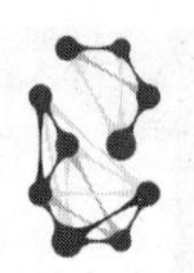

“煤炭清洁转化技术丛书”

丛 书 主 编：谢克昌

丛书副主编：任相坤

各分册主要执笔者：

《煤炭清洁转化总论》	谢克昌　王永刚　田亚峻
《煤炭气化技术：理论与工程》	王辅臣　龚　欣　于广锁
《气体净化与分离技术》	上官炬　毛松柏
《煤炭转化过程污染控制与治理》	亢万忠　周彦波
《煤炭热解与焦化》	尚建选　郑明东　胡浩权
《煤炭直接液化技术与工程》	舒歌平　吴春来　任相坤
《煤炭间接液化理论与实践》	孙启文
《煤基化学品合成技术》	应卫勇
《煤基含氧燃料》	李　忠　付廷俊
《煤制烯烃和芳烃》	魏　飞　叶　茂　刘中民
《煤基功能材料》	张功多　张德祥　王守凯
《煤制乙二醇技术与工程》	姚元根　吴越峰　诸　慎
《煤化工碳捕集利用与封存》	马新宾　李小春　任相坤
《煤基多联产系统技术》	李文英
《煤化工设计技术与工程》	施福富　亢万忠　李晓黎

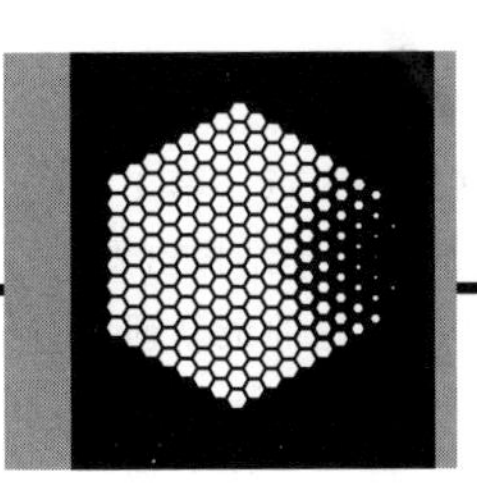

煤炭清洁转化技术丛书

丛书主编　谢克昌　　丛书副主编　任相坤

煤炭热解与焦化

尚建选　郑明东　胡浩权　等 编著

化学工业出版社
·北京·

内容简介

本书全面呈现了煤炭热解、煤炭炼焦、煤焦油加工的新研究成果和技术进展。全书共分 6 章。第 1 章对热解与焦化的煤炭资源分布、过程特征和技术产业发展进行了概述；第 2 章从煤的组成与基本结构出发，总结了煤炭热解与焦化的规律、影响因素、反应动力学及机理模型，系统论述了相关基础理论的最新研究成果；第 3 章和第 4 章首先对适合于中低温热解原料煤的性质特点、中低温煤焦油的原料特征进行了阐述，对过程传质传热、高温油气除尘、精馏分离、催化加氢等煤炭中低温热解及其焦油加工关键技术研发成果进行了总结，在此基础上列举了典型先进工艺技术成果案例，提出了新一代技术研发及其产业发展方向；第 5 章和第 6 章阐述了炼焦煤、高温煤焦油的基本特征，论述了焦炉大型化、副产物高效回收、高附加值化产品提取精制等高温炼焦及煤焦油加工先进关键技术，在此基础上系统总结了现代炼焦技术装备和焦油各馏分加工技术，提出了现代高温炼焦及焦油加工利用技术和产业发展方向。

本书可供煤化工等清洁转化领域的研究、设计、工程建设和生产技术人员，特别是从事煤分级分质利用、炼焦和煤焦油加工的技术人员参考。

图书在版编目（CIP）数据

煤炭热解与焦化 / 尚建选等编著. —北京：化学工业出版社，2022.4

（煤炭清洁转化技术丛书）

ISBN 978-7-122-40819-8

Ⅰ.①煤… Ⅱ.①尚… Ⅲ.①炼焦-研究 Ⅳ.①TQ522.1

中国版本图书馆 CIP 数据核字（2022）第 027296 号

责任编辑：傅聪智　仇志刚　　文字编辑：王云霞

责任校对：宋　玮　　装帧设计：张　辉

出版发行：化学工业出版社（北京市东城区青年湖南街 13 号　邮政编码 100011）

印　　装：三河市航远印刷有限公司

787mm×1092mm　1/16　印张 33¼　字数 833 千字　2023 年 7 月北京第 1 版第 1 次印刷

购书咨询：010-64518888　　售后服务：010-64518899

网　　址：http://www.cip.com.cn

凡购买本书，如有缺损质量问题，本社销售中心负责调换。

定　　价：268.00 元

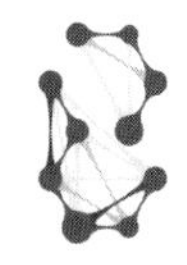

“煤炭清洁转化技术丛书” 编委会

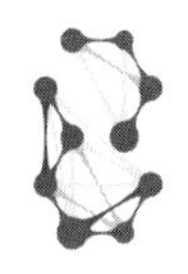

丛书序

2021年中央经济工作会议强调指出："要立足以煤为主的基本国情，抓好煤炭清洁高效利用。"事实上，2019年到2021年的《政府工作报告》就先后提出"推进煤炭清洁化利用"和"推动煤炭清洁高效利用"，而2022年和2023年的《政府工作报告》更是强调要"加强煤炭清洁高效利用"和"发挥煤炭主体能源作用"。由此可见，煤炭清洁高效利用已成为保障我国能源安全的重大需求。中国工程院作为中国工程科学技术界的最高荣誉性、咨询性学术机构，立足于我国的基本国情和发展阶段，早在2011年2月就启动了由笔者负责的《中国煤炭清洁高效可持续开发利用战略研究》这一重大咨询项目，组织了煤炭及相关领域的30位院士和400多位专家，历时两年多，通过对有关煤的清洁高效利用全局性、系统性和基础性问题的深入研究，提出了科学性、时效性和操作性强的煤炭清洁高效可持续开发利用战略方案，为中央的科学决策提供了有力的科学支撑。研究成果形成并出版一套12卷的同名丛书，包括煤炭的资源、开发、提质、输配、燃烧、发电、转化、多联产、节能降污减排等全产业链，对推动煤炭清洁高效可持续开发利用发挥了重要的工程科技指导作用。

煤炭具有燃料和原料的双重属性，前者主要用于发电和供热（约占2022年煤炭消费量的57%），后者主要用作化工和炼焦原料（约占2022年煤炭消费量的23%）。近年来，由于我国持续推进煤电机组与燃料锅炉淘汰落后产能和节能减排升级改造，已建成全球最大的清洁高效煤电供应体系，燃煤发电已不再是我国大气污染物的主要来源，可以说2022年，占煤炭消费总量约57%的发电用煤已基本实现了煤炭作为能源的清洁高效利用。如果作为化工和炼焦原料约10亿吨的煤炭也能实现清洁高效转化，在确保能源供应、保障能源安全的前提下，实现煤炭清洁高效利用便指日可待。

虽然2022年化工原料用煤3.2亿吨仅占包括炼焦用煤在内转化原料用煤总量的32%左右，但以煤炭清洁转化为前提的现代煤化工却是煤炭清洁高效利用的重要途径，它可以提高煤炭综合利用效能，并通过高端化、多元化、低碳化的发展，使该产业具有巨大的潜力和可期望的前途。至2022年底，我国现代煤化工的代表性产品煤制油、煤制甲烷气、煤制烯烃和煤制乙二醇产能已初具规模，产量也稳步上升，特别是煤直接液化、低温间接液化、煤制烯烃、煤制乙二醇技术已处于国际领先水平，煤制乙醇已经实现工业化运行，煤制芳烃等技术也正在突破。内蒙古鄂尔多斯、陕西榆林、宁夏宁东和新疆准东4个现代煤化工产业示范区和生产基地产业集聚加快、园区化格局基本形成，为现代煤化工产业延伸产业链，最终实现高端化、多元化和低碳化奠定了雄厚基础。由笔者担任主编、化学工业出版社2012年出版发行的“现代煤化工技术丛书”对推动我国现代煤化工的技术进步和产业发展发挥了重要作用，做出了积极贡献。

现代煤化工产业发展的基础和前提是煤的清洁高效转化。这里煤的转化主要指煤经过化学反应获得气、液、固产物的基础过程和以这三态产物进行再合成、再加工的工艺过程，而通过科技创新使这些过程实现清洁高效不仅是助力国家能源安全和构建“清洁低碳、安全高效”能源体系的必然选择，而且也是现代煤化工产业本身高端化、多元化和低碳化的重要保证。为顺应国家“推动煤炭清洁高效利用”的战略需求，化学工业出版社决定在“现代煤化工技术丛书”的基础上重新编撰“煤炭清洁转化技术丛书”（以下简称丛书），仍邀请笔者担任丛书主编和编委会主任，组织我国煤炭清洁高效转化领域教学、科研、工程设计、工程建设和工厂企业具有雄厚基础理论和丰富实践经验的一线专家学者共同编著。在丛书编写过程中，笔者要求各分册坚持“新、特、深、精”四原则。新，是要有新思路、新结构、新内容、新成果；特，是有特色，与同类著作相比，你无我有，你有我特；深，是要有深度，基础研究要深入，数据案例要充分；精，是分析到位、阐述精准，使丛书成为指导行业发展的案头精品。

针对煤炭清洁转化的利用方式、技术分类、产品特征、材料属性，从清洁低碳、节能高效和环境友好的可持续发展理念等本质认识，丛书共设置了15个分册，全面反映了作者团队在这些方面的基础研究、应用研究、工程开发、重大装备制造、工业示范、产业化行动的最新进展和创新成果，基本体现了作者团队在煤炭清洁转化利用领域追求共性关键技术、前沿引领技术、现代工程技术和颠覆性技术突破的主动与实践。

1.《煤炭清洁转化总论》（谢克昌　王永刚　田亚峻　编著）

以“现代煤化工技术丛书”之分册《煤化工概论》为基础，将视野拓宽至煤炭清洁转化全领域，但仍以煤的转化反应、催化原理与催化剂为主线，概述了煤炭清洁转化的主要过程和技术。该分册一个显著的特点是针对中国煤炭清洁转化的现状和问题，在深入分析和论证的基础上，提出了中国煤炭清洁转化技术和产业“清洁、低碳、安全、高效”的量化指标和发展战略。

2.《煤炭气化技术：理论与工程》（王辅臣　龚欣　于广锁　等编著）

该分册通过对煤气化过程的全面分析，从煤气化过程的物理化学、流体力学基础出发，深入阐述了气化炉内射流与湍流多相流动、湍流混合与气化反应、气化原料制备与输送、熔渣流动与沉积、不同相态原料的气流床气化过程放大与集成、不同床型气化炉与气化系统模拟以及成套技术的工程应用。作者团队对其开发的多喷嘴气化技术从理论研究、工程开发到大规模工业化应用的全面论述和实践，是对煤气化这一煤炭清洁转化核心技术的重大贡献。专述煤与气态烃的共气化是该分册的另一特点。

3.《气体净化与分离技术》（上官炬　毛松柏　等编著）

煤基工业气体净化与分离是煤炭清洁转化的前提与基础。作者基于团队几十年在这一领域的应用基础研究和技术开发实践，不仅系统介绍了广泛应用的干法和湿法净化技术以及变压吸附与膜分离技术，而且对气体净化后硫资源回收与一体化利用进行了论述，系统阐述了不同净化分离工艺技术的应用特征和解决方案。

4.《煤炭转化过程污染控制与治理》（亢万忠　周彦波　等编著）

传统煤炭转化利用过程中产生的“三废”如果通过技术创新、工艺进步、装置优化、全程管理等手段，完全有可能实现源头减排，从而使煤炭转化利用过程达到清洁化。该分册在介绍煤炭转化过程中硫、氮等微量和有害元素的迁移与控制的理论基础上，系统论述了主要煤炭转化技术工艺过程和装置生产中典型污染物的控制与治理，以及实现源头减排、过程控制、综合治理、利用清洁化的技术创新成果。对煤炭转化全过程中产生的“三废”、噪声等典型污染物治理技术、处置途径的具体阐述和对典型煤炭转化项目排放与控制技术集成案例的成果介绍是该分册的显著特点。

5.《煤炭热解与焦化》（尚建选　郑明东　胡浩权　等编著）

热解是所有煤炭热化学转化过程的基础，中低温热解是低阶煤分级分质转化利用的最佳途径，高温热解即焦化过程以制取焦炭和高温煤焦油为主要目的。该分册介绍了热解与焦化过程的特征和技术进程，在阐述技术原理的基础上，对这两个过程的原料特性要求、工艺技术、装备设施、产物分质利用、系统集成等详细论述的同时，对中低温煤焦油和高温煤焦油的深加工技术、典型工艺、组分利用、分离精制、发展前沿等也做了全面介绍。展现最新的研究成果、工程进展及发展方向是该分册的特色。

6.《煤炭直接液化技术与工程》（舒歌平　吴春来　任相坤　编著）

通过改变煤的分子结构和氢碳原子比并脱除其中的氧、氮、硫等杂原子，使固体煤转化成液体油的煤炭直接液化不仅是煤炭清洁转化的重要途径，而且是缓解我国石油对外依存度不断升高的重要选择。该分册对煤炭直接液化的基本原理、用煤选择、液化反应与影响因素、液化工艺、产品加工进行了全面论述，特别是世界首套百万吨级煤直接液化示范工程的工艺、装备、工厂运行等技术创新过程和开发成果的详尽总结和梳理是其亮点。

7.《煤炭间接液化理论与实践》(孙启文　编著)

煤炭间接液化制取汽油、柴油等油品的实质是煤先要气化制得合成气，再经费-托催化反应转化为合成油，最后经深加工成为合格的汽油、柴油等油品。与直接液化一样，间接液化是煤炭清洁转化的重要方式，对保障我国能源安全具有重要意义。费-托合成是煤炭间接液化的关键技术。该分册在阐述煤基合成气经费-托合成转化为液体燃料的煤炭间接液化反应原理基础上，详尽介绍了费-托合成反应催化剂、反应器和产物深加工，深入介绍了作者在费-托合成领域的研发成果与应用实践，分析了大规模高、低温费-托合成多联产工艺过程，费-托合成产物深加工的精细化以及与石油化工耦合的发展方向和解决方案。

8.《煤基化学品合成技术》(应卫勇　编著)

广义上讲，凡是通过煤基合成气为原料制得的产品都属于煤基合成化学品，含通过间接液化合成的燃料油等。该分册重点介绍以煤基合成气及中间产物甲醇、甲醛等为原料合成的系列有机化工产品，包括醛类、胺类、有机酸类、酯类、醚类、醇类、烯烃、芳烃化学品，介绍了煤基化学品的性质、用途、合成工艺、市场需求等，对最新基础研究、技术开发和实际应用等的梳理是该书的亮点。

9.《煤基含氧燃料》(李忠　付廷俊　等编著)

作为煤基燃料的重要组成之一，与直接液化和间接液化制得的煤基碳氢燃料相比，煤基含氧燃料合成反应条件相对温和、组成简单、元素利用充分、收率高、环保性能好，具有明显的技术和经济优势，与间接液化类似，对煤种的适用性强。甲醇是主要的、基础的煤基含氧燃料，既可以直接用作车船用替代燃料，亦可作为中间平台产物制取醚类、酯类等含氧燃料。该分册概述了醇、醚、酯三类主要的煤基含氧燃料发展现状及应用趋势，对煤基含氧燃料的合成原料、催化反应机理、催化剂、制造工艺过程、工业化进程、根据其特性的应用推广等进行了深入分析和总结。

10.《煤制烯烃和芳烃》(魏飞　叶茂　刘中民　等编著)

烯烃（特别是乙烯和丙烯）和芳烃（尤其是苯、甲苯和二甲苯）是有机化工最基本的基础原料，市场规模分别居第一位和第二位。以煤为原料经气化制合成气、合成气制甲醇，甲醇转化制烯烃、芳烃是区别于石油化工的煤炭清洁转化制有机化工原料的生产路线。该分册详细论述了煤制烯烃（主要是乙烯和丙烯）、芳烃（主要是苯、甲苯、二甲苯）的反应机理和理论基础，系统介绍了甲醇制烯烃技术、甲醇制丙烯技术、煤制烯烃和芳烃的前瞻性技术，包括工艺、催化剂、反应器及系统技术。特别是对作者团队在该领域的重大突破性技术以及大规模工业应用的创新成果做了重点描述，体现了理论与实践的有机结合。

11.《煤基功能材料》(张功多　张德祥　王守凯　等编著)

碳元素是自然界分布最广泛的一种基础元素，具有多种电子轨道特性，以碳元素作为唯一组成的炭材料有多样的结构和性质。煤炭含碳量高，以煤为主要原料制取的煤基炭材料是煤炭材料属性的重要表现形式。该分册详细介绍了煤基有机功能材料（光波导材料、光电显示材料、光电信息存储材料、工程塑料、精细化学品）和煤基炭功能材料（针状焦、各向同性焦、石墨电极、炭纤维、储能材料、吸附材料、热管理炭材料）的结构、性质、生产工艺和发展趋势。对作者团队重要科技成果的系统总结是该分册的特点。

12.《煤制乙二醇技术与工程》（姚元根　吴越峰　诸慎　主编）

以煤基合成气为原料通过羰化偶联加氢制取乙二醇技术在中国进入到大规模工业化阶段。该分册详细阐述了煤制乙二醇的技术研究、工程开发、工业示范和产业化推广的实践，针对乙二醇制备过程中的亚硝酸甲酯合成、草酸二甲酯合成、草酸酯加氢、中间体分离和产品提纯等主要单元过程，系统分析了反应机理、工艺流程、催化剂、反应器及相关装备等；全面介绍了煤基乙二醇的工艺系统设计及工程化技术。对典型煤制乙二醇工程案例的分析、技术发展方向展望、关联产品和技术说明是该分册的亮点。

13.《煤化工碳捕集利用与封存》（马新宾　李小春　任相坤　等编著）

煤化工生产化学品主要是以煤基合成气为原料气，调节碳氢比脱除CO_2是其不可或缺的工艺属性，也因此成为煤化工发展的制约因素之一。为促进煤炭清洁低碳转化，该分册阐述了煤化工碳排放概况、碳捕集利用和封存技术在煤化工中的应用潜力，总结了与煤化工相关的CO_2捕集技术、利用技术和地质封存技术的发展进程及应用现状，对CO_2捕集、利用和封存技术工程实践案例进行了分析。全面阐述CO_2为原料的各类利用技术是该分册的亮点。

14.《煤基多联产系统技术》（李文英　等编著）

煤基多联产技术是指将燃煤发电和煤清洁高效转化所涉及的主要工艺单元过程以及化工-动力-热能一体化理念，通过系统间的能量流与物质流的科学分配达到节能、提效、减排和降低成本，是一项系统整体资源、能源、环境等综合效益颇优的煤清洁高效综合利用技术。该分册紧密结合近年来该领域的技术进步和工程需求，聚焦多联产技术的概念设计与经济性评价，在介绍关键技术和主要工艺的基础上，对已运行和在建的系统进行了优化与评价分析，并指出该技术发展中的问题和面临的机遇，提出适合我国国情和发展阶段的多联产系统技术方案。

15.《煤化工设计技术与工程》（施福富　亢万忠　李晓黎　等编著）

煤化工设计与工程技术进步是我国煤化工产业高质量发展的基础。该分册全面梳理和总结了近年来我国煤化工设计技术与工程管理的最新成果，阐明了煤化工产业高端化、多元化、低碳化发展的路径，解析了煤化工工程设计、工程采购、工程施工、项目管理在不同阶段的目标、任务和关键要素，阐述了最新的工程技术理念、手段、方法。详尽剖析煤化工工程技术相关专业、专项技术的定位、工程思想、技术现状、工程实践案例及发展趋势是该分册的亮点。

丛书15个分册的作者，都十分重视理论性与实用性、系统性与新颖性的有机结合，从而保障了丛书整体的“新、特、深、精”，体现了丛书对我国煤炭清洁高效利用技术发展的历史见证和支撑助力。“惟创新者进，惟创新者强，惟创新者胜。”坚持创新，科技进步；坚持创新，国家强盛；坚持创新，竞争取胜。“古之立大事者，不惟有超世之才，亦必有坚韧不拔之志”，只要我们坚持科技创新，加快关键核心技术攻关，在中国实现煤炭清洁高效利用一定会指日可待。诚愿这套丛书在煤炭清洁高效利用不断迈上新水平的进程中发挥科学求实的推动作用。

谢克昌

2023年6月9日

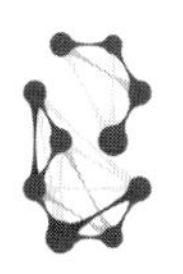

前言

煤炭作为能源和有机质的统一载体，其结构组成特征和加热反应特性，决定了通过中低温热解或高温焦化，先将其分质转化为气（热解气）、液（煤焦油）、固（半焦/焦炭）三种形态，再分别对热解气、煤焦油、半焦/焦炭进一步分质转化为油、气、电、热和有机化学产品，既是一条低消耗、低排放、低成本同步获取清洁能源和高附加值化学产品的煤炭清洁高效转化利用途径，又能起到缓解油气对外依存度过高、维护国家能源安全的作用。2021 年 9 月，习近平主席在陕西榆林考察时强调，“要提高煤炭作为化工原料的综合利用效能”“促进煤化工产业高端化、多元化、低碳化发展”“积极发展煤基特种燃料、煤基生物可降解材料等”。《国家“十三五”规划纲要》《能源技术革命创新行动计划（2016—2030 年）》《中共中央 国务院关于新时代推进西部大开发形成新格局的指导意见》《“十四五”能源领域科技创新规划》等多项文件，也明确提出积极推进煤炭分级分质梯级利用。

近年来，煤炭中低温热解及煤焦油加工技术研发和工业化试验呈现出百家争鸣、百花齐放之势，工业化示范及其大型产业化项目布局也随之加快；煤炭高温炼焦及煤焦油加工技术已形成大规模产业，但随着节能环保要求的提高和对提升综合效益的追求，整体技术及其产业也在加快优化升级。因而，亟须一部能反映煤炭热解与焦化领域最新基础理论、科研成果及其工业化试验示范案例的专著加以指导。

本书在谢克昌、高晋生、郑文华、马宝岐、贺永德五位煤化工权威专家指导下，由国家能源煤炭分质清洁转化重点实验室、大连理工大学、华东理工大学、安徽理工大学、安徽工业大学、西北大学、山东省冶金设计院及陕西煤业化工集团所属相关企业的多支研究团队共同编著完成，以期能为煤炭热解与焦化领域的科技研发和产业高质量发展提供些许辅助。

本书共分 6 章。第 1 章由尚建选、胡浩权、郑明东、徐婕、张喻编写，对热解与焦化的煤炭资源分布、过程特征和技术产业发展进行了概述；第 2 章由胡浩权、尚建选、郑明东、杨赫、王德超编写，从煤的组成与基本结构出发，总结了煤炭热解与焦化的规律、影响因素、反应动力学、焦化机理及模型，系统论述了相关基础理论的最新研究成果；第 3 章由尚建选、胡浩权、张喻、徐婕编写，第 4 章由李冬、尚建选、杨占彪、范晓勇编写，这两章首先对适合于中低温热解原料煤的性质特点、中低温煤焦油的原料特征进行了阐述，对过程传质传热、高温油气除尘、精馏分离、催化加氢等煤炭中低温热解及煤焦油加工关键技术研发成果进行了总结，在此基础上列举了典型先进工艺技术成果案例，提出了新一代技术研发及其产业发展方向；第5章由郑明东、尚建选、张德祥、李庆生、张小勇、李光辉、杨永利、曹银平编写，第6章由张德祥、尚建选、郑明东、刘鹏编写，这两章首先阐述了炼焦煤、高温煤焦油的基本特征，论述了焦炉大型化、副产物高效回收、高附加值化产品提取精制等高温炼焦及煤焦油加工先进关键技术，在此基础上系统总结了现代炼焦技术装备和焦油各馏分加工技术，提出了现代高温炼焦及焦油加工利用技术和产业发展方向。

全书由尚建选、郑明东、胡浩权、张喻负责制定编写提纲、统稿、定稿，马宝岐、杨文彪、任相坤审订。

本书在编写过程中得到闵小建、张立岗、王会民、毛世强、沈和平、姚继峰、刘国强、宋如昌、田玉民、屈战成、张增战等的支持和帮助。陈淼、师德谦、任鹏、李学强、孙显锋、冉伟利、杨小彦、王奕晨、刘美芳、熊言坤、武云飞、崔平、李扶虎、崔楼伟、朱永红等为本书的部分内容编写、文献查阅、制图、制表付出了辛勤劳动。在此，向上述同志致以衷心的感谢！

本书中引用了国内外许多学者的研究成果或观点，采用了国内外相关企业及研究单位的典型案例，在此深表感谢！

由于本书内容涉及的最新技术大部分处于研发和试验示范阶段，列举案例受限于详尽资料获取，特别是编著者经验不足、水平有限，书中难免有不妥之处，敬请广大读者批评指正。

编著者

2023 年 7 月

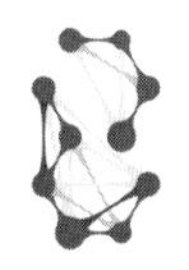

目录

1 绪论

煤的热解也称为煤的干馏或热分解，是指煤在隔绝空气的条件下进行加热，在不同温度下发生一系列物理变化和化学反应的复杂过程，初级产品包括煤气、煤焦油、半焦或焦炭等不同相态的产品，对其进一步加工利用，可生产附加值更高、更为清洁的产品，实现煤炭清洁高效分级分质利用。根据热解终温的不同，热解技术可分为高温热解（950～1050℃）和中低温热解（500～800℃）。在实际应用中，习惯将高温热解称为煤的焦化，中低温热解称为煤的热解。本书对两种技术的称谓主要采用行业中的习惯叫法。

煤热解技术历史悠久，19～20世纪，中低温热解开始形成并得到发展，但由于石化工业的崛起冲击，一些技术在中试或工业试验后，没有得到持续的工程技术研发和大规模工业推广。我国对煤热解技术的研发历史较长，但进展较慢。近年来，由于我国能源资源禀赋的特点和追求煤炭清洁高效利用的动因，煤热解技术的发展重心移至我国，以大连理工大学、浙江大学、中国科学院、煤炭科学研究总院、中钢集团鞍山热能研究院、陕西煤业化工集团、神木市三江能源有限公司、河南龙成集团为代表的一大批科研院所和企业开展了大量的技术研发和工业化试验示范，目前已形成了约1亿吨/年的原煤热解产能。

对于焦化，为满足高炉大型化和喷煤技术对高质量焦炭的需求，以及考虑世界范围内优质炼焦煤资源的短缺，正在开发炼焦新技术，包括减少炼焦生产对环境污染的技术，提高生产效率的连续炼焦工艺，减少除煤气以外的其他副产品，将煤气转化为蒸汽、电力或用于铁矿石还原的技术，以及在炼焦煤中增加不黏结煤比例的技术等。我国新建焦厂投资大，煤炭资源以高挥发分低阶煤为主，炼焦新技术的发展方向为合理配煤、煤的预处理等，以此扩大炼焦煤资源，为国内钢铁工业提供数量足、质量优的焦炭，消除或减轻环境污染。

煤是复杂的混合物，不同煤种的煤质特征差别很大，这决定了对于任何以煤为原料的转化技术，必须首先明确原料煤是否适合。鉴于此，需要在了解煤的种类及其特性基础上，进行热解与焦化技术的研究。

1.1 热解与炼焦煤资源

1.1.1 煤炭分类

中国煤分类的完整体系，由技术分类、商业编码和煤层煤分类三个国家标准组成[1]。前两者属于实用分类，后者属于科学/成因分类。它们之间就其应用范围、对象和目的而言，都不尽一致。技术分类标准以利用为目的，商业编码标准则是为了开展国内贸易与进出口贸易[2]。我们在研究煤炭转化利用时主要使用的是技术分类标准——《中国煤炭分类》（GB/T 5751—2009）。

该分类体系中，先根据干燥无灰基挥发分等指标，将煤炭分为无烟煤、烟煤和褐煤；再根据干燥无灰基挥发分及黏结指数等指标，将烟煤划分为贫煤、贫瘦煤、瘦煤、焦煤、肥煤、1/3焦煤、气肥煤、气煤、1/2中黏煤、弱黏煤、不黏煤及长焰煤。

（1）无烟煤、烟煤及褐煤的划分（表1-1）

表1-1 无烟煤、烟煤及褐煤分类表

类别	代号	编码	分类指标	
			V_{daf}/%	P_M/%
无烟煤	WY	01,02,03	≤10.0	—
烟煤	YM	11,12,13,14,15,16	>10.0～20.0	—
		21,22,23,24,25,26	>20.0～28.0	
		31,32,33,34,35,36	>28.0～37.0	
		41,42,43,44,45,46	>37.0	
褐煤	HM	51,52	>37.0①	≤50②

① 凡V_{daf}>37.0%，G≤5，再用透光率P_M来区分烟煤和褐煤（在地质勘查中，V_{daf}>37.0%，在不压饼的条件下测定的焦渣特征为01号和02号的煤，再用P_M来区分烟煤和褐煤）。

② 凡V_{daf}>37.0%、P_M>50%者为烟煤；30%<P_M≤50%的煤，如恒湿无灰基高位发热量$Q_{gr,maf}$>24MJ/kg，划为长焰煤，否则为褐煤。恒湿无灰基高位发热量$Q_{gr,maf}$的计算方法见下式：

$$Q_{gr,maf}=Q_{gr,ad}\times\frac{100\times(100-\mathrm{MHC})}{100\times(100-M_{ad})-A_{ad}(100-\mathrm{MHC})}$$

式中 $Q_{gr,maf}$——煤样的恒湿无灰基高位发热量，J/g；

$Q_{gr,ad}$——一般分析试验煤样的恒容高位发热量，J/g；

M_{ad}——一般分析试验煤样的水分的质量分数，%；

A_{ad}——空气干燥基灰分质量分数，%；

MHC——煤样最高内在水分的质量分数，%。

（2）无烟煤亚类的划分（表1-2）

表1-2 无烟煤亚类的划分

亚类	代号	编码	分类指标	
			V_{daf}/%	H_{daf}/%①
无烟煤01号	WY1	01	≤3.5	≤2.0
无烟煤02号	WY2	02	>3.5～6.5	>2.0～3.0

续表

亚类	代号	编码	分类指标	
			V_{daf}/%	H_{daf}/%①
无烟煤03号	WY3	03	>6.5～10.0	>3.0

① 在已确定无烟煤亚类的生产矿、厂的日常工作中，可以只按 V_{daf} 分类；在地质勘查工作中，为新区确定亚类或生产矿、厂和其他单位需要重新核定亚类时，应同时测定 V_{daf} 和 H_{daf}，按上表分亚类。如两种结果有矛盾，以按 H_{daf} 划亚类的结果为准。

（3）烟煤的划分（表1-3）

表1-3 烟煤的划分

类别	代号	编码	分类指标			
			V_{daf}/%	G	Y/mm	b/%②
贫煤	PM	11	>10.0～20.0	≤5		
贫瘦煤	PS	12	>10.0～20.0	>5～20		
瘦煤	SM	13 14	>10.0～20.0 >10.0～20.0	>20～50 >50～65		
焦煤	JM	15 24 25	>10.0～20.0 >20.0～28.0 >20.0～28.0	>65① >50～65 >65①	≤25.0 ≤25.0	≤150 ≤150
肥煤	FM	16 26 36	>10.0～20.0 >20.0～28.0 >28.0～37.0	(>85)① (>85)① (>85)①	>25.0 >25.0 >25.0	>150 >150 >220
1/3焦煤	1/3JM	35	>28.0～37.0	>65①	≤25.0	≤220
气肥煤	QF	46	>37.0	(>85)①	>25.0	>220
气煤	QM	34 43 44 45	>28.0～37.0 >37.0 >37.0 >37.0	>50～65 >35～50 >50～65 >65①	≤25.0	≤220
1/2中黏煤	1/2ZN	23 33	>20.0～28.0 >28.0～37.0	>30～50 >30～50		
弱黏煤	RN	22 32	>20.0～28.0 >28.0～37.0	>5～30 >5～30		
不黏煤	BN	21 31	>20.0～28.0 >28.0～37.0	≤5 ≤5		
长焰煤	CY	41 42	>37.0 >37.0	≤5 >5～35		

① 当烟煤黏结指数测值 G≤85时，用干燥无灰基挥发分 V_{daf} 和黏结指数 G 来划分煤类。当黏结指数测值 G>85时，则用干燥无灰基挥发分 V_{daf} 和胶质层最大厚度 Y，或用干燥无灰基挥发分 V_{daf} 和奥阿膨胀度 b 来划分煤类。在 G>85的情况下，当 Y>25.00mm时，根据 V_{daf} 的大小可划分为肥煤或气肥煤；当 Y≤25.0mm时，则根据 V_{daf} 的大小可划分为焦煤、1/3焦煤或气煤。

② 当 G>85时，用 Y 值和 b 值并列作为分类指标。当 V_{daf}≤28.0%时，b>150%的为肥煤；当 V_{daf}>28.0%时，b>220%的为肥煤或气肥煤。如按 b 值和 Y 值划分的类别有矛盾时，以 Y 值划分的类别为准。

（4）褐煤亚类的划分（表 1-4）

表 1-4　褐煤亚类的划分

类别	代号	编码	分类指标	
			P_M/%	$Q_{gr,maf}$/(MJ/kg)①
褐煤 1 号	HM1	51	≤30	—
褐煤 2 号	HM2	52	>30～50	≤24

① 凡 V_{daf}>37.0%，P_M>30%～50%的煤，如恒湿无灰基高位发热量 $Q_{gr,maf}$>24MJ/kg，则划为长焰煤。

不同分类的煤，煤化程度不同。煤在较高温度下持续的时间越长，煤化程度越高。煤化过程中各种作用的相互关系见图 1-1。

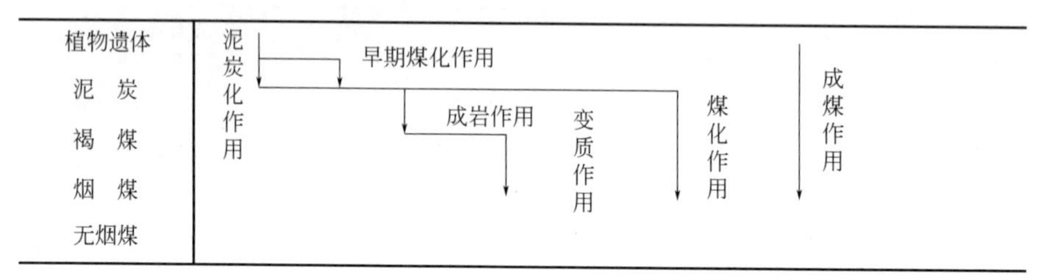

图 1-1　煤化过程中各种作用的相互关系

1.1.2　低阶煤储量及分布

在我国，低阶煤通常指变质程度较低，具有碳含量低，氢、氧含量和挥发分含量高等特点的煤种，主要包括褐煤和低变质烟煤（长焰煤、不黏煤、弱黏煤）。低阶煤因其黏结指数低、传质传热效率高、挥发分高的特性，是热解的优良原料[3,4]。据煤炭地质总局第三次全国煤田预测，我国垂深 2000m 以内的低阶煤预测资源量为 26118.16 亿吨，占全国煤炭资源预测资源量的 57.38%，其中低变质烟煤占 53.20%，褐煤占 4.18%。

据国家统计局资料，2017～2022 年全国产煤地区生产原煤量见表 1-5。

表 1-5　2015～2020 年全国各产煤地区生产原煤量　　单位：万吨

序号	地区	2017 年	2018 年	2019 年	2020 年	2021 年	2022 年
1	内蒙古	87857.1	92597.9	103523.7	100091.3	103896.1	117409.6
2	山西	85398.9	89340.0	97109.4	106306.8	119316.2	130714.6
3	陕西	56959.9	62324.5	63412.4	67942.6	69993.8	74604.5
4	新疆	16706.5	19037.3	23773.3	26587.4	31991.9	41282.2
5	贵州	16551.4	13917.0	12969.5	11935.1	13120.0	12813.6
6	山东	12945.6	12169.4	11875.6	10922.0	9312.0	8753.1
7	安徽	11724.4	11529.1	10989.5	11084.4	11274.1	11176.9
8	河南	11688.0	11366.6	10873.3	10490.6	9335.5	9772.8
9	宁夏	7353.4	7416.2	7168.0	8151.6	8632.9	9355.4
10	黑龙江	5440.4	5791.6	5195.0	5206.3	5974.9	6951.8

续表

序号	地区	2017年	2018年	2019年	2020年	2021年	2022年
11	河北	6010.8	5505.3	5075.2	4974.7	4641.0	4705.6
12	云南	4392.9	4534.9	4779.6	5265.6	5796.0	6659.4
13	甘肃	3712.3	3575.1	3663.1	3848.1	4151.1	5351.8
14	四川	4659.9	3516.3	3296.4	2158.3	1907.2	2224.0
15	辽宁	3611.0	3375.9	3292.0	3091.5	3087.7	3158.1
16	湖南	1860.5	1692.9	1374.7	1053.3	723.4	799.6
17	吉林	1635.3	1517.7	1217.0	1001.6	875.3	948.0
18	江苏	1278.5	1245.8	1102.7	1022.3	934.3	964.1
19	重庆	1172.1	1187.0	1150.8	939.4	0.0	0.0
20	福建	1107.0	917.7	831.7	645.8	540.7	443.2
21	青海	715.5	773.4	1007.2	1092.1	1109.2	936.5
22	江西	782.1	530.5	441.2	281.2	213.4	194.6
23	广西	415.4	470.7	356.6	241.6	279.7	291.7
24	北京	255.0	176.2	36.1	0	0.0	0.0
25	湖北	311.6	81.9	38.5	40.3	29.7	72.8
26	全国	344545.5	354590.9	374552.5	384373.9	407136.1	449583.9

其中，内蒙古、陕西、新疆、宁夏等地所产煤种主要为低阶煤，而这些地区由于资源赋存条件好，开采成本相对较低，安全性高，原煤产量将进一步提升。当前，我国每年的煤炭生产中，低阶煤的产量已超过50%，随着原煤产量进一步向主产区集中，产煤小的省份加速退出，低阶煤在我国煤炭产量中的比重会越来越高。

低阶煤在我国的分布也较为集中。低变质烟煤主要分布在内蒙古、新疆、陕西、山西等地，成煤时代以早、中侏罗纪为主，其次为早白垩纪和石炭二叠纪，主要产地见表1-6。

表1-6　我国低变质烟煤的主要产地

地区	矿区及煤产地	成煤时代
内蒙古	准格尔	C2,P1
	东胜、大青山、营盘湾、阿巴嘎旗、昂根、北山、大杨树	J1～J3
	双辽、金宝屯、拉布达林	K1
新疆	乌鲁木齐、乌苏、干沟、南台子、西山、南山、鄯善、巴里坤、艾格留姆、他什店、伊宁、哈密、克尔碱、布雅、吐鲁番七泉湖、哈南、和什托洛盖	J1,J2
陕西	神木、榆林、横山、府谷、黄陵、焦坪、彬长	J1,J2
山西	大同	J2
宁夏	碎石井、石沟驿、王洼、炭山、下流水、窑山、灵盐、磁窑堡	J2
河北	蔚县、下花园	J1,J2
黑龙江	集贤、东宁、老黑山、宝清、柳树河子、黑宝山-罕达气	K1
	依兰	E2

续表

地区	矿区及煤产地	成煤时代
辽宁	阜新、八道壕、康平、铁法、宝力、亮中桥、谢林台、雷家、务欢池、冰沟	K1
	抚顺	E2,E3
河南	义马	J2

注:C2为石炭纪中石炭世;P1为二叠纪早二叠世;J1、J2、J3分别为侏罗纪早、中、晚侏罗世;K1为白垩纪早白垩世;E2、E3分别为第三纪始新世、渐新世。

褐煤主要分布在内蒙古东部（锡林浩特、通辽、呼伦贝尔等）和云南。其中内蒙古东部褐煤占我国褐煤查明储量的81.59%；云南褐煤占我国总储量的5.1%；此外，黑龙江东部、辽宁、山东等地均有零星分布。我国褐煤的主要产地见表1-7。

表1-7　我国褐煤的主要产地

地区	矿区及煤产地	成煤时代
内蒙古	扎赉诺尔、大雁、伊敏、霍林河、胜利、白音华、平庄、元宝山	K1
云南	跨竹、小龙潭、先锋、凤鸣村、昭通、马街、越州、建水、蒙自、姚安、龙陵、昌宁、华宁、罗茨、楚雄、玉溪	N1,N2
黑龙江	虎林、兴凯、宝泉岭、绥滨、富锦、桦川、七星河、五常	E1,E2,N1
	西岗子、伊春、建兴、东兴	K1

注:E1、E2分别为第三纪古新世、始新世;N1、N2分别为第三纪中新世、上新世;K1为白垩纪早白垩世。

1.1.3　炼焦煤储量及分布

炼焦煤泛指具有黏结性且可以结焦的煤种，我国煤炭分类中的焦煤、肥煤、气煤、瘦煤、1/3焦煤和气肥煤均可作为炼焦煤。尽管世界煤炭资源比较丰富，但炼焦煤特别是优质炼焦煤是一种稀缺资源，全球炼焦煤总量约13430亿吨，具有经济可采价值的储量有5500亿～6000亿吨，其中，低灰、低硫的优质炼焦煤资源仅有约800亿吨。炼焦煤主要分布在亚洲和北美洲，俄罗斯、中国和美国分别占比41.3%、21%和17.7%，总量占世界的80%左右。

我国炼焦煤资源保有查明资源量约为2961亿吨，其中经济可采的炼焦煤储量仅567.6亿吨，占炼焦煤保有查明资源量的19.2%，仅占查明煤炭资源量的3.6%。同时，炼焦煤资源中煤种分布不均，气煤和1/3焦煤储量占比接近50%；主焦煤保有储量517.6亿吨，占比17.5%；瘦煤353.1亿吨，占比11.9%；肥煤239.6亿吨，占比8.1%；气肥煤114.8亿吨，占比3.9%。炼焦煤中肥煤、焦煤、瘦煤常称作稀缺炼焦煤，全国稀缺炼焦煤资源保有储量1569.57亿吨，其中山西省稀缺炼焦煤资源保有储量616.4亿吨，占比39.3%；河北省稀缺炼焦煤资源保有储量194.2亿吨，占比12.4%；贵州省稀缺炼焦煤资源保有储量139.6亿吨，占比8.9%；河南省稀缺炼焦煤资源保有储量127.0亿吨，占比8.1%，四省份合计占比68.7%[5]。

我国主要炼焦煤生产矿区约16个，近年来全国炼焦煤产量维持在每年5.5亿吨左右，表1-8为我国主要炼焦煤矿区资源与分布。

表 1-8 中国主要炼焦煤矿区资源与分布

地区	矿区名称	查明资源储量(亿吨)	主要煤种
山西	离柳、乡宁、西山、霍州、霍东	917.3	1/3 焦、肥、焦、瘦煤
山东	巨野、兖州	97	肥、气、1/3 焦煤
安徽	淮北	98.4	气、1/3 焦、肥、焦瘦煤
河北	邯郸、开滦	119	肥、焦、瘦、1/3 焦煤
河南	平顶山	75	气、1/3 焦、肥、焦煤
贵州	盘江、水城	215	肥、1/3 焦、气、焦、瘦煤
黑龙江	七台河、鸡西	37	1/3 焦、焦、瘦煤
云南	恩红、庆云	19.4	1/3 焦、焦、瘦煤

自 2016 年以来，我国炼焦煤产能及产能利用率逐步减少，“十三五”期间原煤去产能达 9.8 亿吨，其中炼焦煤 3.2 亿吨，占比约 33%。预计“十四五”国内煤炭产量将控制在 41 亿吨左右，2021 年和 2022 年炼焦煤（精煤）产量分别为 4.89 亿吨和 4.94 亿吨，同比增速分别为 0.82%和 1.02%。长期来看，受低碳冶金的影响，炼焦煤产量亦趋于减少。

炼焦煤供应受制于高炉冶炼的需求的变化，图 1-2 为近年来焦炭、炼焦煤需求比较。

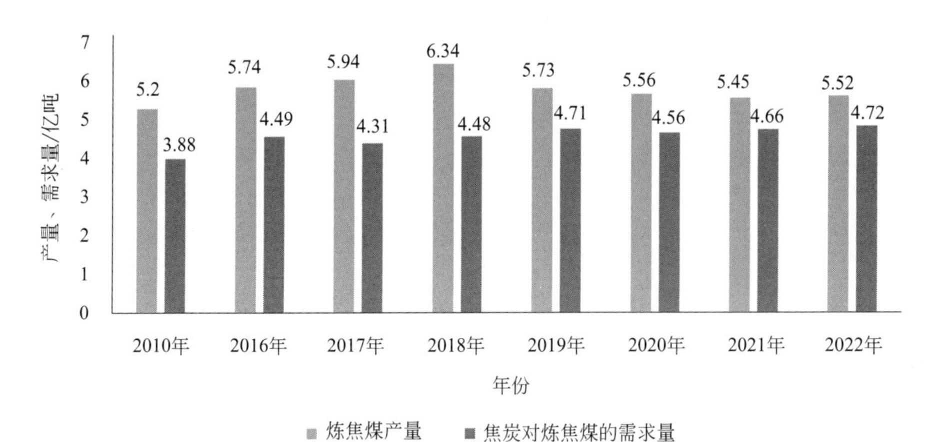

图 1-2 2010～2022 年我国炼焦煤产量及焦炭对炼焦煤的需求量

可以预计，我国炼焦煤供应总体呈阶段性下行趋势。由于我国炼焦煤资源的稀缺性和去产能及环保政策的双重限制，炼焦煤产能及产量在 2021 年和 2022 年基本达到了顶峰。

表 1-9 中国炼焦煤资源供需平衡表

项目	年份							
	2018	2019	2020	2021	2022	2023①	2024①	2025①
供应量/万吨	43486	44000	48500	49030	49000	44000	42750	42500
需求量/万吨	51092	49785	55600	54500	55200	50800	50320	49440
缺口/万吨	7606	5785	7100	5470	6200	6800	7570	6940

①数据为预测数据。

1.2 热解与焦化过程特征

1.2.1 产物及析出规律

1.2.1.1 气体产物析出规律

煤热解产物的组成表明，CH_4、CO_2、H_2O 和 H_2 是煤热解的主要气态产物，而煤热解特定的产物对应煤中特定的官能团结构，如以往的研究表明 CO_2 与煤中的羧基有关，水是由煤中分解的羟基与氢结合形成，烃类产物的生成与脂肪侧链有关，而 H_2 主要是煤缩合反应的产物[6,7]。对煤转化过程反应机制和类型的认识取决于对煤组成结构的理解。大量的研究认为低温下非烃气体 CO、CO_2 和 H_2O 主要是煤中的羧基或羟基发生交联反应的产物，交联反应生成醚或酯，同时放出非烃气体，而且每生成一种气体就会产生一个交联，即生成的气体越多，产生的交联键就越多，生成的 CO、CO_2 和 H_2O 越多，说明煤结构中含有的含氧官能团越多，即早期 CO、CO_2 和 H_2O 的生成速率主要取决于煤中含氧官能团的含量，而且低温下甲烷的生成也与交联反应有关[8]。

(1) 甲烷生成机理

煤样在热解过程中生成甲烷的主要途径有[9]：

煤直接一次热解与活泼 H·生成甲烷：

$$\text{煤}—CH_3 + H\cdot \longrightarrow \text{煤} + CH_4$$

热解生成固体产物的氢化反应：

$$C(s) + 2H_2 \longrightarrow CH_4$$

此外，前期热解生成液态产物的二次热解也是生产甲烷的途径之一。热解过程中，随终温逐渐增高，煤样的成熟度增加，煤中脂肪烃含量因热裂解反应生成气体产物而逐渐减少。如果实验中采用较长恒温时间就可减缓液态烃类从煤孔隙中排出，从而加剧了前期热解生成物在煤粒内的裂解反应。

国内外研究者对甲烷的生成动力学及其反应机制进行了研究，Arenillas 等[10]认为甲烷主要来自氢化芳烃和芳甲基，研究结果显示无烟煤的热解甲烷生成量较少，且生成峰温向高温方向偏移，这是由于高阶煤中不存在氢化芳香结构。Cramer[11]在对开放体系热解过程中甲烷同位素分馏速率曲线进行拟合的基础上，对其进行了动力学分析，认为煤热解甲烷的生成存在 4 类反应，Porada[12]在对甲烷生成速率曲线分峰拟合的基础上，对甲烷的生成动力学进行了分析，认为甲烷的生成是 6 个反应综合作用的结果。以上研究都从动力学的角度分析了甲烷的生成机制。

(2) 氢气生成机理

氢气是煤热解的主要气体产物之一，由于其生成的温度较高，因此认为主要是芳香物质聚合以及氢化芳香环脱氢的结果[13]。在以往的研究中，对煤热解过程中氢气的生成特征及其与煤级的关系进行了较多的研究，如 van Krevelen[14]对含碳量分别为 92%、89%、96%的煤样进行分析，发现氢气的析出过程在很宽的温度范围内，最大析出量时的温度都在

750℃左右，氢气在第一次碳化阶段中析出是由于脂环族结构的脱氢作用，而在高温区第二次碳化阶段析出则是由于多环浓缩的环化脱氢作用。Arenillas 等[15]采用热重/质谱（TG/MS）联用方法研究了 4 种不同变质程度的煤，认为无烟煤的氢气析出量较小，其他 3 种煤差别很小，说明氧含量在氢气释放过程中扮演重要角色。氢气的生成温度范围较宽，一般到900℃还没反应完全，是多个化学反应综合作用的结果。Porada[12]对热解氢气的生成速率曲线进行分峰拟合发现氢气的生成是 5 个基元反应的结果，并认为低温时氢气主要来自氢化芳香结构脱氢，而芳香结构缩聚脱氢是高温时氢气的主要来源。

（3）含氧化合物生成机理

煤结构研究表明煤中含有一定量的含氧官能团，这些含氧官能团在受热过程中会放出 CO_2 和 H_2O 以及 CO 等含氧化合物，通过热解含氧化合物的生成特征分析可以预见煤结构中含氧官能团的存在特征[16]。低阶煤中由于含有较多的含氧官能团，因而形成较多的氢键，这些氢键在低温下就会发生交联反应生成 CO_2 和 H_2O，400℃以下煤热解 CO_2 和 H_2O 的生成与 COOH … COOH 和 COOH … OH（氢键）发生交联反应有关，H_2O 的生成量等于交联键的数量，因此可以通过 CO_2 和 H_2O 的生成量来预测发生交联反应的程度。

Porada[12]对产物的动力学分析显示 CO 和 CO_2 的生成是四个反应的结果，但没有对具体的反应给予解释。一般地，高温时 CO_2 来源于煤中较稳定的含氧官能团，如醚、醌及含氧杂环等。热解早期的交联反应放出非烃气体 CO_2 和 H_2O 的同时也生成了新的酯或醚等化合物，这些化合物也是热解后期 CO 和 CO_2 的主要来源。700℃以后 CO_2 的生成还可能与煤中矿物质有关，主要是碳酸盐类物质的分解引起的。大量的研究显示 CO 的生成至少存在两个明显的峰，一个位于 420℃左右，另一个位于 670℃左右，第一个峰是煤中醌降解的结果，而第二个峰归因于含氧杂环的分解。300℃以下 H_2O 的生成是煤中内在水分和外在水分逸出的结果，而 300℃以上煤中热解 H_2O 开始逸出，主要来源于煤中 O—H 键的断裂分解，由于煤中的 C—OH 键中 C－O 键的强弱不同，因此热解 H_2O 的生成分布在很宽的温度范围。他们甚至将煤热解水的生成主要归属于酚羟基的分解。

（4）脂肪烃类（C_2～C_4）生成机理

不同煤热解 C_2～C_4 的逸出峰形相似，峰温接近，而同一种煤热解 C_2～C_4 的逸出峰形及峰温基本一致，说明对于同一种煤而言，C_2～C_4 烃类均来自煤大分子结构裂解这一过程，因而 C_2～C_4 烃类的逸出峰温与热失重曲线中的失重速率峰温基本一致。煤热解产物中的低碳脂肪烃类 C_2～C_4 是煤中脂肪侧链分解产生的。

通常将煤热解低碳烃类气体 C_2～C_4 的生成特征与其热解甲烷的生成特征进行对比分析，以往的研究表明煤热解甲烷与重烃气体的逸出特征存在明显的不同，表现在甲烷的逸出峰温一般要高于重烃气体的逸出峰温 30～70℃左右，而热解重烃气体的产率要小于热解甲烷的产率，但煤热解甲烷与重烃气体的开始逸出温度没有较大的差别。这些现象表明煤热解甲烷和重烃气体在生成机制上存在差异，一般认为低碳烃的生成是一次反应的结果，而甲烷的来源较为复杂[17]。

1.2.1.2 液体产物析出规律

焦油主要来源于煤的裂解，所以当煤裂解占主导地位时，焦油的产率随着温度的升高而增加，当煤的裂解和有机质的裂解达到平衡时，焦油产率达到最大值；当有机质的裂解占主导地位时，焦油产率随温度的升高而降低[18]。

热解期间煤中 C_{al}—O、C_{al}—C_{al}、C_{al}—H、C_{ar}—O 和 C_{ar}—C_{al} 等化学键在不同温度区间内发生断裂造成焦油产量不断上升。350℃左右时，煤中的 C_{al}—O 键发生断裂。该共价键由脂肪族碳原子和氧原子构成，因此该共价键的断裂将产生烷烃自由基和烷烃含氧衍生物。这些自由基具备较高活性，能与自身或与氢自由基结合生成热解焦油。当热解温度达到 450℃左右时，煤中的 C_{al}—C_{al}键和 C_{al}—H 键发生断裂，这两类共价键主要由脂肪族碳原子和氢原子构成，因此这两类共价键的断裂将产生大量的烷烃自由基和氢自由基。这两类化学键的断裂是造成半焦失重的主要原因，因此焦油中将含有大量的烷烃类物质。当热解温度为 550℃时，C_{ar}—O 键和 C_{ar}—C_{al}键的断裂导致半焦质量持续降低。这两类化学键主要由芳香碳原子与脂肪碳原子和氧原子构成。其中，C_{ar}—O 基团主要包括酚基醚和芳基醚。因此这两类化学键的断裂将产生烷烃基团和酚类基团。这些脱落的化学基团反应活性较高，与热解环境中相似的化学基团或氢自由基相互结合，生成酚类或多环酚类化合物。这些化合物的生成导致 450℃后焦油产量的不断升高。焦油生成过程的反应机理如下[19]：

$$(半焦)Ar-O-CH_2-R \longrightarrow (半焦)Ar-O\cdot + \cdot CH_2-R \xrightarrow{H\cdot} R-CH_3$$

$$(半焦)Ar-O-CH_2-R \longrightarrow (半焦)Ar-O\cdot + \cdot CH_2-R \xrightarrow{\cdot CH_2-R} R-CH_2-CH_2-R$$

$$R-CH_2-OH \longrightarrow \cdot OH + R-CH_2\cdot \xrightarrow{H\cdot} R-CH_3$$

$$R-CH_2-OH \longrightarrow \cdot OH + R-CH_2\cdot \xrightarrow{\cdot CH_2-R} R-CH_2-CH_2-R$$

$$(半焦)Ar-CH_2-CH_2-R \longrightarrow (半焦)Ar-CH_2\cdot + \cdot CH_2-R \xrightarrow{H\cdot} R-CH_3$$

$$(半焦)Ar-CH_2-CH_2-R \longrightarrow (半焦)Ar-CH_2\cdot + \cdot CH_2-R \xrightarrow{\cdot CH_2-R} R-CH_2-CH_2R$$

$$(半焦)Ar-CH_2-R \longrightarrow (半焦)Ar\cdot + \cdot CH_2-R \xrightarrow{H\cdot} R-CH_3$$

$$(半焦)Ar-CH_2-R \longrightarrow (半焦)Ar\cdot + \cdot CH_2-R \xrightarrow{\cdot CH_2-R} R-CH_2-CH_2-R$$

$$(半焦)Ar-O-CH_2-R \longrightarrow (半焦)Ar\cdot + \cdot O-CH_2-R \xrightarrow{H\cdot} R-CH_2-OH$$

$$(半焦)Ar-O-CH_2-R \longrightarrow (半焦)Ar\cdot + \cdot O-CH_2-R \xrightarrow{\cdot O-CH_2-R} R-CH_2-O-O-CH_2-R$$

焦油的产量随着温度的升高而增加，达到一个最大值（一般为 650℃）后，接着随温度的升高而下降。焦油在较低的裂解温度（500～700℃）下，主要产物是气体；在较高的温度（800～1000℃）下，主要产物是碳[20]。在 1000℃以上，乙炔的产率随温度升高迅速提高，而 CO 的产率在 1300℃以上就达到一定值而不再随温度变化了。烃类（C_2～C_5）随温度升高都有一个与最大产率对应的温度点。

1.2.1.3 固体产物生成规律

（1）半焦生成机理

半焦是中低温热解最主要的产品。与焦炭相比，半焦具有高反应性和高比电阻的特点，孔隙率也比较高，一般为 30%～50%，但是机械强度较差。目前的半焦主要是块煤转化生成的，由于煤尺寸较大，物质分布不均匀，胶质体从颗粒内部向表面溢出、固结而形成半焦，过程需要的时间较粉煤更长，因而半焦整体结构表现出一定的差异。Minkina 等[21]发现对于结焦性能较好的块煤受热过程发生均匀膨胀，生成的半焦外层少孔，而中心孔隙十分丰富；煤中显微组分含有易熔和难熔的物质，对于粉煤，这些物质被集中在小颗粒中，若该颗粒是易熔物质，则形成蜂巢半焦，如果主要含难熔物质，则产生通道堵塞；对于块煤脱挥，软化发生在局部，膨胀受到了难熔带的束缚，当富含镜质组的带覆盖在块煤外层时，它能够自由膨胀，产生含大孔的外层壳。焦煤成焦后半焦的抗碎能力较原煤有很大提高，而非焦煤却有所降低，实验发现，400～600℃之间脱挥后的半焦强度最差。

块煤由于自身粒度较大，相比粉煤外表面积小，因而颗粒间接触面积有限，在成焦过程中受到了较大的传质限制影响，Campbell 等[22]研究了常压下三种南非块煤（2cm×2cm×2cm）的结块性能，发现镜质组、稳定组、挥发分含量越多，裂解过程中结块的趋势越大；由于热量传输和质量传输的影响，时间也是结块的影响因素，研究发现颗粒间接触时间越长，结块现象越可能发生，而颗粒间相互黏结得越紧密，破坏二者之间的键需要的外力越大。研究还发现煤在不同气氛下的膨胀趋势有差异，粉煤在氮气下的热处理膨胀率高于在空气中的热处理膨胀率，粉煤包含更多的丝炭，而块煤含更多暗煤，暗煤膨胀率远大于丝炭，因而块煤比粉煤更容易膨胀。

关于半焦的成焦机理，Yu 等[23]根据半焦的不同形态分类，定义了 9 种类型的半焦，孔类型从多孔到较少孔，建立了块煤多元气泡膨胀机理及半焦结构形成模型，但由于块煤成分的特殊性，该模型不适用于粉煤。除了煤性质不同对半焦性能造成的差异外，过程控制如处理时间、温度、升温速率对块煤的膨胀和破裂有着重要影响，例如较慢的升温速率能够明显地抑制煤的膨胀。煤在剧烈的温度下能够发生分裂，小颗粒煤的破碎程度取决于温度及挥发分含量，并且随着胶质体的增加而增大；膨胀导致了局部压力的产生及黏度梯度的形成，使得煤焦强度降低，煤直径的增大、挥发分的增加和升温速率的提高都能够加剧煤的膨胀，当煤的粒径低于 0.5mm 时，其脱挥速率不受粒径的影响，因此小颗粒释放挥发分路径短，所遇的阻力较小，然而当粒径增大到 1mm 时，挥发分产量有明显的下降趋势。

（2）*焦炭生成机理*

比较有影响的成焦机理有溶剂抽提理论、物理黏结理论、塑性成焦机理、中间相成焦机理和传氢机理，每个理论都有其合理性和局限性[24]。早期以溶剂抽提理论和物理黏结理论为主，现在多是几个理论相结合解释炼焦机理。溶剂抽提理论认为抽出物为黏结组分，决定煤的黏结性，残渣为不黏组分，决定焦炭基质的强度。物理黏结理论将煤的有机质分为活性组分（黏结组分）和非活性组分（惰性组分）。中间相成焦机理认为：烟煤在 350℃时氧桥键断裂形成自由基，自由基进一步缩聚并形成塑性状态，400℃时，缩聚的芳香稠环依靠物理吸附作用，按一定的规则和取向排列、平行叠砌，形成球形的可塑性物质，即小球体，小球体通过吸收周围的母体长大、变形、固化，形成光学各向异性的焦炭。煤的塑性成焦机理非常复杂，目前主要有两种体现化学结构的塑性机理：a. γ 组分理论（吡啶或喹啉的小分子量的可溶物），γ 组分含量高，煤结焦性强；b. 氢传递理论，流动氢可使自由基稳定。

氢传递和分子重排在塑性层形成中非常重要，如添加多核芳香化合物到氧化后的煤中，黏结性得到恢复，或者攻击烷基取代物的邻位，可使烷基-芳香基化学键断裂。胶质体固化、好的重排结构的形成是获得优质焦的重要因素。加热过程中煤的无序薄层结构转变成有序结构，键断裂和氢传递同时发生，由萘环组成的非平面结构转化成平面结构，通过释放氢，进一步缩合。

如图 1-3 所示，焦炭的光学组织形成机理有两种[25]：a. 中等煤阶的焦煤在 400～500℃形成塑性阶段，塑性范围较宽，有利于缩合芳香结构单元（polyaromatic structural units，PSU）再定位，透射电子显微镜（transmission electron microscopy，TEM）分析表明在干馏过程中，最大流动度温度时可形成 10nm 左右的分子取向区（molecular orientation domains，MOD)，温度继续升高时，形成 100nm 的小球并开始长大，达到最大值 500nm 后，小球开始结合，最终形成细粒镶嵌组织；b. 高煤阶焦煤的塑性范围有限，有利于自身预重排，然后逐渐形成片状光学组织（massive texture)。两种机理都认为塑性成分在焦炭光学组织形成中非常关键，加热速率改变时，煤的塑性也改变，从而可使煤的光学组织形成机理改变。单脉冲激发技术（single-pulse excitation，SPE）和固态核磁共振 ^{13}C NMR 可获得煤及焦炭的碳骨架结构信息，从而帮助研究炼焦机理。在煤干馏过程中：室温至 325℃时，较弱的化学键断裂，生成 CO、CO_2、H_2O，从而导致自由基浓度增大；325～440℃时自由基浓度保持不变；440℃以上时芳香簇的尺寸增大，由于芳香簇的离域效应，芳香簇尺寸增大更有利于产生自由基。在软化温度范围内，即 370～450℃时，芳香度增加，但桥头碳的增加却很少，这表明挥发分主要是由烷基的脱除引起，而不是芳香结构缩合引起；460℃以上时，发生脱氢反应、烷基和芳香结构的缩合反应，导致芳香度继续增加，桥头碳和芳香簇的尺寸增大明显；低阶煤可形成具有 19 个芳香环的 0.7μm 簇，高阶煤可形成具有 26 个芳香环的 2.0μm 簇。快速热解可加快化学键的断裂、氢传递和分子移动。煤的流动性组分和非流动性组分建立在煤的非共价键结构基础上，快速加热（1000℃/min）能破坏氢键，改变煤的非共价键结构，使分子结构松弛，抑制了慢速加热时桥键的生成，增大了分子动能，从而增加流动相组分。

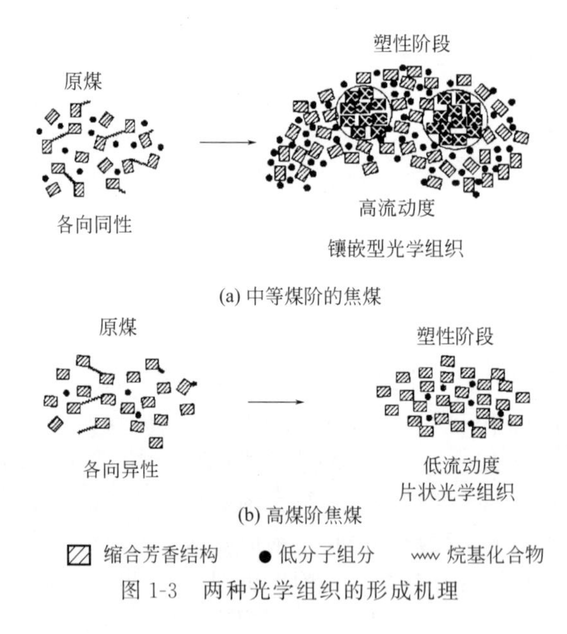

图 1-3　两种光学组织的形成机理

1.2.2　定向分质转化

中低温热解和高温热解早期均以半焦、焦炭为主要产品，焦油和煤气均为中低温热解和高温热解过程中的副产品，往往作为产品直接销售或简单利用（如燃烧)，不体现产品的高附加值性。近年来，随着煤化工产业链的增长，热解初级产品高附加值转化技术的兴起，焦油和煤气产品所占产值逐步增加，且单一的产品结构很难应对市场的波动，以热解为龙头的分质转化技术凭借产品多样化、高附加值化和清洁化等多项优点，在市场开发方面具有更大的进展，如高温热解-焦炉煤气制甲醇，高温热解制气化焦-气化焦转化制煤气，中低温热解-电石-煤气发电，中低温热解-电石-焦油加氢制燃料油等多条产业链的发展[26]。不同的产业链产品倾向有所不同，把这种目标性更明确、转化率更高、产品结构更合理的过程称之为定向分质转化。

1.2.2.1 以中低温热解为龙头的定向分质转化技术

(1) 定向增油技术

为了提高热解过程中焦油的产率，常用的方法包括特定热解气氛增油技术、催化增油技术以及耦合工艺增油技术[27]。

改变煤热解气氛的目的在于提供额外的如 H·、·CH_x 和·OH 之类的自由基，作为煤热解生成自由基的稳定剂，一定程度上阻止煤热解自由基的二次分解及缩聚反应，实现挥发分产率的提高。这些方面的研究工作主要分为以下几类：煤的加氢热解、煤与焦炉气共热解以及煤在甲烷气氛下的热解等。雷玉等[28]研究了不同气氛对神府煤热解过程焦油产率的影响，结果表明神府煤在700℃甲烷气氛下热解所得焦油产率最高达10.61%，不同气氛对油产率的影响顺序为：$CH_4>H_2>H_2/CO>N_2$。李保庆等[29]在对宁夏灵武煤的加氢热解研究表明，H_2气氛下热解初期生成的自由基与氢反应，抑制了自由基间的相互结合，而生成较多的低分子化合物；H_2气氛下加氢热解焦油产率相比惰性气氛提高2倍。廖洪强等[30]研究了先锋褐煤与焦炉气的共热解表明它与同等条件纯 H_2 气氛下热解相比，煤的转化率降低7%，而焦油产率增加7%。对热解焦油分析发现，焦油中含有丰富的苯、甲苯、二甲苯（BTX）及酚、甲酚、二甲酚（PCX），说明煤与焦炉气共热解不仅能提高焦油产率，还能明显改善焦油品质，同时说明焦炉煤气中如CO、CH_4等组分在热解过程中有着不可忽视的作用。高超等[31]研究了煤在通过各种催化剂层后的模拟热解气氛中热解时发现，获得的焦油产率均下降，但焦油中轻质焦油质量分数显著提高。

低阶煤热解过程加入催化剂可以有效调控热解产物分布，同时在氢气等气氛条件下，可以提高焦油的产率。氢气气氛下催化热解时，催化剂更容易使氢分子解离为氢自由基，促进了煤热解自由基的稳定，从而可以有效提高焦油产率，而氮气气氛中煤的催化热解对焦油产率的提高无明显作用，催化剂主要起将挥发分催化裂解为小分子气体物质和一级小分子烃类的作用。郑小峰[32]在固定床热解装置上研究了铁基催化剂对神木煤加氢热解产物分布的影响，研究发现添加Al/3Fe、Al/3Fe-A、Si/3Fe催化剂可显著提高神木煤热解转化率，油产率平均提高了3.7%。郭延红等[33]采用 Fe_2O_3/CaO 作复合催化剂催化低阶煤热解，研究表明复合催化剂的加入对煤热解过程具有催化作用，不仅可以降低煤催化热解的活化能，而且促进了挥发分的逸出，使得煤的裂解和缩聚等反应更容易进行。廖厚琪等[34]研究了四种不同金属氧化物CaO、Al_2O_3、Fe_2O_3、NiO作为催化剂对褐煤热解催化效果的影响，研究表明四种金属氧化物催化剂的加入均能有效提高褐煤热解的转化率，提高焦油产率。Snape等[35]在一种英国烟煤上原位负载催化剂并在适宜的条件下进行加氢热解，得到液体产率超过60%，生成的焦油与有机气体比达到80%，明显高于未负载催化剂的煤热解结果。但催化热解及催化加氢热解存在的最重要的问题是制氢成本高以及原位负载催化剂的回收和循环利用难度较大。

近年来，在煤热解机理研究基础上，众多研究者开展了气化、活化、重整等工艺过程与煤热解过程集成或耦合研究，其主要目的是调控煤热解产物的分布、改善焦油的品质、提高焦油的产率。王静[36]认为甲烷二氧化碳重整与煤热解过程中，由于甲烷部分催化氧化产生了可稳定煤热解碎片的自由基，抑制了煤热解产生的自由基之间的缩合，从而提高煤热解过程焦油产率。宋洋[37]对甲烷水蒸气重整与煤热解耦合过程进行了研究，实验发现耦合过程不仅提高了焦油产率，而且可以改善半焦品质，造成这种现象的原因可能是重整反应中间气带来的影响。刘源等[38]研究了神府煤热解-活化耦合过程，结果表明采用热解-活化两段耦合工艺可显著提高焦油产率，尤其水蒸气作活化剂时，焦油产率最高达17.8%。

(2) 定向提气技术

现有立式炉热解采用烟气直接接触换热的方式给热解过程提供能量，这使得热解煤气中存在大量的惰性气体，气体热值不高，大致在700～1000kcal/m^3（1kcal＝4.186kJ）之间。热解煤气由于有效组分低的原因限制了后续的加工利用方式。为了使热解与化工产品或天然气等下游产品有效结合，则需改变传统的供热方式，提高热解煤气的有效气组成。目前常用的方法有固体热载体热解技术、蓄热式热解技术、热辐射式热解技术等。

与气体热载体热解工艺相比，固体热载体热解避免了煤热解析出的挥发产物被烟气稀释，同时降低了冷却系统的负荷。热载体是固体热载体热解提质工艺中热量传递的媒介，对整个热解工艺起着至关重要的作用[39]。其在系统内循环，不停地从高温热源存储热量，再把热量传递给煤，利用热载体的显热将煤热解。通过热载体热解可以避免煤热解析出的挥发产物被烟气稀释，同时可以降低系统的热负荷。热载体除了具备传递和存储热量的能力，还应有足够的机械强度以及抗烧结的能力。按来源不同，固体热载体可分为两大类：一类是系统内固体热载体，利用系统反应产物作为固体热载体，如热解半焦和燃烧热灰；另一类是外来固体热载体，常用的有陶瓷球（表1-10）。

表1-10　工业固体热载体对比

热载体类型	来源	焦油含尘质量分数/%	半焦热值/(MJ/kg)	半焦灰分/%	磨损性	系统热效率/%
半焦	热解产物	40～50	20.0～25.0	17～38		80～83
热灰	燃烧产物	≤20	23.0	19～30		≥85
陶瓷球	外来	≤15	30.2	20～30	较差	75～80

注：半焦、热灰为系统内反应产物，可源源不断产生，故不考虑损耗问题。

蓄热式气体热载体热解技术是指通过烟气加热蓄热体，蓄热体加热煤气，再使用加热后的煤气作为热解热源的热解方式。工业上广泛应用的加热气体的设备分为管式加热炉和蓄热式加热炉，前者主要用于氢气加热领域，可将气体升温至400℃左右，无法满足煤热解的需要。蓄热式加热炉能将气体加热至800℃以上，该技术是将热烟气通过蓄热室将耐火格子砖加热到一定温度然后切断燃烧煤气和空气，通入冷循环煤气，使之与耐火格子砖换热形成热循环煤气，作为补充热源进入热解炉，换热结束后切断循环煤气，重新燃烧以加热耐火格子砖。如此循环加热、换热，每隔一定时间进行一次切换，达到为热解炉提供热循环煤气的目的。蓄热式加热炉分为外燃式、内燃式、顶燃式、底燃式。根据调研，顶燃式加热炉因其占地少、投资较少、蓄热效率高、热风温度稳定等优点被广泛应用。煤气热载体分段多层低阶煤热解成套工业化技术（SM-GF）是较为典型的蓄热式气体热载体热解技术，其煤气有效组分大于88%，气体热值约17MJ/m^3。

(3) 特种煤种转化技术

在我国煤炭资源的组成比例中，中硫煤和高硫煤约占33%，这些硫含量相对较高的劣质煤由于自身的特点以及环境和工艺设备的要求，其开发和利用受到了极大限制。热解转化过程除了能实现产品提质，还能实现产品的清洁化。因此基于高硫煤在热转化过程中硫、氮的变迁规律，从而对高硫煤中硫、氮的热变迁和释放做到协同控制，对高硫煤的高效、清洁利用将具有理论意义和参考价值[40]。

煤中硫伴生于煤中有机体，无论是无机硫，还是有机硫，在煤的热解过程中都将伴随着挥发分的释放而发生分配和变迁。通常，煤中硫在热解过程中会生成小分子化合物，如 H_2S、COS、SO_2、CS_2 以及 CH_3SH 等气相产物，还会释放出一些含有噻吩结构等较大分子的含硫结构并被分配到焦油中，其余未被释放的含硫基团残留于煤焦中。煤中氮主要以有机物形式存在，在热解过程中主要伴随着有机质挥发分的释放而逸出。其中一些气相小分子化合物如 HCN、NH_3、N_2 和 HNCO 以及较大分子的焦油氮被释放出来，其他的氮残留于煤焦中。

1.2.2.2 以高温热解为龙头的定向分质转化技术

（1）配煤技术

高温热解过程中的配煤炼焦是典型的定向分质转化技术，它的定向产品是焦炭，旨在通过配煤的方式，扩大炼焦原料，降低炼焦成本。

配煤炼焦是将两种以上不同牌号的炼焦用煤以适当的比例混合在一起，使各种煤取长补短，保证生产出满足用户质量要求的焦炭。配煤炼焦对于合理利用煤炭资源、节约优质炼焦煤、扩大炼焦用煤资源、降低生产成本有着重要意义。

配煤试验是根据炼焦用煤资源情况，结合焦炭的质量要求，将各种煤按一定比例混合后进行炼焦的试验。配煤试验用于：

① 为新建焦化厂寻找供煤基地，确定经济合理的用煤方案。根据拟生产的焦炭品质，结合供煤基地的煤源和煤质情况，通过配煤试验确定多种配煤方案。配煤炼焦试验报告用来指导炼焦生产的配煤操作。

② 对新投产煤矿的煤或新使用的煤种进行煤质鉴定，评定其结焦性和单种煤在炼焦过程中的作用，以便合理地利用煤炭资源和扩大炼焦用煤基地。

③ 焦化厂根据煤源供应情况，调整炼焦生产配煤方案，以保证生产的焦炭满足用户的质量要求。

④ 用于检验备煤工艺和炼焦工艺采用新技术、新设备的炼焦效果。如捣固炼焦、配型煤炼焦及配其他物料炼焦的焦炭质量预测等。

（2）定向制特种焦炭技术

受钢铁行业影响，焦炭产量过剩严重。焦化企业亟须为冶金焦炭寻找新的利用途径，而煤炭气化广泛应用于化工、冶金、机械、建材等行业和城市煤气的生产过程中，如果通过焦化厂现有常规焦炉能够生产出满足经济和技术要求的气化用原料即气化焦[41]，那么就可以为焦炭带来新的销路，实现企业的转型升级。

与冶金焦相比，气化焦对机械强度和块度要求略低；配煤成本约占焦炭生产成本的85%[42]；我国褐煤储量丰富，而且价格低廉，焦油产率高，因此可以考虑在配煤中配入褐煤，以降低成本，提高化学产品产率[43]。鞍山热能院通过实验室炼焦实验，对配入 YS、LL 和 XF 3 种褐煤用于生产气化焦的可行性进行了研究，所得试验结果，可为焦化行业利用褐煤等低阶煤配煤炼焦提供参考，以实现不新增投资成本的情况下，改变焦化企业困境[42]。

1.3 热解与焦化技术产业发展

1.3.1 产业发展现状

(1) 中低温热解产业发展现状

煤热解及中低温煤焦油加氢技术历史悠久。19～20世纪，热解及中低温煤焦油加氢技术开始形成并发展，主要有英国帝国化学工业公司热解及焦油加氢、德国Lurgi-Ruhrgas热解及三段加氢、苏联ETCH粉煤热解及焦油加氢、美国COED热解及焦油加氢、波兰煤化所快速热解及焦油催化加氢、日本FHP粉煤快速热解及SRC焦油加氢、澳大利亚CSIRO热解、北京石油学院流化床快速热解、中国科学院石油研究所焦油加氢、大连工学院固体热载体热解、北京煤化学研究所回转炉热解等。由于石化工业的崛起冲击，这些技术大多在中试或工业试验后，并没有得到持续的工程技术研发和大规模工业推广。

我国对煤热解技术的研发历史较长，但进展较慢。近些年来，由于我国能源资源禀赋的特点和追求煤炭清洁高效利用的动因，热解及焦油加氢技术的发展重心移至中国，以大连理工大学、浙江大学、中国科学院、煤炭科学研究总院、中钢集团鞍山热能研究院、陕西煤业化工集团、神木市三江能源有限公司、河南龙成集团有限公司为代表的一大批科研院所和企业开展了大量的技术研发和工业化试验示范。先后研发出直立炉、回转炉、移动床、流化床、喷动床、气流床、旋转炉、带式炉、铰龙床、微波炉、旋转锥、箅动床、耦合床等热解工艺技术和煤焦油延迟焦化加氢、全馏分加氢、悬浮床加氢、沸腾床加氢等工艺技术，实现了块煤热解和煤焦油加氢制燃料油的工业化应用与推广，形成了约1亿吨/年的原煤热解产能和286万吨/年中低温焦油加工产能。但在生产效率、环保水平、运行稳定性、系统配套等方面存在不足[44]。

2010年，陕煤集团提出了低阶煤分质清洁高效转化多联产利用的理念，创立了煤炭分质清洁高效转化多联产技术开发系统，建立了研发体系和工业化试验示范基地，搭建了国家能源煤炭分质清洁转化技术开发平台，极大地推进了分质利用技术的研发和工业化试验示范[45]。在自主探究煤热解定向分质转化理论及煤焦油梯级加氢协同转化理论的基础上先后开发出煤焦油延迟焦化加氢、中低温煤焦油全馏分加氢多产中间馏分油（FTH）、煤焦油环保型提取精酚、低阶粉煤回转热解制取无烟煤、带式炉气化-低阶煤热解一体化（CGPS）、低阶粉煤气固热载体双循环快速热解（SM-SP）、蓄热式富氢煤气热载体热解（SM-GF）、粉煤输运床快速热解、延迟焦制高附加值针状焦、煤焦油加氢制环烷基油及火箭煤油、煤焦油悬浮床-固定床耦合加氢制芳烃等一批工业化技术，建成一批大型工业化示范装置，特别是50万吨蓄热式富氢煤气热载体粒煤热解、50万吨煤焦油全馏分加氢制环烷基油示范装置已实现商业化运行，120万吨低阶粉煤气固热载体双循环快速热解、50万吨煤焦油加氢制芳烃示范工程已成功投运，为1500万吨/年煤炭分质利用国家重大示范工程的建设打下了坚实基础，为我国低阶煤大规模高效清洁利用开辟出一条崭新途径。

(2) 焦化产业发展现状

当前经济持续高质量发展，社会需求日益广泛多样化，结合我国煤炭相对丰富的资源禀赋优势，抓住对焦炭维持在较高需求的形势，焦化行业必须转变以扩大产能规模为主的发展模式，向以技术进步和技术创新、不断优化产业和产品结构、提高产品质量与行业效益、降低消耗、节能减排、环境友好、全面发展的方向转变，实现炼焦行业可持续发展、循环发展、绿色生态发展[46]。

改革开放以来，特别是进入21世纪以来，我国国民经济持续高速发展，特别是钢铁、有色冶金、化工等行业的快速发展，强力拉动对焦炭产量的高需求，促进了焦化行业生产持续增长。我国焦化行业从1949年生产焦炭52.5万吨起步，经过几十年的发展，2014年焦炭产量达到创纪录的4.77亿吨，随后焦炭年产量稍有下降，2022年国内焦炭产量为4.73亿吨。同时，焦化行业每年还生产煤焦油约2000万吨，粗（轻）苯600多万吨，外供焦炉煤气数百亿立方米，还利用炼焦煤气制合成氨、甲醇、乙醇和液化天然气等[47]，为我国的现代化、工业化、城镇化建设和国民经济持续发展做出了贡献。

1.3.2 技术发展方向

1.3.2.1 中低温热解技术发展方向

目前能够达到长周期稳定运行的热解技术较少，很多技术仍无法实现稳定生产[48]。煤炭分质清洁转化核心关键技术仍有待突破，面临的挑战主要是[49]：

① 块煤和小粒煤热解工艺装备普遍存在传热传质效率偏低、焦油产率偏低、环保水平偏低等问题和粉煤热解的气、油、尘分离难题，生产装置的长周期稳定运转仍需进一步优化提升。

② 热解机理有待持续深入研究。

③ 煤焦油成分极其复杂，相邻组分沸点差别小，提取更高附加值精细化工品难度大。

④ 半焦特别是粉焦的储运难度大，大规模高效利用技术有待进一步工业化开发。

⑤ 热解气的高值化利用仍需进一步拓展。

⑥ 煤热解所产生废水中的污染物成分复杂，水质变化幅度大，可生化性差，仍需进一步开发资源化处置技术。

⑦ 热解炉规模有待通过提高传质传热效率和适当提升压力进一步扩大。

通过梳理分析国家对低阶煤分质利用的功能定位和任务要求，并结合当前低阶煤分质利用存在的瓶颈及未来技术应用的先进性，提出了下一步的研究方向[50,51]：

(1) 高效热解关键技术研究

① 按块煤（25～80mm）、中块煤（25～50mm）、粒煤（13～25mm）、小粒煤（6～13mm）、粉煤（<6mm）选择适配炉型分级热解，优化热载体、加热方式、炉内结构、熄焦方式、热解油气导出方式等，提升装置设备建造制造标准和配套设施水平。

② 系统优化提升粉煤热解气、液、固分离效果，研制高效耐磨干熄焦换热设备，提升热解装置及其配套设备的现代化和智能化水平，研发高温半焦输送、直接气化燃烧及热解有机废水资源化利用技术装备，提升热解全系统各环节的节能环保水平。

③ 研究更高焦油产率的新一代清洁高效热解工艺技术，研发热解气加热作为活化热载体增油热解工艺技术，研发粉煤加压快速热解工艺技术，研发粉煤催化加氢热解工艺技术，研发粉煤热解-气化一体化技术。

④ 深入系统研究热解机理，为热解过程智能化控制提供参数大数据支撑。

(2) 焦油深加工关键技术研究

从资源综合高效利用角度出发，按照分质高值化理念，开发煤焦油先提取含氧、含硫、含氮精细化学品，再分质加氢定向转化特种油品、高端化学品及碳材料工艺技术，最大限度发挥煤焦油的芳环结构特性，与石油产品错位发展。

(3) 半焦综合利用关键技术研究

热半焦的直接利用将是后续发展的方向，研发热解-气化、热解-燃烧等工艺的物料耦合技术将是提高系统能效并解决半焦储运难题的有效途径。此外，研发半焦制备电极材料、吸附剂等碳素材料将是有效提高半焦高附加值化的方法。

(4) 热解气高效利用关键技术研究

通过热解技术升级生产稳定的高品质热解气，研发从中提取氢气、甲烷、乙烷、乙炔、丙烷等高附加值产品的技术。

(5) 多联产关键技术研究

研发大规模热解为龙头的分质利用多联产系统优化技术，如热解及焦油加工废水制水焦浆气化，系统余热、余压、余气发电，半焦气化制化工品或就地发电等，从而实现综合投资低、水耗小、排放少、能效高、效益好的预期。

随着大型粉煤热解、催化活化热解、热解-气化一体化、热解-燃烧一体化等关键技术的突破，必将开拓一个规模巨大、产品高端、节能环保、经济性良好的洁净燃料新产业。以目前可以预期的技术开发成果的水平展望，若将10亿吨低阶煤热解分质，其初级产物中的半焦接入现有的火电产业和煤气化为龙头的煤化工产业，其他初级产物中的中低温热解焦油和热解气进一步加工，可以得到1亿吨左右的油品和化工产品以及约400亿立方米的天然气，可实现煤炭清洁高效利用并大大提高现有用煤产业的经济性，缓解我国石油和天然气进口压力，保障国家能源安全的同时，为我国节能减排、改善生态环境、应对气候变化具有重要意义。

1.3.2.2 焦化技术发展方向

(1) 加快推进焦炉大型化技术，全面提升装备水平

随着钢铁工业的快速发展，高炉大型化与钢铁生产节能减排的总体要求，对焦炭高质量需求日益提高，促进炼焦技术不断提升。我国焦炉从极为简单落后的土焦、改良焦、红旗三号小焦炉起步，到炭化室高4.3m、5.5m、6m，直至今天具有自主知识产权完全国产化的炭化室高7m、引进的炭化室高7.63m及开发设计炭化室高7.65m特大型顶装焦炉；侧装捣固焦炉从炭化室高度3.2m、3.8m、4.3m、5.5m、6.0m、6.25m，直至世界上最大的6.78m超大型捣固焦炉的顺利投产。焦炉的大型化、自动化、智能化发展，这不仅是焦炉炭化室高度与有效容积的增加，更标志着一个国家炼焦技术和装备水平的全面提升。随着焦化企业技术操作和管理水平的提高，环境保护和清洁生产水平的全面改善，我国焦化工艺技术装备和生产管理等综合能力达到世界先进水平。

(2) 捣固炼焦与优化配煤技术结合，缓解优质炼焦煤的不足

我国炼焦煤资源虽然储量丰富、煤种齐全、产量很大，但与分布广泛的炼焦企业、巨大的焦炭产量和对焦炭质量的需求相比，分布不均且优质炼焦煤供应量明显不足，捣固炼焦是优质焦煤不足可选择的成熟技术。2006年12月，炭化室高5.5m的捣固焦炉在云南曲靖大为焦化有限公司投产，很快成为捣固焦炉的主体炉型。2009年3月，我国首座世界最大的6.25m捣固焦炉在唐山佳华煤化工有限公司成功建成投产，标志我国捣固炼焦技术跻身世界一流行列。

2019年4月，炭化室高6.78m的超大型捣固焦炉在山东新泰正大焦化有限公司投产，

我国的捣固炼焦技术又上新台阶。2017年和2021年，山东钢铁日照公司和河南利源集团分别首次投产应用了由山东省冶金设计院和意大利PW公司设计的SWD6.25m捣固焦炉，应用效果得到全行业认可。

据汾渭全国焦化产能动态跟踪资料获悉，2020～2022年是焦炉技术和产业升级改造的高峰期，仅2022年全国新增产能5257万吨，淘汰2600万吨。截至2022年底，我国在产常规焦炉产能55835万吨（含热回收焦炉），在建和拟建焦炉产能8897万吨。

在产产能中，捣鼓焦炉估计总产能在2.5亿吨以上。同时注重配煤工艺技术创新（如岩相配煤及“全要素智能”配煤系统等），结合企业生产原料煤供应的实际，制定合理的配煤指标和焦炉技术操作标准，实现企业焦炭生产目标。按采用捣固炼焦通常可多配用10%～25%的气煤、1/3焦煤等弱黏结性煤，约节省10%主焦煤、肥煤等优质炼焦煤计算，2.5亿吨捣固炼焦产能每年至少节省约3375万吨优质炼焦煤，可大大缓解我国优质焦煤紧缺局面和降低焦化企业炼焦煤采购成本，提高炼焦企业的经济效益。

（3）开发多种焦炉煤气脱硫工艺，推进煤气净化质量的提高

炼焦煤气含有数量较高的H_2S、HCN和相当数量的有机硫等有害杂质，必须脱除才能满足用户的环保与延续加工生产需求。20世纪70年代末，我国组织鞍山热能院、鞍山焦耐院及部分科研单位在鞍钢、首钢等进行煤气脱硫净化的研究试验，取得一些试验数据与经验。一些煤气供应厂家对外送煤气通过干法（沼铁矿、铁屑）、砷碱法、蒽醌二磺酸钠脱硫法（ADA、改良ADA）及栲胶法等脱除煤气中硫化氢，达到民用燃气或合成气的质量要求，总体规模小，技术水准低。我国全流程系统焦炉煤气净化脱硫始于1985年投产的宝钢一期工程，引入新日铁的T-X法煤气脱硫技术，又在一些企业陆续引进了德国的AS、日本的FRC等煤气脱硫技术。实现了煤气净化的同时并将硫化氢中的硫转化生产硫酸或单质硫等产品，生产过程没有硫氰盐类等废物排放。

焦炉煤气净化脱硫属于减少二氧化硫排放的源头治理技术，高效的脱硫效果和废液的资源化利用是衡量煤气脱硫净化技术完善的重要标志，这也是环保形势下炼焦企业必须做好的基础性工作。今天中国的焦炉煤气脱硫技术开发和产业化应用已经达到世界领先水平，包括湿法脱硫（氨法脱硫、碱洗法脱硫和氧化法脱硫等）、干法脱硫（活性炭脱硫、氧化铁脱硫等）、生物脱硫技术等，各种煤气脱硫技术的开发与应用，推进了炼焦行业的清洁绿色发展步伐。

（4）开发焦炉煤气高效优化升值利用技术

焦炉煤气是除焦炭以外的最大炼焦产品，煤气中含有54%～59%的氢气和24%～28%的甲烷，是钢铁联合企业各工业炉窑加热优质燃气。大力推进焦炉煤气的综合利用是炼焦行业必须解决的大课题。我国大批焦化企业从开始建设一般发电机组利用富裕焦炉煤气发电到引进国外高效燃气轮机发电，解决了焦炉煤气放散污染环境问题，提高了企业经济效益。2004年，我国第一套也是世界首套8万吨/年的焦炉煤气制甲醇装置在云南曲靖大为焦化制供气公司成功投产，拉开了我国焦炉煤气资源化发展的序幕，创造了较好的经济效益。

截至2021年底，我国建成焦炉煤气制甲醇装置70余套，合计产能超过1500万吨/年，约占全国甲醇总产能的1/5。特别是钢铁联合企业具有焦炉、高炉、转炉煤气等优化综合利用优势，生产甲醇有着更为明显的低成本产业优势。目前我国焦炉气制甲醇单套装置的最大产能为40万吨/年，大部分集中于10～30万吨/年规模。煤制甲醇产能较大，规模在40万吨/年及以上的甲醇装置占比超过70%，其中100万吨/年及以上的装置占比约40%。据此，我国已形成焦炉煤气制甲醇-联产合成氨、制液化天然气、制乙醇、制高纯氢、燃气轮机联

合循环发电等资源多元化利用的新局面。

（5）焦炉烟气脱硫脱硝等环保技术的开发与应用，加快行业绿色发展

炼焦行业是典型的"两高一资"产业，在对煤炭资源充分利用的同时，从焦炉发展的历史看，由于特殊的装备结构和煤干馏成焦的机理要求，虽然在炭化室的高度、宽度和长度的大型化上有所发展，但与高炉等炉窑相比，进步甚微。炼焦生产依然处于非连续性生产状态，人工辅助性作业环节多，可称为"点多、线长、面广"，自动化水平偏低。从环保的角度看，煤干馏产生的污染物种类多，治理技术涉及多方面处置技术。

随着日益严格的环保法规及政策的出台，炼焦炉烟道废气的"超低排放"已成为未来炼焦炉烟道废气排放要求的必然趋势。我国在"焦炉烟气脱硫脱硝"技术上已取得突破，有效降低炼焦生产过程中的粉尘、二氧化硫和氮氧化物的排放。

2015 年 11 月 6 日，世界首套大型焦炉配套的焦炉烟气脱硫脱硝装置在宝钢湛江钢铁焦炉投产，拉开了我国焦炉烟气净化的序幕。我国是世界上唯一规定对焦炉烟气进行脱硫脱硝的国家。

总的来说，炼焦生产在钢铁等产业的高需求拉动下，已成为我国乃至世界最大的煤炭加工转化产业。炼焦行业紧跟科技进步与管理创新的时代步伐，在焦化和热解副产物资源高效转化上开展积极而广泛的探索，取得一大批可喜的成果。如煤焦油加工大型化、产品差异化，发挥煤焦化独特的产品优势，开发碳纤维与石墨烯等煤系新材料；煤水分调湿、焦化废水的深度处理与回用、烟道气荒煤气与循环氨水等余热回收利用，负压脱苯及干熄焦等回收余热用于洗油再生、上升管压力单调，焦炉加热低氮燃烧技术与焦炉自动调节技术的节能与源头治理技术等应用越来越广泛。

参考文献

[1] 陈鹏. 中国煤炭性质、分类和利用 [M]. 北京：化学工业出版社，2005.

[2] 董大啸，邵龙义. 国际常见的煤炭分类标准对比分析 [J]. 煤质技术，2015 (2)：54-57.

[3] 毛节华，许惠龙. 中国煤炭资源分布现状和远景预测 [J]. 煤田地质与勘探，1999，27 (3)：1-4.

[4] 尚建选. 煤炭分质高效转化的科学理念与路径探索 [C] //2010 中国国际煤化工发展论坛论文集（上册），2010.

[5] 张恒，王训练. 我国焦煤资源供需形势及价格影响因素分析 [J]. 中国矿业，2019，28 (4)：1-6.

[6] 谢克昌. 煤的结构与反应性 [M]. 北京：科学出版社，2002.

[7] 钱卫. 低阶烟煤中低温热解及热解产物研究 [D]. 北京：中国矿业大学，2012.

[8] 王娜. 提质低阶煤热解特性及机理研究 [D]. 北京：中国矿业大学，2010.

[9] 韩峰，张衍国，蒙爱红，李清海. 水城褐煤热解的气体产物析出特征及甲烷的生成反应类型研究 [J]. 燃料化学学报，2014，42 (1)：7-12.

[10] Arenillas A，Rubiera F，Pis J J. Simultaneous thermogravimetric-mass spectrometric study on the pyrolysis behaviour of different rank coals [J]. Journal of Analytical and Applied Pyrolysis，1999，50 (1)：31-46.

[11] Cramer B. Methane generation from coal during open system pyrolysis investigated by isotope specific，Gaussian distributed reaction kinetics [J]. Organic Geochemistry，2004，35 (4)：379-392.

[12] Porada S. The reactions of formation of selected gas products during coal pyrolysis [J]. Fuel，2004，83 (9)：1191-1196.

[13] 陈小辉. 低阶煤基化学品分级联产系统的碳氢转化规律与能量利用的研究 [D]. 北京：北京化工大学，2015.

[14] van Krevelen D W. Coal [M]. 3rd ed. Amsterdam：Elsevier，1993.

[15] Arenillas A，Rubiera F，Pis J J，et al. Thermal behaviour during the pyrolysis of low rank perhydrous coals [J]. Journal of Analytical and Applied Pyrolysis，2003，68 (3)：371-385.

[16] 范冬梅，朱治平，吕清刚. 热质联用研究烟煤热解气体释放特性 [J]. 煤炭转化，2014，37 (1)：5-10.

[17] 李美芬. 低煤级煤热解模拟过程中主要气态产物的生成动力学及其机理的实验研究 [D]. 太原：太原理工大

学，2009.
[18] 张飚，孙会青，白效言，等. 低温煤焦油的基本特性及综合利用 [J]. 洁净煤技术，2009 (6)：57-60.
[19] 俞光明，薛江涛. 热解和气化过程焦油析出的影响因素分析 [J]. 能源工程，2006 (1)：4-10.
[20] 石振晶. 煤热解焦油析出特性和深加工试验研究 [D]. 杭州：浙江大学，2014.
[21] Minkina M, Oliveira F L G, Zymla V. Coal lump devolatilization and the resulting char structure and properties [J]. Fuel Processing Technology, 2010, 91 (5): 476-485.
[22] Campbell Q P, Bunt J R, Waal F D. Investigation of lump coal agglomeration in a non-pressurized reactor [J]. Journal of Analytical and Applied Pyrolysis, 2010, 89 (2): 271-277.
[23] Yu J, Lucas J A, Wall T F. Formation of the structure of chars during devolatilization of pulverized coal and its thermoproperties: A review [J]. Progress in Energy and Combustion Science. 2007, 33 (2): 135-170.
[24] 杨宗义. 黄陵矿区化工用煤资源禀赋及在焦化过程中的作用研究 [D]. 西安：西安科技大学，2018.
[25] 李艳红，赵文波，常丽萍，等. 炼焦机理和焦炭质量预测的研究进展 [J]. 化工进展，2014，33 (5)：1142-1150.
[26] 韩永滨，刘桂菊，赵慧斌. 低阶煤的结构特点与热解技术发展概述 [J]. 中国科学院院刊，2013 (6)：772-780.
[27] 张小琴. 红柳林煤热解提质增油研究 [D]. 西安：西安科技大学，2019.
[28] 雷玉. 神府煤在不同气氛下的催化热解反应性研究 [D]. 西安：西安科技大学，2010.
[29] 李保庆. 煤加氢热解研究：Ⅰ. 宁夏灵武煤加氢热解的研究 [J]. 燃料化学学报，1995 (1)：57-61.
[30] 廖洪强. 煤-焦炉气共热解特性的研究：温度的影响 [J]. 燃料化学学报，1998，26 (3)：270-274.
[31] 高超，马凤云，马空军，等. 热解气氛对煤催化热解焦油品质的影响 [J]. 煤炭学报，2015，40 (8)：1956-1962.
[32] 郑小峰. 负载型铁基催化剂的制备及其在神府煤催化加氢热解中的应用 [D]. 西安：西安科技大学，2013.
[33] 郭延红，伏瑜. Fe_2O_3/CaO 复合催化剂对低阶煤催化热解行为的影响 [J]. 煤炭科学技术，2017 (4)：181-187.
[34] 廖厚琪，吴华东，於睐，等. 金属氧化物对霍林河褐煤催化热解行为的影响 [J]. 武汉科技大学学报，2016，39 (2)：102-106.
[35] Snape C E, Bolton C, Dosch R G, et al. High liquid yields from bituminous coal via hydropyrolysis with dispersed catalysts [J]. Energy and Fuels, 1989, 3 (3): 421-425.
[36] 王静. 甲烷 CO_2重整与煤热解耦合过程的焦油生成规律 [D]. 大连：大连理工大学，2007.
[37] 宋洋. 兴和煤热解与甲烷水蒸气重整耦合过程研究 [D]. 大连：大连理工大学，2014.
[38] 刘源，贺新福，张亚刚，等. 神府煤热解-活化耦合反应产物特性及机制研究 [J]. 燃料化学学报，2016 (2)：146-153.
[39] 李文英，邓靖，喻长连. 褐煤固体热载体热解提质工艺进展 [J]. 煤化工，2012，40 (1)：1-5.
[40] 王美君. 典型高硫煤热解过程中硫、氮的变迁及其交互作用机制 [D]. 太原：太原理工大学，2013.
[41] 焦海丽. 气化焦制备及其结构演变与反应性的内在关联 [D]. 太原：太原理工大学，2019.
[42] 姜雨，马岩，战丽，徐秀丽，张世东. 配入低成本褐煤生产气化焦的研究 [J]. 煤化工，2018，46 (2)：58-61，65.
[43] 彭海军. Corex 熔融气化炉内块煤裂解形成半焦的结构及性能研究 [D]. 重庆：重庆大学，2015.
[44] 尚建选. 低阶煤分质高效转化多联产技术开发与工程实践 [C] //2012 第二届“中国工程院/能源局 能源论坛”论文集，2012：506-511.
[45] 尚建选，马宝岐，张秋民，沈和平. 低阶煤分质转化多联产技术 [M]. 北京：煤炭工业出版社，2013.
[46] 马安妮. 中国焦化行业发展现状与竞争态势分析 [J]. 中国国际财经（中英文），2017 (8)：31.
[47] 杨文彪. 我国炼焦产业现状及绿色发展研究 [J]. 煤炭经济研究，2019，39 (8)：4-14.
[48] 尚建选，王立杰，甘建平. 陕北低变质煤分质综合利用前景展望 [J]. 煤炭转化，2011，34 (1)：92-96.
[49] 尚建选，王立杰，甘建平，等. 煤炭资源逐级分质综合利用的转化路线思考 [J]. 中国煤炭，2010 (9)：98-101.
[50] 肖磊. 中低阶煤分质梯级利用的发展与创新 [C] //2015 年第四届国际清洁能源论坛论文集，2015：174-194.
[51] 甘建平，马宝岐，尚建选，等. 煤炭分质转化理念与路线的形成和发展 [J]. 煤化工，2013，41 (1)：3-6.

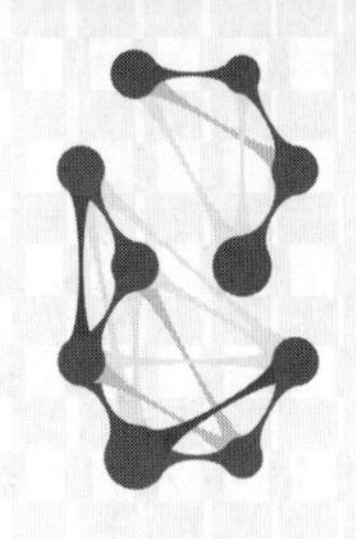

2 热解与焦化原理

2.1 煤的组成与结构

煤是由有机组分和无机组分构成的复杂混合物。虽然煤化学的发展已经有100多年的历史，但对于煤的许多问题还不十分明了，特别是煤的分子结构仍然是困扰科学家的最大难题。研究煤的结构，不仅具有重要的理论意义，对于煤炭加工利用也有重要的指导意义。例如，煤中大分子芳香骨架结构决定着煤的气化反应性；通过分析煤自身的化学结构和孔隙结构可以判断其自燃倾向性[1]。因此，开发和优化煤化工工艺的基础是充分认识煤的组成与结构。

2.1.1 煤的组成

2.1.1.1 有机组成

煤的组成十分复杂，但归纳起来可分为有机质和无机质两大类。有机质是煤炭利用和研究的主体。煤中的有机质主要由碳、氢、氧、氮、硫五种元素构成。其中，碳、氢、氧占有机质的95%以上[2]。

煤中有机质的元素组成，随煤化程度的变化而呈现出规律性的变化。一般来讲，煤化程度越高，碳含量越高，氢和氧含量越低。煤中氮和硫的含量与煤化程度基本无关，前者多在1%~2%，后者变化幅度较大，主要与煤的成因类型有关。通过元素分析了解煤中有机质的元素组成是煤质分析与研究的重要内容。

(1) 碳

碳是构成煤大分子骨架最重要的元素。在煤燃烧时，它是释放热能最重要的元素之一，理论上完全燃烧释放的热量为32.8MJ/kg。在炼焦时，它是形成焦炭的物质基础。碳的含量随着煤化程度的提高有规律地增加，且与挥发分之间存在负相关关系，因此可以作为表征煤化度的分类指标。

(2) 氢

氢是煤中第二重要的元素，氢是组成煤大分子骨架和侧链的重要元素，在有机质中的含量约为2.0%～6.5%，并且随煤化程度的加深呈现下降的趋势，在中变质烟煤之后这种规律更加明显，从年轻烟煤的4%下降到年老烟煤的2%左右。因此，我国将氢元素含量作为无烟煤的分类指标。与碳元素相比，氢元素更具反应性，其发热量约为碳元素的4倍，尽管含量远低于碳元素，但氢元素的变化对煤的发热量影响很大。

(3) 氧

氧是煤中第三个重要的元素，主要存在于煤分子中的含氧官能团上，如羧基（—COOH）、羟基（—OH）、甲氧基（$—OCH_3$）、羰基（>C═O）和醚（—C—O—C—）等，也有些氧与碳骨架结合形成杂环。随着煤化程度的提高，煤中氧元素含量迅速下降，由褐煤的23%左右下降到中等变质程度肥煤的6%左右，到无烟煤时仅为1%～3%。在研究煤的演变过程时，经常使用O/C和H/C原子比来描述煤元素组成的变化以及煤的脱羧、脱水和脱甲基反应。

氧元素具有较强的反应能力，会对煤的加工利用过程产生较大的影响[3]。如氧元素在煤燃烧时不产生热量，却约束本来可燃的碳和氢元素。在炼焦过程中，当氧化反应使煤中氧含量增加时，会导致煤的黏结性降低，甚至消失；在低煤化度煤液化时，氧元素会无谓地消耗氢气，生成水，对煤的利用不利。对煤制取芳香羧酸和腐殖酸类物质而言，氧含量高的煤是较好的原料。

(4) 氮

煤中氮元素的含量较低，一般约为0.5%～3%，与煤化程度无规律可循。氮是煤中唯一的完全以有机状态存在的元素。在煤中的存在形式主要为氨基、亚氨基、五元杂环（吡咯、咔唑等）和六元杂环（吡啶、喹啉等）等。它主要来自于动植物的脂肪、蛋白质等成分。植物中的植物碱、叶绿素和其他组织的环状结构中都含有氮，而且相当稳定，在煤化过程中不发生变化，成为煤中保留的氮化物。氮元素在煤燃烧过程中不会产生热量，主要以N_2的形式进入废气，少量形成NO_x；在煤液化过程中，需要消耗部分氢才能使产品中的氮含量降到最低程度。在煤炼焦过程中，部分氮元素转化为N_2、NH_3、HCN和其他有机氮化物逸出，其余的则进入煤焦油或残留在焦炭中。煤焦油中的含氮化合物有吡啶类和喹啉类，而在焦炭中则以某些结构复杂的含氮化合物形态存在。

(5) 硫

煤中的有机硫含量较低，但组成结构十分复杂。主要以硫醚、硫化物、二硫化物、硫醇、噻吩类杂环化合物及硫醌化合物等形式存在。有机硫主要来源于成煤植物和微生物的蛋白质。硫含量的高低与成煤时的环境有关，一般来说，我国北部产地的煤含硫量较低，往南则逐渐升高。煤中的硫对于气化、燃烧、炼焦等化工过程是十分有害的，因此常将硫含量作为评价煤质的重要指标之一。煤在气化过程中，由硫产生的H_2S不仅对设备造成腐蚀，而且易使催化剂中毒，影响操作和产品质量；煤燃烧时，硫元素转化为SO_2排入大气，污染环境且腐蚀金属设备；煤在炼焦时，大量的硫元素进入焦炭，且硫的存在会使生铁具有热脆性。因此，在煤炭的加工利用过程中，寻求高效经济的脱硫方法和回收利用硫的途径具有重大意义。

2.1.1.2 无机组成

煤中的无机组分既包括吸附在煤中的水和独立存在的矿物质，如高岭土、蒙脱石、硫铁矿、方解石、石英等；也包括与煤中有机质结合的元素，它们以羰基盐的形式存在，如钙、钠等的盐。此外，煤中还有许多微量元素，有的是有益或无害的元素，有的则是有毒或有害的元素。

(1) 水分

水分是煤的重要组成部分，是煤炭质量的重要指标。按其存在的状态，可将煤中的水分分为游离水和化合水。游离水是指与煤呈物理态结合的水，它吸附在煤的外表面和内部孔隙中。游离水可进一步分为外在水分和内在水分。外在水分是指煤在开采、运输、储存和选洗过程中，附着在煤的颗粒表面以及大毛细孔（直径大于 10^{-5}cm）中的水分，外在水分以机械的方式与煤结合，较易蒸发；内在水分是指吸附或凝聚在煤颗粒内部表面的毛细管或孔隙（直径小于 0.1μm）中的水分，内在水分以物理化学方式与煤结合，与煤种的本质特征有关，较难蒸发。外在水分和内在水分的总和称为煤的全水分。

化合水是指以化学方式与矿物质结合的，在全水分测定后仍保留下来的水分，即通常所说的结晶水。化合水含量不大，而且必须在高温下才能失去，在煤的工业分析中一般不考虑化合水。

一般而言，水分是煤中有害而无益的无机物质。在运输时，煤中的水分会增加运输负荷；在气化和燃烧时，水分会降低煤的有效发热量；在炼焦过程中，水分的蒸发需要消耗额外的热量，增加焦炉能耗，降低焦炉的生产能力，水分过大时还会损坏设备，缩短焦炉的使用年限，同时增大废水处理的负荷。

(2) 矿物质[4]

煤中的矿物质种类繁多，按组成可分为以下几种。黏土矿物：煤中主要的矿物质，常见的有高岭石、伊利石、蒙脱石等。石英：煤中常见的矿物之一，分布广泛。碳酸盐：煤中常见的矿物，主要有方解石、白云石、菱铁矿等。硫化物和硫酸盐矿物：煤中的硫化物主要以黄铁矿为主，含有极少量的其他硫化物和硫酸盐矿物。

同时，一些含量很少的碱金属（钾、钠）和碱土金属的盐类，与煤有机质紧密地结合在一起，机械方法难以将其分开。

(3) 煤中的微量元素[5]

煤的无机组分中还含有为数众多、含量较少的元素，即微量元素。到目前为止，已经发现了几十种与煤伴生的微量元素，可分为常见元素：铜、铍、锶、钡、氟、锰、硼、镓、锗、锡、铅、锌、钒、铬、砷、镍、钴、钛、锆等；不常见元素：钪、钇、镧、镱、锑、锂、铯、铊、铋、镭、铀等；很少见元素：铪、铌、钽、铂、钯、铹、铼、钍、铈等。随着电子工业、原子能工业的迅猛发展，对稀有元素的需求量增加，从煤中提取稀有元素将成为科学家的研究重点之一。

(4) 煤中的有害元素

煤中有害元素主要有硫、磷、氯、氟、砷、汞、铍、铅、镉等。这些元素在煤的利用过程中，对工艺、设备、产品、人体、环境等会产生危害。如果能够达到工业提取品位，这些元素也将成为有用的原料。

2.1.1.3 煤的岩相组成

从地质学观点看，煤是一种生物岩石。根据煤岩学的宏观研究法和微观研究法，煤岩可分为四种宏观煤岩成分和三种煤岩显微组分[6]。

(1) 宏观煤岩成分

宏观煤岩成分是用肉眼可以区分的煤的基本组成单位，指煤层中肉眼可以识别的具有不同特征的条带，一般可分为镜煤、亮煤、暗煤和丝炭。

① 镜煤　呈黑色，光泽好，质地均匀而脆，具有贝壳状断口。在煤层中镜煤常呈透镜

状或条带状，大多几毫米到 2cm，有时呈纹理状夹在亮煤和暗煤中。

② 丝炭　外观像木炭，呈灰黑色，具有明显的纤维状结构和丝绢光泽，疏松多孔，性脆易碎。丝炭本身是软的，因空腔常被矿物质填充，逐渐变成矿化丝炭。矿化丝炭坚硬致密，相对密度高。在煤层中丝炭一般数量不多，常呈扁平透镜体沿煤的层面分布，厚度为 1～2mm，有时也能形成不连续的薄层。

③ 亮煤　亮煤的光泽仅次于镜煤，较脆，相对密度较低，均匀程度不如镜煤，表面隐约可见微细的纹理。亮煤是常见的煤岩成分，不少煤层以亮煤为主，甚至整个煤层都由亮煤组成。

④ 暗煤　暗煤光泽暗淡，一般呈灰黑色，结构致密，密度大，硬度和韧性都大，断面比较粗糙。一般来讲，在煤层中的暗煤分层出现的频率较亮煤和镜煤小，常呈厚薄不等的分层出现，但有时暗煤也有相当厚度的分层而单独成层且延伸很远距离。

（2）煤岩显微组分

在显微镜下能够区分和辨识的基本组成单元称为煤的显微组分。按其成分与性质可分为无机显微组分和有机显微组分。无机显微组分是指在显微镜下能观察到的煤中矿物质。有机显微组分是指在显微镜下能观察到的煤中由植物有机质转变而成的组分。目前国际煤岩学委员会（International Committee for Coal Petrology，ICCP）按其成因和工艺性质的不同将煤中的有机显微组分进行分组，大致可分为镜质组、壳质组和惰质组[6]。

① 镜质组　镜质组是煤中最主要的显微组分。含量约为 60%～80%，其基本成分来源于植物的茎、叶等木质纤维组织，在泥炭化阶段经凝胶化作用后，形成了各种凝胶体，因此又称为凝胶化组分。所谓凝胶化作用是指植物残体的木质纤维组织在积水较深和无空气进入的沼泽中受到厌氧微生物的作用逐渐分解，细胞壁不断吸水膨胀，细胞腔则逐渐缩小，以至完全失去细胞结构，形成无结构的胶态物质或进一步分解为溶胶，成煤后就成为镜质组。镜质组在透射光下呈橙红色至棕红色，随变质程度增加颜色逐渐加深。反射光油浸镜下呈深灰色至浅灰色，随着煤阶的增高，反射色变浅，在高级烟煤和无烟煤中呈白色，无突起到微突起。反射率介于壳质组和惰质组之间，并随煤阶升高而增大。

与惰质组和壳质组相比，镜质组的氧含量最高，碳、氢含量和挥发分介于二者之间。加氢液化时，镜质组转化率较高；焦化过程中，烟煤中镜质组易熔，并具有黏结性。

② 壳质组　壳质组又称稳定组，来源于成煤植物中化学稳定性强的组成部分，如皮壳组织和分泌物，以及与这些物质相关的次生物质，即孢子、角质、树皮、树脂及渗出沥青等。在泥炭化和成岩阶段保存在煤中的组分几乎没有发生质的变化。透射光下，在低变质阶段呈金黄色至金褐色，随变质程度增加变成淡红色，到中变质阶段则呈与镜质组相似的红色。在低变质阶段，反射光油浸镜下呈黑灰色，到中变质阶段呈暗灰色，当挥发分降低至 22%左右时，呈白灰色而不易与镜质组区分，突起也逐渐与镜质组分趋于一致。与镜质组与惰质组相比，壳质组具有较高氢含量、挥发分和产烃率。多数壳质组具有黏结性，在焦化时，能产生大量的焦油和气体。

③ 惰质组　惰质组又称丝质组，是煤中常见的一种显微组分，含量比镜质组少，我国多数煤田的惰质组含量为 10%～20%；新开发的西部煤田，部分煤中惰质组组分高达 50%以上。成因有多种，主要由木质纤维组织经丝炭化作用或火焚形成。丝炭化作用是指植物残体的木质纤维组织先处在氧化性环境下，细胞腔中的原生质很快被需氧微生物破坏，而细胞壁相对稳定，仅发生氧化和脱水，残留物的含碳量大大提高。由于地质条件的变化，上述环境转变为还原性时，这部分残留物没有完全破坏，而成为具有一定细胞结构的丝炭。惰质组

在透射光下呈黑色不透明，反射光下呈亮白至黄白色，并有较高突起。随变质程度的增加，惰质组变化不甚明显。

2.1.2 煤的基本结构

2.1.2.1 物理结构

从物理观点认识煤的结构，首先需要承认煤基本上是由各种不同的固体有机物质的基团和分散的各种矿物质的混合物组成的。煤的物理结构是指分子间的堆垛结构和孔隙结构。煤具有复杂而独特的孔结构，其总的孔径分布包括有机组分的分布特性、矿物质组分的分布特性以及存在于各相之间界面区的孔容部分。煤的孔结构特征实质上是由煤的化学结构决定的。这是因为，煤的芳香层和官能团组之间的参差不齐排列形成了内部孔隙，使煤成为多孔性物质。煤受热时，主要从层的周边失去挥发物，交联官能团的浓度和热稳定性决定失去挥发物的多少。因此，在温度不太高的情况下得到的半焦可以基本保留煤的微孔结构。孔结构可通过测定固体密度、总孔容、孔容分布和内表面积来表征。在研究传递现象时，煤的孔结构具有相当重要的作用，例如，煤中碳的化学反应性和孔结构特性决定着煤在气化过程中是否受到扩散控制。

2.1.2.2 化学结构

煤的化学结构是指煤的有机质分子中原子相互连接的次序和方式，是煤的芳香层大小、芳香性、杂原子、侧链官能团特征以及不同结构单元之间键合类型和作用方式的综合表现。煤的化学结构具有以下两个特征[7]。

（1）化学结构相似性

煤化学结构的相似性是指相同煤化度煤的同一显微组分并不是一个纯物质，而是由许多结构相似的煤分子组成的混合物；每个煤分子的基本结构单元彼此也不完全相同，但同一个煤分子中各个结构单元的结构是相似的。

（2）高分子聚合物特性

煤的高分子聚合物特性表现如下：

① 分子量大　煤的成因研究表明，成煤物料本身就是聚合物。如木质素分子量达11000，纤维素分子量更是高达150000；在成煤过程中作为中间产物出现的腐殖酸也是聚合物，分子量从几千到几万；煤的分子量大小尚无定论，但已发表的研究数据多认为其在数千量级。

② 具有缩合结构　煤的氧化可得到苯羧酸，而苯羧酸只能由烷基苯和稠环化合物转变生成，说明煤具有缩合芳香族结构。

③ 可发生降解反应　对煤进行连续氢化，将使煤的分子量变小，而且各级加氢产物具有相似的红外光谱。

④ 可发生解聚反应　原料煤及其初次热解产物、高真空热分解馏出物都具有极为相似的红外光谱，说明后两者都是煤的热解聚产物。

但煤与一般的聚合物又有不同，后者是由具有单一化学结构的一种或几种单体聚合而成，而煤的单体仅仅彼此相似，具体组成并不完全相同，为区别起见，通常称为基本结构单元。因此，煤的大分子结构可看成是由与基本结构单元有关的三个层次部分组成，即基本结构单元的核、核外围的官能团和烷基侧链以及基本结构单元之间的连接桥键。

（3）官能团

官能团是煤结构的重要组成部分，主要包括烷基侧链、桥键、含氧官能团和少量含氮与含硫官能团。

① 烷基侧链　煤的波谱数据可以证明煤的基本结构单元上连接有烷基侧链，主要包括甲基、乙基、丙基等基团。烷基侧链长度随煤化度的提高很快变短，烷基碳占总碳的比例也随之下降。同时，煤中烷基侧链中甲基占大多数，并且随煤化度增加所占比例不断增大。

② 含氧官能团　氧是构成煤有机质的主要元素之一，对煤的性质影响很大。煤分子上的含氧官能团有羟基、羧基、羰基、醌基、甲氧基和醚键等。

煤中含氧官能团随煤化程度增加而减少。其中甲氧基消失得最快，年老褐煤中几乎不存在甲氧基；其次是羧基，羧基是褐煤的典型特征，到了烟煤阶段，数量大大减少，到中等煤化程度的烟煤时，羧基已基本消失；羟基和羰基在整个烟煤阶段都存在，无烟煤中仍有羟基和羰基存在；羰基在煤中的含量虽少，但分布很广，且随煤化程度提高而减少的幅度不大；煤中的氧有相当一部分以非活性状态存在，主要是醚键和杂环中的氧。

③ 含硫和含氮官能团　煤中含硫官能团与含氮官能团的结构类似，包括硫醇、硫醚、二硫醚、硫醌及杂环硫等。煤中大约 50%～75%的氮以吡啶环和喹啉环形式存在，此外还有氨基、亚氨基、氰基和五元杂环吡咯及咔唑等形式。含氮结构非常稳定，定量测定十分困难，至今尚未建立可靠的定量测定方法。

④ 桥键　桥键是连接基本结构单元的化学键，一般认为，桥键有四类：亚烷基键、醚键和硫醚键、亚甲基醚键、芳香碳-碳键。上述四类桥键在不同煤中不是平均分布的，在低煤化程度煤中桥键含量丰富，其类型主要是前三种，尤以长的亚烷基键和亚甲基醚键为多；中等煤化程度的煤桥键数目最少，主要是亚甲基键和醚键；至无烟煤阶段桥键又增多，主要是芳香碳-碳键。

2.1.2.3 结构模型

煤的结构模型是根据煤的各种结构参数进行推断和假想而建立的，用以表示煤平均化学结构的分子图示。建立煤的结构模型是研究煤结构的重要方法之一。迄今为止，文献中已提出过许多煤分子结构模型，主要有物理结构模型和化学结构模型。

（1）物理结构模型

① Hirsch 模型　1954 年，Hirsch[8] 根据 X 射线衍射研究结果提出的物理结构模型——Hirsch 模型，将不同煤化度的煤划归为三种物理结构。对不同煤阶的煤，Hirsch 模型提出的三种结构形式如下：

a. 敞开式结构：这是低阶煤的结构特征，芳香层片较小，不规则的“无定形物质”占的比例较大。芳香层片间有交联键，基本上是任意取向，形成含大空隙的立体结构。

b. 液体结构：这是中等变质烟煤的典型特征。芳香层片在一定程度上出现定向性，并形成 2 个或 2 个以上层片组成的微晶体。层片间交联键数量与前一结构比大为减少，故分子间活动性增强，称其为“液体”结构。这种煤的孔隙度最小，机械强度最低。热解时只要破坏较少的键就能形成大量胶质体。

c. 无烟煤结构：显然这是无烟煤的特征。芳香层片迅速增大，侧链和官能团数量很少。芳香层片间平行定向程度增加。由于有机质发生裂解和缩聚反应，形成大量微孔，故孔隙度比液体结构的煤有所增加。

Hirsch 模型比较直观地反映了煤的物理结构特征，解释了不少现象。但“芳香层片”

的含义不够确切，也没有反映出煤分子构成的不确定性。

② 两相模型　两相模型又称主-客模型，它是由 Given 等[9] 于 1986 年根据核磁共振（NMR）氢谱发现煤中质子的弛豫时间有快慢两种类型而提出的。图 2-1 中，大分子网络为固定相，小分子则为流动相，这一模型事实上已指出了煤中的分子既有共价键结合（交联），又有物理缔合（分子间力）。该模型认为以芳环为主体的结构单元通过桥键-交联键（如—CH_2—、—CH_2—CH_2—、—O—、—O—CH_2—等）构成三维空间大分子网络，而小分子则以非共价键缔合于网络结构空隙中。该模型能解释煤的许多性质，如在溶剂中发生溶胀和抽提等，但也与一些现象相矛盾。

③ 缔合模型　缔合模型又称单相模型，Nishioka[10] 在分析了煤的溶剂萃取实验结果后，认为存在连续分子量分布的煤分子，煤中芳香族间的连接是静电型和其他型的连接力，不存在共价键。煤的芳香族结构由于这些力堆积成更大的联合体，然后形成多孔的有机质，如图 2-2 所示。

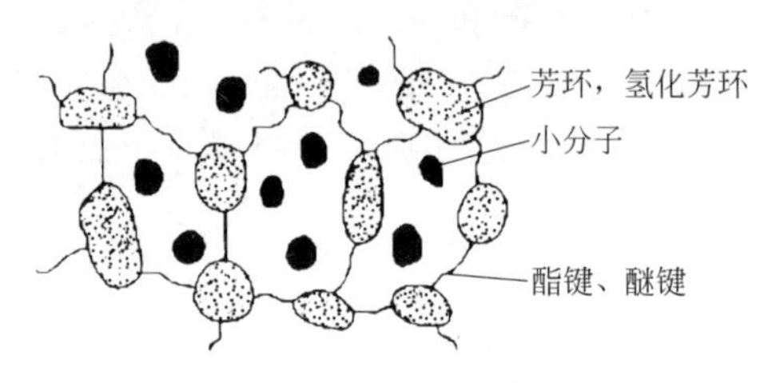

图 2-1　两相模型[9]

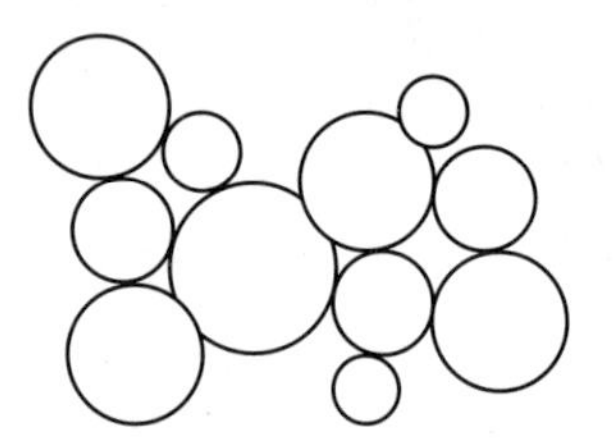

图 2-2　缔合模型[10]

④ 复合结构模型　1998 年，秦匡宗等[11] 提出了煤的复合结构模型，认为煤的有机质主要由四部分组成：a. 以共价键为主的三维交联大分子，形成不溶性的刚性网络结构；b. 分子量在 1000 到几千之间，相当于沥青质和前沥青质的大型分子和中型分子；c. 分子量在数百到 1000 之间，相当于非烃组分，具有较强极性的中小型分子；d. 分子量在 10^2 量级的非极性分子，包括溶剂可萃取的各种饱和烃和芳烃。结构模型中，b 和 c 部分通过物理缔合力与 a 部分相结合，d 部分主要以游离态存在于前三部分构成的网络结构中。

煤的复合结构概念可以认为是煤的两相结构模型和缔合结构模型的综合，可以很好地解释煤在不同溶剂作用下的溶解现象和实验结果；根据煤在不同溶剂中的溶解结果，对形成大分子网络的作用力进行了修正；强调了非共价键物理缔合力在形成三维网络结构中的重要性。

（2）化学结构模型

煤的化学结构模型清晰明了，不仅显示了化学键的组合形式，而且体现了与煤阶的关系[12]。然而早期的煤化学结构模型受限于当时的仪器分析能力及人们的认知水平，虽然成功地解释了煤的某些性质，但推断成分高、主观意识强。例如，1942 年的 Fuchs 模型[13] 和 1960 年的 Given 模型[14] 均认为，脂肪结构以环烷烃形式存在，没有链烷烃，特别是没有链烷烃构成的桥键。相比之下，20 世纪 60 年代后期以来的模型比较准确。

① Shinn 模型[15]　如图 2-3 所示，此模型是目前广为人们接受的煤的大分子结构模型，是由 Shinn 根据煤在一段和二段液化产物的分布提出来的。它以烟煤为对象，以分子量 10000 为基础，将考察结构单元扩充至 661 个碳原子，通过数据处理和优化，得出分子式为 $C_{661}H_{561}O_{74}N_{11}S_6$。该结构假设：芳环或氢化芳环单元由较短的脂链和醚键相连，形成大分子的聚集体，而小分子镶嵌于聚集体孔洞或空穴中，可通过溶剂抽提萃取出来。此模型不仅考虑了煤分子中杂原子的存在，而且官能团、桥键分布均比较接近实验结果。

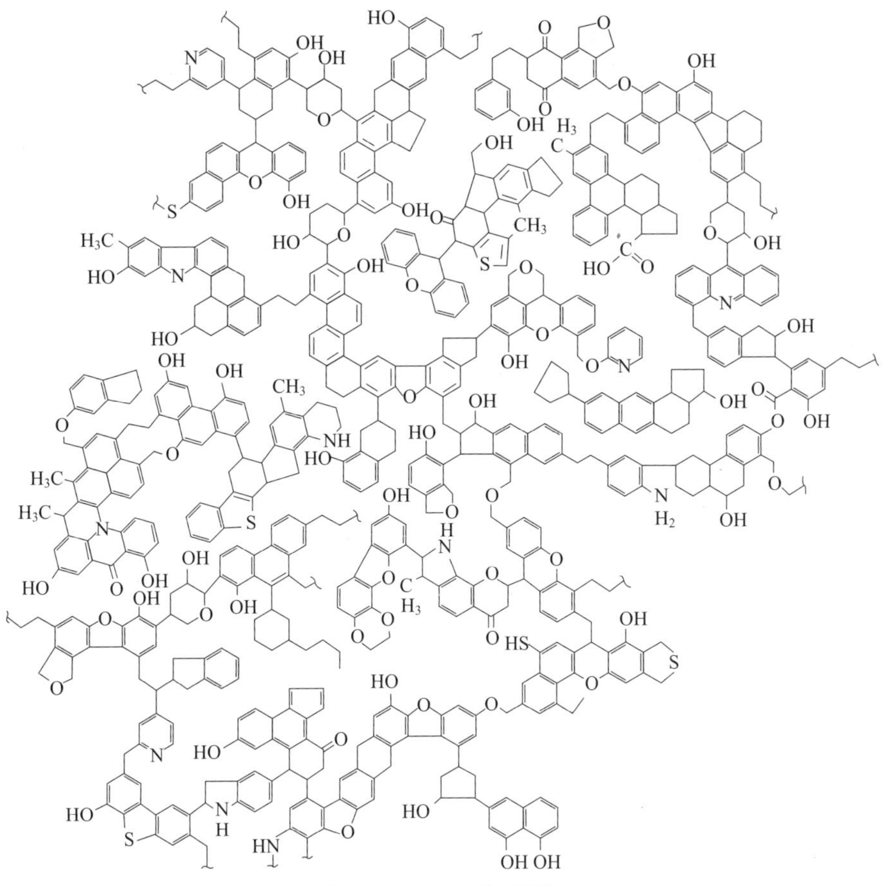

图 2-3　Shinn 模型[15]

② Faulon 模型[16]　随着时代的进步，计算机技术和仪器分析技术也不断发展起来，逐渐在煤结构的研究中崭露头角。1993 年 Faulon 利用计算机软件对构建的煤结构模型进行能量最优化模拟，得到 Faulon 模型（图 2-4），该模型涵盖了诸多交叉学科及分析方法，在当时被称为最有代表性的三维煤结构模型。

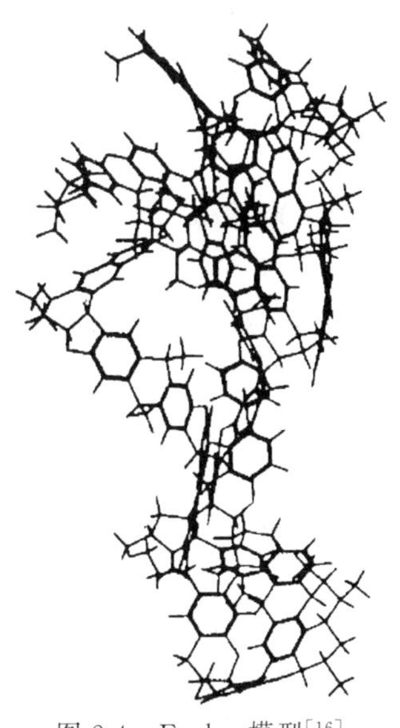

图 2-4　Faulon 模型[16]

③ Narkiewicz 模型[17]　近年来，一个明显的发展趋势是煤结构模型的规模在逐步提高，其中比较典型的是 Narkiewicz 模型（图 2-5）。该模型的分子式为 $C_{13781}H_{8022}O_{140}N_{185}S_{23}$，包含 22151 个原子，规模是 Shinn 模型的近 20 倍，其构建与验证所采用的实验表征较为丰富，除了利用核磁共振技术用于检测煤结构的芳香度和其他碳原子信息，还采用高分辨透射电子显微（HRTEM）技术获取煤中芳香大分子堆叠结构的层状信息(包括层间距和层数等)，利用 X 射线光电子能谱（XPS）技术检测杂原子（氧、氮、硫）与煤大分子结构的连接形式等。此外，激光解吸质谱也被用来分析煤中大分子结构的分子量分布情况。

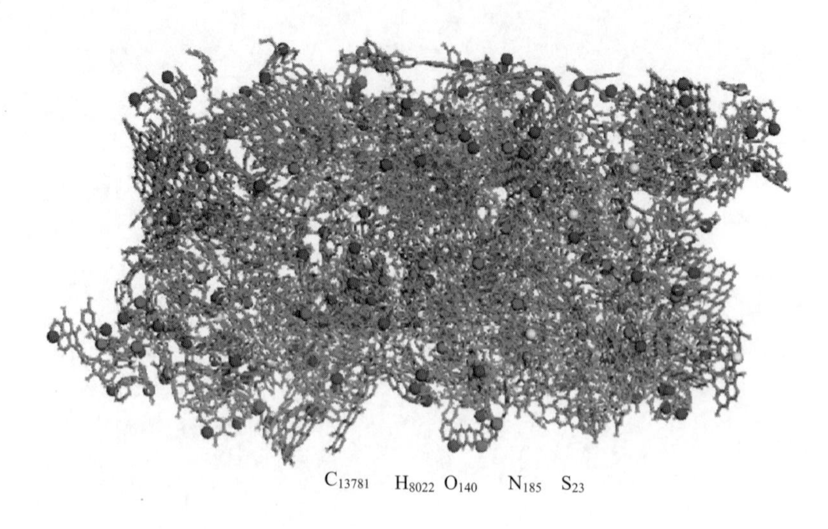

图 2-5 Narkiewicz 模型[17]

当同时考虑煤有机大分子的化学组成及其空间构造，可以构建煤结构的综合模型，该模型可以理解为煤的物理模型和化学模型的组合。例如，Grigoriew 等[18]用 X 射线衍射径向分布函数法研究煤的结构后提出了球（Sphere）模型。该模型的最大特点是首次提出煤分子是具有 20 个苯环的稠环芳香结构，可以解释煤的电子谱与颜色。

2.1.2.4 化学键和解离能

燃烧、气化、热解和液化都是重要的煤热加工过程，而所有这些过程中都涉及通过键解离反应将煤中的有机大分子结构变成小的分子结构。因此对煤结构中化学键种类及其热化学性质的认识，能够帮助人们更好地了解煤的反应过程，继而有利于改进煤的加工工艺，使得煤资源可以得到更高效合理地利用。

构成煤结构的化学键主要有以下几种，即 C—H、C—C、C═C、C—O、O—H、C═O、C—N、C—S。刘振宇[19]于 2010 年提出煤的“集总化学结构模型”时，认为可以用上述化学键的组成来表述煤的结构，这种方式不仅避开了同分异构现象的繁杂细节，而且为煤反应的科学表述奠定了基础（如使得反应热的计算和反应动力学的科学表述成为可能）。

利用类煤模型化合物研究上述化学键的键解离能（BDE），可以进一步了解煤中各类化学键的热化学性质。归纳总结[20]发现，C═C、C═O 的 BDE 值远远高于其他共价键。C—H、C—C、C—O、O—H、C—N、C—S 键的 BDE 值范围分别为 111.4～81.2kcal/mol、102.9～62.8kcal/mol、107.5～52.6kcal/mol、111.2～86.6kcal/mol、104.0～59.0kcal/mol 和 154.1～55.7kcal/mol（1kcal=4.186kJ）。此外，每种键型的最低 BDE 值的高低顺序为 O—H>C—H>C—C>C—N>C—S>C—O。但由于所处化学环境的复杂性，每一种键型的 BDE 值都在一个很大的范围，并且不同键型之间的 BDE 值存在很大程度的重叠，并没有某一种键型的 BDE 值总是高于或低于其他键型的 BDE 值。键解离是煤热解过程的第一步，解离能的大小直接关系煤中化学键断裂的难易，因此对深入了解煤的热解过程具有至关重要的作用。通过计算各种典型的类煤模型化合物中各个化学键的解离能，可以推测煤中相似化学键的解离能大小，从而判断煤中各类化学键的断裂顺序。

2.1.2.5 煤分子结构的近代概念

基于结构模型的表述不足以反映复杂的煤的生成、组成、结构和性能特征，而采用煤的分子结构的概念来表述煤分子结构的情况似乎更为实用。煤分子结构的近代概念[7]可表述如下：

① 煤结构的主体是三维空间高度交联的非晶质的高分子聚合物，煤的每个大分子由许多结构相似而又不完全相同的基本结构单元聚合而成。

② 基本结构单元的核心部分主要是缩合芳环，也有少量氢化芳环、脂环和杂环。基本结构单元的外围连接有烷基侧链和各种官能团，烷基侧链主要有$—CH_2—$、$—CH_2—CH_2—$等。官能团以含氧官能团为主，包括酚羟基、羧基、甲氧基和羰基等，此外还有少量含硫官能团和含氮官能团，基本结构单元之间通过桥键连接为煤分子。桥键的形式有不同长度的亚烷基键、醚键、亚甲基醚键和芳香碳-碳键等。

③ 煤分子通过交联及分子间缠绕在空间以一定方式定形，形成不同的立体结构。交联键有化学键，如上所述的桥键；还有非化学键，如氢键力、范德华力等。煤分子到底有多大，至今尚无定论，有不少人认为基本结构单元数在200～400范围，分子量在数千范围。

④ 在煤的高分子聚合物结构中还较均匀地分散嵌布着少量低分子化合物，其分子量在500左右。它们的存在对煤的性质有不可忽视的影响。

⑤ 低煤化度煤的芳香环缩合度较小，但桥键、侧链和官能团较多，低分子化合物较多，其结构无方向性，孔隙率和比表面积较大。随变质程度的增加，芳香环缩合程度逐渐增大，桥键、侧链和官能团逐渐减少。分子内部的排列逐渐有序化，分子之间平行定向程度增加，呈现各向异性。煤的许多性质在中变质烟煤处呈现转折点，显示煤的结构由量变引起质变的趋势，至无烟煤阶段，分子排列逐渐趋向芳香环高度缩合的石墨结构。

2.2 煤热解与焦化规律及影响因素

2.2.1 煤热解与焦化规律

煤是一种组成复杂、不均一的物质，不论从宏观还是微观角度难以用具体的化学方程式对热解过程进行定量的具体描述，一般把煤热解过程分为三个阶段，如图2-6所示。

干燥脱气阶段：从室温（RT）到初始活泼热分解温度（T_d，对非无烟煤一般为300℃）为干燥脱气阶段，在此阶段煤的外形无明显变化。褐煤在200℃以上发生脱羧基反应，约300℃时开始发生热解反应。烟煤和无烟煤的分子结构仅发生有限的热作用（主要是缩合作用）。120℃前主要是吸附在煤孔隙和表面的水分脱除，200℃左右完成脱气（CH_4、CO和N_2等）。

活泼热分解阶段（T_d约为550℃）：这一阶段特征是煤结构的分解，煤中的大分子结构开始发生解聚和分解反应以及一定程度的内部缩聚反应，导致大量挥发物的逸出（主要是甲烷及其同系物、烯烃、碳氧化物、焦油和水）。所生成的半焦与原煤相比，芳香层片的平均尺寸变化不大。烟煤在此阶段开始软化，经过熔融、流动以及膨胀，最后再固化，发生一系列的特殊变化，并形成气、液、固三相共存的胶质体，胶质体的数量和质量决定了煤的黏结

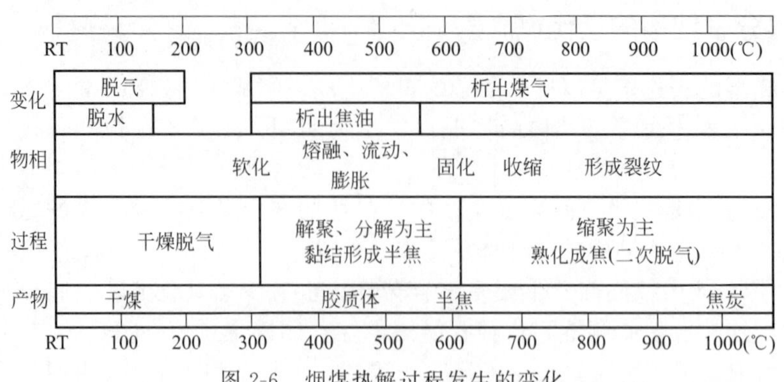

图 2-6 烟煤热解过程发生的变化

性和结焦性。后期胶质体分解加速，开始缩聚，胶质体固化形成半焦。部分矿物质会脱除自身的结晶水，但绝大多数矿物质保持原来的结构。半焦与原煤相比，一部分物理指标如芳香层片的平均尺寸变化不大，说明半焦生成的过程中缩聚反应并不太明显。

热缩聚阶段（550～1000℃）：半焦升温加热时，半焦继续分解向焦炭转化，反应过程以缩聚反应为主，产生大量气体产物，同时还有极少量焦油生成。气体产物中，H_2占主要成分，此外还含有少量的CH_4。半焦体积收缩、密度增大，随着反应温度的继续升高，半焦进一步分解、缩聚，焦炭的芳香核明显增大，排列有序性升高，结构紧密、坚硬并有银灰色金属光泽。从半焦到焦炭，一方面析出大量气体，另一方面焦炭本身的密度增大、体积收缩，导致生成许多裂纹，形成碎块。如果最终温度提高到 1500℃以上则是石墨化阶段，用于生产石墨碳素制品。

2.2.2 裂解反应

由于不同煤之间性质的差异、煤的不均一性和分子结构的复杂性，且煤中的矿物质可能在热解过程中起到催化作用，因此热解的化学反应十分复杂。总的来说，煤热解包括三个阶段，即干燥脱气、裂解和缩聚，其中裂解和缩聚阶段是煤发生化学反应的主要阶段。热解前期以裂解为主，主要包括桥键断裂后生成自由基、脂肪侧链的裂解、含氧官能团的裂解和煤中小分子化合物的裂解；后期以缩聚反应为主，主要包含胶质体固化的缩聚反应、从半焦到焦炭的缩聚反应、多环芳烃间的缩合[21]。从煤的分子结构看，热解过程是基本结构单元周围的侧链、桥键和官能团等热不稳定成分的裂解，形成低分子化合物并逸出[3]；而基本结构单元的缩合芳香核部分则互相缩聚形成固体产物（半焦或焦炭）。煤中主要发生的化学反应如表 2-1 所示[22]。

表 2-1 煤热解过程的化学反应[22]

序号	产物	来源	过程
1	焦油	弱键连接的环单元	热解
2	半焦	芳香核大基团	缩聚
3	CO_2	羧基	脱羧基
4	CO(＜500℃)	羧基、醚键	脱羧基
5	CO(＞500℃)	酚羟基、杂环氧	脱羟基、开环

续表

序号	产物	来源	过程
6	CH_4、C_2H_6等	烷基	脱烷基
7	H_2	芳环C—H键	缩聚
8	H_2O	羟基	脱羟基、缩聚

(1) *挥发分一次反应*

煤热解单元是由不同缩合程度的芳香环或氢化芳环所构成的基本结构单元核以及周围侧链（烷基、不同官能团）所组成。煤中的桥键有多种类型，如芳香碳-碳桥键、亚烷基键、醚键、亚甲基醚键、硫醚键和亚甲基硫醚键等[23]。煤受热升温到一定温度时，煤单元结构中不稳定的化学键如结构单元中的桥键、侧链和官能团会发生断裂。这种直接发生于煤分子内的分解反应是煤热解过程中首先发生的，通常称为一次热解。一次热解主要包括桥键断裂生成自由基、脂肪侧链裂解、含氧官能团裂解和低分子化合物裂解。煤中连接基本结构单元的—O—、—CH_2—、—S—等桥键的键能较弱，在热解反应中容易断裂生成相应的自由基碎片。通过自由基内部的氢重排或从其他热解碎片中夺取氢可使自由基稳定。在不同煤阶中，低阶煤，尤其是褐煤中的含氧官能团最多，主要以羧基、醇羟基、酚羟基、醛基、甲氧基和醚键为主。煤受热分解时，首先是官能团脱离芳香环簇形成气体，随后是脱除官能团的某些碎片形成焦油组分。一般而言，含氧官能团的热稳定性顺序为：—OH＞C═O＞—COOH＞—OCH_3。按热解温度区间分类，200℃以下的低温区，主要是煤中结合水以及孔隙中简单干燥处理难去除的水、吸附的小分子气体的脱除过程；200～300℃主要是羧基分解生成CO_2，酚羟基缩合脱水的过程；300～500℃主要是醇羟基聚合脱水和羧基分解生成CO的过程[24]。含氧杂环在500℃以上也有可能开环裂解，释放出CO。脂肪侧链（C_{al}—C_{al}）可裂解为CH_4、C_2H_6等气态烃类物质。

(2) *挥发分二次反应*

煤热解时产生的一次裂解产物挥发分在逸出过程中如果受到更高温的作用会继续裂解，同时裂解生成的自由基也会进一步稳定化。挥发分的二次反应对气、液、固三相产物分布有重要影响。二次反应导致焦油损失，主要是焦油歧化生成分子量比其小的气体或分子量比其大的固体（焦），特别是当温度大于450℃时[25]。二次反应可分为颗粒内部和颗粒外部二次反应[26]：颗粒内部二次反应主要是指一次裂解产物从颗粒内部的孔道向外扩散时会经历较高的温度区域，因此从高温区域逸出过程中发生颗粒在孔道内部的二次反应，因此很难将煤的热解反应和颗粒内部的二次反应区分开[27]。颗粒外部二次反应是指挥发分从颗粒内部逸出后进一步与外界接触发生反应，如在煤颗粒表面、催化剂表面、固体热载体表面上的表面二次反应以及气相环境中的气相二次反应[26]。按照二次反应的类型，可分为以下几种反应：

裂解反应：

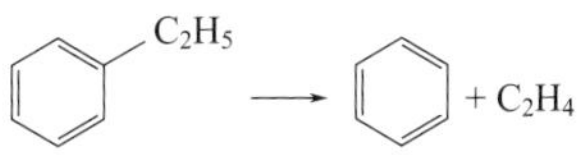

C_2H_5 ⟶ $+ C_2H_4$

芳构化反应：

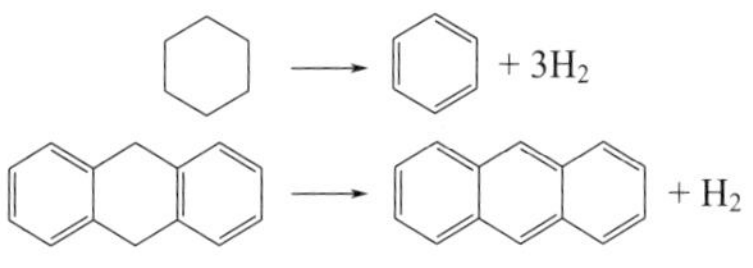

⟶ $+ 3H_2$

⟶ $+ H_2$

催化加氢反应：

加氢脱氧反应

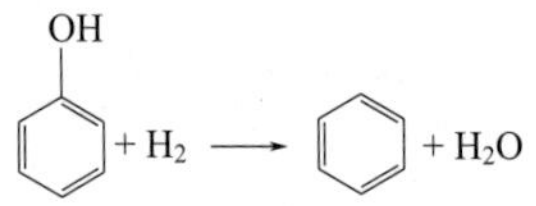

OH $+ H_2 \longrightarrow$ $+ H_2O$

加氢脱烷基反应

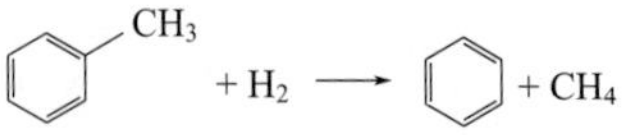

CH_3 $+ H_2 \longrightarrow$ $+ CH_4$

缩合反应：

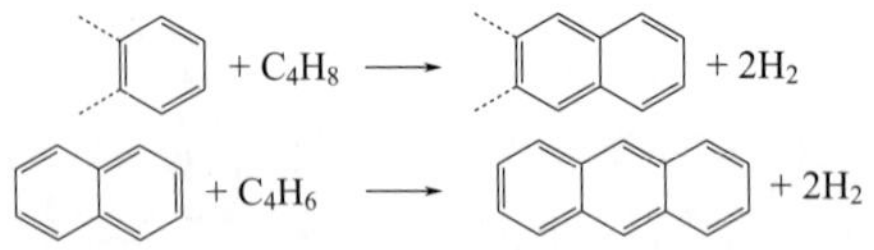

$+ C_4H_8 \longrightarrow$ $+ 2H_2$

$+ C_4H_6 \longrightarrow$ $+ 2H_2$

自由基裂解：

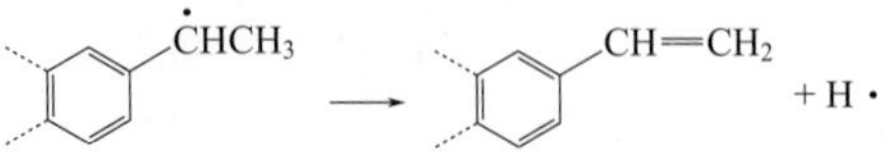

$\dot{C}HCH_3$ $\longrightarrow$ $CH{=}CH_2$ $+ H\cdot$

自由基再聚合：

$\dot{C}H_2$ $+$ $H_2\dot{C}$ $\longrightarrow$ CH_2CH_2

自由基加成反应：

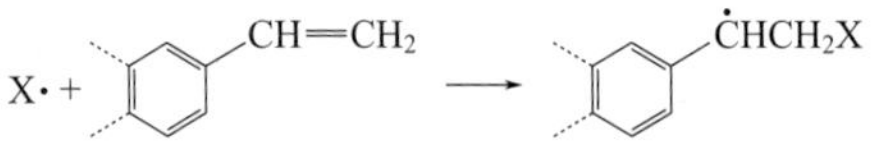

$X\cdot +$ $CH{=}CH_2$ $\longrightarrow$ $\dot{C}HCH_2X$

X=H、CH_3、C_2H_5等

此外，在二次反应过程中，连接在芳烃碳上的甲基基团发生断裂，形成甲基和苯环自由基，这些小的自由基之间可被氢自由基稳定形成甲烷和苯。而在这一阶段内发生的二次反应也会释放 CH_4和 CO。

（3）缩聚反应

煤热解前期以裂解反应为主，后期则以缩聚反应为主。缩聚反应是二次脱气阶段的主要反应。此阶段是对煤黏结、成焦和焦炭品质与产量影响最大的一个阶段。在胶质体固化过程中的缩聚反应，主要包括热解生成自由基间的结合、液相产物分子间的缩聚、液相与固相之间的缩聚和内部的缩聚等，这些反应基本在 550～600℃前完成，生成半焦。其次是从半焦到焦炭的缩聚反应，反应特点是芳香结构脱氢缩聚，芳香层增加、H/C 比降低。可能包括苯、萘、联苯和乙烯等小分子与稠环芳香结构的缩合，也可能包括多环芳烃间的缩合，与此同时，产生以 H_2为主的小分子气体产物，同时有少量的 CH_4。半焦到焦炭的变化过程中，在 500～600℃之间煤的各项物理性质指标如密度、反射率、电导率、特征 X 射线衍射峰强度和芳香晶核尺寸等有所增大但变化都不大，在 700℃左右这些指标产生明显跳跃，随温度升高继续增加。

2.2.3 主要影响因素

煤的热解和焦化过程不仅与煤本身的物理和化学性质有关，还与热解过程参数密切相关。煤热解的内因［如煤化程度（也称煤变质程度或煤阶）、粒度、岩相组成和矿物质等］和外因（如温度、气氛、升温速率、压力等）均能明显地影响煤的热解和焦化过程，深入认识各种因素对热解和焦化过程的影响对新工艺的开发和运行十分必要。

（1）煤化程度

原料煤的煤化程度是煤热解最重要的影响因素，它直接影响煤的初始热解温度、热解产物等。随着煤化程度的加深，热解开始温度逐渐升高。各种煤中褐煤的热解温度最低，无烟煤最高。由煤热解两步反应可知，煤阶首先对热解初始产物造成影响，随后是二次反应。煤热解过程中，大分子网络分解产生焦油前驱体，受热时继续分解成更小分子的碎片脱离煤粒表面，生成初始焦油和气体；碎片过大则停留在煤粒内，继续发生缩聚反应。随着煤阶的提高，O/C 比逐渐降低，导致 CO、CO_2、H_2O 产率明显降低；H_2 产率随着煤阶的增加而升高；中等煤化程度的煤具有较高的甲烷产率；黏结性烟煤比褐煤和无烟煤有更高的焦油产率。

在相同热解条件下，煤化程度不同，煤热解产物也不同。煤化程度较低的煤，如褐煤热解时，煤气、焦油和热解水产率高，煤气中 CO、CO_2 和 CH_4 含量多，但黏结性很小甚至没有，不能结成块状焦炭；中等煤化程度的煤，如烟煤热解时，煤气与焦油产率较高，而热解水少，黏结性强，能形成强度高的焦炭；煤化程度高的煤，如贫煤热解时煤气与焦油产率很低，也没有黏结性，生成大量焦粉（脱气干煤粉）。因此中等煤化程度的烟煤的黏结性和结焦性最好，能得到高强度的焦炭，而煤化程度愈高或愈低的煤，黏结性和结焦性愈差。煤中硫、氮的脱除与煤阶密切相关，有机硫和硫铁矿中硫的脱除率随着温度的升高而增大；煤阶升高、变质程度越大，煤分子缩合程度越大，硫和氮的脱除率降低[28,29]。

在烟煤范围内，低变质程度煤所得焦炭具有较高的反应性，随着变质程度的增加，所得焦炭的反应性随之降低，当煤的变质程度接近贫煤时，其焦炭反应性又呈现上升趋势[30]。不同变质程度煤经过相同的炭化条件得到的焦炭性质存在较大的差异，其中焦煤和 1/3 焦煤焦炭的冷态和热态强度较好；气煤焦炭、肥煤焦炭和瘦煤焦炭的冷态和热态强度较差；肥煤焦炭结构接近于石墨化炭，焦煤和瘦煤焦炭的炭结构因子较大，其焦炭交联程度较大，接近于非石墨化炭[31]。气煤形成的焦炭中以各向同性结构为主，而肥煤和焦煤形成的焦炭中以粒状镶嵌结构为主[32]。

（2）煤岩显微组分

煤岩学把煤作为一种有机岩石，将煤中有机显微组分主要分为镜质组、壳质组和惰质组。镜质组碳含量中等，氧含量高，芳香族组成含量较高；壳质组氢含量高，脂肪族成分较多，芳香度比同生的镜质组小得多；惰质组碳含量较高，氢含量很低。不同变质程度的煤中，镜质组的反射率有很大的差异，挥发分含量越高的煤种，镜质组反射率越低，煤阶越年轻[33]。神木煤的显微组分热解实验表明，镜质组和惰质组的热失重行为相似，但惰质组热解速率小，失重峰温高，脱硫脱氮率低于镜质组[34]。随着热解温度的升高，半焦中 H/C 和 O/C 摩尔比逐渐降低，当温度升高到 900℃时镜质组半焦的 H/C 和 O/C 摩尔比已经降到与惰质组半焦相当的水平[34]。镜质组在炭化初期就转化成各向同性的胶质体，进一步加热胶质体固化形成半焦才出现各向同性镶嵌结构，最后在固化温度下，形成各向异性的焦炭；惰质组在炼焦过程中，既不软化，也不黏结，光学上一直保持各向同性，属于炼焦的惰性组分；壳质组属于炼焦的活性组分，挥发分高，热解产物以气体或液体为主，仅有少量的残渣形成焦炭[35]。

（3）温度

温度是除煤自身性质以外，影响煤热解的最重要因素，热解温度不仅对煤本身的裂解有重要影响，而且对挥发分的二次反应也有重要影响。理论上，在不存在二次反应的情况下，煤中挥发性组分的产率会随温度升高单调增加；而当二次反应存在时，温度升高会导致一次热解产生的焦油发生裂解反应，使得气体产率增加，而焦油产率降低，同时半焦会发生再聚合反应，使得半焦的产率降低。Hayashi 等[36]使用流化床反应器对次烟煤进行热解并控制密相区、稀相区温度作为变量：当密相区温度（500～700℃）一定时，焦油产率随着稀相区温度（500～800℃）升高而降低；当稀相区温度一定时，焦油产率在 600℃时达到最大。C、H、O 三种元素是构成煤中各种有机官能团的基础，煤中各种有机物的含量以及热解过程中产物释放的规律可从 H/C 和 O/C 比例演变得到宏观反映。半焦的 H/C 和 O/C 比均随着温度的升高而减小，O/C 比在 300～600℃降幅很大，H/C 比在 300～900℃降幅较大，说明热解过程中含氧类挥发分在 300～600℃释放，而含氢类产物在 300～900℃释放；当热解温度达到 900℃后，不同变质程度煤热解生成半焦的 H/C 和 O/C 比趋于一致[37]。

在炼焦过程中焦饼终温的升高，所得焦炭的耐磨强度提高。提高焦饼的终温，使结焦后期的热分解与热缩聚程度升高，可使焦炭挥发分降低，气孔壁材质更加致密，焦炭结构中氢含量减少，因此显微硬度、耐磨强度有所提高[38]。在使用黏结性较高、入炉煤偏肥的煤炼焦时，在结焦时间一定的条件下，采用较低的焦饼中心温度，相应降低燃烧室标准温度，以保持较低的加热速率是改善焦炭强度的有效措施[39]。

（4）压力

热解压力是影响热解产物产率及性质的主要因素之一。总体而言，压力对热解的影响一般是对二次反应的影响。在压力较大的情况下，前期热解生成产物由于从颗粒内逸出时所受阻力增大，使其在颗粒内的停留时间延长，加剧了二次裂解生成小分子和聚合成焦的反应程度[40]。在氢气气氛下，压力的影响较为复杂，显示出对产物有多方面的影响：一方面，压力的升高，使热解挥发分逸出受阻，加大二次反应，降低焦油产率；另一方面，压力的升高，有助于氢分压的提高，使更多的氢分子参与到加氢稳定热解自由基的过程，促进了焦油的生成，对半焦的形态和反应性也有一定的影响[41]。胜利褐煤和府谷烟煤在反应压力范围为 0.1～5MPa 的热重分析仪上的热解研究表明，压力的升高对挥发分的析出有抑制作用，促使焦油发生二次反应生成炭黑沉积在半焦颗粒表面，导致 C/H 比增大[42]。随着热解压力的升高，烟煤热解的颗粒表面变得粗糙，孔隙结构明显增大；褐煤热解煤焦形貌变化不明显，但比表面积随着热解压力的增大而降低，煤焦的平均孔径逐渐增大。在氮气气氛下，加压热解导致焦油发生再沉积和再聚合反应，即焦油的二次反应，在煤焦颗粒表面上形成二次反应产物层，其活性很差，覆盖煤焦的孔结构，影响煤焦初期气化反应活性；氢气气氛下发生加氢气化反应，生成甲烷和其他碳氢化合物，在煤焦颗粒上产生活性位，对煤焦起到活化作用；高压加氢热解有利于加氢气化反应和提高煤焦的气化活性，同时在一定程度上消除了焦油二次反应的负面影响[43]。

（5）升温速率

升温速率对热解及炼焦过程均有影响，根据加热速率快慢，一般可以分为慢速热解（<1℃/s）、中速热解（5～100℃/s）、快速热解（500～10^6℃/s）和闪裂解（$>10^6$℃/s）。加热速率对挥发物析出温度有影响，随着煤加热速率的增加，气体开始析出的温度和气体最大析出的温度也随之升高。煤的热解过程为吸热反应，煤的导热性差，故反应的进行和气体的析出需要一定的热的作用时间。当提高加热速率时，煤中部分结构来不及分解，分解生成的挥发分来不及扩散，因此产生滞后。提高升温速率，热解初次产物发生二次反应较少，缩聚反应的深度不大，故可增加煤气与焦油的产率，提高产物中烯烃、苯和乙炔的含量。Okumura[44]发现升温速率的提高能够促进焦油中苯、苯乙烯、茚、萘和其他多环芳烃的产率增加。

升温速率对煤的黏结性有明显的影响，焦炉内的升温速率属于慢速升温，若提高升温速率，煤的黏结性会有明显的改善。随着升温速率的提高，煤的胶质体温度范围扩大，表征煤黏结性好坏的鲁尔膨胀度增加，而影响煤炭强度产生裂纹的收缩度下降。当升温速率提高时，由于部分结构来不及分解和产物来不及挥发，需在更高的温度下热解和挥发，开始软化温度和开始固化温度都向高温方向移动。而固化温度升高得较多，延长胶质体的停留时间，改善黏结性；同时由于升温速率提高，在一定时间内液体焦油的生成速度显著地大于挥发和分解的速度，使胶质层厚度增加，胶质体膨胀度增加，收缩度降低，有利于黏结。提高加热速率会增加煤料的胶质体流动性，从而改善煤的黏结性，使焦块致密。这种变化改变了煤的热解动态过程，快速加热使煤分子中的侧链断裂，形成液相的速率和液相蒸出速率的差值增大，相对改善了胶质体的流动性[38]。升温速率的提高可使塑性温度间隔变宽，流动性改善，有利于改善焦炭的质量和提高生产能力[45]。随着热解温度的升高，煤焦的炭微晶结构向有序化方向发展；慢速热解条件下煤焦的炭微晶结构较快速热解条件下更易向有序化方向发展，且随着热解温度的升高，慢速热解比快速热解煤焦有序化程度快[46]。

（6）粒径

颗粒粒径对煤热解的影响比较复杂，煤颗粒尺寸的大小主要影响煤热解的传热传质过程和二次反应。已有关于颗粒粒径影响的研究大都是针对粉煤级别的。煤的热解实验表明，随着煤粒度的减小，其比表面积增大，胶质体厚度减小；煤开始软化温度和胶质体固化温度降低，胶质体温度间隔缩小，故使黏结性降低；堆密度下降，挥发分脱出速度提高，减小了膨胀压力，也不利于煤的黏结。Griffin 等[47]在电加热网反应器中考察了匹兹堡 8 号烟煤在不同升温速率和粒径下的焦油和总失重量，煤颗粒粒径在 106～125μm、加热速率为 1000～2000℃/s 时，焦油产率出现最大值；煤颗粒粒径在 63～75μm 和 106～125μm、在 10℃/s 的升温速率下，两者的焦油产率相差不大。粒径的增大使挥发分二次反应增加，最终导致半焦产率增加；热解所获得的半焦反应性随着煤颗粒的增大而降低，但半焦的结晶度无明显差别[48]。Zhao 等[49]发现小颗粒粒径煤在 350～650℃热解时更有利于含硫气体的逸出，容易形成低硫的 Fe-S 相。Yang 等[50]在流化床反应器中不同温度下对 2mm、6mm、10mm 和 14mm 次烟煤的热解特性进行研究，发现不同粒径的煤在不同温度下热解产物的变化规律并不相同，不同粒径煤热解的液体产率也有较大差异。煤颗粒粒径也会影响焦炭的反应强度或反应性。当气煤粉碎粒度小于 0.4mm 时，焦炭的反应后强度明显下降，焦炭反应性劣化不明显，当粒度达到 5mm 时，焦炭反应后强度略有下降[51]。在细颗粒配煤情况下，煤颗粒间接触紧密，胶质体在高温下可充分填充煤粒空隙，使无烟煤颗粒紧密结合在一起，并且不会发生胶质体将煤粒完全包裹使惰性组分的骨架作用消失的现象[52]。但过度的细粒度会导致气体无法顺利排出从而导致内部压力过大产生裂纹。

（7）气氛

煤的热解气氛有很多种，包括 H_2、CH_4、CO_2、焦炉气等，热解气氛对煤热解产物分布有重要的影响。根据热解气氛的特性，可将热解气氛分为氧化性气氛、还原性气氛和混合气氛。氧化性气氛的存在可以促进热解半焦和挥发分的裂解，同时也可以加快挥发分的裂解反应生成焦油及焦炭[53]；还原性气氛在促进热解自由基生成的同时，也可形成小分子自由基，因此能够稳定热解自由基。在富氢气氛中，氢自由基能够稳定热解自由基，减少自由基间的反应，同时氢气能够与半焦发生反应。Liu 等[54]发现平朔、灵武、哈密和神东煤在氢气气氛下的焦油产率明显大于氮气气氛下，且半焦产率降低，在催化剂作用下 CH_4-CO_2 重整与煤热解耦合能够进一步提高焦油产率。Fidalgo 等[55]考察了富含惰质组的南非煤在合成气气氛下的热解行为，研究发现 H_2/CO 气氛下焦油产率提高，并且在体系中引入水蒸气能够进一步提高焦油产率。H_2/CO 气氛下所得焦油具有更低的分子量分布，而水蒸气＋H_2/CO 气氛下所得焦油分子量分布宽，含有重质组分多。煤在焦炉气（合成气）气氛中热解较加氢热解具有更高的焦油产率，同时焦油中的苯、甲苯、二甲苯、萘等的含量也出现增加[56]。气氛的改变不仅能够改变热解产物的分布，同时对煤中氮、硫等的脱除也产生影响。煤在氢气或富氢气氛下热解能够脱除煤中的有机和无机硫，具有热解半焦硫、氮含量低和油产率高等优点，在相同的工艺条件下，半焦和焦油中硫含量的变化规律均为：焦炉气＜合成气＜氢气[57]。

（8）*矿物质及催化剂*

煤中主要的矿物质有高岭土、伊利石、蒙脱石、碳酸盐、方解石、石英、硫铁矿、黄铁矿等[58]。按照来源可将煤中矿物质分为原生矿物质、次生矿物质和外来矿物质三种[59]：原生矿物质主要是原始成煤植物中所含有的矿物质，约占煤中矿物质总量的1%～2%；次生矿物质主要为含有矿物质的水进入煤层后水中矿物质在煤层中沉积或在不断聚集的植物残骸中沉积的外来离散矿物颗粒，如高岭土、石英、黄铁矿等，以多种形态分布于煤中，对煤灰的形成和高温下矿物质的演变行为具有较大的影响，含量一般在10%以下；外来矿物质为成煤过程中混合的矿物质，以离散的形态存在，主要成分有 SiO_2、Al_2O_3、$CaCO_3$、FeS_2 等。由于矿物质的组成及含量不同，对煤热解和焦化过程的影响也不同。一般可采用酸洗和外加矿物质的方式来研究矿物质对煤热解和焦化过程的影响。Cheng 等[60]发现 HF/HCl 酸洗不仅脱除了煤中的矿物质，同时降低了碳含量增加了氧含量，改变了煤的有机结构，导致热解失重量减少，特别是中等变质程度的煤。Liu 等[61]发现外加矿物质 CaO、K_2CO_3 和 Al_2O_3 能够促进煤的热解，降低热解所需活化能。陈皓侃等[62]认为煤中矿物质的碱性组分具有在热解过程中减少 H_2S 气体逸出的固硫作用，而酸性组分能催化煤中有机硫分解释放出更多的 H_2S；矿物质可以促进 CH_3SH 的进一步分解，黄铁矿（或其还原形式）可能增加煤中含硫结构裂解生成 CH_3SH。煤中矿物质的存在能够影响焦炭的热性质，一方面矿物质的体积膨胀系数是焦炭的6～10倍，当焦炭多孔体在高温下收缩时，矿物质颗粒具有与收缩应力相反的膨胀力，将产生以此为中心的放射性裂纹，裂纹使 CO_2 易于进入到焦炭内部结构，使焦炭的热反应性提高和反应后强度降低；另一方面焦炭中含有的碱金属成分对焦炭溶损反应有较大的催化作用，使焦炭溶损反应加剧[63]。

添加催化剂可以改变或者促进煤的热解反应，降低热解温度，提高热解转化率，同时可选择性地提高目标热解产物产率。催化剂的种类主要有碱金属和碱土金属、金属氧化物、天然矿石、沸石/分子筛、半焦基催化剂、其他负载型催化剂等[64]。此外，煤中存在的矿物质也能够起到一定催化作用。根据煤与催化剂的接触状态可分为：催化剂和煤物理机械混合、流化床催化裂解、催化剂与煤样分层布置和煤浸渍催化。煤热解焦油中含有苯、甲苯、二甲苯、萘等，是重要的化工基础原料。分子筛是一种酸性催化剂，具有独特的孔道结构和酸性位，能够将煤热解气态焦油转化为富含轻质芳烃的提质焦油。李凡等[65]发现煤热解气态焦油经 HZSM-5 和 Mo/HZSM-5 提质后焦油中苯、甲苯、乙苯、二甲苯和萘的产率明显增加。曹景沛等[66,67]发现 Co、Mo、Ni 改性 HZSM-5 均能提高焦油中苯、甲苯、乙苯、二甲苯和萘的产率。HZSM-5 上的酸性位点对焦油中的含氧物质起到脱除作用，当选用3%（质量分数）Co 浸渍时，焦油中氧含量从49.8%降低到14.6%。

2.3 煤热解与焦化反应动力学

由于煤组成和结构的复杂性、多样性和不均一性，因而对煤热解过程进行抽象与数学化处理，建立合适的物理化学与数学模型，成为准确描述和预测煤热解与焦化行为以及进一步对热解机理深入解释的必然要求。煤热解作为一种复杂的固相反应，其整体动力学模型是基于现代热分析技术，在可控条件下，测定煤样的宏观物理性质随热解温度的变化，进而得到反应过程中相应物理性质变化的静态信息和动态动力学信息。图2-7为煤热解动力学过程示意图。

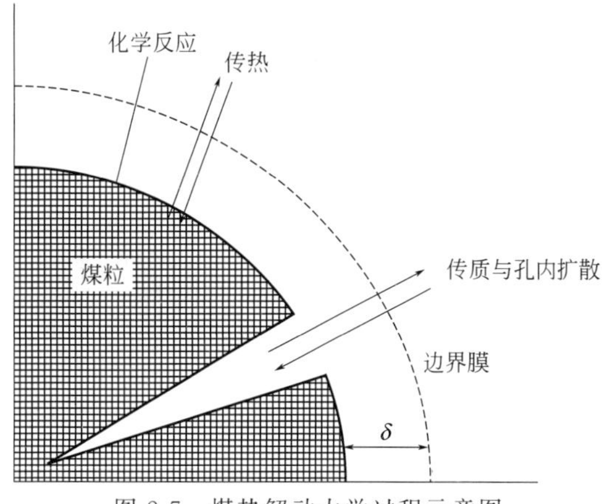

图 2-7　煤热解动力学过程示意图

2.3.1 反应动力学

煤的热解动力学分析可分为等温热解动力学（isothermal kinetics）和非等温热解动力学（non-isothermal kinetics）[68]，其研究目的在于求出能够描述热解反应的“动力学三因子”，即活化能（E）、指前因子(A)以及动力学模式函数[$f(\alpha)$]。为了准确描述热解反应的动力学过程，动力学三因子缺一不可。

在煤热分解动力学分析过程中，设定煤颗粒A可最终分解为焦炭B及挥发物C。于是煤分解过程可概括为：

$$A(s) \longrightarrow B(s) + C(g) \tag{2-1}$$

定义煤分解失重过程的任一时刻t或任一温度T时的转化率α为：

$$\alpha = \frac{m_i - m_t}{m_i - m_f} \tag{2-2}$$

式中　m_i—— 试样初始质量，mg；

m_t——t时刻的样品质量，mg；

m_f—— 反应终止时试样的质量，mg。

热分解反应的快慢取决于反应速率常数k的大小。根据Arrhenius公式可描述反应速率常数k与热力学温度T的关系：

$$k = A e^{-E/RT} \tag{2-3}$$

式中　E—— 活化能，kJ/mol；

A—— 指前因子，min^{-1}；

R—— 摩尔气体常数，J/(mol·K)。

在热分析动力学研究中，非均相的固体热分解反应体系可近似看作等温均相体系中的一步动力学反应。根据质量守恒定律，其反应速率公式为：

$$\frac{d\alpha}{dt} = kf(\alpha) = A e^{-E/RT} \tag{2-4}$$

式中　t—— 反应时间，min；

k—— 反应速率常数；

$f(\alpha)$—— 微分反应机理函数。

煤的热解主要分为三个阶段[69]，第一阶段为干燥脱气阶段（室温～300℃），煤失重主要是由于脱水（<120℃），脱除 CH_4、CO 和 N_2 等气体（约 200℃）以及褐煤脱羧基反应（≥200℃），该段失重变化不适合利用反应动力学进行分析；第二阶段（300～600℃）主要发生解聚和分解反应，产生大量挥发物（煤气和焦油），与此同时煤样软化、熔融、流动和膨胀直到固化，形成气、液、固三相共存的胶质体；第三阶段为二次脱气阶段（600～1000℃），主要以缩聚反应为主，半焦转化生成焦炭。在建立动力学模型时，由于煤的热解过程存在多个阶段，单一的反应模型不能在整个温度区间内对煤的热解进行准确的描述，为了能更准确反映煤的热解过程，采用分段拟合方法。具体可分为脱挥发分反应（第一阶段）、胶质体反应（第二阶段）以及缩聚反应（第三阶段）。

（1）脱挥发分反应动力学

低阶煤中低温热解产生挥发物，包含挥发性自由基碎片以及反应生成的挥发产物，一般称为一次反应；挥发物在逸出过程中发生反应，包含挥发性自由基碎片的反应以及由其生成的挥发产物的再反应，一般称为二次反应。在热解过程中，挥发分的逸出导致热解样品质量变化，因此可以借助热重法测定在一定的加热速率下样品质量的变化情况，研究煤热解脱挥发分反应动力学。在对热分析实验数据进行动力学分析中，常用的动力学分析方法有等温法、单个扫描速率的非等温法以及多重扫描速率的非等温法。

① 等温法　等温法相对简单，一般采用实验数据与动力学模式相结合的方法——模式配合法（model fitting method），其动力学方程式为：

$$f(\alpha)=\int_0^t A\exp\left(-\frac{E}{RT}\right)\mathrm{d}t=kt \tag{2-5}$$

对于某一简单反应，速率常数 k 通常为一常数，机理函数 $f(\alpha)$ 是可分离的，于是可以通过两步配合来求算动力学三因子。

若按照一级反应来求算，得到的表现活化能只有 20kJ/mol 左右。这可能与以下几个因素有关：a. 初始阶段，煤颗粒温度低于热源温度，煤粒内部微孔系统内产生了暂时的温度和压力梯度（挥发分浓度梯度），此时热解过程是扩散控制而不是反应速率控制，测得的活化能实际上是挥发分扩散活化能。由此可见热解速率（反应速率）和脱挥发分速率（反应与扩散的总速率）是两个不完全相同的概念。b. 在等温热解过程中，会造成一次热解脱气和二次缩聚脱气的重叠，根据测定的样品质量变化来建立动力学方程体系非常困难。等温脱挥发分过程究竟是由扩散过程控制还是由挥发物的生成过程控制尚未定论。由于环境的不同，两种过程都有可能是主要的析出机理。

② 单个扫描速率的非等温法　非等温法相比于等温法要更加复杂，它能在反应开始到结束的整个温度范围内连续计算动力学参数，一条非等温热分析曲线相当于无数条等温热分析曲线。非等温法在研究非均相体系的热分析动力学过程中，基本上沿用了等温均相体系的动力学理论和动力学方程，并作了相应的调整以适应非等温非均相体系的需要。现将有关公式总结如下[70]：

微分式：

$$\frac{\mathrm{d}\alpha}{\mathrm{d}T}=\left(\frac{1}{\beta}\right)A\exp\left(-\frac{E}{RT}\right)f(\alpha) \tag{2-6}$$

积分式：

$$f(\alpha)=\int_{T_0}^{T}\frac{A}{\beta}\exp\left(-\frac{E}{RT}\right)\mathrm{d}T\approx\int_{0}^{T}\exp\left(-\frac{E}{RT}\right)\mathrm{d}T=\frac{AE}{\beta R}P(u) \tag{2-7}$$

式中，$P(u)$ 为温度积分（temperature integral），其表达式为：

$$P(u)=\int_{\infty}^{u}-\left(\frac{\mathrm{e}^{-u}}{u^2}\right)\mathrm{d}u \tag{2-8}$$

单个扫描速率法是通过在同一扫描速率下，对反应测得的一条热分析曲线上的数据进行动力学分析的方法。将实验得到的（$\mathrm{d}\alpha/\mathrm{d}T$）-$T$ 数据或 α-T 数据分别引入微分式或者积分式，最后得到不同形式的线性方程。在单个扫描速率法中，由于 $k(T)$ 和 $f(\alpha)$ 或 $G(\alpha)$ 是不可分离的，因此在求算动力学参数时只能同时得到动力学三因子。但是良好的线性关系不能保证所选机理模型函数的合理性，往往一组实验数据有多个机理模型函数与之相匹配。为避免这种情况，选择出合理的机理模型函数，常常多种方法并用。

③ 多重扫描速率的非等温法　多重扫描速率法是指用不同升温速率所测得的几条热分析曲线来进行动力学分析的一类方法。由于其中的一些方法常同时用到几条热分析曲线上同一 α 处的数据，故又称为等转化率法[71]（iso-conversional method）。这类方法的特点是能将 $k(T)$ 和 $f(\alpha)$ 分离，在相同转化率 α 下 $f(\alpha)$ 的值不随升温速率的不同发生改变，从而在不引入动力学模型函数的前提条件下得到比较可靠的动力学参数活化能 E 的数值，因此该方法又称为无模型函数法（model-free method）。

（2）胶质体反应动力学

van Krevelen 等[72] 根据煤的热解阶段的划分，提出了胶质体理论，对大量的实验结果进行了定量描述。该理论首先假设焦炭的形成由三个依次相连的反应表示：

反应 Ⅰ：　黏结性煤（P）$\xrightarrow[E_1]{k_1}$ 胶质体（M）

反应 Ⅱ：　胶质体（M）$\xrightarrow[E_2]{k_2}$ 半焦（R）＋一次气体（G_1）

反应 Ⅲ：　半焦（R）$\xrightarrow[E_3]{k_3}$ 焦炭（S）＋二次气体（G_2）

式中　k_1，k_2，k_3—— 反应速率常数，s^{-1}；

E_1，E_2，E_3—— 活化能，kJ/mol。

反应 Ⅰ 是解聚反应，该反应生成不稳定的中间相，即所谓的胶质体。反应 Ⅱ 为裂解缩聚反应，在该过程中焦油挥发，非芳香基团脱落，最后形成半焦。反应 Ⅲ 是缩聚脱气反应，在该反应过程中，半焦体积收缩产生裂纹。解聚裂解反应一般都是一级反应，因此可以假定反应 Ⅰ 和反应 Ⅱ 都是一级反应，而反应 Ⅲ 比反应 Ⅰ 和反应 Ⅱ 要复杂得多，为简化起见，假定它也是一级反应。这样上面的三个反应可用以下三个动力学方程式描述：

$$-\frac{\mathrm{d}P}{\mathrm{d}t}=k_1P \tag{2-9}$$

$$\frac{\mathrm{d}M}{\mathrm{d}t}=k_1P-k_2M \tag{2-10}$$

$$\frac{\mathrm{d}G}{\mathrm{d}t}=\frac{\mathrm{d}G_1}{\mathrm{d}t}+\frac{\mathrm{d}G_2}{\mathrm{d}t}=k_2M+k_3R \tag{2-11}$$

式中，t 是反应时间；P、M、G 和 R 分别是反应物 P、中间相 M、反应产物 G 和 R 的质量。

有研究表明，在炼焦过程中 k_1 和 k_2 几乎相等，故可认为 $k_1=k_2=k$。在引入 $t=0$ 时的边界条件和一些经验性的近似条件后，上述微分方程可以得到如下解：

$$[P]=[P]_0 e^{-kt} \tag{2-12}$$

$$[M]=[P]_0 \bar{k} t e^{-kt} \tag{2-13}$$

$$[G]\approx [P]_0[1-(\bar{k}+1)e^{-kt}] \tag{2-14}$$

式中　$\bar{k}$—— 经过修正后的速率常数。

实验表明，该动力学理论与结焦性煤在加热时用实验方法观察到的一些现象相当吻合。此外，采用 Arrhenius 公式可以求得反应活化能 E：

$$\ln k=-\frac{E}{RT}+b \tag{2-15}$$

所求得的煤热解活化能为 209 ～ 251kJ/mol，与聚丙烯和聚苯乙烯等聚合物裂解的活化能相近，大致相当于—CH_2—CH_2— 的键能。一般来说，煤开始热解阶段 E 值小而 k 值大；随着温度的升高，热解加深，则 E 值增大而 k 值减小。式(2-12)、式(2-13) 和式(2-14) 三个依次相连的反应，其反应速度 $k_1>k_2\gg k_3$，煤热解的平均表观活化能随煤化度的加深而增大。一般气煤和焦煤的活化能分别为 148kJ/mol 和 224kJ/mol。

(3) 缩聚反应动力学

缩聚反应又称二次脱气阶段。在这一阶段，以分子间缩聚反应为主，半焦逐渐转变成焦炭。芳香核增大，排列的有序性提高。一方面析出大量煤气，另一方面焦炭的密度增大，体积收缩，生成裂纹，形成碎块[73]。在胶质体理论的基础上，对该段反应中的缩聚反应继续进行动力学分析。从煤的热重(TG) 和微分热重(DTG) 曲线发现，缩聚反应阶段的积分曲线和微分曲线都呈现缓慢下降趋势，失重约为 20%。

采用 Coats-Redfern 近似式对非等温积分式进行积分，整理得：

当 $n\neq 1$ 时，

$$\lg\left[\frac{1-(1-\alpha)^{1-n}}{T^2(1-n)}\right]=\lg\left[\frac{AE}{\beta R}-\left(1-\frac{2RT}{E}\right)\right]-\frac{E}{2.3RT} \tag{2-16}$$

当 $n=1$ 时，

$$\lg[-\lg(1-\alpha)]=\lg\frac{AE}{\beta R}-2.884-0.054\frac{E}{T} \tag{2-17}$$

当 $n\neq 1$ 时，经回归分析发现线性相关性不是很好，而 $n=1$ 时，展示了更好的线性相关性，故该段动力学可选为一级反应。缩聚反应的发生温度一般在 550℃ 以上，中间产物进行热解，小分子脱落和失氢，残碳缩聚成焦炭，失重量相对较小，表观活化能较低。

2.3.2　动力学模型

目前对煤的热解，很多学者已经开展了大量的研究工作[74]，但由于煤结构的复杂性，其热解是一种多相反应，影响因素众多，因此煤的热分解机理及分析方法方面迄今没有形成统一理论。在建立模型时，煤的热解过程包含多种反应，单一的反应动力学模型不能在整个温度区间内对煤的热解进行准确的描述。因此将煤的主要热解温度区间进行分段。低阶煤样在 150℃ 以后的温度区间主要发生三个不同阶段的失重过程，所以对整体转化率 α 重新进行定义：

$$\alpha_1=\frac{m_{1i}-m_t}{m_{1i}-m_{1f}} \tag{2-18}$$

$$\alpha_2=\frac{m_{2i}-m_t}{m_{2i}-m_{2f}} \tag{2-19}$$

$$\alpha_3=\frac{m_{3i}-m_t}{m_{3i}-m_{3f}} \tag{2-20}$$

定义第一阶段的始末温度分别为 T_{1i}、T_{1f}，其对应的TG值为TG曲线上的纵坐标值，m_{1i}、m_{1f} 分别为第一阶段的起始和反应终点质量，m_t 是失重过程中任一时刻样品质量。同理，定义第二、第三段参数分别为 T_{2i}、T_{2f}、m_{2i}、m_{2f} 和 T_{3i}、T_{3f}、m_{3i}、m_{3f}。而实际热解过程中一个反应的结束可能也要伴随着下一个反应的开始，时间上可能有重叠，但这种重叠时间很短。因此 $T_{1f}=T_{2i}$、$m_{1f}=m_{2i}$、$T_{2f}=T_{3i}$、$m_{2f}=m_{3i}$。

动力学研究的目的在于求解出能够描述相应反应的动力学三因子：活化能(E)、指前因子(A)和动力学模式函数[$f(\alpha)$]。尤其是动力学模式函数，很大程度上决定了活化能和指前因子的计算结果。描述煤的热解的模型种类很多，其中单一反应模型、总包 n 级反应模型、分布活化能模型、KAS模型和FWO模型等是目前应用较为广泛的动力学模型。

(1) 单一反应模型[75]

单一反应模型是将煤的热解过程假设为一个一级反应动力学模型，与Arrhenius方程关联，动力学方程如下：

$$\frac{d\alpha}{dt}=Ae^{-E/RT}(1-\alpha) \tag{2-21}$$

把升温速率 $\beta=dT/dt$ 代入上述方程进行积分和取对数处理，可以得到如下所示的方程：

$$\ln\left[\frac{-\ln(1-\alpha)}{T^2}\right]=\ln\left[\frac{AR}{\beta E}\left(1-\frac{2RT}{E}\right)\right]-\frac{E}{RT} \tag{2-22}$$

单一反应模型大大简化了煤的热解反应，只在有限的实验条件下或某些特定温度区间里适用，因此该模型不能较好地阐明煤的热解机理。

(2) 总包 n 级反应模型[76,77]

因为煤实际热解过程比单一反应模型所假设的条件要复杂得多，研究者提出将煤热解反应看作 n 级反应，反应动力学方程可表示为：

$$\frac{d\alpha}{dt}=Ae^{-E/RT}(1-\alpha)^n \tag{2-23}$$

将升温速率方程式代入上式中进行变换可得：

$$\ln\left[\frac{d\alpha}{dT}\frac{1}{(1-\alpha)^n}\right]=\ln\frac{A}{\beta}-\frac{E}{RT} \tag{2-24}$$

(3) 分布活化能模型[78,79]

分布活化能模型(distributed activation energy model， DAEM)是由Anthony等[80]基于无限多的平行反应模型而得到的，认为煤热解所发生的数量众多的反应，使活化能呈现一定分布。分布活化能模型认为煤的热解是煤分子内旧键断裂和新键生成的过程，因为不同化学键的强度不同，所以假设煤的热解反应由无数个平行的一级化学反应组合而成，反应数量足够多，能够用高斯分布连续函数来表示反应的活化能。DAEM模型主要有两个基本假设：

a. 反应体系由无数相互独立的一级反应组成，这些反应的活化能各不相同，即无限平行反应假设；

b. 各反应的活化能呈现某种连续分布的函数形式，即活化能分布假设。

DAEM 模型的数学表达方程表示为：

$$\frac{\mathrm{d}V_i}{\mathrm{d}t}=k_i(V^*-V_i) \tag{2-25}$$

式中，V 为某时刻挥发分的析出量；V^* 是 t 趋近于无穷大时的挥发分析出量；i 指某个独立化学反应或某个反应物。其中，k_i 可以利用 Arrhenius 方程求出。

经过长期的发展，DEAM 模型在利用热重法进行动力学研究方面取得了很大进展，任一时刻 t 时的失重由下式给出：

$$\frac{w}{w_0}=1-\int_0^{\infty}\exp\left[1-k_0\int_0^t\exp\left(\frac{E}{RT}\right)\mathrm{d}t\right]f(E)\,\mathrm{d}E \tag{2-26}$$

$$\int_0^{\infty}f(E)\,\mathrm{d}E=1 \tag{2-27}$$

式中　w——截止时间 t 时的失重量；

w_0——热解结束时的总失重量；

k_0——对应各活化能的频率因子；

$f(E)$——活化能分布函数。

分布活化能模型善于描述复杂体系中某一反应组分产率的变化，对于煤热解这样一个复杂体系，该模型同样适用，但分布活化能的缺点是双重积分的计算过程非常复杂。Miura[81] 和 Fitzsimons[82] 通过阶跃近似函数理论分析得到了更简单精确地求解 DAEM 中活化能及频率因子的方法，即 Miura 积分法，推导得到：

$$\ln\left(\frac{h}{T^2}\right)=\ln\left(\frac{k_0}{E}\right)+0.6075-\frac{E}{RT} \tag{2-28}$$

Miura 积分法求活化能的步骤为：

a. 实验测得至少 3 个升温速率的失重曲线。

b. 计算几条失重曲线上处于同一失重率 w/w_0 下的 h/T^2 值，将几条失重曲线上处于同一失重率水平的点连接起来，即将 $\ln\left(\frac{h}{T^2}\right)$ 对 $1/T$ 作图，理论分析证明这些点应形成一条直线，由斜率就可以求出该失重率 w/w_0 下的 E。

c. 重复步骤 b，可以得到不同失重率下的 E，将失重率对活化能作图，得到热解过程中活化能的变化曲线。由不同的失重率下 $\ln\left(\frac{h}{T^2}\right)$ 对 $1/T$ 的直线求得活化能可以看出，失重率增大，活化能逐渐升高。将失重率对活化能进行微分，可以得到活化能分布曲线 $f(E)$。

Miura 等[81] 的研究结果表明，由以上的方法获得的活化能更加精确。褐煤热解在活化能 260kJ/mol 处出现 $f(E)$ 的最大值，且在 200kJ/mol 处出现峰值，这说明不同阶段煤热解的活化能分布存在差异。

(4) Kissinger-Akahria-Sunose(KAS) 模型[83,84]

首先假设反应模型为均相反应：$f(\alpha)=(1-\alpha)^n$，然后对式(2-4)求微分得：

$$\frac{\mathrm{d}}{\mathrm{d}t}\left(\frac{\mathrm{d}\alpha}{\mathrm{d}t}\right)=\frac{\mathrm{d}\alpha}{\mathrm{d}t}\left[\frac{E\beta}{RT^2}-An\,(1-\alpha)^{n-1}\exp(-E/RT)\right] \tag{2-29}$$

在 DTG 曲线顶点 p 处，改方程左边为 0，右边 $n(1-\alpha_p)^{n-1}\approx 1$。则方程为：

$$\frac{E\beta}{RT_p^2}=A\exp(-E/RT_p)\tag{2-30}$$

对上式两边取对数得：

$$\ln(\frac{\beta}{T_p{}^2})=\ln\left[\frac{AE}{RG(\alpha)}\right]-\frac{E}{RT_p}\tag{2-31}$$

由式(2-31)可知，KAS法是通过在不同加热速率 β 下曲线峰值对应的温度 T，作 $\ln\beta/T^2$-$1/T$ 图即可求出活化能。

(5)Flynn-Wall-Ozawa(FWO)模型[85,86]

由非等温非均相动力学方程式可知：

$$\frac{d\alpha}{dT}=\frac{A}{\beta}\exp\left(\frac{-E}{RT}\right)f(\alpha)\tag{2-32}$$

对于积分法：$G(\alpha)=kt$，对式(2-31)进行积分得：

$$G(\alpha)=\int_0^{\alpha}\frac{d\alpha}{f(\alpha)}=\frac{A}{\beta}\int_{T_0}^{T}\exp\left(\frac{-E}{RT}\right)dT\tag{2-33}$$

对式(2-33)进行整理得：

$$G(\alpha)=\frac{AE}{\beta R}p(u)=\frac{AE\mathrm{e}^{-u}}{\beta Ru}\pi(u)\tag{2-34}$$

式中，$p(u)=\frac{\exp(-u)}{u}\pi(u)$；$u=\frac{E}{RT}$。

对上式变换得：

$$\ln(\beta)=\ln\left[\frac{AE}{RG(\alpha)}\right]-5.3308-1.0516\frac{E}{RT}\tag{2-35}$$

由式(2-35)可知，FWO法是通过取不同加热速率 β 下曲线的等 α 处的温度 T，作 $\ln\beta$-$1/T$ 图求出活化能 E。

2.3.3 最概然机理函数

在非等温动力学分析中，在相同实验条件下，不同研究者对同一样品求得的动力学参数相差很大，这是因为选择的热解机理模型与实际发生的热解过程存在差异。因此，逻辑选择合理的机理函数就显得十分重要。机理推断的方法很多，下面是几种常见的最概然机理函数的推断法。

(1)Satava法[87]

由于 T_0 为热解起始温度，反应速率在低温时很小，通常可忽略不计，采用Doyle近似积分法并对两边取常用对数整理，得到Satsva法所示方程：

$$\lg G(\alpha)=\lg\frac{AE}{R\beta}-2.315-0.4567\frac{E}{RT}\tag{2-36}$$

由于 β 固定，$\lg\frac{AE}{R\beta}$ 是一个常数，所以上述方程是一个线性方程。$\lg G(\alpha)$ 对 $1/T$ 经拟合发现，对同一类型中 $G(\alpha)$ 积分形式相似的机理函数，线性拟合系数相同。

(2)双外推法[88,89]

双外推法是我国学者潘云祥教授于1998年提出的。认为固体样品在具有一定加热速率的热场中的受热过程是非等温过程，样品自身的热传导造成了样品本身及样品与热场之间始终处于一种非热平衡状态，在此基础上得到的反应机理及动力学参数显然与真实情况有一定的偏差，这种与热平衡态的偏差程度和加热速率密切相关。加热速率越大，偏差越大；加热速率越小，偏差越小。另外，一个样品在不同转化率时，其活化能等动力学参数通常会发生改变，而且是呈现规律性的变化。故在转化率为 0 时的动力学参数可视为是其体系处于原始状态时的参数。据此，提出用双外推法，即将加热速率和转化率都外推为 0 求样品在热平衡态下的 $E_{\beta\to0}$ 值及原始状态下的 $E_{\alpha\to0}$ 值，两者相结合确定热解最概然机理函数[90-92]。

根据 Coats-Redfern 积分式，由 $\ln[G(\alpha)/T^2]$ 与 $1/T$ 的直线关系，算出表观活化能 E 和指前因子 A。根据拟合系数的大小，选择拟合系数最佳的函数。通常，在一个加热速率下可能有不止一个 $G(\alpha)$ 函数式的线性拟合系数非常接近 1，且动力学参数又符合热解反应一般规律(E 值在 80～250kJ/mol，$\ln A$ 在 16.91～69.09min^{-1} 范围之内)。由此算出相应的动力学参数，然后改变加热速率，根据下述方程式将加热速率外推为 0，可进一步筛选 $G(\alpha)$，获得与所选 $G(\alpha)$ 相应的极限动力学参数 $E_{\beta\to0}$ 和 $A_{\beta\to0}$。

$$E=a_1+b_1\beta+c_1\beta^2+d_1\beta^3=a_1 \tag{2-37}$$

$$\ln A=a_2+b_2\beta+c_2\beta^2+d_2\beta^3,\ \ln A_{\beta\to0}=a_2 \tag{2-38}$$

双外推法还利用了 FWO 法避开反应机理函数的选择而直接可得到真实的 E 值这一突出的优点。由于在不同的 β 下，对于同一转化率 α，则 $G(\alpha)$ 一定，由 $\lg\beta$ 与 $1/T$ 的直线关系，求出对应于一定 α 时的活化能 E 值，将式(2-35) 中 α 外推为 0，得到无任何副反应干扰、体系处于原始状态下的 $E_{\alpha\to0}$ 值。

$$E=a_3+b_3\alpha+c_3\alpha^2+d_3\alpha^3,\ E_{\alpha\to0}=a_3 \tag{2-39}$$

将选定的几个 $G(\alpha)$ 式的 $E_{\beta\to0}$ 值和 $E_{\alpha\to0}$ 值相比较，相同或者相近者，则表明与其相应的 $G(\alpha)$ 式可认定是过程的最概然机理函数。

(3)Málek 法[70,93,94]

Málek 法是从等转化率法求取 E 值开始，然后循序渐进地获得完整的动力学结果。这样既可避免逐一尝试 $f(\alpha)$ 即可获得 E、A 和 $f(\alpha)$ 参数，也可避免补偿效应的影响，实验结果相对客观。具体推导过程如下所述。

由反应速率方程和 Coats-Redfern 方程：

$$\frac{d\alpha}{dt}=\left(\frac{A}{\beta}\right)\exp\left(-\frac{E}{RT}\right)f(\alpha) \tag{2-40}$$

$$G(\alpha)=\int_0^\alpha\frac{1}{f(\alpha)}d\alpha=\frac{ART^2}{E\beta}\exp(-\frac{E}{RT}) \tag{2-41}$$

将上述方程式积分整理得：

$$G(\alpha)=\frac{RT^2}{E\beta}\frac{d\alpha}{dt}\frac{1}{f(\alpha)} \tag{2-42}$$

当 $\alpha=0.5$ 时，有：

$$G(0.5)=\frac{RT_{0.5}^2}{E\beta}\left(\frac{d\alpha}{dt}\right)_{0.5}\frac{1}{f(0.5)} \tag{2-43}$$

式中，$T_{0.5}$ 和$(d\alpha/dt)_{0.5}$ 分别为 $\alpha=0.5$ 时的温度和反应速率。

然后将式(2-42) 除以式(2-43)，得到新的定义函数 $y(\alpha)$，其表达式为：

$$y(\alpha)=\left(\frac{T}{T_{0.5}}\right)^2\frac{d\alpha/dt}{(d\alpha/dt)_{0.5}}=\frac{f(\alpha)G(\alpha)}{f(0.5)G(0.5)} \tag{2-44}$$

将数据 α_i、$y(\alpha_i)(i=1,2,\cdots,j)$ 和 $\alpha=0.5$、$y(0.5)$ 代入关系式 $y(\alpha)=$

$\frac{f(\alpha)G(\alpha)}{f(0.5)G(0.5)}$，作 $y(\alpha)$-α 关系曲线，视该曲线为标准曲线。将实验数据 α_i、T_i、$(\mathrm{d}\alpha/\mathrm{d}t)_i$（$i=1, 2, \cdots, j$）和 $\alpha=0.5$、$T(0.5)$、$(\mathrm{d}\alpha/\mathrm{d}t)_{0.5}$ 代入关系式 $y(\alpha)=\left(\frac{T}{T_{0.5}}\right)^2\frac{\mathrm{d}\alpha/\mathrm{d}t}{(\mathrm{d}\alpha/\mathrm{d}t)_{0.5}}$，其 $y(\alpha)$-α 关系曲线视为实验曲线 L。

由于煤热解过程极为复杂，包含许多中间反应，所求得的动力学参数就是各简单反应共同贡献的结果。所以单一的反应机理函数不足以控制整个过程，需要对不同温度阶段分别考虑，选出符合对应阶段的机理函数。从众多反应机理函数中选取了常用的 31 种固态反应机理函数，如表 2-2 所示。

表 2-2 常见的气固反应的机理函数

序号	函数名称	机理	微分形式 $f(\alpha)$	积分函数 $F(\alpha)$
1	抛物线法则	一维扩散，1D	$1/(2\alpha)$	α^2
2	Valensi 方程	二维扩散，圆柱形对称，2D，D_2，减速性 α-t 曲线	$[-\ln(1-\alpha)]^{-1}$	$\alpha+(1-\alpha)\ln(1-\alpha)$
3	G-B 方程①	三维扩散，圆柱形对称，3D，D_4，减速性 α-t 曲线	$3/2[(1-\alpha)^{-1/3}-1]^{-1}$	$[(1-2/3\alpha)-(1-\alpha)^{2/3}]$
4	Jander 方程	三维扩散，球对称，3D，D_3，减速性 α-t 曲线，$n=2$	$3/2(1-\alpha)^{2/3}[1-(1-\alpha)^{1/3}]^{-1}$	$[1-(1-\alpha)^{1/3}]^2$
5	Jander 方程	三维扩散，3D，$n=1/2$	$6(1-\alpha)^{2/3}[1-(1-\alpha)^{1/3}]^{1/2}$	$[1-(1-\alpha)^{1/3}]^{1/2}$
6	Jander 方程	二维扩散，3D，$n=1/2$	$4(1-\alpha)^{1/2}[1-(1-\alpha)^{1/2}]^{1/2}$	$[1-(1-\alpha)^{1/2}]^{1/2}$
7	Jander 方程	三维扩散，3D，$n=2$	$(1-\alpha)^{1/2}[1-(1-\alpha)^{1/2}]^{-1}$	$[1-(1-\alpha)^{1/2}]^2$
8	反 Jander	三维扩散，3D	$3/2(1+\alpha)^{2/3}[(1+\alpha)^{1/3}-1]^{-1}$	$[(1+\alpha)^{1/3}-1]^2$
9	Z-L-T 方程②	三维扩散，3D	$3/2(1-\alpha)^{4/3}[1/(1-\alpha)^{1/3}-1]^{-1}$	$[1/(1-\alpha)^{1/3}-1]^2$
10～14	Avrami-Erofeev 方程	随机成核生长（$n=1,1.5,2,3,4$）	$1/n(1-\alpha)[-\ln(1-\alpha)]^{(n-1)/n}$	$[-\ln(1-\alpha)]^{1/n}$
15	收缩圆柱体（面积）	相边界反应，圆柱形对称，R2	$2(1-\alpha)^{1/2}$	$1-(1-\alpha)^{1/2}$
16～19	反应级数	（2,3,4,1/4）	$1/n(1-\alpha)^{-(n-1)}$	$1-(1-\alpha)^n$
20	收缩球状（体积）	相边界反应，球形对称，R3	$3(1-\alpha)^{2/3}$	$1-(1-\alpha)^{1/3}$
21	—	$n=2$（二维）	$(1-\alpha)^{1/2}$	$2[1-(1-\alpha)^{1/2}]$
22	—	$n=3$（三维）	$(1-\alpha)^{2/3}$	$3[1-(1-\alpha)^{1/3}]$
23～27	幂函数法则	指数成核（$n=1,2/3,2,3,4$）	$1/n\alpha^{(n-1)/n}$	$\alpha^{1/n}$
28	二级	化学反应，F3，减速性 α-t 曲线	$(1-\alpha)^2$	$(1-\alpha)^{-1}$
29	反应级数	化学反应	$(1-\alpha)^2$	$(1-\alpha)^{-1}-1$
30	2/3 级	化学反应	$2(1-\alpha)^{3/2}$	$(1-\alpha)^{-1/2}$
31	反应级数	化学反应，F3，减速性 α-t 曲线	$1/2(1-\alpha)^3$	$(1-\alpha)^{-2}$

①为 Ginstling-Brounshtrin 方程；

②为 Zhuralev-Lesokin-Tempelman 方程。

2.4 煤热解与焦化机理及模型

煤在热解过程中随着温度的升高主要发生如图 2-8 所示的变化：H_2O、CH_4与N_2等煤内吸附气体的析出（>120℃）；煤中移动相的析出，生成芳香与脂肪焦油（>250℃）；煤中大分子网络分解，生成轻质气体（不凝气）与富含芳环结构的焦油，剩余固相结构形成半焦（>400℃）；半焦内芳环结构的脱氢缩聚与杂环结构的分解，生成H_2、CO、N_2等气体（>600℃），固相部分由于缩聚反应芳环层增加、体积收缩、密度增大，最终转变为焦炭。总体上，煤的热解前期（低温段）以分解反应为主，而后期（中高温段）则以缩聚反应为主[81,82]。热解产物中挥发物的性质，特别是焦油的产率与组成受分解反应影响较大，是相关热解机理与模型研究的重点；固体产物（半焦与焦炭）的性质随着分解与缩聚反应引起的煤物理化学变化而变化，其变化规律是成焦机理与模型研究的主要内容。

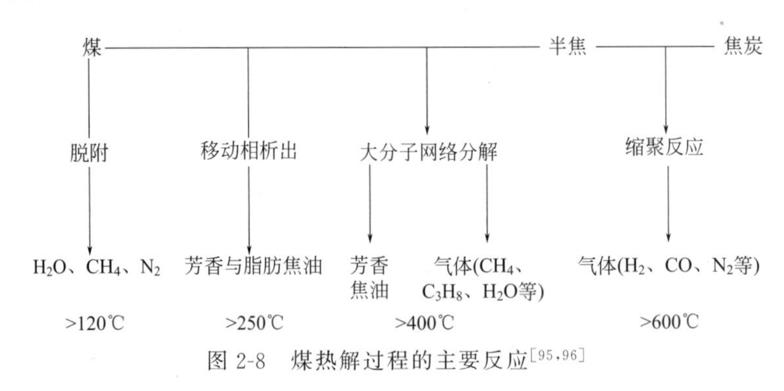

图 2-8 煤热解过程的主要反应[95,96]

2.4.1 热解机理及模型

2.4.1.1 煤的热解机理

（1）煤有机大分子网络的分解

在煤热解过程中，煤有机大分子网络中芳环结构较为稳定，不易分解，分解的主要部分是连接和附属于芳环的分子链、脂环以及杂环等，C—C、C—O 键是这些结构的主体。其中，在芳簇环数相同的条件下，连接芳核脂肪桥链上的 C—C 键键能是所有 C—C 键中最低的[95-97]，此外桥链上脂肪醚键也是煤中较弱的键之一，在受热后，弱键首先开始断裂。桥链断裂使得大分子网络发生解体，一些芳簇与煤分子网络间的连接断开，煤大分子的一部分转变为分子量较小的分子网络碎片，并在一定温度下以液相存在于煤中（该液相物质称为塑性体），使得煤内呈气、液、固三相共存的胶质体状态，成为煤热解过程复杂的自由基反应环境。桥链断裂所生成的侧链、外围官能团以及煤中初始侧链结构中的 C—C 键与官能团会在桥链分解后分解（当初始侧链分子量较大、所连接的芳核环数较多时，其中的 C—C 键键能低于桥链中 C—C 键，它分解也可能在桥链断裂前发生），分解后，部分分子量较大的脂肪链、脂环与杂环分解不完全，也会转变为塑性体的一部分。

(2) 自由基反应

桥链与侧链上官能团分解会生成自由基。—CH_3、—OH 以及—H 等小分子自由基相互结合会转变为轻质气体；塑性体自由基捕获其他自由基稳定后，如果生成物分子量较小，则进一步加热会转变为焦油析出，如果生成物分子量较大不能析出，特别是部分塑性体会被煤母体自由基捕获，发生交联反应，最终成为热解固体产物的一部分。在一定的温度下，煤中 C—H 桥键也可被大量活化，如果其中的 H 自由基互相结合，或 H 自由基被其他自由基捕获，又没有新的自由基补充，相邻的 C 自由基会相互结合，转变为芳环。这类反应因初始结构的差异分为脱氢反应、芳构化反应、缩核反应与缩聚反应等多种形式。在热解后期，当主要的脂肪结构与含氧官能团充分热解，芳环间的脱氢缩聚成为热解的主要反应。

煤中 S、N 元素含量一般相对 C、O 元素较少，在热解中作用相对较小，但对环境影响大。脂肪 C—S 键在低温下就具有较强的反应活性，在 400℃以下可分解，随后与 H 自由基或芳环自由基结合转变为 H_2S 和芳香硫；在 400～800℃，芳香硫键进一步分解，并与 H 自由基结合生成 H_2S[98]。N 的析出与 N 在煤中所处结构相关，在煤中 N 一般与芳环结构相连，所以热解过程大部分 N 是通过焦油析出。在 1000℃以上，含 N 芳香化合物分解，N 主要转移到半焦与炭黑中。部分官能团分解生成的含 N 自由基与其他小分子自由基结合后，会生成 NO_x、HCN 与 NH_3等[99]。

煤热解产物大多数不是在单一反应中生成的，自由基的生成、消耗与交换过程存在着复杂的竞争反应。虽然在热解反应的动力学特性研究中，很多学者习惯用无限平行反应假设来描述热解过程，但是这与煤热解自由基反应特性是不一致的。主要因为在煤热解自由基反应中：a. 任何官能团都能通过多种反应，向胶质体中输送不只一种自由基；b. 各类自由基都可以攻击和破坏不同官能团，促进官能团分解，其速度远远快于官能团单独分解的速度[100]。

早期学者将石油化学中的自由基链式反应机理引入到了煤热解过程，总结了由煤中 14 种主要官能团及其分解出的自由基间的 42 种反应构成的官能团-自由基链式反应煤热解模型，如表 2-3 所示。这个模型构建的基本假设是：a. 煤是由大量官能团构成的；b. 煤中各类官能团数量的差异决定了煤反应性质的差异；c. 官能团通过自由基反应，热解反应在官能团间进行，而不是煤分子间的反应；d. 反应进程受煤内反应物与官能团含量控制；e. 反应速率常数由热化学动力学决定[101,102]。该模型虽然可以为预测热解反应趋势与分析产物间关系提供反应机理与动力学信息，但模型计算的煤热解过程部分产物生成速率与煤结构变化速率同实验结果存在偏差。煤热解过程中参与反应的官能团种类与自由基反应的复杂程度超过模型的设定范围。但模型关于煤、官能团、自由基与热解反应间关系的论述成为后期煤热解机理研究的共识。

表 2-3 官能团-自由基链式反应煤热解模型中的主要自由基反应[101,102]

序号	X	反应
断键生成 2 个自由基		
1	H	$Ph—C—X \longrightarrow Ph—C^{\bullet}+X^{\bullet}$
2	CH_3	$Ph—C—X \longrightarrow Ph—C^{\bullet}+X^{\bullet}$
3	C_2H_5	$Ph—C—X \longrightarrow Ph—C^{\bullet}+X^{\bullet}$
4		Ph(C—CH_2)(C—CH_2)（环） $\longrightarrow$ Ph(C$^{\bullet}$)(C—$CH_2\dot{C}H_2$)
5		$Ph—C—C—Ph' \longrightarrow Ph—C^{\bullet}+{}^{\bullet}C—Ph'$
6		$Ph—C—Ph' \longrightarrow Ph—C^{\bullet}+{}^{\bullet}Ph'$
断键生成 1 个自由基 1 个双键		
7		$Ph—\dot{C}—CH_3 \longrightarrow Ph—C{=}CH_2+H^{\bullet}$

续表

序号	X	反应
8		$Ph-\dot{C}-CH_2CH_3 \longrightarrow Ph-C=CH_2+\dot{C}H_3$
9		$Ph-\dot{C}-CH_2CH_3 \longrightarrow Ph-C=CH_2CH_3+H^{\bullet}$
10		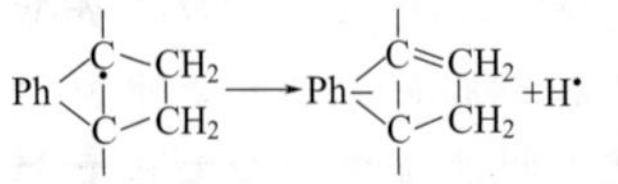 $Ph\langle C(-CH_2)\,/\,C(-CH_2)\rangle\cdot \longrightarrow Ph\langle C(=CH_2)\,/\,C(-CH_2)\rangle+H^{\bullet}$
11	H	$Ph-\dot{C}-C(X)-Ph' \longrightarrow Ph-C=C-Ph'+X^{\bullet}$
12	CH_3	
13	C_2H_5	
14		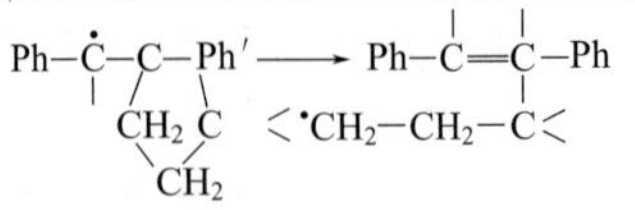 $Ph-\dot{C}-C-Ph'$（CH_2、C、CH_2 成环）$\longrightarrow Ph-C=C-Ph$　$>{}^{\bullet}CH_2-CH_2-C<$
15	H	$Ph-C(\beta)-X \longrightarrow Ph-C(=)+X^{\bullet}$
16	CH_3	β代表$-\dot{C}H_2$，或者氢化芳香结构中$>\dot{C}H$的部分
17	C_2H_5	
18		$Ph-C(\beta)-C-Ph' \longrightarrow Ph-C(=)+{}^{\bullet}C-Ph'$
19		$Ph-C(\beta)-Ph' \longrightarrow Ph-C(=)+{}^{\bullet}Ph'$
20		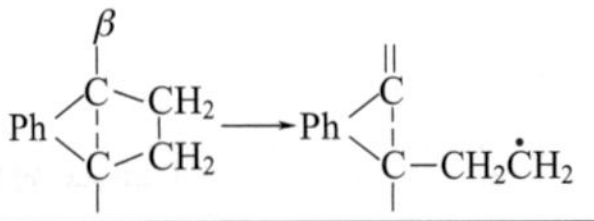 $Ph\langle C(\beta)-CH_2\,/\,C-CH_2\rangle \longrightarrow Ph\langle C(=)\,/\,C-CH_2\dot{C}H_2\rangle$
21		$Ph-C-CH_2\dot{C}H_2 \longrightarrow Ph-\dot{C}+CH_2=CH_2$
α自由基再化合		
22		$Ph-\dot{C}+{}^{\bullet}C-Ph' \longrightarrow Ph-C-C-Ph'$
析氢反应		
23	H	$X^{\bullet}+H_{\alpha} \longrightarrow XH+\alpha$自由基
24	CH_3	
25	C_2H_5	
26	H	$X^{\bullet}+H_{\beta} \longrightarrow XH+\beta$自由基
27	H	
28	C_2H_5	
29		$>\dot{C}H+H_{\alpha} \longrightarrow >CH_2+\alpha$自由基 （$\beta$自由基）
其他取代反应		
30	H	$Ph-C-+X^{\bullet} \longrightarrow PhX+{}^{\bullet}C-$
31	CH_3	
32	C_2H_5	
33	H	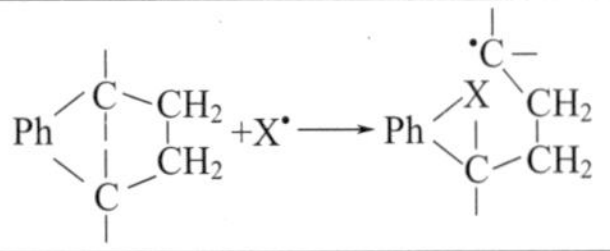 $Ph\langle C-CH_2\,/\,C-CH_2\rangle+X^{\bullet} \longrightarrow Ph\langle C(X)-CH_2\,/\,C-CH_2\rangle$（${}^{\bullet}C-$）
34	CH_3	
35	C_2H_5	
36	H	$Ph-C-Ph'+X^{\bullet} \longrightarrow PhX+{}^{\bullet}C-Ph'$
37	CH_3	
38	C_2H_5	
羟基缩聚		
39		$Ph-OH+HO-Ph' \longrightarrow Ph-O-Ph'+H_2O$
40		$Ph-OH+HC-Ph' \longrightarrow Ph-C-Ph'+H_2O$
羧基反应		
41		$Ph-COOH \longrightarrow PhH+CO_2$
42		$Ph-C(=O)-\dot{C}H_2 \longrightarrow Ph\dot{C}H_2+CO$

2.4.1.2　煤热解模型

目前获得广泛认可的通用热解模型是煤分子网络热解模型，包括官能团-解聚、蒸发与交联（FG-DVC）模型[103,104]、FLASHCHAIN 模型[105-108]与化学渗透脱挥发分（CPD）模型[109-111]。它们的共同特点是将煤的有机大分子网络结构抽象为无限大的晶格点阵或晶格链的混合物，晶格代表芳簇，连接晶格的桥和附属于晶格的外围结构（或半桥）分别代表芳核间的桥链与附属于芳核的侧链、脂环及杂环等，部分模型中晶格还设置开放位点代表分解完全的桥链与外围结构。通过晶格连接的桥、外围结构与开放节点总数（或称配位数）$\sigma+1$，完整桥数占配位数的分数 p，桥的化学特性、晶格的分子量分布与化学性质以及外围结构的数量和化学性质等参数反映不同煤种的反应特性。该类模型用简化的煤热解动力学计算桥与外围结构断裂速率，并根据点阵中点的连接情况，用晶格网络统计学方法计算桥键断裂生成塑性体的速率，晶格网络统计学方法包括蒙特卡罗法和渗透理论。蒙特卡罗法的优点是描述解聚与交联反应时不要求晶格有恒定的配位数，便于嵌入芳簇分子量分布。渗透理论计算上较为简便，计算一般适用于没有闭环的 Bethe 晶格点阵，但在模拟大型晶格点阵时，即使大型点阵中有闭环，Bethe 晶格点阵也有很好的近似效果。图 2-9 分别是 $\sigma+1=4$ 带有一个外围结构（a）以及 $\sigma+1=6$ 带有 1 个外围结构与 1 个开放位点（b）的 Bethe 晶格网络。

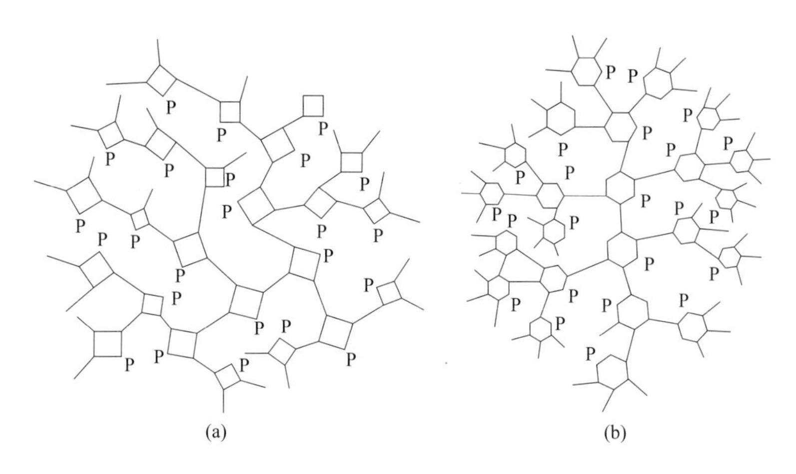

图 2-9 $\sigma+1=4$ 带有一个外围结构（a）以及 $\sigma+1=6$ 带有 1 个外围结构与 1 个开放位点（b）的 Bethe 晶格网络[112]

（1）FG-DVC 模型

FG-DVC 模型由官能团子模型（FG）与解聚、蒸发以及交联子模型（DVC）两个子模型组成。FG 模型，即官能团模型的主要内容：

a. 煤热解过程官能团分解生成轻质气体，分解性质与煤阶无关。

b. 随着桥键断裂，大分子网络分解生成焦油前驱体（塑性体），轻质焦油前驱体经蒸发而逸出煤颗粒转变为焦油，该过程受到传质过程控制，其速率正比于焦油组分的蒸气压和气体产率。

c. 焦油前驱体、焦油、半焦上的官能团均来自煤，性质相同，以相同速率热解。

d. 煤中存在大量供氢结构，脂肪结构分解过程会发生脱氢反应，生成氢自由基，焦油、轻质气体以及半焦相互竞争胶质体中的氢自由基以稳定自身所带自由基，桥断裂的数量、气体与焦油生成量均受到煤中氢自由基数量的限制，当氢自由基耗尽，焦油和轻质烃类（CH_4 除外）不再生成。

e. 二次反应由烃类的分解动力学模型和含氧、碳、氢组分的元素平衡来计算，不考虑传热、传质对热解产物轻质气体组成的影响。

DVC 模型综合考虑桥的断裂、交联以及受到传质与液-气相变影响的焦油生成过程来描述煤热解过程有机大分子网络的解聚，主要内容如下：

a. 假设脂肪族—CH_2—CH_2—桥键的断裂是煤热解过程桥键断裂的主要部分，并用其近似代表煤内复杂的桥键断裂过程，其活化能在一定范围内连续分布。

b. 为了简化，假设所有脱氢反应（包括桥链上的 C—C 键脱氢生成 C═C 键以及氢化芳环脱氢形成芳环等）都发生在活性桥键上，伴随着一个活性桥键断裂，煤中会有另一个活性桥键同步脱氢，为断裂的桥键提供氢自由基，因此活性桥键减少的速率是断键速率的 2 倍。

c. 分子网络的二次固化受交联反应的控制，交联反应伴随 CO_2 与 CH_4 的生成而发生，而 CO_2 与 CH_4 的生成量由相应官能团分解量计算，生成的交联桥链根据芳簇（芳核及其外围结构）发生交联的概率与芳簇分子量成正比的原则在半焦内分布。

d. 模型假设芳簇分子量分布符合高斯分布，焦油前躯体及焦油的分子量由其包含的芳簇数量决定，该数量与芳簇配位数相关。采用带有可调内压力参数的内部输运方程计算不同大小的焦油前躯体由颗粒内部传输到颗粒表面的速率，采用蒸发速率、蒸气压力、气相组分以及传质系数间的关联式计算颗粒表面焦油前躯体的蒸发速率，从而获得焦油生成速率以及焦油前驱体与焦油的分子量分布随热解时间的变化。DVC 模型中煤热解过程晶格网络的变化见图 2-10。

e. 晶格网络统计学方面 DVC 模型前期采用蒙特卡罗法，后期也开始使用渗透理论。

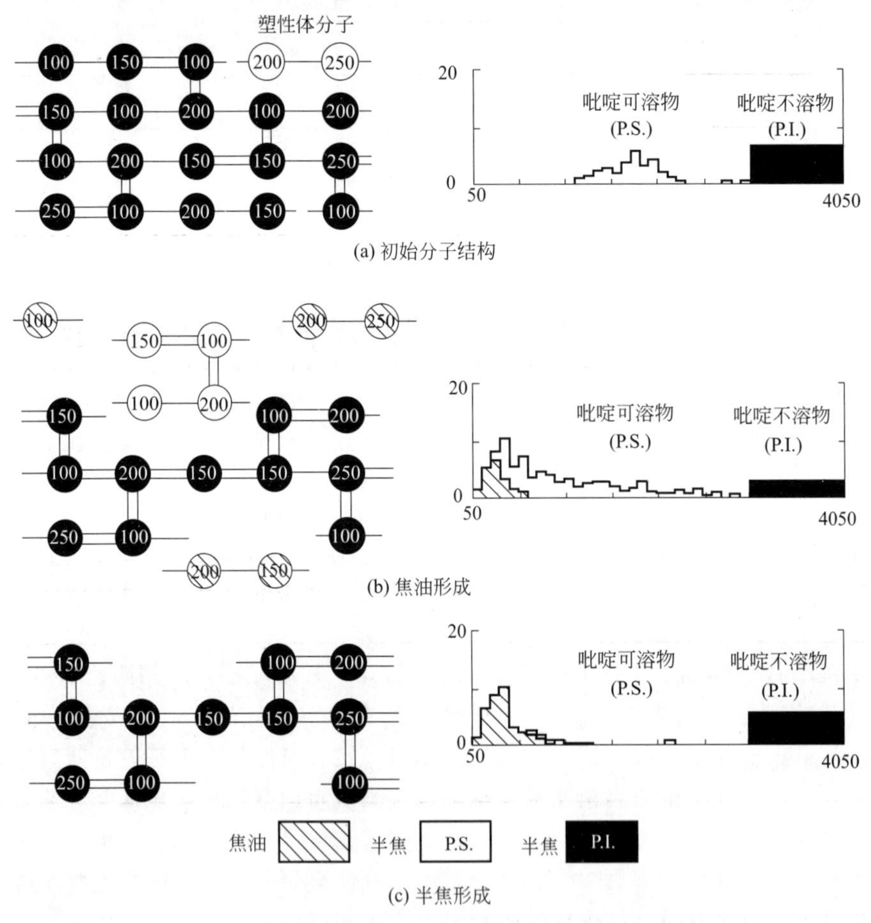

(a) 初始分子结构

(b) 焦油形成

(c) 半焦形成

图 2-10　DVC 模型中煤热解过程晶格网络的变化[103]

（圆圈表示芳簇，其中的数字表示芳簇分子量，

单线表示可断裂与可释放氢自由基的桥键，双键表示不可断裂桥键）

(2) FLASHCHAIN 模型

在 FLASHCHAIN 模型中，煤是由线性连接的芳核（$\sigma+1=2$）构成的分子网络碎片的混合物。芳簇由活性桥或稳定桥两两相连，芳核中的碳数由 ^{13}C NMR 测得，碎片末端是外围脂肪官

能团，是不凝气的前驱体，图 2-11 是 FLASHCHAIN 模型中某镜质组的典型分子结构。

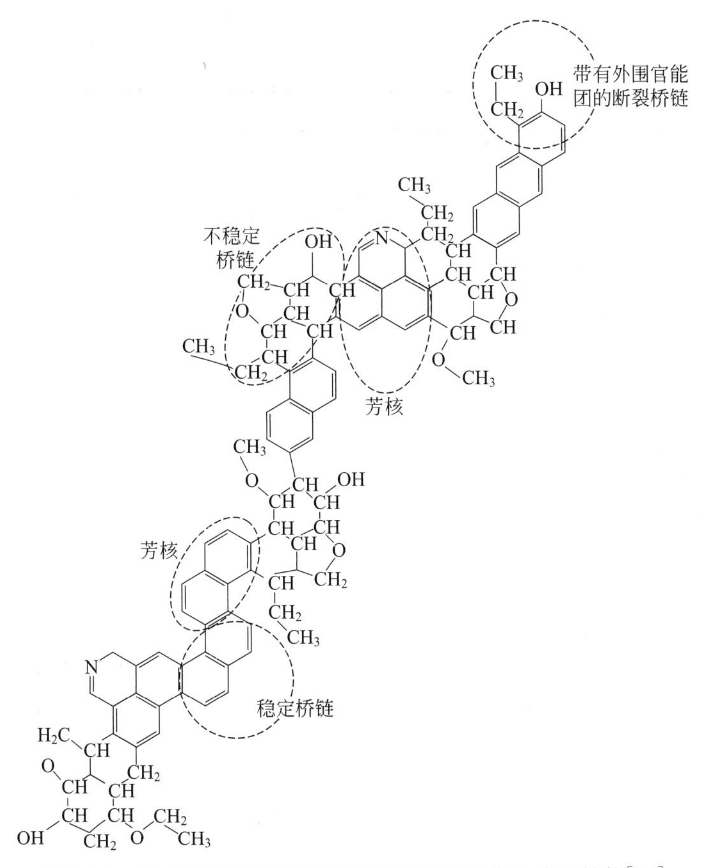

图 2-11 FLASHCHAIN 模型中某镜质组的典型分子结构[105]

FLASHCHAIN 模型用到了四种脱挥发物化学反应：断桥、自发缩聚、双分子再化合、外围官能团分解。用连续分布的活化能模型计算断桥反应和缩聚反应的活化能，双分子再化合反应为二级反应，外围官能团的分解为一级反应。

煤热解过程活性桥分解形成稳定桥或两个外围官能团。模型假设芳核、活性桥、稳定桥以及外围官能团等煤内基本结构在煤中的组成是统一的，例如模型假设所有的活性桥均为脂肪桥，所有的芳核和稳定桥均为芳环结构，通过概率计算最初及热解过程不同大小的碎片及其附属的桥链、外围官能团数量。

FLASHCHAIN 模型中分子网络碎片分为反应物、中间体与塑性体，其反应框架如图 2-12 所示。其中，反应物主要是大块煤和半焦的固体碎片；塑性体是具有挥发性的小块碎片；中间体分子量介于反应物和塑性体之间，不具挥发性。计算中设定塑性体最多含有 J^* 个芳簇，中间体最多含有 $2J^*$ 个芳簇，J^* 一般设为 5。

在煤热解过程，不稳定桥键热解使碎片缩小，或者缩合为稳定桥，同时将相连的外围官能团以气体形式释放。模型认为大多数的稳定桥是通过自发缩聚反应形成的，代表热解过程煤内结构重排生成更多芳环结构的过程。伴随缩聚反应，小自由基释放，随即生成轻质气体。稳定桥的形成也可通过碎片末端基团之间的双分子再化合反应生成，但只有具有流动性的碎片可以为双分子再化合反应提供相互接触的反应位点，因此模型假设双分子再化合反应只发生在塑性体碎片与塑性体、中间体以及反应物之间。

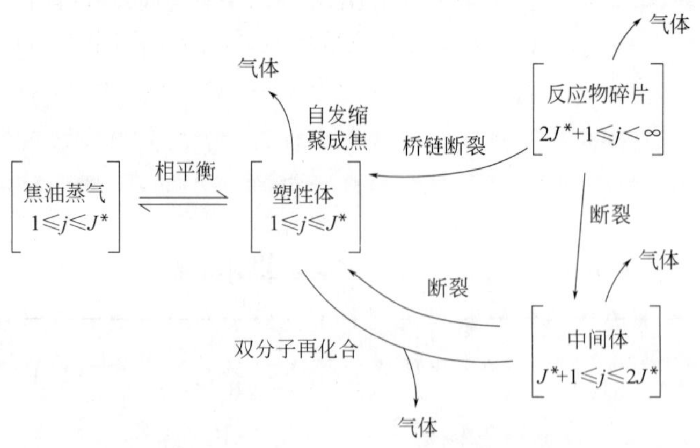

图 2-12 FLASHCHAIN 模型反应框架[105]

模型采用渗透链统计学计算分子碎片大小分布，利用基于拉乌尔定律建立的平衡闪蒸模型，计算塑性体的蒸发速率。

(3) CPD 模型

CPD 模型主要针对快速热解过程开发，为了满足大型工程模拟的需要，相对于 FG-DVC 和 FLASHCHAIN 模型，做了很多简化处理以提高计算效率，模型主要内容如下：

将煤抽象成无限大的 Bethe 晶格网络，晶格节点仅为不反应的芳核，不包含官能团，断键与轻质气体生成等化学变化主要发生在桥链与侧链上。网络中的所有晶格节点、桥链、侧链分子量分别取煤芳核、桥链和侧链的平均分子量，晶格节点配位数取煤芳核平均配位数，并假设热解过程中各类结构分子量与配位数不发生变化。煤芳核、桥链和侧链的平均分子量，芳核平均配位数，完整桥链占配位数的初始比例根据固体^{13}C NMR 测试结果计算得到。

将煤热解过程复杂的分解反应归为三类，不稳定的完整桥链被激活形成活性中间体$£^*$，这些活性中间体通过两个竞争过程进一步反应，反应框架及例子如图 2-13 所示：一部分活性中间体直接以轻质气体形式被释放 (g_2)，同时在其原有位置形成一个稳定的交联桥链 (c) 将其所连接的两个节点再次连接在一起；另一部分活性中间体发生断裂之后稳定下来形成侧链 (δ)，这些侧链会通过连续缓慢的反应进一步断裂，最终转化为轻质气体 (g_1)。不稳定桥链转化为中间体的速率采用前期学者根据热解过程焦油析出规律得到的动力学参数[104]计算，轻质气体的生成则采用 FG 模型中各官能团热解动力学参数的加权平均值来计算，轻质气体组成可根据轻质气体总生成量与煤种参数采用经验关联式计算。

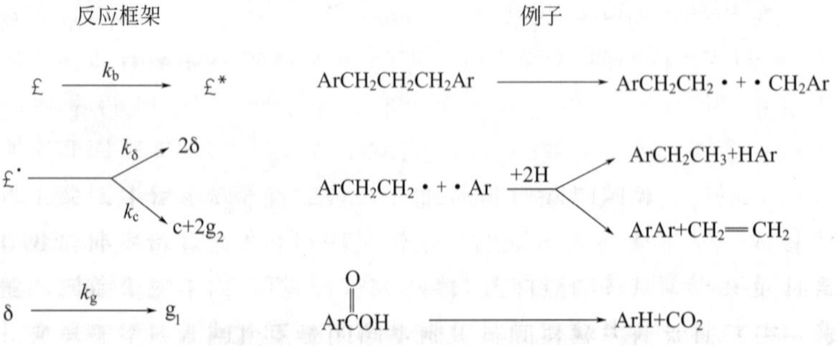

反应框架　　　　例子

$£ \xrightarrow{k_b} £^*$　　　　$ArCH_2CH_2CH_2Ar \longrightarrow ArCH_2CH_2\cdot + \cdot CH_2Ar$

$£^* \xrightarrow{k_\delta} 2\delta$；$£^* \xrightarrow{k_c} c+2g_2$　　　　$ArCH_2CH_2\cdot + \cdot Ar \xrightarrow{+2H} ArCH_2CH_3+HAr$；$ArAr+CH_2{=}CH_2$

$\delta \xrightarrow{k_g} g_1$　　　　$ArCOOH \longrightarrow ArH+CO_2$

图 2-13 CPD 模型中的煤热解反应框架及例子[109-111]

根据热解过程桥链和侧链的生成与断裂情况，用统计学方法计算附属于晶格节点的桥链、侧链数量，根据配位数、完整桥链占配位数的数量比例，利用渗透理论计算包含不同数量节点的煤分子网络碎片，即塑性体的数量。模型将所有与煤母体分离、包含任意数量节点的分子网络碎片都归为塑性体，参与蒸发与交联反应，但实际计算中包含五个以上节点的塑性体数量是十分有限的，这部分塑性体一般分子量很大，也很难蒸发。

基于拉乌尔定律，用闪蒸过程气-液平衡时不同分子量的组分转变为气相的量，来计算单一时间步长内不同大小的分子网络碎片的蒸发量，获得焦油生成速率。

关于交联反应，不考虑交联桥键形成的具体反应过程，使用简化的动力学方程，计算通过交联反应重新与煤母体相连的塑性体质量。

CPD 模型输入参数为煤固体^{13}C NMR 测试结果，主要热解反应动力学参数见表 2-4，除 ρ 是模型中设定的可调参数外，其余数值均为确定值。且当 ρ 取 0.9 时，CPD 模型预测的多种褐煤、次烟煤以及烟煤快速热解过程的焦油与轻质气体产率同实验有很好的吻合度。

表 2-4 CPD 模型热解反应动力学参数[109-111]

参数	数值	参数描述
E_b	55.4kcal/mol	桥链断裂反应的活化能
A_b	$2.6\times10^{15}s^{-1}$	桥链断裂反应的指前因子
σ_b	1.8kcal/mol	E_b分布的标准差
E_g	69kcal/mol	侧链断裂的活化能
A_g	$3\times10^{15}s^{-1}$	侧链断裂的指前因子
σ_g	8.1kcal/mol	E_g分布的标准差
ρ	0.9	k_δ/k_c
E_{cross}	65.0kcal/mol	交联反应的活化能
A_{cross}	$3.0\times10^{15}s^{-1}$	交联反应的指前因子

注：1kcal=4.186kJ。

(4) FG-DVC、FLASHCHAIN 与 CPD 模型的比较

FG-DVC、FLASHCHAIN 与 CPD 模型的比较见表 2-5[113,114]。

表 2-5 FG-DVC、FLASHCHAIN 与 CPD 模型的比较[113,114]

	FG-DVC 模型	FLASHCHAIN 模型	CPD 模型
晶格网络	采用配位数是实际配位数 2 倍[2(σ+1)]的 Bethe 晶格，一半用于断键，一半用于再化合；前期的模型为蒙特卡罗大分子网络，其低聚物长度(含有芳簇的数量)由抽提物产率确定	采用(σ+1)=2 的直链近似表示煤大分子结构	采用 Bethe 晶格，其结构由^{13}C NMR 测定的完整桥分数 p 和配位数 $\sigma+1$ 决定；使用渗透统计学描述晶格网络
煤的表征	煤分子网络特性参数有：煤基本结构单元分子量 $M_{av}(\sigma)$(来自 py-FIMS 或 NMR 数据)；每个芳簇附带的初始交联位点数 m_0(来自溶胀数据)；不稳定桥质量分数 W_B(来自焦油产率)；芳核质量分数(芳碳加上稳定桥碳)W_N和外围官能团(轻质气体来源)质量分数 W_p(来自 FG 模型)；不稳定桥链分子量 M_L(—CH_2—CH_2—,28)；稳定桥链分子量	煤基本结构单元由芳核、不稳定桥链、稳定桥链、外围官能团组成，主要特性参数有：基本结构单元平均含碳原子数 $C_T=C_A+(1-\beta)C_B+\beta C_C$，其中 C_A、C_B、C_C分别为芳核、不稳桥链和半焦连桥中碳原子数；芳核平均分子量 M_{W_A}(来自元素分析和 NMR 数据)；不稳定桥分子量 M_{W_B}、稳定桥平均分子量 M_{W_C}；不稳定桥	煤基本结构单元由芳核、不稳定桥链£、稳定桥链 c、侧链(外围官能团)δ 组成。芳核平均质量 M_{clust}、侧链质量 M_δ由 NMR 测试；大多数煤初始稳定桥链数 $c_0=0$，或由焦油产率曲线拟合求得；$\delta=2(1-c_0-£_0)$，$p=c+£$

续表

	FG-DVC 模型	FLASHCHAIN 模型	CPD 模型
煤的表征	$M_{NL}(26)$；桥链断裂可生成的H自由基质量分数 $H(a1)(2/28W_B)$	链初始分数 $p_b(0)=p(0)F_b(0)$，$p(0)$为完整桥链初始分数(来自吡啶抽提物产率)，$F_b(0)$为初始不稳定桥分数(可调)；稳定桥链分数 $\beta=p(0)[1-F_b(0)]$	
断桥解聚	假定不稳定桥为—CH_2—CH_2—，其断裂与煤在热解过程能够生成的H自由基数量相关；不稳定桥断裂动力学参数：$A_B=0.86\times10^{15}$，$E_B=230kJ/mol$，$\sigma=12.5kJ/mol$	不稳定桥断裂动力学参数：$A_B=2\times10^{11}s^{-1}$，$E_B=167kJ/mol$，$\sigma=20kJ/mol$(均为可调参数)；不稳定桥的断裂与自发缩聚反应间的比例使用选择性系数 ν_B 进行调节	不稳定桥£分解为高活性桥中间体£*(速率 k_b)，动力学参数：$E_b=231kJ/mol$，$A_b=2.6\times10^{15}s^{-1}$(拟合参数)，$\sigma_b=7.5kJ/mol$(拟合参数)；竞争反应过程：£*稳定后生成2δ(速率常数 k_δ)，或在生成轻质气体的同时再化合生成稳定桥链(速率常数 k_c)，两个竞争反应的速率比为 $\rho=k_\delta/k_c$，一般取为0.9，物理意义上 k_δ 的大小与煤供氢结构的数量相关
交联反应	与 CO_2 和 CH_4 生成相关联(来自FG模型计算结果)，每生成一个 CO_2 和 CH_4 分子形成一个交联桥链	可流动的煤塑性体碎片通过二次反应相互或与更大煤分子网络碎片再化合。动力学参数：$A_R=6\times10^{16}s^{-1}$，$E_R=217kJ/mol$(可调参数)	采用独立利于渗透理论的交联机理。用一级反应计算由于交联反应与煤母体连接的塑性体的质量 m_{cross}，速率常数 k_{cross}。动力学参数：$E_{cross}=272kJ/mol$，$A_{cross}=3\times10^{15}s^{-1}$
不凝气生成	采用FG模型计算不凝气生成速率：共19种官能团，包括羧基、羟基、醚、甲基、甲氧基等，通过TG-FTIR热解实验数据建立每种官能团的反应速率方程。	采用一级反应计算外围官能团生成气体的过程，动力学参数：$A_G=1\times10^{15}s^{-1}$，$E_G=230kJ/mol$(可调参数)。自发缩聚以及双分子再化合生成稳定桥过程产生气体，反应过程化学计量常数 ν_c 由气体平均分子量 M_{W_G} 计算，外围官能分解生成气体的化学计量系数 $\nu_E=1/2\nu_c$	侧链分解生成气体速率(k_g)，动力学参数：$E_g=289kJ/mol$，$A_g=3\times10^{15}s^{-1}$，$\sigma=33.9kJ/mol$(拟合参数)。£*再化合过程生成气体，速率常数 k_c 双倍于再化合生成稳定桥链c的速率
焦油生成	焦油来自塑性体的蒸发，平均分子量取自吡啶可溶物分子量 $M_{PS}=3000$，饱和蒸气压力采用Unger-Sunbery关联式：$P_i^{sat}=5756\times\exp(-225M_{W_i}^{0.586}/T)$ 传质过程由内部压力 ΔP 控制(可调)	焦油由塑性体碎片平衡闪蒸生成：$P_i=y_iP=P_i^{sat}$，$P_i^{sat}=3\times10^4\exp(-200M_{W_i}^{0.6}/T)$ 其中各参数均可调。假设焦油能够被不凝气带离颗粒，气体速率为不凝气体生成速率	足够的不稳定桥断裂后，形成有限的塑性体碎片。塑性体碎片平衡闪蒸生成焦油：$P_i=y_iP=P_i^{sat}$，$P_i^{sat}=8.7\times10^4\exp(-299M_{W_i}^{0.59}/T)$ 假设焦油蒸发后自身体积膨胀足以将其送至煤粒外
半焦生成	煤热解过程生成的H自由基或不稳定桥消耗完毕后，焦油停止生成，煤分子碎片通过交联与半焦分子网络相连，高温下半焦进一步缩聚生成 CH_4 和 H_2	随着不稳定桥链分解耗尽以及由于焦油生成和再化合反应导致塑性体耗尽，热解结束。半焦由稳定桥链连接的长链分子碎片组成，不稳定桥可通过自发缩聚反应转变为稳定桥，不稳定桥断裂和自发缩聚间的比例由选择性系数 ν_B 调节	当不稳定桥耗尽，塑性体碎片因蒸发和交联反应而耗尽，焦油停止生成。半焦由稳定和交联桥链连接的大分子网络组成

2.4.2 成焦机理及模型

煤热解过程固体产物（半焦和焦炭）孔隙结构发生很大变化，加热方式不同，固体产物孔隙结构的变化有很大差异。

(1) 焦炉中碳化过程炉料结构的变化与描述方法

煤进入焦炉初始阶段是以颗粒状存在的，孔隙以颗粒间空隙的形式存在。当温度升高到350～400℃左右时，焦煤将软化并开始分解。在相对较短的“塑性阶段”（通常温度区间不超过100℃），这些颗粒会聚结形成连续的多孔结构。然后塑性多介质重新固化形成半焦，半焦收缩产生不同的应变，从而形成垂直于炉壁的裂缝。随着挥发物不断析出，半焦逐渐转变为脆性焦。焦炉中煤孔隙结构的变化如图 2-14 所示[115]。

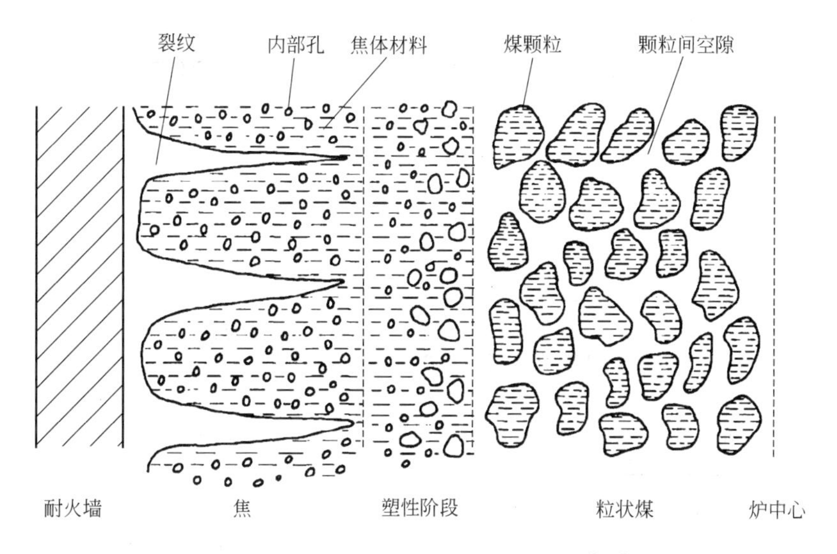

图 2-14 焦炉中固体孔隙结构的变化[115]
（未按实际比例作图）

随着挥发物的析出以及半焦的体积收缩，炉料体积密度（ρ）发生变化，计算方法如式(2-45)所示：

$$\rho=\eta\rho_0 f_s,\quad \eta=1/(1-s) \tag{2-45}$$

式中，ρ_0 是炉料初始体积密度；f_s 是碳化过程接收到基煤计算的固体焦产率(含水分和灰分)；s 是炉料体积收缩率。

炉料孔隙率 θ 采用式(2-46)计算。

$$\theta=1-\rho/\rho_t \tag{2-46}$$

式中，ρ_t 为炉料的真密度。

总孔隙率θ可以分为θ_{int}和θ_{ext}($\theta=\theta_{int}+\theta_{ext}$)，分别指内部孔隙率(包括装料时颗粒间空隙和焦炭内部孔隙)和外部孔隙率(炉料中的裂缝)。在低于固化温度时，所有的孔均为内部孔，高于固化温度，内部孔和外部裂缝同时存在。实际研究中，高于固化温度时，多关注的是内部孔隙，内部孔隙占焦炭体积的比例可用式(2-47)表示。假设温度高于固化温度后，$\bar{\theta}$保持不变，可以用达到固化温度(ψ)时的总孔隙率估算温度高于固化温度后的$\bar{\theta}$，即$\bar{\theta}=\theta_\psi$，则 θ_{int} 和 θ_{ext} 可用式(2-48)和式(2-49)表示。其中，ψ 一般比煤热解过程达到最大失重速率时的温度高 17 ～ 24℃，因此采用式(2-50) 估算 ψ。

$$\bar{\theta}=\theta_{\text{int}}/(1-\theta_{\text{ext}}) \tag{2-47}$$

$$\theta_{\text{int}}=\theta_{\psi}(1-\theta)/(1-\theta_{\psi}) \quad T\geqslant\psi \tag{2-48}$$

$$\theta_{\text{ext}}=1-(1-\theta)/(1-\theta_{\psi}) \quad T\geqslant\psi \tag{2-49}$$

$$\psi=T_{\max}+20 \tag{2-50}$$

(2) 煤快速热解过程单颗粒结构变化特性与模型

煤热解过程，由于塑性体的存在都会经历不同程度的热塑性变形，特别是高挥发分烟煤塑性变形显著，塑性变形决定了煤热解形成的半焦和焦炭的物理结构特性。在热解塑性阶段，颗粒内的孔隙会被流动的中间塑性体封闭，挥发物气体集聚在被分割的孔隙内，形成气泡。气泡的增长、融合以及破裂形成了颗粒膨胀与收缩的演变过程。

一般采用气泡模型描述煤的塑性膨胀过程，分为单气泡模型和多气泡模型。这些模型中假设挥发物生成后，除部分通过包裹气泡的多孔介质煤壳析出颗粒，主要进入气泡内(图 2-15)，挥发物在气泡内积聚，形成较大的气泡内压力，气泡在内压力的作用下，克服塑性体张力与环境压力发生膨胀。当气泡内外压差超过一定极限或气泡壁厚小于一定极限时，气泡破裂，挥发物随之析出颗粒。单气泡模型与多气泡模型分别通过气泡膨胀与破裂、气泡膨胀与气泡流出颗粒导致的体积变化模拟颗粒粒径的变化。此外，在多气泡模型中，如果气泡充分膨胀，颗粒内的气泡数量最终会减小为 1，多气泡模型会转变为单气泡模型，如图 2-16 所示。

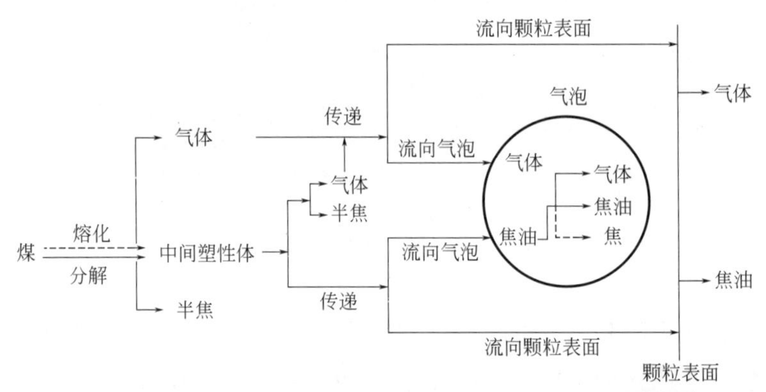

图 2-15　气泡模型假设的热解过程挥发物生成与输运过程[116]

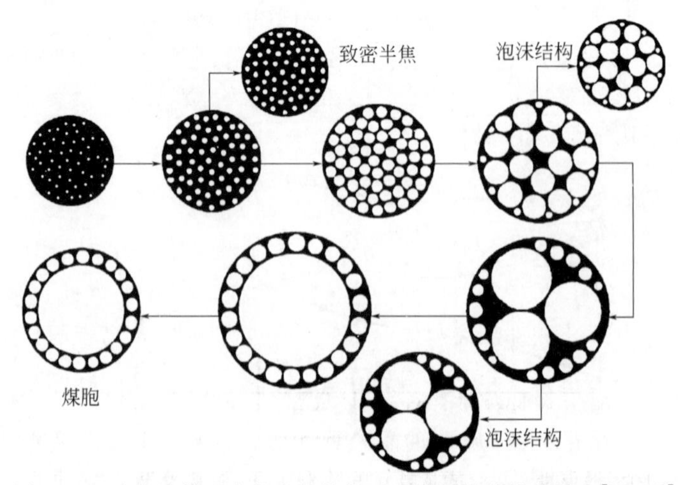

图 2-16　多气泡模型中假定的热解过程煤颗粒结构的演变[117,118]

气泡模型涉及的主要子模型如下：

① 黏度模型。煤热解过程颗粒黏度计算模型主要以经验关联式为主。Solomon 等[119] 在穆尼混合物黏度方程和安德雷德流体黏度方程的基础上，提出了用颗粒温度和煤中固体含量来计算热解过程煤颗粒黏度(μ_{coal}) 的变化，建立了一个半经验模型，如式(2-51) 所示：

$$\mu_{coal}=\begin{cases}7.5\times10^{-31}\exp[100000/(RT^{*})]\exp(\dfrac{5.0\times\varphi_{s}}{1-\varphi_{s}/0.65}) & T_{p}\leqslant708\text{K}\\ 1.623\times10^{-15}\exp[50000/(RT^{*})]\exp(\dfrac{5.0\times\varphi_{s}}{1-\varphi_{s}/0.65}) & T_{p}>708\text{K}\end{cases} \tag{2-51}$$

$$T^{*}=\begin{cases}T_{p} & T_{p}\leqslant750\text{K}\\ 750\text{K} & T_{p}>750\text{K}\end{cases}$$

式中，φ_s 是颗粒的固体含量；T_p 为颗粒的温度。

Oh 等[116] 提出了两个煤的黏度与颗粒温度、煤中塑性体含量间的经验关联式，描述热解过程煤颗粒黏度的演变，如式（2-52）和式（2-53）所示：

$$\mu_{coal}=\frac{1\times10^{-8}\exp[45000/(RT_{p})]}{[(1-\varphi_{m})^{-1/3}-1.0]} \tag{2-52}$$

$$\mu_{coal}=\frac{1\times10^{-11}\exp[45000/(RT^{*})]}{((1-\varphi_{m})^{-1/3}-1.0)} \tag{2-53}$$

$$T^{*}=\begin{cases}T_{p} & T_{p}<723\text{K}\\ 723\text{K} & T_{p}\geqslant723\text{K}\end{cases}$$

式中，φ_m 是颗粒的中间塑性体含量。

② 气泡膨胀模型。煤热解过程，煤内气泡径向上受到气泡内外压差以及塑性体张力的合力作用，气泡半径增长的速率如式（2-54）所示：

$$\frac{dr_{b}}{dt}=\frac{r_{b}}{4\mu_{coal}}(P_{b}-P_{\infty}-\frac{2\sigma}{r_{b}}) \tag{2-54}$$

式中，r_b 为气泡的半径；P_b 为气泡内的压力；P_∞ 为环境压力；σ 为塑性体表面张力。

多气泡阶段，当气泡接触到颗粒表面时会流出颗粒。气泡流出颗粒的速率如式（2-55）所示：

$$\frac{dn_{b}}{dt}=-\frac{3\ (r_{p}-r_{b})^{2}}{r_{p0}^{3}}n_{b}\frac{dr_{b}}{dt} \tag{2-55}$$

式中，r_p 与 r_{p0} 分别是颗粒半径及其初始值；n_b 为颗粒内气泡的数量。

单气泡阶段，气泡的破裂由式（2-56）判定：

$$\frac{1.5r_{b}^{3}(P_{b}-P_{\infty})}{r_{p}^{3}-r_{b}^{3}}-P_{\infty}>S_{w} \tag{2-56}$$

式中，S_w为煤胞破裂的判定强度。

在最新的气泡模型中，利用塑性变形前颗粒内的压力分布计算塑性变形阶段气泡的初始数量与大小，从而在模型中反映了加热速率与温度对气泡形成的影响；在此基础上，将气泡划分为中心气泡与四周气泡，并在计算中计算中心气泡与四周气泡的融合，从而部分考虑了气泡间的融合作用。气泡模型在经过上述改进后，能够预测多种煤热解过程颗粒膨胀率随加热速率与加热温度先增大后减小的趋势，与实验吻合较好[120,121]。

参考文献

[1] 谢克昌. 煤的结构与反应性 [M]. 北京：科学出版社，2002.
[2] 谢克昌，赵炜. 煤化工概论 [M]. 北京：化学工业出版社，2012.
[3] 高晋生. 煤的热解，炼焦和煤焦油加工 [M]. 北京：化学工业出版社，2010.
[4] 宋永辉，汤洁莉. 煤化工工艺学 [M]. 北京：化学工业出版社，2016.
[5] 张双全. 煤化学 [M]. 徐州：中国矿业大学出版社，2015.
[6] 徐绍平. 煤化工工艺学 [M]. 大连：大连理工大学出版社，2016.
[7] 张德祥. 煤制油技术基础与应用研究 [M]. 上海：上海科学技术出版社，2013.
[8] Hirsch P B. X-ray scattering from coals [J]. Proceedings of the Royal Society of London Series A Mathematical and Physical Sciences，1954，226 (1165)：143-169.
[9] Given P H，Marzec A，Barton W A，et al. The concept of a mobile or molecular phase within the macromolecular network of coals：A debate [J]. Fuel，1986，65 (2)：155-163.
[10] Nishioka M. The associated molecular nature of bituminous coal [J]. Fuel，1992，71 (8)：941-948.
[11] 秦匡宗，郭绍辉，李术元. 煤结构的新概念与煤成油机理的再认识 [J]. 科学通报，1998 (18)：1912-1918.
[12] 刘振宇. 煤化学的前沿与挑战：结构与反应 [J]. 中国科学：化学，2014，44 (9)：1431-1438.
[13] Fuchs W，Sandhoff A G. Theory of coal pyrolysis [J]. Industrial & Engineering Chemistry，1942，34 (5)：567-571.
[14] Given P. The distribution of hydrogen in coals and its relation to coal structure [J]. Fuel，1960，39 (2)：147-153.
[15] Shinn J H. From coal to single-stage and two-stage products：A reactive model of coal structure [J]. Fuel，1984，63 (9)：1187-1196.
[16] Faulon J L，Carlson G A，Hatcher P G. Statistical models for bituminous coal：a three-dimensional evaluation of structural and physical properties based on computer-generated structures [J]. Energy Fuels，1993，7 (6)：1062-1072.
[17] Narkiewicz M R，Mathews J P. Improved low-volatile bituminous coal representation：incorporating the molecular-weight distribution [J]. Energy Fuels，2008，22 (5)：3104-3111.
[18] Grigoriew H，Cichowska G. Spatial coal structure models [J]. Journal of Applied Crystallography，1990，23 (3)：209-210.
[19] 刘振宇. 中低阶煤分级转化联产低碳燃料和化学品的基础研究 (2011CB201300) [R]. 国家重点研究发展计划 (973 计划) 申请书 (公示版)，2010.
[20] 李璐. 煤中常见化学键的解离及分子结构的量子化学理论研究 [D]. 大连：大连理工大学，2016.
[21] 石策. 低阶煤低温热解过程中挥发分的析出行为研究 [D]. 上海：华东理工大学，2017.
[22] 陈昭睿. 煤热解过程中热解气停留时间对热解产物的影响 [D]. 杭州：浙江大学，2015.
[23] 闫伦靖. 煤焦油气相催化裂解生成轻质芳烃的研究 [D]. 太原：太原理工大学，2016.
[24] 苗树伟，傅培舫，刘洋，等. 褐煤热解过程中含氧官能团的演化 [J]. 热力发电，2018，47 (8)：16-21.
[25] 刘振宇. 煤快速热解制油技术问题的化学反应工程根源：逆向传热与传质 [J]. 化工学报，2016，67 (1)：1-5.
[26] 陈兆辉，高士秋，许光文. 煤热解过程分析与工艺调控方法 [J]. 化工学报，2017，68 (10)：3693-3707.
[27] 陈永利，何榕. 煤热解过程中二次反应作用建模 [J]. 清华大学学报 (自然科学版)，2011，51 (5)：672-676.
[28] 周仕学，戴和武. 煤热解过程中硫的脱除 [J]. 煤炭加工与综合利用，1996 (1)：38-40.
[29] 赵聪，阎志中，杨颂，等. 煤热解过程中氮元素迁移规律影响因素 [J]. 应用化工，2018，47 (4)：830-833.
[30] 朱玉廷，崔平. 焦炭热性质的研究进展 [J]. 燃料与化工，2004，35 (2)：3-6.
[31] 田永胜，王光辉，曾丹林，等. 煤的变质程度对焦炭性质影响的研究 [J]. 煤炭转化，2010，33 (1)：37-39.
[32] 康西栋，胡善亭，潘治贵，等. 煤的变质程度对焦炭结构构造的影响 [J]. 长春地质学院学报，1997 (3)：84-87.
[33] 沈寓韬. 不同炼焦煤显微组分特点及其对结焦性能影响研究 [D]. 上海：华东理工大学，2016.
[34] 孙庆雷，李文，李保庆. 神木煤显微组分热解特性研究 [J]. 中国矿业大学学报. 2001，30 (3)：272-276.
[35] 李宇航. 配低阶煤显微组分对炼焦煤塑性性质的研究 [D]. 马鞍山：安徽工业大学，2016.
[36] Hayashi J，Nakagawa K，Kusakabe K，et al. Change in molecular structure of flash pyrolysis tar by secondary reaction in a fluidized bed reactor [J]. Fuel Processing Technology，1992，30 (3)：237-248.
[37] 叶俊岭，刘生玉，吕永康. 热解温度对半焦生成及其元素组成的影响 [J]. 煤炭转化，2006 (1)：37-40.

[38] 赵奇. 炼焦工艺条件对焦炭反应性和反应后强度的影响 [J]. 洁净煤技术，2012，18 (2)：95-98.
[39] 王志永. 炼焦操作对焦炭质量的影响 [J]. 科技创新导报，2008 (15)：85-85.
[40] 崔银萍，秦玲丽，娟杜，等. 煤热解产物的组成及其影响因素分析 [J]. 煤化工，2007 (2)：14-19.
[41] 王汝成，张晓欠，杨帆，等. 热解压力对煤热解产物性质的影响分析 [J]. 煤化工，2018，46 (增刊)：1-4.
[42] 许凯，胡松，苏胜，等. 不同热解压力对煤焦结构的影响 [J]. 工程热物理学报，2013，34 (2)：372-375.
[43] 范晓雷，张薇，周志杰，等. 热解压力及气氛对神府煤焦气化反应活性的影响 [J]. 燃料化学学报，2005 (5)：530-533.
[44] Okumura Y. Effect of heating rate and coal type on the yield of functional tar components [J]. Proceedings of the Combustion Institute，2017，36 (2)：2075-2082.
[45] 付志新，郭占成，王申祥. 梯度温度分布下半焦/焦炭收缩规律的研究 [J]. 燃料化学学报，2006 (2)：136-141.
[46] 李绍锋，吴诗勇. 高温下煤焦的碳微晶及孔结构的演变行为 [J]. 燃料化学学报，2010，38 (5)：513-517.
[47] Griffin T P，Howard J B，Peters W A. An experimental and modeling study of heating rate and particle size effects in bituminous coal pyrolysis [J]. Energy & Fuels，1993，7 (2)：297-305.
[48] Zhu W，Song W，Lin W. Effect of the coal particle size on pyrolysis and char reactivity for two types of coal and demineralized coal [J]. Energy & Fuels，2008，22 (4)：2482-2487.
[49] Zhao H，Bai Z，Bai J，et al. Effect of coal particle size on distribution and thermal behavior of pyrite during pyrolysis [J]. Fuel，2015，148：145-151.
[50] Yang C，Li S，Song W，et al. Pyrolysis Behavior of large coal particles in a lab-scale bubbling fluidized bed [J]. Energy & Fuels，2012，27 (1)：126-132.
[51] 项茹，薛改凤，张雪红，等. 不同粒度气煤和瘦煤参与配煤炼焦比较 [J]. 煤炭转化，2010，33 (3)：59-62.
[52] 张弦，沈强华，黄超，等. 粉煤粒径及配煤比例对型焦热强度影响 [J]. 价值工程，2015，34 (34)：98-100.
[53] 牛帅星，周亚杰，张文静，等. 气氛对煤热解行为影响的研究进展 [J]. 应用化工，2019，48 (3)：639-645.
[54] Liu J，Hu H，Jin L，et al. Integrated coal pyrolysis with CO_2 reforming of methane over Ni/MgO catalyst for improving tar yield [J]. Fuel Processing Technology，2010，91 (4)：419-423.
[55] Fidalgo B，van Niekerk D，Millan M. The effect of syngas on tar quality and quantity in pyrolysis of a typical South African inertinite-rich coal [J]. Fuel，2014，134：90-96.
[56] 廖洪强，孙成功，李保庆，等. 富氢气氛下煤热解特性的研究 [J]. 燃料化学学报，1998，26 (2)：114-118.
[57] 吴晓丹，胡浩权. 煤在不同气氛下热解脱硫研究进展 [J]. 煤炭转化，2002，25 (4)：6-12.
[58] 刘新兵. 我国若干煤中矿物质的研究 [J]. 中国矿业大学学报，1994 (4)：109-114.
[59] 侯康. 矿物质对高比例低阶煤配煤炼焦的影响研究 [D]. 徐州：中国矿业大学，2017.
[60] Cheng X，Shi L，Liu Q，et al. Effect of a HF-HF/HCl treatment of 26 coals on their composition and pyrolysis behavior [J]. Energy & Fuels，2019，33 (3)：2008-2017.
[61] Liu Q，Hu H，Zhou Q，et al. Effect of inorganic matter on reactivity and kinetics of coal pyrolysis [J]. Fuel，2004，83 (6)：713-718.
[62] 陈皓侃，李保庆，张碧江. 矿物质对煤热解和加氢热解含硫气体生成的影 [J]. 燃料化学学报，1999 (S1)：6-11.
[63] 刘尚超，陈鹏，项茹，等. 焦炭热性能影响因素分析 [J]. 煤炭科学技术，2008，36 (5)：104-108.
[64] 贺新福，张小琴，周均，等. 煤热解气相焦油原位催化裂解提质研究进展 [J]. 应用化工，2018，47 (7)：1513-1517.
[65] Li G，Yan L，Zhao R，et al. Improving aromatic hydrocarbons yield from coal pyrolysis volatile products over HZSM-5 and Mo-modified HZSM-5 [J]. Fuel，2014，130：154-159.
[66] Ren X，Cao J，Zhao X，et al. Catalytic upgrading of pyrolysis vapors from lignite over mono/bimetal-loaded mesoporous HZSM-5 [J]. Fuel，2018，218：33-40.
[67] Ren X，Cao J，Zhao X，et al. Increasing light aromatic products during upgrading of lignite pyrolysis vapor over Co-modified HZSM-5 [J]. Journal of Analytical and Applied Pyrolysis，2018，130：190-197.
[68] María-Jesús Lázaro，Moliner R，Suelves I. Non-isothermal versus isothermal technique to evaluate kinetic parameters of coal pyrolysis [J]. Journal of Analytical and Applied Pyrolysis，1998，47 (2)：111-125.
[69] 降文萍. 煤热解动力学及其挥发分析出规律的研究 [D]. 太原：太原理工大学，2004.
[70] 胡荣祖，史启祯. 热分析动力学 [M]. 北京：科学出版社，2008.
[71] Vyazovkin S，Wight C A. Isothermal and non-isothermal kinetics of thermally stimulated reactions of solids [J].

International Reviews in Physical Chemistry, 1998, 17 (3): 407-433.
[72] van Krevelen D W. Coal science and technology. Amsterdam: Elsevier Scientific Publishing Cornpany, 1981.
[73] 赵云鹏. 西部弱还原性煤热解特性研究 [D]. 大连：大连理工大学，2010.
[74] 易忠波. 低阶粉煤的热解特性与低温热解试验研究 [D]. 镇江：江苏大学，2015.
[75] Coats A W, Redfern J P. Kinetic parameters from thermogravimetric data [J]. Nature, 1964, 201: 68-69
[76] 朱学栋，朱子彬，张成芳. 煤热失重动力学的研究 [J]. 高校化学工程学报，1999 (3): 223-228.
[77] Guo Z, Zhang L, Wang P. Study on kinetics of coal pyrolysis at different heating rates to produce hydrogen [J]. Fuel Processing Technology, 2013, 107: 23-26.
[78] Donskoi E, McElwain D L S. Approximate modelling of coal pyrolysis [J]. Fuel, 1999, 78 (7): 825-835.
[79] Donskoi E, Mcelwain D L S. Optimization of coal pyrolysis modeling [J]. Combustion & Flame, 2000, 122 (3): 359-367.
[80] Anthony D B. Rapid devolatilization of pulverized coal [J]. Symposium on Combustion, 1975, 15 (1): 1303-1317.
[81] Miura K. A new and simple method to estimate f(E) and k_0(E) in the distributed activation energy model from three sets of experimental data [J]. Energy & Fuels, 1995, 9 (2): 4-7.
[82] Fitzsimons M A. A new and simple method to estimate f (E) and k_0 (E) in the distributed activation energy model from three sets of experimental data [J]. Energy & Fuels, 2010, 36 (3): 124-125.
[83] Kissinger H E. Reaction kinetics in differential thermal analysis [J]. Analytical Chemistry, 1957, 29 (11): 1702-1706.
[84] Kissinger H E. Variation of peak temperature with heating rate in differential thermal analysis [J]. Journal of Research of the National Bureau of Standards, 1956, 57: 217-221.
[85] Flynn J H, Wall L A. A quick, direct method for the determination of activation energy from thermogravimetric data [J]. Journal of Polymer Science Part B: Polymer Letters, 1966, 4 (5): 323-328.
[86] Price D M, Hourston D J, Dumont F. Thermogravimetry of polymers [M]. New York: John Wiley & Sons Inc., 2006.
[87] Satava V. Mechanism and kinetics from non-isothermal TG traces [J]. Thermochimica Acta, 1971, 2 (5): 423-428.
[88] 潘云祥，冯增媛，吴衍荪. 全国热分析动力学和热动力学秋季研讨会论文摘要集 [C]. 南京：林化研究所出版社，1997.
[89] 潘云祥，管翔颖，冯增媛，等. 一种确定固相反应机理函数的新方法——固态草酸镍（Ⅱ）二水合物脱水过程的非等温动力学 [J]. 无机化学学报，1999，15 (2): 247-251.
[90] 邵瑞华. 泥质活性炭的制备及污泥热解动力学研究 [D]. 西安：西安建筑科技大学，2011.
[91] 郭清杰，王君，陈明强，等. 采用双外推法计算稻壳热解活化能 [J]. 化学与生物工程，2008 (7): 28-30.
[92] 王新运，万新军，陈明强，等. 双外推法研究棉秆热解过程的动力学机理 [J]. 过程工程学报，2013，13 (3): 447-450.
[93] Málek J, Smrčka V. The kinetic analysis of the crystallization processes in glasses [J]. Thermochimica Acta, 1991, 186 (1): 153-169.
[94] Málek J. The kinetic analysis of non-isothermal data [J]. Thermochimica Acta, 1992, 200 (92): 257-269.
[95] Juntgen H. Coal characterization in relation to coal combustion. 1. structural aspects and combustion [J]. Erdol & Kohle Erdgas Petrochemie, 1987, 40 (4): 153-165.
[96] Juntgen H. Coal characterization in relation to coal combustion. 2. environmental-problems of combustion [J]. Erdol & Kohle Erdgas Petrochemie, 1987, 40 (5): 204-208.
[97] Wanzl W. Chemical-reactions in thermal-decomposition of coal [J]. Fuel Processing Technology, 1988, 20 (1-3): 317-336.
[98] Kelemen S R, Gorbaty M L, George G N, et al. Thermal reactivity of sulfur forms in coal [J]. Fuel, 1991, 70 (3): 396-402.
[99] Nelson P F, Kelly M D, Wornat M J. Conversion of fuel nitrogen in coal volatiles to nox precursors under rapid heating conditions [J]. Fuel, 1991, 70 (3): 403-407.
[100] Niksa S. Process chemistry of coal utilization [M]. New York: Elsevier , 2019.
[101] Gavalas G R, Cheong P H K, Jain R. Model of coal pyrolysis. 1. Qualitative development [J]. Industrial &

Engineering Chemistry Fundamentals, 1981, 20 (2): 113-122.

[102] Gavalas G R, Jain R, Cheong P H K. Model of coal pyrolysis. 2. Quantitative formulation and results [J]. Industrial & Engineering Chemistry Fundamentals, 1981, 20 (2): 122-132.

[103] Solomon P R, Hamblen D G, Carangelo R M, et al. General model of coal devolatilization [J]. Energy Fuels, 1988, 2: 405-422.

[104] Serio M A, Hamblen D G, Markham J R, et al. Kinetics of volatile product evolution in coal pyrolysis: experiment and theory [J]. Energy Fuels, 1987, 1 (2): 138-152.

[105] Niksa S, Kerstein A R. FLASHCHAIN theory for rapid coal devolatilization kinetics. 1. Formulation [J]. Energy Fuels, 1991, 5 (5): 647-665.

[106] Niksa S. Flashchain theory for rapid coal devolatilization kinetics. 2. Impact of operating-conditions [J]. Energy Fuels, 1991, 5 (5): 665-673.

[107] Niksa S. Flashchain theory for rapid coal devolatilization kinetics. 3. Modeling the behavior of various coals [J]. Energy Fuels, 1991, 5 (5): 673-683.

[108] Niksa S. Flashchain Theory for rapid coal devolatilization kinetics. 9. Decomposition mechanism for tars from various coals [J]. Energy & Fuels, 2017, 31 (9): 9080-9093.

[109] Grant D M, Pugmire R J, Fletcher T H, et al. Chemical model of coal devolatilization using percolation lattice statistics [J]. Energy Fuels, 1989, 3: 175-186.

[110] Fletcher T H, Kerstein A R, Pugmire R J, et al. Chemical percolation model for devolatilization. 2. Temperature and heating rate effects on product yields [J]. Energy Fuels, 1990, 4: 54-60.

[111] Fletcher T H, Kerstein A R, Pugmire R J, et al. Chemical percolation model for devolatilization. 3. Direct use of 13C NMR data to predict effects of coal type [J]. Energy Fuels, 1992, 6 (4): 414-431.

[112] Niksa S, Kerstein A R. On the role of macromolecular configuration in rapid coal devolatilization [J]. Fuel, 1987, 66 (10): 1389-1399.

[113] Smith K L, Smoot L D, Fletcher T H, et al. The structure and reaction processes of coal [M]. New York: Springer, 1994.

[114] 刘旭光，李保庆. 煤热解模型的研究方向 [J]. 煤炭转化，1998，21 (3)：42-46.

[115] Merrick D. Mathematical-models of the thermal-decomposition of coal . 3. Density, porosity and contraction behavior [J]. Fuel, 1983, 62 (5): 547-552.

[116] Oh M S, Peters W A, Howard J B. An experimental and modeling study of softening coal pyrolysis [J]. AIChE Journal, 1989, 35 (5): 775-792.

[117] Yu J, Lucas J, Wall T. Modeling the development of char structure during the rapid heating of pulverized coal [J]. Combustion and Flame, 2004, 136: 519-532.

[118] Yu J, Strezov V, Lucas J, et al. A mechanistic study on char structure evolution during coal devolatilization—Experiments and model predictions [J]. Proceedings of the Combustion Institute, 2002, 29 (1): 467-473.

[119] Solomon P R, Best P E, Yu Z Z, et al. An empirical-model for coal fluidity based on a macromolecular network pyrolysis model [J]. Energy Fuels, 1992, 6 (2): 143-154.

[120] Yang H, Li S F, Fletcher T H, et al. Simulation of the swelling of high-volatile bituminous coal during pyrolysis [J]. Energy Fuels, 2014, 28 (11): 7216-7226.

[121] Yang H, Li S F, Fletcher T H, et al. Simulation of the swelling of high-volatile bituminous coal during pyrolysis. part 2: Influence of the maximum particle temperature [J]. Energy & Fuels, 2015, 29 (6): 3953-3962.

3 煤炭中低温热解

3.1 原料煤的特点与评价

3.1.1 性质与特点

煤炭中低温热解的原料煤主要针对低阶煤，即褐煤和低阶烟煤（长焰煤、不黏煤和弱黏煤）。低阶煤是由芳环、脂肪链等官能团缩合形成的大分子聚集体，既含有以无定形碳与灰为代表的成分（60%～80%，质量分数），又有含量高达 10%～40%（质量分数）的代表煤本身固有油气成分的挥发分，后者由链烷烃、芳香烃、碳氧支链构成。

低阶煤的分子结构中含有大量的由 2 个或者 3 个苯环相连构成的缩合芳环，结构单元如图 3-1 所示，其变质程度较低，碳、氢含量低，氧含量高，结构单元芳核较小，结构单元之间由桥键和交联键形成空间大分子，侧链长而且数量多，空隙率高。低阶煤中常见的官能团包括甲基侧链、乙基侧链、乙烯基桥链、氢化芳香族、双键桥键、链状双键、环状 α 碳链、酚羟基和醚键等。

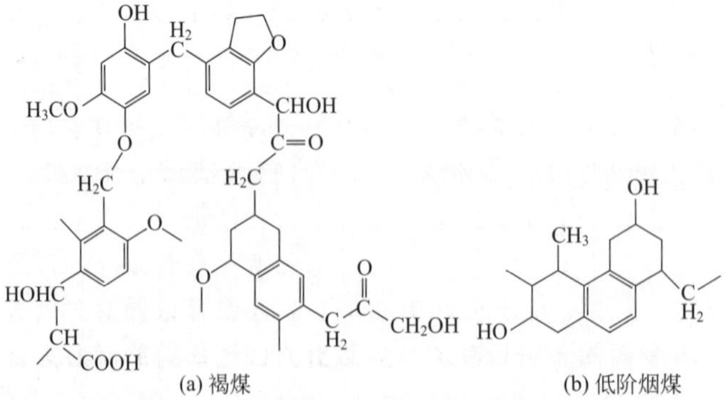

(a) 褐煤　　(b) 低阶烟煤

图 3-1　低阶煤基本结构单元

褐煤是煤化程度最低的煤，外观呈褐色和黑色，光泽暗淡，含有较高含量的内在水和不同数量的腐殖酸，在空气中易风化碎裂，发热量低，挥发分 $V_{daf}>37\%$，且无灰基高位发热量不大于 24MJ/kg。根据其透光率 P_M（GB/T 2566—2010）的不同，小于 30%的为褐煤一号；30%～50%为褐煤二号。褐煤的最大特点是水分含量高、灰分含量高、发热量低。根据 176 个井田或勘探区统计资料，褐煤的全水含量高达 20%～50%，灰分含量一般为 20%～30%，收到基低位发热量为 11.71～16.73MJ/kg。

长焰煤是烟煤中煤化程度最低、挥发分含量最高（$V_{daf}>37\%$）、无黏结性的一类煤，受热时一般不结焦，燃烧时火焰长。不黏煤是煤化程度较低、挥发分范围较宽（V_{daf}在 20%～37%之间）、无黏结性（黏结指数 $G<5$）的煤。在我国，此类煤显微组分中有较多的惰质组。弱黏煤煤化程度较低，挥发分范围较宽，V_{daf}在 20%～37%之间，受热后形成的胶质体较少。此类煤显微组分中有较多的惰质组，黏结性微弱（G 在 5～30 之间），介于不黏煤和 1/2 中黏煤之间。

在我国，低变质烟煤资源丰富，煤质优良，具有灰分低、硫分低、发热量高、可选性好的特点。各主要矿区原煤灰分均在 15%以内，硫分小于 1%，其中不黏煤的平均灰分为 10.85%，平均硫分为 0.75%；弱黏煤的平均灰分为 10.11%，平均硫分为 0.87%。根据 71 个矿区的统计资料，长焰煤的收到基低位发热量为 16.73～20.91MJ/kg，弱黏煤、不黏煤的收到基低位发热量为 20.91～25.09MJ/kg。

低阶煤的结构及组成特点，决定了其具有良好的加热特性——在典型中低温热解条件下，集中脱除煤中的污染物，焦油、煤气等高附加值产物产率高，以相对较低的成本获得良好的经济效益和环境效益。

3.1.2 评价方法

并非所有的煤都适合中低温热解。确定原料煤是否适合，需要多指标来评价，评价过程主要包括实验室评价及工业试验评价，前者了解煤种基础特性，根据特征指标来评价煤种热解的特征，后者通过工业试验规模装置探索和验证特定煤种的工艺操作参数。热解原料煤的评价指标见表 3-1。

表 3-1　热解原料煤的评价指标

评价指标		检测途径	影响方面	典型参数
实验室评价指标	煤种	工业分析、黏结指数、透光率等	变质程度，判断热解效果	长焰煤、不黏煤
	水分	工业分析	工艺能效、废水产量	M_t 10%～45%
	挥发分		焦油、热解气产量与品质	V_{daf} 20%～50%
	固定碳		半焦产量	FC_{ad} 65%～85%
	灰分		工艺能效、半焦品质	A_{ad} 4%～15%
	灰熔点	灰熔点分析	半焦气化、发电等	HT 1150～1350℃
	发热量	弹桶实验	半焦燃烧	$Q_{gr,d}$ 25～32MJ/kg
	碳元素	元素分析	有效组分、工艺能效	C_{ad} 70%～85%
	氢元素		挥发分含量与类型	H_{ad}3%～6%
	氮元素		烟气脱硝	N_{ad} 0.5%～2%
	硫元素		烟气脱硫	$S_{t,ad}$ 0.1%～1.5%

续表

评价指标		检测途径	影响方面	典型参数
实验室评价指标	焦油产率	格金试验	初步判断工艺经济性	3%～20%
	半焦产率			45%～75%
	黏结指数	黏结性分析	工艺选型	0～5
	粒度	激光粒度分析	原料成本、工艺选型	微米级～三八块
工业试验评价指标	设计运行参数	工程设计、实时监测	工程实施难度	构造、温度、压力等
	产品产率	物料衡算	经济性与可行性	接近格金产率
	产物品质	产品检测		焦油含尘<3% 煤气有效气>80%
	能耗	能量衡算		>75%

原料煤种类是最基础的指标。由于众多工程经验表明适合热解的煤种主要为低阶煤，因此可利用《中国煤炭分类》（GB/T 5751—2009）从大类上判别原料煤是否适合热解。若为低阶煤，需利用煤质分析对其进一步判别。

煤质分析中，工业分析是最重要的检测手段，可以得到原料煤的全水、挥发分、灰分及固定碳含量，全水含量低、挥发分含量高、灰分含量低利于热解。全水含量越高，热解过程干燥段能耗越高，干燥水量越大，若干燥不彻底，回收到的高浓度有机废水量会大幅增加。挥发分高可提高原料煤热解的反应活性，热解过程挥发分中的芳烃和一些官能团释放，直接提升煤焦油和热解气产量，是最能体现原料煤是否适合热解的指标，同时挥发分含量直接影响热解后半焦表面孔隙度，对半焦吸附潜力有重要影响。灰分中的物质形态与数量在热解前后基本不变，增加了热解的能耗，虽然一些学者研究表明灰分中的碱金属及碱土金属对热解会有一定的催化作用，但催化效果有限，非催化成分如 SiO_2 含量通常在40%以上。固定碳是煤中的非挥发有机成分，热解后富集于半焦中，不能直接影响焦油、热解煤气产率，对热解过程影响较小。

工业分析后，需对原料煤进行进一步的煤质评价分析，以确定产品产率、特性、清洁生产等。由于原料煤与产品半焦的灰成分及含量变化小，灰熔点相似，通过对原料煤灰熔点的检测，可预判半焦的灰熔点，进而评价半焦在气化、燃烧等方面的应用。热解后由于全水减少，半焦发热量相对于原料煤大幅提升（如褐煤提质），而原料煤的发热量也会直接影响产品半焦发热量，而发热量是煤应用最重要的指标。元素分析中，碳、氢元素与工业分析结果互相补充，一般氢元素含量高，则煤阶更低，挥发分含量更高；碳元素含量高，则煤阶相对更高，挥发分更低。氮、硫元素有很大一部分分布在挥发分中，随热解的进行逸出，因此其含量对环保后续投入有直接影响。

格金试验是用标准的方法对不同煤种进行热解，可以直接得到焦油、半焦及热解气的产率，是小试评价热解经济性最直接的指标。

在以上分析的基础上，需要确定原料煤的黏结指数以及适合的粒度。无黏结性的块煤、碎煤多用于固定床热解，以保障传质传热效果，防止悬料；无黏结性或有一些黏结性的粉煤多用于流化床或气流床，由于粉煤价格低，该类技术也越来越受到重视。

在上工业项目前，需要在实验室评价的基础上，进行中试或工业化试验，以最大限度模拟工程项目，降低原料风险。工业试验评价指标主要包括设计运行参数、产品产率、产品品质以及能耗，其中设计运行参数影响工程实施与操作难度，能耗及产品产率、品质直接决定了原料煤在特性工艺下的经济性及可行性。

3.2 过程传质传热

3.2.1 高效传质

3.2.1.1 煤颗粒内的传质

热解是煤中有机质和部分矿物质在热场作用下发生裂解，形成气体、焦油和半焦的过程，因此颗粒内部的传质研究是实现煤高效热解的基础。颗粒内部传热受煤的粒径、升温速率等综合影响[1,2]。

(1) 煤颗粒尺寸

颗粒大小是影响煤粉物理结构（颗粒密度、几何形状、比表面积、孔隙率及孔隙结构）的重要参数。通常来讲，较小的煤颗粒具有较高的比表面积，因此可提高热载体与颗粒之间的传热速率，使颗粒内外表面温度差较小，并且有效地减小煤颗粒内部热解挥发物扩散时所受的阻力，促进热解挥发物从煤颗粒内析出，进而减少二次反应的发生，所以焦油产率较高。而大颗粒煤的热解气体析出时扩散路径较长，所受阻力较大，使得析出物的二次反应增多，所以其热解焦油产率小于小颗粒煤，而且小粒径煤可以降低生产成本并扩大原料的应用范围。

(2) 升温速率

升温速率主要影响煤颗粒在热场中的加热快慢。对于程序升温热解来说，升温速率越快，意味着在恒定的终温条件下，煤的停留时间越短，导致热解不充分，直接影响煤的热解程度。当二次反应不存在时，由于热解产物及时随反应气体带出，所以升温速率的大小对挥发分生成率的影响较小。Suuberg 等[3]对褐煤热解的实验结果进一步证明了在非二次反应的条件下，改变升温速率对挥发物生成量没有显著影响；热解产物的生成量主要与热解终温和停留时间有关，意味着加热速率并不是热解产物生成的最直接影响因素。骆艳华等[4]发现，随着升温速率的加快，由于煤较差的传热性导致的热滞后现象愈加明显；升温速率越快，热解气体的生成速率越快，总产气量越大。然而，对于不同变质程度的煤来说，即使加热速率相同，其挥发分的析出时间也不相同。

Wagner 等[5]通过测定不同粒径煤的热失重行为来研究煤颗粒热解化学/传质控制转换的特征粒径。研究发现，在一定的粒度范围内，煤颗粒粒径的增大对热解产物产率影响较小，此时热解过程主要受动力学因素控制；但当粒径超过某一数值后，产物产率随颗粒的增大而减小，此时热解主要受传质因素控制，并定义此时的颗粒粒径即为热解化学/传质控制转换的特征粒径。众多研究发现，转换特征粒径随加热速率的增大而减小，随压力增大而减小；但是热解产物产率则随加热速率增大而增大，这进一步说明了传质特性在热解反应过程中具有十分重要的作用。

3.2.1.2　热载体与固体颗粒间的传质

与外热式传热相比，利用热载体直接对煤进行加热，具有加热速率快、热效率高和能耗低等特点。按热载体介质可分为气体热载体、固体热载体及气-固混合热载体。

在现有的气体热载体热解工艺中，常选用的气体热载体主要有烟道气、焦炉煤气、氮气、合成气等。陈兆辉等[6]认为煤颗粒在热解过程中，外部传质主要受气流速度和煤颗粒间的相对距离影响。刘振宇[7]认为热源与煤颗粒的温差越大，煤被加热的速率也就越快，挥发物逸出煤颗粒表面和移出反应器的速率也可加快；反之，热源与煤颗粒间的温差越小，会导致较慢的加热速率，使得挥发物的产生速率越小，其在煤颗粒内的停留时间和反应器内的停留时间也难以缩短。

在以高温固体为热载体的热解工艺中，主要通过高温载体和煤颗粒之间的接触实现热传导。通常采用的固体热载体大致可分为两类：一种是以煤热解自产的热载体，比如热解半焦和循环煤灰；另一种是外来的热载体，例如陶瓷球、石英砂等。李方舟等[8]通过数值模拟的方法，对固定床的固体载热体（石英砂）热解褐煤这一工艺过程进行传热传质机理研究，发现热量从热载体传递到褐煤的过程中会发生由表及里推进的热解过程，产生的挥发物以气体的形式从褐煤颗粒孔隙中逸出，但是其释放速率受反应和传质的影响显著。当热载体向褐煤传递的热量越多，热解反应速率越快，生成的挥发分就越多。由此产生的颗粒内外的气相浓度差与冷热气流的对流作用一起形成挥发物逸出的驱动力。胡国新等[9]比较了不同粒径的石英砂热载体对大同烟煤热解的影响，发现较细的石英砂由于与煤颗粒接触更充分，加快了传热速率，从而提高了挥发物的传质速率。

3.2.2　高效传热

3.2.2.1　气体热载体传热

气体热载体与煤及其挥发物间的换热主要发生在多孔介质内，固体颗粒与流体、填充床多孔层与器壁之间均存在热量传递，所以传热过程比较复杂。一般认为，主要包括以下三个过程：a. 气体在床层孔隙和颗粒内部的对流换热；b. 煤或热解半焦颗粒间的相互接触导热和孔隙中流体的导热；c. 固体颗粒或气体之间的辐射换热[10,11]。对于气体热载体填充床来说，气体热载体与固体煤颗粒间的热量传递占主导，而填充床层与反应器壁间的传导和辐射传热相对来说占次要位置。

目前对于气体热载体填充床的传热规律研究，多采用一般多孔介质传热问题的解析法进行分析。为了简化数据模型，填充床反应器内可视为径向上由煤颗粒架桥堆积形成了圆柱通道，在轴向上气流分布相对均匀，在此基础上可将气体热载体填充床进一步简化为一维直线模型，即气体热流恒定通过填充床，床层内部各界面温度逐渐升高，当气体热载体与煤颗粒迅速完成换热后离开床层界面，整个过程处于非稳态传热[12]，对该过程进行热量平衡分析，可得到传热微分方程为[13,14]：

$$\frac{\partial T}{\partial \tau}=\alpha\ \frac{\partial^2 T}{\partial x^2} \tag{3-1}$$

初始条件：

$$T_{(\delta,\ 0)}=T_0 \tag{3-2}$$

边界条件：

$$-\lambda \frac{\partial T_{(\delta,\ \tau)}}{\partial x}=Q \tag{3-3}$$

式中，α 为气体与煤颗粒间的热扩散系数，m^2/h；λ 为煤颗粒的热导率，W/(m·K)；δ 是填充床层厚度，m；x 是距床层底部距离，m；τ 为填充床内煤的停留时间，h；Q 为热流密度，W/m^2。

式（3-1）的定解为：

$$T=T_0+\frac{Q\delta}{\lambda}\left[\frac{\alpha\tau}{\delta^2}+\frac{1}{2}\left(\frac{x}{\delta}\right)^2-\frac{1}{6}\right]+\sum_{n=1}^{\infty}\frac{2}{k_n^2}(-1)^{n+1}\cos\left(k_n,\ \frac{x}{\delta}\right)e^{-k_n^2\frac{\alpha\tau}{\delta^2}} \tag{3-4}$$

式中，k 为反应速率常数。对于 $k_n=n\pi$，$n=1,2,3,\cdots$，$\sum_{n=1}^{\infty}\frac{2}{k_n^2}(-1)^{n+1}\cos\left(k_n,\ \frac{x}{\delta}\right)e^{-k_n^2\frac{\alpha\tau}{\delta^2}}$ 趋近于零，所以可进一步简化，由此得到热解时间为

$$\tau=\frac{\delta^2}{\alpha}\left[\frac{T_c-T_0}{q\delta}+\frac{1}{6}\right] \tag{3-5}$$

平均热解温度

$$T=\frac{1}{2}\int_{-\delta}^{\delta}T\,dx=\frac{\alpha q\tau}{\lambda\delta}+T_0 \tag{3-6}$$

式中，$q=Q/\lambda$。

3.2.2.2 固体热载体传热

煤的固体热载体热解过程中伴随着热量的传递和质量的转化，其中热量传递是煤热解速率的主要控制因素[15,16]，因此研究其传热特性并建立传热模型将有助于了解煤的热解机理。为了建立和简化球型固体热载体（热载体球）的煤热解过程传热模型[17-21]，进行了如下 7 个假设：

① 煤颗粒和半焦热载体为实心球形，在热解过程中其形状和直径基本不变；

② 半焦热载体形状和质量在热解过程中保持不变；

③ 煤和热载体颗粒混合均匀，煤和热载体颗粒内部存在温差；

④ 固体物料无轴向返混；

⑤ 煤颗粒产生的热解气温度等于煤颗粒表面温度，忽略传质的影响；

⑥ 热载体与煤之间以辐射传热为主，忽略热传导；

⑦ 忽略散热损失。

由此得到煤颗粒内部导热方程：

$$\frac{\partial T}{\partial t}=\frac{\lambda}{\rho c}\times\left(\frac{\partial^2 T}{\partial r^2}+\frac{2}{r}\times\frac{\partial T}{\partial r}\right)+\frac{Q}{c}\times\frac{dV}{dt} \tag{3-7}$$

其中，初始条件

$$T=T_0=100℃\,(t=0) \tag{3-8}$$

边界条件：

$$\frac{\partial T}{\partial r}\Big|_{r=0}=0 \tag{3-9}$$

$$\lambda\frac{\partial T}{\partial r}\Big|_{r=R}=H\times(T_{pR}-T_R) \tag{3-10}$$

$$H=H_r+H_c \tag{3-11}$$

式中，R 为煤颗粒半径，m；r 为煤颗粒内任意处到中心的距离，$0 \leqslant r \leqslant R$，m；$T$ 为煤颗粒 r 处任意时刻的温度，K；T_0 为煤初始温度，K；λ 为煤热导率，W/(m·K)；ρ 为煤颗粒密度，ρ_0 为煤初始颗粒密度，900kg/m^3；c 为煤比热容，kJ/(kg·K)；V 为挥发分产率；H 为煤传热系数，W/(m^2·K)；H_r 为煤辐射传热系数，W/(m^2·K)；H_c 为接触传热系数，W/(m^2·K)；Q 为单位质量挥发物的反应热，837kJ/kg；T_{pR} 为热载体表面温度，K；T_R 为煤表面温度，K。

热载体内部导热方程：

$$\frac{\partial T_p}{\partial t}=\frac{\lambda_p}{\rho_p c_p}\times\left(\frac{\partial^2 T_p}{\partial r_p^2}+\frac{2}{r_p}\frac{\partial T_p}{\partial r_p}\right) \tag{3-12}$$

初始条件：

$$T_p=T_{p0}(t=0) \tag{3-13}$$

边界条件：

$$\frac{\partial T}{\partial r}\bigg|_{r_p=0}=0 \tag{3-14}$$

$$-\lambda_p\frac{\partial T_p}{\partial r_p}\bigg|_{r_p=R_p}=H_p\times(T_{pR}-T_R) \tag{3-15}$$

$$H_p=H_{pR}+H_c+H_d \tag{3-16}$$

式中，t 为时间，s；R_p 为热载体半径，m；r_p 为热载体内部任意处到中心的距离 m；T_p 为热载体内 r_p 处任意时刻的温度，K；T_{p0} 为热载体初温，K；T_{pR} 为热载体表面温度，K；T_R 为煤表面温度，K；λ_p 为热载体热导率，10W/(m·K)；ρ_p 为热载体密度，kg/m^3；c_p 为热载体比热容，840J/(kg·K)；H_p 为热载体传热系数，W/(m^2·K)；H_{pR} 为热载体辐射传热系数，W/(m^2·K)；H_c 为接触传热系数，W/(m^2·K)；H_d 为对流传热系数，W/(m^2·K)。

热载体球与煤颗粒辐射传热量 Q 如下：

$$Q=5.67\times\varepsilon_\delta\times F_p\times(\frac{T_{pR}}{100})^4-(\frac{T_p}{100})^4 \tag{3-17}$$

$$\varepsilon_\delta=\frac{1}{\left(\frac{1}{\varepsilon_p}-1\right)+\frac{1}{X}+\frac{F_p}{F}\left(\frac{1}{\varepsilon}-1\right)} \tag{3-18}$$

式中，ε_δ 为系统黑度；ε_p 和 ε 分别为热载体球与煤的黑度，分别为 0.82 和 0.80；F_p 和 F 分别为热载体球和煤的表面积，m^2；X 为辐射角系数，热载体球之间、煤颗粒之间的辐射相互抵消，热载体对煤的辐射热量被煤颗粒吸收，因此 X 为 1。

热载体与煤的辐射换热系数 H_{pR}、H_R 如下：

$$H_{pR}=\frac{Q}{F_p(T_{pR}-T_R)}=5.67\varepsilon_\delta\frac{(T_{pR}/100)^4-(T_R/100)^4}{T_{pR}-T_R} \tag{3-19}$$

$$H_R=H_{pR}F_p/F \tag{3-20}$$

热解气与热载体球对流传热系数如下：

$$Nu=0.197\times(Gr\times Pr)^{1/4}\times(h/\delta)^{-1/9} \tag{3-21}$$

$$Nu=H_d d_p/\lambda_g \tag{3-22}$$

$$Pr=c_{p,g}\mu_g/\lambda_g \tag{3-23}$$

$$Gr=g\beta\Delta T\delta^3/\nu^2 \tag{3-24}$$

式中，Nu 为努塞尔数；Gr 为格拉晓夫数；Pr 为普朗特数；H_d 为平均对流换热系数，$W/(m^2 \cdot K)$；h 为热载体球最大半周长，0.02m；δ 为气体夹层厚度，m；d_p 为热载体球直径，m；λ_g 为气体热导率，$W/(m \cdot K)$；$c_{p,g}$ 为热解气比热容，$J/(g \cdot K)$；μ_g 为气体动力黏度，$Pa \cdot s$；β 为体膨胀系数，K^{-1}；ΔT 为气体与热载体球的温差，K；ν 为气体运动黏度，m^2/s；g 为重力加速度，$9.8m/s^2$。热解气的参数无法获得，因此采用空气相应参数代替。

热载体球与煤颗粒接触传热系数 H_c 采用 Vargas 和 Mccarthy 提出的模型计算[22]：

$$H_c = 2\lambda_f \left(\frac{3F_n r_{eq}}{4E_{eq}}\right)^{1/3} = 2a\lambda_f \tag{3-25}$$

$$\lambda_f = \lambda_p \lambda / (\lambda_p + \lambda) \tag{3-26}$$

式中，E_{eq} 为有效杨氏模量；r_{eq} 为几何平均半径；F_n 为法向应力；a 为颗粒接触面半径，m；λ_f 为热载体球与煤复合热导率。煤在低于 650℃ 时 $\lambda < 0.4W/(m \cdot K)$，根据式 (3-25)，$H_c < 2.4 \times 10^{-3} W/(m^2 \cdot K)$。由于 H_c 较小，因此忽略了接触传热。

这些模型的建立，无论是对气体热载体还是固体热载体在低阶煤热解过程中的热量传递提供了方法，有助于对热解机理的认识。

3.2.3 煤颗粒热解分析

3.2.3.1 煤颗粒内部温度梯度

颗粒直径大小对煤热解过程中的内部传热过程有着直接影响，随着直径的增大，颗粒表面至内部的温度梯度相应增大。

实验通过三根热电偶来分别记录炉内温度、煤表面温度和煤中心温度（使用 1mm 粗细的麻花钻在圆柱体顶面向下垂直钻深度为一半高度的孔，并将测量煤中心温度的热电偶探针插入其中）。实验考察煤块直径从 20mm、30mm、40mm 到 50mm 的增大过程，对煤块内外温度的影响，操作条件为：升温速率 12.5℃/min，加热终温以煤中心到 800℃ 为准，载气为 99.99%高纯氮气，流量 100mL/min，装置内压力 0.1MPa。煤块直径变化（依次为 20mm、30mm、40mm、50mm）对煤表面及中心温度的影响如图 3-2～图 3-5 所示。

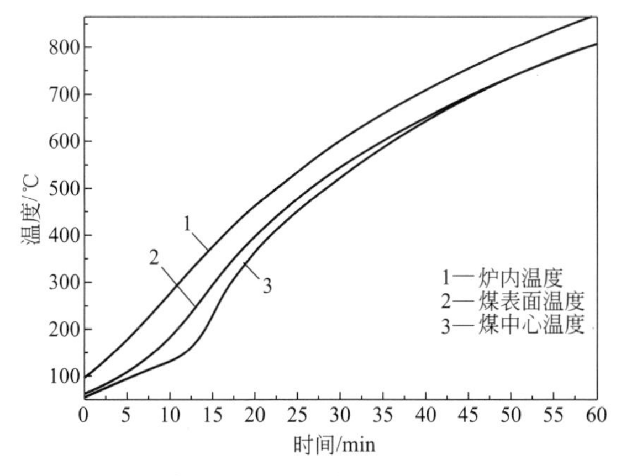

图 3-2 直径 20mm 块煤热解过程中煤表面和中心的实时温度

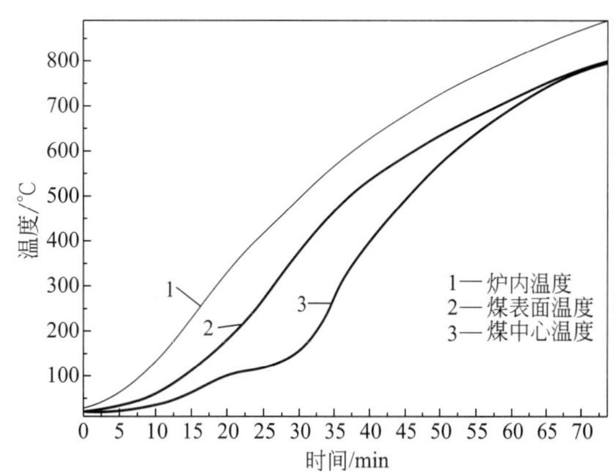

图 3-3 直径 30mm 块煤热解过程中煤表面和中心的实时温度

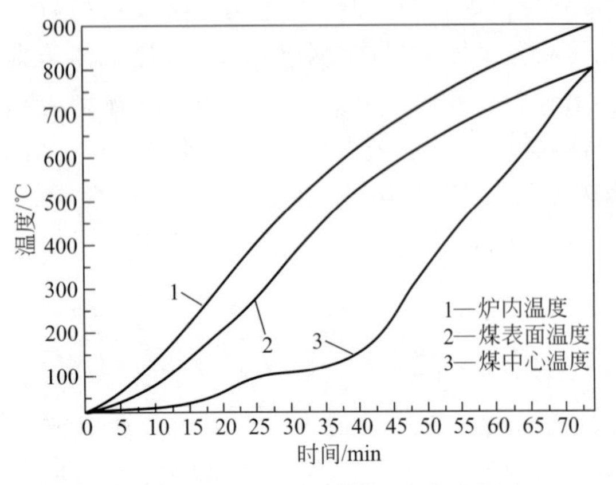

图 3-4　直径 40mm 块煤热解过程中煤表面和中心的实时温度

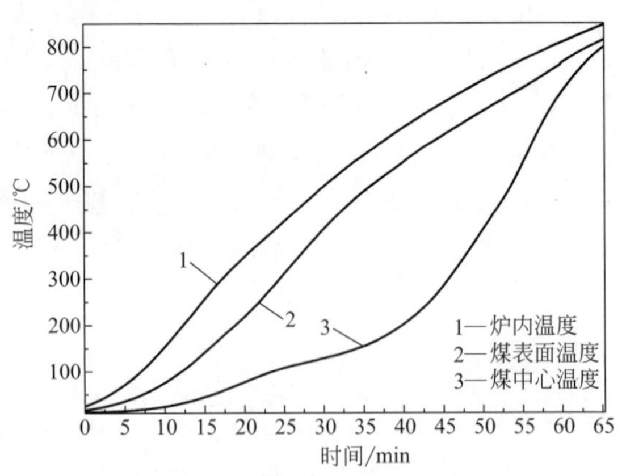

图 3-5　直径 50mm 块煤热解过程中煤表面和中心的实时温度

由四幅图（图 3-2～图 3-5）的对比可知，在 100℃以后，1 号和 2 号两条温度曲线间的距离基本保持不变，呈平行走势，这说明炉内和煤表面间的温度差在炉温达到 100℃以后基本保持不变，且温度差大致保持在 50～100℃范围内。不同的是，2 号和 3 号温度曲线间的距离却时刻变化，两条温度曲线之间的距离呈现出先增大后变小的趋势。但由于煤块直径的不同，两线距离的最大峰值不同，而且最大峰值所对应的炉内温度也不同。随着煤块直径的由小到大变化，距离的最大峰值逐渐增大，峰值对应的横轴位置也向右偏移。

通过对比四张图中 3 号线（煤中心温度曲线）的变化趋势发现两个共同点，一是形状上都分成了三段，二是煤中心温度曲线与煤表面温度曲线间围成的面积随着煤块直径的增大而增大。四张图中在 100℃附近都有一个“凸点”，在凸点之前，煤中心的升温速率较大，在凸点之后，煤中心升温速率突然变小，之后再变大。可以推断，100℃时，由于煤中心附近的水分蒸发，带走了大量热量，使得煤中心升温速率突然降低，并且水蒸气从煤中心扩散到煤表面需要一定时间才能完全释放出来，所以煤中心的升温速率也需要一定时间才能恢复，而煤块直径越大，所需要的恢复时间就越长，其间也伴随着其他挥发分的挥发，所以 3 号线与 2 号线温差的最大峰值也增大并右移，就出现了两条线之间面积增大的现象。

将 2 号曲线煤表面温度与 3 号曲线煤中心温度作差，并将四种直径的温差一起作对比，如图 3-6 所示。

从图 3-6 中可以看出，随着炉内温度的升高，煤表面与煤中心的温度差呈现先增大后减小的趋势。假设煤表面与煤中心的温度差值是随着炉内温度变化而变化的，并且有一定的“速度”和“加速度”，“速度”为正时，温差增大，“速度”为负时，温差减小，“加速度”大时温差变化得快，“加速度”小时温差变化得慢。通过观察图 3-6 发现，四条线的变化规律基本都是：“速度”在峰值前为正，在峰值后为负，“加速度”先增大后减小。四组曲线的峰值处即为煤块表面与中心温度差的最大值，与之前的分析一样，煤块直径从 20mm、30mm、40mm 到 50mm 的增大过程中，温差的最大值分别为 72.4℃、223.9℃、296.7℃和 364.4℃。将四个点进行线性拟合，说明煤块表面与中心的最大温差和煤块的直径呈正相关，如图 3-7 所示。

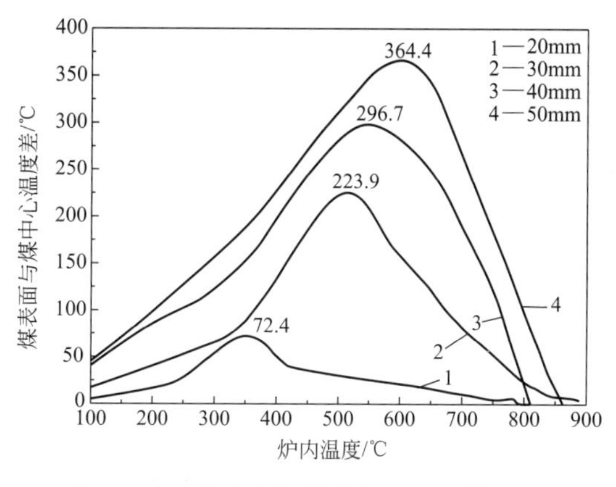

图 3-6 四种直径块煤热解过程中煤表面与中心的温度差

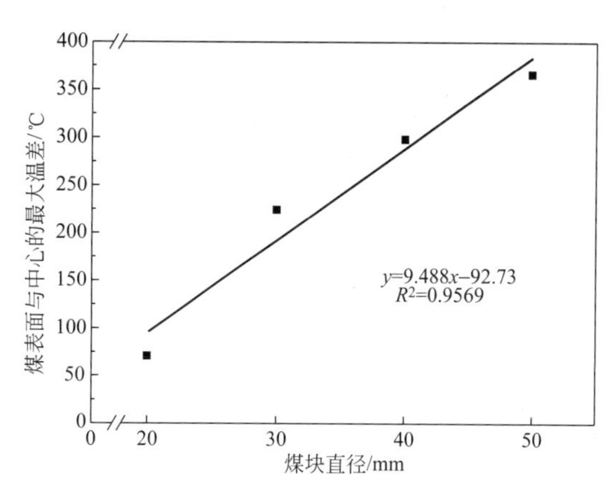

图 3-7 煤表面与中心的最大温差和煤块的直径的关系

3.2.3.2 煤颗粒直径对热解失重的影响

煤颗粒直径的大小直接影响着煤块热解时的内部传热过程，而颗粒内部热量的传递即内部温度的变化又直接影响着化学键的断裂，即到了某个特定的温度，对应温度的化学键就会断裂，挥发分分子就会析出，从煤颗粒内部逐渐析出到煤表面然后逸出，导致剩下的煤颗粒质量慢慢下降，这是一个动态的、持续的、随着温度升高一直在发生的过程。在煤热解的过程中，传热是传质的基础，传热推动着传质的进行，传热的速度影响着传质的速度，因此，所有影响传热的因素也都影响传质。不同的传质速度会导致不同的挥发分组成、含量、生成速度及产率，不同的传质速度还会导致半焦的产率、质量、成分以及物理性质的不同。煤块直径变化（依次为 20mm、30mm、40mm、50mm）对煤热解失重率及失重速率的影响如图 3-8～图 3-11 所示。

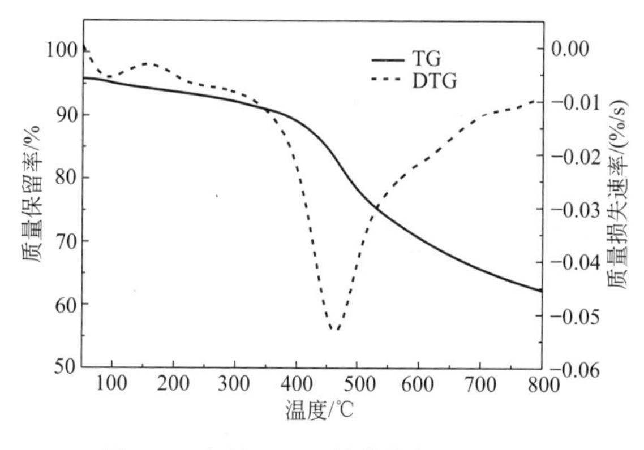

图 3-8 直径 20mm 块煤热解过程中的失重曲线和失重速率曲线

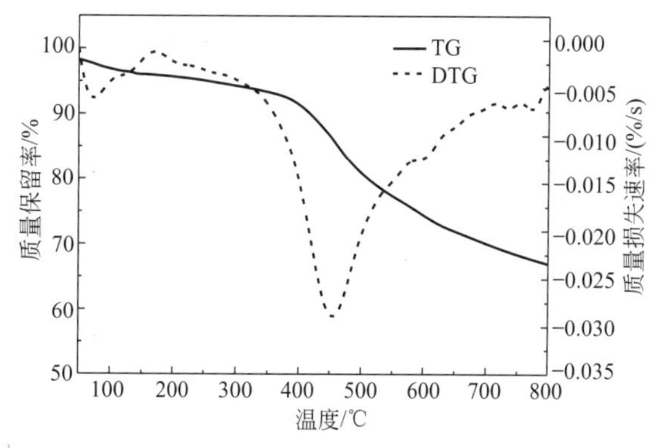

图 3-9 直径 30mm 块煤热解过程中的失重曲线和失重速率曲线

图 3-8～图 3-11 中横坐标是炉内温度，左侧纵坐标是样品的质量分数，右侧纵坐标是样品的失重速率。从 4 张图中可以看出一些共同的规律，韩家湾煤块的热解大致可以分成三个阶段。第一阶段（起始温度～300℃），110℃前主要发生游离水的蒸发，110～200℃主要发

生煤块孔隙中气体的脱吸，有 CO、CO_2和 CH_4等，而煤的外形基本没有什么变化。第二阶段（300～650℃），主要发生煤的分解和解聚，实验所用的韩家湾煤是烟煤，会在此阶段先软化形成气、液、固三相共存的胶质体，然后胶质体慢慢固化成半焦。其中，300～550℃阶段，煤块剧烈分解，内部化学键开始大量断裂，分解速度先增大后减小，在 450℃左右达到最快分解速率，此时挥发分析出最多，产生大量焦油；450℃以后热解气大量析出，主要成分有 CH_4、H_2、CO、CO_2及烯烃、烷烃等。第三阶段（650～800℃），以缩聚反应为主，半焦进一步分解缩聚成焦炭，挥发分主要以气体形式析出，称为热解二次气体，成分主要是 H_2和少量的 CH_4，而此阶段生成的焦油量却极少。

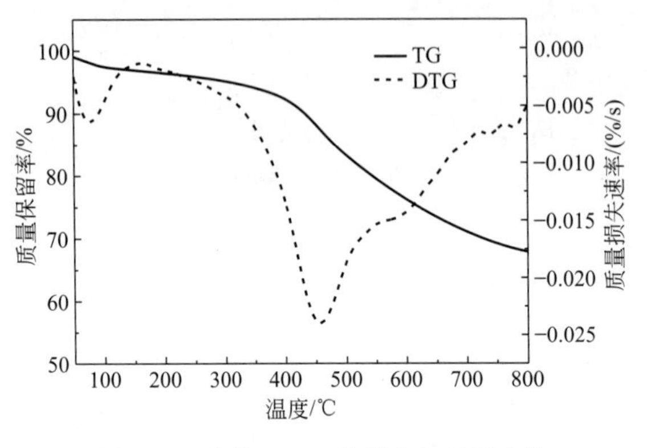

图 3-10　直径 40mm 块煤热解过程中的失重曲线和失重速率曲线

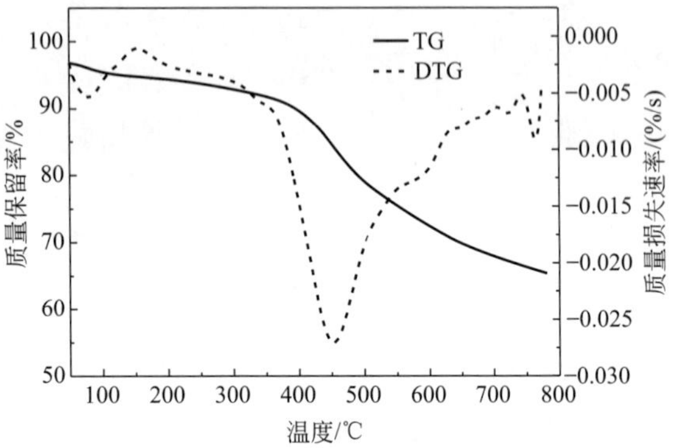

图 3-11　直径 50mm 块煤热解过程中的失重曲线和失重速率曲线

此外，直径较小的煤块在热解过程中，尤其是在 500～800℃期间，热解速率波动较小，曲线比较平滑；而直径较大的煤块，如图 3-10 和图 3-11 所示，在 550～650℃阶段和 780℃左右，都出现了较小的失重速率峰值，可能是由煤块直径较大，先前的挥发分延后析出造成的，也可能是由发生了二次脱气反应造成的。

3.2.3.3　煤块直径对煤热解产率的影响

煤块的直径大小直接影响了煤块内的传热过程，而传热过程又决定了传质过程，在没有设置停留时间的情况下，对三组直径（30mm、40mm 和 50mm）的正圆柱形块煤进行热解实验，以煤中心温度为准从 20℃升温到 800℃，升温速率是 12.5℃/min，气氛条件是 0.1MPa、100mL/min 的 99.99%高纯氮气。在实验结束后计算固体、液体和气体三相产物产率，结果见表 3-2。

表 3-2　四种直径块煤热解产物产率

直径/mm	半焦产率/%	焦油产率/%	热解水产率/%	气体+损失/%
30	60.89	2.54	8.68	27.89
40	58.84	2.52	9.08	29.56
50	58.46	2.05	9.85	29.64

注：表中数据除直径外均为质量分数。

随着煤块直径由小变大，半焦和焦油产率逐渐减小，热解水和热解气产率逐渐增大。分析其原因，当以煤中心温度达到800℃为停止反应条件时，直径小的煤块煤表面的温度要小于直径大的煤块表面温度，如20mm直径的煤块此时煤表面和煤中心已经接近零温差即煤表面也是800℃左右，而50mm直径的煤块此时煤表面与煤中心的温差在100℃左右，即煤表面温度已经达到900℃。那么对于大直径的块煤，由于反应温度更高，反应时间更长，其表面的热解程度远大于煤中心，使得表面的煤颗粒分解得更彻底，析出的挥发分也更多，在高温下挥发分又更多的以热解气的形式逸出，所以造成了半焦产率减小而热解气产率增大的结果。按照这个理论，猜想：如果反应以煤表面温度达到800℃为停止条件的话，那么半焦产率和热解气产率的变化规律应该与上述相反。通过另外四组直径变化的实验，结果表明猜想是正确的，这也证明了上述理论成立。

3.2.3.4 煤块直径对热解气成分的影响

实验采用多个集气袋收集了不同直径块煤热解过程中不同温度范围的热解气，每袋热解气均记录时长和计量体积，并用气相色谱分析仪检测成分。将所有集气袋中各组分所有温度段产率加和得到气体总产率，见表3-3。

表3-3 四种直径块煤热解气的组成及产率

直径/mm	H_2/(mL/g)	CH_4/(mL/g)	CO/(mL/g)	CO_2/(mL/g)	C_2H_4/(mL/g)	C_2H_6/(mL/g)
30	42.55	22.96	15.21	31.47	1.18	1.49
40	52.18	36.76	19.91	32.45	2.98	3.35
50	71.54	44.96	24.88	32.64	3.12	3.47

煤块从开始热解到煤中心达到800℃的过程中产生的热解气主要成分有H_2、CH_4、CO、CO_2、C_2H_4、C_2H_6。产率最大的是H_2，其次是CO_2、CH_4、CO和极少的C_2H_4、C_2H_6等。观察发现，随着煤块直径的变大，H_2、CH_4和CO的产率有较大的提高，CO_2、C_2H_4和C_2H_6的产率稍有提高。原因分析在上一小节已经说明，直径较大的煤块的外围煤层热解程度远大于直径较小的煤块，高温区热解产物主要以气体为主，气体产物中又主要以H_2为主。

3.2.3.5 热解半焦分析

实验后的产物半焦用自封袋密封并放在统一的干燥器内保存，之后研磨成粉状分别进行工业分析、元素分析和铝甑干馏实验分析。

原煤和半焦的工业分析对比如表3-4所示，可以看出，半焦内的水分基本为零，而1%以下的水分可能是半焦在研磨过程中吸收了空气中的水分产生的误差。半焦的固定碳含量比原煤大幅上涨，而挥发分却远小于原煤，这说明半焦热解得已经十分完全了。大直径块煤热解后半焦的挥发分要低于小直径，这说明前者热解得更完全，也与前文提出的在煤中心温度相同时大直径块煤外围煤层温度更高、热解程度更大的分析相吻合。

表3-4 原煤和半焦的工业分析对比 单位：%（质量分数）

样品	M_{ad}	A_d①	V_{daf}	FC_{daf}②
原煤	8.60	5.06	34.72	65.28

续表

样品	M_{ad}	A_d①	V_{daf}	FC_{daf}②
30mm 半焦	0.95	8.37	7.77	92.23
40mm 半焦	0.50	8.64	5.48	94.52
50mm 半焦	0.34	8.77	5.37	94.63

①灰分数值为扣除黏结剂后的量。②由差减法得出。

注：M_{ad}为空气干燥基水分含量；A_d为干燥基灰分含量；V_{daf}为干燥无灰基挥发分含量；FC_{daf}为干燥无灰基固定碳含量。

原煤和半焦的元素分析对比如表 3-5 所示，可以看出，由于挥发分的析出，C 含量大幅升高，H 含量减小。

表 3-5 原煤和半焦的元素分析对比 单位：%（质量分数）

元素	C	H	S	N	O①
原煤	73.11	3.57	0.29	0.96	22.07
30mm 半焦	83.42	0.33	0.51	1.02	14.72
40mm 半焦	86.76	0.30	0.56	1.16	11.22
50mm 半焦	87.29	0.25	1.78	1.17	9.51

①由差减法得出。

块煤热解产物半焦的元素分析结果如表 3-5 所示，可以看出，由于挥发分的析出，C 含量大幅升高，H 含量减小。

原煤和半焦的铝甑干馏实验结果如表 3-6 所示，从中可以看出，半焦在铝甑干馏实验的过程中基本不再有焦油和水析出，大直径半焦的总失重率甚至小于 0.7%，这足以说明半焦已经热解得十分完全了。

表 3-6 原煤和半焦的铝甑干馏实验结果 单位：%（质量分数）

样品	半焦产率	焦油产率	干馏总水	气体+损失
原煤	73.9	8.5	12.0	5.6
30mm 半焦	98.2	0	1.3	0.5
40mm 半焦	99.3	0	0	0.7
50mm 半焦	99.9	0	0	0.1

3.2.3.6 小结

综上所述，煤块的直径对块煤热解反应有着巨大的影响，就好比温度对粉煤热解反应的影响一样，因为，煤块直径的大小归根结底影响的就是块煤内部的温度分布。煤块直径直接影响着煤块内部的传热过程，从而影响着煤块内部的热解程度，热解程度不同，挥发分析出量和析出成分就都不相同。而挥发分的析出路径和析出阻力也要受到煤块直径大小的影响，所以某一时刻收集到的焦油或者热解气并不一定是同一时刻生成的，它有可能是煤表面热解的瞬时产物和煤中心热解的延时析出产物的混合体。所以，对于大直径块煤热解，直径影响着传热，传热决定了传质。

3.2.4 煤热解过程中传热模型的建立

煤热解过程中煤炭颗粒的传热过程是一个非常复杂的化学、物理变化过程。此过程不仅受外部加热环境的影响，还与热解反应进程、煤的含水量以及比热容、热导率等因素有关。

由于煤热解过程中煤炭颗粒内部的传热为非稳态传热过程，因此采用单颗粒内部温度场的传热模型。该模型在计算过程中考虑了传热过程中煤的各向异性、煤的物理性质在不同温度下的变化情况，水分蒸发的汽化潜热以及煤热解产生的反应热等因素对传递过程造成的影响，并通过有限元数值计算的方法对该模型进行求解计算。

3.2.4.1 基本假设

煤炭热解过程中煤炭内部的瞬态温度分布可以通过建立传热模型来计算，为了方便求解计算过程，在模型建立时提出以下几点假设：

① 研究所用煤炭形状为高度和直径相等的圆柱体；

② 煤炭颗粒内部连续，且主要传热方式为热传导；

③ 煤炭颗粒热解过程固体结构不变，即不考虑热解所造成的体积变化；

④ 热解气体瞬间离开颗粒，即不考虑二次热解反应所产生的热量；

⑤ 煤炭颗粒外部的有效传热系数恒定；

⑥ 圆柱状煤炭热导率的各向异性只考虑轴向和径向的差异，忽略煤炭纵向和弦向的差异。

3.2.4.2 模型建立

煤热解过程中单颗粒内部的传热属于轴对称圆柱体的非稳态导热，颗粒内部的温度分布通过相应的导热偏微分方程以及初始、边界条件来进行计算。如图 3-12 所示，取圆柱体颗粒内部的一个微元，在圆柱坐标下，根据能量守恒定律，建立二维的轴对称非稳态导热微分方程。

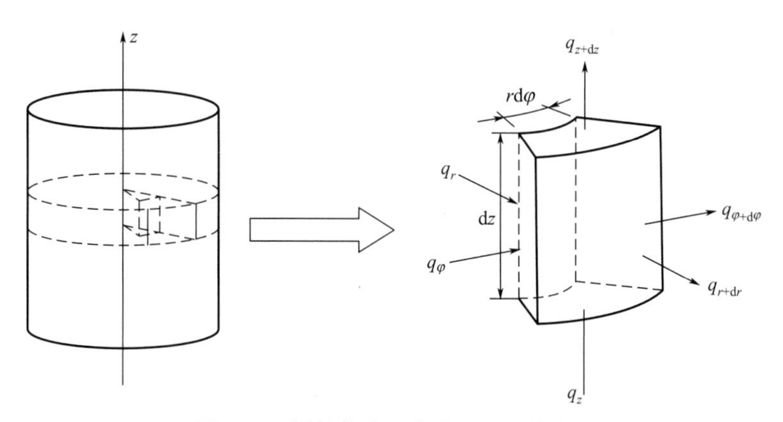

图 3-12 圆柱体中一个微元的导热分析

根据能量守恒定律可知在一单位时间内，从径向、弦向、轴向三个方向通过导热进入微元体的净热量，加上微元体自身内热源的生成热，就等于微元体内能增量。

单位时间内，径向输入微元体的净热量为：

$$q_{\varphi}-q_{\varphi+\mathrm{d}\varphi}=-\frac{k_{\varphi}}{r}\times\frac{\partial T}{\partial\varphi}\mathrm{d}\varphi\mathrm{d}z-\left[-\frac{k_{\varphi}}{r}\times\frac{\partial T}{\partial\varphi}\mathrm{d}\varphi\mathrm{d}z-\frac{1}{r}\frac{\partial}{\partial\varphi}\left(\frac{k_{\varphi}}{r}\times\frac{\partial T}{\partial\varphi}\right)r\mathrm{d}\varphi\mathrm{d}z\mathrm{d}r\right]$$
$$=\frac{1}{r}\frac{\partial}{\partial\varphi}\left(\frac{k_{\varphi}}{r}\times\frac{\partial T}{\partial\varphi}\right)r\mathrm{d}\varphi\mathrm{d}z\mathrm{d}r \tag{3-27}$$

单位时间内，弦向输入微元体的净热量为：

$$q_{\varphi}-q_{\varphi+\mathrm{d}\varphi}=-\frac{k_{\varphi}}{r}\times\frac{\partial T}{\partial\varphi}\mathrm{d}\varphi\mathrm{d}z-\left[-\frac{k_{\varphi}}{r}\times\frac{\partial T}{\partial\varphi}\mathrm{d}\varphi\mathrm{d}z-\frac{1}{r}\frac{\partial}{\partial\varphi}\left(\frac{k_{\varphi}}{r}\times\frac{\partial T}{\partial\varphi}\right)r\mathrm{d}\varphi\mathrm{d}z\mathrm{d}r\right]$$
$$=\frac{1}{r}\frac{\partial}{\partial\varphi}\left(\frac{k_{\varphi}}{r}\times\frac{\partial T}{\partial\varphi}\right)r\mathrm{d}\varphi\mathrm{d}z\mathrm{d}r \tag{3-28}$$

单位时间内，轴向输入微元体的净热量为：

$$q_{z}-q_{z+\mathrm{d}z}=\frac{\partial}{\partial z}\left(k_{z}\frac{\partial T}{\partial z}\right)r\mathrm{d}\varphi\mathrm{d}z\mathrm{d}r \tag{3-29}$$

单位时间内，微元体产生的热量为：

$$\dot{\Phi}r\mathrm{d}\varphi\mathrm{d}z\mathrm{d}r \tag{3-30}$$

单位时间内，微元体的内能增量为：

$$\rho c\frac{\partial T}{\partial\tau}r\mathrm{d}r\mathrm{d}\varphi\mathrm{d}z \tag{3-31}$$

将式（3-27）～式（3-31）代入能量守恒定律可得到圆柱坐标系中三维非稳态导热微分方程：

$$\frac{1}{r}\frac{\partial}{\partial_{r}}\left(k_{r}r\frac{\partial T}{\partial r}\right)+\frac{1}{r}\frac{\partial}{\partial_{\varphi}}\left(\frac{k_{\varphi}}{r}\frac{\partial T}{\partial r}\right)+\frac{\partial}{\partial_{z}}\left(k_{z}\frac{\partial T}{\partial z}\right)+\dot{\Phi}=\rho c\frac{\partial T}{\partial\tau} \tag{3-32}$$

其中，ρ、c、k_r、k_{φ}、k_z、$\dot{\Phi}$、τ 分别为微元体的密度、比热容、径向热导率、弦向热导率、纵向热导率、微元体单位时间单位体积内热源的生成热及时间。

本实验中所用煤炭为高度与直径尺寸相同的圆柱体煤块，由于径向与弦向热导率差异不大，在建立模型时通常忽略径向和弦向的导热差异，即假设 $k_r=k_{\varphi}$。

因此，本文通过建立轴对称的二维温度场来对传热模型进行研究，同时将式（3-32）导热偏微分方程简化为如下形式：

$$\frac{1}{r}\frac{\partial}{\partial_{r}}\left(k_{r}r\frac{\partial T}{\partial r}\right)+\frac{\partial}{\partial_{z}}\left(k_{z}\frac{\partial T}{\partial z}\right)+\dot{\Phi}=\rho c\frac{\partial T}{\partial\tau} \tag{3-33}$$

模型计算求解过程中所用的相关参数见表 3-7，表中韩家湾煤的比热容采用的韩家湾煤800℃半焦。

表 3-7　模型计算的参数数值表

参数	数值	单位
煤的比热容	$c_p=2.180T+272.6$	J/(kg·K)
水的比热容	$c_{\mathrm{m}}=4182$	J/(kg·K)
煤的热导率	$k_r=k_z$ 当 $T=20\sim400$℃时，$k=4.4\times10^{-4}\times[1+0.0003(T-20)]$ 当 $T>400$℃时，$k=5.0\times10^{-4}\times[1+0.0303(T-400)]$	W/(m·K)
煤热解反应热	$\Delta H_{\mathrm{c}}=-21433890$	J/kg

续表

参数	数值	单位
水的汽化潜热	$\Delta H_m=-2257200$	J/kg
煤的初始密度	$\rho_0=1166.7$	kg/m^3

3.2.4.3 初始条件与边界条件

为了得到煤热解过程中的具体温度分布，除了需要确定导热过程表达式的导热微分方程，还必须确定初始条件和边界条件。

(1) 初始条件

初始条件指煤热解过程刚开始时煤炭颗粒内部的温度分布状况。在煤热解过程中，颗粒内部的传热是一个非稳态的传热过程，因此在使用软件进行模拟时选择瞬态分析的分析类型，由于模型初始时刻的温度场分布确定，即初始条件为：

$$\tau=0,\ T_0(r,z)=298\text{K} \tag{3-34}$$

(2) 边界条件

物体的边界温度或与外界的换热条件，即外部加热环境对物体内部温度分布的影响，常用的边界条件有三种：规定了边界上的温度值、规定了边界上的热流密度值和已知边界上的对流换热情况。

考虑到实验实际情况，本文在研究煤柱热解过程的传热模型时选用的是对流换热边界条件：

z 方向：

$$r=0,\ \frac{\partial T}{\partial r}=0;\ r=R,\ k_z\frac{\partial T}{\partial r}=h(T_a-T_{s,r}) \tag{3-35}$$

r 方向：

$$z=0,\ \frac{\partial T}{\partial z}=0;\ z=Z,\ k_r\frac{\partial T}{\partial z}=h(T_a-T_{s,z}) \tag{3-36}$$

式中，k_z、k_r 分别为 z 方向和 r 方向上的热导率；h 为对流换热系数；T_a 为载气温度。

根据固体与流体直接的对流换热公式：

$$h=\frac{Nuk_a}{d} \tag{3-37}$$

其中努塞尔数：

$$Nu=0.42+0.35Re^{0.8} \tag{3-38}$$

雷诺数：

$$Re=\frac{du}{\nu} \tag{3-39}$$

式中，d 为固体直径；ν 为运动黏度。

因此，当温度一定时，对流换热系数与固体直径呈负相关，即煤柱直径越大，对流换热系数越小，对流换热越困难。这与实验数据显示的结果相符。

3.2.4.4 有限元数值模拟与结果分析

有限元数值求解方法是一种常用的数值计算方法，因其具有准确性高、易于求解非线性方程的特点，有限元方法可以用来对煤热解颗粒内部传热模型进行求解计算。为使求解计算过程更加方便快捷，选择通过 COMSOL Multiphysics 软件来进行模型的计算求解及结果输出。

有限元数值求解法的主要思路为通过分段函数来对原函数进行模拟，即用有限自由度的问题来代替无限自由度的问题，通过积分法来建立系统的线性方程组，利用对这个线性方程组进行求解来近似得到原方程的解，并以此来将复杂的计算问题简单化。

利用有限元数值求解法来对导热过程进行分析的基本原理是将研究对象划分为包含若干个节点的有限个单元，之后根据能量守恒定律对每一节点处的热平衡方程进行求解，进而计算出各节点温度，并进一步对其他相关物理量进行求解计算。

在煤热解过程中，颗粒内部的温度场会随时间变化，并且煤的热物理性质会随温度变化。因此，煤热解过程中单颗粒内部的传热过程是一个非线性的瞬态传热过程。通过 COMSOL Multiphysics 软件建立二维轴对称固体传热物理场并进行瞬态研究，可得到煤炭热解过程中不同时刻的温度分布图。

(1) 几何模型的建立

建立的煤热解过程的颗粒内部传热模型为一轴对称的圆柱体模型。根据模型的轴对称特点，在利用 COMSOL Multiphysics 软件进行模型计算时，可将三维问题简化为二维平面问题。同时为了方便计算和观察内部温度梯度的分布情况，实际模拟过程以圆柱体的四分之一来建立有限元模型，并选取相应的分析单元进行求解。在 COMSOL Multiphysics 中对其进行几何模型建立及网格划分，如图 3-13 所示。

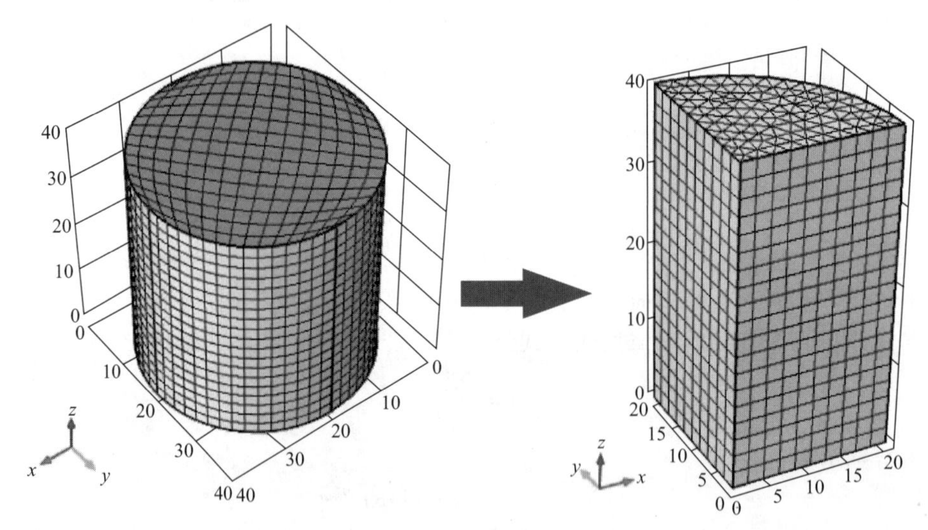

图 3-13　几何模型及网格划分示意图

(2) 模拟结果与分析

利用 COMSOL Multiphysics 软件，分别计算了不同颗粒粒径、不同环境温度下的颗粒内部温度分布，并对这些因素的变化所造成的影响进行研究。对模型是否考虑反应热、煤炭热物理性质变化以及各向异性等因素分别进行了模拟计算，并以此来验证该模型建立时考虑这些参数的必要性。

以直径为 40mm 的正圆柱形块煤建立上述模型，当煤表面温度分别达到 200℃、400℃、600℃、800℃时，块煤由外部到内部的温度梯度分布如图 3-14 所示。

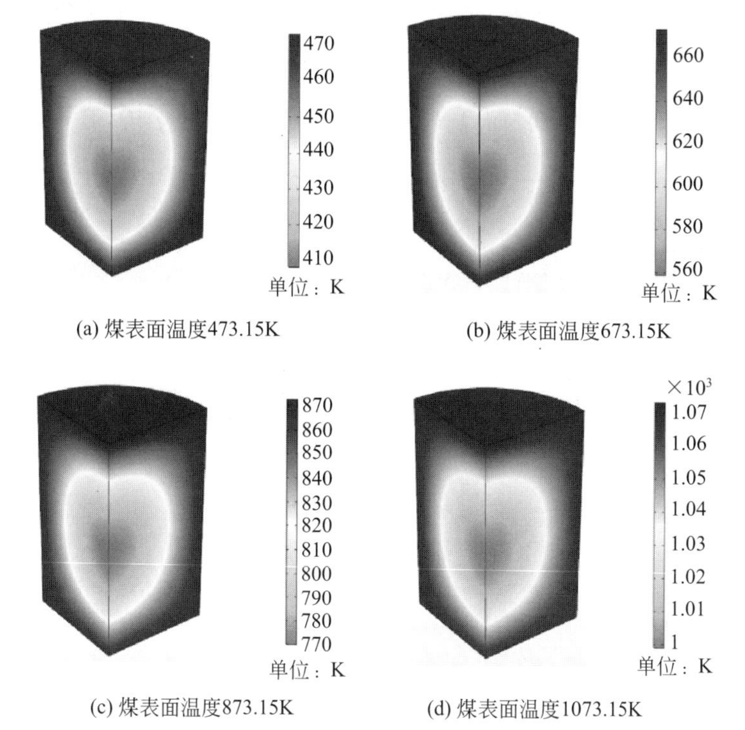

(a) 煤表面温度473.15K　(b) 煤表面温度673.15K

(c) 煤表面温度873.15K　(d) 煤表面温度1073.15K

图 3-14　模拟块煤内部不同阶段的温度梯度分布图

通过比较发现，模型预测的煤表面和煤中心温度梯度分布与实验中热电偶所测得的煤表面温度、煤中心温度数据基本吻合，因此说明该几何传热模型可以较好地模拟和预测正圆柱形块煤在热解过程中的内部温度梯度分布。

3.2.4.5　热解过程传热计算及分析

为了得到煤热解过程中的具体温度分布，除了确定导热过程表达式的导热微分方程以外，还需要确定初始条件和边界条件。

初始条件指煤热解过程刚开始时煤块内部的温度分布状况。在煤热解过程中，煤块内部的传热是一个非稳态的传热过程，初始时刻（$\tau=0$）的温度场分布确定，即初始条件为：

$$(t)_{\tau=0}=t_0 \tag{3-40}$$

式中，t_0为煤块初始温度。

物体的边界温度或与外界的换热条件，即外部加热环境对物体内部温度分布的影响，常用的边界条件有三种：规定了边界上的温度值、规定了边界上的热流密度值和已知边界上的对流换热情况。

考虑到实验实际情况，在研究煤块热解过程的传热模型时选用的是对流换热边界条件：

$$\left(\frac{\partial t}{\partial r}\right)_{r=R}=\frac{h}{\lambda}(t_a-t) \tag{3-41}$$

式中，R 为煤块半径；h 为介质与煤块之间的对流换热系数；λ 为热导率；t_a为介质温度。

煤块热解过程中内部的传热为非稳态导热，加热终温和加热速率是煤热解过程的重要参数。为了对煤块加热速率进行研究，假设煤块形状为规则的球形，当煤块受介质加热时，热流传导入煤炭内部，使其温度升高，此导热过程的温度场可用以下方程描述：

$$\frac{\partial t}{\partial \tau}=a\left(\frac{\partial^2 t}{\partial r^2}+\frac{2}{r}\times\frac{\partial t}{\partial r}\right) \tag{3-42}$$

式中，t 为煤块温度；τ 为加热时间；a 为热扩散系数；r 为距煤块中心的距离。

$$a=\frac{\lambda}{c\rho} \tag{3-43}$$

式中，c 为煤的比热容，ρ 为煤的密度。

式（3-40）温度场方程可用准数表示为：

$$\frac{Q}{Q_a}=f(F_0,Nu) \tag{3-44}$$

式中，Q 为煤块加热到温度 t 时的焓；Q_a为煤块加热到温度 t_a时的焓。

$$F_0=\frac{a\tau}{R^2}=\frac{\lambda\tau}{c\rho R^2}$$

$$Nu=\frac{hR}{\lambda} \tag{3-45}$$

可得：

$$F_0 Nu=\frac{h\tau}{c\rho R} \tag{3-46}$$

根据上式可得煤块加热到 Q/Q_a 程度所需的加热时间：

$$\tau_{Q/Q_a}=F_0 Nuc\rho=Ac\rho\,\frac{R}{h} \tag{3-47}$$

通常情况下，当 $\frac{1}{Nu}=N=\frac{\lambda}{hR}\geqslant 5$ 时，A 可视为常数。理想状态下，当 R 非常小时，N 值一般大于 5；而实际条件下，N 值通常都小于 5，煤块加热过程中煤块内部会存在较大的温度梯度，煤块的加热速率较低。

煤块受热为：

$$\frac{\mathrm{d}Q}{\mathrm{d}\tau}=h(t_a-t)S \tag{3-48}$$

式中，S 为煤块表面积，

$$S=4\pi R^2 \qquad \mathrm{d}Q=\frac{4}{3}\pi R^3 c\rho\,\mathrm{d}t \tag{3-49}$$

上式代入（3-48）得：

$$\mathrm{d}\tau=\frac{c\rho R}{3h}\times\frac{\mathrm{d}t}{t_a-t} \tag{3-50}$$

积分上式得：

$$\tau=\frac{1}{3}c\rho\,\frac{R}{h}\ln\frac{t_a}{t_a-t} \tag{3-51}$$

将表 3-8 中参数数值代入式（3-51）即可得出煤块温度为 t、介质温度为 t_a时的加热时间：

$$\tau=\frac{1}{3}\times 1166.7\div 100\times\ln\frac{t_a}{t_a-t}(2.18\times t+272.6)\times R^k \tag{3-52}$$

此处引入 k 为校正因子，与煤种有关，将上式整合后得：

$$\tau = 3.889 \times \ln \frac{t_a}{t_a - t}(2.18 \times t + 272.6) \times R^k \quad (3\text{-}53)$$

将不同温度对应的加热时间作差即得煤块从 t_1 至 t_2 所需时间：

$$\Delta\tau = 3.89 \times \left[\ln \frac{t_{a2}}{t_{a2} - t_2}(2.18 \times t_2 + 272.6) - \ln \frac{t_{a1}}{t_{a1} - t_1}(2.18 \times t_1 + 272.6)\right] \times R^k \quad (3\text{-}54)$$

式中，t_{a1} 和 t_{a2} 分别为煤块温度 t_1、t_2 时对应的介质温度。

表 3-8　模型计算的参数数值表

参数	数值	单位
韩家湾煤的比热容	$c_c = 2.180T + 272.6$	J/(kg·K)
煤的初始密度	$\rho_0 = 1166.7$	kg/m^3
对流传热系数	$h = 100$	$W/(m^2 \cdot K)$

实验中，煤块加热至 200℃之前为干燥阶段，因此取 200～800℃的加热阶段数据代入计算。实验数据如表 3-9 所示。

表 3-9　不同半径煤块在 200℃和 800℃时对应的炉内温度

煤块半径/m	t_{a1}/K	t_{a2}/K
0.010	629.25	1113.35
0.015	762.85	1132.05
0.020	827.55	1148.55
0.025	896.95	1165.95

根据实际实验数据，取 $k=0.5$，并代入式（3-54）进行模拟计算，将模拟计算结果与实验记录结果进行比较，对比结果如表 3-10。

表 3-10　模拟计算结果与实验记录结果

煤块半径/m	模拟时间/s	实际时间/s
0.010	2595.6	2655
0.015	2966.4	3042
0.020	3189.7	3236
0.025	3352.4	3335

由表 3-10 可以看出，实验测量的结果与模拟计算结果较为接近，即该模型可以较好地对球形煤块热解过程中的传热进行计算。从式（3-53）中可以看出，煤热解过程中的加热时间与半径以及介质温度和煤块温度有关，半径越大，煤块温度与介质温度之间的温差越小，加热时间越长，即煤块传热越困难。

3.3　热解工艺装备

3.3.1　基本工艺流程

热解技术基本工艺流程主要包括原料煤制备及干燥单元、热解传质传热单元、半焦熄焦钝化单元等，如图 3-15 所示。不同的工艺对原料煤要求不同，原料煤制备及干燥单元中，首先应根据工艺要求，选择合适的原料，破碎、筛分出合适的粒径，进而开始预热；预热主要利用系统熄焦、散热等余热对刚刚进入系统的原料煤进行加热烘干，加热方式可以是直接接触换热，也可以是间接换热，一般将煤预热至 100℃以上，以达到去除煤中水分、减少废水产生的目的。干燥后的煤进入热解传质传热单元，在吸收热量的同时，产生高焦油含量的热解煤气。热解单元是热解工艺的核心工段，温度一般在 450～700℃，一般需要有特殊的内部结构，使得原料煤可以均匀快速升温并产生高温热解煤气，同时高温热解煤气快速导出系统维持温度、压力平衡，不积料、不闷气。热解单元可以是气体、固体或气固体与原料煤直接接触升温，也可以是通过反应器壁间接换热实现热解。经过热解，原料煤中的易挥发组分已基本脱除形成半焦，挥发分可降至 10%以下，热解结束，进入熄焦钝化单元。该单元可通过直接换热或间接换热方式将半焦温度降至 80℃以下，并通过钝化使得半焦不易自燃，方便储存和运输。当前的熄焦工艺中，最常采用低温无氧气体与半焦直接换热，达到半焦降温与钝化目标的同时，回收半焦余热，提升系统能效。

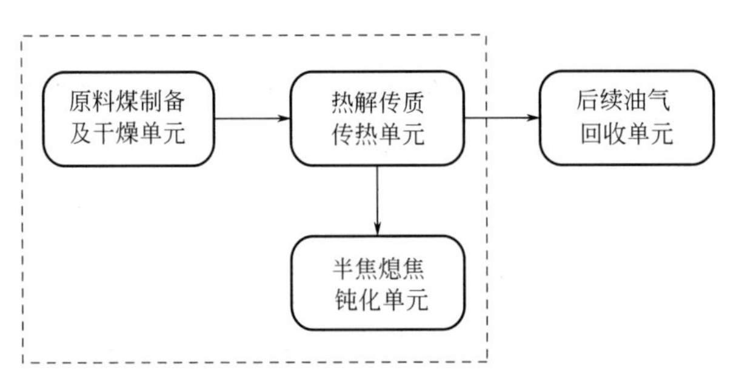

图 3-15　热解技术基本工艺流程

3.3.2　工艺类型及分类

到目前为止，国内外研究开发出了多种各具特色的煤热解工艺方法，有的处于实验室研究阶段，有的进入中试实验阶段或工业化示范阶段，也有的达到了工业化生产阶段。这些技术，按传热方式的不同分为内热式、外热式、内外混合式热解技术；按热载体的不同分为气体热载体、固体热载体和气固热载体热解技术；按床型不同可分为固定床（移动床）、流化床、气流床、旋转炉、回转炉热解技术等。

随着煤炭综采技术的推广，小粒煤、粉煤产量逐年增大，如何更好地利用相对廉价的这类煤，成为热解技术未来发展的重要方向，这也是当前技术研发的热点。依照原料煤粒度，热解技术可分为块煤热解、粒煤热解、粉煤热解。由于粒度的大小对物料间传质传热、热解气粉尘颗粒大小及浓度、产品品质有重要影响，因此一般工业上对于工艺划分更多地强调原料煤粒度。典型的块煤热解代表工艺（表 3-11）主要有鲁奇（Lurgi）炉热解、考伯斯（Koppers）炉热解、三江（SJ）炉热解等；小粒煤热解技术主要有 LFC/LCC、CGPS、SM-GF、天元回转窑、龙成旋转床、内构件移动床；粉煤热解技术主要有 DG、ZD、煤拔头、SM-SP、输送床粉煤快速热解、日本快速热解等。小粒径煤和粉煤热解技术工程化问题正在突破，成为行业研究的热点。

表 3-11　典型热解技术汇总

工艺技术名称	粒度/mm	传热方式	单套装置规模/(万吨/年)	状况
块煤热解技术				
鲁奇(Luigi)炉热解	25～60	内热式气体热载体	10	已应用
考伯斯(Koppers)炉热解	<75	气体热载体内外复热	10	已应用
鲁奇-鲁尔(Lurgi-Ruhrgas)炉热解	<8	固体热载体内热	15	已应用
三江(SJ)炉热解	20～80	气体热载体内热式	10	已应用
带式炉褐煤改性提质	3～25	气体热载体	30	工业示范
GF-I 型褐煤提质	6～120	气体热载体	50	工业示范
小粒径煤热解技术				
三江(SJ-V)炉热解	3～30	内热式	25	工业示范
CGPS	3～25	气体热载体	1	工业试验
神雾蓄热式热解	10～80	辐射(无热载体)	2.4	工业试验
陕煤-国富(SM-GF)炉热解	0～25	气体热载体内热式	50	工业示范
内构件移动床热解	≤10	间接加热/固体热载体	0.1	中试
LFC/LCC	5～70	气体热载体	30	工业示范
三瑞回转窑	0～20	外热式	30	工业示范
MRF	6～30	外热式	5.5	工业试验
天元回转窑	<30	外热式	60	工业示范
龙成旋转床	<30	外热式	100	工业示范
粉煤热解技术				
COED	约 0.2	气体热载体	15	工业试验
DG	0～6	固体热载体	60	工业示范
ZD	≤8	固体热载体	0.3	中试
煤拔头	约 0.28	气体热载体	0.3	中试
Coalcon	0.25～0.42	气体热载体	9	工业试验
ETCH	0～6	固体热载体	0.42	中试
Garrett	0.1	气体热载体	0.1	中试
陕煤-胜帮(SM-SP)炉热解	10～100μm	气固热载体	120	示范装置已投运
CCSI	不详	气体热载体	1	工业试验
输送床粉煤快速热解	约 200 目	气体热载体	1	工业试验
日本快速热解	<0.1mm,80%小于 200 目	气体热载体	3	工业试验
Toscoal	<12.7	固体热载体	6.6	工业试验

3.3.3 典型炉型及装备

人类对热解技术的应用历史悠久，利用工业化炉型规模生产半焦、油品也已有两百年的时间。国外的热解技术起步早，随着内燃机的出现，缺乏石油的国家千方百计地发展可以获得液体燃料的热解技术，多次的石油危机也促使热解技术进一步发展，相继出现了德国 Lurgi-Spuelgas、美国 Disco、苏联固体热载体技术、日本快速热解技术等工艺，并达到一定规模。我国的煤热解工业始于抗日战争期间，新中国成立后逐渐发展起适用于我国自产煤种特点的热解工艺。近年来随着国际石油价格的高涨以及我国日益攀升的石油、天然燃气对外依存度，我国的诸多院校、企业、研究所大力发展热解技术，目前我国热解技术不论从技术高度还是从产业化程度，已处于世界领先水平。

由于国情不同，国外的煤热解炉型虽起步早，可获得的资料较多，但目前基本均已停产。国内热解技术目前正在攻关，可获得的技术资料相对较少。煤热解典型炉型及装备介绍如下。

3.3.3.1 德国 Lurgi-Ruhrgas 炉

Lurgi-Ruhrgas 工艺（L-R 工艺）是德国的 Lurgi 和 Ruhrgas 公司联合开发的一种有多种用途的内热式固体热载体快速热解工艺[23-25]。

（1）生产工艺

L-R 技术工艺流程简图见图 3-16。

煤由高位槽经过密封管进入螺旋给料器（给料器共 4 个，平行排列），再通过 4 个导管进入缓冲槽。导管中通入冷的干馏气进行煤料输送，导管进入缓冲槽呈喷射状，与来自集合分离槽中热的半焦混合，进行干馏（此装置当时还没有采用双螺旋混合器）。空气在进入提升管前预热到 390℃，与干馏气、油或部分地与半焦燃烧，使半焦达到热载体需要的温度。被预热的干煤（100℃）和 800℃左右的热载体半焦（灰）在混合器中进行混合，热半焦（灰）量为干煤的 2～6 倍，混合后煤粉被加热到 500～700℃。在混合器中不能完全分解，继续在移动床热解反应器中进行反应。热解产物经除尘器去冷凝回收系统，得到焦油和煤气等产品。热解半焦一部分排出系统，作为产品，其余部分进入提升管与空气进行部分燃烧，半焦被加热作热载体。在分离槽中半焦（灰）和燃烧废气分离。热半焦去混合器循环使用，热废气作预热原料煤用。该工艺采用半焦（灰）热载体快速加热，以高挥发分烟煤为原料，每吨煤可生产中油 13～18kg，干馏煤气 73～83kg。煤气热值高，可达 12.56MJ/m^3，煤气中 CO 含量较高，脱掉部分 CO_2 即可满足城市煤气的要求；半焦的反应活性好，可用作气化原料、无烟燃料或高炉喷吹燃料等。20 世纪 70 年代中期德国对鲁奇-鲁尔热解工艺与发电厂联合组成多联产。

（2）原料及产品性质

原料煤是褐煤（井下开采），煤样含水量为 36%，内在水分含量为 8%～11%。煤的粒度为 0～20mm，经重液选分后，粉碎至 0～5mm，含水 40%，经气流干燥器干燥，水分降至 6%～12%。煤样性质列于表 3-12。

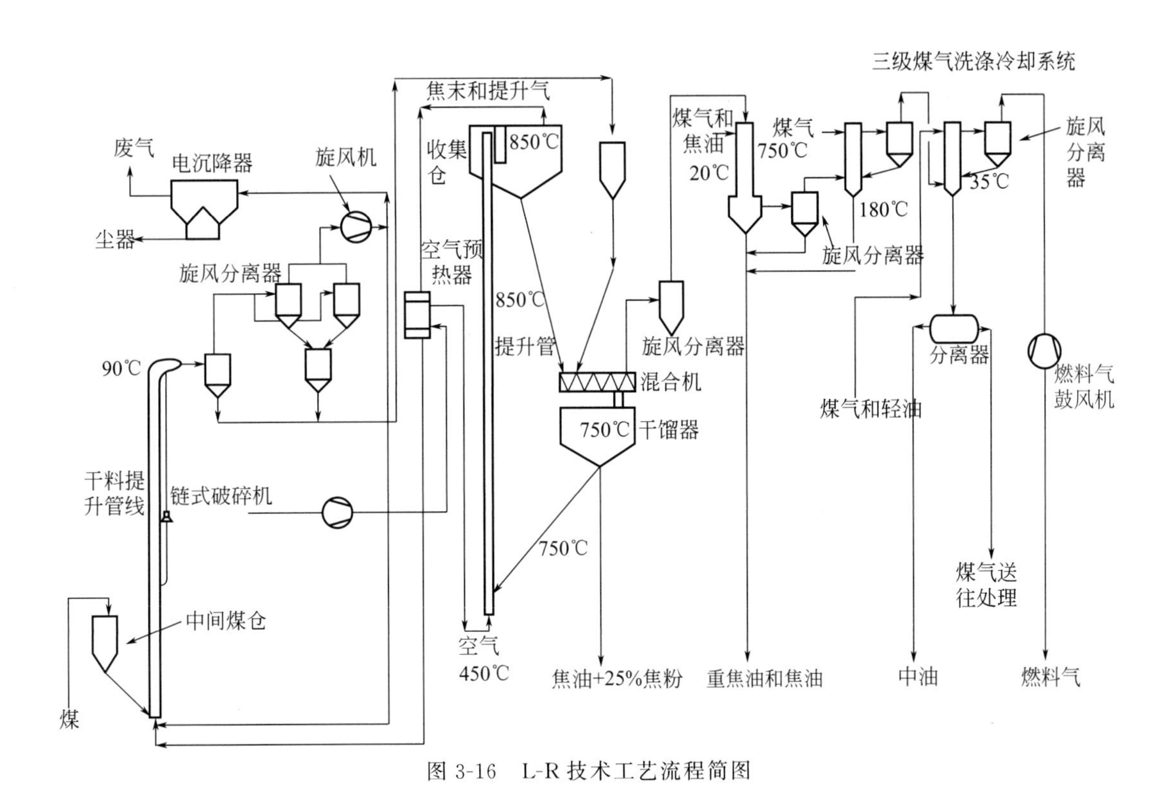

图 3-16　L-R 技术工艺流程简图

表 3-12　煤样性质

低温干馏分析/%		工业分析/%	
水分	17.9	M_{ar}	7.9
热解水	10.6	A_{ar}	8.0
焦油	10.0	V_{ar}	42.8
半焦	59.3	FC_{ar}	41.3
煤气＋损失	12.2	堆密度	650kg/m^3
元素分析/%		筛分组成/%	
S_{daf}	1.1	＞3mm	9.5
		2～3mm	16.1
		1～2mm	25.7
H_{daf}	5.4	0.5～1mm	22.2
C_{daf}	71.6	0.2～0.5mm	16.1
N_{daf}	0.9	0.15～0.2mm	4.7
O_{daf}	21.0	0.10～0.15mm	2.3
		＜0.10mm	2.4

注：M_{ar}为收到基水分含量；A_{ar}为收到基灰分含量；V_{ar}为收到基挥发分含量；FC_{ar}为收到基固定碳含量。

所得半焦可作为炼焦配煤的瘦化剂，与 4 种黏结性煤相配合，在焦炉中炼焦。对半焦的要求是：挥发分含量 15%～20%，小于 0.10mm 的细粉＜20%，与焦油相混合，水分含量约为 6%。表 3-13 中数据是半焦挥发分为 17%时的实验结果，它是由半焦部分燃烧加热半焦热载体的条件下得到的半焦性质。当 L-R 工艺以制油为目的进行生产时，半焦中的挥发分约为 6%～8%，当以制备半焦为目的进行生产时，焦中的挥发分约为 15%～20%，其工艺调整相对灵活。

表 3-13　半焦性质

工业分析/%		筛分组成/%	
M_{ar}	0	>3mm	1.7
A_{ar}	13.5	2～3mm	4.4
V_{ar}	17.0	1～2mm	11.8
FC_{ar}	69.5	0.5～1mm	15.0
		0.2～0.5mm	21.3
		0.15～0.2mm	11.1
		0.10～0.15mm	17.8
		<0.10mm	16.9

重油中含尘较多，可以返回到混合器再干馏。所得重油、中油及干馏煤气的性质见表 3-14～表 3-16。

表 3-14　重油性质

参数	数值	参数	数值
水分/%	6.8	含尘/%	21.1(汽油中不溶物)
灰分/%	2.9	酸性油/%	9.7
密度(50℃)/(g/cm^3)	1.16	初馏点/℃	203
馏出量(250℃)/%	14.2		

表 3-15　中油性质

参数	数值	参数		数值
水/%	2.1	馏出量/%	140℃	4
含尘/%	0.2		160℃	9
酸性油/%	28.8		180℃	15
密度/(g/cm^3)	0.95		200℃	27
色泽	暗棕色		220℃	58
			240℃	66
初馏点/℃	125		260℃	78

表 3-16　干馏煤气性质

参数	数值			参数	数值		
生产半焦挥发分/%	20	17	15	CO_2+H_2S/%	51.4	48.0	44.9
C_mH_n/%	2.9	3.7	4.0	CO/%	11.8	11.5	11.4
H_2/%	10.8	13.1	15.2	CH_4/%	22.1	23.0	23.7
N_2/%	1.0	0.7	0.8	轻油含量/(g/m^3)	—	61	—
低位热值/(MJ/m^3)	12.435	13.482	14.151				

(3) 工艺及生产数据

L-R 工艺褐煤干馏生产指标见表 3-17。

表 3-17 L-R 工艺褐煤干馏生产指标

参数		数值	
生产的半焦挥发分(干基)/%		20.2	26.5
原料煤	水分/%	7.0	6.9
	灰分/%	8.1	7.9
	数量/(t/h)	26.9	33.4
消耗指标	耗热量/(MJ/kg)	1.047	1.298
	电/(kW·h)	355	380
	蒸汽/(kg/h)	850	850
	冷却水(Δt=15℃)/(m^3/h)	435	540
操作温度/℃	热空气温度	360	371
	缓冲槽出口焦炭温度	434	447
	集合槽出口烟气温度	501	534
	空气换热器出口烟气温度	376	392
	缓冲槽出口干馏气温度	439	465
	喷淋冷却器出口干馏气温度	101	101
	横管冷却器出口干馏气温度	25	35
每吨煤产物量/(kg/t)	半焦+焦油(干的)	698	679
	中油	18	13
	干馏气(包括轻质油)加热用	73	83
	热解水	176	178
	其他	40	47
按每吨煤热值计产物热量分配/%	半焦+焦油	86.8	84.4
	中油	2.2	2.2
	热解水	0.3	0.3
	烟气	5.5	7.9
	冷却水	4.2	4.2
	热损失	1.0	1.0

由表 3-17 中可以看出 L-R 法干馏工艺的能量转化效率约为 86.6%～89%(不包括用电和蒸汽等公用工程消耗),以表 3-20 中生产的半焦挥发分(干基)26.5%工况为例,耗电约 24kW·h/t(煤),蒸汽消耗约为 25.5kg/t(煤)。

(4) 核心设备

L-R 干馏工艺的核心设备是双螺旋混合器(图 3-17),该混合器有两根旋转方向相同的轴,每根轴上装有两头螺旋叶片,两轴叶片相差 90°,一根混合轴叶片可以剥离另一根轴所带动的物料,利于充分搅动混合,物料不断产生环形移动,沿轴线方向推进,同时也进行轴间的净化与混合器内腔的黏结挂料。轴的上方留有空间作收集煤气之用,并在出口处扩大成拱顶。收集室内气速为 10m/s，出口管气速为 20m/s 以上。轴上螺旋在进料口处有一段短螺旋，便于进料。从扩大拱顶开始到出口端螺旋叶片螺距加大到只有一旋，便于迅速出料。混合器轴与水平方向向下倾 20°～30°，有助于混合物料向前推进。考虑到热膨胀，叶片每隔 150～300mm 断开 2～5mm。轴为空心轴，可通入冷却剂（用水或油）。混合器中由于析出热解气，也加强了物料混合。双螺旋混合器在煤热解工艺上应用，操作温度可达 900℃。双螺旋混合器下部接固定床反应器，煤粒在混合器中不能热解完全，继续在移动床热解反应器中进行反应。反应器的气相停留时间对焦油产率的影响见表 3-18。从表中前两行数据及后两行数据可以看出，在相近的吹扫气量下表中所列的气相及固体停留时间对油产率影响不显著。

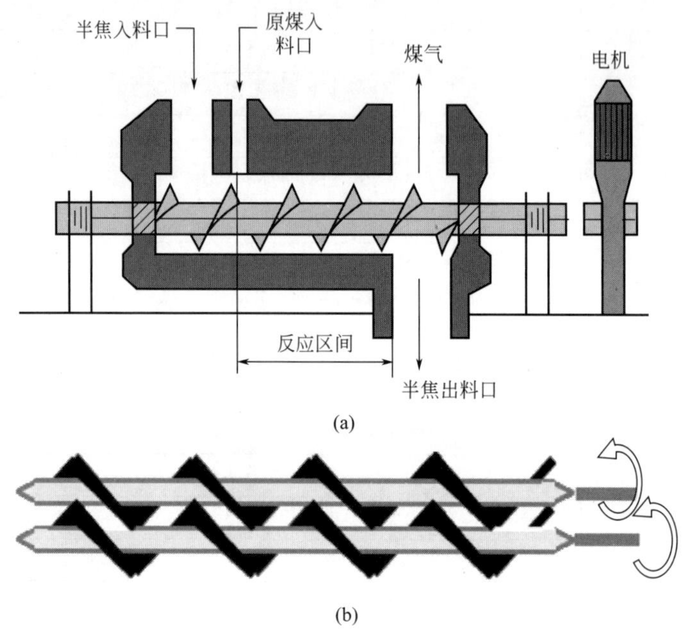

图 3-17　L-R 双螺旋混合器结构示意图

表 3-18　气相停留时间对焦油产率的影响（496℃）

气相停留时间/s				固体停留时间/min	吹扫气(daf)/(m^3/kg)	焦油产率(daf,质量分数)/%
运行编号	床层	床层上空间	合计			
29	3	19	22	121	1748	25.1
14	7	45	52	44.5	1623	24.9
17	5	34	39	58	936	22.7
16	11	73	84	127	874	23.2

注：daf 表示干燥无灰基。

（5）工厂数据列举

建在南斯拉夫、联邦德国、英国的三个工厂的 L-R 工艺生产数据见表 3-19。

表 3-19　L-R 工艺生产数据

参数	南斯拉夫 Lukarac(褐煤)	联邦德国 Prosper	英国 Normanby Park
产品	炼焦瘦化用半焦	BFL 法热成型用焦	BFL 法热成型用焦

续表

参数		南斯拉夫 Lukarac(褐煤)	联邦德国 Prosper	英国 Normanby Park
温度/℃	集合槽	535	820	860
	反应槽	450	730	750
原 料		预干燥的褐煤	烟煤	烟煤
处理量/(t/h)		2×33	14.8	31.1
煤工业分析/%	水分	7.9	10.0	10.0
	灰分	8.0	4.0	6.8
	挥发分	50.90	38.85	36.90
煤低温干馏分析/%	铝甑焦油	11.90	14.65	10.60
	热解水	12.6	3.0	2.3
煤粒度/%	>3mm	9.5	(0～3mm)	(0～3mm)
	<0.5mm	26.5	—	—
热值/(MJ/kg)		—	36.76	36.49
烟气				
数量/($\times 10^3 m^3/h$)		2×14.4	12.8	27.5
干馏气/烟气分析/%	$CO_2+H_2S(SO_2)$/%	48.0	8	7+1
	N_2/%	0.7	10.0	7
	H_2/%	13.1	18.5	28
	CO/%	11.5	11.5	10
	CH_4/%	23.0	37	39
	C_{2+}/%	3.7	15	8
轻质油含量/(g/m^3)		61	—	—
焦炭				
数量/(t/h)		2×198.8	8.0	18.2
工业分析/%	灰分	13.5	7.7	11.5
	挥发分	17.0	3.0	3.0
粒度/%	>3mm	1.7	(0～5mm)	(0～5mm)
	<0.5mm	67.1	—	—
低温焦油				
数量/(t/h)		2×2.65	1.4	3.9
含尘/%		22	20	20
凝固点/℃		35	80	80
煤气				
数量/(t/h)		2×5.88	0.7	1.2
一元酚/(g/L)		6.7	10	14
总酚量/(g/L)		15	19	22

续表

参数	南斯拉夫 Lukarac(褐煤)	联邦德国 Prosper	英国 Normanby Park
NH_3/(g/L)	1.7	1.6	14
H_2S/(g/L)	—	1	—

3.3.3.2 美国COED法

美国原煤炭研究局（现能源部）与美国食品机械和化学公司（FMC）合作，于1962年开始进行半焦-油-能-发展法（char-oil-energy-development process，COED），即COED法项目开发研究，并于1970年建成中试装置，成功运转到1976年结束[26-34]。

（1）工艺流程

COED法煤热解工艺流程如图3-18所示，COED法煤热解工艺流化床分为4段，其流化床段数因煤种而异，当煤的黏结性增强时，其流化床段数要相应增多，COED法煤热解工艺的原料煤的分析数据和相关工艺操作参数如表3-20和表3-21所示。一般情况下，对褐煤和次烟煤多采用2段流化床进行COED法流化床干馏；对于烟煤（如伊利诺伊州6号烟煤），则需采用3段流化床进行该煤种的COED法干馏，而挥发分相对更高的匹兹堡烟煤，可能需要4段流化反应器来实现该煤种的COED法干馏（当时中试厂使用高挥发分烟煤实验未成功）。

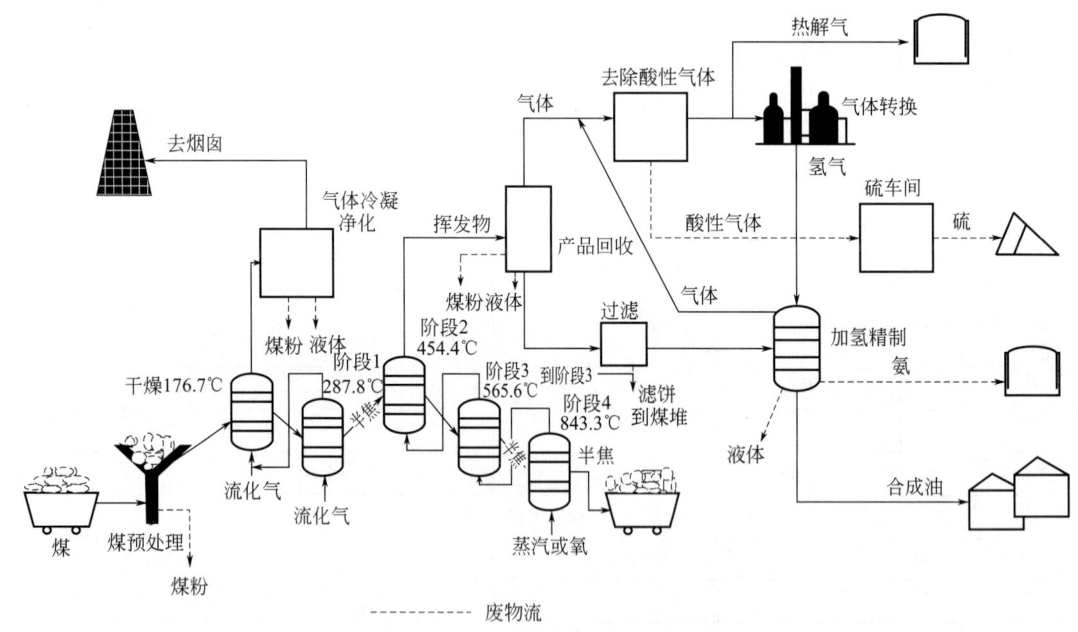

图3-18 COED法煤热解工艺流程

表3-20 COED工艺所用原料煤的分析数据

煤类型	工业分析/%				元素分析/%					高位热值/(MJ/kg)
	$M_{t,ad}$	A_d	V_d	FC_d	C_d	H_d	N_d	S_d	O_d	
伊利诺伊州6号煤	5.5	10.8	36.6	52.6	71.2	4.8	1.4	2.9	9.5	28.40

表 3-21　COED 法煤热解工艺操作参数

名称	煤干燥器	第 1 段热解器	第 2 段热解器	第 3 段热解器	半焦燃烧
温度/℃	149	288	454	566	843
压力/MPa	0.117	0.145	0.152	0.165	0.186
停留时间/min	12.3	10.0	7.0	3.0	16.0
流化速度/(m/s)	0.58	0.73	0.46	0.30	0.91
空塔气速/(m/s)	0.76	0.94	0.67	0.76	1.82

煤经过表面干燥后，破碎至 2mm 以下，装入第 1 段流化床，在此被 480℃的无氧流化气加热至 288℃，煤中的游离水、大部分化合水及约 10%的焦油从煤中析出后进入第 2 段流化床，其操作温度约为 454℃，使大部分焦油和一部分热解气体在煤干馏过程中析出，此段的热量主要来自第 3 段的热气体和下游某一段来的循环半焦；随后，第 2 段的半焦送至第 3 段流化床，其操作温度约为 566℃，残余的焦油和大量热解气体在此段中析出，第 3 段的热量来自第 4 段的热气体和热循环半焦。由第 3 段进入第 4 段流化床的半焦产生热解系统所需的热量和流化气体，所以在第 4 段流化床的底部吹入水蒸气或氧气，使半焦部分气化，并将产生的高温煤气送入前面几段流化床内作为热解反应器和干燥器的热载体和流化介质。热解反应的压力为 35～70kPa，所产煤气热值为 15～18MJ/m^3。采用 COED 工艺对美国代表性煤种进行低温热解，其半焦产率为 50%～60%，焦油产率为 20%～25%，煤气产率为 15%～30%。所产焦油在后续工序中进行焦油加氢生产燃料油。

在 COED 工艺中，由第 2 段流化床顶部排出的干馏气体含有大量焦油，进入焦油回收系统，未被冷凝的气体经洗涤器除去 H_2S 和 NH_3等，净化后的气体一部分作为煤气使用，一部分送蒸汽转化炉进行转化，生产氢气，供焦油加氢使用。冷凝回收的焦油中混有 3%～10%的 0.2～2μm 半焦颗粒，在 176℃、0.28MPa 压力条件下采用回转加压预涂层过滤机将半焦和焦油分离，得到的焦油在 370～430℃和 11.7～17.15MPa 压力下，用 Ni-Mo 系催化剂进行加氢改质处理，生产燃料油。

(2) 原料、产品特性及工艺参数

采用伊利诺伊州 6 号烟煤为原料，用 COED 法进行热解的试验数据见表 3-22～表 3-25。伊利诺伊州 6 号烟煤的散密度为 744.5kg/m^3，真密度为 908.3kg/m^3。

表 3-22　COED 工艺热解产率（干基煤）

组分	含量
半焦	61.7%
液体产物	21.2%
热解煤气(含 C_{4+})	13.7%
水	3.4%

注:从第 4 段引出的产品半焦占进料煤(干基)35.6%。

表 3-23　COED 工艺半焦分析数据（第 4 段流化床引出）

工业分析/%			元素分析/%					高位热值/(MJ/kg)
A_d	V_d	FC_d	C_d	H_d	N_d	S_d	O_d	
17.2	4.2	78.6	76.9	0.6	1.0	2.0	2.3	25.66

表 3-24　COED 工艺煤焦油的基本性质分析（未过滤处理）

参数	数值	馏出量(体积分数)/%	馏出温度/℃
灰分/%	1.4	3	224
残炭/%	8.65	5	232
倾点/℃	37.8	10	260
密度(15.5℃)/(g/cm^3)	1.110	15	288
热值/(MJ/kg)	34.70	20	327
初馏点/℃	160	30	388
水分%	1.2	40	438
C/%	80.5	50	485
H/%	6.8	55	513
O/%	8.0	60	541
N/%	1.2	65	—
S/%	2.1	干点	563

表 3-25　干馏煤气性质

煤气组成	体积分数/%	煤气组成	体积分数/%
N_2	1.2	C_2H_6	9.8
H_2	17.2	C_3H_6	0.8
CO	6.8	C_3H_8	7.5
CO_2	5.9	C4+	5.6
CH_4	36.8	NH_3	0.1
C_2H_4	0.2	H_2S	8.1

(3) 工厂设计情况

1973～1974 年 FMC 公司完成了处理煤 2.5×10^4t/d 的 COED 工厂设计，设计煤种为美国伊利诺伊州煤（原煤收到基水分 10%～14%，进入第 1 段热解反应器前水分 5.9%、灰分 10.6%、硫 3.8%），其分析数据见表 3-26，采用 COED 法处理煤 2.5×10^4t/d，可得产品半焦 12.512×10^3t/d 和加氢油品 3.945×10^3t/d，副产硫 122.4t/d。

表 3-26　COED 工艺设计所用原料煤的分析数据

煤类型	工业分析(收到基)/%				元素分析/%					高位热值[①]/(MJ/kg)
伊利诺伊州 6 号煤 <16 目	FC	V	A	M	C_{daf}	H_{daf}	N_{daf}	S_{daf}	O_{daf}	28.89
	44	32	10	14	75.5	5.5	1.2	4.6	13.2	

①水分 5.9%，收到基热值 23.66MJ/kg。

原煤料场设计储存 30d（8 个堆场，每个长 304.8m、宽 60.96m、煤堆高 6.1m）。煤经过破碎后并筛去小于 200 目的细粉（约为总煤量的 5%～8%，具体由破碎工艺决定）后送干燥系统干燥，去除细粉是为了防止干燥器或第 1 段干馏反应器的旋风分离系统过载。细粉作为燃料产品或送入气化段进行气化。干燥段系统需燃烧的煤气量为 15～20t/h，燃烧需要空气 180～200t/h。处理后的原煤经循环热烟气吹入干燥器，干燥设备出口烟气经过外部的旋风分离器后进入文丘里洗涤器，脱除煤焦细粉和微量的焦油，再经过澄清、过滤脱除煤焦细粉（约占进料煤的 1%），脱除细粉后的部分液体经冷却器降温后返回文丘里洗涤器循环使用。经过文丘里洗涤器处理后的烟气含约 3.7%的 CO，需要进一步燃烧排放（烟气量约 366t/h，燃烧需要特殊设备并提供附加燃料）。

热解炉的直径为 5.58～6.49m，由两列火车给 8 台热解炉提供原料煤，流化床热解炉均装有二级分离系统。从第 2 段流化床热解炉中出来的气体经外部的分离器将固体产物（精细煤）分离后，再进入生产循环系统。分离出的精细煤和从第 4 段流化床热解炉中产出的半焦进入流化床冷却器，生成 4.14MPa 的水蒸气 120.31t/h。第 1 段流化床热解炉的循环气体用来流化半焦冷却器，从冷却器中排出的气体经过外部的旋风分离器分离后直接送到文丘里洗涤器。来自第 4 段流化床热解炉的旋风分离器的细粉煤加入半焦中，由此得到的半焦温度为 427℃。另外，若能设计合适的装置来回收半焦显热，可从半焦得到大约 81.72t/h 压力为 1.03MPa 的水蒸气。

3.3.3.3 三江（SJ）炉

国内在鲁奇三段炉的基础上，开发设计了不同类型的内热立式干馏炉，各种炉型结构基本相同。国内典型炉型和工艺有陕西神木三江煤化工有限责任公司 SJ 系列、陕西冶金设计研究院 SH 系列、中钢鞍山热能院 ZNZL3082 型、原化学工业第二设计院 MHM 型直立炉，以此为基础在榆林已形成块煤年产 5000 万吨兰炭产能。

在我国对鲁奇三段炉的改造设计中，SJ 低温干馏炉非常具有代表性，处理能力达到 25 万吨/年。SJ 低温干馏炉是在鲁奇三段炉和现有内热式干馏炉的技术基础上，根据所在地及周边煤田的煤质特点而研制开发出的一种新型炉型，目前已在陕北榆林地区和内蒙古的东胜地区设计并建造超过 500 台 SJ 低温干馏炉，炉也由开始的 SJ-Ⅰ发展到现在的 SJ-Ⅴ。SJ 干馏炉基本结构如图 3-19 所示。

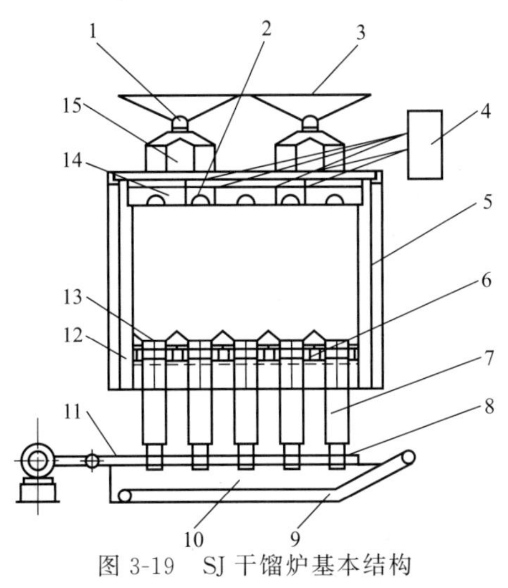

图 3-19　SJ 干馏炉基本结构

1—进料口；2—排气桥管；3—炉顶煤仓；4—水封箱；5—炉体；6—气体混合器；7—排焦箱；8—排焦口；9—刮板输送机；10—熄焦池；11—推焦机；12—砖衬；13—布气花墙；14—集气阵伞兼布料器；15—辅助煤仓

最新的 SJ-Ⅴ型干馏炉年处理原料煤 25 万吨，入炉原料煤粒径下限达到 3mm，采用了清洁熄焦与清洁兰炭产品生产技术，控制兰炭无刺激气味，水分含量降低到12%以下。工艺流程为：原料煤首先装入炉顶最上部的煤仓内，再经进料口和辅助煤箱装入干馏室内。加入炉内的小粒煤向下移动，与布气花墙送入炉内的加热气体逆向接触，并逐渐加热升温，煤气经上升管从炉顶导出。炉子分为三段，上部为干燥段，小粒煤逐步向下移动进入中部的干馏段完成低温干馏。高温兰炭通过炉子下部的冷却段时，相继与水煤气、水蒸气接触降温，最后进入熄焦水池，温度降至80℃左右，通过卸料器连续排出。煤料在干燥段产生的水蒸气、干馏过程中产生的煤气、加热燃烧后的废气以及冷却焦炭产生的水煤气的混合气（荒煤气），通过炉顶集气罩收集，通过上升管进入净化回收系统。煤气和空气经支管混合器混合，通过炉内布气花墙的布气孔，均匀喷入炉内料层燃烧，给煤加热干馏。炉底出焦采用可调式推焦机，由一套电液动推焦装置将炉内兰炭排出，可灵活地调控干馏炉运行状况，控制兰炭的质量和产量。自炉内出来的荒煤气，由上升管进入桥管喷洒热循环氨水初步冷却除尘，然后煤气进入荒煤气冷却器，冷却后煤气经管道进入静电捕焦油器，把煤气携带的焦油、冷凝液吸附回收。煤气通过煤气风机加压后，一部分返回干馏炉加热燃烧，剩余煤气输出。

单台年处理煤量25万吨的SJ-V干馏炉主要工艺参数见表3-27。

表3-27 SJ-V干馏炉主要工艺参数

项目	数值	项目	数值
小时装煤量/(t/h)	31.25	新鲜水/(m^3/t)	0.2
助燃空气流量/(m^3/t)	311.92	干馏炉框架尺寸/mm	22000×9000×23700
干馏炉本体内部尺寸/mm	15480×3000×6600	原煤粒度/mm	3～30
原煤停留时间/h	8～10	荒煤气出炉温度/℃	60～80
荒煤气出炉压力/Pa	−150～150	兰炭出口温度/℃	<100
入炉煤气流量/(m^3/t)	540	助燃空气流量/(m^3/t)	320

SJ-V干馏炉主要技术指标见表3-28。

表3-28 SJ-V干馏炉主要技术指标

参数	数值	参数	数值
单位产品综合能耗(以标准煤计)/(kg/t)	129.65	单位产品原煤耗/t	1.62
单位产品水耗/t	0.308	单位产品焦油产量/(kg/t)	130.06
单位产品煤气产量/(m^3/t)	991.28	单位产品电耗/(kW·h/t)	23.49
能源转化效率/%	90.93		

3.3.3.4 陕煤-国富（SM-GF）炉

该技术由陕煤集团与国电富通公司联合开发，包括蓄热式加热煤气热载体、热解段多层错流传质传热、干燥段与熄焦段冷热烟气循环、料幕-沉降、旋风协同除尘等关键技术。属煤气热载体分段多层移动床热解工艺。热解炉为分段多层立式矩形炉，从上至下可分为干燥段（预热段）、干馏段和冷却段，每段由多层布气和集气装置组成，工艺流程如图3-20所示。原料煤首先进入干燥段，被来自冷却段的热烟气加热，脱除煤中水分，以减少热解工段酚氨废水的产出量，并将原煤加热至100～170℃；干燥煤进入热解段，被经蓄热式加热的自产高温富氢煤气加热到550～650℃，富氢气氛保证了系统较高的焦油产率；脱除大部分挥发分后的高温半焦进入冷却段，被来自干燥段的冷烟气降温，实现了干法熄焦；换热后的高温烟气被返送回干燥段加热原料煤，实现了半焦热量的回收。

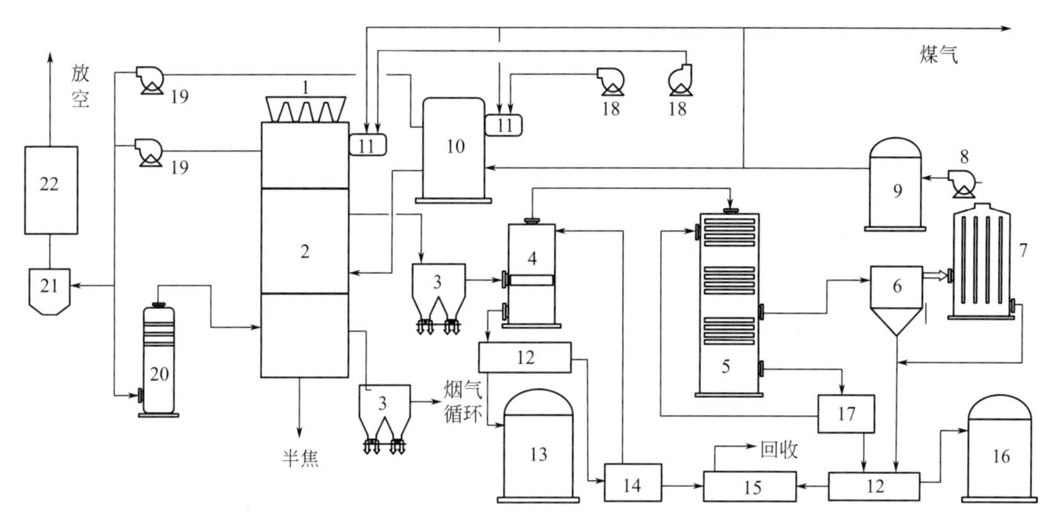

图 3-20　SM-GF 热解工艺流程

1—煤斗；2—热解炉；3—旋风除尘器；4—直冷塔；5—横管冷却器；6—捕雾器；7—电捕焦油器；8—煤气风机；9—气柜；10—煤气加热炉；11—燃烧器；12—机械化澄清槽；13—重油罐；14—氨水槽；15—LAB 水处理；16—轻油罐；17—集液槽；18—空气风机；19—烟气风机；20—水膜除尘器；21—布袋除尘；22—脱硫塔

陕煤集团陕北乾元能源化工有限公司利用该技术已在榆林建成处理煤量 50 万吨/年的工业示范装置，以富氢煤气作为热载体，获取高品质热解产品，年产半焦 31 万吨、焦油 4.5 万吨、煤气 7200 万立方米，运行数据见表 3-29～表 3-34。该工艺与传统热解工艺相比，吨煤水耗降低 70%，焦油收率提高 30%，综合能效提高 25%。

表 3-29　原料煤分析（质量分数）

M_t/%	A_{ar}/%	V_{daf}/%	FC_{ad}/%	低位发热量/(kcal/kg)
13.67	5.65	30.28	50.4	5840

注：1kcal=4.186kJ，下同。

表 3-30　长焰煤铝甑分析（650℃，质量分数）

样品	含油率/%	水含量/%	半焦含量/%	干馏气+损失/%
长焰煤	10.48	16.48	59.91	13.23

表 3-31　热解气组成（体积分数）

CH_4/%	C_2H_6/%	C_2H_4/%	C_3H_8/%
42.35	5.11	0.94	1.36
C_3H_6/%	C_mH_n/%	H_2/%	CO_2/%
1.00	1.81	18.69	15.03
CO/%	H_2S/%	低位热值/(kcal/m³)	密度/(kg/m³)
13.71	0.61	6501	0.96

表 3-32　产品煤气组分（体积分数）

CH_4/%	C_2H_6/%	C_2H_4/%	C_3H_8/%
35.14	0.97	3.20	0.22
C_3H_6/%	C_mH_n/%	H_2/%	CO_2/%
0.16	0.29	30.28	14.32
CO/%	N_2/%	低位热值/($kcal/m^3$)	密度/(kg/m^3)
10.72	4.70	4889	0.76

表 3-33　产品半焦分析

M_t/%	A_d/%	V_{daf}/%	FC_d/%	低位发热量/(kcal/kg)
3.56	7.59	5.5	87.33	6500

表 3-34　产品焦油分析

序号	检测项目		检测结果
1	水分/%		3.64
2	密度/(g/cm^3)		1.043
3	灰分/%		0.12
4	甲苯不溶物(干基)/%		4.2
5	运动黏度(80℃)/(mm^2/s)		4.38
6	四组分	饱和分/%	28.15
		芳香分/%	22.79
		胶质/%	20.77
		沥青质/%	9.08

3.3.3.5　回转窑

(1) 天元回转窑热解技术

该技术由陕煤集团神木天元化工公司和华陆工程科技公司共同研发，工艺流程见图3-21。将粒径小于30mm的粉煤通过回转反应器热解得到高热值煤气、煤焦油和提质煤。煤气进一步加工得到LPG、LNG、H_2和燃料气；煤焦油供给煤焦油轻质化装置；提质煤达到无烟煤理化指标，可用于高炉喷吹、球团烧结和民用洁净煤。热解产品半焦达到高炉喷吹用无烟煤标准。煤焦油产率9.12%，热解煤气热值达6787.33kcal/m^3，煤气中有效成分含量高于85%，其中CH_4含量达39.59%，C_2～C_5含量达15.22%。

该工艺技术特点有：a. 原料适用性强，适合粒径≤30mm的多种高挥发分煤种；b. 操作环境好，煤干燥、热解、冷却全密闭生产；c. 干燥水、热解水分级回收，减少了水资源消耗和污水处理量；d. 系统能效高，中试装置能效≥80%，工业化装置综合能效≥85%；e. 单系列设备原煤处理量大，单套装置规模可达60万～100万吨/年。

该项目总体规划了660万吨/年粉煤分质综合利用项目，目前正在进行60万吨/年示范。

(2) 龙成回转炉热解技术

该工艺由河南龙成集团研发，流程见图3-22。首先，通入氮气将炉窑中的空气进行置

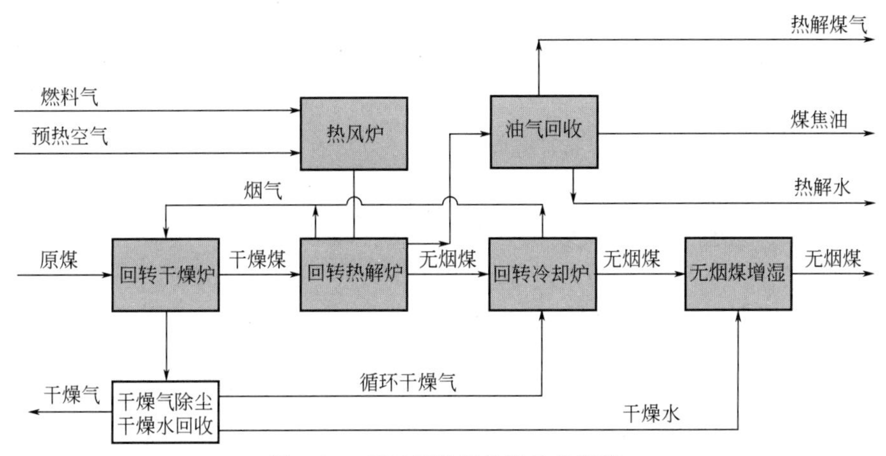

图 3-21　天元回转窑热解技术流程

换，低阶原料煤从落煤塔通过皮带输送到受料缓冲仓，再经给料装置送入提质窑。气柜来的煤气经配风后进入提质窑内辐射管，经辐射传热间接与原料煤进行换热。原料煤在提质窑被加热到 550℃提质后进入换能器冷却到约 200℃，经喷水加湿降温后通过皮带输送到提质煤储仓。气体从提质窑中出来后经除尘进入冷鼓工段，回收其中的焦油。

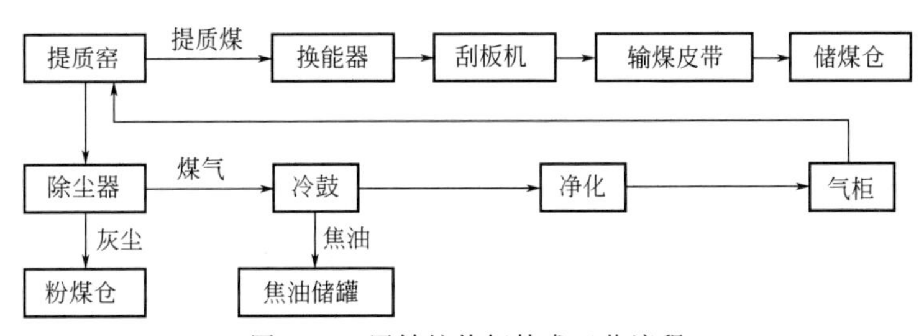

图 3-22　回转炉热解技术工艺流程

利用该技术，龙成集团在河北曹妃甸工业区建成了单套 80 万吨/年、总规模 1000 万吨/年的工业示范装置，洁净煤产率为 61.65%，煤焦油产率为 9.63%，煤气产量为 126m³/t（原煤）。

(3) 三瑞外热式回转炉热解技术

该技术由西安三瑞实业有限公司研发，工艺流程见图 3-23。成套装置主要组成部分包

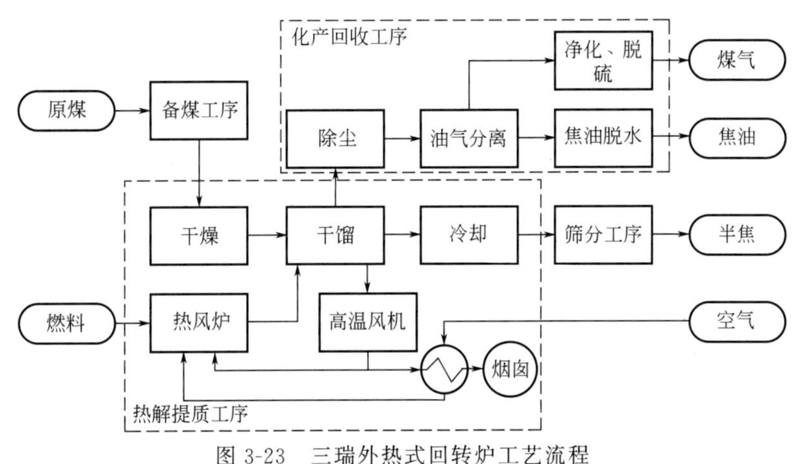

图 3-23　三瑞外热式回转炉工艺流程

括：原料煤储运输送系统，粉煤干燥、热解、冷却回转炉，半焦干法熄焦及输送系统，煤气除尘、冷却、油气分离系统，焦油储罐，热风炉及高温烟气循环系统，煤气脱硫后处理系统，三废处理系统。

利用该技术，庆华集团于 2013 年建立了 5 万吨/年油砂热解示范项目，神华集团新疆公司于 2014 年建成了 15 万吨煤热解制活性炭项目。

宏汇公司于 2017 年在甘肃酒钢集团建成单系列 30 万吨/年、总规模 150 万吨/年煤炭热解分质利用项目，其运行指标为：单炉进煤量 42.3t/h，半焦产率 50.50%，焦油产率 11.49%，煤气产量 $120m^3/t$（原煤）。

（4）煤科院多段回转炉热解（MRF）工艺

该技术由中国煤炭科学研究总院北京煤化所研发，工艺主体由 3 台串联的卧式回转炉组成，工艺流程见图 3-24。

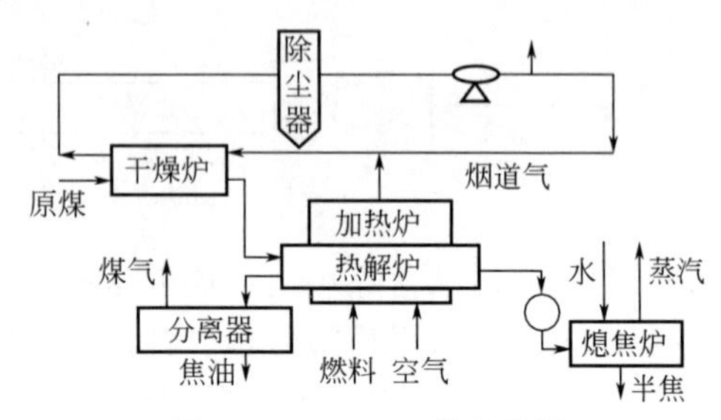

图 3-24　MRF 工艺流程图

制备好的原煤（6～30mm）在干燥炉内直接干燥，脱水率不小于 70%。干燥煤在热解炉中被间接加热。热解温度 550～750℃，热解挥发产物从专设的管道导出，经冷凝回收焦油。热半焦在三段熄焦炉中用水冷却排出。除主体工艺外还包括原料煤储备、焦油分离及储存、煤气净化、半焦筛分及储存等生产单元。

3.3.3.6　浙大循环流化床热电多联产

浙江大学在 1985 年由岑可法院士提出热电气多联产工艺设想，随后建立了 1MW 燃气蒸汽多联产试验装置，其工艺流程见图 3-25。以循环流化床锅炉的高温循环热灰为热载体，将其送入用循环热煤气作流化介质的气化室内，气化室为常压鼓泡床。在气化室内循环热灰可将 8mm 以下的碎煤加热到 750～800℃，发生部分气化。气化后的半焦随循环物料一起送回锅炉燃烧室内燃烧，产热发电，从而实现热、电、气三联产。

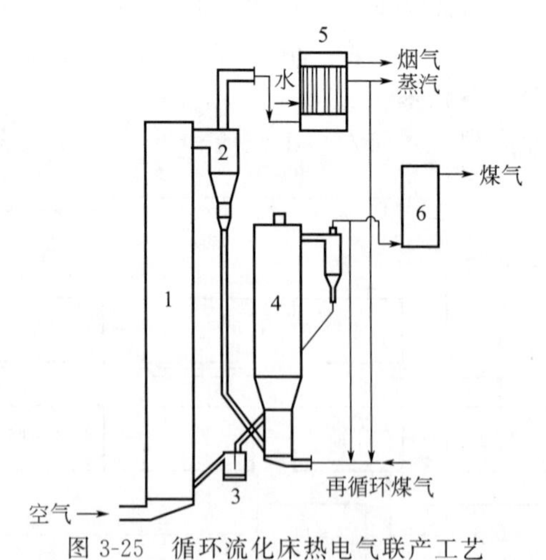

图 3-25　循环流化床热电气联产工艺

1—燃烧室；2—旋风分离器；3—返料阀；4—气化室；5—冷凝器；6—储气罐

神木红柳林煤 1MW 热解试验数据如下：热解温度 654℃，煤气产量 $0.11m^3/kg$ 煤，煤气密度 $0.78kg/m^3$，煤气产率 8.5%，焦油产率 9.98%，燃烧炉底渣含碳量约 0.78%，飞灰含碳量约3.4%，煤气成分见表3-35。

表3-35　煤气成分表（体积分数）

H_2/%	CH_4/%	CO/%	CO_2/%	C_2H_4/%	C_2H_6/%	C_3H_6/%
23.97	30.33	11.52	9.53	3.33	4.88	2.02

C_3H_8/%	O_2/%	N_2/%	H_2S/(mg/m³)	NH_3/(mg/m³)	Q_{net}	
					MJ/m³	kcal/m³
0.73	0.47	3.01	1195	90.4	22.5	5.38

注：1kcal=4.1868kJ。

浙江大学以循环流化床固体热载体供热的流化床热解技术为基础，与淮南矿业集团合作开发的12MW示范装置于2007年8月完成72h的试运行，获得了工业试验数据。该工艺的热解器为常压流化床，用水蒸气和再循环煤气为流化介质，运行温度为540～700℃，粒度为0～8mm的煤经给煤机送入热解气化室，热解所需要的热量由循环流化床锅炉来的高温循环灰提供（循环倍率20～30），热解后的半焦随循环灰送入循环流化床锅炉燃烧，燃烧温度为900～950℃。

12MW工业示范装置的典型结果为：热解器加煤量10.4t/h，焦油产量1.17t/h，煤气产量1910m³/h，煤气热值23.11MJ/m³，所得焦油中沥青质含量为53.53%～57.31%。

3.3.3.7　旋转床

（1）神雾无热载体蓄热式旋转床热解工艺

该工艺由神雾集团开发，工艺流程如图3-26所示。蓄热式热解工艺由4个单元组成：原煤预处理单元、旋转床热解单元、油气冷却及油水分离单元、熄焦单元。

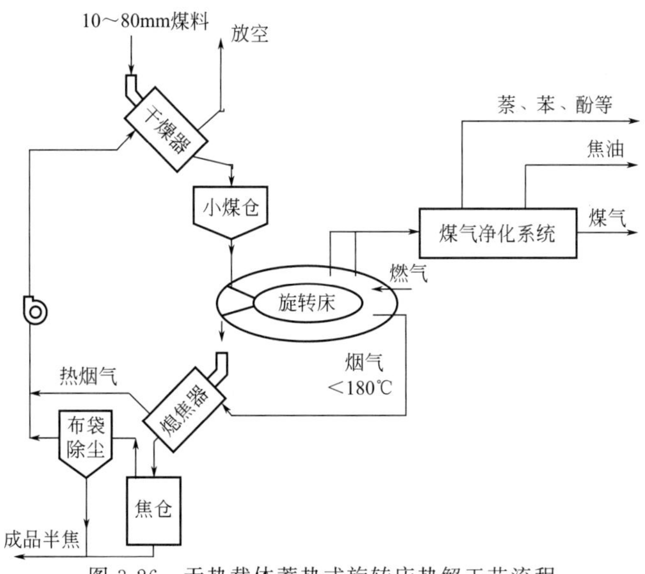

图3-26　无热载体蓄热式旋转床热解工艺流程

旋转床式干馏炉核心结构特征为环形移动床，粒度为10～80mm的原料煤经过预处理后，进入煤仓，通过布料装置装入旋转床干馏炉内，均匀铺放在炉底上部。炉底机械带动炉底连续转动，铺在炉底上部的料层随炉底转动，依次经过炉子的预热段、升温段和提质段，最终被加热到550～650℃完成干馏反应。高温油气从炉膛顶端或侧面多个出口快速排出，汇集后送往油气冷却系统和油水分离单元，由于油气在炉膛内停留时间很短，所以可以保证焦油的高产率。从油水分离罐分离出的高浓度污水送入污水焚烧系统焚烧或生化处理后作为制作水焦浆用水。半焦由出料装置卸出炉外，进入喷雾熄焦冷却装置进行冷却，热交换后的热蒸汽作为原料煤烘干或生产蒸汽的热源，冷却后的半焦输入焦仓。

该技术已建成 3t/h 的中试装置，焦油产率 9.79%，半焦产率 72.06%，煤气产率 11.06%，有效气组分超过 82%。

(2) LCC 热解工艺

该技术由大唐华银电力公司与中国五环工程有限公司联合开发，主要过程分为 3 步：干燥、轻度热解和精制。其基本原理是将煤干燥、煤干馏和半焦钝化技术相耦合，将含水量高、稳定性差和易自燃的低阶煤提质成为性质稳定的固体燃料（PMC）和高附加值的液体产品（PCT）两种新的能源化工产品。

工艺流程见图 3-27。原料煤在干燥炉内被来自干燥热风炉的热气流加热脱除水分。在热解炉内，来自热解热风炉的热循环气流将干燥煤加热，煤发生轻度热解反应析出热解气态产物。在激冷盘中引入工艺水迅速终止热解反应，固体物料输送至精制塔，预冷却后与增湿空气发生氧化反应和水合反应得到固体产品 PMC。

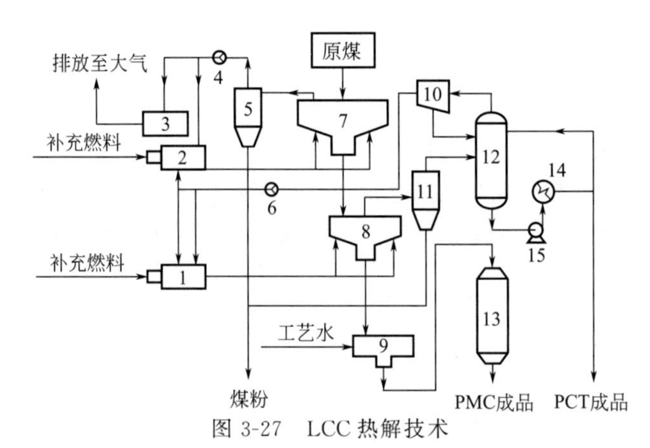

图 3-27 LCC 热解技术

1—热解热风炉；2—干燥热风炉；3—烟气脱硫；4—干燥循环风机；5—干燥旋风除尘器；6—热解循环风机；7—干燥炉；8—热解炉；9—激冷盘；10—PCT 静电捕集器；11—热解旋风除尘器；12—激冷塔；13—精制塔；14—PCT 冷却器；15—激冷塔循环泵

从热解炉出来的气态产物经旋风除尘后进入激冷塔，塔顶出来的不凝气体进入电除雾器，气体中夹带的 PCT 被捕集下来，并回流至激冷塔。冷凝下来的 PCT 经换热器冷却后，大部分返回激冷塔，剩余部分为初步的 PCT。从 PCT 静电捕集器出来的不凝气一部分作为热解炉的循环气体，剩余部分作为一次燃料。干燥炉出来的烟气经旋风除尘后大部分循环，小部分经脱硫后排放。

利用该技术，大唐华银公司在内蒙古锡林浩特市建成了年处理原煤 30 万吨的示范装置，运行期间煤焦油产率平均为 3.05%，半焦产率平均为 49% 左右，半焦发热量由原煤的 3400kcal/kg 提高到 5900kcal/kg 以上。

3.3.3.8 气流床

(1) 低阶粉煤气固热载体双循环快速热解（SM-SP）技术

该技术由陕西煤业化工集团有限责任公司上海胜帮化工技术股份有限公司（简称陕煤胜

帮公司）自主研发，主要借鉴了催化裂化技术的工艺原理，采用提升管反应器进行粉煤热解反应，通过流化床烧炭器和热载体循环提供反应所需热量，经油气分馏过程实现产品分离制取。该技术以循环粉状半焦为热载体，使粉煤在提升管内与热载体充分混合接触后快速反应实现煤的热解。粉煤热解产生的部分焦粉在流化床烧炭器内进行燃烧加热热载体，为热解反应提供热量。热解油气经激冷塔降温减少二次反应，通过分馏技术分离制取轻焦油、中焦油、重焦油和煤气产品。

SM-SP 工艺主要分 4 个单元：a. 原料存储加料单元。粉煤原料由槽罐车送至试验现场后，经氮气提升、旋风分离后，送至原料罐储存。加料时，粉煤经锁斗加压后，进入加料罐。加料罐底部装有叶轮加料机，保证系统密封与连续稳定进料。b. 气固热载体双循环热解单元。煤粉经叶轮加料机进入煤气循环管道，与由煤气风机来的循环煤气预混合，再与来自烧炭器中的粉焦热载体充分混合后进入热解反应器，煤粉在提升过程中与气固热载体充分换热，完成快速完全热解。热解产物进入气固分离单元分离出热解油气和粉焦。循环粉焦进入烧炭器，与主风机鼓入的空气进行贫氧不完全燃烧，释放的热量用于加热粉焦热载体，粉焦热载体经控制进入煤气循环管道，提供热解反应热量。烧炭器烟气经发生蒸汽回收热量后排入火炬系统。c. 气固分离及干熄焦单元。热解产物由热解反应器顶部进入高效气固分离器，通过分离条件控制快速分离出粉焦，撤出热量来源，避免焦油二次裂解。分离出的油气进入油气分离单元进一步分离。分离出的粉焦大部分作为固体热载体循环至烧炭器，富余部分经冷却发生蒸汽后作为粉焦产品产出，实现环保干熄焦。d. 气液分离单元。由气固分离单元来的热解油气进入激冷塔下部，与塔顶喷淋的循环焦油充分逆流换热，对热解焦油进行回收，回收的焦油送出装置；经激冷塔冷却后的热解油气再进入分馏塔底，与分馏塔内的循环焦油充分传热传质，进一步回收热解气中的焦油。分馏塔底收集的焦油经换热后，分别用于分馏塔自循环和激冷塔循环喷淋。分馏塔顶分离的热解煤气经煤气压缩机升压后一部分作为循环煤气进入循环煤气管道，另一部分作为产品煤气输出界区。

SM-SP 工艺流程见图 3-28。

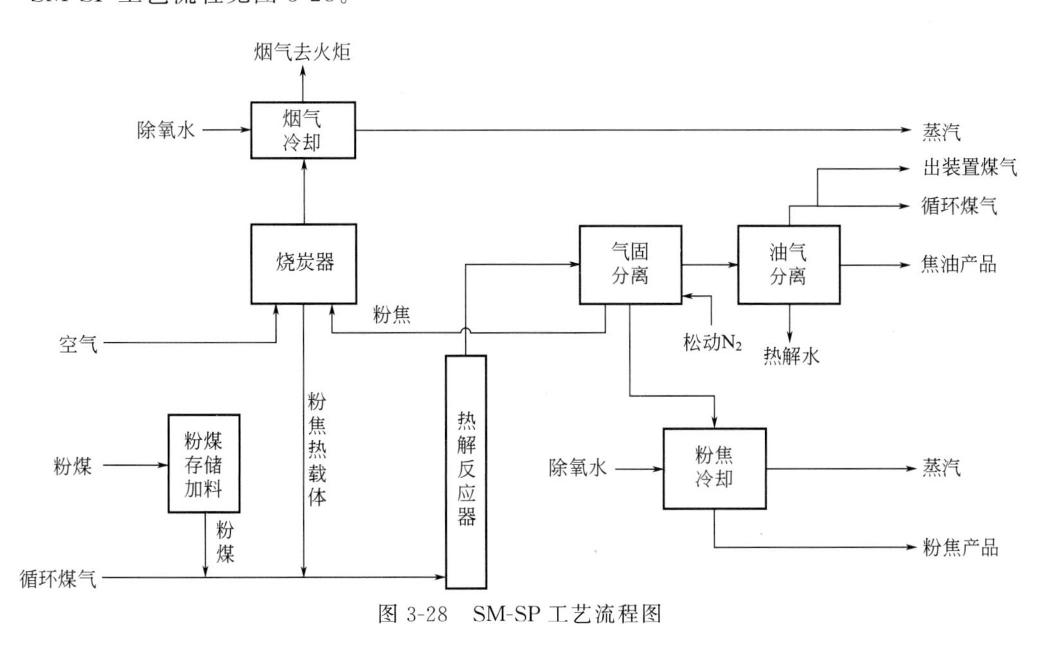

图 3-28　SM-SP 工艺流程图

该技术自2011年3月开始研发，先后历经了小试实验、中试研究、万吨级工业试验，攻克了粉煤热解反应器放大、系统稳定运行、焦油收率提升、高温气固分离等行业难题，目前120万吨/年工业示范装置已建成投运。该技术煤焦油产率达17.11%（格金干馏收率的155%），能源转化效率达89.97%，粉焦产率63.24%。

(2) 输送床粉煤快速热解技术

该技术由陕西煤业化工技术研究院有限责任公司、西安建筑科技大学共同开发，主要由备煤、热解、气固分离、焦油回收、干法熄焦及余热回收等单元组成，工艺流程见图3-29。原煤经立磨磨制成粉煤，熄焦后的惰性气体将粉煤预热后经加料器喂入热解反应器，然后被来自热风炉的高温气体快速加热，瞬间热解，产生气态产物和固体半焦。热解反应器内气固同向流动，热解荒煤气经深度除尘后进入焦油回收系统，回收焦油和煤气。高温高效分离单元分离出的半焦进入干法熄焦及余热回收系统，用惰性气体作为冷却介质，回收余热后的惰性气体显热，用作煤粉预热的热量。

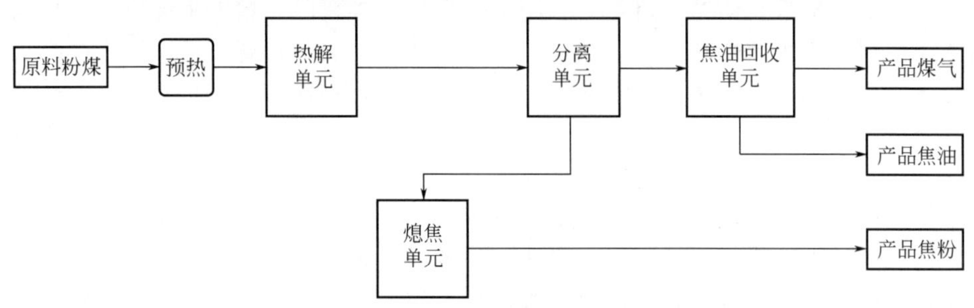

图3-29 输送床粉煤快速热解工艺流程

目前该技术已完成万吨级工业化试验，正在进行系统优化升级改造工作。

3.3.3.9 带式炉热解工艺

带式炉由北京柯林斯达科技发展有限公司开发，以此为基础，陕西煤业化工集团联合柯林斯达公司开发了气化-低阶煤热解一体化（CGPS）技术。该技术是较早开展热解与气化过程耦合探索的技术之一，以粒煤（3～25mm）和成型粉煤（0～3mm）为原料，通过低阶煤的热解和粉焦或粉煤常压气化的有机耦合，在中低温条件下（500～800℃），将煤中有机挥发组分提取出来，制备煤焦油、半焦、热解煤气的成套新技术。充分利用了气化气显热，将其作为带式炉热解的热源，实现煤气化、热解两种工艺高效耦合，进一步提高整个系统的能源效率，热解气品质高，工艺流程见图3-30。

由备煤系统输送而来的原料煤经分级布料进入带式热解炉，依次经过干燥段、低温热解段、中温热解段和余热回收段得到清洁燃料半焦；干燥段湿烟气经冷凝水回收装置净化回收其中水分后外排；带式热解炉热源来自粉焦常压气化高温合成气显热，热解段煤层经气体热载体穿层热解产生荒煤气，荒煤气经焦油回收系统净化回收焦油后得到产品煤气，部分产品煤气返回带式炉余热回收段对炽热半焦进行冷却并回收其显热，随后进入气化炉与高温气化气调温后一起作为带式炉热解单元的气体热载体。

该技术已建成万吨级工业试验装置，热解炉进煤量1.25t/h，半焦产率57.84%，煤气产量309.17m^3/t（煤），干基焦油产率9.07%，煤气成分见表3-36。

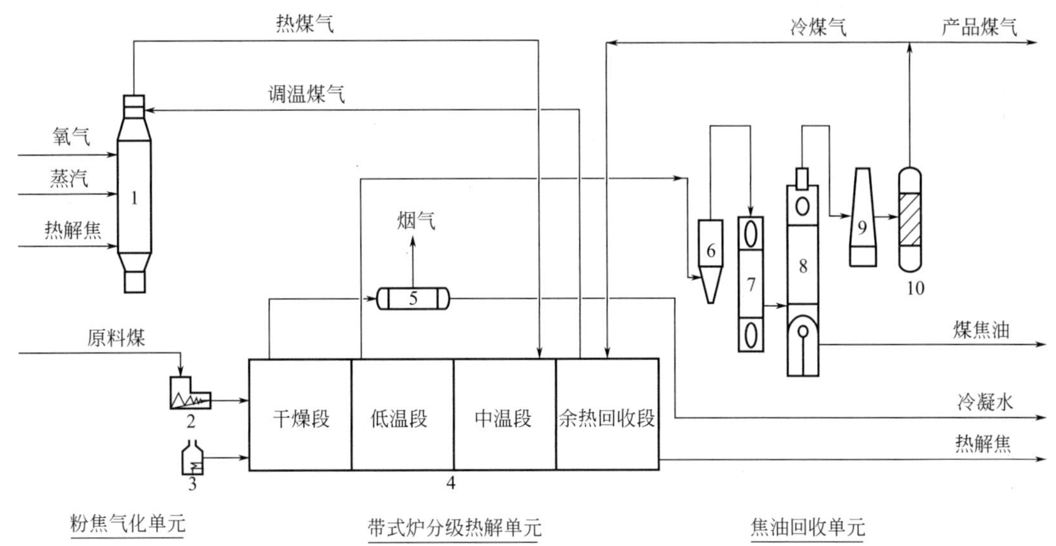

图 3-30　气化-低阶煤热解一体化（CGPS）技术工艺流程

1—气化炉；2—分级布料器；3—热风炉；4—带式炉；5—冷凝水回收系统；6—油洗喷淋塔；7—油洗间冷塔；8—电捕焦油器；9—终冷器；10—除雾器

表 3-36　煤气成分表　　单位：%（体积分数）

CO	CO_2	CH_4	H_2	O_2	H_2S	C_mH_n	其他	合计
40.91	11.14	8.86	30.95	0.01	0.12	1.01	7.00	100.00

3.3.4　油气除尘

先进的小粒煤、粉煤热解技术工程化问题的瓶颈，在于高温含油热解气除尘。

在煤热解过程中，为了获得高附加值油气产品，需要在原料煤热解后对产出的高温油气进行除尘，进而回收洁净的焦油和热解气。由于小粒煤、粉煤热解过程中会有大量的细粉尘夹杂在高温热解煤气中，若不经过除尘或除尘效率低，则在回收焦油和热解气的过程中必然造成管道腐蚀、堵塞，焦油、热解气含尘量大难以利用，整体热解工艺经济性严重下滑，不具有可行性。因此，油气除尘是实现热解煤气资源合理利用必不可少的关键技术。

3.3.4.1　除尘机理

煤气除尘的方法多种多样，但是利用的除尘原理不尽相同，适用的场合和除尘效果也不一样，简单来说，大致分为四类。

（1）粉尘重力分离机理

该机理是利用粉尘自身的重力，将粉尘从缓慢的气流中进行自然沉降。该方法是一种最简单也是效果最差的方法，主要原因在于气体介质在重力除尘器中处于湍流状态，粉尘即使在除尘器中停留较长时间，也无法满足煤气中细微粒度粉尘的完全沉降。该方法主要适用于直径大于 100～500μm 的粉尘颗粒。

（2）粉尘离心分离机理

粉尘离心分离机理主要是通过气体介质快速旋转，将煤气中的粉尘颗粒达到极大的径向速度，从而使粉尘得到有效的分离，通常是在旋风除尘器中实现。但是，除尘器的直径一般要小，否则很多粉尘由于在除尘器中停留时间太短而不能到达器壁。一般来说，在直径约1～2m的旋风除尘器中，可以有效地脱除直径大于10μm以上的粉尘颗粒。当处理气体流量较大时，要求使用大尺寸的旋风分离除尘器，而这些除尘器效果较差，只能脱除粒径大于70～80μm的粉尘颗粒。对需要分离粒径较小的粉尘的场合通常需要更小直径的旋风除尘器，以尽可能提高粉尘的极大径向速度。

(3) 粉尘惯性分离机理

粉尘惯性分离机理利用的是当气流绕过某种形式的障碍物时，可使粉尘颗粒从气流中分离出来。障碍物的尺寸大小会严重影响粉尘粒子的脱除程度。相对来说，障碍物的横截面尺寸越小，顺障碍物方向运动的颗粒达到其表面的概率越大，越容易被沉降。因此，利用气流横截面积方向上的小尺寸沉降体（例如液滴或纤维等），可实现粉尘颗粒的惯性分离。但是利用该方法时，必须使粉尘颗粒具有较大的惯性行程，也就是说只有当气体具有较大局部速度时方可实现。该方法的另一缺点是，由于障碍物的存在势必给气流带来较大的压力损失。然而，较高的粉尘捕集效率可补偿这一缺点。

(4) 粉尘静电分离机理

粉尘静电分离机理主要利用电场与带电粒子之间的相互作用。因此，利用该方法的前提条件是：a. 粉尘粒子荷电，也可以通过把含尘气体注入同性电荷离子流的方法使粉尘粒子带电；b. 为了产生使荷电粒子从气流中分离的力，必须要有电场。顺着含尘气流运动路径设置的异性电极的电位差则会形成电场。在直接靠近积尘电极的区域时，由于在其余气流体积内存在强烈的脉动湍流，使得这些力的作用显示得更加充分。

由于荷电粒子受到的静电力比较小，所以利用静电力实现粉尘分离时，只有使粉尘颗粒在电场内长时间停留才能达到高的除尘效率，这也决定了静电除尘装置一般尺寸较大。但是，静电除尘装置不会造成很大的压力损失，可用来处理温度达400℃的气体，在特殊情况下甚至可以处理温度更高的气体。

3.3.4.2 除尘技术

基于上述除尘机理，目前开发的除尘技术主要有工艺除尘技术、重力除尘技术、旋风除尘技术、离心湿式除尘技术、湿法除尘技术、袋式除尘技术、高性能阻挡式过滤除尘技术、电除尘技术等。

(1) 工艺除尘技术

工艺除尘技术所用原理包括颗粒物的惯性碰撞、吸附、重力沉降、静电等。对于块煤以及小粒煤，由于其本身颗粒的状态，适合在固定床或移动床中将其设计为颗粒床层。热解反应发生后，原料煤中的细粉及崩裂的煤粉夹杂在热解所产生的热解气或气体热载体中，热解气外排出热解反应器的过程中，必然经过颗粒床层，从而实现气体净化。工艺除尘具有颗粒床除尘的众多优势，如抗堵性能好、过滤效率高、压降可控等，同时避免了颗粒床除尘的劣势。由于颗粒床层本身是热解原料，因此无须更换、再生滤料，避免了复杂的机械系统，经济性大幅提升。目前包括陕煤研究院、神木天元公司、龙成集团等多家企业已经申请了工艺除尘技术的专利。

(2) 重力除尘技术

重力除尘技术是利用尘粒的重力作用将固体颗粒从气流中分离出来。过程通常是，向下流动的气体突然进入大空间内，使得气体流速变缓，而固体颗粒在惯性作用下继续前进，最后大颗粒达到容器底部被保留下来，小颗粒则被上升气流夹带出除尘器。该技术的优点是设备结构简单、阻力损失小、安全可靠、寿命长、运行费用低等；缺点是一般用于分离较大直径的颗粒，除尘器体积庞大、造价高、除尘效率低（约为50%）。

（3）旋风除尘技术

旋风除尘技术是利用离心作用将固体颗粒从气体中分离出来的一种方法。该除尘器一般安装在重力除尘器后，用于分离直径较小的颗粒，除尘效率比重力除尘器略高，约为60%。

旋风除尘器分切向进气和轴向进气两种。其中，切向进气型旋风除尘器具有结构简单、安全可靠、阻力损失小、运行费用低等优点，但体积庞大、除尘效率受温度影响较大；而轴流式旋风除尘器可用于煤气粗除尘，分离直径较小的颗粒，其除尘效率（85%以上）高于切向进气型除尘器，但阻力损失略高于切向进气型旋风除尘器。

（4）离心湿式除尘技术

离心湿式除尘技术是利用离心和水膜吸附相结合，脱除尘粒的一种方法。具体是将含尘的气体以切线的方向进入除尘器，在离心力作用下尘料被甩向筒壁并被壁上的水膜所吸附，流至除尘器底部；而净化气则沿筒壁做旋转上升，从除尘器顶部出来进烟囱放空。该除尘器优点是采用虹吸管排污，不需要定时清理除尘器内的灰尘，除尘效率达90%以上，但用水量大，水资源浪费严重。

（5）湿法除尘技术

湿法除尘也称为洗涤式除尘，主要是通过含尘气体与水（或其他液体，如煤焦油）相接触，利用液滴与粉尘粒间的惯性碰撞、拦截和扩散等作用，将尘粒从气流中分离出来。对于煤气的净化除尘，可采用气流雾化和压力雾化两种方式进行雾化。湿法除尘技术可分为文丘里管洗涤除尘技术、环缝洗涤除尘技术和旋转洗涤除尘技术。

湿法除尘具有较高的除尘效率（88%～99%），可除掉0.1μm以上的粉尘颗粒，结构简单，操作方便，而且还可除去如二氧化硫等有害气体，但耗水量大，除尘后需处理污水，防止二次污染。此外，容易受酸碱气体腐蚀；能耗大，天气寒冷时需考虑防冻等。

（6）袋式除尘技术

袋式除尘器是指利用过滤原理，将气流中的粉尘捕集的一种方法，主要通过过滤和清灰两个过程交替进行。在过滤阶段，含尘气体首先经过清洁滤料，此时纤维层主要起过滤作用，其过滤效率受制于纤维特性和微孔结构。随着过滤的进行，大部分粉尘被阻留在滤料表面形成粉尘层，部分细粉尘渗入滤料内部，这时粉尘层起主要过滤作用，过滤效率得以显著提高。对于工业用袋式除尘器，除尘的过滤效应主要是借助于粉尘层的作用。

根据清灰方式的不同，袋式除尘器可分为反吹风袋式除尘器和脉冲袋式除尘器。其中，前者采用净煤气加压反吹清灰或净煤气调压反吹清灰，后者采用低压氮气脉冲清灰或净煤气脉冲清灰。相对来说，脉冲袋式除尘技术具有除尘效率高、布袋寿命长、操作简单、系统稳定、占地面积小等优点。

（7）高性能阻挡式过滤除尘技术

高温除尘可为最大程度地利用煤气显热、化学潜热和动力能等提供条件，成为研究的重要方向。高性能阻挡式过滤除尘技术主要用于高温煤气的除尘，可分为陶瓷过滤除尘技术、移动颗粒床过滤除尘技术和金属过滤除尘技术。

陶瓷过滤器主要是利用陶瓷材料的多孔性进行除尘，是将吸附、表面过滤和深层过滤相结合的一种过滤方式，可去除粒径大于5μm的粉尘，除尘效率达99%以上。移动颗粒床过滤除尘技术主要是利用移动颗粒床过滤器，将经粗除尘后的热煤气与颗粒层的移动形成逆流，经过颗粒层净化后从洁净气出口管排出。该技术优点在于：适用于高温高压煤气的精除尘，除尘效率高达99%以上，并且对气体和灰尘性质不敏感，可连续运行等。但对微细颗粒脱除效果有待于进一步提高，床层颗粒磨损及堵塞等同样是需要考虑的问题。但是与陶瓷过滤器相比，移动颗粒床过滤除尘技术更具优势。金属微孔材料主要有金属烧结丝网、金属纤维毡和烧结金属粉末等不同结构形式，同样具有较高的除尘效率（99%）。例如，310S烧结金属丝网和FeAl烧结金属粉末过滤材料对于直径为10μm粉尘的过滤效率大于99.5%。

（8）电除尘技术

电除尘器的工作原理是以放电极（电晕极）为负极，集尘极为正极，在两极间接入高压直流电源，当通过电晕极引入高压静电场强度达到某一值时，电晕极周围形成负电晕，气体分子被电离产生了大量的正、负离子。其中，正离子被电晕极中和，而负离子和自由电子则向集尘极转移，并与粉尘粒子发生碰撞并吸附在尘粒上，从而使粉尘荷电。在电场的作用下，粉尘很快到达集尘极，并沉积在集尘板上，同时释放出负电荷。清灰过程主要通过机械“振打”等方式使积在极板上的粉尘落入灰斗。电除尘具有压力损失小（压降一般为200～500Pa）、烟气处理量大、能耗低、捕集效率高（99%），甚至还可处理高温或强腐蚀性气体等优点。缺点是：电极易腐蚀、高温下维持稳定的电晕困难、对粉尘和气体成分等性质较为敏感、一次性投资高等。

当前，诸多单位在开发新型热解技术的过程中，逐渐形成了以工艺除尘、旋风除尘、精细除尘为基础的组合式除尘工艺路线。

3.4 焦油回收与热解气利用

焦油回收与热解气利用技术已在尚建选等[35]的专著中进行了详细论述，以下对部分重点内容进行简要补充。

3.4.1 焦油回收技术

焦油回收技术通常采用间-直冷-电捕相结合的工艺流程。

3.4.1.1 焦油水洗技术

当前已工业化的热解工艺中，大部分配套焦油水洗回收技术。

从热解工段出来的荒煤气经过上升管、桥管后进入集气槽。在桥管、集气槽处用热循环氨水进行一次喷洒洗涤，之后进入初冷塔利用循环氨水再次进行洗涤，洗涤后的焦油、氨水混合液从初冷塔底部自流到焦油氨水分离工段。初步冷却后的煤气由初冷塔依次进入横管冷却器、捕雾器、电捕焦油器进一步脱除焦油和粉尘。横管冷却器底部凝液、捕雾器底部凝液、电捕焦油器脱除的凝液与风机冷凝液均自流至水封溢流罐并进一步送至焦油氨水分离工段。

顾全文[36]对低温干馏炉焦油回收工艺进行了改进，把干馏炉出口高温煤气先引入高效旋风除尘器进行干法除尘，除尘效率达到80%～95%。除尘后的煤气再用循环水喷洒，冷凝下来的焦油灰分含量低，品质好。改进后的净化工艺过程如图 3-31 所示。

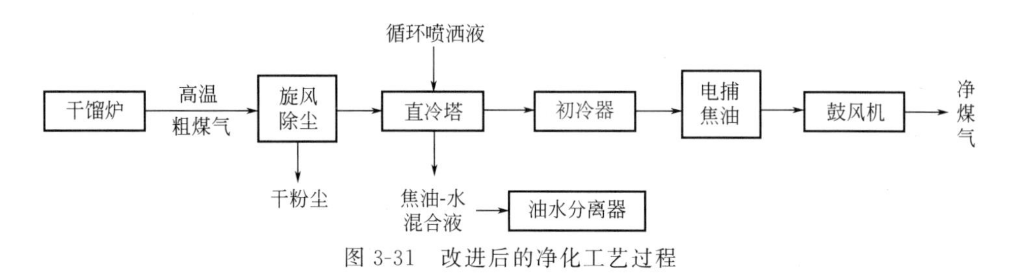

图 3-31　改进后的净化工艺过程

焦油回收技术除了对焦油回收工艺流程进行改进外，还有对焦油回收装置的改进，主要是为了提高焦油回收的比例[37]。例如，图 3-32 所示的焦油回收设备，通过设置承载板、水箱、蒸馏箱、过滤箱、排气管、电捕焦油器、回收箱、支撑板、泵体、吸水管、排水管、管道、喷头、斜板、进水管、导流板、安装座、加热丝、第一排油管、阀门、第二排油管、蒸汽管、挡板、加水口、出气管和进气管的相互配合，可以解决现有的回收装置回收效率低的问题。

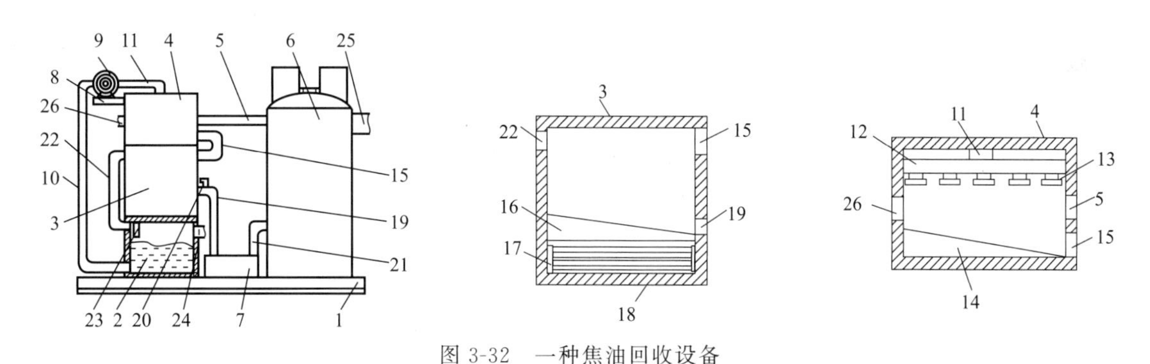

图 3-32　一种焦油回收设备

1—承载板；2—水箱；3—蒸馏箱；4—过滤箱；5—排气管；6—电捕焦油器；7—回收箱；8—支撑板；9—泵体；10—吸水管；11—排水管；12—管道；13—喷头；14—斜板；15—进水管；16—导流板；17—安装座；18—加热丝；19—第一排油管；20—阀门；21—第二排油管；22—蒸汽管；23—挡板；24—加水口；25—出气管；26—进气管

焦油水洗回收工艺虽然能够将热解煤气冷却到适当温度，但是该过程有如下显著的缺点：第一，煤气冷却和焦油回收过程中产生大量高浓度有机废水，环境污染严重；第二，煤气冷却和焦油回收过程中热解煤气所携带的大量显热被白白浪费，无法合理高效回收该部分的热量，因此，采用氨水喷淋直接快速急冷煤气的煤热解工艺热效率较低；第三，目前热解工业中焦油回收所得焦油夹带着大量的热解水，后续油水分离难度大，加工成本高[38]。

焦油的产率和产量对企业的生存至关重要[39]。未来焦油回收技术的改进主要集中在减少水的消耗，提高煤焦油的回收效率和品质，减少废水产生等方面，其中焦油油洗技术是重要发展方向。

3.4.1.2　焦油油洗技术

为了克服传统焦油回收工艺的缺点，提高焦油回收效率及焦油回收系统的稳定性，采用有机类吸收剂回收焦油的工艺，其基本原理是利用有机类吸收剂和焦油的同质相容性，提高对焦油的吸收能力，从而降低热解气中焦油的露点，避免堵塞，确保焦油回收系统的稳定，同时避免大量含酚废水带来的污染。相关试验结果表明，以系统自产焦油为吸收剂对热解气中焦油进行同质吸收，可将热解气中重烃完全脱除，回收大部分轻焦油，将热解气中焦油露点降低至 25℃，极大提高了焦油回收系统的稳定性，同时大量减少焦油回收系统废水的产生。

陈静升等[40]认为应用澄清槽内的焦油对除尘后的荒煤气在塔内实现精制，如图 3-33 所示，其为一种热解荒煤气除尘和油冷回收焦油流程。热解荒煤气依次进入颗粒床除尘器和电除尘器，除去热解煤气中夹带的大颗粒粉尘和细粉尘。除尘后的热煤气从下部进入焦油精制塔，与来自于焦油槽的焦油直接逆流接触换热，换热后焦油温度升高，焦油中夹带的液态水转化为气态形式的水蒸气，随煤气从焦油精制塔顶部排出，焦油被进一步除水精制后通过焦油精制塔焦油出口排出。焦油精制塔出来的热煤气从顶部进入煤气冷却塔，热煤气在煤气冷却塔管程中被上部喷淋的焦油冷却，煤气中大部分焦油和热解水冷却析出，同时管程中上述介质的热量又被壳程中的循环冷却水及时移走，捕集的油水混合物从煤气冷却塔底部排出。从煤气冷却塔下部出来的煤气从下部进入电捕焦油器，进一步捕捉煤气中携带的焦油雾和水雾后，经风机输送到界外。煤气冷却塔和电捕焦油器捕集的油水混合物进入焦油沉降池，进行初步分离，热解水从焦油沉降池的水出口排出，焦油从焦油沉降池的焦油出口送到焦油槽，焦油槽中的焦油通过焦油泵一部分送入煤气冷却塔，其余送入焦油精制塔进一步脱水精制。

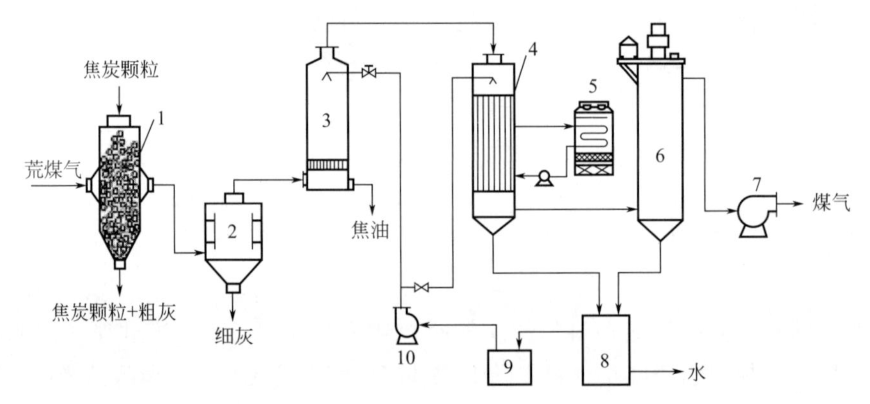

图 3-33　热解荒煤气除尘和油冷回收焦油流程

1—颗粒床除尘器；2—电除尘设备；3—焦油精制塔；4—煤气冷却塔；5—空冷循环水装置；6—电捕焦油器；7—风机；8—焦油沉降池；9—焦油槽；10—焦油泵

杜少春[38]研发的焦油回收流程省去了荒煤气除尘器。其基本流程为热解荒煤气首先从喷淋塔底部进入，经气体分布板实现荒煤气在喷淋塔内的均匀分布，煤焦油从喷淋塔顶部入口进入喷淋塔，经塔体上部设置的循环焦油喷头实现焦油的喷淋，使焦油与荒煤气逆流接触，达到荒煤气冷却除尘的作用。初步冷却及除尘后的荒煤气从喷淋塔的顶部导出，进入初冷器的顶部，与来自于循环水制冷系统的制冷水顺流间接换热使荒煤气进一步冷却，荒煤气走壳程，制冷水走管程，冷却后的荒煤气从初冷器的底部管路引出，升温后的制冷水从初冷器的底部流出，进入循环水制冷系统，荒煤气冷凝过程中产生的油水混合物从初冷器底部进入油水分离槽。从初冷器出来的荒煤气从顶部进入电捕焦油器，从电捕焦油器底部引出，荒煤气在电捕焦油器中实现荒煤气夹带煤焦油的进一步捕集，捕集的油水混合物从煤气冷却塔底部排出进入油水分离槽。从电捕焦油器引出的荒煤气，经风机输送到界外进一步净化处理。

陕煤集团基于在焦油回收领域的多年实践，探索出煤焦油油洗分馏工艺，工艺流程见图3-34。

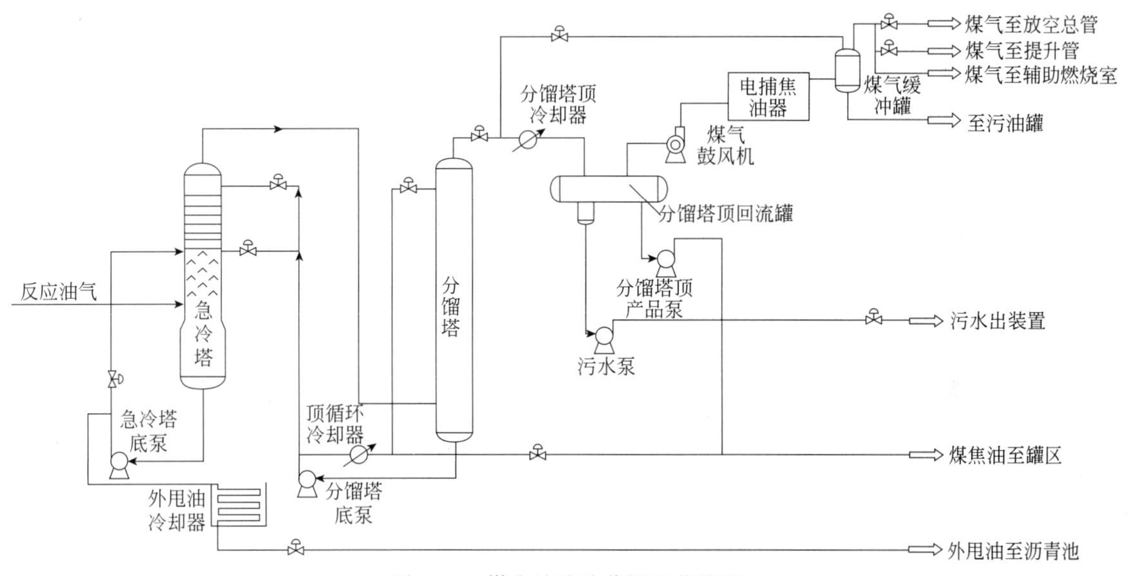

图 3-34 煤焦油油洗分馏工艺流程

由气固分离器来的高温油气首先进入急冷塔下部，与来自分馏塔塔底的循环重油逆流接触脱过热，洗涤反应油气中的粉尘，使油气呈饱和状态进入分馏塔下部进行分离。焦油自急冷塔经急冷塔底泵升压后，大部分作为回流返回至急冷塔，少部分作为产品外送至焦油罐。分馏塔塔顶油气经分馏塔顶冷却器后进入分馏塔顶回流罐进行气液相分离。分离出的轻油由分馏塔顶产品泵抽出后送出装置进入罐区。煤气经电捕焦油器分离液滴后进入煤气压缩机，经过煤气压缩机升压后大部分作为循环煤气进入反应器提升物料，富余部分送出装置。分馏塔多余的热量由塔底循环油循环回流取走。循环油自分馏塔底经分馏塔底泵抽出后，部分作为急冷油进到急冷塔循环使用，其余经水冷器冷却后作为循环油送至分馏塔顶部。

装置改进方面，张建鑫等[41]发明的一种一体式荒煤气及煤焦油净化分离装置，包括常压段筒体和负压段筒体，常压段筒体的下端设有伸入常压段筒体内的荒煤气输入管，荒煤气输入管中设有煤焦油喷头；荒煤气输入管的上方依次设有煤焦油喷淋管、抗堵塔盘及凝油器，煤焦油喷头和煤焦油喷淋管的流体输入端分别与第一煤焦油输入口和第二煤焦油输入口相连通；常压段筒体底部通过导流板与含尘煤焦油出口相连；负压段筒体内设有波纹导流换热斜板，波纹导流换热斜板的上端固定于负压段筒体的内侧壁上，并使波纹导流换热斜板的下端与负压段筒体内侧壁之间设有流体通道。该设备在给荒煤气除尘降温的同时解决了含尘煤焦油难处理的问题，提高了煤焦油的产率。

目前中低温热解焦油油洗工艺已经应用于大唐华银、神木天元、榆林化学等多个工业化示范项目。

3.4.2 热解气净化与分质利用

中低温热解工艺的热解煤气典型组分中含有大量 CH_4、H_2、CO 以及 C_2～C_4 等有用组分，有效组分含量高达 50％～90％[42]，同时，热解气中也含有部分杂质，需对热解气进行净化再加以利用，热解气净化最重要的过程有两个，即除尘过程[43]和脱硫过程。油气除尘上文已论述，下文针对脱硫过程进行重点介绍。

3.4.2.1 热解气的脱硫技术

热解气中硫含量的多少主要取决于原料煤中的硫含量，在热解过程中约 30％～35％的硫以无机物和有机物的形式进入煤气。无机硫主要以 H_2S 和 SO_2 的形式存在，有机硫主要以硫醚、噻吩的形式存在。根据热解气用途的不同，对煤气中的硫和氰化物的含量、硫回收形式以及脱硫工艺也各不相同。热解煤气脱硫工艺可根据工作环境分为干法脱硫和湿法脱硫两类。湿法脱硫主要用以脱除无机硫，干法脱硫主要用以脱除有机硫。当热解气用作化工原料时，通常将两者结合起来使用，才能达到预期的脱硫目标。

常见干法脱硫技术有活性炭法、氧化铁法、氧化锌法、钴钼加氢串氧化锌法等，其中钴钼加氢串氧化锌法脱硫效果最优越，其脱硫过程中，气态有机硫经钴钼加氢几乎全部转化为 H_2S，再经氧化锌法脱除 H_2S，煤气中 H_2S 含量最低降至 0.1×10^{-6}以下。煤气干法脱硫精度高，常作为末端处理进行深度脱硫，已广泛应用于焦炉煤气等深加工的精脱硫。当前的干法脱硫技术面临脱硫剂硫容有限和回收再生困难等问题，需要进一步研发资源化利用的新途径[44]。

湿法脱硫还可进一步分为湿法吸收（物理法）和湿法氧化法（化学法），低温甲醇洗为典型的物理法，改良斯淳梯福特法（Stretford）法［又称蒽醌二磺酸钠（ADA）法］、栲胶法、HPF 法、真空碳酸盐法、氨水脱硫法等为典型的化学法。国内煤化工脱硫项目约 75％采用湿式氧化法，20％采用湿式吸收法，5％采用干法脱硫[45]。

上述脱硫法中，栲胶法与改良 ADA 法原理及过程相同，栲胶法是对改良 ADA 法的改进，脱硫效果与改良 ADA 法相当，但运行费用降低，且解决了改良 ADA 法中硫黄堵塔的问题。HPF 法以氨为碱源进行脱硫，催化剂在脱硫和再生过程中均具有催化作用，由于该法不需外加碱源，催化剂用量少，对环境污染小，在国内焦化厂应用甚广；真空碳酸钾法脱硫效率高，废液产生量小，由于投资成本高，仅在少数厂家有应用。

3.4.2.2 热解气的分质利用

热解气利用不仅是低阶煤分质利用的重要方式，也是节能减排的必要途径。按煤料加工的质量转换计算，现已运行的内热式直立炉所产煤气是仅次于兰炭的热解产品，每吨兰炭可副产 1400 多立方米的热解煤气。这些热解煤气经煤气净化工段净化和冷却后回炉燃烧使用约占煤气总量的 50％外，每生产 1t 兰炭还富余 700 多立方米的热解煤气。目前我国兰炭产量约为7000万吨，每年由此而产生的数百亿立方米热解煤气的综合利用已经成为热解产业必须关注的问题。同时，随着粒煤、粉煤热解技术的不断突破及固体热载体、气固热载体、热解气化一体化等先进热解技术的不断进步，煤气品质的提升日益受到重视，副产热值高、品质好的热解气成为衡量热解技术优劣的重要指标。因此，针对中低温热解煤气的组成特性，应进一步开发出符合自身特点的应用技术，进而实现高质量煤气高附加值利用，增强低阶煤热解产业的整体竞争力，同时从根本上解决热解尾气放空、焚烧所造成的环境污染。

典型的中低温热解煤气（兰炭干煤气）、新型中低温热解煤气（固体热载体热解干煤气）与高温热解产生的焦炉煤气（炼焦干煤气）成分对比如表3-37[46]所示。

表3-37 中低温热解煤气与高温炼焦煤气成分对比 单位：%（体积分数）

类型	H_2	CH_4	CO	N_2	CO_2	C_mH_n	O_2
炼焦干煤气	58	26	6	4	2.7	2.5	0.8
兰炭干煤气	28	8.8	12	48	2	1	0.2
固体热载体热解干煤气	23	27	14	4	26	5	0.5

注：生产煤种和操作条件不同，煤气成分有些许差异。

典型的兰炭炉煤气中N_2含量占了总量的48%，H_2和CH_4含量只占到28%和8.8%，CO含量大于10%。而固体热载体热解干煤气有效组分相对显著提升。目前，低阶煤热解煤气在发电、制氢、制合成氨，及作为生石灰、金属镁、水泥等工业窑炉的燃料等领域已得到广泛应用，同时在煤气制天然气、制合成油、制甲醇及二甲醚、直接还原铁等领域有着巨大的发展潜力，如图3-35所示[47]。

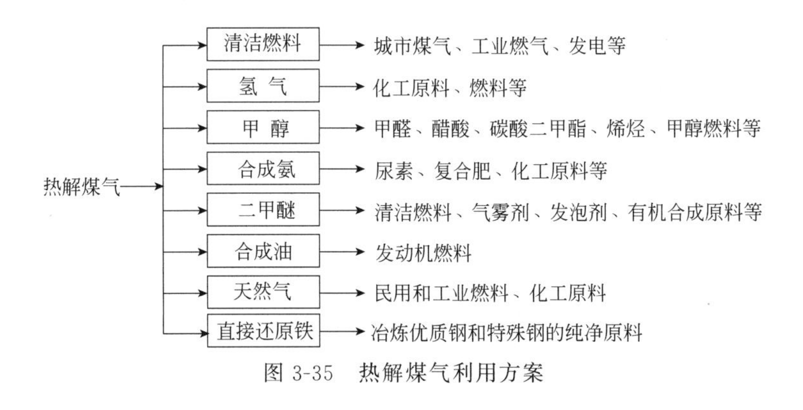

图3-35 热解煤气利用方案

（1）热解煤气生产氢气

氢气是公认的清洁能源，目前有关氢的制备、分配、储存和利用等方面是全世界研究的热点。气候变化问题及近些年来兴起的燃料电池技术催生了“氢能经济”概念，有人甚至主张用氢气全面替代现有的能源供应。随着热解技术的发展，以合成气等还原气氛作为热载体成为热解技术的一个重要发展方向，其重要特征之一就是热解气含氮量低，CO和H_2等有效组分高，而低氮煤气变换制氢工艺技术成熟，成本低廉，可以作为中低温热解煤气利用的有效途径之一。热解煤气制氢工艺流程为：中低温热解煤气脱H_2S后，经过甲烷部分氧化法，将煤气中CH_4转化为CO和H_2，接着煤气进行一氧化碳变换，将煤气中CO转化为

H_2，最后通过变压吸附（PSA）将 H_2 分离出来，供后续工段使用[48]。

陕西神木某公司50万吨/年中温煤焦油轻质化项目，采用长焰煤内热式直立炉热解煤气，经变换、脱硫、变压吸附后制得氢气，并将其用于煤焦油加氢生产燃料油。该热解煤气制氢的变换工段采用了Co-Mo系耐硫变换催化剂的全低变工艺，经过多年的满负荷运行证明：该工艺过程合理、安全、可靠、环保。

陕西神木某公司120万吨/年兰炭项目，所产兰炭煤气主要用于燃烧发电。该公司满产后，其煤气会有剩余，为了实现低品质煤气的梯级综合利用，将其提出氢气后，继续用于燃烧发电，进一步提高企业的综合效益。由于兰炭煤气成分复杂且产品 H_2 纯度要求高，需要脱除杂质较多，因而处理方法需要多种单元组合，工艺过程由除油、压缩、预处理、变换、VPSA提 H_2、PSA提 H_2、压缩充装单元等组成。满产情况下，可产7.2亿立方米/年煤气（按照吨兰炭产 $600m^3$ 煤气计），理论可提取氢气1.6亿立方米/年，约1.43万吨氢气，氢气生产成本（原料气成本＋建设投资＋运行成本）小于20元/kg。

（2）热解煤气制天然气

热解煤气制天然气工艺可以分为两种，一种是物理分离工艺流程，即先压缩预处理、变换、脱碳，然后利用物理方法提出热解煤气中的甲烷和多碳烃而得到合成天然气（SNG），再制得压缩天然气（CNG）或液化天然气（LNG）；另一种是甲烷化工艺流程，先压缩预处理，然后甲烷化，再分离得到合成天然气，最后进行压缩得到CNG；当用PSA技术对富氢气体进一步提纯时，可以得到纯度99.99%以上的纯氢。内蒙古某企业在褐煤低温热解生产兰炭的工艺中，即采用物理分离工艺过程制取LNG，将制取的 H_2 用于煤焦油加氢生产汽油和柴油，CO_2 用于酚钠的分解生产粗酚。

与物理分离工艺相比，甲烷化工艺的优势体现在流程简捷、能耗低、资源利用率与甲烷回收率高，主要包括四点。

① 可减少脱碳装置。由于制取LNG进行的低温分离必须把 CO_2 脱至 0.1×10^{-2} 以下，CNG的国家标准要求 CO_2 小于3%。而通过甲烷化工艺可以达到上述要求，因而不需另加脱碳装置。

② 可以提高 CH_4 产量。由于甲烷化把CO、CO_2 变成了 CH_4，可增加 CH_4 产量约33%。

③ 可使分离过程简化。焦炉气中有 H_2、CO、CO_2、N_2、CH_4、C_nH_m 等成分，甲烷化后仅剩 H_2、CH_4、N_2 三个主要成分，因此分离过程简化，分离效率提高。

④ 由于提高了 CH_4 含量可使处理气量大大减少，提高分离效率。生产等量的甲烷产品，其处理气量（即负荷）仅为非甲烷化流程的一半甚至更低，降低能耗。

上述焦炉气甲烷化工艺已逐步开始在兰炭煤气甲烷化工艺设计中得到采用。

（3）热解煤气制合成油

将热解煤气转化为合成气，以合成气为原料用F-T技术可生产合成油。合成油的理论最大产率为 $208g/m^3$（$CO+H_2$）。

以热解煤气为原料制取合成油是近几年开发的热解煤气利用新技术，熊尚春[49]的发明专利采用流化裂化催化剂，两级催化合成燃料油，可以得到高辛烷值（90～97）汽油和轻柴油组分的燃料油。石其贵[50]发明了将热解煤气中甲烷转化为CO和 H_2，转化气用F-T合成法合成油的技术，其中 F-T 合成采用气流床 SynthoI 工艺，汽油产出率高达 39%。

由于煤的间接液化厂投资较高，一般 1t 油品的投资为 0.8～0.9 万元，而其中煤炭气化制合成气部分的投资占 40%～50%。由此可见，热解煤气转化后生产合成油的效益将十分可观。据报道，陕西金巢投资有限公司已成功开发了热解煤气制油的新技术，以热解煤气为原料，经过裂解、深度净化后，合成清洁燃料油、高纯石蜡及其他化工产品，1 亿立方米热解煤气可生产 9000t 柴油和 13500t 高纯石蜡。目前，该技术已在万吨级热解煤气制柴油工业化试验装置上获得成功。

（4）热解煤气制合成氨

热解煤气具有价廉易得的显著特点，目前常用的方形炉热解煤气含氮量达 48%，为了充分利用热解煤气中的氮，同时解决其热值低的问题，可以热解煤气为原料制合成氨。热解煤气制合成氨的工艺流程为：先将热解煤气进行除尘、压缩，然后进行一氧化碳变换，调整 H_2 和 N_2 的比例，接下来进入合成塔合成氨。以 180 万吨/年兰炭厂为例，采用中低温热解煤气经变换后制合成氨技术，可以生产合成氨 30 万吨/年，具有可观的经济效益和节能减排优势。

2014 年 7 月，国内第一条热解煤气制合成氨的工艺装置在榆林建成并投产，该项目建设规模为：年产 5 万吨合成氨、20 万吨碳铵，其工艺过程如图 3-36 所示。

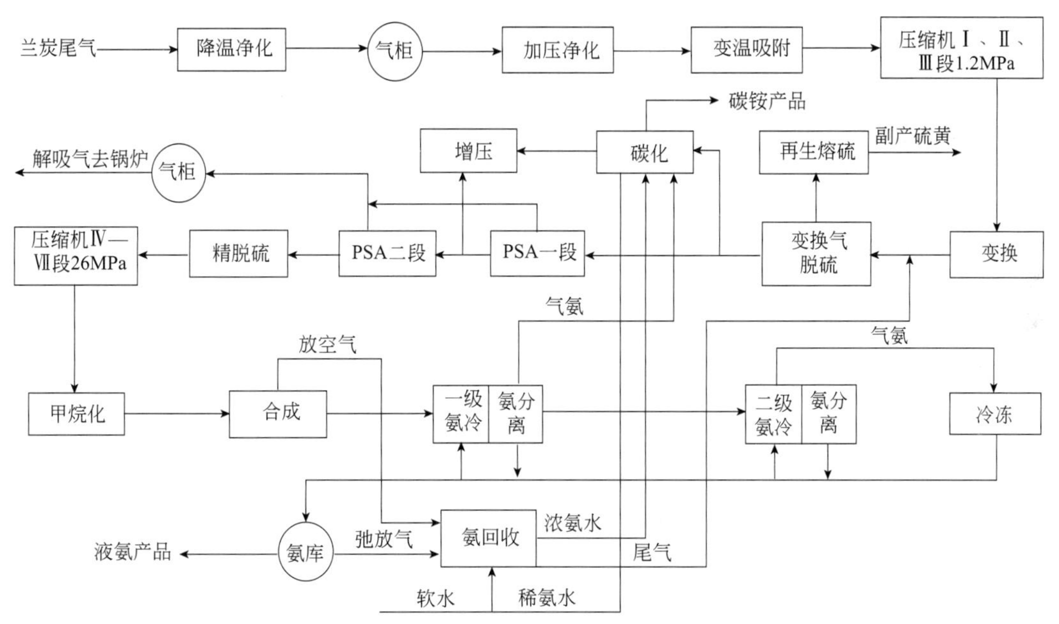

图 3-36　热解煤气制合成氨工艺过程

从现有煤热解装置来的尾气，经气柜缓冲后再经静电除焦塔除焦油，然后去风机增压，再经降温、进一步除焦油后进入变温吸附装置。经变温吸附除去气体中的萘及高碳烷烃组分后进入压缩机一段进口，经一、二、三段压缩到 1.20MPa（表压）再经冷却分离油水后进入变换工段，变换后气体进入变换气脱硫系统，将气体中的硫化氢脱至 50mg/m³ 以下，一股进炭化装置，一股进入变压吸附工段一段入口，经变压吸附一段脱除二氧化碳后进入变压吸附二段。碳化后气体经补压后与变压吸附一段出口气汇合进变压吸附二段。经变压吸附二段脱去少量CO、甲烷及多余的氮气，再经精脱硫塔将总硫脱至0.1mg/m^3以下。原料气进入压缩机四段入口，经四至七级压缩到26.0MPa（表压）进入甲烷化工段，将微量的CO和CO_2转化为CH_4，使气体得到精制。精制后的氮、氢气进入氨的合成工段，气体中的N_2、H_2气体在高压、催化剂的作用下反应生成氨，再经常温冷却、低温冷却，使气体中的氨变成液氨分离下来，送入氨库。合成放空气与氨储槽弛放气采用等压氨回收塔，用炭化工段来的稀氨水作为吸收液，提浓至含氨的质量分数为16%的氨水，再送至炭化工段。出等压氨回收塔尾气送至变换气脱硫工段入口。

氨合成工段低温冷却采用氨蒸发吸热制冷，产生的气氨经冷冻工段氨压缩机压缩、冷却后变成液氨再返回氨蒸发器。

变压吸附一段解吸的解吸气体中含CO_2的体积分数接近80%，可考虑用于生产尿素或液体CO_2，变压吸附二段解吸的气体主要是甲烷、氮气等，送解吸气柜，用于锅炉燃烧或作为石灰窑燃料。

该项目主要消耗（以生产1t液氨计）情况见表3-38，单位产品（以生产1t液氨计）成本分析见表3-39。

表3-38 吨氨消耗情况

序号	名称	消耗定额
1	兰炭生产尾气/m^3	4800
2	电/kW·h	1410
3	一次水/t	4.6

注：脱盐水、循环水、冷冻、压缩空气及氮气等消耗均包含在电及一次水消耗中。

表3-39 单位产品成本分析

序号	项目	单位	单价/元	单耗	金额/元
一	原辅材料	—	—	—	525.00
1	兰炭尾气	m^3	0.1	4800	480.00
2	各种催化剂	kg	—	—	45.00
二	燃料动力	—	—	—	1000.80
1	电	kW·h	0.7	1410	987.00
2	一次水	1	3	4.6	13.80
三	生产工人工资	人	3万/(人·年)	113	33.90
四	制造费用	—	—	—	254.90
1	修理费	—	—	—	81.40
2	折旧费	—	—	—	143.00
3	其他制造费用	—	—	—	30.50
五	单位成本(含税)	—	—	—	1814.60

注：兰炭尾气价格按利用有效气体的热值估算，其中气体中甲烷回收后送锅炉或公司石灰窑作燃料，在本项目中未为合成氨生产而消耗，因此不计算在内。

由于用煤热解装置副产煤气为原料，采用变压吸附技术进行分离净化，大幅降低了H_2S、NH_3等大气污染物以及CO_2的排放量，年可节约标煤9.7万吨，可削减兰炭厂H_2S、

NH_3 等大气污染物排放量 94.7%以上，年减排 CO_2 约 30 万吨，同时，该项目每年可上缴利税 1 亿元以上，提供 300 多个就业岗位，取得了良好的综合效益。

(5) 热解煤气制甲醇

甲醇是有机化学工业的主要原料之一，不仅可以用来制造甲醛、对苯二甲酸二甲酯、甲基丙烯酸甲酯、甲胺、聚乙烯醇、氯甲烷类和醋酸等多种化工产品，而且可以掺入汽油中作为动力燃料，也可作为城镇燃气和替代柴油作为汽车燃料使用。甲醇等低碳含氧燃料燃烧后产生的碳氧化物、氮氧化物和硫化物较少，具有明显的环保优势和较大的发展潜力。

热解煤气中含有大量的 H_2 和 CO 成分，将其与甲醇合成气对比可知，若采取适当的化工处理方法，经过变换调整二者比例后可作为甲醇合成的原料。基于焦化工艺的焦炭-甲醇联产工艺已在焦化行业进行了积极的尝试，以中低温热解煤气为原料生产甲醇也将成为中低温热解煤气的一个有效利用途径，其工艺流程为：中低温热解煤气经过除尘、脱硫精制、压缩后，首先进行一氧化碳变换，调整煤气中的 H_2 和 CO 至合适比例，然后进入甲醇合成塔生产甲醇。

先以已有多套工业示范装置的焦炉煤气制甲醇工艺进行对比分析。代表性太原赛鼎工程有限公司开发的焦炉煤气加压催化部分氧化法制取合成气工艺，得到合成气后，采用气相低压工艺，在催化剂的作用下合成甲醇。

在我国，焦炉煤气制甲醇比天然气制甲醇成本低，两者成本比较如表 3-40 所示。但焦炉煤气制甲醇存在 H_2 过量的问题，若要充分利用其中的氢气资源，一是采取补碳措施，增加产率；二是生产甲醇联产合成氨，将甲醇合成弛放气（H_2 含量 80%左右）与 N_2 反应制合成氨。

表 3-40　焦炉煤气、天然气制甲醇成本比较

原料	原料消耗量/(m^3/t)	原料成本/(元/t)	生产成本/(元/t)
天然气	850～1050	595～735(以 0.7 元/m^3 计)	987(产能 24 万吨/年)
焦炉煤气	1800～2400	360～480(以 0.2 元/m^3 计)	839(产能 12 万吨/年)

中低温热解煤气所用原料煤为低阶煤，价格低于焦煤、配焦煤，工艺条件为中低温，相对焦化条件更为温和，且设备投资更低，加之热解煤气品质也在逐步提升，可以预见中低温热解煤气制甲醇的成本相较于焦炉煤气制甲醇更为低廉，具有广阔的发展前景。

郭志航等[51]研究了以液体燃料和电力为目标产品，构建了以褐煤为原料的 2×300 MWe（兆瓦电）亚临界循环流化床热解燃烧分级转化热、电、甲醇及燃料油多联产系统。多联产系统采用的技术方案为：褐煤采用流化床热解技术；半焦采用常规循环流化床锅炉火电机组燃烧发电；煤气提氢用于焦油加氢精制合成燃料油；少氢煤气经甲烷重整后合成高纯度甲醇；合成尾气用于燃气蒸汽联合循环发电。

在该系统中，褐煤经破碎后被送入热解炉中，与来自锅炉的热灰混合并完成热解过程，生成半焦、煤气和焦油。热解半焦与循环灰在旋风分离器中分离下来，通过返料装置送入相应的锅炉中进行燃烧。锅炉内燃烧生成的热烟气进入尾部烟道后先后通过过热器、再热器、省煤器和空气预热器，在此过程中将显热传递给水、蒸汽和冷空气。锅炉给水经过省煤器、炉膛、外置式换热器和过热器后被加热并蒸发成高温高压的过热蒸汽。尽管热解炉的旋风分离器脱除了大部分的粗颗粒，但此时热解煤气仍携带了焦油蒸气、水蒸气、细小半焦、煤灰颗粒以及含硫和含氮化合物，这些物质会堵塞或污染后续的重整和合成装置的催化剂，对后续装置的连续运行带来不利的影响。因此，需在煤气后续利用前对粗煤气进行净化处理。热解煤气首先流经间壁式余热回收装置，通过与冷却水进行热交换回收高温煤气中的部分显热。大部分焦油分子和水溶性杂质（如 NH_3 和氯化物）被冷却并脱除。在煤气冷却过程中，大部分焦油分子被冷却下来，剩下小部分悬浮焦油颗粒被焦油捕集装置（电捕焦油器）捕集，后经净化处理后储存于焦油罐中。在离开焦油捕集装置后，部分煤气被送回至热解炉充当流化风。未循环回装置的煤气通过物理溶剂法脱除煤气中的 H_2S，并采用变压吸附（PSA）单元分离热解煤气中的氢气，回收的高纯氢气提供给焦油提质可提高系统的集成度和经济性。

经氢气分离后的煤气 H/C 比较低，而费托（F-T）合成等液体燃料合成反应需要在合适的 H/C 比 [H/C=3 或者 $(H_2\text{-}CO)/(CO\text{-}CO_2)=2$] 下才具有较高的转化率，因此需在合成塔之前设置气体调节装置，以获得较优的 H/C 比。褐煤热解煤气中 CH_4 含量较高，甲烷的存在既会降低有效气的浓度又可能在合成反应过程中发生裂解生成积炭，对合成塔的催化剂造成污染和堵塞，不利于合成塔的长时间运行。因此，甲烷重整反应器比水汽变换反应器更适于该系统煤气 H/C 比的调节过程。重整后的煤气先被冷却常温，随后在多级压缩机压缩下将气体压力提升至重整塔的反应压力，此后压缩重整气与合成塔的循环尾气混合，送入甲醇合成塔内。合成过程采用 $Cu/ZnO/Al_2O_3$ 催化剂，反应压力为 6.97MPa，反应温度范围为 180～260℃。甲醇合成过程是个放热过程，需通过引入冷却剂（一般为冷却水）将反应释放的热量带走以保证合成塔保持恒温状态，避免由于温度过高导致催化性能下降，同时中压冷却水受热后还可获得低品质的蒸汽，提高系统的热集成度。合成的粗甲醇进入后续的甲醇精馏工段，分离甲醇中的杂质并获取高纯甲醇。精馏塔的闪蒸气和分离罐的闪蒸气被分为两部分，一部分经气体压缩机加压后被送回至合成塔入口，在合成工艺中这部分气体又被称为循环尾气，另一部分又分用于两处：一部分被送到甲醇重整单元，另一部分首先与蒸汽混合，然后与压缩空气混合，并在燃气轮机的燃烧室中燃烧。

利用 Aspen Plus 流程模拟软件建立了多联产系统和常规循环流化床发电机组的稳态模型，结合实验结果预测了流化床热解炉的热解结果，并在此基础上计算并对比了多联产系统和常规亚Ⅰ临界循环流化床发电机组的系统效率、固定投资、内部收益率和投资回报期等技术经济指标，考察了市场价格波动的不确定性，全面评估多联产系统的可行性。计算结果表明，虽然多联产系统更加复杂，设备投资比常规发电机组高，但具有效率高、效益好等优势。多联产系统的系统效率达到 43.20%，比常规燃煤电站提高近 10%。不确定性分析结果显示，多联产系统比传统发电机组拥有更具弹性的市场波动的抗压能力。

（6）热解煤气制二甲醚[52-54]

二甲醚（DME）作为一种多用途的清洁环保能源，近年来受到了越来越多的关注。二甲醚对人体无毒、使用安全，对环境友好，且具有良好的燃料性能，可以部分替代液化石油气（LPG）作民用燃料以及替代柴油作清洁的汽车燃料。二甲醚具有广阔的市场前景，被誉为“21 世纪的新能源”。将热解煤气进一步加工处理后，使其成为合成二甲醚的原料气，具有一定的现实意义。

二甲醚已工业化或有工业化前景的生产工艺主要有合成气直接制二甲醚工艺（一步法）、甲醇脱水工艺（两步法）以及甲醇/二甲醚联产法。目前，工业上生产二甲醚的主要方法是甲醇气相脱水工艺，甲醇以气相在固体催化剂的弱酸性位上脱水生成二甲醚。近些年来，由合成气直接合成二甲醚的一步法技术已完成中试和小规模生产，是目前最有发展前景的二甲醚合成技术。其基本原理是先将热解煤气转化为合成气，合成气直接制二甲醚是一个连串反应，合成气先在催化剂的甲醇合成活性中心上生成甲醇，然后甲醇在催化剂的脱水活性中心上脱水生成二甲醚。因此，一步法所用催化剂或者是甲醇合成催化剂与甲醇脱水催化剂的组合，或者是双功能催化剂。由于连串反应过程中甲醇生成是较慢的反应步骤，所以在催化剂比例中，合成催化剂（或双功能催化剂中的合成活性中心）应多于脱水催化剂。合成甲醇催化剂通常为铜基催化剂，而脱水催化剂则是 γ-Al_2O_3 或分子筛，因此常用的合成气直接合成二甲醚催化剂为负载在 γ-Al_2O_3 或分子筛上的铜基催化剂。分子筛、γ-Al_2O_3 与 Cu 基催化剂组合时各有利弊，分子筛催化剂活性高、反应温度低（150～275℃），当与 Cu 基催化剂复合时温度较匹配（Cu 基催化剂的使用温度为 260℃），但易中毒、结焦且价格昂贵；而 γ-Al_2O_3 反应温度高（320℃），在 Cu 基催化剂的活性温度下使用活性低，但其价格便宜，稳定性好。一步法工艺流程简单、投资小、能耗低，从而使二甲醚生产成本得到降低，经济效益得到提高。

国外一步法制二甲醚的固定床工艺主要有丹麦托普索公司 TIGAS 法、日本三菱重工与 COSMO 石油公司联合开发的 ASMTG 法及美国空气化学品公司开发的浆态床法。在国内，中国科学院兰州化学物理研究所、中国科学院大连化学物理研究所、中国科学院广州能源研究所、浙江大学、清华大学、中国科学院山西煤炭化学研究所、华东理工大学、中国石油大学等都对其进行了广泛的工艺研究。

（7）热解煤气制直接还原铁[55]

目前我国的钢铁行业遇到前所未有的发展逆势，突破钢铁生产的关键性核心技术是实现逆势突围途径之一。推进、开发直接还原铁（DRI）生产，改变钢铁生产方式，完善钢铁生产流程，是当今钢铁生产的典型核心技术。

我国钢铁生产长期以长流程为主导，高炉铁的产能达 10 亿吨/年，占总产量的 99.99%，直接还原铁产量只有 40 万吨/年。而美国直接还原铁炼钢短流程的钢产量占钢产总量的 50%以上，印度钢产量为 4300 万吨/年，直接还原铁产量为 1900 万吨/年。可见，我国高炉铁与直接还原铁生产极不平衡，更谈不上钢铁短流程的开发与形成。

国外直接还原铁生产工艺大致分为 2 种：一种为气基竖炉生产工艺；另外一种为煤基回转窑生产工艺。生产实践证明，前者具有生产规模大、生产成本低、生产操作方便灵活、环境友好等特点，在南美、北美、中东、东南亚等天然气比较丰富的地区被广泛采用。后者由于生产成本高、能耗高等原因只能在特定的条件下采用。

我国由于煤炭资源比较丰富，可为高炉铁炼钢的长流程提供碳资源，从而形成我国单一的钢铁冶金长流程的生产模式，造成我国钢铁行业高成本、高耗能、高二氧化碳排放量的被动局面，改变这种生产方式，节能减排势在必行。

直接还原铁生产的气源主要为焦炉气、天然气、合成气和热解煤气，直接还原铁生产属于氢冶金过程，基本反应式为：

$$Fe_2O_3+3H_2 \longrightarrow 2Fe+3H_2O$$

高炉铁生产属碳冶金过程，基本反应式为：

$$Fe_2O_3+3CO \longrightarrow 2Fe+3CO_2$$

碳冶金的最终产物是 Fe 和 CO_2，而氢冶金的最终产物是 Fe 和 H_2O。因此，钢铁厂增加直接还原铁的产量是降低 CO_2 排放量最直接、最有效的途径。

我国有大量富余的焦炉煤气和热解煤气用于发电，经研究认为，用同样数量的焦炉煤气、热解煤气生产直接还原铁，则工厂经济效益是以其发电的 7.1 倍。

典型的气基竖炉生产工艺 HYL-ZR，是目前工艺成熟、技术先进、经济适用、环境友好的工艺。生产工艺流程如图 3-37 所示。

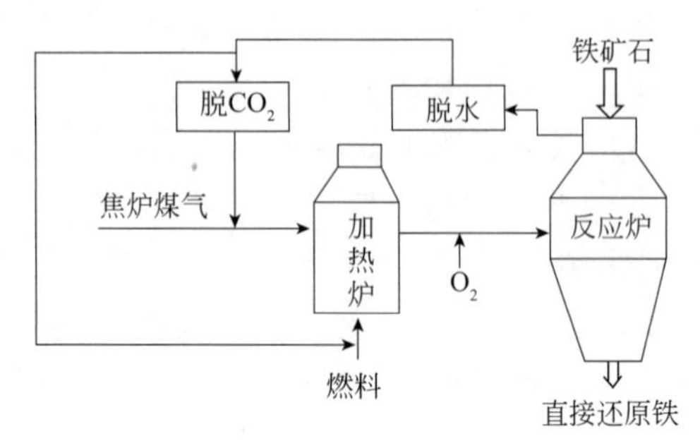

图 3-37　焦炉煤气生产直接还原铁 HYL-ZR 工艺流程

HYL-ZR 工艺主要特点：

① 产品方案多，可适用于高碳直接还原铁、冷直接还原铁、热直接还原铁和热压铁块。

② 高碳含量的直接还原铁、热直接还原铁直接用于电弧炉炼钢，适用于多种不同原料铁矿石，直接还原产品被炼钢厂认可。

③ 对还原性气体要求较低，产品的金属化率高，生产成本低，还原性气体有多种选择的余地。

④ 产品质量高，对环境影响小。当大量焦炉煤气或热解煤气用于生产直接还原铁，不仅可以为炼钢厂提供精料，而且大大降低炼铁工序能耗。

(8) 热解煤气用于工业燃料

随着热解技术的发展，热解煤气的产量迅速增长，品质也逐渐提高，热解煤气中含有 H_2、CO、CH_4 等大量可燃性成分，将热解煤气处理后用作城市煤气，是对我国天然气供应不足局面的一个有效缓解。此外，可配套相应的蒸汽锅炉或电站锅炉，以热解煤气为燃料生产高品质蒸汽，为工业园区提供产品蒸汽或发电，可以增加企业收益，降低生产成本。以 60 万吨/年兰炭厂为例，兰炭生产所产生的兰炭尾气外排量约为 $60000m^3/h$，扣除兰炭生产自用 $4000m^3/h$ 外，尚余 $56000m^3/h$ 可供电厂燃用。兰炭尾气发热量按 $1900kcal/m^3$ 计算，相当于每小时提供 15.2t 标煤，供蒸汽锅炉或电站锅炉燃烧。

目前，热解煤气作为工业燃料，在发电、石灰煅烧、金属镁冶炼、水泥煅烧等行业已得到广泛应用，并获得良好的效果。

热解煤气用于发电有 3 种方式，分别为蒸汽机发电、燃气轮机发电和内燃机发电。

① 热解煤气用于蒸汽机发电，是将热解煤气作为蒸汽锅炉燃料燃烧，产生高压蒸汽，蒸汽进入汽轮机驱动发电机发电。此技术成熟、运行可靠、单机效率高，是我国兰炭企业采用最多的发电技术。蒸汽发电机组由锅炉、凝汽式汽轮机和发电机组成。

目前在榆林市的兰炭企业，已广泛应用中低温热解煤气进行蒸汽机发电。将低温热解煤气用作发电燃料，在实际生产中 $1.5m^3$ 热解煤气可发电 1kW·h。

② 燃气-蒸汽联合循环发电是将燃气轮机和蒸汽轮机组合起来的一种发电方式。燃气轮机的叶轮式压缩机从外部吸收空气，压缩后送入燃烧室，同时气体燃料喷入燃烧室与高温压缩空气混合，在定压下进行燃烧，燃料的化学能在燃气轮机的燃烧器中通过燃烧转化为烟气的热能，高温烟气在燃气轮机中做功，带动燃气轮机发电机组转子转动，使烟气的热能部分转化为推动燃气轮机发电机组转动的机械能，燃气轮机发电机组转动的部分机械能通过带动发电机磁场在发电机静子中旋转转化为电能。做功后的中温烟气在余热锅炉中与水进行热交换将其热能转化为蒸汽的热能，蒸汽膨胀做功，将热能转换为机械能，汽轮机带动发电机，将机械能转化为电能，再经配电装置由输电线路送出（见图 3-38）。

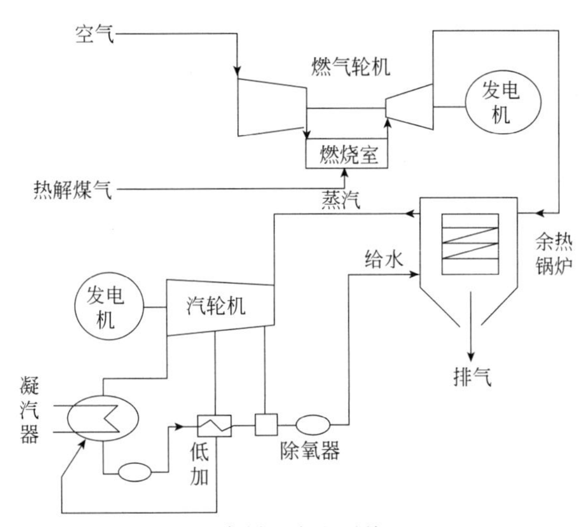

图 3-38　燃气-蒸汽联合循环发电系统

该技术具有效率高、投资小、占地少、回收周期短等特点，同时它还具有启动迅速、运行稳定、故障率低、维修工作量小、结构简单、灵活方便、自动化程度高、燃料适应范围广等特点。

榆林神木孙家岔焦化工业园区内，某兰炭生产厂将热解煤气用于燃气-蒸汽联合循环发电的设计方案为新建 2×46MW+2×20MW 工程项目，主体工程包括两套 S106B 多抽型机组，每套由一台 PG6581B 型燃气轮机组（额定为 46MW），一台自除氧单压余热锅炉（70t/h）和一台凝气式蒸汽轮发电机组（20MW）联合组成燃气-蒸汽联合循环发电机组；配套工程包括高 30m、出口内径 3m 的烟囱，以及总长约 35km 的输气管道。

3.5　半焦利用

3.5.1　半焦特性

3.5.1.1　半焦性质

（1）半焦的表面形貌

周晨亮等[56]利用固定床反应装置，对内蒙古胜利褐煤（SL-raw）在 300～900℃进行了热解，利用扫描电子显微镜（SEM）、X 射线衍射仪（XRD）和傅里叶变换红外光谱仪（FT-IR）对不同温度热解所得半焦进行了表面形貌、物相及官能团的分析，研究了热解温度对其影响规律。通过对胜利干基褐煤及不同温度热解所得半焦的 SEM 照片分析得出以下结论。

① 胜利褐煤和不同温度所得半焦中的主要组成部分为植物细胞状结构、片层结构团聚体和离散颗粒状结构 3 种典型形貌。占多数的植物细胞状结构中存在微米级圆形和椭圆形孔道及空隙，并在植物细胞状结构外带有少量的植物细胞状结构碎片和微颗粒。

② 当热解温度高于 500℃时，热解后半焦的整体颗粒尺寸在逐渐减小。经过 300℃热解后的 300℃半焦，植物细胞状结构表面的离散颗粒数量无显著变化，而微颗粒数量却大量减少，此时得到的煤焦表面相对较洁净。当煤样经过 500℃热解后，在 500℃半焦植物细胞状结构外表面除了有离散的颗粒外，同时还有尺寸在 1～2μm 之间的大量球状颗粒生成。700℃热解所得半焦与 500℃半焦相比，植物细胞状结构表面的球状颗料尺寸和数量减小，同时出现了形状不规则的微颗粒。当热解温度升高到 900℃时，900℃半焦植物细胞状结构表面无球状颗粒存在，只有大量的形状不规则的微颗粒。

③ 具有片层结构的团聚体在热解温度低于 500℃时，表面形貌无显著变化，而当热解温度高于 500℃时，其外表面的片层颗粒逐渐变成椭圆形。

Benfell 等[57,58] 提出了将半焦的结构划分成三类形式，图 3-39 是文献总结的这种半焦的分类方式。第Ⅰ类半焦为多孔式，其孔隙率大于 80%，中间是一个大的空腔，半焦的壁很薄。第Ⅱ类半焦具有中等的孔隙率，约为 50%～80%，半焦的壁较厚。第Ⅲ类具有较低的孔隙率，小于 50%，半焦的壁很厚。从 SEM 的半焦剖面形貌照片中可见，在 800℃条件下热解得到的半焦主要由第Ⅲ类半焦组成，多为实心体；在 1400℃条件下热解得到的半焦主要由第Ⅱ类半焦组成，多为多孔体，并在半焦颗粒的表面有小的开孔和一些裂缝，同时在半焦的表面还有气泡生成，表明在半焦形成过程中发生了液化现象。

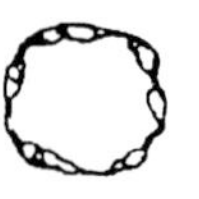
第Ⅰ类

第Ⅱ类

第Ⅲ类

图 3-39　半焦形貌分类

表 3-41　半焦的显微组织结构　　单位：%

名称	各向同性	丝质及破片状	微粒镶嵌	粗粒镶嵌	纤维状	片状
褐煤半焦	54.2	39.4	5.4	0.5	0.4	0.1
长焰煤半焦	76.7	23.2	0.0	0.0	0.1	—
不黏煤半焦	15.7	83.3	0.5	0.5	0.0	0.0
气煤半焦	75.0	19.0	3.3	0.5	0.7	1.3
弱黏煤半焦	53.9	46.2	0.0	0.0	0.0	0.0

由表 3-41 可知，年轻煤半焦的显微结构以各向同性和丝质及破片状为主，合计占 90%以上[59]。

（2）半焦的孔隙特性

半焦的孔隙结构是表征半焦吸附性能的重要指标，段钰锋等[60,61] 用氮气等温吸附法研究了半焦孔隙结构的影响因素，其研究的目的是常压和增压气化对半焦孔隙结构的影响。由表 3-42 的研究结果可知：半焦的比表面积、孔比表面积和比孔容与原煤相比明显增大。

表 3-42 原煤与半焦样品的孔隙结构参数

样品编号	物料	粒径/mm	比表面积/(m^2/g)	孔比表面积/(m^2/g)	比孔容/(mL/g)	平均孔径/nm
AC1-1	原煤	0.17～0.355	4.59	3.25	0.00507	3.84
PC1-2	原煤	0.6～1.0	3.26	3.25	0.00472	3.85
AC2-1	常压气化半焦	0.6～1.0	26.21	11.00	0.00972	3.82
AC2-2	常压气化半焦	1.43～2.0	27.81	13.01	0.01110	3.83
AC2-3	常压气化半焦	2.5～3.0	13.26	4.50	0.00467	3.85
PC2-1	加压气化半焦	0.6～1.0	24.90	10.20	0.00928	3.82
PC2-2	加压气化半焦	1.43～2.0	22.32	11.41	0.01130	3.82
PC2-3	加压气化半焦	2.5～3.0	18.24	6.47	0.00506	3.85

注:原煤为徐州烟煤,常压为 0.1MPa,加压为 0.5MPa。

(3) 表面官能团

半焦的结构与石墨相似，是微晶层片状结构，但它的结构不像石墨那样完全有规则的排列。根据 X 射线衍射结果，认为其基本微晶类似于石墨结构，微晶中的碳原子呈六角形排列，形成层片体；但平行的层片体对共同的垂直轴不完全定向，一层对另一层的角位移紊乱，各层无规则地垂直于垂直轴，这是与石墨不同的地方，这种排列称为乱层结构。半焦的化学组成与原煤的煤阶、显微组分含量及热加工过程有直接联系。就有机组分而言，其元素组成主要是碳、氢和氧，原煤中大部分的氮和硫在热解过程中已经逸出，少量的氮、硫元素以杂环化合物的形式存在于半焦中。半焦中碳的含量高，构成了半焦的骨架。大部分的氢原子和氧原子与碳原子以化学键相结合，氧含量约为 3%～4%，主要以羟基、羰基和醚氧基的形式存在，氧原子的含量一般小于 1%，主要是与碳原子直接结合。半焦中的有机官能团主要是含氧官能团，它对半焦的性质有很大影响。一般认为，半焦表面的含氧官能团主要有羰基、酚羟基、醌型羰基、醚、过氧化物、酯、萤火素内酯、二羧酸酐和环状过氧化物等。这些官能团都可通过化学方法和现代物理分析仪器进行检测。在半焦的表面上同时存在着酸式的和碱式的活性中心。酸式中心是半焦表面化学吸附氧后形成的某种含氧结构，即含氧官能团。表面存在的羧基、酚类、内酯和酸酐等结构被认为是表面酸性的来源。碱中心的数量较酸中心要少，且半焦样品中含有的酸中心数目越多，其碱中心数目就越少[62]。

石金明等[63]为揭示煤气化过程中煤焦结构的变化规律，在管式炉中分别在不同温度(300～1000℃) 下制取了兖州煤半焦，并采用傅里叶变换红外分析获得不同气化条件下样品的红外光谱，测定兖州煤颗粒表面官能团，实验结果如表 3-43 所示。通过对煤气化过程中煤焦表面官能团各红外参数进行比较，得出以下结论。

① 随着温度的升高，含 N 和含 O 基团逐渐消失，但是 CH_2 基团一直存在，游离的 H_2 S 会在高温下消失，但是有机硫不受影响。

② 煤的富氢程度与煤结构有关，高温气化半焦富氢程度的提高主要来自芳香结构的裂解和缩合协同作用的结果。气化使芳环裂解加剧可增大富氢程度。

③ 温度较低时脂肪结构不会脱落，芳环也不受影响。随着温度的升高，煤焦中原始脂肪结构脱落，但芳香度不变。而高温下芳环开链成脂肪结构也逐渐脱落，同时增加了脂肪链的链长和支链化程度，但是高温下气化存在芳环加速开裂反应和缩合重整反应竞争。

④ 参数的振荡变化主要是由于此实验过程包括热解过程的裂解与芳构化和缩合及气化

过程的加速芳环开裂，基团在不同的反应过程会生成又逐渐消失；而由于反应物质的消耗，基团含量也随之减少，出现参数值减小现象。

表 3-43 红外光谱的吸收峰归属

编号	吸收峰/cm^{-1}		代号	吸收峰归属
	峰位	波动范围		
1	3395	3419～3355	A	醇、酚、羧酸等的 OH 或 NH 伸缩振动
2	3028	3100～3000	B	芳香性 C—H 的伸缩振动
3	2930	2930～2950	C	脂肪族 CH_3 不对称伸缩振动
4	2920	2918～2915	D	主要是 CH_2 不对称伸缩振动
5	2860	2961～2855	E	CH_2 对称伸缩振动
6	2515	2510～2520	F	游离 SH 伸缩振动
7	1730	1730～1740	G	脂肪族中的 C ═O 伸缩振动
8	1705	1700～1710	H	芳香族中的酯、酸、醛、酮的 C ═O 伸缩振动
9	1600	1589～1593	I	芳香族中芳核的—C ═C—伸缩振动
10	1435	1380～1460	J	芳香性烷键结构上的 CH_2、CH_3 变形振动
11	1157	800～1200	K	与不同桥原子相连的 SiO_4 四面体的 Si—O—Si 和 Si—O—伸缩振动或═C ═O 和—O—的伸缩振动
12	872	867～862	L	芳核上 1 个 H 面外变形振动(Ⅰ类氢原子)
13	814	812～810	M	芳核上 2 个相邻 H 面外变形振动(Ⅱ类氢原子)
14	748	750～747	N	芳核上 4 个相邻 H 面外变形振动(Ⅲ类氢原子)
15	539,471	400～600	O	Si—O—Si 和 Si—O—的弯曲振动或有机硫(芳香族双硫醚—S—S—或—SH)伸缩振动

肖伟等[64]以新疆伊宁长焰煤为原料，在 500℃、550℃、600℃、650℃、700℃、750℃、800℃条件下，用热载体作为加热介质制得不同干馏程度的半焦，由红外光谱分析可知：归属于—OH、—NH、—NH_2 伸缩振动的 3400cm^{-1}谱带，随介质终温的升高吸收强度逐渐减弱，当介质终温达到 850℃仍然有明显吸收信号，推断出羟基官能团的稳定性相对较高。在 3417～3430cm^{-1} 处左右均有较强的羟基吸收峰，谱峰位置由 3300cm^{-1} 迁移向高位 3415cm^{-1}处，随介质温度的提高，羟基的伸缩强度逐渐减小。由于羟基是氢键化的，谱峰位置由一般羟基位置 3200cm^{-1}移到 3430cm^{-1}，这表明羟基是以多聚的缔合结构形式存在，这种缔合结构是煤中形成大量氢键的结果。随干馏化程度的提高，缔合结构会随羟基数量的减少而逐渐消失。

在 3043cm^{-1}由芳香族部分 C—H 伸缩振动引起的吸收峰处，随着介质温度的升高，该处吸收峰呈逐渐减弱的趋势，但不十分明显，说明随介质终温的升高，芳香烃的减少程度不大。

归属于脂肪烃和环烷烃基团上 C—H 伸缩振动的 2950cm^{-1}和 2860cm^{-1}处的谱带，当介质终温在 500～850℃温度范围内变化，随介质终温温度的升高，该谱带的吸收峰逐渐减弱，当介质温度达到 850℃时，此吸收峰已十分不明显。说明随着介质温度的升高，煤分子中的—CH_2—、—CH_3基团迅速减少，相应的是热解产品中脂肪烃的释放也相对较集中。这是由于在受热过程中，煤中小分子分散相物质脱离固定相析出，同时芳烃的烷基侧链断裂生成的脂肪烃类产物，导致—CH_2—和—CH_3结构的减少，从总的趋势来讲，煤热解的过程是煤大分子芳香环上侧链越来越少，分子结构越来越趋于稠环的过程。

不同终温热介质制得的半焦在 1600cm^{-1}处代表含氧官能团振动的吸收峰非常明显，并且该处吸收峰随介质终温的升高而逐渐减弱，且该吸收峰逐渐向低频位移，结合元素分析中有关氧含量的变化情况可知，这是由于半焦中含氧量较高导致该吸收峰明显，随着干馏程度的加深，含氧官能团逐渐剥落，导致吸收峰逐渐减弱。1100cm^{-1}、1033cm^{-1}处为煤中灰分所引起的吸收峰，所以该处吸收峰随介质终温的变化影响不大。700～900cm^{-1}吸收峰带代表苯环各种取代基的 875cm^{-1}、811cm^{-1}和 750cm^{-1}红外吸收峰，随着温度升高而降低，也说明干馏的过程实质是芳构化的过程。

（4）工业及元素分析

我国不同地区的原料煤，在相同温度（600℃）下进行热解，所得半焦的工业分析及元素分析数据见表 3-44。

表 3-44 典型半焦的工业分析和元素分析数据表[65] 单位：%（质量分数）

煤样产地	工业分析			元素分析				
	M_{ad}	A_{ad}	V_{ad}	C_{ad}	H_{ad}	N_{ad}	S_{ad}	O_{ad}
准格尔	1.07	29.53	7.63	88.15	3.13	1.34	0.78	6.60
开远	2.86	14.72	15.99	82.14	3.15	1.32	0.92	12.47
霍林河	1.92	15.48	9.81	87.36	3.35	1.38	0.31	7.59
平朔	0.53	30.26	7.6	89.21	3.05	1.14	1.05	5.55
铁岭	0.51	55.13	4.35	86.79	3.06	1.46	0.83	7.86
兖州	0.41	13.90	8.37	88.83	2.75	1.17	3.28	3.97
大同	0.54	17.60	7.21	89.02	2.81	1.01	1.49	5.67
神东	1.36	6.92	10.46	88.74	2.93	1.22	0.94	6.17
神府	0.82	5.85	9.99	90.68	2.67	1.09	0.59	4.97
潞安	0.49	14.13	5.09	90.87	2.62	1.09	0.37	5.05
伊泰	1.94	22.56	8.12	88.77	3.25	1.03	1.02	5.93
西蒙	1.73	11.22	8.06	89.27	3.06	1.02	0.87	5.78
上湾	0.72	16.89	10.24	87.21	3.22	1.09	0.47	8.01
乌海	0.40	42.11	5.02	88.15	2.78	1.34	1.57	6.61
兴县	0.60	10.96	6.62	88.31	3.04	0.96	1.11	6.58
华蓥山	0.69	11.98	5.23	88.68	2.86	1.21	3.16	4.09
寺河	0.58	20.59	3.71	90.64	2.90	1.14	0.43	4.88
阳泉	0.53	15.36	5.20	90.71	2.70	1.19	1.78	3.61
府谷	1.29	6.00	7.28	87.33	3.00	1.20	0.14	8.34
恒东	1.18	6.63	7.74	88.61	3.08	1.15	0.23	6.93
锡林郭勒	5.06	16.92	10.95	86.67	3.33	1.32	1.91	6.77
神木	3.43	9.23	10.23	86.05	3.34	1.17	0.78	8.66
孙家岔	1.31	5.09	7.57	88.75	2.99	1.14	0.21	6.90

续表

煤样产地	工业分析			元素分析				
	M_{ad}	A_{ad}	V_{ad}	C_{ad}	H_{ad}	N_{ad}	S_{ad}	O_{ad}
吉木萨尔	3.98	8.93	8.21	88.28	3.09	1.16	0.48	6.99

(5) 半焦的反应活性

煤(焦)对二氧化碳的化学反应性是指在一定温度条件下煤(焦)中的碳与二氧化碳进行还原反应的能力，或者说煤(焦)将二氧化碳还原成一氧化碳的能力。它以被还原成一氧化碳的二氧化碳量占参加反应的二氧化碳总量的百分数 α 来表示。通常也称为煤(焦)对二氧化碳的反应性。

煤(焦)的反应性与煤(焦)的气化和燃烧过程有着密切关系。它直接反映了煤(焦)在炉内的作用情况。反应性强的煤(焦)在气化和燃烧过程中，反应速率快，效率高。反应性强弱直接影响耗煤(焦)量、耗氧量及煤气中有效成分的多少等。因此，煤(焦)的反应性是评价气化或燃烧用煤(焦)的一项重要指标。此外，测定煤(焦)反应性，对于进一步探讨煤(焦)的燃烧、气化机理亦有一定的价值。

煤(焦)反应性有许多种表示方法，如反应速率法、活化能法、同温度下产物的最大百分浓度或浓度与时间作图法、着火温度或平均燃烧速率法、反应物分解率或还原率法、临界空气鼓风量法及挥发分热值表示法。我国采用二氧化碳的还原率表示煤(焦)的反应性。测定要点是：先将煤样干馏，除去挥发物(焦炭不需要干馏处理)；然后将其筛分并选取一定粒度的焦渣装入反应管中加热；加热到一定温度后，以一定的流速通入二氧化碳与试样反应，测定反应后气体中二氧化碳的含量；以被还原成一氧化碳的二氧化碳量占原通入的二氧化碳量的百分数(又称二氧化碳还原率) α 作为化学反应性指标。

$$\alpha=\frac{\text{转化为 CO 的 } CO_2 \text{ 量}}{\text{参加反应的 } CO_2 \text{ 量}}\times 100\% \tag{3-55}$$

或

$$\alpha=\frac{\alpha - V_{CO_2}}{\alpha\ (1+V_{CO_2})}\times 100\% \tag{3-56}$$

式中 V_{CO_2}——未被还原的 CO_2 含量，%；

α——钢瓶(通入)二氧化碳的纯度，%。

不同煤(焦)在不同温度下，测得还原率，研究表明，二氧化碳还原率愈高，煤(焦)的反应性越好，反应性随温度升高而增强，随煤化程度加深而减弱。这与煤(焦)的分子结构和反应表面积有关。此外，煤(焦)的加热速率、灰分等因素，对反应性也有明显的影响。

煤(焦)对 CO_2 的化学反应性与煤的变质程度、煤(焦)中灰分和灰的成分有关。

为了使质优价廉的半焦作为一种洁净燃料广泛用于民用和工业锅炉，并用半焦造气(气化)制合成气，生产一系列化工产品和液体燃料。多年来，国内外对煤焦与 CO_2、O_2 和水蒸气的气化反应进行了大量的研究，认为影响煤焦气化反应性的因素很多，其中主要包括煤阶、显微组分、矿物质、孔结构及其表面积、热解条件和气化条件等。

(6) 半焦的燃烧特性

半焦是一种和煤炭、焦炭等传统燃烧性质相差很大的固体物质，它含有一定的热量，因此必须合理地利用。但是，由于其高灰分、高燃点等不利于燃烧的特性又给半焦的利用带来了一定困难。为此，国内外研究者对其进行了一系列研究。

煤焦燃烧特性研究包括许多方面，如着火特性、挥发分释放特性、燃尽特性、热解特性、表面及孔隙特性、膨胀特性、积灰及磨损特性、结渣特性及污染物排放特性等，在此主要考虑前四个方面。围绕煤焦的燃烧特性，人们进行了大量的研究工作。目前研究煤焦燃烧特性的方法主要有以下几种。

① 热重分析技术。该技术通过跟踪检测燃烧过程中样品质量随时间或温度的动态变化，测定燃烧特性参数来计算燃烧反应性、反应活化能及燃烧速率，同时通过分析失重曲线及失重微分曲线还可以得到一些煤焦燃烧的特征值，比如燃尽温度、燃尽时间、最大失重温度、最大失重率等。该技术在国内外已广泛应用于研究煤及煤焦的燃烧特性。

② 携带流反应器与管式沉降炉。该法用于实际锅炉热力工况（如炉温、空气过剩系数等），能在近似层流条件下采用携带流反应器或垂直管式沉降炉来研究煤粉和焦炭燃烧的化学动力学参数，这种方法更接近锅炉的实际运行状况。

③ 电加热石英玻璃管流化床。该法配置傅里叶远红外色谱仪对烟气进行在线检测，通过对烟气成分和烟气量的计算，可以得到焦炭的反应速率，同时由于焦炭中挥发分含量很少，也可以根据 CO_2、CO、CH_4 来计算碳的转化率。

④ 气相电位燃烧分析技术。该法是一种快速、便捷并且廉价的现场测量流化床反应器中固体燃料燃烧特性的新近发展起来的技术。该技术主要是通过采用特殊设计的气体电势氧传感器探针来测量反应过程中氧分压变化，其灵敏高且响应时间短。

3.5.1.2 半焦规格和质量

为了促进我国半焦（兰炭）产业的发展，我国于 2010 年 9 月 26 日发布了《兰炭产品品种及等级划分》（GB/T 25212—2010）国家标准。

（1）半焦规格

半焦产品按其粒度、用途和技术要求划分为 3 类共 6 个品种。

半焦的主要产品类别和品种见表 3-45。表 3-46 给出了半焦（兰炭）产品的主要用途和参考技术指标，生产者和用户可根据预期用途选用。

表 3-45 半焦（兰炭）产品的主要类别和品种

产品类别	品 种	粒度/mm
1 兰炭混	1-1 兰炭混	＜50,＜80
2 兰炭块	2-1 大块兰炭	＞25
	2-2 中块兰炭	13～25
	2-3 小块兰炭	6～13
	2-4 混块兰炭	6～25,13～50,6～50
3 兰炭末	3-1 兰炭末	＜6

表 3-46 半焦（兰炭）产品的主要用途和参考技术指标

产品类别	主要用途	参考技术指标
1 兰炭混	可用作燃料、气化原料、高炉喷吹原料等	灰分、发热量、水分、全硫、挥发分、灰熔融性温度、哈氏可磨性等

续表

产品类别	主要用途	参考技术指标
2 兰炭块	(1)可用作固定床气化原料	粒度、固定碳、灰熔融性温度、全硫、热稳定性等
	(2)可作为炭质还原剂用于铁合金或电石生产	粒度、固定碳、灰分、水分、全硫、磷、Al_2O_3 含量、电阻率等
3 兰炭末	可用作燃料,气化原料、高喷吹原料等	灰分、发热量、水分、全硫、挥发性、灰熔融性温度、哈氏可磨性等

(2) 半焦质量

① 挥发分（V_{daf}）

半焦产品的挥发分等级划分见表 3-47。半焦的挥发分（V_{daf}）按 GB/T 212—2008 的方法进行测定。

表 3-47 半焦产品挥发分等级划分

等级	挥发分(V_{daf})/%
V-1	≤5.00
V-2	5.01～10.00
V-3	10.01～15.00

② 灰分（A_d）

半焦产品的灰分等级划分见表 3-48。半焦的灰分（A_d）按 GB/T 212—2008 的方法进行测定。

表 3-48 半焦产品灰分等级划分

等级	灰分(A_d)/%	等级	灰分(A_d)/%
A-1	≤5.00	A-7	10.01～11.00
A-2	5.01～6.00	A-8	11.01～12.00
A-3	6.01～7.00	A-9	12.01～13.00
A-4	7.01～8.00	A-10	13.01～14.00
A-5	8,01～9.00	A-11	14.01～15.00
A-6	9.01～10.00	A-12	>15.00

③ 硫分（$S_{t,d}$）

半焦产品的硫分等级划分见表 3-49。半焦的硫分（$S_{t,d}$）按 GB/T 214—2007 规定的方法进行测定。

表 3-49 半焦产品硫分等级划分

等级	硫分($S_{t,d}$)/%
S-1	0～0.30
S-2	0.31～0.50
S-3	0.51～0.75
S-4	0.76～1.00

④ 固定碳（FC_d）

半焦产品的固定碳等级划分见表 3-50。半焦的固定碳（FC_d）按 GB/T 212—2008 规定的方法进行测定。

表 3-50　半焦产品固定碳等级划分

等级	固定碳(FC_d)/%	等级	固定碳(FC_d)/%
FC-1	>90.00	FC-6	80.01～82.00
FC-2	88.01～90.00	FC-7	78.01～80.00
FC-3	86.01～88.00	FC-8	76.01～78.00
FC-4	84.01～86.00	FC-9	74.01～76.00
FC-5	82.01～84.00	FC-10	≤74.00

3.5.2　半焦利用途径

低阶煤经低温热解后，失去一部分挥发分，从高挥发分煤变为低挥发分固体炭质产品，其挥发分（V_d）一般在 15%左右，其可磨性、着火温度、燃尽时间、反应性等工艺性质与原料煤相比变化较小，即低温半焦仍保留有煤的特性和利用价值。随着热解温度进一步提高，中温半焦的挥发分更低，一般 V_d 在 6%左右，可磨性与原煤相比下降较多，着火温度提高更多，燃烧性能变化较大。

半焦利用途径涉及了气化、燃烧、冶金、电石及其他领域，如图 3-40 所示。

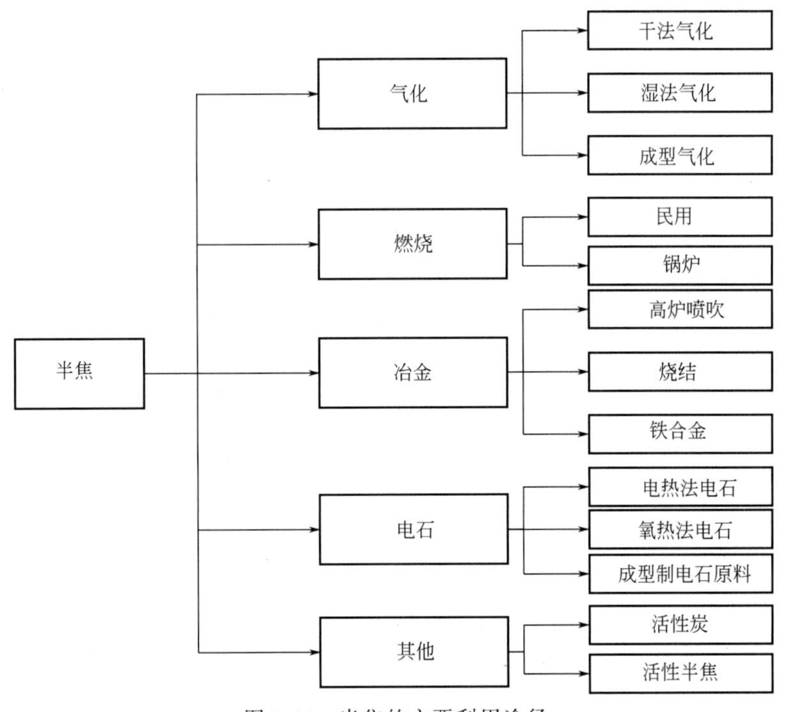

图 3-40　半焦的主要利用途径

3.5.2.1 半焦气化

煤热解—半焦气化—化工合成构成了一条合理的煤炭分级转化技术路线，其中半焦气化作为中间环节非常关键，相应的半焦气化技术支撑决定了该路线是否可行，为推进半焦的规模化应用，亟须开发以半焦粉为原料的气化工艺。

(1) 干法气化

以氧气/水蒸气为气化介质，沈强华等[66]研究昭通褐煤半焦气化特性发现，褐煤热解生产的半焦，固定碳的含量约为原褐煤的 2 倍，挥发分含量急剧降低，半焦气化可获得较高的氢气含量。从 850℃到 1050℃，随着温度的提高，合成气中 CO 和 H_2 含量提高，CO_2 和 CH_4 含量降低，合成气热值及产率均提高。存在最佳的氧气量，使得合成气热值和产率最大。

中科院山西煤化所肖新颜等[67]研究了六种典型无烟煤煤焦在水蒸气和 CO_2 气氛中气化，实验在热重分析仪中进行，分压从 0.02MPa 到 0.1MPa，温度从 920℃到 1050℃。结果表明，提高温度和压力，碳转化率提高，反应速率加快。

清华大学王明敏等[68]在 Thermax500 上进行了褐煤焦与水蒸气的气化实验，实验工况为，常压下水蒸气浓度 5%～20%，加压下水蒸气浓度 20%，气化在恒温条件下进行，温度为 850～1000℃。实验结果表明，温度和压力提高，反应速率加快；900℃以下煤焦反应以化学反应控制为主，900℃以上受到扩散阻力，表观活化能降低。

华东理工大学唐黎华等[69]以 CO_2 为气化剂，在常压、温度 800～1400℃条件下，研究了不同煤焦的高温气化反应性能，结果表明：温度倒数和气化反应速率的关系分为 3 个部分，低温时以反应动力学控制为主，反应速率满足 Arrhenius 方程；中温时内扩散严重影响，其表观活化能大为降低；高于 1150℃为高温区，对于高碳转化率，气化温度提高，气化反应速率降低。吴诗勇[70]的研究表明，气化温度升高，煤焦和水蒸气气化反应的碳转化率升高，气化反应性随气化温度增加而增强，随热解温度增加而减弱，且高温时气化温度的影响大于热解温度。提高水蒸气分压可提高气化反应速率，但在较低温度时，这一作用较弱，尤其是对反应性较差的煤焦。

煤炭科学研究总院徐春霞等[71]进行了煤焦在水蒸气和 CO_2 氛围中气化的研究，气化剂中水蒸气含量提高，CO_2 含量降低，则合成气中 H_2 含量逐渐提高，CO 含量降低，CH_4 含量有增加的趋势。H_2 和 CO 体积分数和增加，煤气热值有上升的趋势。气化剂中水蒸气含量 60%及 CO_2 含量 40%时的煤气产率最高，此时水蒸气与 CO_2 在气化反应中的交互作用达到最强，提高了煤气产率。气化剂组成对煤气成分的影响见图 3-41。

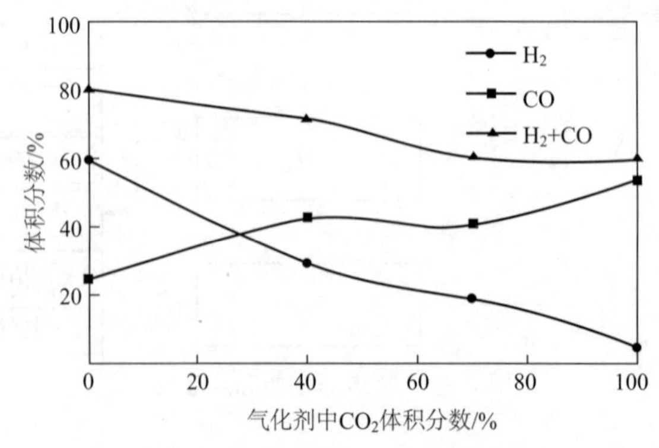

图 3-41 气化剂中不同 CO_2 体积分数对混合煤气组成的影响

大连理工大学的袁辉峰[72]对 Shell 炉气化进行了模拟，研究结果表明，氧焦比增大，CO 含量减少，H_2含量先上升后下降，在氧焦比为 0.7 时达到最大，有效气体含量趋势与H_2类似，在氧焦比为 0.69 时有最大值。氧焦比增大，CO_2、H_2O 含量和气化炉出口温度提高，CH_4含量先降低，后趋于基本不变。随着蒸汽焦比增加，H_2、CO_2和 H_2O 含量增加，CO、有效气体含量及气化炉出口温度下降，CH_4含量先减少后增加。

目前半焦气化以实验室研究其气化特性为主，为气化设计提供了较多的理论支撑，但更大规模的气化技术研究较少。近年来，研究人员正在进行热解-气化耦合在同一反应器或工艺系统中的技术研究，以期同时实现资源的分级转化及系统能量的高效利用。

(2) 湿法气化

半焦制备成水焦浆进行气化也是研究的重点，尤其是利用废水制浆技术，可以同时实现废水的资源化利用。何红兴等[73]为了提高半焦的成浆浓度，将半焦与褐煤进行混配，并采用间断级配工艺进行成浆性试验，证实半焦和褐煤配煤比例在 7∶3、半焦粗细粉比例为 6∶4时，最高成浆浓度可达 61.36%，满足气化用浆的设计要求，煤浆流动性及稳定性较好。戴爱军等[74]以半焦焦煤和兰炭及医药生产废水为原料，采用干磨湿配的制浆工艺进行成浆性试验，实验室可制备 59%～61%的料浆，满足湿法气化的工艺要求；同时将半焦粉和神木煤以 12∶88、23∶77、31∶69 的比例进行配合，混合医药废水制浆在 5 万吨多元料浆气化制合成氨装置上进行了工业试烧，气化主要指标（$CO+H_2$）的体积分数达 76%以上，氧耗低于 $500m^3/1000m^3$（$CO+H_2$），煤耗低于 $600kg/1000m^3$（$CO+H_2$）。

3.5.2.2 半焦燃烧

(1) 民用燃料

在国家治霾政策的要求下，各地环保治理力度不断加码，对民用清洁无烟燃料的需求也越来越大。半焦作为民用燃料，其燃烧时排放的 $PM_{2.5}$、总颗粒物（TPM）、NO_x、SO_2等污染物显著低于烟煤和无烟煤，因此以粉状半焦为原料制备的无烟型焦逐步得到推广。张鑫[75]利用民用取暖炉具对比了兰炭块和无烟煤块的燃烧特性，认为半焦更易燃，其残炭率及污染物排放低，但均存在不完全燃烧现象。邓佳佳等[76]以低阶烟煤热解半焦为原料，添加生物质黏结剂，冷压成型，并利用普通炉具及节能炉具进行了型焦与无烟型煤燃烧性能的对比测试，测试结果表明，该型焦与其他无烟型煤相比，烟尘排放相当，SO_2和 NO_x 排放大幅度降低。刘宇[77]利用半焦混配不黏煤制备洁净型焦，可提高型焦的燃烧反应性及上火速度，达到了洁净排放的要求。

(2) 锅炉燃烧

热解半焦与原煤相比，挥发分少、着火点高、燃烧反应速率慢、难燃尽，一定程度上限制了其工业化应用的进程，但与普通动力煤相比，半焦在价格、热量、硫和氮等污染性元素含量等方面仍有一定的优势。通过改进燃烧器结构、优化燃烧参数、采用燃料预热等技术可以实现半焦较好的着火及稳燃性。牛芳[78]通过调整配风参数、点火步骤及半焦粉浓度实现了半焦粉的长时间自维持燃烧，但仍存在燃烧器内燃点靠后、着火区域温度低及半焦燃烧不完全的现象。王永英等[79]在 10MW 热态试验平台上对比了煤粉工业锅炉常规双锥燃烧室和半焦燃烧双锥室燃用半焦粉的燃烧情况，改进的双锥燃烧室结构如图 3-42 所示。由此表明，半焦在燃烧室燃烧时，其着火更迅速，燃烧器内燃点提前，预热和伴燃时间缩短，残炭率由 57.54%降低至 6.89%，空气过剩系数范围拓宽，燃烧效率达到 99%以上。其燃烧室主要改进在于提高旋流强度、增加燃烧室进口直径、增加燃烧室前锥角、增加一次风管的长度、燃烧室壁面增加蓄热面、缩小后锥出口。

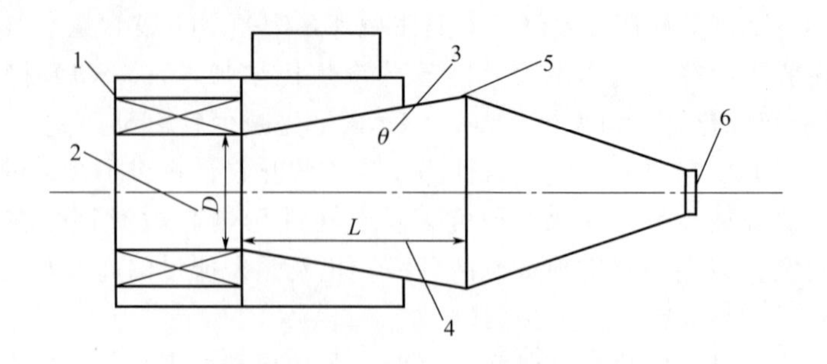

图 3-42 改进的双锥燃烧室结构

1—强化旋流；2—增加燃烧室进口直径；3—增加燃烧室前锥角；

4—加长燃烧室内一次风管；5—增加蓄热面；6—缩小燃烧室后锥出口

余斌[80]根据半焦的燃烧特性，利用小型循环流化床试验台进行试烧试验，证实半焦可在流化床内稳定燃烧，SO_2排放低，但 NO_x 排放较高，并采用煤与半焦混烧的措施来降低 NO_x 排放。从燃烧的基本原理分析，针对较难燃及难稳燃的原料，强化点火及燃烧效果的主要途径包括：a. 保持较高的燃烧温度；b. 实现燃料及氧气的充分混合；c. 保证充足的燃烧时间等。而常采用的措施则包括：a. 提高燃料温度；b. 旋流燃烧，卷吸高温烟气，强化着火；c. 降低燃料粒径，增加一次风中的燃料浓度。幺瑶[81]改进循环流化床的燃料输送系统，取消布风板和风帽等结构，提升管底部仅保留锥段，与直吹送粉连接，达到了预热细半焦粉、降低风帽磨损和管路阻力的效果。杨二浩[82]则采用 30kW 的细粉半焦预热燃烧试验台，研究了预热燃烧器的对冲布置及四角布置炉型的流场特性，优化配风工艺参数，为减少 NO_x 的排放和预热燃烧工程应用提供了技术支撑。

在电站锅炉的实际应用中，由于半焦的可磨性较差、磨损性强，因此其制粉系统需采用多种防磨的改进措施，刘家利等[83]通过设计计算与 660MW 机组制粉系统的工业应用对比，认为应选用比理论计算结果稍大型号的磨煤机，保证制粉系统的研磨出力；同时其在 135MW 机组锅炉掺烧半焦时，表明掺烧 30%的半焦进行燃烧，在技术上可行，具有环保优势，但仍需优化制粉系统来匹配半焦研磨。杨忠灿等[84]根据半焦的煤质特性、磨损特性，对燃煤电站锅炉设备的磨损防治措施进行总结，从磨煤机、煤粉管道、燃烧器等方面提出了技术改进方案。中国每年约 50%的煤炭产量用于发电，若能突破半焦在电站锅炉利用中面临的燃烧、磨损等技术瓶颈，在确保经济性的前提下，对推动半焦粉规模化利用意义重大。

3.5.2.3 半焦在冶金领域的应用

(1) 高炉喷吹

高炉喷吹是指在冶炼高炉风口喷吹一定的燃料，达到部分替代焦炭、提供热量和还原剂的目的，其历史最早可追溯至 19 世纪中期。中国自 20 世纪 60 年代起在鞍钢和首钢开始了高炉喷煤应用，目前高炉喷吹已经成为了高炉优化燃料结构、降低生产成本、减少污染物排放的重要手段。

无烟煤作为高炉喷吹燃料，具有碳含量高、安全性好的优势，但其劣势在于反应性、燃烧性较差，资源少、价格较高；烟煤作为高炉喷吹燃料则具有反应性、燃烧性、可磨性较好但安全性略低的特点。半焦用于高炉喷吹的可行性及实验室研究自 20 世纪 90 年代已经开始，均表明半焦总体上各项特性介于无烟煤和烟煤之间，是较为理想的喷吹原料。

半焦的燃烧性能仍然是影响其作为高炉喷吹燃料的一项关键指标，由于燃料粉在高炉风口前燃烧带停留时间很短（约 20ms），风口回旋区是燃料燃烧反应的主要区域，若燃烧率较高，过多的碳粉随着气流向上进入焦炭孔隙及烧结矿表面，易造成透气性差、气化不完全、炉内温度变化剧烈的现象，影响正常的冶炼过程。大量实践表明，喷吹料的燃烧率应保持在85%以上才不会影响高炉的顺行。半焦的可磨性、着火点及燃烧性均与半焦的制备条件（热解温度、热解时间、粒度）等具有较大关系，何选明等[85]利用固定床热解装置制备出400～550℃的神木煤热解半焦，在管式沉降炉上模拟高炉喷吹条件以考察其燃烧性能及影响燃烧性能的各向因素，结果表明半焦的燃烧性能优于所选的无烟煤，燃烧半焦的性能与燃料比呈负相关；降低热解温度、减小半焦喷吹粒径及提高热解温度可改善半焦的燃烧性能。杨双平等[86]对常规高炉喷吹煤及半焦的配合煤进行了分析，证实喷吹煤粉配入半焦后，配合料的可磨性增强，安全性提高，着火点降低，灰熔点升高，燃烧率约为 85%；并认为半焦配比达 40%时，混合料应用于高炉喷吹是可行的，可以获得更佳的冶金性能。张立国等[87]研究表明，鞍钢喷吹用混合煤粉中配入 15%的半焦后，燃烧效率提高约 2%，理论置换比均达 0.95 以上，远高于行业标准要求。

与锅炉中半焦粉的燃烧类似，在高炉中同样可以采取提高高炉温度、优化操作条件、强化燃料和氧气混合、富氧燃烧、煤粉预热等措施强化半焦燃烧性能，除此之外，近年来研究人员还进行了添加各种催化剂进行强化燃烧的试验研究。何选明等[88]利用冶金废渣氧化铁红、高炉瓦斯泥、氧化铁皮及生物质凤眼莲与低阶煤进行共热解试验，并测试所得半焦的燃烧性能，结果表明：冷轧氧化铁红、凤眼莲与低阶煤共热解半焦均符合高炉喷吹用煤的技术指标，氧化铁红在起到催化热解提高挥发分析出幅度的同时，热解半焦燃尽度最高可达98%，显著提高了半焦的燃烧特性。

目前可提供催化燃烧效果的添加剂种类较多，主要分为以下几种：碱金属、碱土金属及卤族化合物类催化剂，过渡金属和稀土金属类催化剂，分解供氧剂，复合型添加剂，天然矿物，工业副产品或废弃物等。以低价的工业废弃物为催化剂，并实现催化剂在高炉内的资源化转化是一条较为合理的技术路线，同时在催化燃烧的研究过程中，不仅要考虑其助燃催化效果，更应充分研究催化剂对冶炼过程的影响，避免二次污染及设备损害的发生。

在实际生产中，半焦粉作为高炉喷吹料仍面临的重要问题之一为半焦原料的品质稳定性问题。半焦无论作为部分配入喷吹混合料还是作为单独喷吹料，由于目前半焦工业化生产相对粗放，热解过程不能保持充分稳定，导致其品质变化较大，各生产企业之间半焦品质差异大，甚至同一生产企业不同批次半焦品质也不同，极易给高炉生产带来危害，影响冶炼工艺的顺利进行。该问题的解决措施包括高炉生产喷吹料的企业须尽量提高操作精细化程度、确保产品品质的稳定，同时高炉企业在半焦利用之前需对其进行均质化处理，避免工艺条件波动较大。

(2) 烧结

烧结是把粉状和细粒含铁物料制成具有良好冶金性能的人造块矿的过程，是粉状含铁物料的主要造块方法之一。它主要是靠配入一定量的燃料燃烧产生的高温作用，使含铁物料局部软化或熔化，发生一系列物理化学反应，生成一定数量的液相，液相冷却而将物料固结成块，从而为炼铁高炉提供合格的原料。

目前全国钢铁行业广泛使用的烧结固体燃料有焦粉、无烟煤。焦粉因固定碳高、灰分和挥发分低而被广泛应用，无烟煤的烧结性能稍较焦粉差，部分有无烟煤采购优势的企业使用无烟煤代替焦粉。兰炭是近年发展起来的一种新型碳素材料，又称半焦，是利用神府煤田盛产的优质侏罗精煤块烧制而成的，其具有固定碳高、比电阻高、化学活性高、灰分低、铝低、硫低、磷低的特性，因兰炭与焦炭生产工艺不同，所以兰炭市场价格较焦炭低。

2010 年开始，神木县政府与中钢鞍山热能研究院合作开展了“兰炭烧结应用试验”。试验以烧结常规应用的焦粉、无烟煤和兰炭作比对，从燃料性能、烧结过程、烧结矿冶金性能三方面进行科学试验分析比对。研究试验结果证明：a. 作为烧结燃料，兰炭发热量、挥发分、灰分、含硫量等各项指标都能满足烧结用燃料要求，特别是兰炭灰分中，CaO、MgO、Fe_2O_3含量较高，补充了烧结矿原料和熔剂，显著降低灰分负面影响；b. 兰炭反应性能、气化性能、燃烧性能明显好于焦粉和无烟煤，兰炭燃烧温度低，烧结矿中的 FeO 含量低，烧结时间短，有利于提高垂直烧结速度、烧结机利用系数，烧结矿成品率较高；c. 使用兰炭粉后，烧结矿转鼓强度在 67%左右，烧结矿的矿物组成呈现高碱度烧结矿的矿物组成特征，适当增大兰炭配比可以提高低温还原粉化指数，改善烧结矿还原性，兰炭烧结矿的开始软化温度、软化结束温度和滴落温度均较高。

（3）铁合金

碳质还原剂是铁合金还原电炉中应用最广泛、最廉价的还原剂，每生产 1t 铁合金需要还原剂 0.8～1.0t。一般对碳素材料还原剂的要求是固定碳含量高（$FC_d \geqslant 80\%$）、灰分低、水分波动小、电阻率大、反应活性好、具有一定的粒度和机械强度。炼焦煤资源紧缺及炼焦煤价格上涨，导致铁合金专用焦的价格上升，严重影响了铁合金企业的经济效益。低阶煤（包括褐煤）制备的半焦用于冶炼还原剂是近年资源利用开发的亮点。

碳质还原剂的固定碳含量高，所需还原剂的总量少，带入灰分及其他杂质少；其灰分低，有利于降低渣量及合金中杂质含量，并减少电耗；其水分含量稳定，有利于还原剂的准确计量及炉况稳定，若水分过高，则蒸发水分易消耗过多热量，导致高电耗；电阻率大有利于电极下插和扩大坩埚，可使电炉操作稳定及提高产量；化学活性好，有利于加快反应速率及提高元素利用率，达到高产低耗的目的。碳质还原剂的机械强度与其石墨化程度有关，石墨化程度越高，碳质材料的机械强度越高。而石墨化程度与碳质材料的种类、炭化温度、炭化时间、灰分与挥发分产率密切相关。石墨化程度越高，碳质材料的电阻率、化学反应活性越低，即碳质材料的机械强度与其电阻率、化学反应活性相互制约。石墨、冶金焦、半焦、石油焦、木炭等典型碳素材料的电阻率 $\lg\rho$ 随温度的变化情况如图 3-43 所示[89]。

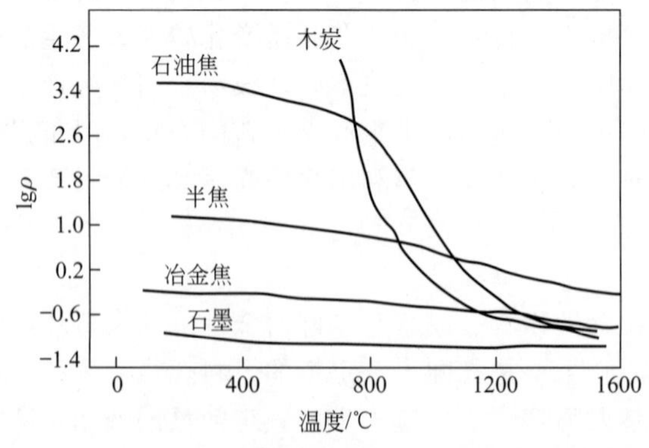

图 3-43 典型碳素材料的电阻率 $\lg\rho$ 随温度的变化情况

半焦用作铁合金还原剂不仅具有优越的技术指标特性，且具有提高生产能力、降低电耗、提高硅铁合金利用系数等优点。

3.5.2.4 半焦制电石

（1）传统电热法制电石

电石是重要的基础化工原料，多年来在保障我国经济平稳较快增长、满足相关行业需求等方面发挥了重要的作用。随着我国经济的快速发展，特别是国内市场对于聚氯乙烯、醋酸乙烯等乙炔产品需求的增长，我国电石产能和产量得到快速增加。2016 年，我国电石生产企业 220 家，产能达 4500 万吨，产量为 2730 万吨。

我国电石主要用于生产电石法聚氯乙烯（PVC），PVC 生产消耗的电石约占电石表观消费量的 60%；其次用于生产金属切割用的乙炔类产品，该领域对于电石的需求量约占电石总消费量的 10%；其余用于生产氯丁橡胶、聚乙烯醇（PVA）、石灰氮及其衍生物等产品。由此可见，国内电石市场走向主要取决于下游 PVC 行业的发展态势。

（2）氧热法制电石

20 世纪 70 年代，朝鲜（DPRK）科学研究院同清水化工厂合作开发了氧热法电石生产技术，建成了 20t/d 的实验炉，1981 年投入试生产。该工艺采用生石灰和由无烟煤加黏结剂制得的沥青煤球为原料，产品纯度 80%[90]。日本公开专利（昭 61-178412）中指出将氧化钙和含碳原料在竖炉内分层填充，以竖炉全焦、纯氧或富氧燃烧产生的热量供给电石生产，电石纯度在 50%左右[91]。

国内氧热法电石技术的研究单位主要包括北京化工大学刘振宇教授课题组、四川省川威集团有限公司、神雾科技能源等。北京化工大学自 2007 年开始研究氧热法电石生产工艺，提出用粉状含炭原料和粉状含钙原料通过部分含炭原料与含氧气体燃烧供热制备电石的方法，并形成了气流床、复合床以及淤浆鼓泡床为反应器的电石炉技术[92,93]。2016～2017 年，神雾科技集团在氧热法制电石领域进行布局，相继申请了十余项相关专利。其核心思路在于，将煤的热解与氧热法电石工艺进行耦合，利用氧热法电石的尾气作为热解热源，热解产生的提质煤作为氧热法电石的炭基原料。

3.5.2.5 半焦成型

（1）民用型煤

目前我国具有较强污染物控制能力的电力行业的燃煤仅占燃煤总量的 50%左右，远低于世界平均水平（美国约占 93%，世界平均约为 78%）。然而污染源对人类的伤害与人口密度成正比，与距离成反比，因此，电煤消耗的实际负面影响较小。而另一半煤炭则被直接燃烧利用（如居民分散燃煤供暖），称为常规燃煤，是大气污染物的主要来源。

在我国，生物质燃烧、家用燃煤及焦炭生产是多环芳烃（PAHs）的主要排放源，分别占 PAHs 排放总量的 59%、23%和 15%，其他各类能源总贡献仅占 3%。在许多北方城市，家庭取暖燃煤是环境空气中 PAHs 的主要排放源。因此虽民用煤使用量仅占去全国总用煤量的 2.19%，但其污染物排放量不容小觑。民用煤使用地点分散，基本无防污减排措施，且增加减排措施的实施难度很大，故采用前端控制民用煤质量的方式具有更大的可行性。以清洁半焦作为原料通过成型制得清洁民用型煤，可有效控制民用煤的品质。

以半焦粉为原料生产型焦，可使其在电石、硅铁、冶金、民用洁净燃料等领域得到广泛应用，对提高半焦生产企业经济效益和环境效益具有重要意义。在此以年产 60 万吨型焦为例进行论述。

① 原材料。半焦：半焦粉含水分≤3.0%（质量分数）。半焦粉粒度分布为：<1mm，45%；1～2mm，35%；>2mm，20%。

黏结剂：GY型半焦球团干粉黏结剂，该黏结剂直接按比例与半焦混合后即可压制成型，1t黏结剂可生产21t半焦球团；成型率高达98%，湿球自2m高处下落不散，自然干燥或烘干均可，耐高温1000℃不散不粉，添加剂中不含镁、磷、铝、铁等化学成分，无须原料加热搅拌，整个生产过程没有污染。

② 产品。生产的产品为半焦型焦，主要用于电石、铁合金生产，其主要技术指标与半焦主要技术指标对比如表3-51所示。

表3-51 主要技术指标

名称	半焦型焦指标	半焦指标
外形结构	球状	粉状
颜色	浅黑色	浅黑色
粒度/mm	≤35	15～30
水分(质量分数)/%	≤1.5	≤10
灰分(质量分数)/%	≤10	≤6
固定碳(质量分数)/%	≥80	≥82
冷强度/(N/个)	≥400	—
热强度/(N/个)	≥400	—

半焦粉生产型焦的工艺过程如图3-44所示。将半焦粉与黏结剂分别计量后，按比例送入高速混合机内混合均匀，经轮碾机对混合料进行混捏后，再送入压球机压出焦球，最后经过烘干和冷却就制得产品型焦。

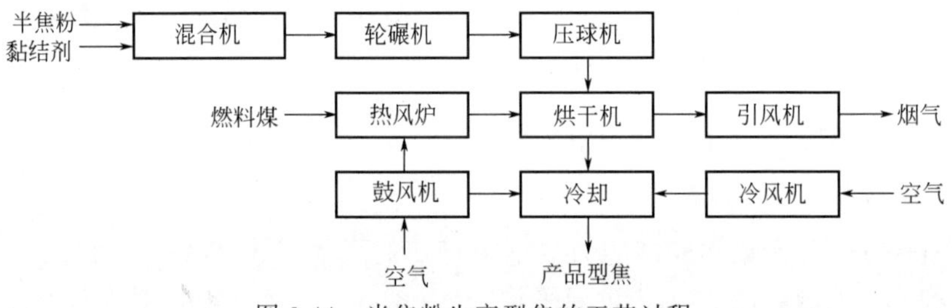

图3-44 半焦粉生产型焦的工艺过程

(2) 成型气化

20世纪60年代，我国开发了多种型焦工艺，生产的型焦提供了全国化肥行业60%左右的气化原料。70年代煤炭科学研究总院北京煤化学研究所开发的腐殖酸煤球已用于十多家小化肥厂。煤科总院北京炼化所研制的钙系黏结剂煤泥防水煤球适用于煤的气化，为我国每年生产上千万吨煤泥有效利用开辟了新的途径。

从机理上分析，煤气化的过程也包含了煤的热解过程，煤颗粒受热首先发生热分解现象，其次为气化剂与表面活性位原子的气化反应，尤其以传统的固定床气化最为明显。半焦块/半焦粒已在化肥造气中实现了工业应用，半焦粉由于其粒度过小难以直接进入固定床气化，通常采用先成型后气化的技术路线。

郭云飞[94]以褐煤半焦、长焰煤与无烟煤为基础原料，配以黏结剂成型，后炭化制备成气化型焦，利用固定床气化炉开展了水蒸气气化试验，获得了气化型焦的气化动力学模型。张玉君等[95]开展了以陕北地区半焦粉配黏结性烟煤生产气化型焦的试验研究，表明使用淀粉或羧甲基纤维素黏结剂、肥煤配比33%或1/3煤配比38%时，即可得到符合常压固定床气化炉用煤技术指标要求的气化型焦。单纯半焦粉成型的关键在于黏结剂的选配，成型型焦具有较强的热态反应强度。半焦粉也可采用流化床等工艺进行直接气化。

冯钰[96]对固定床热解装置制备的不连沟半焦进行了气化反应活性研究，发现450～750℃热解半焦活性随着温度升高而降低，随停留时间延长而降低，800～900℃热解半焦的气化活性随温度升高而显著增大。吴仪[97]利用流化床试验装置研究了半焦空气、水蒸气气化反应，认为半焦气化应适度提高氧气的浓度，氧气浓度较高的枪口下，提高温度对提高产气率和热值影响不大。张睿[98]探明了常压流化床和加压流化床半焦的气化机理，对现料，利用常压循环流化床试验台研究了半焦流化床气化特性，为半焦气化中试装置提供了设计依据。

（3）半焦制铸造型焦

我国20世纪50年代开始进行高炉冶炼用型焦的研究工作。据1987年统计，有14个省35个企业进行了型焦研制和应用，其中十几个厂的设备能力都可达1万～2万吨/年。广东龙北四钢铁厂30m^{3}高炉和四川万福钢铁厂73m^{3}高炉，至今一直使用型焦炼铁；云南澜沧江冶炼厂也一直应用褐煤型焦炼铅。上述型焦生产都属于冷压工艺，多采用焦油、沥青作黏结剂，充分利用当地弱黏结煤和不黏结煤，生产型焦用于冶金等行业。我国冷压型焦技术已积累了相当丰富的经验。

1972年，厦门新焦厂建立了生产能力为2.5t/h的热轧型焦生产装置，型焦用于13m^{3}高炉、冲天炉和煤气发生炉。湖北荆州钢铁厂、马鞍山钢铁公司建有热压型焦装置，以无烟煤为原料，生产型焦代替焦炭供高炉使用。1994年，鞍山热能研究院在宁夏石嘴山焦化厂建立4万吨/年型焦生产装置。由于热压成型技术工艺复杂，设备造价高，调控水平较低，操作技术要求高，尚未广泛推广应用。

上海宝山钢铁公司引进了日本成型设备，国内进行工艺配套设计，建成了年处理能力为80万吨的成型工段，配30%型煤炼焦，该技术达到了国际先进水平。

20世纪80年代以来，尤其是经过“六五”“七五”“八五”“九五”4个“五年计划”的连续攻关，分别在气化型煤和锅炉型煤方面取得了一系列重大进展。1995年以来，又研制出了一系列高强、防水、免烘干、合适长距离运输的气化和锅炉煤，使我国的型煤技术达到了一个新水平。

20世纪90年代以来，山西省对此技术开发成果突出，分别在翼城、潞城、晋城等地建设了2.5万吨/年型焦厂，自1996年投产以来，至今运转正常。2002年起，山西省加快了对型焦工艺技术及型焦生产装置的开发速度，效果显著。

型焦炭化试验在隧道窑内进行，配有煤气发生炉、排烟管道、余热回收及尾气排放系统。

① 型焦炭化试验过程简述。

装煤：入窑小车简称“窑车”，长1.5m、宽0.8m、高0.7m；为提高隧道窑内的填充系数及提高炉体的热效率，对窑车进行改造。改造方法为：在窑车上铺盖高0.28m的盖板，使窑车整体高度为0.98m。在窑车上摆放4层型焦，底层6×11个、第二层6×10个、第三层6×9个、第四层5×8个，共计220个型焦。

预热：将装满废砖的窑车陆续推入隧道窑中，在炭化段的烧嘴处通入煤气及空气使之燃烧，根据型焦炭化试验对炉温的要求，将隧道窑炭化段中心温度预热至1200℃左右。

型焦炭化：将型焦码放到窑车上，按照每20min入窑1车的速度推入隧道窑中。随着窑车不断进入，型焦温度逐渐升高并在炭化段被炭化，窑车通过炭化段后型焦炭化结束。

出焦：型焦通过炭化段后进入冷却段，此时红热的型焦遇到空气极易烧损，为减少烧损，人工将窑车迅速拖出隧道窑，用耙子将红热的型焦推到熄焦车中。

熄焦：使用高压水枪迅速将熄焦车中红热的型焦熄灭。

将煤气发生炉所产煤气与助燃空气混合经隧道窑喷嘴点燃并燃烧，将窑内炭化段温度由常温加热至约1200℃，用顶车机将摆放好型焦的窑车顶入窑内（速率：1车/20min）。型焦通过预热段预热和部分炭化，窑内温度由 T_1（20℃）上升至 T_4（800℃）（升温速度约3.9℃/min），此时型焦的水分蒸发，并伴有大量挥发性物质逸出，型焦中的焦煤和黏结剂沥青部分炭化。当型焦进入炭化段后，窑内的温度由 T_4（800℃）上升至 T_6（1120℃）（升温速度约2.5℃/min），通过控温仪表监测，适当调节进入喷嘴的煤气量和空气量，保持炭化段（$T_6 \sim T_8$）的温度控制在1100℃左右。此时型焦中剩余挥发性物质继续大量析出，型焦中黏结性物质经高温加热后炭化，型焦被炭化成型焦产品。由于隧道窑工艺条件要求在烧制耐火材料时冷却段（$T_9 \sim T_{11}$）需鼓入大量冷空气使物料冷却及保护窑体本身，致使该段密封不良，尽管采取停止向该段鼓风并适当密封技术措施，但当炭化后的型焦进入冷却段后，虽然型焦表面的温度降低，但炽热的型焦与大量空气相接触，极易发生氧化反应，从而导致型焦表面的烧损。为避免型焦的烧损，根据现场实际情况，用人工将窑车从窑内快速拖出（窑内温度 T_{11} 约330℃），将型焦推入熄焦车内用水将其熄灭。因此，在未来采用隧道窑炭化型焦时，炭化隧道窑应按炭化工艺要求重新设计，解决目前存在的问题。型焦窑车从入口进入隧道窑到炭化后出窑大约10h。整个炭化试验总计用时约21h，试验运行平稳，各段温度控制稳定，外加煤气量逐步降低，在工业化运行时有望不用外加燃气。整个炭化试验得到型焦3约8t、型焦6约5.7t，总计约13.7t型焦。

② 型焦质量检测及分析结果。型焦1及型焦2经炭化后得到产品型焦1和型焦2，取样对其进行检测，检测结果见表3-52及表3-53。

表3-52　型焦质量、成焦率、整型焦率及型焦强度检测结果

型焦种类	型焦总量/t	单个型焦质量/kg	成焦率/%	烧损率/%	整型焦率/%	块度/mm	SI_4^{50}/%	M_{40}/%
型焦1	8.0	1.0	76.2	5.1	99.5	110	91.0	26.9
型焦2	5.7	1.0	76.0	5.2	99.5	110	93.5	29.4

由表3-52可见：生产型焦1约8.0t（单个型焦质量约1kg），型焦2约5.7t（单个型焦质量约1kg）；成焦率分别为76.2%和76.0%；烧损率分别为5.1%和5.2%；整型焦率均为99.5%；块度为110mm。从型焦强度检测结果可以看出：型焦1落下强度（SI_4^{50}）和转鼓强度（M_{40}）分别为91.0%和26.9%，与实验室炭化试验所得型焦的强度相比，落下强度（SI_4^{50}）基本一致，转鼓强度（M_{40}）略有降低；型焦2落下强度（SI_4^{50}）和转鼓强度（M_{40}）分别为93.5%和29.4%，与实验室炭化试验所得型焦的强度相比，落下强度（SI_4^{50}）基本一致，转鼓强度（M_{40}）也略有降低。由此可见，使用隧道窑炭化型焦所获得型焦的落下强度与实验室基本一致，而转鼓强度略有下降。转鼓强度下降的原因可能是型焦经过近9个月存放及整个冬季的冻结及春季融化，使其内部结构受到一定程度的破坏。炭化过程型焦

的烧损较大是由烧制耐火材料的隧道窑密封不良所致。今后工业化时对隧道窑进行重新设计使之适用于大块型焦的炭化，减小型焦的烧损，进一步提高型焦的产率和强度。

表 3-53　型焦质量分析检测结果

型焦种类	A_d/%	V_{daf}/%	$S_{t,d}$/%	FC_d/%	Q/(kJ/g)	气孔率/%
型焦 1	11.88	2.95	0.71	86.52	27.8	34.7
型焦 2	9.35	2.78	0.69	88.16	27.8	35.4

由表 3-53 可见：型焦 1 与型焦 2 的灰分（A_d）分别为 11.88%和 9.35%；挥发分（V_{daf}）分别为 2.95%和 2.78%；硫分（$S_{t,d}$）分别为 0.71%和 0.69%；固定碳（FC_d）分别为 86.52%和 88.16%热值（Q）均为 27.8kJ/g；气孔率分别为 34.7%和 35.4%。

上述试验结果表明：以半焦粉为主要原料制得的型焦采用隧道窑炭化工艺是完全可行的。型焦经隧道窑炭化后可制取合格的铸造型焦产品，产品具有整型焦率高、块度均匀、强度好、低灰、低硫等特点，为冲天炉化铁提供了优质的燃料。

3.5.2.6　其他利用

吸附剂是能有效地从气体或液体中吸附其中某些成分的固体物质。吸附剂一般有以下特点：大的比表面积、适宜的孔结构及表面结构；对吸附质有强烈的吸附能力；一般不与吸附质和介质发生化学反应；特造方面，容易再生；有良好的机械强度等。吸附剂可按孔径大小、颗粒形状、化学成分、表面极性等分类，如粗孔和细孔吸附剂，粉状、粒状、条状吸附剂，碳质和氧化物吸附剂，极性和非极性吸附剂等。

常用的吸附剂有以碳质为原料的各种活性炭吸附剂和金属、非金属氧化物类吸附剂（如硅胶、氧化铝、分子筛、天然黏土等）。衡量吸附剂的主要指标有：对不同气体杂质的吸附容量、磨耗率、松装堆积密度、比表面积、抗压碎强度等。

近些年来，随着半焦产业的发展，半焦基吸附剂的研究和生产已在国外引起人们的日益关注和应用。将半焦直接用于处理废气和污水，具有原料来源丰富、成本低廉、工艺简单、易操作、易推广应用等特点。目前，以半焦为原料制备活性半焦产品已实现工业化生产和应用。

(1) 活性炭

经过 100 多年的发展，目前全世界活性炭产量已达 70 万吨/年，中国的活性炭产量为 26 万吨/年，位居世界第二。

活性炭是一种以石墨微晶为基础的无定形结构，其中微晶是二维有序的，另一维是不规则交联六角形空间晶格。石墨微晶单位很小，厚度约 0.9～1.2nm（3～4 倍石墨层厚），宽度约 2～2.3nm。这种结构注定活性炭具有发达的微孔结构，微孔形状有毛细管状、墨水瓶形、V 形等。

活性炭孔径从 10^{-1}～10^4nm，根据 Dubinin 提出并被国际纯粹与应用化学联合会（IUPAC）采纳的分类法，孔径小于 2nm 为微孔，2～50nm 为大孔。在高比表面积活性炭中，比表面积主要由微孔来贡献，中大孔在吸附过程中主要起通道作用。因此，在制备时应充分发展微孔，尽量减少中大孔的数量。

制造活性炭的原料有煤系原料、植物原料、石油原料、高分子和工业废料及其他。当前世界上 2/3 以上的活性炭是以煤为原料的。我国煤基活性炭总产量已超过 10 万吨，是我国产量最大的活性炭品种。原则上几乎所有的煤都可以作为活性炭的原料，但是不同煤阶的煤制得的活性炭性能不同，煤化程度较高的煤种制成的活性炭具有发达的微孔结构，中孔较少；而煤化程度较低的煤种制成的活性炭中孔结构一般较发达。活性炭的比表面积通常在$1500m^2/g$左右，随着科学技术的发展，市场对高比表面积活性炭的需求量越来越大，尤其是比表面积大于$2000m^2/g$的高比表面积活性炭在双层电容器的成功应用，使得对高比表面积活性炭的制备与应用的研究得到广大科学工作者的极大关注。

除了传统的粉末状和颗粒状活性炭外，新品种开发的进展也很快，如球状活性炭、纤维状活性炭、活性炭毡、活性炭布和具有特殊表面性质的活性炭等。另外，在煤加工过程中得到的固体产物或残渣，如热解半焦、废弃的焦粉、超临界抽提残煤和煤液化残渣等也可加工成活性炭或其代用品，它们的生产成本更低，用于煤加工过程的三废治理更加适宜。

目前世界各国生产活性炭的工艺路线有三条（见表 3-54）：一是物理活化法，二是化学活化法，三是催化活化法。

表 3-54　活性炭的制造方法

方法	分类
物理活化法	直接炭化法、破碎活化法、压伸法、压块法、造球法、液相造球法
化学活化法	浸渍法、浸渍挤压法
催化活化法	化学与物理活化法相结合

刘长波[99]以陕西省神木县的半焦末为原料（其特性见表 3-55），采用物理活化法和化学活化法制备活性炭，并对其产物活性炭的性能作了分析比较。

表 3-55　神木县半焦末的特性　　单位：%（质量分数）

工业分析			粒度分布		
M_{ad}	A_{ad}	V_{daf}	6～3mm	3～1mm	<1mm
0.95	32.36	18.41	9.74	43.03	47.23

① 生产工艺路线。以半焦末为原料，经过酸碱洗涤预处理后，加入酚醛树脂黏结剂混合均匀，干燥后粉碎至 0.071mm，制成粉末成型料，然后用模具冷压成型得到颗粒成型体，成型工艺如图 3-45 所示。以水蒸气为活化气体分别用物理活化法、化学活化法制备活性炭。

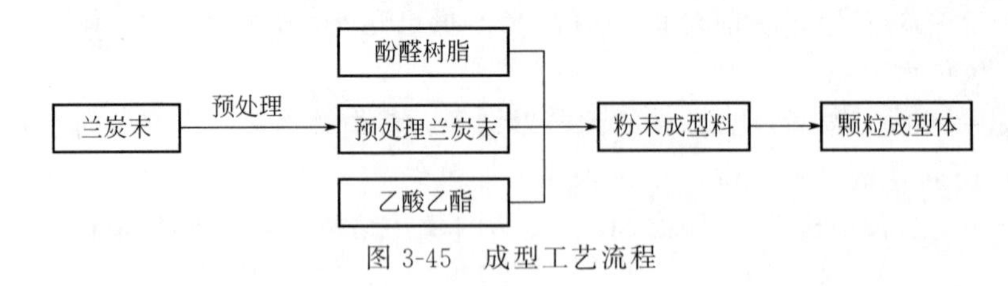

图 3-45　成型工艺流程

物理活化法：将上述活性炭的颗粒成型体置于自制保护气氛活化炉中，以水蒸气作为活化剂进行物理活化，工艺流程如图 3-46 所示。

化学活化法：活化前利用化学试剂进行改性处理，改性后再活化。两种改性活化方案的工艺流程如图 3-47 所示。

② 物理化学法。筛选 0.28～0.8mm 的半焦末 1000g，用 3000mL 浓度为 3mol/L 的 HCl 溶液（盐酸体积：半焦末质量比为 3：1）搅拌浸泡 2h 后用蒸馏水洗涤至中性，再用

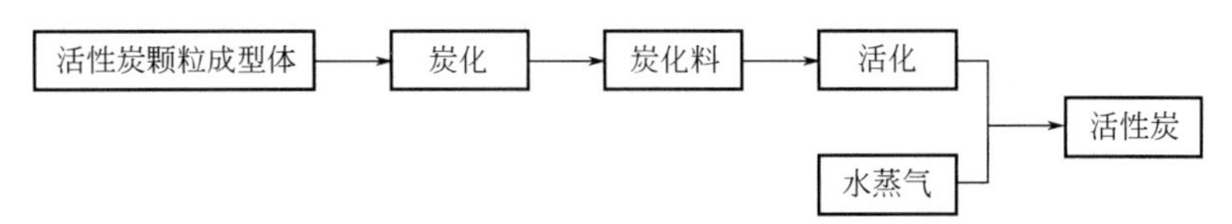

图 3-46　物理活化法的工艺流程

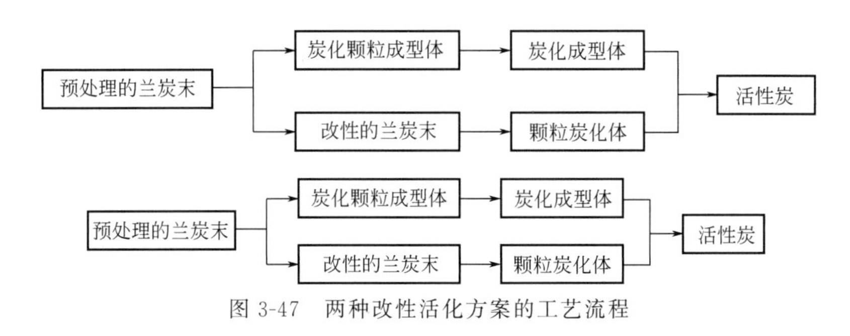

图 3-47　两种改性活化方案的工艺流程

3000mL 浓度为 3mol/L 的 NaOH 溶液（氢氧化钠体积：半焦末质量比为 3：1）搅拌浸泡 12h 后用蒸馏水洗涤至中性，干燥备用。按此方法对半焦末分别洗涤除灰 1、2、3 次得到预处理料 1、2、3，原料和预处理料 3 的工业及元素分析见表 3-56。

表 3-56　原料和预处理料 3 的工业及元素分析　　单位：%（质量分数）

样品	M_{ad}	A_{ad}	V_{ad}	FC_{ad}	$S_{t,ad}$	H_{ad}	C_{ad}	N_{ad}
原料	0.95	32.36	18.41	48.28	2.20	1.06	57.82	0.56
预处理料 3	1.59	6.13	7.19	85.09	0.60	1.40	82.69	0.80

可见，半焦末经洗涤除灰后，灰分和挥发分含量明显降低，固定碳和碳元素含量升高，因为半焦末所含的碳性和酸性物质（如氧化物、碳氧化物等）分别与 HCl 和 NaOH 反应，通过洗涤使这类杂质溶解脱除。

利用原料半焦末及预处理料 1、2、3 三种材料，将其加入 20%酚醛树脂黏结剂制成混合料，称取 2.5g 在 8tf（1tf=9806.65N）压力下压制成颗粒，在 500℃炭化 30min 后，用水蒸气（60mL/h 蒸馏水汽化产生）于 850℃活化 60min 的相同条件下，制出活性炭产品 1、2、3、4，对产品性能进行测试，结果见表 3-57。

表 3-57　四种活性炭产品的性能

活性炭产品编号	抗压强度/MPa	产率/%	亚甲基蓝吸附值/(mg/g)	碘吸附值/(mg/g)
1	1.9	63.60	65.55	165.38
2	11.5	60.96	84.90	343.22
3	8.4	60.02	100.65	543.67
4	7.4	56.00	117.60	573.82

由表 3-57 可见，四种活性炭的抗压强度先增加后减小，产率递减，亚甲基蓝和碘吸附值递增。活性炭的中孔和微孔分别决定其亚甲基蓝吸附值和碘吸附值，由此可见半焦末洗涤次数越多，产品的孔隙越发达，吸附能力越强。

半焦末中的低挥发物质在炭化时可以形成孔隙为后续活化反应提供通道，固定碳在此通道上与水蒸气接触部分烧蚀生成活性炭孔隙，直接决定活性炭产品性能，灰分在此过程基本不变，半焦末经洗涤除灰后，灰分减少，所以四种产品的产率逐渐降低；挥发分含量降低和固定碳含量增加有利于活性炭产品孔隙的生成，且洗涤后的半焦末中固定碳含量大于碳含量，说明固定碳中除碳元素外还有大量其他元素，这对活化造孔有极大的促进作用，所以产品的吸附性能逐渐增强；灰分在高温反应后强度降低，其含量越高活性炭抗压强度越低，挥发分高温反应时对成型体的破坏作用较强，含量越高活性炭的抗压强度越低，半焦末洗涤后灰分含量降低，挥发分含量增加（黏结剂与固定碳质量之比增大），所以制出活性炭的抗压强度先增大后减小。

（2）活性半焦

活性半焦是我国研究人员在活性炭的基础上研发的一种新型碳基吸附材料。活性半焦与常规活性炭不同，活性半焦是一种结合强度（耐压、耐磨损、耐冲击）比活性炭高、比表面积比活性炭小的吸附材料。与活性炭相比，活性半焦具有更好的脱硫、脱硝性能，且在使用过程中，加热再生相当于对活性半焦进行再次活化，使其脱硫、脱硝性能还会有所增加。由表 3-58 的研究结果可知，活性半焦和半焦活性炭中孔（$V_{10\sim40}$）特别发达，先锋活性半焦中孔值最高，可达 0.1808，半焦活性炭次之为 0.1722，显著高于椰壳活性炭和无烟煤活性炭。电镜下观察先锋活性半焦的孔结构发现，活性半焦的孔壁较薄，孔与孔之间相互连通，形成吸附通道及网络，因而吸附性能好。如果以这几种吸附剂的保鲜效果加以比较发现，它们脱除 CO_2 的效率按下列顺序排列：先锋活性半焦＞半焦活性炭＞美国椰壳活性炭＞无烟煤活性炭。活性半焦脱除 CO_2 的效果最佳，半焦活性炭次之。

表 3-58　几种吸附剂的孔结构分析结果

指标	先锋活性半焦	半焦活性炭	美国椰壳活性炭	无烟煤活性炭
$S/(m^2/g)$	790.15	550.27	1087.65	986.84
$V_t/(m^2/g)$	0.5921	0.7607	0.7472	0.5053
$V_{10\sim40}/(m^2/g)$	0.1808	0.1722	0.1560	0.1550

注：S—吸附剂的比表面积；V_t—吸附剂的总孔容积；$V_{10\sim40}$—孔半径为 10～40Å（1Å＝10^{-10}m）的孔容积。

以半焦粉为原料制备活性半焦的方法如图 3-48 所示，其制备方法具有半焦粉来源充足、价廉、生产工艺简单、投资低、综合效益显著的特点。

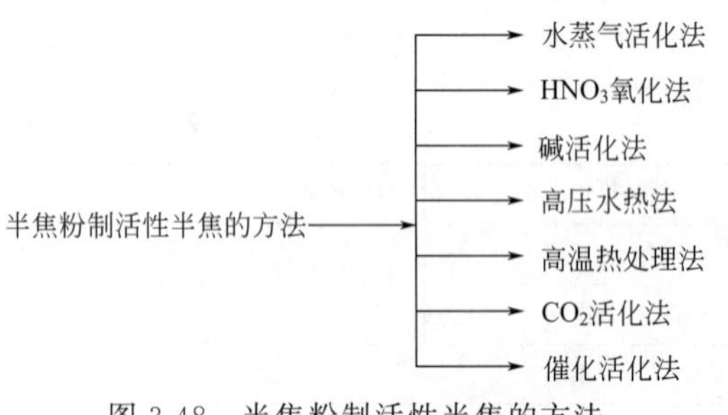

图 3-48　半焦粉制活性半焦的方法

目前，由北京国电富通科技发展有限责任公司以褐煤半焦粉为原料，采用水蒸气活化法生产的活性半焦产品，具有比表面积大、吸附性强的特点。适于半焦生产、煤气化等煤化工污水的处理。生产实践表明，以活性半焦为基础的吸附＋生化（LAB）处理工艺净化技术，可使出水的化学需氧量（COD）小于 50mg/L，总酚能被完全吸收，对氨氮的吸附能达到 50％。处理后的污水完全达到回用标准，实现无污水排放。

3.6 环境保护与清洁生产

3.6.1 干燥及热解废水的处理及利用

3.6.1.1 煤中低温热解废水来源及水质特点分析

经过近年来的发展，我国 2018 年兰炭（半焦）的年产量约 4500 万吨，但伴随产生的生产废水约 750 万吨，其中 COD_{Cr}、氨氮和挥发酚的量分别约为 36 万吨、2.7 万吨和 2.25 万吨，同时废水中焦油含量也很高。兰炭废水中污染物成分复杂、水质变化幅度大、可生化性差，给其治理造成困难。目前，大多数兰炭企业将产生的废水直接用于熄焦，虽然不外排，实质上是将废水中的污染物以气态污染方式排入大气，给环境带来严重危害。

兰炭废水的主要来源有以下两方面[100]。a. 除尘洗涤水，主要是原料煤的破碎和运输过程中的除尘洗涤水、焦炉装煤或出焦时的除尘洗涤水，以及兰炭装运、筛分和加工过程的除尘洗涤水。这类废水主要含有高浓度悬浮固体煤屑、兰炭颗粒物等，一般经澄清处理后可重复使用。b. 低变质煤在中低温干馏过程中以及煤气净化、兰炭熄焦过程中形成的一种工业废水，成分复杂，主要含有高浓度有机物和无机物，是毒性很强的污染物，一般很难处理回用。有的兰炭企业还有生活污水、洗煤工段的洗煤废水等。

煤炭中低温热解产生的难处理废水主要来自煤热解、煤气净化以及化工产品的精制和回收过程，成分复杂，含有大量难降解、高毒性的污染物，如苯系物、酚类、多环芳烃、氮氧杂环化合物等有机污染物以及重金属等无机污染物[101]。在煤热解过程中，煤中碳结构中的交联键断裂，发生产物重组以及二次反应，生成了醇、醛、酯、苯、酚、多环芳烃以及杂环类有毒物质，这些有毒物质和煤炭中的重金属溶解在水里面，从而形成了高毒性、难降解的废水。废水的水量和水质特点与原料煤煤种、热解工艺以及对化工产品加工的深度等因素有关。

中低温热解和焦化都属于煤干馏工艺，焦炭生产为高温（1000℃）干馏，高温下，中低分子有机物进行选择性结合化学反应，形成大分子有机物，大多留存于焦油或焦炭中；而中低温热解温度低，废水中除了像焦油等高分子有机污染物外，还存在大量未完全氧化的中低分子污染物。与焦化废水相比，煤中低温热解废水污染物浓度比焦化废水高出 10 倍左右[102]，煤热解废水典型水质如表 3-59[103]所示，主要具有以下特点。a. 兰炭废水油类含量高，以直链烃类为主的轻油和稠环芳烃类为主的重油外，还含有一定量难处理的乳化油。b. B/C（即 BOD/COD）低，可生化性差。煤热解废水中的有机物种类繁多，除酚类外，还有煤焦油类物质、多环芳烃类化合物以及含氮、硫的杂环类化合物，废水毒性高，难降解。处理前废水 B/C 远小于 0.3，提酚后，废水 B/C 仍旧小于 0.3，可生化性差[104]。c. 生物毒性高。煤热解废水中含有高浓度的酚类以及氰类污染物，这两种污染物能使蛋白质凝固，对水处理的微生物有毒害作用。d. 色度高。兰炭废水色度较高，由于煤热解废水含有多种生色基团和助色基团，颜色呈红褐色。

表 3-59 煤热解废水典型水质

项目	检测值	项目	检测值
pH	8.25～9.8	COD_{Cr}/(mg/L)	17000～30000
BOD_5/(mg/L)	2000～2500	氰化物/(mg/L)	22～50
氨氮/(mg/L)	2000～5000	挥发酚/(mg/L)	3700～5000
总酚/(mg/L)	4000～6000	总油类/(mg/L)	1200～2000
硫化物/(mg/L)	0.27～2.5	悬浮物/(mg/L)	680～1300
总溶解固体(TDS)/(mg/L)	4500～8000	色度/倍	10000～30000

3.6.1.2 热解废水处理技术

目前国内外还没有成熟的煤热解废水处理工艺。由于煤热解与煤焦化都是原煤在一定温度下干馏后得到的产物，所产生的废水具有一定的相似性，因此，现有的处理方法主要借鉴或基于水质相似的焦化废水，即先进行物化预处理，降低氨氮、酚类等污染物的浓度，提高可生化性，然后进行生化处理，再进行深度处理和中水回用处理。然而，由于煤种、干馏温度等的差异，煤热解废水与焦化废水仍有很大的差异。因此，对于更为棘手的煤热解废水，其处理方法更为复杂，特别是包含除油和氨酚回收的预处理过程。

目前，煤热解废水处理系统通常包括三级处理：一级处理是资源回收，工艺包括密闭隔油、脱酚、蒸氨等，消除油类污染，同时回收废水中大部分焦油类物质、粗酚类物质以及副产品氨水，再通过高级氧化技术处理废水中残余的难降解复杂环链类有机污染物，使其变成小分子易处理的污染物或完全矿化为 H_2O 和 CO_2，提高废水的可生化性；二级处理即生化处理，通过对预处理后的废水进行无害化处理，以活性污泥法为主，利用微生物来处理污水中的有机污染物和氨氮等；三级处理为深度处理，通过混凝技术、过滤技术、膜处理技术以及提盐技术的结合，实现煤热解废水的“零排放”。

(1) 预处理技术

煤热解废水预处理的重点是采用物理或化学分离的方式脱除并回收废水中的煤焦油、酚和氨类物质，从而降低废水的 COD 值，提高煤热解废水处理的可生化性。

① 复合除油技术。煤热解废水中含油量高且部分呈乳化状态，难以高效去除，从而导致回收油的品质较低、出水含油量高，会造成后续萃取脱酚操作的溶剂乳化、蒸氨效果差、堵塞工艺管线、抑制生物活性等问题。因此，在煤热解废水脱酚和脱氨之前应先考虑除油。

煤热解废水中的油一般以以下 5 种形态存在[105]。a. 浮油：煤热解废水中的油大部分以粒径大于 100μm 的油珠形式存在，其总量占含油量的 70%～95%，称之为浮油，经过静置沉降后能有效分离。b. 分散油：其粒径为 10～100μm 的小油滴悬浮分散在污水中，静置一段时间后汇聚并成较大的油珠，上浮到水面，这种状态的油称之为分散油，也较易除去。c. 乳化油：由于各种表面活性剂或乳化剂的存在，油脂和废水、细颗粒物等形成均匀且稳定的多相分散体，且各种液体并不互溶，构成乳化油。当加热、搅拌或加入其他化合物时，可使乳化油分离或分层。乳化油滴外观呈乳状，其粒径一般小于 10μm。d. 溶解油：粒径在几个纳米以下的超细油滴，以分子状态分散于水相中，用一般的物理方法无法去除。但由于油在水中的溶解度很小，因而在水中的比例很小。e. 固体附着油：分散在废水中的固体杂质，如煤粉和焦粉等表面所吸附的油。

热解废水中含有能形成油包水（W/O）型乳状液的天然乳化剂，主要是分散在废水中的固体杂质，如煤粉和焦粉等，从而形成焦油和固体杂质乳状液。该焦油和固体杂质乳状液的稳定性与煤粉、焦粉的粒度有较强的相关性。其粒度越小，乳状液越稳定，油/水分离越困难。在含氨量较大的有机废水中，由于高温和高速流动的混合作用，热解油和氨水充分混合并乳化，氨水和油会以水包油（O/W）型乳化液形式存在。由于油中一般含有天然的界面活性物质，如沥青、喹啉类极性物质，吸附在乳化液的油水界面上，形成牢固的界面膜，致使该乳化液变得十分稳定，不易分离[106]。实践表明，由于煤热解废水含有大量的乳化油，其油滴粒径小于 10μm，不易从废水中分离，单一技术（特别是重力和浮力除油）用于煤热解废水处理效果较差。因此，将几种技术相结合，可大大地提高除油效率，且实际运用成熟、操作简单、易于控制。其中，通过破乳促进乳化油的聚集而实现分离是除油技术的关键。按照原理，破乳方法分为物理破乳法和化学破乳法两大类。其中，物理破乳法主要是聚结破乳，通过装有特殊填充材料的床层将一定粒径的小油滴聚集成油膜，随着油膜的厚度不断增大，油膜外层的附着能力降低，在水流的作用下，油膜最终破裂，形成大的油滴，经重力分离法去除。化学破乳法是应用比较广泛的一种破乳方法，主要利用破乳剂改变油水界面性质或膜强度。由于药剂与油水界面存在乳化作用，也可发生物理或化学反应，吸附在油水界面上，降低水中油滴的表面张力，降低界面膜强度，使乳状液滴絮凝、聚并、破乳，从而提高油水分离的效率[107]。

目前，除油技术主要有重力分离法、气浮法、粗粒化法、凝聚法、纤维球过滤法、膜过滤法。其中，重力分离法是利用油水两相的密度差及油和水的不互溶性进行分离，该类方法设备结构简单，易操作，除油效果稳定，运行维护费用低，但主要适用于浮油和机械乳化分散于水中的油珠分离，但无法去除乳化油；气浮法是使大量微细气泡吸附在欲去除的颗粒（油珠）上，利用气体本身的浮力将污染物带出水面，从而达到分离目的的方法，该技术工艺成熟，油水分离效果好而且稳定，但动力消耗较大，构造复杂，维修保养困难，且浮渣难处理；粗粒化法（聚结法）是利用油水两相对聚结材料亲和力的不同来进行分离，主要用于分散油的处理，此法的技术关键是粗粒化材料的选择，常用亲油性材料，但低温煤干馏废水中悬浮物浓度较高，聚结材料易发生堵塞；凝聚法是指向废水中投加絮凝剂，利用絮凝物质的架桥作用，使微粒油珠结合成为聚合体，以达到理想的混凝效果；纤维球过滤法主要是悬浮颗粒与滤料介质之间黏附作用的结果，纤维球滤料在含油废水的处理中已具有较好的除油能力，但因纤维球的反洗再生能力差而阻碍了该技术的推广应用；膜过滤法除油是利用微孔膜拦截油粒，可以用于去除废水中的乳化油和溶解油，超滤膜的孔径一般为 0.005～0.010μm，比乳化油粒要小得多。

② 酚氨回收工艺。煤热解废水含有大量的酚和氨，通过回收废水中的酚和氨，可以大幅度消减污染物浓度，此外还可以显著提高废水的可生化性。目前脱酚脱氨的工艺主要有“先蒸氨后脱酚”和“先脱酚后蒸氨”两种工艺。

先蒸氨后脱酚工艺采用甲基异丁基酮（MIBK）为萃取剂，通过汽提脱氨、萃取提酚、溶剂汽提、精馏回收等物理过程，将废水中大部分的酚和氨分离为粗氨气和粗酚。该工艺采用单塔脱酸脱氨，酸性气体（CO_2和 H_2S）从汽提塔顶采出，通过冷凝器冷却，然后进入酸性气分凝罐。氨水从汽提塔侧线采出，通过三级闪蒸和碱洗后制成浓度为 15%～25%左右的稀氨水。该工艺采用单塔较好地完成了脱酸脱氨任务，比双塔更节能；将脱氨提至提酚前，脱酸脱氨后为萃取脱酚营造了优良的 pH 环境；同时，塔顶酸性气中氨含量得到有效控制，避免了塔顶管线出现碳铵结晶等问题[108]。

对于萃取脱酚，萃取剂的选择尤为重要，不仅关系到萃取剂的用量、萃取效率等技术指标，还影响工艺运行和设备规模等经济指标。通常，萃取剂的选取遵循下列原则[109]：a. 选取两种物质分子大小与组成结构相似的物质；b. 萃取剂在水中的溶解度必须极小，相对密度大，不易挥发且易回收；c. 选择表面张力适宜的萃取剂，表面张力过大其分散性差，过小则易乳化；d. 选择着火点高些以及沸点、黏度、凝固点低些的物质；e. 萃取剂要有足够的化学稳定性，无毒、无腐蚀；f. 来源充足，价格低廉。

脱酸脱氨后的热解废水进入萃取塔中，与 MIBK 溶剂逆流接触，进行萃取脱酚；萃取相进入酚塔中精馏分离，MIBK 溶剂作为轻组分从塔顶采出，粗酚作为重组分从塔底采出；萃取塔底部夹带溶剂的废水则进入水塔中精馏分离，脱除水中溶解和夹带的溶剂，再经水冷却后送入生化处理系统，整个处理工艺见图 3-49。

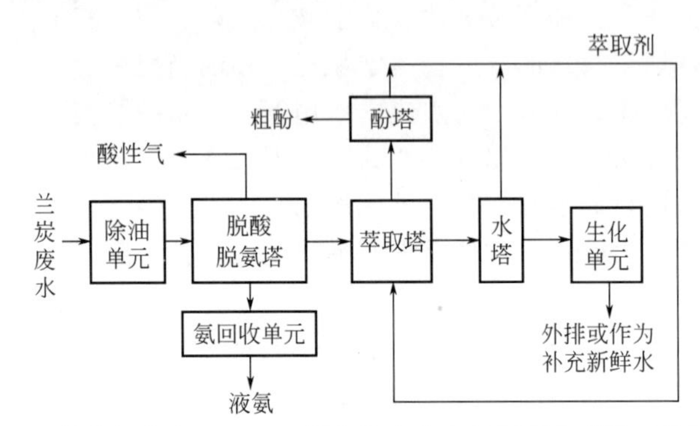

图 3-49　煤热解废水以 MIBK 萃取脱酚为主的资源化利用工艺流程图

先脱酚后蒸氨工艺以鞍山热能研究院为代表。该工艺选用两级液-液离心机萃取的方式脱酚。该工艺主要的设备为液-液高速离心机，利用酚类物质在水中与在有机溶剂中的溶解度差异，将酚类物质从水中转移到有机溶剂中，两相快速充分混合并利用离心作用（承受的加速度可达 580g，g 为重力加速度）代替重力作用实现快速分离[110]，离心萃取后的水相进入多功能精馏塔，氨气从精馏塔采出后进入脱氨塔冷凝器，冷凝后的氨水进入氨冷凝液槽。该工艺酸性气体、残余萃取剂、产品氨水和预处理后出水在一塔中进行有效分离，工艺流程短、节能且酚回收率高；与传统工艺相比，该工艺脱酚分离精度高、停留时间短。此外，整个工艺流程中只经历了一次升温-降温的过程，换热次数少，热量损失小，能耗低。

先蒸氨后脱酚工艺和先脱酚后蒸氨工艺各有优缺点和适用性，工程应用中需根据水质特点详细分析后再进行选择。

(2) 生物处理

经过酚氨回收后，废水中的 COD 可降低至 4000mg/L 以下，氨氮可降低至 500mg/L 以下，酚可以降至 500mg/L 以下。COD 主要为剩余酚、多环芳烃、有机酸、氮氧杂环化合物等，废水中 B/C 小于 0.3，可生化性依旧不高[111]，应采用恰当的方法提高废水的 B/C。

热解废水 B/C 提至 0.3 以上后，可进行生化反应，常采用两级生化工艺。一级生化工艺常采用厌氧/好氧（A/O）内循环生物脱碳脱氮工艺或序批式活性污泥工艺（SBR）。其中 A/O 工艺因为容积负荷大、处理效率高、流程简单、投资省、运行费用低等特点被广泛采用。当总停留时间＞150h 时，经一级 A/O 生化处理后的出水混凝沉淀后，COD 可降低至 500mg/L 以下，总氮（TN）去除率可达 70%以上。通过对系统进行优化，还可以进一步提高 COD 和氮的去除率。在 A/O 生化池前增加生物增浓系统，通过投加一定量的碳源，提高污泥质量浓度，控制溶解氧浓度（0.3～0.5mg/L）[112]，可以更好地去除难降解 COD，同时创造了同步硝化反硝化脱氮的条件。

经一级生化处理后，废水中大部分容易降解的COD被处理，剩余的COD大部分为难生化降解的大分子有机物，为提高二级生化处理效率，通常处理前需进行高级氧化。二级生化工艺常采用A/O内循环生物脱碳脱氮工艺或曝气生物滤池（BAF）。经高级氧化后，废水的可生化性增强，采用芬顿（Fenton）试剂氧化后，一级A/O生化池出水B/C可提高至0.3以上，再经过二级A/O生化反应，出水COD可降至200mg/L以下，氨氮可降至10mg/L以下，总氮可降至25mg/L以下。

（3）深度处理

若对处理后水质有特殊要求，需对生化系统处理后达标水进行深度处理，而深度处理后水基本作为回用水系统的原水。深度处理系统主要有Fenton试剂氧化、臭氧催化氧化、活性炭吸附系统及多介质过滤器等装置。以上技术通过适当组合，可以对各类污染物都有稳定的去除效果，保证处理后的废水水质满足排放或回用标准。

Fenton试剂氧化的基本原理是在pH为3～4且有Fe^{2+}存在的情况下，双氧水快速分解产生·OH，·OH具有极强的氧化性，可以将有机物氧化。Fenton试剂氧化法由于其反应迅速、温度和压力等反应条件温和且无二次污染等优点，目前广泛应用于废水的深度处理。目前的发展应用主要有吸附/Fenton法、UV/Fenton法、电/Fenton法和微波/Fenton法等。

臭氧催化氧化设备简单、使用方便、但投资和运行费用偏高。近年来，臭氧与过氧化氢联用、臭氧与UV联用以及多相催化臭氧氧化技术等强化臭氧氧化技术在中间体废水处理方面也得到广泛的研究和应用。

催化湿式氧化技术是在一定温度（200～240℃）和压力（6.0～8.0MPa）下投加固体催化剂，以空气或纯氧为氧化剂，将有机污染物氧化分解为无机物或小分子有机物的化学过程；超临界水氧化法是利用超临界水（374.3℃，22.05MPa）作为介质氧化分解有机物。这两种工艺都需要耐高温、高压的设备，一次性投资高，处理成本高，推广应用有一定的困难。

电化学氧化法实质是利用电解作用，使废水中有机污染物的结构和形态发生变化，使难降解有机污染物转化为易降解污染物。微电解工艺操作简便、运行费用低，对多种有机废水的处理效果好，且适用于处理水质复杂的废水，具有反应速度快、反应器结构相对简单、占地小和填料中所用的废铁屑来源广等优点，近年来被逐渐应用于难降解有机废水的处理中[113]。微电解技术又称内电解，由废水、零价铁、颗粒活性炭三者构成原电池微体系，通过电化学氧化还原作用以及吸附混凝作用等有效去除废水中的污染物质[114]。

目前，关于高级氧化技术的研究颇多，各项技术都取得了一定发展，但Fenton试剂及类Fenton试剂氧化法由于反应条件温和、一次性投资低，是目前工程上应用最多的处理方法。如何提高Fenton法药剂利用率，降低运行费用，是今后的研究重点。

（4）工程实例

① 四海煤化工有限公司。工艺处理的废水来源主要有两个，包括冷却循环水和生活污水。其成分分析见表3-60。

表3-60 四海煤化工兰炭废水成分分析

项目	入水指标	出水指标
COD/(mg/L)	30000～40000	＜500
苯酚/(mg/L)	3500	＜0.5

续表

项目	入水指标	出水指标
氨氮(NH_3-N)/(mg/L)	3000	<300
pH	10～11	6.5～7.0

设计污水处理量为生产废水 100m³/d，生活污水 100m³/d。根据废水成分和分离要求，四海兰炭生产废水采用以除油-厌氧-好氧生化处理工艺为主的工艺流程，见图 3-50。

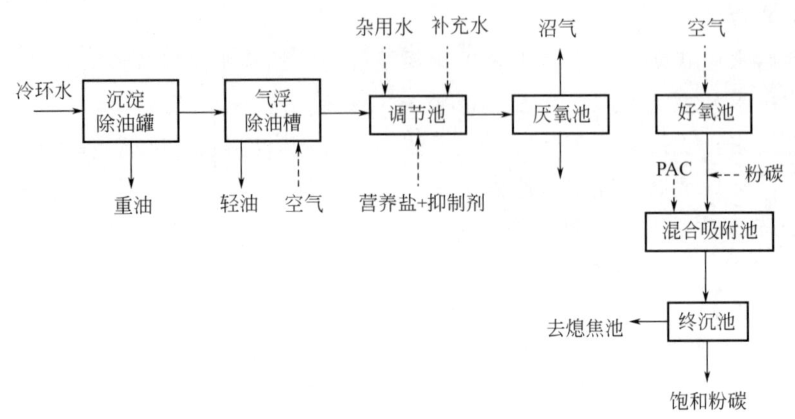

图 3-50 四海煤化工兰炭生产废水处理工艺流程

来自冷环池的兰炭冷环水进入沉淀储油罐，经沉淀分层后，将重油回收至焦油储罐，氨水进入气浮除油槽，分离出轻油后，氨水进入调节池，补充生活污水和部分清水，以及营养盐和抑制剂后进入厌氧池。从厌氧池出来的氨水进入好氧池（也称曝气池），完成曝气过程后进入混合吸附池，加入一定量聚合氯化铝（PAC）和粉碳后，进入终沉池，粉碳吸附饱和排出，处理过的循环水进入熄焦池。经过上述工艺处理，处理后水质符合熄焦池用水要求。

② 神木富油能源科技有限公司。该公司在专利 CN105000735A 中涉及一种中低温煤热解废水的预处理方法及系统（图 3-51）。该方法包括脱酸脱氨、萃取脱酚、萃取剂回收处理、酚回收四个步骤，先利用脱酸脱氨塔汽提法去除污水中的氨氮和硫化物，再通过甲基异丁基酮作为萃取剂把污水中的酚、油等有机物萃取掉，再进一步利用水塔、酚塔回收萃取剂和酚，有效解决了中低温煤热解废水中高浓度含酚、含油、含氨氮的问题，同时将氨氮、硫化物、油、酚等有价值的物质分离和回收，变成高附加值的产品或原料，使出水中酚含量小于 300mg/L，油含量小于 500mg/L，COD 含量最低达 2000mg/L，达标的污水送生化系统，显著降低了生化污水处理负荷，为生化终端水回用创造了条件。

中低温煤热解废水作为原料污水经预热后进入脱酸脱氨塔中，脱酸脱氨塔中经 2.5MPa 饱和蒸汽汽提脱除污水中的硫化物和氨氮，脱除的酸性气体通过塔顶排出，氨经闪蒸装置浓缩后排出，脱酸脱氨废水降温、冷却至 30～50℃后作为萃取塔塔顶进料。脱酸脱氨废水在萃取塔中与萃取剂进行逆流萃取，将酚油混合物和水分离，萃取所得酚油混合物从萃取塔塔顶排出至萃取物罐，脱酚废水从塔釜排出。脱酚废水进入水塔后与 0.6MPa 饱和蒸汽换热，使水和萃取剂的共沸物与废水分离，水和萃取剂的共沸物从塔顶排出冷凝后进入溶剂循环罐收集，同时，分离的废水从塔底排出。萃取物罐收集的酚油混合物在酚塔冷凝器内与酚塔塔顶排出的萃取剂热交换升温至 70～90℃进入酚塔，酚油混合物在酚塔内与 2.5MPa 的饱和蒸汽热交换后使酚油与萃取剂分离，萃取剂从塔顶排出经冷却后进入溶剂循环罐和回流至酚

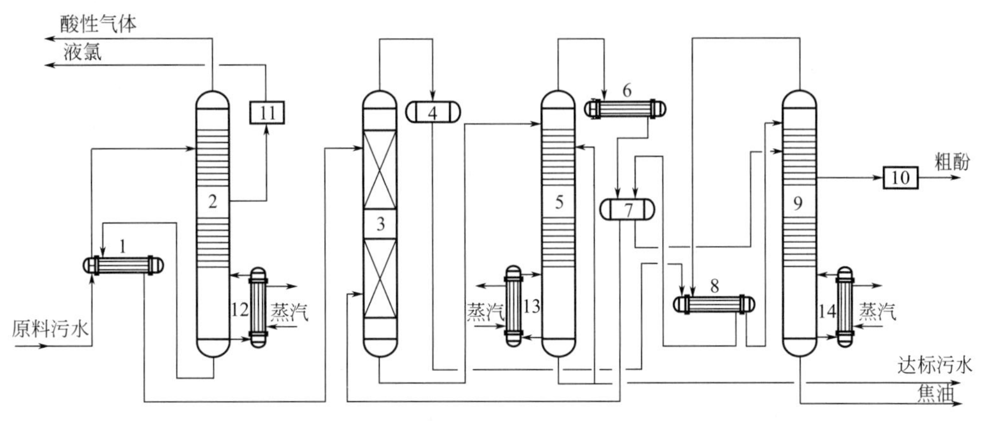

图 3-51 中低温煤热解废水的预处理工艺流程

1，6，12，13，14—换热器；2—脱酸脱氨塔；3—萃取塔；4—萃取物罐；
5—水塔；7—溶剂循环罐；8—酚塔冷凝器；9—酚塔；10—碱洗装置；11—闪蒸器

塔，酚塔侧线分离出的轻酚馏分经碱洗后产出粗酚产品，酚塔塔底采出的焦油经冷却后排出，完成煤热解废水的预处理。

(5) 其他技术

热解废水除了采用以生化为主的多级处理外，还可以通过制备水煤浆的方式，经水煤浆气化得到处理。废水中的有机质通过气化转化为有效气，部分无机盐可固化于气化灰渣中，降低了废水的含盐量。有研究表明随着酚含量的提高，水煤浆的表观黏度降低，有利于成浆[115]，高 COD 废水中可能存在具有双端性结构的有机组分，因此像添加剂一样具有分散效果，可以起到添加剂的作用，因为有机物的加入，相比清水水煤浆，气化合成气有效成分更高[116]，与生化处理、超临界水氧化技术、芬顿氧化技术、低温等离子体技术等其他处理方法相比，该技术路线短，可以显著降低废水处理成本和难度，避免二次污染，实现废水资源化和减量化。此外热解废水在不过多影响锅炉热效率和运行稳定性的条件下，可以送入锅炉焚烧。有研究表明热解废水送入循环流化床燃烧炉内焚烧的方案可行，但会降低燃烧炉焚烧炉膛温度，热解废水送入循环流化床燃烧炉密相区内焚烧有利于减少 NO_x 的排放[117]。

3.6.2 大气污染防治措施

煤储运系统中煤料在装卸料、储运过程中会产生粉尘；煤热解装置中煤出料过程中会产生粉尘，烟囱会排放烟尘、SO_2、NO_x 等污染物；煤气净化装置中各类储槽的放散管和脱硫塔会排放 NH_3、H_2S、烃类、CO 等污染物；焦油加工装置会排放烃类、烟尘、SO_2、NO_x 等污染物；循环氨水池会产生酚、氨等无组织排放；锅炉房会排放烟尘、SO_2 及 NO_x 等污染物。

3.6.2.1 粉尘污染防治措施

工业废气中的颗粒物即粉尘，粒径范围在 0.001～500μm 之间，其中直径大于 10μm 的粉尘为降尘，降尘是易于沉降的粉尘；直径小于 10μm 的粉尘为飘尘，以气溶胶的形式长期飘浮在空气中，直径在 0.5～5μm 之间的颗粒物对人体伤害最为严重。低阶煤中低温热解生产过程中要向大气排放大量粉尘，主要分为两部分：一部分是煤热解产生的含尘干馏气，由热解油气和热解粉焦组成，具有粉尘粒度小、含量高、成分复杂等特点，如前文所述，已经成为低阶煤中低温热解工艺的关键点之一；另一部分是在备煤和半焦储运等过程中，由原料煤或半焦的堆存、破碎、筛分及储运等各个工艺设备点所产生的粉尘，主要是煤尘和焦尘，其排放特点为污染发生源多、面广、分散、连续性和阵发性并存，也是本节叙述的重点。

(1) 备煤及半焦储运工段粉尘的来源及危害

备煤工段产生的污染物主要来自低阶煤中低温热解前的预处理阶段，如煤场堆放过程、煤炭转运、破碎过程、煤炭运输等过程，主要污染物为煤尘。半焦储运工段产生的污染物主要来自半焦储存、装卸及运输等过程，主要污染物为焦尘。其产尘途径主要有以下几种：

① 来煤原始含尘。煤炭开采及储存过程中本身产生的细小颗粒粉尘。

② 转运粉尘。原煤或半焦在进、出厂时要经过翻卸、转载，在这些过程中，物料下落时与设备之间发生撞击，使大颗粒物料碎裂为小颗粒，此过程产生的粉尘为转运粉尘。

③ 储存粉尘。煤或半焦在储存过程中，由于储存场所车辆的碾压、物料风化及自燃等因素，使得煤或半焦颗粒变小形成粉尘，此过程产生的粉尘为储存粉尘。

④ 加工粉尘。为保证煤或半焦保持一定粒度，必须用破碎、筛分等设备对物料进行筛选和加工，此过程中产生的粉尘为加工粉尘。

⑤ 其他粉尘。煤或半焦在输送过程中，由于胶带跑偏等原因撒落的物料，掉落到回程胶带并进入尾部改向滚筒后，在胶带与改向滚筒之间不断被碾压产生的粉尘；散落在现场的煤或半焦经长期风化产生的粉尘；黏附在滚筒、胶带上的煤泥干燥脱落后产生的粉尘等。

在低阶煤中低温热解过程中，要求操作现场粉尘浓度小于 $10mg/m^3$，排入空气中的污染物也应该达到《炼焦化学工业污染物排放标准》(GB 16171—2012) 及其他相关标准。

(2) 备煤及半焦储运工段粉尘防治

针对煤尘、焦尘污染问题，目前常采用的有“封尘、抑尘和除尘”三种防治方式。

①封尘　封尘是利用人为手段将尘源与流动空气隔绝封死，常用的封堵手段有管式输送机、螺旋输送机、刮板输送机或给煤机、气垫式输送机、活动式挡煤板、长距离封闭导料槽、锁气挡板、封闭或半封闭储煤场、大量植树等。

煤炭、半焦应采用皮带运输，以避免车辆运输装卸、撒落产生的扬尘问题。管式、螺旋、气垫、刮板输送机等封尘手段一般是在工程项目开始前确定安装实施的。活动式挡板应用于卸煤沟及储煤罐底部有缝隙的取煤处，防止空气流通污染环境；封闭导料槽就是将导料槽通过改造与胶带机紧密结合或封闭部分胶带机，形成一定距离隔离管道或箱体，使粉尘在体内自然消失。锁气挡板安装于落料管的中部，运煤时自然打开，停运时自然封锁，封闭管内流动空气的侵入，使管内的残粉剩尘得不到气流的帮助而不能污染环境。对于煤炭储存，企业应同步配套密闭储煤设施，包括筒仓、地上储煤棚及半地下式储煤仓等形式。

②抑尘　抑尘即向尘源喷洒能够抑制或捕集粉尘的液体，来达到捕集粉尘的目的，也称湿法捕集技术，主要用于粉尘极易产生点及粉尘面积较大的地方，如输送机头、尾滚筒及导料槽处、卸煤槽处、储煤塔、露天煤场及储存仓等。通过湿法捕集，可以将煤尘、焦尘控制在起尘点最小范围内，在粉尘没有产生污染时就将它消除。备煤及半焦储运工段中抑尘的方法主要有 3 种：喷水除尘，如向粉煤场喷洒水除尘；喷雾降尘，如向含尘空气中喷射清水水雾、有降尘剂的水雾、磁化水雾等；覆盖防尘，如向露天煤堆喷洒覆盖剂等。

③除尘　除尘技术详见第 3.3.4 节。

3.6.2.2 废气污染防治措施

煤焦油是煤热解过程生成的三种产品之一，是一种具有刺激性臭味的黑色或黑褐色黏稠状液体，简称焦油。焦油中含有上万种有机物质，绝大部分为带侧链或不带侧链的多环、稠环化合物和含氧、硫、氮的杂环化合物，并含有少量的脂肪烃、环烷烃和不饱和烃，这些物质按化学性质可分为中性的烃类、酸性的酚类和碱性的吡啶与喹啉类化合物。焦油进一步加工利用或从中提取各种单组分产品需要首先对煤焦油进行蒸馏，切取各种馏分。焦油蒸馏一般按其中所含不同组分的沸点分割成不同馏分，焦油加工及馏分利用过程主要包含以下 4 个层次：首先是原料焦油的预处理，包括焦油的脱水、脱盐、脱渣等处理；其次是焦油的蒸馏，切取各种馏分；再次是各种馏分的分离，即用各种分离技术从馏分中提取各种精制产品；最后是精制产品的进一步深加工，生产和制备医药、农药、材料、燃料等化工产品。焦油加工及馏分利用过程的废气主要产生在这 4 个层次的过程中，主要包含：a. 焦油蒸馏过程利用有机物沸点不同分离各种组分，分离出的各种组分经冷凝回收，冷凝回收过程放散的不凝气；b. 工业萘在蒸馏冷凝过程中放散不凝气；c. 结晶后的工业萘在切片及储存过程中放散含萘废气；d. 酚盐分解过程产生的含酚尾气；e. 改质沥青放料过程中产生的放散沥青烟；f. 焦油加氢过程产生的酸性废气；g. 原料油库、产品油库、中间储罐区、生产装置区等储槽放气孔排放的有害物质，以及厂内车辆运输、原料装卸放散的有害物质。焦油废气的组分主要包括各种烃类、醇类、醛类、酚类、杂环类及其他多种有机化合物和 H_2S、CO_2、CO、SO_2、NO 等多种无机化合物。

目前广泛用于挥发性有机物（VOCs）污染防治的措施基本分为两大类：一类是以改进工艺技术、更换设备、防治泄漏等减少或杜绝 VOCs 排放为主的源头和过程控制措施，属于预防性措施；另一类是利用回收或消除技术对已经产生的 VOCs 进行处理的以末端治理为主的控制技术。

末端治理为主的控制技术可以采用吸收法、燃烧法、吸附法等。目前，在实际生产中，焦油加工及馏分利用过程产生的废气多采用文氏管净化吸收装置进行吸收、捕集和洗净。文氏管的净化过程是一个两级吸收的过程：废气经进风管机进入收缩管后，气流不断增加，到达喉口附近时，被加速了的气流把由喷嘴喷吹的洗油雾化成为更细的雾沫。此时，气体被洗油所饱和，气、液相的相对速度很大，并发生激烈的碰撞、凝聚、吸收，此为第一级吸收。洗油从塔顶沿填料表面呈膜状向下流动，气体则呈连续相从下向上同液膜逆流接触，蒸汽状的废气被吸收净化，此为第二级吸收。两级吸收的效率可达 99%。此外，所有排放点、槽、真空系统均使用氮气补封，放散气体将集中收集，用洗油洗净后送管式炉完全焚烧。这种处理技术的优点是净化处理效果较好，缺点是洗油成本较高。

对于焦油加工尾气，可通过在各类储槽上设置填料洗净装置处理。在储槽集中的区域设置尾气洗净塔，各储槽通过槽顶集气管与尾气洗净塔相接，槽顶逸出的尾气通过自压的方式进入尾气洗净塔，经过填料段循环洗油洗涤后外排。这种以尾气自身压力为动力的尾气处理技术，优点是投资少、运行成本低、无需大量的动力消耗，缺点是尾气捕集率受储槽、集气管道密封效果的制约，捕集率较低。此外，还可将煤气风机的进口管作为焦油加工尾气治理的负压源，通过集气管将各储槽与尾气洗净塔相连，尾气洗净后经煤气风机汇入煤气系统。这种技术不要额外的动力系统，但容易对煤气系统产生扰动，需要对煤气含氧量进行严格的控制。

挥发性气体多为可燃性有机组分废气，最有效的处理方法是焚烧法，但采用独立焚烧法存在能源消耗大、二次污染可能性大等问题，可以采取协同处理等方式。在煤气发生炉内对VOCs物质进行焚烧分解处置[117]。其工艺过程如图3-52所示，首先，冷凝捕雾器将焦油池产生的VOCs废气中的水蒸气、低沸点有机物质及部分氨等挥发类物质冷却为冷凝液返回焦油池或酚水池，然后VOCs废气与外界空气和水蒸气混合作为气化剂由炉底送至煤气发生炉内。在发生炉高温氧化层，废气中的苯、酚及烯烃类物质被焚烧分解为H_2O和CO_2，废气中的氨在发生炉内最终被分解为N_2和H_2[118]。

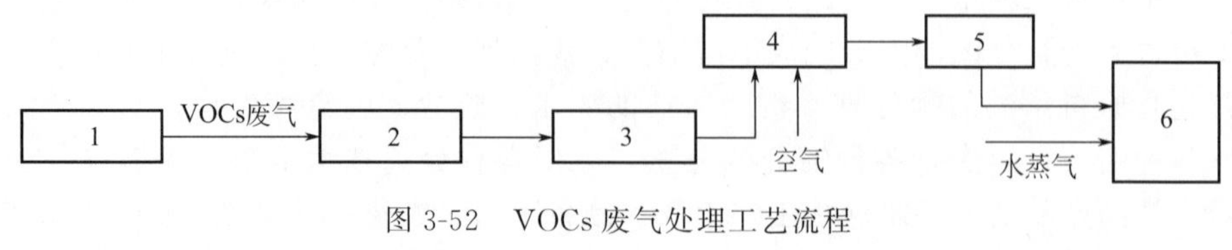

图3-52　VOCs废气处理工艺流程

1—VOCs废气源；2—冷凝捕雾器；3—引风机；4—集气罩；5—鼓风机；6—发生炉进风箱

对于焦油加氢过程产生的酸性废气，其中的主要污染物成分是H_2S。目前，常用的处理方法有克劳斯（Claus）法和碱液吸收法。其中，克劳斯法是一种多单元处理技术，是目前应用最为广泛的硫回收工艺。根据废气中H_2S体积百分比的高低，可分别采用直流克劳斯法、分流克劳斯法、直接氧化克劳斯法等。废气中的H_2S在克劳斯炉内燃烧，使部分H_2S氧化为SO_2，然后SO_2再与剩余的未反应的H_2S在催化剂的作用下反应生成硫黄。这种方法可以回收酸性废气中的硫资源，但其中的H_2在燃烧过程中转化为水，从资源利用的角度来看，是对氢资源的浪费。碱液吸收法的原理是酸碱中和反应，将酸性废气中的H_2S与NaOH溶液发生酸碱中和反应，生成Na_2S和NaHS。这种方法可除去酸性废气中99%以上的H_2S，净化后的酸性废气含硫量很低，但热值较高，可用作燃料。采用碱液吸收法净化焦油加氢过程产生的酸性废气，相比克劳斯法，具有工艺简单、投资较少、无二次污染、经济效益良好等优点。

循环氨水池的氨水和剩余氨水水质相同，挥发的废气对环境的影响较大。按照环境影响评价的要求必须封闭，防止氨水池中挥发的氨、苯酚等污染物对空气环境造成污染。循环氨水池封闭后，可用管道将循环氨水池产生的水蒸气及有机物气体引至鼓风机负压区，利用鼓风机送到半焦炉内，消除循环氨水池气体污染物的无组织排放。另外，通过换热器换热降低循环氨水温度，可以控制氨水挥发，是防止污染的有效途径。

3.6.3 热半焦清洁熄焦

煤热解过程中，热解气和红焦携带大量的显热，但兰炭生产企业目前熄焦多采用浸泡式水熄焦，制备的成品兰炭水含量为18%～32%，不仅消耗了宝贵的水资源，而且对于用户而言，还需付出额外的运输成本，同时大量显热也无法回收。湿法熄焦会产生大量水蒸气，水蒸气与高温的兰炭会发生气化反应，消耗固定碳，使兰炭表面气孔数增加，气孔壁变薄，结果造成兰炭的机械强度降低，灰分增加。熄焦后半焦水分含量增加，影响了产品质量。而成品焦含水率应小于15%，兰炭企业还需消耗煤气进行烘干，降低产品含水量，造成额外的能源消耗，烘干时兰炭携带的有机物挥发产生无组织排放，会对大气环境造成影响。部分企业将含氨废水用于熄焦，兰炭在熄焦过程中吸收了废水中的酚类等有毒有害物质，不符合清洁燃料要求。目前，采用传统湿法熄焦的兰炭行业（内热式），由于兰炭显热无法得到充分利用，吨焦综合能耗在270～290kgce/t（1kgce=29307kJ），对新上煤热解企业，若采用传统兰炭熄焦系统已经无法满足《焦炭单位产品能源消耗限额》（GB 21342—2008）标准的能耗要求。

为避免传统湿法熄焦带来的一系列问题，可采取微水熄焦和干法熄焦等清洁熄焦方式。干法熄焦技术的基本原理是：利用冷的惰性气体（如氮气、氩气等）或燃烧后的废气，在干熄炉中与赤热红焦换热从而冷却红焦，吸收了红焦热量的惰性气体，将热量传给干熄焦锅炉产生蒸汽，被冷却的惰性气体再由循环风机鼓入干熄炉冷却红焦。干熄焦锅炉产生的中压（或高压）蒸汽或并入厂内蒸汽管网或送去发电。干熄焦装置包括焦炭运行系统、惰性气体循环系统和锅炉系统。干法熄焦采用惰性气体熄灭炽热焦炭，回收利用红焦的显热，可以改善焦炭的质量，减少熄焦过程对环境的污染，整个过程无水资源消耗，无废水和废气排放，利用惰性气体在密闭系统中将红焦熄灭。循环气经过干熄焦除尘系统、筛焦除尘系统和地面站除尘系统确保排放达标，不污染环境。采用干熄焦方法获得的半焦产品机械强度较高、粒度分布降解偏移低、氧吸附量低。然而，干熄焦工艺在实际的工业化应用中也存在一些问题，其中一个是如何回收干熄焦尾气的热量，例如将热量传递给锅炉产生蒸汽。此外，如何将干熄焦工艺与煤中低温热解工艺相结合，以及如何将该工艺扩大到工业化规模也是业界亟须解决的难题。

（1）兰炭余热利用技术

为回收红焦的显热，榆林兰炭企业引进兰炭余热利用技术[119]，经在生产过程中不断改进和完善，现该技术已得到推广应用，并获得良好的效果。兰炭余热回收装置由换热器和气液分离器组成，其换热器为立排多通道管状结构。脱盐水在换热器管内，与管外的高温兰炭（约650℃）换热后，被加热汽化，然后进入气液分离器，由气液分离器分离出0.7MPa的饱和蒸汽，该蒸汽可外供使用。高温兰炭经换热器冷却后，可由650℃降温到200℃，然后再进入水雾熄焦装置[120]。

采用兰炭余热利用技术，每吨兰炭余热可生产饱和蒸汽0.2t，能量利用率显著提高；产生的饱和蒸汽压力为0.7MPa，可供厂内自用；可降低后续降温消耗水量。生产实践证明，兰炭余热回收装置，具有设备结构简单易行、投资低、技术可靠等特点，可提高兰炭能量利用率。

（2）水雾熄焦技术

此外，在兰炭企业用得较多的还有水雾熄焦技术，生产实践表明，采用水雾熄焦技术后，可节能10%，理论水耗可降低30%以上，成品兰炭水含量可降低到5%以下，兰炭产率将提高2%左右。如果考虑用户的运输成本节省、节能效益和环境社会效益，其优势将更为明显。

（3）干熄焦技术

以冷煤气为冷却介质，与半焦换热熄焦后进入干馏段，与煤换热进行低温干馏是将熄焦与干馏相结合的一种方案，可以实现干熄焦和热量的合理利用[121]，其工艺流程如图3-53所示。采用新干熄焦技术后，成品兰炭水含量可降低到5%以下，兰炭产率将提高2.3%左右。如果考虑用户的运输成本节省、节能效益和环境社会效益，其优势将更为明显。另外，干熄焦可以改善兰炭质量，提高兰炭产品品质，带来额外的收益。工业试验表明，在煤气循环量1100m^3/t半焦的水平，可以将半焦温度降低到不复燃的200℃以下。而这样的煤气循环量在现行炉子上是可以实现的。

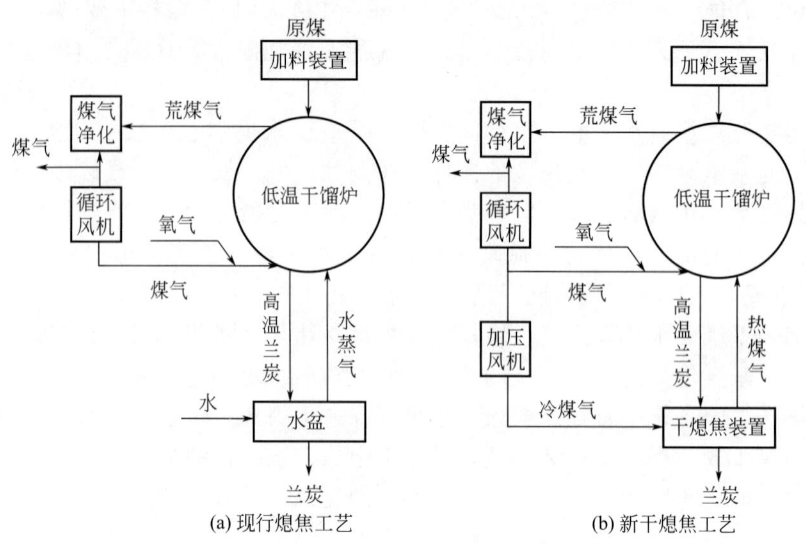

图 3-53 现行熄焦工艺与新干熄焦工艺

(4) 工程实例

如图 3-54 所示，旋转床干馏炉热解产生的 650℃热兰炭进入兰炭接料仓；热兰炭经兰炭接料仓下面的旋转密封阀进入密闭输运机，输送到兰炭换热器，在兰炭换热器内热兰炭与脱

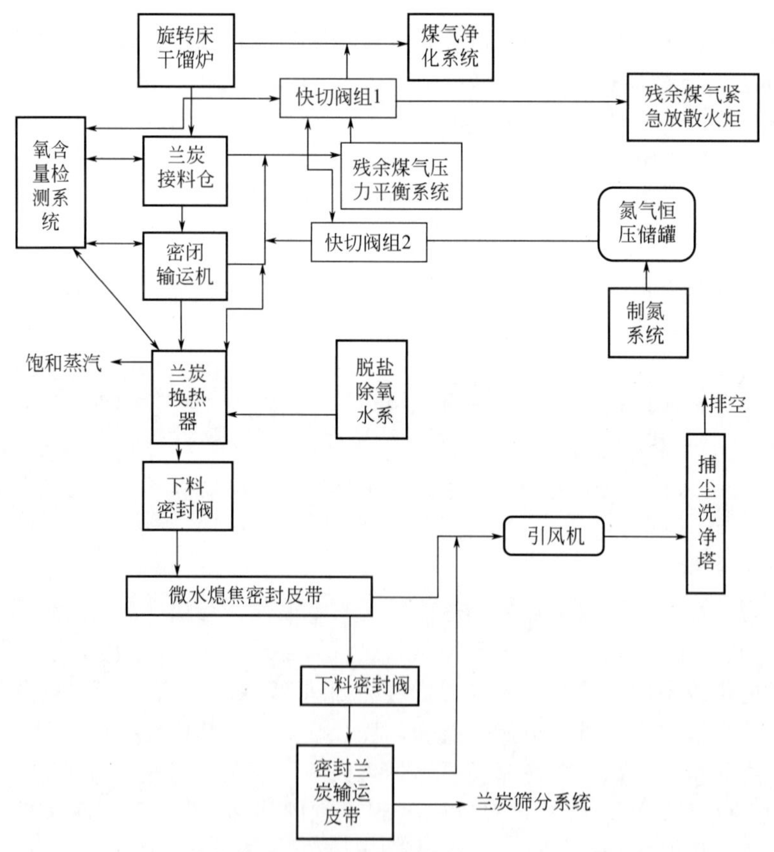

图 3-54 旋转床干馏炉热解低阶煤后兰炭熄焦系统流程图

盐除氧水进行间接换热；兰炭在兰炭换热器内温度由650℃降到220℃，每小时产饱和蒸汽4～6t。降温后的兰炭经下料密封阀进入微水熄焦密封皮带，利用雾化喷嘴进行微水熄焦，把兰炭温度继续降低至60～80℃，同时控制喷洒水量，使兰炭含水在8%～10%。微水熄焦后的兰炭经下料密封阀进入密封兰炭输运皮带把兰炭输送到兰炭筛分系统筛分。

兰炭接料仓、密闭输运机和兰炭换热器均有残余煤气逸出，为保证低阶煤经旋转床干馏炉热解后兰炭熄焦系统的运行安全，在兰炭接料仓、密闭输运机和兰炭换热器分别设有引煤气管道，通过残余煤气压力平衡系统把兰炭接料仓、密闭输运机和兰炭换热器内产生的残余煤气引入与旋转床干馏炉配套的煤气净化系统煤气风机前的负压管道，使这一部分残余煤气得到有效利用。

为保证在微水熄焦过程中产生的无组织排放气达标，微水熄焦在密闭皮带通廊内进行，微水熄焦后向兰炭筛分系统输运兰炭的皮带也密闭运行。微水熄焦密封皮带、密封兰炭输运皮带内产生的少量含尘蒸汽，由引风机引出到捕尘洗净塔捕尘洗净排放[122]。

3.7 热解前沿技术

煤焦油作为煤热解过程的主要产物，其产率和性质是影响煤热解技术经济性的关键之一，因此，获得含有较低重质组分含量的煤焦油也是煤热解的重要研究方向，也是以煤热解为核心的煤炭分质清洁高效转化利用工业化进程中的主要技术瓶颈。近年来，围绕如何提高焦油产率及其品质开发了一些新的热解技术，如在快速热解、加氢热解、加压热解、甲烷活化热解、煤与非煤共热解等方面取得了长足的进步和发展。

3.7.1 快速热解

国内外对煤热解技术的研究报道至少可追溯到100年前，技术种类很多，但宏观上可分为两大类：升温速率在10^2K/min内的慢速热解技术和升温速率达10^3～10^4K/s的快速热解技术[123]。慢速热解技术主要包括间接加热煤热解及以气体为热载体的多种移动床热解技术（如鲁奇三段及其改进炉型），目前国内比较成熟的中低温热解技术是内热式直立炉热解工艺，已经进行了工业化生产，但是其原料受限于30～80mm的块煤，无法利用粒径较小（如13mm以下）的碎煤、粉煤。针对小粒径煤热解加工，同时为了缩短热解时间并提高热解焦油产率，国内外对煤快速热解技术进行了长期研究，主要方法是直接将煤与热容量大的高温固体混合，由此使得煤的升温速率远高于间接加热技术和热容量小的气体热载体移动床技术。

煤快速热解技术研发最早始于国外，主要有德国于1940～1960年开发的鲁奇-鲁尔固体热载体闪速热解技术（Lurgi-Ruhrgas flash-pyrolysis，规模达10t/h)，美国于1970年代开发的COED多级流化床技术（char oil energy development，规模达36t/d）以及TOSCOAL固体热载体技术（规模达25t/d）[124,125]。这些技术都是将煤与大量高温固体快速混合，并快速移出挥发产物。虽然宏观上COED技术是以热气体供热，但直接与煤混合并加热煤的主要是被热气体加热的流化态半焦，其他煤快速热解技术的加热方式大都如此。近年来最具代表性的快速热解技术是日本开发的煤炭快速热解工艺，如图3-55所示。

该方法是将煤的气化和热解结合在一起的独具特色的热解技术。它可以从高挥发分原料

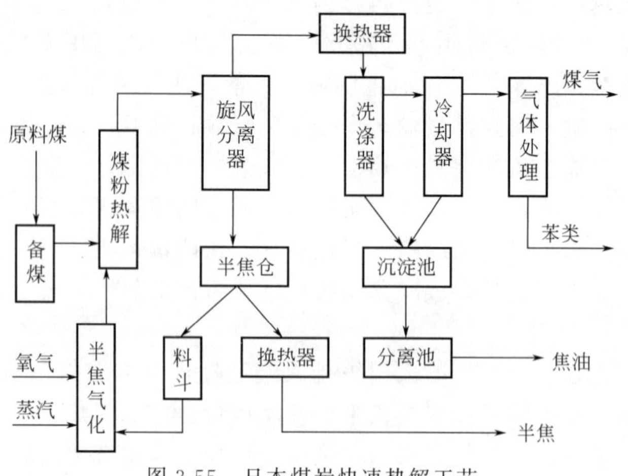

图 3-55　日本煤炭快速热解工艺

煤中最大限度地获得气态（煤气）和液态（焦油和苯类）产品。原料煤经干燥，并被磨细到有 80％粒径小于 0.074mm，用氮气或热解产生的气体密相输送，经加料器喷入反应器的热解段。然后被来自下段半焦化产生的高温气体快速加热，在 600～950℃和 0.3MPa 下，于几秒内快速热解，产生气态和液态产物以及固体半焦。在热解段内，气态与固态产物同时向上流动。固体半焦经高温旋风分离器从气体中分离出来后，一部分返回反应器的气化段与氧气和水蒸气在 1500～1650℃和 0.3MPa 下发生气化反应，为上段的热解反应提供热源；其余半焦经换热器回收余热后，作为固体半焦产品。从高温旋风分离器出来的高温气体中含有气态和液态产物，经过一个间接式换热器回收余热，然后再经过脱苯、脱硫、脱氨以及其他净化处理后，作为气态产品。间接式换热器采用油作为换热介质，从煤气中回收的余热用来产生蒸汽。煤气冷却过程中产生的焦油和净化过程中产生的苯类作为主要液态产品。该方法首先建设了 7t/d 的工艺开发试验装置，后于 1996 年设计了原料煤处理能力为 100t/d 的中试装置，1999～2000 年建成并投入运行。大量的试验研究结果表明：1t 高挥发分原料煤经过快速热解，大致可以得到低热值为 17.87MJ/m^3的煤气 1000m^3、半焦 250kg、焦油 70kg、苯类（主要是苯、甲苯及二甲苯）35kg，同时还可副产水蒸气约 300kg。

我国对煤快速热解制油技术的研究也有很长的历史[126]，20 世纪 50 年代进行了煤固体热载体炉前干馏（热解）与半焦燃烧耦合技术的半工业试验，以及流化床快速热解技术的研发（规模达 10t/d）；60～70 年代研发了辐射炉煤快速热解工艺（规模达 15t/d）；80～90 年代发展了煤固体热载体快速热解工艺（大连理工大学，规模达 150t/d）、三级回转炉 MRF 工艺（煤炭科学研究总院，规模达 60t/d）。21 世纪以来，煤快速热解制油技术研发的规模和势头加大，政府和企业支持了很多科研和工业示范项目[127]，如陕西煤业化工集团和大连理工大学的煤固体热载体快速热解工艺（0.6Mt/a），陕煤集团陕北乾元能源化工和上海胜帮化工技术股份有限公司的气固热载体双循环快速热解技术，中国科学院过程工程研究所的煤拔头工艺，山西煤炭化学研究所和工程热物理研究所利用循环流化床锅炉热灰为固体热载体的煤热解工艺，陕西煤业化工技术研究院与西安建筑科技大学共同合作开发的输送床粉煤快速热解工艺等，这些工艺在加热方式上也与鲁奇-鲁尔、TOSCOAL 和 COED 工艺类似。

由于快速热解技术均采用流化床、气流床（输送床）等热解工艺，颗粒粒度小，传热效率高，升温速度快，在反应器内呈快速流动状态，而煤是热的不良导体，通常需要热载体和煤料充分、快速地混合以实现良好的传热效果，物料运动也比较剧烈，因此快速热解工艺挥发分中粉尘的夹带就比较严重[128]。进入焦油回收系统的粉尘无法与焦油有效分离，焦油含尘量高不利于其深加工利用且易堵塞管路。有学者指出[129]，大多数煤快速热解技术希望通过提高煤的升温速率来缩短热解时间，从而抑制挥发物的反应。由于挥发物随热解温度的升高逐步产生，其流向与传热方向相反，二者在时空上重叠，提高煤升温速率的方法同时也提高了挥发物的温升，反而加剧了挥发物的反应，导致焦油产率下降、结焦量增高。因此，降低挥发物产生后的过度温升是保障焦油产率、减少焦油结焦、防止系统堵塞的重要措施。由于挥发物的适度反应具有提高轻质焦油产率的作用，深入认识不同煤种挥发物的逸出和反应规律、反应器结构对调控挥发物升温的作用，对煤快速热解技术的发展具有重要意义。

3.7.2 加氢热解

煤热解工艺是一种在相对温和的条件下将煤中的富氢组分通过热解方式提取出来作为化工原料和优质液体燃料，以提高煤利用效率的方法。但传统煤热解所产焦油量少，焦油重质组分含量高，不利于加工利用，而且无明显脱硫效果。为提高焦油产率及其质量，提出了介于气化和液化之间的第三条途径——煤加氢热解。该工艺的原理就是通过外加氢来饱和煤热解产生的自由基，避免自由基间相互聚合发生二次反应，使自由基与氢结合生成轻质焦油。该工艺主要优点在于能明显提高焦油产率及焦油质量（增加焦油中轻质组分的含量），更重要的是它具有十分显著的脱硫脱氮效果。

煤加氢热解一般认为是在一定氢压和温度下煤与氢气间发生的反应[130]，因此，产品分布极大地依赖于操作条件，所以通常将加氢热解分为几个不同的类型：a. 加氢气化，目的产品为 CH_4；b. 加氢热解，目的产品为焦油和固体；c. 快速加氢热解，目的产品为苯、甲苯和二甲苯。加氢热解与一般煤快速热解相比，不仅焦油产率高，而且其中苯、酚和萘含量大，便于化工利用。因此，20 世纪 70 年代以来，世界各国竞相研究，美国 Utah 大学和美国能源部（DOE）联合利用小型盘管式反应器研究介质煤加氢工艺（ICHP），是早期煤液化技术的基础工艺，通过深入研究开发了煤快速加氢热解工艺。研究表明加氢条件下热解可提高焦油产率与焦油品质。20 世纪 80 年代后期，煤催化加氢热解也受到各国重视，焦油产率最高达 60%，可与煤直接液化相比，而估算成本费用仅为煤直接液化的 1/6。此外，当与其他过程相结合时，快速加氢热解技术还能用来生产合成天然气、乙烯、丙烯、苯和费-托（F-T）合成产品等。因此，煤的加氢热解技术成了介于煤气化和煤液化的第三条具有吸引力的煤转化途径。

与常规热解相比，煤的加氢热解过程除包含煤的初次分解及初级挥发分的二次反应外，还包含了氢气与自由基及初级挥发分的反应过程。由于氢气的存在，煤的热解反应大致可分为以下三个阶段：a. 热解的初期阶段，煤分子中的桥键断裂生成大量自由基，氢气扩散进入煤颗粒与自由基发生反应，此时焦油生成速率显著增大，甲烷和乙烷的生成量明显多于常规热解，挥发性产物增多；b. 加氢裂解阶段，颗粒外部的焦油蒸气与氢气发生反应生成小分子量的芳香化合物和甲烷，反应包含稠环的芳烃裂解为单环化合物以及酚羟基和烷基取代基的消除等；c. 待焦油与气体大量产生后，氢气会与残留半焦上的活性位发生反应生成甲烷，反应初始速度很快，但是由于焦的热惰性，在反应后期速度显著减缓，此反应一般归结为煤的加氢气化反应，在加氢热解时可以不予考虑。

Wiser 等[131]通过对煤的热解和加氢热解的试验对比，发现加氢热解可以获得更高产率的焦油产物和轻质芳烃。Takarada 等[132]的研究也表明，加氢热解在一定程度上提高了热解气体中碳氢化合物以及热解焦油中轻质芳香烃的含量，Ma 等[133]的研究也得到了类似的结论。在氢气气氛下进行热解，将有助于增大热解挥发分的产率，但是由于煤本身的结构特点，热解过程中煤本身的氧会消耗一定数量的氢，从而导致热解后期氢量的不足，从而加速了自由基聚合形成半焦的反应，降低了焦油的产率和品质。

近年来，国内开发并建设了一套日处理煤 50t 闪氢热解提油中试装置，于 2017 年 8 月 14 日在山西朔州开车。该项目以高温富氢气体作为热载体成功实现煤粉快速热解，焦油产率超过葛金分析值，达到试验设定目标，已初步具备工业化生产条件。闪氢热解提油技术突破了国内热解局限于常压、不加氢的限制，实现了快速、高温、高压、加氢热解在同一反应炉内一体化发生作用的突破。与传统的煤间接制油对比，该技术可一步法直接转化成油，其过程不需要催化剂，流程短，工艺简单，但技术标准相对传统工艺更高。

一般的加氢热解需要纯氢作为热解反应气，昂贵的氢气原料以及制氢所必需的气体分离、净化与循环等复杂的工艺过程，增加了加氢热解工艺的成本和投资费用。正因为如此，煤加氢热解从 20 世纪 80 年代初发展到尽头仍停留在中试水平上。因此，寻找廉价的富氢气氛代替纯氢进行煤加氢热解以降低其成本已成为加氢热解工艺发展方向之一。

许多国家由于缺乏廉价的氢源，给加氢热解工业实施的推进带来了困难，而中国是炼焦和合成氨的生产大国，焦炉气和合成排放气中一半以上是氢气，氢气资源远较其他国家丰富。而利用合成排放气，其压力约达 5～30MPa，节省了压缩功的消耗，在经济上显得更为合理。此外，中国有十分丰富的褐煤和高挥发分烟煤资源，以此为原料从煤中获取轻质芳烃化合物和富甲烷高热值煤气，而副产物含硫、氮低的半焦是合适的锅炉燃料、高炉喷吹料或气化原料。即以煤为原料的炼焦或制气过程与加氢热解技术相结合，是我国有效利用煤的重要途径[134]。

另外，热解煤气作为一种“天然”的富氢气源，在低阶煤热解工艺的设计中，可考虑将其作为载气部分返回反应器内或引入挥发物二次反应阶段，促进轻质自由基进行加氢反应，提高焦油产率和品质，目前在部分热解工艺开发中已经进行了试验。

3.7.3 加压热解

煤热解是多种煤利用技术（如燃烧、气化、液化）的起始步骤，对其后续过程有着极其重要的影响。对煤热解过程的精确描述有助于煤的有效利用及发展新的污染控制技术。以往人们对热解的开发和研究工作偏重于常压，随着科学技术的发展，世界各国对加压煤热解这一课题越来越重视。

煤气化技术作为一种洁净煤技术，由于其效率高、污染低的特性而受到越来越多的学者重视，在此基础上也发展出了整体煤气化联合循环（IGCC）和加压循环流化床（PFBC）等技术，这些先进的煤气化技术都是在加压条件下进行的，如 ICGG 的工作压力在 1.5～2.5MPa，而 PFBC 为 1.0～1.5MPa，选择加压的工作环境是因为压力的升高能减少污染物的排放，提高反应速率。因此，研究加压条件下煤气化反应性显得尤为重要。煤气化反应发生之前首先进行煤的热解，即脱挥发分过程，由于不同热解过程产生的煤焦的物理和化学结构性质不同，从而导致煤焦气化反应性和最终灰分形态的不同，如煤焦的比表面积、孔结构、碳微晶结构等都对煤焦的气化反应性和灰分的形成有重要的影响。而压力对热解过程的影响主要体现在挥发分的释放、煤颗粒的溶胀特性和由此导致的煤焦结构的改变。

热解压力对煤炭结构有较大影响并会影响煤的热解过程。热解压力对热解过程的影响主要在于对热解挥发分析出的难易程度的控制，热解压力提高抑制了挥发分的析出，增加了挥发分与焦炭的相互反应，提高了煤焦产量，而挥发分在颗粒内部停留时间延长也必然影响煤焦的物化结构[135-138]。Wall 等[139]指出在热解过程中压力对煤焦的膨胀性有重要的影响，同时高压明显改变了灰和焦的结构，从而影响了焦的气化活性。Wu 等[140]采用加压沉降炉研究压力对煤焦结构的影响时发现加压有利于多孔煤焦的形成。Liu 等[141]也发现相似的结论。孔隙结构增多有利于气化反应的发生，从而有利于煤焦气化活性的提高[142]。Gadiou 等[143]研究发现高压延长了挥发分在固体颗粒内的停留时间，从而促进了挥发分的二次裂解，使得焦的石墨化和芳香度增加，导致煤焦的气化活性降低。

热解压力不仅对焦油产率有影响，对焦油的组成也有较大影响[144]。Wall 等[139]发现，热解压力对煤热解挥发分产物具有重要影响，随热解压力提高，焦油产率降低。Unger 等[145]在丝网加热器上对煤进行快速热解，研究表明热解压力提高后，焦油分子量降低。Cor 等[146]在感应加热炉进行的加压热解研究表明，提高压力会使苯、甲苯、二甲苯等油类产率减小，CH_4等小分子脂肪烃产率增大。压力对焦油产率和组成的影响是因为焦油成分中一些分子量较大的物质，原本在低压时可挥发出来，当压力提高后，抑制了大分子焦油成分的挥发，因此造成了焦油量减少，产生的焦油分子量也变小。此外，压力提高后，煤的塑性软化能力提高，前期热解生成的挥发分由于粒内逸出时受阻力增大，在粒内的停留时间延长，加剧了二次裂解反应。

戴和武等[147]通过使用自制的加压热重分析仪研究了在 N_2环境下，压力对煤的热解过程的影响规律，研究发现，热解时压力的影响仅在达到一定温度时表现出来，在此温度之后，挥发分产率随热解压力升高而减小，减小的程度与煤种有关。刘学智等[148]研究发现，随着压力的提高，焦油产率减小，煤气产率增大，煤气中 CH_4产率增大，焦油中 BTX 和 PCX 等组分增加。潘英刚等[149]通过对内蒙古褐煤在不同压力条件下进行热解试验研究，结果表明压力对提高产品气产率和降低焦油烃类具有较大影响。

Griffin 等[150]研究了压力对热解气体产物的影响，他们分别在常压和 7.0MPa 压力下，以 1000K/s 的升温速率对褐煤和次烟煤进行热解试验。试验得出，热解压力从 1.0MPa 增加到 7.0MPa 时，CH_4和 CO 的产率大大升高，而压力对其他气态烃和 CO 的影响不很明显，并且这种影响随煤种不同而不同，但热解压力对主要气体产物 H_2的影响不确定。其他研究者[151,152]认为，增加压力能够引起气态烃主要是 CH_4和 C_2H_6产率的增大，压力对煤热解其他气体产物影响不大，可能和煤阶有关。这种变化趋势通常是因为煤初始热解产物在二次反应中的结果。压力对热解的影响，一般认为是由二次反应造成的，压力的升高使产物的逸出受阻，特别是焦油经历更为复杂的二次反应，其他文献[153]也有类似报道。多数情况下，升高热解压力反而使 H_2产率下降，这是由于升高压力引起煤粒内部传质阻力增大，从而影响了初级热解产物的释放而进一步参与二次反应。谢克昌[154]使用高压反应器，在不同压力和温度下，对神木煤进行了热解试验，结果表明，热解温度相同时，随着体系压力的增大，气态和固态产物的产率增大而液态产物的产率减小，在压力较大的情况下，前期热解生成产物由于粒内逸出时所受阻力增大，使得其在粒内的停留时间延长，加剧了二次裂解生成小分子的反应和聚合成焦反应的程度。如果体系压力相同，随热解终温升高，气态产物产率增大，固态产物产率减小。这表明煤样的成熟程度增加，同时也表明温度对热解产物总量以及各组分产率的影响比压力显著。气态产物中主要组分随压力增大，CO_2、CH_4和 H_2的含量增加，而 CO 的含量减小。由上述讨论可以看出，CH_4随热解压力升高而产率增大，CO 随热解压力升高产率减小，由于煤种和试验操作条件的不同，压力对 H_2、CO_2气体组分的影响不尽相同。

3.7.4 甲烷活化热解

众所周知，提高热解焦油产率对提升热解经济性具有重要意义。提高煤焦油产率关键在于：a. 增加煤热解生成自由基的数量；b. 提供足够多的小分子自由基，以稳定由煤热解产生的自由基。当相互结合的自由基较大时，会形成分子量较高的物质如沥青烯、前沥青烯甚至半焦等。目前主要研究工作集中在改变煤的结构[155-157]或热解气氛[158-160]两方面，前者在于使热解过程产生更多的自由基；后者主要是提供更多的外在自由基，用于稳定煤热解过程中产生的自由基。Graff 等[155]对 Illinoi 6 号煤进行亚临界水预处理后，发现 740℃下热解液体产率增加 1 倍以上。Lei 等[161]和董鹏伟等[162]发现胜利煤经 H_2PO_4或水蒸气预处理后焦油产率显著提高。王志青等[163]认为吡啶预处理可破坏煤中含氧官能团间的氢键，减少小分子同煤大分子网络结构的缔合及热解过程中碎片间的交联反应，提高热解挥发分的产率。Miura[164]认为，要提高焦油产率，在热解自由基相互聚合前应有足够的甲基和氢自由基；通过乙苯在 800℃时分解具有供氢性质的自由基与煤热解产生的自由基匹配，可提高热解焦油产率。加氢热解是公认提高煤热解焦油产率最有效的方法之一，主要原理是利用外加氢裂解形成的小分子氢自由基与煤热解产生的自由基结合，避免大分子自由基间聚合生成半焦等，提高热解焦油产率，改善焦油品质（增加焦油中轻质组分和 BTX 的含量）和脱硫脱氮效果。但存在制氢工艺复杂、设备投资费用大等问题。

甲烷具有最高的 H/C 比，是潜在的 H_2最优替代原料。由于甲烷分子本身的热稳定性，因此在无催化剂作用下对煤热解过程影响相当于惰性气体，但在高温并添加催化剂的条件下，甲烷分子可发生裂解生成甲基、亚甲基、氢自由基等小分子自由基。这些小分子活性自由基具有相对较高的活性，当与煤裂解形成自由基结合时能够有效地稳定煤热解自由基，从而达到提高焦油产率的效果。另外，与氢自由基相比，甲基、亚甲基质量数更大，一旦与煤热解自由基结合，有望获得高于加氢热解的焦油产率。该过程的关键在于如何实现甲烷的中低温活化与煤热解过程匹配，因为较高的 C—H 键能使热力学稳定的甲烷结构在非催化条件下难以活化，对煤热解贡献甚微，几乎与惰性气氛下相当。

近年来，甲烷催化转化与煤热解耦合热解工艺受到越来越广泛的关注。目前报道的甲烷活化方式主要有催化转化、高温裂解、等离子体活化等使 C—H 键解离。大连理工大学胡浩权等在深入理解煤热解过程机理的基础上，提出了将传统的煤热解与甲烷催化转化耦合提高焦油产率的新工艺，并进行了系统的基础研究，结果显示通过该过程可显著提高热解液体产物收率。

(1) 甲烷部分氧化与煤热解耦合过程

甲烷部分氧化是一个温和的放热反应，在催化剂作用下可实现较低温度（700℃）下高达 90%以上的转化率，避免高温非催化部分氧化所伴生的燃烧反应，氢气选择性高达 95%[165]。

刘全润等[166,167]以 Ni/Al_2O_3为催化剂，利用如图 3-56 所示的双固定床反应器，研究了不同热解温度和压力下甲烷部分氧化与煤热解耦合过程。结果显示，耦合过程焦油产率明显提高，并且具有普适性。对不同煤种，在合适的条件下焦油产率是加氢热解焦油产率的1.7～2.3倍，远大于其他煤热解方法得到的焦油产率。半焦产率随温度升高而降低，在高温阶段与氮气气氛下热解相当。热解压力会进一步影响热解焦油产率。研究还发现，利用该过程在提高焦油产率的同时可以提高脱硫率。分析认为，焦油产率的提高和脱硫率的增加主要是利用甲烷催化氧化过程中产生的大量高活性、具有供氢性质的自由基来稳定煤热解自身产生的自由基，大大提高了煤热解的过程效率。

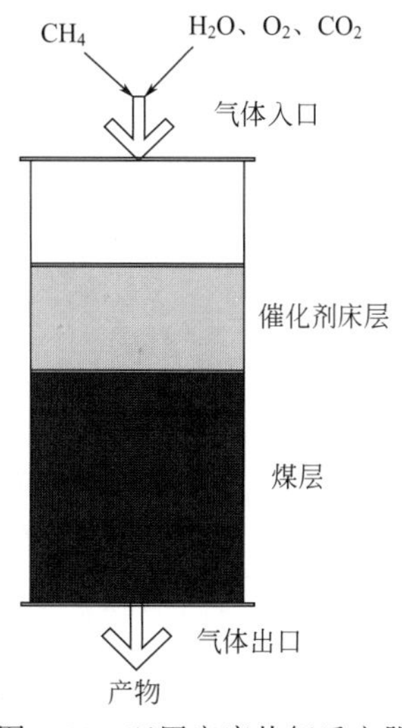

图3-56　双固定床热解反应器

(2) 甲烷二氧化碳重整与煤热解耦合

在甲烷部分氧化与煤热解耦合过程中，由于氧气的存在使得在工业应用过程中存在一定的潜在风险，如果条件控制不当，可能会造成甲烷的过度氧化或促使形成的焦油发生氧化反应，降低焦油产率。与部分氧化过程相比，甲烷二氧化碳重整反应不仅能在反应过程中生成大量的自由基，而且还可消除甲烷与氧气反应发生爆炸的可能性。

(3) 甲烷水蒸气重整与煤热解耦合过程

在甲烷催化活化过程中，无论是甲烷部分氧化、甲烷二氧化碳重整或芳构化，催化剂的稳定性和抗积炭能力是目前制约工业应用的主要问题，也是制约这些耦合过程的关键因素之一。甲烷水蒸气重整（SRM）作为目前工业制氢的主要途径，可利用水蒸气的消炭作用，降低催化剂的积炭，从而提高其稳定性。

董婵等[168-171]利用甲烷水蒸气重整与煤热解过程结合（CP-SRM），研究了不同温度下热解产物的分布规律。结果发现，该过程可以在中低温范围内提高热解焦油产率。在650℃、甲烷水蒸气比为1、停留时间30min条件下，霍林河煤的焦油产率（干燥无灰基）为17.8%，与热解和加氢热解相比分别提高46%和31%。提高CP-SRM中甲烷转化率，缩短催化床层与煤热解床层间距，使更多甲烷水蒸气重整活性组分进入煤层，可促进煤热解自由基的稳定，抑制缩聚交联反应，有利于焦油产率的提高。

(4) 甲烷芳构化与煤热解耦合过程

甲烷无氧芳构化反应是将甲烷直接转化为六元环芳烃（主产物是苯）的过程，具有产物易分离、操作费用相对较低等优点；同时产物苯等芳烃是重要的化工原料和有机溶剂及医药的中间体，因此甲烷芳构化对化工生产有着重要的意义。

(5) 甲烷等离子体活化与煤热解耦合

众所周知，受热力学限制和甲烷分子的高稳定性影响，甲烷部分氧化或甲烷二氧化碳重整反应通常需要较高的反应温度，该温度明显高于煤热解获得较高焦油产率的最佳温度。因此，实现甲烷活化与煤热解过程温度间的匹配是耦合过程中一个亟待解决的问题。

常压低温等离子体技术以其高电子能量和低气体温度的特性成为甲烷转化的另一个研究热点[172,173]。经高温电子活化后，CH_4和CO_2可产生大量的粒子或自由基，如·CH_3、·CH、·CH_2、·H、·CO、·O等，这为降低煤热解过程产生的大量自由基等碎片间的聚合、提高煤焦油的产率提供可能。同时，利用低温等离子体降低甲烷活化反应温度的优点，有望实现甲烷低温活化与煤热解过程耦合；另外，等离子体放电热量有助于促使煤中基团解离、活化等，提高能量利用效率。

表3-61给出了各种甲烷活化与煤热解耦合工艺对比。

表 3-61 各种甲烷活化与煤热解耦合工艺对比[174]

耦合过程	优点	缺点
CH_4/O_2部分氧化与煤热解耦合	① 在相对低的温度下进行； ② 甲烷部分氧化为放热反应，可为热解体系提供部分热量	① 体系易燃易爆； ② 高压有利焦油产率提高，需要高压进行
CH_4/CO_2重整与煤热解耦合	① 充分利用温室气体，尤其是CO_2； ② 相对安全； ③ 适合大型工业化实施	① CH_4/CO_2重整活化温度与煤热解最佳温度不匹配； ② 重整催化剂易积炭、寿命短； ③ 耦合过程由于逆水煤气变换反应导致水产率增加显著
CH_4/H_2O重整与煤催化热解耦合	① 甲烷水蒸气重整已工业化； ② 相对安全	不适合水资源缺乏地区
甲烷芳构化与煤热解耦合	① 在相对较低的温度下进行； ② 热解水产率低	① 催化剂活性低、寿命短； ② 没有商业化催化剂
CH_4等离子体活化与煤热解耦合	① 在较低的温度下进行； ② 活化方式简单； ③ 热解水产率低	① 高温下放电不稳定； ② 反应器放大相对困难

相对热解或加氢热解，甲烷活化与煤热解过程耦合可显著提高煤热解焦油产率，提供了提高煤焦油产率的新思路和新方法。同时，基于这一原理，小分子气体不仅局限于甲烷，还可拓展至乙烷、丙烷等其他气体；在实际应用过程中，更要考虑利用富甲烷的混合煤气（如焦炉气、热解气）替代纯甲烷以降低成本。如何使这些气体经活化后与煤热解形成的自由基充分结合是关键。

与传统加氢热解提高煤焦油产率工艺相比，部分耦合技术有望在不久的将来实现工业化，但仍有许多工作需要进一步的开展。例如，目前研究工作主要集中在固定床反应器上进行，而且热解过程更多是间歇进行；而在工业应用时需要对耦合反应器的结构进行重新设计，在保证富甲烷气体催化活化与煤热解有效耦合的前提下实现热解过程的连续化。可以借鉴煤的流化床或移动床热解与富甲烷气体的固定床催化活化工艺，以富甲烷活化后的气体为流化介质实现两个过程充分耦合。另外，当以混合煤气为原料时，其他气体（如含硫化合物、乙烷、乙烯）会显著影响甲烷活化的催化剂性能，因此开发高活性、高稳定性和耐硫的工业应用催化剂是今后努力的方向。

3.7.5 煤与非煤共热解

煤自身的结构特点决定了其本性是富碳少氢，为弥补其不足，针对现有热解工艺普遍存在热解焦油产率低、H/C原子比小的问题，研究煤与富氢的其他非煤物质的共热解逐渐受到广泛关注。

为了提高焦油产率和品质，国内外进行了大量的研究工作。煤的加氢热解和催化加氢热解投资大、成本高，需要寻找价格低廉的氢源代替纯氢。替代纯氢的廉价氢源包括生物质、油页岩、焦炉煤气或者废弃物、渣油等其他富氢物质。这些廉价氢源属于富氢物质，通过与属于低氢物质的煤共热解可以提高煤热解的液体产物产率，从而降低热解成本。近年来，对煤与其他廉价富氢物质的共热解成为一个研究热点，但是这些共热解工艺目前尚无工业化的报道。

（1）煤与生物质共热解

生物质能是清洁的可再生能源，随着化石能源供应的日益紧张，生物质能源研究开发和利用引起了世界各国的高度关注，生物质热解是指在完全缺氧或有限供氧的条件下生物质受热裂解为液体生物油、可燃气体和固体生物质炭的过程，通过对热解温度、升温速率、压力等工况进行控制可以在较大范围内调节固、液、气三相产物的比例。

由于煤较低的 H/C 比结构特点，使得热解焦油产率低、品质差，污染物排放严重；而生物质作为一种富氢物质，不仅热解温度低于煤热解温度，而且富产氢气，可以作为煤热解的供氢源。此外，生物质较高的 H/C 比、较低的 S 和 N 含量、且 CO_2 近零排放等优点，使得采用生物质与煤共热解方式，可提高煤热解焦油品质、降低含 S 与 N 和 CO_2 等污染物排放。因此，根据生物质和煤的成分特点，将生物质和煤共同进行低温热解是近年来能源化工中崭新的研究课题。无论是从经济性、高效性还是环保性等方面来评价，用生物质与低阶煤共热解具有重大意义。

煤与生物质共热解研究主要是考察不同热解工艺、不同煤种和各类生物质之间的协同作用，热解类型有慢速热解和快速热解两类。慢速热解研究主要是通过热天平分析和固定床热解两种方法进行，热天平分析结果大都表明无协同效应发生，然而由于煤与生物质热解温度范围不同，煤慢速热解实验室对煤与生物质的热解行为具有局限性。

生物质快速热解技术的研究开发已进行了 30 多年。常规快速热解技术已经实现了工业示范，已研发了多种型式的热解反应器。循环流化床等几种热解反应器适用于工业规模生产应用。常规的热解技术热解产生的生物油，由于其水分含量高、黏度大、热值低、酸度大等缺点，工业上直接应用时对设备和使用条件等提出了较高的要求，不利于大范围普及和推广；同时在加工提质为高级燃料方面，作为原料对进一步加工的工艺条件（温度、压力）以及设备也有着较高要求，因此国内外工作者寄希望于生物质热解阶段能够获得品质较高的、易于应用和加工的生物油，通过控制温度、压力，或者使用催化剂，达到控制物料反应历程，来探索提高生物油质量的途径。出现了催化热解、混合热解、临氢热解等新兴创新性的热解技术。这些技术具有独特的优点，但是，要使这些新技术走向工业化还有大量的工程技术问题要解决。国内外学者在生物质催化热解方面开展了大量的工作。目前，研究较多的催化剂有固体超强酸、强碱及碱盐、金属氧化物和氯化物、沸石类分子筛、介孔分子筛和催化裂化催化剂。但从催化效果来看，它们各有利弊，到目前为止，现阶段催化热解的主要工作还在于催化剂的筛选与开发。

混合热解是生物质与其他物料的共热解。目前，国内外学者对煤与生物质的共热解液化研究较多。煤与生物质液化具有协同作用，一方面煤热解液化过程耗氢量大、反应温度高，且需要在催化剂和其他溶剂的参与下进行；另一方面，生物质热解液化所得生物油的品质较差，煤与生物质的混合热解可降低反应温度，并显著提高液化产物的质量和产率。在反应机理方面，一般认为生物质和煤的共热解液化反应属于自由基过程，即煤与生物质各自发生热解反应，生成自由基“碎片”，由于这些自由基“碎片”不稳定，它们或与氢结合生成低分子量的初级加氢产物，或彼此缩聚反应生成高分子焦类产物，在此过程中，部分氢可由生物质提供，从而减少外界的供氢量。现阶段，对于生物质与煤共热解产物研究的报道较少。

（2）煤与油页岩共热解

油页岩是一种腐泥煤，它的另一名称是油母页岩，它是由来自低等动物和植物中的有机成分经腐蚀后沉淀而形成的，国际上将含油率大于 3.5% 的页岩称为油页岩。油页岩热解产物中的 H/C 比与石油的很接近，可以考虑将其作为匮乏的石油资源的理想替代能源。中国的油页岩资源非常丰富，探明储量为32亿吨，以现阶段的开发技术从油页岩中萃取液态油类物质所需成本相对较高，不具经济性。目前油页岩资源未能得到有效的利用，它主要用于热解制页岩油及作为燃料来产热和发电，造成了油页岩资源的严重浪费，油页岩的灰分含量高，有机质含量低，这使得它的深加工和梯级利用相对困难。

对于低含油率油页岩的利用来说，油页岩、煤共热解，弥补了低含油率油页岩能量不足的缺点，提高了热解油产率，实现了合理利用丰富的低含油率油页岩资源的目的，使其变废为宝，不失为一种低含油率油页岩的有效利用途径。对于高含油率油页岩，为了获取更高的油产率，提高油页岩热解制油的效率除改进现存工艺过程及路径和优化工艺条件外，通过在热解过程中添加煤，提高油页岩的利用效率也是一个有效途径。

将煤和油页岩共热解可产生协同效应，有效利用油页岩中的富氢组分，实现氢转移以提高热解油的产率和品质。油页岩中富含的矿物组分可作为热解油中重质组分的裂解催化剂，能提高油品质并促进油气生成。Ekrem 等[175]使用褐煤与油页岩共热解研究，结果显示，当油页岩混合比例较多时，油产率和品质提升，有着显著的协同效应。Miao 等[176]将油页岩与不同等级的煤共热解发现共热解过程中存在协同作用。煤为油页岩的热解提供了氢，共热解后焦油的产率增大了，焦油中高附加值组分的含量也增加了。Li 等[177]发现油页岩和褐煤共热解存在协同效应，褐煤和油页岩掺混比例在1∶1时，气相和液相产率增大，通过FT-IR分析气体产物中芳香环C—H和脂肪烃C—H，比例增加1.4%。

通过对油页岩、煤共热解制油的研究，除了可拓展油页岩的可利用范围及利用效率小，还可以更合理地进行油页岩、煤资源的综合利用，提高其经济能效，指导工艺生产，使经济效益最大化。

(3) 煤与焦炉煤气共热解

焦炉煤气中的CH_4、H_2的含量非常高，可达90%，如果将煤焦炉煤气与低阶煤共热解不仅可以获得廉价的氢源，还可以降低焦炉煤气的处理费用、氢气分离所需投资设备费用。另外，焦炉煤气与低阶煤共热解产生的热解气产量和热值高，甲烷的含量高。共热解后产生的半焦中硫的含量低，可直接将此半焦用于配煤炼焦。用廉价易得的焦炉气作氢源进行煤的加氢热解能大幅度降低成本，减少投资费用。有关用焦炉气代替氢气进行煤加氢热解的经济可行性国内外学者进行了评述[178,179]，初步的经济评价结果已经显示出其优越性。用焦炉煤气作氢源将成为煤加氢热解发展方向之一。

煤-焦炉煤气共热解有较好的经济前景，节省了处理煤气、H_2分离以及从CH_4或半焦生产H_2等过程所需的设备。整个过程比使用循环H_2的传统煤加氢热解工艺节省2/3的设备费用。若将煤-焦炉煤气共热解工艺与传统的炼焦工艺相结合，走煤-焦化联合企业的道路，将为煤的综合利用开辟一条新的途径。

不过焦炉煤气中的CH_4对共热解过程具有双重效应，CH_4一方面有利于增大焦油的产率，改善油品，使焦油中轻质组分含量增加。但另一方面，CH_4对共热解过程具有抑制作用，它会使无用的热解水含量增加。由于复杂的煤结构及焦炉气组成，加之影响共热解反应的因素繁多，而且各因素又相互制约，要真正探明煤-焦炉煤气共热解机理，尚需对众多的影响因素做系统深入的研究。从经济效益上讲，如何提高煤-焦炉煤气共热解焦油产量和质量，降低水分含量将是该工艺进一步开发的重点之一。

(4) 煤与废塑料、废旧轮胎共煤热解

随之科学技术发展，高分子材料在我们生活中扮演者重要的角色，随之产生的废旧高分子材料也越来越多。作为城市固体垃圾和白色污染的废塑料（主要为 PE、PP、PS、PET 和 PVC）的综合利用是人类不得不面对的问题。与煤相比，这些废塑料属于富含碳和氢元素，而且具有较高的 H/C 原子比和适宜于液化的分子链结构，因此将煤与废塑料共热解是实现废塑料回收利用生产清洁液体燃料和高附加值化学品的合理选择。同时，煤炭的丰富储量与稳定供应还可以减少废塑料转化利用技术投资的经济风险。

煤与废塑料的共焦化工艺于 20 世纪 90 年代初提出，德国、波兰、美国进行了相关工作。1993 年美国犹他大学和肯塔基大学开始从事煤与废塑料共处理制液体燃料或化学品的可行性研究。从结构上来看，废塑料的组成主要是以 C—C 键合的大分子，经热裂解后的产物是烷烃、烯烃、芳烃的液体混合物，与石油组成类似。Acevedo[180] 将煤与废旧轮胎分别放入固定床和旋转炉中混合热解，结果显示两种炉型中均存在协同效应，热解产生半焦产率减小，旋转炉中气体产率增大，固定床焦油产率增大。Onay[181] 将废旧轮胎与 Koyunagili 褐煤按照不同比例混合，探讨混合物在不同升温速率、不同终温条件下的协同情况。结果显示，褐煤比例在 10%（质量比）、以 5℃/s 的速率升温到 500℃时，出现了显著的协同作用。

煤与废高分子材料的共热解处理技术不仅符合能源战略和可持续发展战略的要求，达到节约煤炭资源的目的，还可以实现废旧高分子材料的无害化、清洁化处理和资源化利用，是处理其的好方法，能够同时实现社会、环境和经济效益，其研究具有多重意义和广阔的应用前景。

(5) 煤与废矿物油共热解

矿物油是目前人类最为广泛使用的化石能源，废矿物油是因受杂质污染、氧化和热的作用，改变了原有的理化性能而不能继续使用时被更换下来的油，主要来自石油开采和炼制产生的油泥和油脚，矿物油类仓储过程中产生的沉淀物，机械、动力、运输等设备的更换油及再生过程中的油渣及过滤介质等。废矿物油属于危险废物，其中含有多种毒性物质，随着人们的环保意识逐渐增强，将其与煤共热解产油不失为一条变废为宝的加工利用途径。

相对于煤的单独热解，废矿物油的添加不仅增大了热解产物中热解气、焦油的产率，还增加了热解气中轻质组分的相对含量，提高了热解气的热值；另一方面通过共热解，Pb 等重金属元素向焦炭中富集，降低了焦油中金属元素的含量，对于提高煤焦油的品质颇具意义。

(6) 煤与瓦斯泥共热解

瓦斯泥是高炉炼铁的废弃物，它分为一次除尘瓦斯泥和二次除尘瓦斯泥。铁矿中的 Pb、Zn 等杂质在炼铁时被还原，在高温下被气化，与溶剂、焦炭、矿石等细小的微粒粉尘一起被煤气带出，在高炉外被煤气除尘装置捕获。煤气除尘分为干式和湿式两段除尘，干式处理得到的细微粒被称作瓦斯灰或轻灰、高炉灰，湿式处理得到的物质经沉淀后形成的污泥被称之为瓦斯泥。

瓦斯泥中的主要含有 C、Fe_2O_3、CaO、MgO、SiO_2 等，将瓦斯泥与低阶煤共热解。瓦斯泥中的 Fe_2O_3、CaO 能对低阶煤的热解具有催化作用，促使共热解得到的焦油中的稠环芳烃等大分子物质进一步裂解，从而增大热解气的产率，同时能使热解气中 CO、CH_4、H_2 等小分子组分含量升高，热解气的热值也随之增大。因此，瓦斯泥与低阶煤共热解对获得高产率、高热值的煤气具有重要意义。

(7) 煤与废润滑油共热解

废润滑油包括废内燃机油、废齿轮油、废液压油、废专用油（包括废变压油、废压缩机油、废汽轮机油等）四类。目前，润滑油的用量已达 700 万吨/年，其中 80%～90%的废润滑油均可回收。随着石油资源的日益紧张和环保问题的日益严重，我国越来越重视废润滑油回收再生和再利用。

Lazaro 等[182]将煤与废润滑油共热解，用气相色谱-质谱（GC-MS）检测共热解后的焦油发现：与废润滑油单独热解相比，煤与废润滑油混合物共热解产生的焦油组分比与煤单独热解更具相似性。因为煤单独热解后产生的焦油中含有酚类化合物，废润滑油单独热解产生的焦油不含酚类化合物，煤与废润滑油混合后热解产生的焦油含有酚类化合物。这表明，氢含量更为丰富的废润滑油在混合物热解的过程中充当了煤热解产品的供氢剂。比较共热解和煤、废润滑油单独热解后产生的焦油组分发现：共热解比单独热解更有利于煤焦油中高价值组分的富集。另外，在热解过程中富氢的废润滑油对氢化煤中含量相对较高的芳香族化合物是很有利的。相对于煤的单独热解，废润滑油的添加使得热解过程中的小分子化合物增多了，酚类化合物减少了。

(8) 煤与直接液化残渣共热解

煤直接液化残渣是一种高碳、高灰、高硫的物质，主要由有机组分和无机组分两部分构成。有机组分包括能够被有机溶剂溶解的重油（HS）、沥青质（A）和前沥青质（PA），无机组分包括未转化的煤、残留的液化催化剂以及矿物质。其性质取决于液化煤的种类、液化工艺条件和固液分离技术。液化残渣挥发分含量较高，H/C 比高，几乎没有水分，作为热解原料有其独特的优势，目前针对液化残渣热解特性的研究，主要以神华上湾煤与锡林郭勒煤为母煤的直接液化残渣。神华工艺减压蒸馏所得液化残渣中四氢呋喃不溶物的含量高达38%，重质油、沥青质、前沥青质所占比重分别为 31%、24%和 6%左右。由此可见，液化残渣作为一种煤直接液化的残余物，其中含有大量的挥发分，其在热解形成焦油和热解气前驱体时，会释放出大量氢自由基及小分子自由基。当与煤共热解时，二者热解中间产物可能会产生相互作用，从而为煤热解产生的自由基起到供氢作用，提高焦油产率。

液化残渣中含有高黏度和高软化点的沥青质等有机分子混合物，分子间可能存在较多的共价键和氢键，分子间作用力较大，导致液化残渣的黏度非常大，在活泼热分解过程中，随加热温度的升高液化残渣软化、熔融，在放大的热解试验最终，残渣易因过度沸腾而使大量残渣熔融体在铁箱外结成蜂巢状半焦堵塞热解炉，因此液化残渣的黏度大、热态流动性差，成为其中低温热解放大化试验中的主要障碍之一。

为解决上述问题，考虑与无黏结性或低黏结性原料混合热解，如与低阶煤混合。但残渣各组分与煤单独热解时，均具有抑制挥发分析出的趋势，故在降低原料黏结性的前提下，可考虑添加特定催化剂，在发挥液化残渣与煤共热解过程中供氢优势的前提下，对热解过程中各类中间产物进行催化重整，以最佳热解条件获得较高的油品产率及品质较好的油品。

(9) 煤与渣油共热解

近年来随着轻质油需求量的增大，渣油的加工利用问题也随之而来，所以煤与渣油的共转化很有研究价值。

张德祥等研究[183]发现，煤与石油重油共液化过程煤的转化率随渣油中芳烃含量的增加而提高。张传江等[184]研究表明，适量添加渣油可以促进黑山煤液化转化率，存在协同作用。马晓龙等[185]在固定床上进行了淮南煤、准格尔煤与渣油的共热解试验，结果表明：焦油中正己烷可溶物及脂肪族比例提高，品质显著改善。随着渣油添加比例的增加，热解气中 CO、CO_2 比例降低，C_1～C_4 在热解气中体积比例增加，且 CH_4 比例降低，C_2、C_3、C_4 比例升高，说明共热解过程渣油有供氢作用，使得焦油产率增大且品质提高。Yoshida 等[186]研究表明：哥伦比亚 Titiribi 煤与 Morichal 原油共处理，在红泥/S 催化剂作用下，400℃时

Titiribi 煤的最高转化率为 79%，450℃时转化率接近 93%，Morichal 原油在 H_2S 作用下供氢性能很好。阎瑞萍等[187]用催化裂化油浆作溶剂研究表明：催化裂化油浆与碳含量高的兖州煤和汾西煤匹配性好，共处理可促进煤的转化，轻质产物有显著的协同效应，而与碳含量较低、含氧官能团含量较高的依兰煤和先锋煤匹配性不好，不能提高煤的转化率，协同作用不明显。Wang 等[188]研究表明：兖州煤与催化裂化油浆在负载 Fe/S 型催化剂作用下，协同效应显著，煤转化率显著提高，随着催化裂化油浆量的增加，转化率提高。Bedell 等[189]发现供氢能力大小次序为环烯化合物＞芳香氢化物＞环烷烃，将渣油与氢化芳烃和环状烯烃混合后共处理，煤的转化率提高。王军力[190]研究结果表明神府煤和沥青页岩或天然沥青共热解时存在协同效应，神府煤和焦煤中煤共热解时没有出现明显的协同效应。煤与沥青页岩、天然沥青和焦煤中煤的配合比为 80∶20 时，焦油产率分别达到 13.7%、14.8%和 8.2%。焦煤中煤对提高焦油产率的影响较小。

（10）煤与合成气共热解

在与煤-焦炉煤气共热解相似的试验条件下进行煤-合成气共热解，与相同总压（3MPa）下的加氢热解相比较，煤-合成气共热解的总转化率、焦油产率略有降低，而热解水却有所增加；若与相同氢分压（3MPa）加氢热解相比，煤-合成气共热解总转化率增加约 2%（质量），焦油产率增加约 5%，同时热解水也略有增加。与相同氢分压的加氢热解相比，煤-合成气共热解焦油中 BTX 和 PCX 均有增加。与相同氢分压下的加氢热解相比，煤-合成气共热解焦油中 BTX 和 PCX 均有增加，但 PCX 产率增加得更为明显。说明合成气中一氧化碳有利于 PCX 生成，这可能是因为一氧化碳抑制了 PCX 二次分解生成 CO 和 BTX。其分析结果表明，与相同氢分压下的加氢热解相比，煤-合成气共热解可以提高总转化率和焦油产率，同时也能改善焦油质量，用合成气替代纯氢热解也是切实可行的路线，而且还具有一定的优越性。

参考文献

[1] 李方舟，李文英，冯杰. 固体热载体法褐煤热解过程中的传质传热特性 [J]. 化工学报，2016，67（4）：1136-1144.

[2] 霍朝飞. 螺旋反应器中颗粒混合及煤热解特性研究 [D]. 北京：中国科学院大学，2015.

[3] Suuberg E M，Unger P E，Larsen J W. Relation between tar and extractables formation and crosslinking during coal pyrolysis [J]. Energy & Fuels，1987，1（3）：305-308.

[4] 骆艳华，崔平，胡润桥. 义马煤的热解及产物分布的研究 [J]. 安徽工业大学学报（自然科学版），2006，23（2）：160-162.

[5] Wagner R，Wanzl W，Heek K H V. Influence of transport effects on pyrolysis reaction of coal at high heating rates [J]. Fuel，1985，64（4）：571-573.

[6] 陈兆辉，高士秋，许光文. 煤热解过程分析与工艺调控方法 [J]. 化工学报，2017（10）：3693-3707.

[7] 刘振宇. 煤快速热解制油技术问题的化学反应工程根源：逆向传热与传质 [J]. 化工学报，2016，67（1）：1-5.

[8] 李方舟，李文英，冯杰. 固体热载体法褐煤热解过程中的传质传热特性 [J]. 化工学报，2016，67（4）：1136-1144.

[9] 胡国新，方梦祥. 固定床中煤与热载体颗粒混和热解规律的试验研究 [J]. 浙江大学学报（工学版），1997（3）：352-360.

[10] 王永. 气体热载体低阶煤热解特性研究及连续热解系统研制 [D]. 太原：太原理工大学，2013.

[11] 杨世铭，陶文铨. 传热学 [M]. 3 版. 北京：高等教育出版社，1998.

[12] 罗斯瑙. 传热学基础手册 [M]. 北京：科学出版社，1992.

[13] 李朝祥，陆钟武，蔡九菊. 填充床内传热问题的数学统计分析法 [J]. 东北大学学报（自然科学版），1998，19（5）：484-487.

[14] 刘桂兵. 含能颗粒多孔填充床的传热特性研究 [D]. 南京：南京理工大学，2016.

[15] Werkelin J，Skrifvars B J，Zevenhoven M，et al. Chemical forms of ash-forming elements in woody biomass fuels [J].

Fuel，2010，89（2）：481-493.
[16] 张旭辉，陈赞歌，吴鹏，等. 基于失重曲线的煤颗粒热解传热传质计算［J］. 洁净煤技术，2017，23（6）：42-46.
[17] 姚金松，李初福，郜丽娟，等. 固体热载体煤热解过程模拟与传热分析［J］. 计算机与应用化学，2015，32（11）：1353-1356.
[18] Wutti R，Petek J，Staudinger G. Transport limitations in pyrolysing coal particles［J］. Fuel，1996，75（7）：843-850.
[19] Liang P，Wang Z，Bi J. Simulation of coal pyrolysis by solid heat carrier in a moving-bed pyrolyzer［J］. Fuel，2008，87（4-5）：435-442.
[20] 郭治，杜铭华，杜万斗. 固体热载体褐煤热解过程的数学模型与模拟计算［J］. 神华科技，2010，8（2）：71-74.
[21] 王洪亮，蒙涛，张华，等. 球型固体热载体煤粉热解过程传热计算及分析［J］. 洁净煤技术，2014，20（3）：90-94.
[22] Vargas W L，Mccarthy J J. Heat conduction in granular materials［J］. AIChE Journal，2010，47（5）：1052-1059.
[23] 郭树才. 煤化工工艺学［M］. 2版. 北京：化学工业出版社，2006.
[24] National Research Council. Assessment of technology for the liquefaction of coal［M］. National Academies，1977.
[25] 埃利奥特 M A. 煤利用化学［M］. 中册. 范辅弼，屠益生，等译. 北京：化学工业出版社，1991.
[26] Greene M I. A case history of a fixed bed，coal-derived oil hydrotreate［J］. Fuel Processing Technology，1981，4（2-3）：117-144.
[27] Johns T J，Jones J F，McMunn B D. Hydrogenated COED oil［C］// The ACS division of fuel chemistry，1972 spring Boskon 16th：26-35.
[28] Greene M I，Scotti L J，Jones J F. low sulfur synthetic oil from coal［C］// The ACS division of fuel chemistry，1974 spring Boskon 19th：215-234.
[29] Jacobs H E，Jones J F. Eddinger R T. Hydlrogenation of COED process coal-derived oil［C］// International and Engineering Chemistry Research，1971，10（4）：558-562.
[30] 吴永宪. 现代煤炭化学工艺学［M］. 北京：煤炭工业出版社，1981.
[31] 马宝岐，任沛建，杨占彪，等. 煤焦油制燃料油品［M］. 北京：化学工业出版社，2011.
[32] Ralph M. Parsons Co. Coal liquefaction process research process survey［R］：R and D Intreim Report No. 2 Data Source Book，1977.
[33] Linden N J. Evaluation of pollution control infossil fuel conversion process. analytical test plan［R］. Exxon Research and Engineering Co. 1975.
[34] Robert T S，Philip J D. Small continuous unit for fluidized coal carbonization. Syposium on pyrolysis reactions of fossil fuels［C］// American Chemical Society，Pittsburgh meeting，March，1966.
[35] 尚建选. 低阶煤分质利用［M］. 北京：化学工业出版社，2021.
[36] 顾全文. 低温干馏煤焦油回收工艺改进［J］. 山西化工，2013（2）：62-64.
[37] 凡殿才，张海生，王仰忠. 一种高效焦油回收装置：CN108165319A［P］. 2018-06-15.
[38] 杜少春. 热解荒煤气除尘和油冷回收焦油的系统及方法：CN107841348A［P］. 2018-03-27.
[39] 姚怀伟，郝晓洁，陈战群，等. 炼焦工艺对焦油回收的影响［J］. 燃料与化工，2016，47（5）：26-27.
[40] 陈静升，郑化安，张生军，等. 一种热解荒煤气除尘和油冷回收焦油的系统：CN104388128A［P］. 2015-03-04.
[41] 张建鑫，杨直，王新峰，等. 一种一体式荒煤气及煤焦油净化分离装置：CN204281699U［P］. 2017-06-06.
[42] 李学强，郑化安，张生军，等. 中低温热解煤气利用途径分析及建议［J］. 广州化工，2016，44（1）：157-159.
[43] 张生军，郑化安，陈静升，等. 煤热解工艺中挥发分除尘技术的现状分析及建议［J］. 洁净煤技术，2014，20（3）：79-82.
[44] 王之正，裴贤丰. 烟煤热解全流程脱硫技术应用及研究进展［J］. 洁净煤技术，2017，23（4）：101-106.
[45] 苑卫军，王辉，李见. 褐煤热解提质系统的煤气净化及脱硫［J］. 能源工程，2013（6）：61-64.
[46] 田玉虎. 兰炭煤气生产合成氨工艺探究［J］. 纯碱工业，2011（4）：17-19.
[47] 闫冬. 兰炭焦炉煤气综合利用方案探讨［J］. 广州化工，2012，40（12）：177-178.
[48] 贺永德. 现代煤化工技术手册［M］. 北京：化学工业出版社，2003.
[49] 熊尚春. 一种焦炉煤气制造燃料油的方法：CN101298567A［P］. 2008-11-05.
[50] 石其贵. 焦炉煤气转化氢气和在焦炉煤气转化油中的应用技术：CN200710129315. 6［P］. 2009-01-07.
[51] 郭志航. 褐煤热解分级转化多联产工艺的关键问题研究［D］. 杭州：浙江大学，2015.
[52] 郑晓斌，黄大富，张涛，等. 新型能源二甲醚合成催化剂和工艺发展综述［J］. 化工进展，2010，29（增刊）：149-156.
[53] 蔡飞鹏，林乐腾，孙立. 二甲醚合成技术研究概况［J］. 生物质化学工程，2006，40（15）：37-42.

[54] 王丹，李文风，吴迪，等. 二甲醚合成技术及深加工利用现状及发展趋势 [J]. 广州化工，2010，38 (11)：42-43.
[55] 胡嘉龙，梁文玉. 迅速发展中国直接还原铁的途径 [C] // 2006 年中国非高炉炼铁会议论文集. 沈阳，2006.
[56] 周晨亮，宋银敏，刘全生，等. 胜利褐煤提质及其表面形貌与物相结构研究 [J]. 电子显微学报，2013，32 (3)：237-243.
[57] Benfell K E. Assessment of char morphology in high pressure pyrolysis and combustion [D]. Newcastle：University of Newcastle，2001.
[58] Benfell K E，Bailey J G. Comparsion of combustion and high pressure pyrolysis chars from Australian black coals，[C]. 8th Australian coals science conference proceedings，Sydney，Australia，1998.
[59] 马国君，戴和武，杜铭华. 年轻煤半焦特性及非燃料利用途径探讨 [J]. 煤炭分析及利用，1995 (1)：1-3.
[60] 段钰锋，周毅，陈晓平，等. 煤气化半焦的孔隙结构 [J]. 东南大学学报 (自然科学版)，2005，35 (1)：135-139.
[61] 周毅，段钰锋，陈晓平，等. 半焦孔隙结构的影响因素 [J]. 锅炉技术，2005，36 (4)：34-36.
[62] 高晋生. 煤的热解、炼焦和煤焦油加工 [M]. 北京：化学工业出版社，2010.
[63] 石金明，孙路石，向军，等. 兖州煤气化半焦表面官能团特征试验研究 [J]. 中国电机工程学报，2010，30 (5)：17-22.
[64] 肖伟，武建军，赵红涛，等. 固体热载体制得半焦结构及热解特性研究 [J]. 煤炭技术，2011，30 (7)：159-161.
[65] 中国典型煤种热转化特性数据库. 煤热解半焦基础分析 [R/OL]. (2013-08-22) http：//www. coal. csdb. cn.
[66] 沈强华，刘云亮，陈雯，等. 昭通褐煤半焦气化特性的研究 [J]. 煤炭转化，2012，35 (1)：24-27.
[67] 肖新颜，李淑芬，柳作良. 煤焦与水蒸气加压气化反应活性的研究 [J]. 煤化工，1998，85 (4)：53-56.
[68] 王明敏，张建胜，岳光溪，等. 煤焦与水蒸气的气化实验及表观反应动力学分析 [J]. 中国电机工程学报. 2008，28 (5)：34-38.
[69] 唐黎华，吴勇强，朱学栋，等. 低灰熔点煤的高温气化反应性能 [J]. 华东理工大学学报，2003，29 (4)：341-345.
[70] 吴诗勇. 不同煤焦的理化性质及高温气化反应特性研究 [D]. 上海：华东理工大学，2007.
[71] 徐春霞，徐振刚，董卫果，等. CO_2 及水蒸气与煤焦共气化煤气组成分析 [J]. 煤气与热力，2010，30 (9)：6-10.
[72] 袁辉峰. 一种宁夏煤热解及半焦气化模拟研究 [D]. 大连：大连理工大学，2012.
[73] 何红兴，杜丽伟，张桂玲，等. 半焦制备气化水煤浆试验研究 [J]. 洁净煤技术，2017，23 (6)：38-41.
[74] 戴爱军，杜彦学，袁善录，等. 半焦粉末与废水湿法气化制合成气试验研究 [J]. 煤化工，2014 (5)：34-37.
[75] 张鑫. 兰炭替代无烟煤高效清洁利用的研究 [J]. 洁净煤技术，2015，21 (3)：103-106.
[76] 邓佳佳，卢金树，高军凯，等. 民用低阶烟煤的半焦化洁净利用 [J]. 环境工程，2017，35 (6)：65-68.
[77] 刘宇. 半焦混配不黏煤制备民用洁净型煤研究 [J]. 煤质技术，2018 (1)：23-27.
[78] 牛芳. 煤粉工业锅炉燃烧兰炭试验研究 [J]. 洁净煤技术，2015，21 (2)：106-108.
[79] 王永英，杨石，梁兴. 双锥燃烧室燃用半焦的试验研究 [J]. 洁净煤技术，2016，22 (3)：93-97.
[80] 余斌. 循环流化床半焦燃烧特性研究 [D]. 杭州：浙江大学，2010.
[81] 幺瑶. 细粉半焦预热燃烧及 NOX 生成特性实验研究 [D]. 北京：中国科学院大学，2016.
[82] 杨二浩. 细粉半焦预热燃烧实验研究 [D]. 北京：中国科学院大学，2017.
[83] 刘家利，姚伟，王桂芳，等. 660MW 机组半焦煤粉锅炉制粉系统选型 [J]. 热力发电，2016，45 (11)：75-81.
[84] 杨忠灿，刘家利，王志超，等. 半焦磨损特性及在电站锅炉上的防磨措施 [J]. 洁净煤技术，2016，22 (3)：74-78.
[85] 何选明，付鹏睿，张杜，等. 低阶煤低温热解半焦在模拟高炉喷吹条件下的燃烧性能 [J]. 化工进展，2014，33 (7)：1702-1706.
[86] 杨双平，蔡文淼，郑化安，等. 高炉喷吹半焦及其性能分析 [J]. 过程工程学报，2014，14 (5)：896-900.
[87] 张立国，任伟，张德军，等. 半焦作为高炉喷吹用煤研究 [J]. 鞍钢技术，2015 (1)：13-17.
[88] 何选明，付鹏睿，王春霞，等. 用于高炉喷吹的低阶煤梯级转化半焦的燃烧性能 [J]. 钢铁，2014，49 (9)：92-96.
[89] 赵乃成，张启轩. 铁合金生产实用技术手册 [M]. 北京：冶金工业出版社，1988.
[90] 王仁醒，纪雷鸣，刘清雅，等. 氧热法电石生产技术研发进展 [J]. 化工学报，2014，65 (7)：2417-2424.
[91] 李国栋. 粉状焦炭和粉状氧化钙制备碳化钙新工艺的基础研究 [D]. 北京：北京化工大学，2011.
[92] 刘振宇，刘清雅，李国栋，等. 一种电石生产方法：CN101327928A [P]. 2008-12-14.
[93] 刘振宇，刘清雅，李国栋，等. 一种电石生产系统：CN101428799A [P]. 2009-05-13.
[94] 郭云飞. 煤焦混合成型及成型焦气化反应特性研究 [D]. 太原：太原理工大学，2013.
[95] 张玉君，王继伟，刘定桦. 用陕北半焦粉生产气化型焦的试验研究 [J]. 煤炭工程，2015，47 (10)：119-121.
[96] 冯钰. 煤热解半焦气化反应活性和燃烧特性研究 [D]. 大连：大连理工大学，2016.
[97] 吴仪. 半焦的流化床气化实验研究 [D]. 北京：清华大学，2014.
[98] 张睿. 烟煤热解半焦气化特性的研究 [D]. 杭州：浙江大学，2014.

[99] 刘长波. 兰炭基活性炭的制备工艺及性能研究 [D]. 西安：西安建筑科技大学，2012.
[100] 蔡永宽，张智芳，刘浩，等. 兰炭废水处理方法评述 [J]. 应用化工，2012，41 (11)：1993-1998.
[101] 高剑. 兰炭废水中污染物组成及其去除特性分析 [D]. 西安：西安建筑科技大学，2014.
[102] Chiu S H，Wang W K. Dynamic flammability and toxicity of magnesium hydroxide filled intumescent fire retardant polypropylene [J]. Journal of Applied Polymer Science，1998，67 (6) ：989-995.
[103] 罗金华，盛凯. 兰炭废水处理工艺技术评述 [J]. 工业水处理，2017，37 (8)：15-19.
[104] 郝亚龙，吕永涛，刘浩，等. 兰炭废水处理方法评述 [J]. 应用化工，2012，41 (11)：1993-1998.
[105] 马自俊. 乳状液与含油污水处理技术 [M]. 北京：中国石化出版社，2006.
[106] 赵玉良，吕江，谢凡，等. 煤热解废水的气浮除油技术 [J]. 煤炭加工与综合利用，2019，3：68-72.
[107] 罗金华，盛凯. 兰炭废水处理工艺技术评述 [J]. 工业水处理，2017，37 (8)：15-19.
[108] 唐受印，戴有芝. 水处理工程师手册 [M]. 北京：化学工业出版社，2000.
[109] 安路阳，李超，孟庆锐，等. 半焦废水资源化回收及深度处理技术 [J]. 煤炭加工与综合利用，2014 (10)：42-46.
[110] 郝亚龙，吕永涛，苗瑞，等. 半焦生产高浓度难降解有机废水处理技术工艺试验研究 [J]. 西安建筑科技大学学报，2012，44 (4)：558-561.
[111] 韩洪军，徐鹏，贾胜勇，等. 厌氧/生物增浓/改良 AO/BAF 工艺处理煤化工废水 [J]. 中国给水排水，2013，29 (16)：65-67.
[112] Ma W W，Han Y X，Xu C Y，et al. Enhanced degradation of phenolic compounds in coal gasification wastewater by a novel integration of micro-electrolysis with biological reactor (MEBR) under the micro-oxygen condition [J]. Bioresource Technology，2017，251：303-310.
[113] Yang Z M，Ma Y P，Liu Y，et al. Degradation of organic pollutants in near-neutral pH solution by Fe-C micro-electrolysis system [J]. Chemical Engineering Journal，2017，315：403-414.
[114] 木沙江，朱书全，王海峰，等. 焦化废水中酚对水煤浆流变性能的影响 [J]. 煤炭科学技术，2005，33 (12)：45-47.
[115] 王明霞，李得第，何先标，等. 煤气化联产合成氨工艺废水制备水煤浆 [J]. 工业水处理，2018，31 (11)：17-20.
[116] 李晓峰，张翠清，李文华，等. 热解废水循环流化床焚烧工艺模拟研究 [J]. 现代化工 2018，38 (9)：209-214.
[117] 苑卫军，韩明汝，王辉. 发生炉煤气站无组织排放的污染与治理 [J]. 玻璃，2019，46 (2)：49-52.
[118] 苑卫军，刘志明，苏亚斌，等. 干馏式发生炉冷煤气站氮化物的形成与脱除 [J]. 玻璃，2015 (1)：19-22.
[119] 刘永启，郑斌，王佐任，等. 兰炭余热回收系统：CN104214754A [P]. 2014-14-17.
[120] 张相平，周秋成，马宝岐，等. 榆林兰炭内热式直立炉工艺现状及发展趋势 [J]. 煤炭加工与综合利用，2017 (4)：22-26.
[121] 李惠娟，赵俊学，李小明，等. 以干馏煤气为介质的半焦干熄焦技术研究 [J]. 煤炭转化，2011，24 (4)：29-33.
[122] 杜少春. 旋转床干馏炉配套的干熄焦装置应用实践 [J]. 冶金能源，2018，37 (4)：59-62.
[123] Desypris J，Murdoch P，Williams A. Investigation of the flash pyrolysis of some coals [J]. Fuel，1982，61：807-816.
[124] Dadyburjor D，Liu Z. "Coal conversion processes liquefaction" in Kirk-Othmer encyclopedia of chemical technology [M]. 5th ed. John Wiley & Sons，Inc.，2004.
[125] 王向辉，门卓武，许明，等. 低阶煤粉煤热解提质技术研究现状及发展建议 [J]. 洁净煤技术，2014，20 (增刊 2)：36-41.
[126] 刘光启，邓蜀平，钱新荣，等. 我国煤炭热解技术研究进展 [J]. 现代化工，2007，27 (增刊 2)：37-43.
[127] 煤热解项目重新热了起来 [N/OL]. 中国化工报，2011-11-08.
[128] 白效言，裴贤丰，张飏，等. 小粒径低阶煤热解油尘分离问题分析 [J]. 煤质技术，2015 (06)：192-198.
[129] 王俊淇，方梦祥，骆仲泱，等. 煤的快速热解动力学研究 [J]. 中国电机工程学报，2007，27 (17)：18-22.
[130] Fynes G，Ladner W R，Newman J. The hydropyrolysis of coal to BTX [J]. Progress in Energy and Combustion Science，1980，6 (3)：223-232.
[131] Wiser W H，Anderson L L，Qader S A，et al. Kinetic relationship of coal hydrogenation，hyrolysis and dissolution [J]. Journal of Applied Chemistry and Biotechnology，1971，21 (3)：82-86.
[132] Takarada T，Tonishi T，Fusegawa Y，et al. Hydropyrolysis of coal in a powder particle luidized bed [J]. Fuel，1993，72 (7)：921-926.
[133] Ma Z，Zhu Z，Zhang C，et al. Flash hydropyrolysis of Zalannoer lignite [J]. Fuel processing technology，1994，38 (2)：99-109.
[134] 王宁梓，徐祥，薛晓勇，等. 煤加氢热解及热解焦气化特性试验研究 [J]. 煤炭科学技术，2017，45 (1)：214-220.

[135] Matsuoka K, Akiho H, Xu W C, et al. The physical character of coal char formed during rapid pyrolysis at high pressure [J]. Fuel, 2005, 84 (1): 63-69.
[136] 杨海平，陈汉平，鞠付栋，等. 热解条件及煤种对煤焦气化活性的影响 [J]. 中国电机工程学报，2009，29 (2)：30-34.
[137] 杨海平，陈汉平，鞠付栋，等. 典型煤种加压热解与气化实验研究 [J]. 中国电机工程学报，2007，27 (26)：18-22.
[138] 刘辉，吴少华，孙锐，等. 快速热解褐煤焦的比表面积及孔隙结构 [J]. 中国电机工程学报，2005，25 (12)：86-90.
[139] Wall T F, Liu G S, Wu H W. The effect s of pressure on coal reactions during pulverized coal combustion and gasification [J]. Progress in Energy and Combustion Science, 2002 (28): 405-433.
[140] Wu H, Bryant G, Benfell K, et al. An experimental study on the effect of system pressure on char structure of an australian bituminous coal [J]. Energy & Fuels, 2000, 14 (2): 282-290.
[141] Liu G, Benyon P, Benfell K E, et al. The porous structure of bituminous coal chars and its influence on combustion and gasification under chemically controlled conditions [J]. Fuel, 2000, 79 (6): 617-626.
[142] Ahn D, Gibbs B, Ko K, et al. Gasification kinetics of an Indonesian subbituminous coal char with CO_2 at elevated pressure [J]. Fuel, 2001, 80: 1651-1658.
[143] Gadiou R, Bouzidi Y, Prado G. The devolatilisation of millimeter sized coal particles at high heating rate: The influence of pressure on the structure and reactivity of the char [J]. Fuel, 2002, 81 (16): 2121-2130.
[144] 崔银萍，秦玲丽，杜娟，等. 煤热解产物的组成及其影响因素分析 [J]. 煤化工，2007，35 (2)：10-15.
[145] Unger P E, Suuberg E M. Molecular weight distributions of tars produced by flash pyrolysis of coals [J]. Fuel, 1984 (43) : 606- 611.
[146] Cor J, Manton N, Mul G, et al. An experimental facility for the study of coal pyrolysis at 10 atmospheres [J]. Energy&Fuels, 2000, 14 (3) : 692 -700.
[147] 戴和武，谢可玉. 褐煤利用技术 [M]. 北京：煤炭工业出版社，1999.
[148] 刘学智，逢进. 煤加压干馏特性的研究 [J]. 煤气与热力，1991 (5)：4-13.
[149] 潘英刚，张有国，黄维刚. 扎赉诺尔褐煤在加压下干馏 [J]. 燃料化学学报，1985，13 (1)：10-16.
[150] Griffin T P, Howard J B, Peters W A. Pressure and temperature effects in bituminous coal pyrolysis: experimental observations and a transient lumped-parameter model [J]. Fuel, 1994, 73 (4): 591-601.
[151] Karcz A, Porada S. Kinetics of the formation of C1～C3 hydrocarbons in pressure pyrolysis of coal [J]. Fuel Processing Technology, 1990, 26: 1-13.
[152] Okumura Y, Sugiyama Y, Okazaki K. Evolution pre-diction of coal-nitrogen in high pressure pyrolysis processes [J]. Fuel, 2002, 81: 2317-2324.
[153] Tomeczek J, Gil S. Volatiles release and porosity evolution during high pressure coal pyrolysis [J]. Fuel, 2003, 82: 285-292.
[154] 谢克昌. 煤的结构与反应性 [M]. 北京：科学出版社，2002.
[155] Graff R A, Brandes S D. Modification of coal by subcritical steam: pyrolysis and extraction yields [J]. Energy & Fuels, 1987, 1: 84-88.
[156] Miura K. Mild conversion of coal for producing valuable chemicals [J]. Fuel Process Technol, 2000, 62: 119-135.
[157] Zhou Q, Hu H Q, Liu Q R, et al. Effect of hydrogen pretreatment on sulfur removal during coal hydropyrolysis [C] //Proceedings, wenty-First Annual International Pittsburgh Coal Conference, Osaka, Japan, 2004.
[158] Cypres R, Li B Q. Effects of pretreatment by various gases on hydropyrolysis of a Belgian coal [J]. Fuel Processing. Technology, 1988, 20: 337-347.
[159] 陈兆辉，敦启孟，石勇，等. 热解温度和反应气氛对输送床煤快速热解的影响 [J]. 化工学报，2017，68 (4)：1566-1573.
[160] 廖洪强，孙成功，李保庆. 煤-焦炉气共热解特性的研究 [J]. 燃料化学学报，1997，25 (2)：104-108.
[161] Lei Z P, Zhang K, Hu Z Q, et al. Effect of ionic liquid 1-butyl-3-methyl-imidazolium dihydrogen phosphate pretreatment on pyrolysis of Shengli lignite [J]. Fuel Processing Technology, 2016, 147: 26-31.
[162] 董鹏伟，岳君容，高士秋，等. 热预处理影响褐煤热解行为研究 [J]. 燃料化学学报，2012，40 (8)：897-905.
[163] 王志青，白宗庆，李文，等. 吡啶预处理抑制煤热解过程中交联反应的研究 [J]. 燃料化学学报，2008，36 (6)：641-645.
[164] Miura K. Flash pyrolysis of coal in solvent for controlling product distribution during pyrolysis of lignite pretreated by pyridine [J]. Energy & Fuels, 1992, 6: 179-184.

[165] 贺黎明，沈召军. 甲烷的转化和利用 [M]. 北京：化学工业出版社，2005.
[166] Liu Q R, Hu H Q, Zhu S W. Integrated process of coalpyrolysis with catalytic partial oxidation ofmethane [C] // 2005 International Conference on Coal Science and Technology, Okinawa, Japan, 2005.
[167] 刘全润. 煤的热解转化和脱硫研究 [D]. 大连：大连理工大学，2006.
[168] Dong C, Jin L J, Li Y, et al. Integrated process of coal pyrolysis with steam reforming of methane for improving the taryield [J]. Energy & Fuels, 2014, 28: 7377-7384.
[169] 董婵. 煤热解与甲烷催化重整耦合过程研究 [D]. 大连：大连理工大学，2016.
[170] Dong C, Jin L J, Li Y, et al. Mechanism of integrated process of coal pyrolysis with SRM by isotopic tracer method [C] //13th China-Japan Symposium on Coal and C1 Chemistry, Dunhuang, Gansu, China, 2015.
[171] Jin L J, Zhou X, He X F, et al. Integrated coal pyrolysis with methane aromatization over Mo/HZSM-5 for improving tar yield [J]. Fuel, 2013, 114: 187-190.
[172] Rueangjitt N, Sreethawong T, Chavadej S. Reforming of CO_2-containing natural gas using an AC gliding arc system: Effects of operational parameters and oxygen addition in fed [J]. Plasma Chem Plasma Process, 2008, 28: 49-67.
[173] Bromberga L, Cohna D R, Rabinovich A, et al. Plasma catalytic reforming of methane [J]. International Journal of Hydrogen Energy, 1999, 24: 1131-1137.
[174] 靳立军，李扬，胡浩权. 甲烷活化与煤热解耦合过程提高焦油产率研究进展 [J] 化工学报，2017，68 (10): 3669-3677.
[175] Ekrem E, Murat C, Ersan P, et al. Effect of lignite and steam on the pyrolysis of turkish oil shale [J]. Fuel, 1992, 71 (12): 1511-1514.
[176] Miao Z Y, Wu G G, Li P, et al. Investigation into co-pyrolysis characteristics of oil shale and coal [J]. International Journal of Mining Science and Technology, 2012, 22: 245-249.
[177] Li S S, Ma X Q, Liu G C et al. A TG-FTIR investigation to the co-pyrolysis of oil shale with coal [J]. Journal of Analytical and Applied Pyrolysis, 2016 (120): 540-548.
[178] 廖洪强，孙成功. 焦炉气气氛下煤加氢热解研究进展 [J]. 煤炭转化，1997 (2): 38-43.
[179] Coal hydromethanolysis with coke-oven gas: 1. Influence of temperature on the pyrolysis yields [J]. Fuel, 1992, 71: 251.
[180] Acevedo B, Barriocanal C, Alvarez R. Pyrolysis of blends of coal and tyre wastes in a fixed bed reactor [J]. Fuel, 2013, 113: 817-825.
[181] Onay O, Koca H. Determination of synergetic effect in co-pyrolysis of lignite and waste tyre [J]. Fuel, 2015, 150: 169-174.
[182] Lazaro M J, Moliner R, Suelves I, et al. Characterisation of tars from the co-pyrolysis of waste lubricating oils with coal [J]. Fule, 2001, 80 (2): 179-194.
[183] 张德祥，高晋升，朱之培. 年轻煤在石油重油中加氢液化的研究 [J]. 华东化工学院学报，1986，12 (3): 315-324.
[184] 张传江，赵鹏，李克建. 新疆黑山烟煤与塔河石油渣油共处理的研究 [J]. 煤炭学报，2007，32 (2): 202-205.
[185] 马晓龙，王胜春，张德祥. 煤与渣油共热解对焦油及热解气品质的影响 [J]. 化学工程，2015，43 (7): 64-68.
[186] Yoshida R. Colombian coal liquefaction and its coprocessing with Venezuelan crude oil [J]. Energy Cowers Manage, 1999, 40, (13): 1357-1364.
[187] 阎瑞萍，朱继升，杨建丽，等. 4 种煤与催化裂化油浆共处理 [J]. 中国矿业大学学报（自然科学版），2001，30 (3): 233-236.
[188] Wang Z J, Yang J L, Liu Z Y. Coprocessing of Yanzhou coal with a FCC slurry [J]. Preprime symposia—American Chemical Society, Division of Fuel Chemistry, 2002, 47 (1): 192-193.
[189] Bedell M W, Curtis C W, Hool J L. Reactivity of Argonne coals in the resence of cyclic olefins and other donors [J]. Fuel Processing Technology, 1994, 37: 1-18.
[190] 王军力. 神府煤与沥青页岩、天然沥青和焦煤中煤的共热解研究 [D]. 西安：西安科技大学，2011.

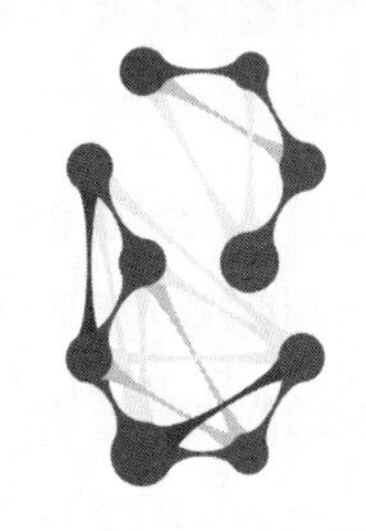

4 中低温煤焦油加工

4.1 原料特征

4.1.1 原料基本性质

4.1.1.1 一般性质

中低温煤焦油是一种密度比水略大、H/C比低、杂原子含量多的重质油，含有较多的氮（N）、硫（S）、氧（O）等杂原子，以及微量的铁（Fe）、钙（Ca）、钠（Na）、镁（Mg）、铝（Al）等金属元素。众多学者[1-3]对陕北中低温煤焦油的性质进行分析，结果如表4-1所示。

表 4-1 中低温煤焦油性质

性质	数值	性质	数值	性质	数值
20℃密度/(g/mL)	1.02	元素分析		馏程/℃	
80℃黏度/(mm^2/s)	7.15	w(C)/%	83.16	初馏点	166
w(残炭)/%	6.52	w(H)/%	7.94	30/%	280
w(水含量)/%	0.63	w(N)/%	1.12	50/%	349
w(甲苯不溶物)/%	1.17	w(S)/%	0.35	70/%	406
H/C	1.15	w(O)/%	7.43	90/%	476
四组分		金属元素		终馏点	≥500
w(饱和分)/%	27.33	w(Fe)/(μg/g)	31.23		
w(芳香分)/%	35.21	w(Ca)/(μg/g)	86.35		
w(胶质)/%	23.06	w(Na)/(μg/g)	9.81		
w(沥青质)/%	13.60	w(Mg)/(μg/g)	13.68		

陕西省地方标准 DB61/T 995—2015[4] 规定了中低温煤焦油的术语和定义、技术要求、试验方法、检验规则、标志、包装、运输与储存要求。该标准适用于原煤在中低温热解时从煤气中冷凝所得到的煤焦油。标准规定的中低温煤焦油的技术要求与试验方法见表 4-2。

表 4-2 中低温煤焦油的技术要求与试验方法

项目	技术要求		试验方法
	一级	二级	
20℃密度/(g/mL)	≤1.0300	1.0301～1.0700	GB/T 2281—2008
水分/%	≤2.00	2.01～4.00	GB/T 2288—2008
灰分/%	≤0.15	0.16～0.20	GB/T 2295—2008
80℃运动黏度/(mm^2/s)	≤3.00	4.00	GB/T 24209—2009
机械杂质/%	≤0.55	0.56～2.00	GB/T 511—2010
残炭/%	≤8.0	8.1～10.0	SH/T 0170—1992
甲苯不溶物(无水基)/%	≤1.0		GB/T 2292—2018

4.1.1.2 密度、黏度、热重分析

原料的组成和性质将直接影响其后续加工利用的途径和方法，通过测定中低温煤焦油的密度、黏度，并对其进行热重等分析后，可以粗略估计其组成和性质、鉴定油品的优劣，从而对后续的加工起到一定的指导作用。

（1）密度

张海军等[5]测定了常压下中低温煤焦油原料在不同温度下的密度，并对实验结果进行分析和讨论，具体结果见图 4-1。由图 4-1 可知，中低温煤焦油的密度随温度升高而降低，两者呈正比关系。该煤焦油的密度与温度关系可用回归方程表示为 $\rho=-0.0007T+1.0496$，回归系数 $R^2=0.9937$。一般来讲，温度升高，液体受热膨胀，体积增大，所以其密度减小。

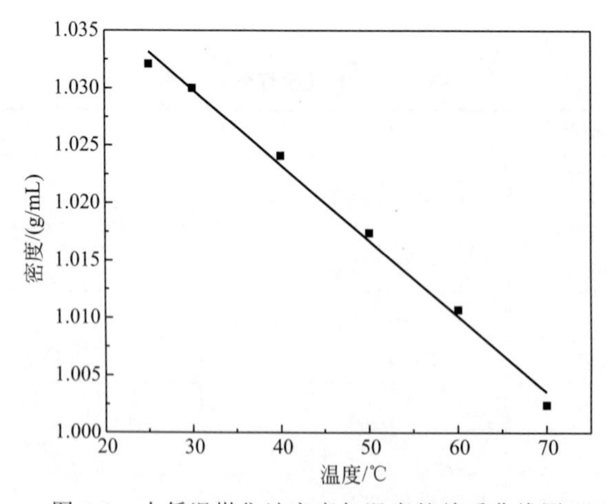

图 4-1 中低温煤焦油密度与温度的关系曲线图

（2）黏度

张海军等[5]测定了常压下中低温煤焦油在不同温度下的黏度，并对实验结果进行分析和讨论，具体结果见图 4-2。由图 4-2 可知，中低温煤焦油的黏度随温度升高而降低，两者呈

幂函数关系。该煤焦油的黏度与温度关系可用回归方程表示为 $\mu=54027T^{-2.1174}$，回归系数 $R^2=0.9959$。一般来讲，液体分子间距小，彼此紧密，温度升高提高了分子动能，促进分子间流动，使液体动力增加，因此黏度减小。

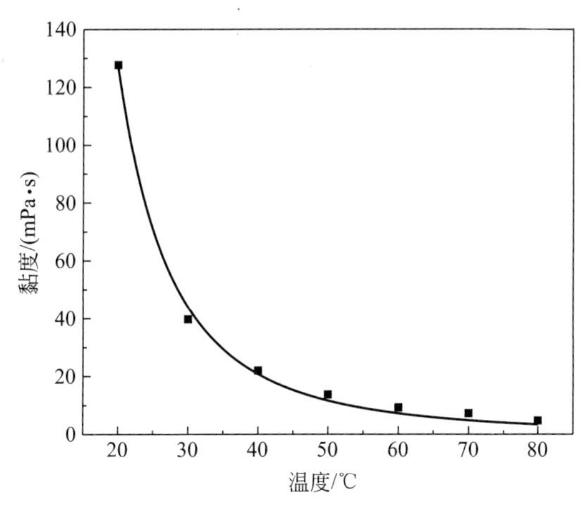

图 4-2　中低温煤焦油黏度与温度的关系曲线图

（3）热重分析

王连勇等[6]利用热重-质谱（TG-MS）联用仪对山西大同的煤焦油进行了分析。图 4-3 是煤焦油的热重（TG）和微分热重（DTG）曲线，TG 曲线表示煤焦油随温度变化时质量的变化，DTG 曲线是根据 TG 曲线计算出的瞬时失重速率，表示某一时刻发生失重的剧烈程度。由图 4-3 可知，煤焦油在 100℃左右出现缓慢失重现象，126.1℃时出现第一个失重峰，从 200℃开始出现剧烈失重，323.0℃时出现第二个失重峰，此时失重速率最大，达到 16.38%/℃；之后失重速率逐渐降低，温度升至 550℃后失重速率显著降低；当温度升高至 800℃时失重速率缓慢增大，到 877.1℃时出现第三个失重峰，失重速率相对降低；之后在 1084.2℃和 1235.4℃左右分别出现两个失重峰；1300℃时热分解基本结束，固体残留物约占 49.8%。

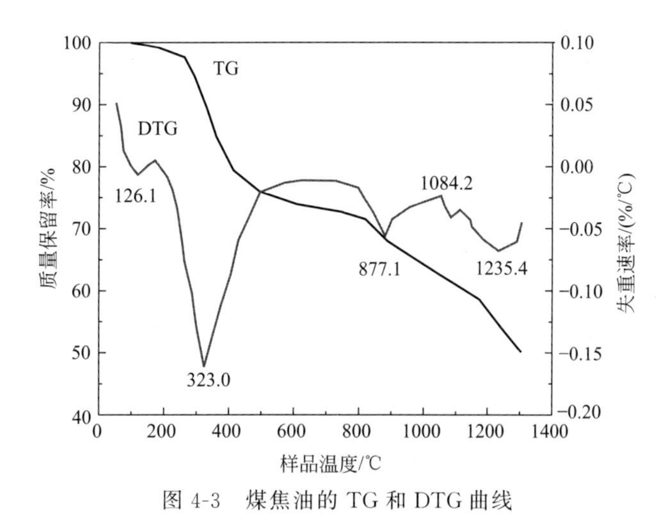

图 4-3　煤焦油的 TG 和 DTG 曲线

热解反应中，煤焦油分解为固体碳、气体和反应自由基，随着温度的升高，反应自由基可以进一步裂解形成气体产品和积炭，在更高的温度下，积炭可发生水蒸气气化反应。煤焦油的热解气相产物包括 H_2O、H_2、CH_4、C_2H_4、C_2H_2、C_3、CO、CO_2等。

4.1.1.3 蒸馏特征

(1) 模拟蒸馏

齐炜等[7]依据标准 ASTM D2887—2012 对来源于神木长焰煤热解的中低温煤焦油样品进行了模拟蒸馏试验，试验结果如图 4-4（a）所示。模拟蒸馏可用来模拟实沸点蒸馏过程，然而模拟蒸馏曲线并不能如实沸点蒸馏曲线一样直观反映沸点的变化规律，以及沸点与其含量的关系。针对这一问题，可通过软件计算出模拟蒸馏曲线的导函数曲线，并将其定义为类实沸点蒸馏曲线，如图 4-4（b）所示。由图 4-4（b）可知，随着蒸馏终温的升高，焦油轻质组分减少，在 360℃左右时沸点曲线出现波峰，即出现单组分含量最高的物质。焦油中轻组分在较高蒸馏温度条件下逐渐消失，被更高沸点的重组分取代。

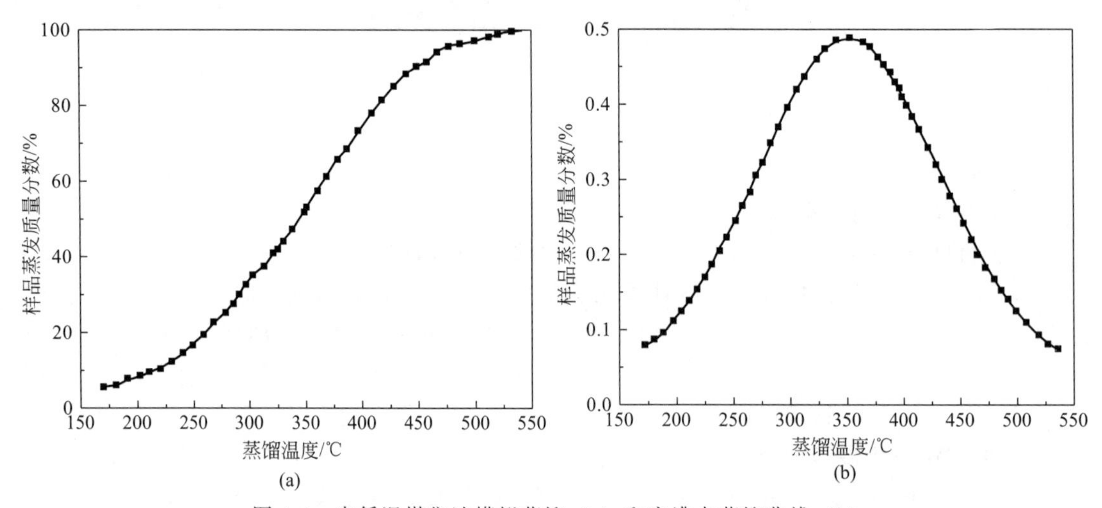

图 4-4 中低温煤焦油模拟蒸馏（a）和实沸点蒸馏曲线（b）

(2) 实沸点蒸馏

胡发亭等[8]使用实沸点常压蒸馏（参照 ASTM D2892）和减压蒸馏实验装置，对预处理后来源于陕北神木县某兰炭厂的中低温煤焦油进行窄馏分蒸馏。蒸馏温度低于 210℃馏分油为常压蒸馏；210～350℃馏分油为减压蒸馏，压力条件为 1.33kPa；350℃以上馏分油为减压蒸馏，压力条件为 0.133kPa。蒸馏切割得到的 21 个窄馏分和累计馏分的质量产率见表 4-3。

表 4-3 中低温煤焦油实沸点蒸馏结果

沸点范围/℃	产率(占总油量)/%		沸点范围/℃	产率(占总油量)/%	
	每馏分	累次		每馏分	累次
<170	0.65	0.65	370～385	2.87	49.37
170～190	1.66	3.32	385～400	2.94	52.31
190～210	4.40	6.72	400～415	3.12	55.43
210～230	5.07	11.79	415～430	4.33	59.77
230～250	2.83	14.62	430～445	4.46	64.23

续表

沸点范围/℃	产率(占总油量)/%		沸点范围/℃	产率(占总油量)/%	
	每馏分	累次		每馏分	累次
250～275	5.87	20.49	445～460	4.25	68.47
275～300	6.32	26.81	460～475	3.68	72.16
300～325	7.47	34.28	475～490	2.13	74.29
325～340	4.98	39.26	490～500	2.72	77.01
340～350	2.84	42.10	>500	22.99	100.00
350～370	4.40	46.50			

由表4-3可知，中低温煤焦油的轻质油产率低，<170℃馏分的质量产率仅为0.65%，<350℃和<370℃馏分的质量产率为42.10%和46.50%，350～500℃和370～500℃馏分的质量产率较高，达到34.91%和30.51%，<500℃的总产率为77.01%，>500℃尾油的质量产率为22.99%。

4.1.1.4 光谱学特征

光谱分析法具有操作简单、快捷、灵敏度高、精密度高及准确度好的特点。通过光谱学分析可加深对中低温煤焦油组成和性质的理解，从而对科学研究及工业生产提供参考依据。

(1) ^{1}H NMR和^{13}C NMR

洪琨等[9]利用核磁共振（NMR）对新疆鄯善地区原煤干馏制取的煤焦油进行了研究。^{1}H NMR谱图中有机化合物分子中各类氢核的含量大小直接反映了该类化合物的相对丰度。各质子归属和相对含量见表4-4。由表4-4可知，该煤焦油侧链支链化程度较高，主要结构是—CH_2、—CH_3和—C_2H_5，烷氧基很少。其中多环芳氢的含量明显大于单环芳氢，表明其芳环的缩合程度较高，已经形成连接致密的芳香度高的结构。多环类的芳氢中，大部分为蒽、菲类化合物及其衍生物上的氢核。煤焦油中羧基等官能团含量也少。

表4-4 中低温煤焦油^{1}H NMR数据分析

氢分类	归属	化学位移 δ_H	相对含量/%①
H_γ	芳环γ-CH_3,环烷甲基氢	0.4～1.0	8.24
H_β	芳环β-氢,饱和α-CH_2,环烷氢	1.0～1.9	39.46
H_α	芳环的α-CH_2,α-CH_3	1.9～4.0	25.52
$H_{\alpha 1}$	芳环的α-CH_3	1.9～2.6	18.90
$H_{\alpha 2}$	芳环α-CH_2	2.6～4.0	6.62
H—C—O	与含氧基团相连的氢	4.5～5.5	0.66
H_A	芳环氢	6.0～9.0	26.12
H_{as}	单环芳氢	6.0～7.2	9.80
H_{ad}	双环芳氢	7.2～7.7	10.34
H_{at}	三环芳氢或以上	7.7～9.0	5.98
$H_{HO-C=O}$	羧基氢	9.0～10.0	0.01

① 相应区域积分面积与谱图总面积之比。

依据煤焦油^1H-NMR 谱的化学位移和各质子相对含量，计算了其结构参数，如表 4-5 所示。N 和 σ 的数值表明其脂肪烃长支链较少，取代烷基平均碳数较少，产物以短链油或气态烃为主，而且其烃类主要来自长链烃或烷基链的裂解。芳氢与烷氢比值（B）和取代指数（σ）较高，而缩合指数（Q）较低，反映了中低温煤焦油基本结构单元中侧链的断裂或脱落，成烃机理则主要是长链烃断裂和低环的脱落，以及短链 C—C 断裂与去甲基化等。

表 4-5 中低温煤焦油各种质子的结构参数计算

结构参数	归属	计算值①
$H_\alpha+H_\beta$	芳环 α、β 位相连的烷烃质子与总氢数之比	0.65
f_{ar}^{H}	芳氢率，芳环氢原子数与总氢原子数之比	0.26
f_{ar}^{C}	芳碳率，芳香族碳原子数与总碳原子数之比	0.44
$\sigma=H_\alpha/(H_\alpha+2H_\alpha)$	取代指数，芳香环取代数	0.33
$N=(H_\alpha+H_\beta+H_\gamma)/H_\alpha$	每个取代烷基的平均碳数	2.87
$f=12N/[(3-Z)N+Z]$	烷基上的平均碳氢质量比（$Z=1.15$）	5.33
$Q=(H_\alpha+H_\beta)/2f_{ar}^{C}$	缩合指数，未被取代芳环氢与芳碳之比	0.74
$B=H_\alpha/(H_\alpha-H_\gamma)$	芳氢与烷氢之比	1.51

① 由表 4-4 求得。

^{13}C NMR 谱图中各种碳原子的化学位移归属、各结构参数和相对含量计算见表 4-6。由上述结构参数可计算出—CH_3（δ_C 8～16）与—CH_2（δ_C 25～40）峰的强度之比为 0.159，大于 0.1，表明该煤焦油的脂链的平均长度在 10 个碳链以下，形成较为致密的结构。δ_C 16～25 含量为 14.30%，表明该煤焦油脂肪烃部分的环烷和芳环甲基占据了较大的比例，且以短程烷基侧链为主。δ_C 25～36 为长链烷基与端甲基相邻的碳，此区域饱和烷烃—CH_2、—CH较为丰富。在 δ_C 15（终端甲基）和 δ_C 29（环—CH）区域有较强的信号峰，可以推断出该煤焦油的原煤芳香结构中有较多的环—CH 或脂甲基。δ_C 50～90 为甲氧基、环内氧接脂碳和醚键脂碳，该部分含量很少，被更高程度的芳环所取代。相对热不稳定的含氧基团较少，使其在某种程度上相对富氢，而临近区域芳碳含量丰富。δ_C 115 和 δ_C 125～129 附近出现若干密集尖锐的单峰，表明其中含有较多的质子化芳香环。碳原子共振信号最高峰出现在 δ_C 130 附近，表明芳环间连有较多桥碳，δ_C 129～137 芳环间桥键占 18.04%，其结构较为致密，空隙率较低。芳碳率（f_{ar}^{C}）约为 0.44，表明中低温煤焦油中含有较多的芳香类结构，煤化程度较高。连接在芳环上的烷基侧链丰富，链程较短，饱和度较高，有部分芳醚等氧杂原子结构参与芳环与芳环、芳环与烷基的连接，而甲氧基、羰基等结构很少。

表 4-6 中低温煤焦油^{13}C NMR 数据分析

碳分类	命名法	归属	化学位移 δ_C	相对含量/%①
f_{al}^{C}	脂碳率	脂肪碳占总碳的比例	8～90	56.18
	—CH_2—CH_3	终端甲基，脂甲基	8～16	5.31
	T—CH_3，β-CH，ArCH_3	环烷、萜烯上的甲基，芳甲基碳	16～25	14.30
	环 CH_2，—CH_2，—CH	饱和环烃的 CH_2，亚甲基，次甲基	25～36	27.73
	—C—，Ar—C—	季碳，芳碳上的 α 位碳	36～51	8.83
	Ar—CH_2，R—C(R)—R，—C—	季碳或芳碳相连的 α 亚甲基，次甲基	36～40	5.63

续表

碳分类	命名法	归属	化学位移 δ_C	相对含量/%①
f_{al}^C	T—CH_2	萜类上的亚甲基	40～46	3.20
	O—CH_3,ArO—(CH_2)CH_3	甲氧基,芳甲氧基,与氧相连的脂碳	51～75	0.01
	环内氧接脂碳	碳氢化合物环内氧接脂碳,醚键脂碳	75～90	—
f_{ar}^C	芳碳率	芳香碳占总碳的比例	90～220	43.81
	$f_a^H+f_a^B$	质子化芳碳与非质子化芳环内的碳	90～137	42.28
	Ar—H,Ar—C(H)—C	带质子的芳碳,未被取代的芳碳离子	90～129	24.24
	$f_a^B+f_a^S+f_a$	非质子化碳	129～165	19.57
	$f_a^B+f_a^S$	与碳相接的芳香碳	129～150	19.56
	Ar—(C)—R,Ar—(C)—C	芳环间桥碳,侧支链芳碳,非质子芳碳	129～137	18.04
	Ar—R	烷基取代芳碳或缩合点的芳碳	137～150	1.52
	Ar—(C)—OR,Ar—C—OCH_3	烷氧基取代芳碳或甲氧基取代芳碳	150～155	0.01
	Ar—OH,Ar—O—Ar	氧、氮杂原子或酚羟基相连接的芳碳	155～165	—
	—COOR(H)	羧基碳	165～188	—
	>C=O	羰基碳	188～220	—

① 相应区域积分面积与谱图总面积之比。

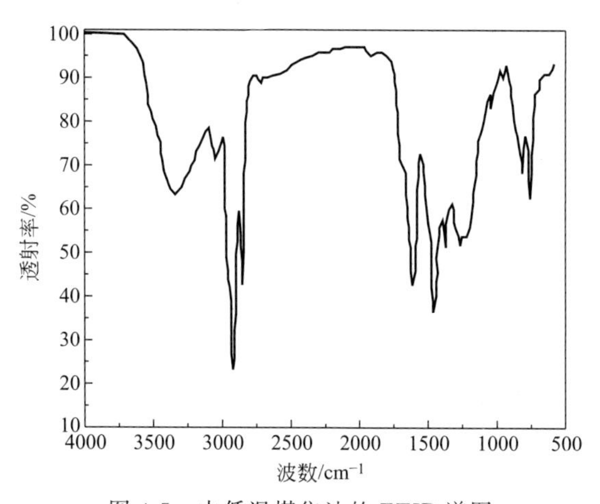

图 4-5 中低温煤焦油的 FTIR 谱图

(2) FTIR

中低温煤焦油的 FTIR 谱图[9]如图 4-5 所示，其分子振动类型主要有：ν—伸缩振动；ν_s—对称伸缩振动；ν_{as}—不对称伸缩振动；δ—弯曲振动；δ_s—对称弯曲振动；δ_{as}—不对称弯曲振动。由图 4-5 可知，3356cm^{-1}（O—H，ν_s，中强，宽峰）为—OH 与 H_2O 的缔合峰。2957cm^{-1}（C—H，ν_{as}，强）为—CH_3，2925cm^{-1}（C—H，ν_{as}，很强）为—CH_2，2840cm^{-1}（C—H，ν_s，强）为—CH_2。3051cm^{-1}（C—H，ν）微弱的肩峰，此峰的强弱与

芳环缩合程度有关。1600cm^{-1}（C═C，ν，中强）、1511cm^{-1}（C═C，δ）微弱的肩峰为典型芳环面内弯曲振动，芳环取代基的增加削弱了该吸收带强度，缩合程度增加，使该吸收带向低频位移。另外，在650～900cm^{-1}区间内多处出现芳环上C—H面外弯曲振动特征峰，表明该煤焦油中芳香环取代基的多样性和复杂性。870cm^{-1}（C—H，δ，极弱）为孤立氢原子特征吸收，说明其与孤立氢原子相连的芳环较少，取代程度较高。812cm^{-1}（C—H，δ，弱）相当于2～3个相邻的氢原子，748cm^{-1}（C—H，δ，弱）相当于4～5个相邻的氢原子。芳环取代面内弯曲振动723cm^{-1}（C—H，δ，弱）峰强度与分子链上相接的—CH_2—基团数目成正比，该吸收带的强度几乎消失，表明其中—（CH_2）$_n$—（$n \geqslant 4$）链较少。1684cm^{-1}（C═O，ν，中）处的特征峰表明样品中有部分含氧官能团。1263cm^{-1}（O—C，ν，中）与芳香醚的Ar—O—C—的伸缩振动有关，1100～1300cm^{-1}宽的肩峰为酚或醇面外弯曲振动特征峰。通过对中低温煤焦油的NMR和FT-IR结构参数分析，获得其芳碳率f_{ar}^{C}为0.44，平均碳数N为2.87，取代指数σ为0.33，缩合指数Q为0.74。煤焦油支链化程度较高，且侧链烷基链长较短；含氧官能团以芳醚形式为主；羧基、甲氧基脱落或者消失。

（3）拉曼光谱

余立旺等[10]对工业级的中低温煤焦油样品进行了拉曼光谱分析。分析结果表明，中低温煤焦油的拉曼光谱中存在3个特征谱带，分别是1625cm^{-1}、1400cm^{-1}和1242cm^{-1}。拉曼光谱中G峰的相对强度、峰面积比例会较大，半高宽较小。其中，1625cm^{-1}峰的相对强度和峰面积所占比例都较大，半高宽相对于其他两个峰较小，说明1625cm^{-1}峰是来源于煤焦油中分子结构有序度较高的组分的贡献，可以预测煤焦油组分分子结构对称性越高，分子量越大，其1625cm^{-1}峰的相对强度和峰面积所占比例在光谱所占比例越来越大，半高宽越来越小。

分析煤焦油组分分子结构与拉曼光谱的特征相关性表明，当煤焦油组分的分子结构是共轭六元环链式结构时，其拉曼光谱中1420cm^{-1}谱带相对强度将明显增强；五元环嵌入煤焦油组分共轭六元环链式分子结构时，其拉曼光谱会发生显著的变化，1265cm^{-1}和1660cm^{-1}谱带的相对强度会增大，而1420cm^{-1}谱带相对强度将明显减小；五元环、杂原子基团和甲基侧链依附在共轭六元环链式结构骨架上，则对组分的拉曼光谱影响不显著；未参与计算模拟的65.95%煤焦油组分中，较多组分的分子结构中有五元环嵌入。

4.1.2 化学组成

目前在工业上对中低温煤焦油中高附加值的酚、萘、芳香烃、杂环化合物等单体化合物的分离仍存在较大困难，气相色谱-质谱（GC-MS）联用技术可以有效地分析中低温煤焦油组分的化学组成和结构信息，对中低温煤焦油化工生产和利用起到了直接的指导作用。因此，众多学者[11-13]采用GC-MS联用方法研究中低温煤焦油的化学组成。

4.1.2.1 中低温煤焦油常压馏分组成

陈繁荣等[11]以陕北中低温煤焦油轻油为原料，在常压蒸馏装置中切取9段馏分，采用GC-MS鉴定了不同馏分中化合物的组成情况，并将各馏分段的化合物分为脂肪烃化合物、芳香烃化合物、酚类化合物和其他化合物（醛类、酮类、脂类和杂环化合物），并统计其相对含量，结果见表4-7和表4-8。

表 4-7 轻油减压馏分中部分组分的定性定量分析结果

序号	<100℃		100~200℃		200~240℃		240~270℃		270~300℃		300~340℃		340~390℃	
	化合物	w/%	化合物	w/%	化合物	w/%	化合物	w/%	化合物	w/%	化合物	w/%	化合物	w/%
1	甲苯	3.3	C_2 烷基苯	1.1	二甲基吡啶	0.6	甲基苯酚	1.3	甲基萘	1.8	C_8 烷	0.5	C_8 烷	0.5
2	C_8 烷	0.8	C_2 烷基苯	0.5	酚	5.0	C_2 烷基酚	2.2	甲基萘	1.5	C_{10} 烷	0.7	甲苯	0.6
3	C_8 烷	0.6	C_3 烷基苯	1.8	C_3 烷基苯	0.5	C_2 烷基酚	2.4	C_6 烯苯	0.8	C_{11} 烷	0.6	C_8 烷	0.8
4	C_2 烷基苯	2.4	C_3 烷基苯	0.8	茚	0.6	C_2 烷基酚	0.7	茚酚	1.0	C_{12} 烷	0.6	二甲苯	0.6
5	C_2 烷基苯	5.2	酚	14.8	甲基苯酚	3.3	萘	3.3	乙烯萘	0.7	C_{13} 烷	0.7	C_9 烷	0.8
6	C_9 烷	0.6	C_3 烷基苯	1.7	甲基苯酚	7.6	二甲基茚	1.1	乙苯二醇	0.9	C_{14} 烷	0.9	C_{10} 烷	0.9
7	C_2 烷基苯	3.0	C_{10} 烷	0.9	甲基茚	0.9	C_2 烷基酚	1.5	C_3 烷基苯硫醇	0.9	C_{17} 烷	1.0	甲基苯酚	0.5
8	C_9 烷	2.1	C_3 烷基苯	1.0	C_{11} 烷	1.0	二甲基茚	0.8	苯甲酰基-C_7 烯烃	0.6	萘酚	0.7	C_{11} 烷	1.1
9	C_{10} 烷	2.7	茚	1.2	C_2 烷基酚	0.9	C_3 烷基酚	0.8	乙基萘	1.0	C_4 烷基萘	0.8	C_{12} 烷	1.1
10	C_{12} 烷	0.8	甲基苯酚	5.8	C_2 烷基酚	1.9	二甲基苯并呋喃	0.7	C_{14} 烷	1.7	C_3 烷基萘	0.5	C_{13} 烷	1.2
11	C_9 烷	1.1	C_4 烷基苯	0.6	甲基茚	1.1	C_3 烷基酚	1.9	二甲基萘	1.8	C_3 烷基萘	0.7	C_{14} 烷	1.3
12	C_8 烷醇	0.8	甲基苯酚	10.9	C_2 烷基酚	4.8	C_3 烷基酚	1.5	二甲基萘	2.4	C_3 烷基萘	0.7	C_{17} 烷	1.3
13	C_3 烷基苯	4.7	C_4 烷基苯	0.6	C_2 烷基酚	3.6	C_3 烷基酚	2.5	二甲基萘	1.5	芴	0.9	C_{18} 烷	1.4
14	C_3 烷基苯	1.8	甲基茚	1.1	C_2 烷基酚	1.1	C_3 烷基酚	1.4	二甲基萘	0.8	C_3 烷基萘	0.9	C_{19} 烷	1.6
15	酚	8.4	C_{11} 烷	2.4	萘	4.2	二甲基茚	0.9	二甲基萘	1.3	C_{18} 烷	1.6	菲	0.7
16	C_{10} 烷	0.7	C_2 烷基酚	0.8	二甲基茚	1.5	C_3 烷基酚	2.5	C_5 烷基苯	0.9	甲基萘醇	1.2	C_{20} 烷	1.7
17	C_3 烷基苯	2.8	C_2 烷基酚	1.6	C_2 烷基酚	1.9	C_3 烷基酚	1.3	二甲基萘	0.7	萘丙醛	0.8	C_{21} 烷	2.0
18	C_{10} 烷	3.4	甲基茚	0.9	C_{12} 烷	2.0	C_3 烷基酚	1.1	C_{16} 烷	0.8	氟苯酚	1.3	甲基菲	0.9
19	C_3 烷基苯	1.4	C_2 烷基酚	4.8	C_3 烷基酚	0.9	二甲基茚	1.2	C_{17} 烷	1.2	C_{18} 烷	0.7	甲基蒽	0.8
20	茚	1.4	甲基茚	1.0	C_{13} 烷	0.7	C_{13} 烷	1.7	C_{17} 烷	3.1	C_4 烷基萘	0.5	甲基蒽	0.5
21	茚	0.5	C_2 烷基酚	2.8	二甲基苯并呋喃	0.9	甲基萘	1.9	C_3 烷基萘	1.1	C_5 烷基萘	0.5	C_{22} 烷	3.1
22	甲基苯酚	3.0	C_2 烷基酚	3.7	C_3 烷基酚	0.6	茚酚	0.9	萘醇	0.6	C_{19} 烷	2.8	二甲基菲	0.6
23	甲基苯酚	5.1	C_2 烷基酚	0.7	C_3 烷基酚	2.1	C_6 烯苯	0.9	二苯并呋喃	1.6	C_{19} 烷	1.6	二甲基菲	0.8
24	C_4 烷基苯	0.5	萘	3.1	C_3 烷基酚	1.3	C_4 烷基酚	1.4	萘醇	2.0	甲基芴	0.9	二甲基菲	0.7
25	甲基茚	0.8	二甲基茚	1.0	C_3 烷基酚	2.6	C_6 烯苯	1.6	C_4 烷基萘	2.2	C_4 烷基萘	0.9	荧蒽	1.0
26	C_{11} 烷	0.6	C_{12} 烷	2.6	C_3 烷基酚	1.3	茚酚	1.6	C_3 烷基萘	1.0	二甲基萘呋喃	0.8	C_{23} 烷	4.1
27	C_{11} 烷	2.9	C_{13} 烷	0.6	二甲基茚	0.7	C_4 烷基酚	0.8	C_3 烷基萘	1.3	二甲基萘酚	0.6	芘	1.2
28	甲基茚	0.6	C_3 烷基酚	1.1	C_3 烷基酚	2.0	乙烯萘	0.8	芴	1.1	二胺芴	0.9	苯并萘呋喃	0.5
29	二甲酚	2.2	C_3 烷基酚	0.6	C_3 烷基酚	0.8	二甲基邻苯二酚	1.2	C_3 烷基萘	1.2	菲	2.0	三甲基菲	1.0
30	甲基茚	0.6	C_3 烷基酚	1.4	C_3 烷基酚	0.7	C_{14} 烷	3.3	C_{18} 烷	4.4	蒽	1.4	C_{24} 烷	5.8
31	C_2 烷基酚	1.2	C_3 烷基酚	0.6	二甲基茚	0.7	二甲基萘	1.5	氟苯酚	1.4	C_{20} 烷	4.3	C_4 烷基菲	2.7

续表

<table>
<tr><th rowspan="2">序号</th><th colspan="2"><100℃</th><th colspan="2">100～200℃</th><th colspan="2">200～240℃</th><th colspan="2">240～270℃</th><th colspan="2">270～300℃</th><th colspan="2">300～340℃</th><th colspan="2">340～390℃</th></tr>
<tr><th>化合物</th><th>w/%</th><th>化合物</th><th>w/%</th><th>化合物</th><th>w/%</th><th>化合物</th><th>w/%</th><th>化合物</th><th>w/%</th><th>化合物</th><th>w/%</th><th>化合物</th><th>w/%</th></tr>
<tr><td>32</td><td>C_2烷基酚</td><td>1.7</td><td>C_3烷基酚</td><td>1.0</td><td>甲基邻苯二酚</td><td>0.6</td><td>二甲基萘</td><td>2.0</td><td>C_{18}烷</td><td>1.6</td><td>C_{20}烷</td><td>0.6</td><td>C_6烯苯</td><td>0.7</td></tr>
<tr><td>33</td><td>萘</td><td>1.7</td><td>甲基萘</td><td>1.2</td><td>甲基萘</td><td>2.0</td><td>二甲基萘</td><td>1.1</td><td>C_{19}烷</td><td>4.7</td><td>C_{21}烷</td><td>5.4</td><td>C_{25}烷</td><td>7.1</td></tr>
<tr><td>34</td><td>C_{12}烷</td><td>2.0</td><td>C_{13}烷</td><td>2.3</td><td>C_{13}烷</td><td>2.9</td><td>二甲基萘</td><td>0.9</td><td>C_{19}烷</td><td>2.6</td><td>甲基蒽</td><td>1.0</td><td>C_{26}烷</td><td>7.3</td></tr>
<tr><td>35</td><td>C_3烷基酚</td><td>0.5</td><td>甲基萘</td><td>0.6</td><td>甲基萘</td><td>1.3</td><td>C_{16}烷</td><td>1.2</td><td>菲</td><td>1.0</td><td>甲基蒽</td><td>1.0</td><td>乙基环十八烷</td><td>0.6</td></tr>
<tr><td>36</td><td>C_3烷基酚</td><td>0.7</td><td>C_{14}烷</td><td>1.7</td><td>C_6烯苯</td><td>0.5</td><td>C_{17}烷</td><td>3.2</td><td>C_{20}烷</td><td>4.7</td><td>甲基菲</td><td>0.5</td><td>C_{28}烷</td><td>7.3</td></tr>
<tr><td>37</td><td>C_3烷基酚</td><td>0.5</td><td>C_{17}烷</td><td>1.1</td><td>C_5烷基酚</td><td>0.7</td><td>C_4烷基萘</td><td>1.5</td><td>C_{21}烷</td><td>4.1</td><td>C_{22}烷</td><td>6.4</td><td>C_{29}烷</td><td>0.7</td></tr>
<tr><td>38</td><td>甲基萘</td><td>0.7</td><td>C_{18}烷</td><td>0.6</td><td>C_6烯苯</td><td>0.8</td><td>C_{18}烷</td><td>2.9</td><td>C_{22}烷</td><td>3.5</td><td>C_{23}烷</td><td>5.7</td><td>C_{30}烷</td><td>5.1</td></tr>
<tr><td>39</td><td>C_{13}烷</td><td>1.5</td><td>茚酚</td><td>0.8</td><td>C_{18}烷</td><td>1.0</td><td>C_{23}烷</td><td>2.7</td><td>C_{24}烷</td><td>5.8</td><td>C_{32}烷</td><td>3.6</td><td></td><td></td></tr>
<tr><td>40</td><td>C_{14}烷</td><td>1.1</td><td>C_{14}烷</td><td>2.6</td><td>C_{19}烷</td><td>2.4</td><td>C_{24}烷</td><td>2.4</td><td>C_4烷基菲</td><td>1.3</td><td>C_{33}烷</td><td>0.5</td><td></td><td></td></tr>
<tr><td>41</td><td>C_{17}烷</td><td>0.8</td><td>二甲基萘</td><td>0.8</td><td>C_{19}烷</td><td>1.3</td><td>C_{25}烷</td><td>1.8</td><td>C_{25}烷</td><td>5.3</td><td>C_{34}烷</td><td>1.7</td><td></td><td></td></tr>
<tr><td>42</td><td>C_{18}烷</td><td>0.7</td><td>C_{17}烷</td><td>2.0</td><td>C_{20}烷</td><td>1.9</td><td>C_{26}烷</td><td>1.3</td><td>C_{26}烷</td><td>4.0</td><td>C_{35}烷</td><td>1.0</td><td></td><td></td></tr>
<tr><td>43</td><td>C_{18}烷</td><td>1.4</td><td>C_{21}烷</td><td>1.5</td><td>C_{28}烷</td><td>0.9</td><td>C_{28}烷</td><td>3.1</td><td>C_{36}烷</td><td>0.5</td><td></td><td></td><td></td><td></td></tr>
<tr><td>44</td><td>C_{19}烷</td><td>1.0</td><td>C_{22}烷</td><td>1.2</td><td>C_{30}烷</td><td>1.7</td><td></td><td></td><td></td><td></td><td></td><td></td><td></td><td></td></tr>
<tr><td>45</td><td>C_{20}烷</td><td>0.7</td><td>C_{23}烷</td><td>0.9</td><td>C_{32}烷</td><td>0.9</td><td></td><td></td><td></td><td></td><td></td><td></td><td></td><td></td></tr>
</table>

注：w 表示质量分数。

表 4-8　各馏分化合物分布

馏分段/℃	数量	脂肪烃		芳香烃		酚类		其他化合物	
		数量	产率/%	数量	产率/%	数量	产率/%	数量	产率/%
<100	195	80	30.75	59	39.81	14	24.62	42	4.82
100～200	160	50	17.59	53	24.79	18	51.44	39	6.18
200～240	208	61	21.56	53	26.92	27	44.31	67	7.21
240～270	241	72	30.69	70	31.46	29	29.12	70	8.73
270～300	138	41	46.47	43	31.72	15	6.80	39	15.01
300～340	163	56	61.28	49	23.15	13	5.14	52	10.43
340～390	153	83	75.67	43	18.88	6	2.06	21	3.39
>390	41	13	41.92	11	21.70	1	1.80	16	34.58

由表 4-7 和表 4-8 可以看出，脂肪烃集中分布在>270℃馏分段且在 100～390℃馏分段的产率随切割馏分温度升高而逐渐增大，其中在 300～340℃和 340～390℃两馏分段中，脂肪烃含量分别为 61.28%和 75.67%，分别为 C_{19}～C_{28}和 C_{22}～C_{32}烷烃；芳香类化合物在<100℃馏分中相对含量约 39.81%，主要为甲苯、二甲苯及三甲基苯，萘类化合物主要集中在 240～270℃和 270～300℃馏分段，而在>300℃的各馏分段中分布较少，主要为萘、甲基萘、C_2烷基萘、C_3烷基萘和 C_4烷基萘等；芴、蒽、菲、荧蒽和芘等稠环芳烃出现在>270℃馏分；酚类化合物主要集中分布在<270℃的各馏分段，在 100～200℃馏分段中约 51.44%，富集现象明显，且苯酚、甲酚、二甲酚等低级酚含量较大，在 200～240℃馏分段中酚类含量达 44.31%，而从 240～270℃馏分段至 270～300℃馏分段，酚含量由 29.12%降低到 6.80%；醇类、吡啶、醛类、胺类等杂环类化合物在各个馏分中都有少量分布，集中

分布在>390℃馏分段，有极少量低级酚出现在340～380℃馏分段，可能是由于高级酚升温过程中受热裂解。

4.1.2.2 中低温煤焦油减压馏分组成

孙鸣等[12]以陕北中低温煤焦油轻油为原料，在减压（1kPa）蒸馏装置中切取7段馏分。利用GC-MS鉴定了馏分中化合物的组成和结构，结果见表4-9。

表4-9 轻油减压馏分中部分组分的定性定量分析结果

峰号	<100℃		100～170℃		170～200℃		200～240℃		240～270℃		270～300℃		300～340℃	
	化合物	w/%	化合物	w/%	化合物	w/%	化合物	w/%	化合物	w/%	化合物	w/%	化合物	w/%
1	C_3烷基苯	0.84	二甲基苯酚	0.68	甲基萘酚	1.58	C_{21}烷	1.84	C_{24}烷	1.36	C_{10}烷	0.98	邻二甲苯	0.82
2	苯酚	7.46	C_2烷基苯酚	1.10	甲基二苯并呋喃	1.39	甲基蒽	1.80	C_4烷菲	3.47	C_{11}烷	1.18	C_9烷	1.16
3	三甲基苯酚	0.92	二甲基苯酚	1.80	甲基萘酚	1.4	甲基菲	1.61	苯并荧蒽	0.76	甲基苯酚	1.12	苯酚	0.78
5	C_3烷基苯	0.67	二甲基苯酚	0.96	C_{19}烷	3.68	C_{22}烷	0.99	C_{25}烷	7.89	甲基苯酚	1.42	C_{10}烷	2.52
6	茚	0.75	邻苯二酚	0.55	C_{19}三甲基烷	1.67	C_{22}烷	7.23	C_{25}烷	7.89	C_{12}烷	1.46	C_{10}二甲基烯烃	2.31
8	甲基苯酚	4.07	C_3烷基苯酚	1.09	甲基氟	1.68	二甲基菲	1.09	C_{26}烷	1.22	C_{13}烷	1.50	烷基苯酚	1.38
9	甲基苯酚	9.12	C_3烷基苯酚	0.80	甲基二苯甲醇	0.92	二甲基菲	1.36	C_{26}烷	19.60	C_{14}烷	1.63	C_{11}烷	2.60
11	C_2乙烯基苯	0.77	C_3烷基苯酚	2.01	二甲基联苯	1.92	二甲基菲	1.02	C_{26}烷基醇	0.78	C_{17}烷	1.65	二甲基苯酚	1.53
12	C_{11}烷	1.49	三甲基苯酚	0.76	二甲基萘酚	1.13	荧蒽	1.89	C_{28}烷	23.88	C_{18}烷	1.72	C_{12}烷	2.18
13	二甲基苯酚	1.07	C_{11}烷	0.98	二甲基萘甲酸	1.74	C_{23}烷	1.81	C_{28}烷基醇	1.11	C_{19}烷	1.69	C_{12}烷	1.19
14	甲基苯并呋喃	0.62	甲基萘	2.53	菲	4.50	C_{23}烷	9.70	C_{29}烷	0.85	C_{20}烷	1.77	C_3烷基苯酚	0.64
15	C_2烷基苯酚	2.05	C_4烷基苯酚	0.89	蒽	3.15	芘	1.62	C_{30}烷	13.13	C_{21}烷	1.80	C_{13}烷	2.02
16	甲基茚	1.21	茚酚	1.49	C_{20}烷	8.23	二乙酰基二苯甲烷	1.25	C_{32}烷	4.80	C_{22}烷	1.82	甲基萘	0.75
17	二甲基苯酚	5.18	二甲基邻苯二酚	0.55	二甲基萘	0.93	三甲基菲	1.07			C_{23}烷	1.74	C_{13}烷	1.25
18	四甲基苯	0.65	C_{14}烷	2.81	四甲基联苯	0.88	C_{23}烷基醇	1.98			C_{24}烷	1.73	C_{14}烷	2.06
19	甲基茚	0.89	二甲基萘	1.94	四甲基联苯	1.37	C_{24}烷	12.41			C_{25}烷	1.62	C_1烷	1.36
20	C_2烷基苯酚	4.04	二甲基萘	2.56	C_{21}烷	1.77	C_{24}烷基醇	0.81			C_{26}烷	1.57	C_{17}烷	1.86
21	二甲基苯酚	3.71	二甲基萘	1.93	C_{21}烷	10.10	C_4烷基菲	3.59			苯并蒽	1.53	C_{17}烷	1.42
22	二甲基苯酚	1.25	二甲基萘	1.35	甲基蒽	1.59	C_{24}烷	1.86			苯并菲	1.27	C_{18}烷	1.68

续表

峰号	＜100℃		100～170℃		170～200℃		200～240℃		240～270℃		270～300℃		300～340℃	
	化合物	w/%	化合物	w/%	化合物	w/%	化合物	w/%	化合物	w/%	化合物	w/%	化合物	w/%
23	萘	5.70	C_2烷基萘	0.63	甲基蒽	1.45	C_{25}烷	10.75			C_{28}烷	2.30	C_{18}烷	1.54
24	C_{12}烷	2.43	C_{16}烷	1.03	C_{22}烷	1.35	C_{25}烷	0.80			甲基蒽	1.20	C_{19}烷	1.55
25	三甲基苯酚	0.92	六甲基吲哚	1.37	C_{22}烷	8.46	C_{26}烷	6.79			C_{30}烷	8.85	C_{20}烷	1.51
26	二甲基C_{11}烷	0.88	C_{17}烷	3.79	C_{23}烷	4.85	C_{28}烷	3.82			C_{32}烷	13.92	C_{20}烷	1.41
27	二甲基苯并呋喃	1.35	二苯并呋喃	1.80	C_{24}烷	2.96	C_{30}烷	1.34			C_{33}烷	1.63	C_{21}烷	1.41
28	C_3烷基酚	1.57	三甲基萘	2.24	C_{25}烷	1.61					C_{34}烷	7.10	C_{21}烷	1.34
29	C_5烷基吲哚苯	1.20	三甲基萘	1.16							C_{35}烷	3.77	C_{22}烷	1.28
30	C_3烷基酚	1.87	三甲基萘	1.43							C_{12}烷基菲	1.04	C_{22}烷	1.30
31	C_3烷基酚	0.88	四甲基苯并呋喃	1.90							C_{36}烷	1.76	C_{23}烷	1.17
32	C_5烷基苯	0.90	呋喃	1.42									C_{23}烷	1.11
33	C_3烷基酚	0.84	C_{18}烷	1.34									C_{25}烷	1.03
34	二甲基吲哚	0.88	C_{18}烷	4.42									C_{28}烷	0.68
35	C_{13}烷	0.72	丙烯萘	1.07									C_{30}烷	0.50
36	甲基萘	2.48	联苯酚	1.18									芘	1.98
37	C_{13}烷	3.40	氟烯醇	1.34									苯并芘	1.23
38	甲基萘	1.54	四甲基C_{15}烷	1.48									C_{35}烷	1.30
39	C_5烷基苯	0.60	C_{19}烷	4.37									C_{12}烷基菲	1.53
40	二甲基萘	0.76	四甲基C_{16}烷	2.14									C_{36}烷	1.36
41	C_{14}烷	2.20	C_{20}烷	2.76									四甲基苯并呋喃	2.20
42	C_{17}烷	0.83	C_{21}烷	1.28									C_{12}烷基蒽	2.21

注：w为质量分数。

从表4-9可以看出，＜100℃馏分段有157种化合物，其中酚类化合物占45%，均为低级酚；芳烃类化合物占21%，主要为萘、甲基萘、茚；脂肪烃占12%，主要为C_{11}～C_{14}烷。在100～170℃馏分段有149种化合物，脂肪烃和芳香烃均占1/3左右，烷烃主要为C_{14}～C_{20}，芳烃主要为甲基萘、二甲基萘及三甲基萘；酚类化合物约占21%，明显少于＜100℃馏分段。在170～200℃馏分段中，脂肪烃约占50%，主要为C_{19}～C_{24}；芳烃占23%，主要为蒽菲、甲基蒽菲和烷基联苯；酚类约占6%；含氧物质约为8%，以烷醇和甲氧基等形式为主。在200～240℃馏分段中，脂肪烃约占62%，主要为C_{21}～C_{28}；芳烃约为24%，主要为甲基蒽、菲和二甲基蒽菲；含氧物质约占6%，主要是烷醇。在240～270℃馏分段中，脂肪烃约占75%，主要为C_{25}～C_{32}；芳烃约为11%，主要为三环和四环芳烃。在270～300℃馏分段中，脂肪烃约占77%，其中由于煤焦油在高温时出现裂解现象，低碳烷烃约占此馏分段的30%，高碳烷烃主要分布为C_{27}～C_{36}；芳烃相对含量约为6%，主要为四环芳烃。在300～340℃馏分段中，脂肪烃约占62%，烯烃约占此馏分段的24%，均分布在C_8～C_{40}，因为当减压蒸馏的温度较高时，中低温煤焦油发生裂解现象，产生碳数较少的链状烷烃、烯烃；芳烃约为11%，主要为苯、烷基苯等；含氧物质约为12%，主要以烷醇为主；同时，由于高级酚热裂解，产生了低级酚出现在此馏分段。

综上所述，中低温煤焦油中萘、酚及烷烃的含量较高。其中酚类化合物主要分布在＜270℃的馏分段，包括低级酚、C_3～C_4烷基苯酚、茚酚、苯二酚、萘酚和烷基萘酚等；萘类化合物主要集中在240～300℃馏分段，包括萘、甲基萘、C_2烷基萘、C_3烷基萘和C_4烷基萘等；芴、蒽、菲、荧蒽、芘等附加值较高的稠环芳烃、杂环类化合物主要分布在＞270℃馏分段中。

4.1.3 杂原子形态分析

4.1.3.1 含氧化合物

中低温煤焦油中的含氧量约为7%（质量分数），各个馏分段油的含氧量均较高，且含氧化合物的种类非常多。在中低温煤焦油的轻馏分中，含氧化合物主要以酚类化合物、酮类化合物、少量的羧酸类化合物、呋喃及其衍生物的单体形式存在；但在其重馏分中，含氧化合物则多以多个酚羟基（—OH）、醇羟基（—OH）、醚键（—O—）及羰基（C═O）等形式存在于复杂的分子结构中，且多与N、S等杂原子共存于大分子结构中[14]。

郭宪厚等[3,15]、史权等[16,17]采用GC-MS和负离子模式电喷雾傅里叶变换离子回旋共振质谱仪（NI ESI FT-ICR MS）分析了中低温煤焦油分子组成及含氧有机化合物的种类。用GC-MS检测到的含氧有机化合物中，含1个O原子（O_1，主要为芳酚）和2个O原子（O_2）的化合物的相对含量分别为99.4%和0.6%。用NI ESI FT-ICR MS检测到的含氧有机化合物中，C原子数、O原子数和芳环数范围分别为8～35、1～5和1～4，基本是O_1～O_5类，其相对含量分别为31.4%、57.3%、7.6%、2.7%和1.0%，其中O_1和O_2类占绝大多数；最大缩合芳环数为4［等效双键数(DBE)＝13］，平均DBE为5～6，含氧有机化合物主要由烷基苯酚类、苯并呋喃类、苯甲酸类等组成。

O_1类的主要成分是1～4环的一元芳酚；O_2的DBE值范围大，其中DBE为1的化合物以C_{12}～C_{32}烷酸、烷基酚为主，相对丰度最高的O_2类化合物主要为芳二酚同系物和苯并呋喃同系物，二者DBE值分别为8和9。O_3和O_4的含量较低，且种类数较少。O_3的DBE值范围为1～9，DBE为1和2的O_3多为羟基和羰基取代的烷酸，而DBE为3的O_3可能是羰基取代的烯酸。O_4的DBE值范围为1～7，范围较窄，含量较高的是DBE为5的化合物，多为带有3个羰基的苯三酚同系物或茚满四酚同系物。

任洪凯等[18]基于GC-MS手段分析陕北中低温煤焦油中酚类化合物的组成和分布情况，发现酚类化合物占中低温煤焦油总量的12.91%，且酚类化合物主要为低级酚（苯酚、甲酚、二甲酚)、C_3～C_4烷基苯酚和萘酚等。安斌等[14]对中低温煤焦油进行实沸点蒸馏，收集得到<170℃、170～230℃、230～350℃和>350℃的4个馏分油，并进行氧含量分析，尤其针对酚类组分及其他含氧化物的特点进行了定量和定性分析。在<170℃的馏分油中，氧质量含量为3.99%，O/C原子比为0.036。对<170℃馏分油进行酚类化合物的定性定量分析，结果见表4-10。

表4-10　<170℃馏分油中含氧化合物类型及代表性化合物

序号	化合物类型	代表性化合物
1	酸类	乙氧基乙酸
2	醇类	甲醇、乙醇、异丙醇、苄氧基烷基醇
3	酮类	丙酮、丁酮、烷基炔酮、烷基丁酮、戊酮、己酮
4	酯类	甲基异氰酸酯、乙烯基内酯
5	醚类	二异丙醚
6	呋喃类	四氢呋喃、烷基呋喃
7	醛类	硝基苯甲醛

在170～230℃的馏分油中，氧质量含量为10.17%，O/C原子比为0.096。170～230℃的馏分油是低级酚类化合物富集的主要馏分，其中可被准确定量的酚类化合物种类较多，主要为苯酚、三甲酚、丙基酚以及二酚类化合物，具体结果见表4-11。另外，作为低级酚富集的馏分油，被定量的含氧化合物还不到该馏分总量的50%，因此该馏分油中还含有其他的含氧化合物，包括C_4烷基苯酚、苯基苯酚、呋喃及其衍生物等。

表4-11　170～230℃中馏分油的种类及含量

项目	占170～230℃馏分比例/%	项目	占170～230℃馏分比例/%
苯酚	7.46	3-异丙基苯酚	0.29
邻甲酚	4.71	2-丙基酚	0.22
间甲酚	7.36	4-异丙基酚	0.95
对甲酚	6.79	3-丙基酚	0.49
2,3-二甲酚	0.95	2,3,5-三甲酚	1.14
2,4-二甲酚	3.27	2,4,6-三甲酚	0.14
2,5-二甲酚	1.07	2,3,6-三甲酚	0.11
2,6-二甲酚	0.97	3,4,5-三甲酚	0.05
3,4-二甲酚	1.58	邻苯二酚	0.81
邻乙酚	1.68	间苯二酚	0.03
间乙酚	4.12	对苯二酚	0.10
对乙酚	3.63	3,5-二甲酚	0.13
5-茚醇	0.54	合计	48.67
2-异丙基酚	0.08		

在230～350℃的馏分油中，氧质量含量为7.24%，O/C原子比为0.066。由于该馏分油的密度较大，对酚类化合物进行富集的难度大幅增加，容易夹带大量的中性化合物。鉴于

该馏分油中的酚类化合物种类较多，结构复杂，各种酚类化合物的含量均较低，因此对其进行定量分析较为困难，仅可利用 GC-MS 对主要的酚类化合物进行定性分析。表 4-12 中列举了中低温煤焦油 230～350℃馏分油中的部分酚类化合物和含有羟基的化合物，以及与 N、S 杂原子共同存在于分子结构中的复杂含氧化合物。

综上可知，中低温煤焦油中含氧化合物主要由酚类、苯并呋喃类、苯甲酸类等组成，其中酚类占绝大多数，主要为低级酚（苯酚、甲酚、二甲酚）、C_3～C_4烷基苯酚、萘酚、二酚类化合物。含氧化合物主要为 O_1 和 O_2 类化合物，芳环数在 1～4 之间，最大 DBE 为 13，平均值为 5～6。

表 4-12　230～350℃馏分油中酚类化合物的种类

序号	种类	序号	种类
1	三酚	8	C_2甲基萘酚
2	二甲基/乙基苯酚	9	C_3甲基萘酚
3	C_3烷基苯酚	10	C_4甲基萘酚
4	苯基苯酚	11	C_{5+}甲基萘
5	萘酚	12	羟基蒽
6	甲基萘酚	13	羟基菲
7	C_1甲基萘酚		

4.1.3.2　含氮化合物

中低温煤焦油各馏分油中，含氮杂原子类型化合物多种多样，氮原子质量分数约为 1%[19]。由于含氮化合物结构复杂，通常需用柱色谱、液-液萃取等方法分离富集后再进行定性定量分析。GC-MS 是分析中低温煤焦油轻馏分的有效手段，可以提供分子量 500 以下的化合物的组成和结构信息，但无法分析中低温煤焦油中存在的强极性、高沸点化合物[16,17]。近年来，高分辨质谱技术快速发展，如电喷雾电离技术，为复杂混合物的分子组成分析提供了理想的质谱电离方法，高分辨质谱的超高质量分辨率和质量精度可以在焦油分子量范围内鉴定所有化合物的分子组成。

郭宪厚等[15]、Pan 等[20]和 Long 等[21]基于 GC-MS（结果见表 4-13）、ESI Orbitrap MS 和 ESI FT-ICR MS 对中低温煤焦油中的含氮化合物进行分析发现，含氮化合物的氮原子主要在芳环内，主要有吡啶环、喹啉环、吡啶环和嘧啉环等含氮杂环；氮原子在芳环上或芳环外的化合物有 1-萘乙腈、1,8-蒽二胺等。煤焦油中的含氮化合物主要为 N_1、N_2、N_3、N_4、N_1O_1、N_1O_2、N_2O_1类化合物，其中 N_1类化合物含量最多，其次是 N_1O_1 和 N_1O_2类。N_1类化合物在 DBE 值（6～18）和碳数（12～30）的广泛范围内变化，DBE 值为 6、9、12、15 和 18 的 N_1类物种分别为吲哚类、咔唑类、苯并咔唑类、二苯并咔唑类和三苯并咔唑类。在 N_1类化合物中，当 N 原子的位置在芳环外时，主要为芳胺化合物，根据 DBE 的不同，可归属为苯胺、茚胺、萘胺、芴胺、蒽胺和菲胺等；当 N 原子在芳环内时，当 DBE=4、7 和 10 时，分别为吡啶、喹啉、苯喹啉或吖啶。N_1O_m（$m=1$～4）化合物中的氧原子可以羟基、羰基、酯基或酰胺基的形式分布在芳环外部，也可以在芳香环里面以呋喃环的形式存在。

表 4-13　陕西中低温煤焦油中 GC-MS 检测到的化合物[15,20,21]

保留时间/min	含氮化合物	保留时间/min	含氮化合物
14.35	3-甲基吡嗪	32.43	苯基吡咯并吡唑
14.81	2,4-二甲基苯酚	33.78	茚并-5-酮吡啶
15.43	2,3,6-三甲基吡啶	37.92	甲基-苯并[c]噌啉
19.39	2-甲基喹啉	39.83	1,8-蒽二胺
22.37	2,6-二甲基喹啉	39.95	二甲基-1,10-菲咯啉
23.16	2,3-二甲基喹啉	40.35	4,7-二甲基-苯并[c]噌啉
26.29	2-甲氧基喹唑啉	42.47	1,3-二甲基-2,2-二苯氮丙啶
27.82	1-萘乙腈		

唐闲逸等[22]、朱影[23]研究中低温煤焦油中含氮化合物时发现，含氮化合物主要为碱性含氮化合物，含量占煤焦油总量的 12.68%，其中吡啶类、苯胺类和喹啉类化合物含量分别为 1.59%、4.18%和 6.91%；非碱性含氮化合物含量较少，占煤焦油总量的 1.79%，其中吲哚类、咔唑类及腈类化合物分别为 0.97%、0.56%和 0.26%。杨敬一等[24]采用硅胶柱分离富集煤焦油柴油馏分中的非碱性含氮化合物（图 4-6），酸萃取法萃取碱性含氮化合物（图 4-7），采用 GC-MS 分析定性，共鉴定出 138 种含氮化合物，具体结果见表 4-14。

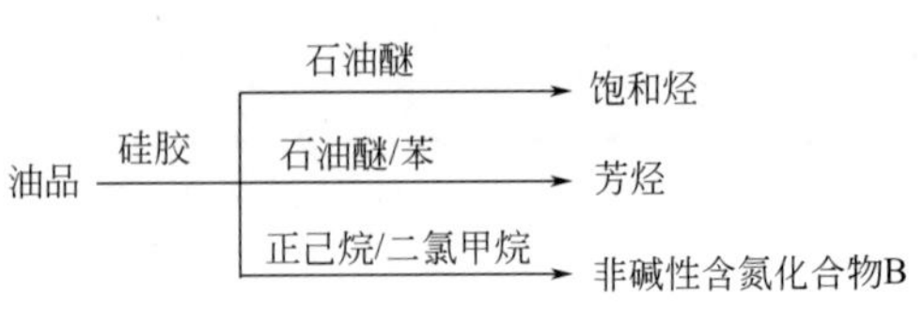

图 4-6　非碱性含氮化合物硅胶柱分离过程

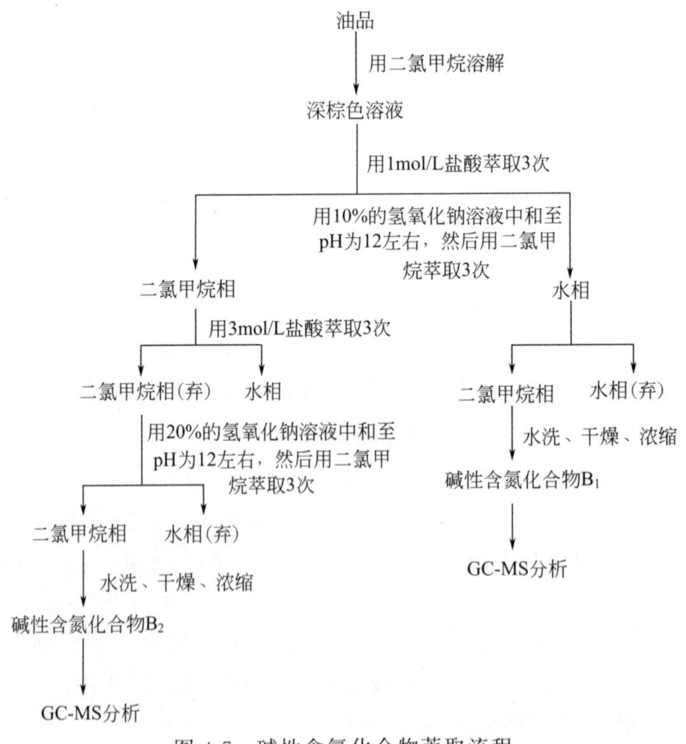

图 4-7　碱性含氮化合物萃取流程

非碱性含氮化合物 B 主要是咔唑类（RC，39%）和吲哚类（RC，24%）含氮化合物，咔唑类含氮化合物主要以甲基咔唑和二甲基咔唑为主，吲哚类含氮化合物主要以甲基吲哚、二甲基吲哚和三甲基吲哚为主。此外还含有少量的噻唑类含氮化合物以及 4-甲基-2-(3-甲基-丁-2-烯亚基氨基)-戊-2-烯腈、3-(1-甲基乙基)吡唑并[3,4-*b*]吡嗪和 1-(4-异丙基亚苄基氨基)-2-甲基-3-硝基苯等复杂含氮化合物。

碱性含氮化合物 B_1 和 B_2 都主要以喹啉类（RC，48%）、吡啶类（RC，8%）和苯胺类（RC，20%）为主，喹啉类含氮化合物主要以甲基喹啉、二甲基喹啉和三甲基喹啉为主，吡啶类含氮化合物主要以二甲基吡啶和三甲基吡啶为主，苯胺类含氮化合物结构稍复杂。此外，还鉴定出 2-甲基苯并噁唑、3-(六氢-1*H*-氮杂-1-基)-1,1-二氧化物-1,2-苯并异噻唑和(*Z*)-9-十八烯酸酰胺等复杂含氮化合物。

表 4-14　煤焦油柴油馏分中的部分含氮化合物

非碱性含氮化合物 B	碱性含氮化合物 B_1	碱性含氮化合物 B_2
4,5-二甲基咔唑	喹啉	2,3,4-三甲基喹啉
咔唑、4-甲基咔唑	4,8-二甲基喹啉	4-甲基喹啉
2,3,7-三甲基吲哚	1-甲基异喹啉	*N*-甲基-2-萘胺
7-甲基吲哚	3-甲基喹啉	2,3,5-三甲基苯胺
2,6-二甲基吲哚	2,4-二甲基吡啶	*N*-乙基-2,3-二甲基苯胺
5,6-二甲基-2-苯并噻唑	2,4,6-三甲基吡啶	2,6-二甲基吡啶
5-甲基-2-苯基噻唑	2,3,6-三甲基吡啶	5*H*-茚并[1,2-*b*]吡啶
2-(4-氯苯基)-4-噻唑	3,4-二甲基苯胺	2-乙基-4,6-二甲基吡啶
	N-乙基-*N*-甲基苯胺	
	3-甲基苯胺	

综上可知，中低温煤焦油中含氮化合物主要为 N_1、N_1O_1、N_1O_2类。其中含氮化合物氮原子主要位于芳环内，主要为吡啶、喹啉、苯喹啉或吖啶。当氮原子的位置在芳环外时，主要为芳胺化合物。碱氮化合物主要为喹啉类、吡啶类和苯胺类化合物，非碱氮化合物主要为吲哚类和咔唑类化合物。

4.1.3.3　含硫化合物

相对于石油基重质油，中低温煤焦油中硫含量很低，一般在 0.5%（质量分数）以下。倪洪星[25]基于甲基化法分离出中低温煤焦油中的含硫化合物，采用气相色谱-硫化学发光检测（GC-SCD）、FT-ICR MS 对其进行检测分析。GC-SCD 作为目前较为有效的硫化物检测器，主要检测噻吩、苯并噻吩、甲基苯并噻吩、二甲基苯并噻吩、三甲基苯并噻吩以及二苯并噻吩的单体化合物。由于中低温煤焦油组成比较复杂，GC 分离度有限，且其他含硫化合物单体的含量差异，导致绝大部分含硫化合物的出峰特征性难以辨识，进而无法识别其单体。FT-ICR MS 检测到中低温煤焦油中含硫化合物主要是 S_1 以及 O_1S_1 类化合物，以 S_1 类居多。S_1 类化合物的碳数分布在 16～44 之间，主要为 20～30；DBE 分布在 0～25 之间，主要为 9～15，中低温煤焦油中短侧链高缩合的噻吩类物质占大多数。

中低温煤焦油中的含硫化合物的 DBE 分布非常有特点，可将其划分为 DBE＝0～2、3～5、6～9 以及 9 以上四个区间。在第一区间中，DBE＝0 和 1 的 S_1 类化合物为硫醇以及带有一个环烷环或双键的硫醇，后者的相对丰度远小于前者。第二区间中，烷基噻吩类物质与第一区间内物质的相对丰度相比总体偏低，但与各 DBE 的相对丰度分布规律类似，区间内的低 DBE 物质的相对丰度高于高 DBE 物质。第三区间内，烷基苯并噻吩系列的相对丰度要明显强于第二区间，而且各DBE之间相对丰度变化不明显。在第四区间内，烷基二苯并噻吩以及缩合度更高的化合物占了绝大部分比重，以DBE=9～15的高缩合度噻吩为主。

相比于操作复杂且价格昂贵的SCD检测器，原子发射检测器（AED）具有选择性好、灵敏度高、对硫线性响应以及对硫的响应不随硫化物的结构而变化等优点，非常适用于复杂物质的含硫化合物形态分析。杨勇[26]采用溶剂萃取法与柱层析法相结合对中低温煤焦油进行了族组分分离，基于GC-AED与GC-MS联合定性方法对芳香分（20.06%，质量分数）和极性物（53.15%，质量分数）中的含硫化合物进行了形态分析，具体结果见表4-15。芳香分中的硫含量为2831.4mg/L，含硫化合物主要为甲硫醇、苯并噻吩类、二苯并噻吩类、苯并萘并噻吩类。其中甲硫醇所占百分比为6.9%，苯并萘并噻吩类所占百分比为12.0%，二苯并噻吩类所占百分比为81.1%。极性物中的硫含量为497.8mg/L，含硫化合物主要为甲硫醇、苯并噻吩类。其中甲硫醇含量为281mg/L，占比56.3%；苯并噻吩类含量为216.8mg/L，占比43.7%。

表4-15　芳香分中含硫化合物的定性定量结果

序号	保留时间/min	含硫化合物	含量/(mg/L)	序号	保留时间/min	含硫化合物	含量/(mg/L)
1	4.561	甲硫醇	194.4	9	52.417	二甲基二苯并噻吩	342.0
2	14.071	苯并噻吩	279.9	10	54.190	二甲基二苯并噻吩	59.4
3	17.823	甲基苯并噻吩	20.7	11	55.254	三甲基二苯并噻吩	74.7
4	19.690	甲基苯并噻吩	38.7	12	58.096	三甲基二苯并噻吩	40.5
5	45.283	4-甲基二苯并噻吩	1609.2	13	58.733	三甲基二苯并噻吩	30.6
6	48.518	甲基二苯并噻吩	25.2	14	59.060	四甲基二苯并噻吩	48.6
7	49.007	甲基二苯并噻吩	18.9	15	60.617	四甲基二苯并噻吩	34.2
8	49.116	甲基二苯并噻吩	14.4				

综上可知，中低温煤焦油中含硫化合物中S_1和O_1S_1类物种占大多数，S_1类碳数分布主要为20～30，DBE主要为9～15，煤焦油中短侧链高缩合的噻吩类物质占大多数。其中低沸点含硫化合物主要为噻吩、苯并噻吩、甲基苯并噻吩、二甲基苯并噻吩、三甲基苯并噻吩以及二苯并噻吩等单体化合物。

4.1.4　重组分表征分析

沥青质是中低温煤焦油中结构最复杂、分子量最大、极性最强、芳香度最大、最难加工的组分，其含量占到中低温煤焦油的15%～30%（质量分数），该类物质对煤焦油的分级分质加工利用有着显著影响。众多学者[27-31]采用元素分析（EA）、凝胶渗透色谱法（GPC）、傅里叶变换离子回旋共振质谱（FT-ICR MS）、红外光谱（IR）、核磁共振（NMR）等对其组成和结构进行了表征。

4.1.4.1　沥青质组成分析

通过分析沥青质中元素组成和分子量，可以探究氧、氮和硫等杂原子的分布规律，还可以计算氢碳原子比，表征沥青质的芳香度等结构参数。裴亮军等[32]从中低温煤焦油中提取正戊烷沥青质（As-C_5）、正己烷沥青质（As-C_6）、正庚烷沥青质（As-C_7）。采用EA和GPC对其化学组成进行了分析，结果见表4-16。

表4-16 中低温煤焦油沥青质的化学组成、产率和平均分子量分析结果

沥青质	产率/%(质量分数)	C/%	H/%	S/%	N/%	O/%	H/C	平均分子量
As-C_5	35.30	85.54	6.38	1.13	1.58	5.37	0.8960	499
As-C_6	29.67	86.27	6.19	1.14	1.67	4.73	0.8617	527
As-C_7	25.36	87.15	6.08	1.16	1.82	3.79	0.8368	531

由表4-16可以看出，随着溶剂正构烷烃中碳原子数的增加，沥青质中的碳元素含量逐渐增大，氢元素含量有明显的减少，H/C原子比逐渐减小，平均分子量逐渐增大，因为As-C_5、As-C_6、As-C_7中烷基链及环烷环的所占比例逐渐变小，芳环的比例逐渐增大，所含高度缩合的多环芳烃结构逐渐增多。芳香结构缩合程度越高，使得沥青质中“几乎不溶的沥青质”含量增多，从而导致沥青质越易结焦。因此，在中低温煤焦油加工利用过程中，As-C_5、As-C_6、As-C_7的结焦潜质逐渐增大。

4.1.4.2 FT-ICR MS

FT-ICR MS具有较高分辨率和较高质量准确度的特点，可以分析沥青质中各类化合物的具体类型分布，被广泛用于沥青质在分子层面上的研究。邵瑞田[33]采用负ESI FT-ICR MS模式下考察了中低温煤焦油沥青质中酸性含氧化合物和非碱性含氮化合物的类型分布情况，正ESI FT-ICR MS模式下考察了中低温煤焦油沥青质中中性含氧化合物、碱性含氮化合物以及中性含硫化合物的类型分布情况。ESI FT-ICR MS检测沥青质各类化合物的相对丰度见图4-8（a）和（b）。

由图4-8可以看出，负离子模式下O_x（$x=1\sim4$）、N_x（$x=1\sim4$）类、N_1O_x（$x=1\sim2$）类、N_2O_1类化合物相对丰度较大，其DBE和碳数分布见图4-9～图4-12。正离子模式下N_x（$x=1\sim4$）类、O_x（$x=1\sim2$）类、S_x（$x=1\sim3$）、N_1O_x（$x=1\sim2$）类、S_1O_x（$x=1\sim2$）类化合物的相对丰度较大，其DBE和碳数分布见图4-13～图4-17。

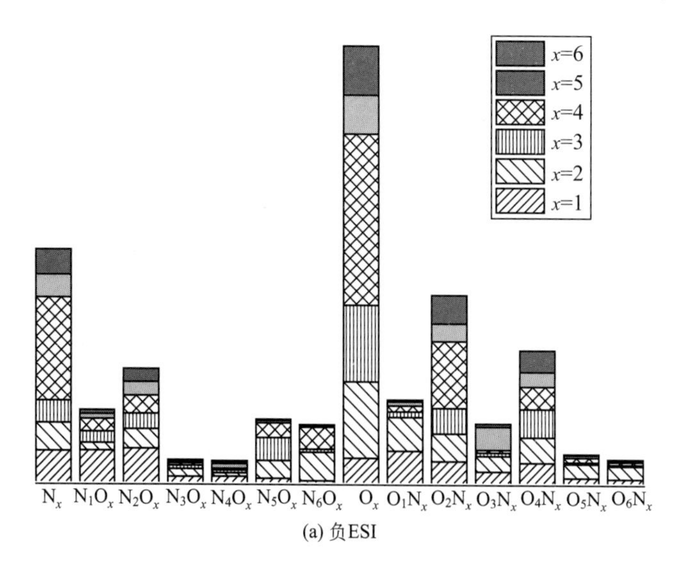

(a) 负ESI

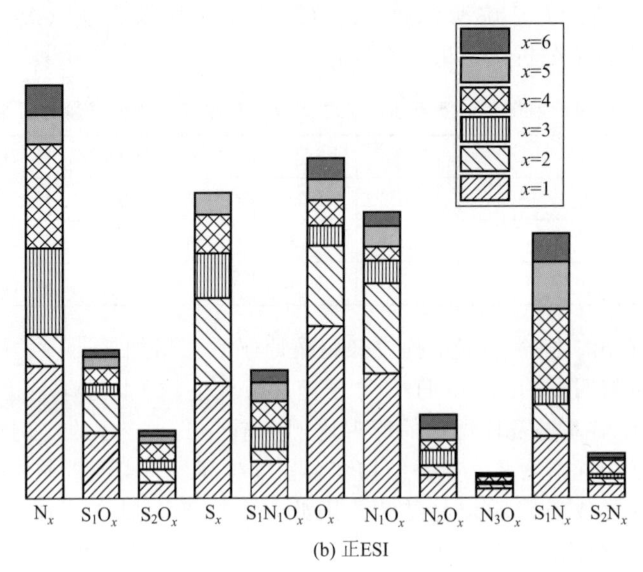

(b) 正ESI

图 4-8　ESI FT-ICR MS 检测沥青质中各类化合物的相对丰度图

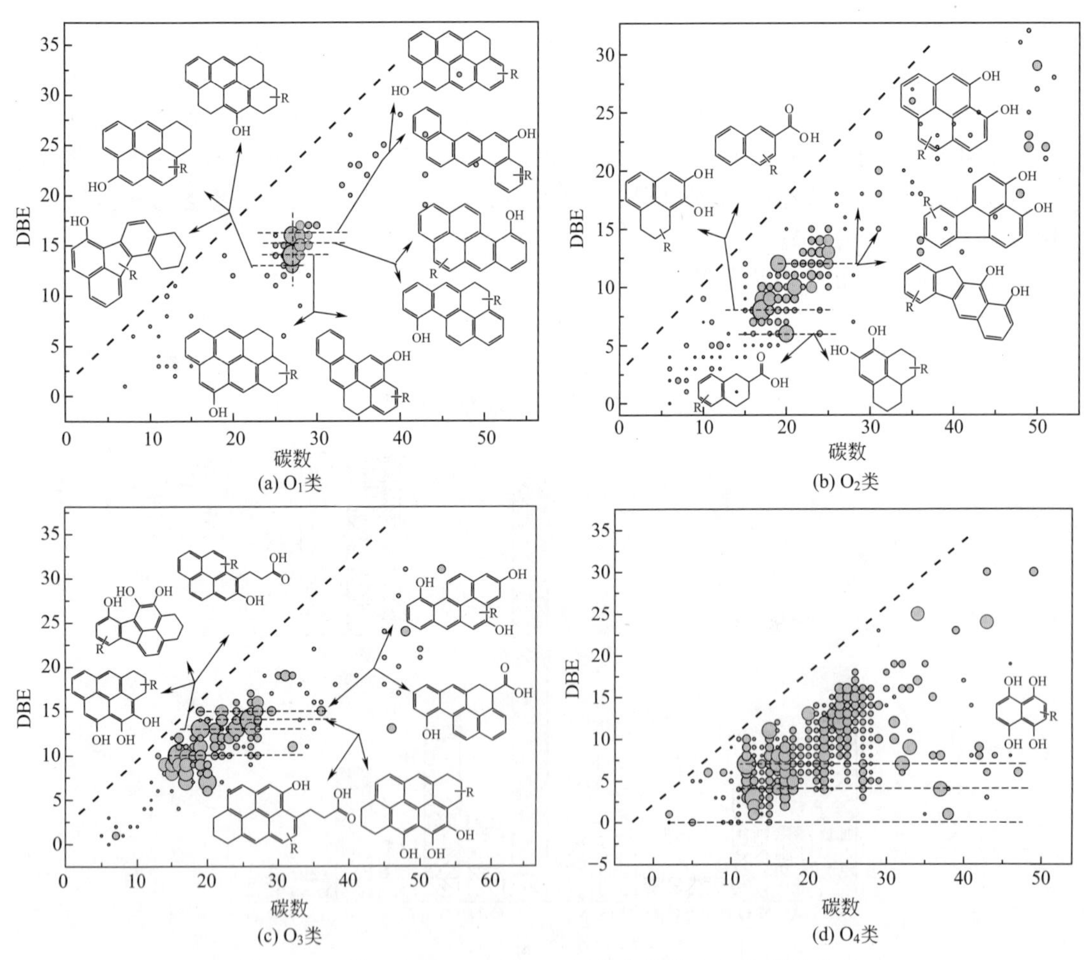

图 4-9　O_1类、O_2类、O_3类、O_4类化合物的 DBE 和碳数分布

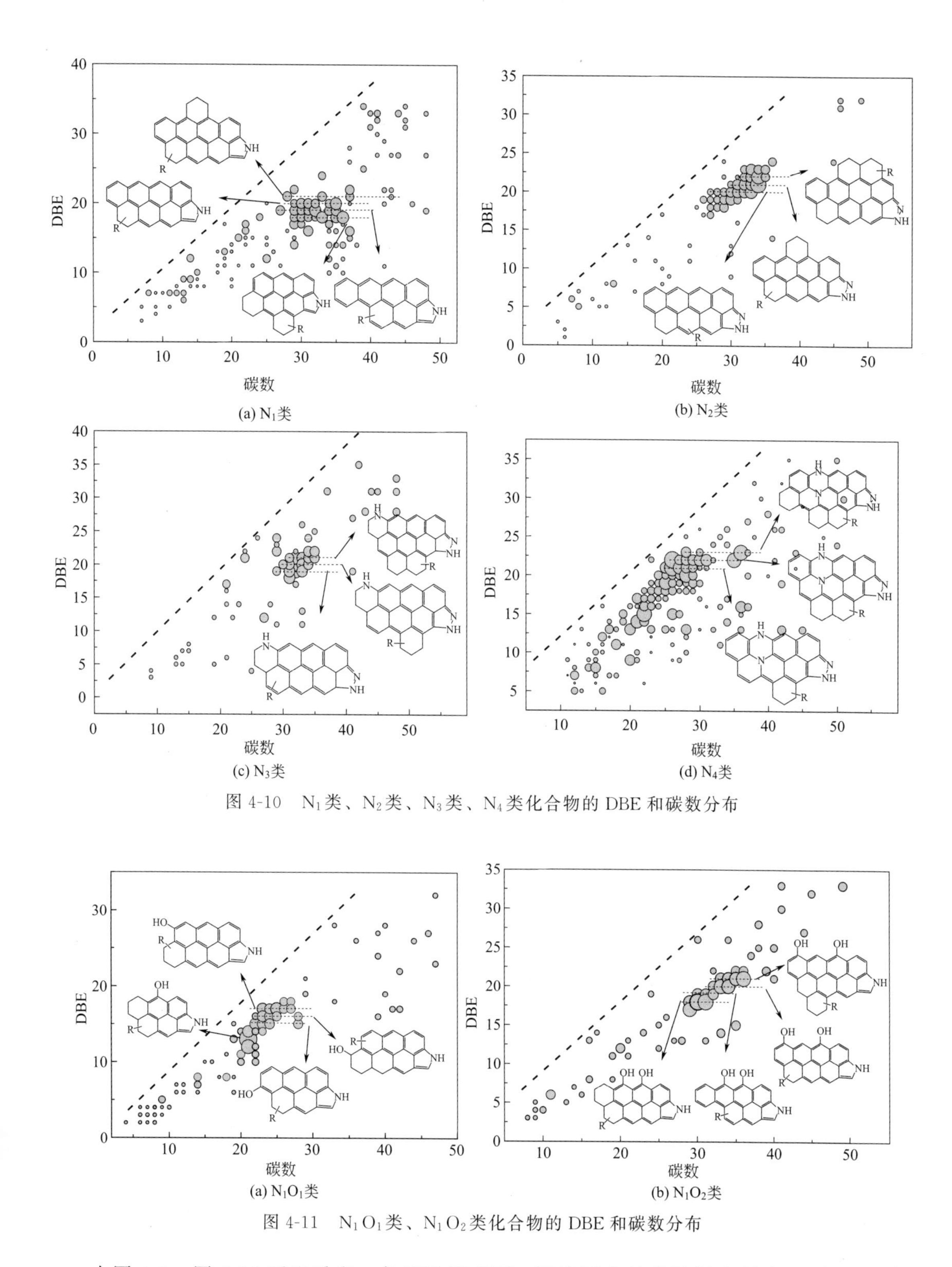

图 4-10 N_1类、N_2类、N_3类、N_4类化合物的 DBE 和碳数分布

图 4-11 N_1O_1类、N_1O_2类化合物的 DBE 和碳数分布

由图 4-9～图 4-12 可以看出，负 ESI 模式下，沥青质中的酸性氧主要为 O_2类、O_3类、O_4类。其中 O_3类的母体结构主要以三元酚类含氧化合物为主，O_4类的母体结构可能主要为四元酚类氧化物，也可能为二元酚与羧酸类相结合的含氧化合物。与中低温煤焦油沥青质不

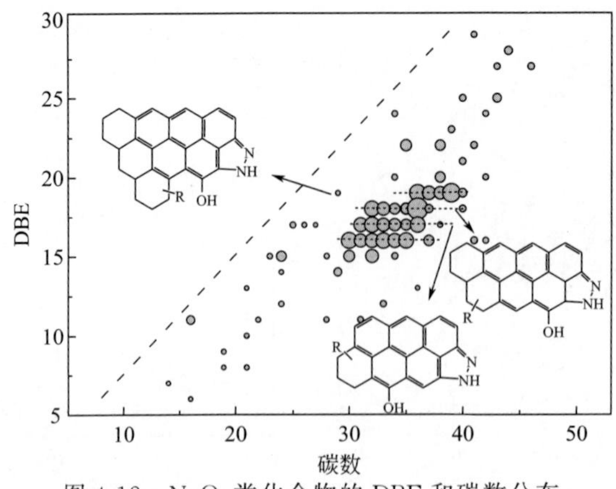

图 4-12　N_2O_1类化合物的 DBE 和碳数分布

同的是，原油沥青质中酸性氧主要为 1～8 个环的环烷酸类氧化物的 O_2类。中低温煤焦油沥青质中非碱氮主要为 N_1类、N_4类。其中 N_1类的母体结构主要为缩合度较高的吡咯类衍生物，N_4类的母体结构可能为 4～7 个芳香环-1 个哌嗪环-1 个吡唑环相结合的非碱性含氮化合物。因此，中低温煤焦油沥青质中非碱 N_1类化合物的芳香性比原油沥青质中 N_1类化合物的芳香性高。

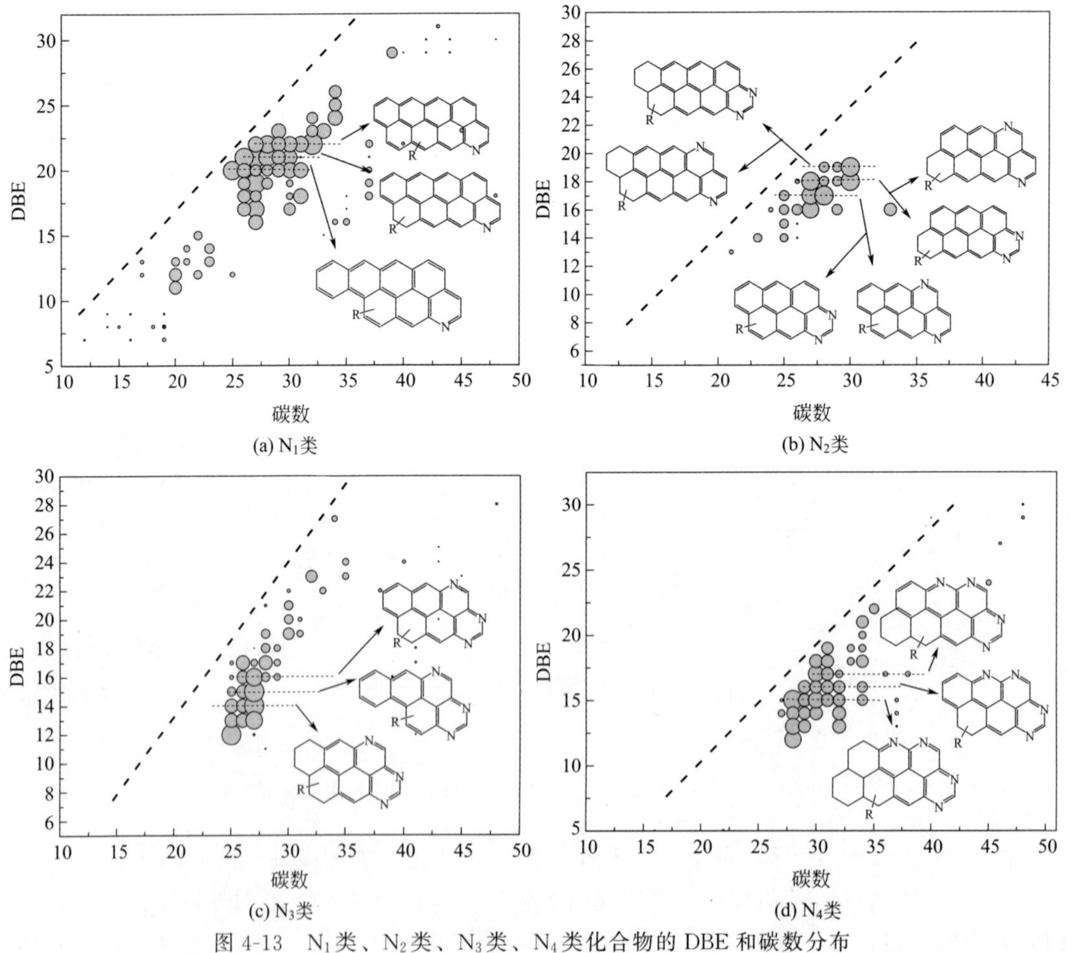

图 4-13　N_1类、N_2类、N_3类、N_4类化合物的 DBE 和碳数分布

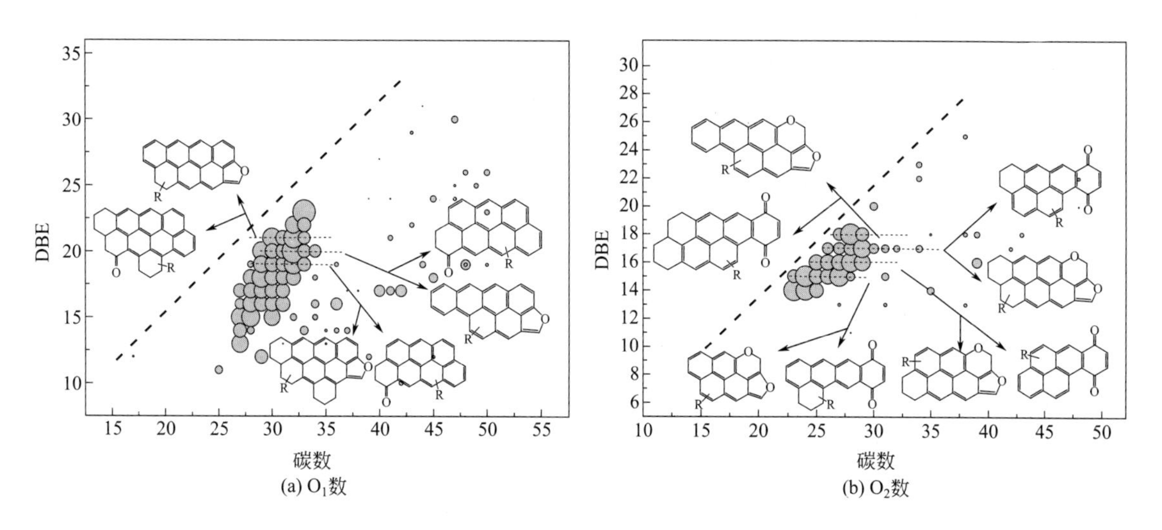

图 4-14　O_1类、O_2类化合物的 DBE 和碳数分布

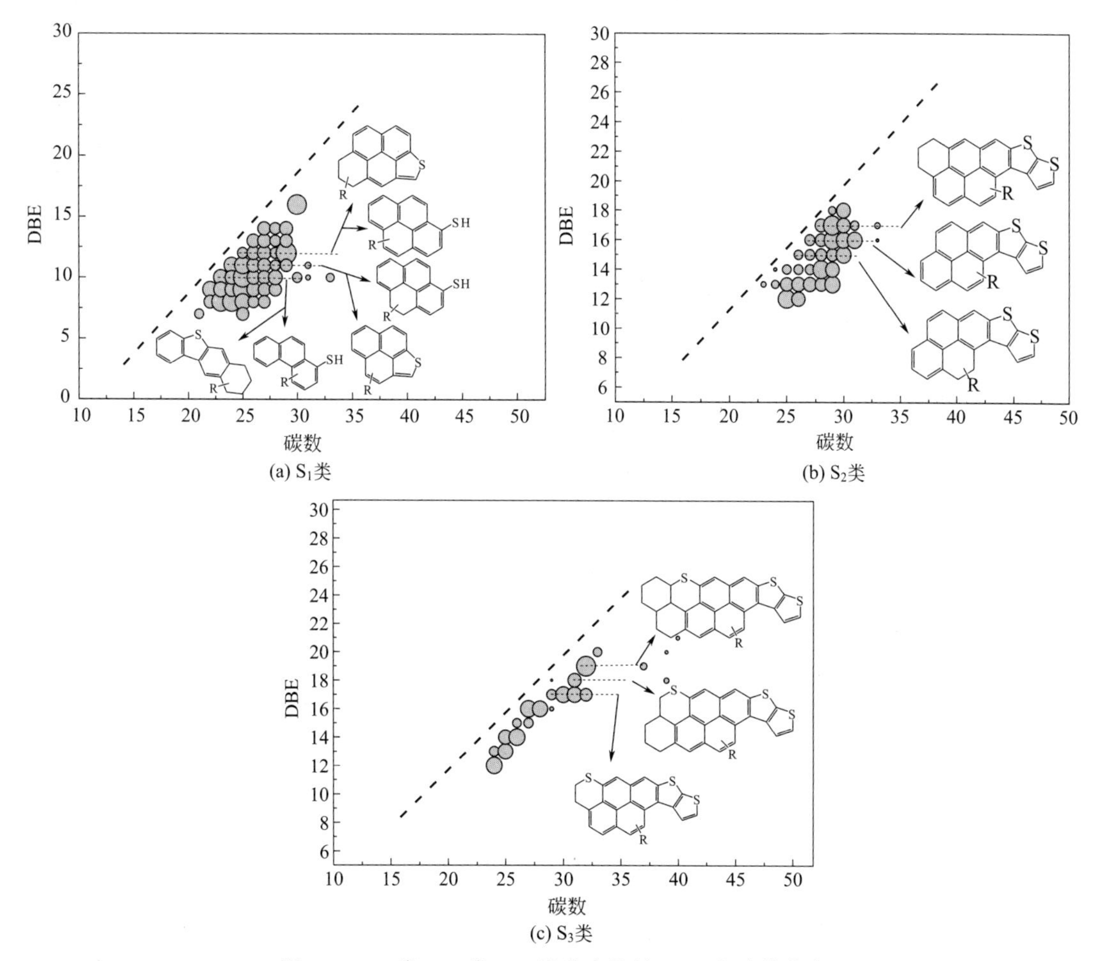

图 4-15　S_1类、S_2类、S_3类化合物的 DBE 和碳数分布

由图 4-13～图 4-17 可以看出，在正 ESI 模式下，中低温煤焦油沥青质中的中性含氧化

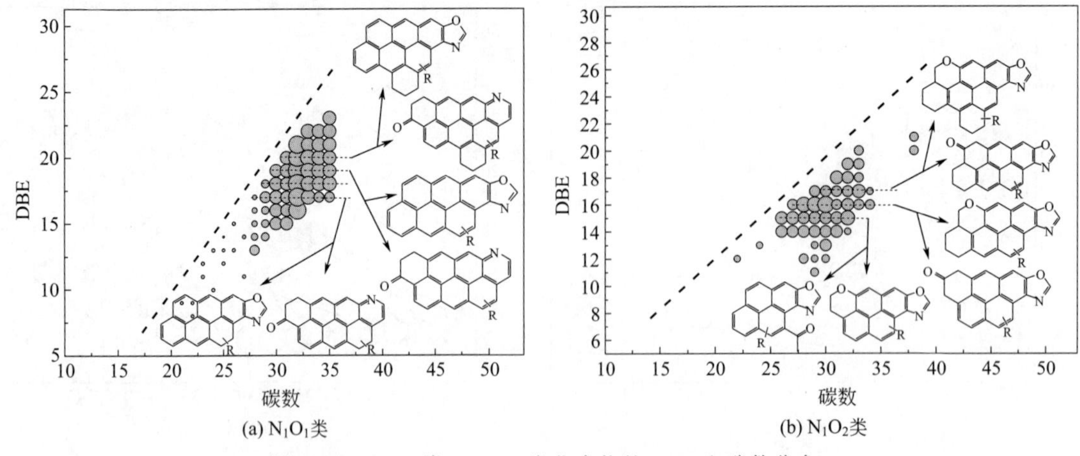

图 4-16 N_1O_1类、N_1O_2类化合物的 DBE 和碳数分布

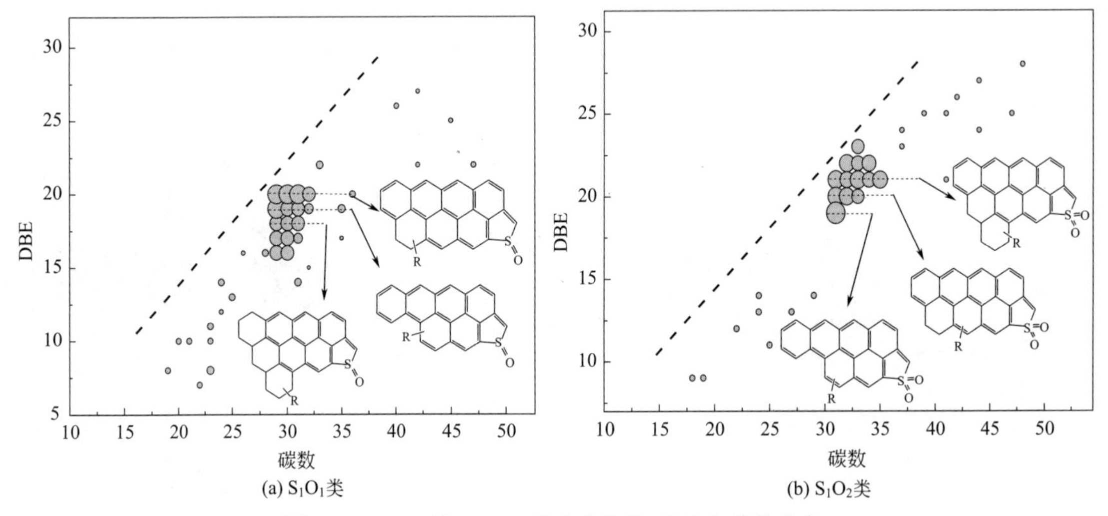

图 4-17 S_1O_1类、S_1O_2类化合物的 DBE 和碳数分布

合物主要以 O_1类存在。O_1类化合物的母体结构可能为缩合度较高的呋喃类衍生物，也可能为缩合度较高的酮类衍生物。同时碱性含氮化合物主要以 N_1类存在。N_1类的母体结构主要为缩合度高的吡啶类衍生物。与原油沥青质相比，中低温煤焦油沥青质中 N_1类的 DBE 分布区域比较集中，且 N_1类化合物的缩合度比原油沥青质中 N_1类化合物的缩合度高。中性硫化合物主要以 S_1类、S_1O_1类、S_1O_2类存在。其中，S_1类的母体结构主要为低缩合度的噻吩类衍生物，也可能为低缩合度的硫醚类衍生物。S_1O_1类的母体结构主要为 5～8 个芳香环和 1 个噻吩亚砜环相结合的硫氧化合物。

4.1.4.3 XPS

X 射线光电子能谱（XPS）技术可以提供样品表面除氢和氦之外的所有元素的定性和半定量信息，被广泛用于研究煤、煤焦、石油沥青质中碳、氧、硫、氮表面官能团类型和相对含量。通过对 XPS 谱图分峰拟合、归一化法定量分析，可以得到不同赋存形态的原子相对含量[27,34,35]。

朱永红等[35]利用XPS对中低温煤焦油重组分沥青质的元素赋存状态进行系统研究。沥青质的XPS谱图见图4-18，分峰拟合和归一化法结果见表4-17。

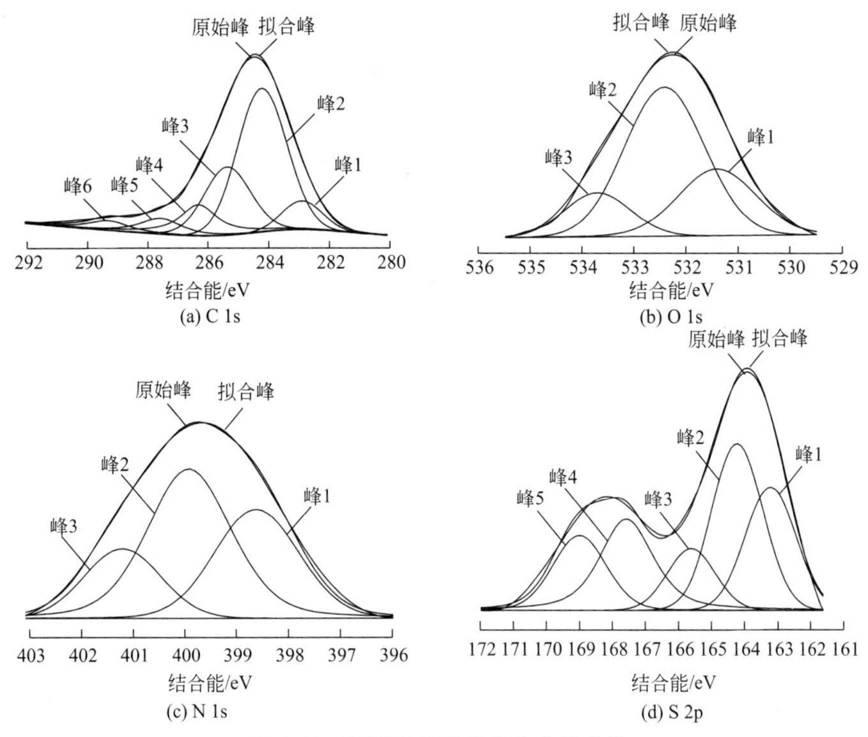

图4-18 沥青质XPS的拟合分峰曲线

表4-17 沥青质中各元素类型及含量

原子类型		摩尔分数/%
C原子	dc	7.8
	sp^2碳	47.5
	sp^3碳	22.4
	C—O—C、C—OH、C—O	13.0
	C═O	6.2
	COO—	3.1
O原子	无机氧	0.0
	C═O	24.5
	C—O—C、C—OH、C—O	61.9
	COO—	13.6
	吸附氧	0.0
N原子	吡啶氮	33.6
	吡咯氮	46.9
	质子化吡啶氮	19.5
	氮氧化物氮	0.0

续表

原子类型		摩尔分数/%
S原子	烷基硫化物、硫醚型硫	22.3
	噻吩型硫	29.4
	亚砜型硫	10.6
	砜型硫和磺酸	20.6
	硫酸盐型硫	17.1

由表 4-17 可以看出，沥青质表面主要以 C 元素为主，其摩尔分数为 83.9%，其中 C 主要以 sp^2 碳和 sp^3 碳的形式存在，二者摩尔分数之和达 69.9%，以 C═O 和 COO—基团存在的 C 很少。该沥青质表面的杂原子以 O 原子为主，N 和 S 原子较少。含氧官能团主要是酚羟基和醚氧键，摩尔分数达 61.9%，C═O 和 COO—的摩尔分数分别为 24.5%和 13.6%。含氮官能团主要以吡啶和吡咯为主，摩尔分数达 80.5%，质子化吡啶的摩尔分数为 19.5%。含硫官能团中，噻吩型硫与烷基硫化物、硫醚型硫比较多，摩尔分数达 51.7%，其中噻吩型硫占到了 29.4%。沥青质表面吡啶氮、吡咯氮和噻吩硫的摩尔分数低于石油系列沥青质表面，这可能是造成在催化加氢工艺中，中低温煤焦油中氮、硫化物的脱除比石油系列油中氮、硫化物的脱除更容易，更易实现深度加氢脱氮、脱硫精制的重要原因。

4.1.4.4 FTIR

FTIR 可以对沥青质中的官能团进行定性区分[35-38]。袁扬[39]用 FTIR 对中低温煤焦油沥青质的分子结构进行了研究，见图 4-19。从图 4-19 可以看出，中低温煤焦油沥青质有芳香族化合物共轭双键(C═C)的伸缩振动峰、C—H 键的伸缩振动、苯环的 Ar—H 伸缩振动、芳香环骨架伸缩振动以及 Ar—H 弯曲振动，说明沥青质中存在大量的芳香烃结构，碳的存在形式主要是C—C 骨架以及 C—H。此外，还可以看出沥青质的 FTIR 图中存在碳氧单键的吸收振动峰，而没有羰基（C═O）的伸缩振动吸收峰，说明，沥青质中的氧可能以醚氧和酚羟基氧的形式存在，而羰基氧含量比较少。裴亮军等[32]用 *A* 因子描述沥青质的芳香度，研究了不同正构烷烃沉淀剂对中低温煤焦油沥青质结构组成的影响规律，发现随着正构烷烃溶剂碳原子数增加，沥青质的 *A* 因子值从 0.653 到 0.642 依次减小，说明沥青质的脂肪碳与芳香碳比值依次减小，沥青质的芳香度增大，加氢难度增大。

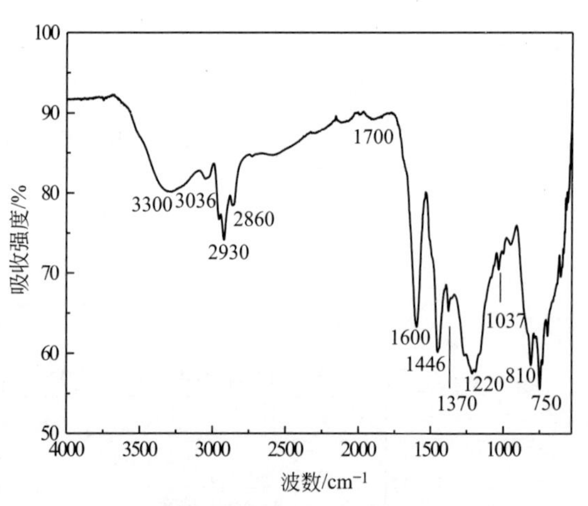

图 4-19 中低温煤焦油沥青质的 FTIR 谱图

4.1.4.5 NMR

中低温煤焦油组分繁多且复杂，各类基团化学位移位置不能明确区分，也存在一定的重叠[40]。此外，根据 C 与 H 元素组成、分子量、氢原子类型及分布数据，采用改进的 Brown-

Lander 公式[41]可以计算煤焦油组分的一些重要结构参数。邵瑞田等[30]采用 NMR 方法对中低温煤焦油 As-C_5、As-C_6和 As-C_7沥青质进行了研究，氢原子类型及分布结果见表4-18，结构参数见表 4-19。

表 4-18　^{1}H-NMR 谱图中氢原子类型及分布

类型	As-C_5	As-C_6	As-C_7
芳香侧链 γ 位以及更远的氢 H_γ	0.0806	0.0901	0.0914
芳香侧链的 β 氢 H_β	0.2710	0.2700	0.2607
芳香侧链的 α 氢 H_α	0.3470	0.3281	0.3109
芳香氢 H_A	0.3014	0.3118	0.3370

表 4-19　平均分子结构参数

参数	As-C_5	As-C_6	As-C_7
芳香度 f_A	0.7135	0.7163	0.7353
芳香环取代度 σ	0.3593	0.3448	0.3157
芳香环系缩合度参数 H_{AU}/C_A	0.5650	0.5627	0.5604
氢碳原子比 H/C	0.8960	0.8617	0.8368
总氢数 H_T	31.8362	32.6213	32.2689
总碳数 C_T	35.5704	37.8870	38.5639
芳香碳原子数 C_A	25.3795	27.1385	28.5639
饱和碳原子数 C_S	10.1909	10.7485	10.2079
芳环系 α 碳原子数 C_α	5.5236	5.3515	5.0162
芳环系统外围碳原子数 C_{AP}	14.9834	15.5223	15.8908
芳香环系内碳原子数 C_I	10.3961	11.6162	12.4652
芳环数 R_A	6.1981	6.8081	7.2326
总环数 R_T	7.9626	9.0071	9.2515
环烷环数 R_N	1.7645	2.1990	2.0179
平均烷基侧链碳原子数 n	2.3179	2.2072	1.9674

由表 4-18 和表 4-19 可知，As-C_5、As-C_6、As-C_7 的芳香度 f_A逐渐增大，H/C 原子比逐渐减小，因为沥青质中烷基链及环烷环所占比例逐渐变小，芳环的比例逐渐增大，芳环缩合程度逐渐增强，芳香环系以渺位缩合为主。此外，随着正构烷烃溶剂碳原子数的增加，沥青质的总环数、芳香环数均逐渐增多，其中芳香环占大部分。说明 As-C_5、As-C_6、As-C_7 的芳环稠度逐渐增高，缩合性逐渐增强。因此，在中低温煤焦油加工利用过程中，这三种沥青质的结焦潜质逐渐增大。

4.1.4.6　XRD

通过 XRD 的表征分析可以获得沥青质的堆积结构参数。沥青质的 XRD 图主要有 3 个特征峰：γ 峰、(002) 峰、(100) 峰，分布在 2θ 为 20°、26°、44°附近。γ 峰反映了烷基侧链的堆积，(002) 峰代表芳香片层的堆积结构。此外，根据 Senerrer 公式及 Bragg 方程[42,43]可以计算沥青质的表观微晶结构。

吴乐乐等[27]研究了中低温煤焦油沥青质的结构组成，其XRD谱图如图4-20所示，表观微晶结构参数 $d_{\gamma}=0.2633\text{Å}$，$L_a=1.023\text{Å}$（$1\text{Å}=10^{-10}\text{m}$）。

由图4-20可以看出，中低温煤焦油沥青质主要有γ峰和（100）峰。其中，γ峰反映了烷基侧链的堆积，该沥青质缺少代表芳香片层堆积的（002）峰。这是因为沥青质单元结构缔合度较低，片层结构较小，难以有序堆积，使有机分子中碳原子趋于无规则无定向排列，晶格化程度变低导致（002）峰强度减弱或消失。该沥青质烷基链间距和芳香片层直径较小，说明煤焦油沥青质中烷基侧链少而短，沥青质单元结构之间的缔合性小，说明其烷基侧链少而短，且较短的侧链可能会造成空间位阻过低，更难形成堆积结构。

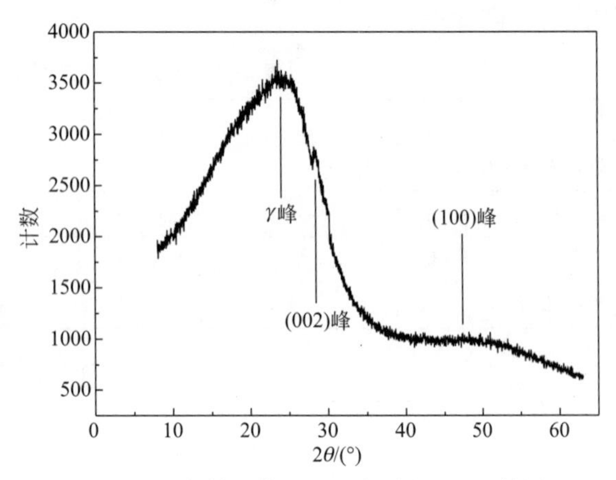

图4-20　中低温煤焦油沥青质的XRD谱图

综上所述，中低温煤焦油沥青质具有的特点如下：a. 沥青质的主要结构为多环稠合芳香烃并富含杂原子，芳香度较大，分子量、烷基链间距和芳香片层直径较小，芳环上烷基侧链短而少，难以形成堆积结构；b. 沥青质表面主要为C元素，C主要以 sp^2 碳和 sp^3 碳的形式存在，以C═O和COO—基团存在的C很少；c. 沥青质表面的杂原子以O原子为主，N和S原子较少，其中含氧官能团主要是酚羟基和醚氧键为主，含氮官能团主要以吡啶和吡咯为主，含硫官能团以噻吩型硫、烷基硫化物为主；d. 沥青质中的酸性氧主要为 O_4 类的四元酚类，中性氧主要为 O_1 类的呋喃类或者酮类。碱氮中 N_1 类的母体结构主要为DBE值在16～25之间的吡啶类衍生物。

4.2　中低温煤焦油深加工关键技术原理

4.2.1　煤焦油预处理

中低温煤焦油中含有大量杂质，主要包括金属、无机盐、灰分和水分等。由于不同类型的杂质会对煤焦油深加工工艺造成不同程度的危害，因此，对其进行预处理是极为重要的环节。

4.2.1.1　杂质分布形态及危害

（1）金属杂质

中低温煤焦油与原油、减压渣油在组分和组成上存在相似性，故可借鉴原油中金属分类方法将其分为三类[44]：第一类是金属无机盐，主要包括金属氯化盐、金属碳酸盐、金属硫酸盐等；第二类是金属有机盐，主要以非水溶性（油溶性）有机金属化合物存在；第三类是高分子配合物，此类金属元素组成复杂且很难被脱除，如卟啉与非卟啉金属盐。煤焦油中金属杂原子形态分布各异、含量较低，不宜直接对其分析，故研究者一般先采用不同的分离、富集方法将煤焦油进行处理，然后分别对各个组分进行具体表征分析。

李冬[45-48]课题组采用四组分法研究了中低温煤焦油中金属的分布及形态，结果发现该类焦油中的金属主要是 Fe 和 Ca，其主要存在于甲苯不溶物和沥青质中。这些金属化合物不仅以无机物的形式存在，而且以卟啉和非卟啉高分子螯合物、酚盐和环烷酸盐等石油酸盐的形式存在。马洪玺等[49]研究了金属元素在中低温煤焦油不同馏分中的分布情况，结果发现：80%以上金属元素集中在 450℃以上的馏分中。马明明等[50]对 390℃以下中低温煤焦油不同馏分中金属元素的分布进行了研究，在所有馏分中未发现 Fe、Ca 金属元素，继而也验证了 Fe、Ca 金属主要以无机盐形式存在于重组分中。

中低温煤焦油中金属杂质不仅对反应设备有影响，而且还能危害到催化剂。一方面，中低温煤焦油中的金属无机盐类（特别是氯化钙和氯化镁等），在 120℃时开始与煤焦油中的水发生水解反应，生成氯化氢，当温度降低、水蒸气凝结成水时，氯化氢溶于水生成盐酸，造成管道、冷凝系统的腐蚀。另一方面，煤焦油加氢过程中，煤焦油中的金属化合物在高温条件下与硫化氢反应生成固态金属硫化物，并沉积在催化剂的外表面和孔道内，覆盖催化剂表面的活性中心，导致催化剂中毒失活[51]。

（2）水

中低温煤焦油中的水主要以三种形式存在：一是悬浮水，水在油中呈悬浮状态，该种水可采用加热沉降方法分离除去；二是乳化水，即在煤焦油加工过程中，由于剧烈搅动以及煤焦油本身乳化剂效应，形成油包水（W/O）或水包油（O/W）型乳化液，必须用特殊的脱水方法进行脱除；三是溶解水，水以分子状态存在于有机化合物分子之间，成均相状态，一般很难脱除。煤焦油水含量高会引起设备腐蚀，反应温度波动，装置压力变化，使煤焦油受热不均匀。另外，水蒸气与催化剂长时间接触，易使其活性和强度下降，甚至发生粉化现象。

（3）固体杂质

在热解过程中，部分细小的炭颗粒、无机物等会进入煤焦油中，这些固体杂质会影响煤焦油后续加工利用。其中喹啉不溶物（QI）和甲苯不溶物（TI）含量是影响煤焦油加工利用的主要指标。

QI 是指中低温煤焦油中不溶于喹啉的组分，其中有机 QI 占 95%以上，以稠环大分子芳烃为主，呈微米级的细小颗粒，表面性质活泼，容易被煤焦油中油质部分包裹。无机 QI 主要由煤气夹带的焦炉炭化室耐火砖粉末、焦化产物、回收管道被腐蚀的 Fe_2O_3 碎屑以及煤中的灰分颗粒等物质构成。其粒度在 10μm 左右，与有机 QI 一起以悬浮物或胶体的形态稳定地存在于煤焦油中，很难用自由沉降的办法除去[52]。黄江流等[53]对陕北煤焦油中的 QI 性质做了分析，研究认为：煤焦油中 QI 的颗粒形状不规则，粒径大小不一，且分布不均匀，组分主要以 C 和 O 元素为主，C 大部分以碳氢化合物、醚类、酚类的形式存在，总含量达 73.2%（质量分数，下同），另有 26.8%的 C 是以石墨碳形式存在，而 O 主要以羰基、碳氧单键和羧基形式存在，总含量达 85.6%。

TI 是指中低温煤焦油中不溶于甲苯溶剂的组分，可分为无机组分和有机组分两部分。无机组分主要以金属无机矿物盐为主，有机组分主要为 C、O、S、N 元素组成的复杂化合物，其中 C、O 元素也主要以酚、醚类存在，S 元素主要以硫酸盐的类型存在，还有一定量亚硫酸盐和噻吩，N 元素主要以吡啶、吡咯和氮氧化合物存在。

QI 和 TI 均是固体大颗粒物、复杂的有机物和无机物的混合体，可参与生成焦炭网格，从而严重影响煤焦油的加氢过程。

4.2.1.2 煤焦油预处理工艺技术

（1）静置沉降分离技术

静置沉降分离技术主要根据固体杂质、煤焦油和水三者密度不同，通过长时间静置，依靠重力将其分离开，从而达到净化的目的[54]。由于煤焦油比较黏稠，该分离技术效率较低，一些研究者则通过升温、稀释升温沉降（主要添加降黏剂或脱水剂）等手段提高分离效率[55]，虽然能去除大部分机械杂质和水分，仍无法有效脱除粒径较小的杂质来满足煤焦油后续深加工的需求。

（2）离心分离技术

离心分离技术同静置分离技术原理相似，分离效果总体要优于静置分离。

李应海[56]考察了不同离心转速对煤焦油原料脱油脱渣的影响，结果表明，在离心转速3000r/min下，处理后煤焦油中含渣量≤0.3%，含水量≤2.0%。唐应彪等[57]采用了离心技术对煤焦油中金属及灰分脱除进行研究，发现在较为苛刻的工艺条件下，金属及灰分的脱除率均低于10%，离心分离技术对于粒径较小的灰分脱除效果不明显，且只能脱除杂质中的无机金属，故单纯依靠离心分离技术也无法达到脱金属的效果。

以上两种煤焦油预处理技术主要用于初级脱除煤焦油中杂质和水分，而对煤焦油中无机盐类、大部分金属等无明显脱除效果。

（3）电脱盐脱水技术

电脱盐脱水技术最先应用于石油炼制领域，近年来，研究者将其应用到煤焦油预处理领域。其电脱盐脱水过程为：首先，在煤焦油中加入一定量的新鲜水和适量破乳剂充分混合洗涤破乳；然后，在高压电场发生偶极聚集和电泳聚集作用下，使含盐的小水滴极化，逐渐聚结为大水滴；最后，根据油水密度差异而发生沉降，实现脱水脱盐效果[58]。煤焦油电脱盐脱水技术原理如图4-21所示[59]。

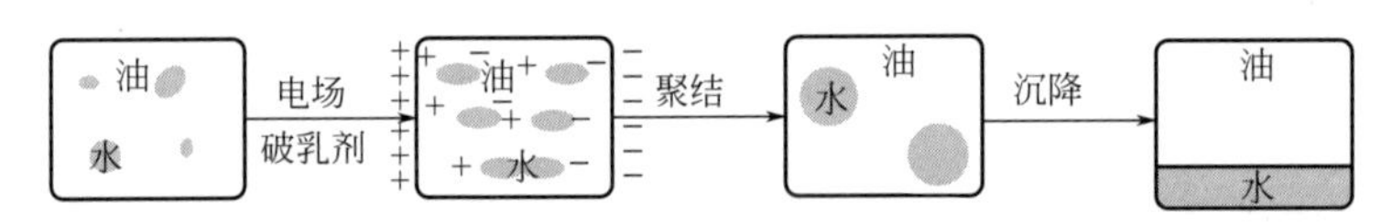

图4-21 煤焦油电脱盐脱水原理示意图

影响电脱盐脱水工艺技术的因素较多，如破乳剂类型及添加量、设备防腐及耐压性能、电场梯度等。崔楼伟等[60]采用响应面优化了煤焦油电脱盐脱水工艺参数，得到了优化的条件为：电脱盐温度110.97℃，电场强度983.06V/cm，破乳剂注入量9.65μg/g，电脱后煤焦油的水分含量低于300μg/g，金属含量为24～25μg/g。李学坤等[61]也运用响应面法考察影响煤焦油电脱盐脱水效果的因素，其影响的大小顺序为：去离子水加入量＞破乳剂加入量＞脱水时间＞脱水温度。抚顺石化研究院刘纾言等[62]采用电脱盐脱水法，在脱金属剂和破乳剂共同作用下，对一种中低温煤焦油进行预处理研究，确定最佳工艺条件为：电场强度为1000V/cm，处理温度为140℃，注水比例为6%，破乳剂加入量为30～50μg/g，处理时间为20min，脱盐量达到34%以上，水含量由100%降低到13%，总金属脱除率仅为27%。

电脱盐脱水技术不仅能脱除绝大部分盐类和水，而且还能脱除部分金属杂质。目前已有工业化应用装置，如神木富油能源科技有限公司[63]煤焦油加氢配套的电脱盐脱水装置，其工艺流程如图4-22所示。

该工艺流程主要包括5个步骤。a. 制备混合油：将煤焦油与稀释油（柴油馏分油或加

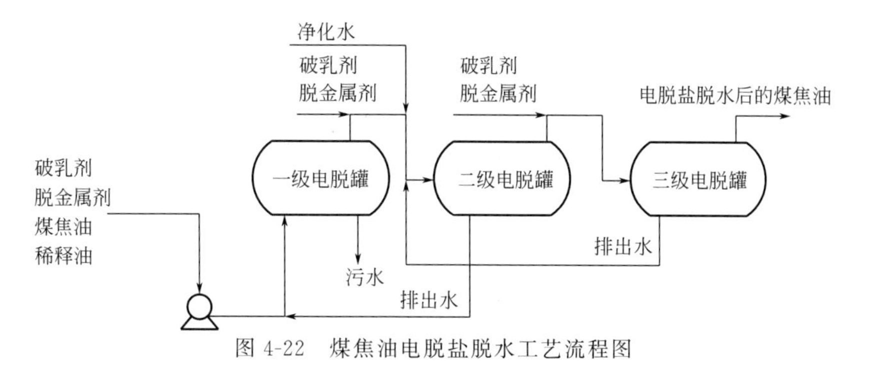

图 4-22　煤焦油电脱盐脱水工艺流程图

氢生成油）按 1∶(0～0.25) 在管道中混合，并在管道中注入 5～10μg/g 破乳剂和 20～40μg/g 的脱金属剂（以 10kg 煤焦油计），制成混合油，预热至 130～150℃。b. 一级电脱：混合油送入一级电脱罐，一级电脱罐对送入混合油中的水分、固体杂质和金属进行一次脱除，向一级电脱罐分离出的煤焦油中注入破乳剂和金属剂，并加入 8%～10%（以总煤焦油质量计，质量分数）净化水，送入二级电脱罐。c. 二级电脱：二级电脱罐对送入煤焦油中的水分、固体杂质和金属进行二次脱除，并注入破乳剂和脱金属剂，送入三级电脱罐，二级电脱罐的排出水返送到混合管道并进入一级电脱盐罐。d. 三级电脱：三级电脱罐对二级电脱罐送入煤焦油中的水分、固体杂质和金属进行再次脱除，净化后的煤焦油输出加工并生产汽油、柴油，排出水返送入二级电脱罐。三级电脱罐净化后的煤焦油中水分、固体杂质、金属的净化率应大于 95%。e. 污水排放：从煤焦油中脱除的含有固体杂质、金属的污水由一级电脱罐排出。

(4) 酸精制技术

酸精制法主要依据酸精制剂的强酸作用、络合作用和螯合作用等脱除煤焦油中杂原子化合物。其中，煤焦油中的金属杂原子可与酸精制剂中释放出的 H^+ 或羧酸根离子或酚基离子结合，从而使金属离子浓度降低；另外，煤焦油中的氮杂原子多以碱性氮存在，可发生酸碱中和络合反应去除。酸精制剂主要为无机强酸和有机酸，如硫酸、盐酸、磷酸、甲酸等。典型的脱除机理[64]如下：

$$(RCOO)_2M + 2H^+ \longrightarrow 2RCOOH + M^{2+} \tag{a}$$

$$\left[\text{R-}C_6H_4\text{-O}\right]_2 M + 2H^+ \rightleftharpoons 2\ \text{R-}C_6H_4\text{-OH} + M^{2+} \tag{b}$$

$$\left[\text{R-}C_6H_4\text{-O}\right]_2 M + Y \rightleftharpoons 2\left[\text{R-}C_6H_4\text{-O}\right] + [MY]^{2+} \tag{c}$$

式中，M 为金属 Fe、Ca；Y 为有机酸。

$$C_4H_4S + H_2SO_4 \rightleftharpoons C_4H_3S\text{-}SO_3H + H_2O \tag{d}$$

$$C_5H_5N + H^+ \rightleftharpoons C_5H_5NH^+ \tag{e}$$

丹麦托普索公司[65]推出了世界首套煤焦油酸洗预处理技术，可有效脱除 90% 以上的 Fe、Ca 等金属杂质和有机氮，同时对 C、H 原子无影响，预处理过程中煤焦油的损失极小，且可适用于不同的煤焦油。煤焦油酸洗预处理工艺流程如图4-23所示。

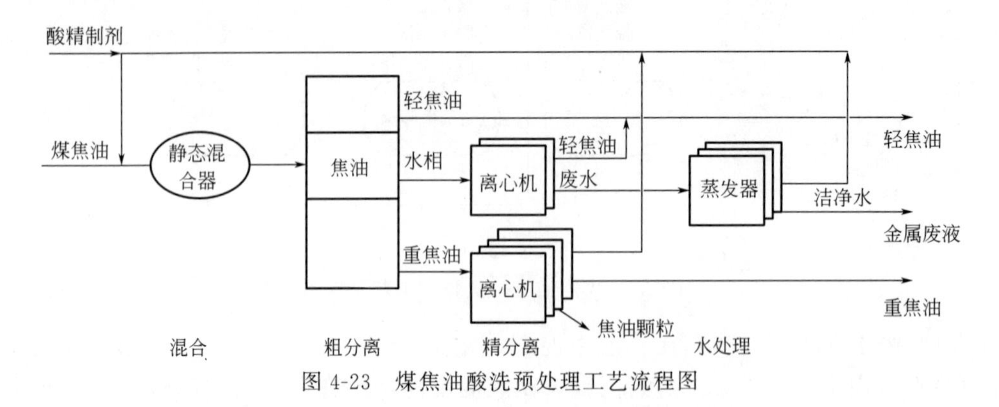

图4-23 煤焦油酸洗预处理工艺流程图

具体工艺流程为：a. 混合阶段，酸精制剂和煤焦油在一定的温度下进入静态混合器中充分混合反应；b. 粗分离阶段，混合后的物料进入迷宫式分离室经缓慢移动、长时间停留，分离成轻煤焦油、水相和重煤焦油三相；c. 精分离阶段，轻煤焦油无须处理，可直接进入加氢单元，水相进入蝶形离心机分离出废水和轻焦油，重煤焦油进入三相离心机连续分离出重焦油、水和焦油颗粒；d. 水处理阶段，经分离阶段分出的废水送入蒸发器中进行三级蒸发回收处理，产生含金属和酸的废液，可进行中和处理。

中石化公开了一种煤焦油原料的预处理方法[66]。该方法为：将煤焦油原料与稀释介质按体积比为(1∶1)～(1∶10)混合后得到混合物料，混合温度为50～75℃，其中，稀释介质为苯、甲苯、二甲苯、催化柴油、洗油或蒽油中的一种或几种；混合物料与0.5%～10%酸溶液在酸洗罐内混合并进行酸洗处理，酸洗操作温度为50～75℃，酸洗时间为0.5～5h，其中酸溶液的溶剂为水，溶质为柠檬酸、草酸、苯磺酸、甲酸、乙酸、磷酸、盐酸、硫酸或硝酸中的一种或几种；酸洗后的液体物料进入下一级油水分离器进行油水分离，分离后得到水相Ⅰ和油相Ⅰ，水相Ⅰ送至水处理回收单元，油相Ⅰ与水以体积比为(1∶1)～(1∶10)在水洗罐内混合并进行水洗处理；水洗后的液体物流进入二级油水分离器进行油水分离，二级分离后得到的水相Ⅱ送至水处理回收单元，二级分离得到的油相Ⅱ作为加氢处理的原料。

采用无机酸对油品进行预处理方法简单，脱除效果较好，能脱除大部分非金属杂原子化合物，但是会产生一系列污染物，如煤焦油酸渣、含酸废水等，如若处理不当，将会造成严重的环境污染。

虽然目前的煤焦油预处理技术研究取得了一定的进展，但是每种技术对杂质脱除有一定的局限性。未来可利用各工艺技术的优势，将多种方法相结合，打破单一技术的局限性，研发出更加科学、更加高效的中低温煤焦油预处理技术。

4.2.2 精馏分离

4.2.2.1 煤焦油三塔式精馏

低温煤焦油是一个组分复杂的混合物，姚琦敏等[67]依据何国锋等[68,69]定性定量分析的低温煤焦油中103种化合物，模拟设计了低温煤焦油物质组成（表4-20），并在法国IRH工程公司的常减压焦油蒸馏工艺、德国VFT焦油加工公司的Castrop Rauxel工艺、Still-Otto公司的三塔式常减压工艺以及日本JFE的常减压蒸馏工艺的基础上，设计了40万吨三塔式低温煤焦油常减压工艺计算模型，并通过 Aspen Plus 建立了三塔式精馏分离模型。图 4-24 为三塔式低温煤焦油常减压工艺流程图。

表 4-20　低温煤焦油设计组成

馏分名称	沸点范围/℃	产率/%	所含主要化合物
轻油/水	<170	10.1	水、甲烷、吡啶、乙烷、辛烷、二甲苯、壬烷等
酚油	170～210	10.3	茚、苯酚、甲基苯酚、癸烷、二甲酚、喹啉等
萘油	210～230	11.4	萘、甲基萘、二甲萘、十二烷等
洗油	230～270	11.5	十三烷、喹啉、联苯、苊、氧芴、吲哚等
蒽油	270～360	16.5	十七烷、十八烷、十八烯、蒽、菲、咔唑等
沥青	>360	40.2	虚拟组分

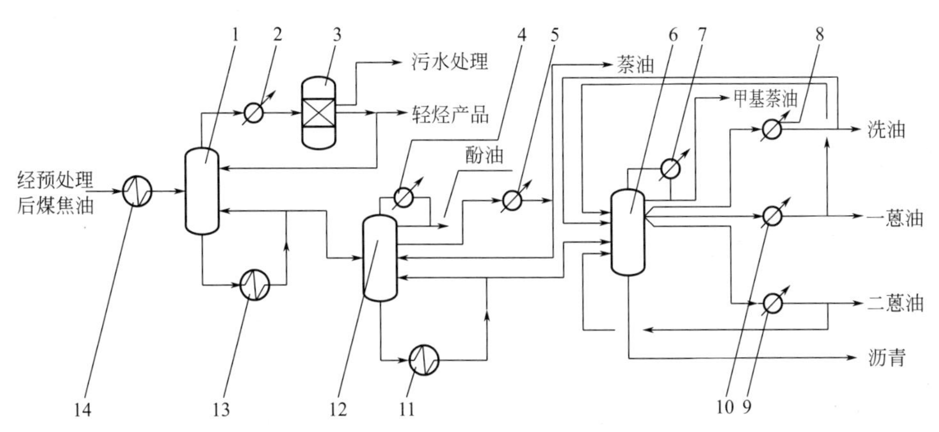

图 4-24　三塔式低温煤焦油常减压工艺流程图

1—脱水塔；2，4，5，7，8，9，10—冷凝器；3—油水分离器；
6—减压塔；11，13，14—管式炉；12—常压塔

经过预处理的煤焦油用泵输送到管式炉，加热至 120℃左右，然后进入脱水塔，塔顶物料经过冷却和油水分离后，水相进行污水处理，而油相一部分回流到脱水塔顶部，一部分作为轻烃产品；脱水塔塔底物料用泵送到管式炉，加热至 250℃左右，一部分回流到脱水塔塔底用于塔内物料加热，另一部分进入常压塔。常压塔顶部采出酚油；侧线物料经过冷却后，经泵加压，一部分回流至常压塔，一部分作为侧线产品萘油；常压塔底物料用泵送到管式炉，加热至 360℃左右，一部分回流到常压塔底用于塔内物料加热，另一部分进入减压塔。减压塔顶部采出甲基萘油馏分，真空系统减压到 10kPa；减压塔侧线分别采出洗油、一蒽油、二蒽油；减压塔底为沥青产品。模拟完成后，主要物流质量流量及代表产品占比如表 4-21 所示。

表 4-21　40 万吨/年煤焦油三塔式精馏分离物流质量流量及代表产品占比

名称	脱水塔			常压塔		
	煤焦油	分离水	轻油	脱水煤焦油	酚油	萘油
温度/℃	120	111	70	250	187.3	206.2
质量流量/(t/h)	50	1.495	1.5	47.005	9	3

续表

名称		脱水塔			常压塔		
		煤焦油	分离水	轻油	脱水煤焦油	酚油	萘油
代表产品分率/%	水	3	99	0.4			
	甲苯	0.1209		4			
	二甲苯	2.6239		86.7			
	苯酚	4.3243			4.6	23.1	
	邻甲基酚				3.3	16.1	
	间甲基酚	4.6699			5	21.7	
	对甲基酚	1.6819			1.8	6.5	
	二甲基酚	3.4893			3.7	13.9	0.5
	萘	2.7652			2.9	0.5	76.2
	甲基萘	1.9524			2.1		
	十二烯	0.2552			0.3		4.2
	十二烷	0.4089			0.4		5.7

名称		脱水塔			常压塔		
		煤焦油	分离水	轻油	脱水煤焦油	酚油	萘油
温度/℃		360	168.6	193.1	228	232.2	304.1
质量流量/(t/h)		35	5	3	1.2	1	24.8
代表产品分率/%	甲基萘	2.7887	18.9				
	乙基萘	0.39	2.6				
	二甲萘	7.7537	50.2	5.2			
	氧芴	4.9969	3.9	49.6	1.8		
	苊烯	1.6433	2.1	12.8	0.5		
	菲	4.6371			68	44.7	
	蒽	1.691			2.1	21.8	
	十八烷	0.559			13.4	1.2	
	十八烯	0.1853			3.1	0.3	
	十九烷	0.9835			5.2	17.1	
	十九烯	0.4615			1.1	7.4	
	煤沥青	0.5760					82.5

该研究通过对低温煤焦油常减压三塔精馏分离模拟，初步实现了酚油、萘油、甲基萘油、洗油等组分的分离，从理论上验证了低温煤焦油分离的可行性，为后续进一步分离加工提供了基础，对工程设计及工厂运营具有一定的参考价值。

4.2.2.2 煤焦油粗酚的连续精馏分离

张存社等[70]发明了一种连续精馏分离中低温煤焦油粗酚的工艺。其方法是以抽提中低温煤焦油所得粗酚为原料，经过六塔连续精馏，并进行除杂、分离，得到含量99.5%以上的苯酚和邻甲酚，含量大于99%的2,6-二甲基苯酚、对甲基苯酚、间甲基苯酚和2-乙基苯酚的混酚产品及含量大于96%的2,4-二甲基苯酚、2,5-二甲基苯酚、4-甲基-2-乙基苯酚和6-甲基-2-乙基苯酚的混酚产品等。该操作单元主要包括脱轻组分单元、苯酚邻甲酚单元、间对甲酚单元、二甲酚单元、三甲酚单元、脱色单元和真空系统。工艺流程如图4-25所示。

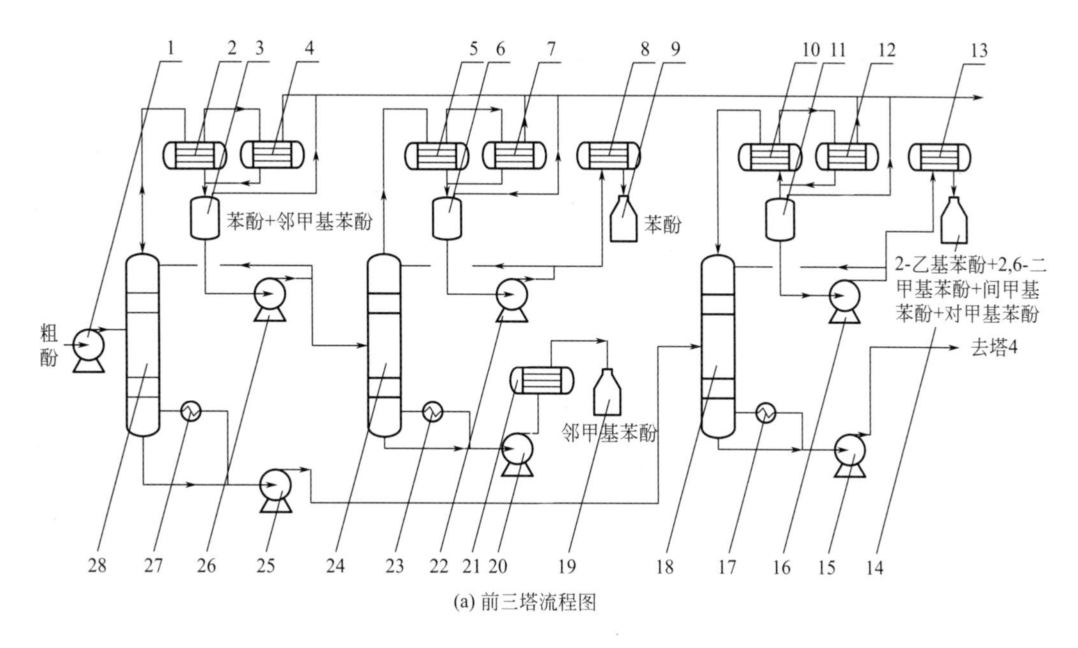

(a) 前三塔流程图

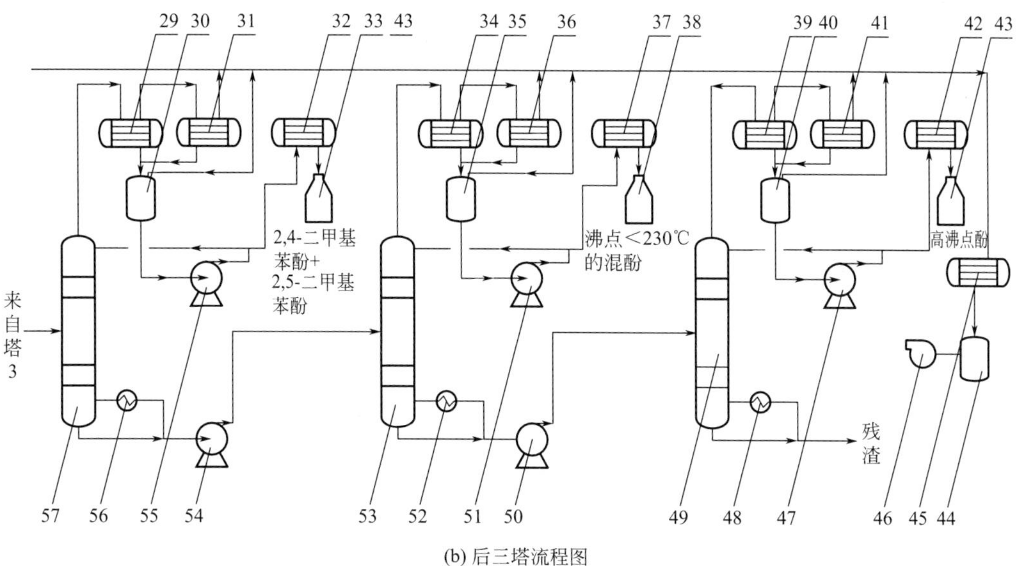

(b) 后三塔流程图

图 4-25 粗酚六塔连续精馏流程图

1—进料泵（泵 1）；2—顶冷凝器 1；3—回流罐 1；4—顶捕集器 1；5—顶冷凝器 2；6—回流罐 2；7—顶捕集器 2；8—顶冷却器 1；9—顶产品罐 1；10—顶冷凝器 3；11—回流罐 2；12—顶捕集器 3；13—顶冷却器 2；14—顶产品罐 2；15—进料泵（泵 7）；16—顶出料泵（泵 6）；17—底再沸器 3；18—间对甲酚塔（塔 3）；19—底产品罐 1；20—底出料泵（泵 5）；21—底冷却器 1；22—顶出料泵（泵 4）；23—底再沸器 2；24—苯酚临甲酚塔（塔 2）；25—进料泵（泵 3）；26—回流泵（泵 2）；27—底再沸器；28—脱轻组分塔（塔 1）；29—顶冷凝器 4；30—回流罐 4；31—顶捕集器；32—顶冷却器 3；33—顶产品罐 3；34—顶冷凝器 5；35—回流罐 5；36—顶捕集器；37—顶冷却器 4；38—顶产品罐 4；39—顶冷凝器；40—回流罐；41—顶捕集器；42—顶冷却器 5；43—顶产品罐；44—真空缓冲罐；45—真空冷凝器；46—真空泵（泵 13）；47—顶出料泵（泵 12）；48—底再沸器 6；49—脱色塔（塔 6）；50—进料泵（泵 11）；51—顶出料泵（泵 10）；52—底再沸器；53—三甲酚塔（塔 5）；54—进料泵（泵 9）；55—顶出料泵（泵 8）；56—底再沸器 4；57—二甲酚塔（塔 4）

具体工艺流程及操作步骤为：a. 将中低温煤焦油所得的粗酚原料送入塔 1，塔顶物料经冷凝器 1、捕集器 1 后采出苯酚、邻甲基苯酚混合酚，混合酚经冷却后流入回流罐 1，回流罐 1 中物料由泵 2 输送，一部分回流进塔 1，另一部分进入塔 2；b. 通过塔 2 精馏分离，塔顶出料经冷凝器 2、捕集器 2 进入回流罐 2，回流罐 2 中物料经泵 4 输送，一部分回流入塔 2，另一部分采出苯酚，苯酚经顶冷却器 1 进入产品罐 1，为保证塔底邻甲基苯酚产品的质量，苯酚应尽量全部由塔 2 顶采出，塔 2 底出料经冷却器 1 冷却后采出邻甲基苯酚产品，进入底产品罐 1；c. 将塔 1 底物料一部分由再沸器 1 加热进入塔 1，另一部分由泵 3 送入塔 3，塔 3 顶出料经冷凝器 3、捕集器 3 后进入回流罐 3，回流罐 3 中物料由泵 6 输送，一部分回流至塔 3，另一部分采出，经顶冷却器 2 进入产品罐 2，为 2-乙基苯酚、2,6-二甲基苯酚、间甲基苯酚和对甲基苯酚混合酚；d. 将塔 3 底物料一部分由再沸器 3 加热进入塔 3，另一部分由泵 7 送入塔 4，塔 4 顶出料经冷凝器 4、捕集器 4 冷凝后进入回流罐 4，回流罐 4 中物料由泵 8 输送，一部分回流至塔 4，另一部分采出，经顶冷却器 3 进入产品罐 3，主要为 2,4-二甲基苯酚和 2,5-二甲基苯酚；e. 将塔 4 底物料一部分由再沸器 4 加热进入塔 4，另一部分由泵 9 送入塔 5，塔 5 顶出料经冷凝器 4、捕集器 5 后进入回流罐 5，回流罐 5 中物料由泵 10 输送，一部分回流至塔 5，另一部分采出，经顶冷却器 5 进入产品罐 4，为沸点＜230℃的混酚；f. 将塔 5 底物料一部分由再沸器 5 加热进入塔 5，另一部分由泵 11 送入塔 6，塔 6 顶出物料经冷凝器 6、捕集器 6 冷凝后进入回流罐 6，回流罐 6 中物料由泵 12 输送，一部分回流至塔 6，另一部分采出，经顶冷却器 5 进入产品罐 5，主要为高沸点酚，将塔 6 底物料由再沸器 6 换热进入塔 6，其余作为釜残料排出。该方法和装置采用六塔连续精馏的方式进行粗酚的分离和精制，整个工艺过程连续，且在每个精馏塔底部均设置了再沸器，可以对塔底液料进一步加热，有利于提高产品的产量。

4.2.3 催化加氢

中低温煤焦油催化加氢过程主要分为加氢精制和加氢裂化。加氢精制包括原料中 S、N、O 和金属杂原子的加氢脱除以及不饱和化合物的加氢饱和两大反应类型，加氢裂化包括饱和环的开环、长链饱和烃裂解为小分子链烃及重芳烃裂解为轻芳烃等反应过程。

4.2.3.1 加氢精制

(1) 加氢脱硫（HDS）反应

相对于石油重质油，中低温煤焦油中硫含量较低，一般在 0.5%（质量分数）以下。其含硫化合物可分为非噻吩类和噻吩类，非噻吩类硫化物包括硫醇、硫醚和二硫化物等化合物，噻吩类硫化物主要有噻吩、苯并噻吩、二苯并噻吩及其烷基衍生物等[71]。

非噻吩类含硫化合物在加氢过程中 C—S 单键断裂，分子中的硫较容易脱除，一般经过以下步骤：C—S 键断裂→分子碎片加氢→转化为烃类和 H_2S。噻吩类化合物的加氢脱硫有两条路径：a. 预加氢脱硫路径，即 C—S 键直接断裂脱硫然后再加氢饱和。b. 氢解脱硫路径，即 C═C 先加氢饱和之后，C—S 键再断裂[72]。

噻吩的加氢脱硫反应是通过加氢和氢解两条平行途径进行。由于硫化氢对 C—S 键氢解有强抑制作用而对加氢影响不大，因此可以认为，加氢和氢解是在催化剂的不同活性中心上进行的。文献中提出的噻吩 HDS 的反应途径如图 4-26 所示[73-80]。

苯并噻吩的加氢脱硫，van Parijs 等[81]提出了一个如图 4-27 所示的平行反应历程，与噻吩的加氢脱硫相似，也有加氢和氢解两条途径。苯并噻吩在进行 HDS 时只发现乙苯和少量的二氢苯并噻吩作为产物[82,83]。

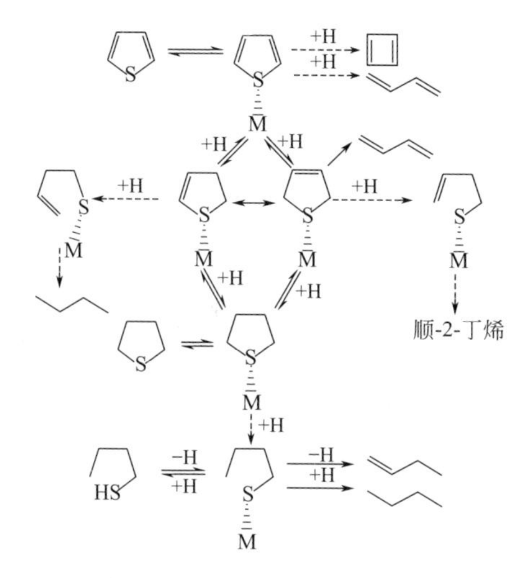

图 4-26 噻吩 HDS 的反应途径

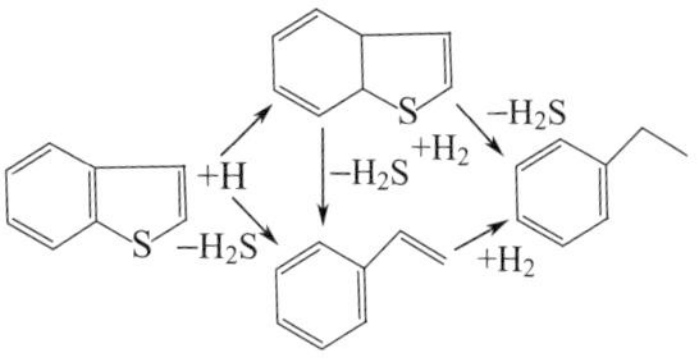

图 4-27 苯并噻吩 HDS 的反应途径

Gates 等[84]对二苯并噻吩的 HDS 进行了研究，提出了图 4-28 所示的反应途径。因为联苯（Bi-Ph）是主要反应产物，而环己基苯只有极少量，所以分别在添加 Bi-Ph 和 H_2S 的条件下进行二苯并噻吩的 HDS，发现 Bi-Ph 的添加显著地减少了环己基苯的生成，而添加 H_2S 则没有影响，这表明二苯并噻吩的 HDS 受到了 Bi-Ph 的抑制[85]，导致环己基苯含量极少。

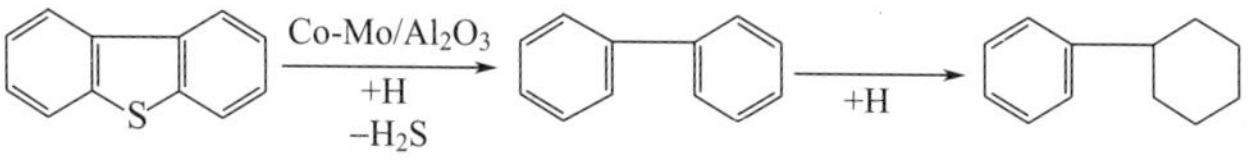

图 4-28 二苯并噻吩 HDS 的反应途径

（2）加氢脱氮（HDN）反应

中低温煤焦油中有机氮化合物一般可以分为两类：盐基化合物和中性化合物。盐基化合物也称焦油盐基，主要是杂环化合物（吡啶、喹啉及其衍生物）、芳香胺（苯胺及其衍生物）。中性化合物主要包括吡咯类衍生物（吲哚、咔唑、苯并咔唑等）以及腈类化合物（苯腈、甲苯腈和萘腈等）。在中低温煤焦油中，喹啉及其衍生物的含量占总氮含量的 30%以上，是氮含量最多的化合物[86]。

根据含氮化合物的类型差异，有机含氮化合物 HDN 涉及的反应主要包括以下 3 类：a. 氮杂环的加氢；b. 芳环的加氢；c. C—N 键的氢解。由于氮杂环的芳香性比芳环弱，一般含氮杂环组分的 HDN 必须先使含氮环完全加氢，然后才能脱除 N 原子，苯胺类含氮化合物在 C—N 键断裂之前也需要先进行芳环加氢饱和。C—N 键的断裂多以 Hofmann 消除机理和 HS^- 的亲核取代反应为主[87,88]，如图 4-29、图 4-30 所示。

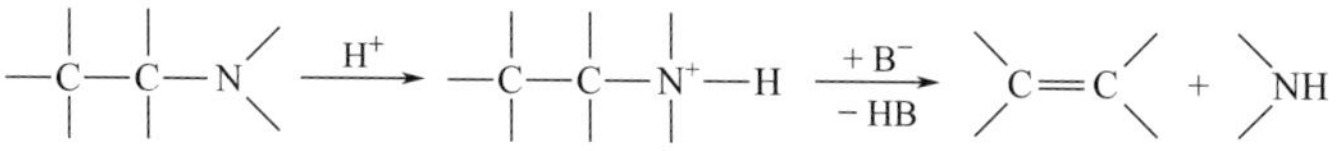

图 4-29 Hofmann 消除机理

喹啉同时含有苯环和吡啶环，其 HDN 反应网络几乎包含了 HDN 的全部反应，如 C—

B为碱性阴离子，HB为该离子与氢离子结合后生成的化合物

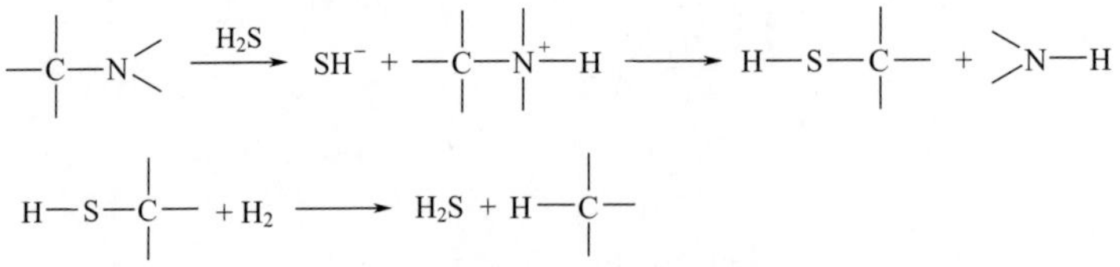

$$-\overset{|}{\underset{|}{C}}-N\langle \xrightarrow{H_2S} SH^- + -\overset{|}{\underset{|}{C}}-\overset{|}{\underset{|}{N^+}}-H \longrightarrow H-S-\overset{|}{\underset{|}{C}}- + \rangle N-H$$

$$H-S-\overset{|}{\underset{|}{C}}- + H_2 \longrightarrow H_2S + H-\overset{|}{\underset{|}{C}}-$$

图 4-30 HS⁻ 的亲核取代反应

N键断裂、氮杂环加氢和苯环加氢。喹啉分子中的含氮杂环芳香性较高，所以喹啉的加氢反应首先要通过两个路径进行，分别为含氮杂环加氢生成1,2,3,4-四氢喹啉（THQ1）和苯环加氢生成5,6,7,8-四氢喹啉（THQ5）。一般来说加氢生成THQ5的难度更大，而THQ1与喹啉很快就可以达到平衡[89]。THQ1又可通过两条途径进行反应，第一条途径可以通过加氢得到十氢喹啉（DHQ）继而生成邻丙基苯胺（PCHA）直到得到丙基环己烷，另外还可以开环生成邻丙基苯胺（OPA）继续脱氮得到丙苯或者加氢得到PCHA，反应途径如图4-31所示[90-93]。

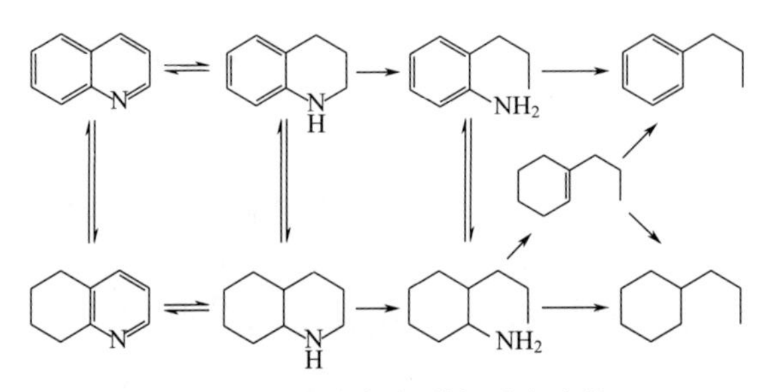

图 4-31 喹啉加氢脱氮反应途径

（3）加氢脱氧（HDO）反应

中低温煤焦油含氧化合物类型大致可分为两类：环状类和脂肪族类。环状类化合物主要包括酚类、呋喃类、环烷酸类、芳醚类等；脂肪族类化合物主要包括烷基羧酸、醇、酮等。相比于脂肪族类化合物，环状类化合物的含氧杂原子较难脱除，因此研究中多以酚类、呋喃类化合物的加氢为研究重点[94,95]。

环状类含氧化合物加氢脱氧路径可以分为氢化-氢解脱氧路径和直接脱氧路径。图4-32中展示了苯酚加氢脱氧的两种途径。在氢化-氢解（HYD）路径中，芳环首先通过氢化加氢饱和生成环己酮，H^+攻击C═O键反应生成环己醇，体系中存在大量H^+进而继续攻击C—O键导致羟基脱除生成水，另一部分变为环己烯，双键继续加氢生成环己烷。在直接脱氧（DDO）路径中，C—O键直接断键生成苯，产物中芳烃含量较高[96]。

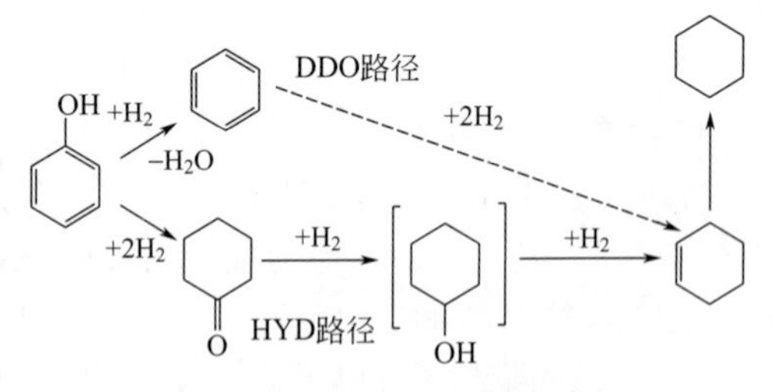

图 4-32 苯酚加氢脱氧的两种途径

（4）加氢脱芳（HDAr）反应

中低温煤焦油中芳烃化合物主要包括苯类、萘类、茚类、芴类、蒽类、菲类、芘类、苊类以及其他稠环芳烃等，除此之外，还有一部分如苯酚、噻吩、芴酮、吡啶、吲哚、喹啉、

苯并呋喃、咔唑等杂环芳烃。

苯及取代基苯的加氢脱芳反应网络如图4-33所示。其中，(a)和(b)为苯的两种加氢反应途径：在(a)途径中，苯进行加氢先生成环己烷，再生成甲基环戊烷，这是一个串联反应；在(b)途径中，苯的部分加氢中间产物环己烯分别朝两个方向生成环己烷和甲基环戊烷。(c)为联苯加氢反应途径：联苯加氢首先生成环己基苯，然后环己基苯进一步加氢生成联环己烷。(d)为取代基苯加氢反应途径：其中R为甲基、乙基、丙基和苄基等取代基，取代基苯加氢反应生成取代基环己烷[97,98]。

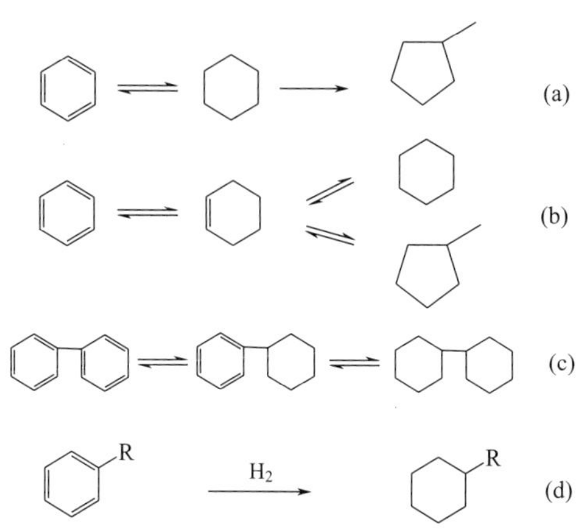

图4-33 苯及取代基苯的加氢脱芳反应网络

萘的加氢过程见图4-34，由图可知，首先萘被加氢为四氢萘，随后四氢萘进一步被加氢生成具有顺/反（*cis*/*trans*）异构的十氢萘[99]。

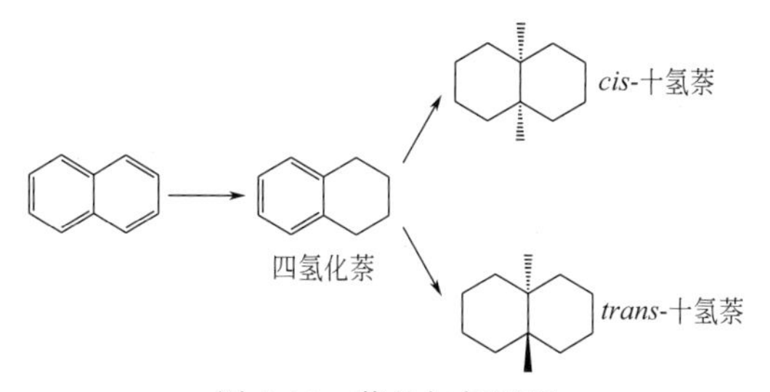

图4-34 萘的加氢过程

(5) 加氢脱金属（HDM）反应

中低温煤焦油中金属元素主要以铁、钙、铝、钠、镁、锌、钾7种元素为主，80%以上金属元素集中于450℃以上的馏分中。其中，铁的存在形态主要包括水溶性铁和油溶性铁。水溶性铁主要以无机铁的形态存在，如氯化铁、硫酸铁等；油溶性铁主要以石油酸铁和络合铁的形态存在。加氢脱金属技术是通过加氢过程，将金属化合物在催化剂表面进行催化分解，使金属沉积在脱金属催化剂上，从而降低原料中的金属含量，保证下游催化剂的使用性能[100-102]。

4.2.3.2 加氢裂化

中低温煤焦油加氢裂化反应主要包括环烷烃的开环反应以及长链烃的断链。其中环烷烃主要来源于芳香烃的加氢饱和，由于中低温煤焦油中芳香烃的含量远高于长链烃，因此加氢裂化反应主要是环烷烃的开环反应[103]。

环烷烃加氢裂化反应主要是由催化剂的酸性活性和加氢强弱决定的，单环环烷烃的加氢裂化过程通常包括异构化、开环、脱烷基和脱氢反应。环烷碳正离子与烷烃碳正离子最大的不同在于前者较难裂化，只有在苛刻的条件下，环烷碳正离子才发生 β-断裂，而且环烷烃碳正离子发生 β-断裂后生成的非环碳正离子有较强的环化倾向。环己烷的加氢裂化反应如图 4-35 所示，环己烷首先发生链的断裂，由于六元环非常稳定，通常并不发生开环，由环己烷异构化生成环戊烷[104]。

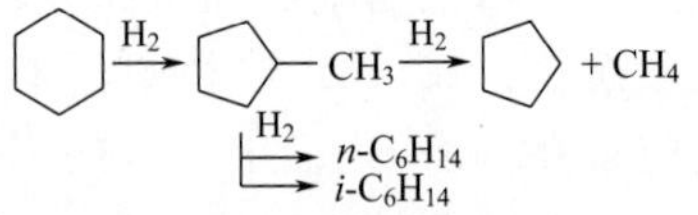

图 4-35　环己烷的加氢裂化反应

萘类的反应首先是芳环饱和生成四氢萘，四氢萘是多环芳烃加氢裂化的重要中间产物之一，其加氢裂化反应网络如图 4-36 所示[105]。四氢萘在酸性功能较强和较低温度下主要按加氢裂化途径生成十氢萘，而在酸性功能较强、反应温度较高时主要异构生成甲基茚满。其加氢生成的十氢萘既可生成环异构物，也可开环生成正丁基环己烷，进而按图 4-36 中的（a）途径进行反应。正丁苯可能是 2-甲基二氢茚经仲碳离子生成，正丁苯进而按图 4-36 中的（b）途径继续反应。

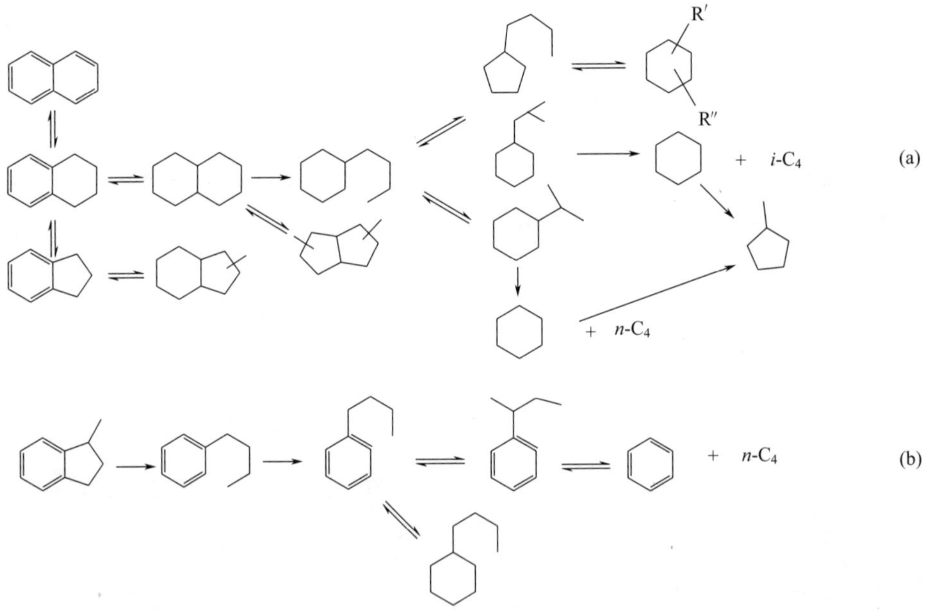

图 4-36　四氢萘加氢裂化反应网络

4.2.3.3　催化裂化

催化裂化（FCC）是在高温和催化剂的作用下使重质油品发生裂化反应，转变为裂化气、汽油和柴油等轻物质的过程。煤焦油作为煤热解产生的复杂液体混合物，通过选择适当的操作条件，经过催化裂化反应可以得到汽油、柴油等轻质油品[62]。

在催化裂化过程中，煤焦油中的烷烃、环烷烃、取代芳烃及多环芳烃等物质可发生催化裂化反应及非催化反应。非催化反应主要指裂化条件下，热力学上可能进行的反应，与催化反应相比发生较少。催化反应主要包括裂化、异构化、歧化、烷基化、氢转移、环化、缩合、叠合等有机化学反应[106-108]。其中，裂化反应主要包括：正构烷烃和异构烷烃裂化生成烯烃及小分子烷烃、正构烯烃及异构烯烃裂化生成两个较小分子的烯烃、烷基芳烃脱烷基、烷基芳烃的侧链断裂、环烷烃裂化为烯烃、环烷-芳烃裂化时环烷裂化开环或环烷和芳环连接处断裂。同时，催化裂化催化剂上有少量的异构化反应发生，包括烯烃异构化（双键转移及链异构化）、芳烃异构化、烷基转移等[109]。

煤焦油的催化裂化研究始于 20 世纪 50 年代，研究者从催化剂、反应条件、产物分布等方面对煤焦油催化裂化生产的轻质燃料油及化学品进行了研究。Velegol 等[110]对煤焦油在流化床内的催化裂化过程做了系统深入的研究，研究发现 LZ-Y82 催化剂对煤焦油裂化和脱硫有较佳效果，在反应温度 500～530℃之间能有效催化裂化焦油，随反应温度升高，焦炭产量增加，气体产量降低。原石油工业部石油科学研究院[111]对抚顺烟煤焦油中低于 350℃馏分油的催化裂化过程进行了研究，该馏分油经过碱洗得到焦油酸，再将 230～300℃焦油酸馏分进行催化裂化反应制取低于 230℃的酚油，产率高达 39.8%～51.7%。

张丹[112]探究了陕北中低温煤焦油、煤焦油<200℃馏分和煤焦油>200℃馏分在不同分子筛催化剂条件下快速催化裂化的催化反应特性和产物分布规律，研究了气氛条件、温度对催化过程的影响及催化改质形成萘的规律。研究表明，ZSM-5 分子筛催化剂对产物甲苯和二甲苯选择性最高，Y 型分子筛选择性最低，表明酸量较高的催化剂更容易使芳烃上的烷基取代基脱除。HY 分子筛催化剂对于产物萘的选择性最高，表明 HY 更有利于催化改质萘的形成。在催化裂化过程中，ZSM-5 能有效促进中低温煤焦油和煤焦油<200℃馏分中脂肪烃化合物向芳香烃化合物转化，促进煤焦油>200℃馏分中大分子物质裂解为低链烷烃和简单烯烃。He 气氛更有利于煤焦油>200℃馏分在不同分子筛催化剂条件下轻质化产生萘。H_2 和 CH_4 气氛条件对酚羟基、醇羟基以及其他含氧官能团有保护作用，因此催化裂化产物中酸性化合物和含氧化合物的含量大幅增加。在低温区 β 分子筛更有利于对煤焦油>200℃馏分催化改质形成萘。ZSM-5 对煤焦油>200℃馏分的轻质化效果超过其他催化剂，产物苯、甲苯、二甲苯和萘的含量均随裂化温度（600～800℃）的升高而增加，裂化终温越高，轻质化效果越好。

汉能科技有限公司肖钢等[113]发明了一种煤焦油轻馏分催化裂化制备柴油组分的方法（CN101629094A）。该方法通过将低温/中温/高温煤焦油中 160～350℃的轻馏分置于催化裂化装置上流式反应器中，使用高硅 Y 型分子筛催化剂，在反应温度为 400～450℃、反应压力为 0.05～0.4MPa、油气空速 0.5～2.5h^{-1} 条件下，进行催化裂化反应，产物分馏得到柴油馏分。原料油及柴油产品性质分别列于表 4-22 和表 4-23。

表 4-22　中温煤焦油性质分析表

项目		参数	项目	参数
密度(20℃)/(g/cm^3)		1.05	硫/(μg/g)	7319
馏程/℃	初馏/10%	100/190	凝固点/℃	19
	30%/50%	210/310	黏度(20℃)/(mm^2/s)	12.9
	70%/90%	330/358	10%残炭(质量分数)/%	5.14
	95%/终馏	368/445	沥青质(质量分数)/%	12.0
碱氮/(μg/g)		8123		

表 4-23 柴油组分性质分析数据

项目		参数	项目	参数
密度(20℃)/(g/cm³)		0.92	凝固点/℃	−24
馏程/℃	初馏/10%	151/190	闪点/℃	95
	30%/50%	226/250	黏度(20℃)/(mm²/s)	6.89
	70%/90%	289/300	颜色	<1①
	95%/终馏	310/—	铜片腐蚀	1a②
实际胶质/(mg/100mL)		65	10%残炭(质量分数)/%	0.003
碱氮/(μg/g)		187	酸度(以 KOH 计)/(mg/100mL)	4
氮/(μg/g)		174	十六烷指数	20
硫/(μg/g)		435		

① 1 表示色度为深黑色；
② 1a 表示铜片腐蚀级别，为新打磨的铜片色。

相比于石油及其馏分油的催化裂化，煤焦油的催化裂化表现出一些自身的特点。煤焦油催化裂化可获得芳香烃含量很高、品质较好的汽油馏分和稳定性较佳的裂化轻柴油，并可使部分高级酚转化为低级酚。由于煤焦油的芳香烃和环烷烃含量高于一般石油馏分，其裂化性能低、转化率低、易生焦、气体多、能耗较高。

4.2.4 煤焦油生产加工污染物及处理

4.2.4.1 煤焦油生产加工废水

中低温煤焦油生产加工废水主要来自煤经过低温热解得到的兰炭废水和加氢精制工段的冷高压分离器分离出来的酸性废水等。废水中所含的酚类、杂环化合物及氨氮等会对人、水产、农作物构成很大危害，必须经处理使污染物含量达到《污水综合排放标准》(GB 8978—1996，见表 4-24)[114]的标准后才能排放。

表 4-24 一级标准中规定第二类主要污染物最高允许排放浓度 单位：mg/L

pH	悬浮物	BOD_5	COD	石油类	挥发酚	硫化物	氨氮	总氰化物
6～9	70	20	60	5	0.5	1.0	15	0.5

注：标准中对苯系各类有机物和酚类有机物的允许排放浓度均分别有要求。

(1) 煤焦油生产废水组合工艺处理方法

鉴于煤焦油生产废水污染物浓度高、组成复杂等特点，工业上一般先经过物化预处理，降低 COD、氨氮和酚类污染物的浓度，再经过深度生化处理工艺的办法进行废水处理。

神木天元化工有限公司开发了一种兰炭废水处理方法[115]。该方法结合了物化预处理技术和生化处理技术。物化预处理是将兰炭废水依次经过除油、脱酸、脱氨和脱酚处理得到预处理废水。生化处理是将预处理废水依次经过水解酸化池、生化反应池、沉降池、混凝沉淀池和膜处理装置。具体工艺如图 4-37 所示。具体工艺流程步骤为：a. 预处理阶段，兰炭废水经过除油后依次进入脱酸塔、脱氨塔和酚油萃取塔进行处理。在塔顶压力为 0.2～0.6MPa，塔顶温度为 35～50℃，塔底温度为 30～145℃，回流比为 1～7 的脱酸塔中通过汽提作用快速高效地去除了溶解在兰炭废水中的硫化氢等酸性物质；在塔顶压力为 0.3～

0.7MPa，塔底压力为0.33～0.73MPa，塔顶温度为136～150℃，塔底温度为148～160℃，回流比为2～9的脱氨塔中通过汽提作用快速高效地去除了溶解在兰炭废水中的氨。在操作压力为90～350kPa，操作温度为25～65℃，溶剂比为(2∶1)～(9∶1)的酚油萃取塔中通过溶剂的萃取作用快速高效地去除了兰炭废水中的轻质酚。预处理阶段可实现兰炭废水中的油、酸性物质、氨和轻质酚的脱除，有效降低兰炭废水中的有机物含量，提高兰炭废水的可生化能力。b. 生化处理阶段，预处理后的废水依次进入水解酸化池、生化反应池、沉降池、混凝沉淀池和膜处理装置。水解酸化池将兰炭废水中大分子有机物和多环类有机物开环断裂成易降解的小分子的有机物，如有机酸。小分子的有机物一般都有较好的生物降解性，因此提高了兰炭废水的可生化性，生化反应池通过活性污泥中微生物的降解作用除去兰炭废水中的有机污染物，沉淀池分离生化处理后的泥水混合液，分离出的污泥返回生化处理池，沉淀后的上清液进入混凝沉淀池通过絮凝作用除去兰炭废水中的细微悬浮物。

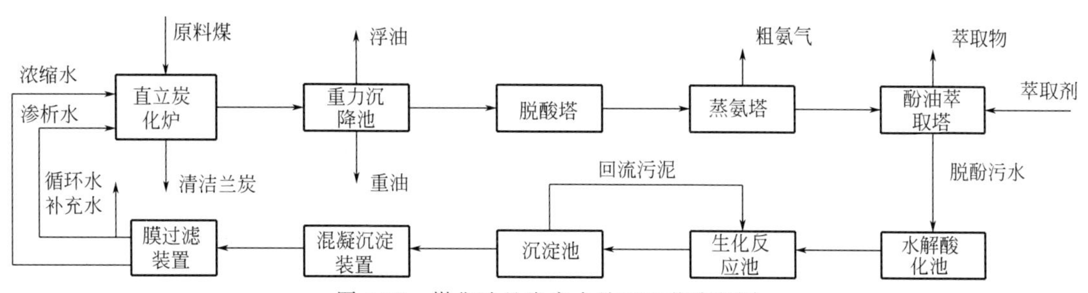

图 4-37　煤焦油兰炭废水处理工艺流程图

神木富油能源科技有限公司12万吨/年煤焦油综合利用工程——兰炭废水处理工艺，也采用了该组合技术。该技术在对煤低温干馏过程中产生的废水进行预处理的同时，还能回收氨、酚等物质，既解决了环保问题，也为企业增加了经济效益。

针对煤焦油生产加工废水中的多油或含酸等特点，众多研究者也有针对性开发出了相应的技术，主要包括复合除油技术、脱酚蒸氨脱酸技术、生化处理技术等工艺。

① 复合除油技术。煤焦油废水中含有大量的重质焦油、轻质焦油和乳化油，可利用自然重力分离回收重质焦油渣等固体颗粒或胶状杂质，同时添加破乳剂，去除乳化油并回收悬浮在废水表面的轻质油。

西安恒旭科技公司发明了一种兰炭废水的预处理系统[116]，该废水预处理系统主要通过多级处理实现了废水的净化，且针对每一级废水采用针对性处理工艺，使得废水处理效率相比现有的静置处理法有所提高，且每一级处理后即到下一级，处理层级之间互不干扰，并且能够有效解决有害气体外漏的问题。该系统结构示意图如图4-38所示，其核心设备多相流高效分离装置的结构示意图如图4-39所示。

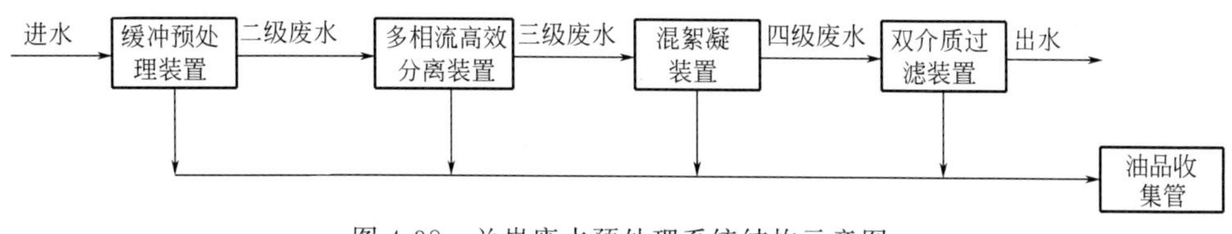

图 4-38　兰炭废水预处理系统结构示意图

该预处理系统包括依次连接的缓冲预处理装置、多相流高效分离装置、混絮凝装置和双介质过滤装置，且均分别连接至油品收集管。具体有以下4步：a. 重油分离，向兰炭废水

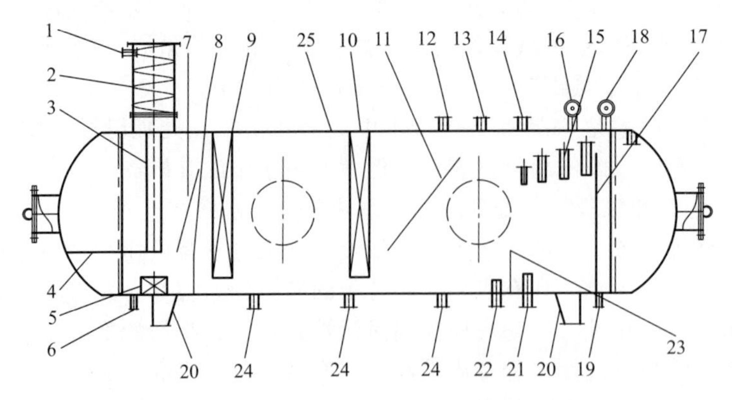

图 4-39　多相流高效分离装置的结构示意图

1—进液口；2—超重力旋流预分离筒；3—落液管；4—流型分布调整装置；5—吸能器；6—第一排污泥口；7—一级除油斜板；8—隔板；9—一级聚结装置；10—二级聚结装置；11—二级除油斜板；12—安全阀；13—排气口；14—油水界面仪；15—取样口；16—水室液位计；17—溢流堰板；18—油室液位计；19—出油口；20—支座；21—排水口；22—隔泥板；23—第二排污泥口；24—第三排污泥口；25—壳体

中加入破乳剂，将添加破乳剂后的兰炭废水在缓冲预处理装置中静置一定时间，使重质油和水分层，重质油进入油品收集罐，二级废水通过管道排出；b. 轻质油分离，用多相流高效分离装置的超重力旋流预分离筒对上述二级废水进行超重力分离，得到轻质混合废水，并在多相分离室对所述轻质混合废水进行除油、聚结分离，使重质油/油泥、三级废水、轻油分层，并通过不同的出口排出；c. 絮凝沉降，向混絮凝装置中加入絮凝剂，对添加絮凝剂后的三级废水进行搅拌，加快悬浮物沉降，四级废水进入双介质过滤装置；d. 过滤处理，双介质过滤装置对进入的四级废水进行物理过滤，进一步去除四级废水中的油和悬浮物杂质。

西安百特瑞化工工程公司也开发了一种兰炭废水的预处理技术[117]，通过采用多相流分离、专用聚结技术，实现了水上油和水下油的高效分离；装置内设旋流预分离、流型调整、聚结填料、斜板等部件充分将来液中油包水、水包油的粒径分子高效分离、聚结，实现油滴与水滴油分散相变成连续相，保证水中含油指标要求（水中含油≤500mg/L，悬浮物含量≤50mg/L）。

② 脱酚蒸氨技术。针对煤焦油加工中废水含大量酚和氨污染物，基于尽可能回收废水中具有经济价值的副产品，同时大幅削减污染物浓度的原则，开发出脱酚蒸氨预处理工艺技术。目前，工业废水脱酚蒸氨工艺可分为先脱酚后蒸氨和先蒸氨后脱酚工艺。

河南龙成煤高效技术应用有限公司开发了一种先脱酚后蒸氨处理高浓度酚氨废水的方法[118]，该方法以醋酸丁酯作为萃取剂，先使用酚萃取塔萃取废水中所含的酚类，再使用脱酸脱氨塔脱除废水中的酸性气体和氨，并使用溶剂汽提塔回收萃取相中的萃取剂并在塔底得到粗酚产品。该方法实现了煤气化废水中酚、酸性气体、游离氨和固定氨的高纯净率脱除，使之达到生化处理进水水质要求，并获得粗酚产品和高浓度氨气。工艺流程图如图 4-40 所示。

具体工艺步骤为：a. 废水萃取脱酚，将含二氧化碳、硫化氢、氨和酚的废水送入原料混合罐 1，再用原料泵 17 由上部送入萃取塔 2，由溶剂罐 8，将醋酸丁酯作为萃取剂从下部送入萃取塔 2，进行逆流萃取。其中，醋酸丁酯与废水的体积比为(1∶1)～(1∶15)，塔顶压力为 0.2～0.4MPa、温度为 75℃，塔底压力为 0.2～0.4MPa、温度为 120℃，制得萃取液和萃取余液。b. 废水脱酸脱氨，将萃取余液送入脱氨脱酸塔 3 处理，上部抽出氨气，经

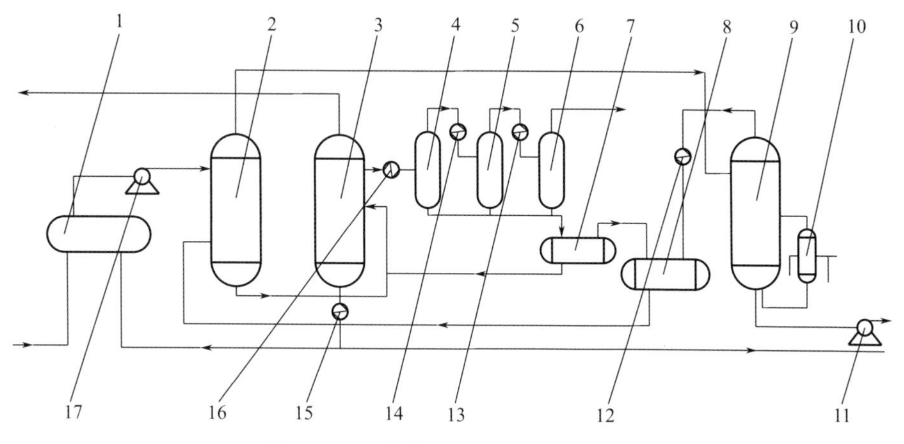

图 4-40　酚氨废水预处理工艺流程图

1—原料混合罐；2—萃取塔；3—脱氨脱酸塔；4，5，6—分液罐；7—油水分离罐；8—溶剂罐；9—溶剂汽提塔；10—再沸器；11—粗酚泵；12，15—冷凝器；13，14，16—分凝器；17—原料泵

过由分凝器16、14、13和分液罐4、5、6分别对应组成的三级分凝装置进行浓缩和精制，一级分凝装置（由分凝器16和分液罐4组成）的温度为110～150℃，压力为0.4～0.65MPa，二级分凝装置（由分凝器14和分液罐5组成）的温度为70～90℃，压力为0.3～0.5MPa，三级分凝装置（由分凝器13和分液罐6组成）的温度为36～40℃，压力为0.21～0.28MPa。经三级装置分凝得到的氨气送往氨浓缩装置，各级分凝器16、14、13底部液体进入油水分离罐7分成油水两相，油水分离罐7上部油相作为萃取剂采出送往溶剂罐8进行循环利用，水相回流至脱氨脱酸塔3进行循环再处理，脱氨脱酸塔3顶部酸性气体送处理装置或直接焚烧，经脱氨脱酸塔3脱酸脱氨后的废水一部分从脱酸脱氨塔3底部采出后送至原料混合罐1内与废水原液混合后送至萃取塔2循环处理，一部分送至生化段进行生化处理。c. 溶剂回收，将萃取液送入溶剂汽提塔9，控制塔顶压力为0.1～0.2MPa，塔顶温度为80～120℃，塔底压力为0.1～0.2MPa，塔底温度为90～120℃，塔顶采出的萃取剂经冷却回收后，送至溶剂罐8以循环使用，釜液由粗酚泵11送至处理设备经处理后为粗酚产品。

西安百特瑞化工工程有限公司开发了一种先蒸氨后脱酚的处理含酚废水装置[119]，主要包括酸性水汽提塔、萃取塔、水塔和酚塔。采用酸性水汽提塔对酸性气体和氨进行脱除并回收，并采用了三级冷凝分液来进行分离，保证了脱氨的效果；采用溶剂萃取法从高浓度含酚污水中回收酚类物质，含酚水与萃取剂在萃取塔中逆流接触，配合高效液液分配器，可保证萃取效率；水塔为精馏塔，能够使溶剂由塔顶排出，废水达标后由塔釜排出，而且会产生一部分热水回到酸性水汽提塔中；酚塔为精馏塔，能够使萃取相中的粗酚由塔顶排出，溶剂由塔底排出。该专利既实现了脱氨提酚的分离效果分离出粗氨、粗酚，又保证了萃取剂、水的循环利用，并充分考虑了热的充分利用。

两种脱酚蒸氨技术都能有效处理废水并大量回收酚类，但有文献[120]认为采用先蒸氨后脱酚的工艺流程，相比先脱酚后蒸氨脱硫的工艺流程会损失大量的酚。同时，废水中高含量的油酚也将影响蒸氨脱硫汽提塔的工作效率。

③ 生化处理技术。煤焦油废水经物化预处理后，废水中的COD及NH_3-N浓度显著降低，可进行生化处理，生化处理技术主要为活性污泥的一级或多级处理技术。普通活性污泥

法是在煤焦油废水中直接接种活性污泥，利用微生物对污染物的生物降解，絮凝、吸附等作用去除废水中污染物，之后再通过二沉池泥水分离排出生化出水。在普通活性污泥法的基础上又发展出厌氧-好氧工艺法（A/O）、厌氧-缺氧-好氧工艺法（A^2/O）、厌氧-好氧-好氧工艺法（A/O^2）、好氧-缺氧-好氧工艺法（O/A/O）等一系列常用活性污泥法。

A/O 法是将废水中氨氮在好氧池氧化为硝态氮，再回流至厌氧池，通过反硝化作用将硝态氮转化为氮气脱除，A/O 法相较于普通污泥法对氨氮的去除效率明显提高。A^2/O 法通过增加厌氧阶段，厌氧菌的酸化水解有利于提高难降解有机物的可生化性，提高了活性污泥抵抗焦化废水冲击负荷的能力，同时可以将反硝化效率有效提高。Li 等[121]分别通过 A^2/O 和 A/O 生物膜系统处理废水，检测到相同条件下 A^2/O 比 A/O 能更好地去除总氮，而两者的 COD 和氨氮去除率几乎相同，并检测到在厌氧阶段难降解有机物酸化生成中间产物，在随后的好氧池被降解，A^2/O 比 A/O 更实用，出水水质更好。

A/O^2 法优化了传统的硝化反硝化过程，将 NO_2^- 通过短程硝化直接反硝化脱除，可有效降低碳源需求量、曝气量和水力停留时间（HRT），节约成本。O/A/O 法则通过前置好氧池预先去除部分容易降解的酚类及氰化物，减轻后续处理工艺的污染负荷，优化硝化菌和反硝化菌的生存环境，有利于污染物在后续单元的降解脱除[122]。

（2）煤焦油生产废水化学处理法

化学处理技术是通过催化材料、光、声、电和磁等物理化学过程，产生大量活性极强的自由基（如 · OH），该自由基具有强氧化性能够将废水中几乎所有有机物氧化成为羧酸，甚至矿化为水和二氧化碳，不产生二次污染。

安路阳等[123]采用催化湿式过氧化氢氧化技术，对兰炭废水（COD 质量浓度 6742mg/L）进行预处理。以 Al_2O_3 为载体，采用浸渍法，将硝酸铁溶液与 Al_2O_3 载体混合，制备得到 Fe/Al_2O_3 为催化剂，H_2O_2 为氧化剂，通过正交实验，确定最佳实验条件。研究结果表明，在 pH=4、H_2O_2（质量分数 27.5%）添加量 9.6mL、反应时间 150min 和反应温度 80℃ 条件下，兰炭废水 COD 去除率达 66.30%。通过 GC-MS 分析发现兰炭废水经过催化氧化后，大部分酚类有机物转化为乙酸。吕永涛等[124]研究了 Fenton 氧化-吹脱法预处理兰炭废水，以 30% 的 H_2O_2 为氧化剂、$n(H_2O_2):n(Fe^{2+})=20$、pH=6 的最佳工艺条件下，出水 COD、色度和氨氮质量浓度脱除率分别达到 95.72%、95% 和 88%，废水的可生化性提高了 4～5 倍。王颖等[125]采用活性炭协同 Fenton 氧化处理兰炭废水生化出水，在 $FeSO_4 \cdot 7H_2O$ 投加量为 300mg/L，pH 为 5，反应时间 30min，30% H_2O_2 投加量 2.4mL/L，活性炭投加量 3g/L，出水 COD 可低至 80mg/L。

目前，该兰炭废水处理方法的研究和应用仅局限于实验室中，工业应用仍在探索中。此外，该方法还存在着兰炭废水中高价值物质（含量较高的酚类物质）没有得到有效的回收利用、处理成本较高等问题。

4.2.4.2 煤焦油加工废渣处理方法

（1）煤焦油加工废渣来源及组成

煤焦油废渣主要有三个来源：一是来源于焦油氨水澄清槽，由于焦油渣和氨水密度不同，煤焦油渣沉集在澄清槽底部，通过刮板机呈半固体状态连续排出，是兰炭厂煤焦油渣的主要来源；二是超级离心机自然沉降后的焦油中的渣；三是焦油储槽自然沉降后的清槽煤焦油渣，稠度介于澄清槽焦油渣和超级离心机焦油渣之间，此焦油渣产量较少[126]。

煤焦油渣表观上由水、焦油和粉尘组成，黑色泥沙状，易黏结成块，经自然晾干或烘干后形成细小颗粒。煤焦油渣中固定碳含量低而挥发分和灰分含量高，且含有大量硫和氮及少量的重金属及微量元素。其中含量最高的五种成分为萘、二氢茚、茚、4-甲基苯酚、苯并呋喃。此外中低温焦油渣发热量较高，一般大于 7500kcal/kg（1kcal＝4.1868kJ）[127]。

(2) 煤焦油加工废渣的危害

煤焦油渣除了含有苯类、酚类、萘类等多种有毒物质以外，还含有苯并芘等多种对生物体起致癌作用的有机化合物，具有很大的危害性。若将其随意堆放或弃之，不但占用大量的空地给企业带来负担，而且煤焦油渣还会因雨水的冲刷，对周围环境和地下水造成严重污染。此外，煤焦油渣中挥发分的逸出也对周围空气产生严重污染。若将煤焦油渣直接作为烧砖燃料使用，会产生大量的含有多环芳烃等有毒物质的废气排入空气中，造成大气严重污染[128]。

(3) 煤焦油加工废渣处理技术

煤焦油渣是一种有害有毒的废渣，处理不当易造成环境污染。通常对于煤焦油渣的处理方法可以分为两类：第一类是采用物理或化学方法将煤焦油渣中的油、渣进行分离，并从中回收有价值的焦油和煤粉，然后对其进行进一步的加工再利用；第二类是将煤焦油渣作为燃料、配煤添加剂进行资源化的开发利用等。

① 溶剂萃取法[129]。溶剂萃取法主要是利用煤焦油渣中有机组分与萃取溶剂的互溶机理，将含油废渣与溶剂按所需的比例混合而达到完全混溶，再经过滤、离心或沉降等达到油、渣分离的目的。萃取分离技术中，溶剂的选择极其重要，不仅要考虑其萃取能力，同时也要考察溶剂的经济性、毒性和在萃取过程中的能耗等问题。

煤炭科学技术研究院开发了一种焦油渣的分级处理方法[130]。具体步骤为：将煤焦油加入到复合溶剂（助溶剂为焦化轻油馏分油、煤基洗油馏分油、石油醚中的至少一种，辅助溶剂为甲苯、二甲苯、异丙醚或四氢呋喃中的至少一种），搅拌溶解，得到固液混合物；将固液混合物进行离心分离，得到富含焦油的第一剂（油混合溶液）和第一固渣；将第一固渣进行干燥，以回收第一固渣中吸附和黏附的溶剂和焦油，干燥过程中逸出的气体冷凝后收集，得到第二剂（油混合溶液）；将第一剂和第二剂（油混合溶液）进蒸馏得到粗焦油、溶剂和水。将粗焦油进行分馏，以得到的第二固渣经加压成型，得到型煤。

西北大学李冬课题组[131]公开了一种焦油渣资源化处理工艺技术。该技术以破乳剂脱水、溶剂萃取和离心分离为核心，使焦油渣中焦油回收率达到 95%以上。该工艺流程图如图 4-41 所示。

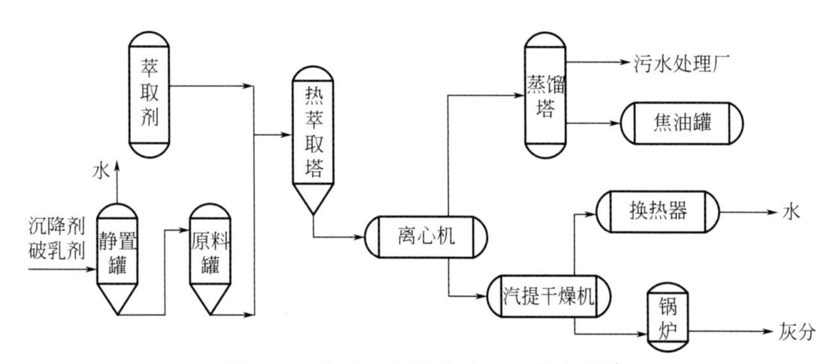

图 4-41 焦油渣资源化处理工艺流程图

该工艺技术具体为：原料焦油渣在静置罐中经初步破乳脱水处理后送入原料罐内，在将脱水破乳的焦油渣与复合萃取剂按照质量比 1∶1.5～1∶2 的比例在输送管道内混合均匀后进入热萃取塔，在热萃取塔内采用泵强制循环的方式强化搅拌一定时间，萃取后将原料由塔底送至卧螺离心机内，在 2500～3000r/min 的转速下离心 30～40min，离心后的液相送入蒸馏塔内，控制温度为 100～105℃，通过简单蒸馏来脱除少量残余水分，并由塔顶排出进入污水处理厂。离心机分离的固渣经差速螺旋输送装备送入汽提干燥机内，采用压力为 0.3～0.6MPa、450～550kg/h 的水蒸气进行汽提干燥 2～3h，出口蒸汽送入换热器回收热量后排入污水处理厂。

该技术从蒸馏塔塔底得到的产品为复合萃取剂和焦油无须分离直接送往产品储罐，省去萃取剂分离操作，简化了工艺。同时，干燥后的固体渣含有较多固定碳和少量焦油具有很高热值，直接送入锅炉燃烧对各需热单元供热，提高焦油渣的利用率。

萃取分离的方法高效、经济、处理量大，但是常用的萃取剂中往往含有毒物质，使用过程中不可避免地对周围环境造成污染。因此，寻找经济、低能耗的绿色溶剂是溶剂萃取技术的关键。

② 机械离心分离。机械离心分离技术主要是利用一个特殊的高速旋转设备产生强大的离心力，可以在很短的时间内将不同密度的物质进行分离。其设备主要有倾析离心机、卧螺离心机、离心分离机等。

童仕唐等[132]提出采用高速离心分离与溶剂抽提相结合的方法来分离煤焦油渣。首先采用煤焦油渣和洗油按质量比 3∶2 混合并加热搅拌混匀，然后进行离心分离，得到焦油渣。随后采用甲苯溶剂抽提做进一步处理，并测定焦油含渣率。结果表明：使用离心分离与溶剂抽提相结合的方法对焦油和渣的分离更加彻底，对于测定煤焦油渣的含渣率和超滤机的总脱渣效率更加精准。适宜的预处理不仅可以降低分离过程中的能耗，而且还可以提高分离效率。

③ 配煤。配煤炼焦就是把不同种类的原煤按适当的比例配合起来生产符合质量要求的焦炭，此方法在国内早期应用较广。由于焦油渣发热量大，将煤焦油渣与煤粉充分混合后配入炼焦煤中不会影响焦炭质量，而且能够使焦炭和煤气产量增加。所以，工业上通常将煤焦油渣或与其他物质一起按合适的比例配合后作为添加剂混合配入炼焦煤中用于炼焦。张建等[133]采用焦油渣和生化污泥制型煤，并利用该型煤进行了 20kg 小焦炉配煤炼焦试验。试验结果表明，采用添加 10%的焦油渣型煤炼焦，可提高装炉煤的堆密度和改善焦炭质量。实际生产中焦油渣制型煤按照 4%的比例配煤炼焦，对炼焦生产工艺影响不大。应用煤焦油渣配煤技术，不仅可以充分利用资源，节约优质炼焦煤，而且还可保护环境，获得很好的经济效益。但由于煤焦油渣的黏稠性和组分的波动性使得配料难以精准，从而造成焦炭质量不稳定，也使焦炉的热负荷增加[134]。

④ 热解分离。热解分离法是将煤焦油渣在无氧或缺氧的条件下，高温加热使有机物分解。将有机物的大分子裂解成为小分子的可燃气体、液体燃料和焦炭，从而获得可燃气体、油品和焦炭等化工产品。王颖[135]公开了一种煤焦油渣的处理方法。该方法首先将煤焦油渣进行离心分离得到焦油、水和渣，然后将渣加热到 400～500℃，进一步分离焦渣中的焦油和水，最后将剩渣再加热到 600～900℃进行炭化制成焦炭，并与炼焦配煤混合燃烧，解决了其直接与配煤混合使用引起的焦炉干馏热量上升的问题。煤焦油渣在制备高附加值化工材料上具有很大应用潜能，热解分离方法对煤焦油渣成分的适应能力强，几乎不会造成二次污染，但缺点是耗能较高。

4.3 中低温煤焦油加氢典型工艺

中低温煤焦油中含有烯烃、多环芳烃等不饱和烃以及硫、氮、氧等杂环化合物，无法直接作为车用燃料。对煤焦油采用加氢改质工艺，可以达到改善其安定性、降低硫含量和芳烃含量的目的，最终获得优质轻质油品。根据反应器形式的差异，煤焦油加氢技术主要分为固定床加氢工艺技术、悬浮床加氢工艺技术以及沸腾床加氢工艺技术。我国目前已经建成投产运行的中低温煤焦油加氢技术工业化企业见表4-25。

表4-25 已建成投产运行的中低温煤焦油加氢技术工业化企业

企业名称	规模/(万吨/年)	技术路线
陕西神木锦界天元化工有限公司	50	延迟焦化+加氢裂化
陕西东鑫垣化工有限责任公司	50	延迟焦化+加氢裂化
内蒙古庆华集团	50	切割馏分油固定床加氢
新疆宣力环保能源有限公司	50	全馏分固定床加氢
陕西双翼石油化工有限责任公司	16	轻馏分油固定床加氢
中煤龙化哈尔滨煤化工有限公司	4	轻馏分油固定床加氢
辽宁博达化工有限公司	5	轻馏分油固定床加氢
云南解化集团有限公司	6	宽馏分固定床加氢
甘肃宏汇化工能源有限公司	50	宽馏分固定床加氢
陕煤神木富油能源科技有限公司	12	全馏分固定床加氢
延长石油集团神木安源公司	50	悬浮床加氢裂化
神木县鑫义能源化工有限公司	20	切割轻馏分油固定床加氢
抚顺石油三厂	1	悬浮床加氢裂化
山东玉皇化工有限公司	90	悬浮床加氢
鹤壁华石联合能源科技有限公司	15.8	超级悬浮床加氢裂化
榆林华航能源有限公司	40	沸腾床加氢
河南义马海新能源科技有限公司	5	固定床加氢
新疆鄯善万顺发新能源公司	30	切割馏分油固定床加氢
陕煤神木富油能源科技有限公司	50	煤焦油定向转化环烷基油品
陕煤榆林化学有限公司	50	煤焦油临氢裂解制芳烃
河南利源集团	10	固定床低压加氢

4.3.1 固定床加氢技术

固定床加氢包括馏分油加氢和全馏分油加氢，该技术具有技术成熟、工艺和设备结构简单等特点，因而相关工业化应用最广泛。

4.3.1.1 馏分油固定床加氢技术

中低温全馏分煤焦油密度大、黏度高、氢碳原子比低、残炭值较高，因此加氢处理难度大，而馏分油密度小、组分轻，加氢难度相对较小[136]。

(1) 轻馏分固定床加氢技术

煤焦油轻馏分的来源目前有两种：切割馏分技术和延迟焦化技术。煤焦油切割馏分加氢工艺是指原料煤焦油首先经分馏塔进行组分分离，小于360℃的馏分进入固定床加氢反应器进行杂质脱除、加氢饱和、裂化，分馏后得到清洁的燃料油产品。延迟焦化是将重质油经深度热裂化转化为气体、轻质馏分油、中质馏分油的加工过程，是炼油厂提高轻质油产率的重要手段。延迟焦化技术成熟，可加工各类含沥青质、硫和金属的重质油，但比全馏分加氢工艺复杂，投资较大[137]。目前，切割馏分固定床加氢技术的工业化应用有陕西双翼石油化工有限责任公司（以下简称陕西双翼）和中煤龙化哈尔滨煤化工有限公司（以下简称中煤龙化）；延迟焦化加氢技术应用企业规模较大的是50万吨/年的陕西煤业化工集团神木天元化工有限公司（以下简称天元化工）和陕西东鑫垣化工有限责任公司（以下简称东鑫垣）。

① 陕西双翼。2013年陕西双翼采用抚顺石油化工研究院（FRIPP，以下简称抚研院）开发的配套加氢催化剂实现了16万吨/年煤焦油加氢生产混合芳烃装置工业应用。其中煤焦油加氢单元包含煤焦油分馏、氢气压缩、煤焦油加氢精制、裂化、产品分馏、重芳烃改质和干气、液化气脱硫装置。其工艺流程如图4-42所示。

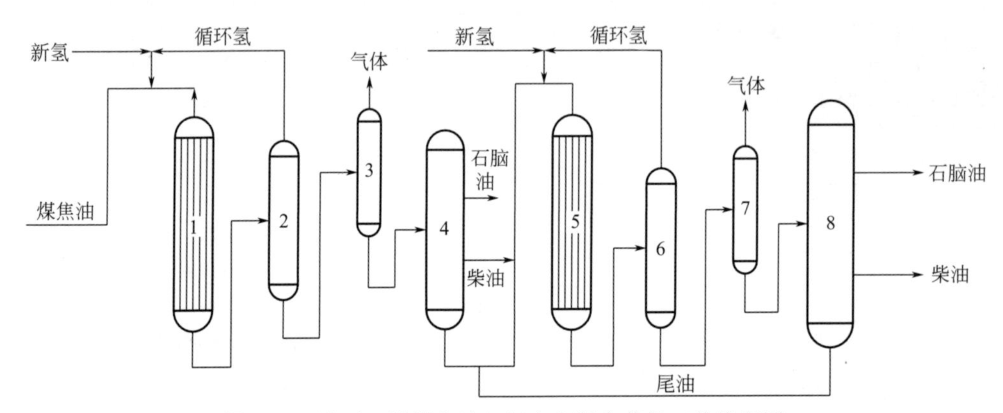

图4-42　陕西双翼煤焦油加氢生产混合芳烃工艺流程图

1，5—加氢精制反应器；2，6—高压分离器；3，7—低压分离器；4，8—分馏塔

② 中煤龙化。中煤龙化4万吨/年煤焦油加氢装置选用抚研院工艺技术及FZC系列保护剂、FH-98催化剂，其工艺流程如图4-43所示。该项目可获得高芳潜石脑油馏分、低硫柴油组分，十六烷值在35左右[138]。

③ 天元化工。延迟焦化工艺是指以贫氢的重质油为原料，在高温条件下进行深度热裂化和缩合反应，再联合固定床加氢技术生成轻烃、轻质油和焦炭[104,139]。其加氢工艺的基本流程为：先把全馏分煤焦油进行延迟焦化，得到气体、焦炭、轻馏分油和重馏分油（350～500℃），然后将轻馏分油进行加氢精制，把重馏分油作为加氢裂化的原料，最后得到石脑油和柴油产品。

天元化工50万吨/年中温煤焦油轻质化项目采用延迟焦化＋加氢裂化工艺，年产3.4万吨/年焦化汽油，3.2万吨/年酚油，29.91万吨/年焦化柴油，2.68万吨/年蜡油，7.4万吨/年焦炭。其工艺流程如图4-44所示。该工艺具体流程为：将预热的煤焦油送入加热炉，经加热炉加热后进入焦炭塔，在一定压力下进行焦化反应，获得焦作为产品，同时获得焦化汽油、焦化柴油和焦化蜡油。然后将焦化汽油、焦化柴油和焦化蜡油混合后（或分别单独）作为加氢的原料，将混合后（或分别单独加氢）的原料油引入加热炉并与氢气混合，然后在6.0～20.0MPa、300～450℃下，先后一次通过（或尾油部分循环或尾油全部循环）装有催化剂的加氢处理、加氢精制和加氢裂化反应器，得到加氢生成油之后再进入分馏塔，经过分馏工艺过程得到液化气和清洁燃料油[140]。

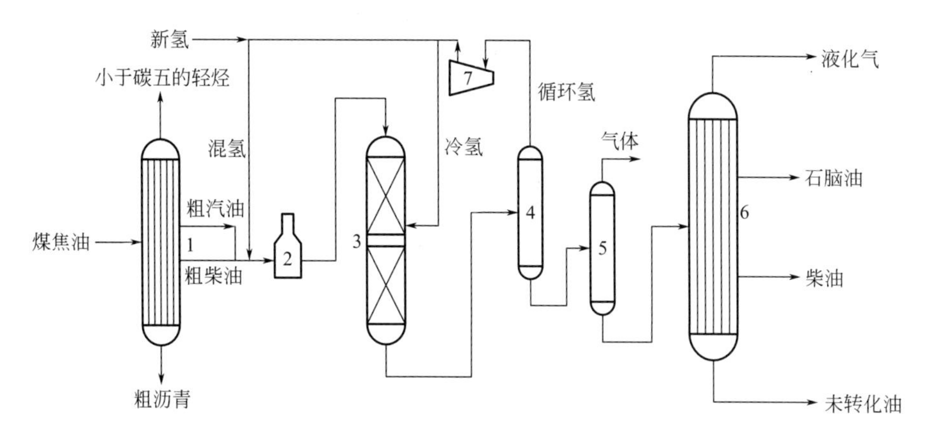

图 4-43 中煤龙化煤焦油常压馏分油加氢工艺流程图

1—预分馏塔；2—加热炉；3—加氢精制反应器；4—高压分离器；
5—低压分离器；6—常压分馏塔；7—压缩机

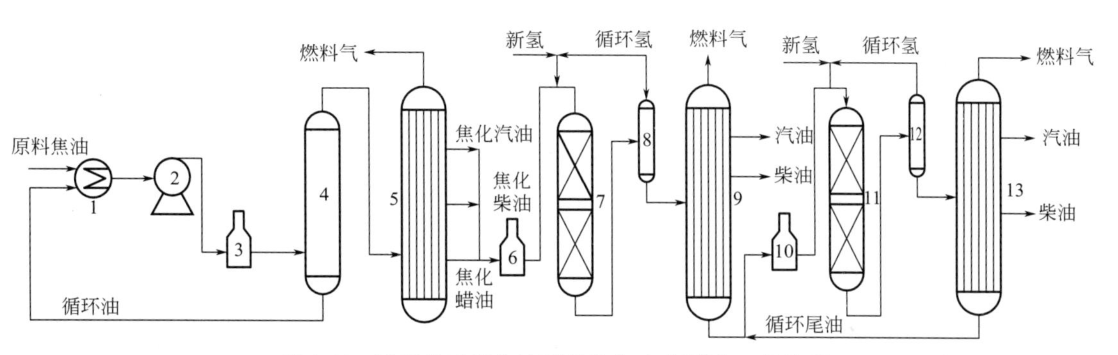

图 4-44 天元化工煤焦油延迟焦化-加氢裂化工艺流程

1—加热器；2—加压泵；3—加热炉；4—延迟焦化塔；5—分馏塔；6—加氢精制加热炉；
7—加氢精制反应器；8—精制高分器；9—精制分馏塔；10—加氢裂化加热炉；
11—加氢裂化反应器；12—裂化高分器；13—裂化分馏塔

该工艺过程中延迟焦化工艺条件如表 4-26 所示。其中，产品油占原料焦油产率的 73.91%，加氢过程中的氢耗率为 3.23%，相比于馏分油加氢，延迟焦化加氢技术对原料焦油的要求不高，适合规模化生产，但该技术的缺点是仍有部分煤焦油转化成为焦炭，资源利用不充分。

表 4-26 延迟焦化工艺条件

项目	工艺参数	
延迟焦化	焦炭塔操作压力/MPa	0.28
	煤焦油预热温度/℃	350
	延迟焦化加热炉温度/℃	500
	焦炭塔温度/℃	500
加氢精制	反应总压/MPa	15.0
	氢油体积比	800∶1
	平均反应温度/℃	350
	体积空速/h^{-1}	1.2

续表

项目	工艺参数	
加氢裂化	反应总压/MPa	15.0
	氢油体积比	1000∶1
	平均反应温度/℃	370
	体积空速/h^{-1}	1.8

(2) 宽馏分固定床加氢

针对中低温煤焦油原料的性质和加氢过程的特点，湖南长岭石化科技开发有限公司（以下简称长岭石化）开发了宽馏分煤焦油加氢改质生产轻质燃料油技术。21世纪初长岭石化在第一代宽馏分煤焦油加氢技术研发的基础上，开发了第二代加氢技术[141]，该技术的主要特点是：煤焦油原料预分馏成轻、重馏分，重馏分采用公司专有萃取预处理（脱盐、脱金属、脱残渣）技术，将萃取后的可溶物再与轻馏分油混合后，再通过装有公司专业研发的宽馏分煤焦油加氢系列催化剂的固定床反应器进行加氢改质，以生产清洁的加氢石脑油、加氢柴油和加氢尾油等产品。第三代宽馏分煤焦油加氢技术[142]是长岭石化在第二代宽馏分煤焦油加氢基础上，专门针对高含尘、高含盐煤焦油原料开发的新一代技术。该技术主要针对第二代技术的预处理部分做了升级改进，采用了加氢专利技术和膜强化脱盐预处理专利技术组合，进一步提高了煤焦油中的尘、水、盐、金属和强极性有机物的脱除率，同时还可使大部分二烯烃、苯乙烯等易结焦前驱物饱和，脱除部分硫、氮、氧等杂质，初步改善煤焦油加氢进料油的稳定性，以保证后续加氢工段的催化剂活性稳定性、装置的平稳操作性和连续长周期运转。目前工业化应用实例有云南解化6万吨/年煤焦油加氢改质装置、甘肃宏汇能源1000万吨煤炭分质利用项目一期工程50万吨煤焦油加氢精制项目。

云南解化集团与长岭石化合作开始了国内最早的煤焦油加氢改质技术研究，其工艺流程如图4-45所示。该加氢工艺混合煤焦油进料的要求为密度小于1000kg/m^3，灰分不大于0.015%，水分不大于0.5%，金属杂质不大于1000μg/g。预加氢反应时，可向煤焦油加氢进料中加入抑焦剂，抑焦剂添加量为0～300μg/g。

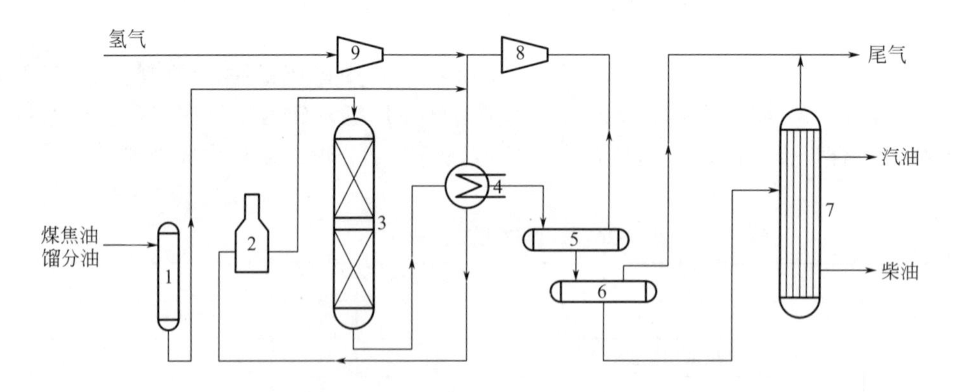

图4-45 云南解化低温煤焦油加氢工艺流程图

1—缓冲罐；2—加热炉；3—加氢反应器；4—换热器；5—高压分离器；6—低压分离器；7—蒸馏塔；8—循环氢压缩机；9—新氢压缩机

甘肃宏汇能源1000万吨煤炭分质利用项目一期工程50万吨煤焦油加氢精制项目由长岭

炼化岳阳工程设计有限公司设计，采用长岭石化第三代宽馏分煤焦油加氢催化剂技术[142]。该项目为国内最大规模的宽馏分煤焦油加氢精制装置，设计产品产率高达90%以上，较传统工艺可提高20%。中低温煤焦油经过预处理、加氢精制、裂化及产品分馏等过程生产出清洁、轻质化油品，同时副产品有液化气和多铵盐等产品，进而实现对煤炭资源的清洁高效利用。

4.3.1.2 全馏分固定床加氢

全馏分煤焦油催化加氢技术具有生产工艺简单、产品质量优等特点，并能实现装置连续稳定安全运行[104]。目前陕西煤业化工集团神木富油能源科技有限公司（以下简称神木富油）的全馏分煤焦油催化加氢工业示范装置已实现安全、稳定、长周期运行。

① 神木富油。神木富油从2006年开始，对全馏分煤焦油催化加氢制燃料油技术进行了系统研究，自2012年7月正式投料生产以来，经生产现场考核，各项生产运行技术指标均已达到设计要求，其煤焦油的利用率100%，液体产品产率高达96%以上，并实现了安全稳定运行。该工艺[143,144]如图4-46所示。

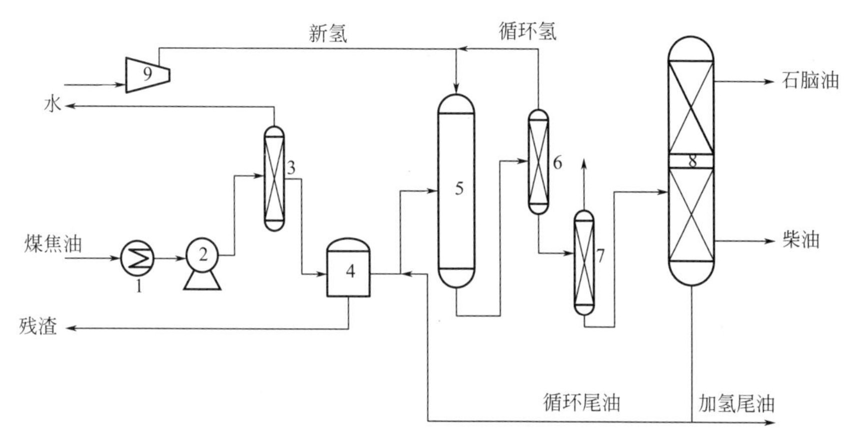

图4-46 煤焦油全馏分加氢技术工艺流程

1—加热器；2—加压泵；3—预处理塔；4—过滤器；5—加氢精制反应器；6—冷高分；7—冷低分；8—分馏塔；9—压缩机

该工艺具体流程为：先将全馏分中温煤焦油经预处理脱水、脱渣后，与氢气一并进入加热炉，然后送入4台串联的加氢改质反应器，反应产物经冷高分将分离出的循环氢返回加氢改质反应器，由冷高分输出的液相产物经冷低分送入分馏装置进行分离，得到产品液化气、石脑油和柴油馏分，由蒸馏塔釜底输出的尾油返回加氢反应器。该工艺条件如表4-27所示。

表4-27 全馏分中温煤焦油加氢生产工艺条件

项目	工艺参数	
预加氢反应器	温度/℃	240～260
	压力/MPa	12～14
	液体空速/h^{-1}	0.6～1.1
	氢油体积比	(1500～1700)∶1

续表

项目	工艺参数	
加氢改质反应器	温度/℃	350～380
	压力/MPa	12～14
	液体空速/h^{-1}	0.7～0.9
	氢油体积比	(1700～2000)∶1
加氢裂化反应器	温度/℃	380～400
	压力/MPa	12～14
	液体空速/h^{-1}	0.8～1.0
	氢油体积比	(1800～2100)∶1

2013年4月27日，煤焦油全馏分加氢生产中间馏分油成套工业化（FTH）技术通过了中国石油和化学工业联合会组织的科技成果鉴定，中国工程院谢克昌院士等9位权威专家组成的鉴定委员会认定该技术为“系世界首创，居领先水平”。该技术主要优势在于：一是煤焦油全馏分加氢，总液体产品产率98.3%；二是自主开发的加氢脱硫、氮、胶质、沥青质和残炭等专用系列的催化剂活性高、选择性好，解决了煤焦油中沥青质、胶质难以加氢转化的世界性难题；三是中低温全馏分煤焦油加氢预处理、加氢精制、加氢脱芳、产品分离等工艺为全氢型、短流程、清洁新型工艺；四是智能化控制催化剂床层超温或飞温组合技术，实现了反应床层温差精确控制；五是装备国产化率99%以上；六是与其他煤焦油加氢工艺相比，投资少，收益高。在此基础上，神木富油公司攻克了沥青质加氢转化等工程难题，建成了二期“50万吨/年煤焦油制环烷基军民两用特种油品示范工程”，产品已成功应用于超高压变压器和新一代火箭发动机等重要领域。

② 抚研院。抚研院采用加氢裂化-加氢处理（FHC-FHT）反序串联组合技术，将高含氮和/或氧的非常规加氢裂化原料油转化为清洁燃料和化工原料[145]。原料可以包括全馏分焦化生成油、页岩油、煤焦油（或蒽油）、煤直接液化油、费托合成油及掺炼动植物油脂等非常规加氢裂化原料油，主要产品为轻石脑油、重石脑油、喷气燃料及清洁柴油等。该组合技术具有原料适应性强、生产灵活性好等特点。该工艺流程如图4-47所示，工艺设置两个串

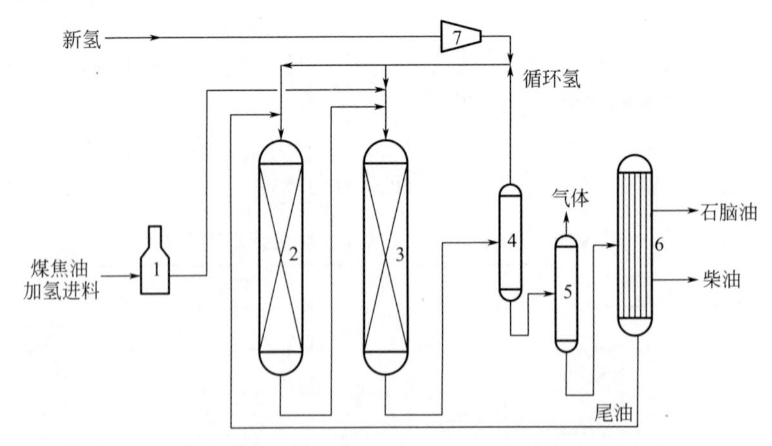

图4-47　加氢裂化-加氢处理（FHC-FHT）反序串联工艺流程图

1—加热炉；2—加氢裂化反应器R2；3—加氢精制反应器R1；
4—高压分离器；5—低压分离器；6—产品蒸馏塔；7—循环氢压缩机

联使用的反应器（R1 和 R2），R1 装填高耐水、抗结焦和高脱氮活性的加氢精制催化剂，用于新鲜原料和 R2 反应产物的深度加氢处理；R2 装填优选的加氢裂化催化剂，用于循环油深度加氢转化。界区外来的新鲜原料先与 R2 反应产物混合，之后进入 R1 进行深度加氢处理，R1 产物经过换热后进入高压和低压分离器进行气液分离，分离出的液体产物进入产品分馏塔，切割出液化气、石脑油、柴油调合组分等产品，分馏塔底未转化尾油循环到 R2 进行加氢裂化。加氢裂化-加氢精制反序串联工艺避免了煤焦油含氧化合物对加氢裂化催化剂的影响，改善了加氢精制进料的性质，降低了加氢精制的反应温升，降低了加氢精制的反应难度和煤焦油加氢精制进料的加热负荷。

由于该工艺采用加氢裂化过程，煤焦油进料会全部转化成石脑油和柴油调和组分。同时产品密度、凝点、十六烷值比单独的加氢精制工艺进一步改善。

4.3.2 悬浮床加氢技术

悬浮床反应器一般为空筒式、环流式或强制循环式结构，无催化剂床层。国内悬浮床加氢技术主要分为均相和非均相工艺。均相悬浮床加氢工艺主要有中国石油大学（华东）研发的 UPC 技术和抚研院研发的均相悬浮床加氢技术；非均相悬浮床加氢工艺主要有煤炭科学研究总院（以下简称煤科总院）研发的煤焦油悬浮床/浆态床加氢工艺及配套催化剂技术、三聚环保有限公司（以下简称三聚环保）研发的超级悬浮床技术以及延长石油安源化工（以下简称延长石油）研发的悬浮床煤焦油加氢裂化技术。

4.3.2.1 均相悬浮床加氢技术

抚研院研发了一种均相悬浮床煤焦油加氢裂化工艺[146]，工艺流程如图 4-48 所示。为了避免原料中的氮、氧、固体颗粒等对常规负载型催化剂活性的影响，该技术采用均相催化剂，即将催化活性组分制备成水溶性盐均匀地分散在原料油中。

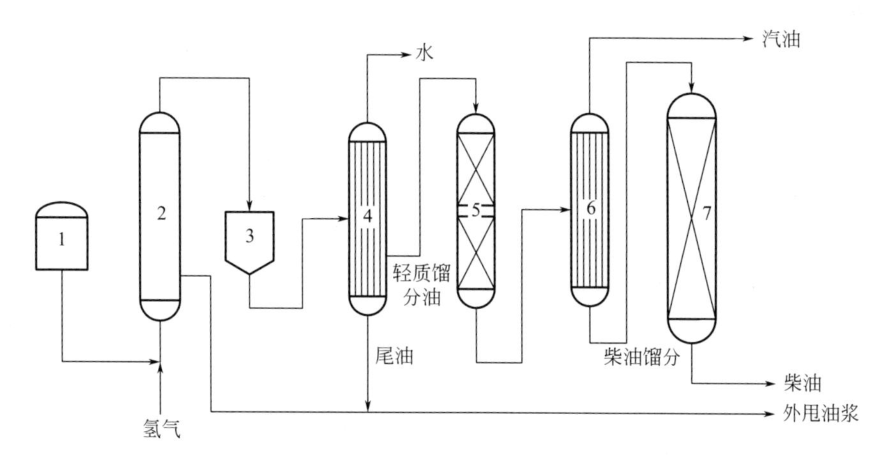

图 4-48 均相悬浮床煤焦油加氢裂化工艺流程图

1—原料罐；2—悬浮床加氢反应器；3—沉降槽；4，6—蒸馏装置；
5—固定床加氢反应器；7—固定床加氢脱芳反应器

该工艺过程包括：a. 将煤焦油原料直接（或与均相催化剂混合均匀后）进入悬浮床加氢反应器，在氢气存在下进行加氢预处理和轻质化反应；b. 从悬浮床反应器出来的液体产物流经沉降罐进蒸馏装置切割，切出水、轻质馏分油和尾油；c. 将轻质馏分油送入装有加氢精制催化剂的固定床反应器，进行进一步精制反应；d. 精制后的反应物进入蒸馏装置，切割出汽油馏分和柴油馏分；e. 柴油馏分通入固定床脱芳反应器，进一步脱除芳烃，提高柴油的十六烷值，生产优质柴油馏分；f. 将尾油全部或部分循环回悬浮床反应器，使其转化成轻质馏分油。

2014 年，中国石油大学（华东）在自主开发的重油悬浮床加氢裂化工艺的基础之上，开发出了煤焦油悬浮床加氢裂化工艺。其工艺流程为：先将煤焦油切割成轻馏分油和重油，其中轻馏分油（或脱酚以后）作为加氢精制的原料，重油与粉状催化剂、氢气、循环油混合作为悬浮床反应器的进料，用于制备轻馏分油。具体工艺流程[147]如图 4-49 所示。

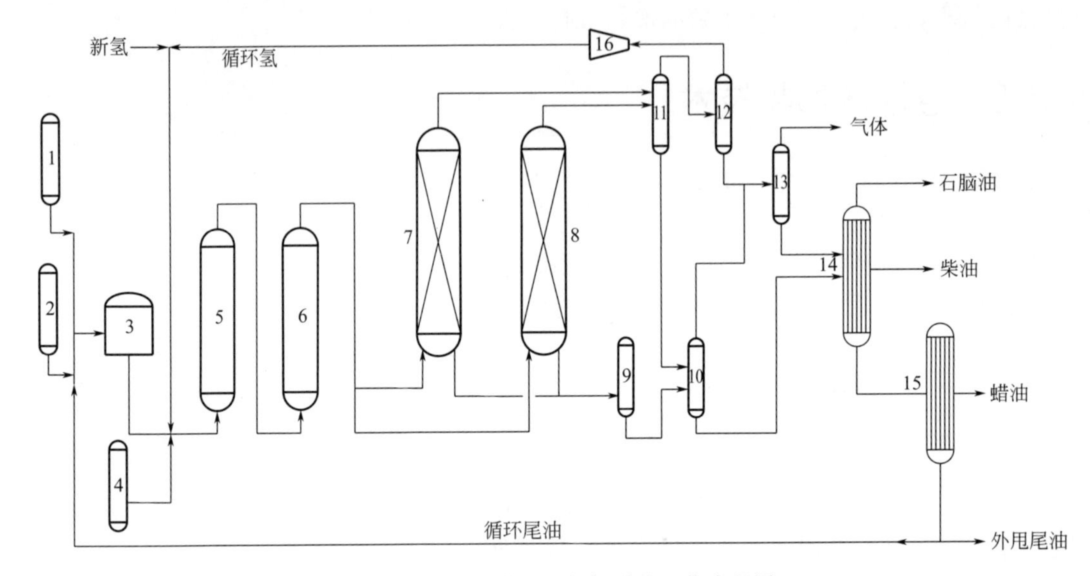

图 4-49　悬浮床煤焦油加氢裂化工艺流程图

1—重质油罐；2—催化剂罐；3—进料缓冲罐；4—柴油罐；5—一级预热器；6—二级预热器；7—环流反应器；8—悬浮床反应器；9—下排料缓冲罐；10—高温低压分离器；11—高温高压分离器；12—低温高压分离器；13—低温低压分离器；14—常压分馏塔；15—减压分馏塔；16—循环氢压缩机

该技术采用油溶性 Mo、Ni 等催化剂，此类催化剂由于有机配体的存在，具有很好的分散性能、加氢活性，能够有效抑制反应体系中大分子芳烃自由基的缩合，延缓生焦、结焦的发生[148]。此外，该工艺设计了独特的双向排料环流反应器，使得反应器内物料流速增加几十倍以上，能够有效减缓焦炭在反应器底部的积存及反应器壁结焦现象的发生。该技术的最大特点是可针对不同原料，采用一次性通过蜡油循环或尾油循环加工处理方式，当催化剂加入量为 0.01%时，原料油一次性转化率能够达到 90%。

4.3.2.2　非均相悬浮床加氢

(1) 煤科总院非均相悬浮床煤焦油加氢工艺

2010 年，煤科总院借鉴煤直接液化技术开发经验，提出了一种非均相悬浮床煤焦油加氢工艺，工艺流程如图 4-50 所示。首先原料经过预处理脱去煤焦油中的水和杂质，然后经过分馏得到酚油、柴油和大于 370℃重油 3 个馏分，然后根据各馏分的具体特点采用不同的加工过程进行加工处理。a. 对酚油馏分进行提酚，得到粗酚和脱酚油，粗酚经过精制得到精酚产品；脱酚油再进入固定床反应器进行油品加氢精制。b. 柴油馏分直接进行固定床加氢精制反应。c. 重油（沥青）馏分采用非均相悬浮床加氢裂工艺处理，在反应温度 320～480℃，反应压力 8～19MPa，体积空速 0.3～3.0h^{-1}，氢油体积比（500～2000）：1，催化剂添加量 0.5%～4%的条件下，进行轻质化反应，反应产物经分馏分出轻质油，余下含有催化剂的大部分尾油直接循环至悬浮床（鼓泡床或浆态床）反应器，少部分尾油进行脱除催化剂处理后再循环至悬浮床或鼓泡床反应器，进一步轻质化，重油全部（或最大量）循环，实现了煤焦油最大量生产轻质油和催化剂循环利用的目的[149,150]。

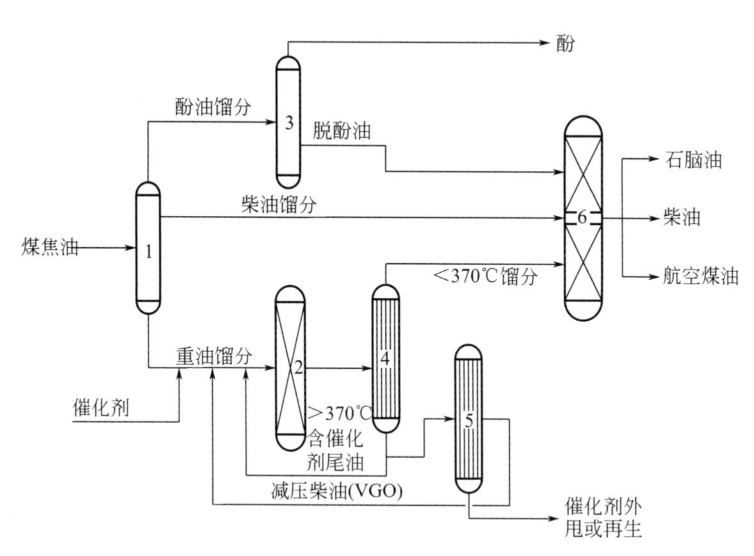

图 4-50　中低温煤焦油非均相悬浮床加氢工艺流程图

1—预处理塔；2—悬浮床加氢反应器；3—提酚装置；
4—常压蒸馏装置；5—减压蒸馏装置；6—加氢精制反应器

（2）三聚能源超级悬浮床 MCT 工艺

三聚环保与华石能源合作开发出了能够形成独特均相混合系统的平推流反应器以及具有防磨蚀功能的高压差减压阀，并研发了一系列高活性多功能催化剂，形成自主知识产权的超级悬浮床 MCT 技术。该技术适用于加工难处理的高硫、高氮、高金属、高残炭、高酸重油。

双方合作在河南鹤壁共同建设了 15.8 万吨/年工业示范装置，2016 年 2 月底投料试车，7 月底顺利停车，装置连续平稳运行近 5 个月，悬浮床单元总转化率 96%～99%，轻油产率 92%～95%。随后，双方合作开发了百万吨级装置成套工艺包[151]，依托 MCT 为技术核心的 150 万吨煤焦油/煤沥青综合利用项目计划于 2016 年 12 月开工建设。这标志着我国自主研发的超级悬浮床关键技术及装备一举实现了重大突破。其工艺流程如图 4-51 所示。

（3）延长石油悬浮床煤焦油加氢裂化技术

2011 年 4 月，延长石油借鉴国内外煤直接液化、重油悬浮床加氢技术工程开发经验，成功开发了全馏分煤焦油悬浮床加氢工艺，先后建成了 150kg/d 悬浮床加氢中试装置及 50 万吨/年工业示范装置。该技术选用成本低廉的 Fe 系催化剂或添加剂，反应温度在 450～480℃，反应压力在 16～22MPa，能够对中低温煤焦油进行深度加氢裂化，原料转化率达到 98%，液体产率高于 90%。2014 年 8 月 8 日延长石油悬浮床加氢裂化中试评价装置获得油煤浆进料试验重大突破，进料油煤浆中煤粉浓度达到 45%，反应温度 468℃，转化率、液体

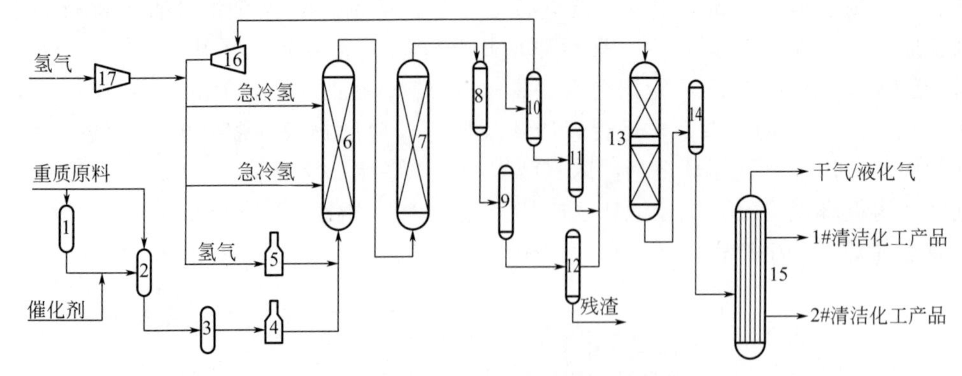

图 4-51　超级悬浮床 MCT 技术工艺流程图

1，2，3—高速剪切混合机；4，5—加热炉；6，7—悬浮床反应器；8—热高分；9—热低分；10—冷高分；11—汽提塔；12—冷低分；13—固定床反应器；14—冷高压分离器；15—分馏塔；16，17—压缩机

油产率均超过预期，实现了重油轻质化和油煤共炼的重大技术突破[136]。该工艺可用来处理煤或煤油混合物、炼油渣油以及沥青。工艺流程如图 4-52 所示。

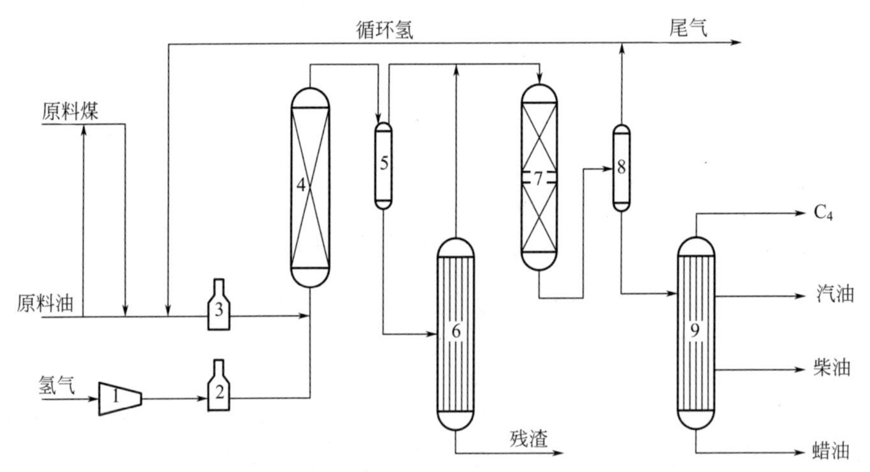

图 4-52　延长石油安源化工悬浮床煤焦油加氢裂化工艺流程图

1—压缩机；2—预热器；3—预热器；4—悬浮床反应器；5—热高分；6—减压闪蒸塔；7—固定床反应器；8—冷高分；9—常压蒸馏塔

具体工艺流程为：原料油和氢气混合（循环氢气和补充氢气）加热至一定反应温度，通过控制操作条件（压力、温度、空速和添加剂量）来保证原料油通过悬浮床加氢反应后，转化率在 95%以上。反应后的煤焦油和添加剂在热高压分离罐中与气化的反应产物分离。热高压分离罐的底部产物进入减压闪蒸塔回收馏分油，回收的馏分油与热分离罐的顶部产物一起送入加氢处理段。加氢处理采用固定床催化反应器，操作压力与第一加氢转化段基本相同。二段反应可以设计成加氢精制，也可以设计成加氢裂化。

4.3.3　沸腾床加氢技术

沸腾床反应器催化剂存在于反应器内，并在反应器上部设有催化剂补给管，下部设有催化剂卸出口。氢和原料油从反应器下部进入反应器，经过栅板分配器通过装填催化剂的床层时，使催化剂粒间空隙率随流速渐增大而逐渐拉开，催化剂床层体积膨胀。催化剂床层高度由循环液体流速控制，反应器内设循环线，从反应器顶部抽出反应产物，经过泵打到反应器底部与原料一起再进入反应器，以达到控制原料流速的目的。

4.3.3.1 抚研院煤焦油沸腾床加氢技术

抚研院自主开发了Strong沸腾床渣油加氢技术，采用该项技术可将劣质原料油大部分转化各类轻质馏分，为后续装置提供原料，工艺流程如图4-53所示。Strong技术的核心是带有特殊设计的气、液、固三相分离器的沸腾床反应器[152-154]。

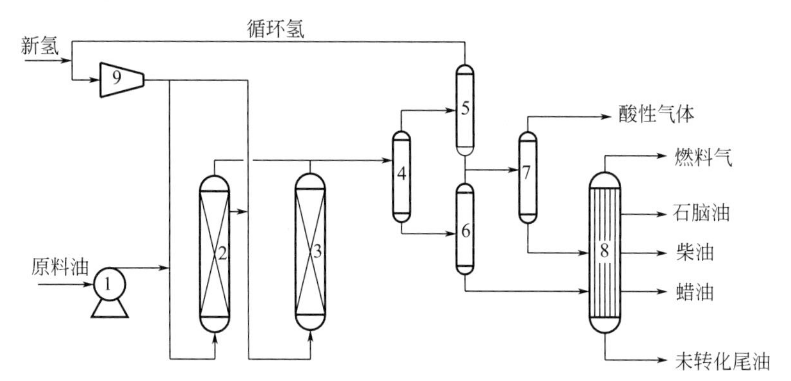

图4-53 Strong沸腾床加氢裂化工艺流程图

1—原料泵；2—沸腾床反应器1；3—沸腾床反应器2；4—热高分；5—冷高分；6—热低分；7—冷低分；8—分馏塔；9—压缩机

该技术催化剂、原料油及H_2在沸腾床反应器中呈全返混状态。加氢反应中产生的焦炭会沉积到催化剂的表面，能够随着催化剂周期性排出反应器，避免反应器堵塞现象的发生。其主要工艺条件与脱除率如表4-28所示。

表4-28 主要工艺条件与脱除率

项目	数据	典型原料	项目	数据	典型原料
反应压力/MPa	14.0～18.0	15.0	平均反应温度/℃	410～440	418
体积空速/h^{-1}	0.20～0.80	0.22	氢油体积比	300～700	500
脱金属率/%	80～98	97.3	脱硫率/%	50～95	91.0
脱氮率/%	30～65	49.4	脱残炭率/%	50～85	83.5
转化率/%	50～85	78.3			

Strong沸腾床加氢技术避免了固定床工艺往往因床层压降过高导致装置停工的问题，循环氢压缩机的动力消耗也会降低。反应器内由于催化剂、原料油和氢气的剧烈搅拌和返混，促进了传质和传热过程，使沸腾床反应器内部上下温度基本一致，反应器温度均匀，既有利于催化剂活性的充分发挥，又避免了固定床反应器易发生的因局部过热而产生的飞温现象。全馏分煤焦油经过沸腾床加氢后，煤焦油中的硫、氮含量降低，馏程大幅度前移，甲苯不溶物和残炭含量降低到固定床加氢长周期运转允许的范围内；同时饱和了含氧化合物和单、双烯烃等杂质，简化了后续固定床加氢流程。该技术已经实现了5万吨/年工业示范，并在此基础之上开发出了煤焦油沸腾床加氢预处理-固定床加氢联合工艺。其工艺流程如图

4-54 所示。陕西精益化工有限公司 50 万吨/年煤焦油深加工多联产综合利用项目，核心技术采用抚研院全馏分煤焦油沸腾床加氢提质＋固定床加氢裂化组合技术，主要生产具有高附加值的芳烃类产品的原料。

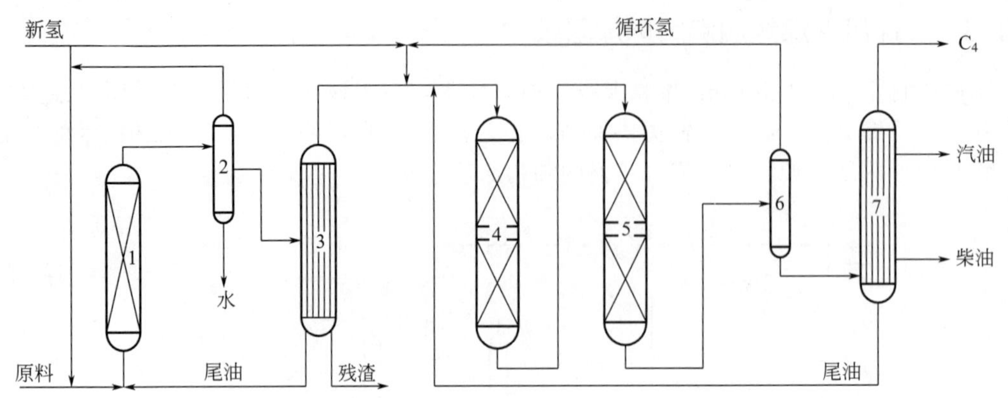

图 4-54 中低温煤焦油沸腾床加氢预处理-固定床加氢联合工艺流程图

1—沸腾床反应器；2—分离器；3—减压蒸馏塔；4—加氢精制反应器；
5—加氢裂化反应器；6—高压分离器；7—减压蒸馏塔

4.3.3.2 上海新佑劣质油全返混沸腾床加氢工业化技术

2013 年，上海新佑能源科技有限公司（以下简称上海新佑）开发了劣质油全返混沸腾床加氢工业化（EUU）技术。2015 年 7 月，采用 EUU 技术的河北新启元 15 万吨/年中低温煤焦油加氢装置开车成功，并且运转稳定，率先实现了我国自主开发沸腾床加氢技术的工业化运行。该技术于 2016 年 9 月通过了中国石油和化学工业联合会组织的技术鉴定，工艺流程如图 4-55 所示。

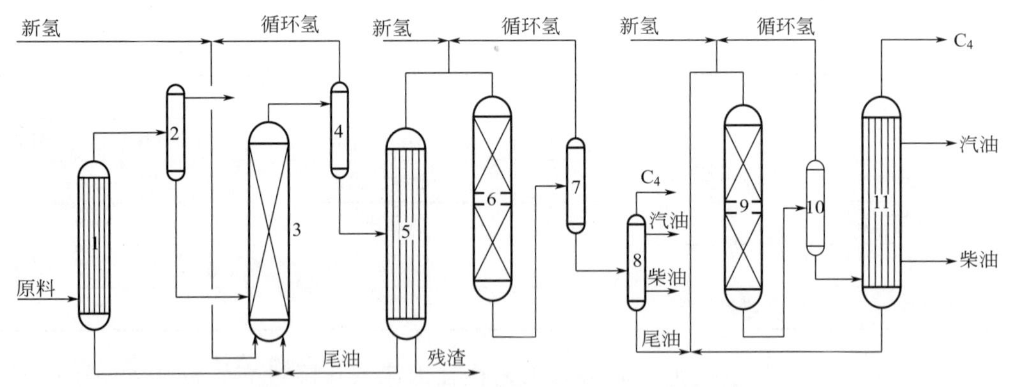

图 4-55 上海新佑全返混沸腾床加氢工艺流程图

1—蒸馏塔；2—提酚单元；3—沸腾床反应器；4，7，10—高分；5—减压蒸馏塔；
6—加氢精制反应器；8，11—蒸馏塔；9—裂化反应器

该技术采用上海新佑自主研发的特殊球形 NUHC-60 加氢系列催化剂，与传统国外条形催化剂相比，该催化剂具有强度高、流动性好及活性高的特点，在反应器中能够形成均匀的全返混沸腾床层。新启元项目的运行结果表明：EUU 技术在加工煤焦油时，不仅能将其中超过 20%的胶质和沥青质高效转化，生产符合质量要求的优质清洁油品；而且可以固定床

加氢耦合生产国Ⅴ或更高标准的清洁油品[155]。

4.3.4 典型工艺技术特点及发展前景

4.3.4.1 典型工艺技术特点

① 固定床加氢。馏分油固定床加氢工艺相对简单，投资和操作费用也相对较低。但缺点也很显著，一方面，轻油产品产率低；另一方面，柴油的十六烷值相对较低。延迟焦化固定床加氢的优点是可以将一部分重质煤焦油转化为轻油产品，缺点是焦炭产率高。延迟焦化过程是一种半连续的操作过程，每个单元操作处理能力较大，效率不高。尽管从最长的运行周期来看，该技术的产油率较低，但根据催化剂损失、开车和停车时间损失以及操作难易程度详细分析，该技术仍然相对经济和适用。

全馏分煤焦油加氢的优点是煤焦油利用率为100%，轻油产量是最高的，可以实现连续稳定运行。但缺点在于全馏分煤焦油中杂原子含量高，原料沥青密度较大，容易导致催化剂失活。因此，开发高效预处理技术和抗失活能力强的新型加氢催化剂对于全馏分煤焦油加氢而言尤为重要[156]。

② 悬浮床加氢。与固定床加氢等工艺技术比较，悬浮床加氢工艺具有工艺流程简单、操作条件灵活、原料油适应性强、床层压降小等优点。虽然近几年悬浮床加氢技术取得了巨大进展，但是仍然存在以下问题需要进一步研究：a. 原料油易生焦堵塞反应器，影响加氢效果和装置运行时间；b. 尾油中金属和残炭含量高，利用难度大；c. 均相悬浮床催化剂多为油溶性催化剂，难回收利用，催化成本较高[157]。

③ 沸腾床加氢。沸腾床反应器的特征在于稳定的催化剂床层，无床层生焦和结块问题的沸腾床加氢工艺适用于煤焦油和其他劣质原料的加工，生产高产率的液体产品，其缺点是投资相对较大。根据工业生产经验，从原料性质来看，如果煤焦油中金属含量小于60μg/g，沥青质含量小于15%，则可以选择全馏分煤焦油作为固定床加氢原料。但是，如果煤焦油中的盐含量、金属含量和沥青质含量较高，可以选择悬浮床、沸腾床馏分油加氢技术。

4.3.4.2 发展前景

当前，我国煤焦油加氢产业正处在推进供给侧结构性改革、实现高质量发展的攻关期，同时面临煤焦油原料紧缺等严峻的形势。如何突破瓶颈、提升水平，迈向新的发展阶段，将成为产业发展的关键。煤焦油加氢工艺发展应坚持以下几点：

① 推行油化并举。以生产清洁油品为主，在兼顾传统油品质量升级的同时，开发特种油品及化学品是产业发展的一个方向。发挥煤焦油加氢油品低硫、低氮的特点，不断满足国家环保和运输行业的要求。同时，进一步提高油品产率、催化剂寿命及装置运行周期，降低运行成本及能耗。对煤焦油加氢产品进行分质利用，生产高端油品及化学品。如将汽油馏分深加工可生产环保溶剂油、重整制芳烃原料；柴油馏分深加工可生产火箭煤油、航空煤油、变压器油、冷冻机油、橡胶油等特种油品及煤基蜡产品。

② 规模大型化。由于煤焦油生产分散、产量较小，而现有的加氢装置规模普遍偏小。因此合理的装置规模才能实现运行成本最低、经济效益最大。装置大型化的优点主要体现在：a. 能集中加工难以处理的重质沥青，可生产含量较少的高附加值产品；b. 能适应市场需求，扩大油品供应，提高竞争能力；c. 能降低操作费用和能耗，易于实现自动化控制，

提高产品产率和质量，提高劳动效率；d. 可节约占地，有利于环境保护，可经济地回收和处理污染物。

③ 生产智能化。智能化工厂建设是煤焦油加氢产业发展的必然趋势。随着云计算、人工智能等新一代信息技术的发展，以预测控制、智能控制等为核心的先进控制技术在流程行业得到了成功应用。煤焦油加氢作为典型的流程工业，其特点是管道式流体输送，生产连续性强，流程比较规范。促进新一代信息技术与煤焦油加氢技术的融合，推动智能化工厂的建设，将为煤焦油加氢行业注入新动力。

④ 过程绿色化。过程绿色化在提高煤焦油的使用效率、减少污染、提升生产转化率方面都提出了新的方向和要求，对于煤焦油加氢行业的发展具有重要的意义。一方面要加大创新力度，重点包括开发新型绿色友好的加氢催化剂、重质组分高效转化技术、过程清洁化技术、环保节能技术、工业废水治理技术等。此外，应关注与煤直接制油、间接制油、煤油混炼等技术的耦合。

4.4 中低温煤焦油分质利用

4.4.1 酚类分离与利用

中低温煤焦油中含有大量的酚类化合物，主要包括：低级酚（苯酚、甲酚和二甲酚等）、C_3～C_4烷基苯酚及茚酚类等[18,158]。大量酚类物质的存在，导致中低温煤焦油的油品安定性和稳定性较差。但酚类化合物可作为塑料、黏结剂、杀虫剂、消毒剂等高附加值下游日化产品的重要原料[159]，其分离与利用已成为中低温煤焦油分级、分质利用的重要和有效途径之一。

4.4.1.1 酚类组成及特点

随着煤焦油提酚产业对技术需求和产品要求的不断提高，为了给酚类分离与精制新技术开发提供理论支撑，越来越多的学者将研究重心集中在焦油中酚类物质的赋存结构与特点。

中国矿业大学郭宪厚[3]通过分级萃取对中低温煤焦油的酚类化合物进行了定性定量研究。其采用甲醇对原料进行一级萃取分离（萃取产率 92.6%），再分别以石油醚/乙酸乙酯和石油醚/二氯甲烷为洗脱剂，通过中压制备色谱和层析柱，对甲醇一级萃取物进行二、三级定向分离；利用 GC-MS、GC×GC/TOF-MS（全二维气相色谱飞行时间质谱联用）和 ESI Orbitrap MS（电喷雾电离源耦合超高分辨率质谱）对甲醇一级萃取物进行分析，发现含氧化合物含量高达 31.3%，主要以酚类化合物（含量 25.6%，不同烷基取代酚）的形式存在。在中压制备色谱帮助下，对甲醇一级萃取物进行定向二级分离，得到脂肪烃、芳烃、含氧化合物和含氮化合物等组分，利用 ESI Orbitrap MS 分析，发现含氧化合物组分中主要为酚类化合物（占含氧化合物组分的 35.35%）；对二级分离所得含氧化合物进行三级分离，得到五个组分，其中第一组分和第二组分主要为酚类化合物，具体结果见表 4-29。

表 4-29 含氧化合物三级分离 GC-MS 结果

含氧化合物三级分离第一组分 GC-MS 结果		含氧化合物三级分离第二组分 GC-MS 结果	
化合物名称	RC/%	化合物名称	RC/%
苯酚	13.32	2,3-二氢-1*H*-茚-1-酮	1.11
邻甲基苯酚	20.14	邻苯二甲酸二甲酯	8.26
2,6-二甲基苯酚	3.80	2-萘酚	20.63
邻乙基苯酚	3.64	4-甲基-1-萘酚	16.26
2,4-二甲基苯酚	15.21	2-甲基-1-萘酚	5.62
2,5-二甲基苯酚	3.97	3-羟基联苯	125
3,5-二甲基苯酚	1.18	6,7-二甲基-1-萘酚	2.62
2,4,6-三甲基苯酚	2.48	1-甲基-2-苯氧基苯	0.88
2-乙基-6-甲基苯酚	2.83	2-苯并呋喃基酚	2.26
4-乙基-3-甲基苯酚	8.73	二苯并对二噁英	431
3-乙基-5-甲基苯酚	3.78	2-羟基芴	1.27
2-乙基-4-甲基苯酚	4.63	4-甲基二苯并呋喃	4.18
2,4,6-三甲基苯酚	3.82	4-羧基联苯	4.49
2,5-二乙基苯酚	1.29	邻苯二甲酸二丁酯	2.03
麝香草酚	1.82	[1,1-联苯]-3-基乙酮	1.09
对叔丁基苯酚	2.58	2-甲氧基-9*H*-芴	6.92
3-甲基-4-异丙基苯酚	1.98	蒽酮	0.58
(4-乙基苯基)-乙酮	2.60	9-菲酚	5.46
1-甲氧基-4-(1-甲基-2-丙烯基)苯	2.66	1-苯基-1*H*-茚-4-醇	2.62
		2-乙烯基二苯甲酮	2.52
		二异辛基乙二酸酯	1.92
		双(2-乙基已基)己二酸酯	1.52
		2*H*-菲并[9,10-*b*]吡喃	1.68
合计	100%	合计	100%

由表 4-29 可知，三级分离所得组分的酚类化合物主要为烷基酚和萘酚，第一组分主要为烷基取代酚，占 79.98%，取代基的个数范围 1～4，主要以甲基、乙基和丙基为主，第二组分主要为多烷基萘酚，占 45.13%。中国石油大学任洪凯[18]等将陕北中低温煤焦油切割成 5 段馏分，并对各馏分酚类化合物进行了进一步的定性与定量分析，结果见表 4-30。

由表 4-30 可知，170～230℃馏分中酚类化合物产率最高，占该馏分总量的 50.33%，共检测出 23 种酚类化合物，其中低级酚占总酚的 51.84%，C_2～C_4 烷基苯酚、萘酚等高级酚占 45.04%，芳香烃占 3.12%。中低温煤焦油中酚类化合物主要以低级酚（约占焦油总质量的 9.8%[160]，主要包括苯酚、甲酚、二甲酚）、烷基苯酚和萘酚等形式存在，酚类化合物约占 50.33%，其中苯酚约占 2.51%，间甲酚约占 9.32%，对甲酚约占 7.32%，2,5-二甲酚约占 2.16%，3,5-二甲酚约占 1.34%[18,158,161]。中低温煤焦油中低级酚含量较高，且种类齐全，作为下游利用前景较大的几类产品，在传统医药、农药和精细化工等行业具有较大的利用价值和市场，其分离与利用对传统煤化工企业的转型升级具有重要意义[162]。

表 4-30 各馏分油中酚类化合物定量分析结果

酚类化合物	含量/%	酚类化合物	含量/%	酚类化合物	含量/%	酚类化合物	含量/%	酚类化合物	含量/%
170～230℃		230～270℃		270～300℃		300～340℃		340～360℃	
苯酚	2.15	2-甲基苯酚	1.61	2-甲基苯酚	0.76	4-乙基苯酚	0.69	2-甲基-1-萘酚	1.12
2-甲基苯酚	6.35	3-甲基苯酚	5.09	4-甲基苯酚	1.67	2,4,6-三甲基苯酚	0.25	7-甲基-1-萘酚	0.19
3-甲基苯酚	19.25	2-乙基苯酚	0.55	2,4,6-三甲基苯酚	0.54	2-乙基-6-甲基苯酚	0.58	4-甲基-1-萘酚	8.77
2,6-二甲基苯酚	1.42	2,4-二甲基苯酚	5.67	2-乙基-6-甲基苯酚	1.37	3-甲基-6-丙基苯酚	1.29	4-(2-苯基乙烯基)-苯酚	8.77
2-乙基苯酚	1.70	4-乙基苯酚	7.26	2-乙基-4-甲基苯酚	2.67	1-乙氧基-4-乙基苯酚	0.61	6,7-二甲基-1-萘酚	0.37
2,4-二甲基苯酚	18.18	2,3-二甲基苯酚	0.86	4-乙基-2-甲基苯酚	0.27	2-甲基萘酚	0.41	5,7-二甲基-1-萘酚	2.61
4-乙基苯酚	14.14	3,4-二甲基苯酚	1.92	4-(2-烯丙基)苯酚	1.43	4-(2-烯丙基)苯酚	0.53	6,7-二甲基-1-萘酚	2.05
2,3-二甲基苯酚	1.75	2,4,6-三甲基苯酚	0.82	3-甲基-6-丙基苯酚	5.66	2-烯丙基-4-甲基苯酚	1.24	2,5,8-三甲基-1-萘酚	7.45
3-乙基-5-甲基苯酚	0.72	2-甲基-6-丙基苯酚	1.96	2-甲基-6-丙基苯酚	4.36	2-烯丙基-4-甲基苯酚	1.09	2-羟基-4-异丙基萘酚	1.49
3,4-二甲基苯酚	2.74	2-甲基-5-丙基苯酚	3.26	3-甲基-6-丙基苯酚	3.00	2-甲基-1-萘酚	1.98	4-(2-苯基乙烯基)苯酚	3.54
2,4,6-三甲基苯酚	1.63	2-甲基-4-丙基苯酚	4.59	7-甲基-1-萘酚	15.12	7-甲基-1-萘酚	4.80		
2-乙基-3-甲基-苯酚	2.81	2,3,6-三甲基苯酚	2.13	5,7-二甲基-1-萘酚	1.04	2-乙基-6-甲基苯酚	0.94		
2-甲基-5-(1-甲基乙基)苯酚	0.82	2-甲基-5-(1-甲基乙基)苯酚	0.95	4-(2-苯基乙烯基)苯酚	10.35	4-甲基-1-萘酚	7.51		
2-乙基-4-甲基-苯酚	4.40	麝香草酚	0.47	6,7-二甲基-1-萘酚	0.93	2,5,8-三甲基-1-萘酚	2.84		
2,3,6-三甲基苯酚	2.97	4-乙基-2-甲基苯酚	0.85	2,5,8-三甲基-1-萘酚	1.73	6,7-二甲基苯酚	7.03		
4-乙基-2-甲基苯酚	0.83	4-(2-苯基乙烯基)苯酚	3.52			1-乙氧基-4-乙基苯酚	0.61		
麝香草酚	0.62	3-甲基-6-丙基苯酚	4.48			5,7-二甲基苯酚	3.63		
2-乙基-5-甲基-苯酚	5.01	2-甲氧基-4-乙烯基苯酚	1.37			6,7-二甲基苯酚	1.09		
4-(2-烯丙基)-苯酚	1.73	2,6-二甲基萘酚	0.81						
3-甲基-6-丙基苯酚	2.94	2-烯丙基-4-甲基苯酚	3.34						
2-(2-甲基-2-烯丙基)苯酚	1.25	2-(2-甲基-2-烯丙基)苯酚	1.12						
2-烯丙基-4-甲基苯酚	3.01	2-烯丙基-4-甲基苯酚	2.84						
2-萘酚	0.47	2-萘酚	4.54						

4.4.1.2 酚类提取与精制

酚类分离工艺包括粗酚的提取与精制，传统提取方法主要有碱液抽提法和溶剂萃取法[163]。近年来，随着技术发展和环保要求出现了一些新技术，如柱色谱法、沉淀法、离子液体法、络合萃取法和压力结晶法等。粗酚的行业质量标准（YB/T 5079—2012)[164]见表4-31。

表 4-31 我国粗酚质量指标

项目	酚及同系物（按无水计算）/%	210℃前馏出物(体积分数)/%	230℃前馏出物(体积分数)/%	中性油含量(质量分数)/%	吡啶碱含量(质量分数)/%	灼烧残渣含量(按无水计算)/%	水分（质量分数)/%	pH
指标	≥83	≥60	≥85	≤0.8	≤0.5	≤0.4	≤10	5～6

（1）粗酚的提取

① 碱液洗脱法。碱洗脱酚主要由碱液洗涤、酚钠精制和酚钠分解等工序组成。

在碱液洗涤工序中，利用 NaOH 溶液与酚类物质反应，得到中性酚钠，其游离碱含量<1.5%，含酚 20%～25%。碱液洗涤得到的中性酚钠含有 1%～3%的中性油、萘和吡啶碱等杂质，在用酸性物质分解前必须除去，避免影响粗酚精制产品质量。

在酚钠精制工序中，目前国内外广泛应用的工艺有蒸吹法和轻油洗净法两种。蒸吹法酚钠精制工艺具体流程为：中性酚钠泵入冷凝冷却器的上段，与蒸吹柱顶蒸出的 103～108℃的油水混合气换热至 90～95℃，进入酚钠蒸吹釜上部，蒸汽间接加热至 105～110℃，同时釜内蒸汽直接蒸吹，经酚钠冷却器冷却至 40～50℃，得到精制酚钠。轻油洗净法酚钠精制工艺具体流程为：粗酚钠送入轻油洗净塔塔顶，洗净轻油采用粗苯馏分，轻油由高位槽流入填料塔，回收部分从塔顶溢流排出。粗酚钠在塔内与轻油充分接触而洗净，洗净的精制酚钠盐溶液一部分从塔底经调节器排出，另一部分向塔顶循环。

在酚钠分解工序中，目前国内外广泛应用的工艺有硫酸分解法和二氧化碳分解法，具体工艺流程见图 4-56 和图 4-57。

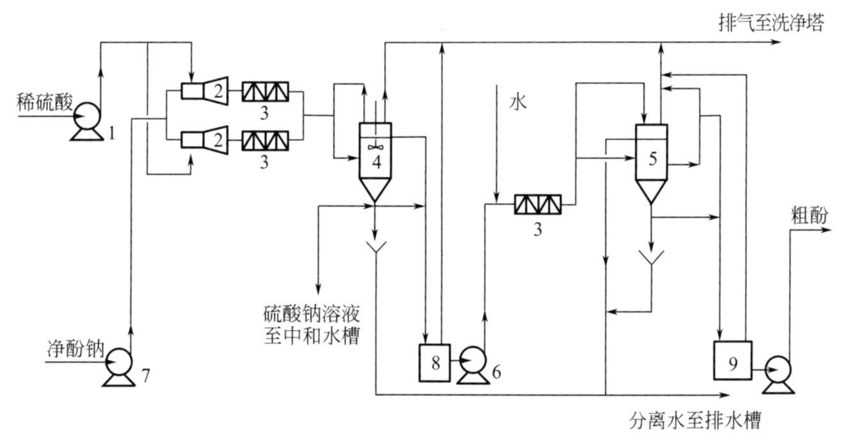

图 4-56 硫酸分解法流程

1—稀酸泵；2—喷射混合器；3—管道混合器；4—1 号分离槽；5—2 号分离槽；6—粗酚泵；7—净酚钠泵；8—粗酚中间槽；9—粗酚储槽

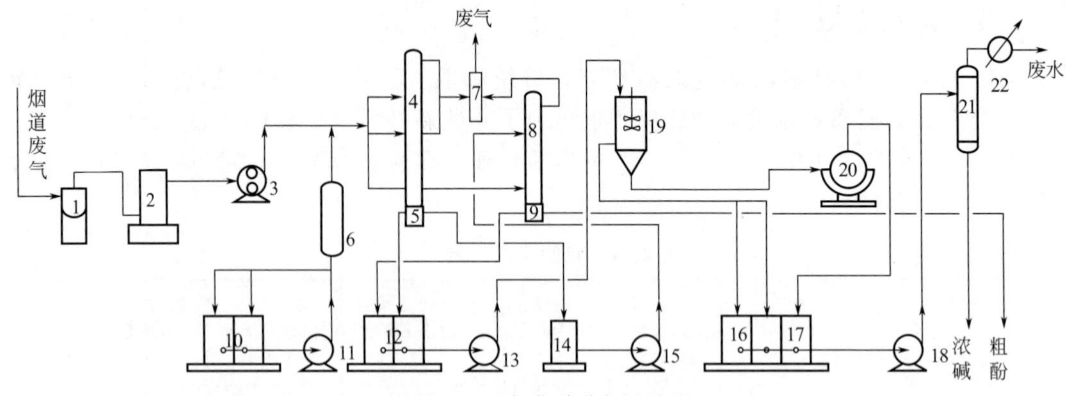

图 4-57　二氧化碳分解法流程

1—除尘器；2—直接冷却器；3—罗茨鼓风机；4—酚钠分解塔；5，9—分离器；
6—套管加热器；7—酚液捕集器；8—酸化塔；10—酚钠储槽；11，15—齿轮泵；
12—碳酸钠溶液槽；13，18—离心泵；14—粗酚中间槽；16—氢氧化钠溶液槽；
17—稀碱槽；19—苛化器；20—真空过滤器；21—蒸发器；22—冷凝器

硫酸分解法的酚钠分解工艺具体流程为：将净酚钠和 60%（质量分数）浓度的稀硫酸同时送入喷射混合器，再经管道混合器进入 1 号分离槽，反应得到的粗酚从分离槽上部排出，底部排出硫酸钠溶液。粗酚与加入占粗酚量 30%（质量分数）的水经管道混合器混合，洗去粗酚中的游离酸，进入 2 号分离槽，含酚 0.4%的分离水从槽上部排出，粗酚经槽底液位调节器排入粗酚储槽，水洗后粗酚中含硫酸钠 10～20mg/kg。

二氧化碳酚钠分解工艺具体流程为：烟道废气经除尘、冷却后，由罗茨鼓风机送入酚钠分解塔的上段、下段和酸化塔的下段。酚钠溶液经套管加热器加热后，送到分解塔顶部和下段，同上升的烟道气逆流接触进行二次分解。粗酚和碳酸钠混合液流入塔底分离器，粗酚从上部排出，碳酸钠从底部排出，粗酚初次产品送到酸化塔顶部进行三次分解，分解率可达 99%。

目前中低温煤焦油碱洗脱酚技术工业化应用较少，神木天元化工有限公司开发了一种煤焦油生产低级酚的方法（CN107474864A）[165]。该发明具体工艺流程为：中低温煤焦油经分馏塔分馏，得到<230℃、230～350℃和>350℃的馏分油，其中 230～350℃馏分油产率为 29.22%。230～350℃馏分油经碱洗法提酚，得到粗酚油产率为 12.8%（相对于 230～350℃馏分油）。该粗酚在铁基加氢催化剂作用下，在反应温度为 410～450℃，反应压力为 2～5MPa，液体体积空速 0.4～1h^{-1}，剂油比为 1：(0.005～0.02)，氢油体积比为（200～500)：1 条件下，进行加氢反应。加氢产物分馏得到产率为 69.7%的 170～230℃馏分油，该馏分油经碱洗提酚得到低级酚。该发明可将中低温煤焦油重馏分中高级酚转变为低级酚，产物 170～230℃馏分油中低级酚含量高达 96.3%，可增产 2.51%的低级酚产物。

② 溶剂萃取法。目前溶剂萃取法主要包含过热水萃取法、盐类水溶液萃取法和醇类水溶液萃取法等，该法可在一定程度上解决碱洗法过程中产生废水、废液、废渣和对设备造成腐蚀等问题。

神木天元化工有限公司专利公开了一种煤焦油中酚类化合物的分离系统（CN 208869550U)[166]。该发明通过专利分离系统实现酚油的彻底分离，采用低共熔溶剂与中低温煤焦油充分混合，萃取体系温度 20～60℃，使混合体系中酚类化合物转移至低共熔溶剂中，进行高效萃取，酚油中 99.9%的酚类化合物得到分离。具体工艺流程为：以低共熔溶剂（氯化胆碱与草酸 1∶1 混合）为萃取剂，对中低温煤焦油进行萃取处理，萃取剂与煤焦油的质量比为（0.5～1.5）∶1，得到脱酚煤焦油与萃取液的混合液。在 80℃条件下氮气吹扫，静置 15min，得到萃取液，将萃取液与水（按质量比为 1∶0.5）分别送入水洗设备，在 30℃条件下持续搅拌 10min，混合液送入第二分离设备中，静置 10min，使混合液静置分层，上层得到酚类化合物，下层得到低共熔溶剂。该发明分离系统结构简单，操作简便，采用水和低共熔溶剂作为混合萃取剂，具有能耗及分离成本低的优点。

③ 其他方法。目前，关于其他形式的中低温煤焦油提酚新方法，主要还集中在实验室研究阶段，其中以离子液体萃取法为代表，通过离子液体与酚类化合物分子之间的氢键相互作用，大幅提高萃取过程的萃取选择性和萃取容量，是中低温煤焦油提酚方法中一种高效的分离新方法。

北京化工大学李春喜教授课题组葛长涛[167]采用离子液体法，研究了其对中低温煤焦油的模型油［20%（质量分数，下同）苯酚、70%正己烷和 10%甲苯］中苯酚的萃取效果。选择 12 种萃取剂，在剂油比为 1∶10，萃取温度为 25℃，萃取时间为 20min，静置时间为 20min 条件下，萃取效率依次为醇胺（95%～98%）≈季铵盐＞醇胺类离子液体（93%～95%）＞多元醇（85%～93%）；该课题组熊佳丽[168]合成了乌洛托品与 1,4-对二氯苄基聚合离子液体（PIL-1）、聚乙烯基苄基咪唑氯聚合离子液体（PIL-2）、聚 4-氯甲基苯乙烯基三苯基膦型聚合离子液体（PIL-3），制备的聚合离子液体均为蓬松且具有丰富孔隙结构的固体材料，对中低温煤焦油的模型油［苯酚含量分别为 2%（质量分数，下同）、5%、10%和 20%，甲苯含量 10%，其余为正己烷］中苯酚吸附研究，结果表明：2%苯酚含量模型油吸附能力次序为 PIL-1（2g/g）＞PIL-3（0.5～1g/g）＞PIL-2（0.5～0.75g/g），随模型油中苯酚含量增加，三种离子液体吸附剂对苯酚的吸附能力呈增强趋势。

中低温煤焦油粗酚提取以碱洗脱法和溶剂萃取法为主，并已实现工业化应用，其他新方法因技术不成熟、成本较高和安全环保等原因仍处于研究阶段，但其为中低温煤焦油粗酚提取技术提供了新的工艺路线，对行业发展具有积极意义。

(2) 粗酚的精制

粗酚精制是利用酚类化合物间沸点差异，采用精馏获得高纯度酚类产品的工艺过程，其工艺可分为减压间歇精馏法和减压连续精馏法。

目前，中低温煤焦油脱酚技术实现工业化应用的企业为神木天元化工有限公司，其发明专利[169]公开了一种从中低温煤焦油粗酚中分离多种酚的方法和装置（CN107721826A）。该发明通过将中低温煤焦油中粗酚进行精制处理，最终得到纯度为 99.60%（质量分数，下同）的苯酚、99.56%的邻甲酚、98.21%的 2,6-二甲基苯酚和 99.43%间对甲酚产品。工艺酚水送往污水处理系统回收酚油，其可掺入粗酚原料，最大程度地提高产品的产率，得到的高沸点酚及焦油产物送往加氢工段利用。相比于间歇精馏塔，连续精馏塔能够降低操作难度、降低加工能耗和提高产品产率，有利于实现大规模工业化生产。工艺流程见图 4-68。

该发明具体工艺流程为：中低温煤焦油粗酚经脱水、脱轻和脱重处理得到混酚，经精馏得到苯酚和脱除苯酚的混酚，脱苯酚混酚经精馏，得到邻甲酚和脱除邻甲酚的混酚。脱邻甲酚混酚在反应压力为 1～21kPa、反应温度为 75～115℃、回流比为 15～20 的条件下，进行精馏分离，得到 2,6-二甲基苯酚和脱 2,6-二甲基苯酚混酚。脱 2,6-二甲基苯酚混酚经精馏分离，得到间对甲酚混酚和二甲酚混酚，间对甲酚混酚在反应压力为 100～300kPa、反应温度为180～250℃、回流比为 16～22 的条件下，进行精馏分离，得到间对甲酚和粗邻乙基酚。

目前间对甲酚主要是通过煤焦油精馏获得，但中低温煤焦油中存在沸点与间对甲酚十分

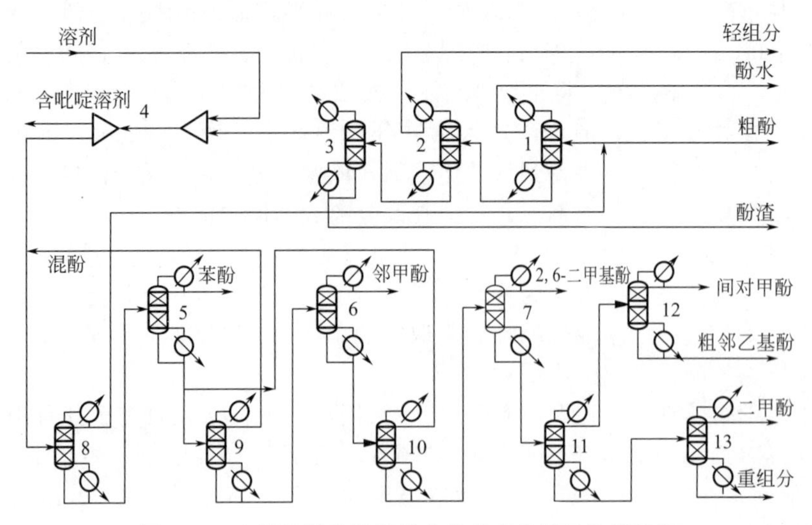

图 4-58　中低温煤焦油粗酚中分离多种酚工艺流程图

1—脱水塔；2—脱轻塔；3—脱重塔；4—吡啶提取装置；5—苯酚精制塔；6—邻甲酚精制塔；7—2，6-二甲基苯酚精制塔；8—苯酚脱轻塔；9—邻甲酚脱轻塔；10—2，6-二甲基苯酚脱轻塔；11—间对甲酚塔；12—间对甲酚精制塔；13—二甲酚塔

接近的2,6-二甲酚和邻乙基酚产物，实现间对甲酚、邻乙基酚和2,6-二甲酚的分离难度较大。为了在一定程度上解决此问题，神木天元化工有限公司开发了一种间对甲酚的精制方法(CN107721827A)[170]。该发明具体工艺流程为：粗间对甲酚送入填料脱轻塔，在塔顶操作压力0.05～9kPa、塔顶温度54～130℃、回流比10～25条件下，理论塔板数90～180块，塔顶得到高纯度的2,6-二甲酚［纯度≥99.11%（质量分数，下同)，产率≥91.19%］，塔釜馏出物经间对甲酚填料脱重塔，在塔顶操作压力100～400kPa、塔顶温度204～269℃、回流比12～30条件下，理论塔板数60～130块，精馏得到高纯度的邻乙基酚（纯度≥91.1%，产率≥92.0%）和间对甲酚（纯度≥99.7%，产率≥93.0%）。本发明对粗间对甲酚连续两次精馏处理，可实现对2,6-二甲酚和邻乙基酚的精制，并得到高纯度邻乙基酚、2,6-二甲酚和间对甲酚。

中低温煤焦油中还存在少量的高沸点酚，尤其是高级酚，其提取与分离的新技术开发，将可有效解决企业生产难题和市场供求关系，提升煤化工企业的核心竞争力。

4.4.1.3　下游精细化学品

中低温煤焦油中低级酚含量最高，利用价值也最大，其下游深加工技术的开发和升级，对于焦油加工产业的转型升级和技术产业链的完善均具有重要意义，其利用网络见图4-59。

(1) 苯酚下游化学品

苯酚是重要的基本有机化工原料，主要用于生产双酚A、酚醛树脂和己内酰胺等。双酚A，又称二酚基丙烷，一般用苯酚和丙酮在离子交换树脂催化下缩合而成[171]。目前日本新日铁株式会社采用该方法生产双酚A，产率可达95%～98%，生产工艺流程图见图4-60。

酚醛树脂，又称电木，是一种以酚类化合物和醛类化合物经缩聚而制得的一大类合成树脂，因为苯酚的产量及价格对酚醛树脂的产量影响很大，故少见有工业化应用，大部分集中在研究阶段。西北大学孙鸣等[172]开发了一种基于中低温煤焦油制备酚醛树脂的工艺及装置

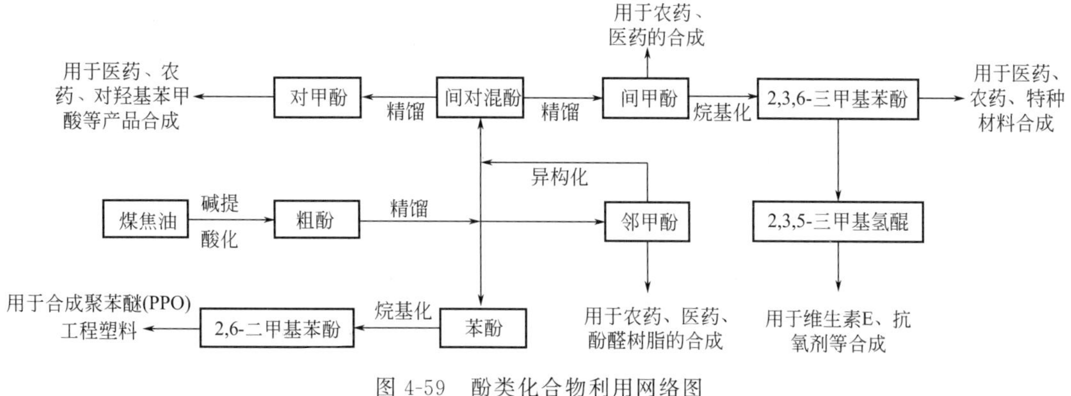

图 4-59　酚类化合物利用网络图

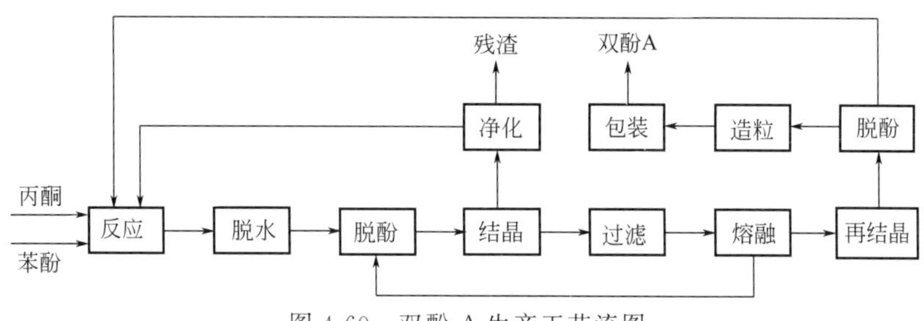

图 4-60　双酚 A 生产工艺流图

(CN106543389B)。该发明具体工艺流程为：以甲苯或苯为溶剂，酸或碱为催化剂，中低温煤焦油（或其馏分油）与甲醛类化合物在一定条件下进行酚醛聚合反应，产物通过封闭式转鼓真空过滤机过滤，得到的热塑性酚醛树脂产率（以苯酚为基准）可达 108.2%，同时得到含有溶剂的脱酚煤焦油，进行精馏，实现水与溶剂的分离，回收溶剂，重复利用。

(2) 甲酚下游化学品

甲酚，包含邻甲基苯酚、间甲基苯酚和对甲基苯酚，其中邻甲基苯酚主要来自化学合成。

对甲基苯酚最主要主要用于合成抗氧剂和荧光增白剂，尤其是制备 2,6-二叔丁基对甲酚(BHT) 抗氧化剂。锦州市精细化工研究所张跃臻等[173]开发了一种加压制备 2,6-二叔丁基对甲酚的方法（CN1215042A）。该发明采用低压、封闭式烷基化反应技术，以芳磺酸或硫酸为催化剂，在反应压力为 0.05～0.5MPa、反应温度为 20～120℃的条件下，BHT 转换率可以大于 93.5%（质量分数）。

间甲基苯酚可用于合成 2,3,6-三甲基苯酚。东南大学肖国民等[174]开发了一种合成 2,3,6-三甲基苯酚的催化剂及其制备方法（CN102974354A）。该发明以间甲基苯酚、甲醇和水的混合物为原料，以 0.4～10h^{-1}的空速通过装有邻位甲基化催化剂的固定床反应器，在反应温度为 280～450℃、反应压力为 0～10MPa 的条件下，进行气固相催化反应，结果表明，间甲酚转化率为 100%（质量分数），产品收率为 99.9%（质量分数）。

(3) 二甲酚下游化学品

3,5-二甲基苯酚用于合成抗氧剂、抗生素、树脂黏合剂和维生素 E 等。洛阳双瑞橡塑科技有限公司刘强等[175]开发了一种单组分高邻位热固性拉挤用酚醛树脂的制备方法（CN106496471A）。该发明以多聚甲醛、水及氢氧化钠为原料，在反应器中将多聚甲醛完全裂解，得到甲醛溶液，再依次加入乙酸、苯酚和氧化锌，在升温速率 0.6℃/min、反应温度 95℃的条件下，保持反应 120min，再加入乙醛和氧化镁，保持反应 20min，再以 0.6℃/min 降温至 85℃。当反应溶液的折射率在 1.460～1.470 之间时，以 0.6℃/min 降温至 65℃，再加入间苯二酚、3,5-二甲基苯酚和间甲基苯酚的混合酚，进行反应。经真空脱水、辅料（甲醇、乙醇和乙二醇等中的一种）调整黏度，即得产品，产品游离酚 11.55%，固含量 82.65%，凝胶时间 104s，热值 24MJ，黏度（25℃）2775mPa·s。

2,5-二甲基苯酚用于合成吉非罗齐药品、染料中间体和三甲基苯酚等。池州海峰药业有限公司徐友剑等[176]开发了一种用 2,5-二甲基苯酚制备 2,3,6-三甲基苯酚的方法（CN101844968B）。该发明以 2,5-二甲酚、甲醇、水和氮气［摩尔比 1∶(1～7)∶(5～15)∶(1～15)］为原料，在反应压力 0.1MPa，反应温度 320℃，体积空速 $0.8h^{-1}$ 的条件下，以氧化铁为催化剂，在固定床反应器中进行气相反应，经一步反应合成 2,3,6-三甲基苯酚。结果表明，2,5-二甲基苯酚转化率为 98.98%（质量分数），产品产率为 97.61%（质量分数）。2,6-二甲基苯酚是合成聚苯醚的单体，其主要来自化学合成法，故不作叙述。

4.4.2 中低温煤焦油轻质馏分利用

煤基石脑油是由煤直接/间接液化或煤焦油加氢等现代煤化工技术而得到的轻质油品。近年来，随着煤气化和热解行业的规划和增建，2021 年，我国煤基石脑油年产量超过 450 万吨[177]，其加工利用的经济意义和现实意义凸显。下游煤基石脑油制备芳烃、溶剂油以及各种精细化学品等新技术的开发和应用，将进一步拓展煤基石脑油应用领域，使煤焦油行业有望迎来更大的发展机遇[178,179]。

4.4.2.1 煤基石脑油催化重整制备芳烃

煤焦油加氢或煤直接液化得到的轻质馏分产物石脑油，具有高芳潜、低杂质、低硫等特点，是催化重整的优质原料[180]，特别是煤焦油加氢得到的石脑油，主要组成为环烷烃、链烷烃和少量芳烃，芳潜含量高达 70%以上，几乎不含不饱和烃，硫、氮含量低，可作为优质的催化重整原料。

西北大学朱永红[180]以陕北全馏分中低温煤焦油加氢产物分馏所得石脑油为原料，在三管串联绝热固定床重整反应实验装置上，采用工业 Pt-Re/γ-Al_2O_3 双金属重整催化剂，研究其催化重整的工艺过程，原料的基本性质见表 4-32。

表 4-32 原料基本性质

性质	参数	性质	参数	馏程	温度/℃	馏程	温度/℃
密度(20℃)/(g/mL)	0.773	环烷烃含量(质量分数)/%	73.12	IBP	75	70%(体积分数)	130
芳潜值/%	74.35	芳烃(质量分数)/%	5.34	10%(体积分数)	99	90%(体积分数)	151
硫含量/(μg/g)	<0.5	烯烃含量(质量分数)/%	0.86	30%(体积分数)	107	EBP	160
链烷烃含量(质量分数)/%	20.68	平均分子量	106	50%(体积分数)	117		

注：IBP 表示初馏点(initial boiling point)；EBP 表示终馏点(end boiling point)。

该研究具体工艺流程为：原料经加氢精制后进入重整反应器，在加氢反应温度为516℃、体系压力为1.4MPa、氢油体积比为600∶1、液体体积空速为2.3h^{-1}条件下，原料依次经过第一、第二、第三绝热反应器的催化剂床层，完成催化重整反应，三反产物经冷凝器冷却后，进入油气分离器分离，液相产物进入产品罐。研究结果表明：重整油液体产率为79.81%，氢气产率为4.31%，C_5气体产率为2.52%，重整油中C_6～C_8含量为60%，其中苯∶甲苯∶二甲苯产率比近似为1∶3∶2。

目前，以中低温煤焦油煤基石脑油为原料的催化重整制芳烃技术研究较少，而煤直接/间接液化得到煤基石脑油来源更为广泛，与中低温煤焦油加氢所得石脑油具有近似的化学组成、理化性质和反应性能，其催化重整制芳烃技术的深入研究，将对该工艺技术路线的研究提供一定的参考价值。

煤炭科学技术研究院有限公司黄澎[181]研究了神府煤液化油石脑油馏分重整生产芳烃的过程，以神府煤液化油悬浮床加氢后轻质产物馏分中低于200℃的石脑油馏分为原料，经加氢脱硫、脱氮两步加氢精制处理后，在反应温度为490℃、反应压力为2.5MPa、气液比为1100∶1、液体空速为2h^{-1}条件下，进行催化重整。研究结果表明：重整油产率达90.11%，氢气产率为3.60%，C_1～C_4烃产率为6.03%；重整油中芳烃含量为83.20%，其中C_6～C_8含量为61.03%，环烷烃含量为8.89%，链烷烃含量较少（异构链烷烃4.77%，正构链烷烃2.47%）；重整油中苯、甲苯、二甲苯及乙苯产物含量分别为12.97%、22.15%、20.8%和6.11%。

中国神华集团有限责任公司开发了一种煤液化全馏分油的加氢重整系统、工艺及芳烃产品（CN103965961A）[182]，提供了一种煤液化石脑油催化重整的技术方法。该发明以H-Coal煤液化工艺所得煤液化全馏分油为原料，通过加氢精制后，在反应温度为350～420℃、反应压力为10.0～20.0MPa、氢油体积比为（800～1800）∶1、液体体积空速0.5～2.5h^{-1}条件下，进行催化重整反应。加氢重整系统流程见图4-61，原料性质见表4-33，所得产物分析结果见表4-34。

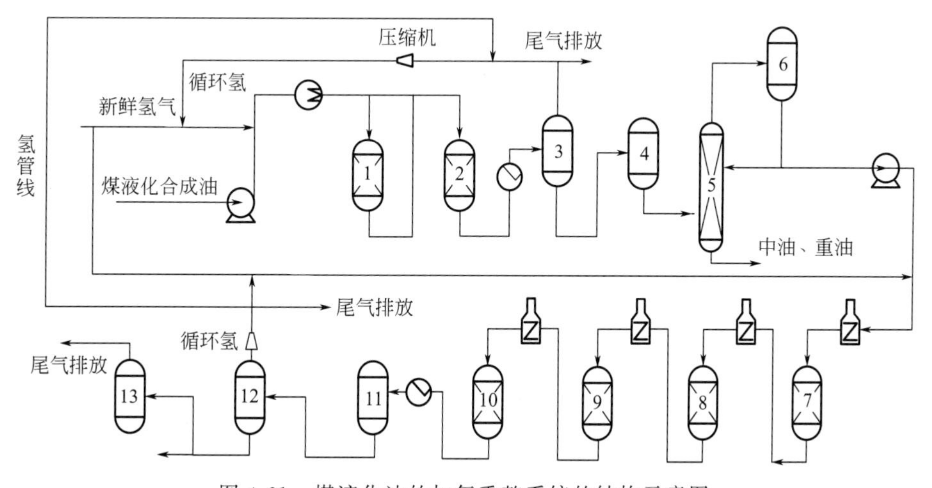

图4-61 煤液化油的加氢重整系统的结构示意图

1，2—加氢反应器；3，4—第一分馏塔；5—精馏塔；6—轻馏分储罐；7，8，9，10—催化重整反应器；11，12—第二分馏塔；13—产品罐

表 4-33 原料性质

密度/(g/cm^3)	O/(μg/g)	Cl/(μg/g)	S/(μg/g)	N/(μg/g)	芳烃(质量分数)/%	烯烃(质量分数)/%	环烷烃(质量分数)/%	链烷烃(质量分数)/%
0.8076	5944	23	1289	1930	18.6	5.5	55.5	16.2

表 4-34 产物分析结果

加氢后产物	密度/(g/cm^3)	O/(μg/g)	Cl/(μg/g)	S/(μg/g)	N/(μg/g)	芳烃(质量分数)/%	烯烃(质量分数)/%	环烷烃(质量分数)/%	链烷烃(质量分数)/%
	0.7936	34	4	—	0.2	19.4	—	64.4	13.0

重整后产物	C_{5+}产率(质量分数)/%	辛烷值	芳烃含量(质量分数)/%	氢气产率(质量分数)/%	氢气纯度(质量分数)/%
	92.1	104.6	87.3	4.88	98.2

由表 4-34 可以看出，该发明针对煤液化全馏分油中芳烃、环烷烃含量高以及杂原子较多等特点，通过加氢精制和催化重整组合工艺，对煤液化全馏分油进行深度加氢精制，脱除硫、氮化合物，一次分馏得到高芳烃潜含量的石脑油产物，进行催化重整。该发明工艺简化了加氢处理单元结构，提高了重整产物中芳烃含量，芳烃含量达到 87.3%，辛烷值达到 104.6，可作为高辛烷值调和组分或三苯抽提原料，氢气产率 4.88%，大幅提高了煤基石脑油加工企业的内循环经济性。

煤基石脑油催化重整制芳烃技术的开发，开辟了煤制芳烃的全新工艺路线，进一步延伸了煤焦油轻质馏分利用的技术产业链，拓宽了煤基产品的应用领域。随着我国芳烃需求量日益增长，煤基石脑油催化重整制芳烃技术将发挥越来越大的作用，煤焦油深加工产业也将获得巨大的发展良机。

4.4.2.2 煤基石脑油芳烃抽提制备溶剂油

随着市场对溶剂油在使用性能和环保方面的更高要求，低芳或无芳的环保型溶剂油已成为溶剂油市场的主流产品。由于我国石油资源紧缺和煤化工产业快速发展，近年来，更多人将眼光集中到以煤基石脑油生产环保型溶剂油的新型技术路线。

西北大学张琳娜[183]以陕北煤基石脑油为原料（密度 0.757g/cm^3，硫含量＜3μg/g，氮含量＜5μg/g），采用自制连续式液-液芳烃抽提中试装置，对煤基石脑油芳烃抽提制备溶剂油进行了研究，研究得到了芳烃抽提优化的工艺参数：填料层高度为 800mm、抽提温度为 40℃、抽提压力 0.32MPa、剂油体积比为 3∶1、进料量为 1000mL/h。在此优化工艺条件下对复合抽提溶剂的可靠性进行验证，当溶剂抽提过程达到平衡时，4 种复合溶剂中以二甲基亚砜（DMSO）与二甲基甲酰胺（DMF）体积比为 9∶1 的复合溶剂的脱芳效果最好，芳烃脱除率可达 93.93%，抽余油中芳烃质量含量为 0.75%，抽余油质量产率为 78.32%，抽余油经恩氏蒸馏切割得到 120 号溶剂油，质量产率为 74.40%，其芳烃质量含量为 0.64%。技术指标见表 4-35。

表 4-35 煤基石脑油溶剂脱芳 120 号溶剂油的技术指标

项目	120 号溶剂油	SH 0004—90 标准	执行方法
密度/(g/cm^3)	0.695	0.7	GB/T 1885

续表

项目	120号溶剂油	SH 0004—90标准	执行方法
溴值/(gBr/100g)	1.11	0.12	SH/T 0236
初馏点/℃	80.3	80	GB/T 6536
98%馏出温度/℃	119.5	120	GB/T 6536
硫含量/(mg/kg)	14	<500	GB/T 380
水溶性酸或碱	无	无	GB/T 259
机械杂质或水分	无	无	目测
博士试验	通过	通过	NB/SH/T 0174

神木富油能源科技有限公司王树宽等[184]开发了一种煤基石脑油制备单体环烷烃及溶剂油方法（CN106433777A）。该发明以煤基石脑油为原料（性质见表4-36），通过加氢处理和萃取精馏方法，制备得到了符合国家标准的溶剂油。工艺流程如图4-62所示。

表4-36 煤基石脑油的宏观性质

密度/(g/cm³)	颜色	硫含量/(μg/g)	氮含量/(μg/g)	初馏点	10%	50%	90%	终馏点
0.78	无色	19	9	71℃	81℃	101℃	127℃	145℃

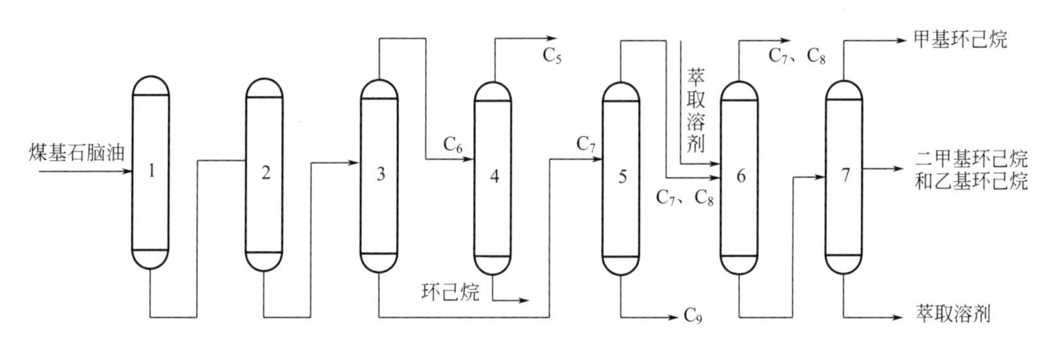

图4-62 煤基石脑油制备单体环烷烃及溶剂油的工艺流程图

1—加氢脱硫反应器；2—芳烃加氢饱和反应器；3—脱轻烃塔；4—环己烷塔；5—脱碳七碳八塔；6—萃取精馏塔；7—脱溶剂塔

该发明具体工艺流程为：以煤基石脑油为原料，依次通过加氢脱硫反应器和芳烃加氢饱和反应器进行加氢处理。加氢脱硫反应器1中的反应条件为：反应温度为200℃，反应压力为1.5MPa，氢油体积比为300∶1，液体体积空速为2h^{-1}。芳烃加氢饱和反应器2中的反应条件是：反应温度为150℃，反应压力为1.5MPa，氢油体积比为300∶1，液体体积空速为1.2h^{-1}，加氢产物送入脱轻烃塔3，塔3塔顶产物经塔4分离出环己烷及C_5，C_5以上轻组分作为6号溶剂油（质量产率5.5%）。脱轻后液体产品中C_{7+}重组分经塔5进行脱C_7、C_8过程，塔底分出C_{9+}以上的重组分（质量产率5.3%）。C_7和C_8组分和萃取溶剂共同经萃取精馏塔6（萃取剂组成为：氮甲酰吗啉质量配比为72%，三甘醇18%，1,4-丁内酯6%，经溶剂萃取），从塔6的塔顶分出C_7、C_8组分，作为120号溶剂油组分（质量产率12.6%）。从塔6塔底分出的萃取溶剂，进入脱溶剂塔7，从塔顶分出产品甲基环己烷，中段分出二甲基环己烷和乙基环己烷的混合产品，塔底得到萃取溶剂。所得到的6号和120号溶剂油性质见

表 4-37 和表 4-38，由表可知，6 号和 120 号溶剂油均符合相关国家和行业的标准技术指标要求。

表 4-37　6 号溶剂油的分析结果

分析项目		植物油抽提溶剂(6 号溶剂油)	GB 16629—2008	试验方法
馏程	初馏点/℃	63	≥61	GB/T 6536
	干点/℃	75	≤76	
密度(20℃)/(kg/m³)		670	655～680	GB/T 1884 和 GB/T 1885
溴指数/(mg Br/100g)		5	≤100	GB/T 11136
色度/号		+30	≥+30	GB/T 3555
不挥发物/(mg/100mL)		0.5	≤1.0	GB/T 3209
硫含量(质量分数)/%		0.00001	≤0.0005	SH/T 0253

表 4-38　120 号溶剂油的分析结果

分析项目		120 号溶剂油	SH 0004—90(一级品)	试验方法
馏程	初馏点/℃	83	≥80	GB/T 6536
	110℃馏出量/%	93	≥93	
	120℃馏出量/%	99	≥98	
	残留量/%	1	≤1.5	
芳烃含量(质量分数)/%		0.2	≤3.0	SH/T 0166
密度(20℃)/(kg/m³)		726	≤730	GB/T 1884 和 GB/T 1885
溴值/(gBr/100g)		0.02	≤0.14	SH/T 0236
硫含量/%		0.001	≤0.020	GB/T 380
水溶性水或碱		无	无	GB/T 259
水分及机械杂质		无	无	目测
油渍试验		合格	合格	目测
博士试验		通过	通过	SH/T 0174

4.4.2.3　煤基石脑油制备化学品

(1) 煤基石脑油制备环己烷

环己烷是重要的精细有机化工原料和有机溶剂，被广泛应用于合成环己醇、环己酮、聚己二酰己二胺（尼龙-66）、聚己内酰胺和聚酰胺类纤维等产品。同时，其工业混合物（环烷基溶剂油）也是重要的有机化工溶剂，是合成橡胶、树脂沥青和蜡的优良溶剂。但随着国民经济的发展以及国家可持续发展战略的实施，国内对环己烷、甲基环己烷以及乙基环己烷纯化合物的需求正逐年增加，以富含环烷烃的煤基石脑油生产高附加值化学品是精细化工原料增产的重要途径。

神木富油能源科技有限公司王树宽等[184]开发了一种煤基液化石脑油生产单体烷烃的方法（CN106433777A）。该发明方法通过煤基石脑油和氢气混合后进入加氢脱硫反应器和芳烃加氢饱和反应器进行加氢处理，对加氢产品进行萃取精馏处理，从萃取精馏塔塔顶分出 C_7、C_8 杂组分（即甲基环己烷、二甲基环己烷和乙基环己烷组分，即 120 号溶剂油），塔底分出的甲基环己烷、二甲基环己烷、乙基环己烷和萃取溶剂共同进入脱溶剂塔。脱溶剂塔的塔顶分出产品甲基环己烷，塔中段分出二甲基环己烷和乙基环己烷的混合产品，得到的环己烷（产率 15.2%～18.8%）、甲基环己烷纯度均大于 99%（产率 30.4%～35.3%），二甲基环己烷与乙基环己烷纯度大于 95%（产率 22.3～25.8%）。

（2）煤基石脑油制备二甲苯

二甲苯作为一种重要的化工原料，广泛用于合成树脂、纤维、橡胶、涂料、染料、农药等行业，我国近年来二甲苯的需求量正逐渐增大。煤基石脑油芳烃潜含量高，进一步加工可得到芳烃含量达 80%以上的煤基混合芳烃，其生产和分离技术将是芳烃来源的重要新渠道。

神华集团有限责任公司开发了一种煤直接液化石脑油生产邻二甲苯、对二甲苯及间二甲苯的设备（CN204454938U、CN204298284U、CN106187670A）[185-187]。该发明可以充分利用煤基混合芳烃资源，生产邻二甲苯、间二甲苯、对二甲苯产品，工艺流程见图 4-63。

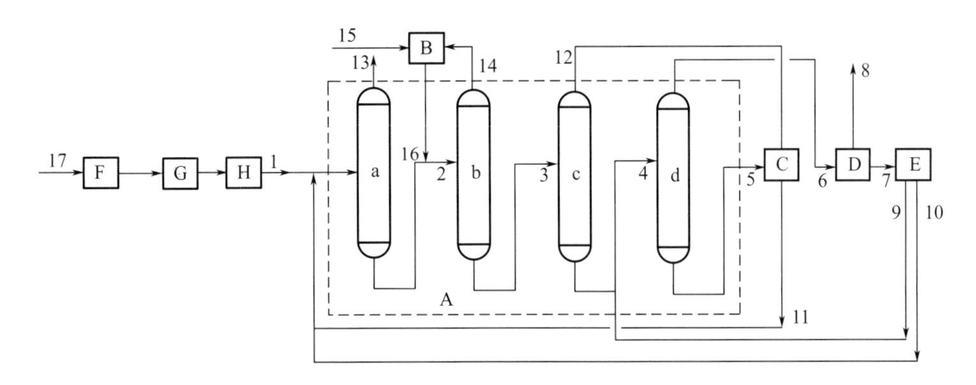

图 4-63 煤直接液化石脑油生产二甲苯设备流程示意图

A—分馏单元；B—烷基化单元；C—歧化与烷基转移单元；D—吸附分离单元；E—异构化单元；F—加氢单元；G—重整单元；H—芳烃抽提单元；a—低碳烃精馏塔；b—苯精馏塔；c—甲苯精馏塔；d—C_8芳烃精馏塔；1—煤基混合芳烃；2—脱除低碳烃物料；3—分离出苯的物料；4—分离出甲苯的物料；5—C_9～C_{12}芳烃；6—C_8芳烃；7—第三产物；8—间二甲苯或对二甲苯；9—C_{8+}芳烃；10—轻烃；11—第二产物；12—甲苯；13—低碳烃；14—苯；15—甲醇；16—第一产物；17—煤直接液化石脑油

该发明具体工艺流程为：煤直接液化石脑油送入加氢处理单元 F，使用 FH-40A/B（中石化）加氢催化剂进行加氢脱硫、脱氮反应，在反应压力为 1.5MPa、反应温度为 350℃、氢油体积比为 200∶1、液体体积空速为 $2h^{-1}$的条件下进行加氢精制反应，得到加氢处理产物。加氢产物送入重整单元 G 使用 R-85（UOP 公司）催化剂进行催化重整，在反应压力为 3MPa、重整温度为 420℃、液体体积空速为 $1h^{-1}$的条件下，得到的重整产物。重整产物经芳烃抽提单元 H，在溶剂为环丁砜、抽提压力为 0.4MPa、抽提温度为 90℃、溶剂油质量比为 3∶1 条件下，得到煤基混合芳烃 F1。

将煤基混合芳烃 F1 送入低碳烃精馏塔 a，分离出低碳烃，剩余物料依次通过苯精馏塔 b、甲苯精馏塔 c 和 C_8 芳烃精馏塔 d，进行多级分馏。C_8 芳烃精馏塔 d 的塔顶分离出的 C_8 芳烃产物进入吸附分离单元 D，得到间二甲苯产品（产率 96.92%，纯度 99.5%）。吸附条件为：吸脱附温度为 175℃，吸脱附压力为 0.25MPa，液体重时空速为 $0.75h^{-1}$，C_8 芳烃与吸附剂（ADS-23）的质量比为 0.25∶1，脱附剂（甲苯）与吸附剂的质量比为 0.85∶1。通过改变反应的条件可分别得到邻二甲苯（产率 96.92%，纯度 99.6%）和对二甲苯（产率 96.92%，纯度 99.5%）。

中低温煤焦油轻质组分制备芳烃、溶剂油以及各种精细化学品等新技术的开发和应用，大大拓展了煤基石脑油应用领域和工业价值，延长了中低温煤焦油深加工利用的技术产业链，实现了煤化工、石油化工与精细化工的交互发展。

4.4.3 中间馏分的加工利用

基于中低温煤焦油中间馏分的环烷基特性，对其进行加氢精制、加氢裂化、加氢异构等深加工处理后，可转变为高附加值的特种功能产品，如航空煤油、火箭煤油、变压器油、冷冻机油及橡胶油等特种油品。

4.4.3.1 航空煤油

航空煤油简称航煤，又称航空喷气燃料，具有相对密度大、热值高、积炭少、燃烧性能好、低温流动性好、机械腐蚀性小、热安定性和抗氧化安定性好等特点，适宜于燃气涡轮发动机和冲压喷气式发动机的使用。近十年来，我国航空煤油消费量年均增速达 11%以上，消费量增长了近 3 倍，随着航空交通业的快速发展，对航空煤油仍有巨大的消费需求空间[188]。目前，航空业以石油基航空煤油为主，但其产量仅占原油总量的 4%～8%。随着世界石油资源的日益枯竭，喷气燃料的原料供应也愈加紧张，我国煤炭储量远超石油，煤基喷气燃料的开发和应用将是必由之路。

煤基喷气燃料具有高密度、高闪点、低冰点和富含环烷烃的特点，独特的结构组成也使其具有更高的热稳定性。鉴于煤焦油和石油原料形成和组成的本质区别，其所生产的喷气燃料性能也各具特点。宾西法尼亚能源研究所[189]将其研制的煤基喷气燃料 JP-900 与石油基代表性喷气燃料 JP-8 的理化性能进行了对比研究，结果见表 4-39。

表 4-39 煤基与石油基喷气燃料理化性能对比

项目	JP-8	JP-900(实测值)	项目	JP-8	JP-900(实测值)
馏程/℃	165～265	180～330	H/C 摩尔比	1.91	—
密度(16℃)/(kg/m^3)	810	970	闪点/℃	38(最小值)	61
运动黏度(−20℃)/(mm^2/s)	8.0(最大值)	7.5	能量密度/(MJ/L)	34.99	41.14
烟点/mm	19(最小值)	22	凝点/℃	−47(最大值)	−65
芳烃体积分数/%	18.0	25.0	硫含量/(mg/L)	0.3(最大值)	0.0003
蜡体积分数/%	60.0	0.0	烯烃体积分数/%	2.0	0.0
热值/(MJ/kg)	42.9	42.1	氢化芳烃和环烷烃体积分数/%	20.0	75.0

通过对比两种喷气燃料的性质可以看出，JP-900 的各项指标均优于 JP-8，其组成含量上以氢化芳烃和环烷烃为主，不含蜡和烯烃，保证了其具有更低的凝点和更高的密度。

中国石油化工股份有限公司抚顺石油化工研究院赵威等[190]开发了一种中低温煤焦油生产高密度航空煤油的方法（CN103789034A），高密度航空煤油即大密度航空煤油，其工艺流程如图 4-64 所示。

该发明的工艺流程为：经预处理的中低温煤焦油，进入减压蒸馏塔，分馏得到轻馏分和

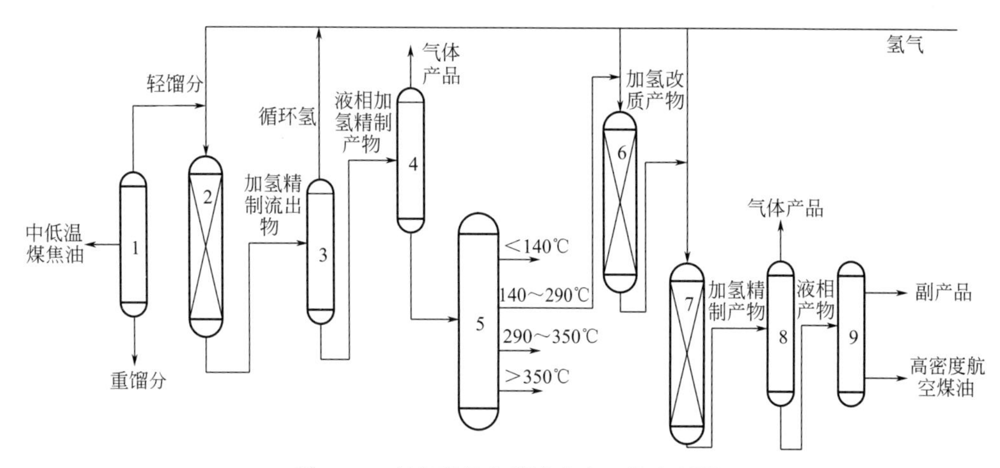

图 4-64　高密度航空煤油生产工艺流程图

1—减压蒸馏塔；2—加氢处理反应器；3—高、低压分离器；4—汽提塔；5，9—分馏塔；6—加氢改质反应器；7—加氢补充精制反应器；8—分离器

重馏分。轻馏分与氢气混合后进行加氢处理，加氢精制产物进入分离系统，分离得到的气相产物作为循环氢返回加氢处理反应器，液相产物经汽提塔脱除 H_2S 和气体产品后去分馏塔，分别得到＜140℃馏分、140～290℃馏分、290～350℃馏分及＞350℃馏分。140～290℃馏分经加氢改质后进入加氢补充精制反应器，进行芳烃深度饱和反应，降低芳烃含量，保证产品的烟点和积炭指标。加氢补充精制产物经分离器分离出气体后，液相产物进入分馏塔分离出高密度航空煤油产品和少量副产品，生产工艺条件和产品性质见表 4-40。

表 4-40　高密度航空煤油生产工艺条件及产品性质

项目		实施例 1	对比例 1	实施例 2	对比例 2
加氢处理工艺条件	反应温度/℃	380	380	380	320
	反应压力/MPa	15.0	15.0	15.0	15.0
	氢油体积比	1000∶1	1000∶1	1000∶1	1000∶1
	体积空速/h^{-1}	0.5	0.5	0.5	1.0
	140～290℃馏分质量产率/%	60.21	60.21	54.32	78.23
加氢改质反应工艺条件	反应温度/℃	320		320	
	反应压力/MPa	15.0		15.0	
	氢油体积比	800:1		800:1	
	体积空速/h^{-1}	1.0		1.0	
加氢补充精制反应工艺条件	反应温度/℃	275	280	275	
	反应压力/MPa	15.0	15.0	15.0	
	氢油体积比	800∶1	800∶1	800∶1	
	体积空速/h^{-1}	1.0	1.0	1.0	
	目标产品质量产率/%	71.2	90.3	69.5	

续表

项目		实施例1	对比例1	实施例2	对比例2
产品性质	密度(20℃)/(g/cm^3)	0.8455	0.8546	0.8474	0.8672
	硫/(μg/g)	1.0	1.0	1.0	15.6
	氮/(μg/g)	1.0	1.0	1.0	2.5
	冰点/℃	−48	−33	−46	−30
	烟点/mm	28	24	27	22
	热值/(kcal/kg)	10320	9991	10210	9560
	运动黏度(−40℃)/(mm/s^2)	25.04		27.56	
	芳烃质量含量(荧光色谱)/%	＜5	12.4	＜5	28.6

注：1kcal=4.186kJ。

实施例1和实施例2分别对大唐中低温煤焦油和伊东中低温煤焦油进行三级加氢处理生产高密度航空煤油。由表4-40可知，将中低温煤焦油中间馏分通过加氢处理、加氢改质及加氢补充精制的组合工艺，可以生产出密度大、体积热值高、烟点高、芳烃含量低、低温性能良好的大比重航空煤油。

西北大学李冬等[191]提供了一种中低温煤焦油加氢生产高密度喷气燃料的方法(CN105694970B)。该发明工艺流程为：a. 将中低温煤焦油与氢气混合进入加氢反应器中，依次通过加氢保护和加氢精制催化剂床层进行加氢反应（反应条件为：氢分压12～14MPa，保护剂床层温度180～210℃，精制剂床层温度360～390℃，氢油体积比（1200∶1)～(1500∶1)，加氢保护催化剂床层的平均液体体积空速0.8～1.1h^{-1}，加氢精制催化剂的平均液体体积空速0.4～0.5h^{-1})，反应产物经气液分离得到加氢生成油；b. 加氢生成油经分馏塔分馏，得到石脑油馏分（＜180℃），粗喷气燃料馏分（180～300℃）及尾油馏分（＞300℃)，20%～30%的尾油与中低温煤焦油混合进入加氢反应器循环利用；c. 在氮气保护下，将得到的粗喷气燃料与7%～9%的白土混合均匀，在135～150℃下反应30～40min，冷却、过滤，得到抗氧化安定性好、抗乳化性好及绝缘性良好的高密度6号喷气燃料，产品性质见表4-41。

表4-41　高密度6号喷气燃料产品性质

项目		指标(GJB 1603—1993)	产物实测	项目		指标(GJB 1603—93)	产物实测
外观		清澈透明	清澈透明	密度(20℃)/(kg/cm^3)	不小于	835	910
闪点(闭口)/℃	不低于	60	73	运动黏度(−40℃)/(mm^2/s)	不大于	60	48
冰点/℃	不高于	−47	−48	芳烃含量(体积分数)/%	不大于	10	7
碘值/(gI/100mL)	不大于	0.8	0.5	酸度/(mgKOH/100mL)	不大于	0.5	0.3
总硫含量(质量分数)/%	不大于	0.05	0.03	硫醇性硫(质量分数)/%	不大于	0.001	0.0007
铜片腐蚀(100℃,2h)/级	不大于	1	0.8	净热值/(MJ/kg)	不小于	42.9	51.2
烟点/mm	不低于	20	27	实际胶质/(mg/100mL)	不大于	4	3
灰分(质量分数)/%	不大于	0.003	0.003	固体颗粒物含量/(mg/L)		报告	0.9

4.4.3.2 火箭煤油

中低温煤焦油经过加氢脱芳、裂化与异构化等技术转化后，形成高密度、高闪点、低冰点并富含环烷烃的产品油。产品油具有高性能喷气燃料的特点，进一步提质加工可以生产出优质的火箭煤油[192]。

西安航天动力试验技术研究所韩伟等[1]以陕北中低温煤焦油中166～360℃馏分段为原料，经加氢处理来制备火箭煤油，主要考察加氢反应温度、反应压力和体积空速对火箭煤油产率及理化性质的影响。研究得到了中低温煤焦油中间馏分制备火箭煤油的优化工艺条件：氢油体积比为1000∶1，反应温度为360℃，反应压力为12MPa，体积空速为0.3h^{-1}。以加氢产物中192～255℃馏分作为火箭煤油（质量产率20.7%），其性能指标上完全满足现执行的GJB 8087—2013中技术指标要求，其馏程相对集中（192～255℃）、环烷烃含量高、结晶点低，且产品中几乎不含硫，具有极其优良的理化性能和应用前景，产品性质见表4-42所示。

表4-42 产品性质及与标准对比

项目名称	技术指标	火箭煤油产物	项目名称	技术指标	火箭煤油产物
	GJB 8087—2013			GJB 8087—2013	
密度(20℃)/(kg/m^3)	830～836	833	馏程/℃	188～270	192～255
运动黏度(20℃)/(mm^2/s)	≥2.4	2.5	结晶点/℃	≤−60	−70
闪点/℃	≥60	65	运动黏度(−40℃)/(mm^2/s)	≤25	14
碘值/(gI/100g)	≤0.5	0.12	酸值/(mgKOH/100mL)	≤0.5	0.1
实际胶质/(mg/100mL)	≤2.0	1.2	水溶性酸和碱	无	无
芳烃含量(质量分数)/%	≤5.0	0.01	总硫含量(质量分数)/%	≤0.001	≤0.001
硫化氢含量	无	无	硫醇硫	无	无
水分(质量分数)/%	≤0.030	0.004	机械杂质含量(质量分数)/%	≤0.0003	无
铜片腐蚀(100℃,3h)/级	≤1	1a			

4.4.3.3 变压器油

变压器油主要由特定分子量的饱和烷烃、环烷烃及芳香烃化合物组成，在电力绝缘设备中主要起到绝缘、散热冷却和消弧作用。击穿电压、介质损耗因数、体积电阻率等参数主要表征变压器油电气性能，界面张力则可直观反应变压器油中极性物质和酸性物质含量高低。环烷基基础油在高温下黏度低，在低温下溶解力优良，并具有较高的氧化安定性、较好的电气特性以及良好的传热介质特性，从而使其成为变压器的最佳用油。但由于环烷基原油资源的短缺，在我国仍有相当数量的变压器油由非环烷基原油生产。中低温煤焦油中芳烃含量高，经过加氢处理和加氢改质后，可以转变成环烷烃，是优异的变压器油原料[193,194]。

神木富油能源科技有限公司王树宽等[195]发明了一种中低温煤焦油生产环烷基变压器油基础油的方法（CN103436289A），其工艺流程如图4-65所示。

该发明的工艺流程为：中低温煤焦油与氢气混合后进入加氢反应器，依次在Ni-Mo系加氢精制催化剂和Ni系催化脱蜡催化剂的催化作用下，加氢（反应条件：反应温度为380℃，反应压力为14MPa，氢油体积比为1000∶1，相对于加氢精制催化剂的液体体积空

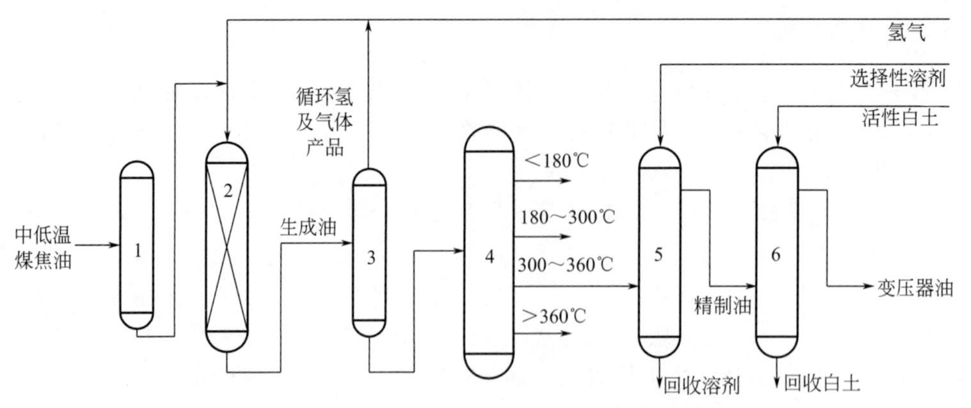

图 4-65 中低温煤焦油生产变压器油工艺流程图

1—煤焦油储罐；2—加氢处理反应器；3—高、低压分离器；
4—分馏塔；5—溶剂精制罐；6—白土精制罐

速为 $0.4h^{-1}$，相对于催化脱蜡催化剂的液体体积空速为 $0.8h^{-1}$）得到加氢生成油。加氢生成油经分馏塔分馏，得到 300～360℃馏分的变压器油馏分，采用 *N*-甲基吡咯烷酮对其进行精制处理（精制处理条件：油剂体积比为 1∶1.2，萃取塔塔顶温度为 90℃，塔底温度为 45℃），得到精制变压器油。在氮气保护下，将精制变压器油与 8%（质量分数）的白土混合，在 140℃的反应温度下反应 40min，冷却、过滤后，得到变压器油基础油。该发明获得的变压器油基础油质优、产率高且符合国标 GB 2536—2011 中变压器油的标准，其产品性质见表 4-43。

表 4-43 45 号变压器油产品性质分析

分析项目		试验值	标准值(GB 2536—2011)	试验方法
密度(20℃)/(kg/m^3)		884	≤895	GB/T 1884 和 GB/T 1885
运动黏度/(mm^2/s)	40℃	6.93	≤12	GB/T 265
	−30℃	786	≤1800	
凝点/℃		−61	≤−45	GB/T 3535
闪点(闭口)/℃		142	≥135	GB/T261
酸值(以 KOH 计)/(mg/g)		0.002	≤0.01	NB/SH/T 0836
腐蚀性硫		非腐蚀性	非腐蚀性	SH/T 0804
氧化安定性(120℃)	总酸值(以 KOH 计)/(mg/g)	0.0982	≤0.2	NB/SH/T 0811
	氧化后沉淀/%	0.0086	≤0.05	
水溶性酸碱		无	无	GB/T 259
击穿电压/kV(间距 2.5mm 交货时)		63	≥35	GB/T 507
介质损耗因数(90℃)		0.00128	≤0.005	GB/T 5654
界面张力/(mN/m)		47.3	≥40	GB/T 6541
水分/(mg/kg)		36.5	≤30	GB/T 7600

中国石油化工股份有限公司抚顺石油化工研究院赵威等[196]将中低温煤焦油经加氢处理、

加氢改质、加氢补充精制来生产变压器油基础油（CN103789019B），工艺条件及产品性质见表4-44。

表4-44　工艺条件及产品性质

项目		实施例1	对比例1	实施例2	对比例2
加氢处理工艺条件	反应温度/℃	380	380	380	320
	反应压力/MPa	15.0	15.0	15.0	15.0
	氢油体积比	1000∶1	1000∶1	1000∶1	1000∶1
	体积空速//h^{-1}	0.5	0.5	0.5	1.0
	280～320℃馏分质量产率/%	20.62	20.62	19.25	25.47
加氢改质反应工艺条件	反应温度/℃	330		325	
	反应压力/MPa	15.0		15.0	
	氢油体积比	800∶1		800∶1	
	体积空速/h^{-1}	1.0		1.0	
加氢补充精制反应工艺条件	反应温度/℃	280	285	280	
	反应压力/MPa	15.0	15.0	15.0	
	氢油体积比	800∶1	800∶1	800∶1	
	体积空速/h^{-1}	1.0	1.0	1.0	
	目标产品质量产率/%	71.2	90.3	69.5	
产品性质	色度(D1500)	<0.5	<0.5	<0.5	<0.5
	运动黏度(40℃)/(mm^2/s)	7.33	7.57	7.25	8.32
	运动黏度(−30℃)/(mm^2/s)	545.2	609.3	553.7	690.4
	旋转氧弹(100r/min)/min	245	230	245	220
组成/%(质量分数)	芳香烃	4.1	5.0	3.6	5.5
	链烷烃	45.9	43.0	45.5	41.9
	芳烃含量(荧光色谱)	<5	12.4	<5	28.6
	环烷烃	50.0	52.0	50.9	52.6
闪点(闭口)/℃		145	142	143	144
凝点/℃		<50	−42	<50	−38
酸值(以KOH计)/(mg/g)		0.001	0.002	0.001	0.003
密度(20℃)/(g/cm^3)		0.8776	0.8803	0.8756	0.8903
碱氮含量/(μg/g)		<1	<1	<1	<1
击穿电压/kV		75.9	72.8	77.6	65.9
介质损耗因数(20℃)		0.00092	0.00105	0.00105	0.00156

实施例1和实施例2分别以大唐中低温煤焦油和伊东中低温煤焦油的<500℃馏分为原料，进行三级加氢处理生产变压器油基础油。由表4-44可知，中低温煤焦油通过加氢处理、加氢改质、加氢补充精制工艺，可以得到低温流动性、电气性能（介质损耗指数低，击穿电压高）和氧化安定性俱佳的变压器油基础油。两种不同的变压器油制备方法得到的变压器油产品性能有一定的差异。与王树宽发明的变压器油产品性能相比，抚顺石油化工研究院提供

的发明方法生产的变压器油的密度、运动黏度、酸值以及介质损耗因数相对较低，凝点和击穿电压相对高。使用性能方面，前者发明方法获得的变压器油产品具有良好的低温流动性，而后者发明方法获得的变压器油具有更好的绝缘性能。

4.4.3.4 冷冻机油

冷冻机油是制冷压缩机的专用润滑油，决定和影响制冷功能和效果。高品质的冷冻机油必须具备与制冷剂共存时拥有优良的热化学安定性和相容性，还须兼有优良的低温流动性、润滑性和抗泡性[197]。根据生产原料的不同，常用的冷冻机油可分为两类：矿物油和合成油。矿物油主要包括环烷基油和石蜡基油，环烷基油具有含蜡量低、黏度低、倾点低及低温流动性好的特点，是生产冷冻机油的优质原料油，在冷冻机油市场中占有十分重要的地位[198]。合成油具有氧化安定性好、积炭倾向小及使用寿命长等优点，但价格较矿物油高很多。中低温煤焦油中芳烃含量高，经加氢处理和加氢改质后，可以转变成环烷烃，用来生产优良低温流动性、润滑性、氧化安定性的冷冻机油基础油。

神木富油能源科技有限公司王树宽等[199]发明了一种中低温煤焦油两段加氢-白土精制工艺技术来制备优质的环烷基冷冻机油基础油的方法（CN103436290B），其工艺流程如图4-66所示。

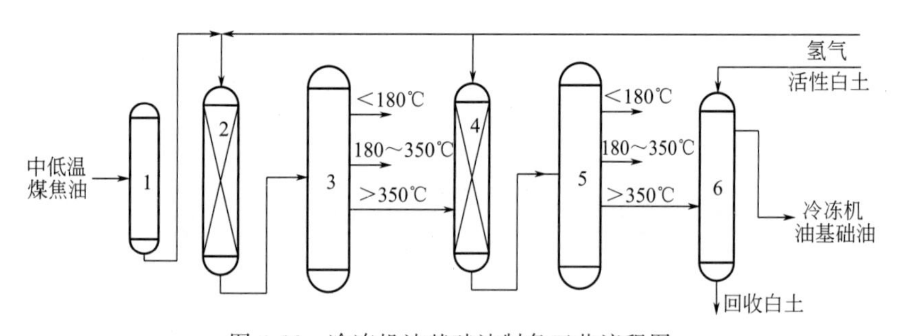

图 4-66 冷冻机油基础油制备工艺流程图

1—煤焦油储罐；2—一级加氢反应器；3，5—分馏塔；4—二级加氢反应器；6—白土精制罐

该发明的工艺流程为：将中低温煤焦油和氢气混合后进行一级加氢精制，在反应温度为370℃、反应压力为14MPa、氢油体积比为1000∶1、体积空速为0.3h^{-1}条件下，得到一级加氢精制产物。一级产物分馏得到的>350℃馏分与氢气进行二级加氢精制，在反应温度为350℃、反应压力为14MPa、氢油体积比为800∶1、体积空速为0.6h^{-1}条件下，得到二级加氢精制产物。二级加氢精制油经分馏塔，得到石脑油馏分（<180℃）、柴油馏分（180～350℃）以及冷冻机油馏分（>350℃）。冷冻机油馏分采用白土精制，得到冷冻机油基础油。以中低温煤焦油中间馏分段制备的冷冻机油基础油，产品技术指标均符合《冷冻机油》（GB/T 16630—2012）中 L-DRA 46 号冷冻机油的要求，其产品性质见表 4-45。

表 4-45 冷冻机油基础油性质

项　目	GB/T 16630—2012 L-DRA 46	实施例 1	实施例 2	实施例 3	试验方法
运动黏度(40℃)/(mm^2/s)	41.6～50.6	45.23	43.89	46.68	GB/T 265
闪点(开口)/℃	≥160	189	182	185	GB/T 3536

续表

项　目	GB/T 16630—2012 L-DRA 46	实施例 1	实施例 2	实施例 3	试验方法
倾点/℃	≤−33	−42	−43	−40	GB/T 3535
密度(20℃)/(kg/m³)	报告	892.3	889.6	896.7	GB/T 1884 和 GB/T 1885
U 形管流动性/℃	≤−20	−25.8	−24.5	−24.5	GB/T 12578
水分/(mg/kg)	≤30	12	18	16	ASTM D6304
酸值(以 KOH 计)/(mg/g)	≤0.02	<0.01	<0.01	<0.01	GB/T 4945
残炭(质量分数)/%	≤0.05	0.0022	0.0028	0.0031	GB/T 268
灰分(质量分数)/%	≤0.005	0.0012	0.0019	0.0014	GB/T 508
颜色/号	≤1.5	1.0	1.0	1.0	GB/T 6540
腐蚀试验(铜片,100℃,3h)/级	≤1	1	1	1	GB/T 5096
机械杂质(质量分数)/%	无	无	无	无	GB/T 511
化学稳定性(175℃,14d)	—	通过	通过	通过	SH/T 0698
氧化油酸值(以 KOH 计)/(mg/g) 氧化油沉淀(质量分数)/%	≤0.2 ≤0.02	0.035 0.001	0.040 0.001	0.039 0.003	SH/T 0196

中国石油化工股份有限公司抚顺石油化工研究院赵威等[200]开发了一种中低温煤焦油生产冷冻机油基础油的方法（CN103789032A）。此发明可以生产出低温流动性、腐蚀性、冷却介质互溶性和氧化安定性俱佳的冷冻机油基础油，具体工艺条件及产品性质见表 4-46。

表 4-46　工艺条件及产品性质

项目		实施例 1	对比例 1	实施例 2	对比例 2
加氢处理工艺条件	反应温度/℃	380	380	380	320
	反应压力/MPa	15.0	15.0	15.0	15.0
	氢油体积比	1000∶1	1000∶1	1000∶1	1000∶1
	体积空速/h^{-1}	0.5	0.5	0.5	1.0
	320～350℃馏分质量产率/%	15.21	15.21	13.76	37.23
加氢改质反应工艺条件	反应温度/℃	330		330	
	反应压力/MPa	15.0		15.0	
	氢油体积比	800∶1		800∶1	
	体积空速/h^{-1}	1.0		1.0	
加氢补充精制反应工艺条件	反应温度/℃	285	285	285	
	反应压力/MPa	15.0	15.0	15.0	
	氢油体积比	800∶1	800∶1	800∶1	
	体积空速/h^{-1}	1.0	1.0	1.0	
	目标产品质量产率/%	75.3	91.6	73.2	

续表

项目		实施例 1	对比例 1	实施例 2	对比例 2
产品性质	密度(20℃)/(kg/m^3)	0.8795	0.8883	0.8785	0.8983
	运动黏度(40℃)/(mm^2/s)	14.52	17.03	13.96	20.45
	倾点/℃	−45	−30	−47	−21
	闪点(开口)/℃	165	170	160	172
	颜色(D1500)/号	<0.5	<0.5	<0.5	<0.5
	酸值(以 KOH 计)/(mg/g)	0.01	0.01	0.01	0.01
	残炭(质量分数)/%	0.01	0.01	0.01	0.01
	灰分(质量分数)/%	痕迹	痕迹	痕迹	痕迹
	腐蚀试验(铜片、100℃、3h)/级	1b	1b	1b	1b
	颜色/号(赛氏)	+30	+30	+30	
	硫含量/(μg/g)	1	1	1	15

实施例 1 和实施例 2 分别以大唐中低温煤焦油和伊东中低温煤焦油的<500℃馏分为原料，由表 4-46 可以看出，中低温煤焦油通过加氢处理、加氢改质与加氢补充精制组合工艺，可以获得低温流动性、腐蚀性、与冷却介质互溶性及氧化安定性俱佳的冷冻机油基础油，以上工艺所得冷冻机油性能可以满足 15 号 L-DRB/A 冷冻机油基础油的性能参数指标。

4.4.3.5 橡胶油

橡胶填充油简称橡胶油，是橡胶生产过程中加入的一种特殊油品，能够改善橡胶理化性能和加工性能[201]。随着橡胶工业的高速发展，橡胶油用量也在逐年增大。橡胶油的关键特性是其与橡胶的相容性和稳定性，根据原料性质不同，可将橡胶油分为三大类：石蜡基橡胶油、芳香基橡胶油、环烷基橡胶油。石蜡基橡胶油的抗氧化性和光稳定性较好，但乳化性、相容性和低温稳定性相对较差。芳香基橡胶油与橡胶的相容性最好，所生产的橡胶产品强度高、可加入量大、价格低廉，但颜色深、污染大、毒性大。环烷基橡胶油兼具石蜡基和芳香基的特性，其乳化性和相容性较好，且无毒无污染，适应的橡胶胶种较多，是较为理想的橡胶油[202]。

陕西省能源化工研究院的李稳宏等[203]提出了一种中低温煤焦油尾油制备芳香烃型橡胶填充油的方法（CN102888243A）。该发明对中低温煤焦油中>360℃尾油馏分进行加氢精制，(反应条件为：反应温度 360℃，反应压力 10MPa，氢油体积比 1300∶1，液体体积空速 0.7h^{-1})，加氢液体产物进行分馏，分馏塔底为芳香烃型橡胶填充油（产率达到 89%），产品杂质含量低，可以作为轮胎、鞋类以及胶布制品的优良软化剂，各项指标均达到橡胶填充油的标准要求，其具体性质见表 4-47。

表 4-47　橡胶填充油性质

项目	指标	例 1	例 2	例 3	例 4
相对密度(15.6℃)	>0.985	0.998	0.991	0.999	1.007
倾点/℃	<25	11	7	9	23
闪点/℃	>210	220	230	224	235

续表

项目		指标	例 1	例 2	例 3	例 4
硫含量/(μg/g)		—	25	18	17	30
氮含量/(μg/g)		—	78	67	72	85
运动黏度(99℃)/(mm^2/s)		21～30	22	24	28	21
蒸发量(105℃,2h)/%		<1.0	0.04	0.02	0.08	0.03
组成(质量分数)/%	饱和烃	—	8	9	7	8
	芳香烃	>85	87	89	91	86
	胶质	<15	5	2	2	6

中国石油化工股份有限公司抚顺石油化工研究院赵威等[204]开发了一种以中低温煤焦油加氢生产环保型橡胶填充油的方法（CN104593066B），工艺条件及产品性质见表 4-48。

表 4-48　工艺条件及产品性质

项目		实施例	对比例 1	对比例 2
加氢处理工艺条件	反应温度/℃	375	380	380
	反应压力/MPa	15.0	15.0	15.0
	氢油体积比	1000∶1	1000∶1	1000∶1
	体积空速/h^{-1}	0.6	0.5	0.6
	处理油氮含量/(μg/g)	10	10	10
加氢改质反应工艺条件	反应温度/℃	360	365	
	反应压力/MPa	15.0	15.0	
	氢油体积比	800∶1	800∶1	
	体积空速/h^{-1}	0.8	0.8	
	目标产品质量产率/%	44.85	40.14	47.73
产品性质	密度(20℃)/(g/cm^3)	0.8914	0.8937	0.9026
	运动黏度(100℃)/(mm^2/s)	10.51	16.23	18.79
	倾点/℃	−21	−15	6
	闪点(开口)/℃	215	219	224
	折射率(20℃)	1.4947	1.5096	1.5143
	颜色(D1500)/号	<0.5	<1.0	<2.0
	酸值(以 KOH 计)/(mg/g)	0.01	0.01	0.01
	残炭(质量分数)/%	0.01	0.01	0.03
	稠环芳烃(PAHs)/%	2.35	2.85	7.4
	芳烃/%	31.5	35.7	41.2

由表 4-48 可知，中低温煤焦油经加氢处理和加氢改质组合工艺可以生产出环境友好、芳碳含量高、稠环芳烃含量低、溶解性和安定性俱佳的环保型橡胶填充油，所得的环保型橡胶填充油性能可以满足欧盟关于在轮胎生产中禁用有毒芳烃油等橡胶填充油的标准。

以上两种生产橡胶填充油的原料和方法均不同，所得的产品性质也有一定的差异。陕西省能源化工研究院以中低温煤焦油>360℃的尾油馏分为原料，采用一次加氢精制生产橡胶填充油。抚顺石油化工研究院以中低温煤焦油中<480～510℃馏分油为原料，采用加氢处理和加氢改质组合工艺生产橡胶填充油。前者生产的橡胶填充油闪点较高，安全性能较佳；后者生产的橡胶填充油凝点和黏度较低，具有良好的低温流动性。

4.4.4 重质组分的加工利用

中低温煤焦油重质组分一般指中低温煤焦油蒸馏分离得到的沸点>350℃馏分，占总量的50%左右。重质组分一般呈玻璃状黑色固体，其沸点高、分子量大、杂原子含量多，已发现由5000多种三环及三环以上的芳香族烃类、杂环化合物以及少量高分子碳素物质组成[205,206]。目前，中低温煤焦油的重质组分没有充分合理利用，多被当作燃料或用于焦化以生产部分轻质产品，对中低温煤焦油重质组分进行综合利用，探寻其高附加值、多元化加工利用途径，是今后发展的一个重要方向。重质组分中含有大量的富碳芳烃化合物，因此可被用于制备高附加值的碳素材料，如中间相炭微球、中间相沥青、改质沥青、针状焦以及其他新型炭材料等产品。

4.4.4.1 中间相炭微球

中间相炭微球（MCMB）是稠环芳烃经热聚得到的各向异性球体，结构高度有序，在航空航天、新型燃料电池、高效液相色谱柱填充材料等领域都有良好的应用前景[207-213]。目前，MCMB的制备方法可分为以下三类：热聚合法、乳化法和悬浮法[214]。乳化法和悬浮法属于液相法，以这两种方法制备的MCMB粒径大小均匀，但是在制备过程中对原料的要求较高，需要加入高温热稳定介质和表面活性剂。热聚合法对原料的要求低，通过加入适当的添加剂可提高MCMB的产率，控制其粒径分布范围，但是也存在一定的问题，如MCMB的分离困难、产率比较低、球径分布较宽等。

西北大学李冬等[215]提供了一种以中低温煤焦油为原料制备中间相炭微球的方法（CN 109970038A）。该发明的主要工艺流程为：以中低温煤焦油为原料，经常减压蒸馏切割出>300℃的软沥青，加入高温煤焦油窄馏分得到调和软沥青，调和软沥青中的γ树脂与β树脂比例为(4.5∶1)～(6.5∶1)，调和沥青在同质加氢催化剂上进行缓和加氢处理，得到精制软沥青。精制软沥青在温度为300～480℃进行分级升温热聚合，以同质加氢催化剂为成核剂生长转化成型，以<300℃的轻质组分对热聚产物进行萃取、抽提、洗涤、干燥，得到中间相炭微球。该发明得到的中间相炭微球粒径均匀、表面光滑、比表面积较大，适宜于制备优质电极材料。

4.4.4.2 中间相沥青

中间相沥青是由中间相炭微球熔并长大生成的粒径较大的复球，直至小球的表面张力不能维持球体的形状，小球破裂解体而形成的各向异性沥青。中间相沥青分子量平均在2500左右，H/C原子比为0.3～0.6，密度为1.3～1.6g/cm^3，是一种非常重要的碳纤维前驱物。中间相沥青合成对原料组成和反应条件有着极强的依赖性，由于原料本身差异性，导致合成方法的多样性[216,217]。目前，中间相沥青的主要合成方法有：直接缩聚法、催化缩聚法和共炭化法。中间相沥青炭纤维在模量和导热方面优于其他碳纤维，因而广泛使用[218]。

神木富油能源科技有限公司王树宽等[219]提供了一种中低温煤焦油加氢制取中间相沥青和油品的系统及方法（CN107603671A）。将中低温煤焦油经预处理、加氢脱沥青、重质组分热缩聚制备中间相沥青，轻质组分加氢精制制备油品，具体工艺流程见图 4-67。

该发明工艺流程和推荐参数为：中低温煤焦油经预处理后与氢气混合，经煤焦油预热器加热至 220～160℃，再依次进入第一、第二保护及脱金属反应器，进行缓和加氢、烯烃饱和、脱金属等反应。加氢产物经煤焦油加热炉加热至 280～310℃后，进入脱沥青反应器，进行脱沥青、脱残炭、脱杂原子等反应。脱杂后的反应产物经第一高压分离器和第一分馏塔，分离＞280℃重质组分，重质组分与 4%～12%的交联剂四氢萘混合进入第一热缩聚反应器，进行缩聚反应。反应结束后缓慢降温到软化点以上排入闪蒸塔，闪蒸塔底的重质组分经冷却破碎即为中间相沥青。该发明可得到软化点低、灰分含量低、中间相含量 100%的中间相沥青，其性能指标见表 4-49。

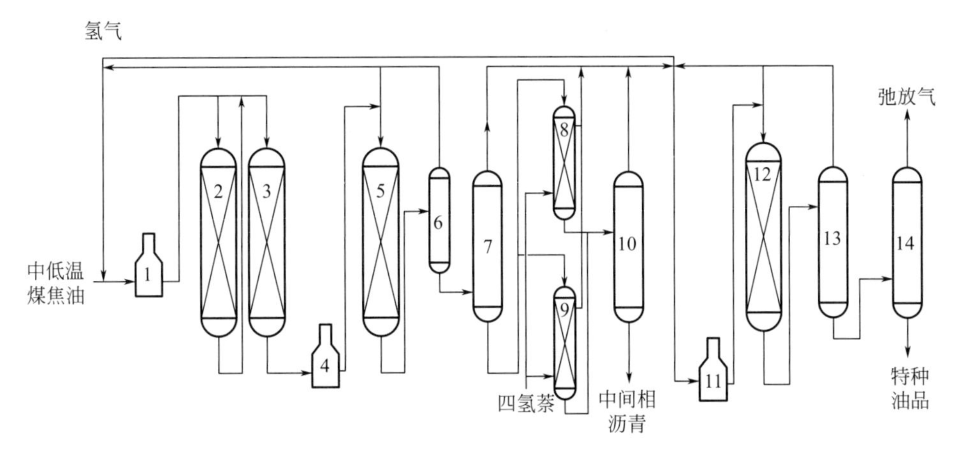

图 4-67 中间相沥青生产工艺流程图

1—煤焦油预热器；2—第一保护及脱金属反应器；3—第二保护及脱金属反应器；4—煤焦油加热炉；5—脱沥青反应器；6—第一高压分离器；7—第一分馏塔；8—第一热缩聚反应器；9—第二热缩聚反应器；10—闪蒸塔；11—精制加热炉；12—精制反应器；13—第二高压分离器；14—第二分馏塔

表 4-49 中间相沥青性能指标

项目	实施例 1	实施例 2	实施例 3	实施例 4	实施例 5	测量方法
软化点/℃	224	215	232	212	221	GB/T 4507
中间相含量/%	100	100	100	100	100	偏光显微镜法
喹啉不溶物/%	31.7	32.1	33.5	31.4	32.6	GB/T 2293
灰分/(μg/g)	15	28	15	21	8	GB/T 2295

4.4.4.3 改质沥青

改质沥青主要作为黏结剂、增密补强剂及浸渍剂等，用途遍及冶金、电子、机械、核能、航天、航空等众多领域[220-223]。生产方法主要包括：化学催化、真空闪蒸、高温热聚和共炭化等方法[224]。中低温煤焦油沥青存在软化点低、结焦值低、轻质组分多及 β 树脂少等缺点，影响其黏结性和热稳定性。但其经过化学催化、真空闪蒸及高温热聚改性处理后，沥青中的芳烃发生热聚合，可得到挥发分低、高分子芳香烃化合物含量高和结焦炭值高的改质沥青。

西北大学孙鸣等[225]提供了一种中低温煤焦油生产改质沥青、脂肪烃及芳香烃的工艺方法（CN107446606A）。该发明具体工艺方法为：分别将醛类物质、中低温煤焦油、催化剂和苯类溶剂，加入连续搅拌的反应釜中，在40～180℃条件下反应1.5～6h，得到煤焦油反应产物。将煤焦油反应产物加压后换热，然后将反应产物经精馏分离出苯类溶剂，得到脱溶剂煤焦油产物。脱溶剂煤焦油产物经加压后再与C_5～C_8烷烃类化合物进行溶剂萃取，萃取混合物经沉降分离后得到脱沥青煤焦油产物组分和改质沥青。中低温煤焦油重质沥青经改性后其性能指标有所改善，该发明得到的改性沥青性质见表4-50。

表4-50 煤沥青改性前后性质对比

性质	改性前	改性后
旋转薄膜老化试验前		
针入度比(25℃,100g,5s)/0.1mm	6.4	20
软化点(环球法)/℃	72.6	59
延度(25℃,5cm/min)/cm	0	3
旋转薄膜老化试验后(163℃,85min)		
针入度比(25℃,100g,5s)/0.1mm	1.1	2
软化点(环球法)/℃	82	68
延度(25℃,5cm/min)/cm	0	0

4.4.4.4 煤系针状焦

针状焦是生产电炉炼钢用超高功率和高功率石墨电极的优质骨料，也是生产高端碳素制品、锂电池负极材料和石墨烯的优质原料，其制品具有化学稳定性好、耐腐蚀、热导率高、比电阻低、热膨胀系数低等优点[226]。以针状焦为原料生产的电极炼钢与普通电极炼钢相比，可缩短电炉炼钢冶炼时间50%～70%，电耗可降低20%～50%，生产能力可增加1.3倍左右[227]。目前，我国针状焦的品质与国外针状焦相比仍有一定差距，国内外几种针状焦的性能指标见表4-51。

表4-51 国内外几种针状焦的性能指标

焦种	体积密度/(g/cm^3)	热膨胀系数/($\times10^{-6}$℃$^{-1}$)	抗弯强度/MPa	弹性模量/GPa	电阻率/($\mu\Omega\cdot$m)	灰分/%
新日化焦	1.69	1.17	11.7	10.8	4.83	0.04
三菱焦	1.69	1.15	10.7	11.8	5.13	0.05
鞍山焦	1.61	2.07	5.3	9.6	10.22	0.02
锦州焦	1.62	1.96	9.1	9.5	5.79	0.06

陕西煤业化工集团神木天元化工有限公司赵宁等[228]公开了一种中低温煤焦油制备针状焦的方法（CN109370628A）。该发明工艺流程为：将中低温煤焦油及焦化油气经第一分馏塔分馏，第一侧线的150～270℃馏分送入芳香烃溶剂储罐，第二侧线的270～360℃馏分及

第一塔顶油气线的塔顶油气送入加氢反应器。加氢产物经第二分馏塔分馏，第二分馏塔侧线的130～310℃馏分送入脂肪烃溶剂储罐，第一分馏塔产生的中低温煤焦油沥青送入沥青储罐。将芳香烃溶剂与脂肪烃溶剂按一定比例混合预热，再与预热后的中低温煤焦油沥青在混合槽中混合均匀。混合溶液送入沉降槽中进行沉降分离，沉降槽中排出的轻相送入第一减压蒸馏塔。将第一减压蒸馏塔中排出的回收溶剂送入溶剂储罐，第一减压蒸馏塔中排出的净化沥青送入焦化塔进行焦化处理，得到煤系针状焦及焦化油气。该发明中用于预处理的溶剂回收率高，得到的净化中低温煤焦油沥青质量稳定，有利于后续针状焦的连续稳定生产，保证了针状焦的品质。其工艺流程见图4-68。

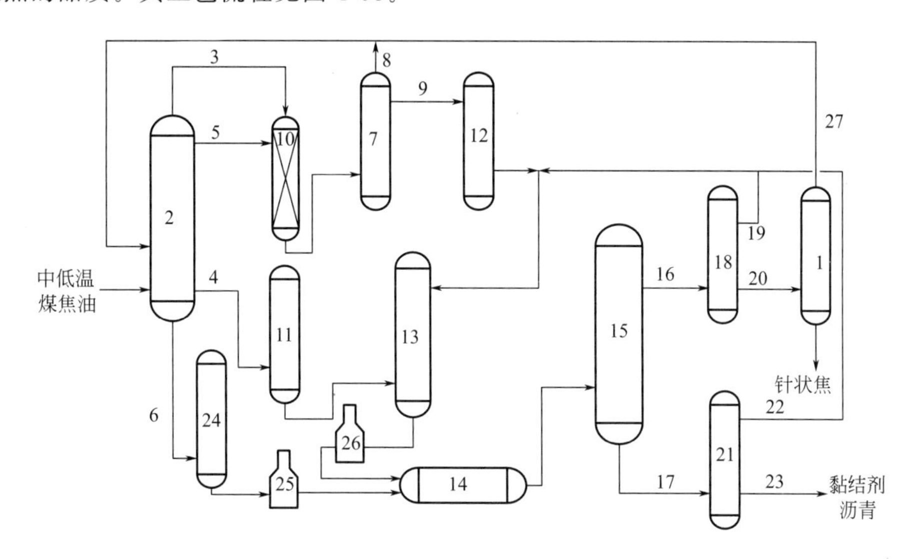

图4-68 中低温煤加油制备针状焦生产工艺流程图

1—焦化塔；2—第一分馏塔；3—第一塔顶油气线；4—第一侧线；5—第二侧线；6—煤焦油沥青出口；7—第二分馏塔；8—第二塔顶油气线；9—第二分馏塔侧线；10—加氢反应器；11—芳香烃溶剂储罐；12—脂肪烃溶剂储罐；13—溶剂储罐；14—混合槽；15—沉降槽；16—轻相出口；17—重相出口；18—第一减压蒸馏塔；19—第一溶剂出口；20—净化煤焦油沥青出口；21—第二减压蒸馏塔；22—第二溶剂出口；23—残渣出口；24—煤焦油沥青储罐；25—煤焦油沥青预热装置；26—溶剂预热装置；27—焦化油气出口

中钢集团鞍山热能研究院的屈滨等[229]提供了一种中低温煤焦油制备针状焦的方法（CN 109135789A）。该发明具体工艺方法为：中低温煤焦油经蒸馏得到重质组分，将极性溶剂、非极性溶剂、极性和非极性溶剂混合物其中两种按照质量比(1∶10)～(10∶1)混合，得到混合溶剂。将重质组分送入反应釜，加热至60～200℃，搅拌均匀，向釜内加入混合溶剂，混合溶剂与重质组分质量比为(0.5∶1)～(3∶1)，在50～200℃搅拌1～10h后静置1～20h。采用物理分离的方法除去高反应活性物质，再将剩余澄清液进行溶剂分离得到精制沥青，精制沥青经焦化煅烧得到针状焦，此发明得到的针状焦的光学组织结构多为纤维状及大片结构。

西北大学李冬等[230]提供了一种利用中低温煤焦油制备针状焦的方法（CN 111377428A）。该发明主要工艺方法为：将中低温煤焦油进行减压蒸馏，馏出>300℃馏分作为精制原料，精制原料按(1∶0.5)～(1∶2)与其他沥青均质剂进行调配，同时加入5%～25%（质量分数）的聚苯乙烯类共炭化剂，在特定热聚条件下，对共炭化三元体系原料进行热聚合反应，制备半焦。半焦送入煅烧炉中（氮气保护），在1300～1600℃下煅烧2～5h，冷却后得针状焦。此发明通过加入均质剂和共炭化剂，共同促进精制原料形成广域、有序的纤维状结构中间相，避免了原料热反应性差异带来的影响，制备的针状焦光学结构中纤维取向性和有序性均较好。

4.4.4.5 其他新型炭材料

中低温煤焦油重质组分还可以用来制备其他新型炭材料，如活性炭、石墨、电池负极材料、超级电容器等。锂离子电池与传统的二次电池相比，具有能量高、工作电压高、安全性高、环境污染小等优点。负极材料作为锂离子电池储锂的主体，在充放电过程中能够实现锂离子的嵌入和脱出，是提高锂离子电池总比容量、循环性能、充放电等性能的关键。在负极材料中，炭基负极材料一直以来都占据着主导地位，炭材料具有很高的力学性能，在锂离子的嵌入和脱出过程中能够缓解因体积变化而产生的应力，保持材料不被破坏，从而提高材料的循环稳定能力[231]。

中钢集团鞍山热能研究院陈雪等[232]公开了一种用中低温煤焦油制备负极材料的方法（CN109319774A）。该发明以中低温煤焦油为原料，通过调整原料中喹啉不溶物（QI）含量、炭化条件和石墨化条件来控制负极材料的结构。该材料制得的锂离子电池指标优良，首次充电容量为350～360mAh/g，首次放电容量为365mAh/g左右，首次库仑效率在95%左右，压实密度为1.38～1.46g/cm^3，300周循环保持率大于92%。

陕西煤业化工集团神木天元化工有限公司赵宁等[233]提供了一种利用兰炭小料和中低温煤焦油制备活性炭的方法（CN107915224A）。该发明的主要工艺方法为：将陕北地区生产的兰炭小料粉碎至粒径D_{95}≤0.15mm，再将兰炭小颗粒与中低温煤焦油、水按质量比(57～67)∶(23～33)∶10混合均匀，混合物经挤压成型后成为活性炭前驱体。活性炭前驱体在150～200℃下进行空气预氧化后，再在780～920℃下进行炭化，冷却后得到活性炭，该发明制备的活性炭，具有≥90%的颗粒强度和≥700mg/g的碘吸附值。

目前，中低温煤焦油重质组分的加工利用并不能达到最大的经济利用价值，而且对环境造成极大的污染。长期以来，重质组分主要用于生产碳素制品的黏结剂，或用于电解铝和电炉炼钢的石墨电极。近年来，随着人们对中低温煤焦油重质组分深度利用的经济价值和环保意义的关注，已开发了多种高附加值炭材料路线的新技术和新工艺。这些新型技术的开发和工业化，大大延伸了中低温煤焦油深加工的技术产业链，提高了沥青等重质组分经济利用率，使中低温煤焦油深加工产业更加富有前景[234]。

4.5 中低温煤焦油加工前沿技术

4.5.1 临氢热裂化

临氢热裂化是在高温高压临氢的情况下使重质油发生裂解反应，转变为裂化气、石脑油、柴油等轻质化产物的过程。该技术是将煤焦油在临氢条件下进行裂解，减缓了烷烃、芳香烃类的缩聚反应发生，减少原料中的高价值品种因产生焦炭而损失。此外，该技术也可较为彻底地脱除煤焦油中硫、氮、氧杂原子，提高加氢产品的稳定性，从而提升产品质量。

武汉科林精细化工有限公司王国兴等[235]公开了一种煤焦油临氢裂解和加氢改质制燃料

油的组合工艺（CN103627429A），主要工艺流程见图 4-69。

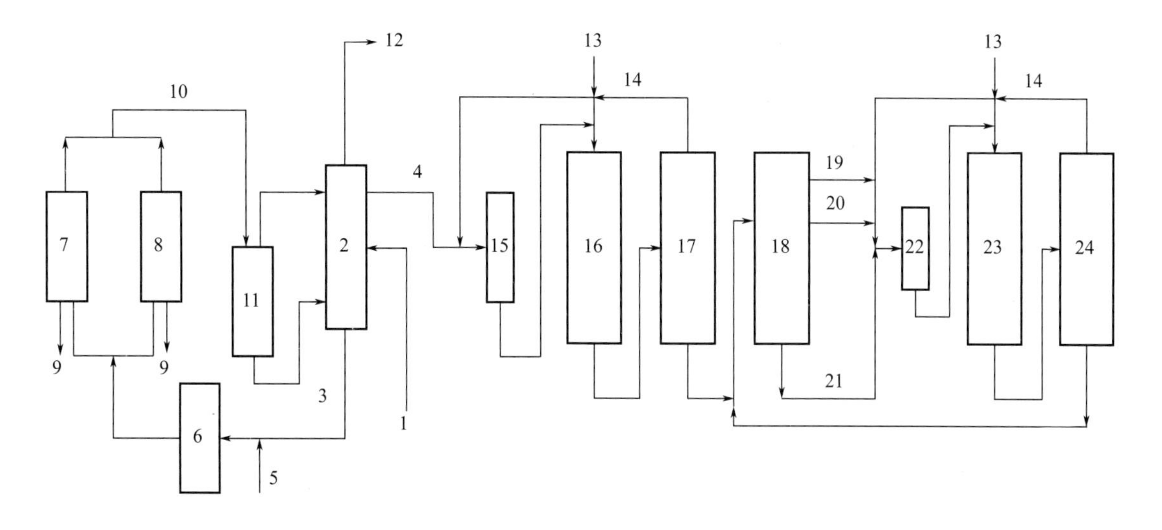

图 4-69 工艺流程图

1—煤焦油原料；2—裂解分馏塔；3—重质组分油；4—轻质组分油；5，13—新鲜氢气；6—裂解加热炉；7，8—临氢裂解塔；9—清理残渣；10—生成油和生成气体；11—分离器；12—干气；14—循环氢气；15—加热炉；16—加氢精制反应器；17—加氢精制高压分离器；18—加氢分馏塔；19—汽油；20—柴油；21—尾油；22—加氢裂化加热炉；23—加氢裂化反应器；24—加氢裂化高压分离器

该工艺主要包括煤焦油临氢裂解、轻质油加氢精制反应和加氢裂化反应三个工段，其中临氢裂解主要过程如下：将煤焦油原料 1 送入裂解分馏塔 2 中，分馏出大于 360℃的重质组分 3，将其预热至 320～420℃后，与新鲜氢气 5 混合后送入裂解加热炉 6，加热至 400～480℃进入临氢裂解塔 7、8 进行裂解反应。两个临氢裂解塔 7、8 按 18h 或 24h 为一个周期切换运作，一个正常进料时另一个清理残渣 9。从裂解塔顶出来的生成油和生成气体 10 经换热进入分离器 11，分离出的气体进入裂解分馏塔中裂解生成干气 12 排出，生成油经冷却进入裂解分馏塔 2，重质组分油 3 返入裂解塔加热炉 6 进入临氢裂解塔 7、8 再次发生裂解反应。

该发明能有效地加工处理煤焦油，解决改质过程中的结焦问题，减少了附加值低的焦炭产生，生产出较多的汽油和柴油或其调和组分。

此外，众多学者对临氢热裂化过程进行了研究，以期优化其工艺过程。邓文安等[236]研究了不同反应温度对陕北中低温煤焦油减压渣油临氢热裂化的影响。不同温度下中低温煤焦油减压渣油临氢催化热裂化的总焦质量分数见图 4-70，液体产物分布见图 4-71，沥青质的质量分数见图 4-72。

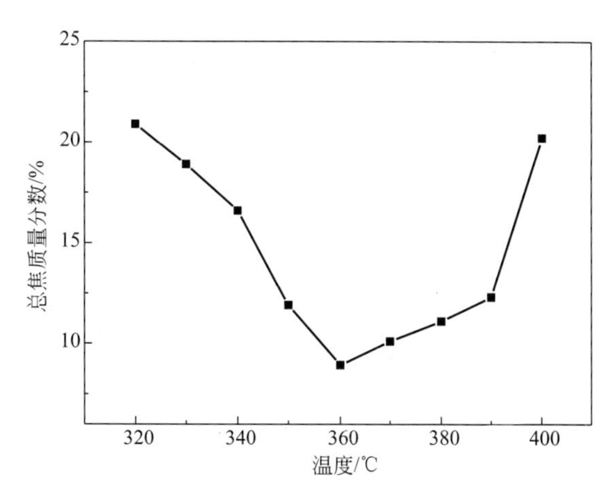

图 4-70 中低温煤焦油减压渣油在不同温度时临氢热裂化反应的总焦质量分数

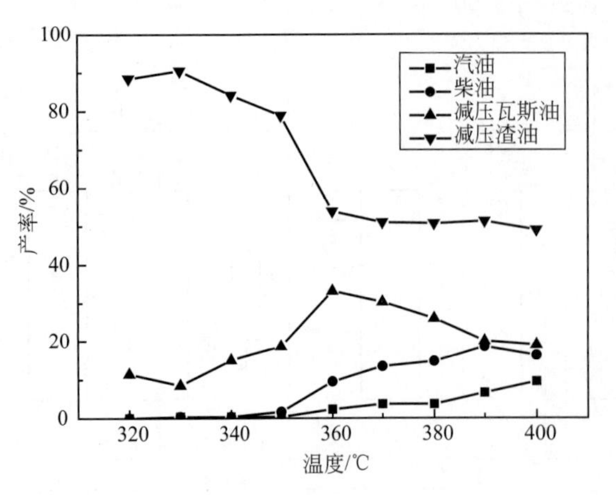

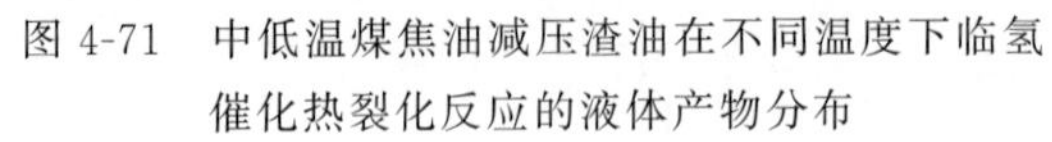
图 4-71 中低温煤焦油减压渣油在不同温度下临氢催化热裂化反应的液体产物分布

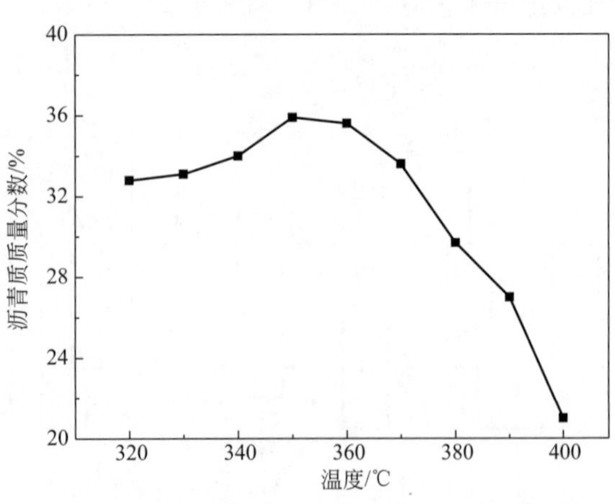

图 4-72 不同温度下中低温煤焦油减压渣油临氢热裂化产物中沥青质的质量分数

由图 4-76 可见，随着反应温度的升高，反应体系中总焦质量分数先减小后增大，在反应温度为 360℃时出现最小值；与原料油中的甲苯不溶物含量相比，不同温度条件下临氢热裂化反应产物中的甲苯不溶物（总焦质量分数）均有减少。

由图 4-77 可见，当反应温度低于 360℃时，随着反应温度的升高，中低温煤焦油减压渣油的转化率明显增加，汽油与柴油馏分的产率略有增加；当反应温度高于 360℃时，随着反应温度的升高，汽油和柴油馏分的产率略有增加，而减压馏分油的产率则略有降低。由于中低温煤焦油减压渣油中可转化为轻质馏分油的有机物减少，导致其转化率在 360℃后基本不变，而生成的减压馏分油则可继续裂化生成汽油和柴油馏分。

由图 4-78 可知，随着反应温度的升高，反应产物中沥青质的质量分数先增大后减小，这是因为在较低温度下，随着反应温度的升高，体系中生成次生沥青质，因此沥青质的质量分数有所上升；当反应温度超过 350℃时，沥青质开始缩合生成焦炭，导致沥青质的质量分数下降。吴乐乐等[237]提出，焦炭是在甲苯不溶物基础上生成的，甲苯不溶物在生成焦炭的过程中充当结焦中心，使得大分子自由基在其表面不断发生缩合，最终形成焦炭，所以渣油中甲苯不溶物越少就越不容易发生结焦。

刘羽茜等[238]探究了反应温度和压力对低温煤焦油＞300℃馏分临氢热裂化产物分布的影响。试验中采用微型固定床连续型反应器，反应原料以液体形态进入反应器，进入高温反应区后主要在气体状态下进行裂化反应，反应过程中体系维持恒压状态。试验中液体流速为 0.25mL/min，热载体为高纯石英砂，体积为 15mL，载气为氢气，气速为 180mL/min，反应温度分别为 535℃、570℃、605℃和 645℃，反应压力分别为 1MPa、2MPa 和 3MPa。研究表明，温度升高，中低温煤焦油中轻质组分增加，但同时会导致部分小分子聚合产生大分子多环化合物；增大压力，轻质组分略微增加，但随着压力的增大会在一定程度上抑制煤焦油中大分子的裂化。在反应温度为 570℃、反应压力为 2MPa 的条件下，中低温煤焦油重质组分临氢热裂化程度最深。

4.5.2 超临界流体改质

超临界流体因其特殊的物理和化学性质，可作为良好的反应溶剂，在煤焦油改质领域中具有巨大的应用潜力[239-242]。其主要特点为：a. 超临界流体的密度接近液体，黏度接近气体，扩散性能优越；b. 介电常数与一般有机物接近，对有机物有较高的溶解性使得有机反应在一个均相体系中发生；c. 超临界流体在临界点附近，各种物理参数如溶解度、密度等变化很大，可通过控制温度和压力调整反应产物的分布[243]。在研究中，一般将超临界流体改质分为超临界流体轻质化和超临界催化加氢。

4.5.2.1 超临界流体中煤焦油轻质化

煤焦油是重碳化合物，碳链较长，轻质化的目的是将其碳链变短，生成分子量较小的产物[244]。目前，超临界流体改质煤焦油的研究过程中多采用间歇式反应釜加压技术，其大致研究思路如下：首先煤焦油在常温下与流体混合，加入反应釜中，然后进行氮气或者氩气吹扫置换釜内空气，使用程序控温仪和加热套将温度升至实验设定的温度，保持一段时间；待反应结束，将反应釜急速冷却至室温，分析釜内的产物，产物经过滤和抽提操作后分为气体、焦炭（甲苯不溶物）、沥青质和软沥青组分[245-247]。在超临界流体煤焦油轻质化领域中，应用最广泛的方法有超临界水改质煤焦油和超临界甲醇改质煤焦油。

当水达到超临界状态时其介电常数和极性明显下降，其性质类似于烃类溶剂，对有机物表现出非常优越的溶解性能。此外，其可作为反应物参与反应，通过控制超临界水（SCW）在不同温度和压力下的溶解度，可以控制产物的分布[248]。

马彩霞等[249]在间歇式高压釜中运用超临界水对煤焦油进行了改质研究，发现超临界水介质的存在可对气体的生成和过程结焦产生一定的抑制作用，而且反应生成的气体和残焦等副产物的量较少。在最佳反应条件下（反应温度约为 450℃，反应停留时间约为 20min，水密度约为 0.40g/cm^3）的轻质油产率为 51.55%，比原料中提高了约 30%。

Han 等[250,251]对煤焦油及煤焦油沥青在超临界水中轻质化的研究中发现，其产物分布与在 N_2气氛下的热解有较大的差别。相对于热解，超临界改质后轻组分的产率显著提高，轻质化效果明显。超临界水能够促进煤焦油沥青转化为软沥青，并能够进一步裂解为轻组分。煤焦油在超临界水中提质后，萘、芴、蒽等一些高附加值的化工原料产率的提高，对于提高煤焦油附加值具有重要意义。图 4-73 为煤焦油沥青 SCW 改质过程示意图，表 4-52 列举了不同产物在 N_2和 SCW 中反应产物的产率，表 4-53 列举了三种不同沥青质在 SCW 中反应产物的产率。

表 4-52 在 N_2和 SCW 中产物的产率

反应条件	产品质量产率/%				C_A/%	S_M/%
	轻油	残余沥青质	残焦	气体		
N_2-693K	13.7	61.6	23.3	0.4	38.4	35.6
N_2-713K	15.6	51.1	32.4	0.6	48.9	31.9

续表

反应条件	产品质量产率/%				C_A/%	S_M/%
	轻油	残余沥青质	残焦	气体		
SCW-693K	29.0	53.5	17.1	0.1	46.5	62.4
SCW-713K	39.4	30.3	29.7	0.2	69.7	56.5

注：C_A 为沥青质转化率，S_M 为软沥青选择性；反应条件，N_2 实验中压力为 0.1MPa，SWC 实验中压力为 26MPa±1MPa，停留时间均为 20min。

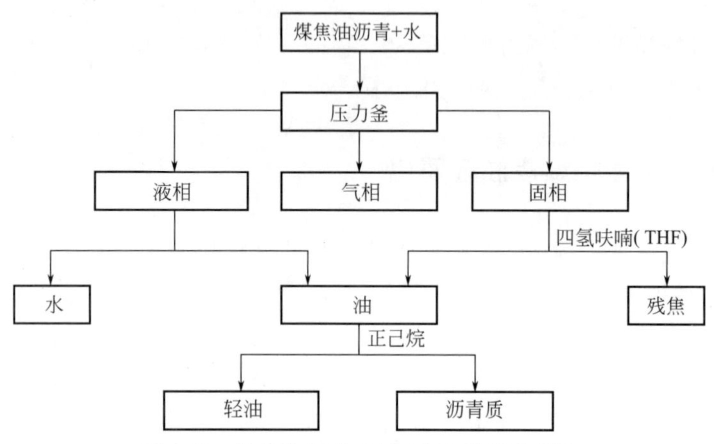

图 4-73　煤焦油沥青 SCW 改质过程示意图

表 4-53　三种不同沥青质在 SCW 中的热解产物产率

原材料	产品质量产率/%				C_A/%	S_M/%
	轻油	残余沥青质	残焦	气体		
TJ 沥青质	53.4	23.1	22.9	极少	76.9	69.4
TH 沥青质	39.4	30.3	29.7	0.2	69.7	56.5
NM 沥青质	57.1	27.6	12.9	1.9	72.4	78.9

注：反应条件为压力 26MPa±1MPa，停留时间 20min。

煤焦油组分在 SCW 中的反应路径如图 4-74 所示[252]，其中气体主要是 CH_4、H_2、C_2～C_4烃。由于沥青质通常是由多环芳烃构成，选用煤焦油中的模型化合物苄基苯基醚推测其反应路径，结果如图 4-75 所示[253]。

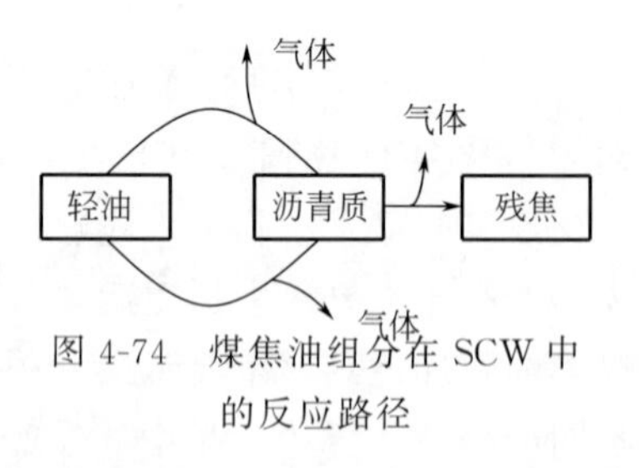

图 4-74　煤焦油组分在 SCW 中的反应路径

Wahyudiono 等[254]采用间歇式反应器，在亚临界和超临界水条件下对焦油液化动力学进行了研究，研究表明：在亚临界水（350℃）及超临界水（400℃）下压力调变范围 25～40MPa 下能够将焦油组分转变为有用的化学品，如苯酚、联苯、二苯醚、二苯基甲烷等。实验中发现在相同的温度下随着水密度的增大，液化效果越好，说明在亚临界或超临界水中水解作用对于大分子裂解是非常重要的。为了描述该反应速率变化过程，建立了该过程的一级动力学方程模型，发现焦油在超（亚）临界水中液化的速率常数为0.52～1.53s^{-1}。

超临界水在煤焦油改质过程中，并不是提供氢，而是影响其他化学反应路径，其通过物理作用改质煤焦油，主要以分子内部脱氢为主，超临界水可以削弱 C—C 键能，降低产物油品的分子量[255]。此外，超临界水还具有一定的脱硫作用，随着超临界水密度增大，脱硫效

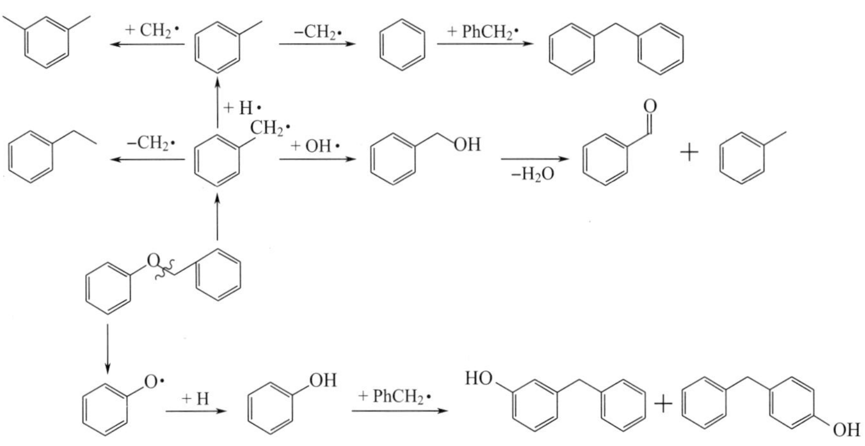

图 4-75　苄基苯基醚在 SCW 中的反应路径

果显著提高[256]。

超临界甲醇也是一种常见超临界流体，其优越性主要体现物理特性和化学特性方面[257,258]。其物理特性与超临界水类似，超临界甲醇在临界点附近有 70%左右的氢键断裂，而在温度 573K、压力 10MPa 下，仅剩下 10%的分子间氢键，意味着甲醇能够以单分子的形式参与反应，加快反应速率[259]；化学特性体现在可以参与化学反应，如参与甲基化反应和羟甲基化反应[260]。

超临界甲醇不仅可以快速溶解和分散油品，使其裂解得到小分子芳香基化合物，促进煤焦油的轻质化，而且还可以原位供氢，进一步抑制焦炭的产生，因此获得的改质效果比超临界水更好。但是超临界甲醇自身供氢能力较弱，外加氢源或者使用催化剂强化甲醇供氢可以进一步提高超临界甲醇的改质效果[244]。

何选明等[247]用超临界甲醇对煤焦油进行处理，可以在温和条件下使煤焦油实现一定程度的轻质化，轻油产率从原料煤焦油的 65.10%升高至 78.19%，H/C 比提高了 28.24%。温度、时间和压力等反应条件对产物的分布均有影响：升高温度不利于轻油组分产率的提高；升高压力可以得到更多的轻油组分；调整反应时间对产物分布的影响较小。

综上所述，超临界甲醇可作为反应溶剂和供氢剂，可以降低煤焦油的密度，脱除部分杂原子，促进多环芳烃热解，实现改质。

4.5.2.2　超临界流体中煤焦油催化加氢

通常对于重质燃料的催化加氢往往需要较高的温度及压力，然而，使用超临界流体可克服加氢反应中气液相间质量传递阻力，减少催化剂的积炭和中毒，同时能够加快反应速率[261,262]。

近年来以西安交通大学为主的研究机构将超临界流体引入到煤焦油加氢领域[263]。顾兆林、常娜等[264,265]以超临界二甲苯（T_c=357℃，p_c=3.7MPa）、超临界汽油（T_c=316℃，p_c=3.47MPa）为反应溶剂，以 Mo-Co-Pd-Y 作为催化剂，对低温煤焦油加氢裂化行为进行了研究。

实验结果表明，催化剂在超临界条件下表现出了较高的催化活性，而且在连续使用 8h 后催化剂积炭很少，仍然保持了较高的催化活性。不同溶剂对轻质油产率影响研究中发现，超临界汽油对煤焦油加氢是更适合的反应溶剂。在低温煤焦油超临界加氢裂化过程中，汽油与煤焦油比例为1∶1，氢压力1.3MPa、温度380℃、反应10min、添加4%催化剂的条件下可获得最高的轻质油产率。

为了预测煤焦油在加氢裂化过程中焦炭的生成和产品产率，Chang等[266]成功建立低温煤焦油在超临界汽油中的反应动力学模型。

$$\frac{\mathrm{d}y_i}{\mathrm{d}t}=K_i\left(1-\sum_{j=1}^{2}y_j\right)^{n_j}\qquad i=1,2,3 \tag{4-1}$$

式（4-1）中，y_i表示停留时间t时裂解、缩合和总反应的产率；t表示停留时间，min；K_i是裂解、缩合和总反应的反应速率常数，min^{-1}。

假设裂解反应和总反应均为一级反应，缩合反应为二级反应，则式（4-1）简化后得到式（4-2）。

$$\begin{cases}\dfrac{\mathrm{d}y_1}{\mathrm{d}t}=K_1\left(1-\sum\limits_{j=1}^{2}y_j\right)\\ \dfrac{\mathrm{d}y_2}{\mathrm{d}t}=K_2\left(1-\sum\limits_{j=1}^{2}y_j\right)^2\\ \dfrac{\mathrm{d}y_3}{\mathrm{d}t}=K_3\left(1-\sum\limits_{j=1}^{2}y_j\right)\end{cases} \tag{4-2}$$

其中

$$K_i=k_iP^{a_i}\ (1+\delta)^{\lambda_i}\phi\qquad i=1,2,3$$

$$k_i=A_i\mathrm{e}^{-\frac{E}{RT}}\qquad i=1,2,3$$

式中，A_i为裂解、缩合和总反应的指前因子；E_i为裂解、缩合和总反应的活化能，kJ/mol。通过实验数据，求解反应速率常数K_i，可以得到表4-54的结果。

表4-54　低温煤焦油在超临界流体中的宏观动力学模型

样品	溶剂	宏观动力学
低温煤焦油	汽油	$\frac{\mathrm{d}y_1}{\mathrm{d}t}=0.4685\mathrm{e}^{-\frac{1883.5}{T}}P^{-0.6297}(1+\delta)^{0.3802}\left(1-\sum_{j=1}^{2}y_j\right)$ $\frac{\mathrm{d}y_2}{\mathrm{d}t}=1.5541\mathrm{e}^{-\frac{3429.5}{T}}P^{-0.4082}(1+\delta)^{-0.6806}\left(1-\sum_{j=1}^{2}y_j\right)^2$ $\frac{\mathrm{d}y_3}{\mathrm{d}t}=0.8303\mathrm{e}^{-\frac{2037.7}{T}}P^{-0.5717}(1+\delta)^{0.1903}\left(1-\sum_{j=1}^{2}y_j\right)$

注：y_1、y_2、y_3分别表示停留时间t时裂解、缩合和总反应的产率；t表示停留时间，min；P代表氢煤焦油比率；δ代表汽油与煤焦油之比。

该模型不仅能够准确计算出轻质油的产率，而且能够对焦炭的产率及轻质油产率提高提供理论指导，较准确反映出煤焦油在超临界流体中加氢裂解的反应规律。

4.5.3 精细分离利用

煤焦油中含有宝贵的多环及杂环化合物资源，无法直接从石油化工中获得。国内外煤焦油加工企业致力于通过精细化工路线分离出多种化工产品以提高煤焦油的附加值[267]。现阶段，我国高温煤焦油深加工产品生产单体化合物较为成熟，其深加工出来的工业萘、菲、咔唑等产品除了供应国内消费外，出口量也不断增长。近几年，伴随着我国高温煤焦油加工技术的改进和完善，深加工技术水平已经开始进入国际深加工技术行业的先进行列[268]。中低温煤焦油中的酚类化合物和吡啶喹啉类化合物作为高附加值的化学品在化学工业中也有着大量的需求，但由于中低温煤焦油中高附加值化合物分布分散且含量低，给分离带来较大困难。当前关于中低温煤焦油精细分质利用技术尚未得到有效开发，因此，探寻一条适合中低温煤焦油的高附加值、多元化加工利用途径，是今后中低温煤焦油加工的一个重要方向[269]。

煤焦油中的芳烃和杂原子化合物是合成医药、染料、树脂、消毒剂和农药的重要原料，具有较高的经济价值。因此，如果从中低温煤焦油中分离出这些高附加值化合物（表 4-55）作为精细化学品，具有可观的经济效益[234]。

当前中低温煤焦油精细分离的主要方法有溶剂萃取法、超临界萃取法、结晶法、柱色谱法等[3,234]。

① 溶剂萃取是利用物质在两种互不相溶（或微溶）的溶剂中溶解度或分配系数的不同分离混合物的方法。中低温煤焦油中芳香族化合物的含量较高，这些化合物大都是极性化合物，根据相似相溶原理，萃取煤焦油中的芳香族化合物多选用极性相对较低的有机溶剂。萃取分离煤焦油的常用溶剂极性从低到高依次为：正己烷、石油醚、甲苯、四氯化碳、苯、二氯甲烷、乙酸乙酯、甲醇、丙酮、二硫化碳等。

表 4-55　Aldrich 公司销售的部分芳香族化合物的价格

名称	环数	纯度/%	单价/(元/g)	名称	环数	纯度/%	单价/(元/g)
苯	1	99	0.11	吖啶	3	97	49.89
呋喃	1	99	0.28	二苯[b,d]并噻吩	3	99	269.57
噻吩	1	99	1.06	荧蒽	4	98	10.71
吡啶	1	99	14.52	芘	4	99	18.17
联苯	2	99.5	0.40	芘苯[a]并芘	5	96	2321.28
萘	2	99	1.37	并五苯	5	99	2707.38
喹啉	2	98	4.31	二苯[a,h]并吖啶	5	99	26301.6
苯并呋喃	2	99	85.97	二苯[a,j]并吖啶	5	99	73148.4
苊	2	99	6.40	苯并[g,h,i]苝	5	98	41850.9
蒽	2	99	15.90				

② 超临界萃取法是使用超临界流体对中低温煤焦油中的有效组分进行萃取。超临界流体萃取技术的发展为煤焦油中化合物纯品的分离提供了有效的方法。这种技术的操作温度温和，选择性好，且不会破坏萃取目标物的分子结构。超临界水对煤焦油发生作用时，同时具有抑制结焦的作用，而且还有利于煤焦油中轻质组分的形成。

③ 结晶法适于分离沸点相近的混合物和热不稳定性物质。从溶液中生长晶体和从熔融物中生长晶体是煤焦油组分分离常用的方法。萃取结晶的溶剂选择性较好，对被分离物具有相对较高的溶解度，对非目标产物有相对较低的溶解度。中低温煤焦油中很多组分的提纯都采用了萃取结晶法。蒽、咔唑和菲的分离精制依赖于结晶法获得纯品。

④ 柱色谱分离法是有机化合物分离的一种十分重要的方法。根据溶剂的极性和它们的混溶性、溶剂对被分离样品的溶解性，以及被分离样品的结构来合理选择洗脱剂，从而达到最为理想的分离效果。中低温煤焦油中含量较高的萘、蒽、菲、荧蒽、芘等化合物都可以单

独使用柱色谱法分离出来。

4.5.3.1 正构烷烃的分离

中国矿业大学林雄超等[270]公开了一种从低温煤焦油中分离正构烷烃的方法(CN103449949A)。该方法以无规则硅胶、球形硅胶或氧化铝为固定相，采用干法装填色谱柱，将低温煤焦油加入色谱柱，用流动相进行洗脱，收集不同时段、富含正构烷烃的洗脱分。将收集到的富含正构烷烃的洗脱分脱除溶剂，得到纯度为95%以上的正构烷烃。该方法提供了以下实施例：称取80g活化过的无规则硅胶，以正戊烷为溶剂，采用干法装入色谱柱，然后称取1.5g低温煤焦油，干法上样，加入色谱柱中，分别以正戊烷、正戊烷与正己烷二元混合溶剂、正己烷、正己烷与二氯甲烷二元混合溶剂、二氯甲烷、乙酸乙酯、乙腈、甲醇或乙醇为流动相进行洗脱，收集不同时段、富含正构烷烃的洗脱分；再以紫外检测仪检测，脱除溶剂，收集馏分，即可得到纯度96%～99%的正构烷烃产品。

神木富油能源科技有限公司杨占彪等[271]开发了一种用煤焦油生产低凝柴油和液体石蜡的方法（CN103450937A)。其工艺过程为：在反应温度为300～350℃，反应压力为8～10MPa，氢油体积比为（800～1000）∶1，液体体积空速为0.5～1.0h^{-1}的条件下，将煤焦油和氢气混合后在加氢反应器中进行缓和加氢精制，得到加氢精制生成油。然后将加氢精制生成油送入分馏塔中进行分馏，得到小于180℃的石脑油馏分、180～360℃的柴油馏分和大于360℃的渣油组分。将异丙醇、尿素和水混合［异丙醇占30%～45%（质量分数），尿素占30%～45%（质量分数），余量为水］制成尿液，在反应器中于50～60℃进行尿液饱和，按照柴油和尿液体积比为1∶(3～5）的比例加入柴油，搅拌，络合脱蜡反应1～3h，反应终温为25～33℃，静置0.5～2h，分离出低凝柴油和尿素络合物，将所得尿素络合物加热到60～70℃，在分解反应器中分解，得到液体石蜡。通过实施例和对比例分析，当加氢条件变苛刻后，轻烃和石脑油的产率提高，渣油产率降低，柴油产率基本不变，但柴油的性质发生了变化，尤其是正构烷烃的含量大幅下降，而且液体石蜡的产率大幅下降。随着尿素用量和尿油比的增加，脱蜡深度增加，所得到的液体石蜡产率和品质大幅降低。该发明采用缓和加氢-脱蜡耦合工艺方法对煤焦油进行处理，获得的低凝柴油和液体石蜡质优，而且更加合理地利用了煤焦油资源，延长了煤焦油的加氢产业链，提高了煤焦油的利用价值。

4.5.3.2 芳香族化合物（缩合芳香族化合物）的分离

郭宪厚[3]通过对中低温煤焦油进行四级分离，分离得到了部分芳香化合物。其主要过程为：首先使用石油醚、甲醇对煤焦油进行分级萃取得到初级分离产物，再通过中压制备色谱分离和柱色谱分离将各族组分定向分离并进一步精细分离出甲苯、茚、萘、甲基萘、苊烯、菲等有机化合物纯品。

具体实验分离过程为：称100g中低温煤焦油置于500mL的锥形瓶中，加入500mL精制甲醇，将锥形瓶置于超声波清洗仪中进行超声萃取，每次超声10min后将锥形瓶取出对萃取混合物通过伞状漏斗过滤得到萃取液和萃余物，直到萃取液无GC-MS可检测物质时达到萃取平衡。旋蒸浓缩甲醇萃取物，甲醇萃取物作为样品，以石油醚、乙酸乙酯为洗脱剂，通过改变乙酸乙酯在洗脱剂中的含量逐步增大洗脱剂的极性，用中压制备色谱实现中低温煤焦油的组分定向分离，得到脂肪烃、芳烃、含氧有机物和含氮有机物等族组分。再以乙腈、水组合作为洗脱剂，通过以C_{18}作为填料的中压制备色谱柱分离芳烃组分，得到A_1、A_2和A_3组分。

对 A_1、A_2 和 A_3 组分进一步使用柱色谱进行三级和四级洗脱分离。以硅胶为填料，以石油醚、乙酸乙酯和甲醇为洗脱剂，首先用石油醚洗脱，逐步增大乙酸乙酯的浓度，浓度依次为5%、10%、20%、40%、80%和100%。在乙酸乙酯溶液中增大甲醇的浓度，甲醇的比例也是依次为5%、10%、20%、40%、80%和100%。洗脱液接收体积每次为50mL，从中取样2μL进行GC-MS分析，每一级洗脱至GC-MS检测至空白为止。

在 A_1 馏分中，首先被洗脱出来的是甲苯，逐步增大洗脱剂的极性，茚也被洗脱分离出来。其他馏分分离不够理想，烷基取代基的苯环化合物与硅胶之间的分子间吸附力差别较小，同时含量较低，分离纯品比较困难。A_2 组分在第三级色谱分离后获得纯品萘、甲基萘。A_3 组分经过三级洗脱后富集获得纯品苊烯，同时获得菲含量较高的组分，再经过四级洗脱，获得纯品菲。

4.5.3.3 含氮有机化合物的分离

含氮杂原子化合物在中低温煤焦油中含量相对较高，质量分数约为1%。其含氮化合物主要包括喹啉类、吡啶类、苯胺类、吡咯类、吲哚类和咔唑类化合物。

吲哚是一种非常重要的基础化工原料，主要用于香料、染料、医药等领域。从煤焦油中分离提取吲哚不仅可以扩大其市场供给，还可以实现煤焦油的高效利用。郝华睿等[272]以陕北中低温煤焦油为原料，通过常压蒸馏并切取240～270℃馏分，经酸洗、碱洗，再进行萃取后分离得到吲哚油。其主要过程为：称取大约200g的原料煤焦油于干燥的500mL三口圆底烧瓶中，放置在加热套中对其进行常压蒸馏，控制加热套缓慢升温，切取温度区间在240～270℃的馏分段，馏出液体约达到20mL。将其放入恒温水浴锅中，加入适量的酸溶液进行搅拌反应一段时间后在烧瓶底部出现白色颗粒状物质，用布氏漏斗进行抽滤，氨水洗涤，然后进行过夜干燥。将干燥的白色颗粒放入500mL的三口圆底烧瓶中，加入一定量的水和乙醇的混合液，通氮气排空15min后常压蒸馏一段时间，得到油水混合物，将上层轻油分离得到吲哚油。

徐广苓[273]开发了一种从煤焦油洗油中提取喹啉和异喹啉的方法（CN103641778A）。该方法首先对煤焦油进行常压精馏，获取常压沸点为230～250℃的馏分，再进行减压精馏，将压力控制在0.04～0.06MPa，获得沸点为200～220℃的馏分。将前述两种馏分与硫酸氢铵混合，静置分层，分离出下层喹啉盐溶液。用甲苯萃取喹啉盐溶液，得粗喹啉油溶液，然后进行精馏获得喹啉产品。将釜底残留物进一步精馏，获得异喹啉产品。唐闲逸等[22]采用在650℃条件下霍林褐煤热解后蒸馏脱水所得到的低温煤焦油作为原料，采用柱色谱分离出含氮化合物组分。其主要过程为：取1g原料煤焦油溶解于三氯甲烷，再与5g无定形硅胶混合均匀，自然风干使溶剂挥发后作为上样样品。分别以石油醚（脂肪族洗脱剂）、甲苯（芳香族洗脱剂）及无水甲醇（极性物洗脱剂）作为流动相对色谱柱中的样品进行洗脱，采用紫外-可见检测器及时对不同紫外吸收的各组分进行收集，最后使用GC-MS对各组分化合物进行定性定量分析，使用XPS对残留组分进行定性分析。经分析发现，含氮化合物均分布在无水乙醇洗脱的极性组分中，主要为碱性含氮化合物，非碱性含氮化合物含量极低。通过GC-MS共分析出吡啶类化合物有4种，含量为1.59%；苯胺类化合物有6种，含量为4.18%；喹啉类化合物有7种，含量为6.91%；吲哚化合物有2种，含量为0.97%；咔唑类化合物，含量为0.56%；腈类化合物，含量为0.26%。

参考文献

[1] 韩伟，杜宗罡，杨军，等. 中低温煤焦油制备火箭煤油研究［J］. 工业催化，2019，27（6）：67-71.

[2] 孙智慧. 中低温煤焦油及其沥青质加氢转化过程研究 [D]. 西安：西北大学，2017.
[3] 郭宪厚. 陕西中低温煤焦油的分离与分析 [D]. 北京：中国矿业大学，2019.
[4] 陕西省地方标准. 中低温煤焦油：DB61/T 995—2015 [S]. 2015-12-22.
[5] 张海军. 煤焦油加氢反应性的研究 [D]. 太原：太原理工大学，2007.
[6] 王连勇，蔡九菊，李明杰，等. 热重质谱联用（TG-MS）研究煤焦油的热裂解行为 [C]//中国工程院化工、冶金与材料工学部第七届学术会议论文集，2009：446-450.
[7] 齐炜，王世宇. 中低温煤焦油模拟蒸馏曲线解析 [J]. 洁净煤技术，2014，20（4）：65-67.
[8] 胡发亭. 中低温煤焦油窄馏分性质分析研究 [J]. 煤炭科学技术，2019，47（4）：199-204.
[9] 洪琨，马凤云，赵新，等. 鄯善低温煤焦油成分的谱学分析与评价 [J]. 波谱学杂志，2016，33（1）：96-105.
[10] 余立旺，尤静林，王媛媛，等. 煤焦油的拉曼光谱表征和组分识别 [J]. 燃料化学学报，2015，43（5）：530-536.
[11] 陈繁荣，马晓迅，曹巍，等. 陕北中低温煤焦油常压馏分的 GC/MS 分析 [J]. 煤炭转化，2013，36（4）：52-56.
[12] 孙鸣，陈静，代晓敏，等. 陕北中低温煤焦油减压馏分的 GC-MS 分析 [J]. 煤炭转化，2015，38（1）：58-63.
[13] 孙鸣，陈静，代晓敏，等. 陕北中低温煤焦油重油减压馏分的 GC-MS 分析 [J]. 化学工程，2015，43（9）：52-57.
[14] 安斌，谷小会. 煤焦油中含氧化合物类型及赋存形态研究 [J]. 煤质技术，2019（4）：6-9.
[15] 郭宪厚，魏贤勇，柳方景，等. 陕北中低温煤焦油中含氧有机化合物的质谱分析 [J]. 分析化学，2018，46（11）：80-87.
[16] 史权，徐春明. 低温煤焦油分子组成与加氢转化 [J]. 中国科学：化学，2018（4）：87-100.
[17] Shi Q，Pan N，Long H Y，et al. Characterization of middle-temperature gasification coal tar. Part 3：Molecular composition of acidic compounds [J]. Energy & Fuels，2013，27（1）：108-117.
[18] 任洪凯，邓文安，李传，等. 中/低温煤焦油酚类化合物的组成研究 [J]. 煤炭转化，2013，36（2）：67-70.
[19] 逯承承. 中低温煤焦油预处理工艺及含氮化合物的脱除规律研究 [D]. 西安：西北大学，2019.
[20] Pan N，Cui D，Li R，et al. Characterization of middle-temperature gasification coal tar. Part 1：Bulk properties and molecular compositions of distillates and basic fractions [J]. Energy & Fuels，2012，26（9）：5719-5728.
[21] Long H Y，Shi Q，Pan N，et al. Characterization of middle-temperature gasification coal tar. Part 2：Neutral fraction by extrography followed by gas chromatography-mass spectrometry and electrospray ionization coupled with Fourier Transform Ion Cyclotron Resonance Mass Spectrometry [J]. Energy & Fuels，2012，26（6）：3424-3431
[22] 唐闲逸，许德平，王宇豪，等. 低温煤焦油中含氮化合物的分离与分析 [J]. 煤炭转化，2016，39（4）：73-78.
[23] 朱影. 煤焦油轻质组分的分离与分析 [D]. 北京：中国矿业大学，2014.
[24] 杨敬一，周秀欢，蔡海军，等. 煤焦油和石油基柴油馏分中含氮化合物的分离鉴定 [J]. 石油炼制与化工，2015，46（7）：110-115.
[25] 倪洪星. 低阶煤及其液化产物的分子组成分析 [D]. 北京：中国石油大学，2016.
[26] 杨勇. 煤制液体产品的组成及含硫化合物分析 [D]. 上海：华东理工大学，2014.
[27] 吴乐乐，邓文安，李传，等. 煤焦油重组分沥青质性质分析及对加氢裂化生焦影响的推测 [J]. 燃料化学学报，2014，42（8）：938-944.
[28] Sun Z H，Li D，Ma H X，et al. Characterization of asphaltene isolated from low-temperature coal tar [J]. Fuel Processing Technology，2015，138（1）：413-418.
[29] Pei L，Li D，Liu X，et al. Investigation on asphaltenes structures during low temperature coal tar hydrotreatment under various reaction temperatures [J]. Energy & Fuels，2017，136（1）：44-52.
[30] 邵瑞田，李冬，裴亮军，等. 脱沥青溶剂类型对煤焦油沥青质结构的影响 [J]. 石油学报（石油加工），2017，33（6）：1209-1217.
[31] 王蕴，汪燮卿，吴治国，等. 煤焦油沥青质与减压渣油沥青质结构组成的对比 [J]. 石油学报（石油加工），2019，35（2）：303-311.
[32] 裴亮军，李冬，袁扬，等. 不同正构烷烃溶剂沉淀中低温煤焦油沥青质的结构组成变化规律 [J]. 化工进展，2017，36（6）：2101-2108.
[33] 邵瑞田. 中低温煤焦油沥青质中杂原子类型及加氢转化规律研究 [D]. 西安：西北大学，2019.
[34] 李传，王继乾，隋李涛，等. 委内瑞拉稠油沥青质的 XPS 研究 [J]. 石油学报（石油加工），2013，29（3）：459-463.
[35] 朱永红，黄江流，淡勇，等. 中低温煤焦油沥青质的分析表征 [J]. 石油学报（石油加工），2016，32（2）：334-342.
[36] 邓文安，吴乐乐，王晓杰，等. 煤焦油沥青质的表面官能团特性及对悬浮床加氢裂化助剂选择的影响 [J]. 石油学报（石油加工），2016，31（6）：1262-1268.
[37] 孙智慧，马海霞，李冬，等. 中低温煤焦油加氢前后沥青质组成和结构变化 [J]. 煤炭学报，2014，39（7）：1366-1371.

[38] 吕君，高丽娟，朱亚明，等. 中低温煤焦油沥青组成及结构的表征 [J]. 材料导报，2016，30 (8)：127-131.
[39] 袁扬. 中低温煤焦油沥青质结构研究 [D]. 西安：西北大学，2017.
[40] 谢克昌. 煤的结构与反应性 [M]. 北京：科学出版社，2002.
[41] 程之光. 重油加工技术 [M]. 北京：中国石化出版社，1994.
[42] 庞克亮，赵长遂，林良生，等. 天然焦的 XRD 及气化特性 [J]. 燃料化学学报，2007，35 (3)：268-272.
[43] Lalvani S B, Muchmore C B, Koropchak J, et al. Lignin-augmented coal depolymerization under mild reaction conditions [J]. Energy & Fuels, 1991, 5 (2): 347-352.
[44] 张佩甫. 原油中金属杂质的危害及脱除方法 [J]. 石油化工腐蚀与防护，1996 (1)：16-18，69.
[45] 李冬，刘鑫，孙智慧，等. 煤焦油中甲苯不溶物的性质和组成分析 [J]. 石油学报（石油加工），2014，30 (1)：76-82.
[46] 孙智慧，杨晶晶，刘鑫，等. 中低温煤焦油中金属 Fe 分布及其赋存形态 [J]. 广东化工，2018 (14)：63-64.
[47] 王磊，李冬，黄江流，等. 中温煤焦油中类型 Fe 的分布特征 [J]. 石油化工，2016，45 (8)：932-935.
[48] 逯承承. 中温煤焦油中 Fe 和 Ca 分布规律的研究 [J]. 石油化工，2017，46 (8)：1028-1033.
[49] 马洪玺，朱洪. 中低温煤焦油中金属元素分析研究 [J]. 煤化工，2017 (5)：45-48.
[50] 马明明，苏小平，闵小建，等. 中低温煤焦油蒸馏过程中金属元素的迁移规律 [J]. 化工进展，2018，324 (9)：78-84.
[51] 次东辉，王锐，崔鑫，等. 煤焦油中金属元素的危害及脱除技术 [J]. 煤化工，2016，44 (5)：29-32.
[52] 曾丹林，胡定强，马亚丽，等. 煤焦油中喹啉不溶物的分离方法 [J]. 洁净煤技术，2012 (2)：61-64.
[53] 黄江流. 煤焦油中喹啉不溶物的组成分析 [J]. 石油化工，2016，45 (11)：1347-1351.
[54] 薛改凤，林立成，许斌. 煤焦油净化处理的国内外发展动态 [J]. 煤炭转化，1998，21 (2)：25-28.
[55] 于姣洋，夏志鹏，袁飞. 煤焦油加工工艺研究 [J]. 当代化工，2012，41 (2)：89-90.
[56] 李应海. 离心分离技术在焦油脱渣脱水工艺中的应用 [J]. 云南化工，2017，44 (6)：43-45.
[57] 唐应彪，崔新安，袁海欣，等. 煤焦油脱金属及灰分脱除技术研究 [J]. 石油化工腐蚀与防护，2015，32 (4)：1-6.
[58] 王丽，李坚，王世琴. 原油电脱盐脱水技术研究进展 [J]. 广东石油化工学院学报，2014，24 (3)：6-9.
[59] 乔婧，殷海龙，孙显锋，等. 煤焦油电脱盐脱水技术研究进展 [J]. 洁净煤技术，2019，25 (4)：14-19.
[60] 崔楼伟，李冬，李稳宏，等. 响应面法优化煤焦油电脱盐工艺 [J]. 化学反应工程与工艺，2010，26 (3)：258-263，268.
[61] 李学坤，李稳宏，冯自立，等. 响应面法优化煤焦油电化学脱水的操作条件 [J]. 石油化工，2013，42 (10)：1123-1129.
[62] 刘纾言，王鑫，孙鹏. 中低温煤焦油电脱盐处理技术研究 [J]. 当代化工，2017，46 (9)：1786-1788，1791.
[63] 杨占彪，王树宽. 煤焦油的电场净化方法：CN100999675 [P]. 2007-07-18.
[64] 武本成，朱建华，蒋昌启 等. 用于超稠油脱金属的新型脱金属剂 [J]. 石油学报（石油加工），2005 (6)：25-31.
[65] 托普索：助推煤焦油加氢产业升级 [N]. 中化新网，2016-06-22.
[66] 李猛，王杰明，孟勇新，等. 一种煤焦油原料的预处理方法：CN11057478A [P]. 2019-08-23.
[67] 姚琦敏，张向东，周洪义，等. 低温煤焦油常减压精馏工程设计模拟及优化 [J]. 化工设计通讯，2018，44 (10)：24-25.
[68] 何国锋，刘军娥，载和武，等. 天祝煤 MRF 工艺热解焦油的组成分析 [J]. 燃料化学学报，1995，22 (2)：412-417.
[69] 何国锋，戴和武，金嘉璐，等. 低温热解煤焦油产率、组成性质与热解温度的关系 [J]. 煤炭学报，1994，19 (6)：591-596.
[70] 张存社，张金峰，沈寒晰，等. 一种连续精馏分离中低温煤焦油粗酚的方法及装置：CN102731264B [P]. 2012-7-10.
[71] 张世万. 煤焦油催化加氢轻质化及催化剂的研究 [D]. 上海：华东理工大学，2012.
[72] 王全龙，李天文. 煤焦油加氢脱硫研究进展 [J]. 山东化工，2017，46 (21)：70-71，73.
[73] Lipsch J M J G, Schuit G C A. The CoO-MoO_3/γ-Al_2O_3 catalyst. Ⅲ. Catalytic properties [J]. Journal of Catalysis, 1969, 15 (3): 179-189.
[74] Kolboe S. Catalytic hydrodesulfurization of thiophene. Ⅶ. Comparison between thiophene, tetrahydrothiophene, and *n*-butanethiol [J]. Canadian Journal of Chemistry, 1969, 47 (2): 352-355.
[75] Hensen E J M, Vissenberg M J, de Beer V H J, et al. Kinetics and mechanism of thiophene hydrodesulfurization over carbon-supported transition metal sulfides [J]. Journal of Catalysis, 1996, 163 (2): 429-435.
[76] Weigand B C, Friend C M. Model studies of the desulfurization reactions on metal surfaces and in organometallic complexes [J]. Chemical Reviews, 1992, 92 (4): 491-504.
[77] Zaera F, Kollin E B, Gland J L. Vibrational characterization of thiophene decomposition on the Mo (100) surface [J].

Surface Science, 1987, 184 (1): 75-89.

[78] Liu A C, Friend C M. Evidence for facile and selective desulfurization: the reactions of 2, 5-dihydrothiophene on Mo (110) [J]. Journal of the American Chemical Society, 1991, 113 (3): 820 -826.

[79] Markel E J, Schrader G L, Sauer N N, et al. Thiophene, 2,3- and 2,5-dihydrothiophene, and tetrahydrothiophene hydrodesulfuri-zation on Mo and Re/γ-Al_2O_3 catalysts [J]. Journal of Catalysis, 1989, 16 (2): 11-22.

[80] Neurock M, van Santen R A. Atomic and molecular oxygen as chemical precursors in the oxidation of ammonia by copper [J]. Journal of the American Chemical Society, 1994, 116 (15): 4427-4439.

[81] van Parijs I A, Froment G F. Kinetics of hydrodesulfurization on a Co-Mo/γ-Al_2O_3 catalyst. I: Kinetics of the hydrogenolysis of thiophene [J]. Industrial & Engineering Chemistry Research, 1986, 25 (2): 431-436.

[82] Oyamaa S T, Lee Y K. The active site of nickel phosphide catalysts for the hydrodesulfurization of 4,6-DMDBT [J]. Journal of Catalysis, 2008, 258 (2): 393-400.

[83] Kilanowski D R, Gates B C. Kinetics of hydrodesulfurization of benzothiophene catalyzed by sulfide Co-Mo/Al_2O_3 [J]. Journal of Catalysis, 1980, 62 (2): 70-78.

[84] Gates B C, SapreA V. Hydrogenation of aromatic compounds catalyzed by sulfided CoO-MoO_3/γ-Al_2O_3 [J]. Journal of Catalysis, 1982, 73 (1): 45-49.

[85] Bartsch R, Tanielian C. Hydrodesulfurization: I. Hydrogenolysis of benzothiophene and dibenzothiophene over CoO-MoO_3/γ-Al_2O_3 catalyst [J]. Journal of Catalysis, 1974, 35 (3): 353-359.

[86] 杨军. 中低温煤焦油全馏分加氢脱氮催化剂研究 [D]. 大连：大连理工大学，2014.

[87] Laine R M. Comments on the mechanisms of heterogeneous catalysis of the hydrodenitrogenation reaction [J]. Catalysis Reviews Science and Engineering, 1983, 25 (3): 459-474.

[88] Nelson N, Levy R B. The organic chemistry of hydrodenitrogenation [J]. Journal of Catalysis, 1979, 58 (3): 485-488.

[89] Yang S H, Satterfield C N. Some effects of sulfiding of a NiMo/Al_2O_3 catalyst on its activity for hydrodenitrogenation of quinoline [J]. Journal of Catalysis, 1983, 81 (1): 168-178.

[90] 栾业志. 抚顺页岩油组分分析和喹啉在 NiW/γ-Al_2O_3 催化剂上的加氢脱氮研究 [D]. 大连：大连理工大学，2009.

[91] 马崇乐，金鑫，丁玲，等. 高比表面积二硫化钼的制备及其对喹啉选择加氢反应的催化性能 [J]. 催化学报，2009，30 (1)：78-82.

[92] Shih S S, Katzer J R, Kwart H, et al. Quinoline hydrodenitrogenation: reaction network and kinetics [C] //173. National Meeting of the American Chemical Society, New Orleans, LA, USA, 1977.

[93] Cocchetto J F, Satterfield C N. Chemical equilibriums among quinoline and its reaction products in hydrodenitrogenation [J]. Industrial & Engineering Chemistry Process Design and Development, 1981, 20 (1): 49-53.

[94] 唐巍. 煤低温热解焦油加氢实验研究及工艺流程模拟 [D]. 杭州：浙江大学，2014.

[95] 贺玉龙. 负载金属磷化物加氢脱氧催化剂制备及性能研究 [D]. 西安：西北大学，2019.

[96] Şenol O İ, Ryymin E M, Viljava T R, et al. Effect of hydrogen sulphide on the hydrodeoxygenation of aromatic and aliphatic oxygenates on sulphided catalysts [J]. Journal of Molecular Catalysis A: Chemical, 2007, 277 (1): 107-112.

[97] 路正攀，张会成，程仲芊，等. 煤焦油组成的 GC/MS 分析 [J]. 当代化工，2011，40 (12)：1302-1304.

[98] 兰涛. 浅析煤焦油加氢饱和反应原理 [J]. 民营科技，2012 (12)：35.

[99] 杨平，辛靖，李明丰，等. 四氢萘加氢转化研究进展 [J]. 石油炼制与化工，2011，42 (8)：1-6.

[100] 李灿，展学成，赵瑞玉，等. 固定床渣油加氢脱金属催化剂制备及失活研究进展 [J]. 现代化工，2015，35 (1)：18-22.

[101] 贾燕子，杨清河，孙淑玲，等. 渣油加氢脱金属反应中沉积钒的自催化活性 [J]. 石油学报（石油加工），2010，26 (4)：635-641.

[102] 张华，高瑞民，赵亮，等. 大孔结构重油加氢脱金属催化剂的制备、表征及重油在催化剂中有效扩散系数的求解 [J]. 工业催化，2013，21 (7)：64-67.

[103] 刘贞贞. 多联产煤焦油加氢精制实验研究 [D]. 杭州：浙江大学，2017.

[104] 白建明，李冬，李稳宏. 煤焦油深加工技术 [M]. 北京：化学工业出版社，2016.

[105] StanislausA, Cooper B H. Aromatic hydrogenation catalysis: a review [J]. Catalysis Reviews, 1994, 36 (1): 75-123.

[106] 陈俊武. 催化裂化工艺与工程 [M]. 2 版. 北京：中国石化出版社，2007.

[107] 李春年. 渣油加工工艺 [M]. 北京：中国石化出版社，2002.
[108] 候祥麟. 中国炼油技术 [M]. 北京：中国石化出版社，2001.
[109] 唐嘉，朱开宪. 石油加工中的催化裂化技术分析 [J]. 广东化工，2011，38 (2)：92.
[110] Velegol D, Gautam M, Shamsi A. Catalytic cracking of a coal tar in a fluid bed reactor [J]. Powder Technology, 1997, 93 (2): 93-100.
[111] 佚名. 焦油酸的催化裂化 [J]. 石油炼制与化工，1959 (12)：8-10.
[112] 张丹. 陕北中低温煤焦油馏分催化裂化特性研究 [D]. 西安：西北大学，2019.
[113] 肖钢，侯晓峰，闫涛. 一种煤焦油轻馏分催化裂化制备柴油组分的方法：CN101629094A [P]. 2010-01-20.
[114] 污水综合排放标准：GB 8978—1996 [S]. 1996-10-04.
[115] 陕西煤业化工集团神木天元化工有限公司. 兰炭废水处理方法：CN107827315A [P]. 2018-03-23.
[116] 慕苗. 一种兰炭废水的预处理系统：CN206219334U [P]. 2019-09-20.
[117] 毛选伟，任沛建，鲁礼民，等. 兰炭高浓度有机废水预处理装置：CN209178139U [P]. 2019-07-30.
[118] 白太宽，王洪博，周景龙，等. 一种处理高浓度酚氨废水的方法：CN103496812A [P]. 2014-01-08.
[119] 方新军，毛选伟，闫丙辰，等. 一种处理含酚废水的脱氨提酚装置：CN204211590U [P]. 2015-03-18.
[120] 梁翠翠，庞军. 煤化工行业废水处理工艺流程的研究 [J]. 一重技术，2017 (2)：26-29，78.
[121] Li Y M, Gu G. W, Zhao J F, et al. Treatment of coke-plant wasterwater by biofilm systems for remonal of orgainc compounds and nitrogen [J]. Chemosphere, 2003, 52 (6): 997-1005.
[122] 任静. 膜蒸馏去除焦化废水中复杂污染物的作用机制与过程强化 [D]. 太原：山西大学，2019.
[123] 安路阳，刘宽，潘雅虹，等. Fe/Al_2O_3 催化剂催化氧化兰炭废水 [J]. 工业催化，2016，24 (6)：73-77.
[124] 吕永涛，王磊，陈祯，等. Fenton 氧化-吹脱法预处理兰炭废水的研究 [J]. 工业水处理，2010，30 (11)：56-58.
[125] 王颖，郭晓滨，毕方方. 活性炭协同 Fenton 氧化处理兰炭废水生化出水的研究 [J]. 广东化工，2011，38 (8)：110-111，107.
[126] 尹维权，李庆奎. 焦油渣回收利用的研究与应用 [J]. 酒钢科技，2007 (3)：118-123.
[127] 侣婷婷. 生物质利用煤焦油渣制颗粒燃料的燃烧污染排放特性 [D]. 杭州：浙江大学，2017.
[128] 彭雁宾. 焦油渣的性质与综合利用 [J]. 环境科学丛刊，1990 (2)：48-50，2.
[129] Wang X L , Shen J , Niu Y X , et al. Solvent extracting coal gasification tar residue and the extracts characterization [J]. Journal of Cleaner Production, 2016, 133 (1): 965-970.
[130] 谷小会，李培霖，赵渊，等. 一种焦油渣的分级处理方法及系统：CN110467938A [P]. 2019-11-19.
[131] 李冬，冯弦，崔楼伟，等. 一种焦油渣资源化处理工艺：CN107557044A [P]. 2019-06-07.
[132] 童仕唐，董亮，张海禄，等. 焦油含渣率分析及超滤机脱渣效率评价研究 [J]. 炭素技术，2004 (6)：16-19.
[133] 张建，骆春嘉. 利用焦油渣和生化污泥制型煤配煤炼焦的试验研究及应用 [J]. 煤化工，2019，47 (2)：50-53.
[134] 刘淑萍，曲雁秋，李冰. 焦油渣改质制燃料油的研究 [J]. 冶金能源，2003 (4)：40-42.
[135] 王颖. 焦油渣处理方法：CN102977905A [P]. 2013-03-20.
[136] 胡发亭. 煤焦油轻质油加氢制清洁燃料油试验研究 [J]. 洁净煤技术，2018，24 (2)：96-101.
[137] 王守峰，吕子胜. 一种煤焦油延迟焦化加氢组合工艺方法：CN101429456B [P]. 2012-04-25.
[138] 李扬，刘继华，牛世坤，等. PKM 气化炉焦油加氢工艺方案分析 [J]. 炼油技术与工程，43 (1)：25-28.
[139] 甘丽琳，徐江华，李和杰. 可调循环比的延迟焦化工艺 [J]. 炼油技术与工程，2003，10 (33)：8-11.
[140] 亢玉红，李健，闫龙，等. 中低温煤焦油加氢技术进展 [J]. 应用化工，2016，45 (1)：159-165.
[141] 李庆华，刘呈立，周冬京，等. 一种煤焦油的预处理方法：CN101012385A [P]. 2007-08-08.
[142] 郭庆华，郭朝辉，佘喜春，等. 一种煤焦油加氢改质生产燃料油的方法：CN101250432A [P]. 2008-08-27.
[143] 杨占彪. 全馏分煤焦油加氢生产实践 [J]. 煤炭加工与综合利用，2014，15 (6)：31-33.
[144] 杨占彪，王树宽. 煤焦油全馏分加氢的方法：CN102796560B [P]. 2014-07-09.
[145] 赵桂芳，苏重时，全辉. 用反序串联（FHC-FHT）加氢组合工艺技术加工页岩油的研究 [J]. 炼油技术与工程，2012，42 (12)：36-38.
[146] 贾丽，蒋立敬，王军，等. 一种煤焦油全馏分加氢处理工艺：CN1766058A [P]. 2006-05-03.
[147] 吴乐乐，戴鑫，李金璐，等. 煤焦油常压渣油悬浮床加氢工艺及中试研究 [J]. 石油炼制与化工，2015 (8)：18-23.
[148] 杨涛，戴鑫，杨天华，等. 煤焦油重组分加氢技术现状及研究趋势探讨 [J]. 现代化工，2018，38 (9)：66-69.
[149] 张晓静，李培霖，毛学锋，等. 一种非均相煤焦油悬浮床加氢方法：CN103265971A [P]. 2013-08-28.
[150] 张晓静. Bricc 中低温煤焦油非均相悬浮床加氢技术 [J]. 洁净煤技术，2015，21 (5)：61-65.

[151] 钱伯章. 煤焦油加氢技术与项目风险分析 [J]. 化学工业，2013，31 (4)：10-13.
[152] 杨涛，方向晨，蒋立敬，等. Strong 沸腾床渣油加氢工艺研究 [C]//中国石油学会第六届石油炼制学术年会论文集，2010.
[153] 姜来，卜继春，浦海宁，等. Strong 沸腾床渣油加氢技术开发 [J]. 当代化工，2014，43 (7)：1139-1142.
[154] 刘汪辉，姜来，刘海涛，等. Strong 沸腾床示范装置工业应用 [J]. 当代化工，2017，46 (9)：1894-1901.
[155] 辛靖，高杨，张海洪. 劣质重油沸腾床加氢技术现状及研究进展 [J]. 无机盐工业，2018，50 (6)：6-12.
[156] Yuan Y，Li D，Zhang L，et al. Development，status，and prospects of coal tar hydrogenation technology [J]. Energy Technology，2016，4 (11)：1338-1348.
[157] 黄河，刘娜，王雪峰，等. 悬浮床加氢技术进展 [J]. 应用化工，2019，48 (6)：1401-1406.
[158] 王汝成，孙鸣，刘巧霞，等. 陕北中低温煤焦油中酚类化合物的提取与 GC/MS 分析 [J]. 煤炭学报，2011，36 (4)：664-669.
[159] 刘巧霞. 陕北中低温煤焦油中酚类化合物的提取研究 [D]. 西安：西北大学. 2010.
[160] 郑仲，于英民，胡让，等. 神木中低温煤焦油酚类物质的分离与利用 [J]. 煤炭学报，2016，39 (1)：67-70.
[161] 李军芳，毛学锋，胡发亭. 中低温煤焦油酚油馏分中酚类化合物的组成 [J]. 煤炭转化，2019，42 (2)：32-38.
[162] 房根祥. 低级焦油酚下游精细化学品产业链技术进展 [J]. 工业催化，2018，26 (2)：23-27.
[163] 张生娟，高亚男，陈刚，等. 煤焦油中酚类化合物的分离及其组成结构鉴定研究进展 [J]. 化工进展，2018，37 (7)：2588-2596.
[164] 粗酚：YB/T 5079—2012 [S]. 2013-03-01.
[165] 索娅，朱豫飞，陈强，等. 一种煤焦油生产低级酚的方法及由该方法得到的低级酚：CN107474864A [P]. 2017-12-15.
[166] 李秀辉，赵宁，姬锐，等. 煤焦油中酚类化合物的分离系统：CN208869550U [P]. 2019-05-17.
[167] 葛长涛. 醇胺离子液体萃取分离中低温煤焦油中酚类化合物的研究 [D]. 北京：北京化工大学. 2013.
[168] 熊佳丽. 聚合离子液体的制备及其对油中苯酚的吸附性能 [D]. 北京：北京化工大学. 2014.
[169] 神木天元化工有限公司. 一种从中低温煤焦油粗酚中分离多种酚的方法及装置：CN107721826A [P]. 2018-02-23.
[170] 神木天元化工有限公司. 一种间对甲酚的精制方法：CN107721827A [P]. 2018-02-23.
[171] 佟珂，徐德仁，百元峰. 双酚 A 生产工艺及其专利技术选择 [J]. 化工设计，2007，17 (5)：27-28，15.
[172] 孙鸣，何超，唐星，等. 一种基于煤焦油制备酚醛树脂的工艺及装置：CN106543389B [P]. 2018-08-17.
[173] 张跃臻，魏奇，桑奎明. 加压制备 2,6-二叔丁基对甲酚方法：CN1215042A [P]. 1999-04-28.
[174] 肖国民，李遵陕，姜枫，等. 一种合成 2,3,6-三甲基苯酚的催化剂及其制备方法：CN102974354A [P]. 2013-03-20.
[175] 刘强，张兴刚. 单组分高邻位热固性拉挤用酚醛树脂的制备方法：CN106496471A [P]. 2017-03-15.
[176] 徐友剑，王健，随学强，等. 一种用 2,5-二甲酚制备 2,3,6-三甲酚的方法：CN 101844968B [P]. 2010-09-29.
[177] 张方方，张新宽，于中伟. 提高石脑油综合利用效率的措施及优化方案 [J]. 石油炼制与化工，2021，52 (5)：16-21.
[178] 黄刚，吴洁. 煤化工石脑油迎来更大发展机遇 [J]. 石油化工技术与经济，2015 (1)：49.
[179] Sun Z H，Li D，Ma H X，et al. Characterization of asphaltene isolated from low-temperature coal tar [J]. Fuel Processing Technology，2015，138：413-418.
[180] 朱永红. 煤基石脑油重整制芳烃实验研究与反应器模拟 [D]. 西安：西北大学，2017.
[181] 黄澎. 神府煤液化油石脑油馏分重整生产芳烃的研究 [J]. 洁净煤技术，2017 (2)：98-102.
[182] 李导，李克健，杨葛灵，等. 煤液化全馏分油的加氢重整系统、工艺及芳烃产品：CN103965961A [P]. 2014-08-06.
[183] 张琳娜. 煤基石脑油液-液抽提生产 120# 溶剂油工艺研究 [D]. 西安：西北大学，2017.
[184] 杨占彪，王树宽. 一种煤基石脑油制备单体环烷烃及溶剂油：CN106433777A [P]. 2017-02-22.
[185] 张琪，朱豫飞，朱志荣，等. 煤基混合芳烃生产邻二甲苯的组合装置及煤直接液化石脑油生产邻二甲苯的设备：CN204454938U [P]. 2015-07-08.
[186] 张琪，朱豫飞，朱志荣，等. 煤基混合芳烃生产间或对二甲苯的组合装置及煤直接液化石脑油生产间或对二甲苯的设备：CN204298284U [P]. 2015-04-29.
[187] 张琪，朱豫飞，朱志荣，等. 煤基混合芳烃生产间二甲苯的方法和煤直接液化石脑油生产间二甲苯的方法及装置：CN106187670A [P]. 2016-12-07.
[188] 郭淼. 中国航空煤油消费指数首次发布——航空煤油消费量 40 年增长 140 多倍 [DB/OL]. 央广网. 2018-11-10.

[189] Schobert H H, Badger M W, Santoro R J. Progress toward coal-based JP-900 [J]. Petroleum Chemistry Division Preprints, 2002, 47 (3): 192-194.
[190] 赵威，姚春雷，全辉，等. 中低温煤焦油加氢生产大比重航空煤油方法：CN103789034A [P]. 2014-05-14.
[191] 李冬，裴亮军，薛凤凤，等. 一种中低温煤焦油加氢生产高密度喷气燃料的方法：CN105694970B [P]. 2017-09-26.
[192] 刘婕，曹文杰，薛艳，等. 煤基喷气燃料发展动态 [J]. 化学推进剂与高分子材料，2008，6 (2)：24-26.
[193] 盛祖红. 加氢变压器油 [J]. 合成润滑材料，2008 (2)：8-11.
[194] 钱艺华，吴海燕，苏伟，等. 不同变压器油电气性能的对比研究 [J]. 变压器，2012，49 (4)：29-33.
[195] 王树宽，杨占彪. 一种煤焦油生产环烷基变压器油基础油的方法：CN103436289A [P]. 2013-12-11.
[196] 赵威，姚春雷，全辉，等. 中低温煤焦油加氢生产变压器油基础油的方法：CN103789019B [P]. 2015-05-13.
[197] 李雁秋，王鹏. 新型环保冷冻机油的研制 [J]. 润滑油，2006 (4)：5-10.
[198] 王鹏，李雁秋. 中国石油环烷基冷冻机油研发的最新进展 [J]. 润滑油，2012，27 (4)：6-11.
[199] 王树宽，杨占彪. 一种煤焦油制备环烷基冷冻机油基础油的方法：CN103436290B [P]. 2015-05-27.
[200] 赵威，姚春雷，全辉，等. 中低温煤焦油加氢生产冷冻机油基础油的方法：CN103789032A [P]. 2014-05-14.
[201] 郭新军. 环保橡胶油的开发及应用 [J]. 轮胎工业，2013，33 (2)：73-77.
[202] 高红，马书杰，刘妍，等. 橡胶油的种类和性能及应用 [J]. 橡胶工业，2003，(12)：753-759.
[203] 李稳宏，李冬，刘存菊，等. 一种煤焦油尾油馏分及其应用：CN102888243A [P]. 2013-01-23.
[204] 赵威，全辉，姚春雷，等. 中低温煤焦油生产环保型橡胶填充油的方法：CN104593066B [P]. 2016-06-02.
[205] Ochsenkuhn P M, Lampropoulou A. Polycyclic Aromatic hydrocarbons in wooden railway beams impregnated with coal tar: Extraction and Quantification by GC-MS [J]. Microchim Acta, 2001, 136 (34): 185-191.
[206] 王伟. 中低温煤焦油重质组分分析及其加氢性能研究 [D]. 太原：太原理工大学，2019.
[207] Sun S, Wang C Y, Chen M M, et al. A method to observe the structure of the interface between mesocarbon microbeads and pitch [J]. Journal of Colloid and Interface Science, 2014, 426: 206-208.
[208] Morjyama R, Hayashi J I, Chiba T. Effects of quinoline-insoluble particles on the elemental processes of mesophase sphere formation [J]. Carbon, 2004, 42: 2443-2449.
[209] Li T Q. Structural characteristics of mesophase spheres prepared from coal tar pitch modified by phenolic resin [J]. Chinese Journal of Chemical Engineering, 2006, 14 (5): 660-664.
[210] Ma Z C, Lin Q L, Cai Q H, et al. Effect of rosin addition on preparation of mesocarbon microbeads [J]. Journal of Functional Materials, 2012, 43 (8): 1052-1055.
[211] Xia W L, Chen J M, Shu X, et al. The technological conditions of preparation of mesophase pitch by simultaneous hydrogenation-thermal condensation [J]. Journal of Functional Materials, 2012, 43 (3): 367-371.
[212] 王红玉. 中间相炭微球制备与形成机理的研究 [D]. 太原：太原理工大学，2008.
[213] 李春艳. 中间相碳微球的制备与研究 [D]. 长沙：长沙理工大学，2013.
[214] Zhang W J, Li T H, Lu M, et al. Comparative study of the modification of coal tar pitch for higher carbonization yield and better properties [J]. Chinese Journal of Chemical Engineering, 2013, 21 (12): 1391-1396.
[215] 李冬，郑金欣，田育成. 以中低温煤焦油为原料生产中间相炭微球的方法：CN109970038A [P]. 2019-07-05.
[216] 李伏虎，沈曾民，迟伟东，等. 两种不同原料中间相沥青分子结构的研究 [J]. 炭素技术，2009，28 (1)：4-8.
[217] 李同起，王成扬，郑嘉明，等. 非均相成核中间相炭微球的形成过程及其结构演变 [J]. 新型炭材料，2004，19 (4)：281-288.
[218] 史景利，马昌. 纺丝中间相沥青的制备与表征 [J]. 新型炭材料，2019，34 (3)：211-219.
[219] 王树宽，杨占彪. 一种基于中低温煤焦油加氢制取中间相沥青和油品的系统及方法：CN107603671A [P]. 2018-01-19.
[220] 左秋英，查旭东，陈炜，等. 环氧改性沥青粘结层试验研究 [J]. 公路与汽运，2007，(1)：94-96.
[221] 于嗣东，夏金童. 以煤沥青为原料制备高性能无黏结剂炭材料 [J]. 炭素技术，2011，30 (1)：1-3.
[222] 陈文燕，李正斌. 石油及石油-煤沥青混合物制取浸渍剂沥青的研究进展 [J]. 中外能源，2007，1 (12)：71-72.
[223] 上海化工学院. 煤化学和煤焦油化学 [M]. 上海：上海人民出版社，1976.
[224] Lu X, Xu J, Li J, et al. Thermal-treated pitches as binders for TiB_2/C composite cathodes [J]. Metallurgical and Materials Transactions A, 2012, 43 (1): 219-227.
[225] 孙鸣，何超，唐星，等. 一种煤焦油生产改质沥青、脂肪烃与芳香烃的工艺及装置：CN107446606A [P]. 2017-12-08.
[226] 李双娟. 针状焦的生产及发展前景分析 [J]. 中国氮肥，2019 (3)：1-6.

[227] Mohammad M S, Ali K S, Amir M, et al. The effect of modification of matrix on densification efficiency of pitch based carbon composites [J]. Journal of Coal Science and Engineering, 2010, 16 (4): 408-414.
[228] 赵宁，李秀辉，毛世强，等. 一种煤系针状焦的生产工艺: CN109370628A [P]. 2019-02-22.
[229] 屈滨，何莹，刘海丰，等. 一种中低温煤焦油制备针状焦的方法: CN109135789A [P]. 2019-01-04.
[230] 李冬，田育成，刘杰，等. 一种利用中低温煤焦油制备针状焦的方法: CN111377428A [P]. 2020-07-07.
[231] 段正龙，张旭，杨正龙，等. 二氧化钼/碳基锂离子电池负极材料的研究进展 [J]. 鲁东大学学报（自然科学版），2019, 35 (4): 322-326, 381-382.
[232] 陈雪，武全宁，李强生，等. 一种用中低温干馏煤焦油制备负极材料的方法: CN109319774A [P]. 2019-02-12.
[233] 赵宁，刘冬. 利用兰炭小料和煤焦油制备活性炭的方法及获得的活性炭: CN107915224A [P]. 2018-04-17.
[234] 闫厚春，范雯阳，崔鹏，等. 中低温煤焦油的加工利用现状 [J]. 应用化工，2019, 48 (8): 1904-1907.
[235] 王国兴，牟湘鲁，张先茂，等. 一种煤焦油临氢裂解和加氢改质制燃料油的组合工艺: CN103627429A [P]. 2016-03-02.
[236] 邓文安，李金璐，李传，等. 煤焦油减压渣油的临氢催化热裂化反应行为 [J]. 石油学报（石油加工），2017, 33 (3): 463-470.
[237] 吴乐乐，李金璐，邓文安，等. 煤焦油重组分甲苯不溶物结构组成及对悬浮床加氢裂化生焦的影响 [J]. 燃料化学学报，2015, 43 (8): 923-931.
[238] 刘羽茜，李永辉，岳文菲，等. 低温煤焦油重质组分的临氢热裂化特性研究 [J]. 中国煤炭，2017, 43 (1): 89-93.
[239] Kan T, Wang H, He H, et al. Experimental study on two-stage catalytic hydroprocessing of middle-temperature coal tar to clean liquid fuels [J]. Fuel, 2011, 90 (11): 3404-3409.
[240] Yue Y, Li J, Dong P, et al. From cheap natural bauxite to high efficient slurry-phase hydrocracking catalyst for high temperature coaltar: asimple hydrothermal modification [J]. Fuel Processing Technology, 2018, 175: 123-130.
[241] Yan T, Xu J, Wang L , et al. Areview of upgrading heavyoils with super critical fluids [J]. RSC Advances, 2015, 5 (92): 75129-75140.
[242] Bellan J. Supercritical (andsubcritical) fluid behavior and modeling: drops, streams, shear and mixing layers, jets and sprays [J]. Progressin Energy and Combustion Science, 2000, 26 (4): 329-366.
[243] Machida H, Takesue M, Smith R L, et al. Green chemical processes with supercritical fluids: properties, materials, separations and energy [J]. The Journal of Supercritical Fluids, 2011, 60: 2-15.
[244] 陈康，闫挺，姜召，等. 超临界流体改质煤焦油研究进展 [J]. 化工进展，2019, 38 (4): 1702-1713.
[245] Kang J, Myint A A, Sim S, et al. Kinetics of the upgrading of heavy oil in supercritical methanol [J]. The Journal of Supercritical Fluids, 2018, 133: 133-138.
[246] Kozhevnikov I V, Nuzhdin A L, Martyanov O N. Transformation of petroleum asphaltenes in supercritical water [J]. The Journal of Supercritical Fluids, 2010, 55 (1): 217-222.
[247] 何选明，李铁鲁，王宽强，等. 煤焦油超临界甲醇抽提反应过程特性的研究 [J]. 煤炭转化，2011, 34 (2): 59-63.
[248] Xin S, Liu Q, Wang K, et al. Solvation of asphaltenes in supercritical water: a molecular dynamics study [J]. Chemical Engineering Science, 2016, 146: 115-125.
[249] 马彩霞，张荣，毕继诚. 煤焦油在超临界水中的改质研究 [J]. 燃料化学学报，2003 (2): 103-110.
[250] Han L N, Zhang R, Bi J C. Upgrading of coal-tar pitch in supercritical water [J]. Journal of Fuel Chemistry and Technology, 2008, 36 (1): 1-5.
[251] Han L N, Zhang R, Bi J C, et al. Pyrolysis of coal-tar asphaltene in supercritical water [J]. Journal of Analytical & Applied Pyrolysis, 2011, 91 (2): 281-287.
[252] 韩丽娜，张荣，毕继诚. 煤焦油及其组分在超临界水中的反应特性研究 [J]. 燃料化学学报，2008, 36 (6): 653-659.
[253] Han L N, Zhang R, Bi J. Experimental investigation of high-temperature coal tar upgrading in supercritical water [J]. Fuel Processing Technology, 2009, 90 (2): 292-300.
[254] Wahyudiono, Sasaki M, Goto M. Kinetic study for liquefaction of tar in sub- and supercritical water [J]. Polymer Degradation and Stability, 2008, 93 (6): 1194-1204.
[255] Gudiyella S, Lai L, Borne I H, et al. An experimental and modeling study of vacuum residue upgrading in supercritical water [J]. AIChE Journal, 2018, 64 (5): 1732-1743
[256] Sato T, Adschiri T, Arai K, et al. Upgrading of asphalt with and without partial oxidation in supercritical water [J]. Fuel, 2003, 82 (10): 1231-1239.

[257] Roman-Figueroa C, Olivares-Carrillo P, Paneque M, et al. High-yield production of biodiesel by non-catalytic supercritical methanol transesterification of crude castor oil (Ricinus communis) [J]. Energy, 2016, 107: 165-171.
[258] Mohamadzadeh H, Karimi-Sabet J, Ghotbi C. Biodiesel production from spirulina microalgae feedstock using direct transesterification near supercritical methanol condition [J]. Bioresource Technology, 2017, 239: 378-386.
[259] Asahin N, Nakamura Y. Chemical shift study of liquid and supercritical methanol [J]. Chemical Physics Letters, 1998, 290 (1): 63-67.
[260] Takebayashi Y, Hotta H, Shono A, et al. Noncatalytic ortho-selective methylation of phenol in supercritical methanol: the mechanism and acid/base effect [J]. Industrial & Engineering Chemistry Research, 2008, 47 (3): 704-709.
[261] Hassan F, Al-Duri B, Wood J. Effect of supercritical conditions upon catalyst deactivation in the hydrogenation of naphthalene [J]. Chemical Engineering Journal, 2012, 207 (5): 133-141.
[262] Adschiri T, Suzuki T, Arai K. Catalytic reforming of coal tar pitch ins upercritical fluid [J]. Fuel, 1991, 70 (12): 1483-1484.
[263] 常娜，侯雄坡，刘宗宽，等. 超临界汽油中煤焦油加氢裂化催化剂研究 [J]. 化学工程，2010，38 (8)：83-86.
[264] Gu Z L, Chang N, Hou X P, et al. Experimental study on the coal tar hydrocracking process in supercritical solvents [J]. Fuel, 2012, 91 (1): 33-39.
[265] Chang N, Gu Z L, Wang Z S, et al. Study of Yzeolitecatalysts for coal tar hydrocracking insupercritical gasoline [J]. Journal of Porous Materials, 2010, 18 (5): 589-596.
[266] Chang N, Gu Z L. Kinetic model of low temperature coal tar hydrocracking in supercritical gasoline for reducing coke production [J]. Korean Journal of Chemical Engineering, 2014, 31 (5): 780-784.
[267] Pang K, Hou Y, Wu W, et al. Efficient separation of phenols from oils via forming deep eutectic solvents [J]. Green Chemistry, 2012, 14 (9): 2398.
[268] 李佳昊. 山西金源高温煤焦油的精细分离及组分加氢 [D]. 北京：中国矿业大学，2019.
[269] 谷小会. 煤焦油分离方法及组分性质研究现状与展望 [J]. 洁净煤技术，2018 (4)：1-6，12.
[270] 林雄超，张书，杨颖，等. 一种从低温煤焦油油品中分离正构烷烃的方法：CN103449949A [P]. 2013-12-18.
[271] 杨占彪，王树宽. 一种煤焦油生产低凝柴油和液体石蜡的方法：CN103450937A [P]. 2013-12-18.
[272] 郝华睿，高平强，闫秦生，等. 陕北中低温煤焦油中吲哚提取研究 [J]. 应用化工，2016 (45)：1868.
[273] 徐广苓. 一种从煤焦油洗油中提取喹啉和异喹啉的方法：CN103641778A [P]. 2014-03-19.

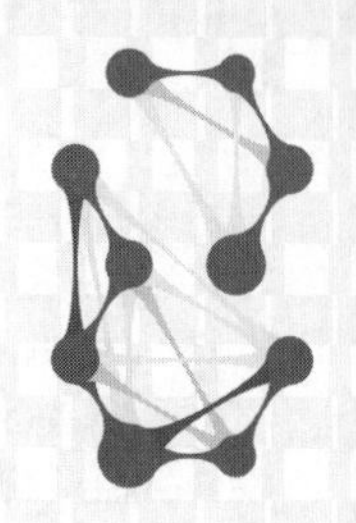

5 煤炭高温炼焦

5.1 炼焦配煤及预处理技术

5.1.1 炼焦配煤质量

炼焦用煤一般是指《中国煤炭分类》（GB/T 5751—2009）中的气煤、1/3 焦煤、气肥煤、肥煤、焦煤、瘦煤、贫瘦煤和 1/2 中黏煤[1]。

5.1.1.1 炼焦煤基本性质

炼焦煤基本性质主要指煤的工业分析、元素分析以及相关的煤岩组成、无机物等。有关定义前文已有所述[2-4]，本节仅介绍显微镜下特征。

（1）有机显微组成

煤的有机显微组分可分为镜质组、半镜质组、惰质组和壳质组等四大类，有时也把半镜质组并入镜质组内。

镜质组主要是由植物的木质纤维组织受凝胶化作用转化而成的显微组分。在反光油浸镜下呈深灰至浅灰色，形态及结构依组分不同而差别较大。常呈条带状、透镜状、团块状及基质状出现。随变质程度的增加反射色变浅，反射率增大，正交镜下非均质性明显增强。透射光下呈橘红—褐红—棕色直至不透明。除少数镜质体外，一般不发荧光。根据结构和形态特征，又分为结构镜质体、无结构镜质体及碎屑镜质体三个组分及若干亚组分。

半镜质组为镜质组与惰质组之间的过渡组分，具有镜质组与惰质组之间的光学特征。反光油浸镜下反射色比镜质组组分略浅，为灰至浅灰色，具微突起。在正交镜下呈现出不均匀的团粒状和网状结构。透射光下比镜质组色深，呈棕红至红棕色，不发荧光。根据结构和形态特征，又分为结构、无结构及碎屑半镜质组三个组分及若干亚组分。

惰质组是由植物遗体主要受丝炭化作用转化而成的显微组分。在反光油浸下反射色多为灰白色至亮白色或亮黄白色。形态各异，呈条带状、透镜状、浑圆状、碎屑状、微粒状和基质状。中至高突起，多具植物细胞结构，部分无结构。反射率值大于半镜质组的反射率。在透射光下呈棕黑色至黑色，微透明或不透明，不发荧光。根据形态特征又可分为半丝质组、丝质组、微粒体、粗粒体和碎屑惰质组。

壳质组主要来源于高等植物的繁殖器官、保护组织、分泌物和藻类，以及与这些物质相关的次生物质。在反光油浸镜下呈灰黑色到深灰色，随变质程度增高由深到浅色。具有易于辨认的特殊形态特征。在同煤级的煤中为反射率最弱的显微组分。

在透射光下为柠檬黄、橘黄或橘红色，随变质程度增高而加深。在蓝光激发下的荧光色为浅绿黄色、亮黄色、橙灰褐色和褐色，强弱不等，并随变质程度增高，椭圆形氧化强度减弱，以至消失。反射率大于1.4%以后，颜色和突起与镜质组渐趋一致。

根据结构和形态特征，又分为孢粉体、角质体、树脂体、木栓质体、树皮体、沥青质体、渗出沥青质体、荧光体、藻类体和碎壳质体等组分及若干亚组分。

（2）无机组成

炼焦煤的无机显微矿物组分对其黏结性和结焦性的好坏有不同程度的影响。在显微镜下，常见的显微矿物组分有黏土类、硫化物类、碳酸盐类、氧化硅类（石英等）和其他矿物类。各类无机显微矿物组分在反光显微镜下特征如下。

① 黏土类　在干物镜下为灰色、棕黑色、暗灰色或灰黄色。常呈薄层状、透镜状，团块状、浸染状等形态出现，或充填于一些显微组分的细胞腔中。轮廓清晰，表面不光滑，呈细粒状和块状结构。呈低突起或微突起。在反光油浸镜下为灰黑色或深棕色，轮廓和结构往往不清晰，难于辨认。在荧光镜下不发荧光或具有微弱的灰绿色荧光。

② 硫化物类　反射色为亮黄白色，突起很高，轮廓清晰，有时表面不大平整。在煤中常呈结核状、浸染状和霉粒状集合体，或充填于裂隙或胞腔中。透射光下不透明。在反光油浸镜下黄铁矿全消光，而白铁矿出现几种不同的偏光色。

③ 碳酸盐类　方解石在反光干物镜下为灰色，呈中突起或低突起，表面平整、光滑，常有内反射现象。在正交镜下表现出非均质性很强，常有双晶纹或解理纹。多见于充填于有机质的细胞腔和裂隙中。菱铁矿常以结核状、球粒状集合体等形式出现。在正交镜下非均质性强，其结核呈现出明显的十字或放射状消光现象，在反光油浸镜下为深灰色，其余特征与干物镜下相似。

④ 氧化硅类　常见矿物为石英。多呈单个的细胞腔及裂隙充填物。干物镜下为深灰色或灰色，有时呈浅紫灰色。轮廓清晰，一般表面比较平滑，突起很高，往往出现黑色边缘。在反光油浸镜下为深棕黑色，边界不甚清晰，难以与黏土矿物区别。

⑤其他矿物类　是指微量或痕量金属化合物，如含钒、钡、锰、钛、硼等煤中伴生矿物质，虽然含量较低，但对煤炭加工有一定的影响，尤其是对焦炭的催化作用不可忽视。其来源和含量主要取决于成煤条件和成煤区域。

5.1.1.2　炼焦煤工艺性质

煤的工艺性质主要指煤的结焦性和黏结性，它不仅与其工业分析和元素分析组成有关，更与煤的显微组分有密切的关系[4-8]。如镜质组和壳质组含量高的煤，其黏结性就强，而惰质组含量高的煤，其黏结性和结焦性就差。

（1）黏结性

煤在干馏过程中形成胶质体，呈现塑性状态时所具有的性质。煤的黏结性指标一般包括煤的流动性、黏结性、膨胀性和透气性以及塑性温度范围等。要了解煤的热塑性，既要测定胶质体的数量，又要掌握胶质体的质量，且必须用多种测试方法相互补充，才能比较全面地反映煤的热塑性的本质。煤的热塑性对煤在炼焦过程中黏结成焦起着重要作用，是影响煤的结焦性和焦炭质量的重要因素。

煤的黏结性指标测试方法可以分为两大类。第一类是间接测定法。借助煤在一定条件下加热后所生成的半焦或焦炭的形状或性质来判断煤的塑性。属于这一类的有：a. 根据焦炭的形状来判别的方法，如坩埚膨胀序数法、葛金焦型法；b. 根据焦块的耐压或耐磨强度来判别的方法，如罗加指数、黏结指数。

第二类是直接测定胶质体特性的方法。属于这一类的有：a. 直接观察煤在加热过程中的塑性变形的热显微镜法；b. 测定胶质体膨胀度和透气性的方法，如奥亚膨胀度法、测定胶质层指数的体积曲线法等；c. 测定胶质体的黏度或流动度的方法，如基氏流动度法；d. 测定胶质体的量的方法，如胶质层指数测定法；e. 用胶质体特性温度来反映煤塑性的方法。

（2）结焦性

结焦性是单种煤或配煤在常规炼焦条件下炼制成冶金焦炭的性质，通常多以焦炉中炼得焦炭的强度来表示。它不仅包括焦炭的粒度分布、反应性和其他性质，即一整套决定冶金用焦的工艺性质。炼焦煤必须兼有较强的黏结性和结焦性，两者密切相关。煤的黏结性着重反映煤在干馏过程中软化熔融形成胶质体并黏结固化的能力。测定黏结性时加热速度较快，一般只测到形成半焦为止。煤的结焦性全面反映煤在干馏过程中软化、熔融直到固化形成焦炭的能力。测定结焦性时加热速度一般较慢。对煤的结焦性有两种不同的见解，一种认为在模拟工业炼焦条件（如3℃/min加热速度）下测到的煤的塑性指标即为结焦性指标，硬煤国际分类采用奥亚膨胀度和葛金焦型作为结焦性的指标；另一种则认为在模拟工业炼焦条件下把煤炼成焦炭，然后用焦炭的强度和粉焦率等指标作为煤结焦性的指标，如用模拟工业炼焦炉条件的200kg试验焦炉的焦炭强度来评定炼焦煤和配煤的结焦性。

5.1.1.3 炼焦配煤质量

大高炉冶炼要求焦炭灰分低、含硫少、强度高、热性质好。在室式炼焦条件下，单种煤炼焦很难满足上述要求，各国煤炭资源也无法满足单种煤炼焦的需求，我国煤炭资源虽然十分丰富，但煤种、储量和资源分布不均，因此必需采用配煤炼焦[8-14]。所谓配煤就是将两种以上的单种煤料，按适当比例均匀配合，以求制得各种用途所要求的焦炭质量，配合后所得称为配合煤。配合煤质量是保证焦炭质量的重要因素，衡量配合煤质量的指标大体分为两类，即化学组成，如水分、灰分、硫分、无机组成；工艺性质，如细度、煤化度、黏结性、膨胀压力等。

（1）化学组成的要求

① 水分　装炉煤水分对结焦过程有较大影响，较高的装煤水分会使结焦时间延长，这样不仅影响产量，也影响炼焦速度。因此，配合煤水分应力求稳定，以利于焦炉加热制度稳定。近年来所开发的煤干燥和煤调湿工艺，就是稳定装煤水分和节能降耗的重要措施。

② 灰分　配合煤灰分可按各单种煤灰分加和计算，也可直接测定。配煤灰分一般要求越低越好，降低配合煤灰分有利于焦炭灰分的降低，可减少高炉助熔剂用量，降低高炉焦比，增加铁水产量；但降低灰分使选煤厂的洗精煤产率降低，提高洗精煤成本，因此应从资源利用、经济效益等方面综合权衡。

③ 硫分　配合煤硫分是炼焦煤中的污染物，要求含量越低越好。在炼焦过程中，煤中的部分硫如硫酸盐和硫化铁转化为FeS，而CaS、Fe_nS_{n+1}残留在焦炭中，另一部分硫如有机

硫则转化为气态硫化物，在流经高温焦炭层缝隙时，部分与焦炭反应生成复杂的硫碳复合物而转入焦炭，其余部分则随煤气排出，随出炉煤气带出的硫量因煤中硫的存在形态及炼焦温度而异。

④ 无机组成　由于配合煤灰分的存在，不可避免地带入无机杂质。如前所述，配合煤中的无机物几乎全部转入焦炭，其中金属、碱金属以及碱土金属对焦炭具有较强的催化作用，加速焦炭的碳溶反应，增加焦炭在高炉内的焚化和降解程度。其催化作用用催化指数表示，该指数越大，对焦炭的催化作用越强[15]。所以，近年来人们对焦炭无机组成给予高度的重视，配煤中主要调节高催化指数单种煤的用量。

(2) 工艺性质的要求

① 细度　指配合煤中小于 3mm 粒级占全部配合煤的质量分数。国内常规炼焦（顶装煤）时配合煤的细度要求 72%～80%，配型煤炼焦时约 85%，捣固炼焦时为 90%以上。近年来国内多数炼焦生产采用 80%左右的细度。

②煤化度　煤化度指标是影响焦炭质量的重要指标，常用的煤化度指标为干燥无灰基挥发分（V_{daf}），也称无湿无灰基挥发分和镜质组平均最大反射率$\bar{R}_{max}$。前者测定方法简单，后者可较确切地反映煤的煤化度本质。

配合煤的挥发分可按各单种煤的挥发分用加和计算，但配合煤在热解过程中，各单种煤的热解产物之间存在着相互作用，因此按加和计算的配合煤挥发分值与直接测定的配合煤挥发分值之间会有某些差异。采用各单种煤的 $\bar{R}_{max}$ 按加和计算出的配合煤 $\bar{R}_{max}$，由于配合后不涉及热解过程的影响，因此与直接测定的配合煤 $\bar{R}_{max}$ 值之间不会产生明显的差异。

煤化度指标直接影响煤料的黏结过程，进而影响焦炭的气孔率、比表面积、光学显微结构、强度和块度等。据大量生产试验数据表明，当煤的含碳量 $C_{daf}=88\%\sim90\%$（相当于 $V_{daf}=25\%\sim28\%$，$\bar{R}_{max}=1.1\%\sim1.4\%$）时，焦炭的气孔率和比表面积最小；当 $V_{daf}=18\%\sim30\%$，$\bar{R}_{max}=1.1\%\sim1.6\%$时，焦炭的各向异性程度较高；当 $\bar{R}_{max}=1.15\%\sim1.30\%$ 时，焦炭的耐磨强度和反应后强度处于最优范围。综合各方面因素，一般认为大型高炉用焦炭的配合煤煤化度指标，宜控制在 $V_{daf}=26\%\sim28\%$或 $\bar{R}_{max}=1.2\%\sim1.3\%$。实际确定该指标时，还应视具体情况，结合黏结性指标一并考虑。

③黏结性　配合煤的黏结性指标是影响焦炭强度的重要因素，据塑性煤的成焦机理，配合煤中各单种煤的塑性温度区间应彼此衔接和依次重叠，在此基础上，室式炼焦配合煤的各黏结性指标的适宜范围大致为：以最大流动度（MF）为黏结性指标时，为 70（或 100）～10^3 ddpm（吉氏流动度）；以奥亚总膨胀度 b_t 为指标时，$b_t\geqslant50\%$；以胶质层最大厚度 y 为指标时，$y=17\sim22$mm；以黏结指数 G 为指标时，$G=58\sim72$。配合煤的黏结性指标一般不能用单种煤的黏结性指标按加和计算。随焦炉炭化室高度和煤料堆积密度的增加，上述指标可放宽。

④膨胀压力　单种煤的膨胀压力由多种因素决定，配合煤中各单种煤之间又存在相互作用，因此配合煤的膨胀压力不能以各单种煤的膨胀压力加和计算，配合煤的膨胀压力与黏结性指标之间不存在规律性的相互关系。添加惰性物时膨胀压力有所降低或基本不变，添加黏结剂或强黏结煤时膨胀压力不能预计，只能用实验测定配合煤的膨胀压力值。在配煤方案确定时，可供参考的仅有两点：一是在常规炼焦配煤范围内，煤料的煤化度加深则膨胀压力增大；二是对同一煤料，增大堆密度，膨胀压力也增加。对配合煤膨胀压力的要求是：炭化室

炉墙两侧的煤料膨胀压力差必须小于炉墙的极限负荷。带有活动墙的试验焦炉可以测出结焦过程的最大膨胀压力。

除上述配合煤质量指标以外，配合煤的镜质组最大反射率分布曲线和矿物组成也得到企业的重视。前者有助于控制混煤比例和综合利用弱黏煤，后者对控制焦炭热性质有帮助。

5.1.2 配煤技术

5.1.2.1 配煤原理

基于煤的成焦机理，迄今为止配煤原理大致归纳为三类[4,5,13]。第一类是以烟煤的大分子结构及其热解过程中胶质状塑性体的形成，使固体煤粒黏结的塑性成焦机理。据此，不同烟煤由于胶质体的性质和数量的不同，导致黏结的强弱不同，并随气体析出数量和速度的差异，得到不同质量的焦炭。第二类是基于煤岩相组成的差异，使得煤粒有活性与非活性之分，由于煤粒之间的黏结是在其接触表面上进行的，则以活性组分为主的煤粒，相互间的黏结呈流动结合型，固化后不再存在粒子的原形；而以非活性组分为主的煤粒间的黏结则呈接触结合型，固化后保留粒子的轮廓，从而决定最后形成的焦炭质量，此所谓表面结合成焦机理。第三类是近年来发展起来的中间相成焦机理，该机理认为烟煤在热解过程中产生的各向同性胶质体中，随热解进行会形成由大的片状分子排列而成的聚合液晶，它是一种新的各向异性流动相态，称为中间相，成焦过程就是这种中间相在各向同性胶质体基体中的长大、融并和固化的过程，不同烟煤表现为不同的中间相发展深度，使最后形成不同质量和不同光学组织的焦炭。对应上述三种煤的成焦机理，派生出相应的三种配煤原理，即胶质层重叠原理、互换性原理和共炭化原理。

(1) 胶质层重叠原理

配煤炼焦时，除了控制配合煤的灰分、硫分以外，还要求配合煤中各单种煤的胶质体的软化区间和温度间隔能较好地搭接，这样可使配合煤在炼焦过程中，能在较大的温度范围内处于塑性状态，从而改善黏结过程，并保证焦炭的结构均匀。不同牌号炼焦煤的塑性温度区间不同，其中肥煤的开始软化温度最早，塑性温度区间最宽，瘦煤固化温度最晚，塑性温度区间最窄。气、1/3 焦、肥煤、焦、瘦煤适当配合可扩大配合煤的塑性温度范围。

这种以多种煤互相搭配、胶质层彼此重叠的配煤原理，对于炼焦煤种齐全的配煤有一定的指导意义，但不适用于解释对于添加非炼焦煤的炭化。各种煤的胶质体间实际上虽然有一定的重叠，但结合情况差异很大，通常以两种煤炼成的焦炭界面结合指数来判断结合得好坏，对不同的一些煤，两两结合所测得的界面结合指数可以有五种结合类型。当低挥发弱黏煤与高挥发弱黏煤配合炼焦时，界面结合指数仅 0%～2%，属完全不结合类型，各自呈单独炭化。中挥发强黏结煤相互配合炼焦时，界面全部结合。高挥发弱黏煤与中挥发强黏煤配合炼焦时，界面大部分结合。低挥发弱黏煤与中挥发强黏煤配合炼焦时，界面部分结合。低挥发弱黏煤之间或高挥发弱黏煤之间配合炼焦时，界面结合很差。

综上，配煤炼焦时，中等挥发强黏结煤起重要作用，它可以与各类煤在结焦过程中良好结合，按胶质层重叠原理，中等挥发强黏煤的胶质层温度间隔宽，可以搭接各类煤的胶质体，从而保证焦炭结构的均匀。

(2) 互换性原理

根据煤岩学原理，煤的有机质可分为活性组分和非活性组分（惰性组分）两大类。活性组分标志煤黏结能力的大小，纤维质组分（相当于非活性组分）决定焦质的强度。具体提出以下配煤原则：

① 黏结组分多的配合煤，由于纤维质组分的强度低，要得到强度高的焦炭，需要添加瘦化组分或焦粉之类的补强材料。

② 一般的弱黏结煤，不仅黏结组分少，且纤维质组分的强度低，需同时增加黏结组分（或添加黏结剂）和瘦化组分（或焦粉之类的补强材料），才能得到强度好的焦炭。

③ 高挥发的非黏结煤，由于黏结组分更少，纤维质组分强度更低，应在添加黏结剂和补强材料的同时，对煤料加压成型，才能得到强度好的焦炭。

④ 无烟煤或焦粉只有强度较高的纤维质组分，需在有足够黏结性的前提下才能得到高强度的焦炭。

(3) 共炭化原理

将非炼焦煤或少量炼焦煤配合炭化后得到结合较好的焦炭称为不同煤料的共炭化。把共炭化的概念用于煤与沥青类有机物的炭化过程，以考察沥青类有机物与煤配合后炼焦对改善焦炭质量的效果，或称对煤的改质效果。

共炭化产物与单独炭化相比，焦炭的光学性质有很大差异，合适的配合煤料（包括添加物的存在）在炭化时，由于塑性系统具有足够的流动性，使中间相有适宜的生长条件，或在各种煤料之间的界面上，或使整体煤料炭化后形成新的连续的光学各向异性焦炭组织，它不同于各单种煤单独炭化时的焦炭光学组织。

对于不同性质的煤与各种沥青类物质进行共炭化时，沥青不仅作为黏结剂有助于煤的黏结性，而且可使煤的炭化性能发生变化，发展了炭化物的光学各向异性程度，这种作用称为改质作用，这类沥青黏结剂又被称为改质剂。

煤的可改质性按照煤化度的不同划分为四类：

① 高煤化度、不熔融煤（如无烟煤、贫煤、焦粉）。这类煤与黏结剂各自炭化，形成明显的两相，这时黏结剂只起黏结作用，并不引起煤的改质。

② 中等煤化度、熔融性好的煤与黏结剂共炭化时，可以形成均一的液相，所炼的焦炭出现新的、均匀的光学组织。而煤与黏结剂单独炭化分别呈现的光学组织已不存在。

③ 低煤化度但能熔融的煤（如气煤、1/3 焦煤）与活性添加剂共炭化时，能形成均一液相而得到新的光学组织。

④ 低煤化度、不能熔融的煤（如长焰煤、不黏煤）一般不易被改质。

5.1.2.2 配煤工艺

(1) 煤场设置

在炼焦生产中，为了保障连续的炼焦生产，并稳定入炉煤的质量，设置储煤场是炼焦煤准备过程中不可缺少的工序[16]。根据我国焦化储煤场的发展历程，共采用过四种储煤工艺，其相应的四种煤场如图 5-1 所示。

第一种是开放式露天煤场，一般将煤按照不同煤种分区域堆放，其主要机械设备有装卸桥和门型起重机、斗轮式堆取料机和刮板机等设备。

第二种是半开放式煤场（干煤棚）。近几年，由于国内大型捣固焦炉的兴起，以及南方雨水较多的原因，部分厂家采用了此方法。

第三种是圆筒并列煤仓。部分焦化厂由于受到场地的限制和环保的要求，采用圆筒并列煤仓替代煤场及煤场上的堆取料机，来煤根据不同的煤种用皮带直接送到一个个排列在一起

(a) 开放式露天煤场

(b) 半开放式煤场(干煤棚)

(c) 圆筒并列煤仓

(d) 大型全封闭圆形煤场

图 5-1　四种煤场照片

的圆柱形筒仓内储存，生产上用到该煤种时，从筒仓底部的放料口放出，然后到配煤盘进行配煤，这些圆形筒仓既起到了煤场储煤的功能，又起到了配煤盘上斗槽的作用。

第四种是大型全封闭圆形煤场。目前随着可持续发展战略的要求，人们的环保意识和环保要求日益提高，少数焦化厂借鉴了电厂的大型全封闭圆形煤场工艺。圆形煤场由堆取料机、土建结构、钢结构穹顶（或膜结构）及相关辅助设施构成。

(2) 配煤流程与工艺

①先配后粉流程　是指将炼焦煤料的各单种煤配合好后一起粉碎处理的一种炼焦煤粉碎流程（图 5-2）。

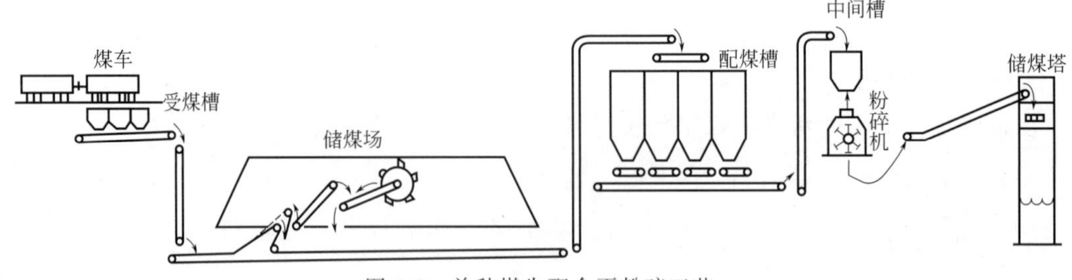

图 5-2　单种煤先配合再粉碎工艺

这种工艺过程简单、设备少、投资省、布置紧凑、操作方便，不需设置混合设备。各配煤组分在粉碎过程中便能得到充分混合，适用于煤料黏结较好、煤质较均匀的情况。当煤质条件差、岩相不均匀时不宜采用。

② 先粉后配流程（分组粉碎）　是指将不同煤牌号的炼焦用煤，按性质不同进行不同细度的粉碎，再进行配合和混合的一种炼焦煤粉碎流程。

这种工艺流程长、工艺复杂，需多台粉碎机，配煤以后要有混合装置，所以投资大、操作复杂。适用于各种单种煤之间粉碎性和结焦性差别较大的煤。

为了简化这种流程，可采取只对一部分单种煤进行单独预粉碎，然后再与其他煤配合、粉碎的方法。采用预粉碎工艺的原因主要是因为煤料的细度对焦炭生产有较大影响。对于不同的配煤比应选择最适宜的预粉碎细度和配合煤细度，这是因为破碎程度不同，粒度组成也不相同，从而影响焦炭强度。

③ 混合破碎流程　按参与配煤炼焦的各煤种和岩相组成的硬度的差异，将难破碎的煤种单独进行预破碎，随后和其他炼焦煤混合再进行二次破碎，这样保证煤的破碎均匀，从而提高配合煤的结焦性能。

④ 选择粉碎流程　按参与配煤炼焦的各煤种和岩相组成的硬度不同，以及要求粉碎的粒度不同，将粉碎与筛分相结合。煤料经过筛分装置，大颗粒的筛上物进入粉碎机再粉碎。这样既消除了大颗粒，也防止了黏结性好的煤种的过细粉碎，从而改善了结焦过程。

⑤ 先筛分后粉碎流程　配合煤预筛分后粉碎工艺，通常炼焦配合煤中小于3mm的煤颗粒约为50%～60%，小颗粒煤以焦、肥煤为主，通过预筛分，大部分的小颗粒煤不再通过粉碎机，直接与粉碎后的煤混合进入煤塔。优点：减少煤的过度粉碎；降低粉碎机功率，节约运行成本；减小装炉时粉尘量；降低配煤成本，提高焦炭质量。

(3) 配煤主要装备

① 配煤盘配煤　配煤盘由圆盘、调节筒、刮煤板及减速传动装置等组成（见图5-3），升降调节套筒及改变刮煤板插入深度，可以调节配煤量。配煤盘调节简单、运行可靠、维护方便，对黏结煤料适应性强，但设备笨重、传动部件多、耗电量大，刮煤板易挂杂物，影响配煤准确度，需经常清理。设有自动配煤装置的配煤盘，通常以改变圆盘转速来调节其生产能力，但是不能大于极限值。当圆盘转速过高，圆盘上物料的离心力大于盘面的摩擦力时，煤料将被甩出，从而破坏给料机的正常工作。尤其当配比较小时（5%～10%），圆盘转速更应小些（5～6r/min），这样可增加圆盘每转一圈所刮下煤的体积，使配比精确度更高。

② PLC 自动配煤　PLC 自动配煤工艺如图5-4所示。

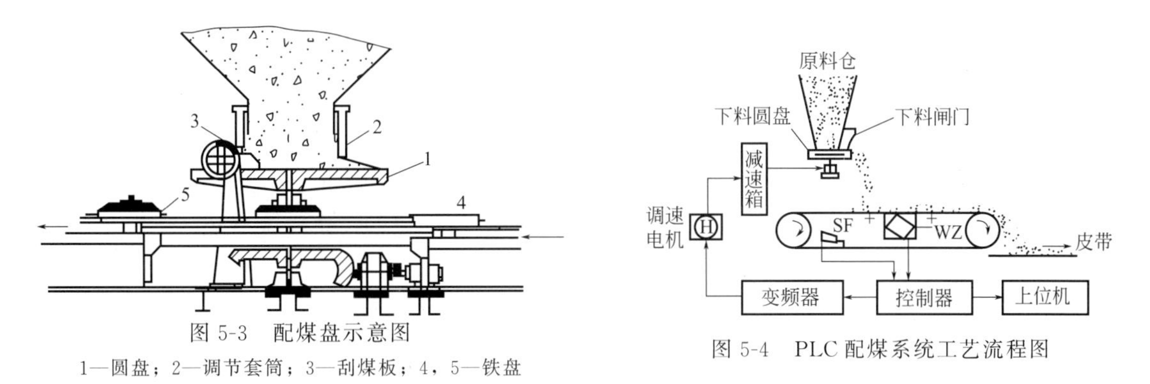

图5-3　配煤盘示意图

1—圆盘；2—调节套筒；3—刮煤板；4，5—铁盘

图5-4　PLC配煤系统工艺流程图

在生产过程中，称量皮带运动时，由给煤圆盘旋转装置使配煤槽中的煤落到皮带上。输送皮带由控制电机驱动，速度传感器（SF）给出频率和皮带速度成正比的电信号。输送皮带的下方装有核子秤（WZ），它输出与皮带上煤的质量成正比的电压信号。皮带配煤核子秤控制器接收SF的速度信号和WZ的质量信号，计算皮带上物料的瞬时流量和累计流量，并显示结果，同时与设定的流量值进行比较，通过控制器调节，输出电流控制信号，经功率放大，控制电机的转速，使配煤量稳定在设定值。各个配煤槽中的煤按一定的比例混合后送往下一道工序，配煤结束。

5.1.2.3 配煤专家系统

随着计算机与先进控制技术在各领域的广泛运用，人工智能和专家系统的应用使配煤技术进入新的阶段[17-20]。将专家系统的经验和知识用于炼焦配煤，利用计算机科学和企业优秀配煤专家所积累的经验和知识，建立适合自己特点的焦炭质量预测模型、生产管理和质量控制系统模型，帮助管理人员顺利选择煤源，保证和稳定不同要求的焦炭品质，并寻求配煤最优化方案。

按照目前国内企业或公司的体制，炼焦生产的框架结构如图 5-5 所示。结构设置的功能包括信息管理、数据模型、配比生成三大模块。

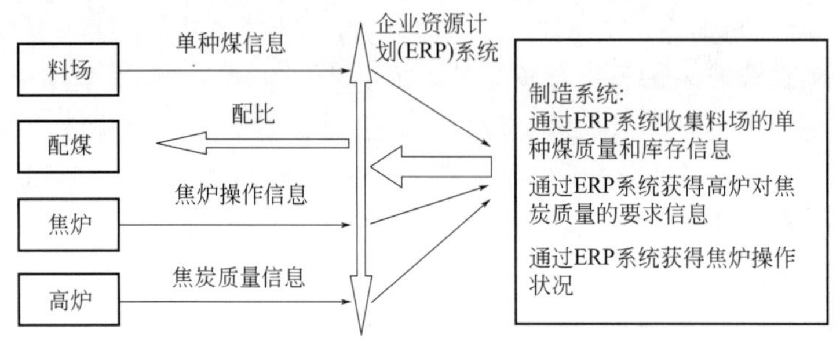

图 5-5 配煤专家系统基本结构

该系统具有以下功能：

① 建立煤资源信息管理数据库，通过公司计算机网络系统，能够输入或查询来煤信息。包括来煤的地区、该地区煤资源情况、煤质参数、运距、运输方式、价格及单种煤炼焦质量评价参数等，并通过网络实现信息共享。

② 实现煤场信息化管理。根据来煤的途径、煤种、煤质参数等煤资源信息情况，确定来煤堆放的区域，并可以在线跟踪每一种煤的一段时间内来煤总量、堆放地点、存煤量等。并可以查询煤堆内的各种进煤参数（质量和数量、时间等），查询或列出煤堆综合质量信息（灰分，硫分，G 值平均值、最大值、最小值）。

③ 根据历史生产数据和单独采样分析，提供适用单种煤品质、稳定性、适用约束条件等所有单种煤信息，为合理控制配煤提供技术支撑。

④ 通过小焦炉实验，确立单种煤、配合煤及大高炉用焦炭质量之间的模型关系，在建立完善配煤专家经验的基础上，可由单种煤质量推测配合煤质量，再由配合煤质量预测得到焦炭质量。

⑤ 在满足此焦炭质量要求的前提下，结合配煤专家经验，能够给出最佳的配煤比方案，经过主管工程师确认后，下发到自动配煤系统，以实现配煤系统的最优化。

⑥ 根据最优配煤方案库和煤资源数据库结合给出适宜的配煤方案，并根据市场情况和煤场容量、各煤种库存量提出原料煤、炼焦用煤需求策略和相应的用煤采购计划（按旬）。

⑦ 根据炼焦生产实际，对配煤参数、炼焦主要生产数据以及焦炭质量等信息进行有效管理，实现数据库的各类功能。

⑧ 系统纳入到集团公司综合信息的管理网络，实现数据的随机查询、录入、报表自动生成与打印等。

⑨ 根据煤焦化生产的需求，可提供完整的“炼焦运行管理系统”（简称 CRM 系统）平台，以及特殊要求的数据管理系统，并可与集团公司网络系统并行运行，部分数据可以相互交换。

5.1.3 炼焦煤预处理技术

我国虽然煤炭资源储量丰富，但炼焦煤资源仅占煤炭资源储量的37%左右，强黏结性的肥煤、焦煤不足30%，优质、易选的炼焦煤更少，且集中分布在华北地区。这种资源分布、储量与需求不相适应的矛盾日益突出。为此，世界各国都在积极开展以炼焦煤预处理技术为主的新工艺研究与实践，以改善焦炭质量和降低对优质炼焦煤的依赖。

5.1.3.1 炼焦煤预处理技术特征

现有的煤预处理技术包括煤分级粉碎、配型煤炼焦、预热煤装炉、干燥煤装炉、煤调湿（即CMC工艺）及捣固炼焦等几种形式[4]，各种煤预处理技术的特征如下。

① 煤分级粉碎　是根据煤的岩相结焦特性粉碎到适宜的细度，最后进行混合，这种工艺技术避免了有些不需要细粉碎的煤的过细粉碎，也避免了有些要求细粉碎的煤得不到细粉碎而形成焦炭的裂纹中心，有利于提高焦炭质量和多配弱黏结性煤炼焦。

② 配型煤炼焦　是将一部分装炉煤料在装炉前配入黏结剂压制成型煤，然后与大部分散状煤料按比例配合后装炉炼焦。

③ 预热煤装炉　是将装炉煤在装炉前用气体热载体或固体热载体快速加热到热分解开始前温度（150～250℃），然后再装炉炼焦，该过程称预热煤炼焦。此技术可以增加气煤用量，提高焦炉生产能力，改善焦炭质量，降低热耗，是扩大炼焦煤源的重要方法，但装炉技术要求高、难度大、投资多。

④ 干燥煤装炉　是将装炉煤入炉前预先使水分降到6%以下，然后装炉炼焦。有稳定焦炉操作、提高焦炭产量、改善焦炭质量和降低炼焦耗热量等效果。

⑤ 煤调湿（CMC）　是"装炉煤水分控制工艺"的简称，它是一种炼焦用煤的预处理技术，即通过加热来降低并稳定、控制装炉煤的水分。它与煤干燥的区别在于，不追求最大限度地去除装炉煤的水分，而只把水分调整稳定在相对低的水平（一般为5%～6%），使之既可达到提高经济效益的目的，又不致因水分过低引起焦炉和回收系统操作困难。

⑥ 湿式捣固炼焦　是将配合煤在捣固箱内捣实成体积略小于炭化室的煤饼后，由托板从焦炉的侧面推入炭化室内高温干馏；煤料捣成煤饼后，一般堆密度可由顶装工艺散装煤的0.75t/m^3提高到0.95～1.15t/m^3，因而煤料颗粒间距缩小，接触致密，堆密度增大，有利于多配高挥发分煤或弱黏结性煤，并能够改善和提高焦炭质量；该技术工艺以煤料中的水分为黏结剂，因此对水分有严格要求，一般控制在8%～10%。

⑦ 预热捣固炼焦　是一种将煤预热与捣固炼焦相结合的工艺，该技术综合利用了增加煤料堆密度、改变煤料软化前的加热速度、添加抗裂化剂和补充黏结剂等提高焦炭质量的措施。试验表明该技术仅需配入10%～15%黏结性好的煤，在极限情况下，可以完全不用这样的优质炼焦煤，即可生产出优质的冶金焦，适用于弱黏结性煤和不黏结煤，一般当煤的坩埚膨胀序数小于2.5时，用此工艺效果较为显著，如果坩埚膨胀序数大于2.5，此工艺的优越性大大降低，甚至使焦炭质量下降；该技术工艺由于对煤料进行预热，煤中的水分减少，要求配入4%～5%石油系产品或煤焦油沥青等黏结剂，取代水的黏结能力。

⑧ 预热成型炼焦　日本在SCOPE21炼焦新工艺中，湿煤经流化床干燥器干燥后在气流床快速加热预热装置中预热到煤的热分解温度，约350～400℃，经筛分分离下来的细粉煤热压成型，粗粒煤在气流床继续加热至一定温度后，粗粒煤与型煤混合装炉，进行中温干馏

(焦饼中心温度为700～800℃)。显然，SCOPE21是把煤预热、压块型焦工艺和对现有焦炉的改进结合在一起的集成工艺。

典型煤预处理技术的综合比较见表5-1。

表5-1　典型煤预处理技术的综合比较表

项目	捣固炼焦	选择粉碎	煤干燥	煤预热	压块型煤
基本原理	增加堆密度，紧密煤粒间距	改善煤料粒度组成，提高均匀程度	增加堆密度	增加堆密度，快速加热	增加堆密度，紧密煤粒间距
质量改善 DI_{15}^{30}/%	2.5～3.0	0.3～0.5	0.5～1.0	1.0～2.0	1.0～1.5
增产幅度/%	25～30	不增产	10～15	35～40	不增产
对煤料性质的要求	对高挥发分弱黏结煤效果较好	对煤岩不均、筛分富集度高的煤较好	对多种煤均较适应	对高挥发分弱黏结煤效果较好	对低挥发分弱黏结煤效果好
技术关键问题	煤饼要捣结实，控制好配合煤的细度和水分	细颗粒煤筛分设备能力较差	干燥煤装炉及环境保护	预热煤装炉及环境保护	型块偏析问题
操作费用	较低	较低	低	最高	较高
基建投资	一般	较低	较低	较高	较高
操作条件	细度约90%，水分9%～11%	减少＞3mm及＜0.5mm煤粒	水分＜5%	预热200～250℃	配型块30%～40%

从表5-1中可以看出，捣固炼焦技术与这几种煤预处理技术相比，综合技术特点明显。在已经工业化的炼焦技术中，保持相同的焦炭质量，捣固炼焦所配高挥发分煤和弱黏结性煤较多，不同工艺中高挥发分煤与弱黏结性煤所占比例的顺序是：常规顶装炼焦＜型煤炼焦＜煤预热炼焦＜捣固炼焦＜预热捣固炼焦。在相同的配煤比的情况下，各种煤预处理技术生产的焦炭质量的顺序是：常规顶装＜分级粉碎＜煤干燥＜部分成型煤块＜捣固炼焦＜煤预热。

综合以上分析，特别是对高挥发分煤和弱黏结性煤储量多的区域，采用捣固或预热炼焦工艺更为有利。但各国企业有不同的选择，我国宝钢采用日本型煤工艺，已经生产二十多年。就捣固炼焦而言，目前德国大容积捣固焦炉也有三十多年的生产历史，我国焦化行业普遍采用湿式捣固炼焦技术。预热捣固炼焦技术虽然比湿式捣固炼焦技术优势大，但由于黏结剂的配入、煤的预热等工艺比较复杂以及对煤的坩埚膨胀序数有一定的要求，该技术工艺仅在德国菲尔斯特豪森炼焦厂有一套日处理煤量4000t规模的半工业化装置。煤预热与成型结合的SCOPE21炼焦工艺于1998年进行小型试验，2001年进行了50t/d规模的中试，取得了较好效果。煤调湿技术由于工艺简单、易于实施、节能和提高焦炭质量等特点，广泛受到焦化界的关注。

5.1.3.2　装炉煤捣固技术

相对于常规顶装焦炉，炼焦煤料经过捣固压实后，装炉煤堆密度显著提高，所得焦炭质量显著改善[21-27]。对于同样要求的焦炭质量而言，装炉煤捣固处理可以使用更多的高挥发分弱黏结性煤。因此，近年来装炉煤捣固技术备受推崇。

(1) *捣固原理*

捣固炼焦是利用专门的箱式捣固机械将粉煤捣固成为致密的煤饼，再由装煤车将煤饼自炭化室侧面装入进行高温炭化的工艺。常规顶装煤的堆密度约 0.7～0.75t/m^3，捣固煤料的堆积密度可达 0.95～1.15t/m^3。因而，捣固煤饼中煤颗粒间的间隙较散装煤缩小 28%～33%，由于在结焦过程中单位体积内煤料软化熔融形成的胶质体量增加，且胶质体很容易在不同性质的煤粒表面均匀分布浸润，煤粒间的间隙越小，填充间隙所需的胶质体液相产物的数量也相对减少，进而在成焦过程中煤粒之间形成较强的界面结合，从而提高焦炭质量。

捣固炼焦对炭化过程煤料黏结行为的影响如下：

① 配合煤料在入炉炼焦前压实，对弱黏结性、高挥发分煤的结焦性将产生好的影响。因为煤粒间的紧密接触使膨胀压力增大，或至少会产生所必需的最小膨胀压力，从而导致焦炭结构中弱黏结性组分和惰性组分强有力的结合。

② 在煤粒间的间隙减小的情况下，炼焦过程中产生的干馏气体不易析出，煤料的膨胀压力增大，从而增加煤粒的接触面积，有利于煤热解产物的自由基和不饱和化合物进行缩合反应。同时热解产物的气体中带自由基的原子团或热分解的中间产物便有更充分的时间相互作用，产生稳定的、分子量适度的物质，增加胶质体内不挥发的液相产物，结果使胶质体不仅数量增加，而且还变得稳定，这些都有利于改善煤料的黏结性。

③ 对于弱黏结性和惰性组分百分比含量高的配合煤，采用捣固工艺生产出的焦炭的机械强度有特别明显的提高。虽然，捣固炼焦的焦炭反应性无显著变化，但焦炭气孔结构改善，焦炭气孔壁变厚，可提高焦炭反应后强度。

(2) 捣固技术特点

与常规顶装（散装煤）工艺相比，捣固炼焦具有下述特点：

① 扩大炼焦用煤煤源　炼焦用煤最重要的特性是要求具有一定的黏结性，这样粉状煤料在加热时就能够软化、熔融，经过胶质状态，使煤粒彼此结合，固化成坚实的块状焦体。因此，炼焦煤中都需要配入一定量的强黏结性煤，以保证焦炭的质量。目前，我国强黏结性煤的资源有限，而捣固炼焦工艺可多用弱黏结性煤，少用强黏结性煤，通常情况下，普通工艺炼焦只能配入气煤 30%～35%左右，而捣固炼焦工艺可配入气煤 50%～55%左右。此外，捣固炼焦工艺煤料的黏结性可选范围宽，无论是采用低黏结性煤料，还是采用高黏结性煤料，经过合理的配煤，都可以生产出高质量的焦炭。

② 改善焦炭质量　在原料煤同一配比的前提下，利用捣固工艺所生产的焦炭无论从耐磨强度，还是抗碎强度，都比常规顶装焦炉的焦炭有很大程度的改善，不同的研究者和生产者所得结论基本一致，其机械强度 M_{40} 约提高 5.6%～7.6%，耐磨指标 M_{10} 约下降 2%～4%。

在室式焦炉的炼焦条件下，受煤料或配煤比不同的影响，随着煤料堆密度的增加，焦炭的结构强度、耐磨指数均有明显的改善，但对抗碎强度影响不尽相同。当堆密度增加时，受半焦收缩行为的影响，抗碎强度有的增加，有的减少。这是因为焦炭抗碎强度指标与许多因素有关，特别是加热制度。

③ 降低炼焦成本，提高经济效益　长期以来，受捣固机械的影响，人们认为捣固炼焦的一次性投入较大，考虑到焦炭产量的变化，在总投资方面，同样生产能力的捣固焦炉与顶装焦炉的投资大体相当。一方面，目前国内主流的 5.5m 捣固焦炉与同类型顶装焦炉比较，吨焦成本降低约 10%左右。另一方面，捣固炼焦差别比较明显的是煤料的成本费用。常规焦炉往往需要配用价格较高的优质强黏结煤以保证焦炭的质量。而捣固法炼焦配煤选择比较灵活，煤源广，可以用价廉的弱黏结性煤，使生产成本降低。另外，由于捣固法炼焦可增加煤料的堆密度，同样配比条件下可增加 30%左右，因此在相同炭化室条件下能够增加焦炭的产量。

（3）捣固炼焦工艺

从20世纪初开始，煤捣固技术在一些高挥发中等或弱黏结性煤储量丰富而焦煤缺乏的国家和地区（如德国、法国、波兰和中国）相继被采用。但由于捣固煤饼高度（煤饼高宽比）受限制，捣固机械作业效率低，加上装炉时炉门冒烟冒火、环境污染较严重等原因，煤捣固工艺没能得到大规模推广。至70年代中后期，联邦德国采用薄层连续给煤，并增加捣固锤数目和捣固冲击力等技术，在煤捣固工艺上取得了重大突破。

20世纪，我国捣固焦炉不足20座，且炭化室高度均在3.8m以下；21世纪初，我国开发了炭化室高度为4.3m和5.5m的捣固焦炉，并迅速推广应用，同时部分顶装焦炉改造成侧装捣固焦炉。由赛鼎工程有限公司设计的第一座5.5m捣固焦炉在云南曲靖投产，随后多套5.5m捣固焦炉陆续建成投产。2009年7月，由中冶焦耐（大连）工程技术有限公司（简称中冶焦耐）自主设计的炭化室高6.25mJND625-06大型捣固焦炉在河北唐山佳华投产；2019年4月，由中冶焦耐设计的炭化室高6.78mJNDX3-6.78-13大型捣固焦炉在山东新泰正大焦化建成投产。2021年11月，由山东省冶金设计院股份有限公司（简称山冶设计）和意大利PW公司联合设计的炭化室高6.25mSWDJ625节能环保型捣固焦炉在河南利源建成投产；山冶设计和PW公司联合设计的炭化室高6.73mSWDJ673节能环保型捣固焦炉在河北新兴能源投产。这些大型捣固焦炉的投产标志着我国的捣固炼焦技术已经达到国际领先水平。

为了使煤料能够捣固成型，煤料的水分要保持在9%～11%范围。当水分偏低时，需在制备过程中适当喷水。煤料的粉碎细度（<3mm粒级含量）要求达到90%以上。为了提高煤料的粉碎细度，往往需要进行两次粉碎。对挥发分较高的捣固煤料，一般需要配一定比例的瘦化剂，如焦粉、石油焦粉和无烟煤粉等，以延缓半焦收缩。瘦化剂经单独细磨处理后与原料煤配合。焦粉用作瘦化剂时，近期多数企业采用湿式磨粉取代干磨，这种情况下焦粉水分偏大，还要进行干燥处理。简化的捣固炼焦工艺流程见图5-6。

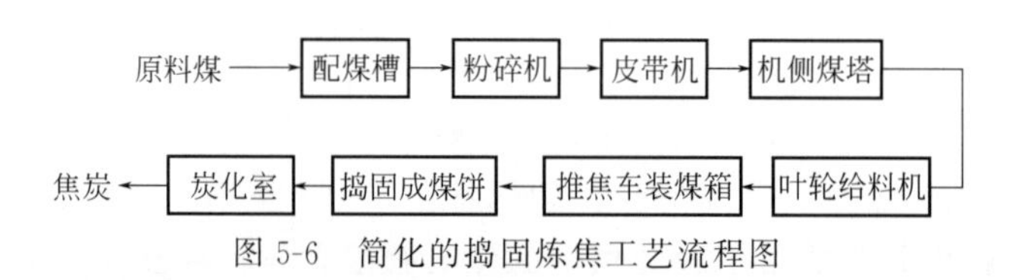

图5-6　简化的捣固炼焦工艺流程图

捣固炼焦由于装煤时间长，机侧炉门完全敞开，其烟尘气的逸散量约是顶装式焦炉的1.4倍，这些烟尘气中含有固体悬浮物（TSP）、苯可溶物（BSO）、苯并芘（B*a*P）等污染物质。长期以来，捣固炼焦生产中的环境污染没有得到很好控制，最早采用炉顶消烟除尘车，除尘后排放烟气中烟尘含量为150mg/m^3，随着环保政策的进一步严格，排放的烟气不能达到国家的排放标准。该除尘技术在整个装煤过程中，当煤饼进入炉内二分之一到三分之二时，烟尘和荒煤气量最大，这时除尘消烟效果受到影响，外排烟气中常要冒黑烟达1～2min，另外风机易腐蚀，特别是风机的叶轮，长期在高温与水气侵蚀下腐蚀严重，损坏率高。目前，国内多采用二合一干式地面除尘站，排放烟气中烟尘含量约为50mg/m^3。

捣固焦炉环境保护方案更加注重环境保护，多数通过对捣固式炼焦炉的集气管和导烟车位置的合理安排，配置机侧炉门装煤密闭装置、炉顶水封式除尘孔密封技术，将高压氨水喷射除尘技术移植于捣固焦炉上。机侧炉门密封装置由密封体支架、端面密封弹簧调整装置、弹性密封件及活动挡板装置等组成。焦炉装煤时，端面密封弹簧调整装置与炉柱及上部密封板密封。该端面密封弹簧装置与炉柱及上部密封板为弹性接触，且该端面密封弹簧调整装置可根据炉柱的变形情况进行调整，使其和炉柱紧密结合，从而达到密封效果。

(4) 捣固焦炉

鉴于捣固操作装煤操作的特殊要求，其工艺设备相对常规焦炉有些变化。

捣固焦炉最早于1882年德国首创，炉体结构与一般顶装煤没有原则区别，但为了适应捣固煤饼侧装，捣固焦炉炉体结构稍有变化。其结构特征：a. 由于捣固煤饼沿炭化室长向没有锥度，捣固焦炉的炭化室锥度较小，约0～20mm；b. 为了保持煤饼的稳定性，煤饼的高宽比要受到限制。过去捣固煤饼的高宽比控制不超过9∶1，近年来随着捣固技术的发展，捣固煤饼的高宽比已增到15∶1，因此捣固焦炉的炭化室已达到6m；c. 捣固焦炉的煤饼沿高向和长向的堆密度分布都比较均匀，因此捣固焦炉的加热制度要与此相适应；d. 捣固焦炉炭化室底以上第一层炉墙砖，因经常受送煤饼的托煤板的摩擦冲击，磨损特别严重，故这层砖应特别加厚；e. 捣固焦炉炉顶不设装煤孔，只设2～3个除沉积炭和供消烟车除尘用的孔。

表5-2为目前国内主流大容积捣固焦炉的技术指标。

表5-2　目前大容积捣固焦炉的技术指标

项目	JNDX3-6.25	SWDJ625	SWDJ673	JNDX3-6.78	JL6856D
炭化室全高/mm	6250	6250	6730	6780	6800
炭化室有效高/mm	6000	6000	6380	6450	6450
炭化室全长/mm	17220	19210	19210	18880	18900
炭化室有效长/mm	16400	18400	18400	18020	17750
炭化室平均宽/mm	530	500	560	560	575
机侧宽/mm	510	480	580	580	595
焦侧宽/mm	550	520	540	540	555
炭化室锥度/mm	40	40	40	40	40
煤饼宽度/mm	470	450	500	500	500
炭化室中心距/mm	1500	1500	1575	1650	1500
炭化室墙厚度/mm	100	90	90	100	100
立火道个数	34	36	36	36	36
结焦时间/h	24.5	23	27	26.5	26.5

在所设计的大容积捣固焦炉中，焦炉基本结构类似，具有双联火道、废气循环、下喷、复热式、自动化程度高等特点，可根据生产规模确定炉组和孔数。炭化室尺寸的选择有些变化，如炉门厚度从380mm到420mm，炭化室平均宽度从490mm到554mm。由此引起炭化室有效容积、煤饼高宽比和结焦时间上有些变化。

① 炭化室的锥度选择　对捣固炼焦来说，由于它的煤饼在机侧捣实后推送到炭化室内，既要减小煤饼与炭化室两侧间隙又要能顺利推焦，因此一般捣固焦炉仍有一定的锥度，但其锥度比顶装焦炉的要小一些。在捣固焦炉中，随着炭化室锥度的增大，焦炭质量下降，这是由炉墙和煤饼间的空隙造成的。实践表明，当捣固焦炉的炭化室锥度扩大25mm时，M_{10}指标上升1%；炭化室锥度从20mm扩大到70mm时，M_{10}指标上升2%。

② 炭化室高度的选择　已经设计生产的捣固焦炉的炭化室高度包括 3.2m、3.8m、4.3m、5.5m、6.25m、6.73m、6.78m、6.8m 等几种系列。捣固焦炉炭化室高度对煤饼稳定性（高宽比）、炭化室容积和生产能力等影响较大。由于炭化室宽度增加有限，随炭化室高度的增加，煤饼高宽比快速增加，煤饼稳定性下降，目前的高宽比可以达到 15∶1 左右。现代捣固焦炉与顶装焦炉炭化室容积与生产能力比较见表 5-3。

表 5-3　现代捣固焦炉与顶装焦炉炭化室容积与生产能力比较

炉型	型号	炭化室			每个炭化室有效装煤量/t	结焦时间/h	每孔炭化室年产量/(万吨/年)
		高/m	宽/mm	长/m			
顶装	JN60	6.0	450	15.98	28.88	19	1.0
	JNX3-70	6.98	530	18.640	47.75	23.8	1.32
	SWJ73	7.3	550	19.846	53.63	24.5	1.457
	SWJ76	7.6	550	21.024	59.99	24.5	1.63
	伍德 7.63	7.63	590	18.8	57.95	25.2	1.531
	JNX3-7.65	7.65	590	18.87	58.06	26.5	1.458
捣固	TJL5550D	5.5	490	16.09	36.22	22	1.01
	JNDX3-6.25	6.25	530	17.22	45.6	24.5	1.22
	SWDJ625	6.25	500	19.21	49.93	23	1.426
	SWDJ673	6.73	560	19.21	60.17	27	1.464
	JNDX3-6.78	6.78	560	18.88	57.08	25.5	1.47
	JL6856D	6.8	575	18.9	57.24	26.5	1.419

6m 高的捣固焦炉焦炭产量介于顶装焦炉炭化室高 7.0～7.6m 之间。而炭化室高度同样是 6m 时，则捣固焦炉的焦炭产量比顶装焦炉高 30%～40%。

5.1.3.3　装炉煤干燥与调湿技术

煤调湿技术是通过直接或间接加热来降低并稳定入炉煤的水分，与煤干燥的区别在于不追求最大限度地去除入炉煤的水分，而只把水分稳定在相对低的水平，既可达到增加效益的目的，又不因为水分过低而引起焦炉和回收系统操作的困难，还可增大入炉煤密度、增加焦炭及化工产品的产量、减少焦炉加热用煤气量、提高焦炭质量和稳定焦炉操作[26,27]。

我国冶金系统主要焦化厂装炉煤年平均含水在 11%左右。如果焦炉装炉煤含水以 10%计，以目前的产能计算，则就有 2600 万吨/年水进入焦炉。这些水在焦炉中汽化要耗费大量热能，约 9.94×10^{13}kJ/a，相当于 341 万吨/年标准煤。如果采用装炉煤调湿或其他干燥装置，不仅降低炼焦耗热量，节省能源和减少废水量，而且有利于提高焦炉产量和焦炭质量。

该技术最早在日本的钢铁企业应用较多，20 世纪末期重钢焦化使用煤调湿工艺，随后山东济钢、辽宁本溪、安徽马钢、上海宝钢等陆续依据不同的加热介质，对工艺进行了改进。但由于装炉煤粉尘控制、焦油质量、粉煤的安全性等问题，该工艺受到限制。

(1) 工艺原理

煤干燥是将装炉煤预先干燥，使水分降低到6%以下然后装炉的一种炼焦煤准备的特殊技术措施。有稳定焦炉操作、提高焦炭机械强度和降低炼焦耗热量等功效。煤轻度干燥工艺，称为煤调湿技术。此项技术使装炉煤水分稳定在5%～6%。煤调湿和煤干燥虽然结果是一致的，但意义有所不同。煤干燥没有明确的目标值，干燥的结果随装炉煤的原始含水量、干燥热强度而变，没有严格的水分控制目标。而煤调湿的目的在于把装炉煤干燥到选定的目标值，有严格的水分控制措施，保证焦炉在含水稳定的状态下运行。

煤干燥与煤调湿技术虽在煤料水分控制上有所不同，但基本原理均是利用外加热能将炼焦煤料在入炉前进行干燥、脱水或对入炉煤的水分进行调节，以降低入炉煤的水分、控制炼焦耗热量、改善焦炉操作、提高焦炭质量或扩大弱黏结性煤用量。

煤经过干燥或调湿后，装炉煤水分降低而且稳定。由于焦炉在正常操作下的单位时间内供热量是稳定的，一定量的煤的结焦热是一定的，所以装炉煤水分稳定有利于焦炉操作稳定，避免焦炭不熟或过火；装炉煤水分降低，使炭化室中心的煤料和焦饼中心温度在100℃左右的停留时间缩短，从而可以缩短结焦时间、提高加热速率、减少炼焦耗热量。另外，当装炉煤水分降低到6%以下时，煤颗粒表面张力降低，装炉煤堆密度增大。

(2) 装炉煤水分控制方法

煤干燥和调湿技术（简称CMC）所用热源较多，通常采用蒸汽、外加热介质（导热油、热管、高温惰性气体等）以及焦炉烟道气等。利用焦化厂的生产余热，例如以上升管汽化冷却装置产生的蒸汽为主要热源，以烟道废气的显热为辅助热源，在装炉前将炼焦煤水分含量由10%左右干燥至6%。近年来，随着干熄焦系统的广泛采用，直接使用干熄焦发电后背压蒸汽加热也是较好的选择。煤调湿技术成熟可靠，工艺过程简单，操作方便、运行安全、投资省、节能效果好。该装置在本钢一铁焦化厂、沈阳煤气二厂等已成功运行十多年。

在煤料的基本性质与性状及干燥设备条件基本稳定的前提下，影响入炉煤水分含量的因素有：煤料的最初和最终含水量、干燥装置处理煤料能力与物料层厚薄、煤料本身温度高低、干燥介质（热空气）的温度高低、干燥装置中干燥介质的流速等。因此，要控制入炉煤的水分含量，不仅要加强煤干燥装置的运行管理，提高干燥设备的生产率，而且要做好对煤场的管理工作，尽量降低煤料的最初含水量。

(3) 煤干燥工艺与装备

煤干燥工艺是炼焦煤准备工艺流程的一个组成部分，包括煤干燥器、除尘装置和输送装置。有两种组合形式：一种是煤干燥装置设置在炼焦煤配合和粉碎之后，即对配合煤进行干燥处理；另一种是设置在配合和粉碎之前，即对单种煤进行干燥处理。由于干燥煤在配合与粉碎过程中有大量粉尘逸散，所以通常采用前一种组合。其主要装备为煤干燥器，常用的煤干燥器有转筒干燥器、直立管气流式干燥器和流化床干燥器等。

① 转筒干燥器　转筒干燥器由倾斜安装的水平长圆筒、传动转动机构、支承辊托及进出料箱等部分组成。转筒内设有扬料板，湿煤从进料箱加入转筒的一端，用螺旋叶片推送入转筒内。热气体由转筒的同一端或另一端送入。这类转筒式干燥器具有调节简便、水分波动小、操作可靠、动力消耗少等特点；但生产能力低，容积蒸发强度一般仅35～40kg/(m^3·h)，设备笨重，占地面积大，用钢材较多等。

② 直立管气流式干燥器　直立管气流式干燥器（图5-7）是由原料漏斗、给煤机、燃烧室、干燥器、旋风集尘器、干煤运输机、抽风机和湿式集尘器等设备所组成。湿煤由原料漏

斗经给煤装置直接送入直立管的下部，在燃烧室中燃烧后热气体经风机送往直立管，在管中上升的热气流不仅使煤粒受热，同时由于具有一定的流动速度（20～35m/s）而将煤粒带走。少量未被带走的大块煤粒，可由干燥器的下部阀门排出，用运输机运走。进入干燥管的热空气初温是600～700℃，由抽风机排出时降到80～120℃。煤在干燥管中加热到100℃左右。这种煤干燥器属于流态化设备，其特点是生产能力大，结构简单，占地面积小。缺点是操作和粒度控制较严，动力消耗大，设备易磨损等。同时，直立管中上升的气流速度不应比煤粒下落极限速度大太多，否则将会引起过多的能量消耗及管径的加大。

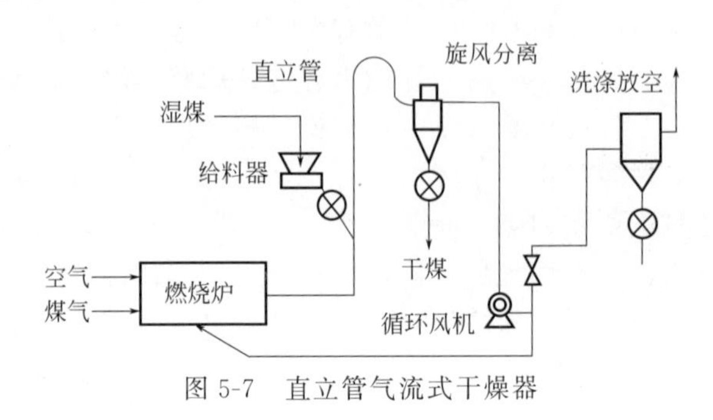

图 5-7　直立管气流式干燥器

③ 流化床干燥器。流化床干燥器又称沸腾床干燥器。湿煤从加料器进入流化床内，来自燃烧炉的热气流从流化床底部送入，在流化床内，经过气体分布板的热气体向上流动，热气体的流速大于流化速度而小于扬出速度；湿煤颗粒被分散在热气流中呈流动状态，类似沸腾状态；湿煤颗粒所含水分不断蒸发析出，最后从流化床出口溢出。这种干燥器的效率高、生产能力大，适用于粉碎后湿煤的干燥处理。

直立管气流式干燥器、流化床干燥器与转筒干燥器相比，容积蒸发强度高，可达700～900kg/(m^3·h)，生产能力大，干燥效率高。

为了合理利用焦化生产过程的余热作为煤干燥的热源，国内外均发展了用干熄焦回收的红焦热量，或用上升管粗煤气和焦炉烟道气的余热作为热源，进行煤的轻度干燥。与干熄焦联合的煤干燥系统系采用背压蒸汽作为热源；利用上升管粗煤气和烟道废气热量预热干燥煤则为以联苯为主成分的高热稳定性有机物作为传热介质，这种有机热载体通过间接式换热器，从粗煤气和烟道废气回收热量，并在回转式干燥器中通过间接加热将煤干燥。

（4） 工艺应用

由于煤干燥技术相对比较简单，因而一些小型焦化企业也能广泛采用，尤其是雨水较多地区的企业。由于入炉煤水分的降低及其均衡性提高，使得焦炉生产显示出较好的效益。

① 增加了焦炭产量，提高了焦炭质量　入炉煤水分降低，不仅使焦炉装煤顺利，而且提高了焦炭产量和焦炭质量。广东绍钢生产实践表明，水分降低时的装煤量增加，焦炭产量增加约2%；由于加热速率提高，焦炭质量改善，M_{40}提高约0.83%，M_{10}降低约1.6%。

② 提高了化学产品产量及炼焦煤气量　由于改善焦炭质量，在稳定焦炭质量的前提下，配煤中可适当扩大配煤中高挥发分弱黏结煤的配量。因而可以使化学产品的产率有所提高，炼焦煤气量有所增加。

③ 延长了焦炉寿命　入炉煤水分对高温炉墙的热冲击影响较大，装煤初期大量的湿煤与高温炉墙接触，炉墙温度降低300℃左右。当入炉煤水分降低且均匀稳定时，炭化室炉墙受到激冷的热冲击程度大大降低，由此可延长焦炉使用寿命。

(5) 煤干燥典型工艺

① 重钢焦化CMC工艺 我国重钢焦化厂采用循环热媒油为热源调湿入炉煤，首先通过烟道换热器回收烟道气余热，然后通过上升管换热器回收荒煤气显热，最后通过多管回转式干燥器间接加热，将装炉煤水分由11%降到6%左右。若原料煤水分过高，可启动热媒油加热炉升高入煤干燥器的热媒油温度，确保煤干燥所需要的热量。

② 柳钢焦化CMC工艺 柳钢焦化基于地处南方，气候潮湿，年均配煤含水11%左右的特点，设计了利用焦炉烟气低温余热并辅助高炉煤气燃烧的配合煤调湿方案。该调湿方案充分利用了焦炉烟气余热，具有流程简单、投资较少、调湿能力强、运行方便、热效率高等特点。干燥系统采用直立管气流式煤调湿系统，原料煤在直立管内与热气体换热，干燥煤经两级旋风分离进入干煤槽，废气经过洗涤后放空。

③ 莱钢焦化CMC工艺 山冶设计自主研发的SDM-HB2型集调湿和粉碎于一体的新型煤调湿工艺。该工艺直接将配合煤和热风一起送入粉碎机，在粉碎过程中，煤与热风快速换热，将煤水分调节至目标值，调湿用的热风主要来自焦炉烟道废气。曾在莱钢焦化2×60孔6m焦炉运行，各项指标达到目标要求，煤调湿处理能力为250t/h。

④ 日本室兰CMC工艺 日本北海制铁（株）室兰厂开发煤处理能力120t/h的流化床CMC装置，该装置吸收了前期煤调湿运行的经验，将水分为10%～11%的煤料由湿煤料仓送往两个室组成的流化床干燥机，煤料在气体分布板上由1室移向2室，从分布板进入的热风直接与煤料接触，对煤料进行加热干燥，使煤料水分降至6.6%。干燥后的煤料温度为55～60℃，70%～90%的粗粒煤从干燥机排入螺旋输送机，剩下的10%～30%粉煤随70℃的干燥气体进入袋式除尘器，回收的粉煤排入螺旋输送机。粉煤和粗粒煤混合后经管道式皮带机输送至焦炉煤塔。

干燥用的热源是焦炉烟道废气，经抽风机抽吸进入干燥器，温度为180～230℃。干燥后的废气经袋式除尘器过滤后由抽风机抽送至烟囱外排。

另外，日本大分厂、中山钢厂利用焦炉余热为热源，福山钢厂、君津厂等利用干熄焦装置（CDQ）发电机的背压蒸汽作为热源，实现对入炉煤的干燥和调湿。

无论哪种煤调湿工艺，典型工艺的效果接近，表现为：

① 降低耗热量 采用CMC技术后，煤料含水量每降低1%，炼焦耗热量就降低62.0MJ/t（干煤）。当煤料水分从11%下降至6%时，炼焦耗热量相当于节省了11%。

② 提高生产能力 由于装炉煤水分的降低，使装炉煤堆密度提高，干馏时间缩短，因此，焦炉生产能力可以提高约11%。

③ 改善焦炭质量 DI_{15}^{150}可提高1～1.5个百分点，反应后强度CSR提高1～3个百分点；在保证焦炭质量不变的情况下，可多配弱黏结煤8%～10%。

④ 废水量减少 煤料水分的降低可减少1/3的剩余氨水量，相应减少剩余氨水蒸氨用蒸汽约1/3，同时也减轻了废水处理装置的生产负荷。

⑤ 减少CO_2排放 节能的社会效益是减少温室效应，平均每吨入炉煤可减少约35.8kg的CO_2排放量。干馏热量单耗约降低340MJ/t（煤）。综合节能量扣除干燥机加热蒸汽单耗后为180MJ/t（煤）。

⑥ 生产稳定 因煤料水分稳定在6%的水平上，使得煤料的堆密度和干馏速度稳定，这非常有益于改善焦炉的操作状态，有利于焦炉的降耗高产，也有利于延长焦炉寿命。

5.1.3.4 干燥洁净煤压块工艺

新日铁在CMC的基础上，开发出新的煤预处理技术，即干燥清洁的炼焦预压块工艺，也称DAPS（dry clean and agglomerated coal precondition system）工艺[28]。

这是一项有效的煤预处理工艺的最新成果，其目的是为了尽可能地降低煤的水分。经干燥的煤可以节能，但是干燥工艺会出现煤粉粉尘和烟气问题，日本的开发者将无用的粉尘部分变为有用。在DAPS工艺中，煤粉被分离、烧结再同大块煤一起混合。采用烧结工艺是为了减少粉尘、改善块状密度，从而有效地提高生产率。此外增强颗粒的结合可改善煤的质量，即能使用低质煤。DAPS工艺可以增加低质量、低价格煤的使用比例，配比从10%提高到40%。在该系统中，先将粉煤从干燥后的装炉煤中分离出来，再将其成型。DAPS工艺流程如图5-8所示。

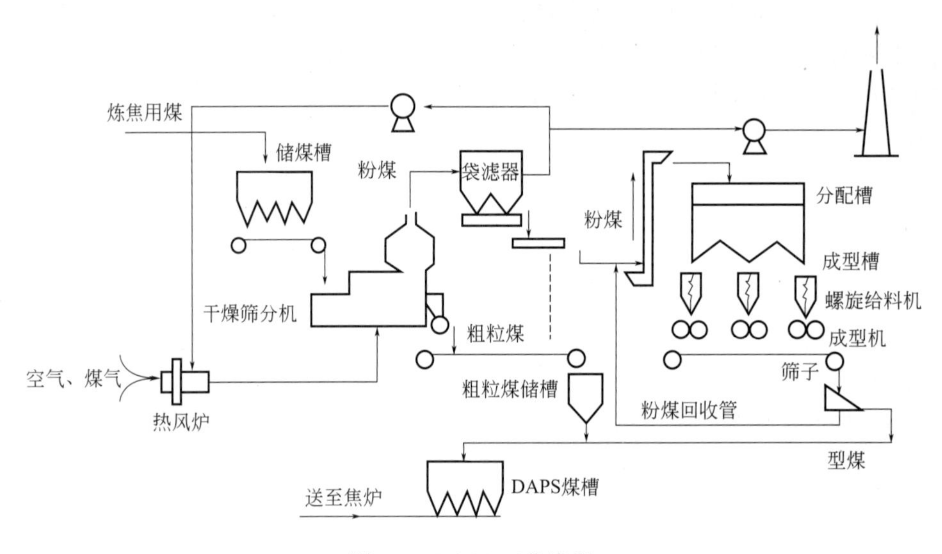

图5-8 DAPS工艺流程

该工业装置安装在大分厂的3号、4号焦炉上，于1992年7月全面投产，一直稳定运行至今。DAPS工艺比CMC工艺生产率提高，比传统的工艺提高21%，节约热能2.75亿J/t。在提高焦炉生产能力、改善焦炭质量、降低炼焦耗热量等方面都有更显著的效果。DAPS工艺的另一个优点是废气量减少，NO_x和SO_x量减少30%，CO_2量也减少，因而新工艺更加经济可靠。

（1）工艺流程

DAPS工艺采用流动床干燥器，在其后部设有筛分装置，可将煤分成粉煤和粗粒煤。筛分出的粉煤经集尘器捕集后送入辊压成型机成型，型煤与粗粒煤混合后送往焦炉炼焦。

选择流动床干燥器作为煤的干燥和筛分设备，内装新开发的筛分装置，可使煤在完成干燥的同时，在流动床内靠煤粒间的擦洗作用将黏附在大颗粒上的粉煤分离出来，单台处理能力为280t/h。根据对型煤的密度要求和选用的成型工艺，将最大成型压力和粉煤粒度分别选择为200MPa和0.3mm，因需在如此高的压力下成型，故选用了辊压成型法。

（2）工艺参数

① 煤水分与粉尘量的关系　煤水分含量越低，焦炉装煤时所产生的粉尘量就越多，这

是因为黏附有粉煤的粗粒煤形成的假颗粒会随表面水分的降低而破碎成单独颗粒，这种假颗粒煤的破碎一直进行到煤水分降至2%，这时，煤的表面水分几乎完全被脱除。由此可推断，当煤水分降低到2%时，可将其中的粉煤分离出来。

② 粉尘中粉煤的粒径　在干煤装炉时，搜集粉尘中的粉煤，并在显微镜下测其直径，结果表明，粉煤的粒径都＜100μm，据此可断定，直径＜100μm的粉煤的存在是产生粉尘的主要原因。

③ 粉煤成型的条件　为控制粉煤产生粉尘，进行了粉煤成型工艺的研究。采用辊压机对干燥状态下的粉煤进行成型，该辊压机是在较高的压力下将粉煤连续成型。型煤强度与煤颗粒之间存在一定的关系，当煤的粒径＞0.3mm时，型煤的强度急剧下降，这是因为煤的粒径大时，煤粒间的裂纹明显增大。在干煤装炉时，测定煤气夹带的粉煤粒径，结果发现煤气夹带的煤粒径都＜0.3mm。为此，根据试验结果和煤的粒径分布特性，将煤的分级点定为0.3mm。

④ 粉煤成型的黏结性　以装炉煤中＜3mm的粉煤为对象，研究了粉煤的膨胀系数与堆密度的关系，结果表明，粉煤的膨胀度随堆密度的增加而增加。由此可得出，粉煤成型不仅能抑制粉尘的产生，而且能改善粉煤的膨胀度，预计还可改善装炉煤的结焦性质。

(3) 应用效果

① 提高焦炉生产率　DAPS工艺与常规装炉煤相比，入炉煤堆密度约增加17%，因而单孔装煤量增加，另外，在同样的火道温度下，DAPS的结焦时间要比常规装炉煤缩短4%。综合装炉煤堆密度提高和结焦时间缩短两个因素，使用DAPS工艺煤的焦炉生产率要比常规装炉煤高21%。

DAPS工艺与CMC工艺相比，同样含水9%～10%的装炉煤经CMC以后水分降至5%～6%时，装炉煤的堆密度增加，由682kg/m^{3}增至729kg/m^3，提高了6.9%；炉温降低25～30℃或缩短结焦时间4%。两项效果可使焦炉生产能力提高11%左右。

② 改善焦炭质量　在同样的煤质条件下，分别将DAPS煤与常规装炉煤在生产焦炉中炼制的焦炭进行了对比。DAPS焦炭的强度要比常规焦炭高出3.2个百分点，反应后强度高5.6个百分点。DAPS焦炭质量改善的原因是装炉煤水分降低而使堆密度提高，同时由于粉煤成型后可使装炉煤的膨胀度得到明显改善。进一步的实验表明，测得的DAPS焦炭比常规焦炭15～120μm的气孔下降约35%，总气孔下降约0.06cm^3/g。DAPS焦炭和常规焦炭的结构分析数据表明DAPS焦炭的各向同性比常规焦炭低3.5%，故DAPS焦炭的反应性就低于常规焦炭的值。

③ 降低炼焦耗热量　DAPS系统与CMC系统相比，提高了生产率，在产量保持不变时，可使焦炉运转负荷降低。此外，因DAPS系统降低煤的水分比CMC系统的多，所以会减少焦炉的炼焦耗热量。估算DAPS系统由于减少了水分蒸发热，所以降低耗热量约为2×10^{8}J/t（煤），并因炼焦温度的降低，减少耗热量约为2×10^{8}J/t（煤）。因此，DAPS系统可降低耗热量4×10^{8}J/t（煤）。实际上DAPS系统干燥煤比CMC系统多消耗的热量为1.25×10^{8}J/t（煤）。所以，净节省的热能为2.75×10^{8}J/t（煤）。与常规工艺相比，DAPS系统约少消耗25%的炼焦耗热量。

④ 增加高挥发分弱黏结性煤的配用量　干燥后的煤流动性提高，使装炉煤的散密度增大从而有利于黏结，同时使炭化室内各部位的煤的散密度均匀化，从而使焦饼各部位的焦炭质量均匀化。与常规工艺相比，考虑稳定焦炭质量时，DAPS系统可多配高挥发分弱黏结性煤15%左右。法国阿贡当日焦化厂，把装炉煤水分干燥至1%～2%，焦炉可增产20%，在

保持相同焦炭质量条件下，将弱黏结性煤配量提高到 70%。我国首钢曾进行干燥煤炼焦的实践，当配合煤水分降至 3%时，保持焦炭强度不变，可多配 25%的大同弱黏煤。

⑤ 炼焦余热得以回收利用　焦炉烟道气带走的热量约占总热量的 17%～20%，这部分热量可以回收，上升管的热量也可以回收，同时可降低炉顶温度，改善操作环境。焦炉增产 5%～10%，同时减少了废水的处理量。同时，由于煤在炉外干燥消耗的热量比在焦炉炭化室内蒸出水分消耗的热量少。故干燥煤炼焦的综合热耗降低。据生产实践数据，每 1%水分在干燥装置内脱除的热耗量为 42kJ/kg，焦炉内的耗热量为 63kJ/kg。因此每降低 1%水分可节约的热耗约 20kJ/kg。此外装炉煤干燥可稳定入炉水分，便于炉温管理，使焦炉操作稳定，还因减轻炉墙温度波动而有利于炉体保护。

5.1.3.5　配型煤技术

配型煤炼焦新工艺是将一部分装炉煤在装入焦炉前配入黏结剂加压成型，然后与散状装炉煤按比例混合后装炉的一种炼焦煤准备的特殊技术措施[29-31]。该法始于 20 世纪 50 年代，当时联邦德国采用在煤塔下部将装炉煤无黏结剂冷压成型后，直接放入装煤车装炉炼焦，由于型煤强度低，装入炉内已大量破碎，效果不佳。20 世纪 60 年代初，日本采用加黏结剂冷压成型的型煤进行配型煤炼焦，取得了提高焦炭质量、扩大弱黏煤用量的明显效果。20 世纪 70 年代中期，日本首先完成工业化生产，主要有新日铁和住友配型煤两种工艺，到 20 世纪 70 年代末期，在日本采用配型煤工艺生产的焦炭已占焦炭总产量的 40%左右。20 世纪 80 年代，中国、韩国和苏联等国也开始采用这项技术，并在装备、工艺和黏结剂的选择等方面得到了发展。近年来，由于国外焦炭生产能力的萎缩，国内也只有宝钢采用配型煤工艺。

（1）基本原理

配型煤炼焦的实质是提高了装炉煤堆密度，由此能够改善焦炭质量或减少强黏结性煤配用量。其原因主要有以下几方面：

① 型煤内部煤粒接触紧密，在炼焦过程中促进了黏结组分和非黏结组分的结合，从而改善了煤的结焦性，由此可以提高焦炭质量。

② 型煤与粉煤混合炼焦时，在软化熔融阶段，型煤本身体积膨胀较大，自身产生较大的膨胀压力，另外产生大量的气体压缩周围散煤，总膨胀压力较散状煤料显著提高，使煤粒间的接触更加紧密，易形成结构坚实的焦炭。

③ 配有型煤的装炉煤中，由于型煤致密，其导热性比粉煤好，故升温速率快，较早达到开始软化温度，且处于软化熔融的时间长，从而有助于与型煤中的未软化颗粒以及周围粉煤的相互作用，当型煤中的熔融成分流到粉煤间隙中时，可增强粉煤粒间的表面结合，并延长粉煤的塑性温度区间。

④ 配型煤的炼焦煤料，堆密度高，炼焦过程中半焦收缩小，因而焦炭裂纹少。

⑤ 装炉煤成型时添加了一定量的黏结剂，对炼焦煤料有一定程度的改质作用，改善了黏结性能，提高了焦炭的强度指标，改善了焦炭的光学组织。

（2）工艺流程

目前，工业生产上广泛应用的成型煤工艺主要有新日铁成型煤炼焦和住友配型煤两种流程。

来自配煤系统的粉碎煤料，取其中的 30%送入成型工段的原料槽，煤自槽下定量放出，在混煤机中与喷入的黏结剂（用量为型煤量的 6%～7%）充分混合后，进入混捏机。煤在混捏机中被喷入的蒸汽加热至100℃左右，经充分混捏后，进入双辊成型机压制成型。热型煤在网式输送机上冷却后送到成品槽，再转送到储煤塔内单独储存。焦炉装煤时，在塔下与粉煤按比例配合装炉。

国内宝钢Ⅰ期工程引进了新日铁配型煤炼焦工艺，Ⅲ期工程又引进了新日铁配型煤炼焦工艺。Ⅲ期与Ⅰ期型煤装置在工艺上稍有区别。宝钢Ⅲ期型煤装置工艺流程如图5-9所示。

① 备煤系统粉碎、混均后的配合煤全部储存到缓冲煤仓内，设计成四个储槽，其中两个储存成型用的煤料，另外两个存放配合煤散煤，装煤时散煤与成型后的型煤同步输送到加煤车。

② 由一台卧式混捏机代替原混煤机和立式混捏机两台设备。

③ 取消了成型后型煤的网式输送机冷却系统，对辊成型机压出的型煤在皮带机上与散煤配合经几次转运后直接输送至煤塔。

④ 型煤不设置成品储仓，煤塔处无型煤配入系统。

从宝钢Ⅲ期型煤装置实际运行效果看，到达煤塔顶部的型煤温度明显降低，型煤强度优于Ⅰ期型煤，破碎率也较Ⅰ期型煤低。由于工艺流程简化，Ⅲ期型煤装置占地面积和建设投资明显减少，电、蒸汽等动力消耗显著降低。

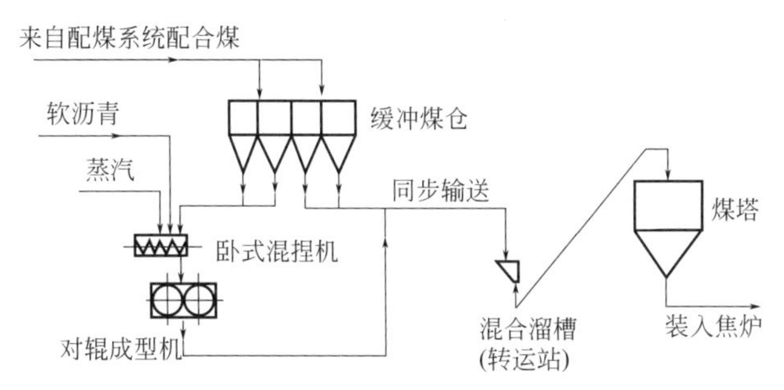

图5-9 宝钢Ⅲ期型煤装置工艺流程图

(3) 型煤的影响因素

在实际生产型煤的过程中，型煤的原料和操作条件对型煤质量以及型煤炼焦的影响比较复杂，最终效果往往是综合作用的结果，但与下列因素有关。

① 原料煤料性质　型煤炼焦效果受原料煤性质影响最大，满足高炉生产的常规配合煤若采用部分成型炼焦时，由于常规配煤的黏结性较强，配型煤炼焦过程中黏结性过强，半焦收缩应力较大，使焦炭龟裂增多，反而降低焦炭强度。例如，日本以各种配煤组成在型煤配比均为20%的条件下，试验配型煤效果表明，当采用常规炼焦所得焦炭强度DI_{15}^{30}超过94%时，配型煤炼焦对焦炭质量的改善效果即消失。试验研究表明，煤料煤化度指标（R_{max}）与煤的黏结性指标对成型煤存在适宜的范围，随膨胀度/反射率的降低，配型煤炼焦与常规炼焦相比，焦炭强度的增值ΔDI_{15}^{150}提高。即高煤化度和低黏结性的煤，配型煤效果好；偏低煤化度的强黏结煤配型煤炼焦时，配型煤效果差甚至呈负效果。

② 型煤配入量　虽然型煤具有较高的密度，但型煤配入量影响整体入炉煤的堆密度，当型煤配入量超过50%时，由于型煤之间的空隙已被粉煤充分填满，进一步提高型煤配比，粉煤不足以填满型煤间空隙，装炉煤堆密度反而降低。因此，国内外的成型煤工艺中，型煤配比均低于50%。考虑到型煤配入量增加时，型煤的设备投资和生产成本的提高，将不足以抵消优质炼焦煤节省的经济效益，同时考虑到型煤配比超过40%时会引起对炉墙膨胀压力的急剧提高，影响焦炉寿命。故一般型煤配比以不超过30%为宜，当煤质较好时，可将

型煤配入量降至15%～20%。

③ 水分含量　水分含量对型煤质量的影响错综复杂，原料煤水分含量过高和过低，均有其不利的影响。水分过高，成型时煤料含量减少，型煤的紧密度差，直接影响它的视密度和压块强度。另外，焦油沥青一类黏结剂是疏水性物质。水分过高对黏结剂的黏合性能不利。水分过低，则影响压球时脱模，降低型煤的成品率。国内成型煤水分一般控制在10%左右，新日铁成型煤要求原料煤的水分控制在14%以下。

④ 粉碎粒度　原料煤粉碎粒度过粗和过细，也对成型产生不良影响。粒度过粗，型煤容易出现裂纹，影响压块强度。粒度过细，不仅混合困难，而且必须增大黏结剂的使用量，否则，黏结剂不能完全在煤粒表面形成薄膜，也会降低型煤的压块强度。同时，粒度过细，对改善操作环境也是不利的。一般成型原料煤的粉碎粒度以<3mm级占80%～85%为宜，对于硬度大的煤种，应采取预破碎，防止出现大颗粒。

⑤ 黏结剂　成型煤使用的黏结剂种类及配入数量直接影响型煤质量。早期使用的黏结剂主要来自煤焦化的沥青和焦油等产品。因与煤料具有较好的胶结亲和作用，对提高型煤的强度和密度极为有利。但由于焦油沥青的来源有限，价格较贵，黏结剂的添加量一般为6%～7%。也有一些配型煤工艺，采用改质石油沥青作黏结剂。

型煤用黏结剂的配入量直接影响型煤强度和成品率，进而影响焦炭强度。宝钢生产经验表明，使用软沥青作为黏结剂时，增加软沥青配量，可提高型煤质量并改善焦炭质量，但软沥青配量从4.5%增加到5.5%和从5.5%增加到6.5%时，型煤质量的提高幅度和焦炭质量改善的幅度有所差异。一般软沥青的配量宜在5.5%～6.5%之间。由于型煤生产过程中，水、电、汽和黏结剂等的消耗以黏结剂费用最高，故黏结剂的合理配量还应考虑型煤的生产成本。

⑥ 成型操作参数　成型机的成型温度、压力和时间是影响成型的重要因素。为使黏结剂充分而均匀地熔融扩散，在煤粒表面形成薄膜，混捏操作时的加热温度和混捏时间至关重要。加热温度必须高于黏结剂的熔融温度，以提高其流动性。但是，加热温度过高，势必要增加蒸汽的使用量，对降低生产成本不利。加热温度过低，不仅影响型煤质量，而且会使混捏机负荷增大，甚至造成设备损坏。以软沥青作黏结剂时的混捏温度，一般控制在约100℃。混捏时间是指在特定的蒸汽温度、压力、使用量以及吹入方式等条件下，煤料在混捏机内从常温加热到黏结剂的熔融状态，并进一步加热，混捏均匀。

成型辊速与型煤的加压时间密切相关，而加压时间又影响型煤质量。辊速越快，加压时间越短，型煤的压块强度越低，紧密性越差，成品率越低。但是，过分的降低辊速，成型机的生产能力下降，也不利于成型设备发挥作用。因此，一般成型机的压辊转速以控制在0.5～0.8m/s范围较合适。

成型反压力与压辊的啮合角及煤料啮合量有关。反压力以线压力（tf/cm）表示，即成型反压力与有效辊长之比。压力过高，煤粒碎裂并容易形成半球，成品率降低。压力过低，型煤的紧密性差，压块强度和视密度下降，均影响型煤质量。宝钢成型机操作时，成型线压力一般在0.7～0.8tf/cm范围内。当然，对成型反压力还要根据辊径、辊速以及球碗形状、大小来进行调节，在特定的条件下，找出合适的成型反压力。

(4) *发展配型煤技术的关键问题*

目前，人们对成型煤技术应用的关注点在替代无烟块煤的型煤产品和替代冶金焦的型焦产品两个方面。尤其是型焦不仅在国内，而且在国际上也有相当容量的市场。对于冶金用户而言，型焦产品能否适应大容积、高喷煤比高炉生产的需要仍需要实践检验，炼焦配型煤存在综合成本增加、工艺流程也较复杂等问题。因此，国内焦化业应用型煤技术的积极性受到限制。但对扩大炼焦煤资源、提高焦炭质量以及综合利用焦化废渣等有重要意义。

① 积极研发大型混捏成型设备　煤料与黏结剂充分混捏是保证最有效利用黏结剂和提高成型煤强度的重要环节，混捏机是实现充分混捏的关键设备。目前应用效果较好的为立式混捏机，它是一个带过热蒸汽喷入孔眼的圆筒，中心立轴是一个空心轴，其内可以通入过热蒸汽并经轴径向桨叶上的蒸汽喷口喷到混捏料中，由于蒸汽喷口设在桨叶的不同方向上，因此经桨叶和圆筒壁喷入的蒸汽既能保持混捏料必要的温度和水分，又能起搅拌作用。

成型操作的核心设备成型机（压球机，图 5-10），一般使用对辊式压球机，这种成型机生产能力大，结构紧凑，压制的型球均匀，但受压时间短，成型压力为 20～50MPa，这对有黏结剂的冷压型煤是足够的。对于热压成型，由于压力很快消失，煤球容易产生弹力变形，体积增大，煤球脱出时易破裂。现生产中采用碗型设计，碗型为方枕型，球碗加工面精度较高，光滑无折线。为了保证成型机的台时产量和成球质量，在日常操作中必须掌握以下两个原则。a. 成型机受料槽的料位：为能使原料供给在成型辊宽度方向上均匀，成型机受料槽的料位以低料位以上作为运转目标值。b. 成型机辊的辊速：为保证成型煤质量，成型机辊的辊速在 0.6～0.8m/s 内运行。成型所需其他设备，如混煤机、均匀布料装置、给料调节装置、黏结剂添加装置、网式冷却输送机等也都对生产操作产生一定的影响，系统优化设计高效、稳定、大型成型装备是提高成型煤应用的重要环节。

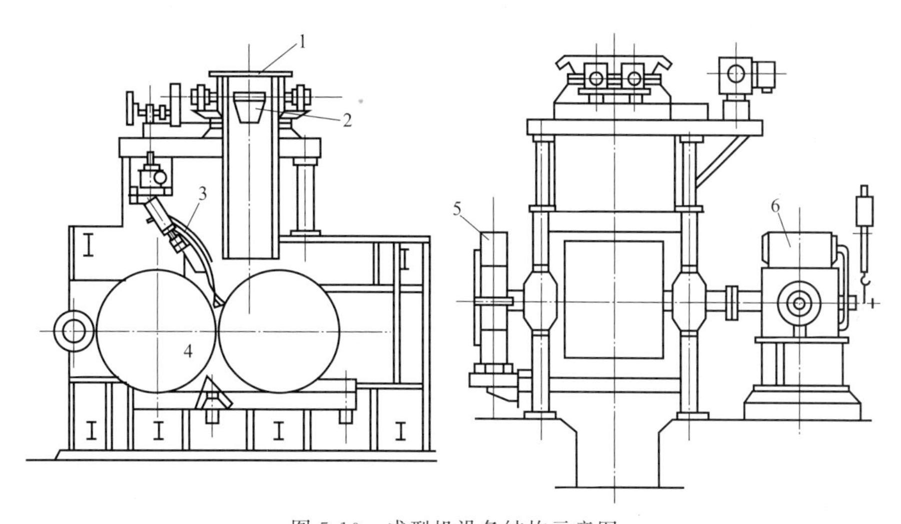

图 5-10　成型机设备结构示意图

1—料槽；2—均匀布料装置；3—给料调节装置；4—成型辊；5—定时齿轮；6—驱动装置

② 积极扩展价廉易得的成型煤黏结　获得来源广泛、价格低廉、效果较好的黏结剂是型煤技术发展的关键问题之一。煤焦油获得的软沥青作为配型煤的基本黏结剂，其价格较高，在炼焦过程中 50%转为焦炭材料，故周转损失多；且软沥青可广泛用于生产沥青焦或针状焦及其他新型碳材料，是一种宝贵的资源。因此寻找价廉、来源广、效果好的黏结剂替代软沥青，是配型煤炼焦技术发展的一个关键。日本住友金属和吴羽化学公司联合开发的 ASP 黏结剂，是将石油减压渣油经蒸汽减压裂解处理得到的石油改质黏结剂，也称尤里卡沥青，其软化点在 140℃以上，可以固体状粉碎后与非黏结煤、配合煤一起在喷入定量焦油的条件下混合、混捏后成型，日本住友工艺即采用此黏结剂。由于 ASP 黏结剂软化点高，生产 ASP 黏结剂装置的能耗大，故成本高，其推广有一定限度。苏联在发展配型煤炼焦方

面，除个别厂采用软沥青作黏结剂外，主要采用石油类渣油和焦化厂的焦油类废渣。但由于石油资源的短缺使得石油渣油的供应不足，特别是随着石油重油加工技术的发展，各炼油厂所剩渣油无几，因而，型煤黏结剂必须着眼于焦化企业自身的焦油类废渣。安徽工业大学曾以宝钢生产配煤研究了焦油渣或焦油渣和活性污泥各半混合部分取代软沥青试验，也取得较好的结果。

③ 不断完善成型煤工艺流程　相对于其他炼焦煤预处理技术，成型煤工艺流程较长，投资和操作成本较大，尤其是沥青和蒸汽的消耗导致经济上没有优势可言。积极开发新的成型煤流程，降低工序消耗和提高型煤成品率是今后发展的方向，尤其要重视与新的型焦技术的结合。从炼焦配煤、成型炭化和焦炭后处理方面，不断完善和开发新的生产工艺。

5.1.3.6 炼焦煤与非煤的共炭化技术

由于世界范围内强黏结性炼焦煤供应不足，不得不采用高挥发分、低变质程度煤或者低挥发分、高变质程度煤用于配煤生产冶金焦。这种在炼焦煤中加入焦油沥青、石油沥青以替代部分强黏结煤或者加入焦粉、石油焦以作为补强剂的炼焦技术又称作共炭化技术。配煤中加入非煤黏结剂或补强剂共炭化后，生成焦炭的光学组织得以改进，因此也称为煤改质[31-36]。

(1) 添加黏结剂炼焦机理

根据煤岩学观点，配合煤中起黏结作用的活性组分与起骨架作用的惰性组分的比例恰当时，才能得到最好的焦炭。因此，当配煤中黏结组分不足时，配加具有黏结性作用的沥青类物质，可以提高配合煤的流动度，改善煤料的黏结性和焦炭的显微结构，提高焦炭冷热强度，降低焦炭反应性。

炼焦配煤添加的黏结剂或人造黏结煤，为区别于冷压型煤的黏结剂，一般称煤改质黏结剂。这类改质黏结剂基本上属于石油、煤系列的沥青类物质，与煤共炭化作用时，对煤有较好的改质性能，其原理和作用包括以下三个方面。

① 溶剂化作用　沥青类黏结剂由于具有芳香族的结构特性，其结构与煤分子结构相近，因此对煤具有较强的溶剂化作用。在超过其软化点温度时，其本身成为液态，对煤分子裂解产物、煤中小分子等具有溶解作用，相对增加胶质体液相数量，提高软化煤的流动度，也有利于中间相形成阶段分子重排，促进了中间相转化过程，改善中间相的结构。

② 黏结作用　黏结剂与煤共炭化时，具有较好的热稳定性，即在塑性阶段，黏结剂能够与煤作用形成大量稳定的液相，从而改善颗粒间的接触，提高黏结性。因此改质黏结剂应有适当的分子量、C/H 原子比和适宜的族组成。习惯上把黏结剂的苯可溶物（BS）含量作为衡量黏结剂黏结性能的重要标志。试验表明，随 BS 含量增加，配合煤流动度增加，焦炭的强度提高；当 BS 含量较高时，若超过流动度支配范围，则由于轻质 BS 含量增加，黏结剂在炭化过程中的残留率减小，反使焦炭强度降低。

③ 供氢作用　具有供氢能力的黏结剂可以去掉煤热解过程中活泼的含氧官能团，使产生的自由基被氢饱和，防止由于碳网间发生交联而降低系统的流动性，从而可以促中间相的发展。适当数量的环烷结构，在热解过程中可以产生游离氢，提高黏结剂的供氢能力。

(2) 改质黏结剂种类

配煤黏结剂按沥青原料来源不同可分为石油系、煤系和煤-石油混合系三大类，典型黏结剂的类型与性质见表 5-4。

表 5-4 典型改质黏结剂的类型与性质

分类	原料	处理方法	黏结剂	软化点/℃	BI/%	QI/%
煤系	煤焦油沥青 非黏结性煤	热处理 溶剂萃取(SRC)	CT SRC	— 210～360	55.5 —	3.2 —
石油系	石油渣油 石油渣油 石油渣油	丙烷脱沥青 减压热裂解 真空裂解	PDA ASP/KRP AC	70 1770 170～240	— 50.7 45～80	— — 25～56
煤-石油混合系	煤-石油渣油 煤-石油渣油	溶剂萃取 分解处理	SP CP	—	60～75	10～44

注：BI为苯不溶物；QI为喹啉不溶物。

石油系黏结剂与煤系黏结剂比较，其外表特征、元素组成以及化学结构等方面都有明显的差别。煤焦油沥青密度稍大于石油沥青，性脆且具有刺激性气味；从各自的元素组成来看，煤焦油沥青比石油沥青的含碳量高，而比石油沥青的氢含量少，C/H原子比大。因此，煤焦油沥青含芳香族物质就比石油沥青多。

黏结剂内沥青质的含量多少，决定着在作为炼焦配煤补充黏结剂时所起到的黏结作用的强弱。沥青质的结构与石油烯的结构有很大的差别，而沥青质的结构与煤的基本结构单元相类似，与煤有很好的亲和性能，而且从结构上看侧链少而短，热分解后固态残渣多，能与煤共炭化缩合成牢固的骨架结构。石油类黏结剂以石油烯为主，饱和组分和树脂组分具有较多和较长的侧链，热解时很不稳定，不能缩合成牢固的骨架，用作炼焦燃料的黏结剂时效果很差，甚至适得其反。因此，石油化工的副产品用作黏结剂时，必须进行改质处理，使其内部的沥青质含量达到一定的程度时，才能作为炼焦煤料的黏结剂。

煤系黏结剂用途广泛，但来源有限，而且有对人体具有严重的危害，因而在使用上受到很大的限制。因此20世纪70年代，人们大量使用改质沥青作为黏结剂。但是随着石油资源的短缺，特别是石油重油加工技术的发展，使得各石油加工企业几乎将全部渣油轻质化，使得目前石油渣油的供应已变得困难，因而，煤系黏结剂又将成为主要配煤黏结剂。近年来，人们更加重视煤液化技术的发展，由此开辟了由煤的液化产品制取黏结剂的新途径。

(3) 黏结剂的性能评价

① 软化点 沥青类黏结剂的软化点一般采用环球法测量。按软化点不同可分为软沥青(<70℃)、中温沥青（70～85℃）和硬沥青（>85℃），作为强黏结性煤代用品的改质黏结剂一般应采用软化点120℃以上的沥青，使得其既起到黏结剂的功效，又能在炭化时具有较高的残炭率，提高焦炭强度和改善焦炭反应性。煤沥青的软化点与黏度、残炭率、C/H比和溶剂不溶物等有关，随着软化点的升高，其黏度增大，残炭率增加，C/H比增大，溶剂不溶物增多。

② 黏度 沥青的黏度影响了其在煤料中的流动性，对黏结用沥青，较低的黏度有利于其均匀分布和填充至煤粒的空隙间，提高其黏结性能。沥青类黏结剂的黏度一般用旋转黏度计测量，即依靠电动机将放在试样中的转子以一定转数旋转时，根据弹簧秤测出的抗黏性转矩，再算出黏度值。

③ 元素组成 沥青类黏结剂的结构主体是缩合芳环，由元素分析得到的C/H原子比可作为芳香度的重要标志，提高沥青C/H原子比，则可以提高其芳香度（芳碳率），使所得残炭的密度和强度提高。

④ 族组成　族组成分析是将黏结剂分离成化合物类似的几组成分，通常用苯（或甲苯）和石油醚（或汽油）作溶剂，把沥青分成α、β、γ三个组分，α组分［苯不溶物（BI）］进一步用喹啉作溶剂可分成α_1［喹啉不溶物（QI）］和α_2［喹啉可溶物（QS）］两个组分；β组分为石油醚不溶物、苯可溶物（BS）；γ组分为石油醚可溶物。

族组成中的β组分（或BS）及α_2组分（或BI-QS）在炭化时具有较强的溶解和黏结能力，因此其含量是黏结剂溶剂效能和黏结机能的重要标志。QI的存在不利于煤结焦过程中间相的发展，但是在改质沥青生产过程中形成的QI对中间相的生产过程影响不大，相反由于其具有较高的残炭率而提高焦炭强度，因为在改质沥青中应该有合适的QI/BS比例。一般认为，石油系黏结剂族组成的合适比例是：石油烯40%～50%，沥青质25%～30%，BI-QS 25%～30%，QI应低。由减压渣油经蒸汽减压裂解得到的ASP或尤里卡沥青，其各组分比例是：石油烯48%±5%，沥青质26%±5%，BI-QS 26%±5%。

⑤ 结构参数　沥青类黏结剂的结构复杂，常采用核磁共振氢谱测定，人们可以直接分辨处于不同结构上的氢原子，配合以平均分子量和元素组成，可计算得到黏结剂的平均结构组成。

（4）黏结剂的配合效果

① 改善焦炭质量　日本住友金属曾以挥发分29.1%，基氏流动度（lg MF）0.36，惰性组分含量60.7%，镜煤平均反射率为0.79的劣质煤料，分别添加KRP、ASP、CT、PDA等黏结剂后，焦炭强度和反应性均得到改善，如图5-11和图5-12所示，其中以KRP和ASP的配合效果较好。

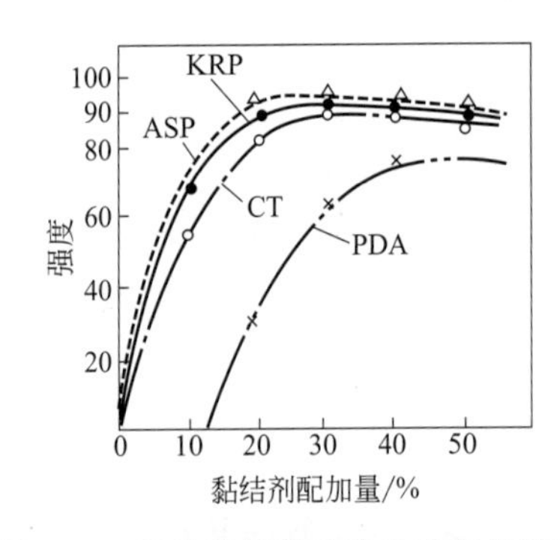

图5-11　几种黏结剂对焦炭强度的影响

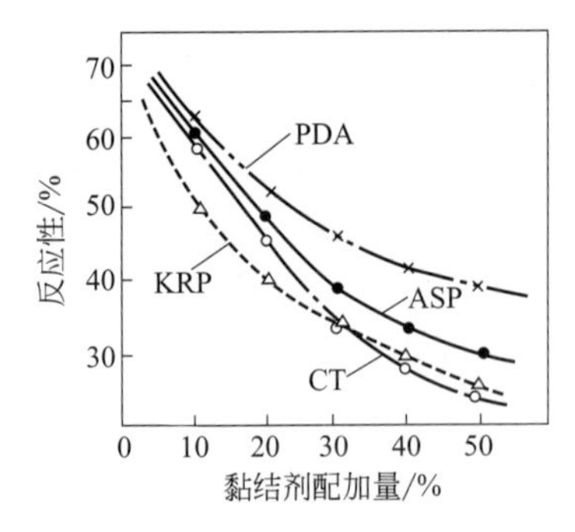

图5-12　几种黏结剂对焦炭反应性的影响

可见，当ASP添加量超过约20%时，焦炭的强度开始逐渐降低，可以认为这是由于煤料的流动度过大、挥发分过剩，超过了最佳的活性与惰性组分比。

② 替代强黏结煤或增加非黏结煤用量　日本钢管用反射率1.28%、C/H原子比1.36的SRC，等量替代生产配煤中的强黏结煤，得到的焦炭强度有所改善。

溶剂处理煤所得分离残渣也有一定的替代效果，但所得焦炭质量不如SRC。国内不少焦化厂也曾进行配尤里卡沥青（相当于ASP）的炼焦试验，扬子石油化工公司生产的尤里卡沥青软化点（环球法）达200～210℃，挥发分为48%～50%，黏结指数96～98，可以作为理想的强黏结煤的代用品，用配煤槽配加。安徽工业大学曾进行了配尤里卡沥青的焦炉试验。结果表明尤里卡沥青可以部分替代强黏结性的肥煤和气肥煤，一份尤里卡沥青可以替代两份肥煤和气肥煤，并可以增加气煤和瘦煤的配量，焦炭强度也有所改善。

CP类黏结剂可以与澳大利亚弱黏结煤并用，代替高流动性强黏结性煤，焦炭质量可以保证。工业试验结果表明，配黏结剂炼焦，可以改善焦炭强度和热性质，替代强黏结煤或增加非黏结煤用量。但是由于改质黏结剂在炼焦过程中生成沉积炭较多，容易堵塞焦炉上升管，同时也影响了焦炭的反应性，故其配入量受到一定的限制。

5.1.3.7 添加惰性物炼焦

配加黏结剂炼焦可使用更多的高挥发分煤料，在此情况下，胶质体固化后的半焦收缩梯度加大，容易导致焦炭裂纹增加[37-40]。为此，在大量使用低变质程度的高挥发分煤时，添加固化温度高的煤、焦粉或石油焦等惰性添加物，以降低煤料的收缩速度，同时增大焦炭块度。从防止裂纹生成的观点来看，最理想的惰性物质是在500℃下不收缩，而在600℃时收缩最快，到650℃时收缩完全结束的固体物质。因此，添加不同的惰性物后，煤料收缩系数降低的程度是不同的。添加惰性物质炼焦能减少焦炭的裂纹率，但一般情况下对焦炭的耐磨性不利。只有在胶质体液相产生较多的情况下，挥发分偏大的煤料才适当配入瘦化剂，即惰性添加剂，因为添加瘦化剂后，煤料的挥发分和黏结性降低。只有当惰性添加剂的配入量适当的时候，焦炭质量才不会变差，而且会符合特定的要求。

（1）惰性物的类型和选择

① 惰性物的类型　常用的瘦化剂有无烟煤粉、半焦粉和焦粉等含碳惰性物，其中焦粉的挥发分很低，为1%～3%，基本上属惰性颗粒；半焦粉和无烟煤粉的挥发分较高，约为10%，它可以降低第一收缩峰，对第二收缩峰影响不大。为了同时改善焦炭的光学组织，还可以用有一定挥发分的石油延迟焦粉作瘦化剂。国内外还曾以高炉灰、转炉烟尘、金属废渣和铁矿粉等含铁物料作瘦化剂，同高流动度、高挥发分的煤配合炼焦后生成铁焦，用于化铁炉和高炉。由于炼焦过程中部分氧化铁被还原为金属铁，因此用含氧化铁物料作瘦化剂不仅可以减少焦炭裂纹，增大块度和抗碎强度，还能降低冶炼过程的能耗。但在常规焦炉中生产铁焦时，炭化室炉墙硅砖中的SiO_2会与含铁物料生成$2FeO\cdot SiO_2$，损害炉墙；还有延长结焦时间、湿法熄焦后铁焦碎裂和生锈等弊端，因而现在配煤中已经不使用铁氧化物作瘦化剂。

② 惰性物的选择　惰性物的选择应根据配合煤性质的不同而采用不同的惰性添加剂，一般可从以下三方面来考虑。

① 当装炉煤的挥发分和流动度均很高，加瘦化剂的目的主要是降低配合煤挥发分、减少气体析出量、降低焦炭气孔率、增大块度和抗碎强度时，可选用焦粉。

② 当装炉煤流动度中等偏高，且还希望焦炭有较好的耐磨性时，可选用无烟煤粉或半焦粉。

③ 若要求降低焦炭气孔率，提高块度和抗碎强度的同时，还希望降低焦炭的灰分、反应性，可选用延迟焦粉。

当然几种瘦化剂可以混合配用，并且可以配加适量黏结剂以调整装炉煤的黏结性。但不论哪种瘦化剂均应单独粉碎（<0.5mm），并与煤料充分混匀，以防在瘦化剂颗粒上形成裂纹中心。

（2）添加惰性物炼焦效果

配加惰性物炼焦工艺相对简单，早在20世纪50年代就应用于炼焦工业生产。添加焦粉配煤主要用于捣固焦炉生产铸造焦，焦粉由于其表面多孔，比表面积较大，在炼焦过程中，本身为惰性物，与活性组分的液态产物接触面积大，其间的结合单纯依靠固体颗粒对液相的吸附作用，因此配入量不宜过多。焦粉一方面减少了半焦收缩和固化阶段的挥发分析出量，降低了两个阶段的收缩度；另一方面由于多孔结构的刚性小，使焦饼收缩产生的应力较小，减小了焦炭的气孔率，两方面的结果都使焦炭块度和抗碎性能增加。因此，在生产实践中焦粉经常被用作瘦化剂。使用焦粉配煤时，必须配合煤的黏结性要有富余；另外焦粉的添加量一般为3%～4%；焦粉的粒度要尽量小，要求<1mm量占无烟煤粉85%以上。

我国镇江焦化厂为典型的添加惰性物生产铸造焦的企业，用肥煤和焦煤作基础煤（50%～55%），配加延迟焦粉（30%～35%）、焦粉（约5%）和煤焦油沥青（约5%）制成了特级大块铸造焦。还长期采用煤沥青与石油焦配合生产高强度、大块度、超低灰的特殊焦炭。

国内外诸多焦化厂采用了配加1%～5%无烟煤粉或焦粉生产冶金焦，大于60mm的块焦率约提高20%；M_{40}和M_{10}也有所改善。美国曾采用93%的炼焦煤配加7%无烟粉煤的办法生产铸造焦；石嘴山焦化以70%的低灰太西煤配加30%肥煤生产热压型焦；日本钢铁公司在其SCOPE21中试试验焦炉中也进行了配加5%无烟煤和3%沥青黏结剂的试验。

5.2 炼焦装备及运行技术

可以预计高炉在未来的铁水生产中仍占有重要的地位，焦炉仍是焦炭生产的重要装备，同时为了扩大炼焦煤资源、减少炼焦生产对环境的影响以及降低运行成本，现代焦炉向着炭化室容积加大、增加装煤量、减少装煤和推焦次数、缩短结焦时间以及高效清洁生产方向发展[41]。

5.2.1 炼焦装备

5.2.1.1 炼焦炉的发展

焦炭的生产起源于炼铁需要，早在我国明代（1368—1644年）就用煤炼制焦炭用于炼铁，欧洲于1735年开始用焦炭炼铁。最早的炼焦方法是将煤成堆干馏，后来发展成为砖砌的窑，炼焦所需热量依靠干馏煤气和部分煤的燃烧提供，煤直接受热干馏成焦炭，故称内热式焦炉。19世纪中叶，比利时人将成焦的炭化室和加热的燃烧室用墙隔开，隔墙上部设通道，炭化室内煤的干馏气经此直接流入燃烧室，同来自炉顶通风道的空气汇合，自上而下地边流动边燃烧，故称倒焰炉，或称外热式焦炉。

1881年，德国人奥托建成了第一座可以回收化学产品的焦炉。将炭化室和燃烧室完全隔开，炭化室内生成的粗煤气，经回收设备分离出化学产品后，净煤气再压送到燃烧室内燃烧，燃烧产生的高温废气直接从烟囱排入大气，故称作废热式焦炉。

1883年，德国人奥托和霍夫曼一起建造了纵蓄热室的焦炉，开始回收焦炉热废气的余热。1904年考伯斯进一步完善了横蓄热室的焦炉，使剩余焦炉煤气量达到煤气产量的50%左右，完成了焦炉发展的最辉煌一页。1910年考伯斯和维尔茨又开发了既可以使用高热值焦炉煤气加热，又可以使用低热值贫煤气加热的复热式焦炉。

自1884年建成第一座蓄热式焦炉以来，焦炉在总体上没有太大变化，但在筑炉材料、炉体构造、有效容积、装备技术等方面都有显著进展。随着耐火材料工业的发展，自20世纪20年代起，焦炉用耐火砖由黏土砖改为硅砖，使结焦时间从24～28h缩短到14～16h，一代炉龄从10年延长到20～25年。随着高炉炼铁技术的进展，要求焦炭强度高、块度匀；由于有机化学工业的需要，希望提高萘和烃基苯的产率，这就促进了对焦炉工艺的研究，使之既实现均匀加热以改善焦炭质量，又能保持适宜炉顶空间温度以控制二次热解而提高萘等产率。

20世纪60年代，高炉向大型化、高效化发展，焦炉发展的主要标志是大容积（由50年代的30m^3级发展至90年代的80m^3级）、致密硅砖、减薄炭化室炉墙和提高火道温度。

1985年以后，德国先后投产了炭化室高度分别为7.0m、7.6m、7.8m的焦炉，炭化室容积分别达到61m^3、79m^3、70m^3，焦炭产量约200万吨/年、208万吨/年、108万吨/年。

20世纪80年代，以德国为主的欧洲焦化界提出了单炉室式巨型反应器的设计思想以及煤预热与干熄焦直接联合的方案。90年代，由德国等8个国家的13家公司组成的“欧洲炼焦技术中心”在德国的普罗斯佩尔（Prosper）焦化厂进行了巨型炼焦反应器（jumbo coking reactor，JCR），也叫单室炼焦系统（single chamber system，SCS）的示范性试验。试验取得了焦炭反应后强度明显增加，焦炉配用更多高膨胀性、低挥发煤和弱黏或不黏高挥发煤，节能8%，污染物散发量减少一半，生产成本下降10%的效果。

20世纪90年代，以美国和澳大利亚为代表，针对现行带回收的炼焦生产工艺存在投资大、环境污染等问题，提出了带废热发电的无回收炼焦工艺，作为一种短期能满足需要，长期又能适应发展要求，弹性大、投资省的捷径。在澳大利亚建设了年产焦24万吨的三组135孔，在美国阳光煤业公司建成年产焦55万吨和133万吨的这种无回收焦炉。

2003年德国Schwelgern厂投产了炭化室高8.3m、单孔容积93m^3、年产焦炭264万吨的世界上最大的焦炉。

2003年山东兖矿国际焦化公司决定引进德国凯泽斯图尔焦化厂于2000年12月停产的2座7.63m大型焦炉，2004年12月20日完成拆迁工作，运回47000t设备。2006年6月28日，我国第一座7.63m焦炉投产，这是当时国内最大也是亚洲最大的现代化焦炉，引起了国内同行的广泛关注。

2006年我国太原钢铁公司引进德国技术，建造了炭化室高为7.63m的国内最大焦炉，2007年马钢两座7.63m焦炉投产，随后武钢、京唐公司、沙钢等陆续建设7.63m焦炉。

中冶焦耐开发了炭化室高6.98m的JNX 3-70型系列焦炉和炭化室高7.65m的JNX 3-7.65型系列焦炉[42]。自2008年首座7m焦炉在鞍钢鲅鱼圈投产以来，邯钢集团邯宝公司、本溪钢铁公司、天津天铁公司、上海宝钢等十余家企业的焦炉相继投产。

山冶设计和意大利PW公司在国内开发应用了7m、7.3m、7.6m顶装焦炉和6.25m、6.73m捣固焦炉，先后在山钢集团日照公司、湖南华菱湘钢、河南利源、河北新兴能源、云南云煤能源、山西盛隆泰达等数十家企业投产。

5.2.1.2 焦炉结构与类型

（1）焦炉结构类型

现代焦炉可按装煤方式、加热煤气和空气供入方式、燃烧室火道型式、实现高向加热均匀方式以及气流调节方式等的不同，进行分类。

焦炉的装煤方式有顶装（散装）焦炉和侧装（捣固）焦炉之分，两种焦炉的总体结构没有原则上的差别，后者主要用于捣固炼焦。

焦炉加热煤气和空气供入方式有侧入式和下喷式两类。侧入式焦炉加热焦炉的富煤气由焦炉机焦侧位于斜道区的水平砖煤气道引入炉内，空气和贫煤气从废气盘和小烟道由焦炉侧面进入炉内。下喷式焦炉加热用的煤气（或空气）由焦炉下部垂直地进入炉内。也有的焦炉采用焦炉煤气下喷式、贫煤气和空气侧入式。

焦炉燃烧室火道型式有水平火道和直立火道两大类。水平火道式焦炉已很少采用。直立火道按上升气流和下降气流的组合方式，可分为两分式、四分式、过顶式和双联式。

焦炉高向加热均匀方式主要有高低灯头、不同炉墙厚度、分段加热和废气循环等四种方式。高低灯头采用相邻火道不同高度的煤气灯头（烧嘴），以改变火道内燃烧点的高度，从而使高向加热均匀。采用不同厚度的炉墙，即靠加厚炭化室下部炉墙的厚度，向上逐渐减薄炉墙的办法，影响上下的传热量以实现高向加热均匀。分段加热是将空气沿立火道隔墙中的孔道，在不同高度处进入火道，使燃烧分段，达到拉长火焰、调整高向加热、降低燃烧强度和控制废气氮氧化物浓度的目的。废气循环是将下降火道的部分燃烧废气，通过立火道隔墙下部的循环孔，抽回上升立火道，形成炉内循环，以稀释煤气和降低氧的浓度，从而减缓燃烧速度，控制废气中氮氧化物浓度，同时拉长火焰，控制高向加热。

焦炉加热气流的调节方式有上部调节式和下部调节式两类。上部调节式焦炉采用从炉顶更换立火道，底部烧嘴调节富煤气量，更换或拨动斜道口调节砖（牛舌砖）调节贫煤气量和空气量。下部调节式焦炉从焦炉底部更换煤气，支管上的喷嘴或小烟道顶部箅子砖孔开度来调节煤气量或空气量。下部调节方便，且操作环境好。

典型的炉型形式包括：二分式焦炉采用二分火道、侧入式和上部调节式。我国 66 型和 70 型焦炉全部为二分式，已进入淘汰之列。德国卡尔-斯蒂尔二分式焦炉炭化室高 6m，燃烧室分 32 个火道，机侧 17 个，焦侧 15 个，高向分六段加热，小烟道断面自外向里逐渐减小，立火道顶部的水平集合烟道内，每一火道处设滑动砖，以调节横墙温度。已经设计和投产了 7.55m 高的焦炉，其有效容积为 52.5m^3。

过顶式焦炉每个燃烧室下设两个蓄热室，一个预热贫煤气，另一预热空气。预热后的空气和煤气经斜道进入其上方燃烧室的所有火道，混合燃烧后经过顶烟道进入炭化室另一侧的所有火道，然后再下降至蓄热室。在美国已建成炭化室高 6.1m 的这种焦炉。

双联式焦炉早期有奥托式焦炉（双联火道、高低灯头、焦炉煤气下喷、三格蓄热室的复热式焦炉）和 лBP 型焦炉（双联火道、废气循环、焦炉煤气侧入、二格蓄热室的复热式焦炉）形式。我国自主设计的 JN 型系列焦炉，炭化室高分别为 4.3m、5.5m 和 6m，为双联火道、废气循环、富煤气下喷的复热式焦炉。

（2）蓄热式焦炉构成

蓄热式焦炉（图 5-13）由炭化室、燃烧室、蓄热室、斜道区和炉顶区所组成，下部为基础和烟道。

① 炭化室与燃烧室　炭化室是煤隔绝空气干馏的地方，燃烧室是煤气燃烧的地方，两者依次相间，通过炉墙向炭化室传递热量。焦炉生产时，燃烧室墙面平均温度约 1300℃，炭化室平均温度约 1100℃。为抵抗炉顶机械和上部砌体的重力，以及炉料的膨胀压力、推焦侧压力和干馏煤气与灰渣的侵蚀，现代焦炉用带舌槽的异形硅砖砌筑。

燃烧室用隔墙分成许多立火道，以便控制燃烧室长向的温度从机侧到焦侧逐渐升高。立火道个数随炭化室长度增加而增多，火道中心距大体相同，一般为 460～480mm。立火道的底部有两个斜道出口和一个砖煤气道出口，分别通煤气蓄热室、空气蓄热室和焦炉煤气管砖。用贫煤气加热时由斜道出口引出的贫煤气和空气在火道内燃烧，用焦炉煤气加热时，两个斜道均走空气，焦炉煤气由砖煤气道出口引入与空气燃烧。

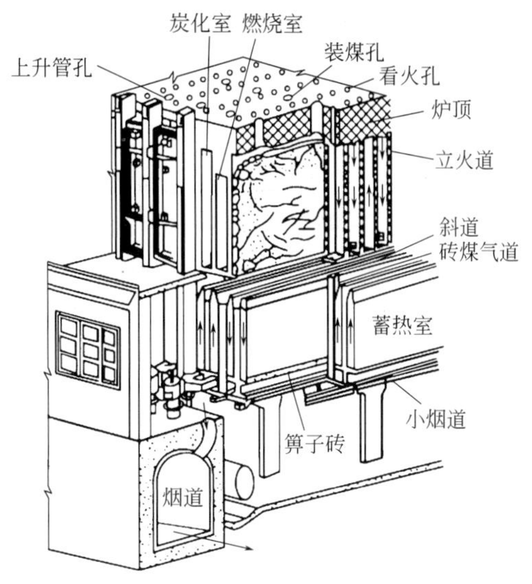

图 5-13　蓄热式焦炉炉体结构图

燃烧室顶盖高度低于炭化室顶，二者之差称加热水平高度，它是炉体结构中的一个重要参数。该尺寸直接影响产品的质量和产率，以及焦饼上下的均匀成熟。

② 蓄热室　蓄热室位于焦炉炉体下部，其上经斜道同燃烧室相连，其下经废气盘分别同分烟道、贫煤气管和大气相通。蓄热室用来回收焦炉燃烧废气的热量并预热贫煤气和空气，现代焦炉蓄热室均为横蓄热室（其中心线与燃烧室中心线平行），以便于单独调节。蓄热室自下而上分小烟道、箅子砖、格子砖和顶部空间，同向气流蓄热室之间的隔墙称单墙，异向气流蓄热室之间的隔墙称主墙，分隔同一蓄热室机焦侧的墙为中心隔墙，机焦侧两侧砌有封墙。小烟道和废气盘相连，向蓄热室交替地导入冷煤气、空气或排出热废气，由于交替变换的冷、热气流温差较大，为承受温度的急变，并防止气体对墙面的腐蚀，小烟道内砌有黏土衬砖。箅子砖上架设格子砖，下降气流时，用来吸收热废气的热量，上升气流时，将积蓄热量传给贫煤气或空气。由于格子砖温度变化较大，故采用黏土砖。

③ 斜道区　位于蓄热室与燃烧室之间，是连接这两者的通道，不同类型焦炉的斜道区结构有很大差异。斜道区内布置着数量众多的通道（斜道、砖煤气道等），它们距离很接近，而且走压力不同的各种气体，容易漏气，因此结构必须保证严密。此外，焦炉两端因有抵抗墙定位，不能整体膨胀，为了吸收炉组长向砖的热膨胀，在斜道区内各砖层均预留膨胀缝，缝的方向平行于抵抗墙，上下砖层的膨胀缝间设置滑动层（不打灰浆的油毡纸），以利于砌体受热时，膨胀缝两侧的砖层向膨胀缝膨胀。

④ 炉顶区　炉顶区是指炭化室盖顶砖以上的部位，设有装煤孔、上升管孔、看火孔、烘炉孔及拉条沟。炭化室盖顶砖一般用硅砖砌筑，以保证整个炭化室膨胀一致，为减少炉顶散热，炭化室盖顶砖以上采用黏土砖、红砖和隔热砖砌筑。

⑤ 烟道与基础　蓄热室下部设有分烟道，来自各下降蓄热室的废气流经各废气盘，分别汇集到机侧或焦侧分烟道，进而在炉组端部的总烟道汇合后导向烟囱根部，借烟囱抽力排入大气。焦炉基础包括基础结构与抵抗墙构架两部分。

5.2.1.3　焦炉大型化

(1) 焦炉大型化技术要求

焦炉大型化具有基建投资省、劳动生产率高、占地面积少、维修费用低、热工效率高、环境污染有所减轻、焦炭质量有所改善等优点，已成为焦炉发展的主要趋势[41-45]。焦炉大型化主要指炭化室尺寸的大型化，但是，大型化并不意味焦炉结构的各部分尺寸可以任意加大，因为这涉及耐火材料、金属材料、机械加工水平以及单位投资、操作费用、煤炭资源等方面的问题，因此需从工艺实现的可能性和总体经济效益等方面加以权衡。

① 炭化室宽度的选择　20世纪80年代以来，有人主张增加炭化室宽度，并认为对焦炭质量影响不大，过去只对捣固焦炉的高宽比有一定的限制，近来比较一致的观点，对顶装焦炉的长、宽、高也应保持一定的比例关系，炭化室宽度受多种因素制约。研究表明，每孔炭化室的昼夜产焦量随炭化室宽度减小而提高，因此当生产能力一定时，若炭化室长度和高度相同，则炭化室宽度窄，所需炉孔数少，有利于降低基建费用。但另一方面，炭化室宽度窄，因周转时间缩短使每台机械服务的炉孔数减少，因而增加操作成本。

当炭化室较宽时，结焦速度较慢，胶质体内煤气压力就较小；此外，炭化室较宽时，炭化室顶、底传给煤料的热量增多，使炭化室内上下煤层形成的胶质体很快固化，减少了对炉墙产生侧压力的胶质体。因此同一煤料在较宽炭化室内炼焦时，炉墙实际承受的负荷就小，有利于延长炉体使用寿命。

当炭化室宽度窄时，炼焦速度加快，可在一定程度上改善煤的黏结性，提高焦炭耐磨强度。但其改善程度因煤的性质而异，对弱黏结性的煤，改善程度比较明显，因此当煤料黏结性较差时，宜采用较窄的炭化室。对黏结性较好的煤，则宜采用较宽的炭化室，由于结焦过程中煤料中的温度梯度平稳，有利于减少收缩应力，增加焦炭的抗碎强度。

国内外已有设计、建造宽炭化室焦炉的趋势，德国鲁尔煤业公司正在建造炭化室平均宽为610mm、高为7.65m、长为18m的焦炉组。

② 炭化室长度的选择　增加炭化室长度可使单孔炭化室的产焦能力提高；但为改善焦炉炭化室长向的加热均匀性，炉体结构复杂而使砌体造价升高；而单位焦炭产量的设备费则因每孔炉的护炉设备不变、煤气设备增加不多而显著降低。但炭化室长度的增加受长向加热均匀性和推焦杆热态强度的制约。目前，国外大容积焦炉的炭化室长度一般在17～18m。

③ 炭化室高度的选择　提高炭化室高度是扩大炭化室有效容积、提高焦炉生产能力的重要措施，但炭化室加高必须在炉体结构上采取相应措施，以保证炉墙的极限负荷大于装炉煤的膨胀压力；还应实现高向的加热均匀性。国内外已在设计和建造炭化室高7～8m的焦炉。但是随炭化室增高，必须相应加大炭化室中心距和炉顶层厚度；此外，为改善高向加热均匀性，焦炉结构更加复杂化；为了防止炉体变形和炉门冒烟，还应设置更坚固的护炉设备及更有效的炉门清扫机械。凡此种种，均使每个炭化室的基建投资和材料消耗增加。

当炭化室宽度较小时，缩短焦炉结焦时间，其主要目标是追求高结焦率。研究已经表明宽炭化室条件下有助于减少NO_x排放量和提高焦炭反应后的强度。我国焦炉最宽的炭化室为500mm；德国1985年以后所建焦炉炭化室宽度均在600mm左右。

从炭化室容积看，从Thyssen厂的$35m^3$增加到HKM厂的$70m^3$和Kaiserstuhl厂的$79m^3$。Schwelgern焦化厂在2003年新建焦炉的炭化室容积已高达$93m^3$，是当今炉容最大并能长期稳定生产的焦炉。焦炭产量从年产焦炭136万吨增加到200万吨，最后达到264万吨。

德国是焦炉大型化发展的领跑者，表5-5为德国有代表性的焦化厂焦炉运行情况。

表 5-5　德国有代表性的焦化厂的焦炉运行情况

厂名	年份	高/m	宽/mm	容积/m^3	产量			
					/($\times 10^4$ t/a)	/[t/(a·m^3)]	/[t/(a·孔)]	/[t/(a·人)]
Thyssen	1971	6.0	400	35	136	369	13080	5490
Salzgitter	1985	6.2	470	43	142	309	13150	10600
Prosper	1985	7.0	600	61	200	219	13700	12800
HKM	1984	7.8	560	70	108	224	15430	10600
Kaiserstuhl	1992	7.6	620	79	200	211	16670	13100
Schwelgem	2003	8.3	600	93	264	203	18860	17900

进入 21 世纪以来，中国、日本、印度、印度尼西亚、俄罗斯等国家先后投产了多座 7m、7.3m、7.6m、7.63m、7.65m 顶装焦炉和 6.25m、6.73m、6.78m、6.8m 捣固焦炉等大型焦炉。

单位容积的焦炭产量最大的焦炉是窄炭化室焦炉。在宽炭化室焦炉中，单位容积的焦炭产量反而有所降低。例如，Schwelgern 厂炭化室宽 600mm 的焦炉，单位容积的焦炭产量比 Thyssen 厂炭化室宽 400mm 的焦炉低约 45%。

随着炭化室容积的加大，每孔炭化室每年的焦炭产量有明显增加。在过去的 20 年中，每人每年的焦炭产量出现了飙升。Schwelgern 厂每人每年的焦炭产量高达 1.79 万吨，其余 4 个焦化厂每人每年的焦炭产量相当于 Thyssen 厂的 2 倍。

(2) 焦炉大型化工艺要求

焦炉大型化必定涉及焦炉高效加热问题，即加热的工艺控制。高效加热是指通过采取可行的技术措施，提高传热强度，保证温度均匀，缩短结焦时间，提高生产能力。为提高炭化室的传热强度，主要有提高火道温度、使用高导热性能的炉墙砖和减薄炉墙厚度等方法。为解决炭化室高向加热的均匀性，常采用高低灯头、废气循环、分段加热等方式。

① 高效传热技术

a. 提高火道温度　提高火道温度可以显著缩短结焦时间，例如对于炭化宝平均宽为 450mm 的焦炉，若火道平均温度由 1300℃升高到 1520℃，结焦时间可从 17.5h 降至 13.0h 左右。但是，为此必须采用荷重软化点为 1660℃以上的炉墙砖，还必须在热工方面采取相应措施，以求严格控制炉温波动。这对常规耐火材料是十分困难的，因此，目前焦炉的高效主要致力于提高炭化室墙的热导率和减薄炉墙厚度。

b. 使用高导热性能的炉墙砖　高导热性的炉墙砖大体有两类：一是以硅砖为基础，提高其致密度，即当前各国普遍用于高效焦炉的致密硅砖；另一是选用其他材质。

c. 减薄炭化室炉墙厚度　在采用致密硅砖提高炉墙热导率的同时，减薄炭化室墙厚度，使通过炭化室墙的热流增大，致使结焦速度加快，结焦时间缩短，生产能力提高。德国埃米尔试验炼焦厂曾建三孔墙厚 85mm 的斯蒂尔式工业试验炉和三孔墙厚 70mm 的奥托式工业试验炉，以炭化室墙厚 110mm 为基准，当火道温度保持不变时，墙厚减到 85mm，可使结焦时间缩短 3h，减到 70mm 约可缩短 4h。当结焦时间不变，火道温度可分别降低 100℃和 130℃。目前国内新建焦炉的炭化室墙厚度一般在 90mm 左右。

② 高向加热均匀性技术　现代焦炉实现高向加热均匀性主要采取了高低灯头、变化炉墙厚度、分段加热和废气循环四种方式（见图 5-14）。

a. 高低灯头　采用相邻火道不同高度的煤气灯头（烧嘴），以改变火道内燃烧点的高

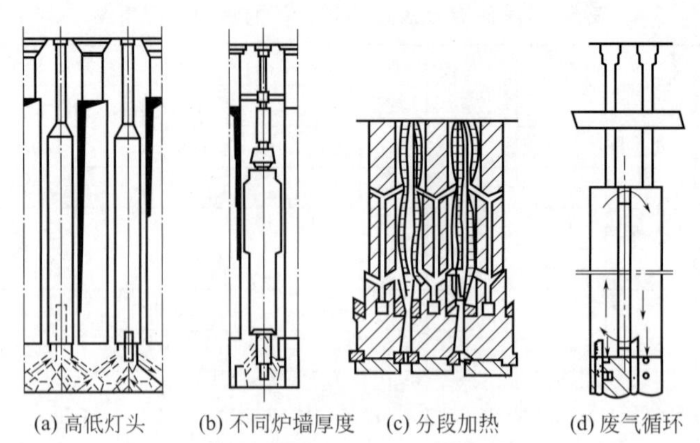

图 5-14　实现焦炉高向加热均匀性的方法

度，从而使高向加热均匀。但此法仅限于富煤气加热，且由于高灯头高出火道底面一段距离送出煤气，自斜道来的空气易将高灯头下部砖缝中的沉积炭烧掉，造成串漏。

b. 变化炉墙厚度　采用不同厚度的炉墙，即靠加厚炭化室下部炉墙的厚度，向上逐渐减薄炉墙的办法，影响上下的传热量以实现高向加热均匀。

c. 分段加热　将贫煤气和空气沿立火道隔墙中的孔道，在不同高度处进入火道，使燃烧分段进行，这种措施可使火焰拉得更长，并通过孔道出口的断面调整高向加热，但火道的结构比较复杂。一般炭化室高度大于 6m 的焦炉可分两段或者三段加热。

d. 废气循环　将下降火道的部分燃烧废气，通过立火道隔墙下部的循环孔，抽回到上升立火道，形成炉内循环。一方面，部分废气稀释煤气和降低氧的浓度，从而减缓燃烧速度，起到拉长火焰的作用；另一方面，单位体积内气体量增加以后，气流流动相对减缓，有助于保持温度的均匀性。废气循环因燃烧室火道型式不同可有多种实行方式，其中蛇形循环可以调整燃烧室长向的气流量；双侧式常在炉头四个火道中采用，为防止炉头第一个火道因炉温较低、热浮力小而易产生的短路现象，一般在炉头一对火道间不设废气循环孔，双侧式结构可以保证炉头第二火道上升时，由第三火道的下降气流提供循环废气。隔墙孔道式可在过顶式或二分式焦炉上实现废气循环，下喷式可在过顶式焦炉上通过直立砖煤气道和下喷管实现废气循环。

e. 暂停加热时间控制　一般情况下，焦炉加热由一相转换到另外一相时中间没有停顿。由 UHDE 公司设计的马钢 7.63m 特大容积焦炉，在两相交换间歇的时间内不向焦炉供气，即停止加热。控制停止加热时间也是焦炉温度调节的手段之一。通过该种手段调节暂停加热时间，可以有效控制炉头温度不同季节的差异。

(3) 典型大容积焦炉

习惯上把炭化室高度大于 5m 的焦炉称为大容积焦炉，国内现有的顶装焦炉炭化室高度包括了 7.65m、7.63m、7.6m、7.3m、6.98m、6.0m 等。捣固焦炉的炭化室高度包括 6.8m、6.78m、6.73m、6.25m、5.5m 等。根据中国工业和信息化部 2014 年修改的焦化行业准入条件，规定顶装焦炉炭化室高度≥6m、容积≥38.5m^3；捣固焦炉炭化室高度≥5.5m、捣固煤饼体积≥35m^3。因此，中小焦炉均属于调整淘汰之列，故本节重点介绍炭化室大于 6m 的焦炉结构与特点。

① JN60 型焦炉　JN60 型焦炉其基本结构与 JN43 型焦炉基本相同。但为改善使用焦炉煤气加热时的高向加热均匀性，采用了高低灯头结构，高灯头出口距炭化室底 405mm，低

灯头出口距炭化室底 255mm。为提高炉体结构强度，炭化室中心距由 JN43 型的 1143mm 提高为 1300mm，炉顶层厚度由 JN43 型的 1174mm 提高为 1250mm（焦炉中心线），蓄热室主墙厚度由 JN43 型的 270mm 提高为 290mm。为增大蓄热面积，蓄热室的宽度和高度均加大，格子砖层高度由 JN43 型的 2m 左右提高到 3172mm。燃烧室由 32 个火道组成，为减少炉头火道的热负荷，以提高炉头火道温度，炉头火道的宽度减小至 280mm（中部各火道宽度为 330mm）。炉头采用硅砖咬缝结构，但为防止炉头拉裂，炉头砖与保护板的咬合很少。

② JNX 型焦炉　JNX 型焦炉是在 JN 炉型基础上设计的下部调节气流式焦炉，其特点为双联火道、废气循环、焦炉煤气下喷、蓄热室分格、煤气和空气下调复热式焦炉（图 5-15）。

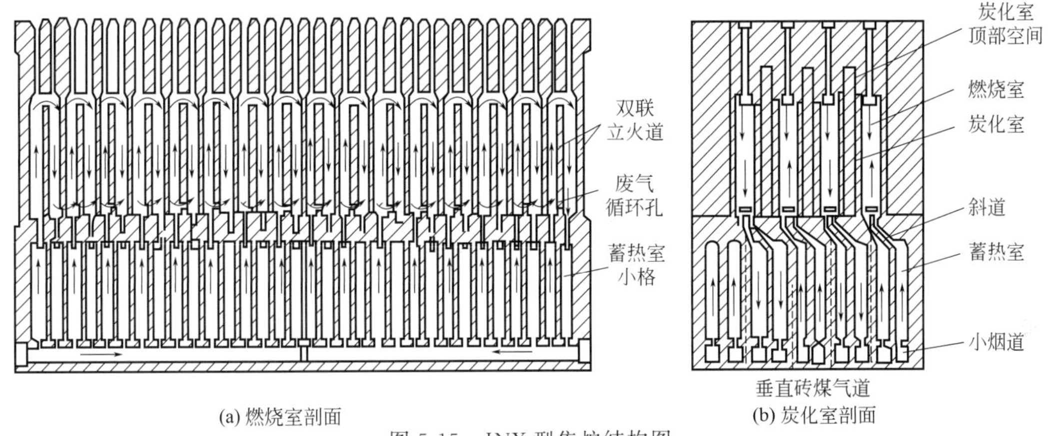

(a) 燃烧室剖面　(b) 炭化室剖面

图 5-15　JNX 型焦炉结构图

其炭化室高度有 4.3m 和 6.0m 两种，分别称 JNX43 和 JNX60 型焦炉，其主要尺寸和基本结构与相应的 JN 型焦炉基本相同，主要不同在于蓄热室长向用横隔墙分成独立的小格，每一格与上部立火道一一对应，数目相同。在每个独立小格底部的箅子砖上，设置四个固定断面的箅子孔和一个可调断面的箅子孔。通过焦炉基础顶板上的下调孔，用更换调节砖的办法来调节可调箅子孔断面，以控制蓄热室长向的气流分布，以及进入各立火道的贫煤气和空气量，贫煤气和空气仍通过小烟道进入蓄热室。

③ 考伯斯式 6m 焦炉　初期的考帕斯式焦炉属二分式。新型的考伯斯式焦炉采用双联火道结构，但蓄热室仍维持二分式布置以减小异向气流的接触面，为此在蓄热室上部增加了通气道，并与机焦侧分开，由交叉道和机焦侧的蓄热室相连。为满足炭化室高度增加后高向加热均匀的需要，也采用了废气循环。为使气体沿蓄热室长向均匀分布，两侧蓄热室内还有隔墙，小烟道分上下两层，上层连外段蓄热室，下层连内段蓄热室，下层小烟道断面的高度也内外不同。焦炉煤气为侧入式。该炉型燃烧室为双联带废气循环，高向加热较均匀。蓄热室二分，异向气流接触面小，不易漏气，蓄热室长向气流分布比较均匀，但斜道区结构复杂（见图 5-16）。

在德国已建成投产了炭化室高 7.58m，平均宽 5.5m，有效容积约 $70m^3$ 的这种大容积焦炉。焦炉煤气采用下喷式，立火道跨越孔增设调节砖，以改善高向加热均匀。

④ 新日铁式焦炉　初期的新日铁式焦炉采用双联火道、蓄热室长向分格和焦炉煤气侧入的结构（见图 5-17）。

新日本制铁公司（新日铁）相继设计、投产了炭化室高度为 5.5m、6m 和 6.5m 不同规格的新日铁 M 式焦炉，其结构特点为双联火道，蓄热室分格，燃烧室三段供热，富煤气、贫煤气和空气全下喷。用于我国宝山钢铁公司的新日铁 M 式焦炉基本尺寸为：炭化室全长

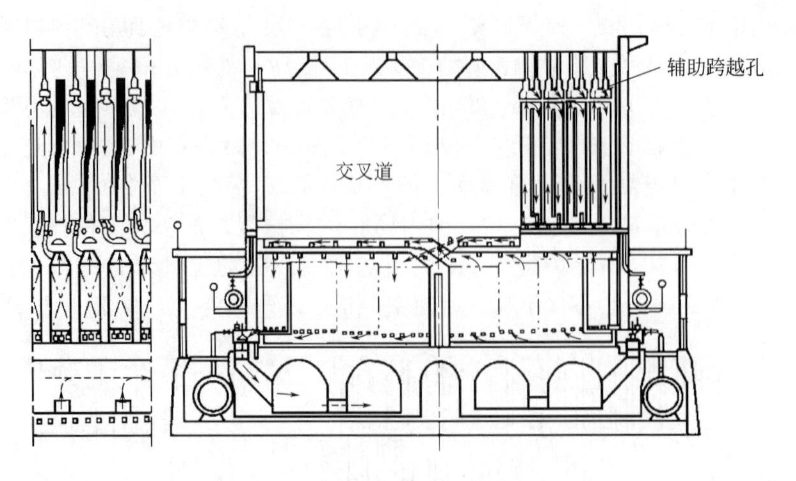

图 5-16　考伯斯式焦炉结构图

15700mm，有效长 14800mm；炭化室全高 6000mm，炭化室有效高 5650mm；平均宽 450mm，锥度 60mm；炭化室中心距 1300mm，立火道中心距 500mm，炉顶层厚 1225mm；炭化室有效容积 37.6m^3。

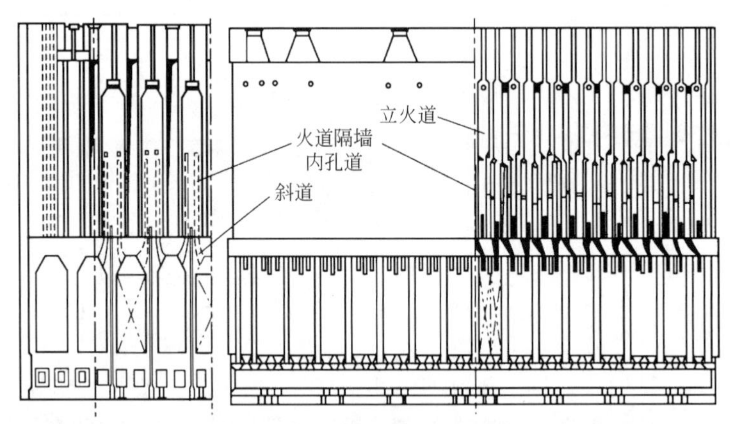

图 5-17　新日铁式焦炉结构图

该炉型为蓄热室分隔式，在每个炭化室下设置一个宽蓄热室，蓄热室沿长向分成 16 格，两端各 1 个小格，中间 14 个大格，每格对应两个立火道，贫煤气格与空气格相间配置。每个蓄热室下部平行设两排小烟道，一排与贫煤气格连接，另一排与空气格连接。沿炉组长向蓄热室气流方向相间异向排列。沿燃烧室长向的火道隔墙中有两个孔道，一个处上升气流，另一个处下降气流，每个火道在距炭化室底 1260mm（或 1361mm）及 2896mm（或 3061mm）处各有一个开孔，与上升火道或下降火道相通，实行分段加热。

⑤ 6.98m 焦炉　该炉型由中冶焦耐设计，与 6m 焦炉相比，在焦炉炉体、焦炉机械、焦炉工艺和环保水平等诸多方面有了本质的改变，均已达到了国际先进水平且成熟可靠。炉型包括 JNX-70-1、JNX-70-2、JNX-70-3 以及 JNX3-70-1、JNX3-70-1A 等多个规格。其中，JNX-70-1 为多段燃烧，JNX3-70 具有低 NO_x 污染物排放量特点。

⑥ 7.63m 大容积焦炉　我国建设的 7.63m 焦炉为双联火道、废气循环、分段加热、焦炉煤气下喷、混合煤气和空气侧入、蓄热室分格、单侧烟道的复热式超大型焦炉[42]。

⑦ 7.6m大容积焦炉　该炉型由山冶设计和意大PW公司设计，为双联火道、废气循环、分段加热、混合煤气和空气侧入、焦炉煤气下喷、单侧烟道的复热式顶装焦炉；通过FAN火焰分析技术、空气分段助燃+大废气循环量控硝燃烧技术、高效薄炉墙技术、焦炉砌体严密/长寿技术、SOPRECO® 单孔调压等先进技术，焦炉炼焦能耗低、工序能耗低、原烟气污染物排放少、无组织排放少，实现了焦炉“高效”“绿色”“节能”的生产目的。

表5-6为代表性大容积焦炉结构参数。

表5-6　大容积焦炉结构参数

序号	型号	JN60	JNX3-70-2	SWJ73-2	SWJ76-2	UHDE7.63	JNX3-7.65
1	炭化室高/mm	6000	6980	7305	7600	7630	7650
2	炭化室有效高/mm	5650	6630	6895	7175	7180	7180
3	炭化室平均宽/mm	450	530	550	550	590	590
4	炭化室锥度/mm	60	60	70	55	50	50
5	炭化室长/mm	15980	18640	19846	21024	18800	18870
6	炭化室有效长/mm	15140	17890	18856	20000	18000	18030
7	炭化室有效容积/m^3	38.5	63.67	71.5	78.93	76.25	76.4
8	炭化室墙厚/mm	100	95	90	90	95	95
9	加热水平高度/mm	900	1150	1180	1160	1500	1500
10	炭化室中心距/mm	1300	1500	1650	1650	1650	1650
11	立火道数量/个	32	36	36	38	36	36
12	每孔装煤量(干)/t	28.8	47.75	53.63	59.99	57.95	58.06
13	成焦率/%	75	76	76	76	76	76
14	单孔炭化室焦炭量/(t/孔)	21.6	31.7	49.76	45.59	44.04	44.13
15	周转时间/h	19	23.8	24.5	24.5	25.2	26.5
16	每孔年产焦量/(t/a)	9985	13247	14572	16301	15310	14587

另外，国内投产的7m以上大型顶装焦炉还有中钢设备炭化室高7.5m顶装焦炉、北京华泰炭化室高7.1m顶装焦炉等炉型。

5.2.1.4　焦炉辅助设备

除焦炉本体外，辅助及配套设备较多，可包括护炉设备、煤气设备、装煤及出焦设备等。

(1) *护炉设备*

焦炉砌体在烘炉和生产过程中，由于温度变化引起的炉砖膨胀、收缩，使砌体发生形变。摘、挂炉门，推焦时焦饼的挤压，结焦过程煤料的膨胀等引起的机械力等对炉体的作用，均能使砌体遭受破损。为了减少这类破损，砌体外部必须配置护炉设备，利用护炉设备上可调节的弹簧势能，连续不断地向砌体施加数量足够、分布合理的保护性压力，使砌体在外力作用下保持完整和严密，并具有足够的强度。护炉设备分炉组长向（纵向）和燃烧室长向（横向）两部分。纵向有两端抵抗墙，并配有弹簧组的纵拉条，横向有两侧炉柱、上下横拉条、弹簧、保护板和炉门框等。

(2) 煤气设备

焦炉煤气设备包括干馏煤气（粗煤气）导出设备和加热煤气供入设备两套系统。

① 干馏煤气导出设备　干馏煤气导出设备包括上升管、集气管、吸气管以及相应的喷洒氨水系统，用以将出炉粗煤气冷却、导出，并保持和控制炭化室在整个结焦过程中为正压，又防止炭化室压力过高而泄漏煤气至环境，甚至冒烟着火。干馏煤气导出系统见图5-18，温度约700～750℃的粗煤气由上升管引出时，由于散热温度稍有下降，流经桥管时用温度75～80℃的热循环氨水喷洒，由于部分（2.5%～3.0%）氨水迅速蒸发大量吸热，使粗煤气温度急剧降至80～100℃，同时煤气中约60%的焦油蒸汽冷凝析出。冷却后的煤气、循环热氨水和冷凝焦油一起进入集气管，并沿集气管向集气管中部的吸煤气管方向流动。

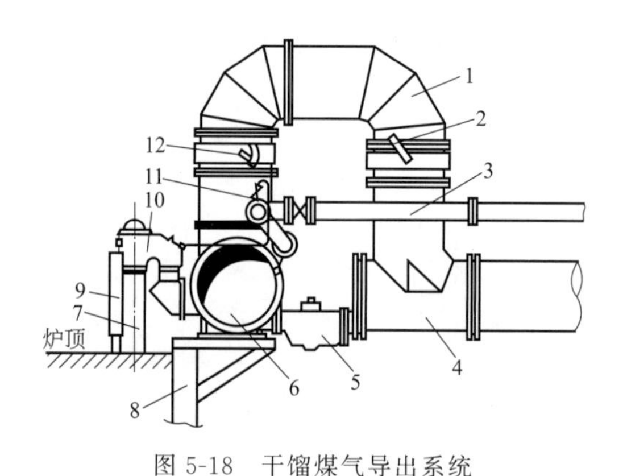

图 5-18　干馏煤气导出系统

1—吸气弯管；2—自动调节翻板；3—氨水总管；4—吸气管；5—焦油盒；6—集气管；7—上升管；8—炉柱；9—隔热板；10—桥管；11—氨水管；12—手动翻板

② 加热煤气供入设备　因焦炉结构不同加热煤气导入系统分侧入式和下喷式两大类，单热式焦炉仅配备一套加热煤气管系，复热式焦炉则配备贫煤气和富煤气（通常为焦炉煤气）两套管系。以JN型焦炉为例，焦炉煤气下喷、贫煤气侧入（图5-19），来自回炉焦炉煤气总管的煤气经预热器后进入地下室的焦炉煤气主管，由此经各煤气支管（其上设有调节旋塞、孔板盒和交换旋塞）进入各煤气横管，再经小横管（设有调节煤气量的小孔板或喷嘴）、下喷管进入直立砖煤气道，最后从立火道底部的焦炉煤气烧嘴喷出，与斜道来的空气混合燃烧。

③ 装煤与出焦设备　装煤车是在焦炉炉顶上往炭化室装煤的焦炉机械。装煤车由钢结构架、走行机构、装煤机构、气动系统和司机室等组成（图5-20）。大型焦炉的装煤车功能较多，机械化、自动化水平高，除装煤的基本功能外，还有启闭装煤孔盖和用泥浆密封装煤孔的装置，具有操纵上升管水封盖和桥管水封阀及对炉顶面进行吸尘清扫等功能。近年来，广泛采用带有点燃式抽烟洗涤除尘系统和带有烟气处理地面站的新型装煤车，使装煤逸散物控制达到较高的水平。

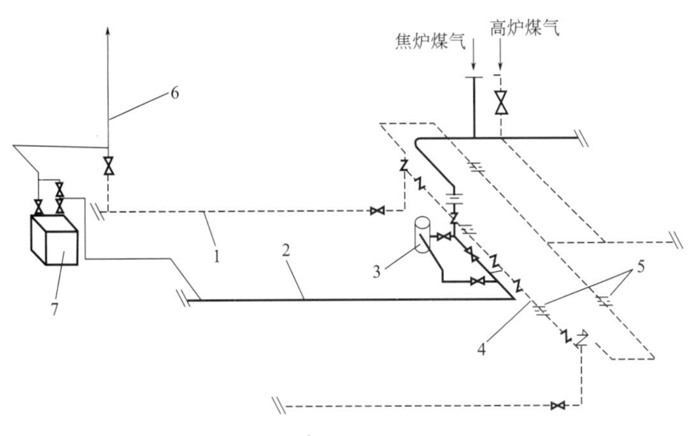

图 5-19　JN 型焦炉的加热煤气系统

1—高炉煤气主管；2—焦炉煤气主管；3—煤气预热器

4—混合用焦炉煤气主管；5—流量孔板；6—放散管；7—水封

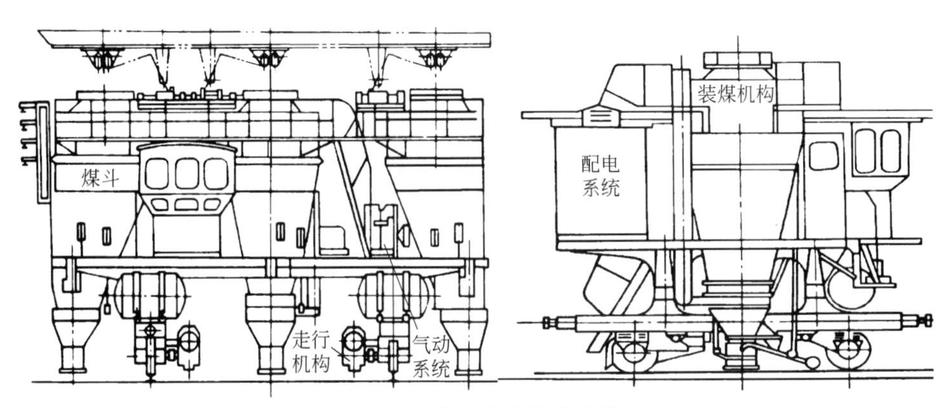

图 5-20　装煤车结构示意图

捣固装煤推焦车（SCP 机）为煤饼捣固作业与装煤推焦一体化设备，一般布置在焦炉机侧，主要由钢结构架、走行机构、开门装置、推焦装置、除沉积炭装置、送煤装置和司机室等组成，如图5-21所示。钢结构架是捣固推焦车的骨架，各种机构和部件均装设其上。

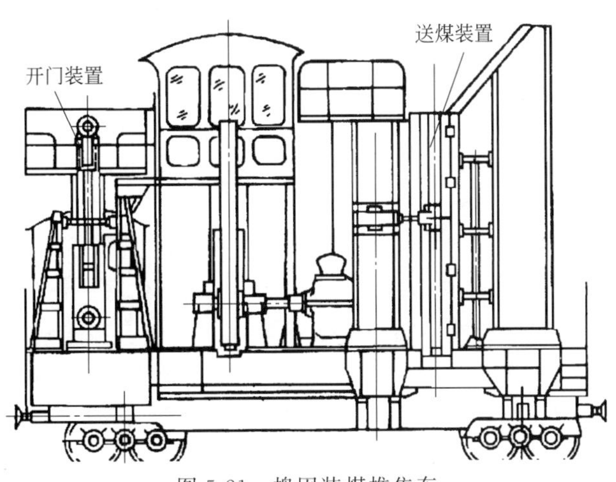

图 5-21　捣固装煤推焦车

由于捣固机在煤箱内直接捣固煤饼，钢结构和煤箱要承受很大的冲击力和震动。因此，钢结构架应具有很大的刚性。走行机构、开门装置、推焦装置、除沉积炭装置和司机室与顶装焦炉用的推焦车相同。

5.2.1.5 其他炼焦反应器

为满足资源、环境、成本和质量等要求，人们对现有焦炉的改造和新建兴趣盎然。在日本的“SCOPE21”、乌克兰的“连续层状炼焦工艺”和美国的“CALDERON”连续炼焦工艺等萌芽技术尚处在小规模开发试验阶段时，欧洲炼焦技术中心在德国 Prosper 焦化厂“巨型炼焦反应器”（jumbo coking reactor，JCR）工业性试验结果的基础上，推出了具备工业化条件的“单室炉系统”（single chamber system，SCS）。

（1）巨型炼焦反应器（单室炉炼焦系统）

单室炉炼焦系统改变多室式传统焦炉的观念，并将煤预热与干熄焦直接联合，进行巨型炼焦反应器（JCR）试验。20 世纪 90 年代初进行了 650 炉 JCR 试验，共生产了焦炭 3 万多吨。后来根据 JCR 工艺试验结果，推出了已具备工业化条件的“单室炼焦系统（SCS）”。巨型炼焦反应器如图 5-22 所示。

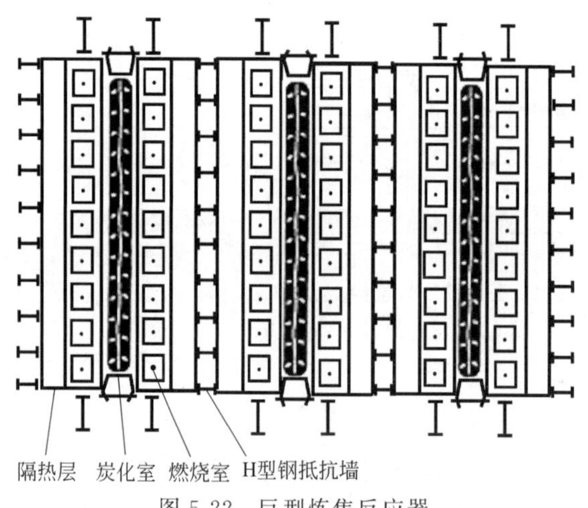

图 5-22 巨型炼焦反应器

① JCR 示范装置 JCR 示范装置有蓄热室位于炭化室底部的 JCR-B 型和蓄热室位于炭化室侧面的 JCR-S 型两种。JCR 的炭化室两侧各有一个燃烧室，为保证加热均匀，立火道设计成三段燃烧。燃烧室的外侧是隔热层，隔热层外由 H 型钢排列成的抵抗墙，形成侧向钢性支承结构。

刚性结构可以保证炭化室高度在 9.5m 条件下，其炉墙抵抗炼焦过程膨胀压力的能力达 30kPa 以上（常规焦炉承受膨胀压力的极限值为 11kPa）。

该装置炭化室 0.85m×10m×20m，无锥度，60mm 炭化室炉墙；炭化室有效容积 150m^3，100t/孔；产量 100t/d。主要特点包括：a. 由于炭化室、燃烧室、隔热层和 H 型钢刚性侧墙形成了一个具有弹性的整体结构，因此可加大炭化室容积和采用预热煤炼焦，并较好地解决了炉墙变形问题；b. 由于炭化室较宽，加之煤料经过预热，煤料堆密度可达 860kg/m^3，炼焦炉生产率、焦炭力学性能、气孔壁强度等大大提高，且有利于扩大炼焦煤资源；c. 巨型炼焦反应器采用程控加热，根据不同炼焦阶段所需热量进行供热，能有效保持炼焦过程的热平衡；d. 同样生产能力所需炉孔数、开启炉门次数及开口密封面长度大幅减少，加上改进炉门密封装置，污染物排放量可减少一半。

② SCS 装置　传统的焦炉是由多个相间布置的炭化室与燃烧室组成的“多室炉系统”（multi chamber system，MCS）。在 MCS 中，整个炉组是一个不可分割的整体，而 SCS 则是由一个炭化室与两个燃烧室组成一个单元，并可按需要由多个单元组成一个系统。如果将每个单元结构视作一个模块，那么整个系统便是一种可扩展的模块化结构。

SCS 每个模块的 2 个燃烧室外侧均设有由钢柱与抵抗墙组成的侧向刚性支承结构，从而每个模块单元的炉体结构强度大大高于通常的 MCS 炉组。虽然炭化室高达 9.5m，其炉墙的稳定性或抵抗炼焦过程膨胀压力的能力却远大于通常焦炉。一般焦炉炉墙承受膨胀压力的极限值为 11kPa，而 SCS 炉墙可承受的膨胀压力为 30kPa 以上，试验中在膨胀压力高达 120kPa 的情况下未发现炉体结构的任何损坏。

SCS 炉体结构强度的大幅度提高使预热煤炼焦工艺的实现成为可能。众所周知，预热煤炼焦工艺在大幅度提高炼焦生产能力的同时有改善焦炭质量的显著效果。但由于预热煤装炉的堆密度提高，导致结焦过程的膨胀压力增大，超过了通常焦炉炉体结构强度的极限，致使炉体寿命大大缩短。

SCS 技术由于炭化室高度大幅增加，以及可以采取预热煤装炉等综合因素，装炉煤的堆密度可提高到 850kg/m^3 以上，因而对焦炭质量特别是热态性能指标焦炭反应后强度（CSR）和焦炭反应性指标（CR）的改善效果明显。这样，在满足现代高炉对焦炭质量要求的前提下，可扩大炼焦煤源范围，降低焦炭生产成本，对钢铁工业的可持续发展有重要意义。

就投资而言，对于 200 万吨/年规模的 SCS 系统，与同规模 2×60 孔焦炉相比，当 SCS 的炭化室宽度为 450mm 时，两者投资基本相同；当炭化室宽度为 600mm 时，SCS 投资约高 17%。这主要是由于 SCS 要增设每个单元模块的侧向钢柱结构和抵抗墙，同时炉高和炉长的增大会引起焦炉机械重量的大幅度增加。

但另一方面，综合经济效益和社会效益有利于投资的短期回收。例如，与传统的 MCS 焦炉相比，由于炭化室高度和长度的增大以及可采用预热煤炼焦，单位炉容和每个炭化室的生产率大大提高。与目前最高炭化室的焦炉相比，单位炉容焦炭产率可由 36kg/(m^3·h) 提高到 45kg/(m^3·h)，每个炭化室的年产焦量可由 16.7kt/(孔·a) 提高到 53.6kt/(孔·a)。从而炉孔数可由 2×60 孔减少到 1×37 孔，耐火砖量大大减少，焦炉占地面积可由 6600m^2 减至 3200m^2。其次，由于 SCS 为可扩展的模块结构，每个模块可视为一个独立单元，因而可进一步提高炉体设计的标准化程度、减少砖型。此外，由于炉孔数减少，相应炉门、炉框、保护板和加热设备数量减少，同时焦炉的泄漏点也减少，有利于粉尘和环保的控制。

除此之外，SCS 预热煤炼焦可多配用低价非炼焦煤，增加的投资有望在短期内得以回收。

（2）无副产回收焦炉

由于现代焦炉技术的日臻完善，焦炉的热效率大大提高。富余约 50%煤气为化工产品回收提供条件，复杂庞大的回收系统便与现代焦炉相伴至今。然而，20 世纪 80 年代，出于环保和投资等方面的考虑，美国和澳大利亚又相继推出新设计的无回收焦炉。在炉体结构设计、机械化程度、热效率、单孔生产能力等方面均具有显著的特点。

新一代无回收焦炉有以下三种代表炉型。美国阳光煤业公司炉型（图 5-23），其尺寸为 3.7m（宽）×4.6m（高）×13.7m（长），煤料是用输送机从机侧装入，装煤厚度为 610～

1220mm，相应的结焦时间为24～48h。堪培拉煤业公司炉型（图5-24），其尺寸为2.4m（宽）×2.6m（高）×12.2m（长），煤料从炉顶装入，装煤量达20～40t，结焦时间长达48～96h。宾夕法尼亚焦炭技术公司（Pennsylvania Coke Technology，Inc.）炉型（图5-25），生产能力为5800t/a。

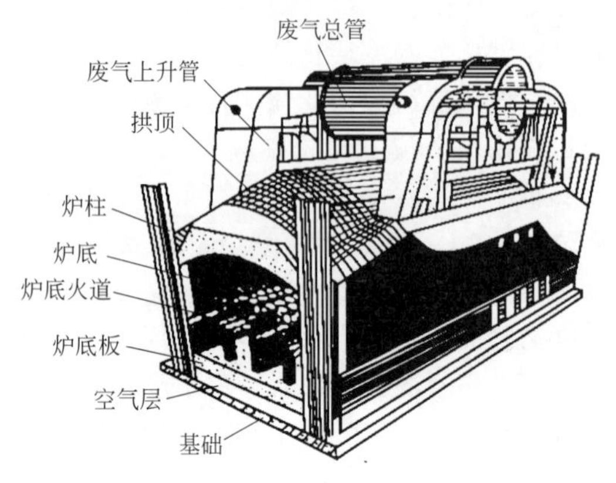

图5-23 美国阳光煤业公司炉型

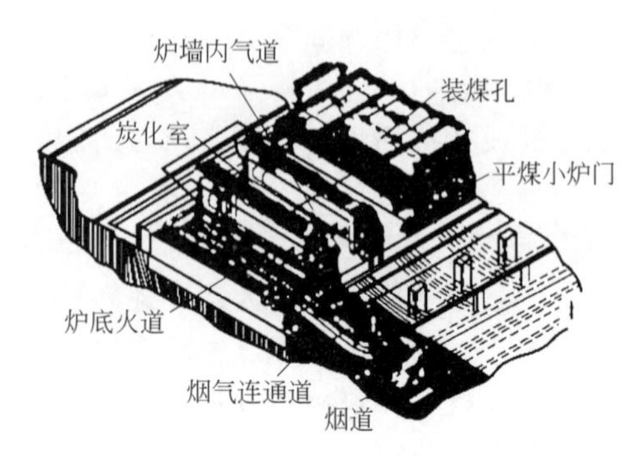

图5-24 堪培拉煤业公司炉型

这些炉型共同的特点是：

① 均有炉底火道和较大空间。煤料结焦所需热量除由炉底火道供给外，还由荒煤气在炉顶空间燃烧以及表面层煤料燃烧供给。

② 在一定的火道燃烧温度条件下的结焦时间主要取决于装煤厚度，通常为24～48h。

③ 装煤、推焦作业均是在炉体处于热态下进行，并配备有相应的焦炉机械。

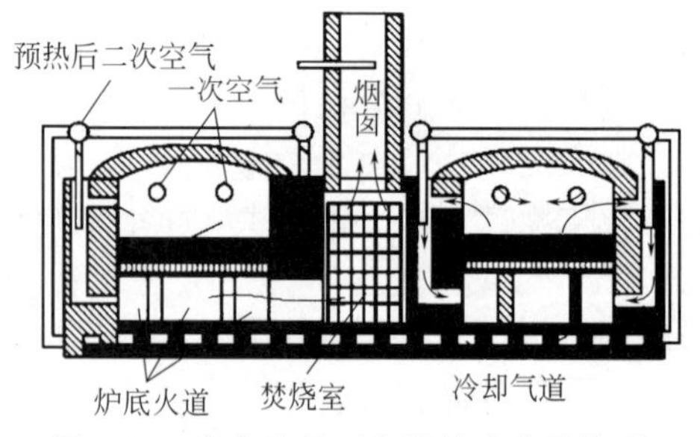

图5-25 宾夕法尼亚焦炭技术公司炉型

④ 结焦过程所产生的荒煤气可通过有控制的一次空气、二次空气的加入而得到充分燃烧，因而不产生焦油、酚水等液态产物。

⑤ 无回收炼焦操作在环境方面具有较大的优势。例如，负压操作、无回收炼焦从生产过程本身解决了回收型炼焦操作中存在的荒煤气逸散，废气集中引出并充分燃烧又可有效去除煤热解过程中生成的苯并芘等有机物，相应生产中不存在酚、氰废水处理等问题。

新一代无回收焦炉是作为传统焦炉的一种可能的替代技术而出现的，然而，由于有以下诸因素的制约，它的应用范围是有限的。

① 生产能力小、占地面积大，无回收焦炉很难适应大规模生产的需要。

② 焦炉烟尘治理的难题依然存在。虽然采用无回收焦炉不产生酚水、焦油渣等污染物，且整个炼焦过程是在负压下进行，不会因炉门泄漏而造成污染，但由于装煤、推焦作业仍在热态下进行，在这些操作过程中仍会有BSO、TSP、B*a*P等污染物产生，治理难度大。

③ 热效率低，炼焦煤耗高。新一代无回收焦炉炼焦过程中所产生的荒煤气仍然全部燃烧生成高温废气，其显热只有小部分供给煤料结焦用，结焦中后期却又由于煤气发生量小，不足以满足炼焦供热需要，必须燃烧部分煤料以补充热量，因而热效率低、煤耗高。

④ 所生产的焦炭灰分增加，焦炭质量稳定性差。

综上所述，新一代无回收焦炉不太可能普遍取代现代室式焦炉，而只是较适用于矿区小规模的焦炭生产，需要进一步完善其环保治理设施以满足日趋严格的环保法规要求。

（3）热回收焦炉

热回收焦炉炼焦是世界三大新炼焦技术之一，通过在炼焦过程中通入适量空气，使炉内产生的煤气全部燃烧，而加热煤料炼焦，不回收煤气中的化学产品，其热烟道废气经锅炉回收热量，生成蒸汽用以发电[46-48]，是以负压式热气回收通过余热锅炉进行热交换使产生的过热蒸汽以汽轮发电机来实现焦、电联产的生产设施。热回收焦炉工艺流程如图 5-26 所示。

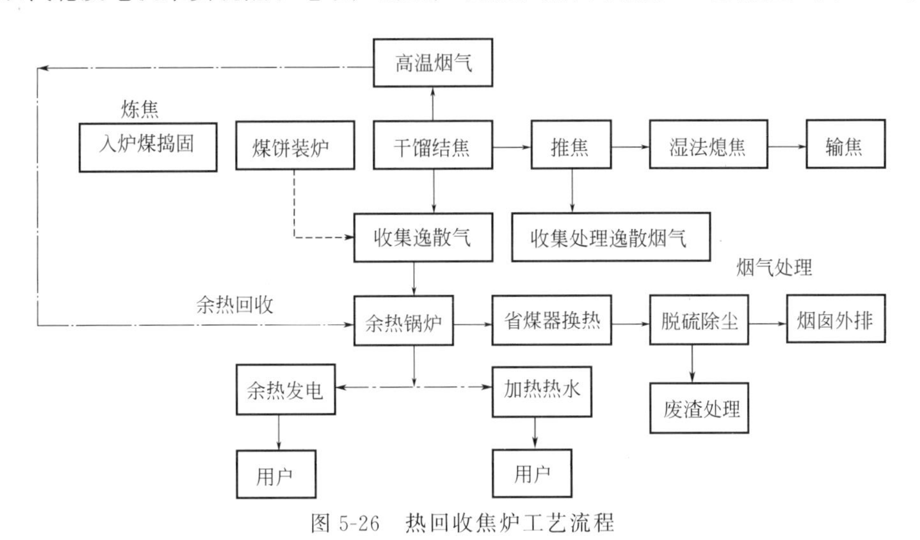

图 5-26　热回收焦炉工艺流程

热回收焦炉炉型如图 5-27 所示。热回收焦炉通过直接加热和间接加热相结合的方式对煤料进行加热炼焦。炼焦时产生的荒煤气与进入炭化室的一次空气在煤饼上方的空间边混合边燃烧，产生的热量从上往下加热煤饼。废气与未完全燃烧的煤气形成混合废气，经炭化室墙中的主墙进入炭化室底部的四联火道与炉底的二次空气混合后燃烧，废气的热量从四联火道顶部的耐火砖从下往上加热煤饼。这样，炭化室中的煤饼同时受到煤饼上方的直接加热和煤饼下方的间接加热而生成焦炭。燃烧产生的高温废气送入废热锅炉回收热量并发电，温度可降至 200℃左右，经废气脱硫和除尘装置处理后放散。

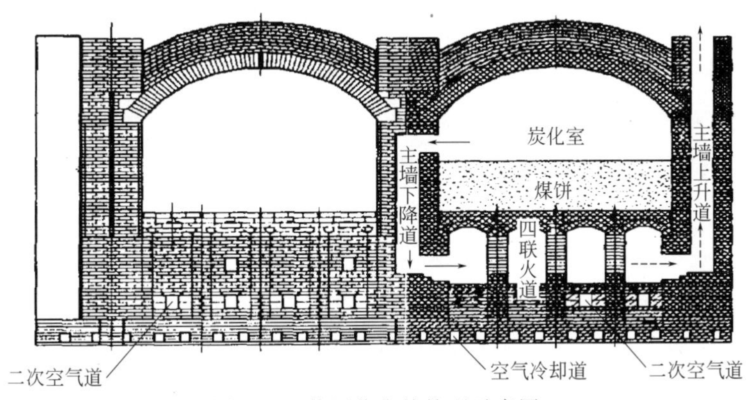

图 5-27　热回收焦炉炉型示意图

热回收焦炉不同于常规炼焦炉，在结焦过程中，热回收焦炉整个系统完全处于负压状态，热回收焦炉炼焦技术具有一定的技术优势：a. 炭化室负压，无烟尘和 VOCs 外逸；b. 无化产回收，焦化污水接近零排放；c. 煤种的适应能力强，扩大炼焦煤资源；d. 热回收焦炉的温度和压力制度调节简单。

热回收焦炉属于内热式焦炉，高温干馏所需的热量全部来自炼焦过程中自身所产生的荒煤气，所以热回收焦炉技术存在以下缺陷：

a. 基于炼焦的非稳态过程、传热传质的非线性和配合煤组成的复杂性等因素，荒煤气的发生量和组成呈现“长程有序，短程无序”的特点，即规律性不强。

b. 荒煤气发生量和组成的规律性差，使热工调节与结焦过程难以达到化产焦炉的契合程度，导致热回收焦炉的结焦时间长且随机性大。

c. 焦炉炉体和护炉设备存在不同程度的烧损，炭化室炉墙硅砖容易与燃烧后的煤渣发生化学反应，损坏炉体，一代炉龄短，另外助燃空气会烧损部分焦炭。

d. 锅炉系统有安全管理的强制检修制度，而焦炉属于连续生产的热工窑炉，一代炉龄（25 年）内必须连续稳定运行，因此锅炉系统与焦炉系统生产上存在矛盾，两个工艺单元在生产中相互影响、制约。

目前国际上热回收焦炉主要分为卧式热回收焦炉和立式热回收焦炉。其中，立式热回收焦炉炉体结构与化产焦炉接近，且焦炉机械完全一样。因此，立式热回收焦炉适合于化产焦炉的更新改造，可以充分利用化产焦炉的基础、土建构筑物和焦炉机械，将化产焦炉改造、升级成为立式热回收焦炉。

对于环境容量有限，特别是煤化工产业链不健全条件下，可以采取热回收焦炉炼焦工艺。即使煤化工产业链健全且具备优势条件时，综合考虑到煤炭资源的高效利用和扩大炼焦煤资源等，也可根据本地煤炭资源情况酌情发展热回收炼焦技术。

鉴于热回收焦炉炼焦技术存在的缺陷，应加强热回收焦炉炼焦技术的基础理论研究和焦炉结构的设计优化。具体方法如下：

a. 应用实验手段、数值计算和生产数据统计回归等方法，建立荒煤气发生的数学模型。

b. 应用计算流体力学，合理确定焦炉结构设计和推焦串序，实现荒煤气均匀化和均质化。

c. 应用传热机理，确定焦炉结构设计实现助燃空气的预热，提高炉温，缩短结焦时间。

d. 合理确定企业总图布局和焦炉温度压力制度以及焦炉密封形式，实现各工艺单元的协调生产，减轻焦炉炉体、护炉设备和焦炭的烧损。

针对传统焦炉煤气处理及化产品回收装置环保控制费用较高的问题，国内外也都较早地推崇新设计的无回收焦炉，将废热用于生产蒸汽和发电。具有炼焦工艺流程简单，设计和基建投资费用低；取消煤气回收装置，不会产生焦油和酚水等污染物；负压操作，废物放散能降到最低水平；废热得到综合利用等优点。但是，这类工艺问题也十分突出：a. 煤耗较高；b. 部分煤和焦炭被烧损，焦炭质量和成焦率下降；c. 加热控制手段简单，焦炭的均匀性差；d. 炉龄短，维修量大。近年来，国内部分钢铁联合企业根据自身实际先后建设投产了多座卧式焦炉，如福建三明钢铁、广西柳钢中金、河南周口安钢等。

5.2.2 焦炉运行与控制技术

焦炉运行与控制主要包括焦炉生产运行和加热制度管理，是焦炉稳定高效生产的重要环节，也是焦炉节能减排的重要方面，对稳定焦炭质量、降低生产成本、节约能耗、延长焦炉寿命均具有重要的意义。

5.2.2.1 室式炼焦过程

炭化室内结焦过程的基本特点有二：一是单向供热、成层结焦；二是结焦过程中的传热性能随炉料状态和温度而变化[5]。据此，炭化室内各部位焦炭质量与特征有所差异。

(1) 炭化室内热流与炉料状态

炭化室内煤料热分解、形成塑性体、转化为半焦和焦炭所需的热量，由两侧炉墙提供。由于煤和塑性体的导热性很差，使从炉墙到炭化室的各个平行面之间温差较大。在同一时间，离炭化室墙面不同距离的各层炉料因温度不同而处于结焦过程的不同阶段。最靠近炉墙处首先形成焦炭，而后逐渐向炭化室中心推移，这就是“成层结焦”。当炭化室中心面上最终成焦并达到相应温度时，炭化室结焦才终了，因此结焦终了时炭化室中心温度可作为整个炭化室焦炭成熟的标志，一般高温炼焦的终温为 950～1050℃。

在同一结焦时刻内处于不同结焦阶段的各层炉料，由于热物理性质（比热容、热导率、相变热等）和化学变化（包括反应热）的不同，传热量和吸热量也不同，因此炭化室内的温度场是不均匀的。

图 5-28 给出的等时线标志着同一结焦时刻从炉墙到炭化室中心的温度分布；图 5-29 的等时线也可改绘制成以离炭化室墙的距离 x 和结焦时刻 τ 为坐标的等温线或以 t-τ 为坐标的等距线，两条等温线的温度差为 Δt。两条等温线间的水平距离为时间差 $\Delta\tau$，垂直距离为距离差 Δx。$\Delta t/\Delta\tau$ 表示升温速率，$\Delta t/\Delta x$ 表示温度梯度。

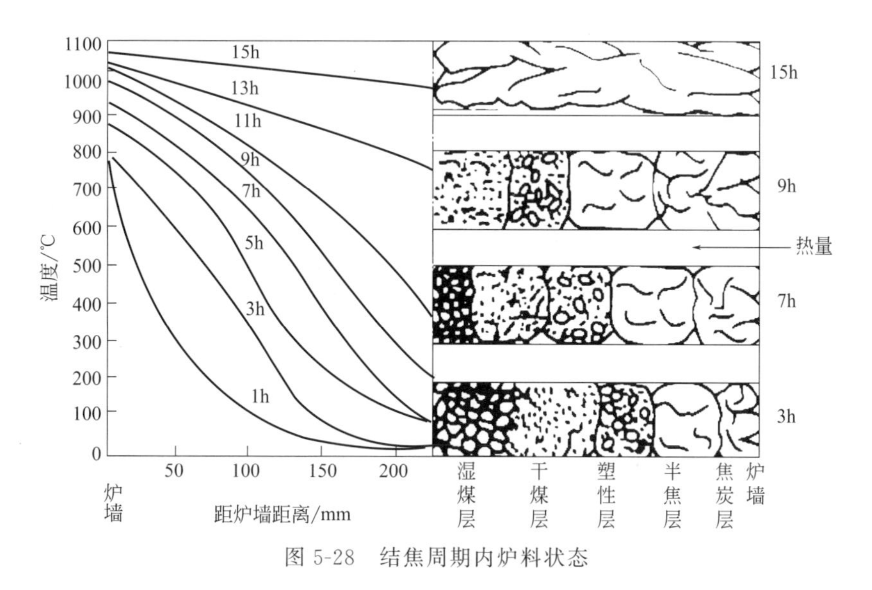

图 5-28 结焦周期内炉料状态

① 任一温度区间，各层的升温速率和温度梯度均不相同。在塑性温度区间（350～480℃），不但各层升温速率不同，且多数层的升温速率很慢；其中靠近炭化室墙面处的升温

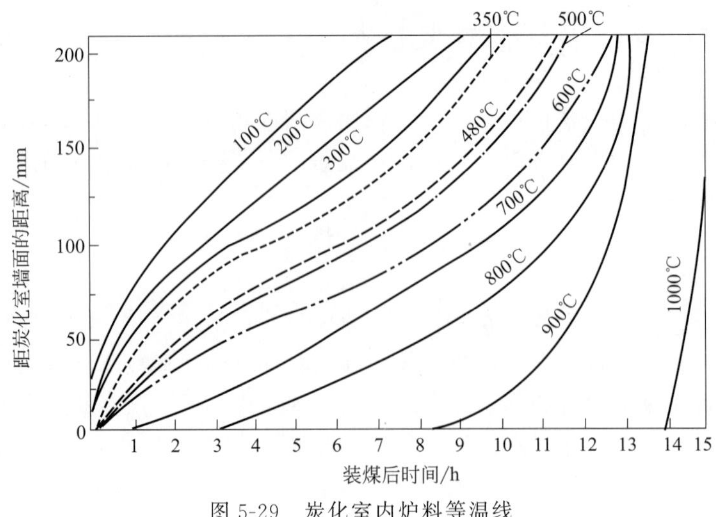

图 5-29　炭化室内炉料等温线

速率最快，约 5℃/min 以上；接近炭化室中心处最慢，约 2℃/min 以下。在半焦收缩阶段出现第一收缩峰的温度区间（500～600℃），各层温度梯度有明显差别。

② 炭化室中心面煤料温度在结焦前半周期不超过 100～120℃。这是因为水的汽化潜热大而煤的热导率小，而且湿煤层在结焦过程中始终处于两侧塑性层之间，水汽不易透过而使大部水汽走向内层温度较低的湿煤层，并在其中冷凝，使内层湿煤水分增加，故升温速率较小。装炉煤水分愈多，结焦时间愈长，炼焦耗热量愈大。

③ 炭化室墙面处结焦速度极快，不到 1h 的结焦时间就超过 500℃，形成半焦后的升温速率也很快，因此既有利于改善煤的黏结性，又使半焦收缩裂纹增多加宽。炭化室中心面处，结焦的前期升温速率较慢，当两侧塑性层汇合后，外层已形成热导率大的半焦和焦炭，且需热不多，故热量迅速传向炭化室中心，使 500℃后的升温速率加快，也增加了中心面处焦炭的裂纹。

④ 由于成层结焦，两侧大致平行于炭化室墙面的塑性层逐渐向中心移动，同时炭化室顶部和底面因温度较高，也会受热形成塑性层。由于四面塑性层形成的膜袋的不易透气性，阻碍了其内部煤热解气态产物的析出，使膜袋膨胀，并通过半焦层和焦炭层将膨胀压力传递给炭化室墙。当塑性层在炭化室中心汇合时，该膨胀压力达到最大值，通常所说的膨胀压力就是指该最大值。适当的膨胀压力有利于煤的黏结，但要防止过大有害于炉墙的结构完整，相邻两个炭化室处于不同的结焦阶段，故产生的膨胀压力不一致，使相邻炭化室之间的燃烧室墙受到因膨胀压力差产生的侧负荷 ΔP，为保证炉墙结构不致破坏，焦炉设计时，要求 ΔP 小于导致炉墙结构破裂的侧负荷允许极限负荷值。

（2）焦炭裂纹的形成

对于一定的炼焦煤料，处于炭化室不同部位的焦炭，用肉眼观察就能按它的特征加以区分，它们的性质也有明显差异。如上所述，这是由于不同部位的焦炭，其升温速率及温度梯度的不同，提高升温速率可以改善焦质的强度（M_{10}），但不利于块度的增大；而温度梯度及收缩系数则主要影响焦炭的裂纹形成及块度大小。焦炭裂纹形成的根本原因在于半焦的热分解和热缩聚产生的不均匀收缩，引起的内应力超过焦炭多孔体强度时，导致裂纹形成。在炭化室内由于成层结焦，相邻层间存在着温度梯度，且各层升温速率也不同，使半焦收缩阶段各层收缩速度不同，收缩速度相对较小的层将阻碍邻层收缩速度较大层的收缩，则在层间将产生剪应力，层内将产生拉应力。剪应力会导致产生平行于炭化室墙面（垂直于热流方向）的横裂纹，拉应力会导致产生垂直于炭化室墙面（平行于热流方向）的纵裂纹。在炭化室中心部位，当两侧塑性层汇合时，膜袋内热解气体引起的膨胀所产生的侧压力会将焦饼沿中心面推向两侧，从而形成焦饼中心裂缝。由于纵、横裂纹和中心裂纹的产生，使炭化室内的焦饼分隔成大小不同的焦块。

焦块大小取决于裂纹的多少，而裂纹的数量和大小又主要取决于半焦收缩阶段的半焦收缩系数和相邻层的温度梯度。煤料在500℃前后产生的第一收缩峰取决于煤的挥发分，煤的挥发分高则收缩系数大，当温度梯度一定时，焦炭裂纹率高，裂纹间距小，则焦炭块度小。第二收缩峰发生在750℃左右，它与煤的挥发分关系不大，但随加热速率提高而加大，因此加热速率高时，收缩加剧，使裂纹率增高。

(3) 炭化室各部位的焦饼特征

靠近炭化室墙面的焦炭（焦头），由于加热速率快，故熔融良好、结构致密，但温度梯度较大，因此裂纹多而深，焦面扭曲如菜花，常称“焦花”，焦炭块度较小。炭化室中心部位处的焦炭（焦尾），结焦前期加热速率慢，而结焦后期加热速率快，故焦炭黏结、熔融均较差，裂纹也较多。距炭化室墙面较远的内层焦炭（焦身），加热速率和温度梯度均相对较小，故焦炭结构的致密程度差于焦头而优于焦尾，但裂纹少而浅，焦炭块度较大。

加拿大曾在炭化室高5m的焦炉上测定炭化室不同部位焦炭的性质，数据如表5-7所示。数据表明，沿炉高向由上至下，焦炭块度降低，视密度增大，转鼓强度提高，反应性降低，反应后强度提高。沿炭化室长向焦炭质量的差别较小，中部焦炭质量比机、焦侧焦炭稍好。日本新日铁公司采用配有喷洒水管的专用焦饼取样器，沿炭化室长向（约1/3处）和高向（分1～6段）分别采取焦样分析，数据同样说明上部焦炭的强度 DI_{15}^{150} 和反应后强度(CSR) 比下部焦炭差。沿炭化室长向则是装煤孔下方焦炭质量较高。

表5-7 炭化室不同部位（距炭化室顶不同距离）焦炭的性质

项目	焦侧装煤孔			中部装煤孔			机侧装煤孔			焦台
	0.8m	3.3m	5.0m	0.8m	3.3m	5.0m	0.8m	3.3m	5.0m	
>50mm焦炭/%	68.6	74.1	58.5	73.7	63.1	64.3	74.9	69.9	58.8	68.2
视密度/(g/cm³)	0.758	0.788	0.928	0.798	0.880	0.947	0.772	0.832	0.945	0.888
ASTM稳定度/%	44.9	47.1	54.8	—	—	—	47.9	48.6	52.5	58.5
ASTM硬度/%	55.0	58.8	71.1	—	—	—	59.5	68.0	71.4	69.8
反应性/%	35.7	33.3	24.0	34.6	32.3	28.3	37.1	31.8	26.9	23.7
反应后强度/%	36.6	45.6	62.5	43.1	48.9	59.5	39.7	48.7	64.3	64
挥发分/%	4.1	1.3	0.8	0.7	0.7	0.8	1.8	0.9	0.7	0.9

注:煤孔距炭化室顶部距离均为长度方向上的距离。

(4) 炭化室内气体析出与流动特征

高温炼焦的化学产品产率、组成与低温干馏有明显差别，这是因为高温炼焦的化学产品不是煤热分解直接生成的一次热解产物，而是一次热解产物在析出途径中受高温作用后的二次热解产物。高温炼焦时，从干煤层、塑性层和半焦层内产生的气态产物称一次热解产物，在流经焦炭层、焦饼与炭化室墙间隙及炭化室顶部空间时，受高温作用发生二次热解反应，生成二次热解产物。二次热解反应非常复杂，主要有一次热解产物中的烃类进一步裂解成为更小分子的气体，如CH_4、H_2、CO_2、C_2H_4等；饱和烃或环烷烃脱氢、缩合成为芳香族化合物；含氧、含氮、含硫化合物的脱氧、脱氮和脱硫等反应。整个炭化周期内化学产品的析出一般有两个峰值，标志着热分解由两个连续的阶段组成。第一析出峰在350～550℃范围内，放出大量含碳、氢、氧的挥发产物，主要是煤焦油和轻油组分。700℃左右出现第二析出峰，二次热解反应剧烈，产品主要是甲烷和氢气。高温炼焦化学产品的产率主要取决于装炉煤的挥发分产率，其组成主要取决于粗煤气在析出途径上所经受的温度、停留时间及装炉煤水分。

炭化室内干煤层热解生成的气态产物和塑性层内产生的气态产物中的少部分从塑性层内侧和顶部流经炭化室顶部空间排出，这部分气态产物称“里行气”，约占气态产物的10%～25%。塑性层内产生的气态产物中的大部分和半焦层内的气态产物，则穿过高温焦炭层缝隙，沿焦饼与炭化室墙之间的缝隙向上流经炭化室顶部空间而排出，这部分气态产物称“外行气”，约占气态产物的75%～90%。里行气和外行气由于析出途径、二次热解反应温度和反应时间不同，以及两者的一次热解产物也因热解温度而异，故两者的组成差别很大（表5-8），出炉煤气是这两者的混合物。由于外行气占75%～90%，且析出途径中经受二次热解反应温度高、时间长，因此外行气的热解深度对炼焦化学产品的组成起主要作用。

表5-8　里行气和外行气的组成比较

项目	煤气组成/%								
	H_2	CH_4	C_2H_6	C_2H_4	C_3H_8	C_3H_6	CO	CO_2	N_2
里行气	20	53	10	2	3	3	2	5	2
外行气	60	27	1	2.5	0.2	0.3	5	2	2

项目	烃及衍生物组成/%						
	初馏分	苯	甲苯	二甲苯	酸性化合物	碱性化合物	其他
里行气	40	4	7	10	9	5	25
外行气	3.5	73	17	4.5	—	—	2

(5) 影响炭化室结焦过程的因素

焦炭质量主要取决于装炉煤性质，也与备煤及炼焦条件有密切关系。在装炉煤性质确定的条件下，对室式炼焦，备煤与炼焦条件是影响结焦过程的主要因素。

① 装炉煤堆密度　增大堆密度可以改善焦炭质量，特别对弱黏结煤尤为明显。在室式炼焦条件下，增大堆密度的方法，如捣固、配型煤、煤干燥等均已在工业生产中应用。装炉煤的粒度组成对堆密度影响很大，配合煤细度高则堆密度减小，且装炉烟尘多，装炉煤的粒度分布组成表明，粒度粒级分布符合正态分布最为合理。

② 装炉煤水分　装炉煤水分对结焦过程有较大影响，水分增多将使结焦时间延长，通常水分每增加1%，结焦时间约延长20min，不仅影响产量，也影响炼焦速度。国内多数厂的装炉煤水分大致为10%～11%。装炉煤水分还影响堆密度。当煤料水分低于6%～7%时，随水分降低堆密度增高。水分大于7%，堆密度也增高，这是水分的润滑作用，促进煤粒相对位移所致。

③炼焦速度　通常是指炭化室平均宽度与结焦时间的比值，例如炭化室平均宽度为450mm、407mm、350mm时，结焦时间为17h、15h、12h，则炼焦速度分别为26.5mm/h、27.1mm/h和29.2mm/h。炼焦速度反映炭化室内煤料结焦过程的平均升温速率，根据煤的成焦机理，提高升温速率可使塑性温度间隔变宽，流动性改善，有利于改善焦炭质量。但是

在室式炼焦条件下，炼焦速度和升温速率的提高幅度有限，所以其效果仅使焦炭的气孔结构略有改善，而对焦炭显微组分的影响则不明显。提高炼焦速度使焦炭裂纹率增大，降低焦炭块度。因此，炼焦速度的选择应多方权衡。

④炼焦终温　提高炼焦最终温度，使结焦后期的热分解与热缩聚程度提高，有利于降低焦炭挥发分含量和含氢量，使气孔壁材质致密性提高，从而提高焦炭显微强度、耐磨强度和反应后强度。但在气孔壁致密化的同时，微裂纹将扩展，因此抗碎强度则有所降低（表 5-9）。

表 5-9　炼焦终温对焦炭质量影响的实例

炼焦终温/℃	强度/%			筛分组成/%					平均粒度/mm		反应性能/%	
	M_{40}	M_{10}	DI_{15}^{150}	25～40	40～60	60～80	80～110	25～80	25～80	25～110	CRI	CSR
944	72.9	10.9	79.5	6.1	34.9	25.5	30.3	66.5	56.0	68.1	40.6	37.3
1075	70.4	9.3	80.3	7.3	38.4	34.0	16.9	79.7	57.0	63.5	33.4	499.9

⑤ 焖炉时间　焦饼成熟后适当延长焖炉时间，同样有利于提高结焦过程的热聚合程度，促进焦炭石墨化程度的提高，也有助于改善焦炭的微观性质。近年来，随着干熄焦技术的应用，日本提出中温干馏（700～800℃），中温半焦在干熄焦预存室再加热，使焦炭进一步成熟，使其改质同样达到高温炼焦的效果。

5.2.2.2　煤气燃烧基础

焦炉加热管理目的是在规定的炼焦条件下，通过对加热煤气及燃烧过程的测量和有效调整，实现全炉各炭化室在规定时间内，沿高向、长向均匀成焦，使焦炉均衡生产。

（1）加热煤气种类

焦炉加热用煤气主要是焦炉煤气和高炉煤气，少数采用发生炉煤气或混合煤气。这些煤气的大致组成见表 5-10。

表 5-10　几种煤气（干基）的组成和低热值

名称	组成(体积分数)/%								低热值/(kJ/m³)
	H_2	CH_4	CO	C_mH_n	CO_2	N_2	O_2	其他	
焦炉煤气	55～60	23～27	5～8	2～4	1.5～3	3～7	0.3～0.8	H_2S,HCN	17000～19000
高炉煤气	1.5～3	0.2～0.5	23～27	—	15～19	55～60	0.2～0.4	灰	3200～3800
空气煤气	0.5～0.9	—	32～33	—	0.5～1.5	64～66	—	灰	4200～4300
水煤气	50～55	—	36～38	—	6.0～7.5	1～5	0.2～0.3	H_2S	10300～10500
混合煤气	14～18	0.6～2	25～30	—	4.0～6.5	48～53	0.2～0.3	H_2S,灰	5300～6500

焦炉煤气的可燃成分主要是 H_2 和 CH_4，达 90%以上；高炉煤气和煤气发生炉气的可燃成分仅 30%左右，主要是 CO，含大量 N_2。

煤气热值是影响炉温的重要指标，按照测量方法有高热值（$Q_{高}$）和低热值（$Q_{低}$）之分，煤气的低热值更具有实际意义。混合气体燃料的低热值也可由组成按加和性计算。

$$Q_{低}=\frac{12730\varphi_{CO}+10840\varphi_{H_2}+35840\varphi_{CH_4}+71170\varphi_{C_mH_n}}{100}$$

式中　φ_{CO}，φ_{H_2}，φ_{CH_4}，$\varphi_{C_mH_n}$——煤气中相应成分的体积分数，%。

标准状态（0℃、101325Pa）下煤气密度（ρ_0）可按理想气体的煤气组成用加和计算。

实际状态下的密度由温度、压力校正计算得到。

（2）煤气燃烧计算

煤气燃烧时需要的空气量、产生的废气量、废气组成和燃烧温度是燃烧控制及评价煤气加热特性、燃烧设备和工艺计算等的重要数据[49]。生产中为保证燃料完全燃烧，供给的空气量必须多于理论空气量，两者之比称为空气系数（α）。

$$\alpha=\frac{L_{实}}{L_{理}}$$

式中 $L_{实}$——实际空气量；

$L_{理}$——理论空气量。

α 值也可以通过废气组成分析计算。

$$\alpha=1+K\frac{\varphi_{O_2}-0.5\varphi_{CO}}{\varphi_{CO_2}+\varphi_{CO}}$$

式中 φ_{O_2}，φ_{CO}，φ_{CO_2}——废气分析测得废气中各成分的体积分数，%；

K——随加热煤气组成而异的系数。

$$K=\frac{V_{CO_2}}{V_{O_2}}$$

式中 V_{CO_2}、V_{O_2}——燃烧 1m^{3}煤气所产生的理论 CO_2 量和所需的理论 O_2 量，m^3。

煤气燃烧时产生大量的热量，同时产生一定的废气；热量用于加热燃烧产物（废气），使其达到一定的温度，该温度取决于燃料组成、空气系数、混合与燃烧以及散热等情况。

燃烧计算一般按化学计量为基础，首先计算理论燃烧所需空气量和产生废气量，再结合空气系数得到实际燃烧参数。表 5-11 为以 100m^{3}煤气燃烧所对应的参数计算实例。

表 5-11 以 100m^3 干焦炉煤气为基准的燃烧计算

组成	含量/%	燃烧式	理论氧量		V_{CO_2}/%	V_{H_2O}/%	V_{N_2}/%	V_{O_2}/%	V_F/%
			m^3/m^3	m^3					
CO_2	2.4				2.4				
O_2	0.2			−0.2					
CO	8.4	$CO+0.5O_2=CO_2$	0.5	4.2	8.4				
CH_4	20	$CH_4+2O_2=CO_2+2H_2O$	2	40	20	0.40			
C_mH_n	2	$C_2H_4+3O_2=2CO_2+2H_2O$	80%计	4.8	3.2				
		$C_3H_6+4.5O_2=3CO_2+3H_2O$	15%计	1.35	0.9				
		$C_6H_6+7.5O_2=6CO_2+3H_2O$	5%计	0.75	0.6				
H_2	63.1	$H_2+0.5O_2=H_2O$	0.5	31.55		63.1			
N_2	3.9						3.9		
H_2O						3.43			
煤气燃烧所需的理论氧量及燃烧产物				82.45	35.5	106.53	3.9		
实际空气量(干)及带入的水汽、氧、氮量 $L_{实(干)}=\alpha\times V_{O_2,理}\times100/21=1.42\times82.45\times100/21=557.52$						12.6	440.4	34.6	
废气中各成分量/m^3					35.5	119.13	444.3	34.6	633.53
废气组成/%					5.6	18.8	70.1	5.5	100

续表

组成	含量/%	燃烧式	理论氧量		V_{CO_2}/%	V_{H_2O}/%	V_{N_2}/%	V_{O_2}/%	V_F/%
			m^3/m^3	m^3					
$\alpha=1, L_{实}=82.45\times100/21=392.62$						9.43	310.2		
废气成分/m^3					35.5	119.96	314.1		465.56
干废气量/m^3					35.5		314.1		349.6
干废气成分/%					10.2		89.8		100

注：煤气温度 32℃；空气温度 25℃；相对湿度 70%；焦炉煤气密度 0.432kg/m^3；发热值 $Q_{JF}=16500kJ/m^3$。

(3) 煤气的加热特性

几种煤气的加热特性可综合归纳如表 5-12 所示。

表 5-12 焦炉用煤气的加热特性

特性		焦炉煤气	大高炉煤气	中型高炉煤气	空气煤气
组成/%	H_2	59.5	1.5	2.7	9.0
	CO	6.0	26.8	28.0	28.0
	CH_4	25.5	0.2	0.2	1.05
	C_mH_n	2.2			
	CO_2	2.4	13.9	11.0	5.1
	N_2	4.0	57.2	57.8	56.45
	O_2	0.4	0.4	0.3	0.4
干煤气密度/(kg/m^3)		0.454	1.331	1.297	1.177
低热值/(kJ/m^3)		17900	3640	3920	4910
燃烧 $1m^3(\alpha=1.25)$煤气需干空气量		5.473	0.843	0.920	1.202
燃烧 $1m^3(\alpha=1.25)$煤气生成废气量		6.248	1.757	1.824	1.972
提供 1000kJ 热量	需煤气量/m^3	0.056	0.275	0.255	0.204
	需空气量/m^3	0.306	0.232	0.235	0.245
	生成废气量/m^3	0.350	0.483	0.465	0.402
废气组成/%	CO_2	6.41	23.28	21.49	17.31
	H_2O	20.06	4.24	4.80	3.35
	O_2	3.68	2.02	2.12	2.56
	N_2	69.85	70.46	71.59	76.78
废气密度/(kg/m^3)		1.213	1.401	1.386	1.363
理论燃烧温度(煤气、空气不预热)		1800～2000	1400～1500		
炼焦耗热量/(kJ/kg)		2340～2720	2630～3050		
燃烧极限/%		600～30.0	46～68		21～74
加热系统阻力比(估算)		1	2.62	2.47	1.81
火焰特征		短、光亮、辐射强	长、透明、辐射较弱		
对煤气质量要求		萘和焦油应少	含尘量<15mg/m^3		
毒性		有	含大量 CO，吸入人体引起窒息		

焦炉煤气可燃成分浓度大，故热值高，提供一定热量需要的煤气量少，产生废气量也少，理论燃烧温度高。由于 H_2 占 1/2 以上，故燃烧速度快、火焰短，煤气和废气的密度较低。因 CH_4 占 1/4 以上，而且含有 C_mH_n，故火焰亮，辐射能力强；处于高温下的砖煤气道和火嘴等处会沉积热解碳，故焦炉加热系统在换向过程中要进空气除碳。此外，用焦炉煤气加热焦炉时，加热系统阻力小，炼焦耗热量低，增减煤气流量时对焦炉燃烧室温度变化比较灵敏。

高炉煤气不可燃成分约占 70%，故热值低，提供一定热量所需煤气量多，产生的废气量也多。煤气中可燃成分主要是 CO，且不到 30%，故燃烧速度慢，火焰长，高向加热均匀性好，可适当降低燃烧室温度。但高炉煤气不预热时理论燃烧温度较低，因此必须经蓄热室预热至 1000℃以上，才能满足燃烧室温度的要求。用高炉煤气加热时，由于煤气和废气密度较高，且废气量多，故耗热量高、加热系统阻力大，约为焦炉煤气加热时的 2 倍以上。

使用高炉煤气加热时，由于需经蓄热室预热，故要求炉体严密，以防煤气在燃烧室以下部位燃烧，损坏炉体和废气开闭器。由于高炉煤气含 CO 多、毒性大，故要求管道和设备严密，并使废气开闭器、小烟道和蓄热室等部位在上升气流时也要处于负压状态。为降低加热系统阻力，可往高炉煤气中掺入一定量的焦炉煤气，以提高煤气热值，但为避免焦炉煤气中碳氢化合物在蓄热室热解、堵塞格子砖，焦炉掺入量不应超过 5%～10%（体积分数）。

5.2.2.3 焦炉气体力学原理

焦炉内煤气、空气和废气的流动规律，基本上符合流体稳定流动规律，即单位质量流体稳定流动过程的机械能量守恒。

(1) 焦炉内气体流动特点

理想状态下气流流动伯努利方程式的形式如下：

$$gZ_1+\frac{p_1}{\rho}+\frac{w_1^2}{2}=gZ_2+\frac{p_2}{\rho}+\frac{w_2^2}{2}+\sum h_f$$

式中 gZ——位能，J/kg；

$\frac{p}{\rho}$——压力能，J/kg；

$\frac{w^2}{2}$——动能，J/kg；

$\sum h_f$——损耗能，J/kg。

针对焦炉内煤气、空气和废气的流动，应用时要考虑下述特点。

a. 焦炉加热系统各区段流过不同的气体，且气体从斜道流入火道后，温度发生剧变，因此要分段运用上述方程式。

b. 炉内加热系统的压力变化较小，各区段温度呈均匀变化，故流动过程中气体密度以平均温度下的气体密度 $\rho_{1\text{-}2}$ 代替。为便于在焦炉上应用，以压力形式表示：

$$p_1+Z_1\rho_{1\text{-}2}g+\frac{w_1^2}{2}\rho_{1\text{-}2}=p_2+Z_2\rho_{1\text{-}2}g+\frac{w_2^2}{2}\rho_{1\text{-}2}+\sum_{1\text{-}2}\Delta p$$

式中 $\sum_{1\text{-}2}\Delta p=\sum h_f\times\rho_{1\text{-}2}$——流体通过断面 1 和 2 之间时的阻力，Pa；

$\rho_{1\text{-}2}$——调和平均密度，$\rho_{1\text{-}2}=\rho_0\frac{T_0}{T_{1\text{-}2}}$，kg/m³；

ρ_0——气体在 0℃下的密度，kg/m^3；

w_1，w_2——气体在 T_1（K）和 T_2（K）温度下的流速，m/s。

任意温度下的流速 $w=w_0\dfrac{T}{T_0}=w_0\dfrac{273+t}{273}$。

$$T_{1\text{-}2}=\frac{T_1+T_2}{2}$$

式中 T_1，T_2——截面 1 和 2 处的温度，K。

整理得出：

$$\rho_{1\text{-}2}=\rho_0\frac{T_0}{\dfrac{1}{2}(T_1+T_2)}=\frac{2\rho_0T_0/T_1T_2}{(T_1+T_2)/T_1T_2}=\frac{2\rho_0\dfrac{T_0}{T_1}\times\rho_0\dfrac{T_0}{T_2}}{\rho_0\dfrac{T_0}{T_1}+\rho_0\dfrac{T_0}{T_2}}=\frac{2\rho_1\rho_2}{\rho_1+\rho_2}$$

式中 $\rho_1=\rho_0\dfrac{T_0}{T_1}$——断面 1 处温度 T_1（K）下的气体密度，kg/m^3；

$\rho_2=\rho_0\dfrac{T_0}{T_2}$——断面 2 处温度 T_2（K）下的气体密度，kg/m^3。

c. 焦炉加热系统不仅是个通道，而且起气流分配作用。此外，集气管、加热煤气主管和烟道等也均有分配和汇合气体的作用。在这些分配道中动压力和动量的变化影响很大，因此要考虑改变气流时的流动特点。

d. 方程式中 $Z\rho g$、p、$\dfrac{w_2}{2}\rho$ 分别为位压力、静压力和动压力，三者之和即为总压，因此在稳定流动时，伯努利方程式表现为：

总压差＝阻力

流体流动时，当其中任何一方发生变化时，平衡就破坏，稳定流动转变为不稳定流动，流量将发生变化，并在流量改变后的条件下，总压差和阻力达到新的平衡。焦炉加热调节时为改变流量，按这一原理，可以采用两种手段，即通过改变煤气、废气的静压力来改变系统的总压差，或通过改变调节装置的开度（局部阻力系数）来改变系统的阻力。

(2) 焦炉实用气流方程式及其应用

为考虑炉外空气对炉内热气的作用，以及不同区段的流动特点，实用上常有气流上升与下降两种形式（图 5-30 和图 5-31）。

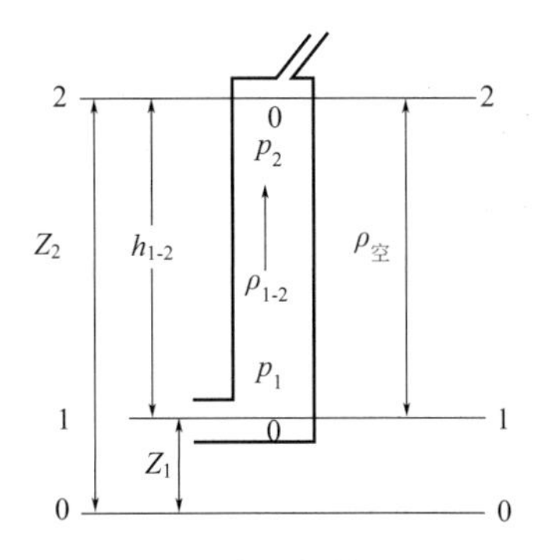

图 5-30 通道内气体由下往上的流动

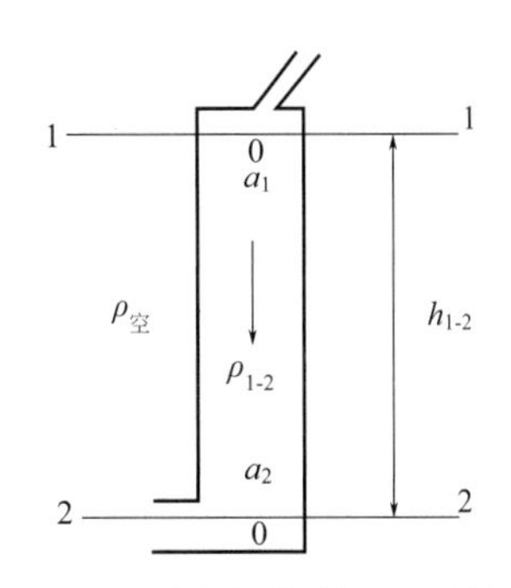

图 5-31 通道内气体由上往下的流动

① 上升气流 图 5-29 为气体在通道内由下往上流动，即上升气流。通道外空气可看作

静止，则对于空气柱有：

$$Z_1\rho_{空} g + p_1' = Z_2\rho_{空} g + p_2'$$

由炉内加热系统的压力方程减去空气柱方程，并整理得：

$$(p_1 - p_1') + Z_1(\rho_{1\text{-}2} - \rho_{空})g + \frac{w_1^2}{2}\rho_{1\text{-}2} = (p_2 - p_2') + Z_2(\rho_{1\text{-}2} - \rho_{空})g + \frac{w_2^2}{2}\rho_{1\text{-}2} + \sum_{1\text{-}2}\Delta p$$

$(p_1 - p_1')$ 与 $(p_2 - p_2')$ 分别为始点与终点的相对压力，并以 a_1 和 a_2 表示

且令 $Z_2 - Z_1 = h_{1\text{-}2}$，焦炉内对于气体流量不变的通道，一般 $\frac{w_1^2 - w_2^2}{2}\rho_{1\text{-}2}$ 与其他项相比甚小，可忽略不计，则上式整理简化为：

$$a_2 = a_1 + h_{1\text{-}2}(\rho_{空} - \rho_{1\text{-}2})g - \sum_{1\text{-}2}\Delta p$$

式中，$h_{1\text{-}2}(\rho_{空} - \rho_{1\text{-}2})g$ 为气柱的热浮力。如图 5-30 所示，$h_{1\text{-}2}\rho_{1\text{-}2}g$ 为热气柱作用在 1-1 面上的位压力，$h_{1\text{-}2}\rho_{空} g$ 为同一高度冷空气柱作用在该底面的位压力。因 $\rho_{空} > \rho_{1\text{-}2}$，故热浮力即为空气柱与热气柱的位压差，其作用是推动热气体向上流动，气柱愈高，空气和热气体的密度差愈大时，热浮力也愈大。

② 下降气流　图 5-31 为下降气流示意图，热气体在通道内由上往下流动时，始点在上部，相对压力仍为 a_1，终点在下部，相对压力为 a_2。在忽略动压力项时，同理可导出下降气流公式：

$$a_2 = a_1 - h_{1\text{-}2}(\rho_{空} - \rho_{1\text{-}2})g - \sum_{1\text{-}2}\Delta p$$

上式表明，下降流动时，热浮力与阻力一样，均起阻碍气流运动的作用，故 $a_2 < a_1$。

③ 循环上升与下降气流　当气体在既有上升气流又有下降气流的通道内流动时，从始点到终点的全部阻力总使终点相对压力减小。气流上升段浮力使终点相对压力增大，下降段浮力则使终点相对压力减小。因此循序上升与下降气流公式为（推导略）：

$$a_{终} = a_{始} + \sum h_{上}(\rho_{空} - \rho_i)g - \sum h_{下}(\rho_{空} - \rho_i)g - \sum\Delta p$$

式中　$a_{始}$，$a_{终}$——始点和终点相对压力；

$\sum h_{上}(\rho_{空} - \rho_i)g$——气流气流全过程中上升段浮力的总和（各段 ρ_i 不同）；

$\sum h_{下}(\rho_{空} - \rho_i)g$——气流全过程中下降段浮力的总和；

$\sum\Delta p$——从始点至终点全部阻力之和。

（3）烟囱原理

烟囱的作用在于使其根部产生足够吸力，克服加热系统阻力（包括分烟道阻力）和下降气流段浮力，使炉内废气排出，空气吸入。炉内上升气段浮力则有助于气体流动和废气排出。烟囱根部吸力靠烟囱内热废气的浮力产生，其值由烟囱高度和热废气与大气的密度差决定。烟囱的工艺设计主要是根据加热系统的阻力和浮力值确定根部需要的吸力值，并据此计算烟囱高度和直径。焦炉加热系统示意图如图 5-32 所示。

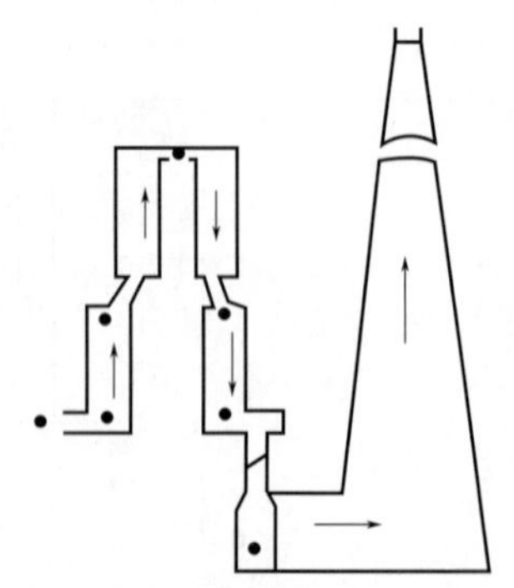

图 5-32　焦炉加热系统示意图

烟囱根部所需吸力按焦炉进风口至烟囱根部列出的循序上升与下降气流公式确定。因进风口处相对压力为零，故可得烟囱根部所需吸力为：

$$(-a_{根})=\sum \Delta p+\sum h_{下}(\rho_{空}-\rho_i)g-\sum h_{上}(\rho_{空}-\rho_i)g$$

式中，$\sum \Delta p$ 为进风口至烟囱根部的总阻力；$\sum h_{上}(\rho_{空}-\rho_i)g$ 和 $\sum h_{下}(\rho_{空}-\rho_i)g$ 分别为进风口至烟囱根部上升气流段浮力及下降气流段浮力和。

一定高度 H 的烟囱能产生的根部吸力按根部至烟囱顶口的上升气流公式确定，因烟囱顶口的吸力为零，故可得烟囱根部能产生的吸力为：

$$(-a_{根})=H(\rho_{空}-\rho_{废})g-\sum_{烟}\Delta p$$

式中，$H(\rho_{空}-\rho_{废})g$ 为烟囱浮力；$\sum_{烟}\Delta p$ 为烟囱根部至烟囱顶口外的总阻力。

显然，焦炉煤气加热时，系统阻力小，烟囱根部所需吸力也小，而废气密度小，一定高度的烟囱浮力较大，故而能产生较大的吸力。用高炉煤气加热时则相反。故设计烟囱高度时，对复热式焦炉要按高炉煤气加热计算，并考虑必要的储备吸力，以保证提高生产能力的可能。当焦炉炉龄较长时，由于系统堵、漏，也需要较大的吸力。生产中要避免或尽力减轻加热系统堵塞、漏气，并防止烟道积灰和渗水。当用高炉煤气加热时，若烟囱吸力不足，可掺入少量焦炉煤气加热，以降低加热系数阻力，并增大烟囱浮力。

(4) 废气循环

焦炉立火道采用废气循环可以降低煤气和氧的浓度，并增大气流速度，从而拉长火焰。它有利于焦饼上下加热均匀，改善焦炭质量，缩短结焦时间，增加产量并降低炼焦耗热量，还可以增加炭化室高度和容积，提高焦炉劳动生产率，降低单位产品的基建投资，故为现代焦炉广所采用。通过优化立火道结构，可实现燃烧室大废气量循环，有效降低燃烧强度，降低废气中氮氧化物浓度。

下降气流火道底部的吸力虽然大于上升气流火道底部的吸力，但依靠以下推动力，可以将部分废气由下降气流火道底部经循环孔抽入上升气流火道。

① 火道底部由斜道口及烧嘴喷出气流所具有的喷射力。

② 因上升气流火道温度一般比下降气流火道温度高而产生的热浮力差。

根据动量原理："稳定流动时，作用于流体某一区域上的外力在某一坐标轴方向上的总和，等于此区域两端单位时间内流过的流体在该方向上的动量变化。"由此可得到废气循环区域内煤气和空气进入火道时喷射作用所引起的动量变化。

$$\frac{V_{0废}^2(1+x)^2}{A_{火}^2}\times\rho_{0废}\times\frac{T_{上废}}{273}-\frac{V_{0煤}^2}{A_{火}A_{煤斜(烧嘴)}}\times\rho_{0煤}\times\frac{T_{煤斜}}{273}-\frac{V_{0空}^2}{A_{火}A_{空斜}}\times\rho_{0空}\times\frac{T_{空斜}}{273}=P_B-P_1$$

式中 V_0——体积流量，m^3/s，下角"废""煤""空"，分别表示废气、煤气和空气；

ρ_0——密度，kg/m^3，下角文字意义同上；

x——废气循环量占燃烧废气量的百分率；

A——截面积，m^2，下角"煤斜"指煤气斜道，烧焦炉煤气时用烧嘴，"空斜"指空气斜道，"火"指火道；

P_B——作用于B面（废气循环孔中心）的压力，Pa；

P_1——作用于1面（煤气空气出口水平面）的压力，Pa；

T——热力学温度，K，下角"上废"指上升气流火道中废气平均温度，其他同上。

上式只说明煤气和空气喷射力对废气循环的作用。为进一步分析废气循环量和火道中气体流动时的阻力和浮力的关系，结合该区间的循序上升与下降气流方程式：

$$a_H=a_1+H(\rho_{空}-\rho_{上废})g-H(\rho_{空}-\rho_{下废})g-\sum_{1\text{-}H}\Delta P$$

式中　H——火道高度，m；

a_H——上升气流煤气或空气出口水平面上的吸力，Pa；

a_1——下降气流废气出口水平面上的吸力，Pa；

ρ——密度，kg/m^3；下标“空”“上废”“下废”分别表示空气、上升气流火道中废气和下降气流火道中废气，下式中的符号意义同上；

$\sum_{1\text{-}H}\Delta P$——上升气流火道底至下降气流火道底各段的气流阻力之和，Pa。

由于 a_H 和 a_1 可视作同一水平，故等式左右均用外界大气压相减，简化并整理得：

$$\frac{V_{0煤}^2}{A_{火}A_{煤斜(烧嘴)}}\times\rho_{0煤}\times\frac{T_{煤斜}}{273}+\frac{V_{0空}^2}{A_{火}A_{空斜}}\times\rho_{0空}\times\frac{T_{空斜}}{273}-\frac{V_{0废}^2\times(1+x)^2}{A_{火}^2}\times\rho_{0废}\times\frac{T_{上废}}{273}$$
$$+H\times\rho_{0废}\times(\frac{273}{T_{下废}}-\frac{273}{T_{上废}})g=(P_H-P_B)+\sum_{1\text{-}H}\Delta P$$

式中　P_H——作用于循环孔底部或上升气流出口处相对压力，Pa。

上式左边第一、第二、第三、第四项分别代表煤气喷射力、空气喷射力、火道中废气的剩余喷射力、上升火道以及下降火道的浮力差，分别以符号 $\Delta h_{煤}$、$\Delta h_{空}$、$\Delta h_{废}$、$\Delta h_{浮}$ 表示。与总阻力 $\sum_{总}\Delta P$ 之间的关系为：

$$\Delta h_{煤}+\Delta h_{空}-\Delta h_{废}+\Delta h_{浮}=\sum_{总}\Delta P$$

由上式知，废气循环的推动力是煤气和空气的有效喷射力和上升与下降火道的浮力差，废气循环量的多少取决于所能克服的阻力。上式推导中没有考虑循环废气与火道中废气的汇合阻力，也没有考虑喷射力的利用率，故计算的废气循环量大于实际，据模拟试验，如喷射力利用系数按 0.75 计算时，所得结果与实际比较一致，即上式宜改成：

$$0.75(\Delta h_{煤}+\Delta h_{空}-\Delta h_{废})+\Delta h_{浮}=\sum_{总}\Delta P$$

实际上废气循环量还取决于烧嘴、斜道和循环孔的位置，但理论公式中难以计入。

5.2.2.4　焦炉智能化技术

近年来，随着我国经济的快速增长，以炼焦为主的煤化工工业得到迅猛的发展。有代表性的研究与开发成果就是以计算机和信息技术改造传统产业，焦炉加热自动控制技术、焦炉智能巡检机器人、焦炉移动车辆无人技术就是最具代表性的技术之一[50-55]。

（1）自动加热与优化控制技术

① 控制系统　就焦炉加热自动控制系统而言，按控制类型可分为前馈控制、反馈控制以及前反馈结合三种模式。

采用前馈供热量（流量）控制系统（见图 5-33）的工艺有：美国钢铁公司、伯利恒钢铁公司、凯塞尔公司 COHC，法国碳化研究中心 CRAPO 间歇加热，德国埃森煤炭研究所 CODECO 分段加热以及中国通化焦化厂。

前馈控制基本原理有三种形式：一是根据焦炉传热双层平壁不稳定导热方程式推导；二是由热平衡计算得到，它是建立在供给焦炉的热量全部由产品和废气、散热带出，几乎考虑了所有的热工参数；三是由实际操作经验与数据统计给出煤气量。

炉温反馈调节系统代表性的工艺（见图 5-34）有早期日本钢管、新日铁、住友金属和荷兰豪戈尔钢铁公司等。其基本原理为：

a. 由实时火道温度或拟合火道温度与目标火道温度的偏差进行调节。

b. 由实测焦饼中心温度与目标焦饼中心温度的偏差进行调节。

c. 由实测结焦终了时间（火道温度）与目标结焦终了时间的偏差进行调节。

前反馈相结合的供热控制系统（见图 5-35），如德国卡尔斯蒂尔 ABR、比利时冶金研究中心 CRM 系统等。

虽然国内外焦炉加热控制系统的发展程度、应用情况及结构性能有所不同，但均具备最佳供热量控制、最佳燃烧控制、延长焦炉寿命和改善焦炭质量等功能。

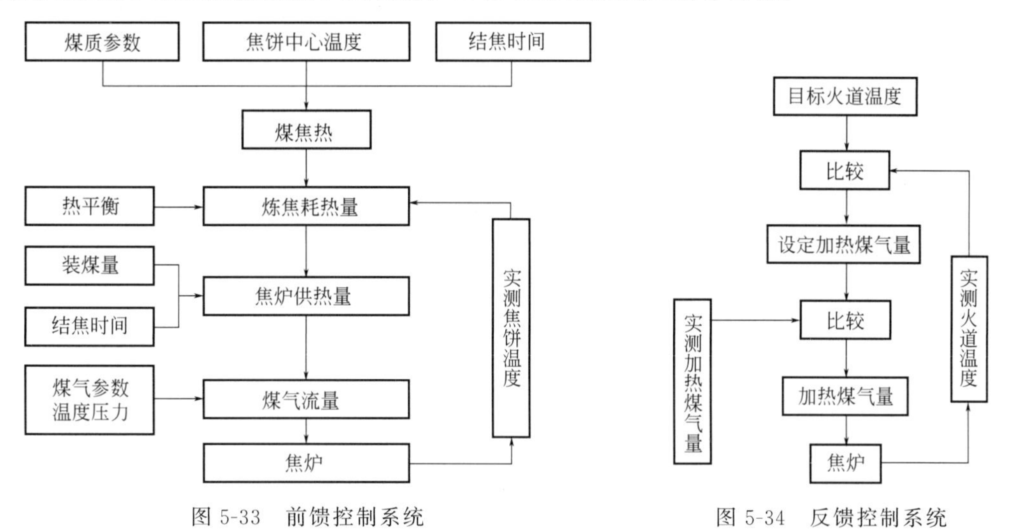

图 5-33　前馈控制系统　　　图 5-34　反馈控制系统

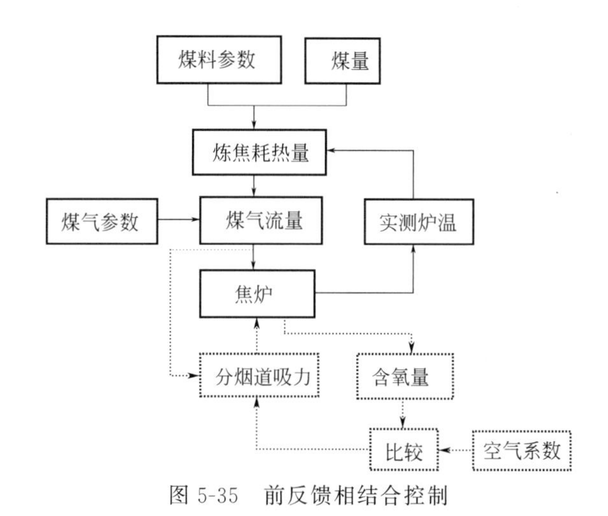

图 5-35　前反馈相结合控制

安徽工业大学结合不同系统的特点，开发了适合我国焦炉加热操作的焦炉加热优化串级控制系统，结构框图如图 5-36 所示。

第一种方案为稳定结焦时间方案：以二前馈二反馈一监控相结合的优化串级调控。

二前馈：供热量前馈、分烟道吸力前馈控制；

二反馈：炉温反馈、目标温度反馈；

一监测：分烟道含氧量监测（或 a 反馈）。

炉温控制采用串级控制，吸力控制采用设定值随动控制方案。

第二种方案为结焦时间变动时的控制方案：以优化串级控制与专家系统相结合的方案，

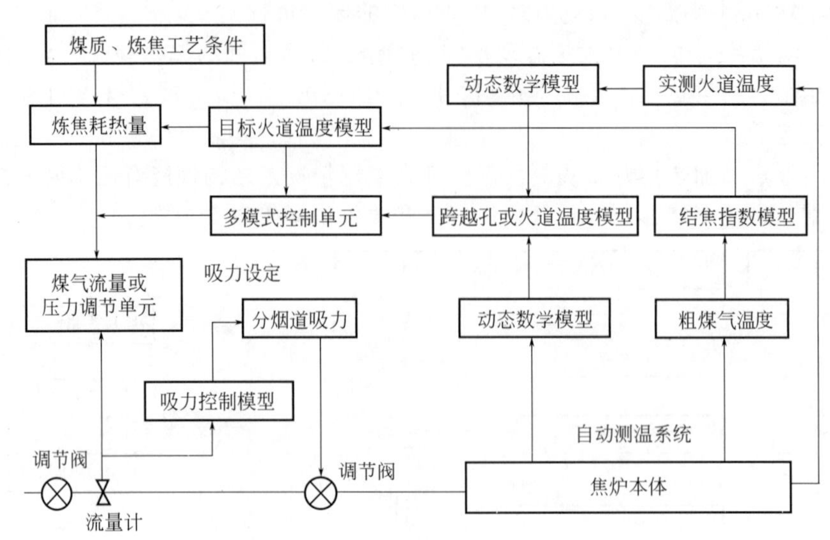

图 5-36　优化串级控制系统框图

该方案只在结焦时间变动时运行，运行中按结焦时间变化幅度分步实施。具有操作简单、稳定可靠的特点，并当达到规定的结焦时间和炉温后即进入稳定结焦时间的控制方案。

② 重要参数检测

a. 火道温度测量　生产过程中火道温度由焦炉炉顶人工测定，实施自动控制须在线直接测量。为此，专门设计火道温度测量装置，根据温度测定的位置不同，国内外近几十年人们一直在寻找取代人工测量的方法，主要有以下几种。a. 采用炉顶钻孔技术。将热电偶安装在火道跨越孔上方的耐火砖内，如日本钢管公司、美国共和公司。为了延长热电偶的寿命，常对热电偶实施间歇氮封。b. 热电偶插入立火道顶部测量废气温度，如新日铁公司、比利时 CRM 公司、上海宝钢等，这种方法具有投资高、热电偶寿命短、炉顶操作不便等缺点。c. 在蓄热室顶部安装热电偶，在国内 50 多座焦炉应用，但需建立数学模型，模型精度受其他因素的影响较大，需经常性人工干预。d. 焦炉火道温度全自动在线连续测量技术由安徽工业大学开发研制，该技术主要的特点是用红外光纤计直接测量焦炉立火道底部鼻梁砖表面温度。

b. 红焦温度测量　炽热红焦温度测量主要有两种方法。

一种方法是沿焦饼不同高度在导焦栅上安装多个红外高温计，在推焦过程中连续测量焦饼表面温度。法国最先掌握和使用这种技术，随后的日本钢管、美国伯利恒钢铁公司雀点厂、美国钢铁公司克莱尔顿焦化厂和比利时希德马尔焦化厂、英国钢铁公司的焦化厂均采用了此法。国内山钢日照公司、莱钢云南云煤能源等企业也采用了该方法。这种方法可测得焦炉纵向和横向以及沿高向的焦饼表面温度分布曲线。缺点是焦饼的局部过热会影响测量结果的准确性，测量结果需通过高频无线电通信传送到地面的计算机，易受干扰；另外，测量仪器昂贵，而且工作机构受到高温和粉尘的作用，使用寿命较短。

另一种方法是测量熄焦车里的焦炭温度。荷兰霍戈文钢铁公司用安装在熄焦塔前面的高温计测定熄焦车内的红焦温度以判断结焦终温。这种方法测得的焦炭温度只是焦饼表面温度，该方法的优点是测量设备简单且固定，可与计算机相连。缺点是在焦炭运行熄焦塔的过程中，其表面已有所冷却，且难以与火道温度定量关系联系起来。

c. 炭化室炉墙温度测量　在推焦杆端部的几个不同高度上成对安装高温计，推焦时连续测量炭化室两边炉墙温度，以监视炭化室高向和长向的温度分布。如德国斯蒂尔·奥托公司开发的 Autotherm-S 测量系统，已用于德国的普罗斯佩尔厂和韩国的光阳钢铁厂。该系统能在推焦时建立起焦炉三维温度分布图，并实现对测量数据的评价，可快速查明炉组加热系统中的任何局部异常。日本的一些公司和国内的太钢、马钢、首钢京唐等企业也采用这种方法来测量炭化室墙面温度。该方法的主要缺点是高温计需冷却保护且很困难，此外该测量仪器十分昂贵，使用寿命短。

d. 结焦终了时间判断　一般认为，结焦终了时刻前后粗煤气有以下特征出现：a. 焦饼各点的温度比较一致，均达到 900～950℃左右；b. 粗煤气的颜色由黄色变为蓝白色；c. 粗煤气组成中 CH_4 急剧减少，而 H_2 迅速增加；d. 粗煤气的热值明显地降低；e. 粗煤气温度在热解前期明显地上升后急剧下降。根据上述结焦终了时刻的五个特征中的任何一个，均可对结焦终了时间进行判断。但在生产实际中由于操作的难度及判断精度，一般根据第二条和第五条来判断结焦终了时间。

日本钢铁公司提出火落概念[51]，给出粗煤气的温度随结焦时间的变化规律（见图 5-37）。

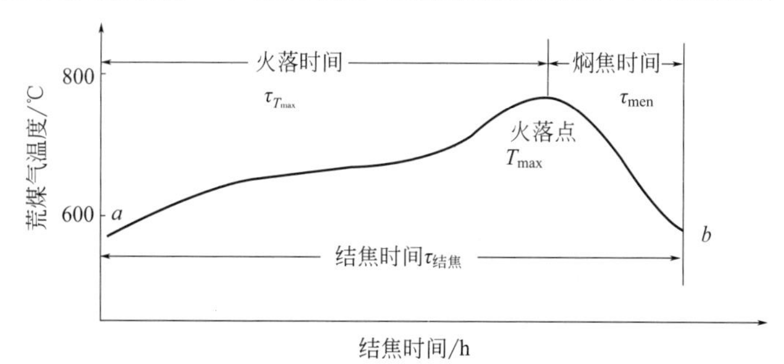

图 5-37　粗煤气的温度随结焦时间的变化规律

由图 5-37 可以看出，粗煤气温度随结焦时间开始平稳而缓慢地上升，大约十几小时后上升至最高点，日本将这一点称火落点（亦称拐点），然后又快速下降至推焦结束。最高点温度为 T_{max}，从开始装煤（a 点）到火落点的时间称为火落时间（又可称气体析完时间），从火落点到出焦点 b 的时间，称焖焦时间（或称置时间）。则有：

$$\tau_{结焦}=\tau_{T_{max}}+\tau_{men}$$

比利时 CRM 焦化厂为控制焦炭的成熟度，在炉组若干个上升管的根部和顶部各装 2 根热电偶，用以测量粗煤气温度。这样，两根热电偶测得的温度显示出一个特征倾向，该倾向与炭化进程的发展状态有关。

日本新日铁公司在上升管的某侧设置光源，使光线横穿上升管，连续测量表示粗煤气浓度的透光度，来判断结焦终了时间。

芬兰罗德罗基公司为预测结焦终了时间，在桥管上安装热电偶来测量粗煤气温度。通过测量温度变化的转折点 T_{max}，开始计算炼焦指数，在其控制模型中，炼焦指数（CI）是用结焦时间与达到最高温度的时间的比值来表示的：

$$CI=\frac{\tau_{结焦}}{\tau_{T_{max}}}$$

炼焦指数控制模型根据炼焦指数来调节预测能量需求。依据炼焦最终温度来设定炼焦指数之值，而炼焦最终温度是根据经验确定的。该方法采用了模糊控制和逻辑算法来判断控制动作是否符合指令。推焦前大约 3h，炼焦指数控制器测量出最后成焦温度，如果计算出的炼焦指数超出了最高或最低限度，控制器则会做出自动调整。

通过安装于上升管桥管处的十支K型热电偶，直接测定粗煤气温度的变化，在计算机上直接显示粗煤气温度随结焦时间变化的规律，以此来判断结焦终了时间。实测了每一周转时间内荒煤气温度达到最高点的时间 $\tau_{T_{max}}$，并建立其与周转时间 $\tau_{结焦}$ 的相关模型。

$$\tau_{结焦}=0.9738R\tau_{T_{max}}+4.5125 \qquad 相关系数 R 为 0.76$$

对于所取的90多组数据而言，相关性是很好的，可见二者之间存在着高度的相关关系。

国内上海宝钢、山钢日照公司等也采用火落时间判断焦炭成熟度，进行焦炉热工管理。

(2) 焦炉智能巡检机器人

焦炉智能巡检机器人在焦炉地下室及两侧走廊搭建行走轨道，采用防爆轨道式智能巡检机器人进行智能在线巡检，利用机器视觉技术对现场设备状况进行智能在线分析。判断煤气旋塞的换向位置是否正确、到位；废气砣连杆机构位置是否正确、连杆链接是否正常；进气箱连杆机构、导链位置是否正常，通过风门提杆位置判断风门开闭是否正常；巡检环境的有毒有害气体是否超标；监视巡检范围内的设备温度等。系统设置远程工作站，可监视巡检过程影像、数据及报警信息。国内焦化企业已普遍采用该技术。

(3) 焦炉移动车辆无人化技术

焦炉移动车辆无人化技术，即各车辆通过配置无线通信系统，接收中控室地面协调系统发出的作业计划，借助各车辆配置的炉号识别定位系统自动运行并准确定位于计划炉号，完成装煤、推焦、拦焦、接焦、熄焦等任务，实现焦炉各车辆全自动操作，实时检测、记录车辆的运行状态，并对出现的故障通过上位机画面显示、记录，实现焦炉车辆“有人值守、无人操作”或“无人值守、无人操作”。上海宝钢、首钢京唐、晋南钢铁、河南利源等焦炉实现了“一键式炼焦”。

5.2.3 焦炉热工与节能技术

焦炉热工评价是衡量焦炉操作与能耗水平的重要技术，通过对焦炉物流、能流的研究与评价，可为焦炉节能降耗提供重要的技术举措[49,56]。

5.2.3.1 炼焦热与炼焦耗热量

炼焦热是1kg煤从室温转化为焦炉推出温度下的焦炭、煤气和化学产品所需的理论热，它不仅受炼焦终温的影响，还取决于煤种、煤的水分、细度、堆密度等一系列装炉煤工艺因素。炼焦耗热量则是1kg煤在工业焦炉中炼成焦炭时，需要提供给焦炉的热量，它是评定焦炉热工的重要指标，它不仅取决于炼焦热的大小，还和焦炉结构、材质及操作等因素有关。二者的关系如下：

炼焦耗热量＝炼焦热＋焦炉散热＋废气热焓

焦炉炼焦耗热量是标志焦炉结构完善程度、调温技术水平、焦炉管理水平的综合评价指标，是炼焦过程的重要消耗定额，也是确定焦炉加热用煤气量的依据，按计算基准不同有多种表示方式。

(1) 湿煤耗热量 ($q_焦$)

湿煤耗热量也称实际耗热量，为吨湿煤炼成合格焦炭所消耗的加热煤气热值 (kJ/kg)。

$$q_焦=\frac{V_0Q_低}{G_湿}$$

式中 V_0——考核期间加热煤气的平均流量（标准状态，下同），m^3/h；

$Q_{低}$——同一时期加热煤气的平均低热值，kJ/m³；

$G_{湿}$——考核期间炼焦用湿煤的平均量，kg/h。

（2）相当耗热量（$q_{相}$）

相当耗热量是以湿煤中干煤为基准计算的实际炼焦耗热量（kJ/kg）。

$$q_{相}=\frac{V_0Q_{低}}{G_{干}}=\frac{V_0Q_{低}}{G_{湿}\dfrac{100-M_t}{100}}=q_{湿}\frac{100}{100-M_t}$$

式中　M_t——考核期间装炉煤的平均操作水分含量，%；

$G_{干}$——考核期间装炉湿煤中的干煤量，kg/h。

（3）干煤耗热量（$q_{干}$）

干煤耗热量是指单位质量干煤炼焦所耗热量（kJ/kg），它不包括湿煤中水分加热和蒸发所需热量。

$$q_{湿}=q_{干}\times\frac{100-M_t}{100}+5100\times\frac{M_t}{100}$$

（4）相当耗热量

为了便于不同企业相互比较，规定将炼焦耗热量换算为7%水分基准下的数值，称作相当干（湿）煤耗热量（kJ/kg）。

$$Q_{换,湿}=Q_{湿}-(29\sim33)\times(M_t-7)$$

$$Q_{换,相}=Q_{相}-(60\sim65)\times(M_t-7)$$

式中，$Q_{湿}$、$Q_{相}$为配煤水分M_t时的湿煤耗热量与相当耗热量，用焦炉煤气加热时换算值取低值，高炉煤气加热时取高值。

5.2.3.2　焦炉热工评定

焦炉热工评定是指稳定生产状态下，测定和计算焦炉的物料及能量转移与分布情况，进而得到焦炉能量利用水平。习惯上又称为物料平衡及能量平衡。

（1）物料平衡及计算

物流入方：进入焦炉的物料即装炉煤量，现代生产系统均装有入炉煤自动记录仪，根据入炉煤水分可以计算出入炉干煤量和入炉湿煤量。

物流出方：离开焦炉的物料较为复杂，习惯上以产品种类计量。

① 焦炭总量　焦炭总量由装炉煤量和成焦率计算。成焦率的计算可以直接测定和间接计算，直接测定方法由称量单孔干煤和焦炭得到。间接计算有多种方式，如：

$$K=\frac{100-V_{煤}}{100-V_{焦}}\times100+a$$

或
$$K=103.19-0.75V_{煤(干)}-0.0067t_{焦}$$

或
$$K=98.497-0.7159V_{煤(干)}-0.0032t_{焦}$$

式中　K——成焦率或全焦率，%；

$V_{煤}$，$V_{焦}$——装炉煤和焦炭中的干基挥发分，%；

a——经验系数，由工厂生产的长期统计值确定，一般为1～2；

$t_{焦}$——焦饼最终温度，℃。

② 化产品产量　无水焦油、粗苯、氨等的化产产量，虽可通过产品储罐标定法，塔前后煤气中粗苯、氨含量标定法等进行标定，但比较烦琐，且难以准确计算，通常按季度或年

平均确定，一些可供参考的回归估算式如下：

焦油产率：$K_{ct}=-18.36+1.53V_{daf}-0.026V_{daf}^2$

粗苯产率：$K_b=-1.61+0.144V_{daf}-0.0016V_{daf}^2$

氨产率：$K_{NH_3}=bN_d\times\frac{17}{14}$

式中 V_{daf}——装炉煤干燥无灰基挥发分，%；

N_d——装炉煤干基含氮量，%；

b——煤中氮转化为氨的系数，可取 0.12～0.16。

③ 水汽量 由炭化室带出的水汽包括配煤水分和化合水，配煤水分即物料平衡入方中的配合煤料水分，化合水是干馏过程中由煤中氧和氢化合而成，其产率可按下式估算：

$$K_{H_2O}=c\times O_{ad}\times\frac{18}{16}$$

式中 O_{ad}——装炉煤中空气干燥基含氧量，%；

c——煤中氧转化为化合水的转化系数，因煤种而异。

④ 净煤气量 可用吸苯塔后流量表读数，经温度、压力校正后获得，也可按各用户的煤气流量统计。当缺少流量表时，可采用在煤气管上钻孔后用毕托管测量。

焦炉炭化室物料平衡一般取 1000kg 湿煤（或干煤）作基准。表 5-13 是典型的焦炉炭化室物料平衡数值。

表 5-13 典型的焦炉炭化室物料平衡数值（实例）

入方				出方			
序号	项目	质量/kg	百分数/%	序号	项目	质量/kg	占干煤/%
1	干煤	885	88.5	1	焦炭	696	78.6
				2	焦油	30	3.4
				3	氨	1.7	0.2
				4	粗苯	9	1.0
2	水分	115	11.5	5	煤气	125.3	14.2
				6	化合水	15	1.7
				7	配煤水	115	—
				8	误差	8	0.9
总计		1000	100	总计		1000	100

（2）热平衡及计算

以焦炉为研究对象，进入焦炉生产单元的入炉煤、加热煤气、燃烧空气所带入的热量作为系统输入能量，模型基准统一规定为 273K、0.10360MPa，气态或固态物质均按纯物质计量。相应离开焦炉生产单元的红焦、高温煤气及其他化产品、燃烧废气以及炉体散热等记入系统输出能量。根据能量平衡原理，输入能等于输出能。

炼焦炉热流测定与计算项目较多，过程也较为复杂。主要项目包括：a. 加热煤气的种类（焦炉、高炉、混合）；b. 加热煤气组成和煤气热值；c. 每孔实际装煤量；d. 配煤组成及其工业分析；e. 焦炉周转时间；f. 炭化室物料平衡；g. 加热煤气流量；h. 必要时考虑换向不进入焦炉的煤气量；i. 废气平均温度与废气组成；j. 空气系数；k. 燃烧计算值；l. 推出焦饼温度；m. 焦炉排出的煤气和化学产品温度；n. 粗煤气组成等。计算方法汇总于表5-14。国内某典型（炭化室宽450mm）焦炉的热平衡如表5-15所示。

表 5-14　焦炉热平衡实例（焦炉煤气加热）

项目	计算方法	符号含义
加热煤气物理热	$Q_1=V_0c_gt_g$	V_0——用于焦炉加热的煤气流量，m^3/h； c_g、t_g——煤气的比热容[kJ/(kg·℃)]和温度(℃)
空气带入物理热	$Q_2=V_0\alpha L_{理}c_at_a$	c_a、t_a——空气比热容[kJ/(m^3·℃)]和温度(℃)； α——空气系数； $L_{理}$——理论燃烧条件下1m^3煤气所需空气量，m^3/m
装炉煤物理热	$Q_3=G_mc_mt_m$	G_m——炼焦用湿煤量，kg/h； c_m、t_m——湿煤比热容[kJ/(kg·℃)]和温度(℃)
加热煤气燃烧热	$Q_4=V_0Q_{低}$	$Q_{低}$——加热煤气低热值，kJ/m^3
粗煤气的燃烧热	$Q_5=V_1Q_{低}$	V_1——漏入燃烧系统的粗煤气量，m^3/h
焦炭热量	$Q_1'=G_kc_kt_k$	c_k、t_k——焦炭比热容[kJ/(kg·℃)]和焦饼平均温度(℃)
出炉煤气热量	$Q_2'=V_gc_{gas}t_{gas}$	V_g——煤气量，m^3/h； c_{gas}、t_{gas}出炉煤气比热容[kJ/(m^3·℃)]和温度(℃)
水汽热量	$Q_3'=G_v(291+c_vt_v)$	G_v——随粗煤气排出焦炉的水汽量，kg/h； c_v、t_v——水汽比热容[kJ/(kg·℃)]和温度(℃)
焦油热量	$Q_4'=G_{ct}(419+c_{ct}t_{ct})$	G_{ct}——焦油量，kg/h； c_{ct}、t_{ct}——焦油气比热容[kJ/(kg·℃)]和焦油气温度(℃)
粗苯蒸汽热量	$Q_5'=G_b(385+c_bt_b)$	G_b——粗苯量，kg/h； c_b——粗苯气比热容，kJ/(kg·℃)； t_b——粗苯气温度，℃
氨气热量	$Q_6'=G_{NH_3}c_{NH_3}t_{NH_3}$	G_{NH_3}、c_{NH_3}、t_{NH_3}——氨气量(kg/h)、氨气比热容[kJ/(kg·℃)]和温度(℃)
废气热量	$Q_7'=V_F(c_Ft_F+V_{CO}Q_{CO})$	V_F、c_F、t_F——废气量(m^3/h)、废气比热容[kJ/(m^3·℃)]和温度(℃)； V_{CO}——废气中CO含量，m^3/m^3(废气)； Q_{CO}——CO的燃烧热，kJ/m^3

表 5-15　焦炉热平衡实例（焦炉煤气加热）

入方				出方			
序号	项目	热量/(kJ/t)	百分数/%	序号	项目	热量/(kJ/t)	百分数/%
Q_1	加热煤气物理热	9700	0.30	Q_1'	焦炭显热	1192754	37.15
Q_2	燃烧用空气物理热	55212	1.72	Q_2'	出炉煤气显热	435104	13.55
Q_3	装炉煤物理热	39072	1.22	Q_3'	水汽潜热、显热	549530	17.12
Q_4	加热煤气燃烧热	2848112	88.72	Q_4'	焦油气潜热、显热	90201	2.81
Q_5	漏入粗煤气燃烧热	258163	8.04	Q_5'	粗苯气潜热、显热	21719	0.68
				Q_6'	氨显热	5149	0.16
				Q_7'	废气热量(含不完全燃烧)	555608	17.31

续表

入方				出方			
序号	项目	热量/(kJ/t)	百分数/%	序号	项目	热量/(kJ/t)	百分数/%
				Q_8'	气封炉门煤气热	53426	1.66
				Q_9'	表面散热	273136	8.51
				Q_{10}'	误差	33632	1.05
	合　计	3210259	100		合　计	3210259	100

注：以吨干煤计。

(3) 焦炉热效率和热工效率

热平衡表中 Q_1'～Q_6'项的总和即炼焦热，也称有效热，它占总供热量的百分率称焦炉热工效率 $\eta_{热工}$。

$$\eta_{热工}=\frac{Q_{效}}{Q_{总}}\times 100\%$$

为衡量热量的可利用率，可用焦炉热效率 $\eta_{热}$ 表示：

$$\eta_{热}=\frac{Q_{总}-Q_{废}}{Q_{总}}\times 100\%$$

式中　$Q_{废}$——随废气带走的显热和不完全燃烧热，即热平衡表中 Q_7'项。

5.2.3.3　干熄焦与节能技术

(1) 影响焦炉能耗的因素

焦炉能耗不仅取决于装炉煤的热性质、水分和焦饼最终温度，还与结焦时间、加热煤气性质、废气温度、加热煤气的燃烧制度等有关[56-59]。焦炉的热损失包括炉体表面散热、换向过程泄漏煤气的燃烧热等。

① 装炉煤性质　中等煤化度焦煤和肥煤的炼焦热较低，气煤和瘦煤的炼焦热较高，因此不同配比的装炉煤所需炼焦热有所差异。在相同结焦时间和加热制度下，焦炉热耗随配煤挥发分提高而增大，尤其当气煤含量超过 30%时更为明显。对于水分相同的配合煤，当气煤从 10%增至 30%时，炼焦热约提高 40kJ/kg，炼焦耗热量约增加 54kJ/kg。

② 配煤水分　降低炼焦耗热量的重要措施是稳定和降低装炉煤水分，水分波动使热耗量和火道温度提高，以防水分增加时焦炭成熟度不足。这时不仅提高耗热量还降低焦炭质量，尤其使焦炭块度减小，同时降低化学产品的产率和质量。如前所述，装炉煤水分超过 8%时，在炭化室装湿煤量不变的条件下，水分每增加 1%，湿煤耗热量将增加 29～33kJ/kg，提高 1.2%～1.4%，如装干煤量不变，则水分每增加 1%，需增加耗热量 51～54kJ/kg。

③ 堆密度　试验数据表明，堆密度在 700～900kg/m^3 范围内，炼焦热基本保持一定，约 1866～1893kJ/kg；堆密度由 900kg/m^3 增至 1000kg/m^{3}时，炼焦热将减少 2%～3%，这是由于增加堆密度使煤的热扩散率 a 降低，虽此时热导率 Γ 增加，但堆密度 ρ 和比热容 c 的增加量更大，故煤料的热扩散减小。

④ 预热温度　入炉煤经预热后，堆密度和水分含量有所降低，导热速率加快，炼焦热有所降低。同样的堆密度和水分条件下的配合煤实际测得不同预热温度的炼焦热随预热温度提高而降低。预热温度从 100℃到 200℃时，相对室温煤料炼焦热降低 70～89kJ/kg。

⑤ 焦饼最终温度　红焦带出热量在炼焦耗热中占很大比例，因此选择适当的焦饼最终

温度对耗热量影响很大。降低炼焦最终温度还可以降低火道温度和废气温度，提高焦炉热效率。有人认为提高焦饼温度至 1000～1100℃可以保证焦炭质量，国内外研究表明，焦饼最终温度降至 1000℃不会变坏焦炭质量。由计算得知，焦饼最终温度降低 50℃，焦炭的热焓约降低 50kJ/kg（煤），考虑到焦炉热功效率，炼焦耗热量约降低 63kJ/kg，若计及火道温度和废气温度的降低，实际上炼焦耗热量约降低 75～84kJ/kg。

⑥ 结焦时间　国内外生产实践表明，大型焦炉结焦时间在 22～24h 时炼焦耗热量最低。以此为基准，缩短和延长结焦时间均使炼焦耗热量增高。常规生产范围内，结焦时间每缩短 1h，耗热量约增加 40～55kJ/kg。这是因为：a. 提高了火道温度，增加蓄热室负荷，使废气温度提高，焦炉热功效率降低；b. 炭化室顶部空间温度增加，使出炉煤气和化学产品带出热提高。

结焦时间进一步延长，每延长 1h，耗热量增加 35～53kJ/kg，这是因为：a. 为保持炉头火道温度不低于 950℃，在大幅度延长结焦时间时，火道温度的降低有一定限度，因此废气温度不可能过多降低，而焦饼将提前成熟，使焦饼最终温度提高；b. 由于焦炭产量减少，每生产单位质量焦炭的散热量因焦炉加热时间增长而提高。

⑦ 加热煤气种类　炭化室高 4.3m，炭化室容积 21.6～23.9m^3的 JN43 焦炉，经测定，用高炉煤气时的炼焦耗热量比用焦炉煤气加热时大 210～340kJ/kg。这是因为：a. 高炉煤气加热时，虽高向加热均匀性优于焦炉煤气加热，火道温度可以略低，但因高炉煤气热值低，耗用煤气量大，产生废气量多，废气带出的热量大；b. 高炉煤气加热时，容易通过废气盘泄漏，且高炉煤气燃烧速度较慢，容易产生不完全燃烧，使热量损失；c. 为防止不完全燃烧，要求较高的空气系数，导致废气量进一步增大。

⑧ 废气温度　废气温度每降低 25℃，焦炉热工效率约提高 1%，炼焦耗热量约降低 25kJ/kg。废气温度的降低，主要依靠改善蓄热室传热过程来实现。

⑨ 加热煤气的燃烧制度　降低炼焦耗热量的重要方法之一，是保持所有火道中煤气与空气的合理配比，即选择合理的空气系数 α，应使煤气完全燃烧，而又不因 α 过高而产生过多废气量。在煤气完全燃烧前提下降低 α 还有利于火道高向加热的均匀性。α 每提高 0.1，焦炉煤气加热时耗热量约增高 1.5%或 33～38kJ/kg；高炉煤气加热时，耗热量约增高 0.7%或 21kJ/kg。但要防止 α 降低使煤气燃烧不完全，废气中每含 0.5%CO 即相当于有 2%的焦炉煤气或 3%～3.5%的高炉煤气损失掉，使炼焦耗热量增加 60～65kJ/kg。保证煤气完全燃烧并降低 α 的关键是改善沿炉组长向各燃烧系统和燃烧室长向各火道的煤气和空气分布。

⑩ 热损失　由热平衡知，焦炉的主要热损失是换向过程中通过换向阀门或换向砣不严密处煤气的泄漏和焦炉向周围环境的散热。因此选择合理的煤气设备，防止和消除煤气泄漏，对加热设备定期清扫和调整，使各阀门、砣盘严密。此外，炉体表面部位采用适当的隔热材料，对异向气流的砌体定期检查和维护等，均可降低热损失。

（2）干熄焦技术

干熄焦技术是利用惰性气体将红焦降温冷却的一种熄焦方法[60]。在干熄焦过程中，红焦从干熄炉顶部装入，低温惰性气体由循环风机鼓入，干熄炉冷却并吸收红焦显热，冷却后的焦炭从干熄炉底部排出，高温循环烟道气从干熄炉环形烟道出来经锅炉进行热交换，使锅炉产生蒸汽，冷却后的循环烟道气由循环风机重新鼓入干熄炉内循环使用。

① 技术特点与工艺　国内外干熄焦工艺流程基本类似，主要由焦炭流程、惰性气体流程、锅炉汽水流程、除尘流程等几部分构成，干熄焦装置工艺流程如图 5-38 所示。

从炭化室推出的红焦由焦罐车上的圆形旋转焦罐接收，由提升机将焦罐提升至提升井架顶部；焦罐中的红焦经过炉顶装入装置落入干熄炉内。红焦经过预存室、冷却室冷却到低于

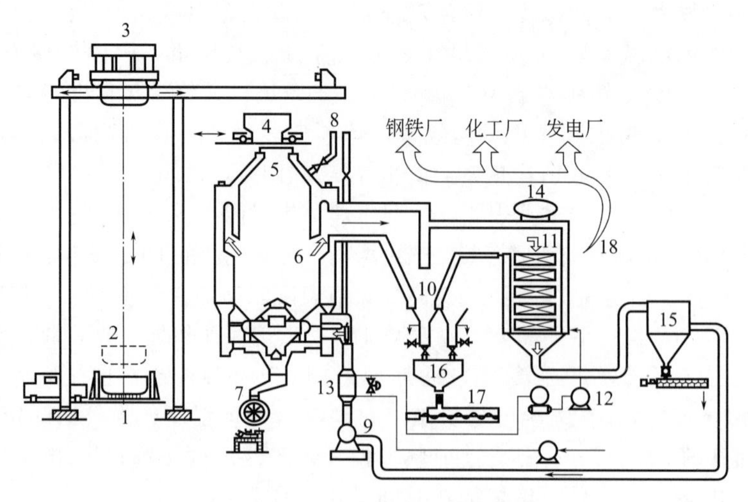

图 5-38　干熄焦装置工艺流程图

1—焦罐车；2—焦罐；3—吊车；4—装料车；5—预存室；6—冷却室；7—冷焦排出装置；8—放散管；9—循环气体鼓风机；10—一次除尘器；11—锅炉；12—锅炉给水泵；13—热管换热器；14—汽包；15—二次除尘器；16—集尘槽；17—排尘装置；18—蒸汽

200℃后，由排出装置排到运焦皮带上。惰性气体经循环风机鼓入干熄炉冷却室换热后，经环形烟道进入一次除尘器除尘，然后以 900～980℃的高温进入锅炉换热，惰性气体出锅炉的温度大约 160℃，经二次除尘进一步分离出细颗粒焦粉后，由循到环风机送入热管换热器冷却至约 130℃。

冷却到 130℃左右的惰性循环气体，由风机经排气管送入熄焦室底部的鼓风装置。均匀分布到冷却室内错流与红焦炭进行热交换。出干熄炉的高温热循环气体，通过环形烟道进入一次除尘器除去粗颗粒焦粉，然后进入余热锅炉换热，循环气体出锅炉的温度大约为 160℃，经二次除尘进一步分离出细颗粒焦粉后，由循环风机送入热管换热器冷却至约 130℃。

锅炉使用的水一般为“除盐水”，给水经除氧器除氧后由泵输送到锅炉省煤器，加热到约 229℃后送入锅筒。锅筒中的水通过锅炉循环泵送入省煤器上方的蒸发器中吸热汽化成汽水混合物，后靠循环泵余压送入锅筒。锅筒内饱和蒸汽由上部导出后经一次过热器升温，再经喷水减温器调温后送入二次过热器升温至 4.7MPa、475℃左右后，再经主蒸汽压力调节阀调节后，保持送出压力为 4.12MPa，通过外部热力管廊，供给用户。

出干熄炉循环气体由一次除尘器分离出粗颗粒焦粉后，经锅炉后进入二次除尘器分离细颗粒焦粉，然后分离出的粗颗粒焦粉和细颗粒焦粉由链式刮板机及斗式提升机收集在焦粉储槽中，经加湿搅拌机处理后由汽车运走。装焦、排焦、皮带处的含尘气体和放散气体由除尘地面站除尘。

各企业干熄焦装置主要工艺参数如表 5-16 所示[61-70]。

表 5-16　各企业干熄焦装置主要工艺参数

企业/参数	攀钢	湘钢	青钢	首钢京唐
处理能力	140t/h	170t/h	190t/h	260t/h
入干熄炉焦炭温度	950～1050℃	950～1050℃	950～1050℃	950～1050℃

续表

企业/参数	攀钢	湘钢	青钢	首钢京唐
干熄后焦炭温度	≤200℃	≤200℃	≤200℃	≤200℃
焦炭烧损率	≤1%(设计值)	≤1%(设计值)	≤1%(设计值)	≤1%(设计值)
吨焦气料比	约 $1250m^3/t$(焦)	约 $1250m^3/t$(焦)	约 $1250m^3/t$(焦)	约 $1250m^3/t$(焦)
循环气体最大流量	$200000m^3/h$	$241400m^3/h$	$290000m^3/h$	$370000m^3/h$
循环风机全压	11.5kPa	10.5kPa	14kPa	12.9kPa
循环气体进口温度	135℃	约 130℃	约 130℃	约 130℃
循环气体出口温度	900～980℃	900～980℃	900～980℃	900～980℃
干熄炉操作制度	24h 连续,340d/a	24h 连续,340d/a	24h 连续,340d/a	24h 连续,340d/a
干熄炉年修时间	25d/a	25d/a	25d/a	25d/a
蒸汽产率	550kg/t(焦)	575kg/t(焦)	575kg/t(焦)	575kg/t(焦)
蒸汽参数	470℃±10℃;4.15MPa	450℃,9.81MPa	450℃,9.81MPa	450℃,9.81MPa
预存室内径	ϕ8040mm	ϕ9000mm	ϕ9500mm	ϕ11200mm
冷却室内径	ϕ9000mm	ϕ10600mm	ϕ11100mm	ϕ13000mm

2009 年 5 月，世界第一套 260t/h 特大型干熄焦装置在首钢京唐投产运行。

② 干熄焦物流与能流　干熄焦物流测试包括全部进入、离开系统的物料，各物料量的流量、温度以及性质参数的测量，测试与计算方法较为复杂，且有些文献和专著已有叙述，测试方法见表 5-17。

表 5-17　物流测试方法与计算方法

指标	测试方法	计算方法
入炉红焦量 G_{rc}	焦炉单孔标定,或由成焦率计算	$G_{rc}=GM\times K$
排焦量 G_{cc}	由运焦皮带电子秤计量	
入炉循环气体量 V_{xair1}	可在入炉处直接测量,也可由风机前循环气体与旁通气体和放散气体差值核算	$V=V_{xair2}-V_{Pair}-V_{fair}$
出炉循环气体量 V_{xair2}	由循环风机前流量计测量	
粉尘量 G_f	对一次除尘和二次除尘分别计量	$G_f=G_{f1}+G_{f2}$
焦炭烧损量 G_{bo}	根据物料平衡或烧损率计算	$G_{bo}=G_{rc}\Phi$
焦炭烧损率 Φ	① 干湿法焦炭灰分差值法;② 挥发分差值法;③ 入出炉循环气体成分法;④ 设计值	①$\Phi=1-(A_{d0}/A_d)$;②$\Phi=1-(V_{d0}/V_d)$;③与气体反应有关
挥发分析出量	由干湿法焦炭挥发分差值	
锅炉给水量 G_{cw}	给水管道上流量计测量	
主蒸汽量 G_{st}	主蒸汽外供管道流量计计量	
锅炉排污水量 G_p	根据锅炉物料平衡或排污率 Φ' 计算	$G_p=D\Phi'$

实测某干熄焦系统主要物料转移如图 5-39 所示。

能流测试方法与计算方法如表 5-18 所示。

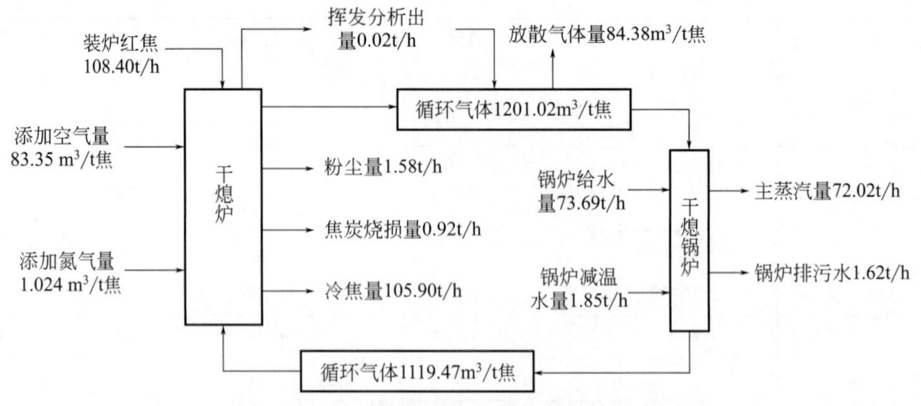

图 5-39 某干熄焦系统主要物料转移示意图

表 5-18 能流测试方法与计算方法

指标	测试方法	计算方法
红焦温度	取焦饼中心温度	$Q_{rc}=G_{rc}c_{rc}t_{rc}$
排焦温度	排焦皮带高温辐射计测量	$Q_{cc}=G_{cc}c_{cc}t_{cc}$
循环气体温度、压力	分别对干熄炉入口、锅炉出入口和循环风机出入口气体测试	$Q=Vct$
锅炉给水温度、压力	给水管道热电偶、压力计测量	$Q_{cw}=G_{cw}c_{cw}t_{cw}$ 除盐水、换热器、低压蒸汽、二次蒸汽热量之和
主蒸汽温度、压力	主蒸汽外供管道热电偶、压力计测量	$Q_{st}=Dh$
表面积	按照预存室、斜道区、冷却室以及除尘区域和锅炉系统计算	由图纸计算或实测外表面积
表面温度	分段测量，并测量环境温度和风速	表面散失热 $Q_s=a_fF(t_s-t_a)+a_dF(t_s-t_a)$

热平衡计算基准设定如下：温度 273.15K（0℃）；压力 101325Pa；燃烧热值采用低热值。实测某干熄炉热平衡模型如图 5-40 所示。

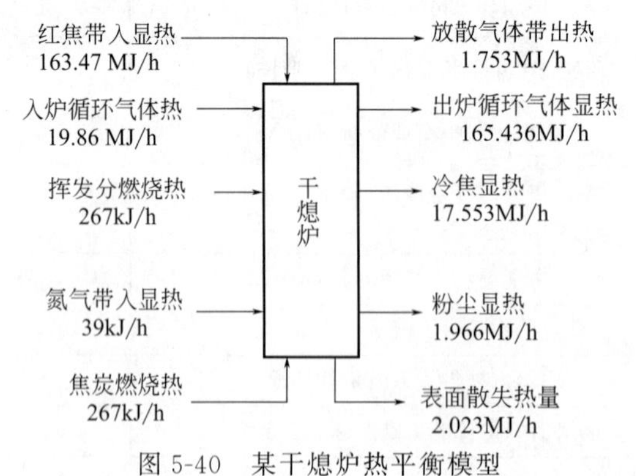

图 5-40 某干熄炉热平衡模型

$$Q_{红焦}+Q_{冷循环气体}+Q_{空气}+Q_{氮气}+Q_{焦炭燃烧}+Q_{挥发分燃烧}$$
$$=Q_{冷焦}+Q_{热循环气体}+Q_{焦粉}+Q_{放散气}+Q_{表面散热}$$

干熄炉的热有效利用系数：

$$\eta_1=[1-(Q_{冷焦}+Q_{热循环气体}+Q_{焦粉}+Q_{放散气})/Q_{红焦}]\times100\%$$
$$=[1-(17.553+1.966+2.023+1.753)/163.47]\times100\%=85.75\%$$

余热锅炉的热有效利用系数：

$$\eta_2=[1-(Q_{排污水}+Q_{散热})/Q_{总}]\times100\%$$
$$=[1-(0.221+2.023)/183.94]\times100\%=98.78\%$$

干熄焦装置热有效利用系数：

$$\eta=\eta_1\times\eta_2=85.75\%\times98.78\%=84.70\%$$

③ 干熄焦综合效益　红焦推出炭化室时，温度约为 950～1050℃。每炼 1kg 焦耗热约 3135～3344kJ，其中湿法熄焦浪费的显热可达 1484kJ，占炼焦生产消耗总热量的 35%～40%。以 140 万吨/年焦炭干熄焦工程为例，最大可产生中压蒸汽（3.82MPa）83.7t/h，这些蒸汽利用背压发电机组可年发电 39311MW・h，同时还产生一定量的 1.2MPa 蒸汽 580759t/a，充分利用了这部分能量无疑会大大降低炼焦综合能耗，降低了炼焦成本。

建设干熄焦生产装置，可以减少因湿法熄焦排放大气中的水蒸气夹带的酚氰有害物质及粉尘；由于干熄焦装置回收了炽热焦炭显热，产生蒸汽用于生产，取代了相应规模的蒸汽锅炉房，从而减少了锅炉燃煤灰渣、燃烧废气、粉尘等对环境的污染。因此，干熄焦生产装置环境效益显著。

湿法熄焦时，每吨红焦需要 4～5m^3 循环水，其中蒸发 10%～15%，以年产 110 万吨焦炭计，需耗水 40 万～70 万立方米，而我国是水资源严重不足的国家，今后随着水资源的进一步匮乏，工业水价格会大幅上升，这一点干熄焦无疑具有优势。

5.3　焦炭产品及应用

以炼焦煤、沥青或其他含碳化合物为原料，在隔绝空气条件下干馏得到的固体产物统称为焦炭。依据干馏温度又可分为低温半焦、中温和高温焦炭，焦饼温度达 950～1050℃ 的焦炭又俗称冶金焦或高炉焦。为此，焦炭既是黑色和有色金属冶炼的原燃料，也是化工生产的重要原料。由于焦炭的用途不同，其性质和组成也有所不同，本节仅介绍常用的几种焦炭。

5.3.1　焦炭种类与性质

5.3.1.1　焦炭种类

根据焦炭的用途，用于高炉炼铁的称为高炉焦，用于冲天炉熔铁的称铸造焦，用于铁合金生产的称铁合金用焦，还有非铁金属冶炼用焦（以上统称冶金焦），其中冶金及其制造业用焦占比超过 90%。同样用于气化过程制备合成气的称为气化焦，用于制备电石材料的称为电石焦等。按照使用及工艺，焦炭的种类见表 5-19。

表 5-19 焦炭的种类

大类	小类		
冶金焦	高炉焦	铸造焦	铁合金焦
化工焦	气化焦	电石焦	高硫焦
炭素焦	石油焦	沥青焦	针状焦
特殊焦	铝阳焦	电极焦	高强度低灰低硫焦

钢铁工业对焦炭的需求主要集中在烧结、高炉、铁合金生产等工序。2022 年我国焦炭总产量为 4.73 亿吨/年，其中烧结、高炉及铁合金用焦炭约 4 亿吨/年。

化工领域用焦为第二大焦炭消费领域，主要是用于生产煤气、电石（碳化钙）、二氧化碳、黄磷等化工品。消费量在焦炭总量中的占比超过 8%，其中，焦炭在化工行业的消费量在 3500 万～4000 万吨/年。

5.3.1.2 焦炭的组成与性质

（1）组成

① 工业分析 工程应用上常按固定碳、挥发分、灰分和水分测定其化学组成。

焦炭的水分是焦炭试样在一定温度下干燥后的失重占干燥前焦样的百分率，分全水分（M_t）和分析试样（即空气干燥基）水分（M_{ad}）两种。焦炭水分受熄焦方式影响较大，如湿熄焦时焦炭水分约 4%～6%，干熄焦时焦炭水分约 0.5%～1%。

焦炭的灰分是焦炭分析试样在（850±10）℃下灰化至恒重，其残留物占焦样的质量百分率，用 A_{ad}或 A_d表示。灰分的高低直接影响碳含量，也是影响热值和利用率的主要指标。

挥发分是焦炭试样在（900±10）℃下隔绝空气快速加热后有机物的失重占原焦样百分率，挥发分主要与炼焦最终温度有关。

固定碳由差减法得到：

$$固定碳=100\%-（水分+灰分+挥发分）$$

② 化学组成 焦炭按 C、H、O、N、S、P 等元素组成确定化学组成的方法称焦炭的元素分析。

C、H 含量是将焦炭试样在氧气流中燃烧，生成的水和二氧化碳分别用吸收剂吸收，由吸收剂的增量确定焦样中的碳和氢含量。碳是构成焦炭气孔壁的主要成分，也是发热量高低的重要标志。氢含量一般较少。

焦样中的氮主要来自煤中有机氮，一般采用催化转化成 NH_4HSO_2，再通过吸收方法测定焦样中的含氮量。焦炭中的氮是焦炭燃烧时生成氮氧化物的来源。

焦炭中的硫主要有无机硫化物硫、硫酸盐硫和有机硫三种形态，这些硫的总和称全硫，工业上通常用重量法测定全硫（S_t）。硫是焦炭中的有害杂质，对高炉冶炼、铁合金生产以及化工生产均产生影响。

焦炭中的氧含量很少，一般通过减差法计算得到，即：

$$w(O)=100\%-w(H)-w(N)-S_t-A_d$$

焦炭中的磷主要以无机盐类形式存在于矿物质中，因此可将焦样灰化后，从灰分中浸出磷酸盐，再用适当的方法测定磷酸盐溶液中的磷酸根含量，即可得出焦炭含磷。冶金生产时，焦炭中的 P 会转入生铁或合金，直接影响产品质量，一般对含磷有一定的要求。

③ 矿物元素 如钾和钠等金属、其他碱土金属等。

焦炭中的钾、钠含量在0.05%～0.3%之间，它与焦炭灰分中的其他金属氧化物，如CaO、MgO、Fe_2O_3一起对焦炭的CO_2反应性及反应后强度产生不利影响。

（2）力学性质

焦炭是一种多孔的脆性材料，用材料力学的方法研究其抗断裂和抗粉碎能力，对提高和改善焦炭质量具有重要的意义。常见力学性质指标有：

① 落下强度　以一定量、一定块度的焦炭按规定的高度重复自由落下四次，用块度大于50mm（或25mm）的焦炭量占试样总量的百分率表示。它表征了焦炭在常温下抗碎裂的能力，是目前世界各国常用的分析指标之一。

② 转鼓强度　表示常温下焦炭抗碎能力和耐磨能力的指标。试验时将一定量的焦炭置于转动的鼓内，借助提升板反复地提起、落下，焦炭受到撞击和摩擦，导致块状焦炭断开、表面磨损、粒度变小。由于使用转鼓和方法的不同，指标表征有所不同，我国用大于40mm或大于25mm的焦炭量所占比例为抗碎强度M_{40}或M_{25}，用小于10mm的焦炭量所占比例为耐磨强度M_{10}。一些国家和组织的转鼓试验方法见表5-20。

表5-20　一些国家和组织的转鼓试验方法

项目	中国	日本	美国	英国	德国	ISO
标准	GB/T 2006—2008	JISK 2151—2004	ASTM D3402/D3402M—2016	BS 1016—69	DIN 51717	ISO 556—2020
转鼓	米库姆转鼓	JIS转鼓	ASTM转鼓	米库姆转鼓	米库姆转鼓	米库姆转鼓
直径/mm 长度/mm 壁厚/mm	1000 1000 8	1500 1500 9	914 457 6	1000 1000 5	1000 1000 5	1000 1000 5
提料板尺寸/mm	1000×50×10	1500×250×9	50×50×6	100×50×10	100×50×10	100×50×10
提料板数目	4	6	24	4	4	4
转鼓转速/(r/min)	25	15	24	25	25	25
总转数/r	100	30、150	1400	100	100	500
焦样块度/mm	>60	>50	50～76	>60	>60，>40 >20(圆孔)	>20
质量/kg	50	10	6	50	50	50
水分/%		<3	10	<5	<5	<3
指标	M_{40} M_{10}	DI^{30}_{50}，DI^{150}_{50} DI^{30}_{25}，DI^{150}_{25} DI^{30}_{15}，DI^{150}_{15}	稳定因子 (>25.4mm) 硬度因子 (>6.4mm)	M_{40} M_{10}	R_{40}、R_{30} R_{16}、R_{10}	I_{20} M_{10}

③ 其他表示强度的指标　研究中常用到焦炭的显微强度、结构强度、抗拉强度等指标，以表征不同焦炭的结构与性质特征。

（3）焦炭热性质

焦炭的热性质是指它经过二次加热的物理性质、化学性质和力学性质，如燃烧热、热反应性（活性）、热强度等。

① 焦炭活性　焦炭与氧化性气体在一定温度下反应，一定时间内消耗碳的比例统称为活性。通常反应性是用一定浓度的CO_2气体在一定温度下与焦炭发生反应的速度或经过一

定反应时间后反应掉的碳量来评定。

用于高炉的焦炭，其活性又特指焦炭高温反应性，简称焦炭反应性，或块焦反应性。

一些国家（或企业）的块焦反应性试验方法见表 5-21。

表 5-21 一些国家（或企业）的块焦反应性试验方法

项目	新日铁（小型）	中国（GB/T 4000—2017）	新日铁（大型）	法国钢铁研究院	美国伯利恒钢铁公司	英国煤炭研究中心	德国矿山研究所
试样粒度/mm	20±1	23～25	25～27	20～30	51～76	20～100	块焦
试样量	200g	200g	12kg	400g	—	25kg	70kg
反应装置/mm	$\phi 75 \times H110$	$\phi 80 \times H500$	$\phi 300 \times H500$	—	圆桶状	卧状	910×380×680
反应气体组成	CO_2	CO_2	CO_2	CO_2,CO,H_2	CO_2	CO_2	CO_2,N_2
反应气流量	5L/min	5L/min	7.5m^3/h				
最终温度控制	1100℃	1100℃	1100℃	200℃/h			
反应温度和时间	1100℃，2h	1100℃，2h	1000℃，2h	650℃→1200℃	1000℃，2h	1000℃，1100℃，1200℃，1300℃	(1050±10)℃
反应后强度测定装置	$\phi 130 \times H700$ 转鼓 20r/min ×30min		JIS 转鼓 150r	罗加转鼓	ASTM 转鼓	IRSID 转鼓	米库母转鼓
指标	反应性 CRI=$(g_0-g_1/g_0)\times 100\%$ 反应后强度 CSR=$g_2/g_1 \times 100\%$		CRI=CO/(CO_2+CO)×100% CSR 用 DI_{15}^{150}	CSR 用<3mm 所占%			

注：g_0——入鼓焦炭质量，g；g_1——反应后焦炭质量，g；g_2——反应后焦炭转鼓后大于某粒级的质量，g。

② 热强度　热强度是指焦炭在高温下测量的强度或经高温处理后在室温下测得的强度。高炉用焦也有高温转鼓强度，反应温度可达 1500℃。近期，河北理工大学设计出高温下焦炭抗压能力测试装置，以表征焦炭在高温受压条件下的性能。

③ 粒焦反应性　为便于试验研究，各国广泛测定粒度<6mm 粒焦的反应性和反应后强度。试验用规定粒焦在 1100℃下与 CO_2 反应 2h，反应后焦炭用 $\phi 200$ 标准振动筛振 5min，用反应后失重占试样百分率作反应性指标，用振筛后大于 3mm 焦炭占试样的百分率作反应后强度指标。

④ 高温连续热反应性　安徽工业大学开发的焦炭高温连续热失重测定仪是在焦炭块焦反应性测定方法的国家标准基础上，借助于热天平的连续计量特性，并结合高炉冶炼过程中的温度分布特点建立起来的[71,72]，可以在高温状态下同时测得焦炭的起始反应温度、剧烈反应温度、升温反应性以及在每一温度点下的反应速率。装置还可以利用不同的反应气组成（如 CO_2、CO、N_2、H_2的混合气）进行反应性试验，可以研究反应气浓度和组成对焦炭反应性的影响。

一些国家（或企业）测定焦粒反应性的方法见表 5-22。

表 5-22 一些国家（或企业）测定焦粒反应性的方法

项目	国际标准化组织/固体燃料委员会	中国	俄罗斯	美国（伯利恒）	法国（格连巴乔克法）	日本
焦样量/g	7～10	100mm，约 48cm^3	7～10	50	0.8	8～11

续表

项目	国际标准化组织/固体燃料委员会	中国	俄罗斯	美国(伯利恒)	法国(格连巴乔克法)	日本
粒度/mm	1～3	3～6	1～3	0.4～1	0.5～1	0.83～1.98
反应温度/℃	1000	850～1100	1000	996	1000	950
时间/min	15,30,60	20～25℃/min	15	120		
流量/(L/min)	0.12	0.5	0.12～0.16		0.3	0.05
反应性表示方法	用反应前后气体浓度计算速度常数	CO_2转化为CO的转化率	同国际标准	失重率	失重速率	反应后CO的流量

(4) 焦炭的光学性质

在反光偏光显微镜下，可以观察到焦炭的气孔壁是由不同的结构形态和等色区尺寸所组成，不同煤炼成的焦炭在反光偏光显微镜下呈现出不同的光学特征，焦炭气孔壁的这种光学特征按其结构形态和等色区尺寸可分成不同的组分，称为光学显微组分，简称光学组织。光学组织是微观条件下研究材料的重要手段。按照镜下特征分为各向同性组织和各向异性组织。其中，各向异性组织又分为细粒镶嵌组织、中粒镶嵌组织和粗粒镶嵌组织、纤维状组织等。目前国内外尚无统一分类标准，表5-23列出某些学者对焦炭光学组织的划分方案。

表5-23 焦炭光学组织的某些划分方案

项目	英国Paatrick	日本杉村秀彦	英国Marsh	鞍山热能院
各向同性(I)	√	√	√	√
级细粒镶嵌(VMf)			<0.5μm	<1μm
细粒镶嵌(Mf)	<0.3μm	√	0.5～1.5μm	
中粒镶嵌(Mm)	0.3～0.7μm		1.5～5.0μm	
粗粒镶嵌(Mc)	0.7～1.3μm	√		1～10μm
粗粒流动型(CF)			长<60μm,宽>10μm	
流动状(F)				
纤维状(F)		√		
流动广阔域(FD)	√		长<60μm,宽>10μm	
片状(If)		√		√
广阔域(D)			>60μm×60μm	
基础各向异性(B)	√		√	
破片状(FR)	√	√		√
丝质状(FS)	√	√		√
矿物组(M)	√	√		

焦炭光学组织的各向异性程度可用光学组织指数(OTI)表示：

$$OTI=\sum f_i \times OTI_i$$

式中 f_i——各光学组织的含量,%；

OTI_i——对各光学组织的赋值(光学各向异性结构单元愈大，赋值愈高，不同的学者对OTI赋值有所不同)。

5.3.2 高炉用焦炭

5.3.2.1 焦炭在高炉中的作用

(1) 焦炭的作用

高炉为中空竖炉，自上而下分炉喉、炉身、炉腰、炉腹和炉缸等。铁矿石、焦炭和熔剂等块状炉料从炉顶依次、分批装入炉内，高温空气（或富氧空气）由位于炉缸上部的风口鼓入，使焦炭在风口区燃烧放热。

高炉冶炼所需热量由焦炭、风口喷吹的燃料和热风提供，其中焦炭燃烧提供的热量占75%～80%，因此焦炭是高炉冶炼的主要供热源。

焦炭在风口区燃烧生成的高温煤气在上升过程中将热能传给炉料，使炉料升温。焦炭燃烧并与CO_2反应生成的CO将铁矿石中的铁氧化物还原。

$$C+Fe_2O_3/Fe_3O_4 \longrightarrow Fe+CO_2$$

$$CO+Fe_2O_3/Fe_3O_4 \longrightarrow Fe+CO_2$$

炉料在下降过程中，经预热、脱水、间接还原、直接还原而转化成金属铁，并不断升温和被焦炭渗碳而形成液态铁水。

焦炭堆密度小，在高炉中其体积占高炉总体积的35%～50%，在风口区以上区域，始终处于固体状态，而在高炉料柱中部铁矿石软化、熔融，在料柱下部金属铁和炉渣已形成液态铁水和熔渣，故焦炭对上部炉料起支承作用，并成为煤气上升和铁水、熔渣下降所必不可少的高温疏松骨架。焦炭在风口区内不断烧掉，使高炉下部形成自由空间，上部炉料稳定下降，从而形成连续的高炉冶炼过程。

综上，高炉的基本功能是将铁矿石加热、还原、造渣、脱硫、熔化、渗碳得到合格的铁水。焦炭在高炉中则起着供热、还原剂、骨架和供碳等作用。

(2) 焦炭在高炉内的行为

焦炭在高炉的块状带内虽受静压挤压、相互碰撞和磨损等作用，但由于散料层所受静压远低于焦炭的抗压强度，撞击和磨损力也较小，故块状带内焦炭强度的降低、块度的减小以及料柱透气性的变差均不明显[73-77]。进入软融带后，焦炭受到高温热力，尤其是碳溶反应的作用，使焦炭气孔壁变薄、气孔率增大、强度降低，并在下降过程中受挤压、摩擦作用，使焦炭块度减小和粉化，料柱透气性变差。碳溶反应还受钾、钠等碱金属的催化作用而加速。焦炭在滴落带内，碳溶反应不太剧烈。但因铁水和熔渣的冲刷，以及温度1700℃左右的高温炉气冲击，焦炭中部分灰分蒸发，使焦炭气孔率进一步增大，强度继续降低。进入风口回旋区边界层的焦炭，在强烈高速气流的冲击和剪切作用下很快磨损，进入回旋区后剧烈燃烧，使焦炭粒度急剧减小，强度急剧降低。焦炭在高炉内的降解过程可由图5-41表述。

高炉中焦炭自上而下沿高向的机械强度降低，焦炭块度逐渐减小，受气化反应影响气孔率明显增加。在高炉上部块状带焦炭的各项性质变化不大，自高炉中部超过1000℃的区域才开始急剧变化。

焦炭在高炉中的变化主要来自化学作用和高温热应力的作用，同时由于焦炭中碱性金属如K、Na、Ca、Mg等催化作用，又加剧了焦炭的裂化。

(3) 高炉内的碱催化行为

焦炭矿物质对碳素溶损反应的催化作用程度，一般用灰中碱性氧化物与酸性氧化物总量的比值作为参数衡量，称作碱性指数(BI)[78,79]。研究表明，该指数与反应性存在明显的正

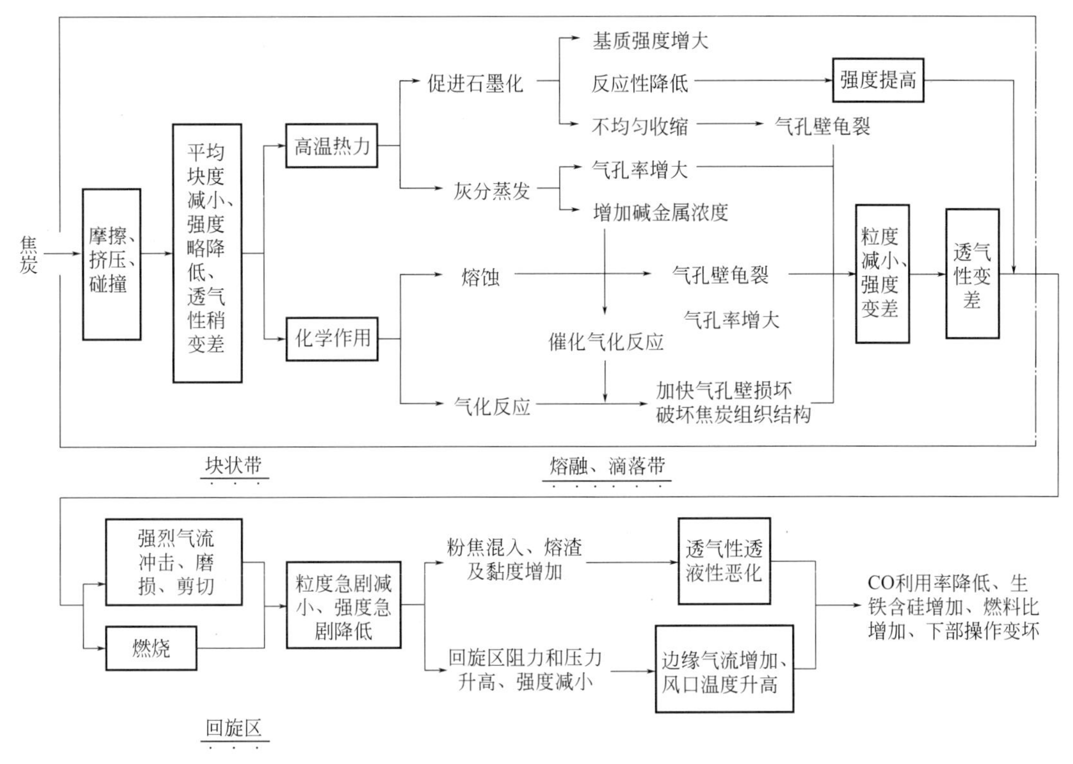

图 5-41 焦炭在高炉内的降解过程

相关关系，而有些矿物质的存在却抑制反应性的变化，人们称作负催化作用。

① 正催化作用　正催化作用是指矿物质能加速焦炭溶损反应的进行，提高焦炭反应性。矿物质对高炉焦炭溶损反应主要是正催化作用，这是由于高炉中存在大量碱金属、碱土金属、过渡金属等。碱金属能加速高炉内焦炭溶损反应，因为碱金属的存在使气流中 CO_2 分子易吸附在碳表面生成碳碱化合物起催化作用。在碱金属含量小于 5%的范围内，大大增强了焦炭反应性，并使焦炭强度急剧恶化。而在 5%以上，由于反应速率很快，主要反应为表面反应，催化作用导致的焦炭强度恶化就不很明显，随着碱金属含量继续增加，反应速度提高的程度也变得缓慢。

② 负催化作用　负催化作用是指矿物质使焦炭溶损反应受到抑制，导致焦炭反应性降低。

③ 协同催化作用　协同催化作用是指两种或两种以上的元素参与反应时，单个元素的催化作用受到其他元素的制约，其产生的催化效果与独自参与反应时有所不同，而受协同催化的综合作用所制约。

5.3.2.2 大高炉用焦质量

随着钢铁工业的快速发展，高炉日趋大型化，高炉容积已从 $1000m^3$ 扩大到 $4000m^3$ 以上，同时还采取了煤粉喷吹、富氧、高风温等强化冶炼措施，焦炭在高炉内的充当还原剂、提供热源、充当渗碳剂以及矿尘过滤等作用被其他物料所取代而减弱，而其提供高炉料柱的疏松骨架，以保证料柱的透气性和透液性的作用需更加强化。因此，人们对焦炭质量愈加重视，研究成果更加多样化[80-90]。

一般情况下，高炉焦要求灰分低、硫分低、强度高、块度适当且均匀、气孔均匀且致密、反应性适度、反应后强度高[2,91-93]。各国对高炉焦的质量均提出了一定的要求，且已形成相应的标准。

表 5-24 列出了一些国家的高炉焦质量标准（或达到的水平）[88]。

表 5-24 一些国家的高炉焦质量标准（或达到的水平）

指标		中国	苏联	日本	波兰	英国	美国	德国	法国
水分 M_t/%		4.0～6.0	＜5	3～4	＜6	＜3		＜5	
挥发分 V_{ad}/%		＜1.9	1.4～1.8				0.7～1.1		
灰分 A_{ad}/%		Ⅰ.≤12.0 Ⅱ.≤13.5 Ⅲ.≤15.0	10～12	10～12	11.5～12.5	＜8	6.6～10.8	9.8～10.2	6.7～10.1
硫分 $S_{t,md}$/%		Ⅰ.≤0.7 Ⅱ.≤0.9 Ⅲ.≤1.1	1.79～2.00	＜0.6		＜0.6	0.54～1.11	0.9～1.2	0.7～1.1
块度/mm		＞25,＞40	40～80 25～80	15～75	＞40	20～63	＞20 20～51	40～80	40～80 40～60
转鼓强度指数/%	M_{40} (M_{25})	Ⅰ.＞92.0 Ⅱ.88～92 Ⅲ.85～89	Ⅰ.73～80 Ⅱ.68～75 Ⅲ.62～70	75～80	Ⅰ.63～69 Ⅱ.52～63 Ⅲ.45～52	＞75		＞84	＞90
	M_{10}	Ⅰ.≤7.0 Ⅱ.≤8.5 Ⅲ.≤10.5	Ⅰ.8～9 Ⅱ.9～10 Ⅲ.10～14		Ⅰ.8～9 Ⅱ.＜12 Ⅲ.＜13	＜7		＜6	＜8
	I_{10}								＜20
	稳定度						51～62		
	硬度						62～73		
	DI_{15}^{30}			＞92					
反应性/%		22～28(宝钢)		26～30 (新日铁)		26.7(Redcar)			27.7(Solmer)
反应后强度/%		＞65		50～60		60.7			58.5

注：1. 中国、苏联、波兰、英国等数据系国家标准或标准协会规定的标准，其他各国的数据为大型高炉实际达到的水平。
2.中国国家新标准转鼓强度为 M_{25} 和 M_{10}。

5.3.2.3 焦炭质量预测与控制

在生产稳定的情况下，焦炭质量主要取决于原料煤和配合煤的性质，预测和控制焦炭质量，也可为选择煤源、优化配煤、降低成本等提供理论依据。

焦炭质量预测从广义上讲，包括焦炭的灰分、硫分等化学性质指标，冷态强度指标以及热态性质指标[94-103]。特殊生产企业对焦炭中的矿物组成有些限制，如含磷、砷等。

(1) 灰分、硫分的控制

焦炭的灰分、硫分与配合煤的灰分、硫分有直接的关系，在生产状况稳定的条件下，两者存在较好的线性关系。通用模型：

$$A_{焦}=a+bA_{煤}$$

式中，a、b 为系数。

(2) 焦炭强度预测

焦炭冷态强度（指 M_{40}、M_{10}，下同）与原料煤的煤岩成分、还原程度和变质程度三方面因素有关，预测模型常采用煤化度和黏结性指标。表 5-25 列出国内外曾采用过的方法，总趋势是从宏观参数向包括煤岩指标在内的微观参数发展，从仅以煤质参数预测向包括工艺参数在内的预测指标发展。预测方法基本可以分为三类：第一类以煤的工艺指标为参数，如 V_{daf}与 CI、MF、G、Y 的组合；第二类是以煤岩指标为参数；第三类在考虑配合煤指标的同时，也考虑炼焦煤准备和炼焦工艺条件。

表 5-25 国内外焦炭质量预测方法概况

年代	国别	作者	选用指标	预测方式	适用范围	参考文献
1937	苏联	САПОЖНИКОВ	V_{daf},X,Y	X=17～23mm Y=17～22mm	煤种齐全，气、肥、焦、瘦配煤	КОКС И ХИМИЯ, 1963,9
1950	日本	井田四郎	V_{daf},CI	图形表达	主要为日本煤	燃料协会志,1962,41
1959	日本	西尾淳	V_{daf},MF	V_{daf}=32%～37% MF=1500～1700	日本和进口美国优质炼焦煤	石炭利用技术会议,1959
1961	美国	Schapiro	SI,CBI	图表计算	美国优质炼焦煤	炼焦化学,1979,2
1964	澳大利亚	Brown	C-煤岩指数	图表	澳大利亚煤	Fuel, 1964,1
1965	联邦德国	Simonis	G_b因子	回归方程	优质炼焦煤	Ironmaking Proc, 1979, 371
1966	美国	Thompson	$\overline{R}_{max}$,IC	图表	伯利恒钢铁公司	Blast Furnace & Steel Plant,1961
1970	日本	宫津隆	$\overline{R}_{max}$ MF	$\overline{R}_{max}$=1.2～1.3 MF=70～1000	日本钢管进口煤	炼焦化学,1980,4
1971	日本	小岛鸿次郎	修正后 SI,CBI	图表计算	新日铁进口煤	燃料协会志, 1971,50
1976	中国	陈鹏	V_{daf},G	V_{daf}=28%～32% G=60～72	高挥发酚占多的中国煤	炼焦化学,1979,3
1984	比利时	Rene munnix	TIC,VCI,LGF	回归方程	北欧煤种	Ironmaking Proc, 1984, 19
1985	中国	周师庸	修正后 $\overline{R}_{max}$,I	回归方程	新疆钢铁公司	燃料与化工,1985,5
1997	中国	陈鹏	$\overline{R}_{max}$,G	线性回归	北京焦化厂	洁净煤技术,1997,3
1999	中国	戴才胜	$\sum I$,$\overline{R}_{max}$,R_r	$\sum I$ = 25% ～ 35% $\overline{R}_{max}$ = 1.15%～1.25%	北京焦化厂	煤田地质与勘探,1994,4
2002	中国	王进兴	V_{daf}, G, XD, A_d	线性回归	山西焦化	西山科技,2002,6
2002	中国	冯安祖	多参数	非线性回归	宝钢股份	燃料化学学报,2002,8

相对而言，焦炭冷强度的预测方法比较成熟，当生产运用中预测的精度、准确度或重现性存在偏差时，主要由以下原因所致。

① 煤质的不确定性。同一牌号的煤不同批次质量上都可能存在较大的差异，致使试验煤种与生产煤种产生偏差。

② 煤质指标的不确定性。实践中常出现单种煤的煤质分析指标相近，相应焦炭质量相差较大，单种煤的配伍性也存在差异。

③ 煤种的不确定性。单种煤混杂是精确配煤和焦炭质量控制的最大障碍，尤其是煤炭资源比较紧张情况下，来煤本身就是混配煤。

④ 预测指标选择的不确定性。由于预测指标可以有多种选择和组合，不同的煤质指标存在内在的适应性，指标选择不当，尤其是煤种不全的配煤预测更容易产生偏差。

随着高炉大型化和喷吹技术的发展，对高炉焦炭的要求不仅仅限于灰分、硫分和冷态强度的要求，更重要的是要求有良好的热态性质。焦炭的热态性质通常采用焦炭的反应性指数（CRI）和反应后强度（CSR）来表示。影响焦炭热态性质的因素一般考虑：煤化度指标、黏结性指标、惰性物含量和灰分中矿物质组成等。因而，多数预测焦炭热性质的模型也就考虑这些参数[50-54]。

第一类：由焦炭性能指标预测。

该方法主要基于焦炭冷态性质指标，如焦炭强度（M_{40}、M_{10}）、气孔率与气孔分布、光学组织等。日本川崎、神户、新日铁和钢管四公司认为焦炭的热强度变化更主要来自气孔率的增加、微裂纹的发展、原始微强度的大小、焦炭的碳晶格结构以及焦炭灰成分等。导出微强度指数（$MSI_{28\sim65}$）与气孔率 P 和焦炭热强度（SH_{10}^{500}）的关系：

$$SH_{10}^{500}=1.02\exp\left[(4.14\ MSI_{28\sim65})^{0.0206}\exp(-3.11\times10^{5}P)\right]$$

美钢联格兰奈特城厂以煤质、焦炭性质和生产条件对 CSR 值进行多元回归，其结果：

$$CSR=434.3-34.7S-69.6B-1.155HV+3.224LV-480.5R_0+0.6574HF+0.6533CT+90.744AD$$

式中　S——焦炭中的全硫含量，%；

HV、LV——高挥发分、低挥发分煤的配入量，%；

R_0——煤料的平均反射率；

B——焦炭碱度值，$B=\dfrac{Fe_2O_3+K_2O+Na_2O+CaO+MgO}{SiO_2+Al_2O_3}$（各氧化物指灰分组成中对应氧化物的含量，%，下同）；

HF——焦炭的 ASTM 硬度指数；

CT——结焦时间，h；

AD——焦炭的视密度，g/cm^3。

第二类：由单种煤性质预测。

安徽工业大学从单种煤性质入手研究了不同单种煤的煤化度指标（挥发分、镜质组最大反射率）、黏结性指标、灰组成与其焦炭热性质的关系。研究认为挥发分位于22%～26%以及 R_{max} 为1.1～1.2左右，单种焦的热性质最佳。同时提出煤中矿物质对焦炭热性质存在正催化或负催化作用，并依据金属氧化物对碳溶反应催化作用的强弱赋予系数，定义催化指数。

$$MCI=A_{d,m}\frac{Fe_2O_3+1.9K_2O+2.2Na_2O+1.6CaO+0.93MgO}{(100-V_{d,m})(Si_2O+0.41Al_2O_3+2.5TiO_2)}$$

依据单种煤与配合煤的加和性，考虑灰分 A_d、挥发分 V_d、催化指数 MCI、反射率 R 以及惰性物含量 TI 以及黏结性指标，给出焦炭质量的预测模型：

$$DI_{15}^{150}=a_0-\zeta(A_d,TI,G)+\eta(V_d,\lg MF)\qquad(DI_{15}^{150}=80\%\sim85.5\%)$$

$$CSR=b_0+b_1\times MCI+\varphi(V_d,\lg MF)+b_2\times TI\qquad(CSR=50\%\sim60\%)$$

$$CRI=c_0+c_1\times MCI+\psi(R,\lg MF)+c_2\times TI\qquad(CRI=25\%\sim40\%)$$

式中，a_0、b_0、b_1、b_2、c_0、c_1、c_2 为回归系数；ζ、η、φ、ψ 分别为函数关系表达形式。

威尔金森（Wilkinson）较为全面地总结了影响焦炭反应性的因素，采用煤中氧与碳的原子含量、惰性组分含量、胶质体流动度、灰中碱性成分和煤结构参数、镜质组最大反射率、煤的膨胀度以及煤岩组分中镜质组、稳定组、惰性组含量等参数，依据大量的统计数据，得到一系列相关系数均在0.9左右的预测模型。

第三类：由配合煤指标预测。

该方法较为常用，主要依据配合煤反射率、黏结性、惰性物含量以及灰组成等进行预测。多数预测模型仅限于生产实践数据或实验数据的统计分析，适用范围也局限于各自炼焦煤种。最早的 CSR 预测模型中考虑了煤的平均镜质组反射率和惰性物含量。此后，又慢慢地将各种其他因素考虑于模型中。一个重要的因素就是对灰成分和组成有所限制，引入碱度指数的概念。日本新日铁较早地定义碱度指数：

$$B_{ash}=A_{d,m}\frac{Fe_2O_3+K_2O+Na_2O+CaO+MgO}{Si_2O+Al_2O_3}$$

用于预测焦炭对于 CO_2 的反应性（CSR）时，考虑镜质组反射率（R）、惰性物含量（I）、碱度指数（B_{ash}）。

$$CSR=aR^2+bI^2+cB_{ash}^2+dRI+eB_{ash}+fB_{ash}R+hI+iB_{ash}+j$$

该模型在用于意大利煤时，取得了较好的预测效果。

Kobe Steel 在 CSR 预测模型中使用了反应强度指数（RSI）的概念，该模型包含了平均镜质组反射率（R_0）、基氏最大流动度（lgMF）和灰成分等参数。

$$CSR=RSI-10$$

式中，$RSI=70.9+R_0+7.8(\lg MF)+89[(Fe_2O_3+CaO+Na_2O+K_2O)/(SiO_2+Al_2O_3)]-32$

Kobe Steel 此后又建立了一个与 RSI 类似的模型，引入了新的碱度或者碱度指数概念。

$$B_{ash}=A_{d,m}(Fe_2O_3+K_2O+Na_2O+CaO+MgO)$$

认为焦炭的反应性受焦炭的织构、焦炭的孔隙率以及灰成分影响。但该模型的预测结果和以往得到的实验数据结果差别明显。

Iscor 在模型中建立了 F 因子，用于 CSR 预测。

$$F=\frac{R_{max}MF}{(Fe_2O_3+CaO+MgO)(K_2O+Na_2O)(O_{organicinerts})}$$

CANMET 给出一种改良的碱度指数：

$$MB_i=(100-A_{d,m})\frac{Fe_2O_3+K_2O+Na_2O+CaO+MgO}{(100-VM)(Si_2O+Al_2O_3)}$$

利用这一参数，所建立的模型据可以明显改善其预测精度。

BHP 又在此基础上提出如下改进：a. 引进煤的膨胀温度区间（ΔT）；b. 以 MBI 的平方来代替 MBI，据报道可以明显提高预测精度。

加拿大碳化协会用类似的指标预测 CSR，但有两点变动，使用奥亚膨胀度全膨胀（$a+b$）和对灰分碱度指数进行校正 $MBI_{校}$。

对加拿大西部 33 种煤及配合煤实测值的回归方程：

$$CSR=56.9+0.082(a+b)-6.86(MBI_{校})^2+11.47R_0$$

$$MBI_{校}=100A_{d,m}\frac{Fe_2O_3+K_2O+Na_2O+CaO+MgO}{(100-V_{d,煤})(Si_2O+Al_2O_3)}$$

另外考虑美国阿巴拉齐亚矿区 22 种煤，其回归方程：

$$CSR=52.7+0.0822(a+b)-6.73(MBI_{校})^2+14.6R_0$$

这两个回归式的复相关系数均达到 0.94 以上。

美国人认为配合煤的胶质体塑性和反射率有较好的相关关系，因此不必同时采用两个指标，它用吉氏流动度的温度间隔 ΔT 作为预测指标，并引用催化指数 CI，预测方程如下：

$$CSR=28.91+0.63\Delta T\times CI$$

$$CI=9.64A_d\frac{Fe_2O_3+K_2O+Na_2O+CaO+MgO}{(SiO_2+Al_2O_3)}+14.04S_{t,d}$$

式中　ΔT——固化温度与开始软化温度之差，$\Delta T=T_3-T_1$，℃；

A_d，$S_{t,d}$——分别配合煤干基灰分和全硫含量，%。

此式用 3 种单种煤和 41 种配合煤的焦炭实测值与预测值统计的相关系数为 0.9。

国内也有类似的报道，所不同的是根据我国煤质特征，提出对配合煤惰性物含量、镜质组黏结性、煤灰的碱度指数等指标的校正方法。

第四类：人工智能方法用于焦炭质量预测。

随着计算机和大数据的运用，国内外许多学者尝试将网络算法引进焦炭质量预测领域[104-106]，结果表明网络算法比线形系统辨识方法能更好地描述配煤和炼焦过程各参数间的复杂关系。

神经网络是一个非线性动力系统，其特色在于信息的分布式存储和并行协同处理。神经网络模型各种各样，是由许多神经元组成的多层网络，即有输入层、输出层、隐含层（可以是一层或多层），构造一个只有一个隐含层的三层神经网络。

BP 算法是一种误差反向传播法（back propagation algorithm），建立在梯度下降的基础上，其主要的算法过程如下：a. 初始化各连接权矩阵的值，给定误差 $\varepsilon>0$，学习速率 $\eta>0$，选定初始权值 W_k；b. 计算网络输出，若所有模式目标输出与网络实际输出之差小于 ε，则结束；c. 求每个节点上的梯度 $2f(W_k)$ 及下降方向 $dk=-f(W_k)$；d. 修正各节点的权值向量，引入动量系数 a，转过程 b；e. 结束。

结合人工智能方法所建立的焦炭质量预测主要有两类。a. 简单的预测模型。其典型代表就是通过一组样本数据，以配煤数据为输入、以焦炭质量为输出进行训练得到的预测模型。为了适应不同企业/研究者的数据，可以选用不同种类的 BP 人工神经网络或者其他的神经网络模型，或者采用遗传算法/人工神经网络等组合人工智能方法。这种模型的典型优点是，总能得到针对样本集合的很好拟合；而其典型缺点是模型意义不够清晰，难以对生产和研究起到决定性的指导作用。b. 预设模式的预测模型。比较典型的代表是以数据分组处理（GMDH）方法和遗传算法组合得到的焦炭性质预测模型。它相比于简单模型的最大优点就是模型中的因素都具有明确的物理意义，进而所获得的模型对生产和研究有更好的指导意义。

将人工智能用于炼焦生产给人们带来新的启示，从研究的进展来看，在动力配煤中由于配合煤与单种煤之间仅是物理混合，因而应用较为成功；对于应用于炼焦配煤的尝试，仅仅是一个开始，而且所选配合煤的黏结性指数、灰分、挥发分和硫分四个指标与焦炭质量并非完全理想，常规方法预测中所暴露的指标不确定性等问题也没得到合理解释，输出指标也仅限于焦炭的常规冷态指标。该方法虽然理论和实践需要进一步完善，但作为一种新的方法、有代表性的方法值得关注。

5.3.3 铸造用焦炭

铸造是人类掌握比较早的一种金属热加工工艺，进入 20 世纪，随着人们对铸件各种机械物理性能要求的提高，铸造的发展速度很快，同时带动化工、仪表等行业的发展。并开发出大量性能优越、品种丰富的新铸造金属材料，如球墨铸铁，能焊接的可锻铸铁，超低碳不锈钢，铝铜、铝硅、铝镁合金，钛基、镍基合金等。近年来，我国铸造技术获得突飞猛进的发展，许多新建的铸造厂的设备、工艺、管理均采用世界最先进的技术，铸件质量、铸件生产率、能耗、管理水平均达到世界一流水平。

（1）铸造焦质量

铸造生产中炉料主要是生铁、废钢、焦炭、石灰石、型砂、芯砂等。其中焦炭质量对铸件质量影响最大，一般要求粒度大、低灰低硫、气孔率低等。

焦炭的作用主要是熔化炉料并使铁水过热，支撑料柱保持其良好的透气性。因此，要求铸造焦应具有足够的块度，分别为＞80mm、80～60mm、＜60mm三个级别。灰分和硫分要求较低，主要是提供较大的热量，以及减少铸件的含硫量，以保证产品质量。焦炭气孔率作为特殊指标，较低的气孔率可以保证其反应性低、燃烧时间长、铁水温度高等。

中国铸造焦质量标准见表5-26。

表5-26 中国铸造焦质量标准（GB/T 8729—2017）

指标		优级	一级	二级
粒度/mm		＞120,120～80,80～60		
水分 M_t/%	≤	5.0		
灰分 A_d/%	≤	8.0	10.0	12.0
挥发分 V_{daf}/%	≤	1.5		
硫分 $S_{a,d}$/%	≤	0.6	0.8	0.8
转鼓强度/%	≥	87.0	83.0	80.0
落下强度/%	≥	93.0	89.0	85.0
显气孔率 P_s/%	≤	40	45	45
碎焦率(＜40mm)/%	≤	4.0		

（2）铸造焦制备

铸造焦生产主要工艺包括原料配料、成型、干燥、炭化等工序，即型焦生产线。

① 原料配料　传统意义上的铸造焦原料使用非炼焦煤，如无烟煤、焦粉、石油焦等与黏结剂混合，其配比组成以得到足够强度为要求，其目的是节省优质炼焦煤资源。近年来，随着焦炉的发展，使用炼焦煤的案例逐渐增加。

② 成型　为了得到块度较大、强度较好的焦炭，一般经过原料与黏结剂（沥青、渣油、煤焦油等）热压或冷压成型，再进行后续加工。我国镇江曾采用普通焦炉，以石油焦和沥青黏结剂为原料，顶装生产优质铸造焦，国内采用捣固焦炉生产铸造焦的企业也较为常见。

③ 干燥　成型煤料经干燥预处理，有助于减少焦炭内裂纹，干燥的目的是脱除煤料中的水分，故一般温度较低。

④ 炭化　炭化装备类型较多，包括斜底炉、隧道窑、焦炉等，一般型煤工艺不采用常规焦炉。

由于中国强黏结性煤的资源有限，而捣固炼焦工艺可多用弱黏结性煤，少用强黏结性煤，通常情况下，普通工艺炼焦只能配入气煤35%左右，而捣固炼焦工艺与普通顶装煤工艺相比，由于提高了装炉煤密度，使煤粒间距离缩短，可充分利用煤的黏结性，故不仅可提高约20%的高挥发分气煤的用量，而且还可适量配入过去认为不能炼焦的弱黏结煤、不黏煤和无烟煤等煤种。

早期我国研制的一级铸造焦，配煤中徐州气煤40%，山家林肥煤20%，石油延迟焦30%，其他焦粉、沥青等10%。有焦化企业增长期采用70%的石油延迟焦粉、30%的沥青，生产灰分1%以下的无灰低灰铸造焦。

近期，人们采用热回收捣固式清洁型焦炉，不但可以生产优质铸造焦，而且具有扩大原料范围和多配气煤或弱黏结煤及降低生产成本的优势。

5.3.4 铁合金用焦炭

广义上的铁合金是指炼钢用脱氧剂、元素添加剂等，近年来铁合金广泛用于特殊材料加工，作为元素添加剂加入铁水中使钢具备某种特性或达到某种要求的一种产品，在钢铁、航天、军工等多领域应用。产品包括高碳铬铁、锰铁、镜铁、低硅高硅硅铁和镍铁等。

铁合金产品绝大部分用还原电炉冶炼。产品有硅铁、碳素锰铁、锰硅合金、碳素铬铁、钨铁、硅铬合金、硅钙合金、磷铁等。

在还原电炉内用矿石配加焦炭或其他碳质还原剂依靠电能加热进行冶炼。运行时电极插入炉料，除电极端部和焦炭颗粒之间产生电弧外，主要通过炉料和炉渣的电阻热加热。

在铁合金生产中，焦炭主要用作还原剂，与 MnO、SiO_2 等氧化剂反应生成铁合金，冶炼不同的铁合金品种，所需的焦炭量不同，2022 年我国铁合金产量约 3400 万吨，对焦炭的需求总量约 2200 万吨，其中焦炭 1375 万吨，兰炭 825 万吨。质量上一般要求：粒度 2～8mm、8～20mm、8～25mm 三种规格，技术指标见表 5-27。

表 5-27 铁合金专用焦炭（高温焦）技术指标（YB/T 034—2015）

牌号	固定碳/%	A_d/%	V_{daf}/%	$S_{t,d}$/%	P/%	Al_2O_3/%	M_t/%	常温电阻率/μΩ·m
	≥	≤						≥
GWJ1	84.0	10.0	4.0	0.80	0.025	2.0	8.0	2200
GWJ2	82.0	13.0		0.90	0.030	3.0		2000
GWJ3	80.0	15.0		1.00	0.035	4.0		1100

为了保持电极合理深插、炉况稳定，必须控制好炉膛电阻。炉膛电阻受炉料组成、还原用炭的种类及其粒度和数量、炉渣的化学成分、炉膛尺寸和电极间距、炉内温度分布等因素的影响。用作还原剂的焦炭同时是炉料中传导电能并对炉膛电阻起主要影响的因素。焦炭颗粒较细有利于在炉料中均匀分布而且具有较高的电阻率。电阻率较高的焦炭，例如低温焦、气化焦，或配加煤、木炭、木片等，可以提高炉膛电阻，有利于电极深插。

从铁合金用焦质量分析，焦炭来源广泛，重点要求灰分组成以及电阻率等指标。

5.3.5 化工用焦炭

化工用焦包括固定床气化、电石以及电炉法制磷等领域，是除钢铁冶金以外的最大焦炭消费行业，其表观消费量在焦炭总量中的占比超过 8%，在 3500 万～4000 万吨/年，主要是用于生产燃气、合成气、电石（碳化钙）、二氧化碳、黄磷等化工品。其中气化焦是指专用于生产煤气的焦炭，主要用于固态排渣的固定床煤气发生炉内，作为气化原料，生产以 CO 和 H_2 为可燃成分的煤气。

气化过程的主要反应有：

$$CO_2 + C \longrightarrow 2CO - 162142kJ$$

$$C + O_2 \longrightarrow CO_2 + 408177kJ$$

$$C+H_2O \longrightarrow CO+H_2-118628kJ$$

$$C+2H_2O \longrightarrow CO_2+2H_2-75115kJ$$

焦炭气化反应属于吸热反应，需要的热量由焦炭燃烧提供。气化焦要求灰分低、灰熔点高、块度适当和均匀。冶金焦虽可以用作气化焦，但由于受炼焦煤资源和价格等的限制，一般不用冶金焦制气。以高挥发分黏结煤为原料生产的气煤焦，块度小、强度低，不适用于高炉冶炼，但它的气化反应性好，可取代气化焦用于制气。另外，由于气化技术的发展，以粉煤或水煤浆为原料的气化技术日益成熟，固定床气化炉正逐年减少或淘汰。

固定床气化焦一般要求固定碳含量大于80%，灰分含量小于15%，灰熔点大于1250℃，挥发分含量小于3.0%，粒度分为15～35mm和35mm两级。

电石用焦主要是以焦炭和石灰石为原料，在电弧炉中作导电体和发热体，在电弧热和电阻热的高温（1800～2200℃）作用下，焦炭与氧化钙反应生成碳化钙（电石）。

$$CaO+3C \longrightarrow CaC_2+CO-46.52kJ$$

电石用焦应具有灰分低、反应性高、电阻率大和粒度适中等特性，还要尽量除去粉末和降低水分。其化学成分和粒度一般应符合如下要求：固定碳含量大于84%，灰分含量小于14%，挥发分含量小于2%，硫分含量小于1.5%，磷分含量小于0.04%，水分含量小于1.0%，粒度根据生产电石的电弧炉容量而定，粒度合格率要求在90%以上。

近年来，受到国家对环境保护的严格要求，以焦炭为原料制备电石属于高污染高能耗行业，传统技术受到限制，焦炭消耗量在减少，2018年我国电石产量约2612万吨，每吨电石需要消耗焦炭0.6～0.8t，电石工业的焦炭消耗量在1590万～1855万吨。

5.4 焦炉副产物的净化与利用技术

5.4.1 焦炉气净化与利用技术

炼焦过程中产生的荒煤气（焦炉煤气）主要成分有CH_4、CO、H_2、C_mH_n、CO_2、NH_3、焦油、萘和苯等化学产品。因此，荒煤气须经系列处理，回收不同化工产品，并脱除有害成分[107,108]。净化后的焦炉煤气，可作为城市煤气、发电用燃料和化工合成、制氢原料等。

5.4.1.1 粗煤气生成与导出

炼焦煤在炭化室干馏过程中，由于热解产生大量的挥发性物质，沿炭化室内煤层、焦饼与炉墙或穿过炽热焦炭、半焦缝隙进入炉顶空间，同时又发生二次热分解反应，生产分子量更小的气体化合物。这些700℃左右的气态产物夹带着煤尘、焦尘和热解炭等，形成粗煤气。

由于炭化室内煤料在结焦周期内随温度处于不同的干馏阶段，干煤层热解生成的气态产物和塑性层内所产生的气态产物中的一部分无法穿过透气性很差的塑性层，只能向上或从塑性层内侧流往炉顶空间，称为里行气，约占炼焦气态产物的20%～25%。结焦中后期所产生的气态产物则穿过高温焦炭层的缝隙，沿焦饼与炭化室墙之间的缝隙向上流入炉顶空间，又称为外行气，约占炼焦气态产物的75%～80%。粗煤气析出路线如图5-42所示。

粗煤气从炭化室顶一侧或双侧经上升管导出焦炉炉体，煤气逸出时的温度为650～750℃，组成包括焦油气、苯族烃、水蒸气、氨、硫化氢、氰化氢、萘及其他化合物。为便于回收和处理这些化合物，同时便于焦炉煤气的输送、储存和使用，首先在集气管及桥管中用大量循环氨水喷洒，使粗煤气冷却到80～90℃，同时冷凝产生焦油，经集气管流入后续工序。煤气流经上升管、桥管和集气管示意图见图5-43。

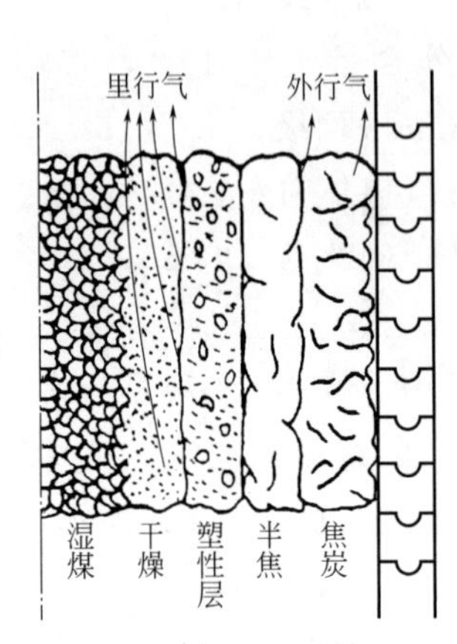

图5-42　粗煤气析出路线示意图

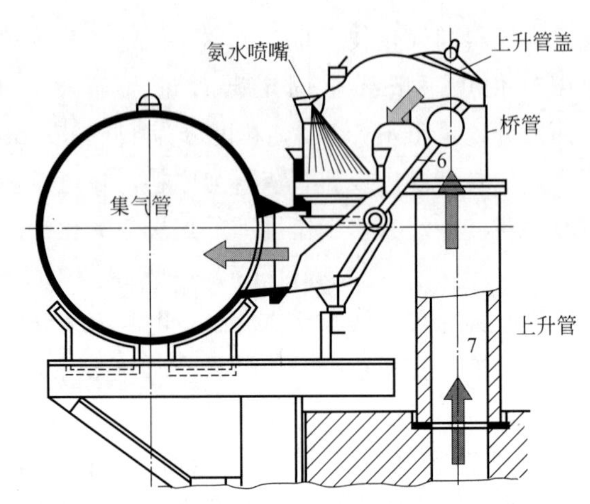

图5-43　煤气流经上升管、桥管和集气管示意图

5.4.1.2　煤气初冷

离开集气管的煤气温度仍然较高，还需进一步降温处理，一般称作焦炉煤气的初冷工序。

粗煤气经上升管、集气管内循环氨水喷洒冷却后的温度仍高达80～90℃，且包含有大量焦油蒸气和水蒸气及其他物质。为了进一步冷却煤气和冷凝水汽、焦油蒸气等，以减小煤气体积，便于输送，且节省输送煤气所需动力，由集气管出来的煤气应继续冷却到25～35℃或低于25℃，这个过程要在化产回收车间的初冷器内完成。因焦化厂内该冷却器位于煤气输送系统的开始部位，故称为煤气初步冷却器，简称初冷器。

煤气冷却的流程可分为间接冷却、直接冷却和间冷直冷结合冷却三种。上述三种流程各有优缺点，可根据生产规模、工艺要求及其他条件因地制宜地选择采用。目前我国焦化厂广泛采用的是间接冷却。

① 立管式冷却器间接初冷工艺流程。立管式煤气初冷工艺流程如图5-44所示。焦炉煤气与循环氨水、冷凝焦油等沿吸煤气主管先进入气液分离器，煤气与焦油、氨水、焦油渣等在此分离，随后进入立管式冷却器间接冷却。

② 横管式冷却器间接初冷工艺流程。横管式煤气初冷器冷却工艺所不同的是，煤气走管间，冷却水走管内，流体横向运动。水通道分上下两段，上段用循环水冷却，下段用制冷水冷却，将煤气温度冷却到22℃以下。横管式初冷器煤气通道一般分上中下三段，上段用循环氨水喷洒，中段和下段用冷凝液喷洒。

③ 煤气的直接初冷。煤气的直接初步冷却与间接冷却不同，在直接冷却塔内由煤气和冷却水直接接触传热完成冷却。中国有些小型焦化厂采用直接初冷流程。

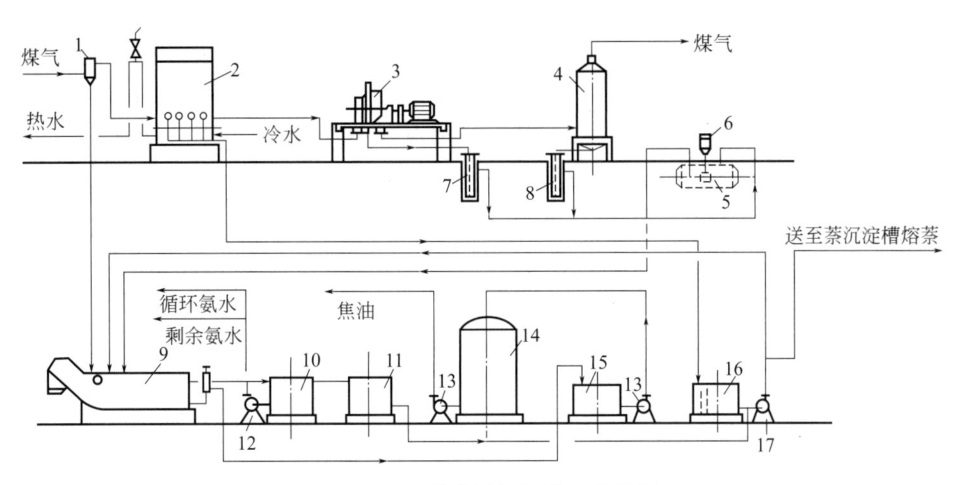

图 5-44　立管式煤气初冷工艺流程

1—气液分离器；2—初冷器；3—鼓风机；4—电捕焦油器；5—冷凝液槽；6—冷凝液泵；7—水封；8—电捕焦油器水封；9—氨水澄清槽；10—氨水中间槽；11—事故槽；12—氨水泵；13—焦油泵；14—焦油储槽；15—焦油中间槽；16—冷凝液中间槽；17—冷凝液泵

④间冷和直冷结合的煤气初冷　间冷直冷结合的煤气初冷工艺即是将间接冷却和直接冷却二者优点结合的方法，在国内外大型焦化厂已得到采用，如图 5-45 所示。

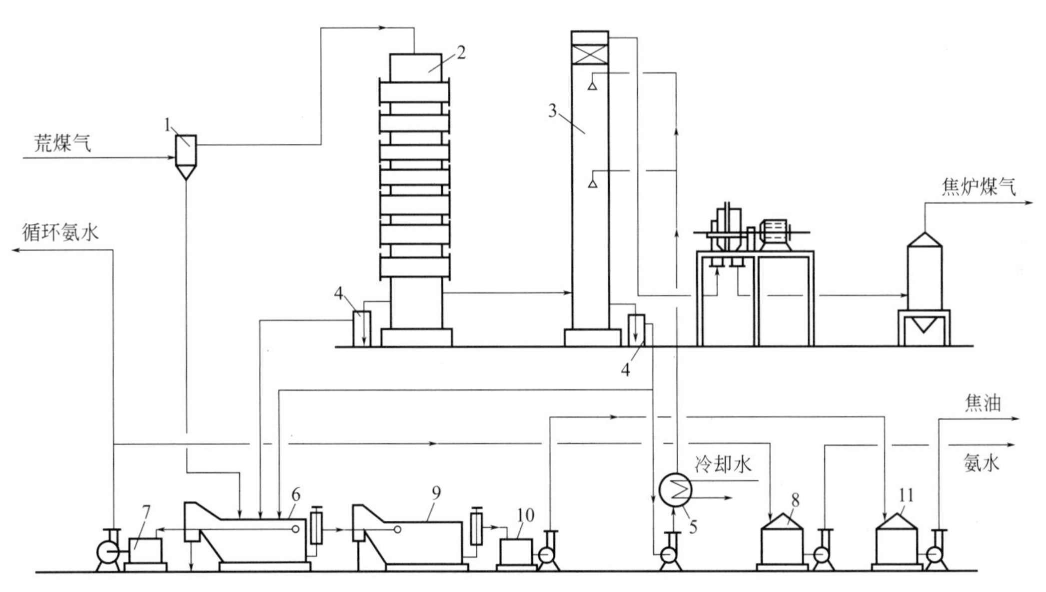

图 5-45　间冷直冷结合的煤气初冷工艺流程

1—气液分离器；2—横管式间接冷却器；3—直冷空喷塔；4—液封槽；5—螺旋换热器；6—机械化氨水澄清槽；7—氨水槽；8—氨水储槽；9—焦油分离器；10—焦油中间槽；11—焦油储槽

5.4.1.3　煤气输送

焦炉煤气经集气管、吸气管、冷却及煤气净化、化学产品回收设备直到煤气储罐或送回焦炉或到下游用户，要经过很长的管道及各种设备。为了克服这些设备和管道阻力及保持足够的煤气剩余压力，需设置煤气鼓风机。

① 风机设置　鼓风机一般设置在初冷器后面。这样，鼓风机吸入的煤气体积小，负压下操作的设备和煤气管道少。有的焦化厂将油洗萘塔及电捕焦油器设在鼓风机前，进入鼓风机的煤气中焦油、萘含量少，可减轻鼓风机及以后设备堵塞，煤气输送的装备主要有离心式鼓风机和罗茨式鼓风机两种，离心式鼓风机具有工作可靠、运转平稳、噪声小、操作简单、维护费用低、工作轮和机壳之间没有摩擦等优点。罗茨式鼓风机具有结构简单、制造容易、体积小等优点，在转速一定时，压头稍有变化，其输气量可保持不变，即输气量随着风压变化几乎保持一定。可以获得较高的压头。

同时，在确定化产回收与净化工艺流程及选用设备时，除考虑工艺要求外，还应该使整个系统煤气输送阻力尽可能小，以减少鼓风机的能耗。

② 输送管路　煤气输送管路一般分为出炉煤气管路（炼焦车间吸气管至煤气净化的最后设备）和回炉煤气管路。若焦炉用高炉煤气加热，还应有炼铁厂至炼焦焦炉的高炉煤气管路。

煤气管道应有一定的倾斜度，以保证冷凝液按预定方向自流。吸气主管顺煤气流向倾斜度 1%，鼓风机前后煤气管道顺煤气流向倾斜度为 0.5%，逆煤气流向为 0.7%，饱和器后至粗苯工序前煤气管道逆煤气流向倾斜度为 0.7%～1.5%。在全部回收设备之后的回炉煤气管道上，设有煤气自动放散装置。该装置由带煤气放散管的水封槽和缓冲槽组成，当煤气运行压力略高于放散水封压力（两槽水位差）时，水封槽水位下降，水由连通管流入缓冲槽，煤气自动冲破水封放散；当煤气压力恢复到规定值时，缓冲槽的水靠位差迅速流回水封槽，自动恢复水封功能。水封高度用液面调节器按煤气压力调节到规定液面。现代化炼焦厂中带自动点火的焦炉煤气放散装置，已取代水封式煤气放散装置。

5.4.1.4　煤气净化

煤气净化一般包括煤气脱硫、脱硫脱氰、深度净化等工序。

(1) 煤气脱硫

焦炉煤气中硫化物包括有机硫化物（二硫化碳、噻吩及硫氧化碳等）和无机硫化物（主要是硫化氢），焦炉煤气中硫化物的含量主要取决于炼焦配煤中的含硫量，煤在高温炼焦时，配合煤中的硫约有 25%～30%转入煤气中，其中 90%左右是硫化氢气体。

焦炉煤气脱硫的方法主要分为干法和湿法两大类。干法脱硫工艺简单、成熟可靠，脱除硫化氢较完全；湿法处理能力大，脱硫和再生可连续进行，劳动强度小。脱除硫化氢和氰化氢可同时进行。目前我国焦化厂主要采用湿法脱硫，包括以下几种：煤气干法脱硫、AS 法脱硫、改良 ADA 法和栲胶法脱硫、HPF 法催化脱硫。下面仅介绍其中三种。

① 干法脱硫　国内许多焦化厂采用氢氧化铁法进行焦炉煤气的干法脱硫。其脱硫原理为：将焦炉煤气通入含有氢氧化铁的脱硫剂中，使硫化氢与脱硫剂中的有效成分 $Fe(OH)_3$ 反应生成 Fe_2S_3 或 FeS。当含硫量达到一定程度后，使脱硫剂与空气（或氧气）接触，在有水存在条件下，空气中的氧将 Fe_2S_3 或 FeS 氧化使之又转变成氢氧化铁，脱硫剂得到再生。

在碱性脱硫剂中，硫化氢与活性组分发生下列化学反应，即脱硫反应：

$$2Fe(OH)_3+3H_2S \longrightarrow Fe_2S_3+6H_2O$$

$$Fe_2S_3 \longrightarrow 2FeS+S$$

$$Fe(OH)_2+H_2S \longrightarrow FeS+2H_2O$$

当有足够的水分时，脱硫剂的再生是利用空气中的氧氧化脱硫生成的硫化铁，发生下列再生反应：

$$2Fe_2S_3+3O_2+6H_2O \longrightarrow 4Fe(OH)_3+6S$$

$$4FeS+3O_2+6H_2O \longrightarrow 4Fe(OH)_3+4S$$

② 改良蒽醌二磺酸钠法　改良蒽醌二磺酸钠法（简称改良 ADA 法，ADA 为蒽醌二磺酸的英文缩写）是湿法脱硫法中一种较为成熟的方法，具有脱硫效率高（可达 99.5%以上）、对硫化氢含量不同的煤气适应性大、脱硫溶液无毒性、对操作温度和压力的适应范围广、对设备腐蚀性小、所得副产品硫黄的质量较好等优点。改良 ADA 法在我国焦化厂已得到较广泛的应用。

ADA 法脱硫吸收液是在稀碳酸钠（Na_2CO_3）溶液中添加等比例 2,6-蒽醌二磺酸和 2,7-蒽醌二磺酸的钠盐溶液配制而成的。该法反应速率慢，脱硫效率低，副产物多。为了改进效果，在上述溶液中加入了偏钒酸钠（$NaVO_3$）和酒石酸钾钠（$NaKC_4H_4O_6$），即为改良 ADA 法。

脱硫液送入脱硫塔，在 pH 值为 8.5～9.5 的条件下，溶液中的稀碱在塔内与煤气中的硫化氢发生反应，生成硫氢化钠，进行的反应有：

$$Na_2CO_3+H_2O \longrightarrow NaHCO_3+NaOH$$

$$Na_2CO_3+H_2S \longrightarrow NaHCO_3+NaHS$$

$$NaHCO_3+H_2S \longrightarrow NaHS+CO_2+H_2O$$

$$NaOH+H_2S \longrightarrow NaHS+H_2O$$

上述脱硫反应生成的硫氢化钠在脱硫溶液中立即与偏钒酸钠（$NaVO_3$）进行反应，生成焦钒酸钠（$Na_2V_4O_9$）、氢氧化钠和硫单质：

$$2NaHS+4NaVO_3+H_2O \longrightarrow Na_2V_4O_9+4NaOH+2S$$

焦炉煤气中的硫化氢经反应就能转化为单质硫而析出，同时在反应过程中又生成了氢氧化钠，使吸收液仍保持一定的碱度及吸收能力，使吸收过程得以顺利进行。而反应生成的焦钒酸钠又与吸收液中的氧化态 ADA 进行反应，生成偏钒酸钠和还原态的 ADA。相应的化学反应式为：

$$Na_2V_4O_9+2NaOH+H_2O+2ADA\text{（氧化态）} \longrightarrow 4NaVO_3+2ADA\text{（还原态）}$$

将还原态的 ADA 吸收液送入氧化再生塔与鼓入的压缩空气中的氧进行反应，被氧化再生为氧化态 ADA。反应式为：

$$ADA\text{（还原态）}+O_2 \longrightarrow ADA\text{（氧化态）}$$

H_2O_2 可将 V^{4+} 氧化成 V^{5+}：

$$HV_2O_5^-+H_2O_2+OH^- \longrightarrow 2HVO_4^{2-}+2H^+$$

H_2O_2 可与 HS^- 反应析出硫单质：

$$H_2O_2+HS^- \longrightarrow H_2O+OH^-+S\downarrow$$

在整个脱硫反应过程中，脱硫液中的碳酸氢钠和碳酸钠又有如下反应：

$$NaHCO_3+NaOH \longrightarrow Na_2CO_3+H_2O$$

从以上各种反应可见，ADA、偏钒酸钠、碳酸钠均可获得再生，供脱硫过程循环使用，这是改良 ADA 法脱硫的突出优点之一。

③ HPF 法脱硫　HPF 法脱硫属液相催化氧化法脱硫，HPF 催化剂在脱硫和再生全过程中均有催化作用，是利用焦炉煤气中的氨作吸收剂，以 HPF 为催化剂的湿式氧化脱硫，煤气中的 H_2S 等酸性组分由气相进入液相与氨反应，转化为硫氢化铵等酸性铵盐，再在空

气中氧的氧化下转化为单质硫。HPF 法脱硫选择使用 HPF（醌钴铁类）复合型催化剂，可使焦炉煤气的脱硫效率达到 99%左右。

(2) 脱硫脱氰

在焦炉煤气中还存在氰化氢气体，脱硫的同时可发生下列反应：

$$Na_2CO_3+2HCN \longrightarrow 2NaCN+H_2O+CO_2\uparrow$$

$$NaCN+S \longrightarrow NaCNS$$

当脱硫液中硫氰酸钠含量增加到大于 150g/L 时，应从放液器引出部分脱硫液，经过真空蒸发、真空过滤、结晶和离心分离后，提取出粗制硫氰酸钠，用作精制硫氰酸钠的原料。精制硫氰酸钠的生产工艺有硫酸法、盐酸法、重结晶法等，目前采用较多的是硫酸法。

(3) 深度净化

焦炉煤气中不仅含有 H_2、CH_4、CO、CO_2、N_2等合成气的有效成分，同时还含有硫化物（H_2S、CS_2、COS、RSH、C_4H_4S 等）、HCN、O_2、NH_3、不饱和烃、苯及同系物、萘、焦油、粉尘等杂质，上述杂质不仅会腐蚀管道、设备，还会附着在设备和管道，堵塞设备和管道，而且是下游工序转化催化剂、甲醇合成催化剂、甲烷化催化剂、费-托合成催化剂等的毒物，损坏催化剂，进而产生严重后果。因此，对焦炉煤气进行深度净化，脱除这些杂质是焦炉煤气回收利用中面临的主要问题。焦炉煤气深度净化技术可分为化学溶剂法、物理溶剂法、加氢转化等。目前，新建焦炉煤气经净化得到合成气（H_2+CO_2），要求硫含量低，因此常用直接加氢工艺。典型煤气加氢净化工艺流程如图 5-46。

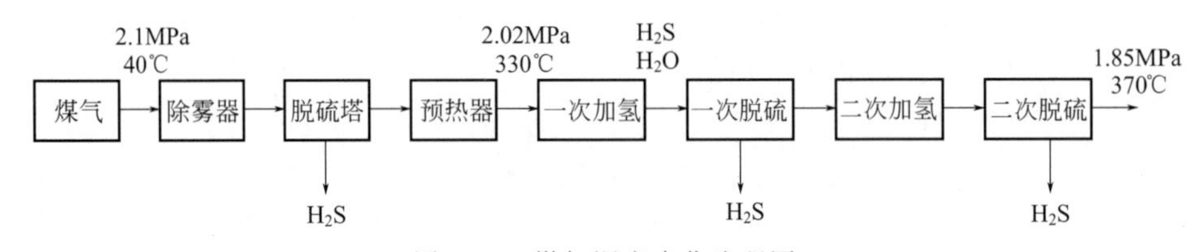

图 5-46 煤气深度净化流程图

压缩的焦炉气压力约 2.1MPa，温度 40℃，经过滤器滤去油雾后进入氧化铁脱硫槽，脱除气体中的无机硫后送转化装置预热。预热后压力约 2.02MPa，温度 300～350℃，进入加氢转化器Ⅰ；气体中的有机硫在此转化为无机硫，不饱和烃加氢饱和。另外，气体中的氧也与氢反应生成水。加氢转化后的气体进入氧化锰脱硫槽，脱去大部分无机硫；再进入加氢转化器Ⅱ，将残留的有机硫彻底转化并经中温氧化锌脱硫槽把关，使总硫脱至$\leqslant 0.1\times10^{-6}$。出脱硫槽的气体约 1.85MPa、370℃，送转化装置。

(4) 焦炉煤气利用

焦炉煤气经初冷、苯吸收、脱硫等工序后，即为净焦炉煤气。一般情况下，约 50%的净煤气用于焦炉本身加热，剩余煤气外供。早期作为燃料或城市煤气使用，近年来随着天然气的使用，多余焦炉煤气以发电和合成气使用。如用来合成甲醇（进而生产二甲醚、乙醇、乙烯、丙烯、芳烃等）、制氢、合成氨（进而生产硝酸、尿素）、合成天然气、费-托合成、生产硫化钠、直接还原海绵铁等，其中最主要的应用是制甲醇、化肥、发电、制氢、还原铁等方面。

① 焦炉煤气制甲醇　焦炉煤气中含有 25%左右的 CH_4，将焦炉煤气中的甲烷转化成 CO 和 H_2，就能满足合成甲醇的工艺要求。利用焦炉煤气制甲醇已成为我国目前焦炉煤气综合利用的主要方式。

② 焦炉煤气生产合成氨　通常1720m^3焦炉煤气可以生产1t合成氨，进而合成尿素，其生产成本低于以天然气或无烟煤为原料的尿素生产工艺，成本优势明显。相比甲醇等化工产品来说，焦炉煤气生产化肥也有较好的经济效益优势。利用焦炉煤气制合成氨也是焦炉煤气综合利用的重要途径之一。

③ 焦炉煤气发电　利用焦炉煤气发电是较为成熟的技术，包括蒸汽发电、燃气轮机发电、内燃机发电、燃气-蒸汽联合循环发电4种方式。蒸汽机的发电效率最低，不到30%，其次是燃气机发电和内燃机发电，发电效率30%～35%。燃气-蒸汽联合循环发电技术是我国大中型钢铁联合企业正在积极推广的技术，是热能资源的高效梯级综合利用，其发电效率高达45%以上，目前在国内多家企业得到推广。

④ 焦炉煤气制氢　由于焦炉煤气含有丰富的氢资源（体积比55%～60%），用焦炉煤气制氢的主要方法是采用变压吸附技术从焦炉煤气中分离氢气。目前，许多大中型焦化企业都在策划设计和建设苯加氢装置，其加氢所需的氢气都将是采用变压吸附技术从焦炉煤气分离而来。焦炉煤气制氢还用于煤焦油加氢，利用催化加氢反应，使分子量高、氢碳比（H/C）低、杂质含量多的煤焦油转化为分子量较低、氢碳比较高的优质燃料油组分。

⑤ 焦炉煤气直接还原铁　传统的炼铁工业完全依靠碳为还原剂，而焦炉煤气中H_2和CH_4含量分别为50%和20%左右，只需将焦炉煤气中CH_4进行热裂解即可获得74%左右的H_2和25%左右的CO，以此作为直接生产的还原性气体是非常廉价的，且能大大降低炼铁过程炼焦煤和焦炭的消耗。

5.4.2　煤焦油的回收技术

5.4.2.1　煤焦油的生成

装炉煤在隔绝空气的炭化室干馏时析出大量的挥发性物质，通过焦饼与炉墙以及炽热焦炭、半焦缝隙进入炉顶空间，这些挥发性物质在析出的过程又经历二次热分解，并伴随小分子的聚合反应，形成分子量相对较大的有机混合物，即煤焦油。高温炼焦时，这些700℃左右的气态产物夹带的煤尘、焦尘和热解炭等经上升管进入集气管，被循环氨水急冷至70～80℃而分离成气液两相。冷凝分离出来的煤焦油汇集至焦油氨水分离器，初步脱除氨水和焦油渣，分离出煤焦油。煤焦油按干馏温度可分为低温煤焦油、中温煤焦油和高温煤焦油，在焦炭生产中得到的煤焦油属于高温煤焦油[109]，其产率一般为干煤质量的3%～4.5%。

煤焦油是一种高芳香度的复杂混合物，通常含有少量脂肪烃、环烷烃和不饱和烃，绝大部分为带侧链或不带侧链的多环、稠环化合物和含氧、硫、氮的杂环化合物。据分析，高温煤焦油中含有1万多种化合物，按化学性质可分为中性的烃类、酸性的酚类和碱性的吡啶与喹啉类化合物。目前已鉴定出480种化合物，其含量共占煤焦油质量的55%，其中中性化合物174种，酸性化合物63种，碱性化合物113种，其余为稠环和含氧、硫的杂环化合物。其具体的组成、性质在煤焦油加工中介绍。

5.4.2.2　煤焦油回收工艺

（1）“机械化焦油氨水澄清槽＋焦油分离槽＋超级离心机”回收工艺流程

由气液分离器分离下来的焦油和氨水首先进入机械化焦油氨水澄清槽，在此进行焦油渣的预处理。从预分离器底部出来的焦油渣经过稠物过滤器后进入焦油渣压榨泵，在焦油渣压榨泵的作用下使较大颗粒的焦油渣得以粉碎，然后又返回到焦油氨水预分离器内；从焦油渣预分离器上部出来的焦油、氨水自流至焦油氨水分离槽的分离段。具体工艺流程流程如图5-47所示。

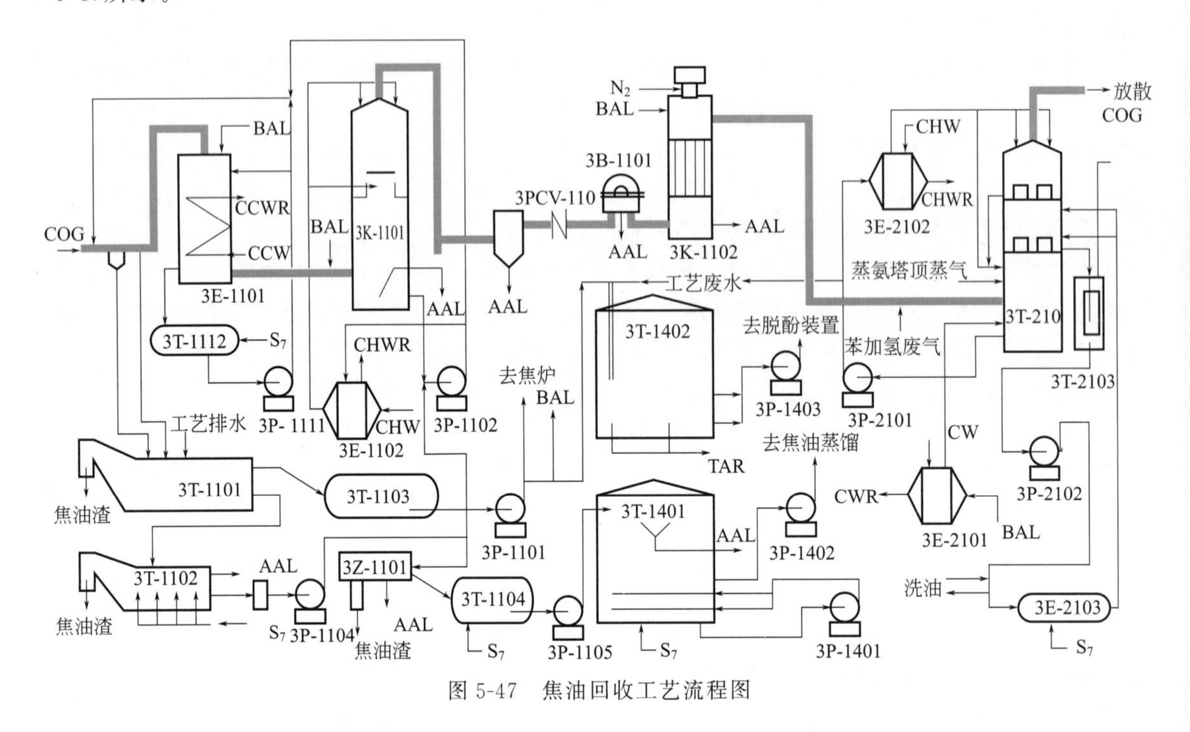

图 5-47　焦油回收工艺流程图

焦油氨水分离槽分为上、下两段，上段是分离段，下段是储槽段。焦油、氨水在分离段内沉降分离。从分离段上部引出的氨水自流至储槽段；当氨水量过大时，氨水可以通过溢流口自流到剩余氨水槽。从分离段中部引出的乳浊液一方面作为初冷器上段的循环喷洒液，另一方面可用于初冷器下段循环喷洒液的更换。从分离段锥部引出的焦油经焦油泵送至超级离心机，焦油在超级离心机的作用下分离出焦油、焦油渣和分离水。焦油进入焦油中间槽，然后定期抽送至油库的焦油储槽；焦油渣进入焦油渣小车送往煤场配煤；而分离水则自流至地下放空槽。

从焦油氨水分离槽的储槽段底部引出循环氨水，由循环氨水泵送至焦炉的集气管和桥管循环喷洒冷却煤气。循环氨水泵的出口有五个分支，分别用于焦炉、高压氨水泵入口、初冷器及电捕的热氨水喷洒、超级离心机的清洗、预冷塔循环喷洒液的换液。从储槽段的中上部引出剩余氨水，剩余氨水自流至剩余氨水中间槽。

（2）“预分离器＋压榨泵＋立式分离槽流程＋超级离心机”回收工艺流程

焦炉荒煤气从焦炉上升管中逸出，经过桥管处的循环氨水进行喷射和冷却，冷凝的焦油氨水混合物进入焦油渣预分离器，焦油渣在焦油渣预分离器中下沉到锥形底部，经焦油压榨泵抽出压榨破碎，压榨破碎后的焦油渣和焦油被泵送到焦油渣预分离器顶部，焦油氨水混合物通过焦油渣预分离器上部溢流出口流入氨水分离槽，在氨水分离槽内依靠其密度差进行重力沉降和分离，通过焦油压榨泵抽出压榨破碎，焦油渣破碎后泵送到焦油渣预分离器上部，通过焦油渣预分离器出口处的箅筛溢流进入焦油氨水分离器中。箅筛将直径大于8mm的焦油渣拦截在焦油渣预分离器中，在箅筛处设有电动刮板可进行间歇或连续刮渣，防止筛孔堵塞。具体工艺流程如图5-48所示。

从焦油渣预分离器来的焦油氨水混合物在焦油氨水分离器中依密度大小自行分离，氨水

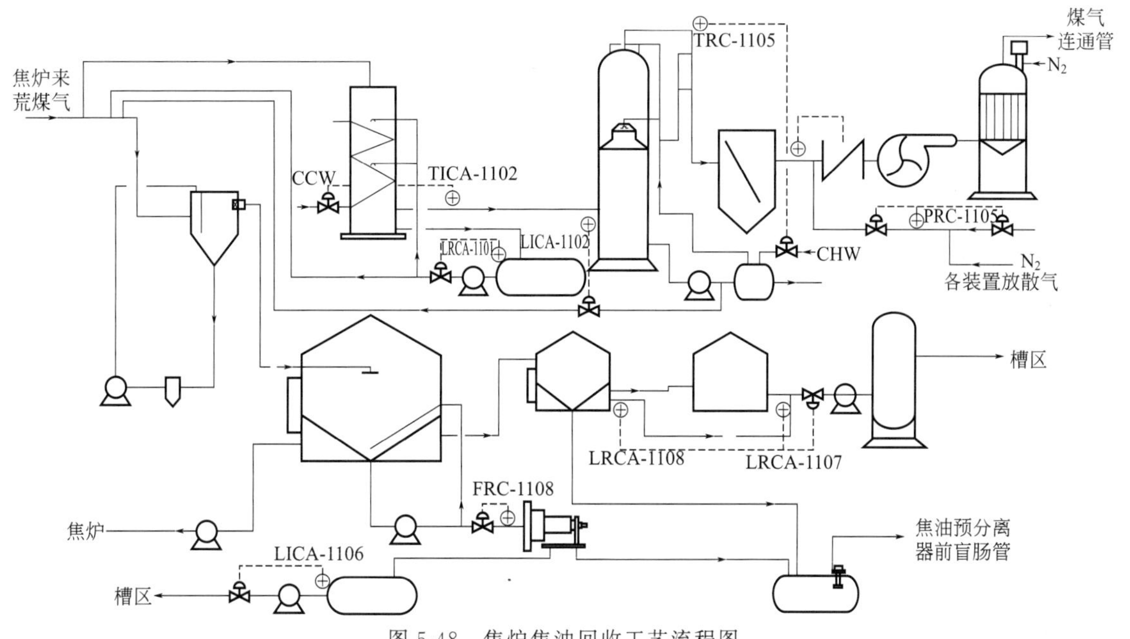

图 5-48　焦炉焦油回收工艺流程图

经焦油氨水分离器上端溢流口进入氨水槽，焦油和焦油渣沉降至焦油氨水分离器锥形底部，用焦油中间泵抽送至焦油超级离心机，其中部分焦油回流至分离槽内，进行不间断地搅拌，防止焦油渣沉积和堵塞。为保证焦油和氨水的分离效果，焦油氨水分离器应将温度控制在70～80℃之间，氨水从分离器上部溢流到氨水分离槽锥形外侧的氨水罐中循环使用。

焦油自然沉降到焦油氨水分离槽下部的锥体中，通过底部排料口用焦油中间泵送到焦油超级离心分离机进行脱渣、脱水（其中，焦油中间泵出口部分焦油回流至焦油氨水分离槽锥体底部，防止底部焦油渣沉积和堵塞），离心后的焦油送入焦油中间槽，再由焦油送出泵送往焦油大槽。为保证分离效果，离心槽焦油温度一般控制在（75±5）℃之间，离心后焦油中含渣量一般保持在4%以下。

5.4.3　粗苯的回收及精制

5.4.3.1　粗苯组成与性质

粗苯是很重要的有机化工原料，从粗苯和煤焦油中可提取到石化工业中的八种基础产品中的四种（苯、甲苯、二甲苯、萘）。粗苯常温下是浅黄色透明的油状液体，易燃，密度比水小，微溶于水。焦炉煤气中粗苯含量一般为25～40g/m^3，因此，经过脱氨后的煤气需进行粗苯的回收。

粗苯主要是由苯、甲苯、二甲苯和三甲苯等多种芳烃和其他化合物组成的复杂混合物，并且还含有不饱和化合物、硫化物、饱和烃、酚类和吡啶碱类。粗苯的组成取决于炼焦配煤的组成及炼焦产物在炭化室内热解的程度。在炼焦配煤质量稳定的条件下，在不同的炼焦温度下所得粗苯中苯、甲苯、二甲苯和不饱和化合物在180℃前馏分中含量见表5-28。

表 5-28 不同炼焦温度下粗苯（180℃前馏分）中主要组分的含量

炼焦温度/℃	粗苯中主要组分的含量/%			
	苯	甲苯	二甲苯	不饱和化合物
950	50～60	18～22	6～7	10～12
1050	65～75	13～16	3～4	7～10

粗苯中各主要组分均在180℃前馏出，180℃后的馏出物称为溶剂油。因此，不同的工艺流程和操作制度影响粗苯在180℃前的馏出量，180℃前的馏出量愈多，粗苯质量就愈好。一般要求粗苯180℃前馏出量在93%～95%。

粗苯各组分的平均含量见表5-29。

表 5-29 粗苯各组分的平均含量

组分		分子式	含量/%	备注
苯		C_6H_6	55～80	
甲苯		$C_6H_6CH_3$	11～22	
二甲苯		$C_6H_6(CH_3)_2$	2.5～6	
三甲苯和乙基甲苯		$C_6H_6(CH_3)_3$ $C_2H_5C_6H_4CH_3$	1～2	同分异构物和乙基苯总和 同分异构物总和
不饱和化合物	环戊二烯	C_5H_6	0.5～1.0	
	苯乙烯	$C_6H_5\ CH\ CH_3$	0.5～1.0	
	苯并呋喃	C_8H_6O	1.0～2.0	包括同系物
	茚	C_9H_8	1.5～2.5	包括同系物
硫化物			0.3～1.8	按硫计
其中	二硫化碳	CS_2	0.3～1.5	
	噻吩	C_4H_4S	0.3～1.6	
饱和物			0.6～2.0	

5.4.3.2 粗苯洗涤与回收

一般来说，有洗油吸收法、固体吸附法和深冷凝结法等方法从焦炉煤气中回收粗苯。固体吸附法是采用具有大比表面积和微孔结构的活性炭或硅胶作吸附剂，而煤气中苯含量的测定就是利用这种方法；深冷凝结法把煤气冷却到－40～－50℃将粗苯冷凝冷冻成固体而分离出来，该法中国尚未采用。

应用较为广泛是工艺简单、经济可靠的洗油吸收法，可分为加压吸收法、常压吸收法和负压吸收法。

（1）回收粗苯的工艺流程

用洗油吸收煤气中的粗苯所采用的洗苯塔虽有多种类型，但工艺流程基本相同。填料塔回收粗苯的工艺流程见图5-49。

洗油吸收了煤气中粗苯称为富油，从富油中脱苯按操作压力分为常压水蒸气蒸馏法和减压蒸馏法；按加热方式又分为预热器加热富油的脱苯法和管式炉加热富油的脱苯法。各国多采用管式炉加热富油的常压水蒸气蒸馏法。

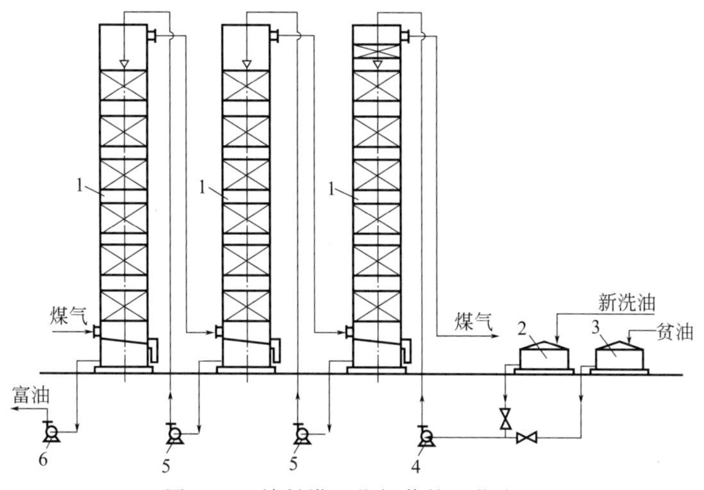

图 5-49　填料塔回收粗苯的工艺流程

1—洗苯塔；2—新洗油槽；3—贫油槽；4—贫油泵；5—半富油泵；6—富油泵

为满足从煤气中回收和制取粗苯的要求，洗油应具有如下性能：a. 常温下对苯族烃有良好的吸收能力，在加热时又能使苯族烃很好地分离出来；b. 具有化学稳定性，即在长期使用中其吸收能力基本稳定；c. 在吸收操作温度下不应析出固体沉淀物；d. 易与水分离，且不生成乳化物；e. 有较好的流动性，易于用泵抽送并能在填料上均匀分布。

(2) 油洗萘和煤气终冷

从饱和器出来的含萘量 2～5g/m³、温度 55～60℃的煤气从洗萘塔底部进入，与喷淋下来的 55～57℃的洗苯富油错流洗涤后，含萘量可降到 0.5g/m³ 左右，然后经终冷的除萘煤气送往洗苯塔。洗萘塔常用填料面积为每立方米煤气 0.2～0.3m² 木格填料塔，塔内煤气的空塔速度为 0.8～1.0m/s。油洗萘和煤气终冷工艺流程见图 5-50。

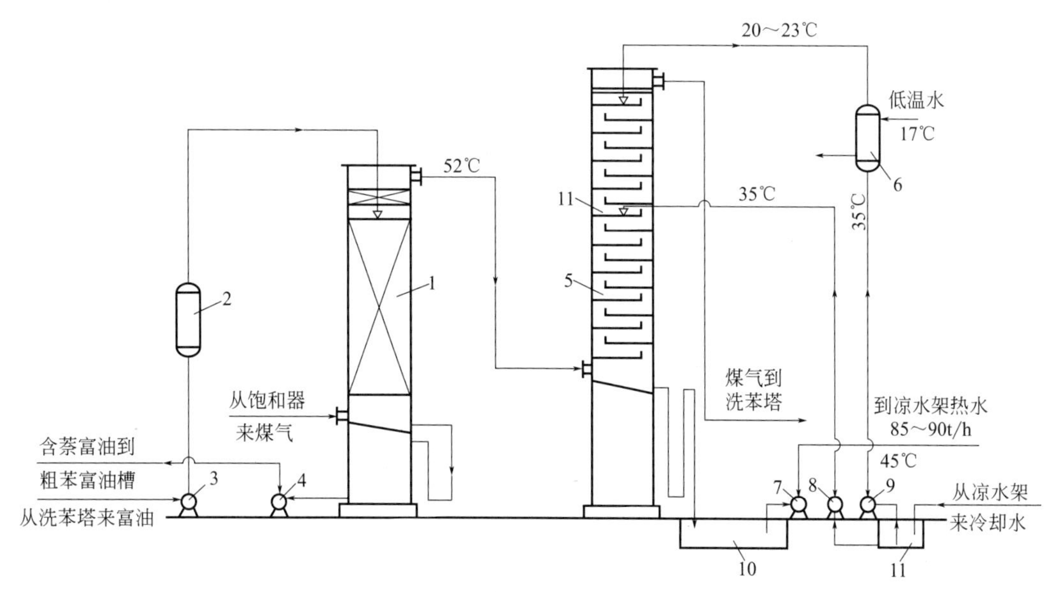

图 5-50　油洗萘和煤气终冷工艺流程

1—洗萘塔；2—加热器；3—富油泵；4—含萘富油泵；5—煤气终冷塔；
6—循环水冷却器；7—热水泵；8，9—循环水泵；10—热水池；11—冷水池

油洗萘和煤气终冷突出的优点是所需终冷水量仅为水洗萘用水量的一半，故可以减少污水排放量，并有可能采用终冷水闭路循环系统，取消凉水架，避免对大气的污染。

(3) 富油脱苯

富油脱苯是典型的解吸过程，为了将粗苯从富油中解吸出来，必定将混合组分中粗苯气相分压小于饱和蒸气压，使粗苯由液相转入气相，因此要将富油加热到一定温度，常用预热器加热富油的脱苯和管式炉加热富油的脱苯两种方法。

各国广泛采用管式炉加热富油的脱苯工艺。油脱苯按原理不同可采用水蒸气蒸馏和真空蒸馏两种方法。由于水蒸气蒸馏具有操作简便、经济可靠等优点，因此中国焦化厂均采用水蒸气蒸馏法。

焦化企业富油脱苯有采用生产粗苯一种苯的流程，生产轻苯和重苯两种苯的流程以及生产轻苯、重苯及萘溶剂油三种产品的三种工艺流程。

① 生产一种苯的流程（图 5-51） 富油加热至 110～130℃进入脱水塔，蒸汽加热至 180～190℃进入脱苯塔，塔顶温度控制在 90～92℃，产生苯蒸气经换热得到粗苯产品。脱苯后的贫油经热交换用于洗苯操作。

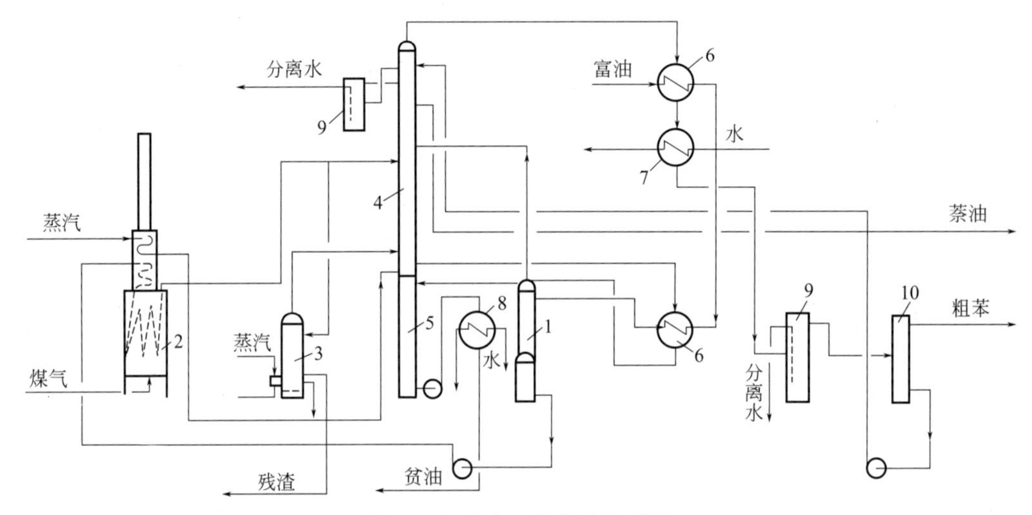

图 5-51 生产一种苯的流程图

1—脱水塔；2—管式炉；3—再生器；4—脱苯塔；5—贫油槽；6—换热器；
7—冷凝冷却器；8—冷却器；9—分离器；10—回流槽

② 生产两种苯的工艺流程（图 5-52） 与生产单一粗苯工艺类似，脱苯塔出来的粗苯蒸气经过分缩器与换热器后，再进入两苯塔，产品为轻苯和重苯。

脱苯塔顶逸出粗苯蒸气是粗苯、洗油和水的混合蒸气。在分凝冷却过程中生产的冷凝液称之为分缩油，分缩油的主要成分是洗油和水。密度比水小的称为轻分缩油，密度比水大的称为重分缩油。轻、重分缩油分别进入分离器，利用密度不同与水分离后兑入富油中。通过调节分凝器轻、重分缩油的采出量或交通管的阀开度可调节分离器的油水分离状况。从分离器排出的分离水进入控制分离器进一步分离水中夹带的油。

③ 生产三种产品的工艺流程 生产三种产品的工艺流程有一塔式和两塔式流程。一塔式流程中产品轻苯、精重苯和萘溶剂油均从一个脱苯塔采出。两塔式流程中轻苯、精重苯和萘溶剂油从两个塔采出。含苯富油经管式炉加热至 180℃进入脱苯塔，塔顶产品经中间槽再进入两苯塔，两苯塔用蒸汽加热汽提蒸馏，塔顶得到轻苯产品，中间引出重苯，塔底为含萘溶剂油。

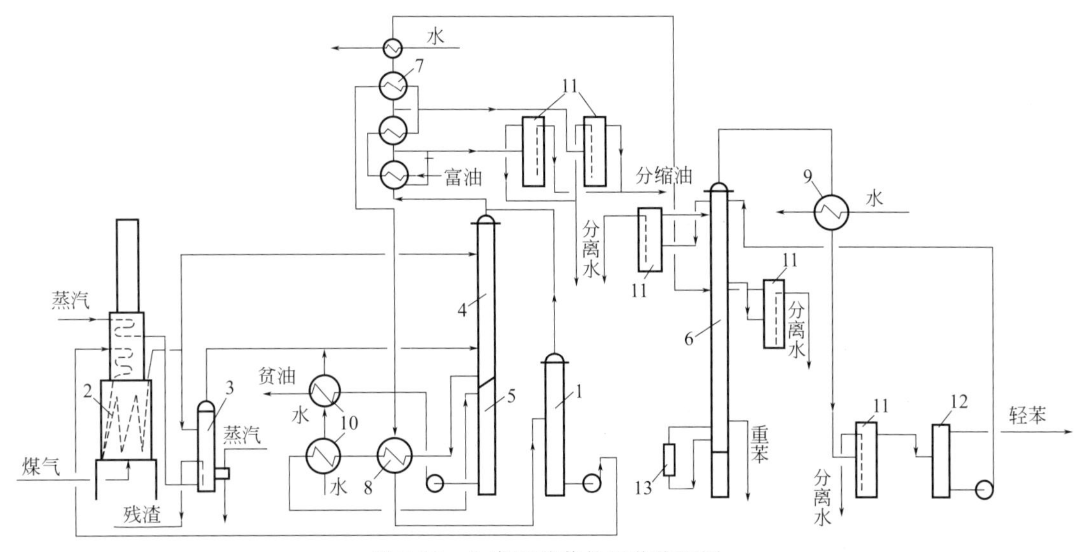

图 5-52　生产两种苯的工艺流程图

1—脱水塔；2—管式炉；3—再生器；4—脱苯塔；5—热贫油槽；6—两苯塔；7—分缩器；8—换热器；9—冷凝冷却器；10—冷却器；11—分离器；12—回流柱；13—加热器

5.4.4 氨与轻吡啶的回收

在炼焦配煤结构中，一般配合煤中含氮量为2%左右，其中60%左右的氮留在焦炭中，其余则随荒煤气逸出。因此高温炼焦时，氨产率一般为0.25%～0.35%。煤中的氮有1.2%～1.5%转变为吡啶盐基，煤气初冷时，一些高沸点吡啶盐基溶于焦油氨水中，沸点较低的轻吡啶盐基几乎全留在煤气中，可予以回收。

氨的回收方法：

① 用硫酸吸收氨生产硫酸铵工艺，工艺悠久，技术成熟；

② 用磷酸吸收氨并制取无水氨的工艺，因其技术先进，产品质量好，得到应用和发展；

③ 生产浓氨水工艺，因产品储运困难，氨易挥发损失，污染环境。

5.4.4.1 氨的回收

(1) 饱和器法制取硫酸铵

氨与硫酸的反应是一个快速不可逆的化学反应过程，并放出热量。通过硫酸吸收煤气中的氨可在饱和器内进行，也可在吸收塔内进行。

用硫酸吸收煤气中氨即得硫酸铵，其反应式为：

$$2NH_3 + H_2SO_4 \longrightarrow (NH_4)_2SO_4 \quad \Delta H = -275014\text{kJ/mol}$$

$$NH_3 + H_2SO_4 \longrightarrow NH_4HSO_4 \quad \Delta H = -165017\text{kJ/mol}$$

$$NH_4HSO_4 + NH_3 \longrightarrow (NH_4)_2SO_4$$

纯态硫酸铵是密度1766kg/m^{3}的无色长菱形晶体，其堆积密度随结晶颗粒中水分影响在780～830kg/m^{3}范围内波动。

饱和器法生产硫酸铵的工艺流程如图5-53所示。

在预热器中将脱除焦油雾的煤气预热到60～70℃以脱除蒸发饱和器中多余的水分，防

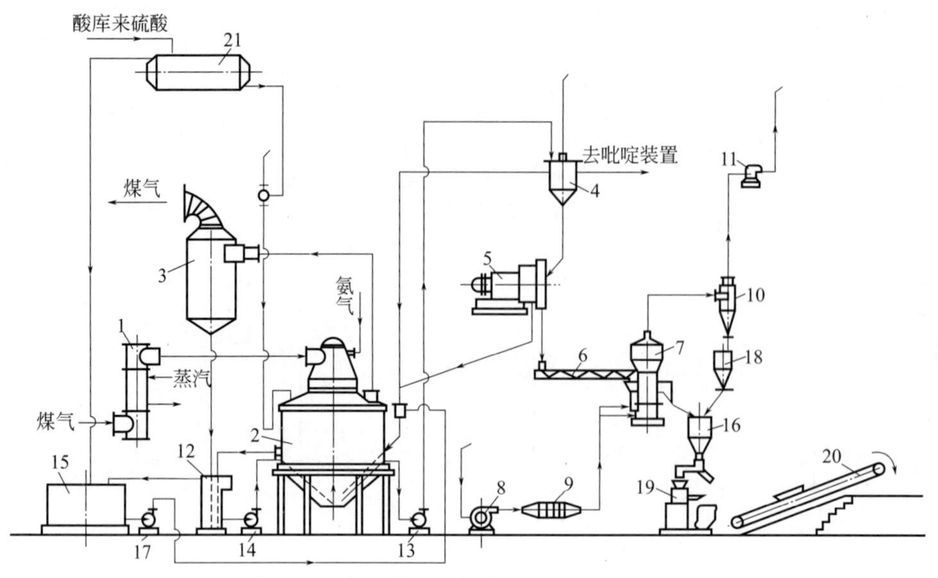

图 5-53　饱和器法生产硫酸铵的工艺流程图

1—煤气预热器；2—饱和器；3—除酸器；4—结晶槽；5—离心机；6—螺旋输送机；7—沸腾干燥器；8—送风机；9—热风机；10—旋风分离器；11—排风机；12—满流槽；13—结晶泵；14—循环泵；15—母液储槽；16—硫酸铵储斗；17—母液泵；18—细粒硫酸铵储斗；19—硫酸铵包装机；20—胶带运输机；21—硫酸高置槽

止稀释母液。从饱和器中央煤气管经泡沸伞鼓泡通入热煤气，煤气中的氨即被硫酸吸收，然后进入除酸器。通过饱和器吸收后其含氨量一般要求低于 $0.03g/m^3$。

当不生产粗轻吡啶时，剩余氨水经蒸氨后所得氨气，直接与煤气混合进入饱和器；当生产粗吡啶时，则将氨气通入回收吡啶装置的中和器，氨在中和母液中的游离酸和分解硫酸吡啶时生成硫酸铵，随中和器的回流母液送至饱和系统中。

(2) 酸洗塔法制取硫酸铵

随着制取硫酸铵工艺的发展，在酸洗塔喷洒不饱和的酸性母液为吸收液，具有煤气阻力小、结晶颗粒大、酸洗塔不易堵等优点。酸洗塔法生产工艺流程如图 5-54 所示。

在酸洗塔下段同时通入由脱硫塔来的煤气与蒸氨工段来的氨气，并喷洒酸度为 2.5%～3%的循环母液，能吸收煤气中大部分氨。为使蒸发水分所耗的蒸汽量较小，而又不致堵塞设备，要求此段循环母液的硫铵浓度约为 40%，煤气进入第二段后，喷洒的循环母液酸度为 3%～4%，以吸收煤气中剩余的氨及轻吡啶盐基。

(3) 剩余氨水的加工

炼焦过程中所产生的废水，部分用于高温荒煤气的冷却，多余的成为剩余氨水，其中含有大量的酚类、氨、氰化物等化合物。为此，多数焦化企业首先采用溶剂法回收酚类产品，再回收氨和氰化物产品。一般采用饱和器法生产硫酸铵的焦化厂中，硫酸铵工段都设有剩余氨水加工系统，其中通过回收氰化氢以制取黄血盐钠（十水合六氰合铁酸四钠），既可提供有用的化工原料，又可防止环境污染。

① 剩余氨水脱酚　剩余氨水是焦化企业中含酚、氰污水的主要来源，为降低其污染，一般预先初步脱酚，将酚含量降至 300mg/L 以下，再送往蒸氨系统。混同其他来源含酚的剩余氨水采用溶剂萃取法脱酚，可达 90%～95%的脱酚效率。得到的粗酚再进行提纯得到精酚产品。溶剂振动萃取脱酚工艺流程如图 5-55 所示。

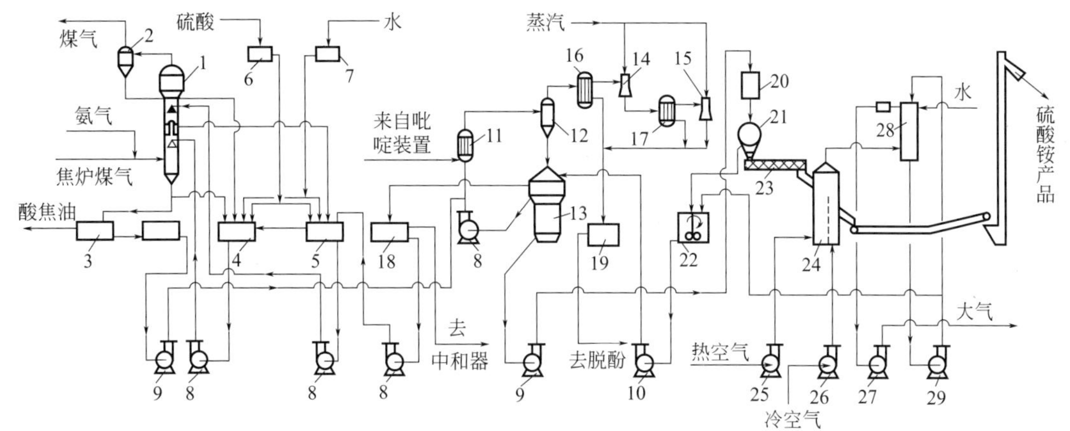

图 5-54 酸洗塔法生产工艺流程图

1—喷洒酸洗塔；2—旋风分离器；3—酸焦油分离槽；4—下段母液循环槽；5—上段母液循环槽；6—硫酸高位槽；7—水高位槽；8—循环母液泵；9—结晶母液泵；10—滤液泵；11—母液加热器；12—真空蒸发器；13—结晶槽；14、15—第一及第二蒸汽喷射器；16、17—第一、第二冷凝器；18—满流槽；19—热水池；20—供料槽；21—连续式离心机；22—滤液槽；23—螺旋输送机；24—干燥冷却器；25—干燥用送风机；26—冷却用送风机；27—排风机；28—净洗塔；29—泵

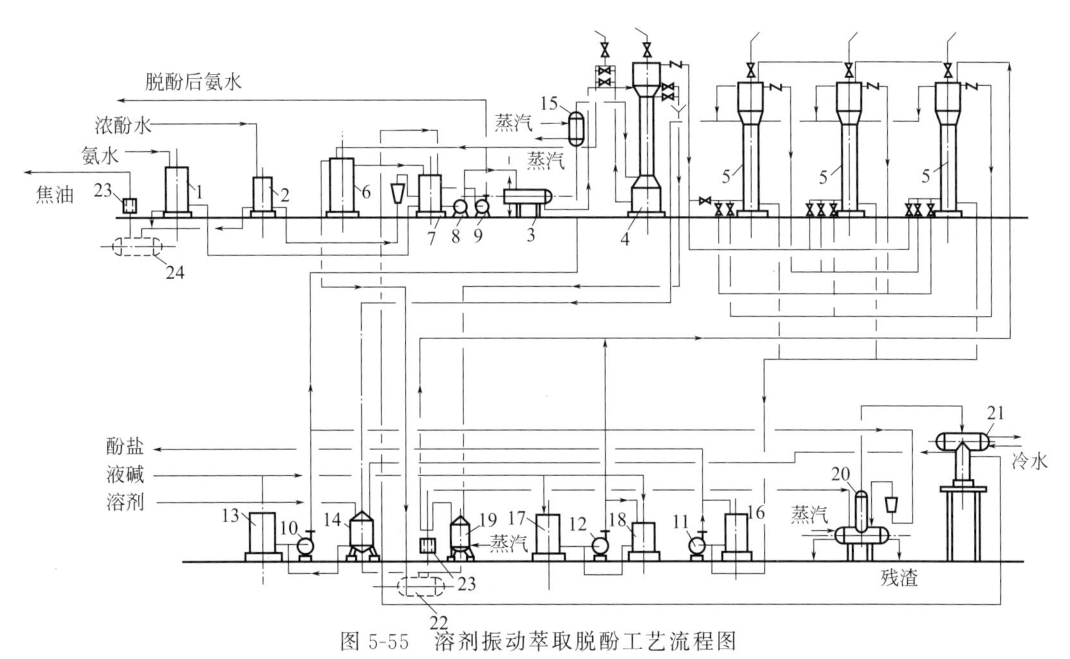

图 5-55 溶剂振动萃取脱酚工艺流程图

1—原料氨水槽；2—浓酚水槽；3—氨水加热（冷却）器；4—萃取塔；5—碱洗塔；6—氨水控制分离器；7—中间槽；8，9—氨水泵；10—循环油泵；11—酚盐泵；12—碱液泵；13—溶剂油槽；14—循环油槽；15—加热（冷却）器；16—酚盐槽；17—浓碱槽；18—配碱槽；19—乳化物槽；20—再生釜；21—油水分离冷凝器；22—放空槽；23—液下泵；24—焦油槽

② 剩余氨水加工及黄血盐提取 将冷凝工段来的 70℃左右的剩余氨水在原料氨水槽澄清后，在过滤器滤除去焦油，然后进入蒸氨塔。采用 0.294MPa 的蒸汽加热使塔底温度保持为 105℃左右，将氨蒸吹出来。从塔顶逸出的蒸气（101～103℃）含有氨、水汽、二氧化碳、硫化氢和氰化氢等混合物，并通过氰化氢吸收塔制取黄血盐。剩余氨水加工及制取黄血盐的工艺流程如图 5-56 所示。

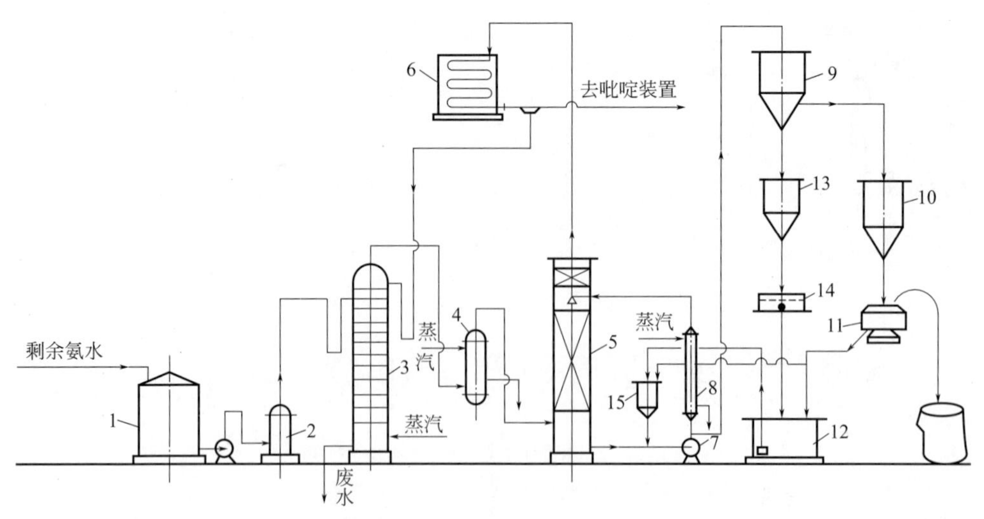

图 5-56　剩余氨水加工及制取黄血盐的工艺流程图

1—原料氨水槽；2—过滤器；3—蒸氨塔；4—加热器；5—氰化氢吸收塔；6—氨气分缩器；7—循环泵；8—加热器；9—沉降槽；10—结晶槽；11—离心机；12—滤液槽；13—稀释槽；14—过滤槽；15—溶碱槽

③ 热泵蒸氨　热泵机组主要是替代原蒸氨工艺分缩器，蒸氨塔顶的氨气进入热泵机组，经部分冷凝换热后，气液混合物进入气液分离器，分离出的液相稀氨水由泵输送至塔顶作为回流，气相部分进入氨冷凝冷却器冷凝成浓氨水。热泵机组将蒸氨塔塔顶氨气的潜热在热泵机组内提升温度品质后加热循环热水，用于加热塔底废水作为部分热源给蒸氨塔供热。与常规蒸氨工艺相比，主要由热泵机组、热水再沸器、循环热水泵、气液分离器、氨水回流泵以及膨胀槽等组成。

5.4.4.2　粗轻吡啶的回收

粗轻吡啶（pyridine）是生产磺胺药类、维生素、异烟肼等最重要的医用原料。此外，粗轻吡啶类产品还可用作高级溶剂用于合成纤维的制备。

(1) 粗轻吡啶的组成和性质

粗轻吡啶是一种具有特殊气味的油状液体，沸点范围为 115～156℃，易溶于水，粗轻吡啶主要组分的含量与性质如表 5-30 所示。

表 5-30　粗轻吡啶主要组分的含量与性质

组分	分子式	密度/(g/cm³)	沸点/℃	含量(以无水计)/%
吡啶	C_5H_5N	0.979	115.3	40～45
甲基吡啶	C_6H_7N	0.946	129	12～15
α-甲基吡啶	C_6H_7N	0.985	144	10～15
β-甲基吡啶	C_6H_7N	0.974	143	
2,4-二甲基吡啶	C_7H_9N	0.946	156	5～10

(2) 从饱和器母液中回收吡啶

吡啶是粗轻吡啶中含量最多、沸点最低的组分，具有弱碱性，遇酸反应生成盐。

在饱和器和酸洗塔中，吡啶与母液中的硫酸作用生成酸式盐或中性盐，其反应为：

$$C_5H_5N + H_2SO_4 \longrightarrow C_5H_5NH \cdot HSO_4 \text{（酸式盐）}$$

$$2C_5H_5N + H_2SO_4 \longrightarrow (C_5H_5NH)_2SO_4 \text{（中性盐）}$$

当提高母液酸度时，有利于更多的吡啶被吸收下来，生成不稳定的硫酸吡啶，以酸式盐形式存在于母液中，若升高温度则极易离解，并与硫酸铵反应生成游离吡啶：

$$C_5H_5NH \cdot HSO_4 + (NH_4)_2SO_4 \longrightarrow 2NH_4HSO_4 + C_5H_5N$$

利用氨气中和游离酸，使酸式硫酸铵变为中性盐，从而在母液中提取吡啶盐基，通过下列反应分解生成吡啶：

$$C_5H_5NH \cdot HSO_4 + 2NH_3 \longrightarrow (NH_4)_2SO_4 + C_5H_5N$$

① 中和器法工艺流程　从饱和器母液中生产粗轻吡啶的工艺流程如图 5-57 所示。

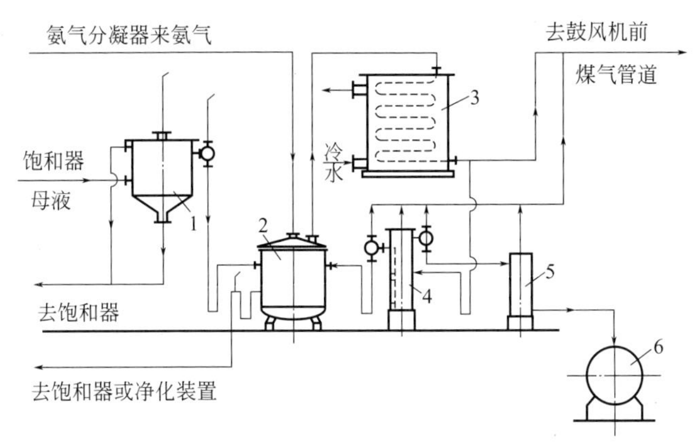

图 5-57　中和器法提取粗轻吡啶流程图

1—母液沉淀槽；2—中和器；3—冷凝冷却器；4—油水分离器；5—计量槽；6—储槽

硫酸母液从饱和器结晶槽连续流入母液沉淀槽，析出沉淀硫酸铵结晶，并除去焦油等杂质，然后进入母液中和器。同时将蒸氨分缩器来的 10%～12%的氨气泡沸穿过母液层，与母液中和生成吡啶。

② 文丘反应管提取粗轻吡啶流程（图 5-58）　硫酸母液从沉淀槽连续进入文氏管反应器，与由氨分凝器来的氨气在喉管处混合反应，使吡啶从母液中游离出来，同时因反应热而使吡啶从母液中汽化。气液混合物一起进入旋风分离器进行分离，分出的母液去脱吡啶母液净化装置，气体进入冷凝冷却器进行冷凝冷却。被冷却到 30～40℃的冷凝液经油水分离后，粗轻吡啶流经计量槽后进入储槽，分离水返回反应器。

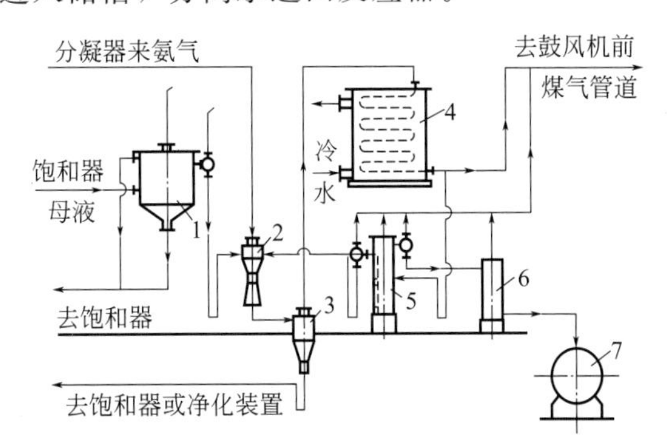

图 5-58　文氏反应管提取粗轻吡啶流程图

1—母液沉淀槽；2—文氏管反应器；3—旋风分离器；4—冷凝冷却器；
5—油水分离器；6—计量槽；7—储槽

5.5 炼焦污染物控制与清洁生产

我国是世界上最大的煤炭和焦炭生产国和消费国，2015 年我国焦炭产能达到 6.87 亿吨的峰值后，随着环保加强及去产能控制，2019 年焦炭产能为 4.71 亿吨左右。

焦炉在生产过程中，从焦炉的四周不断散发余热、有害气体和烟尘，对大气环境造成严重污染。其中以焦炉装煤过程及出焦过程中产生的烟尘最为严重。当装煤出焦时，会产生大量 CO_2、CO 及含有苯可溶物（BSO）和苯并芘（B*a*P）等致癌物质的烟尘颗粒物，造成严重的环境污染。

5.5.1 焦化环保政策与要求

为了有效控制焦化污染物排放，2005 年 1 月焦化行业实行市场准入制度，并在 2014 年 3 月，国家工业和信息化部修订并发布了《焦化行业准入条件》，提高了焦化行业准入条件。2015 年，新的《中华人民共和国环境保护法》开始执行，随之一系列环保政策法规相继完善出台，使得焦化企业环保标准日益提高。为加快改善环境空气质量，进一步引导和规范焦化行业健康发展奠定基础。

2013～2016 年期间，先后出台《大气污染防治行动计划》《水污染防治行动计划》《土壤污染防治行动计划》，分别简称为"大气十条""水十条"和"土十条"。史称"最严厉"的大气污染防治政策出台，主要对重点控制区的 47 个地级及以上城市中的大气污染物实施特别排放限值。重点领域包括脱硫产业、脱硝产业和除尘产业。

2018 年 6 月，国务院印发了《打赢蓝天保卫战三年行动计划》，要求调整优化产业结构，规定重点控制区域控制线，按区域规定了具体的重点控制区，进一步加大独立焦化企业淘汰力度以及实行大气污染物特别排放标准（表 5-31）。2018 年秋冬季，随着《京津冀及周边地区 2018—2019 年秋冬季大气污染综合治理攻坚行动方案》的公布，环保限产不再实施"一刀切"，但对焦化企业排放标准并未放松。

2019 年 4 月 29 日，生态环境部印发《地级及以上城市国家地表水考核断面水环境质量排名方案（试行）》，意在落实"水十条"部署、推动环境信息公开、保障公众知情权、加强水污染防治社会监督，以有效倒逼地方进一步加大污染防治工作力度，其排放标准与特别排放标准如表 5-32 所示。

2023 年 5 月 1 日实施的《炼焦化学工业废气治理工程技术规范》（HJ 1280－2023），对炼焦工业废气治理提出了更高的标准。

表 5-33 是焦化行业主要污染源和污染因子。

表 5-31　大气污染物特别排放限值（GB 16171—2012）　　单位：mg/m^3

序号	污染物排放环节	颗粒物	二氧化硫	苯并芘/（μg/m^3）	氰化氢	苯	酚类	非甲烷总烃	氮氧化物	氨	硫化氢	监控位置
1	精煤破碎、焦炭破碎、筛分及转运	15	—	—	—	—	—	—	—	—	—	车间或生产设施排气筒
2	装煤	30	70	0.3	—	—	—	—	—	—	—	
3	推焦	30	30	—	—	—	—	—	—	—	—	

续表

序号	污染物排放环节	颗粒物	二氧化硫	苯并芘/(μg/m³)	氰化氢	苯	酚类	非甲烷总烃	氮氧化物	氨	硫化氢	监控位置
4	焦炉烟囱	15	30	—	—	—	—	—	150	—	—	车间或生产设施排气筒
5	干熄焦	30	80	—	—	—	—	—	—	—	—	
6	管式炉、烘干和氨分解炉等燃用焦炉煤气设施	15	30	—	—	—	—	—	150	—	—	
7	鼓冷、库区焦油各类储槽	—	—	0.3[3]	1.0		50	50	—	10	1	
8	苯储槽	—	—	—	—	6		50	—	—	—	
9	脱再生硫塔	—	—	—	—	—	—	—	—	10	1	
10	硫铵结晶干燥	50	—	—	—	—	—	—	—	10	—	

表 5-32　水污染现行排放标准与特别排放标准对比（GB 16171—2012）

单位：mg/L（pH 值及单位基准排水量除外）

序号	污染物项目	现行排放标准		特别排放限值标准		污染物排放监控位置
		直接排放	间接排放	直接排放	间接排放	
1	pH 值	6～9	6～9	6～9	6～9	独立焦化企业废水总排放口或钢铁联合企业焦化分厂水排放口
2	悬浮物	50	70	25	50	
3	化学需氧量(COD)	80	150	40	80	
4	氨氮	10	25	5.0	10	
5	五日生化需氧量(BOD_5)	20	30	10	20	
6	总氮	20	50	10	25	
7	总磷	1.5	3	0.5	1.0	
8	石油类	2.5	2.5	1.0	1.0	
9	挥发酚	0.3	0.3	0.10	0.10	
10	硫化物	0.5	0.5	0.20	0.20	
11	苯	0.10	0.10	0.10	0.10	
12	氰化物	0.20	0.20	0.20	0.20	
13	多环芳烃(PAHs)	0.05	0.05	0.05	0.05	车间或生产设施废水排放口
14	苯并[a]芘	0.03	0.03	0.03	0.03	
15	单位基准排水量/(m^3/t)	0.3		0.3		排水计量位置与污染物排放监控位置相同

表 5-33　焦化行业主要污染源和污染因子

序号	污染源名称	主要污染因子
1	配煤、煤破碎、筛焦楼	颗粒物
2	燃气加热焦炉(烟囱)、管式加热炉、燃气锅炉	烟尘、SO_2、氮氧化物等
3	硫铵干燥	颗粒物和氨

续表

序号	污染源名称	主要污染因子
4	脱硫再生塔	硫化氢和氨
5	焦炉装煤	颗粒物、SO_2、BSO和B*a*P等
6	出焦	颗粒物、SO_2等
7	鼓冷系统排气洗涤塔	B*a*P、氰化氢、酚类、非甲烷总烃、氨、硫化氢等

国外对炼焦污染物控制，自20世纪50～60年代开始大体分三个阶段：无控制排放阶段、控制不完善排放阶段和强制控制排放阶段。50～60年代以前，欧洲、美国、日本等发达国家和地区也是处于无控制排放，到70年代末80年代初，西欧、北美对炼焦生产污染物排放进行了控制。措施包括：a. 装煤时采用高压氨水喷射消烟，装煤车采用机械给料，顺序装煤，煤斗有密封套筒，装煤时荒煤气导入相邻炭化室，平煤小炉门加密封装置；b. 推焦时开始采用地面站除尘或焦侧大棚等；c. 加强炉门和装煤孔盖的密封；d. 上升管盖采用水封式；e. 焦炉加热采用废气循环或分段加热，以降低火道温度；f. 熄焦塔设置捕尘板等。与无控制排放阶段相比，污染物总量约减少了60%，污染物的排放总量由8.5kg/t焦降至3.1kg/t焦。这个阶段称控制不完善排放阶段。大约到1986年，美国、日本、德国等执行大气净化法规，进一步控制污染物的排放量，称为强制控制排放阶段。尤其是20世纪90年代以后，国内外开发和实施了一系列针对性强的环保措施。

近年来，我国工业化水平发展迅速，人们对环境污染问题越来越重视，我国炼焦化学污染物治理技术已经达到国际先进水平。

5.5.2 焦化烟尘控制与治理技术

焦炉在装煤、出焦、熄焦等操作期间烟尘、粉尘污染的主要特点是点多、面广、分散，连续性、阵发性与偶发性并存，污染物种类较多、危害性大，烟尘量大、尘源点不固定，含有焦油、粉尘，黏度大，温度高且带有明火，处理难度大等，特别是焦炉烟尘中的苯并芘等有害物对环境和人们产生极大的危害。因此，世界各国都十分重视各类污染物的控制与治理。

传统除尘方式已经不能满足现代环保要求，目前焦化除尘主要有以下新技术：

(1) 装煤除尘

装煤不设装煤除尘地面站，装煤烟尘治理采用装煤孔密封式装煤车+单炭化室压力调节系统工艺，集气管负压操作，实现无烟装煤。

(2) 出焦除尘

在拦焦车上方设置大型吸气罩收集出焦时产生的大量阵发性烟尘，拦焦车摘炉门集尘由随拦焦车移动的炉门上方小除尘罩收集，并由助力风机将烟尘导入拦焦车上方的大型吸气罩，然后进入集尘管道。含尘烟气经过水密封式集尘干管送入烟气冷却器冷却并进行预除尘，再经脉冲袋式除尘器净化后，经由风机抽送排入大气。由于焦炉出焦是按一定的规律间断周期性进行，采用变频器使风机调速运行，在出焦时风机高速运转，其它时间风机低速运转。除尘器收集的粉尘经气力输灰至集合灰仓，然后经吸排罐车外运再利用。排气筒出口颗粒物浓度≤10mg/m^3，SO_2浓度≤30mg/m^3，满足《炼焦化学工业污染物排放标准》（GB

16171—2012）的限值要求。

（3）焦炉机侧除尘

焦炉摘炉门、推焦及平煤过程产生的烟气被推焦机上所设的防尘罩捕集后，通过水密封式除尘管道送入脉冲袋式除尘器进行净化，净化后的气体由风机抽送排入大气。由于焦炉机侧推焦机工作是按一定的规律间断周期性进行，采用变频器使风机调速运行。除尘器收集的粉尘经气力输灰至集合灰仓，然后经吸排罐车外运再利用。排气筒出口颗粒物浓度≤10mg/m^3，满足《炼焦化学工业污染物排放标准》（GB 16171—2012）的限值要求。

（4）干熄焦系统除尘

将干熄炉顶盖装焦处、干熄炉顶部预存放散口产生的高温且含易燃易爆气体成分及火星的烟气导入阵发性高温烟尘冷却分离阻火器进行冷却降温并分离火星；干熄炉底部排焦带式输送机落料点气体导入阵发性高温烟气冷却分离阻火器下部，并与经过冷却的高温部分烟气混合，混合后温度约为110℃的烟气进入袋式除尘器净化。脉冲袋式除尘器收集的粉尘由气力输灰系统送入粉尘贮仓，再经吸排罐车定期外运。干熄焦环境除尘系统排放口颗粒物浓度≤10mg/m^3，SO_2 浓度≤50mg/m^3，满足《炼焦化学工业污染物排放标准》（GB 16171—2012）的限值要求。

5.5.3 焦化过程的VOCs治理

VOCs是挥发性有机化合物（volatile organic compounds）的英文缩写。是指常温下饱和蒸气压大于133.32Pa，常压下沸点在50～260℃的有机化合物，是人为源和天然源排放到大气中有机化合物——非甲烷烃类的总称，全世界在空气中检出的VOCs已经有约150种，其中有毒的约80种。VOCs化学性质活泼，是能与空气中含氮物质、烃类及颗粒物发生光化学反应引起光化学烟雾的一类有机物，对大气造成二次污染。其危害主要有：

① 在阳光照射下，NO_x 和大气中的VOCs发生光化学反应，生成臭氧、过氧硝基酞（PAN）、醛类等光化学烟雾，造成二次污染，刺激人的眼睛和呼吸系统，危害人的身体健康。这些污染物同时也会危害农作物的生长，甚至导致农作物的死亡。

② 大多数VOCs有毒、有恶臭，使人容易染上积累性呼吸道疾病。在高浓度突然作用下，有时会造成急性中毒，甚至死亡。

③ 大多数VOCs都易燃易爆，在高浓度排放时易酿成爆炸。

④ 部分VOCs可破坏臭氧层。

随着近几年国家对环境污染治理力度加大，VOCs已经被认作一项重要大气污染源，各项环保法律法规也将VOCs治理作为一项重要内容。2012年发布的《炼焦化学工业污染物排放标准》（GB 16171—2012）对现有焦化企业冷凝库区各类焦油储槽、苯储槽都有了明确的排放限值。2016年12月，国务院印发的《“十三五”生态环境保护规划》规定，要在重点区域、重点行业推进挥发性有机物排放总量控制，全国排放总量下降10%以上。2023年5月实施的《炼焦化学工业废气治理工程技术规范》（HJ 1280—2023）要求焦化VOCs不得外排，必须经过无害处理后，达标排放。

5.5.3.1 焦化VOCs的来源和组成

焦化企业在生产过程中会产生各种各样的异味，不仅污染环境，同时对员工的身体也造成潜在的危害。在炼焦生产工艺过程中炼焦、回收是产生VOCs最多的车间，尤其在回收区域更为严重，而回收区域涉及的设备众多，各种罐体的放散气直接连通大气，产生的异味严重。氨水、焦油、萘、酚、氰化物、甲烷类烃等物质会逸散到大气中，特别是苯、多环芳烃、硫化氢等物质已被列为致癌物。

因此，焦化企业 VOCs 排放主要来源于化产回收工序，比如鼓风冷凝区域焦油储槽、循环氨水槽、机械化澄清槽，主要指氨气、硫化氢和少量的 VOCs。主要来自焦油储槽、氨水槽、焦油中间槽、焦油船、地下水封槽、焦油渣出口；化产回收加工区域主要来自泵在打料和进料过程中的气体逸散以及储罐内原料的表面挥发，包括粗苯储槽、贫油槽、洗油槽、地下槽和粗苯计量槽等区域；脱硫工段的废气主要是氨气、硫化氢和少量的 VOCs。

5.5.3.2 工业 VOCs 治理控制技术

VOCs 的治理控制技术基本分为两大类。第一类是预防性措施，以更换设备、改进工艺技术、防止泄漏乃至消除 VOCs 排放为主，但是以目前的技术水平，向环境中排放和泄漏不同浓度的有机废气是不可避免的。第二类技术为控制性措施，以末端治理为主。末端控制技术包含两类，即采用物理方法将 VOCs 回收的非破坏性方法；另一种则是通过生化反应将 VOCs 氧化分解为无毒或低毒物质的破坏性方法。破坏性方法包括燃烧、生物氧化、热氧化、光催化氧化、低温等离子体及其集成的技术，主要是由化学或生化反应，用光、热、微生物和催化剂将 VOCs 转化成 CO_2 和 H_2O 等无毒无机小分子化合物。

可以利用回收技术回收浓度比较高的或比较昂贵的 VOCs。常用的回收技术主要有吸附、吸收、冷凝等。而 VOCs 废气处理的控制技术包括直燃焚化法、催化剂焚化法、活性碳吸附法、吸收法、冷凝法等。

① 吸附法。目前最广泛使用的 VOCs 回收法。它属于干法工艺，是通过具有较大比表面积的吸附剂对废气中所含的 VOCs 进行吸附，将净化后的气体排入大气。常见的吸附剂有粒状活性炭、活性炭纤维、沸石、分子筛、多孔黏土矿石、活性氧化铝、硅胶和高聚物吸附树脂等。

吸收法是利用液体吸收液从气流中吸收气态 VOCs 的一种方法，其常用方式有填料塔和喷淋塔两种吸收法，吸收效果主要取决于吸收剂的吸收性能和吸收设备的结构特征，常用于处理高湿度（>50%）VOCs 气流。该法对吸收剂和吸收设备有较高的要求，而且需要定期更换吸收剂，过程较复杂，费用较高。该法的处理浓度范围为 500～5000μL/L（10^{-6} 数量级），效率高达 95%～98%，但投资较大，设计困难，应用较少。

② 冷凝法。利用物质在不同温度下具有不同饱和蒸气压这一性质，采用降低温度、提高系统压力或者既降低温度又提高压力的方法，使处于蒸气状态的 VOCs 冷凝并从废气中分离出来的过程。在给定的温度下，VOCs 的初始浓度越大，VOCs 的去除率越高。冷凝法特别适用于处理 VOCs 浓度在 10000μL/L 以上的较高浓度的有机蒸气，VOCs 的去除率与其初始浓度和冷却温度有关。冷凝法在理论上可达到很高的净化程度，但是当浓度低于数微升每升时，须采取进一步的冷冻措施，将使运行成本大大提高，所以冷凝法不适宜处理低浓度的有机气体，而常作为其他方法（如吸附法、焚烧法和使用溶剂吸收）净化高浓度废气的前处理，以降低有机负荷，回收有机物。

③ 破坏性治理技术。热破坏是目前应用比较广泛也是研究较多的有机废气治理方法，特别是对低浓度有机废气。有机化合物的热破坏可分为直接火焰燃烧和催化燃烧。燃烧时所发生的化学作用主要是燃烧氧化作用及高温下的热分解。

直接燃烧法：把废气中可燃的有害组分当作燃料直接燃烧。因此，该方法只适用于净化可燃有害组分浓度较高的废气，或者是用于净化有害组分燃烧时热值较高的废气。

催化燃烧法：在催化剂作用下，使废气中的有害可燃组分完全氧化为 CO_2 和 H_2O 等。由于绝大部分有机物均具有可燃烧性，因此催化燃烧法已成为净化含碳氢化合物废气的有效手段之一。又由于很大一部分有机化合物具有不同程度的恶臭，因此催化燃烧法也是消除恶臭气体的有效手段之一。

光催化降解主要利用催化剂（如 TiO_2）的光催化性，氧化吸附催化剂表面的 VOCs，最终产生 CO_2 和 H_2O。通过用光照射半导体光催化剂，使半导体的电子充满的价带跃迁到空的导带，而在价带留下带正电的空穴（h^+）。光致空穴具有很强的氧化性，可夺取半导体颗粒表面吸附的有机物或溶剂中的电子，使原本不吸收光而无法被光子直接氧化的物质，通过光催化剂被活化氧化。光致电子还具有很强的还原性，使得半导体表面的电子受体被还原。

生物降解技术最早应用于脱臭，近年来逐渐发展成为 VOCs 的新型污染控制技术。该技术中，含有 VOCs 的废气由湿度控制器进行加湿后通过生物滤床的布气板，沿滤料均匀向上移动，在停留时间内，气相物质通过平流效应、扩散效应、吸附等综合作用，进入包围在滤料表面的活性生物层，与生物层内的微生物发生好氧反应，进行生物降解，最终生成 CO_2 和 H_2O。

等离子体技术：等离子体被称为物质的第四种形态，由电子、离子、自由基和中性粒子组成，是导电性流体，总体上保持电中性。发展前景比较广阔的等离子体技术是电晕放电技术，用其处理 VOCs 具有效率高、能量利用率高、设备维护简单、费用低等优点。电晕放电是指在非均匀电场中，用较高的电场强度使气体产生“电子雪崩”，出现大量的自由电子，这些电子在电场力的作用下做加速运动并获得能量，从而破坏有机物的结构。

5.5.3.3 焦化 VOCs 处理工艺

焦化企业的 VOCs 主要集中于回收区域，回收区域涉及范围很广，大致分为氨硫、粗苯、鼓风冷凝、洗涤、精脱硫、储备站、油库等工段。其中粗苯、鼓风冷凝、洗涤、油库都有槽体。之前的工艺是每个槽体放散气直接连通大气来保证槽体内的压力平衡，同时槽体内还有物料的进出。对于这种槽体的放散气有很多种治理方法，但是考虑性价比，操作方便，投资少，真正实现零排放，一般都采用氮气密封然后全负压返回煤气系统的处理工艺。

① 焦化 VOCs 负压处理工艺　针对负压煤气处理工艺中出现的问题，可将氮气密封保护系统与压力自动分程调节控制联合运用到该工艺中，同时根据各装置中介质性质的差异，选取不同的处理方式。最终形成安全性强、自动化程度高、系统运行较为稳定的改进式引入负压煤气处理工艺。流程如图 5-59 所示。

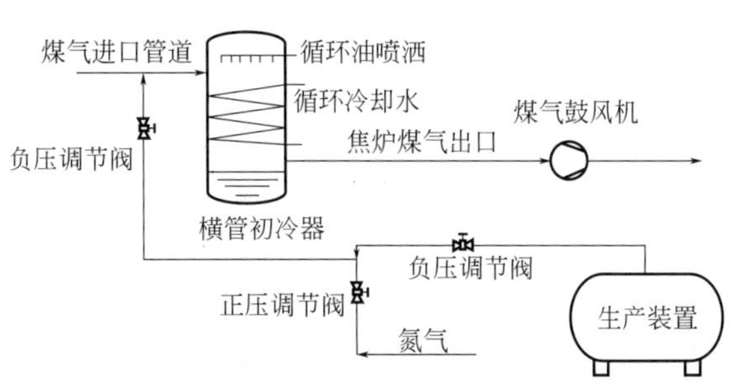

图 5-59　负压煤气管道捕集尾气工艺流程

当尾气收集管的压力高于设定值时，负压自调阀门自动调节；当尾气收集管的压力低于规定值时，负压自调阀门全部打开，正压平衡自调阀门自动打开进行调节，保压氮气进入尾气收集管中。该装置的使用要求确保装置密闭性，控制好吸入气体量，避免对煤气系统造成影响。

② 活性炭尾气净化工艺　可利用活性炭吸附法对焦化化产精制车间的尾气进行净化。车间尾气通过引风机送至活性炭吸附罐进行吸附，其中的苯类物质被活性炭吸附下来，净化后的气体从罐顶部排出。吸附饱和的吸附罐用低压蒸气进行脱附，蒸气由罐顶部进入，穿过活性炭，将被吸附的苯类物质脱附出来并带入冷凝器；在冷凝器中，混合物被冷凝下来进入分层槽分离后进行回收。活性炭吸附罐完成脱附并用空气干燥再生后，切换回吸附状态，从而完成一个操作循环，工艺流程见图 5-60。

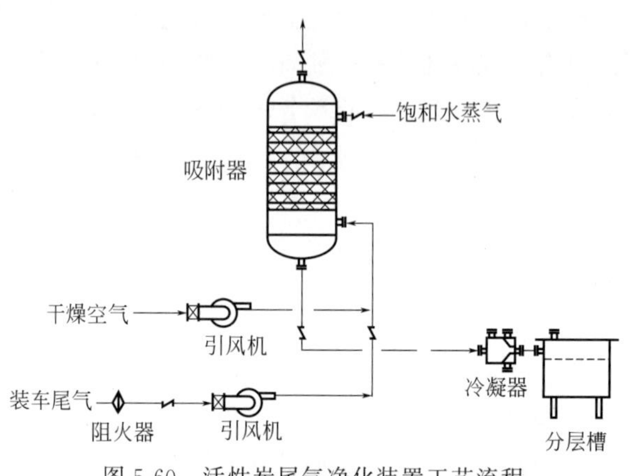

图 5-60　活性炭尾气净化装置工艺流程

③ 密封性不好的储槽 VOCs 收集工艺　密封性不好的储槽主要包括硫铵、脱硫、鼓冷工段机械刮渣槽及排渣口等。采用“分工段水洗-多路废气汇合后进焦炉燃烧”工艺路线，工艺流程见图 5-61。

密封性不好的收集点采用水简单洗涤经风机汇总后送到焦炉废气盘，作为空气的配风送至焦炉进行燃烧。在废气总管上增加可燃气体检测仪，实时检测废气中可燃气体含量，当可燃气体超标时，及时切断废气进口，废气通过烟囱临时排放。由 DCS 系统自动控制两台小风机将 VOCs 送入焦炉的机焦两侧，同时保证机焦两侧流量之和略大于总流量，当废气量不稳定时，系统供焦炉减少的废气量由空气补足，维持焦炉进气量稳定，不影响焦炉加热系统。

还有一种处理密封性不好的储槽 VOCs 工艺，就是采用 RTO 炉燃烧。气体进 RTO 炉前设有阻火水封和阻火器两道安全工序，防止 RTO 炉工作异常引发安全事故。水洗塔后设有 LEL 爆炸下限检测仪，与 RTO 炉前的紧急切断阀联锁，当尾气中的组分爆炸限值异常时，尾气通过活性炭箱，在 RTO 炉前紧急排放。

RTO 采用旋转式蓄热氧化技术，各单元排放的尾气经过收集后，进入 RTO 装置，经过 RTO 蓄热陶瓷向燃烧室内通入洁净煤气预热后进入燃烧室燃烧，通过火花塞把高压导线（火嘴线）送来的脉冲高压电放电，击穿火花塞两电极间空气，产生电火花以此引燃气缸内的混合气体，产生热量对燃烧室进行预热，当燃烧室内温度达到设定的废气引入温度（可自行设定温度值）时，RTO 风机自动打开将有机气体引入燃烧系统进行燃烧，将有机气体转化为二氧化碳和水以及副产物 HCl，燃烧后的高温烟气流经蓄热陶瓷回收热量后进入冷却＋碱洗装置，再外排至烟囱。有机废气净化率可高达 99%以上。

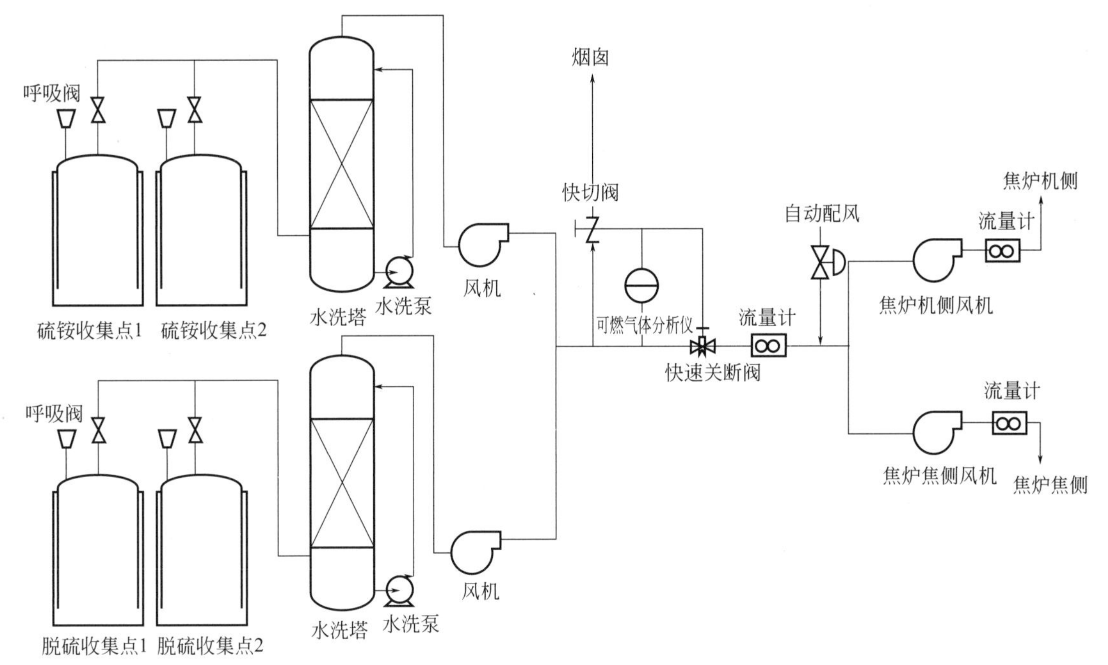

图 5-61　密封性不好的储槽 VOCs 收集工艺流程

5.5.4　干熄焦放散气净化

众所周知，干熄焦过程是利用低温惰性气体，经由循环风机鼓入干熄炉冷却并吸收红焦显热，同时自循环烟道补充空气，以燃烧循环气中的可燃物，维持干熄炉内稳定生产。高温气从干熄炉环形烟道出来经锅炉进行热交换，使锅炉产生蒸汽，冷却后的循环烟道气由循环风机重新鼓入干熄炉内循环使用，多余的循环气放散[110]。干熄焦循环气体流程见图 5-62。

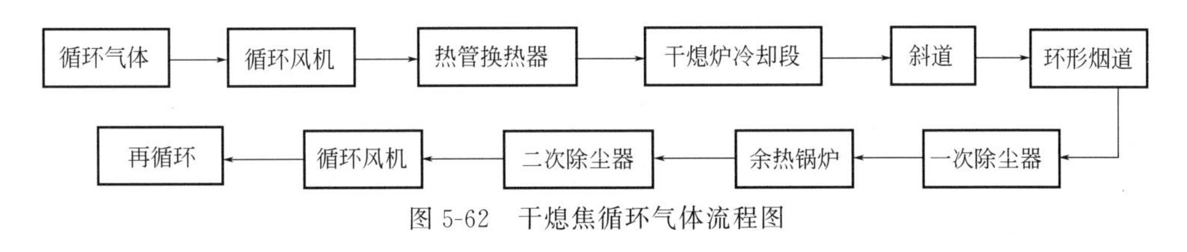

图 5-62　干熄焦循环气体流程图

(1) 污染物控制方法

干熄焦装置采用了较完善的密封除尘措施，干熄炉炉顶装焦口设置了环形水封座，装焦时接焦漏斗的升降式密封罩插入水封座中形成水封，防止粉尘外溢。同时，接焦漏斗接通活动式抽尘管，斗内被抽成负压，将装焦时瞬间产生的大量烟尘抽入除尘干管中，以减少粉尘的扩散污染。

排焦装置采用的格式密封阀式连续排出装置，气密性好，能够封住排焦时产生的烟尘；同时向排焦装置的壳体内充入空气，顶住炉内气体的压力，避免循环气体向外窜漏。如装入装置、排焦装置、预存室放散及风机后常用放散等处排出的烟尘均进入地面站除尘系统除尘后放散，而且对噪声也采取了一定的控制措施。

干熄炉预存段放散管排出的气体以及循环风机后放散的剩余气体，被抽入地面站除尘系统，经布袋除尘器处理后放散。

因开工、停工及温度波动产生的膨胀与收缩，易致使连接口处产生漏气。为此，在干熄炉与一次除尘器之间以及一次除尘器与干熄焦余热锅炉之间设置了高温补偿器，风机后的循环气体管路上也设置了多个低温补偿器。

振动给料器、风机壳体及风机前后的循环气体管道外壁均包 10cm 厚岩棉缝毡隔声。采取隔声措施后，噪声可控制在 85dB 以内。

(2) 地面除尘站

较好干熄焦工艺是配置地面除尘站，将来自装焦阵发性含尘气体、出焦粉尘以及放散气等通过负压管道集中到地面除尘站进行净化处理，净化后的干净气体经风机、烟囱排入大气。布袋除尘器收集的粉尘经星形卸灰阀、埋刮板机、中间灰仓、无尘装车机，由汽车外运。

焦化厂地面站除尘一般包括冷却或消火、一次除尘、二次除尘、脉冲清灰等。正常运行情况下，放散气体粉尘含量在 $10mg/m^3$ 左右，可以达到国家 GB 16171—2012 相关要求。

(3) 放散气处理

但由于干熄焦过程中少量焦炭的燃烧，循环气中的 SO_2 浓度偏高，据理论测算，当焦炭全硫含量为 0.5%时，烟气含硫量约 67.8～149.1mg/m^3，当焦炭全硫含量为 1.0%时，烟气含硫量可达 135.5～298.1mg/m^3。新的炼焦化学工业污染物排放标准要求，对干熄焦大气排放限值为 $SO_2 \leqslant 100mg/m^3$，特别排放限值要求 $SO_2 \leqslant 80mg/m^3$。新兴铸管焦化厂曾对 100t/h 干熄炉放散气进行过实测，放散气流量 $15000m^3/h$，气体 SO_2 浓度 $600mg/m^3$。并通过将放散气引入焦炉烟道气一同进行脱硫处理，采用 SDS 干法脱硫处理，干熄焦环境除尘烟气 SO_2 浓度约 $50mg/m^3$，达到特别排放标准。近年来，国内多家焦化厂设置干熄焦烟气脱硫部分[111-113]，结合使用湿法、半干法、干法等脱硫技术。也有采用钠基 SDS 法和 CFB 法相结合的工艺流程，钠基 SDS 法脱硫工艺将高效脱硫剂（20～25μm 的 $NaHCO_3$ 粉末）均匀喷射在管道内，$NaHCO_3$ 受热分解为 Na_2CO_3、H_2O 和 CO_2，比表面积迅速增大，其中 Na_2CO_3 与 $NaHCO_3$ 结合作为脱硫剂与烟气中 SO_2 发生反应，达到脱硫目的。还有企业将干熄焦放散气引到焦炉地面除尘站，跟焦炉烟道气共同经脱硫脱硝处理后达标排放。

干熄焦过程极细颗粒物即 PM_{10}、$PM_{2.5}$ 需引起高度重视，研究和报道并不多见。西南大学曾报道干熄焦地面除尘站后的烟气测定结果，粉尘脱除率达 99.0%时，净化气体的颗粒物含尘量约为 20～50mg/m^3。当除尘效率 99.3%时，地面除尘站净化气体颗粒物含量 3.27mg/m^3。尽管颗粒物总量达到国家有关要求，但 PM_{10} 的含量约 238$\mu g/m^3$，$PM_{2.5}$ 含量约 151$\mu g/m^3$。其一次粒子颗粒物含量仍然较高，其特征是装煤和熄焦过程排放的 PM_{10} 和 $PM_{2.5}$ 浓度接近，出焦排放的 PM_{10} 和 $PM_{2.5}$ 浓度最高，且炼焦工序排放的 PM_{10} 占总颗粒物排放比例较小，以 $PM_{2.5}$ 为主，装煤、出焦、熄焦 $PM_{2.5}$ 占 PM_{10} 分别为 78.28%、90.80%、63.45%。

5.5.5 焦化废水与污染物控制

焦化废水是在炼焦生产过程中产生的一种难处理、组成复杂、高污染、毒性大的工业废水，对环境造成严重污染的同时也直接威胁到人类健康。在中国，大部分焦化企业已经实现废水循环再利用和零排放。

5.5.5.1 废水来源与特征

焦化废水主要来自煤干馏及煤气冷却过程产生的剩余氨水，煤气终冷水和粗苯分离水等，以及焦油、粗苯等精制及其他场合产生的污水等三部分。其中，剩余氨水占总污水量的一半以上，也是氨氮的主要来源。

焦化废水的水质、水量依煤的种类、工艺流程及操作制度不同而异，不同来源的水质也相差较大，由于受煤焦油、荒煤气等煤的干馏产物组成的影响，废水中不仅含有大量的无机污染物，如氨、硫化物、氰化物、硫氰根等，而且含大量的有机污染物，如酚、甲酚、萘酚等酸性有机物，吡啶、苯胺、喹啉、咔唑、吖啶等碱性含氮有机物，以及一定量的芳烷烃，如苯并[*a*]芘（B*a*P）等。因此，焦化废水具有污染物组成复杂、浓度高、毒性大、且极难处理的特征。表 5-34 为典型焦化废水的种类和组成。

表 5-34　典型焦化废水的种类和组成　　单位：mg/L

废水名称	pH	挥发酚	氰化物	油　类	COD	挥发氨	苯并芘
蒸氨废水	8～9	500～1500	5～10	50～100	3000～5000	100～250	
蒸氨脱酚废水	8	300～500	5～15	2500～3500	15000～4500	100～250	72～243
粗苯分离水	7～8	300～500	100～350	150～300	1500～2500	50～300	0.43～4.6
终冷排污水	6～8	100～300	200～400	200～300	1000～1500	50～100	1.7～9.1
精苯分离水	5～6	50～200	50～100	100	2000～3000	50～250	
焦油分离水	7～11	5000～8000	100～200	200～500	15000～20000	1500～2500	
硫酸钠污水	4～7	7000～20000	5～15	1000～2000	30000～50000	50	
煤气水封废水		50～100	10～20	10	1000～2000	60	
酚盐分离水		2000～3000	微量	4000～8000	3000～8000	3500	
化验室排水		100～300	10	400	1000～2000		
古马隆洗涤水	3～10	100～600		1000～5000	2000～13000		
古马隆分离水	6～8	1000～1500		1000～5000	3000～10000		

表 5-35 为常规工艺条件下的焦化废水水量。

表 5-35　常规工艺条件下的焦化废水水量

废水名称	生产工艺	水量/[t(废水)/t(焦炭)]
剩余氨水	配煤水	0.16～0.17
	化合水	0.02～0.03
蒸汽蒸氨废水	硫铵工艺	0.23～0.35
	制浓氨水工艺	0.35～0.80
硫铵终冷外排水	有脱硫脱氰装置	0.08～0.60
	无脱硫脱氰装置	0.40～0.60
粗苯分离水	分缩器冷凝	0.02～0.04

5.5.5.2　常见焦化废水处理工艺

废水处理按照处理原理的不同可分为三类，物理分离、化学降解和生物处理。物理分离处理是通过各种力的作用，使污染物从废水中分离出来，在分离过程中并不改变污染物的化学性质，根据污染物在废水中存在的状态，可分为四种处理方法。化学处理是通过水质的酸性、碱性、氧化还原性利用化学反应的手段使有机物分解。生物法处理是通过细菌的作用使有机物得到分解。焦化废水处理方法与原理汇总如表 5-36 所示。

表 5-36　焦化废水处理方法与处理原理

方法		原理
离子分离法	离子交换法	污水与固体离子交换剂接触时，离子态污染物能与阳离子（或阴离子）交换剂上带相同电荷的离子互相交换，从而使污水中的有害离子被分离出来，待交换剂失效后，经过再生，污水中的离子得到浓集，交换剂可重新使用
	离子浮选法	污水与表面性物质相接触时，离子态污染物被吸着在活性基上，然后通气上浮，即可将其分离出来
	离子吸附法	污水与具有离子吸附性能的固体吸附剂相接触，离子态污染物使与吸附剂上的电性相反的活性基相吸，从而被分离出来，吸附剂再生后可重复使用
	电渗析法	使污水通过由一组交替排列的阴阳离子交换膜组成的通道，在直流电场的作用下，离子有选择性地透过不同的膜，浓集于一些通道中，则污水得到净化
分子分离法	吹脱法	使空气与污水充分接触，使溶解的气态和挥发性污染物扩散出去并加以净化
	汽提法	采用蒸汽直接加热污水至沸腾，挥发性污染物分子便随同水蒸气一起逸出，然后加以回收
	萃取法	向污水中加不溶于水，但却是污染物良好溶剂的液体萃取剂，则污染物便转溶于萃取剂中，然后将萃取剂与污水分离，使污水得以净化，污染物再与萃取剂分离，则萃取剂得到再生，污染物也可得到回收
分子分离法	吸附法	让污水与固体吸附剂接触，使分子态污染物吸附于吸附剂上，然后使污水与吸附剂分离，污染物便被分离出来，吸附剂再生后，重新使用
	浮选法	向污水中投加表面活性物质，使极性溶质分子吸附于其上，再通过气泡将其带到水面，刮除分离
	反渗透法	向污水表面施加高压（4～10MPa）使水分子透过半透膜，达到分离和浓缩盐类可溶物的目的
胶体分离	化学絮凝法	向污水中投加电解质或凝聚剂，使胶体态污染物絮凝成大而重的絮凝体再加以分离
	生物絮凝法	向污水中投加生物活性物质，通过吸附凝聚作用，将有机胶态物质分离
	机械絮凝法	通过缓慢的机械搅拌，使污水中的带电胶粒互相凝聚，并与悬浮物吸附絮凝，形成大而重的絮凝体，然后通过重力法分离
悬浮物分离	重力分离法	污染物依靠重力作用而分离
	离心分离法	依靠作用于悬浮物上的离心力，使其从污水中分离出来
	阻力截留法	依靠筛网、粒状滤料等与悬浮物几何尺寸的差异而截留悬浮物
化学转化法	pH 调节法	向污水中投加酸性或碱性物质，将 pH 值调至要求的范围
	氧化还原法	向污水中投加氧化剂（或还原剂），使之与污染物发生氧化还原反应，将其氧（或还原）成无害的新物质
	电化学法	在电解槽进行的氧化还原、电解气浮和电解絮凝均称电化学法
	化学沉淀法	向污水中投加化学沉淀剂，使之与溶解总污染物生成的难溶的沉淀物而分离除去
	焚烧法	将污水中氨水和酸性气体蒸出烧掉

续表

方法	原理
好氧生物转化法	在水中含有溶解氧的条件下,利用好氧微生物和兼性微生物的生物化学反应,对有机污染物进行转化处理
厌氧生物转化法	在水中缺少溶解氧的条件下,利用厌氧微生物和兼性微生物进行的有机物降解转化方法

5.5.5.3 焦化废水预处理

(1) 预处理系统

焦化蒸氨废水中的石油类污染物质成分复杂，包含大量的轻质或重质煤焦油。以重油、浮油形式存在的油类污染物在隔油池中靠与水的密度差很容易从水中分离出来；而其余油类污染物以分散油、乳化油、溶解油等形式存在于氨水中。废水在其进入生化系统之前，采用"隔油池＋调节池＋气浮机"串联工艺，尽最大可能降低废水中的油含量（包括重油、浮油、乳化油等），避免对后续生化处理系统的影响。

(2) 生化处理系统

目前处理此类废水，国内外应用比较广泛的生物脱氮典型工艺主要为：活性污泥法工艺和生物膜法工艺。

① 活性污泥法工艺　活性污泥法中应用比较广泛的是AO工艺，由缺氧、好氧组成，是传统活性污泥工艺、生物硝化及反硝化工艺和生物除磷工艺的综合，AO工艺对高有机物、高氨氮废水的处理能起到一定作用，各段功能如下。

缺氧池：在缺氧区内，反硝化细菌利用从好氧区中经混合液回流而带来的大量硝酸盐（视内回流比而定），以及废水中可生物降解的有机物（主要是溶解性可快速生物降解有机物）进行反硝化反应，达到同时去碳和脱氮的目的。含有较低浓度碳氮的废水随后进入好氧区。

好氧池：好氧主要发挥有机物降解及氨氮硝化作用。在好氧条件下，异养细菌对水中有机物进行降解。同时，硝化菌在好氧的环境下将完成硝化作用，将水中的氮转化为 NO_2^- 和 NO_3^-。在二次沉淀池之前，大量的回流混合液将把产生的 NO_x^- 带入缺氧区进行反硝化脱氮。

② 生物膜法工艺　生物膜是由高度密集的好氧菌、厌氧菌、兼性菌、真菌、原生动物以及藻类等组成的生态系统，其附着的固体介质称为滤料或载体。生物膜自滤料向外可分为厌氧层、好氧层、附着水层、运动水层。

在焦化废水处理构筑物内设置微生物生长聚集的载体（一般称填料），在充氧的条件下，微生物在填料表面附着形成生物膜，经过充氧的焦化废水以一定的流速流过填料时，生物膜中的微生物吸收分解水中的有机物，使污水得到净化，同时微生物也得到增殖，生物膜随之增厚。当生物膜增长到一定厚度时，向生物膜内部扩散氧受到限制，其表面仍是好氧状态，而内层则会呈缺氧甚至厌氧状态，并最终导致生物膜的脱落。随后，填料表面还会继续生长新的生物膜，周而复始，使污水得到净化。

(3) 深度处理系统

采用生化法主体工艺处理此类废水，处理后水质往往色度高，含有部分生物难降解有机物，采用常规的物理、生物方法已经很难使出水有机物进一步降低到国家规定的排放标准或回用标准的要求。当前对焦化废水等难降解废水的深度处理方法主要有吸附法、高级氧化法等。

吸附法是深度处理中较常用的工艺。活性炭是目前研究和应用较多的一种吸附介质，因为活性炭是一种多孔性物质，表面布满微细的小孔，在所有的吸附剂中的吸附能力最强。活性炭吸附以物理吸附为主，可以有效去除废水中的臭味、色度等，具有广阔的应用前景。

臭氧催化氧化法也是较常用的一种高级氧化法，臭氧在催化条件下易产生强氧化性的羟基自由基，可以氧化难降解的有机物，并且脱色作用好，所以在焦化废水深度处理中，臭氧催化氧化技术是最具应用前景的。

(4) 中水回用系统

中水回用系统采用“多介质过滤器＋超滤＋反渗透＋浓水反渗透＋活性炭过滤器”等工艺，多介质过滤器采用石英砂及无烟煤对废水进行初步过滤，保证后续超滤装置稳定运行；超滤是一种与膜孔径大小相关的筛分过程，以膜两侧的压力差为驱动力，以超滤膜为过滤介质，在一定的压力下，当原液流过膜表面时，超滤膜表面密布的许多细小的微孔只允许水及小分子物质通过而成为透过液，而原液中体积大于膜表面微孔径的物质则被截留下来，因而实现对原液的净化、分离和浓缩的目的，超滤装置能大幅度降低污水中SS，保证后续反渗透系统稳定运行。反渗透是以压力为驱动力，并利用反渗透膜只能透过水而不能透过溶质的选择性而使水溶液中溶质与水分离的技术，因为和自然渗透的方向相反，因此称为反渗透，反渗透装置产水可作为生产新水回用。

(5) 污泥处理系统

焦化废水处理后产生污泥处理流程一般包括浓缩、脱水、外运处置等。由于气浮浮渣、隔油池污泥大量含油，宜单独回收处理。

(6) 臭气处理系统

焦化废水处理站在运行过程中，调节池、隔油池、气浮装置、预曝气池、缺氧池、污泥浓缩池、污泥脱水间会产生臭气。污水处理工艺中产生臭气的物质主要组成元素为碳、氮和硫元素。臭气物质主要是氨、硫化氢和甲硫醇。

臭气处理工艺流程采用“集气罩→臭气收集→化学洗涤→生物滤池→离心风机→排空塔”，处理后达标排放。收集的臭气进入到生物除臭设备底部的空气分布系统，同时，循环水不断喷洒在填料上，填料表面被微生物形成的生物膜所覆盖，形成长满微生物的生物滤层，然后臭气缓慢地通过活性生物滤床，被填料吸收，微生物把致臭污染物降解成无臭的 CO_2 和其他无机物。净化后的空气以扩散气流的形式离开滤床表面，经过管道收集，再经离心机抽送后至排空塔排放进入大气中。焦化废水处理工艺流程如图 5-63 所示。

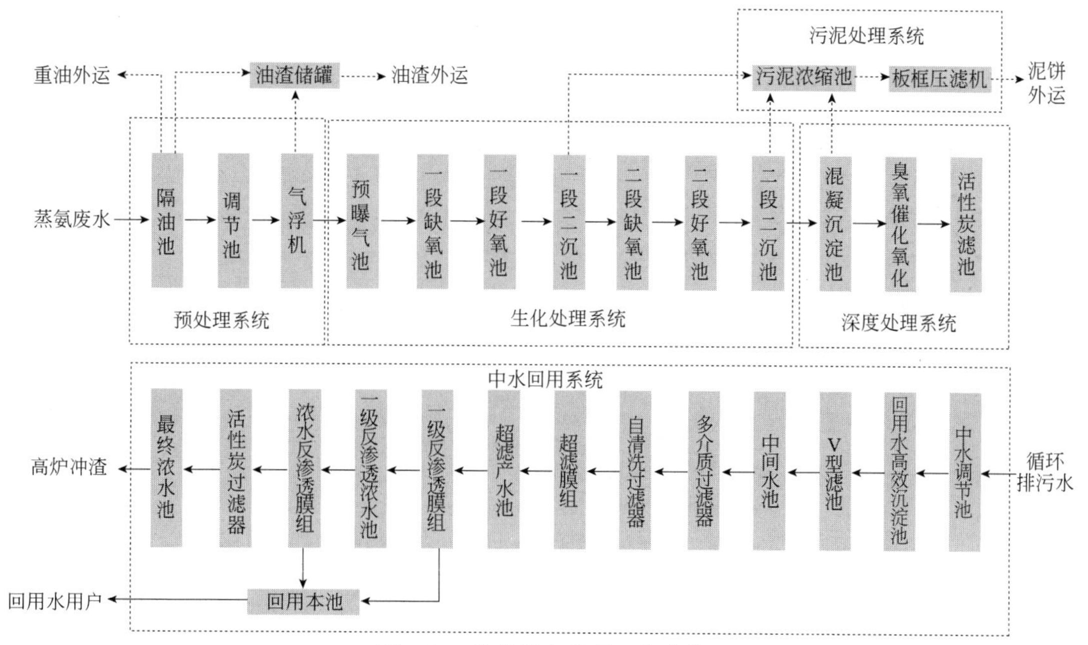

图 5-63　焦化废水处理工艺流程

5.5.6　焦化二次资源综合利用

（1）焦化粉尘及焦粉回用

炼焦过程焦粉量约占焦炭产量 4%，比较成功的技术是回配煤系统。但配煤中添加焦粉炼焦对焦粉的粒径要求极为严格，只有焦粉磨得很细才能保证焦炭质量。国内外焦粉研磨均采用干磨，其缺点一是多消耗烘干焦粉所耗的热源，二是造成烟气和粉尘污染，三是能耗高、成本高。为此，南钢、济钢试验了焦粉湿磨替代干磨。湿法研磨利用渗析及水膜原理，既能降低动力和材料消耗，又能杜绝干磨焦粉干硬难磨、焦粉损耗高及产生的烟气和粉尘污染。

配湿磨焦粉炼焦试验主要解决对焦炭质量影响的最佳细度及配入量，以及是否产生使推焦阻力增加等负效应。在 7kg 小焦炉和 JN43-80 型焦炉上炼焦试验表明，配煤中添加焦粉 3%后，M_{40} 较不配焦粉提高了 2.6%，M_{10} 几乎不变，推焦电流相应减小，有利于延长焦炉寿命。

（2）化产废渣型煤应用

对于年产 300 万吨的焦化企业而言，每年约产生化产废渣 2400 吨，包括各类焦油渣、粗苯渣等，将这些化产废渣应用于型煤黏结剂是其中较好的途径。化产废渣作为黏结剂，国内本钢、邯钢曾做了很多工作，是将化产废渣放入搅拌池内用人工混合搅拌，成型后的煤球用倒运机械运至上焦炉煤塔皮带机处配入。该方法间歇生产，不仅浪费大量人力、物力，而且工艺安排在粉碎前，经常造成破碎机粘料、堵料、烧损电机、恶化操作环境等问题。济钢采用连续配废渣型煤工艺，从皮带运输机上切取破碎后煤料进入型煤原料槽，原料槽中煤料经型煤皮带机运至混捏机中，化产废渣放入特制带保温的储槽，使其自动流到型煤皮带机上，与煤料一起进入成型机中挤压成型。成型压力是影响型煤强度的重要因素，适宜的成型压力为30MPa。型煤试验方案与试验结果如表5-37所示。

表5-37 型煤试验方案与试验结果 单位：%（以干基计）

方案	M_{25}	M_{10}	灰分	挥发分	硫分
方案一：不配化产渣	85.6	7.0	11.89	0.8	0.57
方案二：10%化产渣做型煤，按2%配煤	88.5	7.2	11.73	1.2	0.53
方案三：8%化产渣+4%焦油废水做型煤，按2%配煤	87.7	8.0	11.23	1.1	0.54

(3) 化产脱硫废液制酸工艺

目前脱硫废液和硫泡沫制硫酸技术主要有三种制酸工艺，一种是“干法制酸”工艺（预处理制得含硫混盐固体干粉＋干法转化吸收）；另一种是“湿法制酸”工艺（预处理制得含硫、铵盐的浓浆液＋干法转化吸收）；第三种是“半干法制酸”工艺（预处理制得液态硫磺和浓盐液分别进焚烧炉＋干法转化吸收）。

① 干法制酸工艺 脱硫废液制酸项目分为预处理工段、焚硫工段、净化工段、干吸工段、转化工段，主要是将焦化煤气脱硫过程中产生的脱硫废液和硫泡沫经过滤、浓缩、干燥等操作制成含硫混盐固体干粉，采用固体干粉直接焚烧技术制得含SO_2炉气，然后通过余热回收、洗涤净化、两转两吸工艺生产硫酸，同时尾气可送到焦化脱硫脱硝单元集中处理排放，减少现场尾气排放点。

② 湿法制酸工艺 脱硫废液及硫泡沫湿法制酸工艺是中冶焦耐借鉴日本FPC（苦味酸法脱硫配套Compacs制酸）技术，应用到处理HPF脱硫工艺产生脱硫废液和硫泡沫。主要工艺路线为焦化脱硫系统输送来的稀硫泡液（脱硫液＋硫泡沫）通过过滤、浓缩配制成含水50%以上的浓浆料（组分为硫、铵盐、水），通过浓浆泵输送到卧式焚烧炉进行喷浆焚烧，焚烧系统需要加入焦炉煤气提供热量以及配入富氧空气。焚烧烟气再通过余热回收、净化、转化、吸收等工艺制成工业浓硫酸。

③ 半干法制酸工艺 主要工艺流程为脱硫系统送来的稀硫泡沫经过过滤、多相分离器、废液浓缩等产生液体硫黄和含水约50%的浓盐液，两股物料分别在卧式焚烧炉内通过喷嘴喷浆燃烧，产生的高温炉气通过余热回收、净化、干燥、转化、吸收等工艺过程制成工业硫酸。

5.6 炼焦产业和技术发展趋势

近年来，随着我国经济的快速发展，炼焦行业已经形成了具有自己特色的炼焦新工艺和新技术，相继建设了一批国际一流的工艺和装备，焦炭质量达到国际较好水平。

5.6.1 炼焦产业发展动向

在国家政策的指引下，焦化行业健康可持续发展取得了极大进步，其显著的特征包括：

(1) 焦化行业规范逐渐完善

在国家政策法规、标准规范和产业政策的引领和督导下，焦化企业依法依规设立，行业自律意识明显增强。特别是国家颁布的《中华人民共和国环境保护法》、《中华人民共和国环境保护税法》、《产业结构调整指导目录》(2019 年版)、《炼焦化学工业污染防治可行技术指南》;修订《焦化行业准入条件》为《焦化行业规范条件》;制定了《焦化行业“十四五”发展规划纲要》和《焦化行业碳达峰碳中和行动方案》。相关法规政策的贯彻实施,对焦化行业科学规划、可持续发展,规范生产经营活动和市场竞争秩序,安全生产、节能与环保、提升资源综合利用率等提出了明确的遵循原则,起到了重要的推动作用。

(2)技术和装备水平大幅提升

据统计,截至 2021 底,全国在产焦化企业 469 家(不含电石、金属镁生产兰炭以及焦炉煤气深加工企业),焦炭产能 6.22 亿吨,其中,常规焦炉产能 5.5 亿吨,半焦(兰炭)(不含部分电石和金属镁企业)产能 7705 万吨,热回收焦炉产能 1371 万吨,炭化室 5.5m 及以上先进焦炉产能约 4 亿吨,占常规焦炉产能的 74.5%。干熄焦处理能力为 65945t/h;焦炉煤气制甲醇总能力达到 1500 万吨/年左右;焦炉煤气制天然气能力达 70 亿立方米/年左右;煤焦油加工能力达到 2400 万吨/年左右;苯加氢精制总能力达到 600 万吨/年左右。多年来我国焦炭产量一直占世界总产量的 67%以上,炼焦技术装备出口到世界十多个国家,近 5 年累计出口焦炭 3517 万吨,是全球具有较强竞争力的炼焦及煤化工产业。

(3)企业转型升级与产业结构不断优化

行业内高端焦化副产品开发不断取得新突破,产业链不断延伸,附加值明显提高,一批重点企业实现了煤焦化多元发展的格局。由中钢热能院研发的煤系针状焦技术和生产线在国内 5 家企业应用并建成投产;宝武碳业与方大炭素联合建设的 10 万吨超高功率石墨电极项目已建成投产;山东金能科技公司形成了以循环经济发展煤化工产业的独特发展路径,建立了以煤炭为原料,炼焦为基础,煤气、煤焦油为载体,打造的对甲酚、山梨酸(钾)、白炭黑、丙烯、聚丙烯等产品,实现了资源利用优化和价值提升、上下游产品差异化发展;河南平煤首山焦化公司构建了煤-焦-焦炉煤气-氢气-硅烷气-光伏产业高效单晶硅电池片、高技术含量、高附加值产业链条;以山西鹏飞焦化、旭阳集团、山西潞宝焦化、河南金马能源、山西美锦能源等为代表的氢能源项目相继建成投产,应用效果良好,走在了行业前列;以宝武碳业、中钢热能院、黄骅信诺立兴等为代表的精细煤化工新材料、新产品开发与应用,以及安阳顺成集团二氧化碳制甲醇的应用,为焦化企业产业链延伸、综合利用开辟了新的市场空间。河南利源集团建立了煤炭分级利用-焦化-铁合金-焦炉气燃气轮机(轻型、重型)联合循环发电、LNG、乙醇-焦油分离化学品、加氢制石化产品、碳材料一精细化工等煤基多联产的循环经济发展模式,实施氢能全产业链建设,正在开展新能源的发电、制氢、氢储能及与化石能源融合发展产业示范,已经转型升级为一个清洁能源企业,成为行业典范。

(4)新技术应用和节能减排取得新进展

我国炭化室高 6.25m 及以上捣固焦炉和 7m 及以上顶装特大型焦炉工艺装备技术,兰炭(半焦)用于高炉炼铁、民用清洁燃料技术,自动化配煤技术,煤岩分析检测检验技术,焦炉分段加热技术,焦炉自动加热控制与优化管理技术,单孔炭化室压力调节技术,干熄焦长寿技术,焦化污水深度处理技术,焦炉装煤、出焦、干熄焦除尘技术,焦炉烟囱烟气脱硫脱硝技术,焦炉上升管余热、烟道气余热、初冷器余热、循环氨水余热回收利用技术,清洁高效梯级筛分内置热流化床煤调湿工艺技术,焦化生产废弃物资源化利用技术,湿式氧化法脱硫废液制酸和提盐技术等得到广泛应用,科技成果的转化效率步伐加快、贡献率凸显。焦化行业全面落实《国务院打赢蓝天保卫战三年行动计划》精神和生态环境部等五部委联合印发的《关于推进实施钢铁行业超低排放的意见》,认真履行环保主体责任,污染防治成效显著,基本完成了国家要求的三年行动计划时间节点目标。企业安全标准化建设、职业卫生健康保护全面加强；焦化行业安全发展、绿色发展、高质量发展发生了本质性变化。

(5) “两化”融合体系建设实现新突破

近年来，欧冶“化工宝”电子商务、山西焦炭集团现货电子商务、大商所焦炭、焦煤期货交易，我的钢铁、钢之家、百川盈孚、汾渭能源等单位，在煤、钢、焦、化产业链信息研究、商品交易方面，形成了各具自身特点的电子商务平台和焦化技术微信平台。电子商务、信息化管理与产业发展深度融合所产生的效率和效益愈加明显，正逐步成为焦化企业创新发展的重要措施。以中冶焦耐、山冶设计、宝钢炼铁、首钢京唐、西山焦化、利源集团等为代表的信息化、智能化炼焦生产与管理技术的设计开发、系统性实践应用，以及华泰永创（北京）科技股份有限公司研发的干熄焦智能制造系统，不断展现新成果、新突破。

在焦化快速发展的同时，焦化行业面临着焦炭产量与质量、资源与环境、效益与管理等诸多矛盾，尤其是“双碳”背景下，行业还面临优质资源供给、节能减排等重大机遇与挑战。

5.6.2 炼焦技术展望

依据《焦化行业“十四五”规划纲要》的发展要求和趋势，焦化行业在2025年前实现碳达峰，主要技术路径包括极限节能及能效提升、能源及产品替代、再生资源协同处置以及碳捕集与利用等。就高温炼焦新技术而言，需特别关注的包括：日本的SCOPE21炼焦新技术，欧洲炼焦技术中心开发的巨型炼焦反应器、美国的无回收焦炉炼焦技术以及连续炼焦技术、北京华泰立式热回收焦炉技术等。篇幅所限，下面仅对SCOPE 21炼焦新技术和连续炼焦技术加以介绍。

5.6.2.1 SCOPE 21炼焦新技术

为最大限度提高弱黏煤使用量，提高焦炉生产率，降低能耗和减少环境污染，日本煤炭综合利用中心与日本钢铁联盟提出面向21世纪高产无污染大型焦炉的思路（Super Coke Oven for Productivity and Environment Enhancement toward the 21st Century，简称SCOPE21）[114]，1998年进行小型试验，2001年进行了50t/d规模的中试，取得了较好的效果。同现行装湿煤的6m室式焦炉相比，SCOPE21技术非、弱黏结煤的使用比例由原来的20%提高到50%；单炉生产率提高3倍；NO_x降低30%，CO_2降低20%，SO_2降低10%，节能20%。

(1) 工艺过程

SCOPE21按功能分为煤预处理、煤中温干馏、焦炭改质及干式熄焦三个工序。图5-64为SCOPE21炼焦新工艺流程示意图。

湿煤经流化床干燥器干燥后在气流床快速加热预热装置中预热到350～400℃，然后筛分分离，细粉煤热压成型，粗粒煤在气流床继续加热至一定温度后，粗粒煤与型煤混合装炉，进行中温干馏（焦饼中心温度为700～800℃）。煤在炭化室的干馏时间为6h，生成的焦炭送入带加热系统的干熄焦装置中进行高温改质2h，使其成为与高温焦炭一样质量的焦炭，因而总干馏时间8h。焦炉采用薄炉墙，炭化室高度为7.5m。

(2) 工艺技术特点

通过干燥和粉煤成型技术，提高装炉煤的堆积密度，由散装煤堆密度0.7～0.75t/m³提高到配30%型煤装炉煤堆密度0.8t/m³，以上措施均有助于改善焦炭质量，从而可以使非、弱黏结煤的使用比例由传统配煤的20%提高到35%左右，再采用煤快速加热技术，提高煤

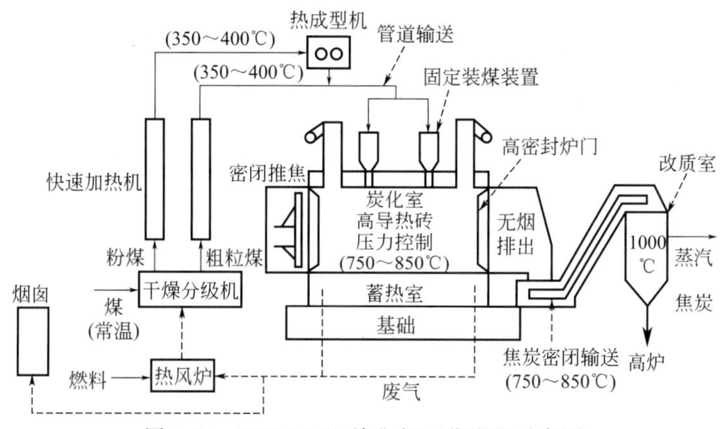

图 5-64　SCOPE 21 炼焦新工艺流程示意图

的黏结性能，使非、弱黏结煤的使用比率达到 50%的目标值。因而，该技术最大特点是扩大炼焦煤资源，使煤炭资源得到充分有效利用。

① 超高生产效率。传统煤预热工艺的煤预热的温度为 200℃，现将装炉煤加热至热分解开始温度（350～400℃），提高炭化室炉墙的传热速率，另外采取中低温推焦技术等，以此大幅度缩短干馏时间。中低温推焦可能导致焦炭强度下降，对此采用干熄焦设备再加热弥补，以确保合格的焦炭质量。

通过这些技术的组合，生产率可比现行工艺提高 3 倍（如图 5-65 和图 5-66 所示）。

② CO_2减排。SCOPE21 系统采用焦炉烟道气预热原料煤，并对装炉煤进行高温预热至热分解初始温度，煤干馏终温控制在 850℃以下，这些措施都有利于降低干馏需要的热量。另外，通过回收余热过程所产生的煤气和燃烧废气的显热，以及干式熄焦回收红焦显热等措施，达到提高热利用效率的目的。还有采用中温快速成焦和高传热砖墙，提高了加热速率，缩短了炼焦时间。因此，大大减少了加热煤气用量，相对减少了废气量和炉体表面散热。使得总能耗减少 20%，CO_2排放减少 20%。

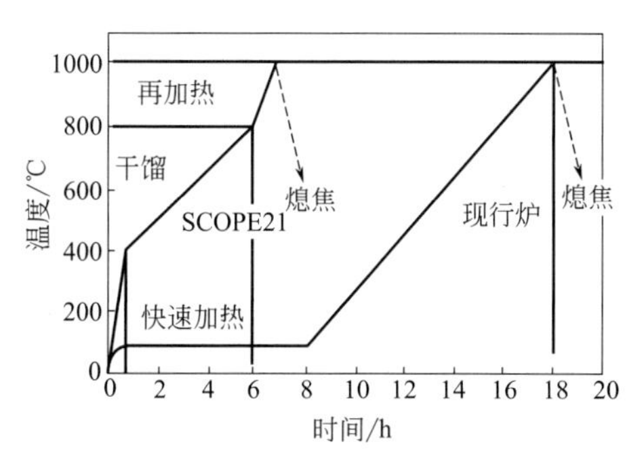

图 5-65　新老工艺的干馏时间

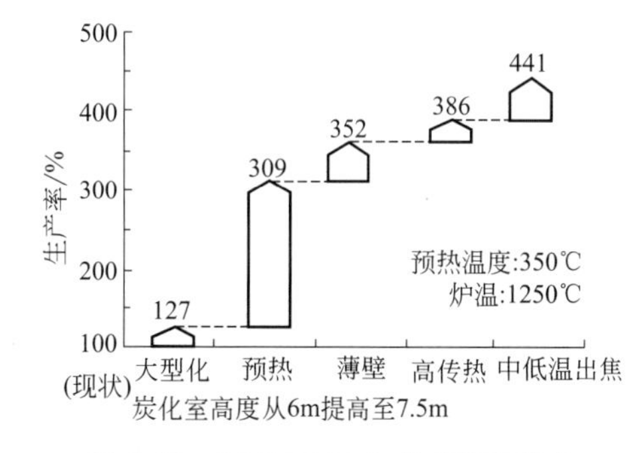

图 5-66　SCOPE 21 生产率提高效果

③ 环境友好。整个工艺采用全密封操作，煤和焦炭实现了密闭输送；另外，通过改进的焦炉燃烧系统，有利于防止焦炉泄漏。实践表明，NO_x降低 30%，SO_2降低 10%，提高环保质量。

（3）主要工艺要点

① 原料煤预处理技术　煤快速加热到高温和粉煤成型的煤预处理工序是 SCOPE21 的主要特点之一，为保证新工艺能够达到预定的目标，从 1994 年开始，日本煤炭利用综合中心

就对若干重要影响因素进行了研究。

a. 煤快速加热载体对焦炭质量的影响。为了确认煤快速加热对焦炭的改质效果，通过改变快速加热机的废气组成，研究加热气体组成中氧对煤可能的劣化影响。所用配合煤由黏结煤 50%和非、弱黏结煤 50%组成。加热气体中氧含量分别控制 0%、0.2%、5.0%的水平，预热终温为 380℃，结果表明：快速加热可以明显提高焦炭质量，但受加热介质组成的影响较大。与常规加热速率相比，快速加热时 DI_{15}^{150} 上升 1.6～2.7 个百分点；当热气体中添加 O_2 量为 5%时，则 DI_{15}^{150} 下降 7.4 个百分点。在预热的条件下，O_2 对煤的黏结性起到劣化作用，导致焦炭质量下降，故应该控制其 O_2 含量在 0.2%左右。但对于 CO_2 含量只要控制在 10%以下即可达到快速加热提高焦炭质量的目的。

b. 煤种及煤粒度对快速加热的影响。为了解煤种（黏结煤，非、弱黏结煤）和煤粒度（粗粒煤、粉煤）对快速加热的影响，试验研究了黏结煤和非、弱黏结煤快速加热时焦炭强度 DI_{15}^{150} 的变化。原料煤分别采用黏结性煤 A（V_d=24.6%，lgMF=3.14）和非、弱黏结性煤 B（V_d=32.7%，lgMF=0.85）。原料煤经预热和粉煤热成型相对于常规冷态装煤，焦炭强度 DI_{15}^{150} 提高约 2.1 个百分点；采用快速加热可进一步提高焦炭强度，煤快速加热对非、弱黏结煤的改质效果要大于对黏结煤的提高效果。对非、弱黏结煤快速加热处理所得焦炭强度 DI_{15}^{150} 比黏结煤快速加热处理所得焦炭强度高 0.7 个百分点。

煤快速加热效果受到煤粒度大小的影响，对焦炭质量的影响不是太大，仅在快速加热条件下粗细颗粒煤的改质效果要强于细颗粒煤的效果。

② 主要装备与结构

a. 小型试验装置。小型试验包括干燥/分级、快速加热、热态成型和高温送煤等技术。采用流化床加热/分级至 300℃左右后，用气流加热塔分别对粗粒煤和粉煤进行快速加热试验，粉煤在快速加热后进行热成型试验。小型试验设备规格如表 5-38 所示。

表 5-38　小型试验设备规格

设备	主要规格
流化床干燥分级设备	煤处理量：0.6t/h；分级点：0.3mm；煤加热温度：300℃； 流化床：L1.1m×W0.4m×H5.6m；热风温度：400℃
气流塔加热设备	煤处理量：0.18t/h（粗粒、粉煤兼用）；煤加热温度：380℃ 加热塔：ϕ100mm×H25m；热风温度：450℃；热风量：500m^3/h
热成型设备	成型能力：2.4t/h，双辊成型机：ϕ1200mm×W87mm； 成型模：马赛克型
高温煤输送设备	第一段链式输送机/第二段管筒输送设备 高温煤槽侧设置固气分离器和固定装煤装置

b. 中试试验装置。在小型试验的基础上，中试主要为干馏炉的炉体设计，以及按小型试验设备放大的煤预处理设备。煤预处理设备的主要设备规格计划按照小型试验结果确定，将中试处理能力确定为工业装置的 1/20 左右设置 1 座干馏炉。它不仅能反应燃烧结构最佳化试验的结果，同时还可收集环保设计数据。干馏炉的形状取工业炉长的 1/2，炉高及炉宽则与工业炉相同，即 7.5m 高×435mm/465mm 宽×8m 长。在此中试实验焦炉上考察了煤干燥和预热对焦炭质量的影响。与传统焦炉相比，在同样的配煤条件下，焦炭质量明显得到改善。通过煤预热而提高煤干馏速率措施提高煤的黏结性和结焦性，通过入炉煤脱水及型煤技术提高入炉煤堆密度，通过焦炉加热的高向均匀等来提高焦炭光学组织的均匀性等。SCOPE21 焦炭质量提高途径如表 5-39 所示。

表 5-39 SCOPE21 焦炭质量提高的途径

焦炭强度指标		DI_{15}^{150}/%
传统焦炉	湿煤入炉，按入炉煤堆密度 0.7t/m^3估计	82.3
SCOPE21	SCOPE21 中试焦炭强度(炉外处理后的平均测定值)	84.8(+2.5)
DI_{15}^{150}提高途径	通过快速预热(286～363℃)焦炭强度的提高	+0.9
	入炉煤堆密度的提高(0.7t/m^3增加至 0.74t/m^3)	+1.0
	其他(焦炭组织的均匀化等)	+0.6

c. 新焦炉的结构特点。SCOPE21 所开发的室式炉是将煤预处理工序处理的 350℃ 高温煤装入后对其进行快速干馏。其主要技术特性列于表 5-40。为确保高生产率状态下的高负荷燃烧，提高炉墙传热，保证高体积密度下炉墙的耐久性，开发了燃烧结构、个体炉体结构及整体炉体结构。

表 5-40 SCOPE21 新焦炉的主要技术特性［4000t（焦）/d］

项目		传统焦炉	SCOPE21
入炉煤	水分/%	9.0	—
	温度/℃	25	330
	型煤比例/%	—	30
煤预热	流化床干燥塔	—	240t/h
	气流预热器	—	粗粒煤:160t/h;细粒煤:80t/h
	成型设备	—	80t/h
热煤输送		—	400t/h ×2 套
炭化	废气温度/℃	1250	1250
	结焦时间/h	17.5	7.4
焦炉特性	炭化室高度/m	7.5	7.5
	炭化室长度/m	16.0	16.0
	炭化室宽度/m	0.45	0.45
	炭化室体积/m^3	47.0	47.0
	炭化室墙厚度/mm	100	70
	炭化室墙热导率/[W/(m·K)]	7.1	9.6
	炭化室数	126	53

③ 燃烧室结构　关于新一代焦炉的炉体结构，日本于 1995～1998 年就对具有高负荷燃烧、均匀加热及低 NO_x 特点的燃烧结构进行了研究。为提高生产率，在相当于炭化室墙的侧壁上使用了具有高热导率的高密度薄壁（壁厚 70mm）硅砖。通过开发燃烧器等实现了低 NO_x 燃烧（烟气中 $NO_x \leqslant 100mg/L$ 的目标值）和均匀加热，达到了焦炉高向温度分布 $<\pm25$℃的开发目标。

④ 蓄热室结构　提高燃烧负荷后，蓄热负荷增加 2 倍，原室式炉格子砖的波/槽幅宽一般为 15mm/15mm，现将其改为 10mm/11mm，采用薄壁/薄槽，同时通过设定适当的蓄热/排热切换时间，扩大格子砖的传热面积，控制了产率升高后加热煤气量增加所导致的蓄热室容积的增大。

⑤ 炭化室墙　高温煤加热所需的炭化室墙部分采用薄壁，在结合强度要求较高的炭化室墙/间壁墙结合部仍采用原壁厚。炉墙采用高密度硅砖，其膨胀特性与以往致密硅砖大致相同。通过减小壁厚和使用高密度硅砖，与以往 100mm 厚致密硅砖炉墙相比，传热性预计可提高 1.7 倍。

5.6.2.2　连续炼焦新技术

受传统室式间歇炼焦建设成本高、劳动环境恶劣、环境污染严重、焦炭质量和炼焦操作受煤性质制约等影响。20 世纪后半叶，世界上主要的焦炭生产国家都在积极开发新型炼焦工艺，除欧洲的巨型反应器、美国的无回收焦炉以及日本的预热型煤炼焦以外，连续移动床炼焦方法也引起国内外的关注。

从 20 世纪 70 年代起，苏联乌克兰煤化所开始了立式炉连续炼焦新工艺的研究。试验经历了三个阶段：试验室试验阶段的装置处理能力 50～70kg/d；半工业试验阶段采用炭化室宽 175mm 和 350mm；1991～1996 年又进行了工业性试验，垂直炭化室数（包括熄焦段）2 个，推焦行程 300mm，推焦周期 20～30min，一次装煤量 400～420kg，炼焦时间 7～8h，处理能力 30t/d。该工艺煤料经压实堆密度可达 1000kg/m^3，分阶段控制加热速度有利于改善煤的黏结性能。因而，可改善焦炭质量，有效拓宽炼焦用煤范围，与传统工艺相比，可节约 70%的肥煤和焦煤。

20 世纪 80 年代我国大同、太原、福州等地建设并投产了十几座带蓄热室的连续直立式炭化炉，这些直立炉在制气和生产特种用焦-铁合金焦方面取得了较好的效果。20 世纪末期，太原理工大学进一步开发了连续混热式冶金焦焦炉工艺。工艺采用了间接加热和直接加热两种方式加热，炼焦炭化炉从上而下分成煤料密封、干燥、外热干馏、内热干馏、水蒸气冷却（有部分气化反应）、熄焦等阶段。进入 21 世纪后，山西省大力焦化和山西省畅翔焦化等企业也对连续立式炼焦技术进行了积极探索。

(1) 连续移动床炼焦工艺与特点

连续直立移动床炼焦炉根据煤热解成焦机理，设计为阶段性非均匀温度场炼焦，炭化室从上至下分为煤料捣固密封、干燥、干馏、冷却、熄焦等多个阶段。由经典水平式炼焦炉的静态间歇式生产变为动态连续移动床生产[115,116]。其工艺流程如图 5-67 所示。

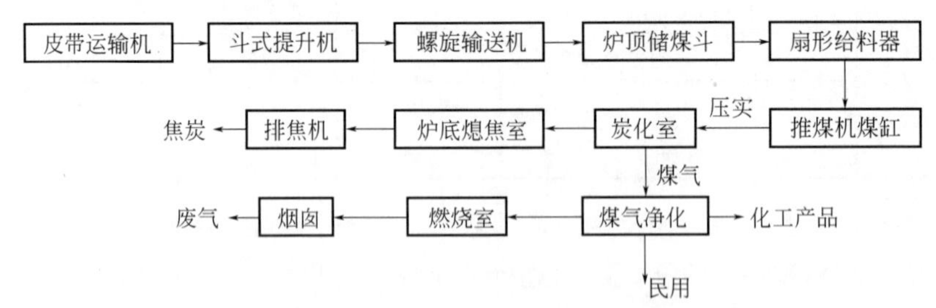

图 5-67　连续移动床炼焦工艺流程

① 连续直立移动床炼焦炉　连续炼焦工艺是采用顶部装煤、炉底出焦、连续化生产，煤的下行、焦的刮落均依靠外力。加热方式可采用外热，也可采用内热或混热形式。煤气可回收，也可不回收。

连续移动床炼焦特点包括：

a. 动态连续焦化　连续移动床炼焦改变了经典水平室式炼焦炉静态炼焦、间歇生产模式，煤料由螺旋给料机连续推进，炉底连续排焦。因此，自动化程度高，工人劳动强度小，操作稳定。

b. 非均匀温度场加热　常规室式炭化室内煤料均匀成焦，燃烧室墙温度场均匀，因此，难以适应煤成焦过程对不同阶段所需热量的要求，连续直立移动床炼焦炉根据煤热解成焦机理及其阶段性设计为非均匀温度场炼焦，炭化室从上至下分为煤料捣固密封、干燥、干馏、冷却、熄焦5个阶段，从而使焦炭形成过程可以控制。

c. 采用捣固技术　在推动煤料下行的同时对煤进行了压实，提高了煤料的堆密度，加快了传热速率，改善了焦炭质量，增加了弱黏结煤的用量，扩大了炼焦煤源，降低了焦炭成本。例如使用配比为气煤70%、肥煤15%、弱黏结煤10%和贫煤5%（$V_{daf}=31\%$，胶质层厚度11～13mm）的配煤，可以生产出强度$M_{25}=88\%\sim89\%$、$M_{10}=6.5\%$的焦炭，与传统工艺相比，节约70%的肥煤和焦煤。

d. 生产参数可调　焦炉推煤机的推力、推煤频率、推煤行程可根据煤的特性和加热墙的温度不同灵活调节使之相互适应。

e. 焦炭质量提高　连续移动床炼焦法生产的焦炭特点是耐磨强度大、密度小、气孔少和结构坚固。

f. 降低炼焦成本　与常规炼焦工艺相比，使用连续移动床炼焦，吨焦原料的费用降低8%～9%，劳动生产率可提高40%～50%，生产总费用可降低5%～6%，粉尘和烟尘排放量下降60%～80%，自动化水平可达到90%～95%，炭化室容积的利用系数增加2%～2.5%。

② 连续混热式冶金焦焦炉工艺

a. 炉体结构设计　为了提高机械化水平，减轻工人的劳动强度，炉体采用立式结构；炉顶设计为低温区，以保护环境和阻止炉顶冒烟冒火等污染；为消除熄焦污染和回收出焦显热，采用熄焦池连续熄焦，红焦显热通过预热煤气及水蒸气汽化反应来吸收；炉体两侧设计有两个可调的煤气回收室，以回收不同质量的煤气，炉顶装有捣固煤装置，炉底装有连续出焦刮板机。一种连续混热式焦炉结构示意图如图5-68所示。

焦炉底座（21）在地平面上由钢筋混凝土筑成，炉体（10）内部用耐火砖、外围用红砖砌成，中间燃烧室（6）的上部砌成实墙，下部砌成空墙，顶部开有空气入口（4）和煤气入口（5）。在燃烧室（6）的两侧为炭化室（12），并在炭化室干燥干馏段（8）的外墙上留有炭化室墙荒煤气进口（9），在炭化室（12）的高温段（15）的外墙上留有炭化室高温煤气进口（14），在炭化室（12）两侧上部设有荒煤气收集室（11）和荒煤气出口（7），下部设有高温煤气收集室（17）和高温煤气出口（20），并在荒煤气收集室（11）和高温煤气收集室（17）中分别设有荒煤气吸力调节翻板（13）和高温煤气吸力调节翻板（19）。在炭化室（12）上部煤封段（3）的顶部砌成锥形装煤斗（2），其上面设有由电动机和减速机组成的压煤机（1）。在炭化室（12）的下部设有弧形夹套水冷式出焦斗（22）以及液封熄焦槽（24）和刮板出焦机（23）。

炼焦时，先将入炉煤料经捣固槽捣固成与炭化室入口大小相适应的并在周边留有煤气通道的煤块，后由提升机送到炉顶装煤斗（2），使整个炭化室的煤料在重力的作用和炉顶压煤机（1）的压力下并随炉底部刮板出焦机（23）的连续转动出焦而缓慢下降，当煤料缓慢进入炭化室（12）的干燥干馏段（8）时，来自炭化室墙的间接加热和部分高温废气带来的热量使煤料膨胀，为抵抗这一段的煤料膨胀，炭化室（12）和燃烧室（6）的隔墙采用全封闭结构，此时煤料经过干燥干馏析出大量的荒煤气，经炭化室荒煤气进口（9）进入荒煤气收集室（11）。在干燥段的中下部，由于半焦收缩以及焦炭裂缝的产生，燃烧室燃烧后的部分

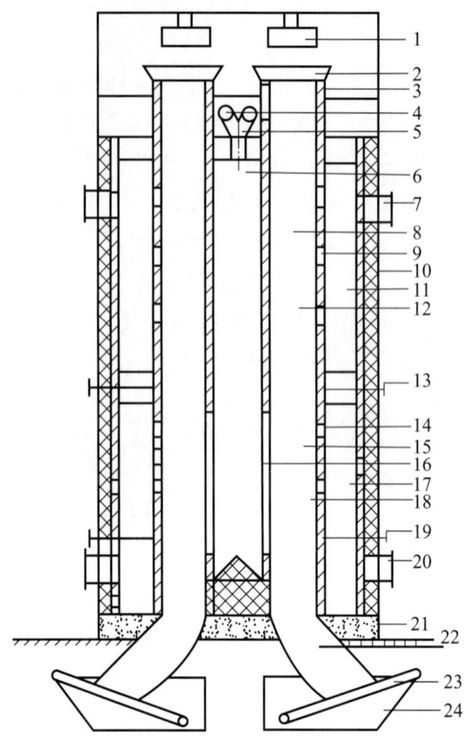

图 5-68 连续混热式焦炉结构示意图

1—压煤机；2—装煤斗；3—炭化室煤封段；4—空气入口；5—煤气入口；6—燃烧室；
7—荒煤气出口；8—炭化室干燥干馏段；9—炭化室墙荒煤气进口；10—炉体；
11—荒煤气收集室；12—炭化室；13—荒煤气室吸力调节翻板；14—炭化室高温煤气进口；
15—炭化室高温段；16—燃烧室空墙；17—高温煤气收集室；18—炭化室气化冷却段；
19—高温煤气室吸力调节翻板；20—高温煤气出口；21—焦炉底座；
22—弧形夹套水冷式出焦斗；23—刮板出焦机；24—液封熄焦槽

高温废气将沿半焦和炭化室墙之间的缝隙上升，然后通过煤料中的煤气通道和炭化室荒煤气收集口（9）进入荒煤气收集室（11），荒煤气收集室（11）收集的荒煤气经荒煤气出口（7）送出。干馏物料继续下降，进入炭化室（12）的炭化室高温段（15），物料收缩产生裂纹，燃烧室（6）产生的高温废气经过燃烧室空墙（16），从煤料产生的裂纹中穿过，通过炭化室高温煤气进口（14）进入高温煤气收集室（17），然后经过高温煤气出口（20）送出，干馏物料通过该炭化室高温段（15）后直接接触使传热加强，结焦时间缩短，焦炭成熟，红焦继续下降进入炭化室气化冷却段（18），在这一阶段高温焦炭与从液封熄焦槽（24）产生的水蒸气发生汽化反应，使红焦温度降低，焦炭在弧形夹套水冷式出焦斗（22）的下降过程中再次与上升的水蒸气换热，水蒸气温度升高而焦炭温度继续下降，直到焦炭落入熄焦槽（24），最后由刮板出焦机（23）刮出。

回炉煤气和空气经煤气入口（5）和空气入口（4）进入燃烧室（6），燃烧后的高温废气经下部的燃烧室空墙（16）进入炭化室（12），这些废气的流动可分为两部分，一部分高温段产生的干馏煤气以及来自下段的水煤气，经炭化室墙高温煤气进口（14）进入高温煤气收集室（17），然后由高温煤气室吸力调节板（19）来控制，另一部分高温废气进入炭化室（12）后，沿燃烧室空墙（16）上升，然后通过煤料上的煤气通道及裂纹和孔隙与产生的荒煤气一道经炭化室墙荒煤气进口（9）进入荒煤气收集室（11），最后由荒煤气出口（7）送出。荒煤气出口（7）的吸力可由荒煤气室吸力调节翻板（13）来控制。经高温煤气出口（20）和荒煤气出口（7）送出的煤气用常规技术处理后成为商品煤气。

b. 连续炼焦过程　原煤→配煤→破碎→洗煤→斗式提升机→装煤斗→星形给料机→捣固机→炭化室干燥段。

由干馏段出来的干馏煤气经气液分离，焦油和水再经二次分离进入下一工序加工处理；气相分离后产物主要为粗煤气，经初步冷却后进行净化处理；焦炭经过冷却后成为产品输出。

c. 连续炼焦特点　连续混热冶金焦焦炉，从上而下分成煤料密封、干燥、外热干馏、内热干馏、水蒸气冷却（有部分气化反应）、熄焦等阶段，是非均匀温度场炼焦。全炉高向温度场分布是根据煤热解成焦机理特性温度要求设计的。在这种温度场下即可避免高温炉顶冒烟冒火，大大减轻了对环境的污染。

连续型炼焦工艺在室温下装煤，且设计有煤料密封段（该段温度低于100℃），这样彻底解决了炉顶污染这一问题。

连续型炼焦工艺采用了间接加热和直接加热两种方式加热，不仅提高了结焦速度，提高了单位设备的产率，而且能充分回收煤气和焦油等化学产品。

连续型炼焦工艺生产的焦炭通过导焦槽（浸于液封熄焦槽中），直接进入液封熄焦槽中，再经过刮板机刮出。所以无熄焦粉尘污染，无熄焦废水污染。

红焦下行时和从熄焦槽来的水蒸气相遇，并反应生成水煤气，同时温度降低，这部分热能被回收。但与此同时焦炭产率略有降低。

连续型炼焦工艺吨焦耗煤约1.35t，由于采用捣固技术，可以多配用弱黏结性瘦煤（配煤挥发分23%），且采用混热式方法加热，无碳的燃烧、无灰化现象。

表5-41列出了几种炼焦炉的基本性能比较。

表5-41　几种炼焦炉性能比较

评价指标	58-Ⅱ	LY焦炉	75炉	JKH-98-1
结焦过程	间歇	连续	间歇	间歇
加热方式	外热	混热	内热	内热
同期吨焦投资/元	1000	40～50	30～40	30～40
焦炭等级	冶金，铸造焦	冶金，铸造焦	冶金，铸造焦	冶金，铸造焦
吨焦耗煤	1.33	1.35	1.35～1.40	1.35～1.40
入炉煤密度/(t/m^3)	>0.80	>1.0	>1.0	>1.0
煤气回收	全回收50%回炉	90%回收，40%回炉	无回收	部分回收
焦油回收	46kg/t(焦)	46kg/t(焦)	无	40kg/t(焦)
劳动生产率/[t/(人·a)]	557(60万吨)	468	250～300	350～400
吨焦耗电/(kW·h)	18.2	3.5	0.2	2.0
每万吨焦占地面积/m^2	>213	36	358	240
操作条件	方便，强度低	方便，强度低	不便，强度大	不便，强度大
运行及维修	少	少	较大	较大
炉体结构的合理性	科学，合理	科学合理，趋于完善	改良结构	改良结构
炉顶烟气及辐射热污染	严重	轻	重	重
烟气中不完全燃烧物	轻	轻	重	重
熄焦蒸汽及粉尘污染	重	轻	严重	严重
熄焦废水排放	有，循环使用	无	有，循环使用	有，循环使用
周围环境中有害物质	高	低	高	高
易发生的事故性排污	低	低	高	高

(2) 连续炼焦工艺的完善与再开发

尽管连续式炼焦相对常规室式焦炉而言是一种革命性的变革，但在工艺理论、炉体结构、系统配置等方面仍需大量的实践和完善。最根本性的问题是如何解决生产能力与大容积焦炉的可比性，目前大容积焦炉在生产能力方面具有独特的优势。

① 基础理论研究　由于连续炼焦过程中煤料的受热方式发生了较大的变化，其热解和成焦过程也与室式焦炉有较大的区别，因此仍需不断丰富和完善其理论基础，包括以下几方面的研究：

a. 研究煤热分解阶段温度分布和焦炉高向温度场分布，确定焦炉的高向温度场分布指标。

b. 了解掌握煤热化学转变主要阶段形成的胶质体与炉墙的相互作用过程，通过对煤料的非连续性推进，解决其相互黏结问题。

c. 考察焦炉温度分布、煤在各区域停留时间和炉体结构等因素对焦炭质量的影响，探明炼出冶金焦和优质铸造焦的操作条件。

d. 考察上述因素对荒煤气和焦油等回收产品的组成和质量的影响，并确定其最大回收量的最佳操作参数。

e. 探索动态焦化条件下煤黏结、收缩和裂纹生成等行为机理的内在规律。

f. 探索煤在动态下以辐射和热传导方式传热时的混合传热方式，不稳定加热与传热和多方位加热（指三面加热或多面加热）、复杂加热条件下焦化时的传热特征，建立动态多方位加热不稳定传热数学模型。

g. 建立在上述复杂条件下，求解结焦时间的数学模型。

h. 煤料的膨胀压力与炉壁摩擦力的相关性研究，须建立包括装煤密度、热解时析出煤气重度、煤气析出时间、挥发物产率、胶质体黏度和下料速度等参数与配煤膨胀度、炉墙压力和炉墙摩擦力关系的数学模型。

i. 在动态多方位加热条件下，生成胶质体的分布、半焦收缩、裂纹生成机理研究，建立包括煤种、粒度组成、堆密度、煤的流动度和气体析出速度的胶质体分布模型和半焦收缩动力学模型，同时建立焦饼与炭化室墙相脱开的速度和空隙率计算式。

② 基础工艺研究

a. 炉体结构设计与优化　连续式炼焦炉炉体结构上具有圆筒直立炉特征，砌体为耐火材料砌筑件，因此，现代焦炉存在的诸如结构的刚性、稳定性、快速传热、均匀受热以及气体密封性等问题同样在炼焦炉内存在，随着新技术和新材料的不断发展，在结构设计上需要不断完善。优化设计更重要的涉及连续炉的主体尺寸选择，是焦炉设计的核心技术，也是制约产能的重要因素，对于直径的选择、高径比确定、立火道尺寸、加热水平等参数的选择仍缺少理论基础，需要在中试的基础上合理确定。

b. 加热方式的优化设计　炉体加热方式是影响成焦的重要因素，一方面连续炉仍采用煤气外加热方式，立火道燃烧方式对传热的影响、低温段到高温段再到低温段燃烧与控制、空气煤气烧嘴结构设计等理论和实际效果均需要进一步完善；另一方面，加热方式制约着产能和炉体结构的放大程度，从根本上说决定着未来该炉型发展的水平。

c. 全流程优化设计　现开发的连续炼焦模式中煤气和焦油回收总体上是沿用传统炼焦工艺，从传统焦炉上得到两产品或三产品（合成气与焦炭两产品或者合成气、焦油和焦炭三产品）是不可能的，连续炼焦有望实现该目标，为现代新型煤化工奠定基础。为此，所涉及的工艺再造和设计也需经过大量的实践。

参考文献

[1] 中国冶金百科全书总委员会. 中国冶金百科全书·炼焦化工 [M]. 北京：冶金工业出版社，2001.

[2] 高晋生. 煤的热解、炼焦和焦油加工 [M]. 北京：化学工业出版社，2010.

[3] 张双全，吴国光. 煤化学 [M]. 徐州：中国矿业大学出版社，2019.

[4] 郑明东，水恒福，等. 炼焦新工艺与新技术 [M]. 北京：化学工业出版社，2006.

[5] 姚昭章，郑明东. 炼焦学 [M]. 3 版. 北京：冶金工业出版社，2005.

[6] Speight J G. The chemistry and technology of coal [J]. Fuel & Energy Abstracts，1983，36 (3)：170.

[7] 张小桐，黄明. 煤炭资源调查数据库系统设计与实现 [J]，测绘通报，2014 (A2)：292-296.

[8] 夏文成，王天威. 炼焦中煤解离精煤的炼焦性能与煤岩学分析 [J]. 煤炭转化，2020，43 (3)：46-50.

[9] Brien G O，Jenkinsb B，Esterlea J， et al. Characterisation by automated coal petrography [J]. Fuel，2003，82 (9)：1067-1073.

[10] 王胜春，张德祥，陆鑫，等. 中国炼焦煤资源与焦炭质量的现状与展望 [J]. 煤炭转化，2011，34 (3)：92-96.

[11] 郭娟，李维明，么晓颖. 世界煤炭资源供需分析 [J]. 中国煤炭，2015，45 (12)：124-129.

[12] 谢克昌. 煤化工发展与规划 [M]. 北京：化学工业出版社，2005.

[13] 李哲浩. 炼焦新技术 [M]. 北京：冶金工业出版社，1988.

[14] 周师庸，赵俊国. 炼焦煤性质与高炉焦炭质量 [M]. 北京：冶金工业出版社，2005.

[15] 张文成，张小勇，郑明东. 原料煤性质对焦炭质量影响因素的分析与研究 [J]. 中国煤炭，2019，45 (5)：79-84.

[16] 鲍俊芳，薛改凤，吕伟，等. 焦化储煤场发展趋势探讨 [J]. 煤化工，2009，37 (1)：54-56.

[17] 梁向飞. 优化配煤炼焦技术的研究与实践 [D]. 唐山：华北理工大学，2019.

[18] 李正秋. 炼焦煤结焦特性评价方法研究 [D]. 马鞍山：安徽工业大学，2009.

[19] Prachethan Kumar P，Vincoo D S，Yadav U S，et al. Optimisation of coal blend and bulk density for coke ovens by vibrocompacting technique non-recovery ovens [J]. Ironmaking & Steelmaking，2007，34 (5)：431-436.

[20] 李光辉. 炼焦新工艺系统评价模型研究 [D]. 马鞍山：安徽工业大学，2011.

[21] 潘登. 捣固炼焦技术进步与发展方向 [J]. 中国钢铁业，2013 (2)：16-18.

[22] 戴成武，陈海文，张长青. 捣固焦炉的技术特点及工艺分析 [J]，燃料与化工，2010，41 (1)：6-14.

[23] Casal M D，González A I，Canga C S，et al. Modifications of coking coal and metallurgical coke properties induced by coal weathering [J]. Fuel Processing Technology，2003，84 (15)：47-62.

[24] Alvarez R，Alvarez E，Canga C S，et al. Wet and preheated carbonization of a Spanish high volatile coal and blends with a Spanish prime coking coal [J]. Fuel Processing Technology ，1993，33 (2)：117-135.

[25] 韩光来. 捣固炼焦配煤技术的研究 [J]. 燃料与化工，2009，40 (5)：21-23.

[26] 王育红. 捣固炼焦中干燥煤炼焦技术的开发 [J]. 煤气与热力，2006，26 (5)：15-17.

[27] Nomura S，Arima T，Kato K. Blending theory for dry coal charging process [J]. Fuel，2004，83 (13)：1771-1776.

[28] 陈娟，孟宇，刘皓，等. 型焦工艺技术研究进展 [J]. 榆林学院学报，2018，28 (2)：59-62.

[29] 李专义. 炼焦煤成型及配型煤炼焦对焦炭性能影响的研究 [D]. 鞍山：辽宁科技大学，2015.

[30] 王志军，欧春华，韩广田，等. 配型煤炼焦生产工艺与实践 [J]. 冶金标准化与质量，2005 (5)：60-62.

[31] 吕劲，虞继舜. 大同煤预热改质工艺及炼焦试验研究 [J]. 钢铁，2004，39 (2)：1-4.

[32] Pies J J，Menendez J A，Parra J B，et al. Relation between texture and reactivity in metallurgical cokes obtained from coal using petroleum coke as additive [J]. Fuel Processing Technology，2002，77 (20)：199-205.

[33] 陈忠峰. 长焰煤配煤炼焦的应用基础研究 [D]. 马鞍山：安徽工业大学，2010.

[34] 李兴龙. 快速加热预处理前后神华煤结构信息及其共炭化研究 [D]. 马鞍山：安徽工业大学，2012.

[35] 蘆田隆一，高島健人，三浦孝一，等. 溶剂抽出フラクショネーション法による構造分析を用いた石炭·黏結材のコークス化挙動予測の試み [J]. 鉄と鋼，2014，100 (2)：127-133.

[36] 林裕介，愛澤禎典. コークス気孔構造解析に基づいた石炭軟化溶融膨張挙動の評価，鉄と鋼，2014，100 (2)：118-126.

[37] 诸荣孙，谢马龙，伊廷锋. 沥青、焦粉及无烟煤配煤炼焦的研究 [J]. 安徽冶金，2016 (2)：1-4.

[38] 戴华勇，魏松波. 焦化废渣制型煤炼焦工艺 [J]. 燃料与化工，2006，37 (3)：23-24.

[39] Barranco R，Patricka J，Snapea C，et al. Impact of low-cost filler material on coke quality [J]. Fuel，2007，86 (14)：2179-2185.

[40] 付利俊. 炼焦煤新资源开发与配煤试验研究 [D]. 长春：吉林大学，2015
[41] 郑波，温燕明，郑文华. 新常态下我国焦化行业发展趋势辨析 [J]. 燃料与化工，2015，46 (1)：1-6.
[42] 陈昌华，王树成，纪同森，等，山钢 PW7.2m 焦炉技术特点简介 [J]. 冶金能源，2019，38 (1)：27-29.
[43] 王明登，王云风，赵淑丽，等. 我国大容积捣固焦炉的技术特点及装备水平 [J]，燃料与化工，2009，40 (5)：1-5.
[44] 刘洪春，李芳升. 中国焦炉的大型化之路 [J]. 燃料与化工，2009，40 (6)：1-4.
[45] 贺世泽. 7.63 米焦炉出炉煤气系统 [J]. 燃料与化工，2006，37 (3)：29-30.
[46] 印文宝，徐列，杨文彪，白金风，等. 热回收焦炉炼焦技术的实践和研究 [J]. 冶金能源，2020，39 (1)：36-40.
[47] 李华. 热回收焦炉的发展及环境表现 [J]. 科技情报开发与经济，2004 (3)：110-116.
[48] 严国华. 热回收焦炉的炼焦特点及加热调节 [J]. 燃料与化工，2004 (6)：14-16.
[49] 严文福，郑明东. 焦炉加热调节与节能 [M]. 合肥：合肥工业大学出版社，2005.
[50] 李公法，孔建益，蒋国璋，等. 焦炉加热复合智能控制系统的研究与应用 [J]. 钢铁，2008，43 (8)：89-92.
[51] 陈广智. 7m 焦炉热工特性及置时间研究 [D]. 马鞍山：安徽工业大学，2015.
[52] Gao X W，Cai X Y，Yu X F. Simulation research of genetic neural network based PID control for coke oven heating [C]. 6th World Congress on Intelligent Control and Automation，2006.
[53] 谢志胜，方杏科，晋海廷，等. 焦炉生产监控系统的应用 [J]. 燃料与化工，2005，6 (6)：31-32.
[54] 邱全山，郑明东. 基于网络的焦炉管理专家系统 [J]. 燃料与化工，2006，37 (3)：1-5.
[55] 蔡扶明，韩威，王长海. 焦化计算机集成制造系统研究与应用 [J]. 燃料与化工，2000，31 (3)：126-129.
[56] 程新发. 炼焦工序能耗及评价方法的研究 [D]. 马鞍山：安徽工业大学，2009.
[57] 胡长庆，张春霞，张孝旭，等. 钢铁联合企业炼焦过程物质与能量流分析 [J]. 钢铁研究学报，2007，19 (6)：16-20.
[58] 娄湖山. 国内外钢铁工业能耗现状和发展趋势及节能对策 [J]. 冶金能源，2007，26 (2)：7-11.
[59] 蔡九菊，王建军，陈春霞，等. 钢铁企业余热资源的回收与利用 [J]. 钢铁，2007，42 (6)：1-7.
[60] 潘立慧，刘智平. 干熄焦技术 [M]. 北京：冶金工业出版社，2004.
[61] 郭锐，刘显灵. 干熄焦发展现状及工艺优点分析 [J]. 山东化工，2015，44 (16)：127-128.
[62] 魏松波. 武钢 140t/h 干熄焦的调试与评定 [J]. 燃料与化工，2005，36 (2)：11-14.
[63] 丰恒夫，潘立慧. 武钢 140t/h 干熄焦技术的开发与改进 [J]. 武钢技术，2005，43 (6)：19-24.
[64] 杨建华，杨金城. 大型国产化干熄焦技术在马钢的应用 [J]. 燃料与化工，2005，36 (6)：17-19.
[65] 徐志栋，曹银平. 宝钢干熄焦节能与技术 [J]. 中国冶金，2005，15 (2)：30-33.
[66] 汤长庚，李鹏. 首钢干熄焦装置的特点与性能 [J]. 燃料与化工，2001，32 (5)：238-240.
[67] 温燕明，等. 济钢干熄焦技术的研究与应用 [J]. 钢铁，2000，35 (8)：1-5.
[68] 田刚. 190t/h 干熄焦在梅钢的应用 [J]. 梅山科技，2012 (增刊 1)：10-11.
[69] Errera M R，Milanez L F. Thermodynamic analysis of a coke dry quenching unit [J]. Energy Conversion & Management，2000 (41)：109-127.
[70] 周尽晖，丁玲，韩军，等. 干熄焦工艺对 6m 焦炉焦炭质量的影响 [J]. 武汉科技大学学报（自然科学版）2015 (38)：197-199.
[71] 江涛. 基于连续热失重装置研究焦炭的高温热性质 [D]. 马鞍山：安徽工业大学，2011.
[72] 姚怀伟. 捣固焦炭的连续热失重研究 [D]. 马鞍山：安徽工业大学，2013.
[73] 任荣霞，方觉，张剑，等. 焦炭强度在高炉内的变化规律 [J]. 河北理工大学学报，2007，29 (1)：22-27.
[74] 埜上洋，山本哲也，宮川一也. 高炉操業およびコークス反応挙動に及ぼすコークス反応性の影響解析 [J]. 鉄と鋼，2010，96 (5)：319-326.
[75] 樋口，謙一，野村，など. フェロコークスによる高炉内低温度域でのガス化還元反応の促進 [J]. 鉄と鋼，2012，98 (10)：517-525.
[76] 山本哲也，佐藤健，など. フェロコークスの反応挙動と高炉内評価 [J]. 鉄と鋼，2011，97 (10)：501-509.
[77] 赵贵清，吴铿. 焦炭质量对大喷煤高炉冶炼过程的影响 [J]. 金属世界，2008，(1)：9-12.
[78] 张群，吴信慈. 采用负催化剂改善焦炭热性质的研究 [J]. 炼铁，2005，24 (9)：146-149.
[79] 徐静静. 焦炭碳素溶损反应及催化指数研究 [D]. 马鞍山：安徽工业大学，2008.
[80] 朱玉廷，崔平. 焦炭热性质研究进展 [J]. 燃料与化工，2004，35 (2)：3-6.
[81] 周瑜. 焦炭低浓度燃烧及碳素溶损反应的实验模拟研究 [D]. 马鞍山：安徽工业大学，2014.
[82] Marta Krzesińska，Sławomira Pusz，Łukasz Smędowski. Characterization of the porous structure of cokes produced from the blends of three Polish bituminous coking coals [J]. International Journal of Coal Geology，2009，78：169-176.

[83] 内藤，誠章，野村，など. 高强度高反応性コークス製造、使用技術の開發 [J]. 鉄と鋼，2010，96 (5)：17-23.
[84] 严加才. 高活性炼焦煤的结焦特性及焦炭质量影响因素研究 [D]. 马鞍山：安徽工业大学，2009.
[85] 吴晓虎. 复杂混煤条件下焦炭质量的控制策略研究 [D]. 马鞍山：安徽工业大学，2012.
[86] 冯正. 顶装与捣固的混合焦热态性质变化规律研究 [D]. 马鞍山：安徽工业大学，2016.
[87] 吴光有. 捣固焦质量及其碳溶反应机理研究 [D]. 马鞍山：安徽工业大学，2014.
[88] 冯正，张小勇，郑明东. 混合焦，等反应性下的热性质变化规律研究 [J]. 安徽工业大学学报（自然科学版），2016，33 (3)：246-250.
[89] 潘国平，陈广言. 大高炉用焦炭的质量控制 [J]. 安徽冶金，2007 (2)：10-14.
[90] Nomura S. Improvement in blast furnace reaction efficiency through the use of highly reaction coke [J]. ISIJ International，2005，45 (3)：316-324.
[91] 张增贵，钱虎林，郑明东，等. 焦炭微观气孔结构及分形特征的研究 [J]. 燃料与化工，2018，49 (6)：14-16.
[92] 程文兵. 焦炭微观结构及其表征方法研究 [D]. 马鞍山：安徽工业大学，2015.
[93] 胡德生. 焦炭微晶结构特性研究 [J]. 钢铁，2006，41 (11)：10-13.
[94] 周师庸. 高炉焦炭质量指标探析 [J]. 炼铁，2002，21 (6)：22-25.
[95] 杨俊和，冯安祖，杜鹤桂. 高炉焦炭中矿物质的化学形态和物种 [J]. 钢铁研究学报，2001，13 (2)：2-5.
[96] 王晓燕. 焦炭质量预测模型研究 [D]. 马鞍山：安徽工业大学，2007.
[97] 王光辉，范程，田文中，等. 焦炭质量预测方法的研究 [J]. 武汉科技大学学报，2007，30 (1)：37-40.
[98] 谢海深，刘永新，孟军波，等. 焦炭质量预测模型的研究 [J]. 煤炭转化，2006，7 (29)：54-57.
[99] Diaz-Faes E，Barriocanal C，Diez M A， et al. Applying TGA parameters in coke quality prediction Models [J]. J Anal Appl Pyrolysis，2007 (79)：154-160.
[100] 张群，吴信慈，史美仁，等. 宝钢控制焦炭热性质的研究 [J]. 钢铁，2002，21 (7)：1-7.
[101] Olavi. Effect of coke strength on an increase in CSR rang during the production [C]. Iron making Conference Proceedings，2002：393-404.
[102] Álvarez R，Díeza M A，Barriocanala C， et al. An approach to blast furnace coke quality prediction [J]. Fuel，2007，(86) 14：2159-2166.
[103] Best M H. Effect of coke strength after reaction (CSR) on blast furnace performance [C]. Iron making Conference Proceedings，2002：213-221.
[104] 郭一楠，巩敦卫，程健. 基于分布式神经网络的焦炭质量预测模型 [J]. 中国矿业大学学报，2005，34 (1)：514-517.
[105] 刘俊，张学东. 基于 BP 神经网络的焦炭质量预测 [J]. 燃料与化工，2006，37 (6)：12-15.
[106] 单晓云，赵树果，刘永新. 基于神经网络的焦炭质量预测模型 [J]. 选煤技术，2005，4 (2)：1-4.
[107] 库咸熙. 化产工艺学 [M]. 北京：冶金工业出版社，1995.
[108] 何建平，李辉. 炼焦化学产品回收技术 [M]. 北京：冶金工业出版社，2006.
[109] 肖瑞华. 煤焦油化工学 [M]. 北京：冶金工业出版社，2009.
[110] 陈昌华. 新型绿色环保焦炉的应用 [C]. 2018 年（第十二届）焦化节能环保及干熄焦技术研讨会论文集，2018.
[111] 孙刚森，尹华，吕文彬，等. 焦炉烟气脱硫脱硝一体化工艺 [C]. 焦化节能环保及干熄焦技术研讨会，中国唐山，2014.
[112] 程昊，曹磊，方会斌，等. 焦炉烟道气脱硫、脱硝及余热回收方案探讨 [C]. 全国冶金能源环保生产技术会，中国武汉，2014.
[113] 尹 华，吕文彬，孙刚森，等. 焦炉烟道气净化技术与工艺探讨 [J]. 燃料与化工，2015，46 (2)：1-4.
[114] 加藤，健次. 次世代コークス製造技術（SCOPE21）の開發 [J]. 鉄と鋼，2010，96 (5)：196-200.
[115] 张永发，巩志坚，谢克昌. 连续冶炼冶金焦工艺初探 [J]. 煤炭转化，1996，19 (3)：13-19.
[116] 巩志坚，靳英，王志忠. 连续移动床炼焦新工艺 [J]. 煤化工，1997，81 (4)：39-41.

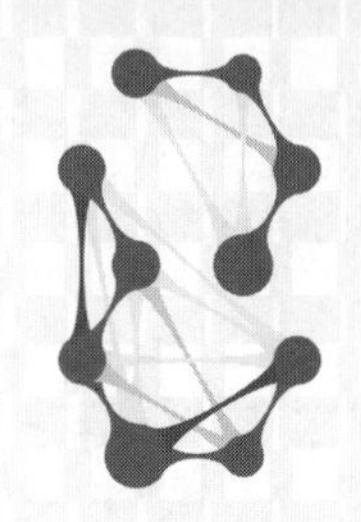

6 高温煤焦油加工

煤焦油是煤在高温干馏和气化过程中副产的具有刺激性臭味、黑色或黑褐色、黏稠状液体产品，产率大约占炼焦干煤的3%～4%，主要由芳香族化合物组成的复杂混合物，组分上万种，已从中分离并认定的单种化合物约500种。根据干馏温度和方法的不同可得到以下几种焦油：低温（450～650℃）干馏焦油，低温和中温（600～800℃）发生炉焦油，中温（900～1000℃）立式炉焦油和高温（>1000℃）炼焦焦油。

煤焦油的实验室研究始于1820年，其后相继发现了萘（1824年）、苯酚（1830年）、蒽（1833年）、苯胺和喹啉（1834年）、苯（1845年）、甲苯（1849年）和吡啶（1854年）等一系列主要化合物，为有机化学的发展奠定了基础。1822年英国建成第一个煤焦油蒸馏工业装置，主要是为浸渍铁路枕木和建筑用木料提供重油。1860年吕特格（J. Rüetgers）在柏林附近建成第一家煤焦油加工厂，为煤焦油加工的技术进步做出了历史性贡献。由于合成染料和药物研究的需要，煤焦油中的苯、萘和蒽在19世纪后期成为迅速崛起的德国有机化学工业的主要原料。德国的主要化学公司，如BASF、Bayer和Hoechst等都是从煤焦油起家的。直至第二次世界大战结束，工业用苯、甲苯、萘、蒽、苯酚和杂酚油、吡啶和喹啉等几乎全部来自煤的焦化副产品——粗苯和煤焦油[1-8]。

德国在煤焦油的加工利用方面处于领先地位，从煤焦油中提炼回收利用的产品约有230～250种，如包括实验室分离的微量产品则约有400～500种。如吕特格公司（Rütgers Werke AG）的焦油加工能力为150万吨/年，已能生产500多种芳烃产品，煤焦油的化工利用率接近60%，位居世界之首。

日本分析出煤焦油中的独立组分有420余种，其中中性组分174种［如苯、甲苯、二甲苯、三甲苯、（氢化）茚、萘、甲基萘、联苯、二甲基萘、苊、氧芴、菲、蒽、咔唑、萤蒽、芘等］，酸性组分63种（酚类化合物，包括苯酚、甲酚、二甲酚、三甲酚、α-萘酚、β-萘酚等），碱性组分113种（为含氮化合物，包括吡啶、甲基吡啶、乙基吡啶、二甲基吡啶、三甲基吡啶、苯胺、苯二胺、喹啉、异喹啉、甲基喹啉、二甲基喹啉、吖啶等），以及其他含氧含硫等杂环和稠环化合物。煤焦油分离获得的某些产品是不可能或者不能经济地从石油化工原料中取得的。因此，煤焦油产品在世界化工原料需求中有极其重要的地位，如萘85%、蒽96%和芘90%以上的稠环芳烃，喹啉和咔唑等杂环芳烃100%均来自煤焦油原料，这些组分在基本有机合成、医药、农药、染料等的生产中有重要的用途。

苏联的煤焦油加工能力一直很强，单机装量年处理煤焦油的能力高达60万吨，采用的多是一次汽化单塔或双塔流程，精制的焦化产品约有 190 种，其煤焦油分离效率仅次于德国。

中国的煤焦油加工工艺基本上沿用 20 世纪 50 年代从苏联引进的技术设备和工艺。自 20 世纪 70 年代以来，自行开发了双炉双塔法生产工业萘，碱洗及减压精馏分离酚类产品，萃取精馏法从粗蒽中生产精蒽，区域熔融和定向结晶提纯萘和芘产品等新技术，并开始研制煤沥青针状焦、沥青碳纤维等新品种。进入 21 世纪，我国企业十分重视单套焦油蒸馏规模的增大，年处理量 30 万吨的焦油蒸馏装置的良好运行，为焦油的深加工提供了技术保障。

6.1 高温焦油化学组成与精馏

6.1.1 化学组成

煤焦油是一种十分复杂的混合物，其中有机化合物估计超过万种，已被鉴定的约有五百多种。煤焦油化学组成特点是：a. 主要是芳香族化合物，而且大多数是两个环以上的稠环芳香族化合物，而烷烃、烯烃和环烷烃化合物很少；b. 还有杂环的含氧、含氮和含硫化合物；c. 含氧化合物，如呈弱酸性的酚类以及中性的古马隆、氧芴等；d. 含氮化合物主要包括弱碱性的吡啶、喹啉及其衍生物，还有吡咯类如吲哚、咔唑等；e. 含硫化合物，如噻吩、硫酚、硫杂茚等；f. 煤焦油中各种烃的烷基化合物数量甚少，而且它们的含量随着分子中环数增加而减少。在煤焦油中含量占煤焦油总量 1%以上的组分只有 13 种，表 6-1 列出它们的主要物理性质[1]。

表 6-1 占煤焦油总量 1%以上的各种组分的主要物理性质

名称	分子式	结构式	分子量	相对密度 d_4^{20}	沸点/℃	熔点/℃	折射率 n_D^{20}	质量分数/%
萘	$C_{10}H_8$		128	1.145	218	80	1.58218	8～12(10)
菲	$C_{14}H_{10}$		178	1.025	340	100～101	1.6567	4.5～5.0(5)
萤蒽	$C_{16}H_{10}$		202	1.252	383.5～385.5	109	1.0996	1.8～2.5(3.3)
芘	$C_{16}H_{10}$		202	1.277	393	148～150	—	1.2～1.8(2.1)

续表

名称		分子式	结构式	分子量	相对密度 d_4^{20}	沸点/℃	熔点/℃	折射率 n_D^{20}	质量分数/%
䓛		$C_{18}H_{12}$	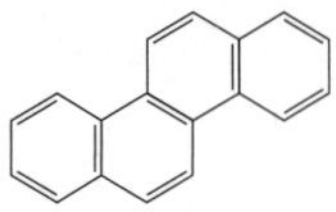	228	—	440～448	254	—	0.65(2.0)
蒽		$C_{14}H_{10}$	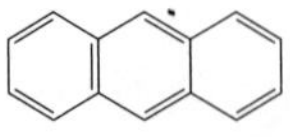	178	1.250	354	216	—	1.2～1.8(1.8)
咔唑		$C_{12}H_9N$	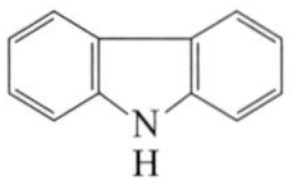	167	—	353～355	245	—	1.2～1.9(1.5)
芴		$C_{13}H_{10}$	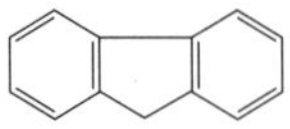	166	1.203	295	115	—	1.0～2.0(2.0)
苊		$C_{12}H_{10}$	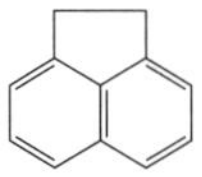	154	1.024(d^{99})	278	95.3	n_D^{99} 0.6048	1.0～1.8(2.0)
1-甲基萘		$C_{11}H_{10}$	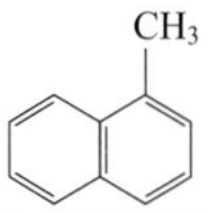	142	1.025	240～243	−22～−30.8	1.618	0.8～1.2(0.5)
2-甲基萘		$C_{11}H_{10}$	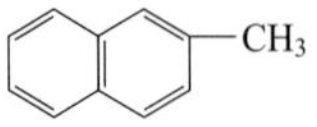	142	1.029	242～245	32.5～35.1	1.60263	1.0～1.8(1.5)
氧芴		$C_{12}H_8O$	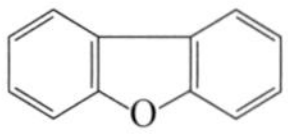	168	1.0728	287～288	86	$n_D^{99.3}$ 0.6079	0.6～0.8(1.0)
甲酚	邻位	C_7H_8O		108	1.0465	191.5	30	1.5453	0.4～0.8(0.8～1.0)
	间位			108	1.0336	202	12.3	1.5398	
	对位			108	1.0347	202.5	34.8	1.5395	

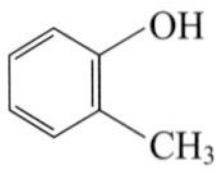

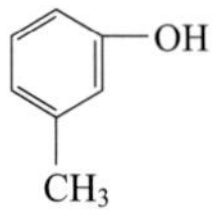

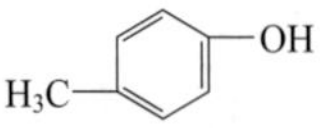

注：质量分数一列中括号中数字表示大概率含量。

煤焦油中的组分相当多，难以将其中的组分只经一次加工就分离出来，通常是分步地把煤焦油中的有用组分逐级分离开来。分离的方法一般是蒸馏、萃取和结晶等[9-12]。图 6-1 给出了从煤焦油分离出各主要组分的示意图[1]。

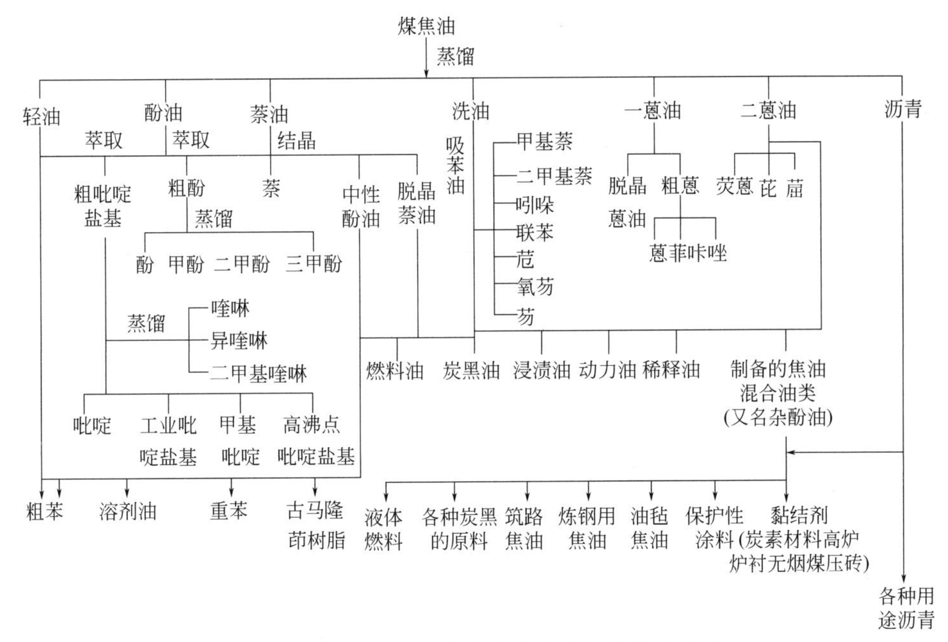

图 6-1　从煤焦油分离出各个主要组分的示意图

6.1.2　预处理

为了保证焦油蒸馏的安全稳定操作，提高设备的生产能力及加强设备的维护，在蒸馏前应对煤焦油原料进行预处理。

6.1.2.1　焦油质量的均合

在焦油蒸馏过程中，焦油含萘波动 1%，就会严重影响各馏分的质量变化，会给蒸馏操作带来困难。焦油喹啉不溶物（QI）含量波动大于 1.5%，中温沥青 QI 含量波动在 3%左右，会对其应用和改质沥青生产带来不利影响。而一些大型煤焦油加工厂收购处理很多焦化厂的煤焦油，这些焦油在组成、密度、QI 含量、水和灰分含量等方面均有较大差别，如不经预先均匀混合，对焦油连续蒸馏操作的稳定性会带来很大的影响和不安全因素。

6.1.2.2　焦油脱水

焦油在蒸馏前必须将水分除去，脱水的焦油可以减少蒸馏过程的热量消耗，增加设备的生产能力，降低连续蒸馏加热的系统阻力。

焦油脱水分为初步脱水和最终脱水，经最终脱水的焦油称作无水焦油。

焦油初步脱水一般采用加热静置脱水法，即焦油在储槽内用蛇管加热保温在 80℃左右，静置 36h 以上，焦油与水因密度不同而分离。静置脱水可使焦油中水分初步脱至 4%以下。此外，焦油初步脱水还有离心脱水法和加压脱水法等。

焦油最终脱水，依据生产规模不同，主要有以下几种方式：

(1) 间歇釜脱水

间歇蒸馏系统中，专设脱水釜进行焦油最终脱水。釜内焦油温度加热至 100℃以上，使水分蒸发脱除。脱水釜容积与蒸馏釜相同，一釜脱水焦油供一釜蒸馏用。脱水釜蒸汽管温度加热至130℃时，最终脱水完成，釜内焦油水分可降至0.5%以下。

(2) 管式炉脱水

连续焦油蒸馏工艺应用管式炉脱水。经初步脱水的焦油送入管式炉连续加热到120～130℃，然后送入一次蒸发器（脱水塔），脱除部分轻油和水。此时焦油含水量降至0.3%～0.5%。

(3) 蒸汽加热脱水

经初步脱水的焦油送入蒸汽加热器连续加热到125～130℃，再进入脱水塔来完成焦油的最终脱水。

6.1.2.3 焦油脱盐

焦油中含的水实际上就是氨水，在这种稀氨水中，一部分氨以氢氧化铵的形式存在，另一部分以有氯化铵、硫氰化铵、硫酸铵等固定铵盐存在，其中主要是氯化铵。它们在焦油最后脱水阶段仍留在焦油中，当被加热到220～250℃时，固定铵盐就会分解成游离酸（HCl）和氨。焦油中的HCl会引起设备管道的严重腐蚀。同时，铵盐还会使馏分与水起乳化作用，对萘油馏分的脱酚操作十分不利。因此，焦油必须在蒸馏前进行脱盐处理。

焦油脱盐是焦油在最终脱水前加入8%～12%的碳酸钠溶液，使固定铵盐（NH_4Cl）转化为稳定的钠盐（NaCl）。

这些钠盐在焦油蒸馏时完全残留在沥青中变成灰分，若除去0.1g/kg焦油中的固定铵盐，沥青灰分约增加0.08%。故碳酸钠的加入量要适当，在选择工艺路线时，使最终脱水前焦油中含水减少，固定铵盐含量也相应减少了（因固定铵盐溶解于水而不溶于焦油）。

6.1.2.4 焦油脱灰、脱渣

煤焦油中含有少量的机械杂质，来源于煤炼焦时炭化室的耐火材料、煤粉、焦粒等。这部分机械杂质在焦油蒸馏时全部残留在沥青里，这对焦油蒸馏操作和沥青应用是不利的，应予以除去。德国、美国、日本、法国等国家在焦油蒸馏前用超级离心机进行脱灰、脱渣处理。我国宝钢、马钢、山西焦化等若干厂家对焦油进行了脱灰、脱渣处理，焦油在用超级离心机脱灰、脱渣的同时，也脱除了大量的水分和铵盐，对焦油蒸馏的稳定操作是非常有利的。

6.1.3 精馏工艺

6.1.3.1 间歇式焦油蒸馏

焦油间歇蒸馏有常压蒸馏和减压蒸馏两种流程，为装料、加热、分馏和排放沥青等操作依次周期性进行的蒸馏过程。脱水焦油装入蒸馏釜，缓慢加热升温，依次从蒸馏柱顶切取各种馏分油，釜底残渣为沥青。

间歇蒸馏由于物料保温时间长，生产的中温沥青比连续蒸馏生产的中温沥青β-树脂含量更高，沥青产率也高，可达60%。间歇蒸馏结束后，可对蒸馏釜残渣（中温沥青）继续进行加热处理，直接得到软化点为100～115℃的改质沥青。

由于间歇焦油蒸馏存在各馏分质量不易控制、酚和萘的提取率低、能耗高、劳动条件

差、难以采用自动控制及自动调节装置等缺点，现已很少采用。

6.1.3.2 连续式焦油蒸馏[1]

(1) 一次汽化过程及一次汽化温度

① 焦油在管式炉中的一次汽化过程　煤焦油连续蒸馏的加热过程是在管式炉中实现的，煤焦油的蒸油采用泵压送到管式炉炉管内，迅速把焦油加热到指定温度，在整个加热过程中所形成的馏分蒸气，一直与液体密切接触，相互达到平衡。当气液混合物从管式炉进入二段蒸发器后，由于压力急剧降低，馏分蒸气立即一次汽化，并与残液分离，完成一次汽化过程。

② 一次汽化温度　管式炉连续蒸馏过程要求二蒽油以前的全部馏分都在二段蒸发器内一次蒸发出来。欲使各馏分产率及沥青质量都符合工艺要求，就须合理确定一次汽化温度。一次汽化温度是指焦油气液两相混合物进入二段蒸发器闪蒸后气液两相达到平衡的温度。由于换热损失和闪蒸需要的汽化潜热，焦油气液混合物进入二段蒸发器闪蒸后，温度要降低一些，故一次蒸发温度低于管式炉二段出口焦油温度，而略高于二段蒸发器的沥青排出温度。最适宜的一次汽化温度应保证从焦油中蒸出的酚和萘最多，并得到软化点满足要求的沥青。

国内最常采用的一种焦油蒸馏工艺，是将脱水焦油在管式炉里加热至380～400℃后进入二段蒸发器。高温焦油在二段蒸发器内进行一次汽化，中温沥青与所有馏分分离。馏分油气自二段蒸发器顶部进入下一个塔进行精馏，在二段蒸发器底部排除沥青。

(2) 二塔式和一塔式焦油蒸馏流程

二塔式焦油蒸馏流程分别见图6-2。

图6-2为二塔式切取窄馏分工艺，在馏分塔里将萘油馏分和洗油馏分合并在一起切取称作二混馏分，此时塔底油苊含量大于25%，称作苊馏分，可提高萘集中度，从而提高了工业萘产率。

(3) 多塔式焦油蒸馏流程

多塔式焦油蒸馏工艺流程见图6-3。无水焦油经管式炉加热后进入蒸发器，在蒸发器汽化的所有馏分气依次进入4个精馏塔，各塔均采用热回流（后一个塔底油不经冷却作为前一个塔塔顶回流）。得到的馏分馏程为：酚油馏分175～210℃，萘油馏分209～230℃，洗油馏分220～300℃，蒽油馏分240～350℃。

(4) 减压焦油蒸馏流程

减压焦油蒸馏流程的显著特点是节能，见图6-4[11]。

图6-4中，焦油经焦油预热器（仅开工时用）和1号软沥青换热器后进入预脱水塔，在塔内闪蒸出大部分水分和少量轻油。预脱水塔底的焦油自流入脱水塔。两个脱水塔顶部逸出的蒸汽和轻油气经冷凝冷却器和分离器得到氨水和轻油。

一部分轻油作脱水塔的回流。脱水塔底的无水焦油一部分经重沸器循环加热，供脱水塔所需热量，另一部分经2号软沥青换热器和管式炉加热后进入主塔。从主塔得到酚油、萘油、洗油和蒽油。在蒸汽发生器内，利用洗油和蒽油的热量产生0.3MPa蒸汽，供装置加热用。主塔底的软沥青与焦油换热后送出。酚油冷却器与真空系统连接，以造成系统的负压。

(5) 逐渐加热焦油的连续蒸馏

根据逐渐加热焦油使组分蒸发而分离的原则建立的焦油蒸馏流程，逐塔对焦油由轻至重分离出各馏分。切取产品数量不同，蒸馏塔数量也不同，采用这种工艺的主要有吕特格式焦

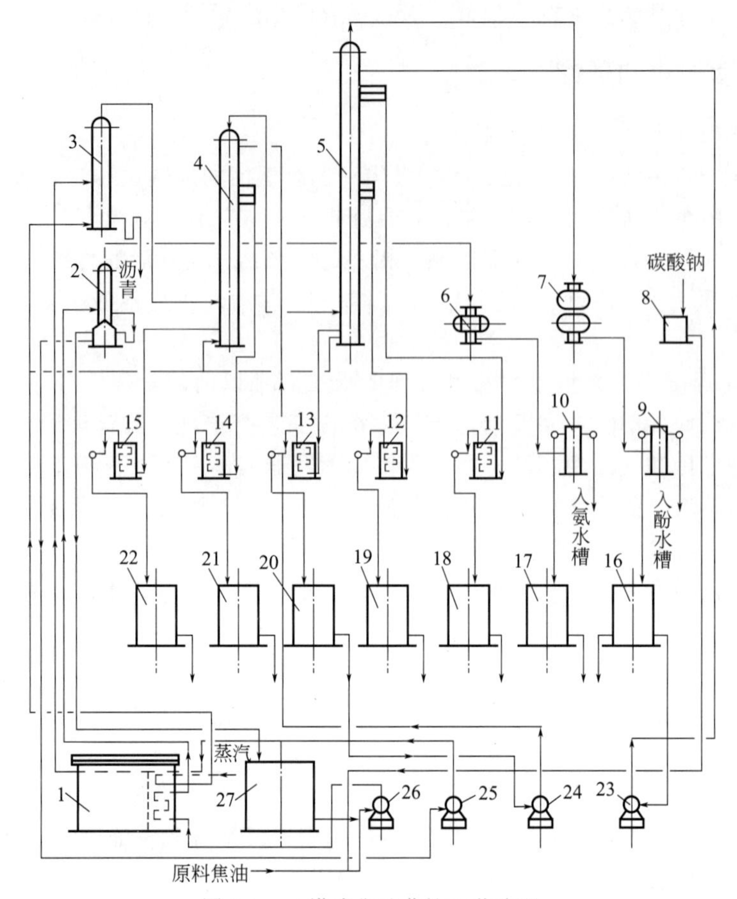

图 6-2　二塔式焦油蒸馏工艺流程

1—管式炉；2—一段蒸发器；3—二段蒸发器；4—蒽塔；5—馏分塔；6—一段轻油冷凝冷却器；7—馏分塔轻油冷凝冷却器；8—碳酸钠高位槽；9，10—油水分离器；11—酚油馏分冷却器；12—萘油馏 分(或萘、洗两混馏分）冷却器；13—洗油馏分（或苊油馏分）冷却器；14—一蒽油馏分冷却器；15—二蒽油馏分冷却器；16，17—轻油槽；18—酚油馏分槽；19—萘油馏分（或萘、洗两混馏分）槽；20—洗油馏分（或苊油馏分）槽；21—一蒽油馏分槽；22—二蒽油馏分槽；23—轻油回流泵；24—洗油（或苊油）回流泵；25—二段焦油泵；26—原料焦油泵；27—焦油中间槽

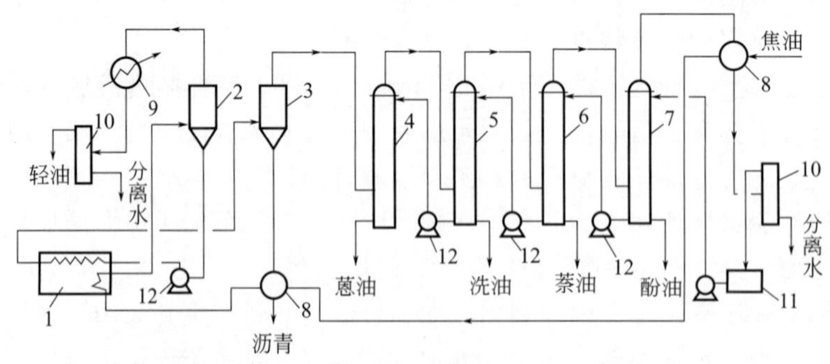

图 6-3　多塔式焦油蒸馏工艺流程

1—管式炉；2—一次蒸发器；3—二次蒸发器；4—蒽油塔；5—洗油塔；6—萘油塔；7—酚油塔；8—换热器；9—冷凝冷却器；10—分离器；11—轻油槽；12—泵

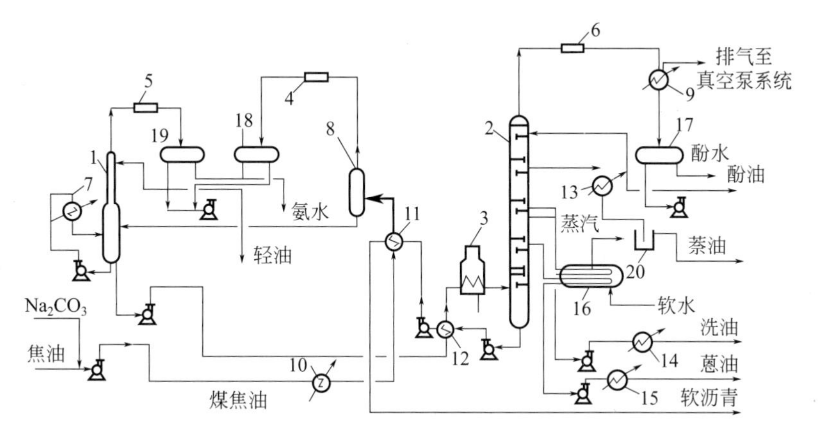

图 6-4　减压焦油蒸馏工艺流程

1—脱水塔；2—主塔；3—管式炉；4—1 号轻油冷凝冷却器；5—2 号轻油冷凝冷却器；6—酚油冷凝器；7—脱水塔重沸器；8—预脱水塔；9—酚油冷却器；10—焦油预热器；11—1 号软沥青换热器；12—2 号软沥青换热器；13—萘油冷却器；14—洗油冷却器；15—蒽油冷却器；16—蒸汽发生器；17—主塔回流槽；18—1 号轻油分离器；19—2 号轻油分离器；20—萘油液封槽

油连续蒸馏（见图 6-5）和考伯斯式焦油连续蒸馏。

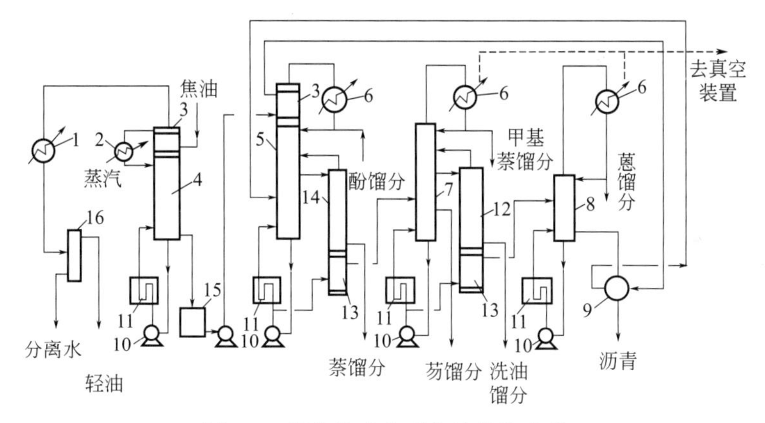

图 6-5　吕特格式典型焦油蒸馏流程

1—冷凝冷却器；2—蒸汽预热器；3—分凝热交换器；4—脱水塔；5—酚塔；6—冷凝器；7—甲基萘塔；8—蒽塔；9，13—热交换器；10—泵；11—管式炉；12—洗油柱；14—萘柱；15—无水焦油槽；16—分离器

焦油首先进入分凝热交换器，然后经蒸汽预热器被加热到 105℃入脱水塔。脱水塔底部的无水焦油一部分经管式炉循环加热到 150℃入塔，其余的无水焦油经无水焦油槽用泵送至分凝热交换器和沥青换热器后温度达 250℃入酚塔。酚塔顶部温度用部分冷凝和回流调节，回流比为 16。酚塔侧线引出的萘馏分到萘柱。酚塔底部产品一部分经管式炉加热到 300℃回塔，另一部分经换热器温度降至 200℃入甲基萘塔。甲基萘塔侧线引出的洗油馏分入洗油柱。甲基萘塔底部产品一部分经管式炉加热到 300℃回塔，另一部分经换热器温度降至 200℃入蒽塔。蒽塔底部产品一部分经管式炉加热到 300℃入塔，另一部分作产品沥青排出。甲基萘塔塔顶绝对压力为 26.6kPa，回流比为 17。蒽塔塔顶绝对压力为 9.33kPa，回流比为 15。

该工艺流程的特点是常、减压结合，逐渐加热焦油使组分蒸发而分离的多塔工艺。每个主塔设有塔底物循环加热的管式炉，对各塔单独进行调节，同时酚塔和甲基萘塔还设有辅助萘油柱和洗油柱，利用主塔底部产品的热量使萘油和洗油中的轻组分蒸出返回主塔。各塔采用大回流比操作，因此，该工艺可将焦油很精细地分成各种馏分，关键组分集中度高，萘资源 95%转到萘馏分中，萘的质量分数达 85%。沥青在较高温度下保温时间较长，能生产 β-树脂含量较高的沥青。轻组分在沸点温度下首先被分离出来，不受高温作用，所得到的轻质馏分质量好。另外该流程注意利用二次热源，如沥青显热和塔顶馏出物的潜热等。

（6）带有沥青循环的焦油蒸馏流程

带有沥青循环的焦油蒸馏工艺在美国、法国和英国都有装置在运行，其工艺流程见图 6-6。这种装置具有一个共同的特点：较高温度的循环沥青直接与焦油混合，来完成焦油的加热或脱水。同时这种流程广泛利用二次能源，能耗低，沥青和各馏分质量得到改善。

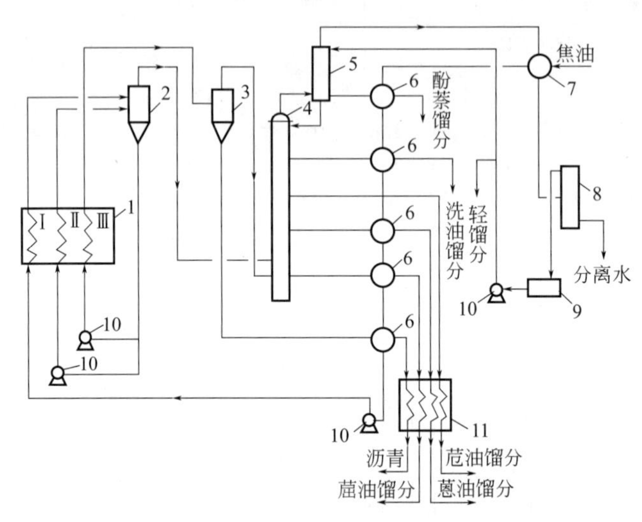

图 6-6　带有沥青循环的焦油蒸馏工艺流程

1—管式炉；2—一次蒸发器；3—二次蒸发器；4—精馏塔；5—分缩器；6—热交换器；7—冷凝冷却器；8—分离器；9—轻馏分槽；10—泵；11—废热利用装置

原料焦油经一系列的换热温度达 140℃经管式炉一段入一次蒸发器，在此与经管式炉二段加热后的软沥青混合，由蒸发器逸出的馏分和水蒸气混合物进入精馏塔。一次蒸发器底部排出的软沥青，循环部分送到管式炉二段加热，其余送到三段加热。经三段加热后温度近 410℃的软沥青进入二次蒸发器。蒸发器顶部逸出的馏分蒸气入精馏塔底部，下部排出的软化温度为 120～140℃的高温沥青经换热和废热利用后入库。

由精馏塔得到的馏分沸程：轻馏分 87～180℃；酚萘馏分 190～250℃；洗油馏分 235～290℃；苊馏分 280～330℃；蒽馏分 310～380℃；馏分初馏点 330℃，馏出 50%时温度为 400℃。

该流程的特点是广泛利用二次热源，在精馏过程直接得到优质洗油和高温沥青。

（7）煤焦油改质处理生产优质沥青

煤焦油改质处理的目的是简化工艺，降低操作费用，获得物化性质不同的多用途沥青。典型的方法是切里-特（CHERRY-T）法，工艺流程见图 6-7。

原料焦油经脱水塔脱水后，再进入低压脱水塔，脱除残余水和轻油，而后经管式炉加热至 400～420℃后进入反应器。反应器设有搅拌装置，焦油在 0.9MPa 压力及 400～410℃温度条件下保温 5h，使不稳定组分发生缩合聚合，然后进入闪蒸塔闪蒸，直接得到优质的 F

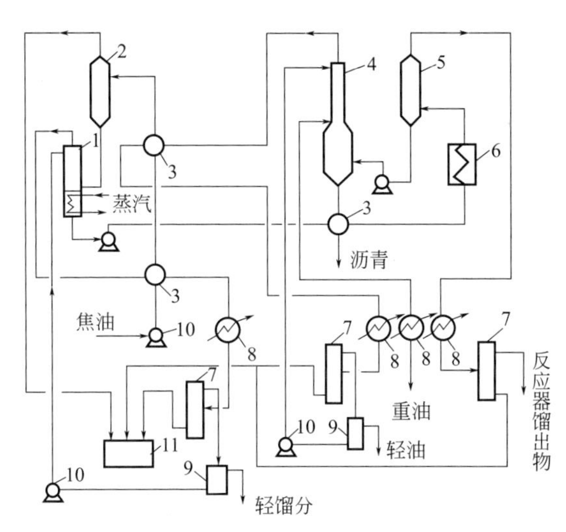

图 6-7 切里-特（CHERRY-T）法焦油蒸馏流程

1—蒸发器；2—压力澄清槽；3—热交换器；4—闪蒸塔；5—反应器；6—管式炉；7—分离器；8—冷凝冷却器；9—回流槽；10—泵；11—冷凝液槽

沥青。焦油在反应器内经过较长时间的热作用后，增加了沥青产率和馏分的稳定性。

闪蒸塔内的馏分油气经该塔顶部的精馏段分成闪蒸油和重油。闪蒸油直接冷凝冷却后，成为产品。也可直接引入二段反应器（图 6-7 中未显示），二段反应器温度为 450℃，物料停留时间为 10h。由二段反应器排出来的沥青为 S 沥青。这种方法生产的两种沥青性质对比见表 6-2。

表 6-2 F 沥青与 S 沥青的性质对比

沥青名称	软化点/℃	QI/%	TI/%	产率/%
F 沥青	80～100	8～14.3	1～38	60
S 沥青	70～90	0～2	23～31	45

注：QI 为喹啉不溶物；TI 为甲苯不溶物。

该流程的特点是煤焦油直接加热处理，油分和沥青发生热分解和热聚合反应，沥青产率高，而且进行了沥青的改质。改质后的沥青性能得到很好的改善，特别是 β-树脂含量高，F 沥青适宜于作为石墨电极和铝用碳素制品的黏结剂，S 沥青几乎不含喹啉不溶物，是优质的浸渍剂沥青，也可作为针状焦和碳纤维的原料[1]。

(8) 中国引进的 30 万吨/年煤焦油蒸馏装置

我国首套引进的 30 万吨/年煤焦油蒸馏装置，为法国 IRH 工程公司的焦油蒸馏技术[10]。

① 工艺流程。该工艺流程包括脱水、初馏、急冷、中和洗涤、馏分蒸馏几个主要工艺部分，见图 6-8。

原料粗焦油经导热油分级加热之后，进入脱水塔，塔顶排出轻油和水，塔底无水焦油一部分自循环给本塔加热，另一部分送出经导热油再次加热，进入初馏塔。初馏塔顶产出混合油汽，侧线采出重油，塔底采出沥青。初馏塔热量由管式炉循环加热提供，塔底沥青经汽提塔进一步汽提，得到成品中温沥青。

从初馏塔顶排出的混合油汽，经氨水喷洒急冷，并在急冷塔顶分出轻油和水，塔底分出

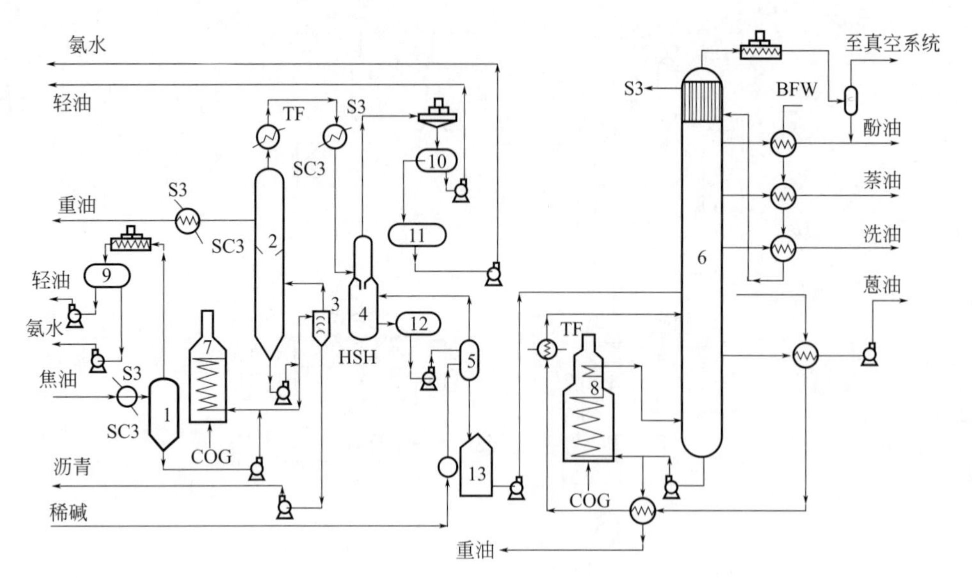

图 6-8　法国 IRH 焦油蒸馏工艺流程

1—脱水塔；2—初馏塔；3—沥青塔；4—急冷塔；5—中和塔；6—馏分塔；7—预蒸馏管式炉；8—馏分塔管式炉；9，10—油水分离器；11—氨水槽；12—混合油槽；13—净混合油槽；S3—轻油；SC3—导热油；TF—混合油汽；HSH—热沥青；COG—高炉煤气；BFW—冷却水

混合油。混合油在中和塔中与稀碱进行中和反应，并分离净混合油。

净混合油经与各个馏分换热后进入馏分塔，馏分塔顶采出酚油，侧线分别切取酚油、萘油、洗油和蒽油。塔底采出重油，馏分塔热量由管式炉循环加热塔底重油提供，侧线采出的洗油经洗油副塔进一步提纯，得到成品洗油。馏分塔为负压蒸馏。

② 工艺特点。该工艺属于带有沥青循环的常减压蒸馏工艺，与国内常规焦油蒸馏工艺相比不同点如下：

a. 共沸蒸馏用于焦油脱水蒸馏。焦油蒸馏前的脱水是焦油蒸馏必不可少的关键步骤，共沸蒸馏脱水效果好，有利于焦油蒸馏的稳定操作和减少能耗；国内传统工艺都是采用直接闪蒸的方法脱水，由于苯及同系物有与水形成共沸物的特点，因此在脱水过程中，也会将轻油（苯及同系物）同时蒸出，但脱水效果并不尽如人意（含水在 0.5%左右），还往往夹带萘。

b. 后加碱技术的应用。国内早先的焦油蒸馏直接将碱（碳酸钠）溶液兑入原料焦油中来分解固定铵盐、中和氯化氢，造成沥青中钠离子含量很高（0.07%～0.1%），影响沥青质量，在欧洲市场这种沥青根本就卖不出去（欧洲市场沥青指标要求钠离子含量小于 200×10^{-6}），严重影响焦油加工的经济效益。后加碱中和洗涤工艺，使前述问题得到了很好的解决，同时也可改善了其他油类产品的质量。

c. 馏分蒸馏塔液相进料。国内常规焦油蒸馏工艺一般是在二段蒸发器将沥青脱除后，其他馏分油气直接进入馏分塔底进行分馏，即馏分塔无提馏段，使得重组分的分离效果很差，因此洗油和蒽油的萘含量都高，既影响洗油和蒽油的质量，也降低了萘的产率。馏分塔的液相进料，从而使馏分塔成为真正的精馏塔，既提高了萘的产率，也改善了洗油和蒽油的质量。

d. 直接生产低萘洗油。国内常规焦油蒸馏工艺所产洗油通常含萘量为 7%～10%，有的高达15%，导致洗油吸苯效果差、单耗高；同时也浪费了宝贵的萘资源，降低了萘产率。该工艺设计了一个洗油副塔，让馏分塔侧线采出的洗油馏分在副塔中进一步提纯，塔顶产出的萘油直接兑入萘油馏分，塔底产出的洗油即为含萘小于2%的优质低萘洗油，该工艺的萘产率可比国内常规工艺提高10%～15%。

e. 波纹板填料应用于馏分塔。国内常规焦油馏分塔多为泡罩板塔或浮阀板塔，一般为40～60块塔盘，气相进料，无提馏段，精馏分离效果较差。IRH工艺采用波纹板填料馏分塔，不仅分离效率高，而且处理量大，30万吨/年处理量的馏分塔，塔径仅为2m，可以大大节省设备投资。

f. 采用导热油系统供热。IRH焦油蒸馏工艺设计了1套导热油系统，该系统收集高温的重油、沥青、烟道气等的热量，为低温的原料焦油、脱水焦油等提供热量，整个系统共串联10个换热设备，合理安排热量供取，回收了大部分有效热能，达到了节能降耗的目的。

g. 环保装备水平的改进。所有放散点、槽、真空系统均用氮气补封，放散气体将集中收集进入文丘里洗涤塔，用洗油洗净后送管式炉完全焚烧，燃烧废气128kg/h。

h. 先进的自动化控制管式炉自动点火系统，使点火实现了安全、快捷、简便；馏分塔侧线采出点温度自动调节，使馏分塔侧线产品的质量得到更精确控制；采用压差控制蒸馏塔塔内填料，以保证馏分塔安全、平稳、顺行；采用压力平衡控制废气放散；实现高温、高黏度液体介质的测量和自动调节。

1套30万吨/年焦油蒸馏与2套15万吨/年国产的焦油蒸馏的能耗指标分别是：新水$20m^3/h$和$230m^3/h$、蒸汽2t/h和5.8t/h、电（操作容量）500kW和300kW、煤气$3000m^3/h$和$2700m^3/h$，产品产率与质量指标比较分别见表6-3。

表6-3 两种焦油蒸馏工艺的产品产率与质量指标比较

馏分	引进工艺			国产工艺		
	馏分产率/%	关键组分含量/%	集中度/%	馏分产率/%	关键组分含量/%	集中度/%
轻油	0.3～0.5	酚<0.2		0.3～0.5	酚<2	
酚油	2～3	焦油酸20～30	酚30～60	2～3	焦油酸20～30	酚30～60
萘油	10.5	萘80～90	萘93～98	9	萘70～80	萘86～89
洗油	7～8	萘<2		7～8	萘<10	
一蒽油	8.7	蒽10		15～16	蒽4～7	
二蒽油(重油)	12			8～10		
沥青	58	软化点90℃	$Na^+<10^{-6}$	55	软化点85℃	

6.1.4 精馏组分

煤焦油通过蒸馏切取的馏分有如下几种[1]：

① 轻油馏分　为170℃前的馏分，产率为0.4%～0.8%，密度为0.88～0.90kg/L，主要组分为苯族烃（如苯、甲苯和二甲苯），酚的质量分数小于5%，还含有少量的古马隆和茚等不饱和化合物。

② 酚油馏分　为170～210℃馏分，产率为1.0%～2.5%，密度为0.98～1.01kg/L，苯酚和甲酚质量分数为20%～30%，萘为5%～20%，吡啶碱为4%～6%，其余为酚油。

③ 萘油馏分　为210～230℃馏分，产率为10%～13%，密度为1.01～1.04kg/L，主要含萘70%～80%，酚、甲酚与二甲酚为4%～6%，重吡啶碱为3%～4%，其余为萘油。

④ 洗油馏分　为230～300℃馏分，产率为4.5%～6.5%，密度为1.04～1.06kg/L，含甲酚、二甲酚及高沸点酚类，酚类为3%～5%，重吡啶碱为4%～5%，萘少于15%，还含有甲基萘及少量的苊、芴、氧芴等，其余为洗油。

⑤ 一蒽油馏分　为280～360℃馏分，产率为16%～22%，密度为1.05～1.10kg/L。主要组分蒽为16%～20%，萘为2%～4%，高沸点酚类为1%～3%，重吡啶碱类为2%～4%，其余为一蒽油。

⑥ 二蒽油馏分　初馏点为310℃，馏出50%时为400℃，产率为4%～6%，密度为1.08～1.12kg/L，萘≤3%。

⑦ 沥青　为焦油蒸馏残余物，产率为54%～56%。

上述各焦油馏分经进一步加工，可分离制取多种产品，所提取的主要产品有：

① 萘　为无色晶体，易升华，不溶于水，易溶于醇、醚、三氯甲烷和二硫化碳，是焦油加工的重要产品。工业萘经氧化制取邻苯二甲酸酐，供生产树脂、工程塑料、塑料增塑剂、染料、医药及油漆。萘也可用于生产农药、植物生长刺激素、塑料与橡胶的防老剂等。

② 酚及同系物　酚是无色结晶，可溶于水和乙醇。酚广泛用于生产树脂、工程塑料、染料、油漆和医药等。甲酚可用于生产合成树脂、增塑剂、防腐剂、防老化剂和香料。

③ 蒽　无色片状结晶，有蓝色荧光，不溶于水，能溶于醇、醚、四氯化碳和二硫化碳，主要用于制造蒽醌染料，还可用于制造合成皮革鞣剂等。

④ 菲　白色带荧光的结晶，可用于制取农药等，在焦油中含量仅次于萘，其应用还有待进一步开发。

⑤ 咔唑　无色小鳞片状晶体，不溶于水，微溶于乙醇、乙醚、丙酮、热苯及二硫化碳等，可用于制造染料和农药。

⑥ 各种油类　前述各馏分提取有关单组分产品后，留下各种油类产品。其中洗油馏分经脱二甲酚和喹啉碱类后得到洗油，主要用作回收苯类的溶剂。提取粗蒽结晶后的一蒽油可用作配制防腐油和生产炭黑的原料油，其他油类可用于制造油漆的溶剂等。

⑦ 沥青　可用于制造屋顶涂料、防潮层，筑路，生产沥青焦、电极沥青和针状焦等。

6.2 酚类化合物的提取与精制

苯酚是1834年由Friedlieb Ferdinand Runge在煤焦油中发现的，甲酚是1854年由Alexander Wilhelm William Son在煤焦油中发现的，直到现在煤焦油仍是酚类化合物的主要来源之一。一般高温炼焦酚类化合物的含量约占焦油的1%～2.5%。

6.2.1 焦油酚的性质及分布[1,13]

焦油酚类化合物根据沸点的不同，分为低级酚和高级酚。低级酚系指酚、甲酚和二甲酚，高级酚系指三甲酚、乙基酚、丙基酚、丁基酚、苯二酚、萘酚、菲酚及蒽酚等。也可按其能否与水共沸并和水蒸气一起挥发而分为挥发酚和不挥发酚。苯酚、甲酚和二甲酚均属挥发酚，二元酚和多元酚属不挥发酚。几种酚类化合物的物理性质见表6-4。

焦油馏分中酚类化合物含量见表6-5，各馏分中酚类化合物含量见表6-6。由表中数据可见，酚类化合物主要存在于酚油、萘油和洗油馏分中，一蒽油中主要是高沸点酚。

表6-4 几种酚类化合物的物理性质

性质		苯酚	邻位甲酚	间位甲酚	对位甲酚
沸点/℃	101.3kPa	181.8	191.0	202.23	201.94
	0.13kPa	33.60			
熔点/℃		40.91	30.99	12.22	34.69
密度/(g/cm^3)	0℃	1.092			
	25℃	1.071(20℃)	1.035	1.0302	1.054
	50℃	1.050	1.0222	1.0105	1.0116
黏度(50℃)/(mPa·s)		3.49	3.06	4.17	4.48
折射率 n_D^{50}		1.5372	1.5310	1.5271	1.5269
熔融热/(kJ/mol)		11.44	15.83	10.714	12.715
气化热/(kJ/mol)		49.76	45.222	47.429	47.581
燃烧热/(kJ/mol)		3056	3696	3706	3701
闪点/℃		79.5	81	86	86
着火点/℃		595	555	555	555
临界温度/℃		421.1	424.4	432.6	431.4
临界压力/MPa		6.13	5.01	4.56	5.15
临界密度/(g/mol)		0.401	0.384	0.346	0.391

表6-5 焦油馏分中酚类化合物含量

装置	馏分名称	产率/%(占无水焦油)	含酚量/%		
			占馏分	占焦油	占焦油中酚
生产厂1	轻油	0.422	2.5	0.0106	0.85
	酚油	1.84	23.7	0.436	35.1
	萘油	16.23	2.95	0.479	38.6
	洗油	6.7	2.4	0.161	13.0
	一蒽油	22.0	0.64	0.141	11.3
	二蒽油	3.23	0.40	0.0129	1.04
	总计			1.2405	100
生产厂2	轻油	0.42	4	0.017	1.11
	混合分	23.36	5.46	1.275	83.4
	一蒽油	14.7	0.146	0.215	14.1
	二蒽油	10.1	0.22	0.022	1.43
	总计			1.529	100

表 6-6 各馏分中酚类化合物含量

组分名称	占馏分中酚类化合物的质量分数/%				
	轻油	酚油	萘油	洗油	一蒽油
苯酚	90.3	61.9	5.48	5.24	0.515
邻位甲酚	5.14	14.5	5.46	3.34	0.33
间、对位甲酚	3.40	23.0	44.20	14.70	2.08
二甲酚		0.69	42.94	12.89	5.73
未知物			1.84	3.60	5.26
3-甲基-5-乙基酚				0.861	4.94
2,3,5-三甲酚				0.694	4.046
α-萘酚				20.0	28.72
β-萘酚				12.41	22.50
其他				24.32	25.34

6.2.2 酚类化合物的提取

6.2.2.1 脱酚工艺原理

(1) 碱洗脱酚

当馏分用质量分数为10%～15%的氢氧化钠溶液洗涤时，酚类化合物与碱发生如下反应：

$$C_6H_5OH + NaOH \longrightarrow C_6H_5ONa + H_2O$$

$$CH_3C_6H_4OH + NaOH \longrightarrow CH_3C_6H_4ONa + H_2O$$

当馏分中同时存在盐基和酚时，则盐基与酚生成分子化合物，对碱洗不利，如酸洗脱吡啶工艺原理所述。

理论上每1kg粗酚需要纯NaOH 0.4kg，实际上生产中性酚钠时只需0.36kg。碱洗过程得到的中性酚钠，游离碱小于1.5%，含酚20%～25%。

(2) 中性酚钠的分解

中性酚钠经过蒸吹除油后，用酸性物中和分解。采用的酸性物有硫酸和二氧化碳气体。二氧化碳气可利用高炉煤气（含CO为26%，CO_2为13%）、焦炉烟道废气（含CO_2为10%～17%）或石灰窑气（含CO_2为30%）。用质量分数为60%～75%的硫酸分解中性酚钠的反应为：

$$2C_6H_5ONa + H_2SO_4 \longrightarrow 2C_6H_5OH + Na_2SO_4$$

$$2CH_3C_6H_4ONa + H_2SO_4 \longrightarrow 2CH_3C_6H_4OH + Na_2SO_4$$

每1kg粗酚需要纯H_2SO_4 0.6kg。该法产生硫酸钠废液，既污染水体又损失酚。用二氧化碳分解中性酚钠的反应为：

$$C_6H_5ONa + CO_2 + H_2O \xrightarrow{CO_2\text{过量}} C_6H_5OH + NaHCO_3$$

$$2C_6H_5ONa + CO_2 + H_2O \xrightarrow{CO_2\text{不足}} 2C_6H_5OH + Na_2CO_3$$

生成的 $NaHCO_3$ 溶液加热到 95℃，则全部转化为 Na_2CO_3

$$2NaHCO_3 \xrightarrow{95℃} Na_2CO_3 + CO_2 + H_2O$$

将 Na_2CO_3 用石灰乳苛化后得到氢氧化钠：

$$Na_2CO_3 + CaO + H_2O \longrightarrow CaCO_3 + 2NaOH$$

经分离除去 Ca_2CO_3 渣可回收 NaOH 溶液，再用于脱酚，从而形成氢氧化钠的闭路循环。NaOH 回收率约为 75%。

6.2.2.2 工艺流程

(1) 碱洗脱酚

碱洗脱酚主要有泵前混合式连续洗涤工艺流程和对喷式脱吡啶脉冲式脱酚的连续洗涤工艺流程。

(2) 酚钠精制

碱洗脱酚得到的中性酚钠含有 1%～3%的中性油、萘和吡啶碱等杂质，在用酸性物分解前必须除去，以免影响粗酚精制产品质量。酚钠精制工艺有蒸吹法和轻油洗净法。

① 蒸吹法。国内采用的工艺流程有两种，分别见图 6-9 和图 6-10。由图 6-9 可见，中性酚钠与蒸吹柱顶逸出的 103～108℃的油水混合气换热至 90～95℃进入酚钠蒸吹釜。釜内用蒸汽间接加热至 105～110℃，同时用蒸汽直接蒸吹，吹出的油气和水汽经冷凝冷却后入油水分离器。分离出的油送入脱酚酚油中，分离水含酚 7～12g/L，送往污水处理设备。精制酚钠的中性油含量小于 0.05%，含酚 26%～28%。

由图 6-10 可见，中性酚钠依次与脱油塔底约 110℃的净酚钠和塔顶约 100℃的馏出物换热至 90℃，进入第一层淋降板，经过汽提从塔底得到净酚钠。经与中性酚钠换热后的塔顶馏出物入冷凝器，冷凝液流入分离槽进行油水分离。脱油塔需要的热量由再沸器循环加热塔底油供给，热源为蒸汽。

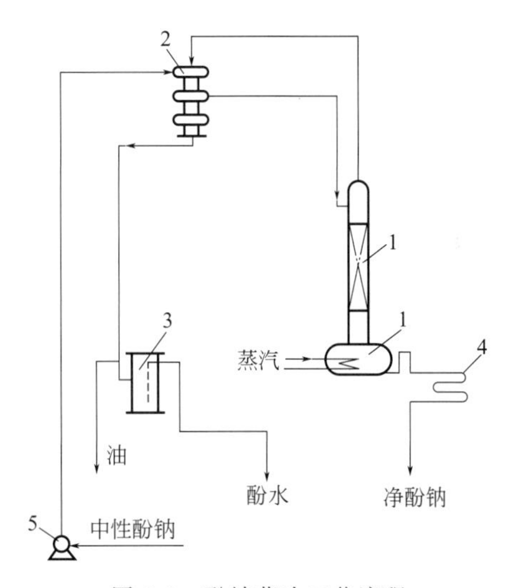

图 6-9 酚钠蒸吹工艺流程

1—酚钠蒸吹釜和蒸吹柱；2—冷凝冷却器和油汽换热器；3—油水分离器；4—酚钠冷却器；5—泵

为了提高脱出油分离槽油水分离的效果，可将密度较小的焦油轻油加入脱出油中，并用泵进行由脱出油槽到脱出油分离槽的循环，当分离效果恶化时，还可以直接向脱出油分离槽加入新轻油，以改善油水分离效果。塔底净酚钠与原料粗酚钠换热后，温度为 70℃，由泵送到净酚钠槽作为酚钠分解的原料。

② 轻油洗净法。轻油洗净法工艺流程见图6-11。轻油采用粗苯馏分，从高位槽装入填料塔，并从塔顶溢流排出。粗酚钠从塔顶装入，在塔内落下时被塔内充满的轻油洗净，在塔底借液面调节器的作用排出，一部分向塔顶循环。

(3) 精制酚钠的分解

① 硫酸分解法。连续式硫酸分解酚钠工艺流程见图 6-12。将净酚钠和质量分数为 60%的稀硫酸，同时送入喷射混合器，再经管道混合器进入 1 号分离槽，反应得到的粗酚从槽上

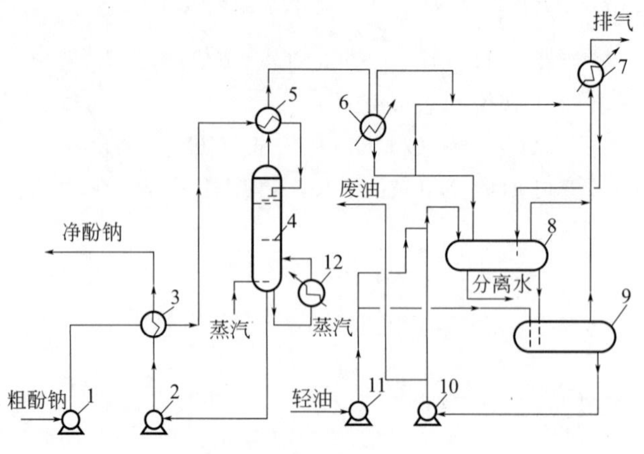

图 6-10　粗酚钠脱油工艺流程

1—粗酚钠泵；2—塔底油泵；3—塔底换热器；4—脱油塔；5—塔顶换热器；6—塔顶冷凝器；7—排气冷却器；8—脱出油分离槽；9—脱出油槽；10—油泵；11—轻油装入泵；12—再沸器

部排出，底部排出硫酸钠溶液。为洗去粗酚中的游离酸，将粗酚与加入占粗酚量 30%的水经管道混合器进入 2 号分离槽，含酚 0.4%的分离水从槽上部排出，粗酚从槽底经液位调节器排入粗酚储槽。水洗后粗酚中含硫酸钠 10～20mg/kg。

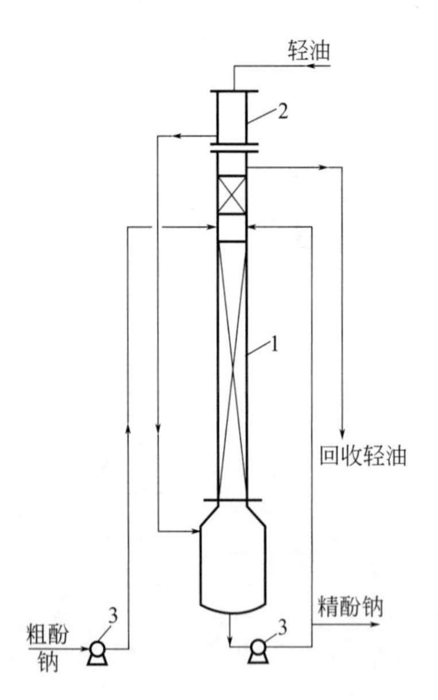

图 6-11　轻油洗净法工艺流程

1—轻油洗净塔；2—高位槽；3—泵

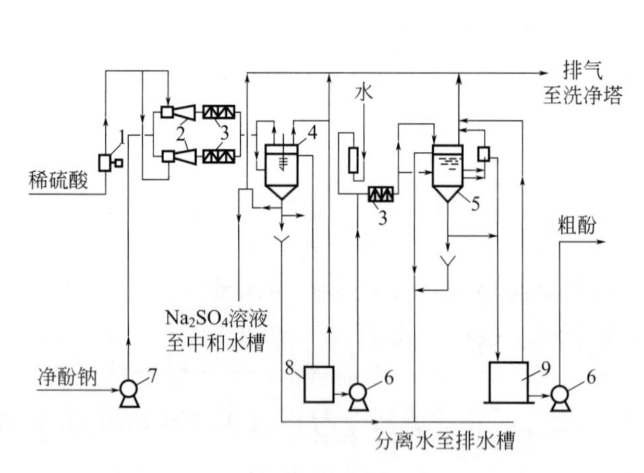

图 6-12　连续式硫酸分解酚钠工艺流程

1—稀酸泵；2—喷射混合器；3—管道混合器；4—1 号分离槽；5—2 号分离槽；6—粗酚泵；7—净酚钠泵；8—粗酚中间槽；9—粗酚储槽

② 二氧化碳分解法。用烟道气分解酚钠的工艺流程见图 6-13。烟道气经除尘后进入直接冷却器，冷却至 40℃，由鼓风机送入酚钠分解塔的上段、下段和酸化塔的下段。酚钠溶液经套管加热器加热至 40～50℃，送到分解塔顶部，同上升的烟道气逆流接触，然后流入分解塔下段，再次同烟道气逆流接触进行分解，分解率可达 99%。粗酚和碳酸钠混合液流

入塔底分离器，粗酚从上部排出，碳酸钠从底部排出。粗酚初次产品中含有少量未分解的酚钠，再送到酸化塔顶部进行第三次分解，分解率可达99%。分解塔和酸化塔排出的废气，经酚液捕集器后放散。碳酸钠溶液装入苛化器，加入石灰搅拌，并以蒸汽间接加热至101～103℃，直至溶液中碳酸钠含量低于1.5%后静置分层。氢氧化钠溶液放入接受槽，槽底的碳酸钙沉淀放入真空过滤机过滤，并用水洗涤冲洗滤饼，滤饼干燥即为碳酸钙产品。过滤得到含碱4%～5%的滤液，同氢氧化钠溶液一起送往蒸发器浓缩，得到浓度为10%的氢氧化钠溶液。经分解后得到的粗酚质量见表6-7。

表6-7　粗酚质量

项目	指标	项目	指标
酚及其同系物(无水基)的质量分数/%	>83	吡啶碱的质量分数/%	<0.5
pH值	5～6	210℃前馏分(无水基)的体积分类/%	>60
灼烧残渣的质量分数　/%	<0.4	230℃前馏分(无水基)的体积分类/%	>85
水分的质量分数　/%	<10	中性油的质量分数　/%	<0.8

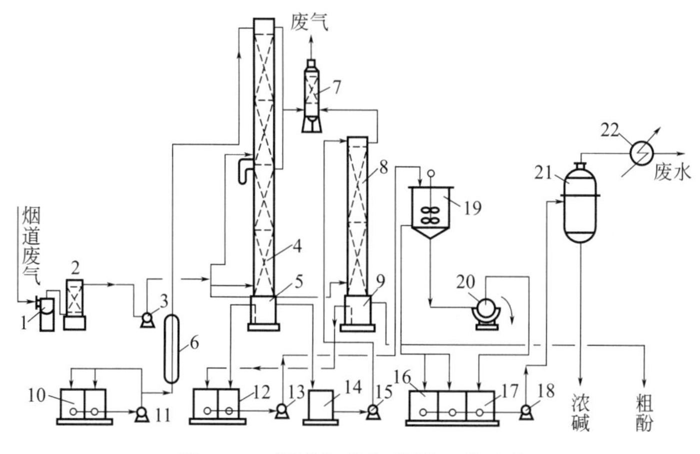

图6-13　烟道气分解酚钠工艺流程

1—除尘器；2—直接冷却器；3—罗茨鼓风机；4—酚钠分解塔；5，9—分离器；6—套管加热器；7—酚液捕集器；8—酸化塔；10—酚钠储槽；11，15—齿轮泵；12—碳酸钠溶液槽；13，18—离心泵；14—粗酚中间槽；15—氢氧化钠溶液槽；16，17—稀碱槽；19—苛化器；20—真空过滤机；21—蒸发器；22—冷凝器

6.2.3　粗酚的精制

粗酚的精制是利用酚化合物的沸点差异，采用精馏方法加工以获得酚产品的工艺。粗酚的组成见表6-8。由表中数据可见，粗酚精制的主要产品有苯酚、工业酚、邻甲酚、工业邻甲酚、间对混合甲酚、三混甲酚和二甲酚等。

表6-8　粗酚的组成　　单位：%（质量分数）

组分	A厂	B厂	C厂
苯酚	37.2～43.2	36.23～37.11	57.46
邻甲酚	7.62～10.35	12.16～12.24	7.45

续表

组分	A厂	B厂	C厂
间甲酚、对甲酚	31.9～37.8	31.98～34.46	23.59
2,6-二甲酚	0.76～2.54	0.35～0.40	0.14
乙基酚	—	—	0.1
2,4-二甲酚和2,5-二甲酚	4.88～6.2	8.05～8.94	2.15
2,3-二甲酚	7.27～8.92	7.30～8.15	0.05
3,5-二甲酚			3.4
3,4-二甲酚	0.74～2.45	—	0.36
高沸点物	—	—	0.13
沥青	—	—	5.17

6.2.3.1 减压间歇精馏

减压间歇精馏工艺包括脱水和脱渣及间歇精馏。

(1) 脱水和脱渣

脱水和脱渣的目的是为了缩短精馏时间和避免高沸点树脂状物质热聚合。其工艺流程见图6-14。粗酚在脱水釜内，用蒸汽间接加热脱水，脱出的酚水和少量轻馏分经冷凝冷却和油水分离后，轻馏分送回粗酚中，含酚3%～4%的酚水用于配制脱酚用碱液。当脱水填料柱温度达到140～150℃时，脱水结束。如不脱渣即停止加热，釜内粗酚作为精馏原料。如需脱渣，则在脱水后启动真空系统，当釜顶真空度达70kPa和釜顶上升管温度达到165～170℃时，脱渣结束。馏出的全馏分作为精馏原料。

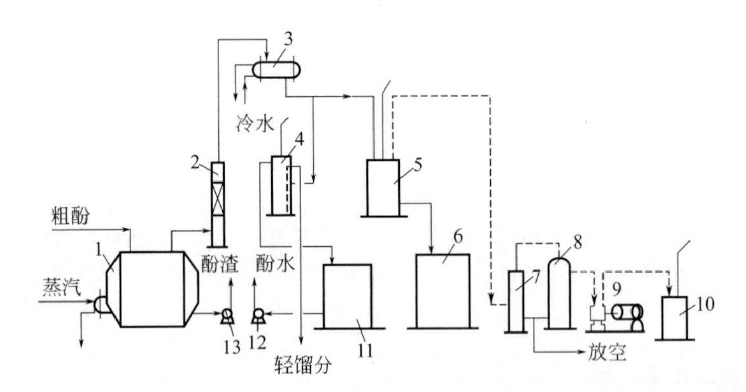

图6-14　粗酚脱水脱渣工艺流程

1—脱水釜；2—脱水填料柱；3—冷凝冷却器；4—油水分离器；5—馏分接受槽；6—全馏分储槽；7—真空捕集器；8—真空罐；9—真空泵；10—真空排气罐；11—酚水槽；12—酚水泵；13—酚渣泵

(2) 间歇精馏

间歇精馏工艺流程见图6-15。脱水粗酚或全馏分的间歇精馏在减压下进行。蒸馏釜热源为中压蒸汽或高温热载体，间接加热先蒸出残余的水分然后按所选择的操作制度切取不同的馏分。由真空泵抽出的气体通过真空捕集器内的碱液层，脱除酚后经真空罐排入大气。该工艺的主要产品（对无水粗酚）的产率：苯酚31.1%，工业邻甲酚8.1%，间对混合甲酚31.7%，二甲酚10.8%，酚渣15.3%。

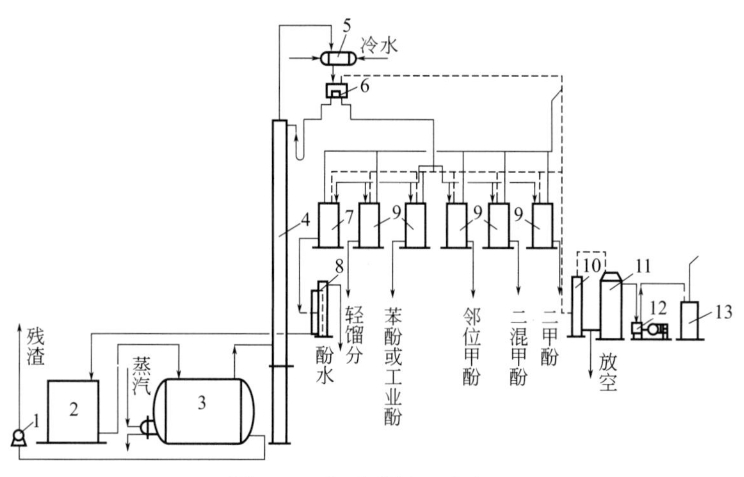

图 6-15　间歇精馏工艺流程

1—抽渣泵；2—脱水粗酚槽；3—蒸馏釜；4—精馏塔；5—冷凝冷却器；6—回流分配器；7—酚水接受槽；8—油水分离器；9—馏分或产品接受槽；10—真空捕集器；11—真空罐；12—真空泵；13—真空排气罐

6.2.3.2　减压连续精馏

粗酚减压连续精馏工艺流程见图 6-16。

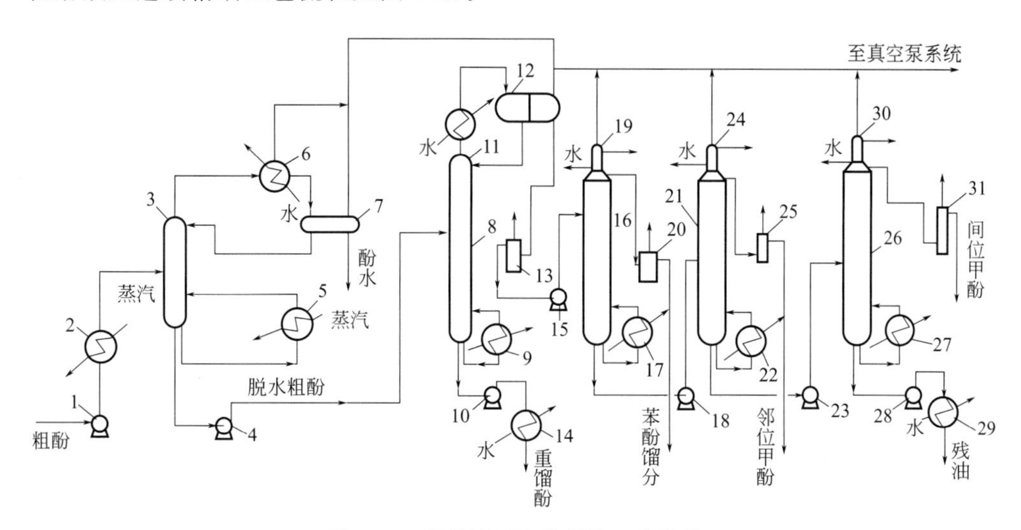

图 6-16　粗酚减压连续精馏工艺流程

1—粗酚泵；2—预热器；3—脱水塔；4—初馏塔进料泵；5,9,17,22,27—再沸器；6,11,19,24,30—凝缩器；7,12—回流槽；8—初馏塔；10—初馏塔底泵；13,20,25,31—液封罐；14，29—冷凝器；15—苯酚馏分塔进料泵；16—苯酚馏分塔；18—邻位甲酚塔进料泵；21—邻位甲酚塔；23—间位甲酚塔进料泵；26—间位甲酚塔；28—残油泵

粗酚经预热器预热到 55℃进入脱水塔。脱水塔顶压力为 29.3kPa，温度为 68℃，塔底由重沸器供热，温度为 141℃。脱水塔顶逸出的水汽经凝缩器冷凝成酚水流入回流槽，部分作为回流进入脱水塔顶，多余部分经隔板流入液封罐排出。脱水粗酚从塔底送入初馏塔，在初馏塔中分馏为甲酚以前的轻馏分和二甲酚以后的重馏分。初馏塔顶压力为 10.6kPa，温度为 124℃，塔底压力为 23.3kPa，温度为 178℃。从初馏塔顶逸出的轻馏分蒸气经凝缩器进

入回流槽，部分作为回流进入初馏塔顶，其余经液封槽送入苯酚馏分塔。在苯酚馏分塔中将轻馏分分馏为苯酚馏分和甲酚馏分。苯酚馏分塔顶压力为10.6kPa，温度为115℃，塔底压力为43.9kPa，温度为170℃。从苯酚馏分塔顶逸出的苯酚馏分蒸气经凝缩器进入回流槽，部分回流，另一部分经液封罐流入接受槽。甲酚馏分一部分经再沸器循环供热，一部分从塔底送入邻位甲酚塔。邻位甲酚塔顶压力为10.6kPa，温度为122℃，塔底压力为33.3kPa，温度为167℃。邻位甲酚塔顶采出邻位甲酚产品，塔底残油送入间位甲酚塔精馏。间位甲酚塔顶压力为10.6kPa，温度为135℃，塔底压力为30.6kPa，温度为169℃。间位甲酚塔顶采出间位甲酚产品，塔底排出残油。各塔内热源均采用蒸汽加热一部分塔底残液，通过再沸器循环向塔内供热。

初馏塔底得到的重馏分和间位甲酚塔底的残油，其组分主要是二甲酚以后的高沸点酚，可以通过减压间歇精馏装置生产二甲酚。

6.2.3.3 酚类产品的质量

苯酚和工业酚产品质量见表6-9。苯酚产品中苯酚含量大于97%，工业苯酚产品中苯酚含量约93%，甲酚含量约7%。苯酚易潮解，含有水分时，其熔点急剧下降，如含水量为1%的苯酚，其熔点从纯品的40.9℃降至37℃；含水量增至5%时，则熔点降至24℃。

表6-9 苯酚和工业酚产品质量

指标	苯酚		工业酚
	一级	二级	
外观	白色或略带颜色的结晶		
结晶点(无水物)/℃	>40	>39.7	>31
水分/%	<0.2	<0.3	<1.5
中性油/%	<0.1	<0.1	<0.5
吡啶碱/%			<0.3

6.2.4 酚类同系物的分离

6.2.4.1 酚类同系物的性质和用途

从焦油中提取的酚类同系物主要是甲酚和二甲酚，其性质和用途分别见表6-10、表6-11。

表6-10 酚类同系物的性质

名称	密度/(g/cm³)	沸点/℃	熔点/℃	外观	溶解性
苯酚	1.0708	181.8	40.9	无色针状结晶或白色结晶熔块	能溶于水、乙醇、乙醚、氯仿、甘油、二硫化碳、脂肪油和碱溶液，不溶于石油醚
邻甲酚	1.0465	190.95	30.8	无色或白色结晶	微溶于水，溶于乙醇、乙醚、氯仿和热水

续表

名称	密度/(g/cm³)	沸点/℃	熔点/℃	外观	溶解性
间甲酚	1.0336	202.8	10.9	无色至黄色油状液体	微溶于水，溶于乙醇、乙醚和碱溶液
对甲酚	1.0331	202	36.5	无色菱形结晶	微溶于水，溶于热水、乙醇和碱溶液
2,6-二甲酚	—	201	48	片状或针状结晶	难溶于水，易溶于醇、醚、氯仿和碱溶液
2,4-二甲酚	1.036	210	26	无色针状结晶	难溶于水，易溶于醇、醚、氯仿和碱溶液
2,5-二甲酚	1.169	210	75	无色针状结晶	可溶于水，易溶于乙醇、乙醚、氯仿和碱溶液
2,3-二甲酚	—	217.1	75	白色针状结晶	能溶于水、醇和醚
3,5-二甲酚	0.968	219.5	64	针状结晶	微溶于水，可溶于乙醇和乙醚
3,4-二甲酚	0.983	225	65	针状结晶	微溶于水，可溶于乙醇和乙醚

表 6-11　酚类同系物的用途

名称	用途
苯酚	用于酚醛树脂、己内酰胺、双酚 A、十二烷基苯酚及氯代苯酚等的生产中
邻甲酚	用于激素型除锈剂、植物保护剂及防腐剂等的生产中
间甲酚	用作植物保护剂、润滑剂的添加剂
对甲酚	用作塑料、橡胶的防老剂及食品工业的防腐剂原料
2,6-二甲酚	用于生产 2,6-二甲基对苯醚树脂、杀菌剂、黏合剂、农药、感光材料和各种工业助剂
2,4-二甲酚	用于生产有机合成中间体
2,5-二甲酚	医药原料和用于制取二甲酚蓝分析化学指示剂
2,3-二甲酚	用于生产有机合成中间体
3,5-二甲酚	用于生产杀虫剂、维生素 E、消毒剂、防腐剂、改性酚醛树脂、高级油墨、涂料、黏合剂、染料、农药、抗氧化剂、润滑油添加剂及增塑剂
3,4-二甲酚	用于合成二苯四甲酰亚胺树脂

6.2.4.2　酚类同系物窄馏分的制取

单纯采用精馏法不能完全得到纯的酚类同系物。一般的做法是采用精馏法得到酚类同系物的窄馏分，然后再用物理化学方法获得纯产品。乌克兰酚厂采用间歇釜式精馏工业二甲酚的操作制度及窄馏分组成分别见表 6-12 和表 6-13。我国梅山焦化厂采取两步分离法对工业二甲酚进行了切取窄馏分的试验，其试验结果分别见表 6-14 和表 6-15。

表 6-12　间歇釜式精馏操作制度

馏分名称	产率/%	釜内温度/℃	塔顶温度/℃	塔顶真空度/kPa	馏分特性	
					馏出 5%/℃	馏出 95%/℃
甲酚馏分	22.57	165～170	128～130	88	194.8	207.4
2,4-二甲酚馏分	10.46	170	130～134	88	203.9	217.9
2,3-二甲酚馏分	13.94	170～171	135～137	88	212.3	219.8

续表

馏分名称	产率/%	釜内温度/℃	塔顶温度/℃	塔顶真空度/kPa	馏分特性	
					馏出 5%/℃	馏出 95%/℃
3,5-二甲酚馏分	35.78	171～176	142～147	87	216.5	226.2
3,4-二甲酚馏分	7.34	177～178	147～150	87	224.7	230.5
釜渣	8.26					
损失	1.65					

注:该精馏操作的塔规格为精馏塔 ϕ2.2m,78 层塔板,每层板上有 142 个泡罩。

表 6-13　切取窄榴分的组成　　单位:%(质量分数)

组分	工业二甲酚	甲酚馏分	2,4-二甲酚	2,3-二甲酚	3,5-二甲酚	3,4-二甲酚	釜渣
吡啶盐基	0.41	0.14	0.13	0.27	0.42	0.19	0.59
邻甲酚	0.48	2.45	0.01				
2,6-二甲酚	0.54	1.56	0.30	0.53	0.04		
对甲酚	7.15	26/55	10.44	3.67	0.03		
间甲酚	13.03	45.87	17.55	5.92	0.05		
2,5-二甲酚	4.03	7.06	20.18	8.20	0.11		
2,3-二甲酚	11.42	0.14	10.21	36.46	9.59	2.27	
3,5-二甲酚	34.09	0.14	4.03	27.09	79.28	20.89	0.48
2,4,6-三甲酚	1.52			3.56	0.25		
3,4-二甲酚	5.15				6.10	38.65	1.24
2-乙基-4-甲基酚	1.50				2.70	6.76	0.52
2-甲基-4-乙基酚	1.08				1.00	8.73	1.04
2,4,5-三甲酚	0.88					6.00	5.30
2,3,5-三甲酚	3.89					15.80	33.05

表 6-14　酚油粗制蒸馏结果

馏分名称	温度/℃		真空度/kPa		回流比	产率/%
	釜顶	塔顶	釜顶	塔顶		
前混合酚	170～176	114～130	54.7～66.7	88	2～3	46.2
后混合酚	176～165	130～137	54.7～80	最大	0	37.0
釜液						10.0

注:蒸馏塔塔板 50 层。

表 6-15　后混合酚油精制蒸馏结果

馏分名称	温度/℃		真空度/kPa		回流比	产率/%
	釜顶	塔顶	釜顶	塔顶		
前馏分	175～180	110	65.3～64	88	4～5	15.1
间甲酚、对甲酚	180～190	121～124	64～53.3	88	5	36.5
2,4-二甲酚或 2,5-二甲酚	200	130～133	54.7～58.7	88	6	11.5
3,5-二甲酚	200～197	132～134	58.7～68	88	6	7.1
工业二甲酚	197～192	134～150	68～86.7	最大	6	9.1
釜液						6.5

注:蒸馏塔塔板 70 层。

6.2.4.3 间甲酚和对甲酚的分离

间甲酚和对甲酚沸点相近，难以用常规的精馏方法分离，几种可实施的分离方法如下：

(1) 甲酚叔丁基化法

间、对混合甲酚在酸催化下，与异丁烯进行可逆的叔丁基化反应：

$$\text{对甲酚 (OH, } CH_3\text{)} + 2(CH_3)_2C{=}CH_2 \underset{150\sim200^\circ C,\ H_2SO_4}{\overset{60\sim70^\circ C,\ H_2SO_4}{\rightleftharpoons}} \text{2,6-二叔丁基对甲酚 (OH; } (H_3C)_3C\text{—, —}C(CH_3)_3\text{; } CH_3\text{)}$$

$$\text{间甲酚 (OH, } CH_3\text{)} + 2(CH_3)_2C{=}CH_2 \underset{180\sim205^\circ C,\ H_2SO_4}{\overset{60\sim70^\circ C,\ H_2SO_4}{\rightleftharpoons}} \text{4,6-二叔丁基间甲酚 (OH; } (H_3C)_3C\text{—; —}CH_3\text{; } C(CH_3)_3\text{)}$$

生成的化合物沸点相差很大，即2,6-二叔丁基对甲酚和4,6-二叔丁基间甲酚的沸点分别是263.6℃和283.9℃（常压），2-叔丁基对甲酚和6-叔丁基间甲酚的沸点分别是237℃和244℃（常压）。催化剂浓硫酸用量约为混合酚用量的5%，在65～70℃下反应1～2h，可完成叔丁基化作用。然后加入浓度10%的碳酸钠，其量为浓硫酸量的2.5倍，在100℃下搅拌，静置分去水层，得到叔丁基化物油层。然后通过精馏分别得到纯2,6-二叔丁基对甲酚和4,6-二叔丁基间甲酚。

2,6-二叔丁基对甲酚和4,6-二叔丁基间甲酚分别进行脱丁基。其过程是加入占脱叔丁基原料重约0.2%的浓硫酸，加热至150～200℃脱叔丁基结束。再进行蒸馏便得到纯的对甲酚或间甲酚。异丁烯回收循环使用。

(2) 络合法

在间、对甲酚混合物中加入一种化合物与其中一种甲酚形成固体络合物，而达到分离目的。常用的化合物有尿素、草酸和苄胺等。

① 尿素络合法。在间甲酚和对甲酚的混合物中，加入50%原料量的甲苯作稀释剂，在30℃下边搅拌边加入40%原料量的工业尿素进行络合反应。尿素与间甲酚形成白色絮状络合物，而不与对甲酚发生反应。母液进行离心分离，滤饼用甲苯洗净。然后将滤饼加到甲苯中，于80℃下搅拌，然后过滤，则得到尿素和间甲酚的甲苯溶液。蒸馏甲苯溶液，可得到纯的间甲酚。尿素几乎完全回收，重复使用。

② 草酸络合法。将制取间甲酚得到的母液加入摩尔比为(1～2)∶1的草酸，在95～100℃下，反应2～3h，对甲酚便与草酸形成络合物——$(COOH)_2 \cdot CH_3C_6H_4OH$。反应液静置冷却后抽滤得到白色固体，用30～40℃热水水解，形成油层和水层。上部油层在精馏柱内先经常压蒸出水后，再减压切取对甲酚。

③ 无水乙酸钠络合法。间甲酚可以和无水乙酸钠生成络合物而从间、对混合甲酚中分离。采用石油、苯或甲苯为溶剂，络合温度20～40℃。络合物分解的温度为80～95℃，所得间甲酚纯度为96%～99%，分离产率约70%。若用极性溶剂（如丙酮），在室温下分解络合物，则间甲酚纯度可提高至99.05%，分离产率达75%。

(3) 结晶法

① 冷却结晶法。对甲酚和间甲酚熔点相差20℃，可以通过结晶法分离。但从图6-17可

知，分离间甲酚和对甲酚的相图存在两个低共熔混合物，因此采用结晶法对混合甲酚组成有一定限制，如对甲酚的含量超过 58%，则通过结晶能析出纯对甲酚；如间甲酚的含量超过 89%，则通过结晶能析出纯间甲酚；如间甲酚的含量在 42%～89%之间，则在常压下不能用结晶法精制。但在加压下仍可用结晶法，结晶温度相应提高。

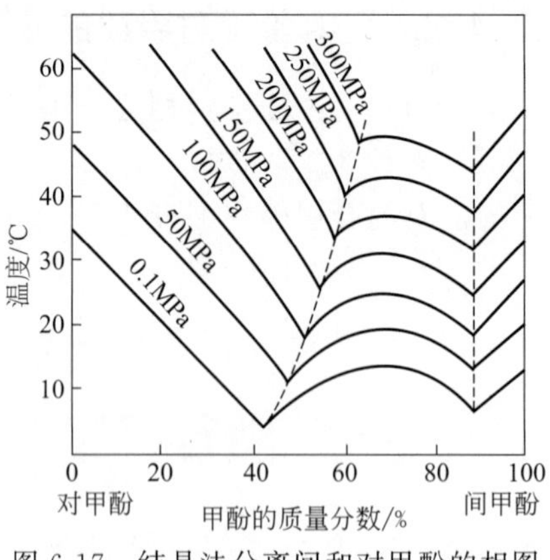

图 6-17 结晶法分离间和对甲酚的相图

② 重结晶法。在双酚 A（2,2-双对羟苯基丙烷）存在下，以甲苯等为溶剂，通过重结晶使间对甲酚分离。析出的晶体经过滤、洗净后分析表明，滤饼中包含所有的双酚 A 及组分重新分配的混合甲酚（对甲酚为 96%，间甲酚为 4%），滤液可循环使用，以完全分离出对甲酚，同时也可以从中分离间甲酚。

③ 加成结晶法。对甲酚能与联苯胺H_2N—⟨⟩—⟨⟩—NH_2生成摩尔比 2∶1 的在 140℃熔化的加成物。结晶条件控制在 110℃，在 95℃离心分离，结晶物用苯洗涤，然后减压蒸馏得到纯度 98%的间甲酚，产率达 90%。从滤液中得到纯度 99%的对甲酚，产率达 92%。

(4) 酚醛缩合法

含有间对甲酚的混合物，在酸存在的条件下，间甲酚与醛形成酚醛缩合物而与对甲酚分离。这是因为不同取代基的甲酚与醛的反应速率不同：

	间甲酚（OH, CH_3）	苯酚（OH）	对甲酚（OH, CH_3）	邻甲酚（OH, CH_3）
相对反应速率	2.28	1	0.83	0.35

催化剂可以用芳香族磺酸或盐酸等。醛可用甲醛、乙醛或聚甲醛。溶剂可用苯、甲苯或己烷等。

酚与醛脱水缩合反应结束后，用碱性化合物中和。然后进行减压蒸馏，即得高纯度对甲酚。

(5) 吸附分离法

该法是利用吸附剂选择性地吸附甲酚同系物。吸附分离对甲酚可采用 KY 型固体吸附剂，它的微孔通道均在 0.1nm 左右，甲酚能进入微孔而被吸附，但对不同的异构体吸附能力不同。解吸剂既能溶解甲酚又要与甲酚的沸点差大，以便解吸后采用简单蒸馏法获得纯产品。这样的解吸剂有戊醇、苯酚-甲苯及正己醇-甲苯等。分离混合甲酚的效果可达到对甲酚纯度 99.0%～99.6%，间甲酚纯度 99.0%～99.6%，产率大于 90%。

6.2.5 二甲酚异构体的分离

6.2.5.1 3,4-二甲酚和 3,5-二甲酚的分离

(1) 熔融结晶法

首先蒸馏浓缩二甲酚馏分，将目标产物的质量分数控制在大于 35%，同时非目标产物

的质量分数满足下式：

$$w_A \leqslant 100 - w_B\left(\frac{w_C}{100 - w_C}\right)$$

式中，w_A为非目标二甲酚的质量分数,%；w_B为目标二甲酚的质量分数；w_C为由目标二甲酚的固液平衡曲线得出的在结晶温度下，液相中目标二甲酚的质量分数,%。

满足上述条件采用熔融结晶法可得到高纯度 3,4-二甲酚或 3,5-二甲酚。例如将浓缩的 3,4-二甲酚，从 60℃开始在搅拌下逐渐冷却到 15℃，过滤得到的晶体用正己烷洗净，试验结果见表 6-16。将经蒸馏浓缩的 3,5-二甲酚馏分，在最终结晶温度为 20℃下结晶，其他操作过程与前例同，试验结果见表 6-17。

表 6-16 3,4-二甲酚熔融结晶试验结果

组分	不同阶段产物中组分的质量分数/%			
	二甲酚馏分	浓缩的 3,4-二甲酚	洗净的 3,4-二甲酚结晶	未经洗净的 3,4-二甲酚结晶
3,5-二甲酚	13.3	6.3	0.1	1.1
3,4-二甲酚	29.9	82.6	99.8	98.3
间乙基酚	0.4	痕量	—	—
三甲基酚	56.4	11.1	0.1	0.6
回收率	—	—	81	85

表 6-17 3,5-二甲酚熔融结晶试验结果

组分	不同阶段产物中组分的质量分数/%		组分	不同阶段产物中组分的质量分数/%	
	浓缩的 3,5-二甲酚	洗净的 3,5-二甲酚结晶		浓缩的 3,5-二甲酚	洗净的 3,5-二甲酚结晶
2,4/2,5-二甲酚	0.8	痕量	2,3-二甲酚	2.0	痕量
3,5-二甲酚	65.0	99.6	3,4-二甲酚	3.5	0.4
间乙基酚	14.7	痕量	对乙基酚	9.3	—
三甲基酚	4.7	—	回收率	—	77

3,5-二甲酚和 3,4-二甲酚熔融结晶精制常采用两段结晶法，见图 6-18。试验结果分别见表 6-18 和表 6-19。

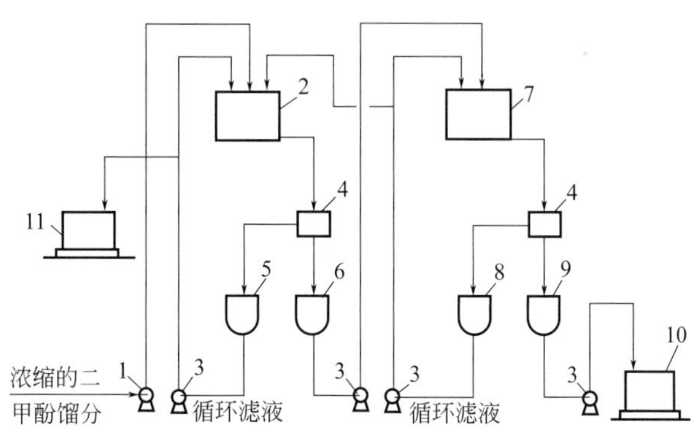

图 6-18 两段结晶工艺流程

1—原料泵；2—一段结晶釜；3—泵；4—离心机；5—一段滤液槽；6—一段溶解槽；7—二段结晶釜；8—二段滤液槽；9—二段溶解槽；10—产品槽；11—滤液槽

表 6-18 两段结晶法精制 3,5-二甲酚的试验结果

组分	组分的质量分数/%				
	浓缩的 3,5-二甲酚	一段溶解槽	一段滤液	二段溶解槽	二段滤液
3,5-二甲酚	55.0	79.6	32.0	70.0	99.0
3,4-二甲酚	7.3	3.1	10.8	4.6	0.1
间乙基酚	9.2	4.4	14.1	6.3	0.1
对乙基酚	7.1	3.3	10.4	4.5	0.1
其他	21.4	9.6	32.7	14.6	0.7

表 6-19 两段结晶法精制 3,4-二甲酚的试验结果

组分	不同阶段产物组分的质量分数/%				
	浓缩的 3,4-二甲酚	一段溶解槽	一段滤液	二段溶解槽	二段滤液
3,5-二甲酚	2.1	2.1	7.5	0.1	3.1
3,4-二甲酚	80.0	79.6	32.0	99.0	70.0
间乙基酚	4.0	4.1	14.3	0.2	6.5
对乙基酚	2.3	2.6	8.2	0.1	3.5
其他	10.6	11.6	38.0	0.6	16.9

(2) 共沸精馏法

在含有 3,5-二甲酚的二甲酚馏分中，加入 1.8～2.5 倍原料量的焦油碱，如喹啉、2-甲基喹啉等烷基喹啉及甲基异喹啉等，在减压下共沸精馏，精馏塔塔板数为 80，回流比为 20。在此条件下，首先馏出的是焦油碱和 2,6-二甲酚、2,4-二甲酚和 2,5-二甲酚形成的共沸物，然后馏出的是 3,5-二甲酚和焦油碱形成的共沸物。此共沸物的组成如下：3,5-二甲酚 25%～45%，3,4-二甲酚 0%～10%，焦油碱 55%～57%。将此共沸物在与上述相同的精馏塔内精馏，可以有约 40%的 3,5-二甲酚被蒸出，纯度大于 99%。

(3) 络合法

利用金属卤盐与 3,4-二甲酚和 3,5-二甲酚具有选择络合的性质而使其从酚混合物中分离出来。金属卤盐中溴化钙的效果比较好。卤盐易与水发生水合作用，要求含水小于 10%，粒径最好小于 0.074mm。络合反应的溶剂要求只溶解酚但不能与金属卤盐发生反应，如脂肪烃和脂环烃等均可。将上述化合物按一定比例装入带有干燥管的烧瓶中，经搅拌络合便生成白色或灰色的固体物，采用常规的方法分离，并用溶剂洗净干燥至恒重。得到的酚盐络合物通过水解或加热分解的方法分解，得到的液体部分富集了 3,4-二甲酚和 3,5-二甲酚，而未被金属卤盐络合的酚类也得到了富集。

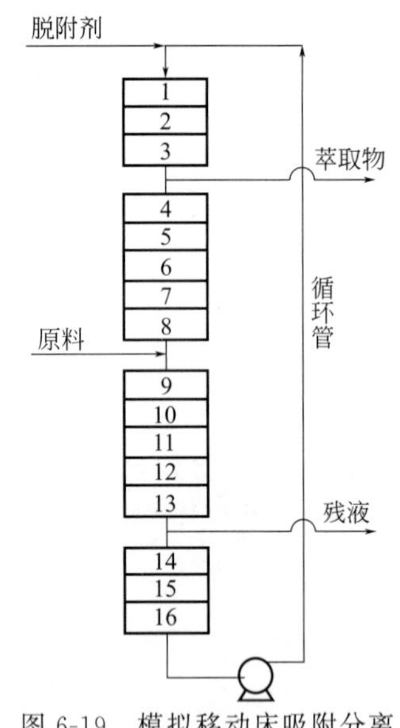

图 6-19 模拟移动床吸附分离装置示意图

(4) 吸附分离法

吸附分离法分离 3,5-二甲酚可以使用泡沸石吸附剂，这种吸附剂因置换离子不同分为 Y 型和 X 型。脱附剂可以采用碳原子数为 4～8 的烷基醇。图 6-19 为模拟移动床吸附分离装置

示意图，1～16 为装有吸附剂的吸附室，1～3 室为脱附操作，4～8 室为浓缩操作，9～13 室为吸附操作，14～16 室为脱附剂回收操作。在这样的模拟移动床中，每隔一定的时间间隔通过阀操作，使供给及抽出线沿液流方向以吸附室为单位移动，若移动一个吸附室，则其后面吸附室的配置状态为：2～4 室为脱附操作，5～9 室为浓缩操作，10～14 室为吸附操作，15～16 室为脱附剂回收操作。以这样的操作顺次进行，从而实现模拟移动床的吸附分离过程。如采用吸附剂为含有钾离子的 Y 型浮石，脱附剂采用正己醇，脱附剂：原料＝3：1（体积比），原料：吸附剂＝0.25：1（体积比）。处理温度 180℃，处理压力 1MPa。其试验结果见表 6-20。

表 6-20　模拟移动床吸附分离试验结果

组分	原料组分的质量分数/%	产品组分的质量分数/%	组分	原料组分的质量分数/%	产品组分的质量分数/%
对甲酚	8.64	0.0	2,5-二甲酚	6.83	0.3
间甲酚	17.24	0.0	2,3-二甲酚	5.11	0.1
邻甲酚	0.18	0.0	3,5-二甲酚	49.24	99.0
2,6-二甲酚	0.06	0.1	3,4-二甲酚	0.54	0.1
2,4-二甲酚	12.15	0.3			

6.2.5.2　2,4-二甲酚和 2,5-二甲酚的分离

将沸点范围为 207～211℃的二甲酚窄馏分冷却结晶、过滤分离可得到 2,5-二甲酚的粗制品。粗制品用苯重结晶便可得到高纯度产品。

将分离 2,5-二甲酚后的滤液作为制取 2,4-二甲酚的原料，在 45～50℃用含量为 92%的硫酸进行磺化，然后用占磺化物 40%量的水稀释，则 2,5-二甲酚磺化物析出。在滤液中加入 2.5 倍的含氯化钾为 20%的热溶液，冷却后析出 2,4-二甲酚磺酸钾，分离掉滤液，再用热水重结晶，过滤得到的结晶盐再以 1.5 倍量含量为 75%的硫酸酸化，以过热蒸汽水解。水解物进行减压蒸馏，得到熔点约 23℃的 2,4-二甲酚。

6.2.5.3　2,6-二甲酚和 2,3-二甲酚的分离

采用间对甲酚馏分加水共沸蒸馏，馏出液浓缩结晶，即得 2,6-二甲酚粗制品。粗制品的进一步提纯可以采用苯重结晶法。采用 2,3-二甲酚窄馏分，用稀碱液选择性洗涤，得到的粗产品在蒸馏后用苯重结晶，可得到高纯度的 2,3-二甲酚。也可利用冷却结晶法，由二甲酚窄馏分得到较纯的 2,3-二甲酚[1-6]。

6.3　工业萘和精萘的生产

萘是由 A. Garden 等于 1820 年在煤焦油馏分中发现的。1821 年 K. Phil 从裂解煤焦油中分离出纯萘，萘在煤焦油中的含量与炼焦温度、煤热分解产物在焦炉炭化室顶部空间的停留时间和温度条件有关，一般高温焦油中的萘含量约 10%。萘是有机化学工业的基本原料之一，广泛用于染料、颜料、橡胶助剂、润湿剂、表面活性剂、医药和农药中间体或产品。

6.3.1 萘的性质及分布

萘在常温下是固体，容易升华成无色片状物或单斜晶体。主要物理性质见表6-21。萘在焦油油类和几种溶剂中的溶解度见表6-22[1,8]。

表6-21 萘的物理性质

参数		指标	参数		指标
沸点/℃		218	临界温度/℃		478.5
熔点/℃		80.28	临界压力/MPa		4.2
固态密度/(g/cm³)		1.145	临界密度/(g/cm³)		0.314
液态密度/(g/cm³)	85℃	0.9752	介电常数(85℃)		2.54
	100℃	0.9623	溶解度参数 δ		9.9
折射率 n_D^{85}		1.5898	闪点(闭皿法)/℃		78.89
气化热(167.7℃)/(kJ/mol)		46.42	自燃点/℃		526.11
熔融热/(kJ/mol)		19.18	爆炸极限(体积分数)/%	上限	5.9
燃烧热/(kJ/mol)		5158.41		下限	0.9
升华热/(kJ/mol)		66.52±1.67			

表6-22 萘在一些溶剂中的溶解度

溶剂	溶解度/(g/100mL)						
	60℃	50℃	40℃	30℃	20℃	10℃	0℃
苯	77.0	66.0	55.0	45.0	37.0	30.0	20.3
甲苯	72.5	61.0	50.0	41.0	33.0	26.0	20.0
二甲苯	70.5	58.0	47.5	38.3	30.0	23.0	17.8
酚油	70.0	56.5	45.5	36.1	28.0	21.6	16.0
萘油	67.0	52.5	42.0	33.0	25.6	19.3	14.2
洗油	61.6	48.5	36.0	28.9	20.0	13.9	9.6
蒽油	56.0	42.0	33.0	26.5①	20.0①	14.8①	10.8①
10号轻柴油	46.34	34.24	24.94	16.34	14.59		
甲醇	37.89	23.37	15.25	10.71	7.83	5.30	3.85
乙醇	44.45	27.01	15.25	11.82	9.26	7.06	4.85
四氯化碳				31.0	23.2	16.2	12.0
硝基苯			45.0	34.5	26.6	20.0	15.7

①为计算值。

萘在焦油油类中的理论溶解度也可按下式计算：

$$\ln x=\frac{L_f\ (T-T_A)}{4.575TT_A}$$

式中，x 为萘的摩尔分数；T 为过程的温度，K；T_A 为纯萘的熔点，K；L_f 为萘的摩尔熔融热，19.36kJ/mol。

萘中含有杂质时，其结晶温度下降。萘的纯度与结晶温度的对应关系见表 6-23。通常用测结晶点的方法，即可知道萘的纯度。

表 6-23　萘的纯度与结晶温度的对应关系

萘质量分数/%	结晶温度/℃	萘质量分数/%	结晶温度/℃	萘质量分数/%	结晶温度/℃
81.00	70.5	87.7	74.0	94.95	77.5
81.95	71.0	88.70	74.5	96.05	78.0
82.85	71.5	89.75	75.0	97.20	78.5
83.80	72.0	90.80	75.5	98.40	79.0
84.75	72.5	91.80	76.0	99.30	79.5
85.70	73.0	92.85	76.5	100	80.3
86.70	73.5	93.85	77.0		

萘与一些芳烃、酚类和碱类物质能形成简单共熔体，即在一定浓度时体系只具有一个低共熔点，见图 6-20～图 6-23。

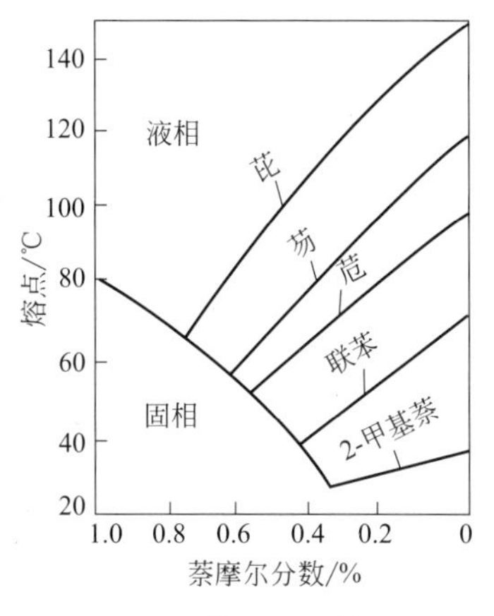

图 6-20　萘-若干芳烃体系相图

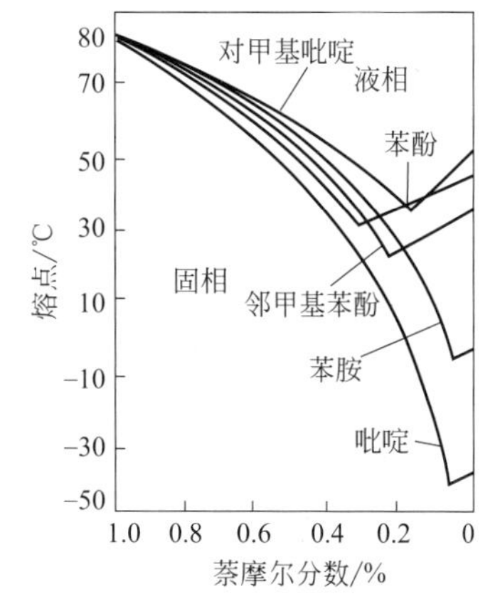

图 6-21　萘-若干酸碱化合物体系相图

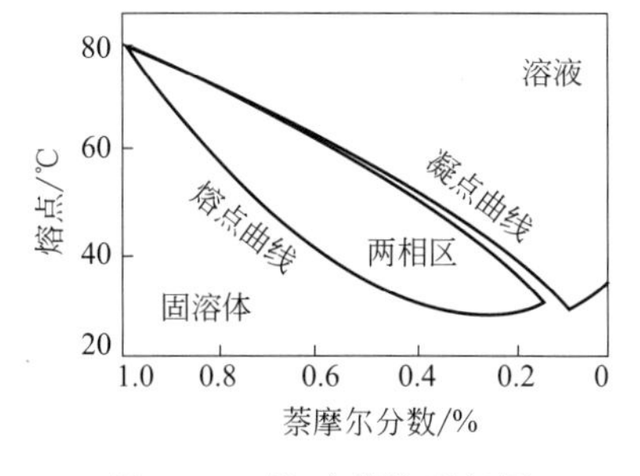

图 6-22　萘-硫茚体系相图

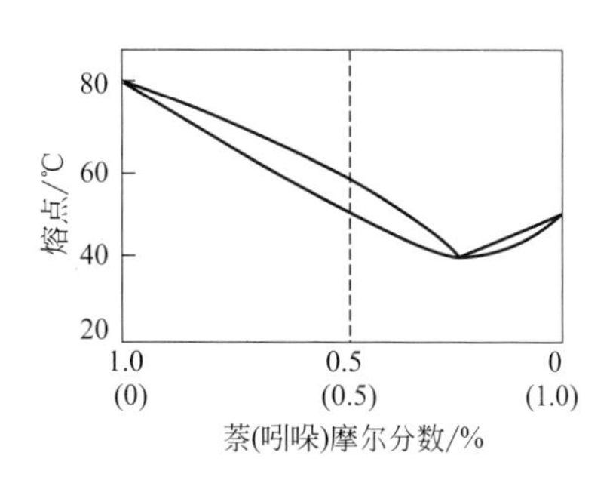

图 6-23　萘-吲哚体系相图

6.3.2　精馏法生产工业萘和精萘[1,8]

全世界目前 90%的萘来自煤焦油，其中大部分用于生产含萘 95%的工业萘，其余用于生产结晶点不低于79.3℃（含萘99%以上）的精萘。

焦油蒸馏得到的萘油馏分（或混合馏分）是生产工业萘的原料。一般加工步骤是：含萘馏分→碱洗→酸洗→碱洗→精馏→工业萘。碱洗去除酚类，酸洗脱吡啶碱类，最后碱洗去除游离酸和其他杂质。生产工业萘的蒸馏工艺主要有双炉双塔、单炉单塔和单炉双塔流程。

6.3.2.1 双炉双塔连续精馏

图6-24所示为双炉双塔工业萘连续精馏工艺流程。经静置脱水后的含萘混合分，由原料泵送至工业萘换热器，温度由80～90℃升至200℃左右，进入初馏塔。初馏塔顶逸出的酚油蒸气经冷凝冷却和油水分离后进入回流槽。在此大部分作初馏塔的回流，少部分从回流槽满流入酚油成品槽。已脱除酚油的萘洗塔底油用热油泵送往初馏塔管式炉加热后返回初馏塔底，以供给初馏塔热量。同时在热油泵出口分出一部分萘洗油打入精馏塔。精馏塔顶逸出的工业萘蒸气在热交换器中与原料油换热后进入汽化冷凝冷却器，液态的工业萘流入回流槽，一部分作精馏塔回流，一部分经转鼓结晶机冷却结晶得到工业萘片状结晶，即工业萘产品。精馏塔塔底残油用热油泵送至管式炉加热至290℃左右后返回塔底，以供给精馏塔热量。同时在热油泵出口分出一部分残油作低萘洗油，经冷却后进入洗油槽。

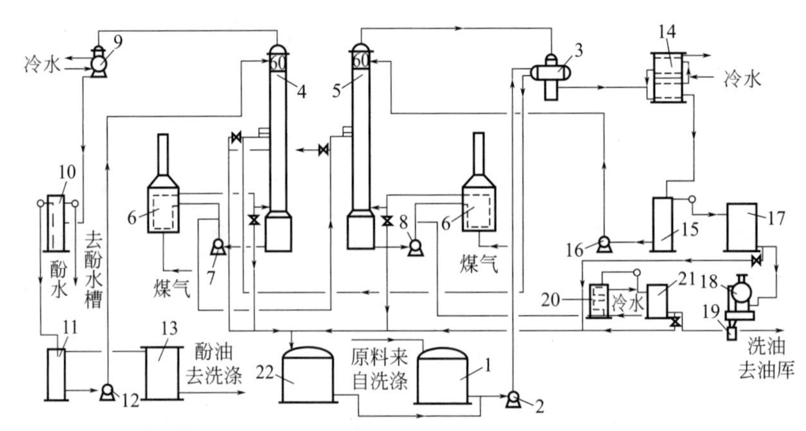

图6-24　双炉双塔工业萘连续精馏工艺流程

1—原料槽；2—原料泵；3—原料与工业萘换热器；4—初馏塔；5—精馏塔；6—管式炉；7—初馏塔热油循环泵；8—精馏塔热油循环泵；9—酚油冷凝冷却器；10—油水分离器；11—酚油回流槽；12—酚油回流泵；13—酚油槽；14—工业萘汽化冷凝冷却器；15—工业萘回流槽；16—工业萘回流泵；17—工业萘储槽；18—转鼓结晶机；19—工业萘装袋自动称量装置；20—洗油冷却器；21—洗油计量槽；22—中间槽

6.3.2.2 单炉单塔连续精馏

单炉单塔工业萘连续精馏工艺流程见图6-25。

已洗含萘馏分于原料槽加热、静置脱水后，用原料泵送往管式炉对流段，然后进入工业萘精馏塔。由塔顶逸出的酚油气，经冷凝冷却、油水分离后，流入回流槽。由此，一部分酚油送往塔顶作回流，剩余部分采出，定期送往洗涤工段。塔底的洗油用热油循环泵送至管式炉辐射段加热后返回塔底，以此供给精馏塔热量。同时从热油泵出口分出一部分作洗油采出，经冷却后进入洗油槽。工业萘由精馏塔侧线采出，经汽化冷凝冷却器冷却后进入工业萘高位槽，然后放入转鼓结晶机。

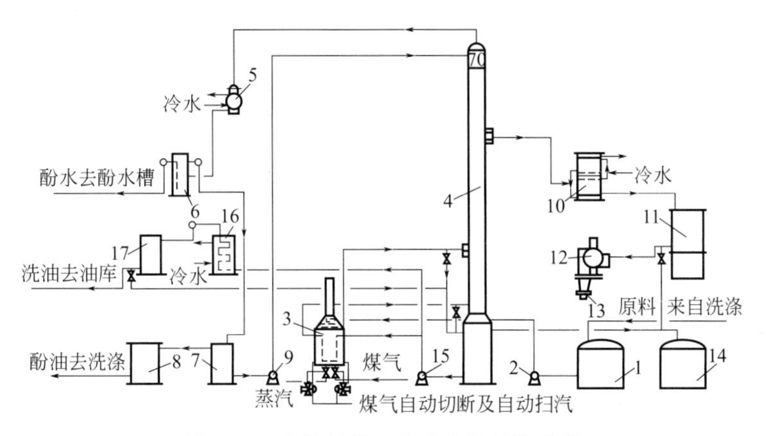

图 6-25　单炉单塔工业萘连续精馏流程

1—原料槽；2—原料泵；3—管式炉；4—工业萘精馏塔；5—酚油冷凝冷却器；6—油水分离器；7—酚油回流槽；8—酚油槽；9—酚油回流泵；10—工业萘汽化冷凝冷却器；11—工业萘储槽；12—转鼓结晶机；13—工业萘装袋自动称量装置；14—中间槽；15—热油循环泵；16—洗油冷却器；17—洗油计量槽

6.3.2.3　单炉双塔加压连续精馏

单炉双塔加压连续精馏工艺流程见图 6-26。脱酚后的萘油经换热后进入初馏塔。由塔顶逸出的酚油气经第一凝缩器，将热量传递给锅炉给水使其产生蒸汽。冷凝液再经第二凝缩器而进入回流槽。在此，大部分作为回流返回初馏塔塔顶，少部分经冷却后作脱酚的原料。初馏塔底液被分成两路，一部分用泵送入萘塔，另一部分用循环泵抽送入再沸器，与萘塔顶逸出的萘气换热后返回初馏塔，以供初馏塔热量。为了利用萘塔顶萘蒸气的热量，萘塔采用加压操作。此压力是靠调节阀自动调节加入系统内的氮气量和向系统外排出的气量而实现的。从萘塔顶逸出的萘蒸气经初馏塔再沸器，冷凝后入萘塔回流槽。在此，一部分送到萘塔顶作回流，另一部分送入第二换热器和冷却器冷却后作为产品排入储槽。回流槽的未凝气体排入

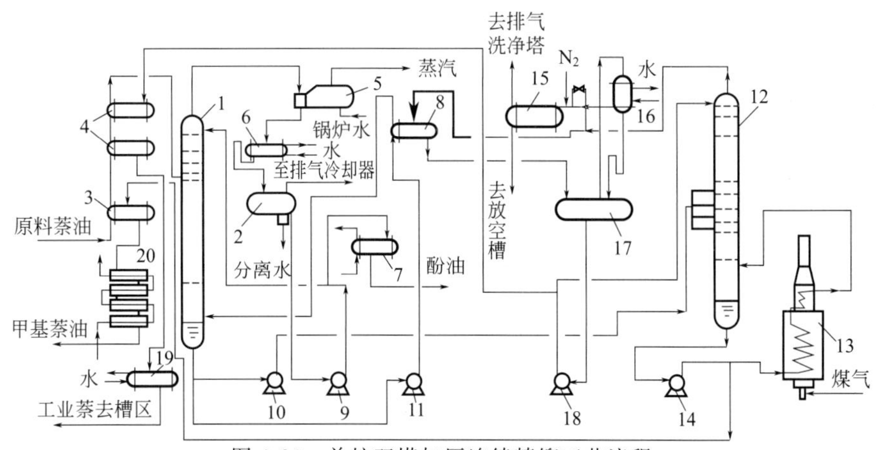

图 6-26　单炉双塔加压连续精馏工艺流程

1—初馏塔；2—初馏塔回流液槽；3—第一换热器；4—第二换器热；5—初馏塔第一凝缩器；6—初馏塔第二凝缩器；7—冷却器；8—再沸器；9—初馏塔回流泵；10—初馏塔底抽出泵；11—初馏塔重沸器循环泵；12—萘塔；13—加热炉；14—萘塔底液抽出泵；15—安全阀喷出气凝缩器；16—萘塔排气冷却器；17—萘塔回流液槽；18—萘塔回流泵；19—工业萘冷却器；20—甲基萘油冷却器

排气冷却器冷却后，用压力调节阀减压至接近大气压，再经过安全阀喷出气凝缩器而进入排气洗净塔。在排气冷却器冷凝的萘液流入回流槽。萘塔底的甲基萘油，一部分与初馏原料换热，再经冷却排入储槽；另外大部分通过加热炉加热后返回萘塔，供给精馏所必需的热量。

6.3.3 熔融结晶法生产工业萘或精萘

熔融结晶法用于生产工业萘或精萘的原理是基于混合物中各组分在相变时有重分布的现象。具有代表性的几种工艺有 20 世纪 60 年代法国 Proad 公司开发的间歇式分步结晶法（Proad 法），70 年代澳大利亚联合碳化物公司研制的连续多级分步结晶精制法（Brodie 法），80 年代末瑞士苏尔寿开发的立管降膜结晶法（MWB 法），80 年代初德国吕特格公司开发的鼓泡式熔融结晶法，70 年代末日本新日铁化学公司开发的连续结晶法（BMC 法）等。

6.3.3.1 间歇式分步结晶法

该法在捷克乌尔克斯焦油加工厂实施，工艺流程见图 6-27[8]。

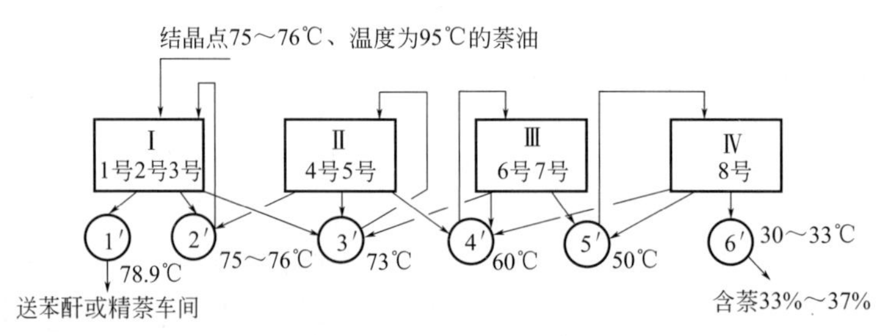

图 6-27　分步结晶法生产工业萘工艺流程

1～8 号—结晶箱；1′～6′—萘油槽（温度为结晶点）

原料为结晶点在 71.5～73℃的萘油馏分，先经碱洗脱酚，然后在 60 块塔盘的精馏塔内精馏，从 50 层塔盘引出结晶点为 75～76℃的萘油作为分步结晶的原料。分步结晶过程设有 8 个结晶箱，分 4 个步骤进行。

第一步：结晶点为 75～76℃，温度为 95℃的萘油进入 1 号、2 号和 3 号结晶箱。结晶箱以 2.5℃/h 的速度根据需要进行冷却或加热。当萘油温度降至 63℃时，开始放出不合格的萘油，其结晶点为 73℃，作为第二步骤的原料。放完后升温至 75℃，放出熔化的萘油，结晶点为 75℃，作为下一次的结晶原料。然后继续升温至全部熔化，产品为工业萘，结晶点不低于 78.9℃，作为生产苯酐或精萘的原料。

第二步：来自第一步和第三步结晶点为 73℃、温度为 90℃的萘油，在 4 号和 5 号结晶箱中以 5℃/h 的速度冷却或加热。当温度降至 56℃时，开始放出结晶点为 60℃的萘油，作为第三步的原料。然后升温至 71℃放出结晶点为 73℃的萘油返回使用。最后升温至全部熔化，得到结晶点为 75～76℃的萘油作为第一步的原料。

第三步：结晶点为 60℃、温度为 85℃的萘油装入 6 号和 7 号结晶箱，以 6℃/h 的速度冷却或加热。当温度冷却到 48～49℃时，放出结晶点为 50℃的萘油，作为第四步的原料。然后升温至 57～58℃放出结晶点为 60℃的萘油返回使用。最后升温至全部熔化，得到结晶点为 73℃的萘油作为第二步的原料。

第四步：结晶点为 50℃、温度为 80℃的萘油装入 8 号结晶箱，以 0.5～2℃/h 的速度冷却或加热。当温度冷却到28～32℃时，放出结晶点为30～33℃的萘油，含萘33%～37%。这部分萘油硫杂茚含量高，可作为提取硫杂茚的原料或作为燃料油使用。然后升温，放出结晶点为40～45℃的萘油返回使用。最后升温至全部熔化，得到结晶点为60℃的萘油作为第三步的原料。

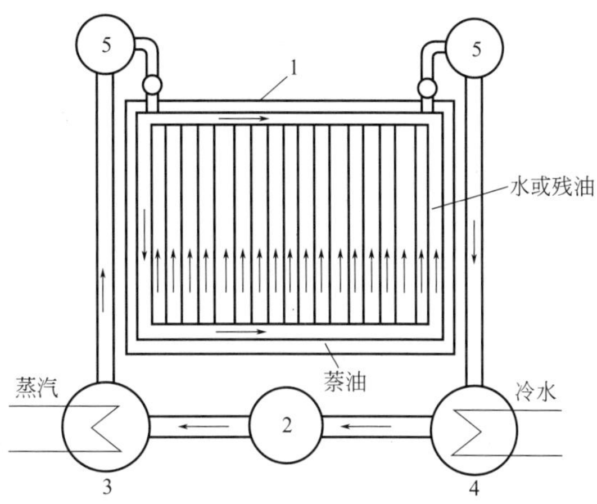

图 6-28　萘结晶箱升降温示意图

1—结晶箱；2—泵；3—加热器；4—冷却器；5—汇总管

结晶箱的升温和降温是通过一台泵、一台加热器和一台冷却器与结晶箱串联起来而实现的，见图6-28。冷却时加热器停止供蒸汽，用泵使结晶箱管片内的水或残油经冷却器冷却，再送回结晶箱管片内，使管片间的萘油逐渐降温结晶。加热时冷却器停止供冷水，由加热器供蒸汽，通过泵循环使水或残油升温，管片间的萘结晶便吸热熔化。

分步结晶生产工业萘的操作条件见表6-24。

表 6-24　分步结晶生产工业萘的操作条件

操作条件	第一步	第二步	第三步	第四步
中间槽温度/℃	85～90	70～75	60～65	50～55
装料温度/℃	95	90	85	80
升、降温速度/(℃/h)	2.5	5	6	0.5～2
分离温度/℃	63	56	48～49	28～32
加料时间/h	5～6	6～7	5～6	9～10
升温时间/h	8～9	5～7	4～5	1～5
放料时间/h	2～3	2	2	2
1循环周期时间/h	16～18	14～17	12～14	16～18

注：生产能力4万～5万吨/年。

6.3.3.2　连续式多级分步结晶法

此法又称萘区域熔融精制法。该法主要设备是萘区域熔融精制机，见图6-29。精制机是由两个互相平行的水平横管和一个垂直立管及传动机构等部件组成。工业萘进入的横管（管1），向与立管（管3）连接方向倾斜。排出晶析残油的横管（管2），向与管1连接处倾斜。在管3底部有一个结晶熔化器，晶析萘从这里排出。管1和管2外部有温水冷却夹套，内部有转动轴，轴上附有带刮刀的三向螺旋输送器和支撑转动轴的中间轴承。管1和管2由转换导管连接，其中间有可调节结晶满流的调节挡板。管3内部有立式搅拌机，管外缠绕通蒸汽的铜保温管。螺旋输送器和立式搅拌器各由驱动装置带动。

精制萘的工艺流程见图6-30。由萘蒸馏装置来的温度约110℃的工业萘用泵送入精制管1，被管外夹套中的温水冷却而析出结晶。结晶由螺旋输送器刮下，并送往靠近立管的一端（热端）。残油则向另一端（冷端）移动，通过连接管进入精制管2的热端，在向精制管2冷端移动过程中，又不断析出结晶。结晶又被螺旋输送器刮下，并送往热端，经过连接管下沉到管1。在残液和结晶分别向冷、热端逆向移动过程中，固液两相始终处于充分接触、不断相变的状态，以使结晶逐步提纯。

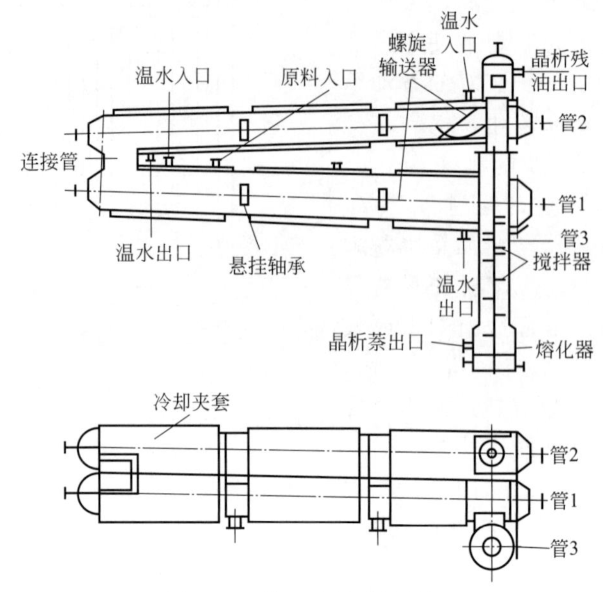

图6-29 萘区域熔融精制机

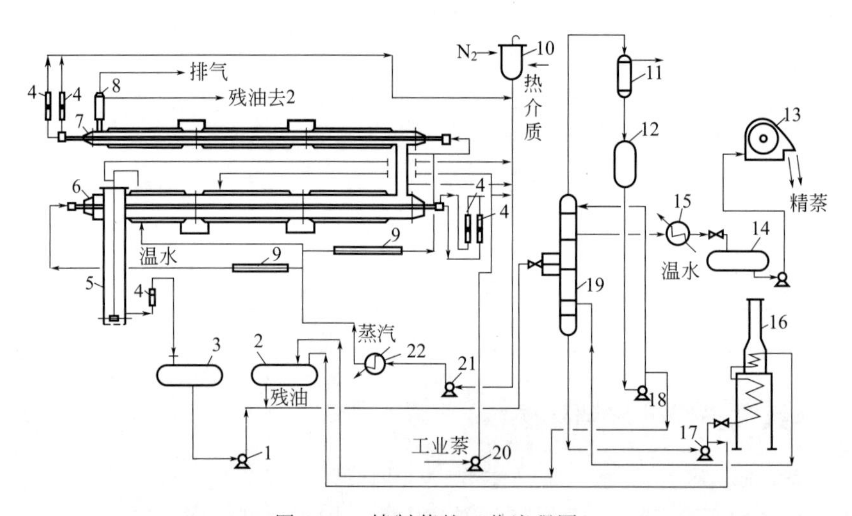

图6-30 精制萘的工艺流程图

1—蒸馏塔原料泵；2—晶析残油中间槽；3—晶析萘中间槽；4—流量计；5—萘精制管3；6—萘精制管1；7—萘精制管2；8—晶析残油罐；9—冷却水夹套；10—热介质膨胀槽；11—凝缩器；12—回流槽；13—转鼓结晶机；14—精萘槽；15—冷却器；16—加热炉；17—循环泵；18—回流泵；19—蒸馏塔；20—装入泵；21—热介质循环泵；22—加热器

富集杂质的残液称作晶析残油，最终从精制管2冷端排出，去制取工业萘的原料槽。结晶从精制管1的热端下沉到精制管3。管3下部有用低压蒸汽作热源的加热器，由上部沉降下来的结晶在此熔化。熔化的液体一部分作回流液与结晶层对流接触，同时由于密度差而向上流动，另一部分作为精制产品，称为晶析萘，温度约90℃，自流入中间储槽。

精制管1和管2夹套用的温水来自于温水槽，用后的温水经冷却到规定温度后，返回温水槽循环使用。热介质装入高置槽，依靠液位差压入热介质循环泵的入口，经泵加压后，在加热器中被加热至 85℃，再用冷却水调整温度，使热介质分别以不同温度送入精制机各管的转动轴中，以控制精制机的温度梯度，用后的冷介质和热介质循环进入泵的吸入口。

晶析萘由原料泵送入蒸馏塔，进料温度由蒸汽夹套管加热到 140℃。塔顶馏出的 220℃ 的油气冷凝冷却至约 114℃进入回流槽，其中一部分作为轻质不纯物送到晶析残油中间槽，其余作为回流。侧线采出的液体精萘温度约 220℃，经冷却后流入精制萘储槽，再送入转鼓结晶机结晶，即为精萘产品。塔底油一部分经加热炉循环，加热至 227℃作为蒸馏塔热源，一部分作为重质不纯物送到晶析残油中间槽。该工艺在操作控制上最重要的有以下几点：

① 合理的温度分布。沿结晶管的长度方向，热介质入口侧温度高，出口侧温度低，以确保结晶管内物料能析出结晶和液体对流；沿结晶管的横截面方向，转动轴部位温度高，靠近管内壁部位温度低，这样既能保证固液正常对流，又能使夹套冷却面处结晶不熔化。结晶管内温度分布见图 6-31。由图表明，结晶管冷热端温度差约 4℃。

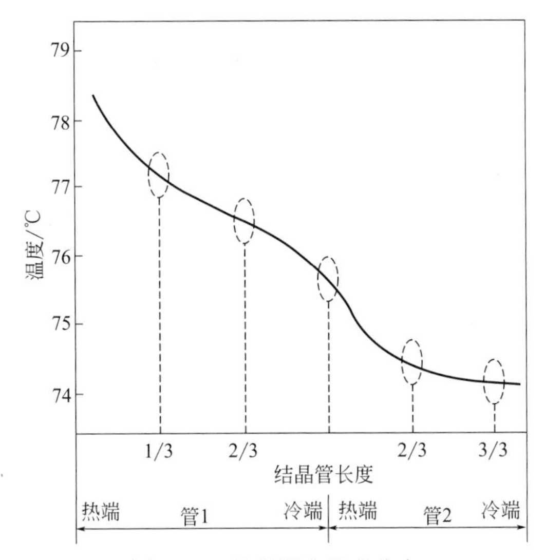

图 6-31　结晶管内温度分布

（1/3 指结晶管从热端起在管长的 1/3 处管段上的温度计测点；2/3、3/3 是同样含义）

② 适宜的回流量。回流量系指从管 3 底部熔化器上升的高纯度液萘量。这部分液萘与下降的结晶进行对流接触时，可以将结晶表面熔化，使杂质从结晶表面排出，从而纯化了结晶。一般回流量与进料量的比值控制在 0.5 左右，过小不利于结晶的纯化，过大易产生偏流短路现象。

③ 较慢的冷却速度。为获得较大颗粒的结晶，减少不纯物在结晶表面的吸附，晶析母液的过饱和度以小为好，这样，就必须控制精制管的冷却速度慢些。一般沿着精制机长度方向，应确保每一截面流体冷却速度不超过 3℃/h。

6.3.3.3 立管降膜结晶法

该法在鞍钢化工总厂实施的工艺流程见图 6-32。由工业萘装置来的液态工业萘经馏分槽 3_5 用泵送入降膜结晶器收集槽，然后启动物料循环泵，使液态萘从结晶器顶端沿管内壁呈降膜状流下，传热介质沿管外壁也呈降膜状流下。管内外壁之间存在着一定的温度梯度，使物料在结晶器中完成冷却结晶、加热发汗和熔化三个过程。未结晶萘油与发汗液放入纯度低的

馏分槽 3_1～3_4 中，3_1～3_4 槽中各馏分的含萘量逐个递增。馏分槽 3_1 中为残液，馏分槽 3_6 中为全熔液作为第 5 段结晶的原料，馏分槽 3_7 中为液态精萘。

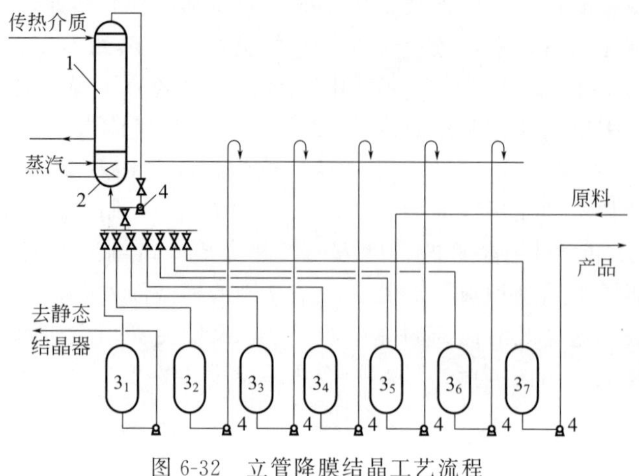

图 6-32 立管降膜结晶工艺流程

1—立式降膜结晶器；2—收集槽；3_1～3_4—低含萘馏分槽；3_5—工业萘槽；3_6—全熔液槽；3_7—液态精萘槽；4—泵

降膜结晶器直径为 4m，高为 14m，内设 1000 多根立管，管内外的物料由泵送入，要求每根管的内外壁上保证均匀地形成降膜流动。

6.3.3.4 新日铁连续结晶法

主体设备是直立圆筒结晶塔（B. M. C 装置），见图 6-33。由上至下依次为冷却段、精制段和熔融段。塔内装有回转轴，冷却段内回转轴上装有刮刀，精制段回转轴上安装若干搅拌棒。原料以液态加入，沿塔上升到冷却段，该段从外部进行冷却，使萘结晶析出，析出的晶体一面与上升的母液逆流接触，一面在重力作用下沿塔下降到熔融段，这一过程由于两相逆流接触形成了良好的传质条件和晶体本身熔融再结晶的作用，从而达到了精制目的。精制后的结晶到达熔融段被加热而成为液体，一部分作为产品采出，其余作为回流液沿塔上升对下降的结晶起精制作用。塔顶采出晶析残液。通过调节冷却温度、加热量和产品采出量使结晶层的上端保持在冷却端下部的位置。

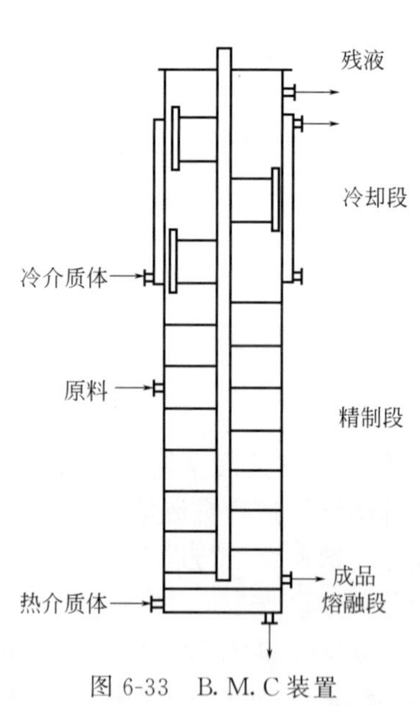

图 6-33 B. M. C 装置

6.3.4 萘的催化加氢精制

萘的加氢精制主要用于生产低硫萘，这种萘用于流化床生产邻苯二甲酸酐，可避免催化剂中毒，另外也适用于生产二萘酚、甲萘胺、H 酸及苯胺染料中间体等化工产品。

6.3.4.1 加氢精制的基本原理

萘的催化加氢多采用 Al-Co-Mo 催化剂，也有采用 Al-Ni-Mo 催化剂的。粗萘中主要含有硫茚及微量的苯甲腈、茚、酚类、吡啶及不饱和化合物，这些杂质在加氢过程的反应如下：

硫茚加氢生成乙基苯和硫化氢，甲基苯腈加氢生成二甲苯及氨，茚加氢生成茚满，二甲基氧茚加氢生成二甲基乙基苯及水，二甲酚加氢生成二甲苯及水，盐基化合物如喹啉加氢生成烷基苯及氨，萘加氢部分氢化。

除了发生上述加氢净化的主要反应外，还发生许多异构化、歧化及裂解等副反应，生成的产物有许多可在最后精馏与加氢精制萘时分开。

6.3.4.2 加氢精制的工艺流程

焦油粗萘加氢精制的工艺流程见图 6-34。

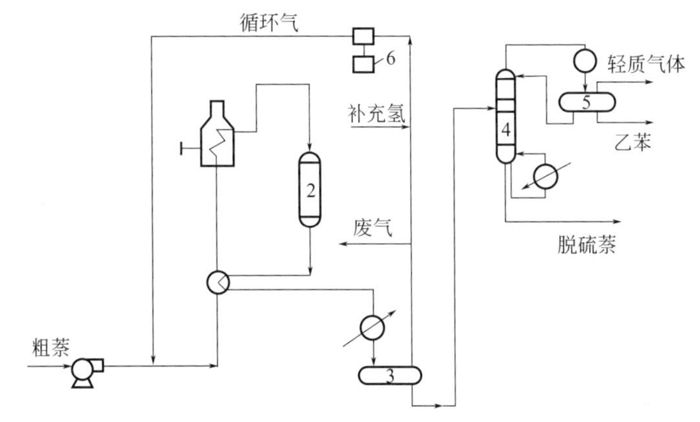

图 6-34 焦油粗萘加氢精制工艺流程

1—加热炉；2—固定床反应器；3—气液分离器；4—提馏塔；5—分离器；6—循环气压缩机

原料工业萘与含氢循环富气混合送至换热器经预热后，进入管式炉加热到所需的反应温度，然后进入固定床反应器。反应器内装有钴钼催化剂，在压力为 1.4MPa、反应温度为 440℃、液体空速为 1.5～3h^{-1}下进行催化加氢。反应器流出物通过热交换器和冷却器至分离器，含氢富气于此分出并循环送至反应器。补充的氢气于循环压缩机前加入循环气系统。为了除去系统中的硫化氢，部分尾气必须放空。自分离器出来的液体直接送至提馏塔，自塔顶馏出的头馏分经冷凝冷却后进入分离器。自分离器逸出的轻油气中还含有硫化氢和氨等，分离器底放出乙基苯。由提馏塔底采出的产品为脱硫萘。该法精制的萘硫含量为 10～100mg/kg，结晶点在 77.5～79℃之间。副产四氢萘，其含量约为 1%[1,8]。

6.4 蒽、菲和咔唑的分离与深加工

蒽、咔唑和菲同属于多环芳烃，蒽和菲是同分异构体，咔唑结构中有一个五元含氮杂环(吡咯环)。它们都是高沸点和高熔点烃类，存在于煤焦油的蒽油馏分中，在煤焦油中蒽占 1.2%～1.8%，咔唑占 1.5%，菲占 4.5%～5.0%。

蒽、咔唑和菲沸点高而又比较接近，熔点也高，所以分离是比较困难的。目前采用的是溶剂洗涤结晶法或蒸馏与溶剂相结合的方法。这三个化合物都是有机化学工业的主要原料。其中特别是蒽，不管从染料工业的发展历史，还是从现实状况看，蒽都占有举足轻重的地位。咔唑在染料和塑料工业中也有多种用途。菲在煤焦油中含量是仅次于萘的第二大组分，所以开发菲的加工利用技术仍是一项紧迫的任务。

6.4.1 蒽、咔唑和菲的物理化学性质与分离原理

蒽、咔唑和菲的分离精制主要是根据它们在不同溶剂中溶解度不同和蒸馏时相对挥发度的差异，所以有必要先介绍一下它们的物理化学性质，然后讨论其分离原理[8,12]。

6.4.1.1 蒽、咔唑和菲的物理化学性质

（1）蒽的物理化学性质

① 一般物理化学常数　蒽为无色片状结晶，有蓝色荧光，空气中易氧化生成蒽醌，因而带黄绿色。

分子式	$C_{14}H_{10}$	分子量	178.24
结构式	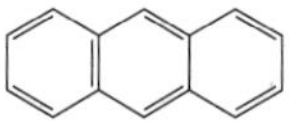	沸点	340.7℃
熔点	216.04℃	20℃密度	1.250g/cm^3
燃烧热	7051kJ/mol	生成热	112kJ/mol
熔化热	28.8kJ/mol（217℃时）	蒸发潜热	54.8kJ/mol
比热容		蒸气压	
50℃	1.29kJ/(kg·℃)	230℃	7.639kPa
100℃	1.47kJ/(kg·℃)	270℃	22.10kPa
150℃	1.59kJ/(kg·℃)	300℃	44.26kPa
熔化后	2.13kJ/(kg·℃)	325℃	73.95kPa
升华温度	150～180℃		

② 蒽-菲和蒽-咔唑混合物结晶温度　蒽-菲混合物结晶温度与蒽浓度的关系见表6-25。蒽-咔唑混合物结晶温度与蒽浓度的关系列于表 6-26。

表 6-25　蒽-菲混合物结晶温度与蒽浓度的关系

结晶温度/℃	蒽浓度/%	结晶温度/℃	蒽浓度/%
98	0	181	67
150	33	213	94
167	50	218	100

表 6-26　蒽-咔唑混合物结晶温度与蒽浓度的关系

结晶温度/℃	蒽浓度/%	结晶温度/℃	蒽浓度/%
236.00	0.00	218.80	49.40
234.80	2.49	217.70	52.76
133.70	4.86	216.70	60.68
232.45	7.40	216.20	65.79
230.30	12.28	214.40	71.39
226.10	23.17	213.90	78.09
223.10	29.53	213.20	66.78
221.00	35.58	213.00	93.30

③ 蒽在不同溶剂中的溶解度　蒽在不同溶剂中的溶解度列于表 6-27，不难看出，蒽的溶解度都低于菲和咔唑。

(2) 咔唑的物理化学性质

① 咔唑为灰色小鳞片晶体，紫外光下有强烈的荧光。

分子式	$C_{12}H_9N$	分子量	167.21
结构式	(咔唑结构式，N-H)	沸点	354.76℃
蒸气压		熔点	244.8℃
248.2℃	7.999kPa	20℃密度	1.1035g/cm^3
265℃	13.33kPa	燃烧热	6186kJ/mol
292.5℃	26.66kPa	蒸发潜热	370.6kJ/kg
323℃	53.33kPa	升华温度	200～240℃
354.8℃	101.3kPa		

② 有机溶剂中的溶解度。咔唑在有机溶剂中的溶解度见表 6-27[1]。咔唑的特点是在极性溶剂丙酮、糠醛和吡啶中的溶解度显著高于蒽，这是蒽和咔唑溶剂分离工艺的基础。

③ 菲和咔唑混合物的结晶温度。菲和咔唑混合物结晶温度与咔唑浓度关系列于表 6-28。

表 6-27　蒽、菲和咔唑在不同溶剂中的溶解度　　单位：g/100mL

溶剂	不同温度时蒽的溶解度					不同温度时菲的溶解度				不同温度时咔唑的溶解度				
	15.5℃	30℃	50℃	80℃	100℃	15.5℃	30℃	50℃	80℃	15.5℃	30℃	50℃	80℃	100℃
苯	1.04	2.1	3.75	8.35(75℃)		16.7	40.1			0.72	1.01	5.05		
甲苯	0.53	1.90	3.10	7.88	12.2	13.8	29.1			0.42	0.78	1.60	2.9	4.76
溶剂油Ⅰ(净化的，145～165℃)	0.46	1.42	2.90	6.58	10.10	12.5	22.42	31.8	84.8	0.48	0.78	1.37	3.0	3.72

续表

溶剂	不同温度时蒽的溶解度					不同温度时菲的溶解度				不同温度时咔唑的溶解度				
	15.5℃	30℃	50℃	80℃	100℃	15.5℃	30℃	50℃	80℃	15.5℃	30℃	50℃	80℃	100℃
溶剂油Ⅲ(未净化，152～179℃)	0.50	1.71	3.25	7.20	8.82	15.3	31.8	74.2	243.0	0.54	0.94	1.70	3.84	7.0
重溶剂油(165～185℃)	0.32	1.35	3.10	7.65	10.53	11.94	21.3	64.3	193.0	0.48	0.75	1.62	3.63	4.70
轻吡啶(125～150℃)	0.85	2.15	4.10	11.22	16.72	25.54	38.0	78.9	241.0	12.45	16.9	26.74	66.8	
重吡啶(202～247℃)	0.38	1.40	2.98	7.87	8.82	20.0	24.5	64.7	182.0	2.72	4.1	10.57	16.54	22.87
含水吡啶(94～96℃)	0.0	0.0	0.0	1.53						0.42	0.81	1.9	4.7	
氯仿	0.83	1.64	7.10			18.7	29.2				0.60	1.08		
丙酮	0.84	1.42	2.48			15.08	28.4			6.12	9.74	62.4		
汽油	0.12	0.37	0.76			4.53	6.3			0.11	0.12	0.16		
乙醚	0.70	1.03				8.93	15.2			2.54	2.90			
乙醇				0.45	1.2	4.3	5.8	9.6						
糠醛	1.3(40℃)									5.7(40℃)				

表 6-28 菲和咔唑混合物结晶温度与咔唑浓度（摩尔分数）的关系

结晶温度/℃	咔唑浓度/%	结晶温度/℃	咔唑浓度/%
236.10	100.00	172.00	37.25
232.57	95.00	162.60	29.84
321.17	92.36	145.30	20.07
227.40	87.59	126.60	12.65
206.55	80.90	108.10	6.03
200.10	55.00	98.00	1.14
176.30	40.33	96.10	0.00

（3）菲的物理化学性质

① 一般性质。菲为白色带有荧光的片状结晶，容易升华，溶液具有蓝色荧光。

分子式	C_4H_{10}	分子量	178.24
结构式	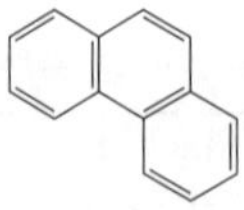	沸点	340.2℃
熔点	99.15℃	20℃密度	1.172g/cm³
升华温度	90～120℃	燃烧热	7051kJ/mol
蒸发潜热	53.0kJ/mol	熔化热	18.6kJ/mol
蒸气压			

145℃	0.1333kPa	231.8℃	7.999kPa
173.5℃	0.6666kPa	250.0℃	13.332kPa
187.2℃	1.333kPa	279.0℃	26.664kPa
201.19℃	2.666kPa	310.2℃	53329kPa
217.5℃	5.333kPa	342.0℃	101.32kPa

② 菲与蒽和菲与咔唑混合物的结晶温度列于表 6-25 和表 6-28。

③ 有机溶剂中的溶解度。由表 6-27 可见，在各类溶剂中，总的来讲，菲的溶解度最高，而且溶解度随温度升高急剧增加，常利用这一性质从粗蒽中先分离出菲。

6.4.1.2 蒽、咔唑和菲的分离基本原理

(1) 基于溶解度不同的溶剂洗涤结晶法[1,14]

根据蒽、咔唑和菲在不同溶剂中溶解度的差异，对粗蒽进行加热溶解（抽提）、冷却结晶和离心过滤，将易溶成分富集到滤液中，难溶成分富集在结晶里。这里主要是溶剂对粗蒽的洗涤或抽提作用，也包括重结晶作用。

① 常用溶剂　从表 6-27 可见，如要从粗蒽中先除去菲，可用苯系溶剂，如苯、甲苯、二甲苯、重苯或溶剂油等，从粗蒽中同时除去菲和咔唑的溶剂有丙酮、溶剂油-吡啶或溶剂油-糠醛等，从蒽和咔唑混合物中除去咔唑的溶剂有吡啶、糠醛以及苯乙酮等。这些溶剂一般都是易挥发、易燃、易爆和有毒的有机化合物，选择时应尽可能避开这些缺点，同时在操作中注意安全。

② 洗涤与结晶次数　洗涤与结晶操作通常不是一次而是几次，一般 2～5 次。根据溶剂抽提原理，在溶剂量一定的条件下，萃取效果以少量多次为好。不过对粗蒽加工来说，溶剂量太少是不行的。为节省溶剂而又取得好的洗涤效果，一般采用逆流操作，即第一次洗涤采用的不是新鲜溶剂，而是第二次洗涤得到的母液，只有最后取得合格产品的一步采用新鲜溶剂。通过这样反复洗涤结晶，固体中目的产物浓度逐渐升高达到合格标准，母液中杂质浓度也逐渐浓缩，如有需要，同样可制取纯产品。

③ 不同溶剂洗涤效果比较　用于粗蒽分离精制的溶剂种类很多，它们各有特点，简介如下。

a. 环己酮和苯乙酮等溶剂的比较。原北京焦化厂在实验装置采用酮类溶剂分离粗蒽，结果列于表 6-29 和表 6-30。所用粗蒽组成：蒽 33.61%，咔唑 17.61%；蒽菲混合馏分：蒽 49.93%，咔唑 3.38%和菲 43.80%。溶解温度为 120～140℃。

表 6-29　酮类溶剂分离粗蒽的效果

溶剂	溶剂比/(mL/g)	过滤温度/℃	一次半精蒽		二洗蒽		
			纯度/%	产率/%	蒽/%	咔唑/%	产率②/%
苯乙酮	1.2	40	69.00	75.6	89.68	7.83	71.0
环己酮	1.2	20	70.63	90.2	92.43	5.31	77.8
环己酮①	1.2	20	60.97	94.6	87.44	11.91	89.5
1,5-二甲基吡咯烷酮：重苯(4：6)	1	20	70.29	90.6	92.34	5.0	84.3

续表

溶剂	溶剂比/(mL/g)	过滤温度/℃	一次半精蒽		二洗蒽		
			纯度/%	产率/%	蒽/%	咔唑/%	产率[②]/%
1,5-二甲基吡咯烷酮：重苯(4：6)[①]	1	20	67.32	85.0	88.29	5.34	89.2
1,5-二甲基吡咯烷酮：重苯(4：6)[①]	1.25	30	57.55	94.0	89.25	—	84.6
1,5-二甲基吡咯烷酮：重苯(4：6)[①]	1.25	30	66.09	93.2	90.49	5.80	82.0
异亚丙基丙酮[③]	1.25	30	—	—	91.5	—	75.6

① 一洗采用上次试验母液。
② 产率对粗蒽中蒽计，下同。
③ 即4-甲基-3-戊烯-2-酮。

表 6-30　酮类溶剂对蒽菲馏分一次洗涤的效果

溶剂	溶剂比/(mL/g)	溶解温度/℃	过滤温度/℃	精蒽/%		
				蒽	咔唑	产率
环己酮	2	121	20	93.14	1.11	92.96
重苯	2	120	40	89.15	3.22	87.8
苯乙酮	2	120	40	89.81	1.66	87.3
1,5-二甲基吡咯烷酮：重苯(4：6)	2	124	30	89.51	1.63	91.5(回收溶剂)
异亚丙基丙酮	2	126	30	89.13	1.75	90.8

b. 糠醛的洗涤效果列于表6-31中。糠醛的优点是：与吡啶相比，毒性较小，气味也较小；沸点高，挥发性小，回收率高；性质比较稳定，在140℃加热280h仅有0.28%分解。

表 6-31　糠醛的洗涤效果

项目		试验次数					
		1	2	3	4	5	6
原料	蒽/%	61.8			70.3	56.94	
	咔唑/%	18.5			13.2	16.7	
	质量/g	30			63.7	30	
第一次洗涤	糠醛用量/mL	90	120	128	225	105	145
	加热温度/℃	140	140	180	160	130	130
	结晶温度/℃	30	30	30	30	30	30
第二次洗涤糠醛用量/mL		70	76	110	250	70	100
精蒽	纯度/%	92.85	93.26	93.4	—	93.4	95.8
	产率/%	73	86	90	—	73	62
重结晶溶剂油量/mL		25	20	25	150	40(苯)	50(苯)
精咔唑	纯度/%	93	89.4	97.9	87.6	95.5	75
	产率/%	37	48	37	59	30	44
糠醛回收率/%		70	75	—	—	76	80
糠醛与原料比(质量)		3：1	4：1	4.25：1	4：1	3.5：1	4.8：1

c. 丙酮的洗涤效果列于表6-32中。丙酮作溶剂的优点是：咔唑与蒽在丙酮中溶解度相

差较大，经过初蒸的原料用丙酮洗涤两次，即可得到合格的精蒽；产品产率较高。缺点是：蒽在丙酮中溶解度小，重结晶时丙酮与原料质量比一定要大；丙酮沸点低，损失大，同时易燃易爆，给操作带来不便。

表 6-32　丙酮的洗涤效果

原料量/g	原料组成/%			丙酮用量/mL		精蒽	
	蒽	菲	咔唑	1	2	产量/g	纯度/%
20	61.6	14.1	14.0	30	20	3.2	90.28
17.5	61.6	14.1	14.0	300	300	—	95.01
7.0	55.98	19.71	11.15	350	200	2.6	89.76
15.0	55.98	19.71	11.15	300	270	—	94.72

(2) 基于沸点不同的精馏分离法

上述溶剂法需要使用大量有机溶剂，虽可回收但损失是很大的。溶剂费用在生产成本中占较大份额，能否不用溶剂，单靠精馏法分离提纯呢？蒽、菲和咔唑在常压下的沸点分别为339.9℃、328.4℃和354.76℃，蒽与菲沸点相近，只差1.5℃，与咔唑相差较大，但也只有15～16℃。由于它们不但沸点高，熔点也高，单一蒸馏法不能得到合格的精蒽或其他产品，先进的工艺是把蒸馏法与溶剂法结合起来。如共沸蒸馏法，蒽和菲与乙二醇等溶剂能形成共沸混合物，而咔唑不能则留在蒸馏残液中。通常是先用重苯除去粗蒽中的菲，而共沸蒸馏的任务则是从粗蒽中提取蒽。

(3) 化学分离法

咔唑是含氮杂环化合物，氮原子上有一未共用电子对，具有给电子性和弱碱性。它可与硫酸反应生成硫酸咔唑而溶于硫酸中进而分离。

N $+ H_2SO_4 \longrightarrow$ [N H] $\cdot H_2SO_4$

咔唑杂环氮原子上的氢可被碱金属取代，咔唑与氢氧化钾在一起熔融加热，生成咔唑钾和水。

N H $+ KOH \longrightarrow$ N K $+ H_2O$

蒽和菲不能发生上述反应，故能得到分离。

(4) 其他进一步提纯的方法

有机化学制备中常用到的一些提纯方法如区域熔融、重结晶和升华等，也可用于蒽、菲和咔唑的精制。

① 区域熔融分离　区域熔融分离是利用固相混合物各组分在相变化时发生重新分布的一种通用的分离技术。高熔点的多环芳烃都可用这一方法进一步提纯。

② 重结晶分离　重结晶的目的是除去含量较多的杂质。这里选择合适的溶剂是十分重要的，一般应满足以下条件：

a. 该溶剂与欲提纯的物质不发生化学反应。

b. 该溶剂对拟提纯的物质在加热时有较大溶解能力，而在温度降低时其溶解能力大大降低。

c. 该溶剂对可能存在的杂质溶解度相当大，并不随温度降低明显减小，这样就能把杂质转移到母液中，或者该溶剂对杂质溶解度极小，加热时也准溶，这样就能把杂质保留在固体残渣中。

d. 溶剂沸点不宜太低或太高，与拟提纯的物质的升华温度应有较大差距。

在重结晶时一般用一种溶剂，有时也可用两种溶剂，即先将不纯样品在一种溶剂中令其全部溶解，然后将溶液倒入另一种溶剂再冷却结晶。如精蒽重结晶就是把原料先溶于二甲苯中，然后倒入乙醇中冷却结晶，重结晶的效果示于表6-33，可见重结晶后蒽的纯度提高，杂质咔唑的含量降低。蒽的回收率约85%～90%。另外，对96%精蒽用丙酮重结晶一次，蒽的纯度可提高到98%～99%，重结晶两次，纯度可达到99.0%～99.5%。

表 6-33 二甲苯-乙醇重结晶效果

样品	蒽/%		咔唑/%	
	原料	重结晶后	原料	重结晶后
1	92.71	97.88	4.76	1.90
2	92.74	94.91	4.88	1.70
3	95.27	97.74	2.74	2.01

③ 升华分离 蒽、菲和咔唑都可以升华，常压下它们的升华温度范围分别为150～180℃、90～120℃和200～240℃，故控制不同的温度可以使某一主要成分升华而得到分离。如在容积100L的釜中装入含蒽85%～89%的半精蒽71kg，在180～240℃下进行升华，可得升华物60kg。产品含蒽96%，含咔唑2.5%～3.5%。

6.4.2 粗蒽的生产[1,15-22]

生产蒽、咔唑和菲的原料通常是粗蒽，它是从蒽油馏分或一蒽油馏分经冷却结晶和过滤分离而得到的。粗蒽是黄绿色结晶，除供生产精蒽外还可作炭黑原料，其组成一般是蒽30%～34%，菲25%～30%，咔唑13%～17%。粗蒽有一定毒性，对人有刺激性，引起皮肤发痒、过敏、怕光和水肿等。分出粗蒽后剩下的油称脱晶蒽油，是配制木材防腐油的主要成分，也是生产炭黑的原料。

(1) 粗蒽生产的原料和产品质量标准

粗蒽生产的原料一般为一蒽油，视焦油蒸馏流程的不同，有时也用蒽油馏分。工业蒽质量标准（YB/T 5085—2010）列于表6-34。

表 6-34 工业蒽质量标准

指标名称		指标		
		特级	一级	二级
蒽含量/%	≥	36.0	32.0	25.0
油含量/%	≤	6.0	9.0	13.0
水分/%	≤	2.0	3.0	4.0

(2) 粗蒽生产工艺

一蒽油传统的加工工艺是结晶-真空过滤离心法，工序长，劳动条件差。现已改用结晶-

离心法，并采用卧式刮刀卸料离心机代替间歇式离心机。

① 工艺流程　粗蒽生产工艺流程示于图 6-35。一蒽油馏分装入机械化结晶机（见图 6-36），搅拌过程中先自然冷却再喷水冷却，成为含有结晶体的悬浮液，然后放入离心机内离心分离，分离出的粗蒽经溜槽落到刮板运输机上送入仓库，装车外运或送到精蒽工段，分离出的脱晶蒽油流至中间槽再送到油库。洗网液自流入储槽，循环一定时间后送回一蒽油馏分槽或原料焦油槽。

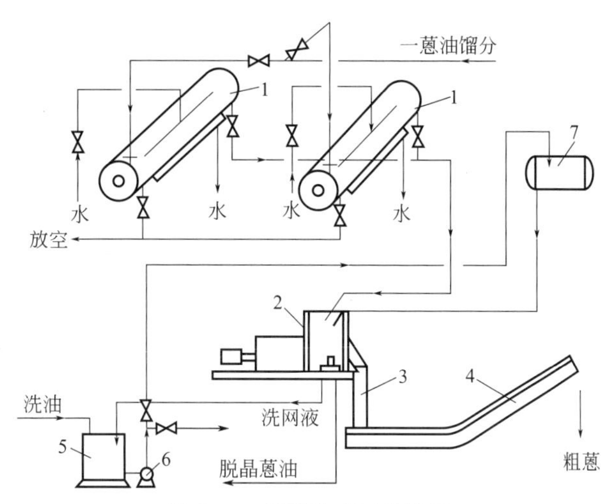

图 6-35　粗蒽生产工艺流程

1—机械化结晶机；2—离心机；3—溜槽；4—刮板运输机；5—洗网液储槽；6—泵；7—洗网液高位槽

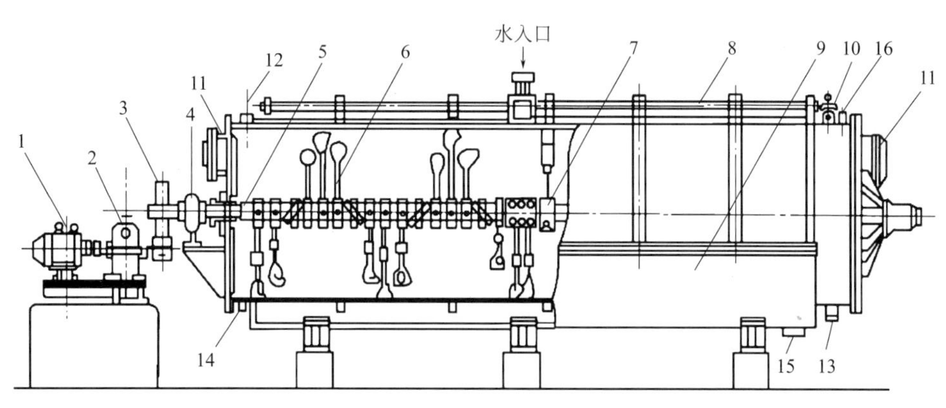

图 6-36　机械化结晶机

1—电动机；2—减速器；3—齿轮；4—轴承；5—轴；6—搅拌桨；7—中间轴承；8—喷淋水管；9—水槽；10—手孔；11—人孔；12—油入口；13—油出口；14—放空口；15—水出口；16—放散口

② 机械化结晶机的结构和操作条件

a. 机械化结晶机的结构　如图 6-36 所示，它是一个卧式圆形设备，水平方向有一贯穿整体的搅拌轴，轴上装有桨叶（刮刀），桨叶交错安装形成螺旋形排列，外面有马达带动，转速为 8r/min。搅拌桨叶靠弹簧紧压在结晶机内壁上。当搅拌转动时，就把筒壁上的粗蒽结晶刮下来，同时搅动圆筒内物料，以加快结晶过程。为了加速冷却，圆筒外有喷水冷却装置，还有一种立式带锥底的圆筒式结晶机，搅拌速度为 15r/min。在 24～36h 内将物料从

80～100℃冷却到 20～30℃，结晶占 10%～15%。

b. 机械化结晶机的操作条件

(a) 装料温度为 80～90℃，装料含水≤1%，结晶机内部料层上空应保持一定空间，一般 200～300mm。

(b) 不同温度下蒽、菲和咔唑在蒽油中的溶解度可见表 6-35。

表 6-35　蒽、菲和咔唑在蒽油中的溶解度

化合物名称	溶解度/%		
	20℃	40℃	60℃
蒽	0.9	1.7	3.5
菲	0.5	1.0	2.0
咔唑	20.1	32.4	49.3

由于蒽油成分复杂，主要成分浓度低，骤然冷却易生成多种晶核，结晶细小不纯故应控制冷却速度。另外蒽油黏度大，对扩散不利，故必须采用机械搅拌。

一般首先采用自然冷却，4h 后大约可冷至 50～55℃，然后喷水冷却 12h。加上装料 0.5h，放料 3.5h，总共 20h。

(c) 放料温度根据季节不同略有变化，一般在 30～38℃。放料温度太低，黏度过大，不利于放料和离心分离操作。

(d) 喷洒的冷却水量。0.1m^3/(h·m^2) 喷洒表面积，水温 25℃，出水升温 2℃。

③ 主要设备选择　粗蒽生产的主要设备是机械化结晶机，如图 6-36 所示。

④ 操作条件对粗蒽生产的影响　对于结晶法生产粗蒽工艺中，提高粗蒽含蒽量的关键因素是提高一蒽油的质量和控制适宜的结晶温度。表 6-36 列出用毛细管气相色谱法分析的一蒽油组成及其与结晶温度的关系。对于上述原料，结晶温度对粗蒽含蒽量的影响见表 6-37。

分析试验数据得出，对粗蒽的含蒽量和产率影响最明显的结晶温度是 45～50℃。尽管原料一蒽油的含蒽量有波动，当结晶温度控制在 45～50℃时，所得粗蒽产品均可达到一级品标准，含蒽量>36%，但结晶温度在 45℃时的粗蒽产率要比 50℃时高 6%左右。

表 6-36　一蒽油中主要化合物的含量及结晶温度

组分	一蒽油中含量/%	结晶温度/℃	组分	一蒽油中含量/%	结晶温度/℃
萘	3.1～5.0	80.3	蒽	5.4～8.5	216.6
苊	1.5～3.6	96.0	咔唑	2.0～4.0	245.0
氧芴	1.2～3.2	86.5	荧蒽	10.0～16.0	110.0
芴	3.0～6.3	115.0	芘	8.0～11.0	150.0
菲	28.0～33.0	100.5			

表 6-37　结晶温度对粗蒽含蒽量的影响

结晶温度/℃	粗蒽中含蒽量/%	粗蒽与蒽油质量比/%	结晶温度/℃	粗蒽中含蒽量/%	粗蒽与蒽油质量比/%
30	22.65～28.00	35.58～39.70	60	39.20～41.23	15.99～17.42
35	27.45～32.61	30.17～32.56	65	40.24～42.43	13.33～15.51
40	32.50～36.38	26.04～28.81	70	40.56～44.00	11.51～13.17

续表

结晶温度/℃	粗蒽中含蒽量/%	粗蒽与蒽油质量比/%	结晶温度/℃	粗蒽中含蒽量/%	粗蒽与蒽油质量比/%
45	34.76～37.20	25.17～27.46	75	44.77～46.50	10.28～12.78
50	36.71～39.23	19.36～22.32	80	44.32～47.20	11.00～11.86
55	36.20～39.50	18.05～19.56	85	47.40～49.56	7.7～9.5

6.4.3 精蒽的生产

目前工业上生产精蒽的方法可分两类，一是溶剂法，二是溶剂-精馏或精馏溶剂法。

6.4.3.1 溶剂法生产精蒽

溶剂法是生产精蒽的经典方法，德国在第二次世界大战期间采用重苯和吡啶作为溶剂以工业规模生产精蒽。

(1) 重质苯-糠醛法生产精蒽

这是我国早先普遍采用的生产精蒽的方法，装置生产规模一般为300t/a。原料采用粗蒽约1500t/a（自产）；脱古马隆后的重质苯约110t/a（自产），初馏点>160℃，200℃前馏出量≥85%（体积），水分≤0.5%，不含萘及古马隆，20℃密度0.91～0.95g/cm³；糠醛约300t/a（外供），纯度>98%，酸度<0.16%，水分≤0.4%，20℃密度1.159～1.160g/cm³。

产品精蒽（含蒽大于90%）300t/a以及炭黑油。因苯是一种致癌物，该方法已淘汰。

(2) 丙酮法

丙酮法生产精蒽在苏联、日本等国早已工业化。该法按逆流洗涤原理，将原料以1∶3质量比在丙酮（或母液）中洗涤结晶三次，使菲和咔唑转移到丙酮溶液中，而蒽则富集在固体结晶中。

① 工艺流程 此法的工艺流程示于图6-37。主要包括以下四部分：

a. 第一精制段。原料以1∶3质量比装入混合罐，以间接蒸汽加热至30℃，保持1h，再送入另一混合器加热至45℃以后送入结晶器。以空气和水冷却到30℃，悬浮液中固液质量比约1∶5。离心分离后得75%～78%的中间产品和需要再生的三次母液。

b. 第二精制段。上一段固体产品加一次母液洗涤结晶，条件同上，冷却时间15～20h，悬浮液质量比1∶7，离心分离得90%的蒽和二次母液。

c. 第三精制段。上一段固体产品加新鲜丙酮溶剂洗涤结晶，条件同上，悬浮液中固液质量比1∶9，离心分离后得93%的精蒽和一次母液。

d. 丙酮的再生。三次母液已含大量杂质，需要进行再生。由于三次母液在蒸馏塔中蒸出丙酮后得到的是不能用泵输送的固体残渣，故需要用一种配制的蒽油（从特殊蒽馏分得到的油42%，一蒽油38%，二蒽油15%，末脱酚洗油5%）作溶剂进行溶解。蒽油与残渣体积比为(3～2.6)∶1。从蒸馏塔侧线可切取菲-咔唑馏分（还包括煤焦油类），它可用以进一步加工制取菲和咔唑，也可用于生产炭黑、浸渍木材和制备筑路沥青等。

② 操作中要注意的问题 丙酮有着火和爆炸的危险，常温下蒸气压力相当高，故与丙酮接触的设备都要预先以氮气排除空气，并始终充氮，保持约6.67kPa的正压。

在使用355℃前馏出量≥95%的粗蒽作原料时，经过上述三次洗涤，可得到95%的精蒽

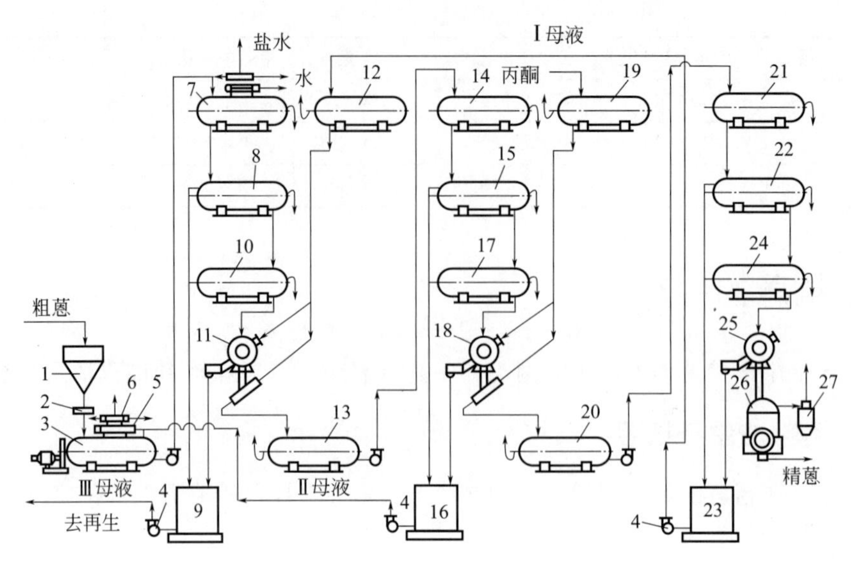

图 6-37 丙酮法生产精蒽的工艺流程

1—料斗；2—给料器；3，7，13，14，20，21—混合器；4—泵；5，6—冷却器；8，15，22—结晶器；9，16，23—母液接受槽；10，17，24—搅拌中间槽；11，18，25—离心机；12，19—高位槽；26—干燥器；27—旋风分离器

产品。若粗蒽 95%馏出量的温度超过 360℃，则要经四次洗涤才能达到 95%的纯度。

③ 物料平衡 加工 100t 粗蒽的总物料平衡可见表 6-38。

表 6-38 总物料平衡

入方		出方	
品名	质量/t	品名	质量/t
粗蒽(24.5%)	100	精蒽	14
丙酮	21	菲-咔唑馏分及蒽油	305
蒽油	224	损失	41
洗油	15		
小计	360	小计	360

④ 丙酮法的缺点

a. 间歇操作，生产流程长，设备数量多，这可以说是溶剂法的通病。

b. 丙酮易燃易爆，操作较麻烦，溶剂损耗也较大。

6.4.3.2 蒸馏-溶剂法生产精蒽

因溶剂法生产精蒽工序多、流程长、不连续、处理量小、溶剂消耗量大，目前精蒽生产多倾向于采用蒸馏和溶剂相结合的方法。

(1) 粗蒽减压蒸馏-苯乙酮洗涤结晶法

联邦德国吕特格公司焦油加工厂用此法生产精蒽，规模 6000t/a。

① 工艺流程 此法的工艺流程示于图 6-38，主要包括蒸馏系统、溶剂洗涤结晶系统。

a. 蒸馏系统 粗蒽熔化，加热至 150℃，进入蒸馏塔中部从下往上数第 36 块塔板，塔

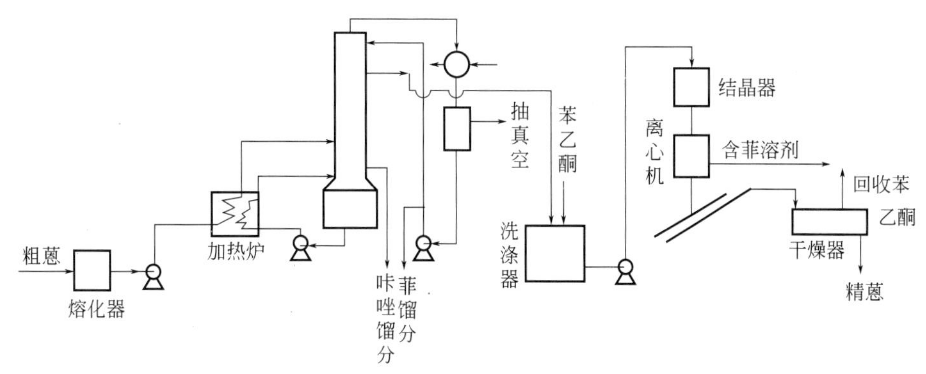

图 6-38 粗蒽减压蒸馏-苯乙酮洗涤结晶法生产精蒽的工艺流程

底残液加热至 350℃进行循环加热。蒸馏塔为泡罩塔，直径 2.4m，塔板数 78，每小时进料量 4t。塔顶为粗菲（含蒽 1%～2%），冷凝后一部分回流，一部分抽出。半精蒽从第 52 块塔板上切取，含蒽 55%～60%。粗咔唑从第 3 块塔板上抽出，含咔唑 55%～60%。

b. 溶剂洗涤结晶系统 半精蒽与加热至 120℃的苯乙酮以 1∶(1.5～2)（质量比）加入洗涤器，并维持 120℃一段时间，然后送到卧式结晶机，10h 内冷却至 60℃。卧式结晶机容积 12m^3，共三台轮换使用，搅拌转速 4r/min，外有水夹套。结晶机内的物料冷却至规定时间后，放入卧式离心机离心分离。离心机两台，每台每次得湿蒽 500kg。湿蒽用运输机运送到盘式干燥器，直径 3.5m，高 1.5m，在 120～130℃下干燥，除去残留溶剂。

② 原料与产品 原料为粗蒽，其组成为蒽 25%～30%，菲 30%～40%，咔唑 13%。溶剂苯乙酮是生产苯乙烯的副产品，沸点 202℃，熔点 19.5～20℃，相对密度 d_4^{20} 1.0281。产品精蒽纯度为 96%。

(2) 直接以一蒽油为原料的溶剂洗涤结晶-减压蒸馏法

生产精蒽一般都是以粗蒽为原料，此法直接从一蒽油出发，省去粗蒽生产这一步。本工艺采用苯加氢所生产的溶剂油作萃取剂，萃取一蒽油中的菲。经两段连续结晶和洗涤，使菲几乎全部溶解而蒽和咔唑富集在结晶中。除去含菲溶剂后，将蒽和咔唑结晶送闪蒸塔进一步除去溶剂后，再送入减压精馏塔连续精馏，由塔顶切除前馏分，塔底切除咔唑馏分，在第 67 层塔盘上切取 95%的精蒽，精蒽馏分再经转鼓结晶机冷却刮片包装即为成品。

① 蒽结晶工艺流程 蒽结晶工艺流程示于图 6-39。一蒽油（含蒽 10%～20%，菲 32%～38%，咔唑 4%）在储槽内保持 140℃。在管道混合器中一蒽油与一号洗涤塔来的循环溶剂和分离器底部来的残余结晶相混合，温度降至 80℃，然后进入管式冷却器，用水间接冷却至 76℃依次连续进入第一步骤的 1～3 号结晶机冷却结晶。每台结晶机容量 20m^3，冷却速度要缓慢，温度要均匀，结晶颗粒要控制，大于 0.2mm 的颗粒要求达到 98%。1～5 号结晶机夹套冷却水用循环水，6～8 号结晶机夹套用 12℃制冷水。第 8 号结晶机和母液出口温度应为 20℃，再进入一号洗涤塔。它的直径为 6m，中间有立轴，上面固定有 4 层料型盘，以 4r/min 的速度转动，使结晶逐渐沉降。循环溶剂从下往上流动，与结晶移动方向正好相反。洗涤器出口的蒽结晶含蒽达 50%，含菲约 6%～8%。抽出这一结晶并加热熔化，再依次进入第二步骤的 1～6 号结晶机和二号洗涤塔继续进行冷却结晶和洗涤分离。1～4 号结晶机用循环水冷却，5～6 号结晶机用 12℃制冷水冷却。控制第 6 号结晶机结晶与母液出口温度为 30℃，二号洗涤塔里是用新鲜溶剂洗涤结晶，转速为 2r/min，最后得到的蒽结晶含蒽达 70%、咔唑 25%、菲 0.3%，还有甲基蒽和甲基咔唑约 5%，再送到蒸馏系统

进一步精制。

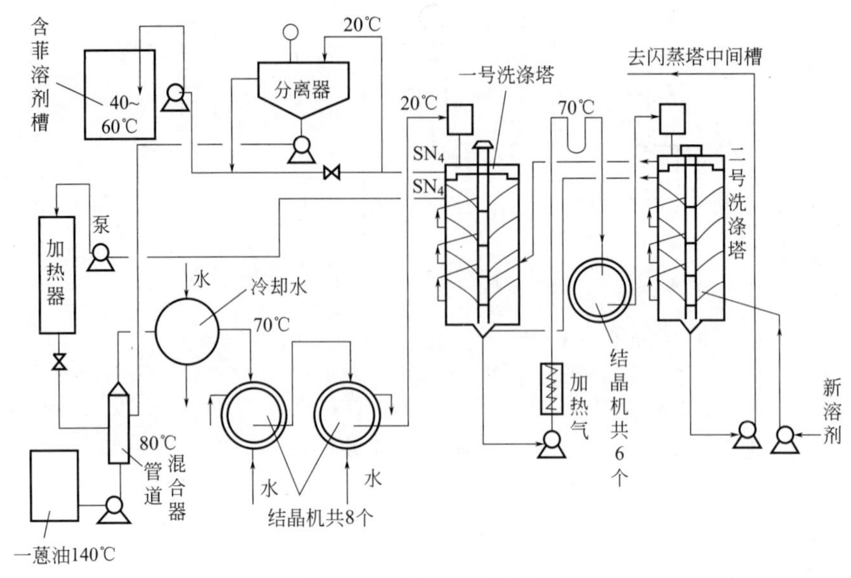

图 6-39 蒽结晶工艺流程

② 蒽精馏流程　蒽精馏工艺流程见图 6-40。由二号洗涤塔底抽出的蒽和咔唑送入中间槽，保持在 140～150℃使其熔化，用泵抽出经加热器，用蒸汽加热至 240℃送入闪蒸塔进行闪蒸，闪蒸塔塔顶温度 280℃，闪蒸塔压力 0.25MPa。塔顶产物 97%是溶剂，3%是蒽，经冷凝器、冷却器和分离器加以分离。塔底用换热器循环加热。蒸出溶剂后的物料以 $0.7m^3/h$ 的流量进入减压精馏塔从下往上数第 34 层塔盘。减压精馏塔直径 2m，高 45.45m，三角形条型泡罩塔盘共 80 盘。塔底由联苯醚经换热器供热。由第 67 层塔盘抽出纯度 97%的精蒽，流至转板结晶机冷却刮片后包装。重馏分咔唑由塔底排入减压再生塔，与含菲溶剂在再生塔内混蒸，塔顶的溶剂蒸气经冷凝冷却，除部分回流外，其余部分送入再生溶剂槽。再生塔底部排出的菲-咔唑渣送炭黑车间烧炭黑。蒽减压精馏塔塔顶为前馏分，除部分回流外，多余部分进入中间馏分塔，精馏后得到溶剂和甲基萘馏分。

③ 原料、中间品及产品质量规格与控制条件

a. 一蒽油质量与控制：蒸馏切取条件为结晶点 110℃，初馏点＞270℃，馏出量 50%时＞330℃，馏出量 95%时＞345℃，含蒽量不低于 10%。组成为蒽 10%～12%，菲 32%～38%，咔唑 4%。

b. 溶剂油质量：粗苯低温加氢精制溶剂油，馏分范围 165～190℃，组成为茚满约 70%，四氢萘约 18%，萘约 2%，三甲苯约 4%，还有少量茚和古马隆等。

c. 蒽结晶质量与控制条件：一段结晶后中间品质量为蒽 50%，菲 6%～8%，二段结晶后中间品质量为蒽 70%，咔唑 25%，甲基蒽与甲基咔唑约 5%，菲 0.3%。

d. 产品精蒽质量：蒽 95%，咔唑 2%～2.3%，菲＜0.5%，二氢蒽 1.2%～1.6%。

e. 塔底排出的咔唑馏分组成：咔唑 80%～85%，甲基蒽和甲基咔唑 5%，煤焦油类 10%～12%。

④ 主要操作控制条件

a. 结晶系统主要操作控制条件

ⅰ. 原料一蒽油槽温度为 140℃；一蒽油与溶剂混合后温度为 80℃。

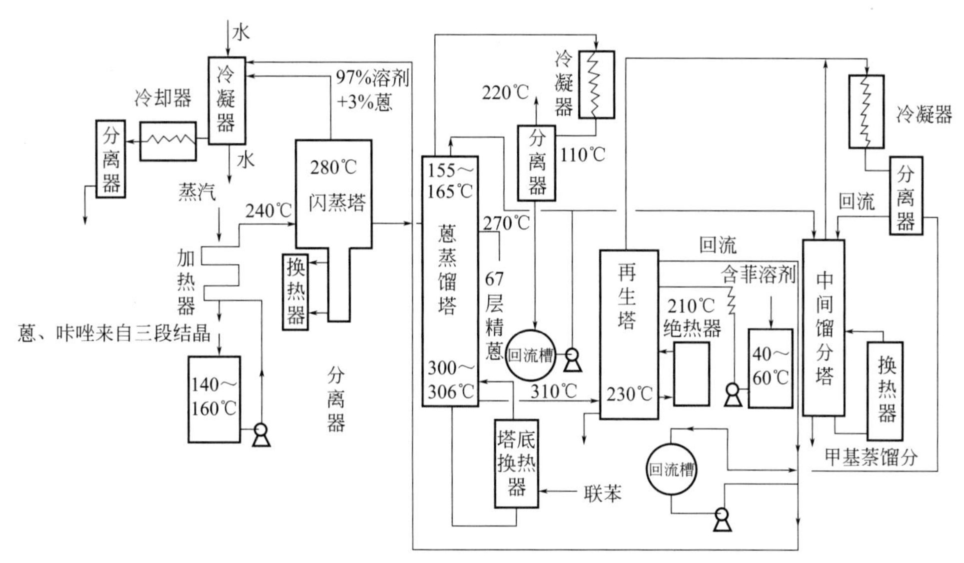

图 6-40 蒽精馏工艺流程

ⅱ. 入一段结晶机前冷却器温度为 65～70℃。

ⅲ. 进一段结晶机的温度为 70℃；出一段结晶机的温度为 20℃。

ⅳ. 进二段结晶机的温度为 70℃；出二段结晶机的温度为 30℃。

ⅴ. 一段结晶原料投料量为 15t/h，其中一蒽油 1～5m^3/h，溶剂 10～11m^3/h。

ⅵ. 二段结晶机结晶物料量为 11～12m^3/h。

ⅶ. 二号洗涤塔溶剂量为 10～10.5m^3/h。

b. 蒸馏系统主要操作控制条件

ⅰ. 闪蒸塔：入塔原料温度 240℃；入塔原料量 2.5～3m^3/h；塔顶温度 280℃；塔内压力 0.15MPa；进蒽塔量 0.7m^3/h。

ⅱ. 蒽塔：塔顶部 74 层塔盘温度（控制点）220℃；塔顶温度 160℃；塔底温度 300～306℃；67 层塔盘温度 260℃；回流量 3.8～4.2m^3/h；塔底加热循环量 10～12t/h；精蒽切取量 325kg/h；19～66 层塔盘间压力降 13.33kPa；塔底液面 900mm；塔顶冷凝器真空度 9.33～6.40kPa；塔顶真空度 12.00kPa；去中间馏分塔流量 2～3m^3/h；中间馏分塔塔顶温度，比再生塔顶高 2℃；中间馏分塔回流量 500～70kg/h。

ⅲ. 再生塔：塔顶温度 110～115℃；塔底温度 230℃；控制层温度 120～130℃；再生溶剂槽温度 40～60℃；进液量 12～13m^3/h；回流量 2～3m^3/h；回流液温度 60～80℃；塔底压力 18.67～20.00kPa。

ⅳ. 加热系统：热载体为联苯醚；用管式炉集中加热；天然气为燃料；管道保温用四氢萘；四氢萘换热器温度为 268℃，压力为 0.19MPa。

⑤ 主要消耗及精蒽产率　蒸汽 5000t/月；电 23.5×10^4kW/月。软水 4400m^3/h；冷却水 32.5×$10^4$$m^3$/月；天然气 2000$m^3$/月；溶剂油 0.015t/t（精蒽）。精蒽产率每吨一蒽油生产精蒽 0.0670t 左右，折合产率约为 60%。

⑥ 特点　由上可见，此法有以下特点：

a. 直接以一蒽油为原料，简化了生产工艺；

b. 生产连续化，处量能力大，并采用程序自动控制；

c. 减压精馏时，有溶剂作稀释剂，解决了冷凝冷却和真空系统易产生堵塞的问题；

d. 蒽产率高，对一蒽油中蒽达到60%左右；

e. 溶剂消耗低，仅有0.015t/t（精蒽）；

f. 咔唑和菲也能得到分离，如市场需要可同时生产咔唑和菲，被认为是一种技术和经济都比较先进的工艺。

⑦ 应用　我国宝钢和兖矿集团先后引进法国BEFS公司的蒽油一步结晶法和减压蒸馏的蒽精制工艺。所用原料蒽油组成：蒽>6%，咔唑>4%，菲<19%；粗蒽，蒽>30%，咔唑>14%。

原料蒽油经过预热与一定比例的粗蒽进入闪蒸塔，在闪蒸塔中脱除芘、苊等重组分，分离出副产品。离开闪蒸塔的富蒽油在结晶器中结晶，来自结晶器的半蒽在蒸馏塔中分离出精蒽和咔唑，其工艺流程的物流见图6-41[1]。

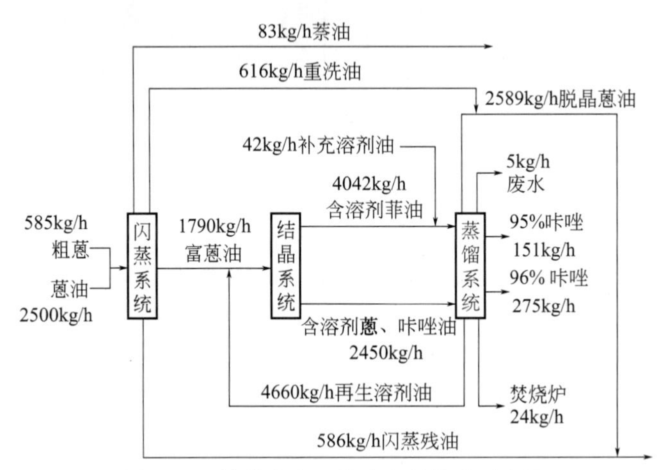

图6-41　精蒽生产工艺流程的物流示意图

该工艺主要由闪蒸系统、结晶系统和蒸馏系统3部分构成。

闪蒸系统的主要设备是闪蒸塔，原料经预热后进入闪蒸塔，从闪蒸塔出来的共有4种组分：萘油，可以作精萘的原料；重洗油；富蒽油，送往结晶系统；芘油。其中重洗油和芘油合在一起称为脱晶蒽油，脱晶蒽油可用作生产炭黑的原料或配各种专用油。

结晶系统的核心设备是BEFS的专利设备结晶器，结晶器之间是并联关系，每台结晶器都有自己单独的导热油循环回路，回路包括循环泵、蒸汽加热器、循环水冷却器（初冷器）和乙二醇冷却器（深冷器），每组结晶器拥有自己的原料槽、给料泵，其余的溶剂油槽泵、母液槽泵可共用。结晶工艺是一个多级结晶过程，对于年产2200t精蒽的结晶系统其结晶过程一般分为五级。在第一级结晶中有2～3次再加料、二次洗涤，其余几级是单纯的结晶过程。每个操作周期约为51～57h，结晶后，含有溶剂油的蒽被送到蒸馏系统。

蒸馏系统包括两个主要的蒸馏过程：一是溶剂油的再生，二是含溶剂油的蒽/咔唑的蒸馏。含溶剂的菲油预热到220℃进入溶剂油再生塔，再生塔将溶剂油与菲残油分离。含溶剂的蒽/咔唑先由顶部进入一个预蒸馏塔，塔顶的溶剂油蒸汽在塔顶冷凝器中冷凝，回到结晶系统。塔及冷凝器在常压状态下操作，塔顶温度178℃，塔底温度239℃。塔底的蒽/咔唑通过计量泵到减压蒸馏的蒽/咔唑分离塔。塔内压力85kPa，塔顶温度120℃，塔底温度282℃。分离后产生四种产品：塔顶混合气体、侧线96%液态精蒽、95%咔唑，塔底蒽残油。

BEFS 精蒽工艺特点有：

a. 可不制取粗蒽，由一蒽油直接制取精蒽，简化生产过程。

b. 综合利用蒽、菲、咔唑、萘、脱晶蒽油等产品，可有效降低成本。

c. 改善劳动条件，减少环境污染。整个工艺过程没有废水、废渣排出；废气经焚烧炉后，NO_x、SO_2含量可以达标排放。

d. 能量的综合利用合理，能耗低。

e. 产品产率高。蒽的产率大于 70%，咔唑的产率大于 60%。

f. 采用连续蒸馏，自动化程度高，处理量大，技术和经济指标比较先进。

缺点是建设投资大，工艺复杂不易掌握。

(3) 溶剂洗涤结晶-双甘醇共沸蒸馏法

由前述已知，蒽和菲能与脂肪二元醇和部分一元醇形成沸点降低的共沸物，而咔唑不能。如果先用溶剂洗涤结晶除去菲，再用共沸蒸馏就很容易把蒽和咔唑分开。共沸剂有双甘醇和乙二醇等。这里仅介绍双甘醇共沸蒸馏法。

双甘醇是类似甘油的无色黏性液体；结构式 $HOCH_2CH_2OCH_2CH_2OH$；分子量 106.12；沸点 245℃；熔点 −10.45℃；15℃密度 1.1318g/cm^3；恩氏黏度 21℃时 4.24，80℃时 1.23；易溶于水、乙醇、乙醚和丙酮，难溶于芳香烃。

双甘醇共沸蒸馏法工艺流程主要包括粗蒽溶剂精制、共沸蒸馏、蒽结晶及其处理、双甘醇和粗苯的回收等。按此法生产 1t 93%精蒽的消耗定额：粗蒽 7t，粗苯（150℃前）1.8t，双甘醇 1.2t。所以，此法溶剂消耗量很大，生产成本高。

苏联乌克兰煤化学研究所用喹啉盐代替双甘醇作共沸剂，得到 94%～96%的精蒽。

6.4.4 蒽醌制备及其应用[1]

1836 年法国化学家劳仁特（Lorent）首先用硝酸氧化蒽制得蒽醌，蒽醌的发现是染料化学工业发展史上的一个重要里程碑，它把煤焦油化学与工业有机合成紧密联系起来，从而导致 19 世纪后期有机化学工业的一次飞跃。蒽醌类染料是数量最多、应用最广的染料。根据其应用分类，有还原染料、媒染染料、毛用染料和分散染料等（见图 6-42），蒽醌主要是由精蒽氧化而成，目前焦油加工厂生产的精蒽大多用于生产蒽醌。

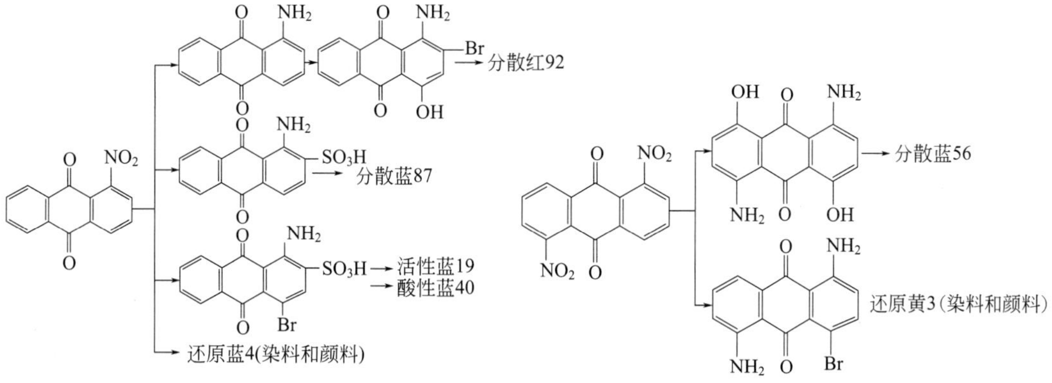

图 6-42

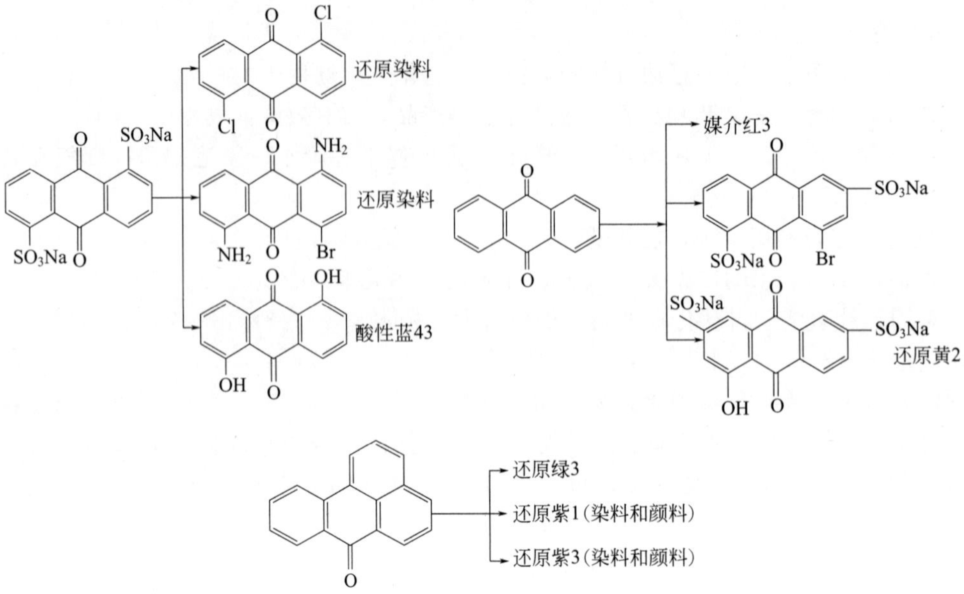

还原染料

还原染料

酸性蓝43

媒介红3

还原黄2

还原绿3

还原紫1(染料和颜料)

还原紫3(染料和颜料)

图 6-42　蒽醌染料类别

6.4.4.1 蒽氧化制蒽醌[23,24]

蒽（结构式，碳原子编号1～10）分子结构中第9和第10碳原子最易被氧化，生成蒽醌。蒽醌（结构式）是淡黄色针状结晶。蒽暴露于空气中，表面带黄绿色，就是氧化生成蒽醌的缘故。蒽醌的沸点379.8℃，熔点285～286℃，相对密度1.419，易升华，不溶于水，不溶或极难溶于乙醚、冷的苯和冷的酒精中。它的化学性质活泼，可以进行许多基本的有机化学反应，如磺化、硝化和卤化等。但热稳定性很好，只有在激烈的氧化条件下才能被进一步氧化。

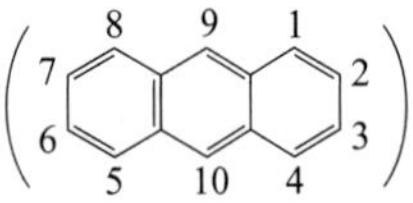

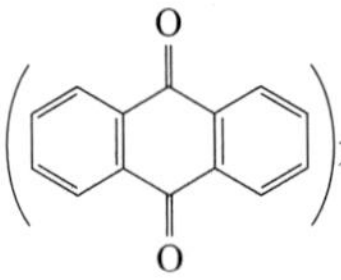

（1）国内外蒽醌生产概况

① 国内蒽醌生产概况　早先我国蒽醌生产基本都是用精蒽催化氧化法，装置规模较小，一般仅为250t/a。近年来，随着国外技术引进，蒽醌生产的装置规模也达到年产万吨级。

② 国外蒽醌生产概况　国外蒽醌生产有两种工艺，欧洲采用精蒽氧化法，美国采用合成法，日本两种方法都有。总的讲，氧化法产量远大于合成法。全世界每年蒽醌产量约数万吨。蒽醌生产主要公司有：德国的拜尔化学公司，规模11000t/a；瑞士的汽巴-嘉基（Ciba-Gieigy）公司，规模4500t/a；英国帝国化学公司（ICI），规模3000t/a；日本蒸馏化学公司，规模2000t/a；日本川崎化成公司（萘醌合成法），规模2000t/a等。其他还有美国、法国、意大利、苏联和东欧一些国家，生产规模也不小。

③ 蒽醌产品的质量要求

a. 我国标准中的质量要求　见表6-39。

表 6-39 我国标准中对蒽醌产品的质量要求（GB/T 2405—2013）

项目		指标		
		优等品	一等品	合格品
外观		黄色或浅灰至灰绿色结晶(粉末)		
干品初熔点/℃	≥	284.2	283.0	280.0
纯度/%	≥	99.00	98.50	97.00
灰分/%	≤	0.20	0.50	0.50
干燥减量/%	≤	0.20	0.40	0.50

b. 国外标准质量要求举例

ⅰ. 日本标准质量要求　一级品：纯度>99%，初熔点>285℃，水分<0.2%；二级品：纯度>98%，初熔点>283℃，水分<0.2%。

ⅱ. 印度标准质量要求　纯度>98%，初熔点>282℃，水分<0.2%。

(2) 蒽的氧化

蒽的氧化方法可分为两大类：液相氧化和气相氧化。目前蒽制蒽醌几乎全部用后一方法，即以空气作氧化剂，用 V_2O_5 载体催化剂进行气相催化氧化，反应器有固定床和流化床两种类型。

① 蒽氧化生成蒽醌的反应历程　从蒽到蒽醌要经过几个中间阶段，反应历程如下：

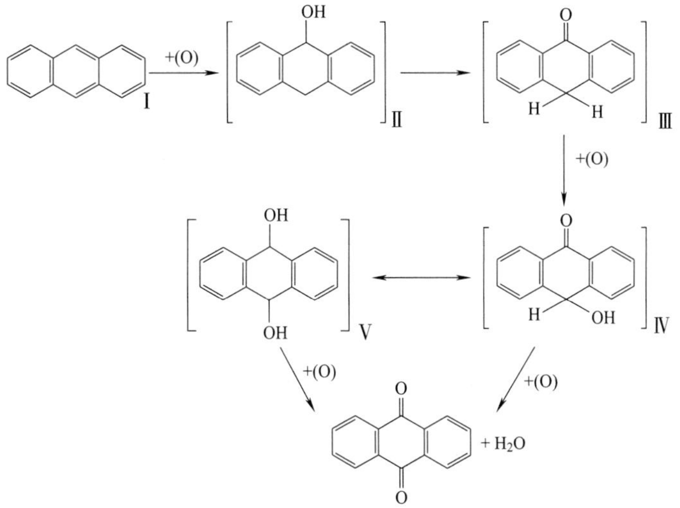

蒽醌不是蒽氧化的唯一产物，实际上蒽氧化包括一系列平行顺序反应，为了提高蒽醌产率，即增加反应选择性，需要严格控制反应条件。蒽的氧化反应可概括如下：

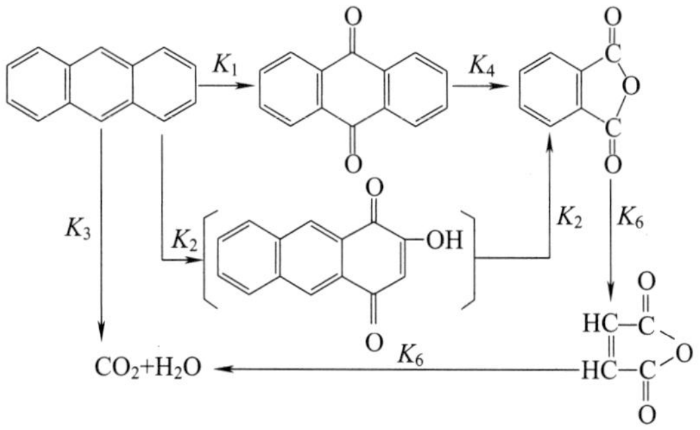

② 蒽气相氧化催化剂　蒽气相氧化催化剂与萘气相氧化生产苯酐的催化剂属同一类型，主体为 V_2O_5，载体为沸石或氧化铝，另外还添加一些辅助成分，加 Fe_2O_3、K_2SO_4、MnO 和 CsCl 等。表 6-40 为部分催化剂及其使用效果。

表 6-40　蒽氧化催化剂及其使用效果

催化剂主要成分	载体	蒽浓度/(mol/m^3)	反应温度/℃	接触时间/s	蒽醌产率/%
V_2O_5-Na_2O	浮石	—	390～400	0.3	88.5
V_2O_5-SnO_2	浮石	0.75	400	—	93
V_2O_5-SnO_2	浮石	1.2	380～390	0.7	80
V_2O_5-K_2SO_4	浮石	—	410～420	0.5	94
V_2O_5-K_2SO_4-Fe_2O_3	浮石	0.3	320～390	—	95～97
V_2O_5-CsCl	浮石	0.4	400～410	0.5	93

我国蒽醌生产厂多采用钒-铁-钾-锰四元催化剂，沸石为载体，球形（ϕ6～8mm）或圆柱形［ϕ(5～7)mm×(5～7)mm］。国外在催化剂研制方面做了不少工作，取得了很大进展，证明在提高蒽醌产率、降低生产成本和方便操作等方面，选择合适的催化剂是一个关键。

瑞士汽巴公司采用的是复合催化剂，除钒外还添加锰、铁、钛和碱性盐。钒酸铵与锰盐或铁盐的摩尔比为 1∶（1～1.5）。将这些成分沉积在浮石或硅藻土上，在 575～650℃下焙烧，空气流中活化即得。

捷克研究者制法：1000 份（质量份，下同）Al_2O_3、20 份 TiO_2 和 5 份 $MgSO_4$ 干粉混合物，焙烧 1h，再加水研成 1μm 颗粒，干燥至含水 5%～15%，加入 1%～5%有机物，成型，在 1530℃下焙烧，再活化即得。

日本八幡化学工业公司制得 $V_2O_{4.34}$ 型催化剂，以钒为主体，载体为硅胶和氧化铝，另外添加 Fe、Co 和 Ni（含量小于 1%），在有还原剂如 H_2、H_2S 和 NH_3 存在下，热处理可提高活性。蒽和空气混合物浓度 0.0316g(蒽)/L(空气)和 395℃条件下，蒽醌产率为 94.6%。日本催化化学公司制备了一种以碳化硅为载体的钒催化剂，据说反应后蒽醌产率可达 110.5%。

由上可见，研制与开发新催化剂是提高蒽醌生产水平的一个重要课题，值得重视。

③ 固定床气相催化氧化工艺　蒽固定床氧化工艺流程示于图 6-43。原料精蒽在汽化器 4 中被烟道气通过油浴加热至 250℃左右，通过约 300℃的过热蒸汽，浓蒽蒸气被蒸汽鼓泡吹出，与热风炉来的 280～360℃热风汇合进入氧化反应器 9。反应器通过熔盐循环控制温度，中部温度在 365～370℃。反应后的产物经热交换器（图中未画出）后进入一组薄壁冷凝器，蒽醌即逐步冷凝沉降，并得到分级。尾气经过沉降器、旋风分离器和水洗塔后放空。蒽醌定期从薄壁冷凝器卸料口放出，经分级、化验和包装可出厂。

主要操作指标：

a. 蒽∶空气＝1∶(40～50)（质量比），送蒽量 36～50kg/h，蒸汽流量 18～25kg/h，冷风流量 1540m^3/h，催化剂负荷＜22g/(L·h)。

b. 氧化反应器中部温度（365±1)℃（根据催化剂活性可以变动）。

c. 热风温度 280～360℃，循化剂活化时低于 450℃。

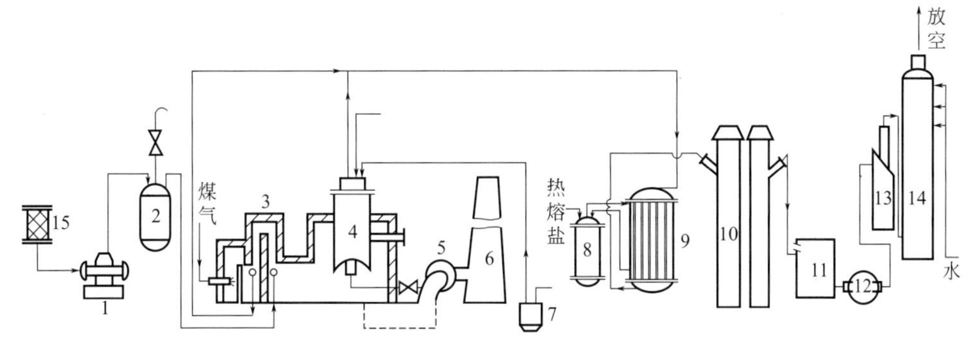

图 6-43 蒽固定床氧化工艺流程

1—鼓风机；2—空气贮罐；3—空气加热器；4—蒽汽化器；5—烟道引风机；6—烟囱；7—蒽加料槽；8—熔盐釜；9—氧化反应器；10—薄壁冷凝器；11—蒽醌沉降器；12—尾气引风机；13—旋风分离器；14—水洗塔；15—空气过滤器

d. 熔盐为 $KNO_3/NaNO_2$，比例 55∶45。当熔点超过 190℃时，要更换。

e. 热风炉炉膛温度小于 800℃，活化时小于 1000℃。

f. 熔盐在熔盐炉中加热，熔盐炉炉膛温度 500℃，活化时低于 540℃。

g. 汽化器液蒽温度 (250±5)℃，过热蒸汽温度 (300±10)℃。

h. 装催化剂要均匀，各管阻力与标准管之间不得相差 98.07Pa。催化剂活化周期一个月，每次活化 24h。活化温度高于氧化温度 5℃，催化剂寿命约 5 年。

i. 蒽和空气的混合物易燃易爆，热风不能进入汽化器，控制空气与蒽的比例使其超出爆炸极限范围。操作中要密切注意各项指标，同时准备好各种灭火措施。

④ 流化床气相催化氧化工艺　流化床气相催化氧化是继固定床之后出现的新工艺，国外已得到较普遍推广。捷克乌尔克斯焦油加工厂奥特罗克维采分厂采用从苏联引进的技术，建有三套流化床生产装置，总生产能力 1200t/a。

工艺流程如图 6-44 所示，精蒽在汽化器中以 500℃热风使之汽化，500℃热风来自热风炉。流化床反应器直径 2m，高 7.45m，分三层，蒽-空气混合物 350℃，进入反应器下部。氧化温度 440℃，氧化器中部通入冷空气，一方面作为二次空气，补充氧气不足，另一方面可调节反应器温度。反应气离开氧化器后先进入换热器，再进入薄壁冷凝器，底部用螺旋输送机出料。

主要操作指标：

a. 进入氧化器空气量 $1700m^3/h$，送蒽量 $40g/m^3$ (空气)。

b. 空速 0.35m/s。

c. 氧化温度 440℃。

d. 氧化反应器内装催化剂 3t，使用 4 个月后更换下来进行再生。

e. 进入薄壁冷凝器前气体温度 220～240℃。

f. 水洗塔效率 95%，底部排出的水进入分离沉降池，水循环使用。

消耗定额：精蒽 1160kg/t (蒽醌)；水 $100000m^3/a$；天然气 $500m^3/t$ (蒽醌)；电 2300kW/t (蒽醌)；催化剂 2t/a。

工艺特点：

a. 流化床反应温度均匀，容易控制，可以采用较高的反应温度，如 440℃，远高于固定

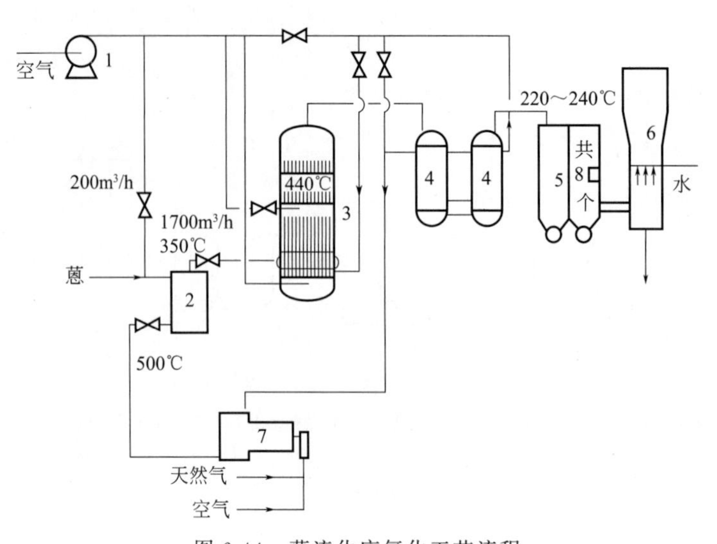

图 6-44 蒽流化床氧化工艺流程

1—鼓风机；2—蒽汽化器；3—氧化反应器空气加热器；4—换热器（2 个）；
5—薄壁冷凝器（8 个）；6—水洗塔；7—热风炉

床反应温度。所以反应速率快，氧化反应器体积小，生产能力大。

b. 以空气代替熔盐控制氧化反应器温度，装置简化，操作方便。

c. 蒽蒸气以热空气带入反应器，不用过热蒸汽。不过，控制不当易着火或爆炸。

d. 蒽醌出料用螺旋输送机，工人操作条件改善。

⑤ 分步反应的气相催化氧化法生产工艺　分步氧化反应生产蒽醌工艺流程主要由两部分构成，蒽的汽化及氧化反应和蒽醌气体的凝华及尾气的燃烧，如图 6-45 所示。

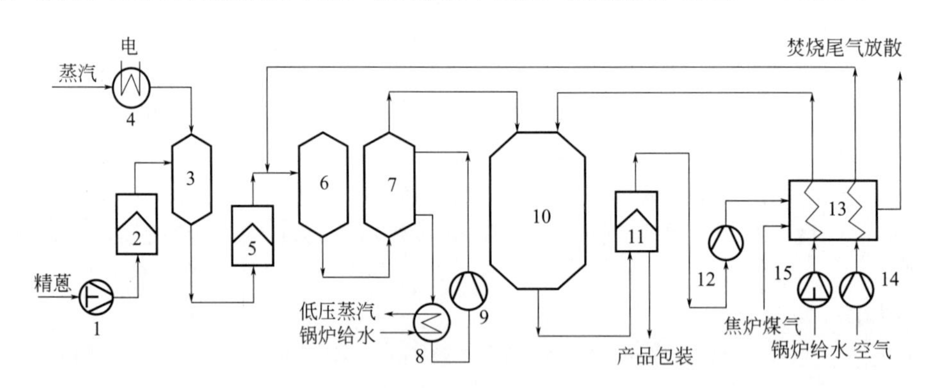

图 6-45 分步氧化法生产蒽醌的工艺流程图

1—液态蒽进料泵；2—液体蒽过滤器；3—蒽汽化器；4—蒸汽加热器；5—气体蒽过滤器；6—蒽氧化器；
7—蒽醌冷却器；8—蒸汽发生器；9—热空气循环风机；10—蒽醌凝华器；11—蒽醌过滤器；
12—废气风机；13—废气焚烧炉；14—空气风机；15—BFW 增压泵

95％的液态精蒽经过滤后送至汽化器，被过热蒸汽汽化成蒽蒸气，再经过滤去除雾滴，然后与预热空气混合进入反应器。催化氧化反应分 5 段进行，每段反应器对应一个冷却器，放出的反应热在相应的冷却器内，被循环空气带走。经过 5 段氧化反应后，蒽已被完全氧化成蒽醌。循环空气带出的氧化反应热用于发生蒸汽。这些蒸汽基本可以满足蒽醌生产装置自用。

经最终冷却器冷却的蒽醌气体与饱和温度的水一起进入凝华器，蒽醌被凝华成固体，水被汽化进入气相，悬浮固体的混合气体进入过滤器，进行气固分离。固态蒽醌被压实后包装。

蒽醌过滤器滤出的废气被送至废气焚烧系统焚烧后排入大气，燃烧热量用于预热空气。

分步氧化反应工艺与国内一步氧化反应工艺相比有如下特点：

a. 分步反应，避免过热。蒽氧化生成蒽醌是放热反应；同时反应过程又伴随着一系列放热的副反应。同时精蒽中的主要杂质菲和咔唑在相同的条件下也会发生放热的氧化反应。

蒽氧化反应速率随温度的升高而急剧加快，但温度过高时生成苯酐、顺酐和二氧化碳的副反应也会大大增加。因此要想提高蒽醌的产率，控制适当的反应温度极其重要，这就要求在反应过程中及时有效地移出反应放出的热量，以避免过热，即使是局部过热也同样会造成副反应增加。

而分步氧化反应工艺其氧化反应器与一步反应的氧化器有根本的区别，从而使氧化反应可以分多步进行，限制每一步反应的放热量，并及时移热，使反应物系在反应过程中的温升限制在一个较小的范围内。另外该工艺中进入装置的液体精蒽首先过滤，以滤除夹杂在液体中的固体颗粒；汽化后的气体精蒽再一次进行过滤，以去除反应气体中夹带的液滴，可有效地避免反应过程中的局部过热。

b. 独特的成品冷却方式。一步气相催化氧化法生产蒽醌都是采用薄壁冷却器冷却气体蒽醌，冷却效率低，占地面积大。分步氧化工艺既不是采用空气自然冷却，也不是采用间壁式强制冷却，而是采用直接接触的相变换热，即利用饱和水汽化的汽化潜热，移出蒽醌的凝华潜热，使气相蒽醌凝华成固体蒽醌。由于巨大的相变潜热，以及直接接触传热，使得冷却面积大为降低，而且冷却效率很高，可人为控制冷却用水量及水温，以达到最佳冷却效果。

c. 高效的热量利用。此工艺系统中主要有两套热利用系统。一套是氧化反应热利用系统，该系统是利用风机循环输送空气，带出氧化反应热，在蒸汽发生器中产生蒸汽，该蒸汽可供给本装置使用，基本可以达到自给自足；另一套是废气焚烧热利用系统，该系统既是环保措施，用于焚烧反应尾气中悬浮的有机物颗粒，使放散尾气达到环保标准，同时又可以用此焚烧热量来加热气体蒽醌凝华用水和氧化反应用空气，可谓一举两得。

d. 产品质量好、产率高。由于采用了较先进的生产工艺及较高的自动控制水平，使得整个生产过程连续稳定，从而保证了蒽醌产品纯度≥99%，产品产率 87%（相当于单耗为 1）。

除了用精蒽为原料氧化外，还有用蒽菲混合馏分氧化同时生产蒽醌和苯酐的工艺；以二氢蒽为原料的氧化工艺以及以粗蒽为原料，先加氢再氧化的工艺等。后者利用咔唑不能加氢的特点分出咔唑，在氧化时二氢蒽易氧化而二氢菲不易氧化，故可得到纯蒽醌。

6.4.4.2 蒽醌的重要衍生物制备

蒽醌是最基本的染料中间体之一，通过各种化学反应可得到许多蒽醌衍生物，用于生产不同品种的染料。除生产染料外，蒽醌及其衍生物在其他方面也有不少用途。

(1) *蒽醌磺酸*

蒽醌的磺化反应活性较差，需要用发烟硫酸才能磺化，其反应如下：

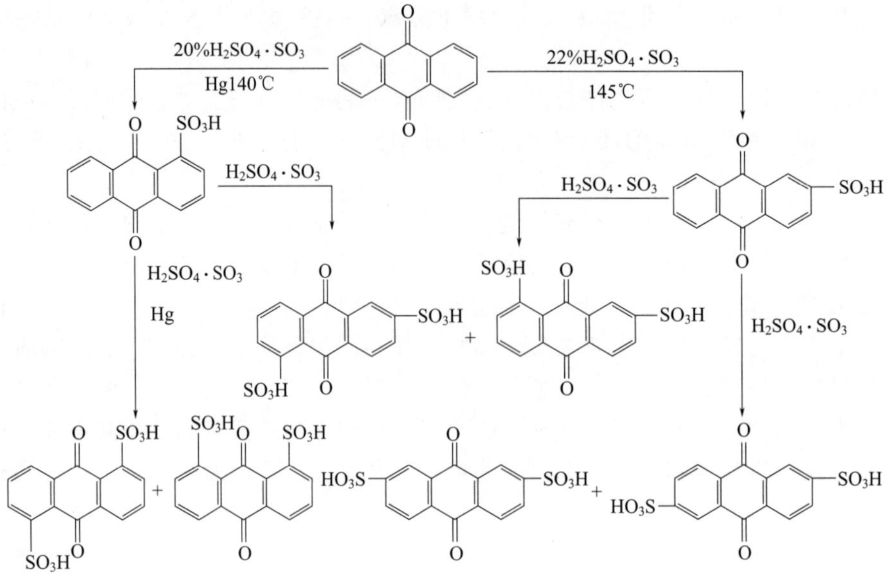

(2) 硝基蒽醌

1-氨基蒽醌是合成蒽醌系各类染料的重要中间体，过去采用磺化-氨解法。现在采用硝化-还原法，先要从蒽醌制备 1-硝基蒽醌。

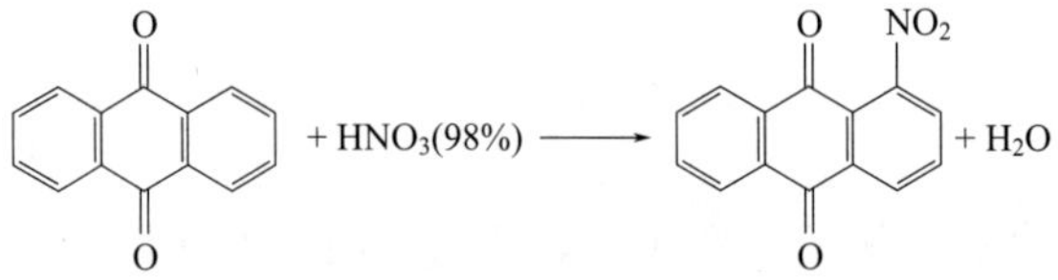

硝化温度低于 25℃，此时副产物 2-硝基蒽醌和二硝基蒽醌较少。

(3) 氯化蒽醌

直接法：

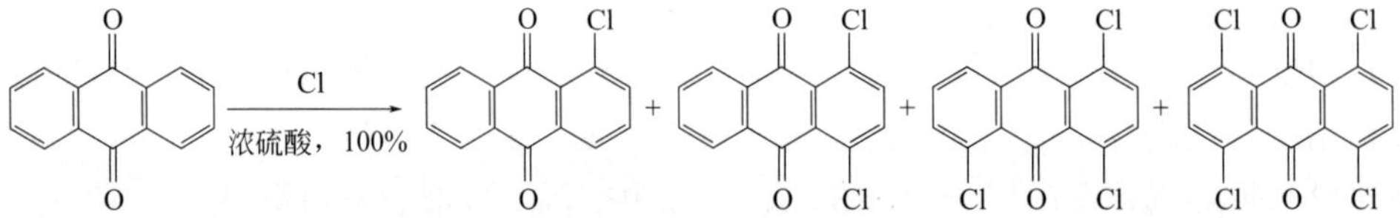

还有其他一些反应，这些反应选择性不好，难以控制，故用间接法制备。

间接法：

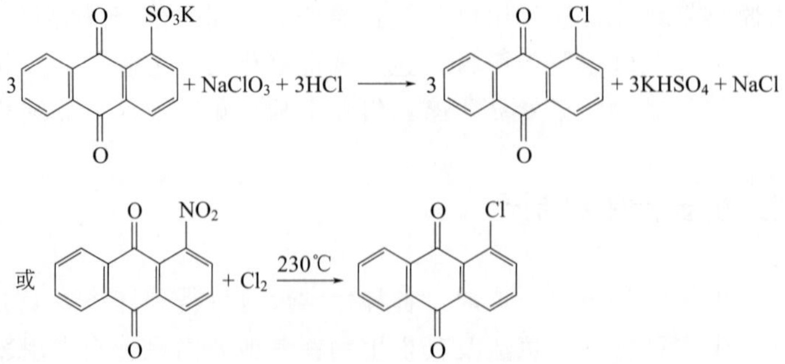

(4) 苯绕蒽酮

苯绕蒽酮是制备一系列还原染料的中间体，制备方法如下：

① 甘油脱水生成丙烯醛。

$$\begin{array}{l}CH_2-OH\\ |\\ CH-OH\\ |\\ CH_2-OH\end{array} \xrightarrow[-2H_2O]{H_2SO_4} \begin{array}{l}CH_2\\ \|\\ CH\\ |\\ CHO\end{array}$$

② 蒽醌还原为蒽酮酚。

$$\xrightarrow{\text{浓硫酸+Zn(或Fe)粉}}$$

③ 蒽酮酚与丙烯醛缩合和脱水闭环生成苯绕蒽酮。

6.4.5 咔唑的生产

咔唑是染料、塑料和农药的重要原料，早已有工业生产，不过规模远小于精蒽。目前国内精咔唑生产厂家不多，常规工艺有硫酸法、溶剂法、溶剂-精馏法等，硫酸法已经淘汰。溶剂法应用最广，此法是利用蒽、菲、咔唑在一定溶剂中具有不同的溶解度而分离，但因该工艺的洗涤、结晶和离心分离次数多，导致溶剂耗量大，产品回产率低。在前一节介绍精蒽生产时，已同时提到咔唑和菲的分离和精制。

6.4.5.1 初馏-溶剂-精馏法生产精蒽和精咔唑工艺[1,22]

(1) 工艺流程

① 初馏及粗蒽的制备　静置脱水后的一蒽油和二蒽油的混合馏分（其含水量<0.5%），用原料泵送入初馏釜，炉膛用煤或煤气加热，缓慢蒸出残余水分和轻油。轻油馏分自釜顶升汽管和交通管进入冷凝冷却器，经真空计量槽放入轻油产品槽。当釜顶升汽管温度达到275℃时，关闭交通管阀门，启动真空泵，在真空度79～86kPa下进行初馏，回流比控制在2左右，切取275～305℃之间窄馏分，经分缩器、冷凝冷却器、真空计量槽进入窄馏分中间槽，当初馏塔塔顶温度超过305℃时，停止加热。待稍冷后将初馏釜内料液放入脱晶蒽油槽，经水间接冷却后，用泵送至脱晶蒽油产品槽。窄馏分中间槽内的馏分间歇装入机械化结晶机，冷却结晶后，经离心机分离出粗蒽，离心液进入脱晶蒽油产品槽外销。

② 粗蒽的洗涤　含蒽、咔唑较高的粗蒽通过溜槽与泵送来的新溶剂油按1∶1的比例装入洗涤器内，用间接蒸汽加热到87～90℃，机械搅拌0.5h，然后用渣浆泵送入机械化结晶机，冷却到35℃（冬季38℃），再经间歇卧式离心机离心分离，得到一次脱菲半粗蒽（蒽、咔唑之和为90%左右），装入半粗蒽料仓中。

③ 半粗蒽的精制　料仓中的半粗蒽用螺旋输送机（或小推车人工装料）装入精馏釜内，精馏釜设有厚度为30mm的金属浴夹套。夹套内装有铅锡金属热载体，炉膛用煤或煤气加热，缓慢蒸出轻油及溶剂油，经分缩器、冷凝冷却器、真空计量槽进入溶剂油槽。当精馏塔塔顶温度升高到290℃时开始抽真空（真空度80kPa），全回流2h，待塔顶温度稳定后，逐渐减小回流量，其回流比维持在19左右。然后经冷凝冷却器、真空计量槽，切取精蒽馏分送入精蒽高置槽，当塔顶温度升高到295℃时，改切咔唑前馏分送入馏分中间槽；当塔顶温度升高到303℃时，切取精咔唑馏分送入精咔唑高置槽；当塔顶温度升高到305℃时，将真空

度提高到 86kPa，改切取咔唑后馏分送入馏分中间槽，塔顶温度升高到 360℃时，停止加热，稍冷后出渣。高置槽内的精蒽、精咔唑经转鼓结晶机结晶后，装袋外销。精蒽的含量>90%，精咔唑的含量>93%。馏分中间槽内的不合格产品送入下一釜复蒸。工艺流程见图 6-46[1]。

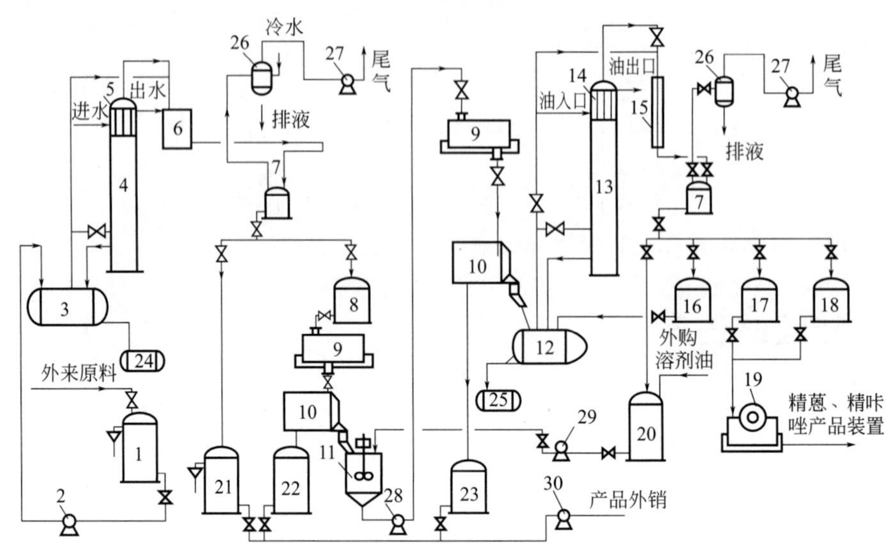

图 6-46 初馏-溶剂-精馏法生产精蒽、精咔唑工艺流程

1—原料储槽；2—原料泵；3—初馏釜；4—初馏塔；5—分缩器；6—冷凝冷却器；7—真空计量槽；8—窄馏分中间槽；9—机械化结晶机；10—离心机；11—洗涤器；12—精馏釜；13—精馏塔；14—分缩器；15—冷却器；16—中间槽；17—精蒽高置槽；18—精咔唑高置槽；19—结晶机；20—溶剂油槽；21—轻油产品槽；22—脱晶蒽油产品槽；23—含菲溶剂槽；24—脱晶蒽油槽；25—残油槽；26—真空捕集罐；27—真空泵；28—渣浆泵；29—洗涤泵；30—装车泵

(2) 工艺特点

① 拓宽了粗蒽原料的来源，提高了粗蒽半成品的品质。传统的粗蒽生产以一蒽油馏分为原料，通过冷却、结晶、离心分离出粗蒽。其蒽含量为 25%～30%，咔唑的含量为 12%～15%。但焦油中 30%的蒽、60%的咔唑集中在二蒽油中，导致蒽、咔唑资源的流失。故该工艺以一蒽油和二蒽油的混合馏分为原料，用真空蒸馏切取含蒽、咔唑的窄馏分，除去低沸点的和高沸点的物质，以提高窄馏分中蒽、咔唑的集中度，同时降低沸点温度和窄馏分的黏度，缩短初馏时间，可有效减少釜内结炭。

用窄馏分为原料，通过机械化结晶机冷却、结晶制取粗蒽，蒽的含量为 32%～37%，咔唑的含量为 20%～25%。

② 溶剂耗量及洗涤次数少，产品回收率高。洗涤次数和溶剂耗量是影响回收率的制约因素，新工艺选择具有选择溶解性好的溶剂油，只需一次洗涤、结晶和离心分离，即得一次脱菲的半粗蒽（蒽、咔唑的含量在 90%左右）。与溶剂法的 4～5 次洗涤相比，其溶剂耗量大幅度下降，回收率有很大的提高。

③ 工艺流程简单、投资较少。新工艺主要设备有两釜、两塔、结晶机、离心机、洗涤器及相关泵和槽类设备，与一般精馏相比流程较为简单，转产灵活性大。

(3) 设备安装及生产中需要注意的问题

① 设备及管道的保温 因精蒽和精咔唑的沸点、熔点较高，为了防止物料在精馏塔或管道中堵塞以及减少热量的损失，保证生产顺利，必须有得力的保温措施。普通的保温材料

效果不理想，膨胀珍珠岩堆积密度小，用于粗馏塔、精馏塔外壁的保温（厚度 150mm）效果不错。精蒽、精咔唑管道需外加套管，套管内用经导热油炉加热后的导热油进行保温。精馏各馏分储槽宜采用夹套式，内用导热油进行保温，要求导热油的闪点＞300℃，凝固点低、黏度小、高温热稳定性好。

② 物料的冷却与结晶　新工艺物料通过二次冷却结晶，结晶效果的好坏对产品的回收率影响很大，结晶效果好，能为离心分离创造有利的条件。为了避免结晶过程中产生大量细小晶体，应根据物料的性质、冷却方式及冷却时间而定，一般应首先自然冷却 4h，然后喷水冷却 10～12h，结晶机搅拌轴的转速以 8r/min 为宜。放料温度应根据结晶情况而定，一般在32～38℃，放料温度太低，则黏度增大，不利于离心分离，放料温度太高，则回收率降低。

③ 溶剂的选择　不同的溶剂对蒽、咔唑的溶解度差别很大，常用溶剂有苯、甲苯、溶剂油、轻吡啶、重吡啶、三氯甲烷及丙酮等，经综合比较，以溶剂油性价比最为合理。

④ 冷凝冷却器冷却介质的确定　初馏塔塔顶分缩器、冷凝冷却器可以用水作为冷却介质，冷凝冷却器的出口水位要具有可调性。精馏塔塔顶分缩器、冷凝冷却器宜用脱晶蒽油或其他稳定油品作为冷却介质，且进口油温宜大于 100℃。冷凝冷却器不宜采用浸泡式，最好采用汽化冷凝冷却器或采用管道外加套管冷却，否则管道易堵塞，清理极为复杂。

6.4.5.2　结晶-蒸馏法制取精蒽和精咔唑的工艺

（1）工艺流程

结晶-蒸馏法精蒽装置由结晶和蒸馏两部分组成，其工艺流程分别见图 6-47、图 6-48。

结晶部分工艺如图 6-47 所示，待结晶箱的温度调整到装料温度时，用泵将原料槽中的蒽油或液体粗蒽装入结晶箱中，并开始进行降温结晶操作。完成结晶操作后，将未结晶的残液排入残油槽，与此同时，将温度升高到一定值后，向结晶箱内补充原料，然后再进行结晶、排残液操作，如此重复进行几次充料结晶—排残液操作后，就可使结晶充满结晶箱，然后用中间馏分冲洗结晶箱内的结晶 2～3 次，再用中间冲洗洗油和新冲洗洗油分别洗涤 2～3 次，最后将全部结晶溶化后放入混合馏分槽。结晶过程各阶段的温度均由循环热媒控制。

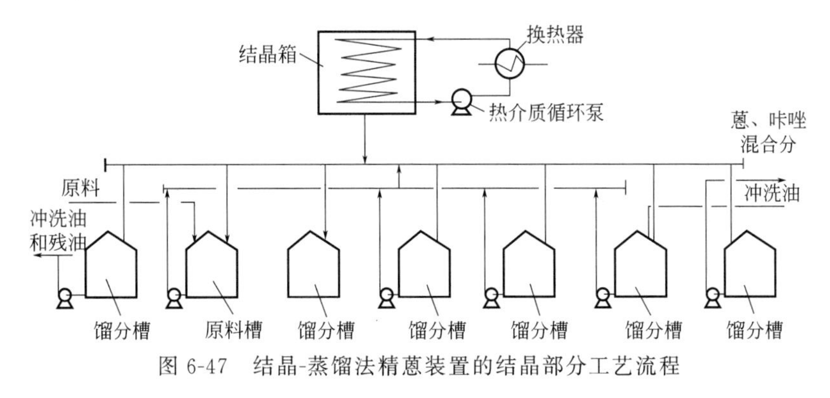

图 6-47　结晶-蒸馏法精蒽装置的结晶部分工艺流程

蒸馏部分工艺如图 6-48 所示，来自结晶部分的冲洗油和残油进入冲洗油再生塔，塔顶馏出冲洗油，侧线切取萘油，塔底排出残油。结晶部分所得的蒽-咔唑混合分送入浓缩塔中蒸馏，塔顶馏出冲洗油，塔底油用泵连续送入蒽-咔唑分离塔，从侧线分别切取精蒽和精咔唑产品，塔顶馏出冲洗油，残油从塔底送至焦油油库。从再生塔顶、浓缩塔顶和分离塔顶馏出的冲洗油一并进入结晶部分循环使用，再生塔和分离塔底部排出的残油混合后送至焦油油库的燃料油或炭黑油槽内。

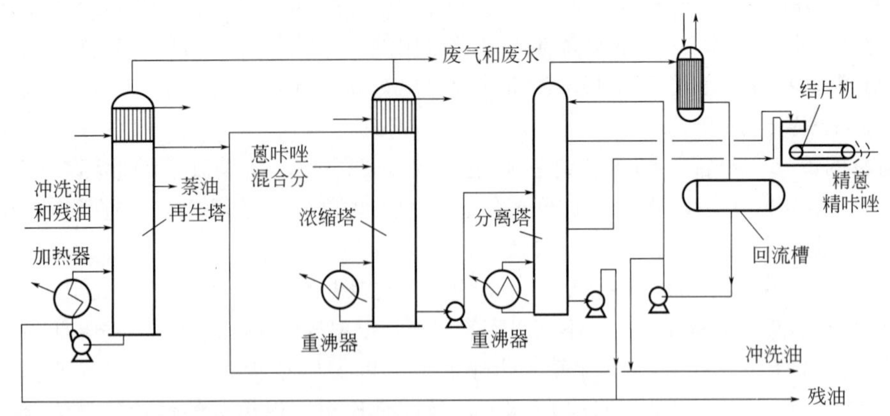

图 6-48　结晶-蒸馏法精蒽装置的蒸馏部分工艺流程

在蒸馏部分的三个蒸馏塔中，再生塔和浓缩塔为常压蒸馏塔，分离塔为减压蒸馏塔，塔底供热方式，除再生塔用管式炉供热外，另外两塔的供热方式均采用热油加热，以避免产生因局部过热而结焦的事故。

(2) 工艺特点

结晶-蒸馏法与溶剂法相比，具有如下特点[1]：

① 产品纯度高、回收率高　粗蒽中蒽和咔唑的结晶点相近（蒽 217℃，咔唑 245℃），而菲的结晶点较低（100.5℃）。所以，在结晶过程中，粗蒽中的菲则随结晶残油排出。经多次结晶，不仅可逐步提高蒽和咔唑产品的纯度，还可使外排残油中的蒽和咔唑的含量达到最低值，这就是结晶-蒸馏法产品纯度和产品产率均较高的原因。精蒽的纯度不小于 96%，蒽对蒽油的产率一般可达 70%以上；精咔唑的纯度不小于 95%，咔唑对蒽油的产率在 60%以上。使用溶剂法所得的精蒽纯度仅为 90%以上，蒽对粗蒽的收率在 70%左右；精咔唑纯度为 90%以上，咔唑对粗蒽的产率仅 30%左右。若以蒽油为基准计算其产率，溶剂法的蒽产率为 60%，咔唑产率约为 18%。

② 不用辅助溶剂　结晶-蒸馏法只需一种可循环使用的冲洗油，无需其他辅助溶剂。

③ 原料范围宽　因结晶操作分阶段进行，不同结晶阶段的组分浓度也不同，为此，可根据原料的组成送入不同的结晶阶段。对于结晶-蒸馏法，无论是用一蒽油还是粗蒽作原料，均可直接加工成精蒽和精咔唑产品，这样，对于新建厂，若采用结晶-蒸馏法，就可省去粗蒽生产装置，既可降低设备投资，又可减轻环境污染。而对于已建有粗蒽生产装置的老厂，比较适合于使用以粗蒽为原料的溶剂法。

④ 操作温度低　结晶-蒸馏法使用的冲洗油是煤焦油馏分，不仅稳定性好，毒性低，且可在较低温度下操作，以避免多次加热升温而使产品质量变差，这就是该项技术的诀窍。

⑤ 自动化程度高　在结晶过程中，各阶段的操作步骤较为复杂，使用 DCS 系统有效地提高了生产过程的自动化水平。

6.4.5.3　咔唑的深加工产品及应用[25-30]

随着科技发展，咔唑的用途逐渐被开发出来，市场正处于成长期，主要用于合成染（颜）料、农药、医药、光电新材料和树脂等领域。

(1) 咔唑应用领域

① 染（颜）料　咔唑与对亚硝基苯酚缩合，经硫化可生产硫化染料海昌蓝，还可生产

色酚染料2-羟基咔唑-3-羧酸对氯代苯胺及二酞酰咔唑类蒽醌染料。硫化染料耐晒，耐洗牢度良好，但耐氯漂性差，一般色泽不够鲜艳，但以咔唑为原料合成硫化染料可以有效避免上述缺点，色泽明亮鲜艳且牢度比较好。

咔唑可制备咔唑二噁嗪颜料，一般统称为咔唑二噁嗪紫，熔点在400℃以上，难以溶于各种有机溶剂，所以耐溶剂性优异，耐晒性也好，最高为8级，另外这种有机颜料的特点是着色力好，在有机颜料中等级最高。咔唑二噁嗪颜料由于其性能优异，广泛用于涂料、油墨、热塑性塑料、涂料印花等要求牢度高的领域。

② 农药　咔唑本身可作为杀虫剂的稳定剂和植物生长调节剂。咔唑的氯代衍生物和硝基衍生物都可用于合成杀虫剂。

③ 光电材料　咔唑可与醋酸反应生产甲基咔唑，进一步脱水得到*N*-乙烯咔唑，聚合后得到的聚*N*-乙烯咔唑具有良好的导光性。甲基咔唑与苯甲醛的聚合物和溴代咔唑与咔唑的缩聚物均具有导电性。目前对咔唑类光电材料研究比较多，光电材料本身属于高新技术领域，国内外发展较快，非常具有开发前景。

④ 合成树脂　以咔唑为原料与多种化合物反应可得到特种树脂，如咔唑与酚、甲醛可缩合成酚醛线型清漆，氨基咔唑与二羧酸热聚成聚酰胺树脂，具有极好的弹性和热稳定性。另外，咔唑还可作为合成树脂的改性成分，对多种树脂进行改性，以适应多种领域的要求。

⑤ 其他　咔唑与苯酚和甲醛缩聚可制备性能优异的混凝土减水剂；可合成润滑油和导热油的稳定剂；与环氧乙烷一起可合成特种表面活性剂；咔唑及其衍生物还可制备炸药、橡胶抗氧化剂等。另外，咔唑的许多新用途正源源不断被开发出来，只是有许多尚没有达到工业化应用程度，还需进一步完善。

(2) 咔唑生产染料的主要产品

① 海昌蓝R　海昌蓝R是最重要的蓝色染料之一，反应步骤如下：

缩合：

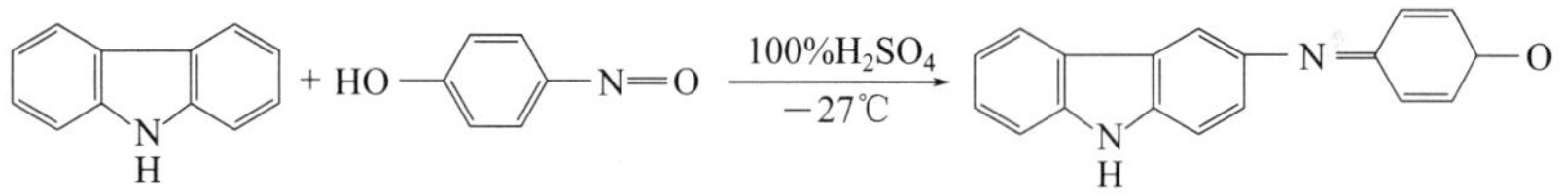

HO
N=O
100%H2SO4
−27℃
N
H
O

还原：

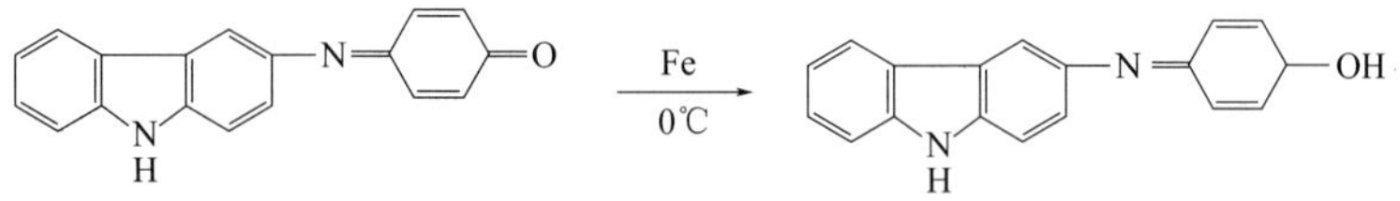

N
O
Fe
0℃
OH
H

硫化：

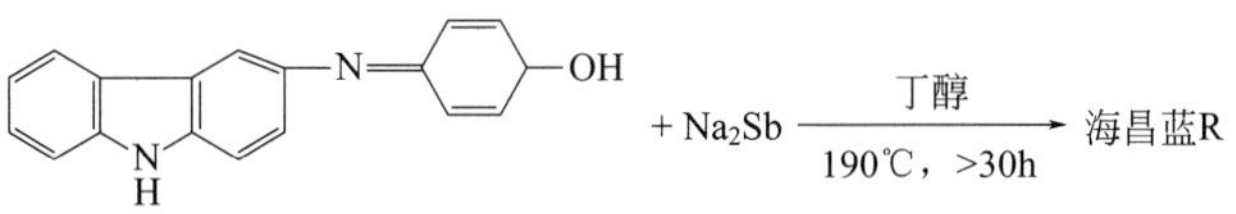

N
OH
H
+ Na2Sb
丁醇
190℃，>30h
海昌蓝R

以咔唑为原料可生产海昌蓝G。

② 晒利耐光蓝F3RC　2-氨基咔唑与四氯苯醌在酒精中组合，再在邻二氯苯中用苯磺酰氯闭环，最后磺化。

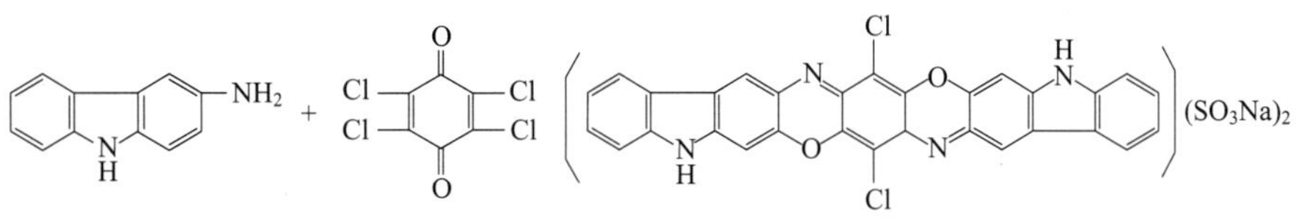

NH2
N
H
Cl
O
O
(SO3Na)2

③ 颜料紫R色基

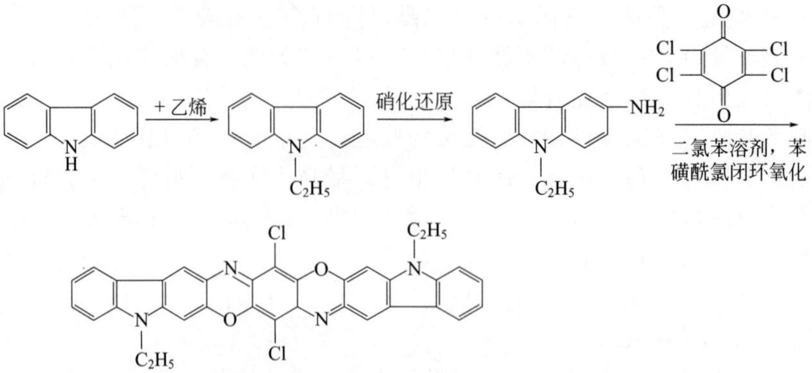

H

+乙烯

N

C_2H_5

硝化还原

N

NH_2

C_2H_5

O

Cl　Cl

Cl　Cl

O

二氯苯溶剂，苯磺酰氯闭环氧化

Cl　C_2H_5

N　O　N

N　O　N

C_2H_5　Cl

颜料紫R色盐

④ 永固紫 RL　染料索引号为 C.I. 颜料紫 23。该颜料被广泛用作涂料、油墨、橡胶、塑料和合成纤维的原浆染色，是目前国际上最昂贵的颜料之一，也是塑料工业中迄今为止所用的最好的紫色颜料。合成步骤如下：

乙基化反应：

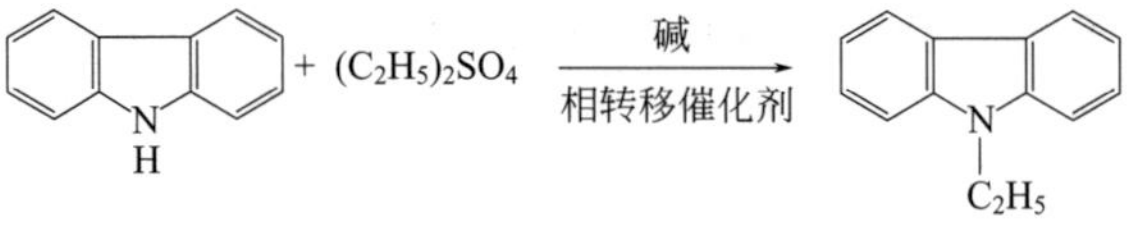

N H $+ (C_2H_5)_2SO_4$ $\xrightarrow[\text{相转移催化剂}]{\text{碱}}$ N C_2H_5

（Ⅰ）

硝化反应：

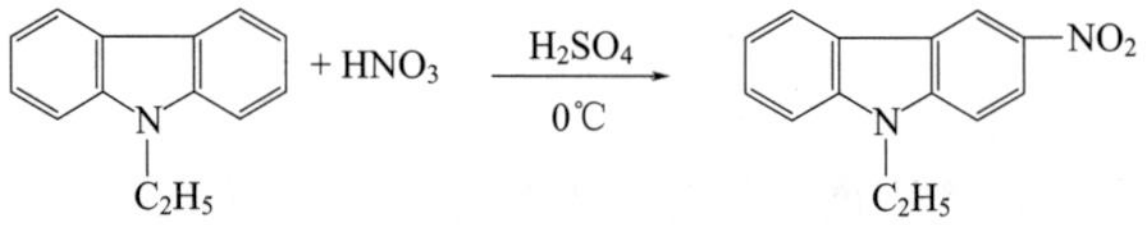

N C_2H_5 $+ HNO_3$ $\xrightarrow[0℃]{H_2SO_4}$ NO_2 N C_2H_5

（Ⅱ）

硝基还原反应：

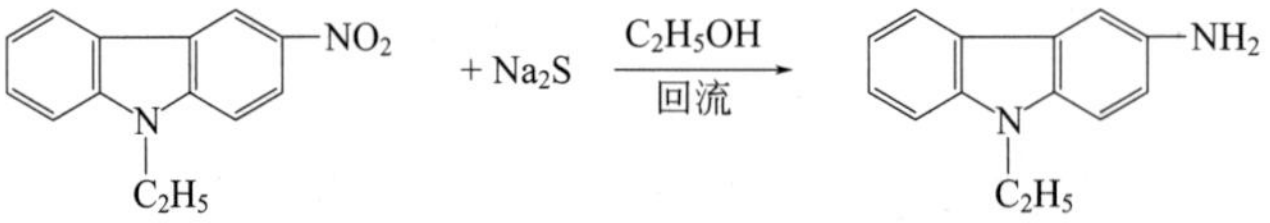

NO_2 N C_2H_5 $+ Na_2S$ $\xrightarrow[\text{回流}]{C_2H_5OH}$ NH_2 N C_2H_5

（Ⅲ）

缩合环化反应：

NH_2 N C_2H_5 + O Cl Cl Cl Cl O $\xrightarrow[-HCl]{\text{催化剂}}$ H N Cl O C_2H_5 N N C_2H_5 O N H Cl

$\xrightarrow{[O]}$ Cl C_2H_5 N O N N O N C_2H_5 Cl

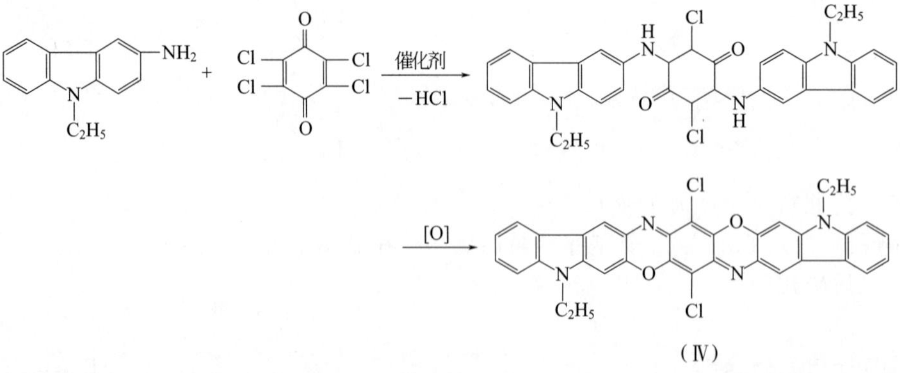

（Ⅳ）

永固紫 RL 合成的主要原料为咔唑、硫酸二乙酯、氢氧化钾、乙醇、硝酸、硫酸、邻二氯苯、四氯苯醌等。乙基化反应在有机溶剂（如甲苯）中进行，乙基咔唑（Ⅰ）的摩尔产率为 98.7%，含量达到 95.7%。

硝化反应在三氯乙烷溶剂中进行，产物 3-硝基-9-乙基咔唑（Ⅱ）对乙基咔唑（Ⅰ）的摩尔产率为 90.1%，含量达 94.8%。

硝基还原反应是将 3-硝基-9-乙基咔唑（Ⅱ）、乙醇、硫化钠和聚乙二醇加入反应釜中加热回流，并维持反应 7h 后，减压蒸馏回收乙醇，然后过滤，滤饼用甲醇洗涤，干燥，得产品 3-氨基-9-乙基咔唑（Ⅲ），产率为 91.0%。

最后，将还原反应的 3-氨基-9-乙基咔唑（Ⅲ）与四氯苯醌、邻二氯苯、三乙基苄基氯化锌和氢氧化钠，在回流条件下反应 2.0h，再加入对甲苯磺酰氯反应 4.0h，然后冷却过滤、洗涤、脱水、干燥得永固紫 RL 粗品，产率为 82.0%。

6.4.6 菲的生产[1,26,27]

在蒽、菲和咔唑中，菲的沸点最低，最易溶于溶剂，所以菲的分离和精制相对讲是比较方便的，要发展菲的生产，主要任务在于开拓市场。

6.4.6.1 蒸馏-结晶法制取工业菲

蒽油或粗蒽溶剂洗涤结晶所得母液回收溶剂后的釜底残油，在具有 20 块理论塔板的塔中精馏，切取含菲窄馏分，冷却至 25～30℃结晶，然后过滤、压榨即可得 70%工业菲。表 6-41 为菲结晶产率和组成，可供参考。

表 6-41 菲结晶产率和组成

馏分切取温度范围	结晶产率/%（过滤机后）		结晶产率/%（压榨机后）		压榨结晶分析				100%菲对蒽油产率/%
	对馏分	对蒽油	对馏分	对蒽油	蒽/%	咔唑/%	菲/%	熔点/℃	
310～320.5	18.15	0.53	15.85	0.46	6.28	4.32	37.6	85.5～90	0.16
320.5～331.0	67.7	4.46	59.6	3.01	4.92	5.03	70.8	91～92	2.11
331.0～341.5	100.0	11.39	63.5	7.32	3.93	15.7	75.0	90～92	5.42
341.5～352	51.4	4.39	55.0	2.39	3.99	14.7	66.9	101～110	1.58
残油		45							

6.4.6.2 从工业菲制取精菲

工业菲（压榨菲）一般含菲 70%，对某些应用讲这一纯度是不够的，需要进一步提纯。工业菲中主要杂质为咔唑、蒽及二苯并噻吩等。

（1）氢氧化钾熔融法

工业菲加 20%（质量分数）的固体氢氧化钾熔融，第一步在 180～240℃形成咔唑钾盐，沉降放出钾熔物，再装入新氢氧化钾；第二步在 300～325℃下反应，让氢氧化钾与二苯并噻吩反应，此时芴和氧芴也转入钾熔物。钾熔时间总共 4h。沉降后，将油层精馏，可得纯度 90%～93%的菲。剩下的杂质主要是蒽，可添加顺丁烯二酸酐，它能与蒽络合。对一份蒽需加 0.63 份顺酐，在 130～140℃下反应 3～4h。除去蒽以后的菲再经蒸馏和重结晶，可得纯度 99%的精菲。按这一流程，从 130kg 工业菲可得 100kg 90%的菲或 80kg 99%的精菲。

（2）精馏-重结晶法

若精菲需要量较大，还是采用加溶剂精馏（或真空精馏）再重结晶的方法为好。菲是煤焦油中含量仅次于萘的第二大组分，目前还没有找到突破性的重要用途，不过其利用前景，值得重视。

菲核存在于许多在生物化学上十分重要的化合物中，如雌酮、胆酸、睾丸甾酮、皮质酮和吗啡碱等，已发现菲可用于合成吗啡、咖啡因和二甲基吗啡等对生命器官有特殊生理作用的物质，今后这一方面的应用可能会有较大发展[28]。

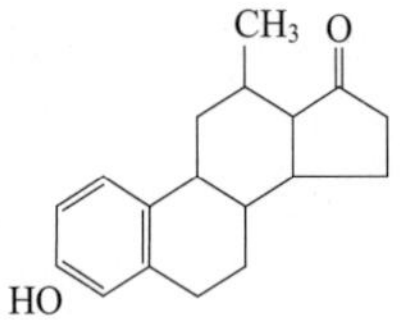

雌酮 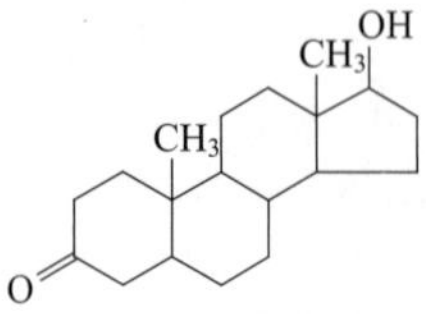　　胆酸 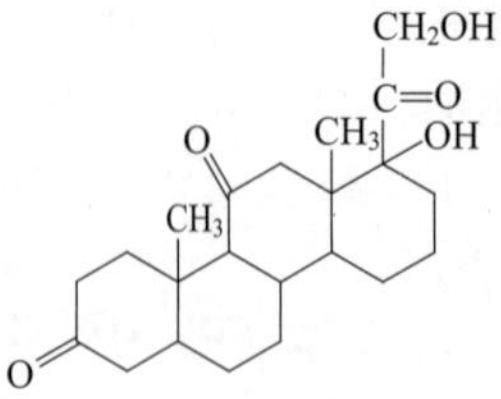　　睾丸甾酮

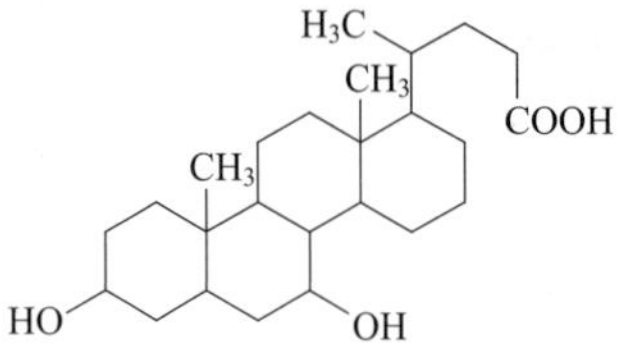

皮质酮 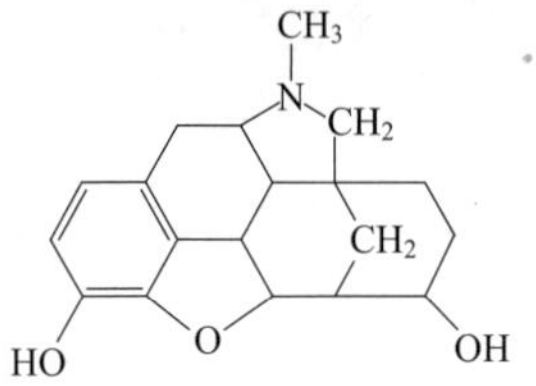　　吗啡碱

6.5 其他煤焦油产品的分离与精制

在煤焦油的精馏切割馏分中有一洗油馏分，它是煤焦油蒸馏中切割的温度范围最宽的一个馏分，切割温度通常是230～300℃，它主要用于洗涤吸收煤气中的苯类化合物，故得此名。洗油馏分中包含许多芳香族化合物，如1-甲基萘（α-甲基萘）、2-甲基萘（β-甲基萘）和二甲基萘，以及吲哚、联苯、苊、氧芴和芴等，其组成和主要组分物质的性质可分别参见表6-42和表6-43。它们在焦油中的含量累计在5%以上，工业上有许多用途，分离也并不十分困难，所以受到人们重视[1,31-34]。

表6-42　洗油馏分的组成

化合物	含量/%		化合物	含量/%	
	样品1	样品2		样品1	样品2
苯族烃	0.35	9.68(二甲苯)	苊	15.55	10.32
茚	0.24	—	吲哚	1.61	2.57
苯甲腈	0.21	—	氧芴	8.10	22.98(高沸物)
萘	16.67	11.62	酚	11.51	
硫杂茚	0.35	—	甲基芴	0.78	
β-甲基萘	10.13	22.49	蒽和菲	1.35	
α-甲基萘	5.06	10.81	未知	8.72	
联苯	9.85	4.81			
喹啉和二甲基萘	4.82	3.47(喹啉)			1.25(异喹啉)

表 6-43 洗油馏分中主要组分的性质

名称	分子式	分子量	沸点 /℃	熔点 /℃	密度 /(g/cm^3)	折射率	外观
吲哚	C_8H_7N	117.14	253	53	1.22	1.630	无色或黄色鳞片结晶
联苯	$C_{12}H_{10}$	154.21	254.9	69.2	1.180	1.58822($n_D^{17.1}$)	白色或略带黄色鳞片结晶
苊	$C_{12}H_{10}$	154.21	277.2	95.3	1.2195	1.642(n_D^{40})	白色或略带黄色斜方针状结晶
氧芴	$C_{12}H_8O$	168.20	287	83	1.168	1.644(n_D^{20})	白色或淡黄色针状结晶
芴	$C_{13}H_{10}$	166.22	297.9	115	1.202	1.647	白色小片状结晶

6.5.1 吲哚的分离与精制[1,35,36]

由于吲哚和联苯的沸点很接近，所以它们基本上存在于同一馏分中。吲哚分子中含有一个吡咯环，氮原子上的氢能被钾取代，故可采用碱熔分离法。脱吲哚油进一步精馏，可切取联苯馏分。

吲哚的化学性质与吡咯很相似，暴露于空气中颜色会逐渐加深，并慢慢树脂化。它是很弱的碱，不能形成稳定的盐，遇强无机酸发生聚合。加热至分解时有分解现象。可溶于热水、苯、乙醇和乙醚中。它具有强烈的粪便臭味，但在很稀的溶液中则具有花香味，它是茉莉和香橙花精油的成分之一，长期用于香料工业作为香味保持剂。当吲哚中含有微量杂质时，它的香味要发生变化。

吲哚主要存在于焦油的洗油馏分中，所以通常焦油洗油为初始原料，将其进一步精馏提取窄馏分后再进行相应的分离提取和精制，如图 6-49 所示。

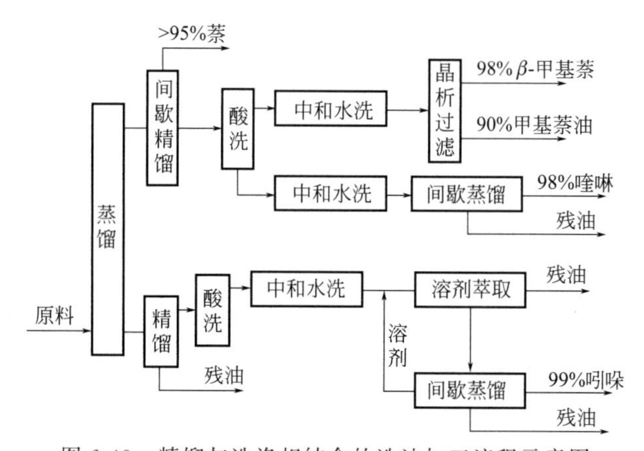

图 6-49 精馏与洗涤相结合的洗油加工流程示意图

(1) 碱熔法提取吲哚

提取吲哚的原料是前述甲基萘馏分，经精馏、碱熔、水解、再精馏、结晶和重结晶等工序分离精制。

① 氢氧化钾熔合 吲哚与氢氧化钾能发生以下反应：

N H + KOH ⇌ N K + H_2O

用于熔合反应的馏分为洗油精馏切割的225～245℃馏分，含吲哚约5%。氢氧化钾用量为理论量的120%。

熔合反应温度170～240℃，时间2～4h，同时搅拌直到不再有反应水析出为止。据波兰专利，熔合反应可降低到155℃。氢氧化钾吲哚熔合物再用苯洗涤几次，以除去中性油。

② 水解　水解条件50～70℃，碱熔物：水约为1：2，时间20min，为减少吲哚在水层中溶解造成的损失，可加入少量苯，得到吲哚苯溶液。

③ 再精馏　上述吲哚苯溶液在20块理论塔板的塔中精馏，其结果示于表6-44。

表6-44　粗吲哚油的再精馏结果　(回流比8～10)

温度范围/℃		馏分产率/%	相对密度	结晶产率/%	结晶熔点/℃	
					初	终
<150℃	水	0.8	—	—	—	—
	苯	6.6	—	—	—	—
222～245		1.7	1.053	—	—	—
245～249.5		4.1	1.0592	26.7	44.5	51.0
249.5～251		5.4	1.0806	51.6	47.0	50.5
251～252		9.5	1.0878	72.4	47.0	50.5
252～253		17.8	1.0926	94.3	47.0	50.5
253～254		37.2	1.0926	96.2	47.0	49.5
254		8.7	1.0854	33.9	41.5	47.5
残油+损失		8.2	—	—	—	—

④ 结晶、压榨和重结晶　用于冷却结晶的馏分可取245～254℃之间的馏出物或更宽一些的馏分。所得粗结晶用压榨法除去吸附的油类即得压榨吲哚，再用乙醇重结晶，则得到纯吲哚。

(2) 硫酸洗涤法提取吲哚

吲哚在氢离子作用下可异构化为(H, ⊕, H, N)，能与酸根结合生成加成物，由于出现双键，故还能聚合生成二吲哚和三吲哚硫酸，而成为酸焦油。吲哚的碱性比喹啉类化合物更弱，一般采用硫酸作洗涤提取剂，洗油为洗涤原料。

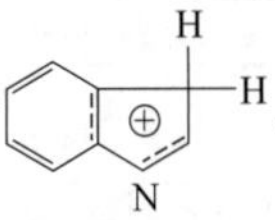

① 吲哚提取率和酸浓度及用量的关系　试验表明用13%的硫酸洗涤时，基本上只有喹啉盐基起反应，吲哚尚未反应，随着酸浓度提高和用量增加，吲哚提取率急剧增加，但硫酸浓度超过35%，用量超过1mol（硫酸）/mol（吲哚和盐基），洗涤时间超过60min时，由于吲哚聚合会产生大量树脂状物质，使吲哚提取率下降。

采用30%～35%浓度的硫酸，硫酸对吲哚与盐基的摩尔比为1，反应时间1h和反应温度20～50℃的条件洗涤，吲哚提取率可达60%～70%，所得粗盐基中吲哚占15%～18%（见表6-45）。

表 6-45　硫酸洗涤提取吲哚的效果

洗涤原料		吲哚含量/%		盐基含量/%		提取率/%	
		洗前	洗后	洗前	洗后	吲哚	喹啉
洗油		4.20	1.73	8.3	0.20	59.0	97.5
		4.45	0.85	8.3	0.47	69.0	94.3
		4.60	1.36	9.3	0.30	70.5	96.5
洗油窄馏分	222～272℃	9.67	1.8	17.8	19	81.3	89.0
	221～272℃	6.94	1.1	18.5	痕量	84.0	100.0
	222～274℃	8.95	1.3	17.2	痕量	83.5	100.0
	222～264℃	7.00	1.1	24.0	痕量	84.3	100.0

② 吲哚提取率与原料油吲哚浓度的关系　采用洗油窄馏分洗涤时，在上述条件下，吲哚提取率可增加到 80%以上，结果见表 6-46。

③ 吲哚与喹啉盐基的分离[34,35]　先采用精馏法，吲哚浓缩在 250～265℃的馏分中；再按如图 6-50 所示流程进行分离，由此得到的结果列于表 6-46 中。

由上可见，可以从洗油馏分用硫酸洗涤法同时提取喹啉盐基和吲哚。工业吲哚产率可占洗油馏分中吲哚量的 30%左右，占粗喹啉盐基中吲哚量的 50%左右。

由于吲哚在酸作用下容易聚合，可生成二吲哚和三吲哚硫酸，它可溶于硫酸喹啉盐基溶液，假如洗油馏分先经过低浓度洗涤除去盐基，则吲哚聚合物既不溶于硫酸溶液，又不溶于洗油，而以酸焦油形态浮起，收集这些酸焦油然后解聚，也可提取吲哚。不过相比之下，还是用硫酸同时提取喹啉盐基和吲哚更为合适。喹啉提取与精制参见文献 [37，38]。

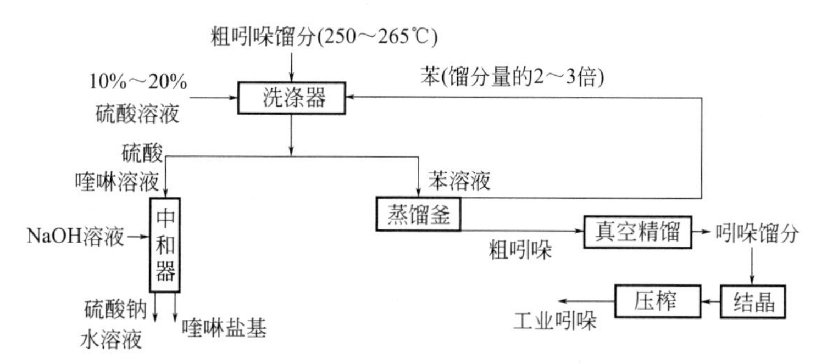

图 6-50　吲哚与喹啉盐基的分离流程

表 6-46　吲哚与喹啉盐基的分离结果

250～265℃馏分中吲哚含量/%	工业吲哚产率/%						工业吲哚中吲哚/%
	占馏分	占馏分中吲哚	占粗喹啉盐基	占粗喹啉盐基中吲哚	占洗油馏分	占洗油馏分吲哚	
33.4	29.2	87.4	11.0	44.3	2.17	24.7	—
36.6	28.1	76.8	10.3	58.9	1.33	31.7	84.0
34.6	25.0	72.2	9.0	59.6	1.24	29.6	87.5
31.7	21.2	67.0	12.1	54.8	1.57	34.2	84.3
31.1	21.8	70.3	12.1	44.8	1.29	28.2	89.7

(3) 双溶剂萃取法提取吲哚

洗油馏分先用氢氧化钠溶液脱酚，然后用 pH＝2 的硫酸氢铵和硫酸铵的缓冲酸液脱吡啶盐基，以减少吲哚损失。将脱酚、脱吡啶盐基的洗油经常压蒸馏切取 230～265℃的馏分段作为萃取原料，其吲哚含量为 3.65％。双溶剂逆流萃取连续式分离吲哚的流程见图 6-51。

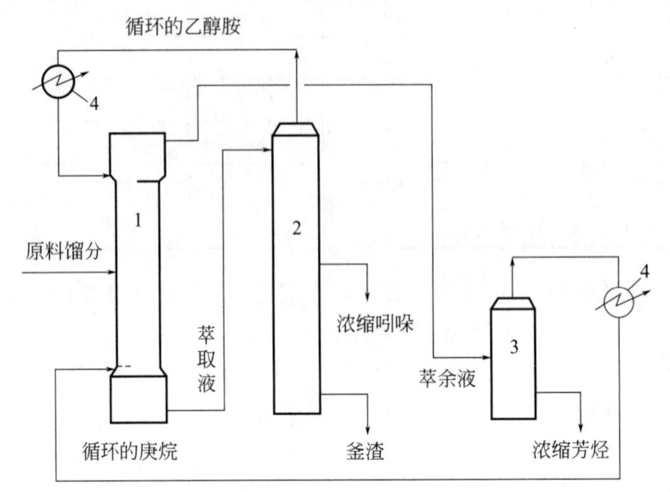

图 6-51 双溶剂逆流萃取连续式分离吲哚的流程

1—填料萃取柱；2—精馏柱；3—蒸发器；4—冷凝冷却器

双溶剂萃取试验的试验条件为：室温，极性溶剂：非极性溶剂：馏分＝0.81：2.31：1；加水量占极性溶剂的 5％～25％。其实例见表 6-47。

表 6-47 双溶剂萃取试验实例

试验号	极性溶剂	非极性溶剂	萃取时间/min	萃取相吲哚含量/％		萃余相吲哚含量/％		吲哚提取率/％	
				不加水	加水	不加水	加水	不加水	加水
1	乙醇胺	庚烷	60	3.84	3.81	0.11	0.09	90.33	92.13
2	乙醇胺	己烷	40	3.53	3.72	0.22	0.17	81.24	85.61
3	乙醇胺	石油醚	20	2.77	3.17	0.39	0.28	65.27	74.69
4	三甘醇	庚烷	40	2.43	3.27	0.49	0.26	58.59	77.05
5	三甘醇	己烷	20	2.19	2.86	0.55	0.36	54.0	68.05
6	三甘醇	石油醚	60	1.62	2.65	0.70	0.40	40.83	65.53
7	二甲基亚砜	庚烷	20	2.62	3.10	0.43	0.30	64.60	74.74
8	二甲基亚砜	己烷	60	1.66	2.30	0.60	0.46	40.99	57.97
9	二甲基亚砜	石油醚	40	1.55	1.84	0.67	0.61	40.69	48.39

将萃取相在柱压为 16.6kPa，回流比 $R=4$ 的条件下减压蒸馏，得到的浓缩物含吲哚 62.42％，吲哚回收率为 96.6％。将吲哚浓缩物进行水洗，进一步除去乙醇胺，其产物含吲哚 79.6％，吲哚回收率达 98％。乙醇胺的回收率为 90％，在常压蒸馏装置从萃取相中回收庚烷，其回收率为 96％。

(4) 共沸精馏法

共沸精馏法从洗油中分离吲哚采用原料为 245～256℃的吲哚窄馏分，向其中加入共沸剂进行精馏，原料中的甲基萘类、联苯、苊及喹啉等与共沸剂共沸，在低于吲哚沸点的温度下几乎全部馏出，吲哚浓缩液残留在塔底。利用萃取方法除去共沸剂，得到吲哚油并进一步精制。该法吲哚产率约为 70%，原料中吲哚资源损失较多。

若将液-液萃取、超临界萃取、再结晶和脱色法联合应用在吲哚的提取与精制，吲哚纯度超过 99%，回收率大于 80%，其工艺过程示意图见图 6-52。

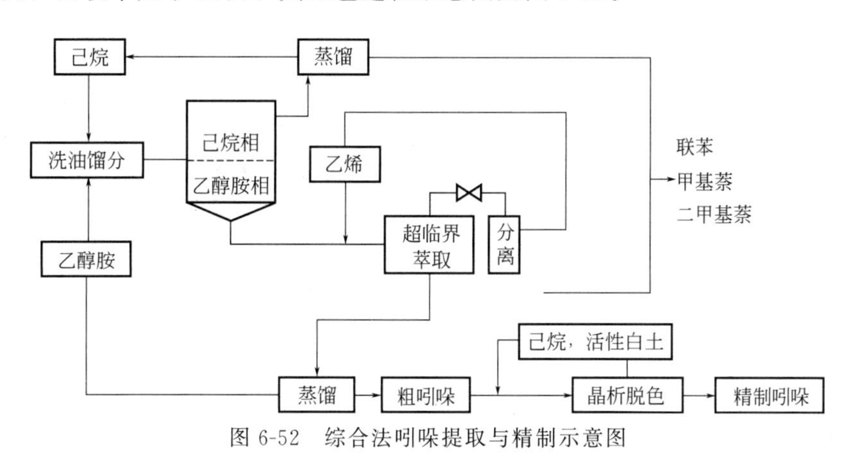

图 6-52　综合法吲哚提取与精制示意图

6.5.2　苊的分离与精制[1,39-42]

苊（acenaphthene，又名 1,2-dihydroacenaphthalene）又名萘并乙烷、萘嵌戊烷，具有萘和乙烷并合结构的稠环芳香烃，是煤焦油中的主要成分之一，在煤焦油中约占 1.2%～1.8%，主要集中于洗油馏分中，约占洗油馏分的 15%，是煤焦油洗油中分离和利用最早的产品。苊可作为合成树脂、工程塑料、医药、染料、杀虫剂、杀真菌剂、除草剂、植物生长激素的中间体以及用于制造光电感光器或有机场致发光设备所用的导电材料等。苊为白色或略带黄色的斜方针状结晶，几乎不溶于水，可溶于苯、甲苯和三氯甲烷中，其物理化学性质可参见表 6-43。苊在乙醇、苯、吡啶中的溶解度列于表 6-48。

表 6-48　苊在乙醇、苯和吡啶中的溶解度　　单位：g/100mL

温度/℃	苊溶解度			温度/℃	苊溶解度		
	乙醇	苯	吡啶		乙醇	苯	吡啶
10		20.09		50		92.0	68.6
20	1.40	29.29	21.9	60		140.90	127.7
30		42.45	33.5	70		231.90	217.6
40		62.03	51.0	80		447.60	419.4

国内产品熔点大多约 91℃，纯度约 94%。德国生产的工业苊纯度为 97%～98%。苏联生产的工业苊熔点不低于 91℃，灰分≤2%，水分≤3.0%，试剂苊熔点不低于 92.3℃，纯度≥98%，沸点为 276～277.5℃，灼烧残留物≤0.1%。

6.5.2.1　苊的分离方法

国内外从洗油中提取工业苊的生产方法主要是采用“双炉双塔”或“三炉三塔”从煤焦

油洗油中提取萘馏分，然后将浓度为 50%～60%的苊馏分装入结晶机内，通过结晶、过滤后得到 94.4%～96.6%的固态工业苊。采用逐步升温乳化结晶法可制备出 99%以上的精苊。

6.5.2.2 苊馏分的提取

(1) 蒸馏切割温度与各馏分组成的关系

洗油中各组分沸点差很小，通过一次精馏很难获得最终产品，通常先富集馏分，再通过其他方法将其分离，获得高纯度产品。常减压条件下采出温度与各馏分组成的关系见表 6-49。

表 6-49 常减压条件下采出温度与各馏分组成的关系

实验序号	温度/℃	萘/%	喹啉类/%	吲哚/%	β-甲基萘/%	α-甲基萘/%	联苯/%	二甲基萘/%	苊/%
1	230～250	3.53	5.65	4.64	43.88	22.70	7.26	7.26	0.31
2	250～260	0.12	0.57	1.79	11.84	9.26	13.84	30.07	5.31
3	260～270			0.23	0.55	0.43	25.47	40.38	13.93
4	270～280			0.10	0.37	0.16	0.33	5.90	40.49
5	186～200	80.70	6.52		10.18	0.38	0.26		
6	200～206	5.28	16.26	0.69	69.94	5.78	0.20		
7	206～214	2.50	4.89	52.71	35.26	1.96			
8	214～218	1.65	10.03	14.29	28.42	28.38	5.40		
9	218～226			3.67	2.15	6.46	36.36	31.38	
10	226～237					0.32	8.61	73.03	7.32
11	237～244							13.83	77.19

从表 6-49 结果可以看出，塔板数对洗油中各组分的富集程度有很大影响。塔板数为 53 块时，由于分离效果好，各组分的富集程度很高。在 186～200℃温度范围内，主要含萘和喹啉，200～206℃主要富含喹啉和 β-甲基萘组分，206～214℃主要含有 α、β-甲基萘混合物，214～218℃主要含吲哚、甲基萘和联苯，218～226℃馏分主要是联苯和二甲基萘，218～237℃主要是二甲基萘异构体混合组分，237～244℃是苊馏分段。

(2) 苊工业分离的工艺流程

双炉双塔设备生产苊馏分工艺流程见图 6-53。

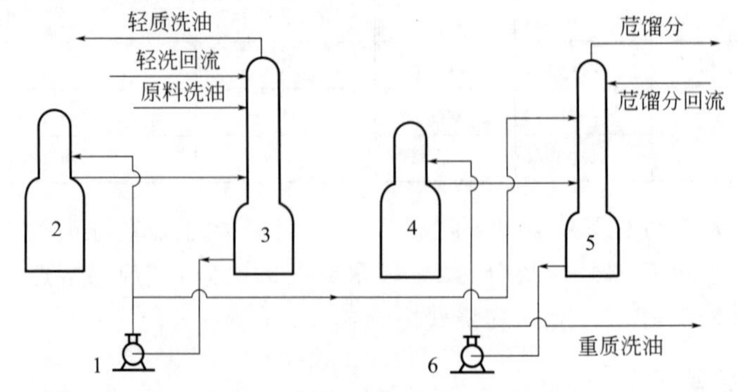

图 6-53 双炉双塔生产苊馏分工艺流程图

1,6—热油泵；2—初馏塔管式炉；3—初馏塔；4—精馏塔管式炉；5—精馏塔

用泵将原料洗油打入精馏塔顶换热器换热后进入初馏塔，塔顶分馏出轻质洗油经冷凝后进入轻质洗油槽，并用泵打回流。塔底液由热油泵抽出进入管式炉换热后再进入初馏塔，以提供塔所需的热量。同时，从进入管式炉以前的管线中引出一股进入精馏塔，作为精馏塔的原料，精馏塔顶引出苊馏分，经换热器、汽化器后再进入苊馏分槽，并用苊馏分打回流。塔底用热油泵抽出进入管式炉换热后再进入精馏塔，以提供精馏塔的热量，同时，从进管式炉以前的管线中引出一股，经冷却器进入重质洗油槽。

洗油经精馏切取250～280℃粗苊馏分，后者再进行二次精馏（塔板数40～50块），结果如表6-50所示，蒸出的苊馏分中的苊含量在25%左右。苊馏分经冷却结晶和离心过滤，即得工业苊。苊产率（以纯苊对粗苊馏分中的苊总量计）为39%，脱晶苊油带走的苊占20%，头馏分和残油中损失的苊为41%。

表6-50　粗苊馏分二次精馏结果

馏分	温度范围/℃	产率(双馏分计)/%	苊含量/%
水+轻油	<180	2.7	—
萘	<225	12.9	—
甲基萘	225～245	4.8	2.6
中间馏分	245～255	11.5	6.0
苊馏分Ⅰ	255～265	4.7	22.6
苊馏分Ⅱ	265～275	17.3	26.8
苊馏分Ⅲ	275～278	6.2	22.6
残油	—	35.8	—
损失	—	4.1	—

6.5.2.3　苊的精制

苊的精制方法有精馏法和分步结晶法。后者具有工艺简单、设备少、能耗低、产品产率高和成本低等优点，日益受到人们的重视。

分步结晶技术分两大类：一类是多级逆流连续分步结晶法，主要设备是塔式结晶器，其工作原理与精馏类似；另一类是间歇（发汗）分步结晶法，主要设备是间冷壁式结晶器。特别是德国的Rufgers法具有以下优点：a. 由于往结晶器中鼓入惰性气体，强化了传质和传热过程，气泡对晶体层产生的压力，可使晶体层更致密；b. 晶体层得到支撑，熔出时不易滑落；c. 能耗低，既没有大量的母液循环，也不需将母液过热；d. 设备运行可靠，除泵外无其他运动部件，且投资少，较适合我国国情。

工业苊的精制方法通常是在结晶机中进行，开始结晶冷却速度为3～5℃/h，当冷却温度接近结晶点时，冷却速度改为1～2℃/h，整个结晶时间约需15h，获得苊含量为95%的工业苊产品。

国内外几种苊精制的方法如下：

① 日本新日铁化学研究所BMC法。日本新日铁化学研究所研制开发了以煤焦油洗油作为原料，通过将蒸馏与塔内结晶工序相结合（BMC）的方法制取苊的工艺过程。具体方法是将含有苊16.8%、萘18.3%、甲基萘6.3%、氧芴21.0%、芴10.4%及其他一些组分的洗油在32块理论塔板的塔内于回流比12～15的条件下进行分离制取苊馏分。所得到的苊馏分中苊的最高浓度不超过63%。然后，将此馏分在设有三个搅拌器和三个区段（冷却、净

化和熔融）的立式塔内用结晶法净化，最后得到主要物质含量不少于99%的苊和油。油中含苊5.6%～43.5%、氧芴15.4%～24.5%、其他组分39.0%～49.1%。

② 德国从洗油馏分中分离苊的工艺。德国从洗油馏分中分离苊的工艺包括：用双甘醇作萃取剂萃取蒸馏馏分，得到馏出液和釜底残液。然后用重结晶法从馏出馏分中分离出联苯和吲哚，而将釜底残液进行二次蒸馏，以便将苊馏分与氧芴（二苯并呋喃）馏分分离开来，再用结晶法从苊馏分中提取工业苊。

③中国攀钢焦化厂提取工业苊工艺。用工业萘装置从洗油中提取工业苊的工艺流程见图6-54。

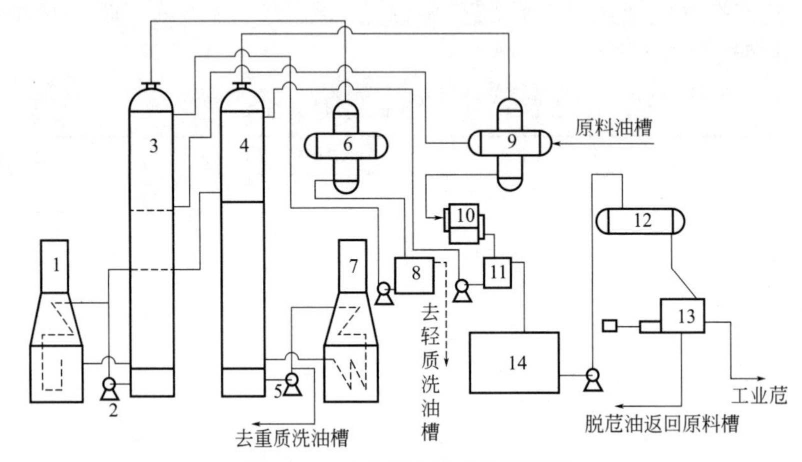

图6-54　工业苊生产工艺流程图

1—初馏管式炉；2,5—热油循环泵；3—初馏塔；4—精馏塔；6—轻质洗油冷却器；7—精馏管式炉；8—轻质洗油回流柱；9—换热器；10—苊馏分汽化冷凝冷却器；11—苊馏分回流柱；12—苊馏分结晶机；13—离心机；14—苊馏分储槽

如图6-54所示，原料洗油经换热后进入工业萘装置，在初馏塔顶采出轻质洗油。一部分塔底残油进入管式炉循环加热以提供热量，一部分进入精馏塔。在精馏塔顶采出苊馏分，塔底残油循环加热并排出部分重质洗油。然后，再将所得的含苊为50%～60%的苊馏分装入结晶机内，装料温度控制在90～95℃。开始结晶时的冷却速度为3～5℃/h，当冷却温度接近结晶点时，冷却速度降至1～2℃/h，防止形成过多的细小晶核而使馏分变成糊状，以致无法进行离心操作。第一遍放料温度为35～40℃，第二遍放料温度为30～35℃。苊馏分经结晶机结晶，再经离心机分离后，所得成品工业苊含苊95.6%，结晶点90℃。该流程的特点是安全可靠、调节方便、操作弹性大。

④武汉科技大学采用分步结晶法逐步除去杂质而得到高纯度苊。试验结果显示，间歇（发汗）分步结晶作用显著，采用发汗时经5级结晶可得到纯度为97.5%的苊，苊的回收率为54.0%；不发汗时经8级结晶才能得到纯度为96.2%的苊，苊的回收率为56.0%。

6.5.3　氧芴的分离与精制[1]

氧芴是白色或淡黄色针状结晶，或是带蓝色荧光的小针形晶体，微溶于水，能溶于醇和醚，其部分物理化学常数列于表6-43。氧芴在洗油中约占10%，在提取了工业苊后的重质洗油中含量高达30%以上。因此，这种重质洗油是提取氧芴的主要原料。

6.5.3.1 从洗油中提取氧芴

(1) 从重洗油切取氧芴宽馏分

以重质洗油为原料，采用60块浮阀塔盘精馏塔，切取283～286℃氧芴宽馏分。每釜原料25t，得到的宽馏分约7t，组成为苊13%～32%，氧芴55%～65%，芴3%～13%，未知物6%～8%。

(2) 从氧芴宽馏分切取窄馏分

采用的精馏塔塔径325mm，塔高12m，内装10mm×10mm×1.5mm瓷环，相当于理论塔板40块，蒸馏釜容积5m^3，釜底设有铅锡合金的金属浴夹套。

① 操作指标。装料量为3.3～4.0t；炉温为760～840℃，金属浴温度为320～380℃；釜压为0.03～0.05kPa；蒸馏周期系9～10天；当馏出物中氧芴含量达40%～50%、50%～60%和60%～70%（或当蒸馏试验的馏出量达50%时的温度为280℃、281℃和282℃）时，全回流3～4h。

② 切割制度列于表6-51。

表6-51 氧芴窄馏分切割制度

馏分名称	氧芴含量/%	馏出30%时的温度/℃	切割速度/(kg/h)
头馏分	<30	<280	18～22
中间馏分	30～7	280～282.5	12～14
氧芴窄馏分	>75	282.5～286	20～25
中间馏分	75～40	>286	15～20
残渣	<40	—	—

头馏分送回洗油储槽，中间馏分送至氧芴宽馏分储槽复蒸，氧芴窄馏分中氧芴含量可达80.8%。

6.5.3.2 氧芴的溶剂法精制

从氧芴窄馏分制取氧芴主要有溶剂洗涤结晶和过滤两道工序。将400kg氧芴窄馏分和80kg α-甲基萘馏分装入结晶机，装料温度在70℃左右。结晶机长1500mm，直径800mm。为了不使物料冷却过快，开始以空气自然冷却，待温度降低到50℃左右，再通冷却水冷却至36～44℃后，放入卧式离心机进行离心过滤。冷却结晶共需6～8h，离心后所得氧芴熔点为77～81.6℃，纯度可达95%以上。

(1) 溶剂选择

曾用酒精和二甲苯作溶剂，由于挥发性强，易燃易爆，操作不安全，消耗指标高，已弃用。现采用α-甲基萘作为溶剂，具有以下优点：a. α-甲基萘闪点较高（80℃），故操作比较安全；b. 对人体毒害比二甲苯低；c. 氧芴馏分加入α-甲基萘溶剂后，结晶料液具有较好的流动性，不易堵塞管道及设备；d. α-甲基萘馏分取自洗油本身，可以循环使用，当杂质含量高时，可返回洗油中重蒸，不需另设溶剂回收装置；e. 用α-甲基萘馏分作溶剂，可以较好地除去氧芴馏分中的苊，若氧芴馏分的主要杂质为苊，用此法可使氧芴产品纯度达95%以上。

(2) 氧芴的提取率

从50t重质洗油（平均含氧芴30%）可制得氧芴宽馏分（平均含氧芴60%）约12t，重精馏后得氧芴窄馏分（平均含氧芴 80.8%）约 6.5t，提纯后得氧芴（纯度平均 96.1%）4.7t 左右。氧芴产品对氧芴窄馏分产率为 73%，以纯氧芴计提取率为 84%；氧芴产品对重质洗油产率为 9.4%，以纯氧芴计提取率为 30%。

6.5.4 芴的分离与精制[1,43]

芴为白色小片状晶体，不溶于水，微溶于乙醇，易溶于乙醚，可溶于苯，其部分物理化学常数列于表 6-43。由于芴的沸点为 297.9℃，已达洗油馏分的上限，它除了存在于洗油外，在一蒽油中也有分布。

芴在煤焦油中的平均含量为 2%，是煤焦油的主要成分之一，提取芴的原料可用洗油精馏残渣、重质洗油和一蒽油前馏分。芴的分离与精制方法有精馏法和熔钾法。

6.5.4.1 精馏法

将获得的粗芴馏分（290～310℃）再精馏切取 293～297℃窄馏分，冷却、结晶、过滤得粗芴。粗芴再用二甲苯-水重结晶，可得熔点 113～115℃的芴，纯度>95%。

这里的重结晶法又称三相结晶法，水既不与溶剂互溶，又不溶解结晶，在溶剂与晶体间作为一个中间层，它具有以下作用：a. 控制着扩散在水相和溶剂相中的结晶核形成与成长，使它达到所要求的均匀尺寸，不致过大而夹带杂质；b. 有助于增加液固比，从而便于带有晶体的母液输送和处理；c. 根据密度差，晶体在水层下，有机溶剂母液在水层上，故母液与晶体容易分开；d. 溶剂量只取决于粗制品中杂质含量，可以用最少的溶剂达到最高的产品产率和最好的精制效率。此法一般用于结晶温度高于水的冰点和溶剂密度小于 1 g/cm^3 的场合。对 50g 粗芴（纯度 88.3%）加 30mL 二甲苯和 40mL 在 27℃结晶分离，得到的纯芴（纯度 99.4%）回收率达 75%。

工业芴生产的工艺流程见图 6-55，以含芴 20%～30%的重质洗油为原料，利用高效填料塔（多用丝网填料），通过间歇蒸馏分段切取小于 5%的氧芴，将大于 60%的芴主馏分置于计量槽中，再将芴主馏分和溶剂二甲苯以一定的比例置于反应釜中加热，全熔后降温结晶，结晶混合物经过滤器、离心机，使工业芴结晶体与二甲苯残液分离，可得到纯度大于

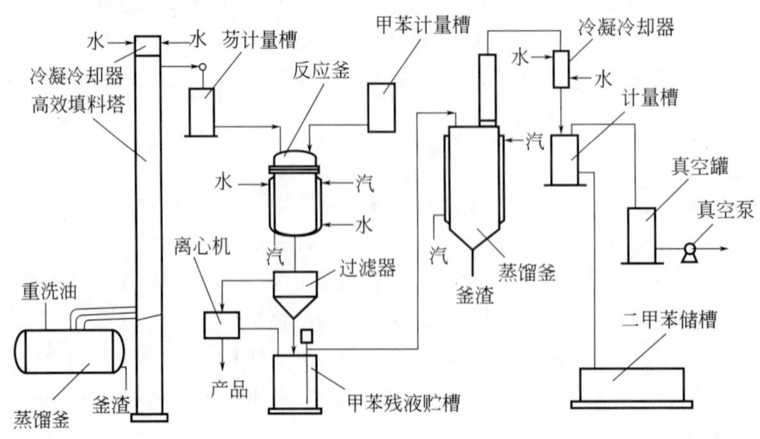

图 6-55 工业芴生产的工艺流程图

93%和95%的工业芴。二甲苯残液通过一间歇蒸馏釜负压蒸馏，生产出二甲苯。二甲苯循环使用，釜渣（含芴50%左右）回配原料重洗，回收利用。

该工艺特点：避免了芴馏分重结晶，简化了操作，降低了劳动强度；离心分离代替了真空抽滤，确保了成品质量；使用溶剂回收装置，确保了安全生产，同时可回收部分芴。

6.5.4.2 钾熔法

由于芴中的—CH_2—性质特别活泼，其中的氢原子可被碱金属取代，即：

$$\text{(芴, C: H H)} + KOH \longrightarrow \text{(C: H K)} + H_2O$$

原料采用粗芴馏分再精馏得到的292～302℃芴窄馏分，加氢氧化钾在280～300℃下熔融，过程与前述咔唑生产类似。得到的钾熔物再用水解法转化为芴，这里的粗芴再精馏切取292～298℃窄馏分，重结晶后得工业芴。从工业芴制精芴，除用上述结晶法外，还可将工业芴溶于苯中用硫酸洗涤，除去溶剂后，再用乙醇重结晶精制。

6.5.5 β-甲基萘的分离与精制

甲基萘有两种异构体，即α-甲基萘和β-甲基萘。α-甲基萘为带蓝色荧光或淡黄色油状液体，有萘味，微溶于水，溶于乙醇、乙醚和丙酮等。沸点为244.69℃，熔点为−30.46℃，密度为1.0203g/cm^3。熔融热为6.95kJ/mol，蒸发热为50.66kJ/mol，燃烧热为5818kJ/mol。β-甲基萘为无色单斜晶体，不溶于水，易溶于乙醇、乙醚和苯等。沸点为241.05℃，熔点为34.57℃，密度为1.0290g/cm^3，熔融热为12.13kJ/mol。

α-甲基萘可用于合成甲基-二丁基磺酸钠（表面活性剂）、纤维助染剂、农药的乳化剂、增塑剂、植物生长调节剂α-萘乙酸等，也可作为柴油十六烷值测定剂。β-甲基萘的用途比α-甲基萘广泛，主要应用在以下方面：a. 用作生产维生素K_3（甲萘醌）的原料，甲萘醌又是生产维生素K_1的中间体；b. 用作合成2,6-二羧酸的原料，2,6-二羧酸是生产耐高温聚合物薄膜和纤维的组分，这种聚合物在熔融状态能显示液晶特征；c. β-甲基萘的磺化产物用作纺织助剂、表面活性剂和乳化剂。

煤焦油中含α-甲基萘的质量分数约为0.5%～1%，含β-甲基萘的质量分数约为1%～1.5%，主要集中在洗油馏分和萘油馏分。在洗油馏分中α-甲基萘含量约为5.5%，β-甲基萘含量约为8.5%；在萘油馏分中α-甲基萘含量约为3.5%，β-甲基萘含量约为5.5%。

6.5.5.1 从洗油馏分加工分离甲基萘馏分[6,44-48]

（1）洗油切取窄馏分的加工工艺

经过碱洗脱酚和酸洗脱喹啉盐基的洗油，在塔板数为60～70的三个浮阀塔内切取窄馏分，其工艺流程见图6-56，所得产品组成与规格见表6-52。

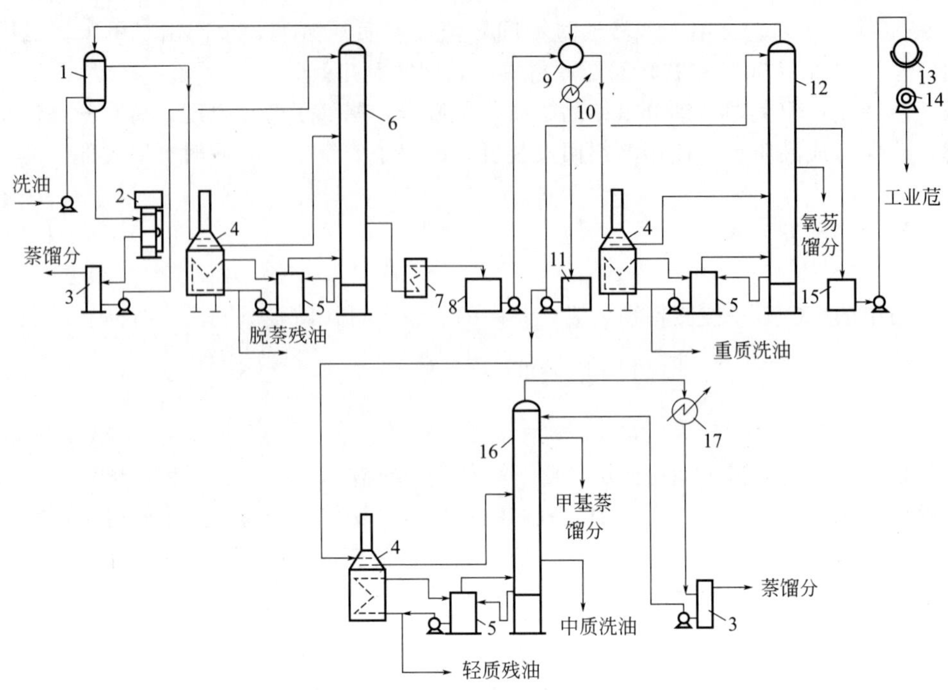

图 6-56 洗油切取窄馏分的工艺流程

1—预热器；2—气化冷凝器；3—回流柱；4—管式炉；5—蒸发器；6—脱萘塔；7—冷却器；8—脱萘洗油槽；9—换热器；10—冷却器；11—轻洗油槽；12—精馏塔；13—结晶机；14—离心机；15—苊馏分槽；16—精馏塔；17—冷凝冷却器

表 6-52 产品组成与规格

工艺名称	馏分名称	产品组分(质量分数)/%								产率/%	规格
		萘	β-甲基萘	α-甲基萘	联苯	二甲基萘	苊	氧芴	芴		
洗油脱萘	萘油馏分	79.9	11.4	6.5						15～20	含萘≥74%
	低萘洗油	7.7	17.4	8.7	4.1	16.5	21.1	15.8	6.2	56～60	含萘≤8%，含酚＜0.5%，300℃前馏出量≥90%
	脱萘残油						6.3	31.7	37.5	20～30	
低萘洗油脱苊	轻质洗油	12.2	31.3	15.4	7.0	23	9.2	0.98		50～60	含苊＜10%，含萘＜15%，甲基萘>40%
	苊油馏分	0.65	3.6	2.0	1.0	13	60	18.5	1.0	22～25	
	重质洗油	0.18	0.17	0.12		8.3	5.2	36.4	23.6	23～25	含苊＜10%，初馏点≤280℃
轻质洗油提取甲基萘	萘油馏分	65								5.4	
	甲基萘馏分	8.1	48.2	27.8	7.1	1.2				35～40	优级含萘＜5%，甲基萘≥75%
	中质洗油	0.7	13.7	11.2	10.6	50.8	12.9	0.43		30～40	含苊≤18%，含萘＜2%
	轻质残油	0.40	8.0	7.3	9.0	55.2	20.1			23	初馏点≥250℃，干点≤268℃

续表

工艺名称	馏分名称	产品组分(质量分数)/%								产率/%	规格
		萘	β-甲基萘	α-甲基萘	联苯	二甲基萘	苊	氧芴	芴		
苊油馏分提取工业苊	工业苊		0.35	0.43			96.2	3.1		>1.2	
	残油	0.9	6.4	4.4	2.4	20.4	38.4	22.9	3.6		

(2) 单釜单塔间歇式从洗油中提取工业甲基萘的工艺[47]

昆明焦化制气有限公司对现有的双釜双塔生产工艺进行技术改造，采用单釜单塔间歇式生产工业甲基萘的技术方案，根据装置原设计能力及现有设备的实际情况，装置处理能力确定为20t/釜。单釜操作周期为4～5d，2套系统可同时进行生产。装置每年工作时间按照300d计，则装置的处理能力为2400t/a。装置的产品方案及主要技术指标见表6-53。

表6-53 洗油加工装置产品方案及主要技术指标

产品名称	设计产率/%	设计产量/(t/a)	产品指标	产品用途
萘油	15	360	含萘40%～55%，符合YB/T 5153—93标准	工业萘精馏装置的原料
甲基萘	20	480	一级品指标：甲基萘含量≥70%，萘≤12%，水分≤2%	直接作为产品外售，或作为生产β-甲基萘原料
中质洗油	20	480	水分≤1%，初馏点>230℃，干点<270℃	煤气净化用洗油
重质洗油(残油)	45	1080	水分≤1%	燃料油

6.5.5.2 甲基萘馏分精制β-甲基萘

(1) 重结晶法

竹谷彰二等对于纯度大于90%的粗β-甲基萘，为除去含硫和含氮有机物，采用乙醇胺重结晶法效果明显。乙醇胺加入量为原料量的2～4倍，在30～40℃下溶解，然后冷却结晶，β-甲基萘优先析出，过滤得到的结晶物中，几乎不含有硫和氮的有机物，β-甲基萘含量达99.5%[6]。

寺尾信一郎等提出用α-甲基萘和β-甲基萘为主的混合液，加入在常温下黏度低于$15\times10^{-6}m^2/s$ (15cSt)的有机溶剂，如甲醇、乙醇、丙醇、己烷、甲苯等作稀释剂。在β-甲基萘的结晶母液中，结晶浓度因结晶温度和稀释剂的添加量不同而异，控制在质量分数5%～35%为好。小于5%产率低，大于35%母液流动性变小，不易操作。采用间歇式结晶工艺，在带有搅拌器的结晶槽中，装入含有（质量分数）β-甲基萘75%、α-甲基萘23.5%的馏分7.7kg，甲醇2.3kg，然后用循环泵循环。当槽内温度为1.2℃，β-甲基萘开始析出，混合液结晶的质量分数达到22%，离心分离得到纯度为97%的β-甲基萘，经水洗后达98%，总产率达66%[6]。

(2) 共沸精馏法

共沸精馏所用原料组成为β-甲基萘72.81%、α-甲基萘22.19%、噻吩类2.73%、全硫0.59%、其他2.27%。加入原料质量5倍的乙醇胺，在塔板数为50、回流比为20的填料塔内精馏，切取 9 个馏分，然后冷却结晶、离心分离，得到的结晶物组成见表 6-54。

表 6-54　共沸精馏的试验结果

蒸馏温度	<171℃									≥171℃
馏分	1	2	3	4	5	6	7	8	9	
馏出率/%	4.11	13.77	21.99	29.0	37.4	45.54	52.45	60.09	69.38	30.62
结晶物量/g	1.91	6.90	7.74	6.50	6.65	5.93	5.71	6.28	7.55	
β-甲基萘/%	99.65	99.63	99.49	99.02	98.52	98.27	97.89	94.75	81.47	21.42
α-甲基萘/%	0.18	0.18	0.36	0.84	1.37	1.38	2.06	5.15	18.34	62.95
噻吩类/%	—	—	—	—	—	—	—	—	—	5.60
其他/%	0.17	0.19	0.15	0.14	0.11	0.35	0.05	0.10	0.18	10.01

日本川崎钢铁公司技术：日本川崎钢铁公司建成了以吸收油（洗油）为原料生产 β-甲基萘的半工业化车间，利用共沸精馏、加氢脱硫、再精馏、异构化技术生产 β-甲基萘。共沸精馏选用乙二醇、二甘醇或乙醇胺为共沸剂，共沸剂与 β-甲基萘的物质的量比为 1.34，共沸精馏可除去原料中的含氮化合物，用加氢的方法去除原料中的含硫化合物；在精馏工段，脱除烷基苯类、甲基四氢萘、β-甲基萘、联苯等组分；在异构化工段，去除循环油中的萘和 β-甲基萘等组分。通过精馏可以得到高纯度的 β-甲基萘。在异构化工段使 α-甲基萘异构化为 β-甲基萘。在此工段加入晶格常数为 $(24.3\sim24.4)\times10^{-10}$mm 的 γ 沸石催化剂及副产物四氢萘，可以解决以往 α-甲基萘异构化为 β-甲基萘技术中选择性低、催化剂寿命短等问题。α-甲基萘与 β-甲基萘之间存在着平衡关系，气相温度为 400℃时，α-甲基萘与 β-甲基萘之比为 31∶69。以晶格常数为 $(24.3\sim24.4)\times10^{-10}$mm 的 γ 沸石作催化剂，催化剂寿命得以延长，异构化产率也达到 50%以上。四氢萘具有供氢性能，可作为起抑制封闭作用的加入剂，有效延长催化剂寿命。四氢萘反应后经脱氢处理又重新返回甲基萘油中，不需另作分离处理。

其他生产分离技术有：Osaka 公司提出先蒸馏再用酸萃取的方法提纯甲基萘，采用传统方法在塔板数为 50、压力为 6.7kPa 的精馏塔中切割出 220～250℃的富甲基萘馏分，其中 α-甲基萘含量为 20.8%，β-甲基萘含量为 64.0%，喹啉含量为 10.9%；再用 2 份 30%的 H_2SO_4 与 3 份此馏分混合，在 40℃下搅拌 2h，除去部分氮化物，得总含量为 97.2%的甲基萘产物。首都钢铁公司、鞍山钢铁公司等单位从煤焦油洗油馏分及提萘后的萘残油中制得甲基萘，再从中分离出 β-甲基萘。

（3）化学精制法

① $AlCl_3$ 精制法　将 3000g β-甲基萘原料装入烧瓶中，再加入 68.6g $AlCl_3$（与硫的摩尔比为 1∶1），在 80℃下反应 60min，然后加入质量分数为 5%的稀硫酸 300g，除去无水 $AlCl_3$ 后再加入 300g 质量分数为 5%的氢氧化钠洗涤。洗净后的甲基萘经溶剂重结晶便可有效地除去硫化物。试验结果见表 6-55。

表 6-55　$AlCl_3$ 精制法试验结果

处理方法	组分(质量分数)/%				脱硫率/%
	β-甲基萘	甲基噻吩	二氢化噻吩	全硫	
原料甲基萘	95	2.51	0.00	0.55	

续表

处理方法	组分(质量分数)/%				脱硫率/%
	β-甲基萘	甲基噻吩	二氢化噻吩	全硫	
洗净后甲基萘	95	0.18	0.55		
洗净后重结晶	99	0.09	0.04	0.03	95
原料甲基萘重结晶		1.21	0.00	0.27	51
原料甲基萘冷却结晶		1.43	0.00	0.31	46

② 硫酸-甲醛精制法　在甲基萘馏分中，首先加入硫酸进行反应，然后再加入甲醛进行反应，则可得到硫含量低的甲基萘。例如取200g纯度为97%、含硫质量分数为0.6%的β-甲基萘，在80℃下加浓硫酸3.6g反应30min，再加质量分数为37%的甲醛水溶液8g反应5h，反应后除去水层，油层用碱水溶液洗净得β-甲基萘176g，含硫质量分数为0.05%。

6.5.6　焦油盐基化合物分离[1,37,38]

焦油盐基化合物主要包括吡啶及其同系物和喹啉及其同系物等。吡啶及其同系物是1846年由T. Anderson在煤焦油中发现的。喹啉是1834年由F. F. Runge从煤焦油中提取出来，异喹啉是1885年从煤焦油喹啉馏分中得到的。

焦油盐基化合物是煤热分解产物，其组成和产率与煤料所含的总氮量、煤中氮的结合形式和炼焦温度有关。焦油盐基化合物总产率为450～500g/t(煤)。焦油盐基化合物是有机化学工业的基本原料之一，用于合成医用药剂、维生素、农药、杀虫剂、植物生长激素、表面活性剂、橡胶促进剂、染料、溶剂、浮选剂和聚合材料等。

焦炉煤气中的吡啶盐基是用硫酸吸收煤气中氨制取硫酸铵的同时回收下来的，氨水中的吡啶盐基是在蒸氨的同时与氨一起挥发，进入中和器或硫酸铵装置而得到回收的。喹啉盐基是从酚油、萘油、洗油或萘洗混合分和酚萘洗混合分中回收的。采用的方法是稀硫酸洗涤法。

(1) 脱盐基工艺原理

当馏分以浓度为15%～17%的硫酸洗涤时，盐基与硫酸发生反应生成硫酸盐基。理论上1kg盐基需100%的硫酸0.62kg，实际生产中性硫酸盐基时只需0.4kg。

盐基呈弱碱性，酚呈弱酸性，当馏分中同时存在时，则盐基和酚易生成分子化合物：

$$C_9H_7N+C_6H_5OH \rightleftharpoons C_9H_7N \cdot HOC_6H_5$$

上述反应是可逆的，其平衡与酚和盐基含量比例有关，如馏分中酚含量大于盐基含量时，所形成的化合物酸洗时不易分解；反之，则碱洗时不易分解。故若酚含量大于盐基含量时，应先脱酚后脱盐基；反之，则应先脱盐基后脱酚。这样做可以使反应向左移，破坏分子化合物的生成。

酸洗过程得到的硫酸盐基用碱性物中和分解。采用的碱性物有氨水、氨气和碳酸钠等。

用浓度18%～20%的氨水进行中和分解的反应为：

$$(C_5H_5NH)_2SO_4+2NH_3 \cdot H_2O \longrightarrow 2C_5H_5N+(NH_4)_2SO_4+2H_2O$$

$$(C_9H_7NH)_2SO_4+2NH_3 \cdot H_2O \longrightarrow 2C_9H_7N+(NH_4)_2SO_4+2H_2O$$

生成1mol 100%的盐基，需1mol 100%的一水合氨。

(2) 工艺流程。

①酸洗脱盐基。泵前混合式连续洗涤工艺流程：焦油馏分中的酚含量一般高于盐基，故采用先碱洗脱酚后酸洗脱盐基的工艺，流程见图 6-57。

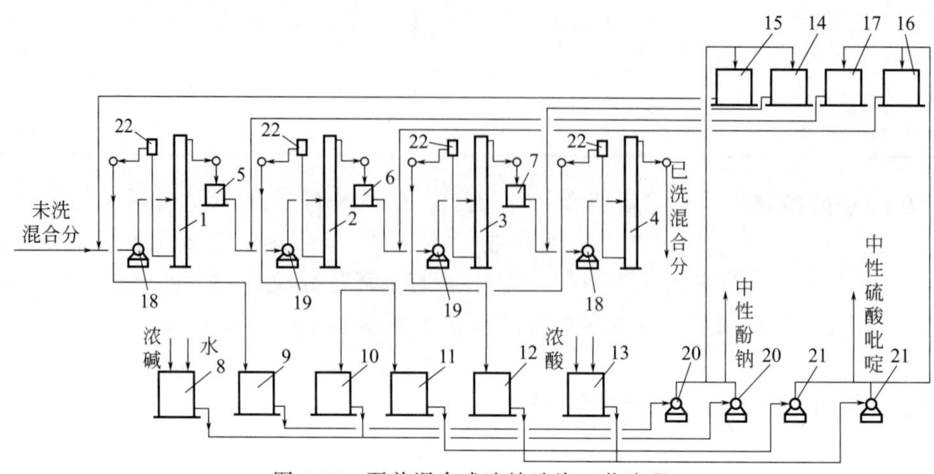

图 6-57 泵前混合式连续洗涤工艺流程

1—次脱酚分离器；2—次脱盐基分离器；3—二次脱盐基分离器；4—二次脱酚分离器；5—次脱酚缓冲槽；6—次脱盐基缓冲槽；7—二次脱盐基缓冲槽；8—稀碱槽；9—中性酚钠槽；10—碱性酚钠槽；11—中性硫酸盐基槽；12—酸性硫酸盐基槽；13—稀酸槽；14—稀碱高位槽；15—碱性酚钠位槽；16—稀酸高位槽；17—酸性硫酸盐基高位槽；18—连洗用碱泵；19—连洗用酸泵；20—碱泵；21—酸泵；22—液面调节器

喷射混合器式连续洗涤工艺流程：喷射混合器式连续洗涤工艺流程见图 6-58。脱酚后的馏分和稀硫酸用泵连续送入喷射混合器，二者混合后再经管道混合器，馏分中的盐基与硫酸反应生成硫酸盐基后进入分离塔，硫酸盐基在塔底部排出，脱盐基后的馏分进入中和塔的底部。中和塔装有浓度 20％的 NaOH，以中和馏分中的游离酸。中和后的馏分从中和塔上部排出。为了保证驱动流体所必需的流量，设置了循环管线。分离塔排出的乳化物和泥浆进入 1 号泥浆槽，由此用泵打入离心机，分离出的轻液排入 2 号泥浆槽，分离出的重液流入硫酸盐基槽。酸洗脱盐基工艺得到的中性硫酸盐基含盐基不小于 20％，含游离酸不大于 2％，馏分含盐基小于 1％。

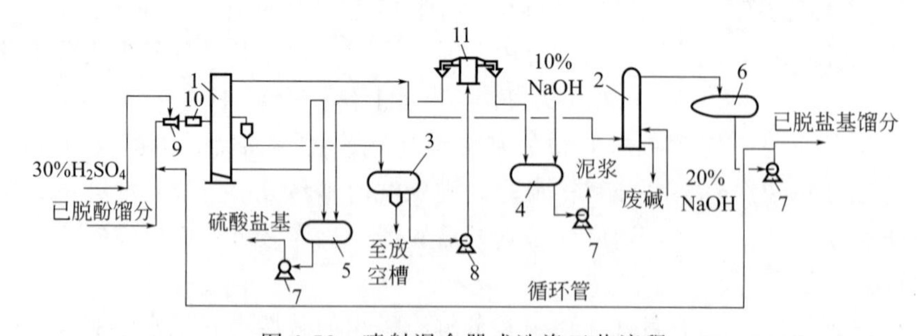

图 6-58 喷射混合器式洗涤工艺流程

1—分离塔；2—中和塔；3—1 号泥浆槽；4—2 号泥浆槽；5—硫酸盐基槽；6—馏分槽；7—输出泵；8—泥浆装入泵；9—喷射混合器；10—管道混合器；11—离心分离机

② 硫酸盐基的分解。硫酸盐基的分解有间歇式和连续式。采用碳酸钠法分解一般采用

间歇式，这里仅介绍连续式氨分解工艺，其工艺流程见图6-59。

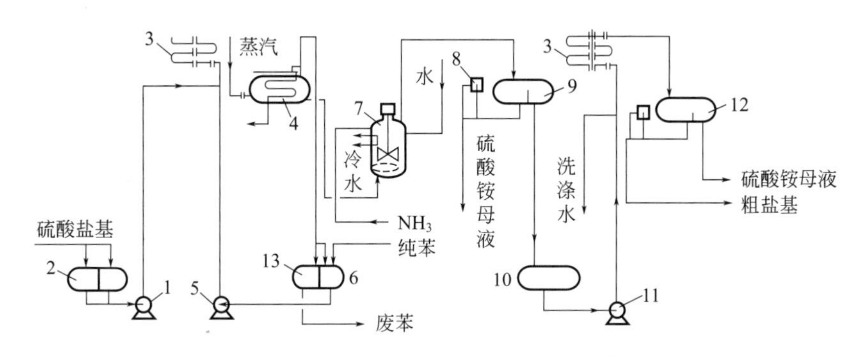

图6-59 连续式氨分解硫酸盐基工艺流程

1—硫酸盐基泵；2—硫酸盐基槽；3—管式混合器；4—纯苯分离槽；5—纯苯泵；6—纯苯循环槽；7—分解器；8—界面调节器；9—硫酸铵母液分离槽；10—粗盐基中间槽；11—粗盐基泵；12—水分离槽；13—废苯槽

粗喹啉盐基质量指标如下：

外观	暗黑色油状液体
20℃密度/(g/cm³)	＞1.0
喹啉盐基的质量分数（无水基）/%	＞70
水分/%	＜15

粗喹啉盐基的组成为：

吡啶	0.44%	喹啉衍生物	17.24%
吡啶衍生物	7.92%	其他高沸点物	60.55%
喹啉	13.85%		

从煤气和氨水中回收的盐基称粗吡啶盐基，其质量指标如下：

20℃密度/(g/cm³)	＜1.012
吡啶盐基的质量分数（无水基）/%	＞60
水分/%	＜15

粗吡啶盐基的组成为：

吡啶	40%～45%	2,4-二甲基吡啶	5%～10%
α-甲基吡啶	12%～15%	残渣（中性油）	15%～20%
β、γ-甲基吡啶	10%～15%		

6.6 沥青的提质加工[49-58]

煤焦油沥青（coal tar pitch）简称为煤沥青，是煤焦油蒸馏提取馏分（如轻油、酚油、萘油、洗油和蒽油等）后的残留物。煤焦油沥青是煤焦油加工过程中分离出的大宗产品，约占煤焦油50%～60%，其加工利用水平和效益对整个煤焦油加工工艺来说至关重要。煤焦油沥青常温下为黑色固体，无固定的熔点，呈玻璃相，受热后软化继而熔化，密度为1.25～1.35g/cm³。煤焦油沥青的组成既与炼焦煤性质及其杂原子含量有关，又受炼焦工艺制度、煤焦油原料质量和煤焦油蒸馏条件的影响。

从管式炉蒸馏或间歇蒸馏釜所得到的产物为中温沥青，煤焦油蒸馏获得的煤沥青的质量规格如表6-56所示。

表6-56　煤沥青的质量规格（GB/T 2290—2012）

指标名称	低温沥青		中温沥青		高温沥青	
	1号	2号	1号	2号	1号	2号
软化点/℃	35～45	46～75	80～90	75～95	95～100	95～120
甲苯不溶物含量/%	—	—	15～25	≤25	≥24	—
灰分/%	—	—	≤0.3	≤0.5	≤0.3	—
水分/%	—	—	≤5.0	≤5.0	≤4.0	≤5.0
喹啉不溶物/%	—	—	≤10	—	—	—
结焦值/%	—	—	≥45	—	≥52	—

注：1. 水分只作生产操作中控制指标，不作质量考核依据。
2. 沥青喹啉不溶物含量每月至少测定一次。

煤焦油沥青是成分极为复杂的混合物，由三环以上的芳香族化合物，含氧、含氮、含硫的杂环化合物，以及少量高分子碳素物质组成。低分子组成具有结晶性，形成了多种组分的共熔混合物，沥青组分的分子量在200～2000之间，最高可达3000。含有92%左右的碳，4.5%的氢，C/H比为1.7左右。在组成的化合物中，大约一半带有取代基，只有很少一部分是部分氢化的，取代基团有甲基、羰基、酚羟基、亚氨基、巯基（S—H）、苯基等。沥青中官能团的性质和数量既与原煤的杂原子含量有关，也与炼焦工艺制度和煤焦油的蒸馏条件有关。如沥青中的羰基在间歇蒸馏时含量较高。

溶剂分析是研究沥青结构组成的一个常用方法。用甲苯、喹啉作为溶剂进行萃取，可将沥青分离成甲苯可溶物、甲苯不溶物（TI）与喹啉不溶物（QI）。QI相当于α树脂，将甲苯不溶物含量减去喹啉不溶物含量的差值（TI－QI）相当于β树脂。β树脂是代表黏结性的组分，其数量体现焦油沥青作为电极黏结剂的性能。

煤焦油沥青各组分的结构性质分述如下：

① 甲苯不溶物（TI）　TI是沥青中不溶于甲苯的残留物。其平均分子量为1200～1800，C/H原子比为1.53左右，外观为黑棕色粉末，具有稳定组分。该组分具有热可塑性，并参与生成焦炭网格，其结焦值可达90%～95%，对骨料焦结起重要作用。沥青的结焦值随着TI的增加而增加。TI对炭制品机械强度、密度和导电率有影响。

② 喹啉不溶物（QI）　喹啉不溶物是沥青中不溶于喹啉的残留物。其平均分子量为1800～2600，C/H原子比大于1.67。按QI形成的过程可将QI可分为一次QI（原生QI）和二次QI（次生QI），原生QI与炼焦煤的种类和性质、炼焦炉的结构和状态、装煤方法、焦油氨水和焦油渣的分离方法等有关系。原生QI存在于煤焦油中，煤焦油蒸馏时又转移到沥青中。原生QI包含有机和无机QI两部分，无机QI是煤中的灰分颗粒和炼焦过程中落入煤焦油中的其他无机物，在煤焦油储存过程中不能沉降除去，他们大多附着或包含在更大的有机QI组分中。原生有机QI是在炼焦时煤热解生成的热解产物热聚合形成的大分子芳烃，其性质与炭黑类似。次生QI也称为炭质中间相，它是沥青在加热过程中形成的分子量更大的芳烃聚合物，以固体粒子的形式存在于沥青中。

沥青的结焦值随QI的增加而增加。沥青中含有一定量的QI有利于炭制品的机械强度和导电性，对炭制品焙烧中的膨胀有一定限制作用。但沥青的QI过高，致使沥青的流动性降低，QI过低，致使电极用沥青中糊料偏析分层。

③ β树脂（甲苯可溶但喹啉不溶）　β树脂是煤沥青中不溶于甲苯而溶于喹啉的组分，其值等于TI与QI之差，其平均分子量大致为1000～1800，C/H原子比为1.25～2.0，β树脂是中、高分子量的稠环芳烃，黏结性好、结焦性好，所生成的焦结构成纤维状，具有较好的易石墨化性能，所得的炭制品电阻率小，机械强度高。

④ γ树脂　γ树脂是甲苯可溶物，其分子量大约为200～1000，C/H原子比为0.56～1.25，呈带黏性的深黄色半流体。γ树脂在煤沥青中的功能是降低沥青的黏度，使沥青易于被炭质骨料吸附，增加糊料的塑性，有利于成型，但过量的γ树脂会降低沥青的结焦值，从而影响焙烧品的密度和机械强度。

6.6.1 改质沥青

6.6.1.1 工艺参数对改质沥青性能的影响

每生产1t石墨电极约需0.4t改质沥青作为黏结剂，有时将这种沥青称之为电极沥青。表6-57为1988年颁布的电极沥青国家标准。

表6-57　GB 8730—88标准中改质沥青的技术性能

指标	一级品	二级品	指标	一级品	二级品
软化点(环)/℃	100～115	100～120	甲苯不溶物(抽提法)/%	28～34	≥26
喹啉不溶物/%	8～14	6～15	β树脂/%	≥18	≥16
结焦值/%	≥54	≥50	灰分/%	≤0.3	≤0.3
水分/%	≤5	≤5			

作为黏结剂的沥青在电极成型过程中使分解的炭质原料形成塑性糊，压制成各种形状的工程结构材料。沥青在焙烧过程中发生焦化，将原来分散的炭质原料黏结成炭素的整体，并具有所要求的结构强度。

中温沥青可通过改质处理制取电极沥青。对中温沥青进行加热改质处理时，沥青中的芳烃发生热聚合和缩合，产生氢、甲烷及水。同时，沥青中原有的β树脂的一部分转化为二次α树脂，苯可溶物的一部分转化为二次β树脂。这种沥青称为改质沥青。

我国若干改质沥青生产厂家的改质沥青指标列于表6-58。

表6-58　我国若干改质沥青生产厂家的改质沥青指标

指标	水城钢铁公司焦化厂	鞍山钢铁集团公司化工总厂	石家庄焦化集团有限责任公司	宣化钢铁公司焦化厂	山西太钢不锈钢股份有限公司焦化厂
软化点(环)/℃	100～110	105～125	109～114	105～108	107～110
甲苯不溶物(抽提)/%	≥32	≥25	34～36	35.4～36	35～37
喹啉不溶物/%	≥6	5～15	12～14	9.2～10.5	8～10
β树脂/%	26～26.5	≥20	21～23	25.1～26.4	25～27
结焦值/%	≥54	45～65	58～59	50～60	

续表

指标	水城钢铁公司焦化厂	鞍山钢铁集团公司化工总厂	石家庄焦化集团有限责任公司	宣化钢铁公司焦化厂	山西太钢不锈钢股份有限公司焦化厂
灰分/%		≤0.3	0.1～0.3	0.17～0.19	≤0.3
水分/%			4～6		≤5

中温沥青在加热时的热解缩聚过程一般可分为以下几个阶段：

① 升温至200～400℃，是沥青中轻质组分的分解挥发阶段，分解挥发速度随温度升高而加快；

② 400～480℃，沥青组分经较快的断键速度进入强烈的热分解阶段，单位时间内气体析出量达到最高峰，同时伴随着缩聚；

③ 480～550℃，热解反应逐渐减弱，缩聚反应增强，焦炭开始形成，即生成半焦；

④ 550～800℃，继续有一定数量的气体排出（主要是H_2和CH_4），焦炭的密度和机械强度逐渐提高；

⑤ 升温到800℃以上，此时焦炭还会有少量气体析出，焦炭组织结构进一步致密化，一般要到1100℃左右才能稳定下来，据此要求黏结剂沥青有特定的工艺性质。

(1) 改质热处理过程中甲苯不溶物的变化

改质沥青TI与改质温度和时间的关系见图6-60所示。由图可见，从改质处理温度和时间两方面来看，TI均随着参数的上升而增加，只是TI受温度的影响更大一些。以390℃改质处理1h为例，此时TI值为22.0%，延长时间至8h，甲苯不溶物为30.5%，时间增加7h，TI的增加值为8.5%；而在430℃时改质处理1h，TI为31.5%，即温度增加40℃，导致TI增加9.5%。

(2) 热聚合过程中煤沥青喹啉不溶物含量的变化

改质沥青QI与改质温度和时间的关系见图6-61所示。由图可见，在低温下改质处理喹啉不溶物受时间的影响非常小，改质温度在390℃下，时间从1h变化到8h，QI只增加了2.8%；但高温（430℃）和较长时间（4h）处理后QI增加得非常明显，它比在390℃处理1h的QI增加了14.4%。

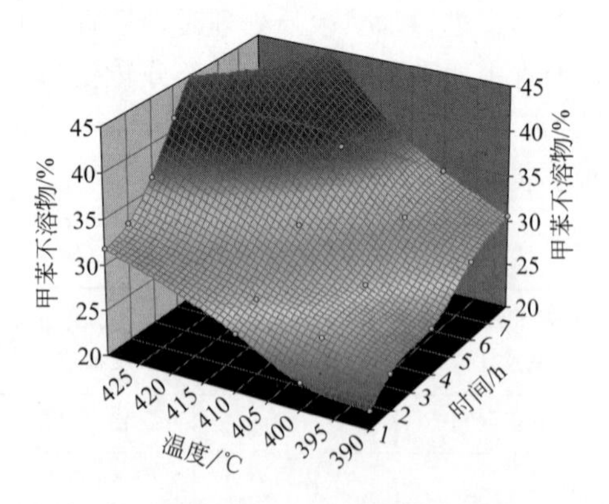

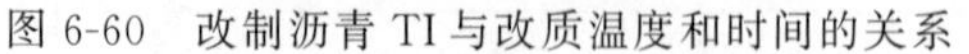
图6-60 改制沥青TI与改质温度和时间的关系

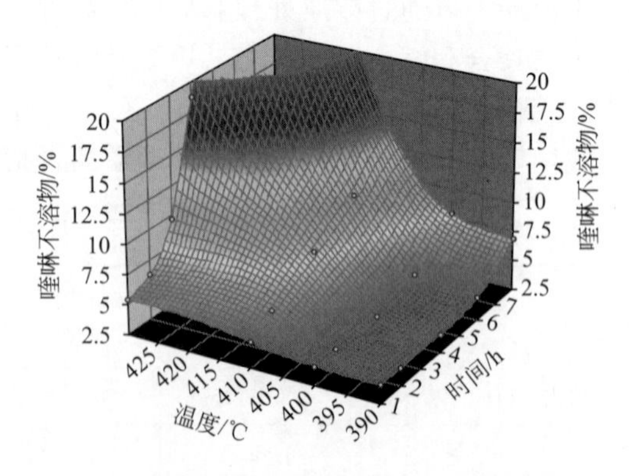

图6-61 改质沥青QI与改质温度和时间的关系

(3) 热改质过程中β树脂含量的变化

改质沥青黏结剂的β树脂决定着其黏结性能，为了提高煤沥青的β树脂含量，在热聚合改质过程中应尽量加快次生 TI 的生成速率而同时抑制次生 QI 的生成。温度和时间同时对 β 树脂的影响见图 6-62。从图中可以看出，β 树脂含量在短时间内始终处于上升阶段，到达一定时间后 β 树脂开始下降，而且随着温度的升高，下降速率越快。在三维图中可以发现 β 树脂出现了两个峰，其中最高峰在 410℃、6h 附近（27.1%），次高峰为 430℃、2h 附近（26.7%）。

（4）热聚合改质过程中软化点的变化

改质沥青的软化点随聚合温度的变化趋势如图 6-63 所示。由图可见，在 390～430℃ 温度范围内，随着温度升高，改质沥青软化点明显增大，例如时间为 4h 时，390℃下所得的改质沥青软化点为 94.9℃，400℃下则为 98.3℃，改质温度升至 410℃时，改质沥青软化点提高至 113℃，当改质温度达到 430℃时，改质沥青软化点达到 130.5℃。这表明在改质沥青热聚合过程中，温度对改质沥青的软化点影响很大。

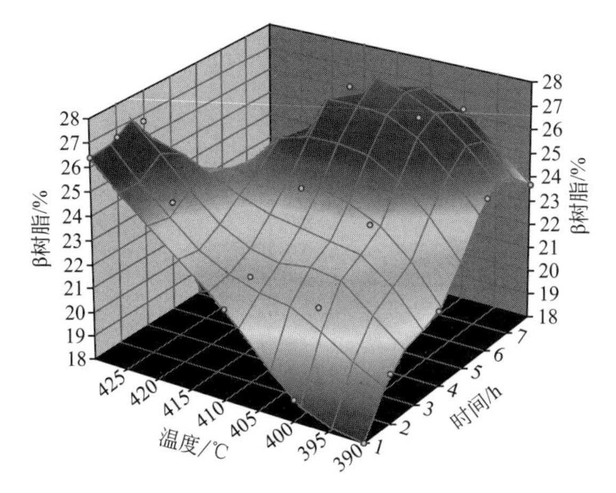

图 6-62　改质沥青 β 树脂与温度和时间的关系

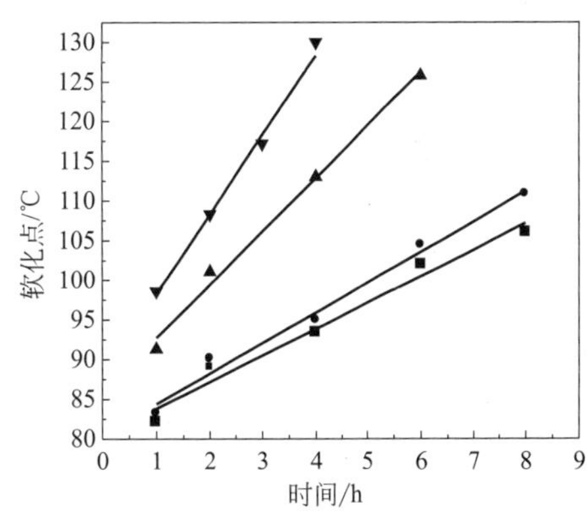

图 6-63　改质沥青软化点与聚合时间的关系

■—390℃；●—400℃；▲—410℃；▼—430℃

（5）沥青热聚合过程中煤沥青结焦值的变化

图 6-64 显示了改质沥青结焦值随热处理温度的变化趋势，结果显示聚合处理使煤沥青结焦值大幅度提高，原料沥青结焦值为 46.1%，经过热聚合处理，可使改质沥青结焦值提高至 65%以上，如聚合时间为 4h 时，390℃温度下改质沥青结焦值为 53.4%，400℃温度下其值增至 55.7%，当温度达到 410℃时，改质沥青结焦值提高至 59.6%，聚合温度为 430℃时，改质沥青的结焦值高达 65.8%。比较不同热聚合温度下煤沥青结焦值的变化规律，可以发现随着热聚合温度的上升，煤沥青结焦值增长幅度也明显增大。

（6）沥青改质处理前后黏度的变化

图 6-65 为沥青经改质处理前后的黏度变化。如图可见，中温沥青 A 和改质沥青 D 黏度相差很大，在 130～155℃温度范围内，改质沥青 D 的黏度是中温沥青的 20 倍以上，131℃时中温沥青 A 的黏度为 590mPa・s，而此时改质沥青 D 的黏度很大而测不出，151℃时中温沥青 A 的黏度已降至 210mPa・s，而改质沥青 D 的黏度仍高达 5900mPa・s，到 165℃时改质沥青 D 的黏度仍高达 2310mPa・s。可见煤沥青黏度值对温度非常敏感，当温度升至 130℃以后，中温沥青 A 的黏度随温度的变化曲线慢慢稳定，131℃时中温沥青 A 的黏度为 590mPa・s，此时处于比较好的流变状态，温度升至 151℃时中温沥青的黏度降至 210mPa・s，此时沥青已处于良好的流变状态，当温度在 165℃以上时煤沥青的黏度已趋于

稳定，约为100mPa·s。对于改质沥青D来说，200℃以前黏度的降幅非常大，200℃以后才慢慢趋于稳定，202℃时改质沥青的黏度为400mPa·s，比中温沥青达到此黏度时的温度提高了65℃左右。尽管两类沥青软化点仅相差30℃左右，但要达到相同的流变性能，改质沥青D所需的温度要比中温沥青A高50～65℃左右。

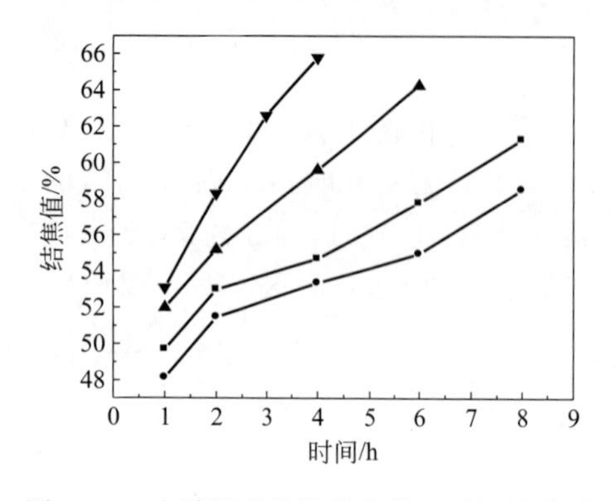

图6-64 改质沥青结焦值和处理时间的关系

■—390℃；●—400℃；▲—410℃；▼—430℃

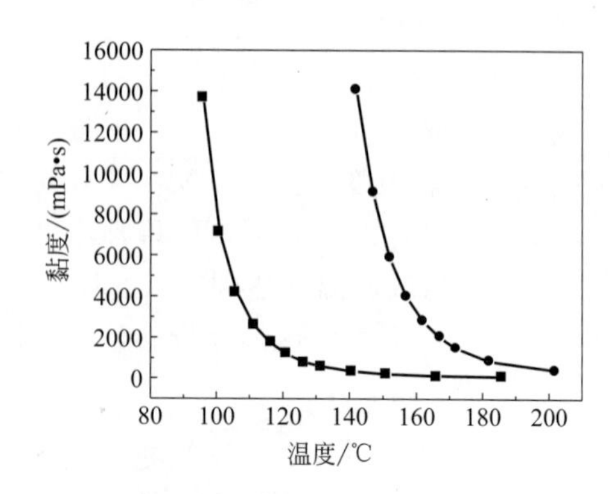

图6-65 中温沥青与改质沥青的黏度随温度的变化

■—中温沥青A；●—改质沥青D

6.6.1.2 改质沥青的生产工艺[1]

制取改质沥青的工艺流程有多种，国内外黏结剂沥青的生产工艺有四种：

① 以中温沥青或石油减压渣油及丙烷脱出沥青为原料，经空气氧化，使胶质和沥青质发生缩合反应的氧化法制造高温沥青，称为氧化沥青，其生产工艺常称为氧化热聚法。该工艺可大幅度提高沥青的软化点，但喹啉不溶物、苯不溶物值的增加相对较少，故只能制造低质量的普通电极，因此，该工艺逐渐趋向淘汰。

② 以中温沥青为原料，用真空闪蒸法制造高温沥青，又称硬质沥青。

③ 以中温沥青为原料，用常压连续加热的热聚合法制造高温沥青，又称改质沥青。

④ 以煤焦油为原料，先进行简易蒸馏脱除其中的水和轻油，残留物经热聚合和闪蒸得普通沥青和优质黏结剂沥青的原料，再经热聚合反应制成改质沥青。

（1）加热聚合法

国内有的焦化厂采用间歇式沥青加热炉，用焦炉煤气直接加热，将提出蒽油以后的中温沥青放入这一加热炉中加热并保温一段时间，软化点提高到120℃，TI提高到30%左右，但喹啉不溶物和β树脂含量仍然达不到标准要求。

鞍钢化工总厂引进澳大利亚考伯斯公司的专利技术，用真空闪蒸法生产硬质沥青，该装置已生产多年，其工艺流程见图6-66。

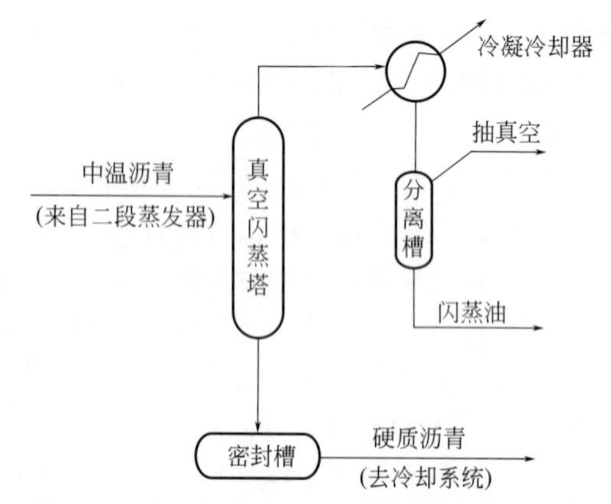

图6-66 真空闪蒸法生产硬质沥青的工艺流程

加热至400℃的脱水焦油送入二段蒸发器中，360～370℃的中温沥青从蒸发器底部进入真空闪蒸塔，中温沥青中的轻质组分被闪蒸汽化并从闪蒸塔顶逸出，经冷凝冷却后即为闪蒸油，塔底即得硬质沥青。中温沥青经上述闪蒸后，其组分发生了相应变化，轻质组分相对减少，而较稳定的大分子稠环芳烃含量相应增加，从而使软化点、析焦量（残炭量）、苯不溶物和喹啉不溶物等含量有所增加。但由于在闪蒸时生成的衍生物较少，所以硬质沥青的 TI 和 QI 值较中温沥青增加不多，仍处于较低的水平，见表 6-59。

表 6-59　硬质沥青的质量指标

项目	软化点/℃	固定碳/%	TI/%	QI %	β树脂/%	灰分/%	水分/%	挥发分/%
考伯斯公司要求值	105～125	45～65	＞25	5～15	＞20	＜0.3	＜1.0	—
出厂产品检验值	110～113	53～65	21～26	5～8	20	0.15～0.3	＞1.0	—
装船时的检验值	110.5	55.33	20.5	3.51	16.99	0.18	0.6	—
中温沥青国标（GB/T 2290—2012）	80～90	—	15～25	≤10	—	≤0.3	≤5.0	—

日本大阪煤气公司曾经做过常压和加压工艺对比试验，结果见表 6-60。显然加压热处理后的沥青，其 β 树脂含量明显提高。

表 6-60　压力和热处理对沥青改质的效果

项目	310℃蒸馏	常压/400℃加热 5h	0.9MPa/400℃加热 5h
软化点/℃	67.7	82	85
挥发分/%	50.7(固定碳≥70%)	—	45.8
TI/%	18.2	37.0	32.0
QI/%	4.1	17.1	7.2
β树脂/%	14.1	19.9	24.8

常压热聚合法生产改质沥青技术是我国鞍山焦化耐火材料设计研究总院在 20 世纪 80 年代开发的，先后在石家庄焦化厂、宣钢、攀钢、武钢和长春煤气厂等单位建成并投产了近十套工业装置，图 6-67 示出了常压热聚合法生产改质沥青的工艺流程。

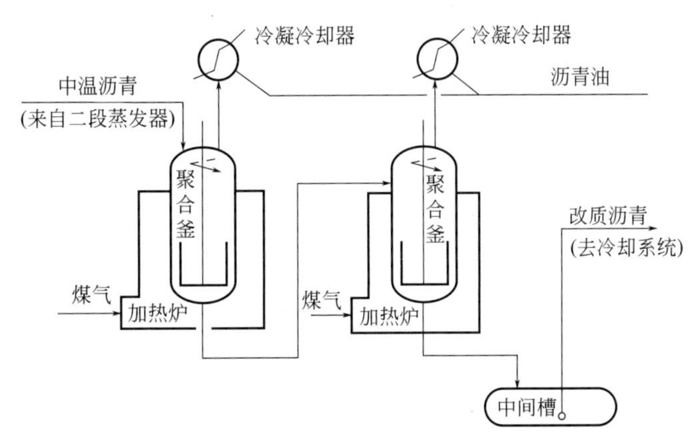

图 6-67　常压热聚合法生产改质沥青的工艺流程

中温沥青在热聚合反应时，边缘缀有各种脂肪烃、环烷烃、金属和非金属原子的 20～25 环大分子。稠环芳烃中最薄弱的化合键首先断裂生成低分子量物质，并以气体形式逸出。与此同时，稠环芳烃又以缩聚方式形成更大更稳定的缩聚物。随着温度的升高和停留时间的延长，还会发生二次缩聚反应而生成新的苯不溶物和喹啉不溶物等衍生物，又称二次喹啉不溶物。从而使沥青的软化点升高，析焦量增加，这就是热聚合法的实质所在。热聚合法工艺过程是中温沥青在此用煤气加热，反应生成的轻质组分不断地以沥青油的形式被分离，沥青的软化点也随之提高，同时，用控制聚合反应深度的方法可使 TI 和 QI 值增长到预定的要求，即获得了高质量的改质沥青，其质量指标见表 6-61。

(2) 加压热聚处理法

中国第一家使用加压热聚处理法生产电极沥青的是贵州水城钢铁公司焦化厂。该厂以中温沥青在一定压力（1～1.2MPa）和温度（385～425℃）下，连续处理 3～6h，可得各种不同品质的电极沥青，如表 6-61 所示。由此可见，处理后的沥青品质与原料质量及处理条件有关：对于原料软化点为 84～86℃的中温沥青，在 400℃和 1～1.2MPa 压力下保持（5±0.5)h，即可得到合乎标准的电极沥青，而对于原料软化点为 75.5℃的沥青，即需在 415℃和 1～1.2MPa 压力下保持（5.5±0.5)h，或在 425℃和 1～1.2MPa 压力下保持 4～4.5h，才能得到合格产品。表 6-62 是水钢焦化厂利用少量二蒽油或蒽油与电极沥青回配的结果。

表 6-61　常压热聚合法生产的改质沥青质量指标

指标		软化点/℃	TI/%	QI/%	β树脂/%	结焦值	灰分/%	水分/%
YB/T 5194-2015 标准	一级	105～112	26～32	6～12	≥18	≥56	≤0.30	≤4.0
	二级	105～120	26～34	6～15	≥16	≥54	≤0.30	≤5.0
外商要求		100～106	35～37	9～12	>23	57～59	0.3	<5
石家庄焦化厂		110	37.1	13.9	23.2	57.1	0.15	7.6
宜钢焦化厂		110.5	37.5	9.9	27.8	61	0.06	4.7
水钢焦化厂		110.6	35.3	5.7	29.6	57.7	—	—

表 6-62　回配法处理效果

名称	配比/%	软化点/℃	TI/%	QI/%	β树脂/%	V_{ad}/%	C_{ad}/%
(原料)电极沥青	—	117	39.94	15.14	24.60	50.79	60.13
二蒽油：沥青	5：95	101.4	39.17	12.62	26.55	53.13	58.59
二蒽油：沥青	3：97	103.4	39.86	12.74	27.02	53.44	69.36
油：沥青	5：95	100.7	37.65	13.16	24.49	54.26	68.48
油：沥青	3：97	104.8	38.82	12.74	26.08	53.00	59.40
(原料)电极沥青	—	113	37.70	11.70	24.68	55.14	59.06
二蒽油：沥青	3：97	96.9	36.69	11.72	25.17	56.12	57.79
二蒽油：沥青	5：95	94.5	35.99	12.46	23.43	55.92	56.41
二蒽油：沥青	6：94	93.5	36.10	10.62	25.42	56.24	55.52
二蒽油：沥青	7：93	88.6	35.34	11.32	23.90	57.32	55.48
二蒽油：沥青	8：92	86.2	34.37	10.86	23.51	58.00	54.09

1.5 万吨/年规模的改质沥青生产工艺流程如图 6-68 所示。

(3) 煤焦油为原料的 CHEERY-T 法

CHEERY-T 法生产改质沥青是日本大阪煤气公司开发的工艺，其工艺流程参见 6.1.3

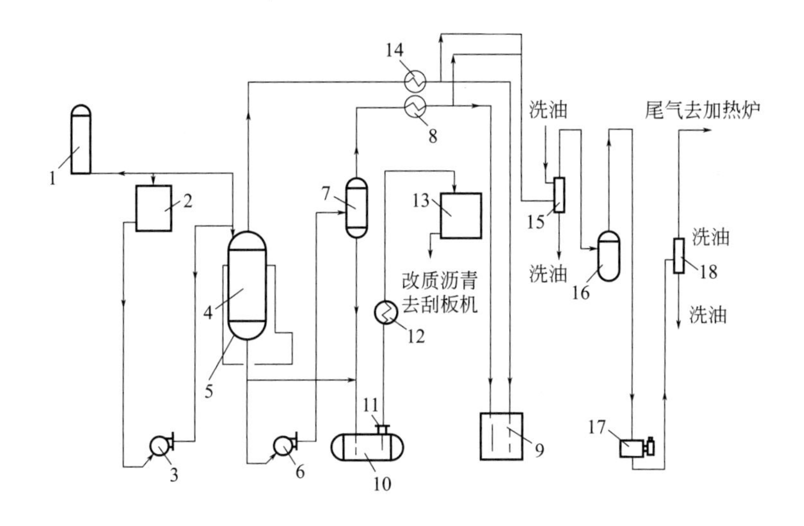

图 6-68 1.5 万吨/年规模的改质沥青生产工艺流程

1—二段蒸发器；2—中温沥青中间槽；3，6—沥青泵；4—反应釜；5—加热炉；7—改质沥青中间槽；8—沥青埋入式泵；9，12，13—冷凝冷却器；10—蒸馏塔；11—沥青高置槽；14—闪蒸油槽；15—真空废气洗涤塔；16—空罐；17—真空泵；18—废气清洗塔

节图 6-7。不同操作条件对沥青质量的影响列于表 6-63。

CHEERY-T 法的操作控制是比较简单有效的。TI、QI 和 β 树脂指标，由热处理条件决定，只需要控制反应釜的操作。软化点指标与含油量及回流量有关，只需控制住闪蒸塔操作就可达到。所以改质沥青的质量可以用两个装置分别控制，比较方便，可以生产软化点范围很宽（65～110℃）、β 树脂含量大于 23%以上的多种改质沥青。

表 6-63 不同操作条件对沥青质量的影响

指标		通常方法	CHEERY-T 例一	CHEERY-T 例二
温度/℃		400	400	385
压力/MPa		常压	0.88	0.88
时间/h		5	5	5
产率/%	沥青	45.1	64.0	59.3
	油	54.9	35.1	39.6
	气体	—	0.9	0.7
沥青质量	软化点/℃	67.7	80.5	79.8
	挥发分/%	50.7	45.8	47.2
	TI/%	18.2	32.0	34.2
	QI/%	4.1	7.2	8.4
	β 树脂/%	14.1	24.8	25.8

用改质沥青作黏结剂的炼铝用阳极块具有电阻率小、导电性好、电容密度大、耗电低、强度大、不掉渣、寿命长、炼铝能力大和精制率高等优点，寿命可延长 1 倍左右，如使用 1t 改质沥青可节电 1.9×10^4kW·h。

6.6.2 乳化沥青[58-64]

所谓的乳化沥青，就是将沥青热熔，经过机械作用，沥青以细小的微滴状态分散于含有乳化剂的水溶液中，形成水包油状的沥青乳液，这种乳状液在常温下呈液状。

乳液包括油包水型和水包油型两种。当连续相为水、不连续相为油时，即为水包油型，反之为油包水型。水包油型乳液中，根据其颗粒的大小，可分为普通乳液和精细乳液。普通乳液的颗粒一般为1～20μm，精细乳液的颗粒一般为0.01～0.05μm。

乳化沥青为普通乳液，其典型的颗粒粒径 r 分布为：$r<1\mu m$，28%；$1\mu m\leqslant r\leqslant 5\mu m$，57%；$r>5\mu m$，15%。

稀释沥青需要大量的溶剂，而汽油、煤油、柴油等溶剂都是宝贵的能源，并且稀释沥青铺到路上后要让这些溶剂挥发掉才能成型，这会污染环境，同时稀释沥青使用时也不安全。因此，现在在公路工程中很少使用稀释沥青。目前广泛使用的是热沥青，但热沥青施工需要大量的热能，特别是大宗的砂石料需要烘烤加热，操作人员施工环境差，劳动强度大。使用乳化沥青施工时，不需加热，可以在常温下进行喷洒或拌和摊铺，可以铺筑各种结构的路面，更为重要的是，乳化沥青在常温下可以自由流动，并且可以根据需要做成不同浓度的乳化沥青，做贯入式或透层容易达到所要求的沥青膜厚度，这是热沥青不可能达到的。乳化沥青发展至今天，其使用范围非常广泛。

沥青乳化生产流程大致分成沥青配制、乳化剂水溶液配制、沥青乳化和乳液储存四个主要程序。

① 沥青配制　在大多数的沥青乳化设备中，沥青配制的作用和流程基本上是一样的，就是保证沥青的温度稳定，能够连续不断地供给乳化机使用。在配制改性沥青时，沥青配制的流程才有所不同。

② 乳化剂水溶液配制　各种沥青乳化设备在流程上的主要区别是乳化剂水溶液配制的生产流程不同。一般分为分批作业和连续作业两种流程。

③ 沥青乳化　乳化流程是生产出合格乳化沥青的关键步骤。根据沥青和乳化剂水溶液进入乳化机时的状态，乳化沥青设备可连接成开式和闭式两种生产流程。开式生产流程的特点是用阀门控制流量，靠自重流入乳化剂的漏斗，优点是比较直观，控制简单；缺点是容易混入空气，产生气泡，产量一般都达不到乳化机的额定产量。闭式生产流程的特点是用泵直接把沥青和乳化剂水溶液经管路泵入乳化机内，靠流量计指示流量，优点是不易混入空气，便于自动化控制，产量比较稳定，适宜连续大量生产。

闭式生产流程的关键是沥青和乳化剂水溶液的流量按比例控制问题。采用泵和流量计相结合，人工观测并利用调节阀或调节器进行远程控制属于手动控制。将仪表检测信号输入计算机中，经过计算机运算比较，反馈到调节器中进行自动调节，属于自动控制。

④ 乳液储存　在乳液存放时，将有正常的分层现象。为了延缓分层的速度，一是采用密封容器，减少水分蒸发；二是在容器上加装搅拌装置，定期进行搅拌。长期大容量存放要定期抽样检验。

在确定乳化工艺时应注意以下几方面的问题：

① 温度要求　沥青及水的温度是乳化工艺中较重要的一个工艺参数。如果乳化前沥青温度过低，沥青黏度大，流动困难，功率消耗很大，也影响乳化质量；如果沥青及水的温度过高，不仅消耗能源，增加成本，而且还会使水汽化，导致乳液的油水比例发生变化，同时

也导致乳液的质量和产量降低。一般要求沥青和水混合后的平均温度（乳液温度）以85℃左右为好。

② 沥青乳液的工艺配方要求　根据所需的沥青乳液类型选择乳化剂、添加剂的工艺配方，制配适宜的乳化剂水溶液。乳化剂、添加剂的用量对乳液的性能起着决定性作用，用量少了会影响乳液的储存稳定性，用量多了则提高乳液成本，造成浪费。

③ 油水比要求　沥青和乳化剂水溶液的流量按比例控制是生产出合格乳化沥青的重要工艺参数。

④ 乳化间隙要求　胶体磨类的乳化机乳化间隙的大小也是一个重要的工艺参数。

⑤ 乳液储存要求　乳化沥青的储存条件是不可忽视的环节，生产出的合格的沥青乳液因储存不当会造成乳液破坏以致不能使用的现象。

6.6.3 针状焦[65-82]

美国大湖炭素公司于1950年首次发明石油系针状焦，1979年日本的煤沥青针状焦工业生产装置投产，煤系针状焦扩大了煤焦油应用范围。中国在20世纪80年代也成功地开发了石油系针状焦的生产，到20世纪90年代中国成功地开发了煤焦油沥青系针状焦的生产。

针状焦不仅广泛被用作超高功率石墨电极，而且也用作热结构石墨和特种炭素制品的原材料，以及适于制备近来发展的内串石墨化系统（LWG）的石墨电极。

6.6.3.1 针状沥青焦的特性和生成机理

自从Brooks和Taylor在煤液化过程中发现中间相小球以来，许多研究者通过对芳香性有机化合物液相炭化过程一系列的显微观察发现针状焦的形成可分为两个阶段，其一是芳香性物质煤焦油或石油重油经液相炭化生成中间相小球，小球增长，熔并成各向异性高、流动性好的中间相体。其二是此种中间相体进一步炭化，炭化过程中产生的轻组分的逸出使得已平行排列的芳香性分子进一步排列形成所谓针状结构，同时固化获得针状焦。

研究表明，煤焦油中含有大量的喹啉不溶物杂质（3%以上）时，就会妨碍沥青中小球体的生成、成长和融合，如果不设法降低或除去，就生长不成针状沥青焦。此外，含有O、N、S等元素的杂环化合物会妨碍石墨化的进程，也是要不得的。从原料到针状焦的生成机理可用图6-69所示模型表示。主要包括6步：

① 随着沥青类有机化合物加热，分子量低于400的热解气体及轻馏分逸出系统外，残留物经过热脱氢、环化、芳构化等系列缩聚反应逐步形成分子量大、热力学稳定的多核芳烃化合物。

② 随着分子量增大，芳环侧链丢失，形成的椭圆或圆形的缩合芳烃化合物呈平面状，当体系处于液态时，分子量达到400～10000的平面分子形成足够数量后，由于热运动而相互靠近，分子间在垂直方向因范德华力和分子偶极矩而产生缔合，分子间会形成短程排列并按向列次序开始聚集堆积，而且也呈长程有序排列，在与环平面层垂直方向上成长为许多重叠层，如图6-69所示。随着组分溶解性减小，能维持两相作为一相的溶剂也逐渐减少，凝集的大分子浓度增加到超过临界值时，从均一混合物中产生两相体系，为了使平衡排列的平面分子所形成的新相稳定，要求体系表面自由能最小，因此转化为表面积最小的圆球形，中间相小球形成。

③ 最早形成的小球在底部形成一层镶嵌结构，随炭化进一步加深，小球继续吸收各相

同性基质中芳烃分子而长大，中间相小球尺寸增长。

④ 当两球相接触时各球体中的扁平分子彼此插入、相互熔并形成更大的复球，经反复熔并后形成中间相体，且中间相体平行于反应器从底部到顶部气体流动的方向排列。

⑤ 中间相体继续增长，此时体系包括未反应原料和中间相小球形成、增长、融并，体系形成多相系统，通过多相系统内分子的运动产生所期望的针状结构，低黏度保持较长时间有助于多相系统的产生与保持。

⑥ 炭化过程产生的气体逸出使得已平行排列的芳香性大分子沿气流方向进一步排列形成所谓“针状”结构，同时固化，获得针状焦。针状焦的结构模型示意图见图 6-70。

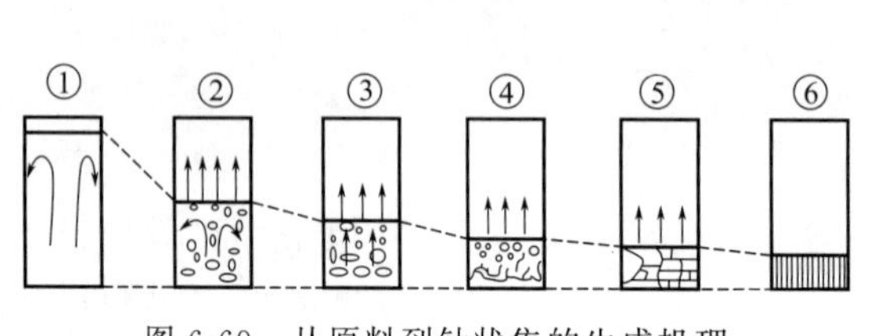

图 6-69　从原料到针状焦的生成机理

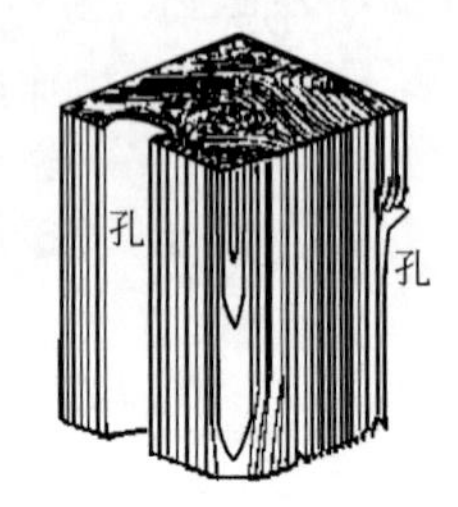

图 6-70　针状焦的结构模型

6.6.3.2　工艺流程

针状沥青焦的生产工艺流程示于图 6-71。

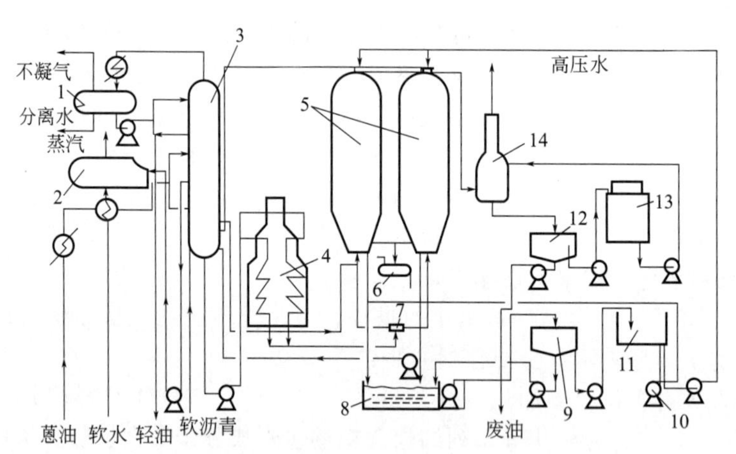

图 6-71　针状沥青焦的生产工艺流程

1—分离器；2—蒸汽发生器；3—馏分塔；4—管式加热炉；5—延迟焦化塔；6—冷凝罐；7—三通阀；8—卸焦坑；9—澄清槽；10—喷射泵；11—水槽；12—油水分离器；13—冷水塔；14—尾气净化器

将在二段蒸发器中截留有一部分二蒽油的软沥青，或 CHEERY-T 流程中的改质沥青送到馏分塔，使之与循环油混合后用泵抽送到管式炉。在管式炉中被加热到 380～495℃，经三通阀由底向上送到延迟焦化塔中的一个塔内。

焦化塔的蒸发和裂解物从塔顶出来，一并进入馏分塔，在馏分塔顶出焦油轻油，侧线出蒽油。比蒽油重的重质油作循环油与软沥青混合，被反复加热而焦化。蒽油在蒸汽发生器中换热冷却。为了保持热平衡，将其大部分返回馏分塔。塔顶馏出物冷却后分离为不凝气体、轻油和水。不凝气体作为燃料气供厂内使用，轻油和侧线产品一起混入煤焦油，进行再处理。

一般延迟焦化塔都有两个，以便切换。当沥青焦充满延迟焦化塔（一般需 24h）后，把热料切换入相邻的备用塔，通入过热到 450℃的过热蒸汽把塔内的残油吹出，然后将焦油冷却。然后把塔的上下盖打开，用 14.7MPa 高压水分别从上面和下面冲入塔内，把焦块打碎冲出，放入塔底的焦坑内。然后封好上下盖，将邻塔出来的热煤气通入灼烧，进行干燥和预热，以便下次装料。

6.6.3.3 影响针状焦生产的因素

(1) 针状焦生产原料

针状焦根据原料可分为煤系针状焦和石油系针状焦，石油系针状焦以热裂化渣油、催化裂化澄清油、润滑油精制抽出油、蒸汽裂化焦油、焦化蜡油、乙烯裂解渣油等为原料。煤系针状焦是以煤焦油、煤焦油沥青以及通过直接加氢裂化煤制得的液体产物为原料。

(2) 炭化条件对针状焦形成的影响

① 温度的影响　最优炭化温度一般选择焦块热膨胀系数（CTE）最小时的温度，对于煤系针状焦，管式炉出口最高温度一般控制在不大于 510℃，炭化塔内温度高于 460℃要保持 6h 以上时间。由于针状焦与沥青焦成焦机理不完全相同，因此，必须正确选择操作参数，满足中间相小球体的热转化过程和生成针状焦的条件。

② 压力的影响　沥青在加压下热解的研究表明，加压下炭化可提高焦炭产率，降低气孔率，增高密度，也影响焦炭组织和石墨化性。提高气相压力会大大促进中间相小球的充分成长、融并和中间相体中分子的重排列，在显微镜下观察到各向异性等色区的面积大为扩大，这说明在中间相转化过程中，稠环芳香层片分子达到了很高的预规则化，这种预规则化对继续加热所能达到的石墨化程度也有好的影响，微晶的完整性稍有改进。增大压力对稠环平面分子预规则化的效果，可以解释为低分子挥发性物质被抑制于凝聚相，改善了基质的流动性，从而很有利于中间相分子的活动和趋于更加规则的排列，使在常压下挥发的低分子量化合物在参与大分子之缩合的同时，滞留于系统内从而降低系统黏度，且在加压下也会炭化成为纤维状组织。

压力对焦炭组织的影响因大小而异。如压力太大，煤焦油沥青不是生成针形而是广域组织。亦即各向异性组织单位扩大，取向性下降。因为一轴取向需要气流，借加压抑制它的话，会降低一轴取向性。在此意义下，宜在炭化时的适当时机减压，但氧或硫含量较高或组织发育不良的原料有时加压也无法改善针状焦的组织与结构，压力的改变也直接影响气体的逸出速率，通过压力的调整使气体在焦固化前充足地逸出，产生针状结构。

根据初步生产经验，在焦化反应初期，以相对高的压力操作，反应后期以一定速率降低焦化塔压力比在后期恒压下生产的针状焦质量要好，且焦炭产率高。分析认为，焦化初期塔中保持较高压力，对中间相各向异性发展有利，在此条件下，挥发性物质在焦化塔中留存较多，并通过溶解或氢转移来缓和焦化反应，使焦化物料保持较低的黏度，有利于中间相小球充分地长大、融并。在焦化后期，以一定速率降压，会驱使大的中间相分子在固化时按一定途径放出气体，以均匀气速“拉焦”，可以形成结晶度好的针状焦。

③ 升温速率的影响　在炭化反应中，升温速率对生成焦炭的产率、焦炭组织、强度、细孔的状态等有显著影响。当然其影响因原料而异。升温速率变化一方面影响炭化反应速率和挥发分馏出速率的相对大小，另一方面影响炭化反应性。焦炭的光学组织会因升温速率上升而改善不少。但是，重质油的常压炭化在高速升温下也不大改善组织结构，因为升温速率快，会降低炭化反应的黏度，超过某界限，挥发分逸出加速而成为暴沸状态，参与炭化的成

分为残留的重质成分，增大了炭化速率，结果阻碍光学各向异性组织的取向，生成的炭成薄片状。各向异性组织单位的大小和取向性受炭化速率、熔融领域、黏度等因素综合影响。以煤焦油沥青为原料时，升温速率低时，CTE 较低。制造针状焦（加压下）时，常以高速升温条件作业来改善组织。因为在加压下高速升温不发生挥发分的突沸，挥发分在高温时发生炭化，抑制炭化反应中的黏度，各向异性组织发达，借气体馏出而生成针状焦。针状焦的一轴取向比光学各向异性组织尺寸更影响性能，故须考虑升温速率在这方面的效果。而在低速升温时气流小，即使各向异性组织单位增大，也不成针状组织。

④ 煅烧热工制度　在焦化塔内生成的生焦，真密度为 1.40～1.42g/cm^3，挥发分含量为7%～9%。此生焦需进一步加热处理，使针状焦各项理化指标及导电性能符合石墨电极原料的要求。

试验研究情况表明，炭材料煅烧过程中，挥发分逸出和分子结构发生变化的综合作用，将使煅烧物料导电性能提高。而煅烧料真密度的提高，主要是煅烧料在高温下不断逸出挥发分并同时发生分解、缩聚反应，导致结构重排和体积收缩的结果。因此，同样的生焦质量，煅烧温度越高，煅后焦挥发分越低，真密度越高，针状焦质量越好。

（3）主要设备

在延迟焦化法生产针状焦的生产过程中，延迟焦化加热炉是关键的设备之一，加热炉的升温速率、炉内温度分布及其操作的稳定性及运转周期等，都直接影响针状焦的质量和成本。

6.6.3.4　针状焦质量指标

表 6-64、表 6-65 为不同原料和工艺的针状焦性能指标和日本三菱煤系针状焦性能指标[77,82]。

表 6-64　不同原料和工艺的针状焦性能指标

	新日化煤系针状焦			美国 CGG 石油针状焦		日本水岛石油针状焦	
级别	LPC-UL	LPC-U	LPC-UH	电极用焦	接头用焦	M 级	X 级
水分/%	≤0.3	≤0.3	≤0.3	≤0.3	≤0.3	≤0.5	≤0.5
灰分/%	≤0.15	≤0.10	≤0.10	≤0.3	≤0.3	≤0.3	≤0.3
硫/%	0.20～0.27	0.20～0.27	0.20～0.27	≤0.5	≤0.5	≤0.4	≤0.4
挥发分/%	≤0.3	≤0.3	≤0.3	≤0.5	≤0.5	≤0.3	≤0.3
真密度/(g/cm^3)	2.14～2.15	2.13～2.15	2.13～2.14	≥2.13	≥2.13	≥2.13	≥2.13
粒度分布	+10mm≥25%；-1mm≥30%	+10mm≥25%；-1mm≥30%	+10mm≥25%；-1mm≥30%	+4mm≥65%；-1mm≤30%	+4mm≥65%；-1mm≤30%	6 目为 43%～53%	6 目为 43%～53%
CTE/($\times 10^{-6}$℃$^{-1}$)	0.93～1.02	1.05～1.15	1.15～1.20	0.18	0.14	≤25	≤15

表 6-65　日本三菱煤系针状焦性能指标

级别	灰分/%	水分/%	挥发分/%	硫/%	真密度/(g/cm^3)	氮/%	CTE/($\times 10^{-7}$℃$^{-1}$)
A	≤0.01	≤0.3	≤0.1	≤0.28	≥2.13	≤0.55	≤5.0
L	≤0.01	≤0.3	≤0.1	≤0.28	≥2.13	≤0.55	≤3.5
T	≤0.01	≤0.3	≤0.1	≤0.35	≥2.13	≤0.50	≤4.6
AS	≤0.01	≤0.3	≤0.1	≤0.28	≥2.13	≤0.55	≤3.3

我国是世界上唯一大规模发展煤焦油加氢制清洁燃料和化学品产业的国家，鉴于其充分借鉴了石油化工重油和劣质原料加工的经验和基础，本书没有涉及此方面的内容。

高温煤焦油是十分宝贵的有机化工原料，含有上万种化合物，主要由多环芳烃组成，还含有少量酚类、杂原子化合物等，由煤焦油加工生产的蒽、芘和茈可以满足世界总需求量的90％以上，咔唑和喹啉几乎100％来自焦化产品，经过改质的煤焦油沥青主要用于制备黏结剂、浸渍剂、活性炭、针状焦、中间相沥青、碳纤维等产品，广泛应用于钢铁、化工、材料、医药等领域。因此，高温煤焦油高效加工利用具有经济和社会效益，受到很多国家关注。

参考文献

[1] 高晋生. 煤的热解、炼焦和煤焦油加工 [M]. 北京：化学工业出版社，2010.

[2] 水恒福，张德祥，张超群. 煤焦油分离与精制 [M]. 北京：化学工业出版社，2007.

[3] 朱银惠，郭东萍. 煤焦油工艺学 [M]. 北京：化学工业出版社，2017.

[4] 张德祥. 煤化工工艺学 [M]. 北京：煤炭工业出版社，1999.

[5] 高建业. 煤焦油化学品制取与应用 [M]. 北京：化学工业出版社，2011.

[6] 肖瑞华. 煤焦油化工学 [M]. 2 版. 北京：冶金工业出版社，2009.

[7] 张飏，白效言. 煤焦油加工 [M]. 北京：中国石化出版社，2017.

[8] 白建明，李冬，李稳宏，等. 煤焦油深加工技术 [M]. 北京：化学工业出版社，2016.

[9] 马晓迅，赵阳坤，孙鸣，等. 高温煤焦油利用技术研究进展 [J]. 煤炭转化，2020，43 (4)：1-11.

[10] 李超，孙虹，蔡承祜. 我国首套 30 万 t/a 煤焦油蒸馏装置分析 [J]. 燃料与化工，2005，36 (4)：33-36.

[11] 单春华，姜秋，李瑞，叶煌. 煤焦油减压蒸馏新工艺 [J]. 燃料与化工，2019，50 (3)：44-46.

[12] 谷小会. 煤焦油分离方法及组分性质研究现状与展望 [J]. 洁净煤技术，2018，24 (4)：1-6.

[13] 张生娟，高亚男，陈刚，等. 煤焦油中酚类化合物的分离及其组成结构鉴定研究进展 [J]. 化工进展，2018，37 (7)：2588-2596.

[14] 李松岳. 精蒽提纯溶剂的选择和应用 [J]. 煤化工，1999 (4)：50-53.

[15] 张丹，王磊，李惠萍. 煤焦油中蒽、菲、咔唑的精制技术 [J]. 现代化工，2016，36 (5)：158-161.

[16] 程红，何庆香. 影响粗蒽质量的因素及改进措施 [J]. 包钢科技，2003，29 (6)：16-17，44.

[17] 周卫国，吴旭洲. 煤焦油中蒽、菲、咔唑的精制及利用 [J]. 煤化工，2002，30 (1)：1-5，39.

[18] 邱广德. 提高粗蒽质量的生产经验 [J]. 燃料与化工，2000，31 (5)：263-264.

[19] 郭存悦，史宝萍. 粗蒽精制方法述评 [J]. 煤化工，1999 (1)：20-23.

[20] 张超群，田华. 从粗蒽中提取精蒽和精咔唑的研究 [J]. 燃料与化工，1999，30 (2)：68-70.

[21] 程正载，王洋，龚凯，等. 工业蒽中蒽、菲、咔唑的分离精制技术 [J]. 燃料与化工，2013，44 (6)：37-40.

[22] 芮盛. 从焦油中分离精蒽、咔唑的工艺 [J]. 燃料与化工，2016，47 (3)：37-39.

[23] 张海斌. 咔唑及其衍生物开发与应用 [J]. 化工中间体，2004 (2)：6-7.

[24] 苑元，王曾辉. 咔唑的理化性质和加工利用 [J]. 燃料与化工，1997，28 (4)：226-228.

[25] 王洪钟，周心如. 永固紫 RL 的合成工艺研究 [J]. 化学世界，1997，38 (8)：412-414.

[26] 张永华，杨锦宗. 菲的提纯 [J]. 化工时刊，1999，13 (12)：20-22.

[27] 王恩东. 综述工业菲和精菲提纯的方法 [J]. 化学工程与装备，2016 (8)：279-281.

[28] 郭建忠，薛永强等. 菲的高效液相催化氧化制取菲醌 [J]. 太原理工大学学报，2003，34 (1)：60-62.

[29] 杨建民. 用气相氧化法生产蒽醌技术 [J]. 燃料与化工，2005，36 (2)：42-43.

[30] 郝庆亮. 蒽醌生产技术现状及发展 [J]. 燃料与化工，2017，48 (2)：4-5.

[31] 安玉良. 菲氧化技术的应用研究 [J]. 化学推进剂与高分子材料，2002 (2)：19-22.

[32] 魏忠勋，王宗贤，甄凡瑜，张金义. 国内高温煤焦油加工工艺发展研究 [J]. 煤炭科学技术，2013，41 (4)：114-118.

[33] 王凤武. 煤焦油洗油组分提取及其在精细化工中的应用 [J]. 煤化工，2004，32 (2)：26-28.

[34] 程志宇，沈和平，熊柱松，等. 高温煤焦油洗油馏分的新加工方案探讨 [J]. 煤化工，2016，44 (2)：20-24.

[35] 肖瑞华，高卫民. 从煤焦油洗油馏分中回收吲哚的研究概况 [J]. 煤炭转化，1998，21 (1)：59-62.

[36] 纪柚安. 煤热解油中酚和吲哚的分离研究 [D]. 北京：北京化工大学，2019.

[37] 吕早生，徐榕，魏涛. 从煤焦油洗油中提取喹啉的研究 [J]. 武汉科技大学学报，2008，31 (6)：652-656.
[38] 赵明，辛燕平，李汇丰，等. 洗油甲基萘馏分中喹啉盐基的回收与提纯 [J]. 化学工程，2013，41 (8)：6-10.
[39] 吴宝贵，杨彦文. 焦油洗油中甲基萘、苊的提取及应用 [J]. 河北化工，1999 (3)：3-6.
[40] 李素梅，张月萍，赵平，等. 芴的提取精制研究进展 [J]. 河北化工，2005 (6)：14-15.
[41] 王军，刘文彬，白雪峰，等. 从煤焦油洗油中提取高纯度苊的研究 [J]. 化学与粘合，2005，27 (2)：85-87.
[42] 张振华，王瑞，赵欣，等. 煤焦油洗油中苊的分离提纯研究 [J]. 洁净煤技术，2012，18 (3)：71-73.
[43] 周天行 杨可珊. 芴馏分结晶分离的实验研究 [J]. 煤化工，2002 (3)：40-44.
[44] 韩宇开，杨培，李兵. 洗油馏分及其初步分离工艺 [J]. 煤炭与化工，2014，37 (5)：52-54.
[45] 李艳红，赵文波，夏举佩，等. 煤焦油分离与精制的研究进展 [J]. 石油化工，2014，43 (7)：848-855.
[46] 刘锋波，李强，王元超，等. 煤焦油中多环芳烃化合物的分离精制技术 [J]. 煤化工，2015，43 (3)：13-17.
[47] 张丕祥，杨明富，陈艳华. 从洗油中提取工业甲基萘的生产实践 [J]. 燃料与化工，2010，41 (4)：55-56.
[48] 张宝亮，高振武. 从煤焦油馏分中分离精制β-甲基萘 [J]. 北京化工，1994 (4)：26-33.
[49] 郁健，张德祥，高晋生. 煤沥青热聚合改质研究 [J]. 煤炭转化，2005，28 (1)：69-73.
[50] 许斌，李铁虎. 高性能炭材料生产用煤沥青的研究 [J]. 炭材料科学与工艺，2005，15 (2)：32-36.
[51] 张树福，廖志强，单春华. 改质沥青工艺的选择 [J]. 燃料与化工，2019，50 (4)：38-40.
[52] 王永林，李好管. 煤焦油沥青深加工利用综述 [J]. 煤化工，2001 (1)：13-17，34.
[53] 赵亚楠. 初探煤沥青及其应用 [J]. 炭素，2019，(3)：31-35.
[54] 李晓旭，穆春丰，廖志强，等. 管式炉法改质沥青连续生产工艺 [J]. 燃料与化工，2020，51 (1)：36-38.
[55] 殷泽军，杜亚平，陶仁明. 中温改质沥青生产工艺的探讨 [J]. 燃料与化工，2016，47 (6)：39-41.
[56] 许斌，欧阳春发，胡光洲，等. 中温沥青和改质沥青流变性能研究 [J]. 炭素，2002 (4)：3-7.
[57] 徐芹. 焦油改质沥青质量的优化控制与提升 [J]. 煤化工. 2020，48 (1)：70-72.
[58] 汪道明，石昆东，吴长钦. 多环芳树脂的制备、性能及应用 [J]. 石油化工，2001，30 (3)：232-235.
[59] 席建权. 用明胶乳化煤沥青 [J]. 北京公路，1995 (2)：15-16.
[60] 钦兰成，石财彦. 慢裂快凝 SBS 改性乳化沥青的生产和应用 [J]. 石油沥青，2006，20 (2)：5-8.
[61]（苏）波利瓦洛夫 B E，（苏）斯捷巴涅科 M A. 煤焦油沥青制取、加工和利用 [M]. 北京：冶金工业出版社，1988.
[62] 黄颂昌，徐剑，秦永春. 改性乳化沥青与微表处技术 [M]. 北京：人民交通出版社，2010.
[63] 马和平，唐项亮. 聚合物改性乳化沥青的制备与应用 [J]. 交通科技，2005 (5)：112-114.
[64] 訾昌毓，姚鸿儒，李艳红，等. 聚合物改性乳化沥青的研究进展 [J]. 化工新型材料，2020，48 (1)：218-223.
[65] 刘其鹏，尹慧君. 煤系针状焦的生产现状和发展前景 [J]. 煤炭加工与综合利用，2020 (1)：57-59.
[66] 赵亚楠，于银萍，王伏，等. 浅析煤系针状焦 [J]. 炭素，2019 (2)：27-31.
[67] 许祥军，邹先忠，刘正华，等. 煤系针状焦生产过程中菲的动态及影响 [J]. 燃料与化工，2006，37 (2)：38-40.
[68] 彭友林，王成扬，王勇. 煤系针状焦中试的研究 [J]. 炭素技术，2014，33 (4)：46-47.
[69] 张怀平. 煤焦油和石油渣油共炭化制备针状焦 [J]. 石油炼制与化工，2005，36 (2)：21-26.
[70] 张怀平. 针状焦形成机理及炭化条件 [J]. 炭素技术，2004，23 (6)：28-33.
[71] 高凤萍，齐仲辉. 国外针状焦的质量现状分析 [J]. 炭素技术，2003 (1)：27-31.
[72] 贾昌涛，王素秋. 针状焦成焦机理及其应用条件探讨 [J]. 炭素技术，2000 (3)：37-38.
[73] 程俊霞，朱亚明，高丽娟，等. H-NMR、FT-IR 解析煤系针状焦原料的沥青分子结构 [J]. 炭素技术，2019，38 (1)：24-27.
[74] 许德平，唐世波，唐闲逸，等. 针状焦制备过程中原料组分对中间相影响的研究进展 [J]. 炭素技术. 2016，35 (1)：34-39.
[75] 孟宇，郭卓，朱仕元，等. 针状焦制备研究进展 [J]. 化工科技，2020，28 (5)：71-74.
[76] 姚林，薛占强. 焦化企业煤系碳素材料的发展 [J]. 燃料与化工，2019，50 (6)：1-2.
[77] 顾玉琪. 几种针状焦性能对比 [J]. 炭素技术，2000 (1)：29-30.
[78] 张建华. 焦炭塔内温度场分布对生成针状焦质量的影响 [J]. 炭素技术，2016，35 (1)：58-60.
[79] 韩文生，胡海波. 回转床煅烧炉煅烧针状石油焦 [J]. 炭素技术，1999 (6)：40-42.
[80] 程俊霞，朱亚明，高丽娟，等. 煤系针状焦煅烧过程中焦炭微晶结构的演变规律 [J]. 燃料化学学报，2020，48 (9)：1071-1078.
[81] 刘长明，洪强，李忠瑞，等. 煤系针状焦煅烧工艺 [J]. 炭素技术，2012，31 (3)：51-52.
[82] 李元祥. 日本针状焦性能研究 [J]. 炭素技术，1993 (4)：7-11.